Lehr- und Handbücher der Statistik

Herausgegeben von
Universitätsprofessor Dr. Rainer Schlittgen

Wirtschafts- und Bevölkerungsstatistik

Erläuterungen · Erhebungen · Ergebnisse

Von
Prof. Dr. Horst Rinne
Universität Gießen

2., überarbeitete und erweiterte Auflage

R. Oldenbourg Verlag München Wien

Die Deutsche Bibliothek - CIP-Einheitsaufnahme

Rinne, Horst:
Wirtschafts- und Bevölkerungsstatistik : Erläuterungen -
Erhebungen - Ergebnisse / von Horst Rinne. - 2., überarb. und
erw. Aufl. - München ; Wien : Oldenbourg, 1996
 (Lehr- und Handbücher der Statistik)
 ISBN 3-486-23587-7

© 1996 R. Oldenbourg Verlag GmbH, München

Gesamtherstellung: R. Oldenbourg Graphische Betriebe GmbH, München

ISBN 3-486-23587-7

Vorwort

Dieses Lehr- und Übungsbuch richtet sich an Studentinnen und Studenten der Wirtschaftswissenschaften. Eine solide statistische Grundausbildung für sie sollte „auf zwei Beinen stehen". Während die statistische Methodenlehre als erstes Standbein in nahezu allen deutschen wirtschaftswissenschaftlichen Fakultäten bestens ausgebaut und vertreten ist, kommt die substanzwissenschaftliche Statistik in Form der Bevölkerungs- und Wirtschaftsstatistik als zweites Standbein im Vergleich dazu häufiger zu kurz.

Mit diesem Text werden mehrere Ziele verfolgt:

1. Zunächst soll die deutsche informationelle Infrastruktur dargestellt werden. Wer produziert auf welche Weise welche Daten, und wie kann man auf diese Daten zugreifen? – Unter den Datenproduzenten spielen die staatlichen Stellen als amtliche Statistik in quantitativer und qualitativer Hinsicht eine besondere Rolle.

2. Seit der Volkszählungsdiskussion Mitte der 80er Jahre bemüht sich die amtliche Statistik verstärkt um Akzeptanz in der Öffentlichkeit. Studierende der Wirtschaftswissenschaften, die jetzt und später im Beruf auf Informationen aus der amtlichen Statistik angewiesen sind, können nach der Lektüre dieses Buches hoffentlich positiv über die Arbeitsweise der amtlichen Statistik berichten und somit auch zur höheren Akzeptanz beitragen. Aus diesem Grund wurde bei der Konzipierung des Textes großes Gewicht auf die Darstellung der gesetzlichen Grundlagen der amtlichen Statistik gelegt. Man kann sich allerdings fragen, ob angesichts der Gesetzesfülle nicht durchaus eine behutsame Deregulierung angebracht ist.

3. Der vorliegende Text geht über die Beschreibung der Methoden der Datengewinnung hinaus. Zum einen werden die im jeweiligen Arbeitsgebiet verwendeten Arbeitsdefinitionen sorgfältig erläutert; damit soll einer Fehlanwendung statistischer Daten vorgebeugt werden. Zum anderen werden – im Gegensatz zu bereits existierenden Lehrbüchern – auch die wichtigsten Erhebungsresultate im Längs- und Querschnitt tabellarisch und graphisch vorgestellt und z.T. auch kritisch kommentiert; damit soll den Studierenden eine gewisse Kenntnis über die deutsche Bevölkerung und Volkswirtschaft vermittelt werden.

4. Die datenproduzierende Statistik, ob sie nun amtlich oder privat betrieben wird, muß stets auf neue Entwicklungen eingehen. In jüngster Zeit hat es zwei Ereignisse gegeben, die auch die Statistik berührt haben und noch länger beschäftigen werden: die deutsche Vereinigung und die Einführung des EU–Binnenmarkts im Zuge der fortschreitenden europäischen Integration. Der vorliegende Text zeigt an mehreren Stellen, wie die Statistik auf diese neuen Herausforderungen reagiert hat.

Außer den letzten beiden Jahrgängen Gießener Studierender, mit denen der
Inhalt dieses Buches in Vorlesung und Übung diskutiert worden ist und die
mich auf manche „Schwachstelle" in meinem ersten Entwurf aufmerksam ge-
macht haben, bleibt mir noch, namentlich mehreren Personen herzlich Dank
zu sagen für ihre tatkräftige Unterstützung bei der Arbeit an diesem Buch.
Die Herren cand. rer. pol. Stefan Markus Neubüser und Frank Wichert ha-
ben – unter Einsatz von HARVARD GRAPHICS und GAUSS – die ca. 100
Graphiken erstellt. An der Umsetzung meiner Textvorlagen mit LaTeX in diese
Buchform waren meine Sekretärin Frau Inge Bojara und Herr stud. rer. pol
Achim Günzel wesentlich beteiligt. Die Stildateien für die LaTeX–Files erstellte
Herr Dipl.–Kaufmann Ingo Kuhnert. Viele wertvolle Korrekturhinweise erhielt
ich von meiner früheren wissenschaftlichen Mitarbeiterin Dr. Kristin Straube.
Herrn Kollegen Rainer Schlittgen danke ich für die freundliche Aufnahme des
Textes in die von ihm herausgegebene Reihe „Lehr- und Handbücher der Sta-
tistik" und Herrn Dipl.–Volkswirt Martin Weigert vom Oldenbourg–Verlag für
die schnelle und unbürokratische verlegerische Abwicklung.

Prof. Dr. Horst Rinne

Vorwort zur zweiten Auflage

Dank der guten Aufnahme dieses Buches kann bereits nach zwei Jahren die
zweite Auflage erscheinen. Wertvolle Anregungen habe ich von vielen Lesern
erhalten; ihnen sei hiermit herzlich gedankt.

Der Umfang des Buches ist gegenüber der ersten Auflage um gut 10% gewachsen. Es wurden ein neues Kapitel über Umweltstatistik und – in Kapitel 2 –
ein Exkurs über die Europäische Union aufgenommen. Ferner sind die neuesten Entwicklungen in der amtlichen Statistik berücksichtigt worden, etwa der
Basiswechsel in den Indizes der Bundesstatistik oder das neue Zahlungsbilanzschema der Deutschen Bundesbank. Die Daten sind so nah wie möglich an die
Gegenwart gebracht und kommentiert worden. Bei dieser Gelegenheit sind alle
Graphiken von Daten einheitlich in GAUSS erstellt worden. Die letzten beiden
Kapitel sind in ihrer Reihenfolge vertauscht worden, so daß nunmehr die Verzeichnisse ganz am Ende stehen. Dadurch konnten auch die Musterlösungen
der Aufgaben im Stichwortregister berücksichtigt werden, das auch noch um
weitere Stichworte erweitert worden ist. Für die sorgfältige redaktionelle Bearbeitung gebühren meiner Mitarbeiterin Frau Dipl.–Kauffrau Dorothea Lodders
Dank und Anerkennung.

Prof. Dr. Horst Rinne

Kapitel 1

Einführung in die Wirtschafts- und Bevölkerungsstatistik

Statistik als wissenschaftliche Disziplin ist die Lehre von den Methoden zum Umgang mit quantitativen, d.h. zahlenmäßigen Informationen, **Daten** genannt. Man unterscheidet:

- **allgemeine Statistik**
  (Sie befaßt sich – losgelöst von einem speziellen Einsatzgebiet – mit den generellen Methoden zur Erhebung, Darstellung und Analyse von Daten sowie dem Ziehen von Schlüssen aus Daten oder dem Treffen von Entscheidungen auf der Basis von Daten.)
- **spezielle Statistiken**
  (Sie haben die besonderen Probleme zum Gegenstand, die aus dem Einsatz statistischer Verfahren in einem gegebenen Sachgebiet oder einer Substanzwissenschaft resultieren.)

Bei den speziellen Statistiken kann man, gemäß der Einteilung der wissenschaftlichen Disziplinen, zwei große Gruppen ausmachen:

- **Statistik in den Naturwissenschaften** (engl.: sciences)
  (z.B. Biostatistik, Medizinstatistik, technische Statistik),
- **Statistik in den Geisteswissenschaften** (engl.: arts).

Zu den Geisteswissenschaften rechnet man auch die Gesellschaftswissenschaften, zu denen neben Rechtswissenschaft und Soziologie insb. die Volks- und die Betriebswirtschaftslehre gehören. Die **Gesellschaftsstatistik** befaßt sich mit den statistischen Methoden zur zahlenmäßigen Darstellung und Interpretation solcher Tatsachen, die aus dem menschlichen Zusammenleben resultieren. Zur Gesellschaftsstatistik in diesem weiten Sinne gehören u.a.:

- die Bevölkerungsstatistik,
- die Sozialstatistik,
- die Wirtschaftsstatistik.

Gegenstand der Bevölkerungsstatistik (bzw. der Sozialstatistik bzw. der Wirtschaftsstatistik) ist die Anwendung statistischer Methoden und Verfahren zur zahlenmäßigen Erfassung, Darstellung und Interpretation demographischer (bzw. sozialer oder ökonomischer) Tatsachen. Die speziellen Statistiken befassen sich nicht mit den Fakten an sich (Das ist vielmehr Aufgabe der zugehörigen Substanzwissenschaft!), sondern mit den Prinzipien ihres sachgemäßen Erkennens. Das erfordert zum einen Kenntnisse über die Arbeits-/Vorgehensweise der Datenproduzenten, insbesondere jener der statistischen Ämter, zum anderen Einblick in die dabei verwendeten Definitionen und Begriffsabgrenzungen.

Eine scharfe Trennung zwischen Bevölkerungs-, Sozial- und Wirtschaftsstatistik ist kaum möglich. Die Statistik der Familien oder der Privaten Haushalte etwa kann man der Sozial- oder der Bevölkerungsstatistik zuordnen, die Statistik der öffentlichen Haushalte etwa der Wirtschafts- oder Sozialstatistik. Gelegentlich versteht man unter Sozialstatistik nur jene Statistik, die sich mit den Lebensumständen der Privaten Haushalte befaßt (Beruf, Erwerbstätigkeit, Einkommen, Verbrauch) oder die sich – noch enger – auf die Sozialleistungen (Einnahmen und Ausgaben von Institutionen der sozialen Sicherung) bezieht. Im folgenden Text wird der Begriff „Sozialstatistik" weitestgehend vermieden.

Ökonomische und soziale Sachverhalte können unter verschiedenen Aspekten gesehen und damit geordnet oder klassifiziert werden:

- **institutionell (= sektoral)**, d.h. hinsichtlich der an ihnen beteiligten Einrichtungen oder Bereiche (z.B. Banken-, Industrie-, Landwirtschaftsstatistik),
- **funktionell**, d.h. hinsichtlich bestimmter Arten der Aktivität von Wirtschaftssubjekten (z.B. Produktions-, Einkommens- oder Verbrauchsstatistik),
- nach den **erhebenden Stellen**, d.h. nach den Trägern oder Produzenten der Statistiken (z.B. amtliche Statistik, nichtamtliche Statistik),
- in Form von **Systemen** für gesellschafts- und wirtschaftsanalytische Zwecke (z.B. Input–Output–Tabellen, Volkswirtschaftliche Gesamtrechnung mit zugehörigen Satellitensystemen, Systeme sozialer Indikatoren).

Bevölkerungs- und Wirtschaftsstatistik ist ein so umfassendes Arbeitsfeld, daß in einer einführenden Darstellung wie dieser, die sich an Studienanfänger der Wirtschaftswissenschaften richtet, einerseits nur ein Überblick und andererseits nur ein Einblick in ausgewählte Bereiche gegeben werden können. Die Auswahl ist allerdings nicht willkürlich vorgenommen worden. So haben einzelne der hier präsentierten Bereiche eine herausragende Bedeutung (etwa die Statistik der Produktion und der Preise), oder ein Bereich baut auf den anderen auf (etwa die Statistik der Erwerbstätigkeit auf die Bevölkerungsstatistik oder die Volkswirtschaftliche Gesamtrechnung auf nahezu alle Bereiche der Wirtschaftsstatistik).

Ziel der nachfolgenden Ausführungen ist es, an einigen Beispielen aufzuzeigen, wie ökonomische Fragestellungen, theoretische und statistische Begriffsabgrenzungen, Erhebungs- und Auswertungsmethoden und Ergebnisinterpretationen miteinander verwoben und zugleich in einem fortwährenden Wandel begriffen sind. Historische Rückblicke sind daher ebenso zu machen wie ein Seitenblick auf das rechtliche Umfeld, in dem die praktische, datenerhebende und datenauswertende Statistik in einem Rechtsstaat zu arbeiten hat.

Was kann und was soll die Statistik? – Die Statistik des sozialen und wirtschaftlichen Lebens, aufgefaßt als Aktivität des Erhebens (= Sammelns) und des Auswertens von Daten, „ist die einzige verläßliche Quelle von Erfahrungswissen, von empirischem Wissen über eben dieses wirtschaftliche und soziale Leben." (W. NEUBAUER, 1994, p. 7) Diese Aussage wird nun heftig bestritten. Praktiker und Politiker meinen, sie benötigten keine Statistik, weil sie die für sie relevante Realität aus ihrer Erfahrung bestens kennen. Eine solche Einstellung beruht offenbar auf einem Mißverständnis von Begriffen. Dieser Kreis von Personen betreibt nämlich auch oder doch Datensammlung und -auswertung, allerdings nicht mit Methode und nach System, sondern integriert in seine alltäglichen Aktivitäten. Wirtschaftswissenschaftler meinen, sie entwickelten in großer Zahl Aussagen und Analysen über betriebs- und volkswirtschaftliche Zusammenhänge, die keiner statistischer Daten bedürften. Da fragt sich aber, auf welche anderen Instrumente als die Statistik diese Wissenschaftler, wenn sie denn die Wirtschaftswissenschaft als Real- oder Erfahrungswissenschaft begreifen, bei ihrem Erkenntnisprozeß zurückgreifen.

Man sollte nun vermuten, daß die Statistik als empirische Grundlagen für Wirtschaftswissenschaft und Wirtschaftspolitik liefernd allgemeine Anerkennung findet. Leider ist dem nicht so, wie sich besonders deutlich in der sog. Volkszählungsdiskussion (vgl. Abs. 3.2.1.3) der achtziger Jahre gezeigt hat. Daß die Statistik im sozialen und wirtschaftlichen Kontext im Gegensatz zu ihrem Einsatz in den Naturwissenschaften einen so schlechten Ruf genießt, hat offenbar mit dem Erkenntnisgegenstand und der „Erkenntnisverheißung" (NEUBAUER, 1994, p. 9) der wirtschafts- und sozialwissenschaftlichen Statistik zu tun. NEUBAUER faßt diese Erkenntnisaufgabe in drei Punkten zusammen:

1. *Entdeckung dessen, was man als objektive Wirklichkeit bezeichnet*
   Während dieser Statistik–Aufgabe in den Naturwissenschaften eine dominierende Rolle zukommt (Man denke etwa an die Planung und Auswertung statistischer Versuche.), ist sie in den Wirtschafts- und Sozialwissenschaften eher bescheiden, nicht etwa weil es hier zu wenig Erkenntnisgegenstände gibt, sondern weil hier gilt, daß ein beobachteter Sachverhalt i.d.R. umso bedeutungsärmer ist, je objektiver er ist. Was uns an den Fakten, hier mehr als in den Naturwissenschaften, wirklich interessiert, entsteht erst in unseren Köpfen, wenn wir diese Fakten in Verbindung mit anderen Erscheinungen bringen.

2. *Lieferung der empirischen Entsprechung zu Konstrukten*

Viele oder fast alle Konzepte, mit denen Wissenschaftler, aber auch Praktiker in den Wirtschafts- und Sozialwissenschaften arbeiten, sind Konstrukte, denen „objektive" Existenz nicht zukommt. Solche Konstrukte
reichen von der Arbeitslosen- und Steuerlastquote über Bruttoinlandsprodukt, Geldmenge hin zu Wirtschaftswachstum, Inflation, Konjunktur und
Wohlfahrt. Die Statistik sucht dann die empirische Entsprechung zu den
theoretischen Konstrukten, wobei ihr im allgemeinen eine Vielzahl von
gemessenen Variablen zur Verfügung steht. Solange die Substanzwissen-
schaftler dem Statistiker hier keine Hilfestellung und verbindliche Umset-
zungsanweisungen geben, können durchaus unterschiedliche „Meßwerte"
resultieren. In diesem Sinne beschreibt die Wirtschaftswissenschaft eine
„Wirklichkeit aus zweiter Hand".

3. *Vermittlung selektiver Erkenntnisse*

Wenn viele Leute der Statistik mißtrauen, so hat das mit deren alltägli-
cher Beobachtung zu tun, daß Statistik als Argumentationshilfe in politischen und anderen interessegeleiteten Verhandlungen herangezogen wird.
Dabei gehen die Kontrahenten in selektiver Form vor; es werden nur die
den eigenen Standpunkt stützenden statistischen Resultate verwendet.
Statistiker, die in diesem Sinne für ihren Auftraggeber Argumente zu-
sammentragen, üben – solange sie die Zahlen nicht fälschen oder methodisch unzulänglich verarbeiten – eine ebenso honorige und unverwerfliche
Tätigkeit aus wie ein Rechtsanwalt oder ein Steuerberater. Es geht letzteren ja auch nicht um die Beschreibung der wahren Rechtslage, sondern
um die Suche nach günstigen und durchschlagenden Argumenten für ihren Mandanten.

Aus dieser knappen Darstellung des statistischen Erkenntnisgegenstandes
und der Erkenntnisweise in den Wirtschafts- und Sozialwissenschaften kann
man zu folgender Empfehlung kommen: Es ist bei statistischer Argumentation
darzulegen, auf welche objektiven Befunde zugegriffen wird, und welches das
Erkenntnisprojekt ist, aus dem die Konstrukte stammen, und warum deren
zahlenmäßige Umsetzung – die Quantifizierung oder Operationalisierung – so
und nicht anders gewählt worden ist. Das Risiko, auf parteiische Urteile oder
Aussagen hereinzufallen, ist ein allgemeines und geht nicht von der Statistik
aus.

Literatur zu Kapitel 1 [1]

ABELS, H. (1991), p. 13 ff.

ANDERSON, O. u.a. (1983), p. 1 ff.

---

[1]Man findet hier nur eine Kurzzitierung. Die vollständigen bibliographischen Angaben
stehen im Literaturverzeichnis, Kap. 15.

BLIND, A. (1966), p. 1 ff.
FÜRST, G. (1968), p. 153 ff.
LIPPE, P. V. D. (1990), p. 1 ff.
WAGENFÜHR, R. (1967), p. 175 ff.

AUFGABE 1.1

Besorgen Sie sich ein „Statistisches Jahrbuch für die Bundesrepublik Deutschland" der neuesten Ausgabe.

a) In welche Fachbereiche oder Sachgebiete ist das Jahrbuch gegliedert?

b) Nach welchem Aspekt (oder welchen Aspekten) ist diese Gliederung vorgenommen?

c) Versuchen Sie eine Zuordnung dieser Sachgebiete zur Bevölkerungs-, Sozial- oder Wirtschaftsstatistik.

d) In welchen Fachbereichen finden Sie Informationen über Erwerbstätigkeit und Arbeitsmarkt, in welchen über Preise?

Kapitel 2

Träger der Wirtschafts- und Bevölkerungsstatistik

2.1 Amtliche und nichtamtliche Statistik

In der Bundesrepublik Deutschland kann im Prinzip ein jeder statistische Erhebungen machen und mithin Statistiken produzieren, allerdings unter Einhaltung gewisser rechtlicher Normen, insbesondere des Bundesdatenschutzgesetzes (BDSG) vom 20.12.1990, vgl. § 1, Abs. 2, Ziff. 3 BDSG. Ein umfassendes, regional und sachlich tief gegliedertes, zuverlässiges, aktuelles und kontinuierliches Angebot an Daten über Bevölkerung, Wirtschaft und Gesellschaft gehört heute ebenso selbstverständlich zur Infrastruktur einer Volkswirtschaft wie z.B. ein Verkehrs- und ein Telekommunikationsnetz, ein Geld- und Bankensystem oder ein Gerichts- und ein Bildungssystem. Ein derartiges Datenangebot (= **informationelle Infrastruktur**), das eine rationale Entscheidungsfindung sowohl von Privaten als auch von staatlichen Stellen ermöglicht, garantiert am ehesten eine **amtliche Statistik**, d.h. eine vom Staat angeordnete und von dessen Organen durchgeführte Statistik. Das Bundesverfassungsgericht hat in seinem **Volkszählungsurteil** vom 15.12.1983 nachdrücklich die Sonderrolle der amtlichen Statistik festgestellt:

> Die Statistik hat eine erhebliche Bedeutung für eine staatliche Politik, die den Prinzipien und Richtlinien des Grundgesetzes verpflichtet ist. Wenn die ökonomische und soziale Entwicklung nicht als unabänderliches Schicksal hingenommen, sondern als permanente Aufgabe verstanden werden soll, bedarf es einer umfassenden, kontinuierlichen sowie laufend aktualisierten Information über die wirtschaftlichen, ökologischen und sozialen Zusammenhänge. Erst die Kenntnis der relevanten Daten und die Möglichkeit, die durch sie vermittelten Informationen mit Hilfe der Chancen, die eine automatisierte Datenverarbeitung bietet, für die Statistik zu nutzen, schafft die für eine am Sozialstaatsprinzip orientierte staatliche Politik unentbehrliche Handlungsgrundlage.
> (Volkszählungsurteil, BVerfGE 65, p. 47)

Während an die amtliche Statistik im Rahmen der öffentlichen informationellen Infrastruktur ein allgemeiner Informationsauftrag für alle Teile der Gesellschaft gerichtet ist, haben die Träger der **privaten (= nichtamtlichen)**

Statistik eine auf ihre jeweiligen Aufgaben und individuellen Zwecke bezogene Informationsbeschaffung zum Ziel. Diese Informationen stehen der Öffentlichkeit auch kaum – im Gegensatz zu denen der amtlichen Statistik – unentgeltlich zur Verfügung. Bei manchen Trägern privater Statistik, etwa bei den Wirtschaftsforschungsinstituten, steht auch nicht die Beschaffung von Informationen im Vordergrund, sondern die Analyse von Informationen, die dann i.d.R. aus der amtlichen Statistik kommen.

Zu den **Trägern der nichtamtlichen Statistik** (vgl. Abb. 2.1) gehören:

- die Unternehmen (⇒ Betriebs- oder Unternehmensstatistik),
- die Wirtschaftsverbände (⇒ Verbandsstatistik), etwa VDA, VDMA,
- Kammern, nämlich Industrie- und Handelskammern, Handwerkskammern und Landwirtschaftskammern,
- Wirtschaftsforschungsinstitute
    ▷ von Interessenverbänden (Arbeitgebern, Gewerkschaften),
    ▷ in Form gemeinnütziger, unabhängiger Institutionen,
- unabhängige, ihrer Bedeutung nach quasi „halbamtliche" Stellen (Sachverständigenrat zur Begutachtung der gesamtwirtschaftlichen Entwicklung, Rat von Sachverständigen für Umweltfragen),
- Institute, die Markt- und/oder Meinungsforschung betreiben.

Bei den **Trägern der amtlichen Statistik** (vgl. Abb. 2.1) ist zu unterscheiden zwischen solchen der

- **ausgelösten Statistik** (= aus der sonstigen Verwaltung herausgelösten Statistik), d.h. eigenständigen **Behörden**, die ausschließlich „Statistik machen", und
- **nicht–ausgelösten Statistik** (= **Ressortstatistik**), wo eine Abteilung einer Behörde, also ein Teil der Behörde,
    ▷ die im Arbeitsbereich dieser Behörde anfallenden Unterlagen, die sich nur schwer vom Geschäftsgang trennen lassen, statistisch aufbereitet (= **Geschäftsstatistik**),
    ▷ auch eigene Befragungen im Rahmen ihres Aufgaben- und Zuständigkeitsbereiches anstellen darf (= **externe Behördenstatistik**).

Nicht–ausgelöste Statistik betreiben in der Bundesrepublik Deutschland:

- die **Deutsche Bundesbank** (Frankfurt/Main) für den Geld- und Kreditbereich als externe Behördenstatistik, d.h. die Bundesbank ist berechtigt, bei Banken und Sparkassen statistische Erhebungen durchzuführen, was sie auch in großem Umfang tut (vgl. Abs. 9.4),
- die **Bundesanstalt für Arbeit** (Nürnberg) für den Arbeitsmarkt als Geschäftsstatistik,
- das **Bundesaufsichtsamt für das Versicherungs- und Bausparwesen** (Berlin) für die Bereiche Versicherungen und Bausparkassen als Geschäftsstatistik,

- die **Bundesanstalt für den Güterverkehr** (Köln) und das **Kraft-fahrt–Bundesamt** (Flensburg) für Teile des Verkehrssektors als Geschäftsstatistik.

Die **ausgelöste Statistik** der Bundesrepublik Deutschland gliedert sich gemäß dem föderalen Staatsaufbau Deutschlands in drei Ebenen:

- **Statistisches Bundesamt** (Wiesbaden) mit Außen- bzw. Zweigstellen in Düsseldorf und Berlin und (Stand: 1994) etwa 3.200 Mitarbeitern und einem Jahresetat von ca. 227 Mio. DM,
- **Statistische Landesämter** in den 16 Bundesländern,
- **Statistische Ämter der Städte, Gemeinden und Gemeindeverbände.**[1]

Abb. 2.1: Träger der amtlichen und nichtamtlichen Statistik

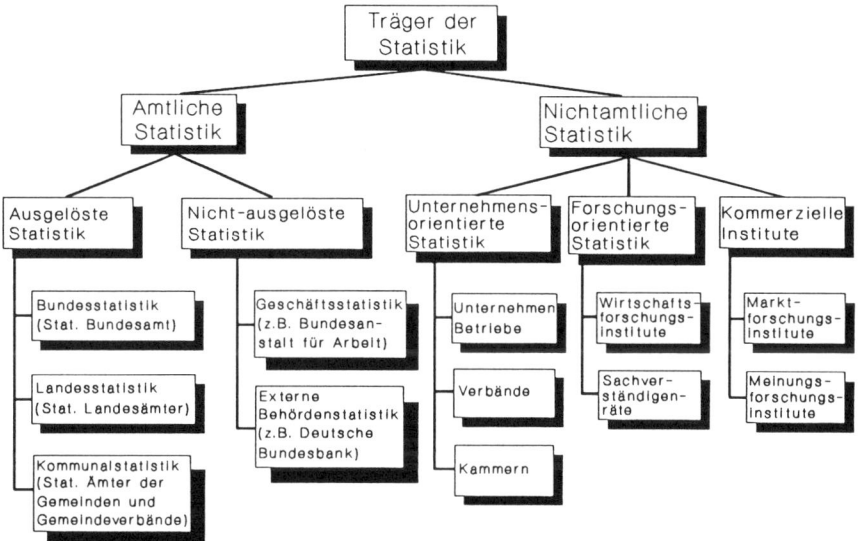

Literatur zu Abs. 2.1 [2]

ABELS, H. (1991), p. 21 ff.
DEUTSCHE BUNDESBANK (1976)
DEUTSCHE BUNDESBANK (1988)
KRENGEL, R. (1986)
LIPPE, P. V. D. (1990), p. 4 – 6
STOBBE, A. (1989), p. 361 – 372

---

[1] In den Stadtstaaten Berlin, Bremen und Hamburg fallen statistisches Amt von Stadt und Land zusammen.

[2] Man findet hier nur eine Kurzzitierung. Die vollständigen bibliographischen Angaben stehen im Literaturverzeichnis, Kap. 15.

2.2 Organisation und Arbeitsweise der amtlichen Statistik

Amtliche Statistik in der Bundesrepublik Deutschland ist vornehmlich **Bundesstatistik**, d.h. Statistik, die bundeseinheitlich ist und auf gleiche Weise im gesamten Bundesgebiet erhoben, aufbereitet und dargestellt wird. Ihre Organisationsprinzipien und Arbeitsweise sowie ihre rechtliche Fundierung werden im folgenden skizziert.

2.2.1 Rechtsgrundlagen für die Struktur der amtlichen Statistik in Deutschland

Nach Art. 73, Nr. 11 GG [3] (Grundgesetz für die Bundesrepublik Deutschland) hat der Bund die alleinige Gesetzgebungskompetenz über die Statistik für Bundeszwecke sowie nach Art. 80, Abs. 1 GG [4] auch die Ermächtigung zum Erlaß entsprechender Rechtsverordnungen. Die Bundesstatistik gehört aber nicht zu den Verwaltungstätigkeiten, für die gemäß Art. 87, Abs. 1 GG [5] eine bundeseigene Verwaltung mit regional verteiltem Verwaltungsunterbau einzurichten ist. Es führen vielmehr die Bundesländer gemäß Art. 83 GG [6] die Bundesstatistik als eigene Angelegenheit aus. Dazu haben die Länder gemäß Art. 84, Abs. 1 GG [7] Statistische Landesämter eingerichtet. Der Bund hat seinerseits gemäß Art. 87, Abs. 3, Satz 1 GG [8] durch Gesetz, nämlich durch das **Bundesstatistikgesetz**, das Statistische Bundesamt als selbständige Bundesoberbehörde (im Geschäftsbereich des Bundesministers des Innern) eingerichtet.

---

[3] Der Bund hat die ausschließliche Gesetzgebung über: 1. die auswärtigen Angelegenheiten sowie die Verteidigung einschließlich des Schutzes der Zivilbevölkerung; ... 11. die Statistik für Bundeszwecke.

[4] Durch Gesetz können die Bundesregierung, ein Bundesminister oder die Landesregierungen ermächtigt werden, Rechtsverordnungen zu erlassen. Dabei müssen Inhalt, Zweck und Ausmaß der erteilten Ermächtigung im Gesetz bestimmt werden. ...

[5] In bundeseigener Verwaltung mit eigenem Verwaltungsunterbau werden geführt: der Auswärtige Dienst, die Bundesfinanzverwaltung und nach Maßgabe des Artikel 89 die Verwaltung der Bundeswasserstraßen und der Schiffahrt. Durch Bundesgesetz können Bundesgrenzschutzbehörden, Zentralstellen für das polizeiliche Auskunfts- und Nachrichtenwesen, für die Kriminalpolizei und zur Sammlung von Unterlagen für Zwecke des Verfasssungsschutzes und des Schutzes gegen Bestrebungen im Bundesgebiet, die durch Anwendung von Gewalt oder darauf gerichtete Vorbereitungshandlungen auswärtige Belange der Bundesrepublik Deutschland gefährden, eingerichtet werden.

[6] Die Länder führen die Bundesgesetze als eigene Angelegenheiten aus, soweit das Grundgesetz nichts anderes bestimmt oder zuläßt.

[7] Führen die Länder die Bundesgesetze als eigene Angelegenheit aus, so regeln sie die Einrichtung der Behörden und das Verwaltungsverfahren, soweit nicht Bundesgesetze mit Zustimmung des Bundesrates etwas anderes bestimmen.

[8] Außerdem können für Angelegenheiten, für die dem Bunde die Gesetzgebung zusteht, selbständige Bundesoberbehörden und neue bundesunmittelbare Körperschaften und Anstalten des öffentlichen Rechtes durch Bundesgesetz eingerichtet werden. ...

Das Bundesstatistikgesetz (BStatG), genaue Bezeichnung: Gesetz über die Statistik für Bundeszwecke, ist eine Art Grundgesetz für die amtliche Statistik, zumindest des Bundes (In den Ländern entstehen oder entstanden analoge Landesstatistikgesetze.), das den allgemeinen Rahmen absteckt, in dem sich die Statistik bewegen darf. Das erste Bundesstatistikgesetz stammt vom 03.09.1953. Es wurde erstmals am 14.03.1980 novelliert. Die nunmehr geltende Fassung ist vom 22.01.1987 (BGBl I, p. 462, 565), die am 17.12.1990 geringfügig geändert worden ist (BGBl I, p. 2837). In diese sind wesentliche Gedanken von Bundesverfassungsgerichtsentscheidungen eingegangen, insbesondere der **Mikrozensusbeschluß** vom 16.07.1969 (BVerfGE 27, p. 1 – 20), in dem auch sensible Fragen als zulässig erachtet werden, und das **Volkszählungsurteil** vom 15.12.1983 (BVerfGE 65, p. 1 – 71), in dem ein Grundrecht auf **informationelle Selbstbestimmung** festgestellt wird und eine **informationelle Gewaltenteilung**, d.h. eine Trennung von Statistik und Verwaltungsvollzug, gefordert wird. Dieses letzte Bundesstatistikgesetz hat zu einer weitgehenden Verrechtlichung der amtlichen Statistik geführt, d.h. der Statistikbereich ist nunmehr überkodifiziert und inflexibel geworden.

Abb. 2.2: Rechtsgrundlagen für die Struktur der amtlichen Statistik der Bundesrepublik Deutschland

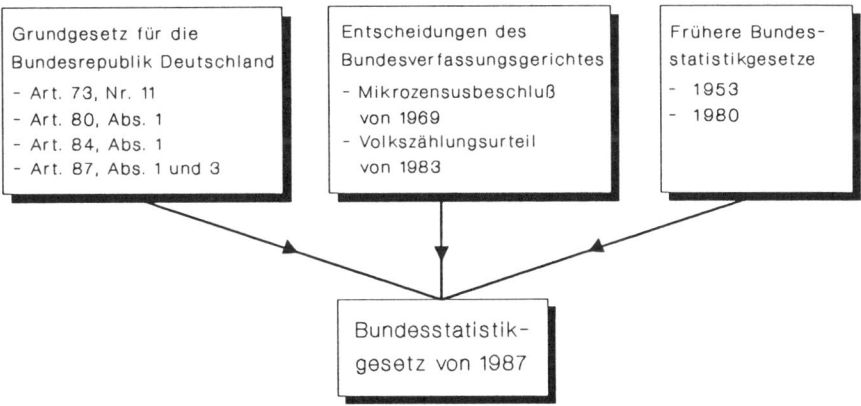

Der „**multifunktionale Charakter der Bundesstatistik**" (ABELS, 1991, p. 29) kommt in § 1 BStatG 1987 zum Ausdruck, nämlich:

• Die Statistik für Bundeszwecke (= Bundesstatistik) ist Teil des föderativ gegliederten Gesamtsystems der amtlichen Statistik Deutschlands.

• Die Bundesstatistik ist beauftragt, laufend Daten über Massenerscheinungen zu erheben, zu sammeln, aufzubereiten, darzustellen und zu analysieren. (Die Analyse der Daten ist damit und erstmals seit 1872, dem Beginn der länderübergreifenden Statistik in Deutschland, in den Aufgabenkatalog der amtlichen Statistik aufgenommen worden.)

- Für die Bundesstatistik gelten die Grundsätze der Neutralität, der Objektivität und der wissenschaftlichen Unabhängigkeit.
- Die Bundesstatistik hat ihre Daten auf der Basis wissenschaftlicher Erkenntnisse und unter Einsatz der jeweils sachgerechten und adäquaten Methoden und Informationstechniken zu gewinnen.
- Durch die Ergebnisse der Bundesstatistik sollen gesellschaftliche, wirtschaftliche und ökologische Zusammenhänge für den Bund, die Länder, Gemeinden und Gemeindeverbände, für Wissenschaft und Forschung aufgeschlüsselt werden.
- Die Bundesstatistik soll die informationellen Voraussetzungen für eine am Sozialstaatsprinzip ausgerichtete Politik schaffen.
- Die für die Bundesstatistik erhobenen Einzelangaben dienen ausschließlich den im BStatG oder in einer anderen, eine Bundesstatistik anordnenden Rechtsvorschrift festgelegten Zwecken.

Vornehmlich aus § 3 BStatG, gelegentlich aus anderen Rechtsvorschriften, ergeben sich folgende **Aufgaben des Statistischen Bundesamtes (StBA)** (zitiert nach VON DER LIPPE, 1990, p. 14/15), die ähnlich auch für die Statistischen Landesämter gelten:

1. Methodische und technische Vorbereitung sowie Weiterentwicklung von Bundesstatistiken sowie von Statistiken für Zwecke der Europäischen Gemeinschaften und internationaler Organisationen und die Zusammenstellung und Veröffentlichung der Ergebnisse für das Bundesgebiet;

2. Erhebungs- und Aufbereitungsarbeit bei sog. zentralen Bundesstatistiken (Definition vgl. weiter unten);

3. Führung der Geschäftsstatistiken (= Aufbereitung von Daten aus dem Verwaltungsvollzug) oberer Bundesbehörden auf deren Auftrag;

4. Sammlung und Veröffentlichung statistischer Daten anderer Staaten, der Europäischen Gemeinschaften und internationaler Organisationen (= Erstellung der Auslandsstatistik);

5. Aufstellung Volkswirtschaftlicher Gesamtrechnungen und sonstiger Gesamtsysteme statistischer Daten;

6. Zusammenarbeit mit internationalen Organisationen und Wirtschaftsforschungsinstituten, Mitwirkung bei der Vorbereitung von Rechtsgrundlagen für Erhebungen;

7. Errichtung einer statistischen Datenbank als Teil eines automatisierten Informationssystems für die Bundesregierung (STATIS–BUND, siehe Abs. 2.2.4);

8. Durchführung von Zusatz- und Sonderaufbereitungen für Bundeszwecke;

9. Beratung von Bundesbehörden bei der Vergabe von Forschungsaufträgen, Durchführung von gutachterlichen und sonstigen statistischen Arbeiten für die Bundesbehörden;

10. Führung von Adreßdateien von Unternehmen, Betrieben und Arbeitsstätten zur rationellen Abwicklung von Erhebungen;

11. Auswahl und Überwachung von „Erhebungsbeauftragten" (= Zähler, Interviewer), deren Bestellung und Pflichten im BStatG (§ 14) geregelt sind;

12. Aufklärungspflicht gegenüber den Befragten hinsichtlich Zweck der Erhebung, Rechte und Pflichten der Befragten und der Erhebungsbeauftragten als Maßnahme zur Förderung der Akzeptanz der Bundesstatistik.

13. Das Statistische Bundesamt ist die Geschäftsstelle des „Sachverständigenrats zur Begutachtung der gesamtwirtschaftlichen Entwicklung".

14. Der Präsident des Statistischen Bundesamtes ist Bundeswahlleiter.

2.2.2 Legalisierung der Erhebungen

Amtliche statistische Erhebungen, besonders wenn sie mit einer Auskunftspflicht für die zu Befragenden verbunden sind, stellen für die Einzelperson oder das Unternehmen einen weitreichenden Eingriff dar. Da die Antworten auch unentgeltlich zu geben sind, fallen – neben dem Aufwand an Zeit – auch Kosten an. Die Arbeit der amtlichen Statistik wird daher – und in einem Rechtsstaat selbstverständlich – durch das **Prinzip der Legalisierung** geprägt, welches besagt, daß grundsätzlich jede einzelne Erhebung einer Rechtsgrundlage bedarf. Über die wenigen Ausnahmen von diesem Erfordernis, d.h. über die wenigen Bundesstatistiken ohne spezielle Rechtsvorschrift, wird weiter unten noch berichtet. Die Rechtsgrundlage einer Erhebung kann sein:

- ein **förmliches Gesetz** (Das ist die Regel.),
- eine **EU–Verordnung** (Das wird immer häufiger der Fall.),
- eine **Rechtsverordnung** (Das ist die Ausnahme.).

Daß die EU nationale Statistiken anordnen kann und dies auch tut (vgl. etwa die EU–Arbeitskräftestichproben), ergibt sich aus Art. 189 des EWG–Vertrags vom 25.03.1957. In den nachfolgenden Kapiteln wird jeweils am Ende auf die wesentlichen Rechtsgrundlagen hingewiesen, nach denen die Bundesstatistik im betreffenden Sachgebiet zu arbeiten hat.

Die folgende Abbildung 2.3 zeigt den Ablauf einer **nicht–zentralen Bundesstatistik** einschließlich der Entstehung eines **Gesetzes als Rechtsgrundlage**. Nicht–zentrale Bundesstatistiken, die in der Praxis vorherrschen, sind gekennzeichnet durch die beiden Organisationsprinzipien

- der **fachlichen Zentralisierung** und
- der **regionalen Dezentralisierung**.

Auftraggeber von Bundesstatistiken sind die fachlich zuständigen Bundesministerien. Diese erarbeiten

__Abb. 2.3:__ Ablauf einer nicht–zentralen Bundesstatistik

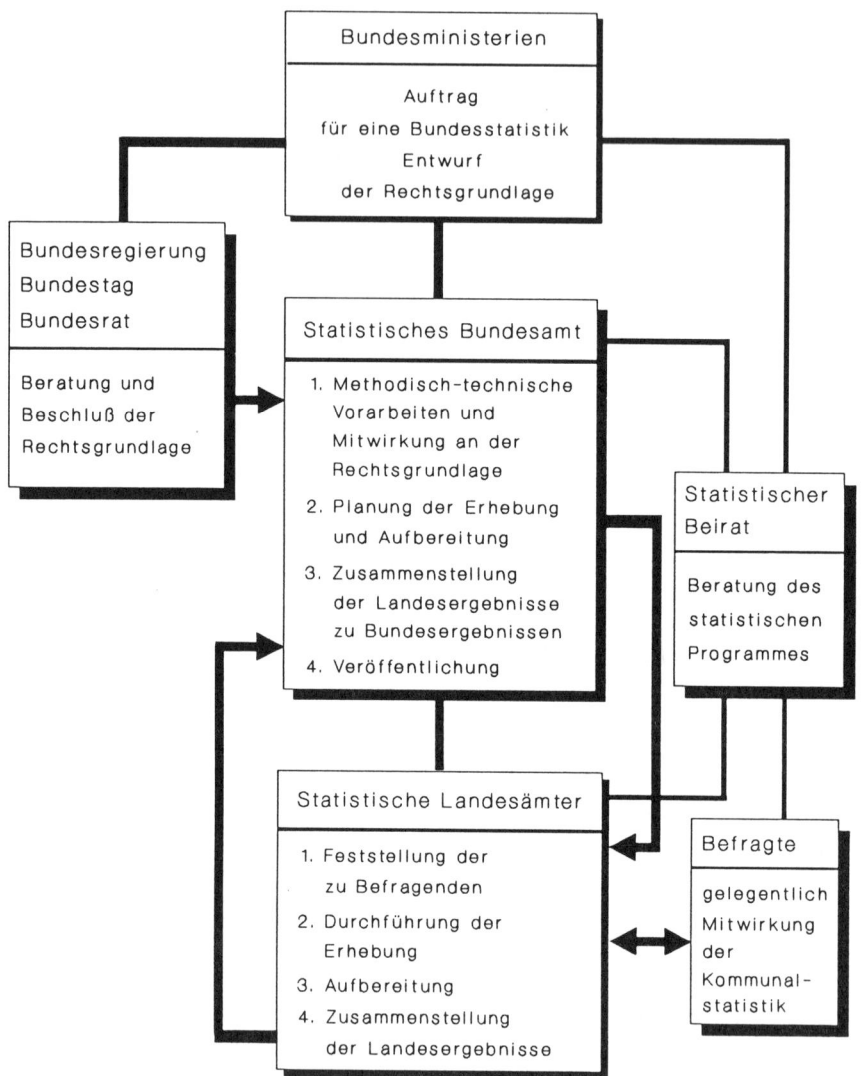

- von sich aus,
- orientiert am Bedarf von Bundesregierung, Bundesrat oder Bundestag oder
- auf Empfehlung oder Anordnung internationaler Organisationen (etwa der EU)

die Rechtsgrundlage (= Gesetzentwurf). Nach dem Prinzip der fachlichen Zentralisierung berät in dieser Vorbereitungsphase das StBA die Bundesministerien hinsichtlich der methodischen und technischen Konzeption. Nach Verkündung der Rechtsgrundlage erfolgen Datenerhebung und Datenaufbereitung regional dezentralisiert durch die Statistischen Landesämter. In Einzelfällen, etwa bei Volkszählungen, werden auch die statistischen Ämter der Gemeinden zu Trägern der Erhebung gemacht. Dabei muß gesichert sein, daß die kommunalen Erhebungsstellen räumlich, organisatorisch und personell von der kommunalen Selbstverwaltung getrennt sind (= Abschottung der Erhebungsstellen, informationelle Gewaltenteilung). Für die Bundesergebnisse, d.h. für deren Aufbereitung und Publikation, ist dann fachlich wieder das StBA zuständig. Beratend wirkt bei Bundesstatistiken der **Statistische Beirat** (vgl. § 4 BStatG 1987) mit. In diesem Gremium sind die wichtigsten Auftraggeber und Konsumenten von Bundesstatistiken vertreten. Zum Statistischen Beirat gehören Repräsentanten

- der Landesstatistik,
- der Bundesministerien, des Bundesrechnungshofs, der Bundesbahn und der Bundesbank,
- der kommunalen Spitzenverbände,
- der Gewerkschaften,
- der Berufs- und Interessenverbände,
- der Wirtschaftsforschungsinstitute,
- der Hochschulen
- und der Bundesbeauftragte für den Datenschutz.

Bei den **zentralen Bundesstatistiken** entfällt die in Abbildung 2.3 enthaltene Mitwirkung der Statistischen Landesämter, d.h. daß bei diesen Statistiken das StBA auch mit der Datenerhebung beauftragt ist. Zentrale Bundesstatistiken sind: Außen- und Großhandelsstatistik, Kostenstrukturerhebungen, Einkommens- und Verbrauchsstichprobe, einige Verkehrsstatistiken und die Außenwanderungsstatistik.

§ 9 BStatG 1987 sagt, was zumindest in der eine Bundesstatistik anordnenden Rechtsvorschrift festzulegen ist, nämlich:

- die Erhebungsmerkmale,
- die Hilfsmerkmale,
- die Art der Erhebung,

- der Berichtszeitraum,
- der Berichtszeitpunkt,
- die Periodizität und
- der Kreis der zu Befragenden.

Hilfsmerkmale (etwa Name, Anschrift, Telefonnummer) dienen ausschließlich der organisatorisch–technischen Durchführung der Erhebung, sind nach der Erhebung und den Kontrollen zu vernichten und dürfen grundsätzlich nicht gespeichert werden (vgl. Abs. 2.2.3).

Erhebungen auf der juristisch schwächeren **Basis einer Rechtsverordnung** sind die Ausnahme. § 5, Abs. 2 BStatG 1987 nennt die Voraussetzungen, unter denen die Bundesregierung – allerdings mit Zustimmung des Bundesrates – Bundesstatistiken auf dieser Rechtsbasis anordnen darf:

- Inhaltlich kann es sich um eine Wirtschafts- und Umweltstatistik oder um eine sonstige Erhebung handeln.
- Die Rechtsverordnung darf maximal drei Jahre gelten.
- Die Ergebnisse der Bundesstatistik müssen zur Erfüllung bestimmter, im Erhebungszeitpunkt schon festliegender Bundeszwecke erforderlich sein, d.h. es darf keine Erhebung auf Vorrat oder für freibleibende Zwecke sein.
- Diese Bundesstatistiken dürfen sich nur auf einen eingeschränkten Personenkreis erstrecken.
- Die Kosten einer solchen Bundesstatistik (ohne die der Publikation von Ergebnissen) dürfen bei Bund, Ländern und Gemeinden zusammen nicht über 2 Mio. DM gehen.
- Wirtschafts- und Umweltstatistiken dürfen mit Auskunftspflicht, die sonstigen Erhebungen nur ohne Auskunftspflicht angeordnet werden.
- Die Bundesregierung ist verpflichtet, dem Bundestag alle zwei Jahre über die Kosten und die Belastung der zu Befragenden zu berichten. Diese Berichtspflicht betrifft auch die Erhebungen für besondere Zwecke nach § 7 BStatG 1987 (vgl. weiter unten).

Erhebungen ohne spezielle Rechtsvorschrift, d.h. ohne Gesetz oder ohne Rechtsverordnung, gibt es auch in der Bundesstatistik, und zwar laut BStatG 1987 in vier Fällen:

- § 5, Abs. 5: Statistiken aus allgemein zugänglichen Quellen oder öffentlichen Registern.
- § 6: Probeerhebungen zur Vorbereitung und Durchführung von Bundesstatistiken mit Auskunftspflicht, wenn die vorzubereitende Bundesstatistik ebenfalls die Auskunftspflicht kennt, und ohne Auskunftspflicht, wenn eine Rechtsvorschrift für eine Bundesstatistik vorbereitet werden soll.
- § 7: Erhebungen für besondere Zwecke – Das sind kleine Erhebungen (maximal 10.000 Befragte im gesamten Bundesgebiet) ohne Auskunfts-

pflicht. Diese Erhebungen dürfen auch über fünf Jahre wiederholt werden, d.h. als **Panel** durchgeführt werden. Sie

> ▷ dienen der Erfüllung eines kurzfristig auftretenden Datenbedarfs bei obersten Bundesbehörden oder

> ▷ sollen wissenschaftlich–methodische Fragestellungen auf dem Gebiet der Statistik klären.

- § 8: Aufbereitung von Daten aus dem Verwaltungsvollzug bei Verwaltungsstellen des Bundes.

2.2.3 Auskunfts- und Geheimhaltungspflicht

Die Auskunftspflicht beinhaltet, daß die Befragten wahrheitsgemäß, vollständig, fristgerecht und unentgeltlich den amtlichen Erhebungsorganen die gewünschten Angaben zu machen haben. Korrelat zur Auskunftspflicht der Befragten ist die Geheimhaltungspflicht von Einzelangaben durch die amtliche Statistik. Für die Geheimhaltung gilt das allgemeine Strafrecht (§ 203 StGB), und die Verletzung der Geheimhaltungspflicht ist ein Straftatbestand, während die Verletzung der Auskunftspflicht eine Ordnungswidrigkeit ist und mit Geldbußen bis 10.000 DM geahndet werden kann (§ 23 BStatG 1987).

Auskunftspflicht bei amtlichen statistischen Erhebungen ist international weitgehend üblich. Bis zum Bundesstatistikgesetz von 1987 war in der Bundesrepublik Deutschland die Auskunftspflicht der Regelfall. Obwohl das Bundesverfassungsgericht im Volkszählungsurteil die Auskunftspflicht als verfassungsrechtlich unbedenklich erklärte, hat der Gesetzgeber im BStatG 1987 den Übergang zur Einzelfallregelung bzgl. der Auskunftspflicht beschlossen. § 15 BStatG 1987 regelt die Auskunftspflicht wie folgt:

(1) Die eine Bundesstatistik anordnende Rechtsvorschrift hat festzulegen, ob und in welchem Umfang die Erhebung mit oder ohne Auskunftspflicht erfolgen soll. Ist eine Auskunftspflicht festgelegt, sind alle natürlichen und juristischen Personen des privaten und öffentlichen Rechts, Personenvereinigungen, Behörden des Bundes und der Länder sowie Gemeinden und Gemeindeverbände zur Beantwortung der ordnungsgemäß gestellten Fragen verpflichtet.

(2) Die Auskunftspflicht besteht gegenüber den mit der Durchführung der Bundesstatistiken amtlich beauftragten Stellen und Personen.

(3) Die Antwort ist wahrheitsgemäß, vollständig und innerhalb der von den statistischen Ämtern des Bundes und der Länder gesetzten Frist zu erteilen. Bei schriftlicher Auskunftserteilung ist die Antwort erst erteilt, wenn die ordnungsgemäß ausgefüllten Erhebungsvordrucke der Erhebungsstelle zugegangen sind. Die Antwort ist, soweit in einer Rechtsvorschrift nichts anderes bestimmt ist, für den Empfänger kosten- und portofrei zu erteilen.

(4) Werden Erhebungsbeauftragte eingesetzt, können in den Erhebungs-
vordrucken enthaltene Fragen mündlich oder schriftlich beantwortet werden.

(5) In den Fällen des Absatzes 4 sind bei schriftlicher Auskunftserteilung die ausgefüllten Erhebungsvordrucke den Erhebungsbeauftragten
auszuhändigen oder in verschlossenem Umschlag zu übergeben oder bei
den Erhebungsstellen abzugeben oder dorthin zu übersenden.

(6) Widerspruch und Anfechtungsklage gegen die Aufforderung zur Auskunftserteilung haben keine aufschiebende Wirkung.

Die Qualität amtlicher Statistiken beruht zum großen Teil auf der Auskunftspflicht, sie ist entscheidend für das Gütesiegel „amtlich". Eine Reihe von
Testerhebungen für den Mikrozensus zwischen 1985 und 1987 haben gezeigt,[9]
daß bei freiwilligen Erhebungen nur Antwortquoten von höchstens 65% erreicht
werden. Diesen Ausfall könnte man im Prinzip und rein rechnerisch durch Ansatz eines höheren Stichprobenumfangs kompensieren. Das Hauptproblem ist
jedoch, und das haben diese Testerhebungen zweifelsfrei bewiesen, daß die Antwortenden und die Nicht–Antwortenden sich anders strukturieren, d.h. die erhaltenen Antworten sind nicht repräsentativ; sie weisen eine Verzerrung auf.

Das Bundesstatistikgesetz von 1987 regelt sehr akribisch die Geheimhaltungspflicht. Es sei angemerkt, daß das Statistikgeheimnis in Deutschland eine
sehr lange, bis ins 19. Jahrhundert zurückgehende Tradition hat und nicht erst
aufgrund der Volkszählungsdiskussion eingeführt worden ist. Abbildung 2.4
zeigt die verschiedenen Phasen der Geheimhaltungspflicht nach BStatG 1987.
In der **Erhebungsphase** (primäre Geheimhaltung) betreffen diese Regelungen:

- die **Erhebungsbeauftragten** (§ 14 BStatG 1987), d.h. deren Auswahl,
  Schulung und förmliche Verpflichtung zur Wahrung des Statistikgeheim-
  nisses,

- die **Formen der Auskunftserteilung** (§ 15, Abs. 3 – 5 BStatG 1987).
  So ist es auch bei Einsatz von Erhebungsbeauftragten dem Befragten
  möglich, seine Auskünfte dem Beauftragten vorzuenthalten, indem er sie
  im verschlossenen Umschlag übergibt oder direkt an die Erhebungsstelle
  (= ein statistisches Amt) sendet.

In der **Aufbereitungsphase** (interne Geheimhaltung) geht es um die **Anonymisierung** der Einzelangaben, d.h. um das Ausschließen späterer Zuord-
nungen von Angaben zu den Befragten. So sind (vgl. § 12 BStatG 1987) die
Hilfsmerkmale zu löschen, sobald bei den statistischen Ämtern die Überprüfung
der Erhebung auf ihre Schlüssigkeit und Vollständigkeit abgeschlossen ist. Sie
sind von den Erhebungsmerkmalen so früh wie möglich zu trennen und – bis
zur Löschung – getrennt aufzubewahren. Von der Löschungsregel gibt es drei
Ausnahmen:

---

[9]vgl. ESSER/GROHMANN/MÜLLER/SCHÄFFER (1989).

Abb. 2.4: Phasen der Geheimhaltungspflicht

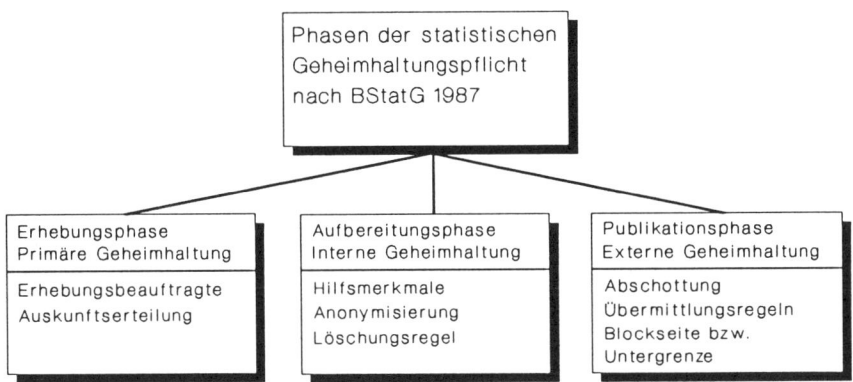

Quelle: ABELS (1991), p. 38

- Bei periodischen Bundesstatistiken darf nach § 12, Abs. 2 BStatG 1987 die Anschrift gespeichert werden, um in den Folgeerhebungen einen übereinstimmenden Kreis der zu Befragenden sicherzustellen.

- Ist eine regionale Zuordnung von Erhebungseinheiten vorgesehen, so sind nach § 19, Abs. 2 BStatG 1987 der Gemeindename und die „Blockseite" von der Löschungsregel ausgenommen. „Blockseite ist innerhalb eines Gemeindegebiets die Seite mit gleicher Straßenbezeichnung von der durch Straßeneinmündungen oder vergleichbaren Begrenzungen umschlossenen Fläche."(§ 10, Abs. 3 BStatG 1987)

- Das Statistische Bundesamt und die statistischen Ämter der Gemeinden dürfen nach § 13 BStatG 1987 Adreßdateien von Unternehmen, Betrieben und Arbeitsstätten zur Durchführung von Wirtschafts- und Umweltstatistiken führen, d.h. in diesen Dateien können Hilfs- und z.T. auch Erhebungsmerkmale gespeichert werden.

Was die **externe Geheimhaltung** anbetrifft, so enthält § 16 BStatG 1987 in zehn Abschnitten sehr präzise Regelungen, die Ergebnis der Auflagen des Bundesverfassungsgerichts im Kontext des Volkszählungsurteils sind. Die Weitergabe von Einzeldaten an außerstatistische Stellen und an statistische Ämter der Gemeinden ist erschwert und in den Absätzen 4 – 10 von § 16 BStatG 1987 geregelt. Wenn Einzeldaten weitergegeben werden, muß das Reidentifikationsrisiko so klein wie möglich sein. Zu diesem Zweck muß der zu einem Merkmalsträger gehörende Datensatz anonymisiert werden. Die **formale Anonymisierung**, d.h. das Löschen der Hilfsmerkmale, allein reicht nicht aus. Es muß auch eine **faktische Anonymisierung** vorgenommen werden. Über die möglichen Formen der Anonymisierung von Datensätzen informieren STATISTISCHES BUNDESAMT (1987b) sowie PAASS/WAUSCHKUHN (1985). Abb. 2.5

zeigt, welche Ausnahmen es von der Geheimhaltungspflicht gibt. Weitere Bemerkungen über Datenschutz und Datensicherung finden sich in Abs. 2.3.

Abb. 2.5: Ausnahmen von der Geheimhaltungspflicht

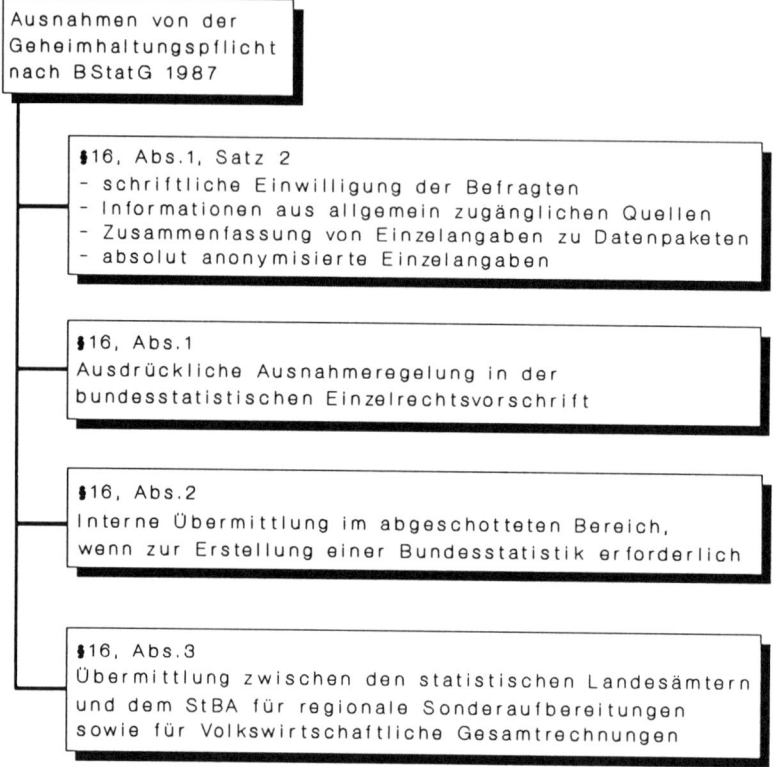

Quelle: ABELS (1991), p. 42

2.2.4   Öffentlichkeitsarbeit und Veröffentlichungen

Umfragen, etwa während der Volkszählungsdebatte 1985 und danach, haben gezeigt, daß die Bevölkerung zwar überwiegend statistische Daten für erforderlich hält, allerdings nicht die Erhebungen, die die Daten liefern. Die praktische Statistik steht vor einem grundsätzlichen Dilemma: Der Weg zu den statistischen Daten, die ja Zahlenangaben in aggregierter und anonymisierter Form sind, führt stets über die Individualdaten der Befragten. Im Gegensatz zu vollziehenden Verwaltungen (z.B. Polizei, Zoll, Finanzamt) ist die Statistik an den Individualdaten als solchen nicht interessiert. Dies gilt es der Öffentlichkeit immer wieder klar zu machen und zu zeigen, daß die Individualdaten bei den

Statistikern geschützt sind und nicht zum Nachteil ihrer Träger verwendet oder weitergegeben werden.

Der amtlichen Statistik hat das Bundesverfassungsgericht daher eine Aufklärungs- und Belehrungspflicht auferlegt:

> Wer nicht mit hinreichender Sicherheit überschauen kann, welche ihn betreffenden Informationen in bestimmten Bereichen seiner sozialen Umwelt bekannt sind, und wer das Wissen möglicher Kommunikationspartner nicht einigermaßen abzuschätzen vermag, kann in seiner Freiheit wesentlich gehemmt werden, aus eigener Selbstbestimmung zu planen und zu entscheiden. Mit dem Recht auf informationelle Selbstbestimmung wären eine Gesellschaftsordnung und eine diese ermöglichende Rechtsordnung nicht vereinbar, in der Bürger nicht mehr wissen können, wer was wann und bei welcher Gelegenheit über sie weiß.
> (Volkszählungsurteil, BVerfGE 65, p. 43)

Die Umsetzung dieser Pflicht erfolgte in § 17 BStatG 1987:

> Die zu Befragenden sind schriftlich zu unterrichten über

1. Zweck, Art und Umfang der Erhebung,

2. die statistische Geheimhaltung (§ 16),

3. die Auskunftspflicht oder die Freiwilligkeit der Auskunftserteilung (§ 5, Abs. 2 und § 15),

4. die Trennung und Löschung (§ 12),

5. die Rechte und Pflichten der Erhebungsbeauftragten (§ 14),

6. den Ausschluß der aufschiebenden Wirkung von Widerspruch und Anfechtungsklage gegen die Aufforderung zur Auskunftserteilung (§ 15, Abs. 6),

7. die Hilfs- und Erhebungsmerkmale zur Führung der Adreßdatei (§ 13, Abs. 2),

8. die Bedeutung und den Inhalt von laufenden Nummern und Ordnungsnummern (§ 9, Abs. 2).

Seit der Volkszählungsdiskussion ist die amtliche Statistik, vor allem das StBA, zu einer verstärkten Öffentlichkeitsarbeit übergegangen, um die Akzeptanz der Statistik zu erhöhen.[10] So sank die Quote der „spontanen Verweigerer" der Volkszählung 1987 von 16% laut Umfrage im Dezember 1985 auf 4% laut Umfrage im Mai 1987. Und als es dann am 25.05.1987 „zum Schwur" kam, lag die Nichtteilnahmequote unter 1%, wobei in dieser Zahl nicht nur die Boykotteure, sondern auch die Einwohner enthalten sind, die zur Zeit der Erhebung nicht erreichbar waren. Während die direkten Kosten der Volkszählung 1987

---

[10] vgl. APPEL (1987a und 1987b).

von der Bundesregierung mit 715 Mio. DM beziffert werden,[11] belaufen sich
die zusätzlichen Ausgaben für die 20 Monate dauernde Informationskampagne
von Ende 1985 bis Mitte 1987 auf ca. 40 Mio. DM. Eingesetzt wurden Print-
medien (Plakate, Aufkleber, Freistempler und – erstmals in Deutschland – eine
Briefmarke für die Statistik) und elektronische Medien. Erreicht wurden etwa
90% der Bevölkerung.

Eine der Hauptaufgaben des StBA ist die Bereitstellung der Erhebungsergebnisse von Bundesstatistiken. Die Informationsmöglichkeiten sind breit ge-
fächert. In vier Formen ist der Zugriff auf Daten des StBA möglich:

- **gedruckte Publikationen**, im folgenden kurz „Veröffentlichungen" genannt,
- telefonischer oder schriftlicher **statistischer Auskunftsdienst** für in-
  dividuelle Wünsche und Bedürfnisse (bei Sonderaufbereitung gegen Ko-
  stenerstattung),
- **Datenbankzugriff** auf das Statistische Informationssystem des Bundes,
  STATIS–BUND genannt, on–line oder off–line über BASIS–BUND (vgl.
  weiter unten),
- Bezug von Daten in Dateien auf **elektronischen Datenträgern**.

Abbildung 2.6 zeigt die Struktur des Veröffentlichungssystems des StBA.
Die Veröffentlichungen gliedern sich in drei große Gruppen:

- Zusammenfassende Veröffentlichungen,
- Fachserien,
- Systematische Verzeichnisse.

Ergänzend werden Karten, Veröffentlichungen zur Auslandsstatistik und fremdsprachige Veröffentlichungen herausgegeben.

Die **Zusammenfassenden Veröffentlichungen** enthalten Ergebnisse aus
mehreren oder allen Arbeitsgebieten des Amtes. Neben **Allgemeinen Querschnittsveröffentlichungen**, wie z.B.:

- Statistisches Jahrbuch für die Bundesrepublik Deutschland,
- Statistisches Jahrbuch für das Ausland,
- Wirtschaft und Statistik (eine Monatszeitschrift, die im **Textteil** grundlegende Aufsätze zum statistischen Programm, zu Rechtsgrundlagen, Systematiken und statistischen Methoden sowie kommentierende Aufsätze
  zu Ergebnissen neuer Statistiken und wichtiger laufender Erhebungen
  enthält, und im **Tabellenteil** die letzten Monatszahlen sowie wichtige
  Eckdaten),

---

[11]Nicht darin enthalten sind die Kosten von vermutlich einigen hundert Mio. DM für die
zunächst in 1983 vorgesehene Volkszählung, die durch eine zwei Wochen vor dem geplanten
Zählungstermin erlassene einstweilige Anordnung des Bundesverfassungsgerichts nicht zur
Durchführung kam (vgl. Abs. 3.2.1.3).

Abb. 2.6: Das Veröffentlichungssystem des Statistischen Bundesamtes

Zusammenfassende Veröffentlichungen			
Allgemeine Querschnittsveröffentlichungen	Thematische Querschnittsveröffentlichungen	Veröffentlichungen zu Organisations- und Methodenfragen	Kurzbroschüren

Fachserien	
Nr.	Titel
1	Bevölkerung und Erwerbstätigkeit
2	Unternehmen und Arbeitsstätten
3	Land- und Forstwirtschaft, Fischerei
4	Produzierendes Gewerbe
5	Bautätigkeit und Wohnungen
6	Handel, Gastgewerbe, Reiseverkehr
7	Außenhandel
8	Verkehr
9	Geld und Kredit
10	Rechtspflege
11	Bildung und Kultur
12	Gesundheitswesen
13	Sozialleistungen
14	Finanzen und Steuern
15	Wirtschaftsrechnungen
16	Löhne und Gehälter
17	Preise
18	Volkswirtschaftliche Gesamtrechnungen
19	Umweltschutz

Systematische Verzeichnisse				
Unternehmens- und Betriebssystematiken	Gütersystematiken	Personensystematiken	Regionalsystematiken	Sonstige Systematiken

Karten

Statistik des Auslandes

Fremdsprachige Veröffentlichungen

Quelle: Statistisches Bundesamt (1981b)

- Statistischer Wochendienst,
- Konjunktur aktuell (die jüngste Publikation des Amtes, die monatlich über das aktuelle wirtschaftliche Geschehen in den neuen und alten Bundesländern berichtet, Konjunkturindikatoren tabellarisch, graphisch und textlich darstellt),
- Lange Reihen zur Wirtschaftsentwicklung (alle zwei Jahre),

gibt es **Thematische Querschnittsveröffentlichungen**, die über bestimmte Bereiche (etwa Bildung, Bau- und Energiewirtschaft) oder über bestimmte Personengruppen (etwa Ausländer, Behinderte) berichten. Aus der Gruppe **Veröffentlichungen zu Organisations- und Methodenfragen** sei hingewiesen auf

- Das Arbeitsgebiet der Bundesstatistik (jährlich),
- Katalog der Statistiken zum Arbeitsgebiet der Bundesstatistik (Loseblattsammlung),
- die Schriftenreihen „Forum der Bundesstatistik" und „Spektrum der Bundesstatistik", in denen Fachleute der amtlichen Statistik und Experten aus Forschung und Wissenschaft Probleme der amtlichen Statistik diskutieren und Lösungsvorschläge erarbeiten.

Kurzbroschüren, wie z.B. der Zahlenkompaß, vermitteln in leicht verständlicher Form einen Überblick über wichtige Lebensbereiche.

Die Ergebnisse einzelner Statistiken werden im System der **Fachserien** publiziert, das nach großen Sachgebieten gegliedert ist. Jede Fachserie umfaßt sog. **Veröffentlichungsreihen** mit Ergebnissen laufender Statistiken, die im Bedarfsfall durch Sonderbeiträge ergänzt werden. Resultate von Zählungen, die nur in größeren Zeitabständen durchgeführt werden, erscheinen im Rahmen der Fachserie als **Einzelveröffentlichung**, so etwa zehn, z.T. mehrteilige Hefte mit Ergebnissen der Volkszählung von 1987 in der Fachserie 1.

Systematische Verzeichnisse sind Hilfsmittel für die einheitliche Zuordnung von Tatbeständen in den Statistiken. Sie dienen einer dem Erhebungs- und Darstellungszweck entsprechenden Gliederung der Ergebnisse.

Der **Statistische Auskunftsdienst**, den es in dieser Form nicht nur beim StBA, sondern auch bei den Statistischen Landesämtern gibt, orientiert sich an den individuellen Wünschen und Bedürfnissen einzelner Benutzer. Hier werden – unter Wahrung der Geheimhaltungsvorschriften – Erhebungsergebnisse zusammengestellt, die wegen ihres speziellen Charakters oder aus Kostengründen im Rahmen des gedruckten Veröffentlichungsprogramms nicht berücksichtigt werden können. Beim StBA werden jährlich rund 200.000 telefonische und annähernd 30.000 schriftliche Anfragen registriert, darunter etwa 6.000, die umfangreiche Materialzusammenstellungen beim Zentralen Auskunftsdienst des Amtes erfordern.

Im Rahmen der **elektronischen Medien** bietet das StBA im Btx–Informationssystem mehr als 1.500 Informationsseiten an. Das wichtigste System für den elektronischen Datenzugriff ist aber STATIS–BUND, ein seit 1976 existierendes statistisches Informationssystem, das zum einen – vgl. Abb. 2.7 – statistische Ergebnisse (keine Einzelangaben!) in Form von Zeitreihen (ca. 700.000 Reihen) oder in Form von Tabellen mit Strukturdaten bereitstellt (gespeichert sind über 35 Millionen Daten) und zum anderen auch statistische Auswertungsverfahren, etwa zur Analyse und Prognose von Zeitreihen, enthält. STATIS–BUND ist also eine **Daten- und Methodenbank.** Da der On–Line-Zugriff auf STATIS–BUND für nicht–staatliche Einrichtungen praktisch ausgeschlossen ist, gibt es seit 1994 BASIS-BUND, einen Lieferservice zum Bestellen und Abholen von Daten des Statistischen Informatiossystem des Bundes. Der Benutzer erteilt seinen Auftrag zur Bereitstellung bestimmter Daten in Form einer Bestelldatei mit seinem PC (unter MS–DOS laufend und mit den Dienstprogrammen BASIS und FORUM) über Modem und Telefonnetz an den BASIS–BUND-PC. Die Datenbereitstellung erfolgt i.a. einige Stunden später, spätestens aber am nächsten Tag.

<u>Abb. 2.7:</u> Das Informationssystem des Statistischen Bundesamtes

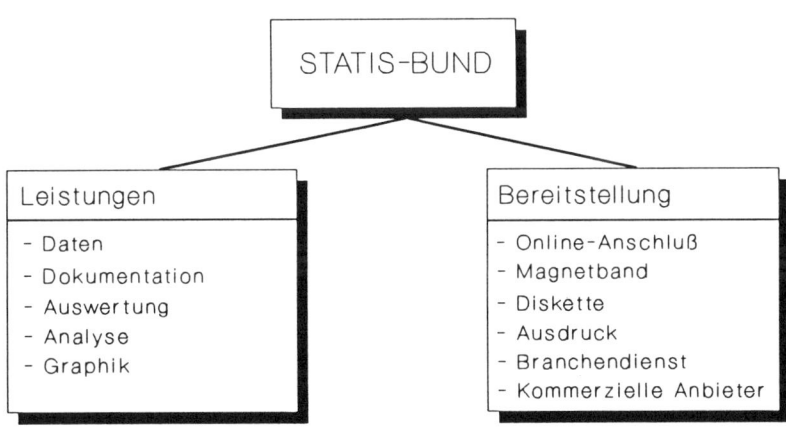

Quelle: ABELS (1991), p. 48

2.2.5 Techniken der amtlichen Datenerfassung – Ein Methodenmix

Amtliche Statistik war bis in die Zeit kurz nach dem II. Weltkrieg weitgehend Totalstatistik, i.d.R. in Form der Primärstatistik, gelegentlich als Sekundärstatistik. In den letzten 40 Jahren hat die amtliche Statistik in Deutschland und auch anderswo ihr Spektrum an Methoden der Datenerfassung erheblich erweitert. Es steht nunmehr ein umfangreiches Methodenmix zur Verfügung.

Bezüglich der **Form der Datenerfassung** gibt es

- Statistiken mit oder ohne Auskunftspflicht,
- schriftliche Befragungen mittels Frage- oder Erhebungsbogen, die ganz oder teilweise elektronisch lesbar sind,
- mündliche Befragungen durch sog. Erhebungsbeauftragte, die vorformulierte Fragen (Das ist die Regel.) oder frei formulierte Fragen stellen,
- Kombinationen von mündlicher und schriftlicher Befragung,
- telefonische Befragungen,
- Datenverknüpfungen in Form von

  ▷ Fortschreibungen aggregierter Bestandsgrößen durch die korrespondierenden Bewegungsmassen,

  ▷ Numerierung der Merkmalsträger und Zusammenführung der Merkmalswerte dieser Träger aus verschiedenen Dateien.

Die **Art der Datenerfassung** ist durch die beiden Begriffspaare

- Primär- und Sekundärstatistik sowie
- Total- und Teilstatistik

beschrieben. Die Kriterien sind kombinierbar, so daß es z.B. sekundäre Teilstatistiken geben kann.

Eine **Primärstatistik** ist eine Datensammlung, die allein für Zwecke der Statistik erfolgt. Die Ausprägungen der Erhebungsmerkmale werden direkt (mündlich, schriftlich oder kombiniert) bei den Merkmalsträgern erfaßt. Bei einer **Sekundärstatistik** entfällt der Arbeitsschritt der Datenerhebung bei den Merkmalsträgern, vielmehr werden deren Merkmalsausprägungen aus bereits vorliegenden Unterlagen entnommen, die nicht für Zwecke der Statistik angelegt worden sind. Das geht i.d.R. schneller und ist billiger als eine Primärstatistik, birgt aber die Gefahren einer für die statistische Fragestellung nicht sachgerechten Abgrenzung der Daten oder einer mangelnden Aktualität oder unvollständiger Unterlagen in sich. Da sich das allgemeine Klima für statistische Primärerhebungen seit der Volkszählungsdiskussion verschlechtert hat, werden Sekundärstatistiken aus Verwaltungsunterlagen künftig an Bedeutung gewinnen. Mit dem Übergang von manuellen Erfassungsmethoden zur automatischen Bearbeitung von Verwaltungsvorgängen zeichnen sich für die Sekundärstatistiken Möglichkeiten der Vereinfachung und Beschleunigung ab. Durch die Automation in der öffentlichen Verwaltung, d.h. durch Einrichtung und Führung von automatisierten Registern, Karteien und Dateien, wird für die amtliche Statistik der Zugriff auf Verwaltungsunterlagen erleichtert.

Der Gesetzgeber hat diese kostengünstige, benutzerfreundliche und „milde" Form der Datenerfassung erkannt und in das neueste Bundesstatistikgesetz eine Reihe diesbezüglicher Regelungen aufgenommen:

- § 8 – Aufbereitung von Daten aus dem Verwaltungsvollzug,

- § 5, Abs. 5 – Bundesstatistiken aus allgemein zugänglichen Quellen ohne Rechtsgrundlage,

- § 13 – Erstellung von Adreßdateien,

- § 3, Abs. 1, Nr. 9 – Mitwirkung des StBA bei den Koordinierungsaufgaben zur Verbesserung und Vereinfachung der Datengewinnung aus Verwaltungsunterlagen.

Dieser letzte Aspekt ist besonders wichtig. Um durch stärkeren Rückgriff auf Verwaltungsunterlagen das Spektrum der Primärstatistiken einschränken zu können, ist es zwingend notwendig, daß statistische Ämter rechtzeitig in die Planung von Automatisierungsprojekten der öffentlichen Verwaltung einbezogen werden. Ansprüche der Statistik und der Nutzer der Statistik sind schon bei der Vorbereitung der Automation von Verwaltungsvorgängen zu berücksichtigen, insbesondere bei Aufstellung des Katalogs der zu registrierenden Merkmale. Gelegentlich müssen für Zwecke der Statistik, damit diese vielseitig verwendbar ist, zusätzliche Daten gespeichert werden, welche die betreffende Verwaltungsbehörde für ihre Arbeit nicht benötigt.

Als Beispiele für Sekundärstatistiken seien genannt:

- **Außenhandelsstatistik** auf Basis der Anmeldeunterlagen der Zollverwaltung[12] (Weil die Zollverwaltung Bundesangelegenheit ist, wird diese Statistik als zentrale Bundesstatistik geführt.),

- **Statistik der natürlichen Bevölkerungsbewegungen** (= Geburten, Sterbefälle, Heiraten) auf der Basis von Unterlagen der Standesämter,

- **Statistik der mechanischen Bevölkerungsbewegungen** (= Wanderungen) auf der Basis von Unterlagen der Einwohnermeldeämter,

- **Kraftfahrzeugstatistiken** aus den Unterlagen des Kraftfahrt–Bundesamtes und der Kfz.–Zulassungsstellen,

- **Justizstatistiken** auf der Basis von Unterlagen der Justizverwaltung,

- **Beschäftigten- und Entgeltstatistiken** aus dem Datenverbund zwischen Sozialversicherungsträgern und der Bundesanstalt für Arbeit nach Einführung des neuen Meldeverfahrens zur Sozialversicherung,

- **Volkswirtschaftliche Gesamtrechnungen**, in die nahezu alle amtlichen Statistiken des StBA mit ihren Resultaten eingehen.

Totalstatistiken in Form der Primärstatistik (= **Vollerhebung**) sind, da sie die interessierenden Merkmalsausprägungen bei **allen** Merkmalsträgern der abgegrenzten Grundgesamtheit zu erfassen haben, sehr arbeitsaufwendig, zeitraubend (Von den ersten Planungsschritten bis zur Vorlage der publizierten Erhebungsergebnisse vergehen bei Großzählungen wie Volks-, Berufs-, Wohnungs- und Arbeitsstättenzählung mehrere Jahre.) und teuer. Aus diesen Gründen sind

---

[12]Seit Einführung des EU–Binnenmarkts am 01.01.1993 gilt diese Regelung nur noch für den deutschen Außenhandel mit Nicht–EU–Ländern, vgl. Abs. 10.1 und 10.2.3.

Vollerhebungen mit großen Zeitabständen versehen, etwa Volkszählungen aufgrund internationaler Empfehlungen (UN) mit einem Zehnjahresabstand. Der Substitution von Voll- durch Teilerhebungen sind Grenzen gesetzt; sie liegen dort, wo die „ewigen" Vorteile der Vollerhebung anfangen:

- Vollerhebungen sind die **Eckpfeiler (Fixpunkte)** und **Kontrollinstrumente** im Gesamtsystem der amtlichen Statistik. Das gilt insbesondere für die Volkszählung.

- Vollerhebungen sind unerläßlich für **Bestandsaufnahmen** in Wirtschaft und Bevölkerung. Sie bieten **die** Datenqualität, die von Informationsgrundlagen zu fordern ist, auf denen politische Planung und Verwaltungshandeln, aber auch private und unternehmerische Entscheidungen mit weitreichenden Konsequenzen beruhen. Rechtsauslösende und rechtswirksame Folgen für eine Vielzahl von Entscheidungen und Verträgen hängen von Bevölkerungsdaten ab.

- Vollerhebungen erlauben eine **zuverlässige regionale und sachliche Tiefengliederung** in Bevölkerung und Wirtschaft, die von Teilerhebungen niemals geliefert werden kann.

- Zum **Aufbau von Registern** und zu ihrer periodischen Überprüfung sind Vollerhebungen unerläßlich.

- Für nachfolgende Teilerhebungen liefern Vollerhebungen eine **Auswahlgrundlage** und den **Hochrechnungsrahmen**. So greift etwa die Markt- und Meinungsforschung für die Durchführung ihrer Stichprobenuntersuchungen auf den Stichprobenplan des amtlichen Mikrozensus zurück, der auf den Daten der jeweils letzten Volkszählung beruht. Vollerhebungen mit ihren Ergebnissen spielen für Teilerhebungen dieselbe Rolle wie ein Kompaß oder ein anderes Navigationsinstrument für Luft- und Seeschifffahrt.

Im Bereich der Bundesstatistik werden **Teilstatistiken** so gut wie ausschließlich **als Primärstatistiken** geführt; man spricht dann von **Teilerhebungen**. Teilauswertungen von Verwaltungsunterlagen sind kaum bekannt. Als **Vorteil** von Teilerhebungen gegenüber Vollerhebungen werden neben der schon erwähnten

- Preiswürdigkeit,
- Schnelligkeit und
- Aktualität

ferner genannt:

- Sie sind das „mildere" Erhebungsinstrument.
- Sie sind gelegentlich zwingend erforderlich, weil
  ▷ die vollständige Erfassung sachlich ausgeschlossen ist (z.B. die Erntevorausschätzung bei Getreide durch Probeschnitte) oder

▷ die Fragestellung so kompliziert ist, daß man besonders geschulte Erhebungsbeauftragte einsetzen muß.

● Sie dienen der Kontrolle von Vollerhebungen.

Von den Formen der Teilerhebung wird in der Bundesstatistik die **Auswahl nach Gutdünken** (= aufs Geratewohl) kaum praktiziert, sondern vor allem Verfahren der **bewußten Auswahl** und der **zufälligen Auswahl**, vgl. Abbildung 2.8. Bei den Verfahren der bewußten Auswahl ist im Gegensatz zu denen der Zufallsauswahl die Größe des **Auswahlfehlers** nicht berechen- oder abschätzbar. Unter dem Auswahlfehler versteht man die Ungenauigkeit in den Erhebungsergebnissen, die aus der Berücksichtigung nur eines Teiles der Grundgesamtheit resultiert. Als Beispiele für Erhebungen in Form der bewußten Auswahl seien genannt:

● bei der Methode der typischen Fälle die Verbraucherpreisstatistik (Notierung der Preise für „typische" Waren und Dienstleistungen), die Berechnung von Preisindizes der Lebenshaltung für bestimmte Typen von Privaten Haushalten,

● bei der Konzentrationsstichprobe (Abschneideverfahren) die monatliche Industrieberichterstattung nur von Unternehmen mit 20 und mehr Beschäftigten oder die Außenhandelsstatistik, in der die Erfassungsgrenze von Sendungen bei 1.000 DM (Waren in der gewerblichen Wirtschaft) bzw. 200 DM (Waren der Ernährung und Landwirtschaft) liegt.

<u>Abb. 2.8:</u> Arten von Teilerhebungen in der Bundesstatistik

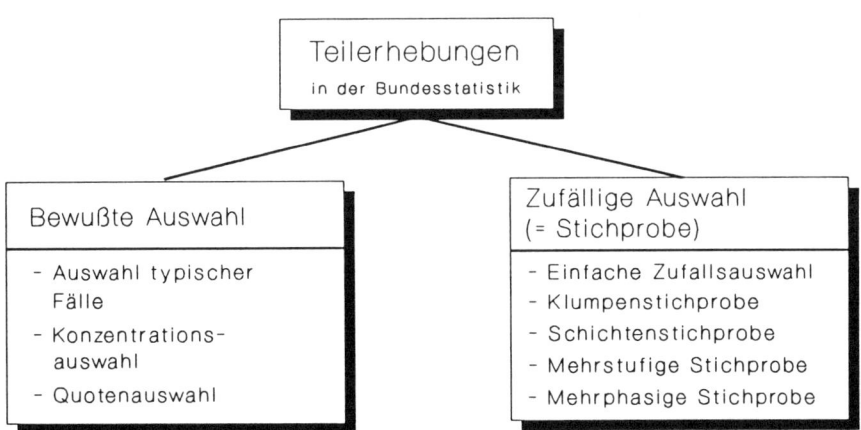

Eine ausführliche Übersicht über die zahlreichen auf Zufallsbasis durchgeführten bundesstatistischen Erhebungen findet sich bei KRUG/NOURNEY/ SCHMIDT (1994), p. 211 ff.

2.2.6   Internationale Zusammenarbeit

Das StBA ist in vielfältigem Kontakt mit:

- statistischen Ämtern anderer Staaten,
- statistischen Ämtern internationaler Organisationen,
- internationalen amtlichen und privaten Einrichtungen.

Abbildung 2.9 zeigt diese internationale Einbindung.[13] Die vielfältigen Kontakte sind – historisch gesehen – aus den Ursprüngen der Statistik zu erklären. Eine der Quellen der heutigen Statistik ist die deutsche Kathederstatistik des 17. und 18. Jahrhunderts. Ihr Anliegen war die Beschreibung von Staaten und deren Vergleich (= Staatenkunde). Hinzu kommt, daß in neuerer Zeit durch die wachsende Interdependenz der Staaten und Volkswirtschaften die meisten Probleme nicht mehr national, sondern international sind und Zusammenarbeit der Staaten bei deren Bewältigung verlangen. Für die internationale Kooperation und Entscheidungsfindung benötigt man statistische Daten, die kompatibel, aktuell und von hoher Qualität sind. So erstreckt sich ein Großteil der Aktivitäten internationaler statistischer Einrichtungen auf die **Harmonisierung** der in den einzelnen Staaten verwendeten statistischen Konzepte.

Das neueste Bundesstatistikgesetz von 1987 enthält eine Reihe von Vorschriften die internationale Einbindung des StBA betreffend:

- § 3, Abs. 1, Nr. 4 – Das StBA hat Statistiken anderer Staaten, der Europäischen Union (EWG, EGKS und EAG) und internationaler Organisationen zusammenzustellen und ihre Ergebnisse für allgemeine Zwecke zu veröffentlichen und darzustellen.
- § 19 „Im supra- und internationalen Bereich hat das Statistische Bundesamt insbesondere die Aufgabe, an der Vorbereitung von statistischen Programmen und Rechtsvorschriften sowie an der methodischen und technischen Vorbereitung und Harmonisierung von Statistiken sowie der Aufstellung von Volkswirtschaftlichen Gesamtrechnungen und sonstiger Gesamtsysteme statistischer Daten für Zwecke der Europäischen Gemeinschaften und internationaler Organisationen mitzuwirken und die Ergebnisse an die Europäischen Gemeinschaften und internationalen Organisationen weiterzuleiten.“
- § 18 – Durchführung von statistischen Erhebungen, die die Europäische Union veranlaßt hat.

Die EU hat von den hoheitlichen Befugnissen, nationale Statistiken zu veranlassen, des öfteren Gebrauch gemacht. Durch **EU–Verordnung** werden nationale Erhebungen angeordnet, durch **EU–Richtlinien** wird den Mitgliedstaaten die Pflicht auferlegt, nationale Rechtsgrundlagen für die betreffende Erhebung zu schaffen. § 18 BStatG 1987 besagt ausdrücklich, daß das Unionsrecht Vorrang vor dem nationalen Recht, hier: dem BStatG, hat.

---

[13]Zur Erläuterung der verwendeten Abkürzungen vgl. Aufgabe 2.14 und die Musterlösung dazu in Abs. 14.2.

Abb. 2.9: Die internationale Zusammenarbeit des Statistischen Bundesamtes

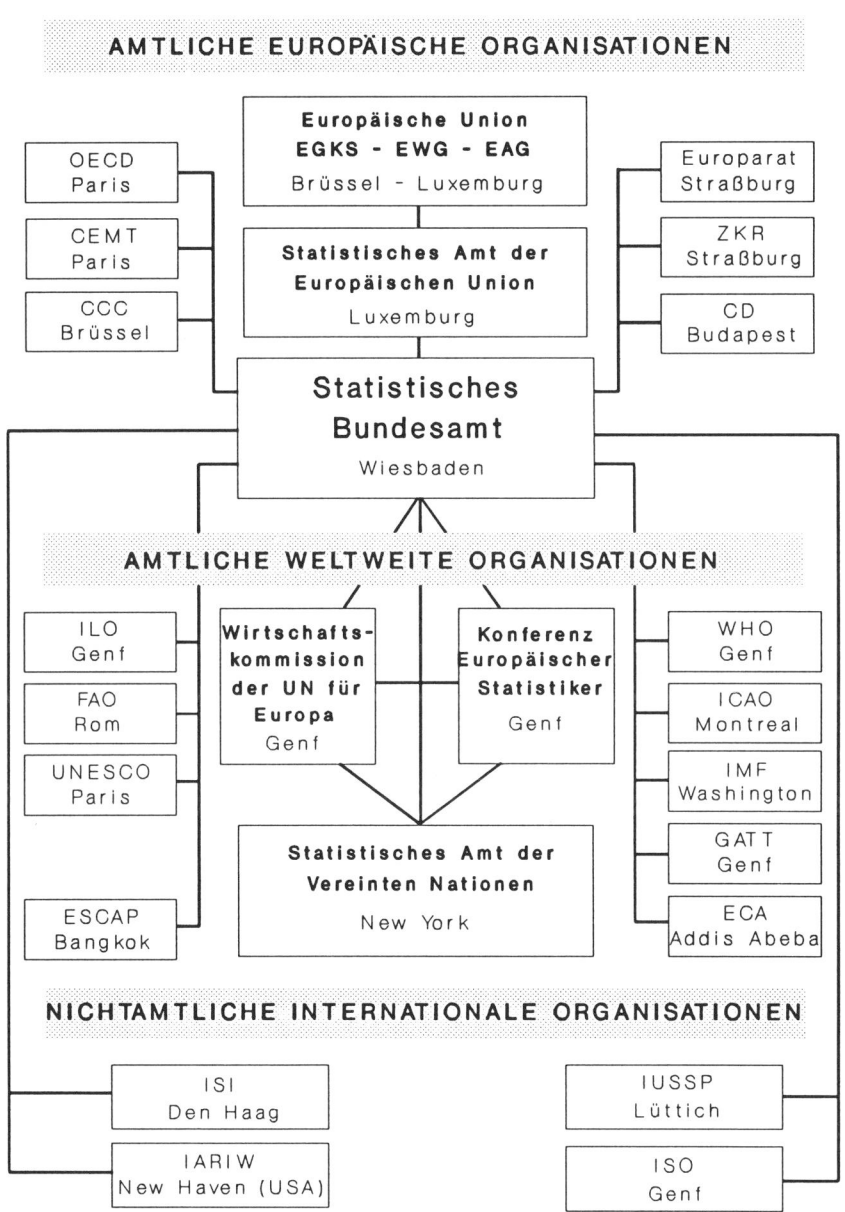

Quelle: Statistisches Bundesamt (1981b), p. 75

Exkurs: Europäische Union

Im Februar 1992 wurde der Maastrichter Vertrag über die Europäische Union
(EU) unterzeichnet, nach dem die Union auf drei Säulen beruht:

1. den Europäischen Gemeinschaften, bestehend aus

   - EWG (seit Maastricht: EG), die Europäische Wirtschaftsgemeinschaft,
   - EGKS, die Europäische Gemeinschaft für Kohle und Stahl, auch Montanunion genannt,
   - EAG, die Europäische Atomgemeinschaft, früher EURATOM genannt,

2. der Gemeinsamen Außen- und Sicherheitspolitik (GASP),

3. der Zusammenarbeit auf dem Gebiet der Innen- und Rechtspolitik.

Der ersten Säule kommt die größte Bedeutung zu.

Als Geburtstag der EU kann der 09.05.1950 angesehen werden; an diesem Tag
stellte der französische Außenminister Robert Schumann den zuvor mit dem deutschen Bundeskanzler Konrad Adenauer abgestimmten Plan vor, die Kohle- und Stahlproduktion Frankreichs und Deutschlands unter eine gemeinsame Verwaltung zu stellen, der sich andere Länder anschließen können sollten. 1951 wurde aufgrund dieses
Plans die EGKS mit Deutschland, Frankreich, Belgien, den Niederlanden, Luxemburg
und Italien als Mitgliedstaaten gegründet.

Der EGKS folgte 1957 mit den Verträgen von Rom die Europäische Wirtschaftsgemeinschaft (EWG) und die Europäische Atomgemeinschaft (EURATOM). Im Gegensatz zum EGKS- und EURATOM-Vertrag, die beide nur die Integration einzelner
Wirtschaftsbereiche zum Inhalt hatten, kam dem EWG-Vertrag umfassendere Bedeutung zu, da er den freien Personen-, Waren-, Dienstleistungs- und Kapitalverkehr
zwischen den Mitgliedstaaten zum Ziel hatte. Mit dem Fusionsvertrag wurden für die
drei Gemeinschaften der **Ministerrat** und die **Kommission** als gemeinsame Organe
geschaffen.

Der Erfolg der drei ursprünglichen Sechsergemeinschaften zog andere europäische
Staaten an. Bislang gab es vier Erweiterungen:

1. 1973 um Dänemark, Großbritannien und Irland,

2. 1981 um Griechenland,

3. 1986 um Portugal und Spanien,

4. 1995 um Finnland, Österreich und Schweden.

Neben der räumlichen Ausdehnung[14] kam es auch zu einer Vertiefung der Beziehungen zwischen den Mitgliedstaaten, so daß mit der Einheitlichen Europäischen Akte
von 1986 die Voraussetzungen für die Vollendung des Europäischen Binnenmarktes
geschaffen wurden, der sich dann zum 01.01.1993 realisierte.

Welches sind die Institutionen der EU und ihre Funktionen? –

---

[14]Mit sechs mittel- und osteuropäischen Staaten hat die EU Assoziationsabkommen abgeschlossen, die längerfristig die Mitgliedschaft dieser Staaten zum Ziel haben. Vorgesehen sind
solche Abkommen auch mit den baltischen Staaten und Slowenien. Von Malta und Zypern
wurden auch Aufnahmeanträge gestellt.

- Im **Europäischen Rat** treffen sich die Staats- und Regierungschefs der Mitgliedstaaten seit 1975 mindestens zweimal jährlich. Auf diesen „EU–Gipfeln"[15] werden die Leitlinien der Unionspolitik festgelegt und die Grundsatzentscheidungen getroffen.
- Gesetzgebendes Organ der EU mit Sitz in Brüssel ist der **Rat der Europäischen Union**, auch **Ministerrat** genannt, bestehend aus den Fachministern der Mitgliedstaaten.
- Die Vorschläge für die „Unionsgesetze" werden von der **Europäischen Kommission** (Sitz: Brüssel) erarbeitet. Sie ist die Verwaltung der EU. Das von der Union geschaffene Recht geht dem Recht der Mitgliedstaaten vor. Verabschiedet der Ministerrat auf Vorschlag der Kommission eine **Verordnung**, so ist sie unmittelbar geltendes Recht in jedem Mitgliedstaat. Erläßt er eine **Richtlinie**, so sind die Mitgliedstaaten zur Umsetzung in nationales Recht verpflichtet.
- Der **Europäische Gerichtshof** mit Sitz in Luxemburg sorgt dafür, daß EU–Recht auch eingehalten wird. Klagen können die Mitgliedstaaten und EU–Organe, etwa wenn ein Staat eine Richtlinie nicht umsetzt, aber auch Bürger und Unternehmen.
- Das **Europäische Parlament** hat nicht die Kompetenzen eines nationalen Parlaments, so ist es an der Ausarbeitung der EU–Rechtsakte nur beratend, aber nicht abstimmend beteiligt. Es tagt in Straßburg, hat seine Verwaltung in Luxemburg und führt Ausschußsitzungen in Brüssel durch.
- Beratende Gremien des Ministerrats bei dessen Tätigkeit als Legislativorgan sind der **Wirtschafts- und Sozialausschuß**, in dem die wichtigsten gesellschaftlichen Gruppen vertreten sind, und der **Ausschuß der Regionen**, beide mit Sitz in Brüssel.
- Schließlich wacht der **Europäische Rechnungshof** (Sitz: Luxemburg) über die Haushaltsführung der Union, die 1995 einen Jahresetat von 76,5 Mrd. ECU ($\approx$ 145 Mrd. DM) hatte, von dem über 50% Agrarausgaben sind. An der Finanzierung des Etats ist Deutschland mit gut 29% beteiligt.

Wie soll es mit der EU weitergehen? – Der erste Schritt in Richtung einer wirtschaftlichen Integration in der EU war der Übergang zur **Zollunion** 1968. Zum 01.01.1993 wurde mit Einführung des **Binnenmarktes** der nächste große Schritt getan, und der **freie Personenverkehr** in der EU (außer zunächst Italien und Griechenland sowie aus grundsätzlichen Erwägungen ohne Großbritannien) trat mit dem Schengener Abkommen zum 01.04.1995 ein. Was in der wirtschaftlichen Integration noch aussteht, ist die **Währungsunion**, aber der Weg dahin ist in den Maastrichter Verträgen schon festgeschrieben, nachdem es bereits seit März 1979 das **Europäische Währungssystem EWS** gibt, das die Wechselkurse zwischen den Währungen der EU–Mitgliedstaaten durch Interventionsregeln stabil, d.h. innerhalb bestimmter Bandbreiten halten soll. Frühestens zum 01.01.1997, spätestens zum 01.01.1999 sollen die Kurse der beteiligten Währungen unwiderruflich festgelegt und die Geldpolitik in die Verantwortung des **Europäischen Systems der Zentralbanken**, Sitz in Frankfurt/Main, übergehen. Damit die Währungsunion auch eine Stabilitätsgemeinschaft wird, dürfen an ihr nur jene Länder teilnehmen, die die vier **Konvergenzkriterien** erfüllen:

---

[15]Teilnehmer sind auch der Präsident der Kommission und ein Kommissionsmitglied sowie die Außenminister.

1. **Preisstabilität**
   Die durchschnittliche Inflationsrate darf im letzten Jahr vor der Prüfung über
   die Teilnahme an der Währungsunion um nicht mehr als 1,5 Prozentpunkte
   über der Inflationsrate der drei preisstabilsten Mitgliedstaaten liegen.
2. **Zinsniveau**
   Der mittlere langfristige Zinssatz darf im Jahr vor der Prüfung um nicht mehr
   als 2 Prozentpunkte über dem der drei preisstabilsten Länder liegen.
3. **Wechselkursstabilität**
   In zumindest den letzten zwei Jahren vor der Prüfung muß das beitrittswillige
   Land die normalen Bandbreiten im EWS ohne starke Spannungen eingehalten
   haben und es darf von sich aus nicht abgewertet haben.
4. **Staatshaushalt**
   Die jährliche Neuverschuldung darf nicht mehr als 3% und der Schuldenstand
   darf nicht mehr als 60% des Bruttoinlandsprodukts betragen.

Derzeit haben die meisten Mitgliedsländer Schwierigkeiten, alle Kriterien zu erfüllen,
so daß die Einhaltung des Maastrichter Fahrplans keineswegs sicher ist.

2.2.7 Statistische Probleme aus der deutschen Vereinigung

Die deutsche Vereinigung vom 03.10.1990 stellt auch für die amtliche Statistik eine Herausforderung dar und brachte in diesem Bereich eine Reihe von
Problemen mit sich. Die **Deutsche Statistische Gesellschaft** hat sich damit
auf ihrer Jahrestagung 1991 (Herbst 1991 in Berlin) beschäftigt. Die Zeitschrift
Allgemeines Statistisches Archiv berichtet ausführlich über diese Tagung,
vgl. Band 76 (1992), p. 1 ff. Die Vereinheitlichung des statistischen Programms,
d.h. im wesentlichen die Übertragung der Konzepte der amtlichen Statistik der
alten Bundesrepublik, konnte nur schrittweise erfolgen. In einer mehrjährigen
Übergangsphase wird man die ökonomische, ökologische und soziale Entwicklung getrennt für beide Teilgebiete dokumentieren müssen und nur bedingt für
das gesamte Deutschland. Es macht aufgrund der noch unterschiedlichen Aus-
gangsgegebenheiten und der Strukturverschiedenheit der alten und der neuen
Bundesländer keinen Sinn, z.B. eine gemeinsame Arbeitslosenquote, einen gemeinsamen Preisindex der Lebenshaltung o.ä. anzugeben.[16]

Es gibt auch gravierende Unterschiede in den Statistiksystemen der früheren
DDR und der alten BRD, vor allem im Bereich der Wirtschaftsstatistiken, wo
die Erhebungsmerkmale, Systematiken, Periodizitäten und Berichtskreise am
stärksten differieren. Man denke nur an die fundamental verschiedenen Volkswirtschaftlichen Gesamtrechnungssysteme der früheren RGW–Länder (dort auf
der Marx'schen Wert- und Kreislauftheorie beruhend) und der westlichen Länder (hier auf dem marktwirtschaftlichen Konzept basierend). Im Bereich der

---

[16]Man vgl. zu diesem Problemkreis den Aufsatz von HANAU(1992).

Bevölkerungsstatistik sind die Diskrepanzen nicht ganz so bedeutungsvoll. Unterschiede betreffen im wesentlichen die Wanderungsstatistik und Teile der Geburtenstatistik (unterschiedliche Definition von „Lebendgeburten"), so daß man relativ leicht und schnell für das Gebiet des vereinten Deutschlands bevölkerungsstatistische Zeitreihen wird rekonstruieren können, die bis 1950 zurückgehen. Bei ökonomischen Zeitreihen wird eine derartige rückwärtige Verlängerung kaum möglich sein oder allenfalls nur für einige wichtige, zentrale und globale Größen. Das ist eine historisch–statistische Aufgabe.[17]

Die deutsche Vereinigung schlägt sich im amtlichen statistischen Berichtssystem durch Datenangaben mit z.T. differierender örtlicher Abgrenzung nieder. In neueren Publikationen bedeutet bei Daten der Zusatz

- **Deutschland**, daß der Gebietsstand ab dem 03.10.1990 vorliegt,
- **früheres Bundesgebiet** den Gebietsstand der BRD inkl. Berlin (West) vor dem 03.10.1990 und
- **neue Bundesländer** das Gebiet der ehemaligen DDR inkl. Berlin (Ost) ab dem 03.10.1990.[18]

Zeitreihen für Größen, die sich für den Gebietsstand „Deutschland" im obigen Sinne für die Zeit vor der Vereinigung nicht rückrechnen lassen, weisen im Jahr 1990 einen **Strukturbruch** auf. Solche Reihen sind i.d.R. für die beiden Teilzeiträume getrennt zu analysieren.

Literatur zu Abs. 2.2 [19]

ABELS, H. (1991), p. 26 ff.
ANDERSON, O. u.a. (1983), p. 1 – 66
KRUG, W. / NOURNEY, M. / SCHMIDT, J. (1994), p. 1 ff.
LIPPE, P. V. D. (1990), p. 7 ff.
PAASS G. / WAUSCHKUHN, U. (1985)
STATISTISCHES BUNDESAMT (1987b)
STATISTISCHES BUNDESAMT (1988a)
UNGERER, A. / HAUSER, S. (1986), p. 9 – 32

---

[17]Zusätzlich zu den Aufsätzen im Allg. Stat. Archiv, Bd. 76 (1992) vgl. ANGERMANN und Mitarbeiter (1990) sowie ANGERMANN (1994).

[18]Ergebnisse für das Gebiet der früheren DDR vor dem 03.10.1990 tragen den Zusatz „Gebiet der ehemaligen DDR".

[19]Man findet hier nur eine Kurzzitierung. Die vollständigen bibliographischen Angaben stehen im Literaturverzeichnis, Kap. 15.

2.3   Datenschutz und Datensicherung

Unmittelbar einsichtig ist, daß die meisten Menschen die sie betreffenden Daten
nicht beliebig verbreiten oder einsehen lassen möchten. Die EDV hat es aber
grundsätzlich möglich gemacht, daß aus verschiedenen Quellen (Dateien) und
mittels Datenaustausch über eine Person so viele Informationen zu ermitteln
sind, daß man schon vom „gläsernen Menschen" gesprochen hat. Denkbar ist
auch, daß Daten in die Hände Unbefugter gelangen und damit u.U. Material für
Erpressung und Nötigung liefern. Auch Datenbeschaffung aus purer Neugier ist
bekannt. Alle diese Situationen sollen durch **Datenschutz** vermieden werden.

Datenschutz im Sinne einer Verhaltensweise ist nicht neu. Es gibt die Ver-
schwiegenheitspflicht von Ärzten, Geistlichen und Rechtsanwälten über solche
Informationen, die sie in Ausübung ihres Berufes erfahren. Es gibt ferner das
Bankgeheimnis, das Steuergeheimnis und – last not least – das Statistikgeheimnis. In ihrem 1985 verabschiedeten **Berufskodex für Statistiker**[20] hat das
Internationale Statistische Institut (1885 gegründet und damit eine der ältesten
internationalen wissenschaftlichen Gesellschaften) im Rahmen der Verpflichtungen des Statistikers gegenüber Einzelpersonen u.a. diese traditionsreiche
Verhaltensweise von Statistikern fest- und fortgeschrieben:[21]

> Statistical data are unconcerned with individual identities. They are
> collected to answer questions such as "how many?" or "what propor-
> tion?", not "who?". The identities and records of co–operating (or non-
> cooperating) subjects should therefore be kept confidential, whether or
> not confidentiality has been explicitly pledged.
>
> Statisticians should take appropriate measures to prevent their data from
> being published or otherwise released in a form that would allow any
> subject's identity to be disclosed or inferred.
>
> (ISI, 1986, p. 238)

Datenschutz wurde bei der Übermittlung von Daten schon früh ausgeübt:
Rauchzeichen bei Naturvölkern, Schreiben mit unsichtbarer Tinte, Verschlüsse-
lung von Daten im Funkverkehr. Alle diese Verschlüsselungsmaßnahmen fallen
unter den Oberbegriff der Kryptologie.[22] Anliegen des Datenschutzes im gesetzlichen Sinne (der diversen Datenschutzgesetze) ist es, Informationen vor Mißbrauch bei ihrer Verarbeitung zu schützen. In der Bundesrepublik Deutschland
stehen im Kontext von Daten und Informationen zwei Rechte des Grundgesetzes in einem Spannungsverhältnis zueinander:

- das **Persönlichkeitsrecht** nach GG Art. 2, Abs. 1. (Das Recht eines
  jeden Menschen auf Achtung seiner Würde und seines Eigenwertes als in-

---

[20]ISI (1986)

[21]vgl. auch BÜRGIN/SCHNORR-BÄCKER, (1986).

[22]In sehr unterhaltsamer Weise berichtet darüber der Gießener Mathematiker BEU-
TELSPACHER (1987).

dividuelles Persönlichkeitsrecht ist zwar nicht explizit durch Gesetz festgelegt, jedoch wird es aus GG Art. 1, Abs. 2 abgeleitet.)

- **das Recht auf Informationsfreiheit** nach GG Art. 5, Abs. 1, S. 1. („Jeder hat das Recht, ... sich aus allgemein zugänglichen Quellen ungehindert zu unterrichten.")

Es ist selbstverständlich, daß auch in einem Rechtsstaat personenbezogene Daten in verschiedenen Lebensbereichen zwangsläufig erhoben und verwendet werden müssen, ohne daß der einzelne jeweils erst gefragt werden kann. Behörden, Unternehmen und natürliche Personen dürfen personenbezogene Daten verwenden, um

- ihre gesetzlichen Aufgaben zu erfüllen (z.B.: Feststellung des Jahreseinkommens und Erlaß eines Steuerbescheides durch das zuständige Finanzamt) oder
- berechtigte privatwirtschaftliche Interessen zu wahren (Angabe der notwendigen Daten vor Abschluß einer Hausrats- oder einer Lebensversicherung).

Um den Mißbrauch von Daten zu verhindern, hat der Gesetzgeber in der Bundesrepublik Deutschland eine Reihe von Rechtsvorschriften erlassen und zur Wahrung dieses Rechts Behörden eingerichtet, etwa **die Beauftragten für den Datenschutz** des Bundes und der einzelnen Länder sowie das **Bundesamt für Sicherheit in der Informationstechnik**. Grundlegende gesetzliche Regelungen sind enthalten:

- im **BStatG 1987** (Dieses betrifft ausschließlich den Schutz von Daten, die im Rahmen statistischer Erhebungen anfallen.),
- im **Bundesdatenschutzgesetz (BDSG)** in der neuesten Fassung vom 20.12.1990 (Das BDSG gilt für öffentliche Stellen des Bundes, öffentliche Stellen der Länder, soweit der Datenschutz nicht durch Landesgesetz geregelt ist, und nicht–öffentliche Stellen, soweit sie personenbezogene Daten geschäftsmäßig oder für berufliche und gewerbliche Zwecke verarbeiten und nutzen.),
- in **Landesdatenschutzgesetzen**, in Hessen das HDSG vom 11.11.1986. (Die Landesdatenschutzgesetze gelten für Behörden und öffentliche Stellen des Landes, der Gemeinden und Landkreise sowie der unter Landesaufsicht stehenden juristischen Personen des öffentlichen Rechts und deren Vereinigungen.)

Datenschutz im engeren Sinne gemäß der Datenschutzgesetze ist die Aufgabe, **personenbezogene Daten** vor Mißbrauch bei der Datenverarbeitung zu bewahren und so der Beeinträchtigung schutzwürdiger Belange der Betroffenen entgegenzuwirken. **Datenschutz im weiteren Sinne** ist die Aufgabe, durch den Schutz **aller Daten** vor Mißbrauch in ihren Verarbeitungsphasen der Beeinträchtigung fremder oder eigener schutzwürdiger Belange zu begegnen. Im BDSG kann man vier Bereiche ausmachen:

- die Regelung der Zuverlässigkeit der Datenverarbeitung (Nicht festgelegt ist im Gesetz, ob und unter welchen Umständen EDV eingesetzt werden darf.),
- die Einräumung von Rechten für die Betroffenen (Das BDSG sichert den Betroffenen im wesentlichen vier Rechte zu:
  ▷ das Recht auf Auskunft über die gespeicherten Daten,
  ▷ das Recht auf Berichtigung fehlerhafter Daten,
  ▷ das Recht auf Sperrung von Daten, wenn sich deren Wahrheitsgehalt nicht feststellen läßt oder wenn diese Daten nicht mehr benötigt werden,
  ▷ das Recht auf Löschung bei unzulässiger Speicherung von Daten.),
- die Überwachung durch Kontrollinstitutionen (Datenschutzbeauftragte, Aufsichtsbehörden),
- die Ahndung von Gesetzesverletzungen durch Strafbestimmungen und Bußgeldverfahren.

Verarbeitung personenbezogener Daten ist nur zulässig, wenn es das BDSG, ein anderes Gesetz oder der Betroffene erlauben. Gegenüber früher ist dies eine wesentliche Neuerung, denn bis vor Erlaß der Datenschutzgesetze konnte jeder personenbezogene Daten verarbeiten wie er wollte, z.B. als Unternehmen die Anschriften der Mitarbeiter einer Versicherung mitteilen, um dieser den Abschluß von Versicherungen zu ermöglichen.

Datenmißbrauch ist die Nichtbeachtung der für die Verarbeitung von Daten geltenden Regeln. Aus dem BDSG sind z.B. folgende Formen des Datenmißbrauchs ableitbar:

- Datenmißbrauch **bei der Speicherung** (Speichern falscher oder unzulässiger Informationen),
- Datenmißbrauch **bei der Löschung** (Entfernen von Informationen, die nicht gelöscht werden dürfen),
- Datenmißbrauch **bei der Übermittlung**.

Datenschutz wird realisiert durch:

- Einhaltung von Unternehmensgrundsätzen und -richtlinien,
- Einhaltung der gesetzlichen Vorschriften,
- problembewußtes Handeln,
- Anwendung der Datensicherung.

Datensicherung ist eine organisatorische und technische Aufgabe. Sie soll die Sicherheit von Datenbeständen und Datenverarbeitungsabläufen gewährleisten, etwa dadurch, daß

- der Datenzugriff nur Berechtigten möglich ist,
- keine unerwünschte bzw. unberechtigte Verarbeitung von Daten erfolgt,

- die Daten bei der Verarbeitung nicht verfälscht werden,
- die Daten reproduzierbar sind.

Diese Aufgabe wird gelöst durch in Hard- und Software enthaltene technische und organisatorische Vorkehrungen und Maßnahmen und durch übrige organisatorische, bauliche und personelle Vorkehrungen und Maßnahmen. Ziel und Ergebnis der Datensicherung ist die **Datensicherheit**. Die **zehn Gebote der Datensicherung** sind:

1. **Zugangskontrolle** – Unbefugten muß der Zugang zur DV–Anlage verwehrt werden.

2. **Abgangskontrolle** – Personen, die an der DV–Anlage arbeiten, müssen gehindert werden, Datenträger unbefugt zu entfernen.

3. **Speicherkontrolle** – Unbefugte Eingabe, Ansicht, Änderung oder Löschung von Daten im Speicher sind zu verhindern.

4. **Benutzerkontrolle** – Die Benutzung von DV–Systemen, aus denen oder in die personenbezogene Daten übermittelt werden, muß Unbefugten verwehrt werden.

5. **Zugriffskontrolle** – Es muß gewährleistet sein, daß berechtigte Benutzer eines DV–Systems lediglich Zugriff auf die ihnen zugeteilten personenbezogenen Daten erhalten.

6. **Übermittlungskontrolle** – Es muß die Möglichkeit der Überprüfung geben, an welche Stellen personenbezogene Daten übermittelt werden können.

7. **Eingabekontrolle** – Es muß die Möglichkeit geben, nachträglich festzustellen, wann von wem welche personenbezogenen Daten eingegeben worden sind.

8. **Auftragskontrolle** – Es muß gewährleistet sein, daß im Auftrag zu verarbeitende personenbezogene Daten nur gemäß den Weisungen des Auftraggebers behandelt werden.

9. **Transportkontrolle** – Es muß gewährleistet sein, daß personenbezogene Daten bei der Übermittlung und beim Transport nicht von Unbefugten gelesen, geändert oder gelöscht werden können.

10. **Organisationskontrolle** – Die innerbehördliche oder innerbetriebliche Organisation muß den Datenschutzgesetzen entsprechen.

Aus diesen Geboten ergeben sich für die Praxis u.a. folgende Konsequenzen:

- **Auslagerung** von wichtigen Programmen und Daten an andere Orte,
- **Funktionstrennung** von Organisations-, Programmier- und DV–Abteilung,
- **Ausweichsysteme**, damit auch bei Ausfall der Anlage wichtige Arbeiten durchgeführt werden können,
- **Identifikation** des Benutzers durch Passworte o.ä.,

- **Zugangsregelung**, d.h. ein Benutzer sollte nur so viele Daten wie nötig, aber so wenige wie möglich verarbeiten dürfen,
- **Hardware–Sicherungen** für die fehlerfreie Verarbeitung der Daten, z.B. durch entsprechende Leitungen.

Literatur zu Abs. 2.3 [23]

KRALLMANN, H. (1989)
LIPPOLD, H. / SCHMITZ, P. (1991)
WECK, G. (1984)

AUFGABE 2.1

Studenten der Wirtschaftswissenschaften sollten über bundesdeutschen Wirtschaftsforschungsinstitute informiert sein.

a) Wie heißen die acht bedeutendsten dieser Institute?

b) Wo haben sie ihren Sitz?

c) Wo liegt ihr jeweiliger Aufgabenschwerpunkt?

d) Welches sind deren laufende Publikationen (Zeitschriften)?

AUFGABE 2.2

Wichtige Daten für den empirisch arbeitenden Wirtschaftswissenschaftler finden sich auch in den **laufenden** Publikationen

a) der Deutschen Bundesbank,

b) der Bundesanstalt für Arbeit.

Welches sind diese Veröffentlichungen?

AUFGABE 2.3

In der Bundesrepublik Deutschland dürfen statistische Erhebungen ohne existierende Rechtsgrundlage gemacht werden durch („ja" oder „nein" einsetzen):

a) das Statistische Bundesamt,   (   )

b) Wirtschaftsverbände,   (   )

---

[23]Man findet hier nur eine Kurzzitierung. Die vollständigen bibliographischen Angaben stehen im Literaturverzeichnis, Kap. 15.

c) Kommunalstatistische Ämter,   (   )

d) Statistische Landesämter,   (   )

e) Meinungsforschungsinstitute,   (   )

f) jeden Bürger,   (   )

g) jedes Unternehmen,   (   )

h) Industrie- und Handelskammern.   (   )

AUFGABE 2.4

Ergänzen Sie bzw. setzen Sie „ja" oder „nein" ein!

a) Der Präsident des Statistischen Bundesamtes ist in methodischen Fragen weisungsgebunden.   (   )

b) Das Statistische Bundesamt ist eine selbständige Bundesoberbehörde im Geschäftsbereich des ....

c) Das Statistische Bundesamt kann selbständig Statistiken anordnen und durchführen.   (   )

d) Der Präsident des Statistischen Bundesamtes ist

   da) Leiter bei Bundestagswahlen,   (   )

   db) Leiter bei Landtagswahlen.   (   )

e) Das Statistische Bundesamt erhebt Daten über die Entwicklung

   ea) der Zinssätze in der Bundesrepublik Deutschland,   (   )

   eb) der Anzahl Arbeitsloser und offener Stellen.   (   )

AUFGABE 2.5

Welches sind (in Stichworten) die Vor- und Nachteile

a) der Legalisierung,

b) der fachlichen Zentralisierung,

c) der regionalen Dezentralisierung?

| AUFGABE 2.6 |

Eine generelle Ermächtigung zur Durchführung solcher Erhebungen, die die amtliche Statistik für notwendig und sinnvoll erachtet (Setzen Sie „ja" oder „nein" ein.),

a) gibt es in der Bundesrepublik Deutschland nicht,   (   )

b) ist vom Bundesminister des Innern ein für alle Male gegeben worden, (   )

c) kann vom Bundesminister des Innern ausgesprochen werden,   (   )

d) kann nur vom Gesetzgeber ausgesprochen werden.   (   )

| AUFGABE 2.7 |

Dürfen Einzelangaben aus statistischen Erhebungen von den statistischen Ämtern an Hochschulen und unabhängige wissenschaftliche Forschungseinrichtungen weitergegeben werden? Wenn ja, unter welchen Bedingungen?

| AUFGABE 2.8 |

Wie ist das „Statistische Jahrbuch für das Ausland" aufgebaut, das vom Statistischen Bundesamt herausgegeben wird?

| AUFGABE 2.9 |

Die gedruckten Veröffentlichungen des Statistischen Bundesamtes gliedern sich in drei große Gruppen:

– Zusammenfassende Veröffentlichungen (A),
– Fachveröffentlichungen (B),
– Systematische Verzeichnisse (C).

Ordnen Sie den folgenden Publikationen die zugehörige Kategorie A, B oder C zu!

a) Monatsschrift „Wirtschaft und Statistik",   (   )

b) Fachserie 17 „Preise",   (   )

c) Fachserie 1, VZ 1987, Heft 13 „Genauigkeitsprüfungen zur VZ 1987", (   )

d) Forum der Bundesstatistik, Band 5 „Nutzung von anonymisierten Einzelangaben aus Daten der amtlichen Statistik",   (   )

e) Verzeichnis der Religionsbenennungen,   (   )

f) Umweltinformationen der Statistik,   (   )

g) ISCO (= Internationale Standardklassifikation der Berufe).   (   )

AUFGABE 2.10

Welche Personensystematiken kennt die Bundesstatistik?

AUFGABE 2.11

Zeigen Sie die zentrale Stellung der Volks- und Berufszählung im Rahmen der amtlichen Statistik.

AUFGABE 2.12

Welche Erhebungen gehören zum erwerbsstatistischen Berichtssystem, d.h. liefern Daten über die Erwerbstätigkeit?

AUFGABE 2.13

Welche Stichproben führt die Bundesstatistik im Bereich „Land- und Forstwirtschaft" durch?

AUFGABE 2.14

Welche Institutionen verbergen sich hinter den Abkürzungen in Abbildung 2.9?

AUFGABE 2.15

Welchen Aufbau hatte die amtliche Statistik in der ehemaligen DDR?

AUFGABE 2.16

In den ISI–Deklarationen wird von den Verpflichtungen des Statistikers gegenüber vier Gruppen gesprochen. Welche sind dies?

AUFGABE 2.17

Sie erhalten einen Telefonanschluß von der TELEKOM.

a) Welche persönlichen Daten,

b) welche sachlichen Informationen (des Anschlusses) werden dabei erhoben
und gespeichert?

c) Unter welches Datenschutzgesetz fällt die TELEKOM?

AUFGABE 2.18

Sie kaufen bei einem PKW–Händler einen neuen PKW und lassen ihn auf Ihren
Namen zu.

a) Bei welchen Stellen fallen in diesem Zusammenhang Daten an?

b) Unter welchen Datenschutzgesetzen stehen diese Stellen?

Kapitel 3

Bevölkerung

Die Bevölkerung steht als Träger von Staat, Wirtschaft und Kultur im Zentrum aller Gesellschaftswissenschaften. Änderungen in der Bevölkerung als Prozesse, die Umfang und Struktur betreffen, vollziehen sich in der Regel (Ausnahmen sind Kriege und einschneidende Wirtschaftskrisen) nur allmählich und über große Zeitspannen. Sie haben aber dann nachhaltige Konsequenzen für die gesamte Gesellschaft. In den Entwicklungsländern hat jüngst ein immenses Bevölkerungswachstum nicht nur eine total unausgewogene Altersstruktur hervorgebracht (In einigen dieser Länder liegt der Anteil der Kinder an der Bevölkerung bei 40%.), sondern als weitere Folge zu Verarmung, Verelendung, Umweltzerstörung sowie Gewalt, Verzweiflung und Hoffnungslosigkeit geführt. In den westlichen Industrieländern haben Geburtenrückgang und Stabilisierung der Geburtenintensität auf einem niedrigen Niveau, die Erhöhung der Lebenserwartung, die Auflösung der traditionellen Familiengröße und Familienformen sowie der Immigrationsdruck in den letzten Jahren mit der Folge der Erhöhung des Anteils älterer Menschen und solcher aus anderen Kulturkreisen gewaltige Herausforderungen für die Zukunft heraufbeschworen. Sie verlangen Neuorientierungen in den verschiedensten Politikbereichen, etwa in der Asyl-, Einwanderungs-, Familien-, Wohnungsbau-, Regional- oder Sozialpolitik. Voraussetzung dafür, solche Prozesse überhaupt erkennen, beurteilen und ihnen geeignet begegnen zu können, ist ein ausgebautes System der Bevölkerungsstatistik.

3.1 Grundlagen, Zielsetzungen, Abgrenzungen

In der Literatur werden statistische Gesamtheiten aller Art als „Populationen" (engl.: population = Bevölkerung) bezeichnet, egal ob es sich um eine Menge von Mineralien, Maschinen oder Menschen handelt. Die Bevölkerungsstatistik hat aber nicht nur dieses eine Konzept für die allgemeine Statistik bereitgestellt, die Bevölkerungsstatistik ist vielmehr die Wiege der Statistik.

3.1.1   Bevölkerungsbegriffe

Man sollte meinen, nichts sei einfacher und eindeutiger, als die Bevölkerung im Sinne einer Personengesamtheit durch regionale, sachliche und zeitliche Identifikationsmerkmale abzugrenzen. Weit gefehlt! Es gibt eine Vielzahl von Bevölkerungsbegriffen, die sich nicht so sehr durch die Art der regionalen und zeitlichen Abgrenzungen, sondern vor allem durch die sachliche Festlegung unterscheiden. In **zeitlicher Hinsicht** wird die Bevölkerung als Bestandsgröße durch Angabe eines geeigneten **Stichtags** festgelegt, nämlich durch das Datum der Volkszählung bei primärer Totalerhebung oder durch den 1. Januar eines Jahres bei sekundärstatistischer Fortschreibung. In **regionaler Hinsicht** wird die Bevölkerung durch Angabe eines **Gebietes** abgegrenzt, etwa durch das Staatsgebiet oder durch das Gebiet einer substaatlichen Verwaltungseinheit (Land, Regierungsbezirk, Kreis, Gemeinde). Die Vielfalt der Bevölkerungsbegriffe rührt her aus unterschiedlichen Arten der **sachlichen Abgrenzung**, also der Festlegung, wer von den am Stichtag im relevanten Gebiet sich aufhaltenden und ggf. sich dort auch nicht befindlichen Personen zur Bevölkerung dieses Gebietes zählen soll.

Mit ESENWEIN–ROTHE (1982, p. 8 ff.) lassen sich drei Arten von Bevölkerungskonzepten unterscheiden:

*   **technisches Konzept** (Als technisch einfachstes Konzept für die Erfassung von Personen zu einer Gesamtheit erweist es sich, die am Stichtag physisch ortsanwesenden Personen zu betrachten, unabhängig von der Dauer ihres Aufenthalts. So erhält man die **ortsanwesende Bevölkerung** oder „de facto" Bevölkerung.),
*   **staatsrechtliches Konzept** (Nach diesem juristischen Konzept erhält man die **Staatsbevölkerung** als Gesamtheit der Staatsangehörigen – Problem der mehrfachen Staatszugehörigkeit! – unabhängig davon, ob sie zum Zählungsstichtag im Inland oder Ausland weilen.),
*   **administratives Konzept** (Nach diesem, im Kern auch juristischen Konzept soll die „**Einwohnerschaft**" einer Gebietseinheit gezählt werden. Die Festlegung ist auf verschiedene Weise möglich. Man gelangt so zu einer „**de jure**" Bevölkerung. In den meisten Staaten wird dieses Konzept realisiert.).

In der Nachkriegszeit wurde bis 1985 in der Bundesrepublik Deutschland als administratives Konzept das der **Wohnbevölkerung** realisiert. Zur Wohnbevölkerung gehören Personen mit „ständigem Wohnsitz" in der jeweiligen regionalen Gebietseinheit (Gemeinde, Kreis, Bezirk, Bundesland). Als ständiger Wohnsitz wird, zwecks Vermeidung von Doppel- oder Mehrfachzählungen von Personen mit mehreren Wohnungen, jene Wohnung angegeben, von der die betreffende Person ihrer Arbeit bzw. Ausbildung nachgeht oder in der sie sich – falls weder im Beruf noch in Ausbildung stehend – im Jahresablauf überwiegend aufhält. Man spricht bei dieser Art der Zuordnung vom **Residenzprinzip**.

Am 16.08.1980 wurde in der Bundesrepublik Deutschland ein neues **Melderechtsrahmengesetz** verabschiedet, das in den Folgejahren zu entsprechenden Meldegesetzen in den Bundesländern führte, so daß ab etwa 1985 ein neuer Bevölkerungsbegriff gilt, nach dem gezählt wird. Man spricht jetzt etwas umständlich von der „Bevölkerung am Ort der alleinigen Wohnung bzw. der Hauptwohnung", im folgenden kurz als **„Bevölkerung"** bezeichnet.[1]

> Hauptwohnung ist die vorwiegend benutzte Wohnung eines Einwohners. Hauptwohnung eines verheirateten Einwohners, der nicht dauernd getrennt von seiner Familie lebt, ist die vorwiegend benutzte Wohnung der Familie. In Zweifelsfällen ist die vorwiegend benutzte Wohnung dort, wo der Schwerpunkt der Lebensbeziehungen des Einwohners liegt.
> (§ 12, Abs. 2 Melderechtsrahmengesetz 1980)

Das bisher geltende **allgemeine Residenzprinzip** ist also durch ein **familiäres Residenzprinzip** ersetzt worden. Außerdem ist der bisherige Automatismus bei der Zuordnung von Personen mit mehreren Wohnungen etwas aufgeweicht zugunsten einer Gestaltungsfreiheit der betroffenen Person, indem diese nämlich angibt, wo der Schwerpunkt ihrer Lebensbeziehungen liegt, was nicht der Arbeits- oder Ausbildungsort sein muß. Abweichungen zwischen der „Wohnbevölkerung" und der „Bevölkerung" können insbesondere entstehen durch die unterschiedliche regionale Zuordnung von verheirateten Personen, die nicht dauernd getrennt von ihrer Familie leben und die gleichzeitig mehrere Wohnungen im Bundesgebiet haben. Dieser Konzeptwechsel betraf 1985 nicht die Bevölkerungsgröße der Bundesrepublik, sondern die der diversen Gebietseinheiten (Länder, Bezirke etc.). Da die Bevölkerungszahl der Gebietseinheit in einer Vielzahl von Gesetzen eine rechtsauslösende und finanzwirksame Funktion hat (z.B. Wahlkreiseinteilung, horizontaler und vertikaler Finanzausgleich, Dimensionierung von Infrastruktureinrichtungen, Besoldung der kommunalen Wahlbeamten u.ä.), erlebten einige Gebietseinheiten nach dieser Umstellung unangenehme Überraschungen, besonders als die Zahlen der nach diesem neuen Konzept durchgeführten Volkszählung vom 25.05.1987 vorgelegt wurden.

Auch bei dem nun in der Bundesrepublik geltenden Bevölkerungsbegriff gibt es spezielle Regelungen für besondere Personengruppen. Ihrer **Wohngemeinde im Bundesgebiet** zugerechnet werden

- Personen in Untersuchungshaft,
- Patienten in Krankenhäusern o.ä.,
- Personen mit einer weiteren Wohnung im Ausland (z.B. Arbeiter auf Montage, Angehörige deutscher Auslandsvertretungen),
- Soldaten auf Wehrübungen oder im Grundwehrdienst.

Berufssoldaten, Soldaten auf Zeit, Angehörige des Bundesgrenzschutzes und der Bereitschaftspolizei in Gemeinschaftsunterkünften, Strafgefangene und alle

---

[1]So auch im Statistischen Jahrbuch 1994, p. 47.

Dauerinsassen von Anstalten zählen zur Bevölkerung der jeweiligen **Anstalts-gemeinde**. Bezüglich der **Ausländer** gilt folgendes:

- **Ausgenommen** von der Erfassung in der Bundesrepublik sind
  ▷ Angehörige der hier stationierten ausländischen Streitkräfte,
  ▷ Angehörige der diplomatischen und konsularischen Vertretungen,
  jeweils mit ihren Familienangehörigen.

- **Eingeschlossen** in die Bevölkerung der Bundesrepublik Deutschland sind
  ▷ alle Ausländer und Staatenlose, die im Bundesgebiet gemeldet sind,
  ▷ Personen mit ungeklärter Staatsangehörigkeit.

Besitzen deutsche Personen eine weitere ausländische Staatsangehörigkeit, so gehören sie nicht zu den Ausländern.

Neben den beiden bisher diskutierten Varianten administrativer Bevölkerungskonzepte existieren weitere, seltener angewendete Formen:

- **Wohnberechtigte Bevölkerung** (Die Gesamtheit der Wohnberechtigten einer Gemeinde ergibt sich als Summe der Wohnbevölkerung und der Personen, die in einer weiteren Gemeinde zur Wohnbevölkerung zählen, jedoch in der Berichtsgemeinde einen zweiten oder weiteren Wohnsitz haben.),

- **Stammsitzbevölkerung** (Hier geht es um eine Zuordnung nach dem Familienwohnsitz. Personen mit mehr als einem Wohnsitz werden nur in der Bevölkerung der Gemeinde gezählt, in der die Familie ihren ständigen Wohnsitz hat.[2]).

Die Abbildung 3.1 zeigt noch einmal alle bisher behandelten Bevölkerungsbegriffe in der Übersicht. Auf ein weiteres Bevölkerungskonzept sei aus historischen Gründen hingewiesen.

> Es begab sich aber zu der Zeit, daß ein Gebot von dem Kaiser Augustus ausging, daß alle Welt geschätzt würde. Und diese Schätzung war die allererste und geschah zu der Zeit, da Cyrenius Landpfleger in Syrien war. Und jedermann ging, daß er sich schätzen ließe, ein jeglicher in seine Stadt.
> (Evangelium des Lukas, 2. Kapitel)

Diese Schätzung (= Volkszählung), über die hier in der Weihnachtsgeschichte berichtet wird, erfolgte nach dem **Geburtsortprinzip**, denn das ist mit „in seine Stadt" gemeint. Ein solches Zählprinzip würde heute in den meisten Staaten zu einer wahren Völkerwanderung führen.

---

[2]Elemente dieses Konzepts sind auch im seit 1980 geltenden deutschen Melderechtsrahmengesetz enthalten.

Abb. 3.1: Bevölkerungskonzepte

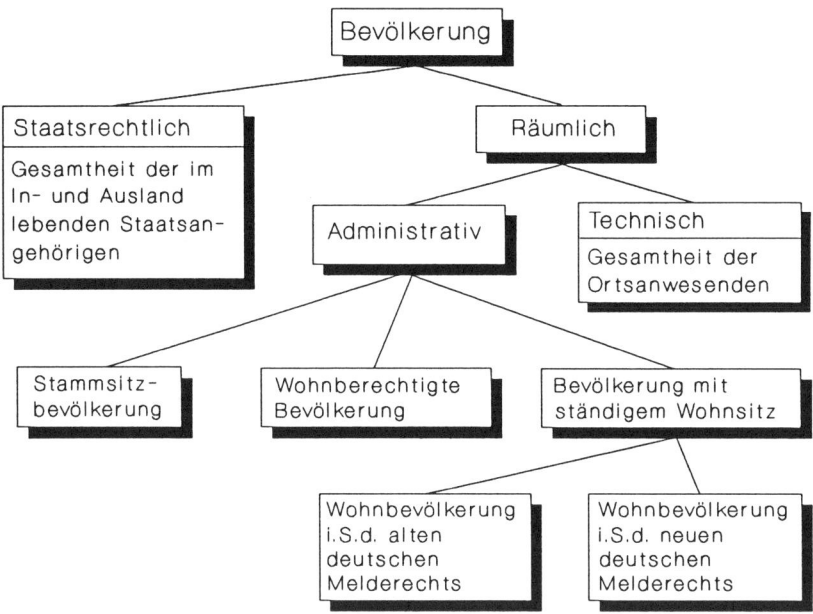

3.1.2 Bereichsabgrenzung in der deutschen Statistik

Ziel der Bevölkerungsstatistik ist es, über die genaue Größe, die vielfache Strukturierung und die Entwicklung der Bevölkerung Informationen bereitzustellen. Grundlage des Systems der Bevölkerungsstatistik sind die üblicherweise im zehnjährigen Abstand stattfindenden **Volkszählungen**, die demographische Grunddaten in tiefer regionaler Gliederung liefern. Die Ergebnisse von Volkszählungen dienen aber auch als Auswahlgrundlage für eine Vielzahl privater und amtlicher Stichprobenerhebungen, insbesondere für den **Mikrozensus** (jährliche Stichprobenstatistik über Bevölkerung und Arbeitsmarkt mit einem Auswahlsatz von 1%), sowie als Ausgangsbasis für die laufende **Fortschreibung** der Bevölkerung zwischen den Zählungen. Zur Fortschreibung werden herangezogen

- die **Statistiken der natürlichen Bevölkerungsbewegungen** (Geburten, Sterbefälle, Eheschließungen, Ehelösungen),
- die **Statistiken der räumlichen Bevölkerungsbewegungen** (Zu- und Fortzüge innerhalb des Bundesgebietes und über dessen Grenzen).

Zu beachten ist, daß die fortgeschriebene Bevölkerungszahl mit zunehmender zeitlicher Entfernung von der letzten Volkszählung immer größer werdende Fehler aufweist. So führte die Fortschreibung der Volkszählungsergebnisse von 1950 bis zur Volkszählung 1961 zu einer Überhöhung von 994.000 Personen ($\approx$ 1,8%) und die Fortschreibung der Volkszählungsresultate von 1961 bis zur Volkszählung 1970 zu einer Überhöhung von 860.000 Personen ($\approx$ 1,4%). Es war also zu befürchten, daß die Fortschreibung der 1970er Zahlen bis zur Volkszählung von 1987 über einen Zeitraum von 17 Jahren noch höhere Diskrepanzen zeigen würde. Das Gegenteil war aber der Fall; die bis 1987 fortgeschriebene Einwohnerzahl lag nur um 70.000 Personen zu hoch ($\approx$ 1,2‰). Diese gute Übereinstimmung im Großen ist nicht identisch mit einer ebenso geringen Diskrepanz in Bevölkerungsteilmengen. So war nämlich die deutsche Bevölkerung um fast 400.000 unterschätzt und die ausländische Bevölkerung um knapp 500.000 (= 10% dieser Gruppe) überschätzt worden,[3] was im wesentlichen auf nicht erfolgte Abmeldungen, vor allem bei Ausländern, zurückzuführen ist. Eine wichtige Ergänzung bildet daher die auf dem Ausländerzentralregister basierende **Ausländerstatistik**.

Zum ständigen Arbeitsprogramm der Bevölkerungsstatistik gehören auch die auf Volkszählungs- und Mikrozensusergebnissen beruhende **Haushalts-** und **Familienstatistik**. Neben der Erhebung, Aufbereitung und Darstellung bevölkerungsstatistischer Daten zählt man zum Aufgabenbereich der amtlichen Bevölkerungsstatistik auch umfassende **analytische Berechnungen** über Sterblichkeit, Heirats- und Geburtenhäufigkeit, Ehedauer u.ä. sowie **Prognosen** über Bevölkerung und Haushalte. Diese Modellrechnungen sollen darüber Aufschluß geben, wie sich Zahl und Struktur der Bevölkerung und Haushalte unter bestimmten Annahmen in der Zukunft verändern könnten. Ein Teil dieser weiterführenden Auswertungen finden im Bundesinstitut für Bevölkerungsforschung (Wiesbaden) statt, das aus der bevölkerungsstatistischen Abteilung des Statistischen Bundesamtes hervorgegangen ist.

3.1.3 Was, wie, warum und wofür wird erhoben?

Mit dem Stichtag 25. Mai 1987 wurde nach langen Querelen (vgl. Abs. 3.2.1.3) in der Bundesrepublik Deutschland nach 1950, 1961 und 1970 zum vierten Male eine **Volkszählung als Vollerhebung mit Auskunftspflicht** durchgeführt. Das Zählwerk vom 25.05.1987 bestand aus drei Teilen oder simultanen Zählungen mit unterschiedlichen Adressaten:

1) Volks- und Berufszählung (VZ),
2) Gebäude- und Wohnungszählung (GWZ),
3) Arbeitsstättenzählung (AZ).

Die GWZ wird in diesem Text nicht weiter behandelt, während die Kapitel 4

---

[3] Größere Diskrepanzen gab es ferner für die Einwohnerzahlen einiger Bundesländer und vieler Gemeinden. Ein erheblicher Fehler zeigte sich auch beim fortgeschriebenen Wohnungsbestand. Die tatsächliche Zahl der Wohnungen lag 1987 um ca. 1 Million niedriger; vgl. WÜRZBERGER/WEDEL (1988).

und 5 auf die AZ sowie dieses und das folgende Kapitel auf die VZ ausführlich
Bezug nehmen.

Die Fragen der VZ konnten mündlich oder schriftlich gegenüber dem Erhebungsbeauftragten beantwortet werden, der im Auftrag der bei den Gemeinden
eingerichteten und von der übrigen Verwaltung abgeschotteten Erhebungsstelle ehrenamtlich tätig war. Die ausgefüllten Erhebungsvordrucke konnten aber
auch den Erhebungsstellen zugesandt werden. Von dort gelangten sie zu den
Statistischen Landesämtern zwecks Aufbereitung und Feststellung der Landesergebnisse. Das Statistische Bundesamt faßte die Landesergebnisse zum Bun-
desergebnis zusammen. Erste Ergebnisse für das gesamte Bundesgebiet standen
im November 1988 zur Verfügung, Ergebnisse für einzelne Bundesländer ab September 1988. Inzwischen liegen detaillierte Ergebnisse in 13, z.T. mehrteiligen
Heften als Einzelveröffentlichungen im Rahmen der Fachserie 1 vor. Ergebnisse
bis hinunter auf Kreisebene sind auch auf Disketten und CD–ROM erhältlich.

Bei der VZ 1987 waren alle Volljährigen oder einen Haushalt führenden
Minderjährigen auskunftspflichtig. Erhoben wurden Merkmale zur Person (Geschlecht, Alter, Familienstand, Religionszugehörigkeit, Staatsangehörigkeit, Erwerbsbeteiligung, Beruf, Ausbildung), aber auch solche, die sich auf die Haushaltszusammensetzung beziehen. Eine vergleichende Übersicht der Erhebungsprogramme aller deutschen Nachkriegszählungen gibt Tab. 3.4 in Abs. 3.2.1.2.
Es wurde unterschieden zwischen Erhebungs- und Hilfsmerkmalen. Nur die Erhebungsmerkmale wurden statistisch ausgewertet. Die Hilfsmerkmale (Namen
und Anschriften), die für die Durchführung der Erhebung, die Nachfrage bei
fehlenden oder unstimmigen Antworten und die kleinräumige Ergebnisdarstel-
lung benötigt wurden, standen auf einem gesonderten Haushaltsmantelbogen,
dessen Daten zum frühestmöglichen Zeitpunkt gelöscht wurden.

Auch beim **Mikrozensus** wird zwischen Erhebungs- und Hilfsmerkmalen
unterschieden. Diese jährliche Stichprobenerhebung mit einem Auswahlsatz von
1% liefert nach Hochrechnung für die Bundesrepublik aktuelle Daten über die
Bevölkerungsstruktur, die auf dem Wege der Fortschreibung, da einschlägige
sekundärstatistische Unterlagen fehlen, nicht zu erhalten wären. Im Mikrozensus werden insbesondere Angaben erhoben

- zur Person (Alter, Geschlecht, Familienstand, Staatsangehörigkeit),
- zum Familienzusammenhang innerhalb der Haushalte,
- zu Art und Umfang der Beteiligung am Erwerbsleben,
- zum ausgeübten Beruf und zu weiteren Tätigkeitsmerkmalen,
- zu den Quellen des Lebensunterhalts,
- zur Kranken- und Rentenversicherung,
- zur Aus- und Weiterbildung.

Einzelheiten zur Entwicklung, Methodik und Zukunft des Mikrozensus findet
man in Abs. 3.2.2.

Die jährliche **Fortschreibung** der Bevölkerung nach

• Geburts- und Altersjahren,

• Geschlecht,

• Familienstand und

• Gebietseinheiten

erfolgt mittels der Ergebnisse der Statistik der natürlichen Bevölkerungsbewegungen über Geburten, Sterbefälle, Eheschließungen und Ehelösungen sowie der Wanderungsstatistik über Zu- und Fortzüge. Ausgangsbasis für die
Fortschreibung ist die jeweils letzte Volkszählung. Durchgeführt wird die Fortschreibung von den Statistischen Landesämtern im jeweiligen Bundesland. Bundesergebnisse ergeben sich durch Aggregation der Länderergebnisse.

In der **Statistik der natürlichen Bevölkerungsbewegung** sind die Erhebungsunterlagen für Eheschließungen, Geburten und Sterbefälle die Zählkarten, die z.t. von der Leitung der Entbindungsheime oder des Krankenhauses,
z.T. vom Standesbeamten, der den Personenstandsfall beurkundet, ausgefüllt
werden. Die Zählkarten für Ehescheidungen werden vom Urkundsbeamten der
Familiengerichte ausgefüllt. Die **Wanderungsstatistik** erstreckt sich auf die
Zu- und Fortzüge über die Grenzen des Bundesgebietes (= Bundesaußenwan-
derungen) und von einer zur anderen Gemeinde innerhalb des Bundesgebietes
(= Bundesbinnenwanderung). Erhebungsunterlagen für die Wanderungsstatistik sind die An- und Abmeldescheine, die nach den landesrechtlichen Vorschriften bei einem Wohnungswechsel in den Einwohnermeldeämtern anfallen. In der
Ausländerstatistik werden jährlich Datensätze des Ausländerzentralregisters
durch das Statistische Bundesamt ausgewertet, um die Ausländer insgesamt
und nach bestimmten Merkmalen gegliedert nachweisen zu können.

Ein **Hauptzweck der Volkszählung** ist die Ermittlung der genauen Bevölkerungszahlen für Bund, Länder und Gemeinden und die nicht–administra-
tiven Gebietseinheiten. In über hundert Gesetzen und Rechtsverordnungen
stützt sich das Handeln der öffentlichen Verwaltung auf Bevölkerungszahlen in
z.T. sehr kleinräumiger Abgrenzung. Aber auch Wirtschaft und Wissenschaft
sind auf präzise Angaben zur Bevölkerung angewiesen, um Fehlentscheidun-
gen zu vermeiden. Die Tabelle 3.1 zeigt beispielhaft, für welche Zwecke Daten
benötigt werden, die aus der Volks- und Berufszählung sowie aus der simultan
stattfindenden Wohnungs- und Gebäudezählung und der Arbeitsstättenzählung
stammen.

Hauptaufgabe des Mikrozensus ist es, in regelmäßigen und kurzen Ab-
ständen schnell, kostensparend und zuverlässig die wichtigsten Veränderungen
in der Bevölkerung und am Arbeitsmarkt zu ermitteln. Er ist damit unverzicht-
bar als Datenquelle für Parlamente, Verwaltung, Wissenschaft und Öffentlichkeit (weitere Einzelheiten vgl. Abs. 3.2.2). Je stärker die Bevölkerungsbewegung
ist, desto rascher sind die Ergebnisse einer Volkszählung überholt. Verwaltung,
Wirtschaft und Wissenschaft benötigen aber laufend aktuelle Bevölkerungszah-

Tab. 3.1: Einige Verwendungszwecke von Volkszählungsdaten

Verwendungsgebiet	Merkmale, Stat. Information	Beispiele
Rechtsvorschriften Fortschreibung	Bevölkerungszahl und demographische Struktur	Wahlkreise, Stimmen der Länder im Bundesrat, Anzahl Parlamentsmitglieder, Finanzausgleich, Besoldung von Wahlbeamten, Konzessionen (etwa Schankerlaubnis), Bevölkerungsfortschreibung; umstritten ist: Melderegisterupdating, Erstellen von Wählerverzeichnissen
Demographische Analysen und Modellrechnungen	Bevölkerungsstruktur, Daten zur Erwerbstätigkeit	Bevölkerungsprognosen, Sterbe-, Heirats- und Erwerbspersonentafeln, gesetzl. vorgeschriebene 15–Jahres–Vorausschätzung der Einnahmen und Ausgaben der Rentenversicherer
Arbeitsmarkt- und Berufsforschung	Erwerbstätigkeitsmerkmale	Ersatz- und Erweiterungsbedarf für bestimmte Berufe, Qualifikationen oder Wirtschaftszweige; Belastung der Erwerbspersonen durch Nichterwerbspersonen (Lastquoten); Auswirkungen von Arbeitszeitverkürzungen; ausländische Arbeitnehmer; Wandel in regionalen und Teilarbeitsmärkten; Arbeitskräftereserve und Arbeitskräftepotential; Gründe der Arbeitslosigkeit
Bildungssektor	Bildungsabschlüsse, Schulbesuch	Bedarf an Lehrern und Schulen, Bildungsstand der Bevölkerung; Ausbau von Bildungsstätten und kulturellen Einrichtungen
Strukturpolitik, Raumordnung, Wohnungsmarkt	Wohnungen, Pendler, Arbeitsstätten	Regionale Wirtschaftsförderung; Strukturwandel; Pendlerbewegung; Standortwahl; Verkehrsplanung; regionale Verflechtung; Wohnungsbau
Allg. Wirtschaftsstatistik, VGR	Erwerbspersonen, Arbeitsstätten, Gebäude, Wohnungen, Mieten	Berechnung von Arbeitsproduktivität und Kapitalintensität; Konzentrationsmessung; Einkommen aus Vermietung und Verpachtung; Mietaufwendungen als Teil des Privaten Verbrauches

Quelle: V. D. LIPPE (1990), p. 76

len. Diese Daten werden z.T. auch durch die **Fortschreibung des Bevölkerungsstandes** nach der jeweils letzten Volkszählung auch für kleinere Gebietseinheiten geliefert.

Die **Statistik der natürlichen Bevölkerungsbewegung** vermittelt
einen Überblick über die Erfolge der Gesundheitspolitik und der medizini-
schen Wissenschaft in der Bekämpfung der Sterblichkeit, insbesondere von
Säuglingen, sowie über die Entwicklung der menschlichen Lebenserwartung.
Sie ermöglicht Schätzungen über die zahlenmäßige und die strukturelle Entwicklung der Bevölkerung und damit politische und wirtschaftliche Planung.
Ferner gestattet sie die Aufstellung von Sterbetafeln, die für die öffentlichen und
privaten Rentenversicherer unentbehrlich sind. Nicht zuletzt liefert sie Daten
von allgemeinem Interesse wie z.b. Geburtenzahlen und Heirats- und Schei-
dungshäufigkeiten.

Die **Wanderungsstatistik** dient der Fortschreibung des Bevölkerungsstandes. Sie gibt darüber hinaus die notwendigen Einblicke in Art und Umfang der
Wanderungsbewegungen innerhalb Deutschlands und über seine Grenzen hinaus, wie man sie für raumplanerische und ausländerpolitische Überlegungen
braucht.

Literatur zu Abs. 3.1 [4]

ABELS, H. (1991), p. 60 – 71
ANDERSON, O. u. a. (1983), p. 219 – 225
ESENWEIN-ROTHE, I. (1982), p. 5 – 14
LIPPE, P. v. D. (1990), p. 46 – 52, 66 – 74
ZWER, R. (1985), p. 28 – 40

---

[4]Man findet hier nur eine Kurzzitierung. Die vollständigen bibliographischen Angaben
stehen im Literaturverzeichnis, Kap. 15.

3.2 Das Erhebungssystem der Bevölkerungsstatistik

Das Erhebungssystem der Bevölkerungsstatistik in Deutschland beruht, wenn man einmal von der Ausländerstatistik absieht, wie in fast allen Staaten auf drei Säulen:

- den in größeren Zeitabständen durchgeführten **Zensuserhebungen**, entweder in Form von

  ▷ primärstatistischen Totalerhebungen (kurz Volkszählungen genannt) oder

  ▷ sekundärstatistischen Totalerhebugen durch Auswertung von Bevölkerungsregistern (in Deutschland rechtlich nicht möglich),

- den laufenden **Fortschreibungen** mit sekundärstatistischen Unterlagen über die natürlichen und räumlichen Bevölkerungsbewegungen,

- den laufenden **Stichproben** als Primärstatistik (hier Mikrozensus genannt) für solche Merkmale, über die keine oder keine vollständigen und zuverlässigen Unterlagen zur sekundärstatistischen Auswertung anfallen.

Es sei bemerkt, daß im Erhebungssystem der Bevölkerungsstatistik auch Daten für die Erwerbstätigkeit anfallen.

3.2.1 Volkszählungen

Wesentliche Kennzeichen einer Volkszählung sind:

- die **Individualität**, d.h. die – i.d.R. namentliche – Einzelerfassung jeder Person,

- die **Universalität**, d.h. die Erfassung aller nach dem geltenden Bevölkerungsbegriff zu zählenden Personen,

- die **Simultaneität**, d.h. die Erfassung an einem Stichtag,

- die **Periodizität** der Zählung im – auf UN–Empfehlungen – 10–Jahres–Abstand.

A census of population is the total process of collecting, compiling, evaluating, analysing and publishing demographic, economic and social data pertaining, at a specified time, to all persons in a country or in a well-delimited part of a country!
(UN, 1967, p. 3)

3.2.1.1 Historischer Rückblick

Volkszählungen haben eine sehr lange Tradition. Sie sind seit ca. 5000 Jahren historisch belegt, allerdings nicht in der heutigen Form und mit den vorstehend genannten Kriterien. Volkszählungen kannte man in allen früheren Hochkulturen und Großreichen.

Die wahrscheinlich **älteste Volkszählung** überhaupt fand in **Ägypten** im Alten Reich (2650 – 2190 v.Chr.) anläßlich des Pyramidenbaues um 2600 v.Chr. statt (MENGES, 1968, p. 2). Mit Sicherheit sind Volkszählungen in Ägypten ab ca. 2000 v.Chr. nachgewiesen. Auch aus **Mesopotamien** sind ab ca. 2300 v.Chr. Volkszählungen bekannt, aus **China** ab etwa 2200 v.Chr. Im Alten Testament wird über mehrere Volkszählungen in **Israel** berichtet: Zählung der Juden durch **Moses** am Berge Sinai ca. 1230 v.Chr.

> Nehmet die Summe der ganzen Gemeinde der Kinder Israel nach ihren Geschlechtern und Vaterhäusern und Namen, alles was männlich ist, von Haupt zu Haupt, von zwanzig Jahren an und darüber, was ins Heer zu ziehen taugt in Israel; ihr sollt sie zählen ...
> (4. Moses, 1. Kapitel)

und eine weitere Zählung unter **Moses** (4. Moses, 26. Kapitel) sowie schließlich eine Zählung unter **David** (ca. 1000 v.Chr.), vgl. 2. Samuel, 24. Kapitel und 1. Chronik, 21. Kapitel, die umstritten war und Gottes Strafe heraufbeschwor:

> Aber solches gefiel Gott übel und er schlug Israel.
> (1. Chronik, 21. Kapitel)

Ferner wurden im Altertum Volkszählungen veranstaltet im **Persischen Großreich** (ca. 500 v.Chr.) und in **Griechenland**. Die Volkszählungen der Griechen waren lokal beschränkt, d.h. sie bezogen sich auf die Bevölkerung der Stadtstaaten (etwa die athenische Volkszählung durch **Demetrios** den Phalerer um ca. 300 v.Chr.).

Eine besonders differenzierte statistische Aktivität entwickelten die **Römer** mit dem „census". Bereits 550 v.Chr. soll der König **Servius Tullius** (578 – 534 v.Chr.) einen Zensus römischer Bürger angeordnet haben. Ab 433 v.Chr. übernahmen zwei Zensoren die Leitung der „Volkszählungsbüros", und von dieser Zeit kann die Einrichtung der ersten periodischen Erhebungen in Europa als gesichert gelten (MENGES, 1968, p. 2). Der römische Zensus wurde erst in 5-, dann in 10jährigen und später in noch längeren Intervallen durchgeführt. Die letzten beiden der 70 Zählungen fanden 47 n.Chr. unter **Claudius** (10 v.Chr. – 54 n.Chr.) und 72 n.Chr. unter **Vespasian** (9 n.Chr. – 79 n.Chr.) statt. Die Entwicklung des Zensus vollzog sich vom lokalen Zensus der Stadt Rom über den Provinzialzensus zum Zensus im Kaiserreich, was zugleich mit dem Übergang vom persönlichen Prinzip des republikanischen Zensus (Versammlung aller römischen Bürger aus der ganzen Welt in Rom) zum Territorialprinzip der länderweisen Zensierung verbunden war. Neben einer – wie man heute sagen würde – sozialpolitischen Zweckkomponente hatte der römische Zensus vornehmlich steuerlichen Zwecken zu dienen.[5] Die personalstatistische Seite des römischen Zensus umfaßte die durch Eidlichkeit verstärkte Meldepflicht der selbständigen Bürger bezüglich Namen, Heimat- und Wohngemeinde, Herkunft (= Name und Alter des Vaters oder des Freilassers) und außerdem der Namen der ihnen jeweils unterstehenden freien Personen. Die realstatistische Seite bestand in der Angabe des steuerlichen Vermögens (Grundbesitz und sonstige steuerpflichtige Habe). Der Zensus lieferte die Basis „für die Ausübung der politischen Rechte im Rahmen des Klassenwahlrechts, für die Einordnung in die militärischen Ränge der römischen Armeen und für die Festlegung der Steuerhöhe bzw. der Höhe der Tributzahlungen in den von Rom besetzten Ländern". (ABELS, 1991, p. 15/16).

Mit dem **Zerfall des römischen Reiches** hörten auch die vorbildliche römische Verwaltung und damit der Zensus auf zu bestehen. Zählungen im Früh-, Hoch- und Spätmittelalter waren weniger personen- denn sachbezogen: Güterverzeichnis unter **Karl dem Großen** (768 – 814), Domesday-Book (Kataster des Landbesitzes) von 1086 in England unter **Wilhelm dem Eroberer** (1027 – 1087), Genueser Notariatsregister von 1154 (Hafenbücher), das Jordebog (1231 in Dänemark als Kataster und Generalinventur eingeführt) oder die wirtschaftsstatistischen Verzeichnisse Königs **Ottokar II. von Böhmen** (1253 – 1278), die später als Rationarium Austriacum von König **Rudolph I. von Habsburg** (1218 – 1291) und den österreichischen Kaisern weitergeführt wurden. Über Volkszählungen in den deutschen und italienischen Städten des Mittelalters (ab dem 14. Jahrhundert) berichten REISNER (1903) und VON MAYR (1895). An außereuropäischen statistischen Aktivitäten in dieser Zeit verdient das vorspanische **Inkareich** Erwähnung. Auf der Basis einer monatlichen Statistik wurden nicht nur Arbeit, Kleidung und Land zugeteilt, sondern auch Ehepartner zusammengeführt. „Die Inka waren geniale Statistiker, und ihre Untertanen waren durch das Rechnen und Zählen dem Statistikwahn verfallen." (BAUDIN, 1956, p. 49).

Die bisher erwähnten frühen Volkszählungen, die mit den heutigen Volkszählungen nur den Namen gemeinsam haben, dienten ausschließlich elementaren staatspolitischen Zwecken: Festsetzung von Steuern und Abgaben sowie Erfassung der Wehrpflichtigen. Die Zusammenfassung der Einzelangaben zu statistischen Gesamtgrößen (= Aggregaten) interessierte kaum, im Vordergrund standen die Einzelangaben und die aus ihnen vom Staat abgeleiteten und für den Merkmalsträger oftmals unangenehmen Konsequenzen.

Der **erste Schritt zum heutigen Konzept einer Volkszählung** war die Volkszählung von 1666 im damals französischen Kanada. Sie erfaßte erstmals die Bevölkerung eines geschlossenen Gebietes zu einem Stichtag.[6] Erfaßt

---

[5]Es sei daran erinnert, daß man im Steuerrecht den Steuerpflichtigen als Zensit bezeichnet und sich dieses Wort aus dem lateinischen Wort „census" herleitet.

[6]Frühere Zählungen erstreckten sich oft über eine längere Periode, waren gelegentlich

wurden die Namen aller Einwohner, deren Alter, Geschlecht, Beruf, Familienstand und Stellung zum Haushaltsvorstand. Auch eine Art statistische Analyse der Ergebnisse schloß sich an. Mit den entstehenden Nationalstaaten im
17. und 18. Jahrhundert wurden auch statistische Berichtssysteme aufgebaut
und Volkszählungen durchgeführt. In den USA bekam die Volkszählung Ver-
fassungsrang und wird dort seit 1790 ununterbrochen in zehnjährigem Abstand
durchgeführt, vgl. die Ergebnisse in Tab. 3.2 und Abb. 3.2.

Tab. 3.2: Die Bevölkerung der USA seit 1790

Zählung	Bevölkerung	Zählung	Bevölkerung
1790	3.929	1890	62.980
1800	5.308	1900	76.212
1810	7.240	1910	92.228
1820	9.638	1920	106.022
1830	12.861	1930	123.203
1840	17.063	1940	132.165
1850	23.192	1950	151.326
1860	31.443	1960	179.323
1870	38.558	1970	203.302
1880	50.189	1980	226.546
		1990	245.838

Angaben in 1000
Quelle: U.S. Bureau of the Census

Moderne Volkszählungen, die allen berechtigten Ansprüchen der Verwaltung und der Wissenschaft genügen, kamen erst im Verlaufe des 19. Jahrhunderts zustande. Vorbild für alle späteren Volkszählungen wurde die belgi-
sche Volkszählung von 1846, die der Astronom und Statistiker **L. A. J. Que-
telet** (1796 – 1874) konzipierte und leitete. Noch im 19. Jahrhundert erlebte
die Aufbereitungstechnik von Volkszählungsdaten mit der Erfindung der elek-
trisch gesteuerten Lochkartenmaschine durch den Deutsch–Amerikaner **Her-
mann Hollerith**[7] (1860 – 1929) eine entscheidende Verbesserung. Die Loch-
kartentechnik wurde erstmals zur Aufbereitung der US–Volkszählung von 1880

---

auch nur Schätzungen und betrafen fast nur bestimmte Personengruppen (Vollbürger oder
erwachsene männliche Personen) bzw. Landesteile.

[7] Aus seiner 1896 in New York gegründeten Tabulating Machine Corporation ist die heutige
IBM hervorgegangen. Die Lochkarten–gesteuerten Tabelliermaschinen standen am Anfang
der elektronischen Datenverarbeitung.

Abb. 3.2: Entwicklung der US-Bevölkerung seit 1790

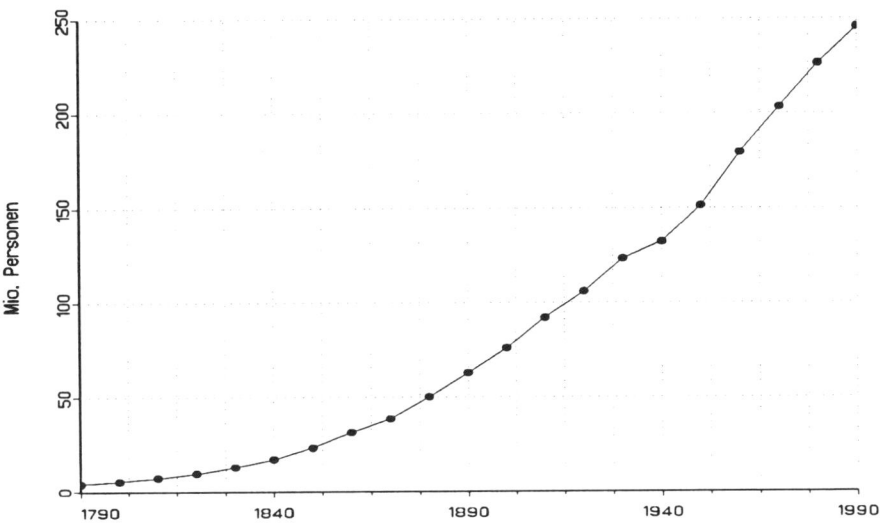

Quelle: U.S. Bureau of the Cesus

eingesetzt. In Deutschland kam dieses Verfahren nach anfänglichem und partiellem Einsatz (nur in Preußen und Sachsen) bei der Volkszählung von 1925 erst mit der Volkszählung von 1933 voll zur Geltung (vgl. HÜMMER 1933).

3.2.1.2 Die deutschen Volkszählungen

Ausgangspunkt für die Bevölkerungsstatistik in Deutschland und auch in anderen christlichen Ländern waren die Kirchenbücher, in denen Geburten, Sterbefälle und Eheschließungen aufgezeichnet wurden. Im Jahre 1719 fand in Preußen die erste umfassende Volkszählung statt (FLASKÄMPER, 1962, p. 45). Unter **Friedrich dem Großen** (1712 – 1786) hat es sogar innerhalb eines Jahres (1747) in Berlin zwei Volkszählungen gegeben, weil man die Genauigkeit der ersten Zählung anzweifelte (ELSNER, 1987, p. 94). Aus Bayern ist eine Volkszählung von 1771 bekannt.

Als Vorläufer der heutigen deutschen amtlichen Statistik kann die Statistik des Deutschen Zollvereins angesehen werden. Der **Deutsche Zollverein** (1834 gegründet), bestehend aus Preußen, Hessen–Darmstadt, Bayern, Württemberg, Kurhessen, Sachsen und den thüringischen Staaten sowie ab 1854 Hannover, hatte das Ziel einer wirtschaftlichen Einigung der deutschen Staaten durch Abbau von Zöllen und anderen wirtschaftlichen Hemmnissen. Er war die Keimzelle des am 18. Januar 1871 in Versailles durch Kaiserproklamation gegründeten (zweiten) Deutschen Reiches. Seit der Gründung des Zollver-

Tab. 3.3: Die deutschen Volks-, Berufs- und Betriebszählungen seit 1871 [1]

Nr.[2]	Stichtag	Art der Zählung[3]	Gesetzliche Grundlage
			Deutsches Kaiserreich
1	01.12.1871	VZ	Beschluß des Bundesrates vom 07.12.1871
2	01.12.1875	VZ	Beschluß des Bundesrates vom 13.02.1875
		GBZ	Beschluß des Bundesrates vom 10.06.1875
3	01.12.1880	VZ	Beschluß des Bundesrates vom 29.05.1880
	05.06.1882	BZ, LBZ, GBZ	Gesetz vom 13.02.1882 und Bestimmungen des Bundesrates vom 20.02.1882
4	01.12.1885	VZ	Beschluß des Bundesrates vom 18.06.1885
5	01.12.1890	VZ	Beschluß des Bundesrates vom 03.07.1890
	14.06.1895	BZ, LBZ, GBZ	Gesetz vom 08.04.1895 und Bestimmungen aufgrund eines Beschlusses des Bundesrates vom 25.04.1895
6	02.12.1895	VZ	Beschluß des Bundesrates vom 11.07.1895
7	01.12.1900	VZ	Beschluß des Bundesrates vom 17.03.1900
8	01.12.1905	VZ	Beschluß des Bundesrates vom 22.03.1905
	12.06.1907	BZ, LBZ, GBZ	Gesetz vom 25.03.1907 und Bestimmungen aufgrund eines Beschlusses des Bundesrates vom 04.04.1907
9	01.12.1910	VZ	Beschluß des Bundesrates vom 10.02.1910
	01.12.1916	VZ	Beschluß des Bundesrates und Bekanntmachung des Stellvertreters des Reichskanzlers vom 02.11.1916
	15.08.1917	GBZ	Anordnung durch das Kriegsministerium
	05.12.1917	VZ	Verordnung des Bundesrates und Bekanntmachung des Stellvertreters des Reichskanzlers vom 18.10.1917
			Weimarer Republik
10	08.10.1919	VZ	Verordnung des Reichsministers mit Zustimmung des Staatenausschusses und des von der Nationalversammlung gewählten Ausschusses vom 16.07.1919
11	16.06.1925 (o. Saargeb.)	VBZ, LBZ, GBZ	Gesetz vom 13.03.1925 und Verordnung des Reichswirtschaftsministers mit Zustimmung des Reichsrates vom 14.03.1925

Tab. 3.3: Fortsetzung

Nr.[2]	Stichtag	Art der Zählung[3]	Gesetzliche Grundlage
	19.07.1927 (Saargeb.)	VBZ, LBZ, GBZ	Anordnung der Regierungskommission des Saargebietes
			Drittes Reich
12	16.06.1933 (o. Saargeb.)	VBZ, LBZ, GBZ	Gesetz vom 12.04.1933 und Verordnung des Reichswirtschaftsministers vom 13.04.1933
	25.06.1935 (Saargeb.)	VBZ, LBZ, GBZ	Verordnung des Reichswirtschaftsministers und des Reichsministers des Inneren vom 16.04.1935
13	17.05.1939	VBZ, LBZ, GBZ	Gesetz vom 04.10.1937 und 06.07.1938 sowie Verordnung des Reichswirtschaftsministers vom 21.01.1938 und 10.03.1939
			Nachkriegsdeutschland
14	29.10.1946	VBZ	Kontrollratsgesetz Nr. 33 vom 20.07.1946
			Bundesrepublik Deutschland
15	13.09.1950	VBZ, AZ, WZ	Gesetz vom 27.05.1950
16	06.06.1961	VBZ, AZ, GZ	Gesetz vom 13.04.1961
17	27.05.1970	VBZ, AZ	Gesetz vom 14.04.1969
18	25.05.1987	VBZ, AZ, WGZ	Gesetz vom 08.11.1985
			Deutsche Demokratische Republik
	31.08.1950	VBZ, AZ	Verordnung vom 25.05.1950
	31.12.1964	VBZ, WZ	Gesetz von 11.12.1957, Beschluß des Ministers vom 22.12.1962
	01.01.1971	VBZ, WGZ	Gesetz vom 01.12.1967, Anordn. vom 05.01.1970
	31.12.1981	VBZ, WGZ	Gesetz vom 01.12.1967, Anordn. vom 04.12.1980

[1] bis 1950 nach FLASKÄMPER (1962), p. 13 – 16
[2] Laufende Numerierung der „eigentlichen" Volkszählungen, deren Ergebnisse voll verfügbar gemacht wurden.

[3] AZ – Arbeitsstättenzählung   VBZ – Volks- und Berufszählung

   BZ – Berufszählung   VZ – Volkszählung

   GBZ – Gewerbliche Betriebszählung   WGZ – Wohnungs- und Gebäudezählung

   GZ – Gebäudezählung   WZ – Wohnungszählung

   LBZ – Landwirtschaftliche Betriebszählung

Tab. 3.4: Das Erhebungsprogramm der deutschen Volks- und Berufszählungen
          seit 1925

Merkmal	'25	'33	'39	'46	'50	'61	'70	'87
A) Persönliche demograph. Merkmale								
Zugehörigkeit Wohnbevölk./Bevölkerung	*	*	*	*	*	*	*	*
Alter	*	*	*	*	*	*	*	*
Geschlecht	*	*	*	*	*	*	*	*
Familienstand	*	*	*	*	*	*	*	*
Religionszugehörigkeit	*	*	*	*	*	*	*	*
Staatsangehörigkeit	*	*	*	*		*	*	*
Muttersprache	*	*	*	*	*			
Nationale Abstammung/Volkszugehörigkeit			*	*				
Geburtsort		*		*				
B) Haushalt und Familie								
Stellung im Haushalt	*	*	*	*	*	*	*	
Eheschließungsjahr		*	*		*	*	**	
Frühere Ehe							**	
Geburtenzahl		*	*			*	**	
Geburtsjahr der Kinder							**	
C) Ausbildung								
Gegenwärtig besuchte Schule/Hochschule							*	*
lese-/schreibkundig				*				
Allgemeiner Schulabschluß							*	*
Abschluß an berufsbildenden Schulen/Hochschulen							**	*
Hauptfachrichtung dieses Abschlusses						*	*	*
Dauer der Ausbildung an berufsbildenden Schulen/Hochschulen und Jahr des letzten Abschlusses							**	
Praktische Berufsausbildung (erlernter Beruf und Dauer dieser Ausbildung)							**	*

Tab. 3.4: Fortsetzung

Merkmal	'25	'33	'39	'46	'50	'61	'70	'87
D) Erwerbstätigkeit/Unterhaltsquelle								
Überwiegende Unterhaltsquelle						*	*	*
Beteiligung am Erwerbsleben	*	*	*	*	*	*	*	*
Wirtschaftszweig (bei Erwerbstätigen)	*	*	*	*	*	*	*	*
Ausgeübter Beruf/Tätigkeit	*	*	*	*	*	*	**	*
Stellung im Beruf	*	*	*	*	*	*	*	*
Wochenarbeitszeit						*	*	*
leitende/aufsichtsführende Tätigkeit							**	
Anzahl der Beschäftigten						*	*	**
Lohn-/Gehaltsempfänger						*	*	
landwirtschaftlich genutzte Fläche	*	*	*	*	*	*	**	
Bedienung von voll- oder halbautomatischen Maschinen							**	
Nettoerwerbseinkommen							**	
Nebentätigkeit	*	*	*	*	*	*	*	*
Jahr d. Ausscheidens a. d. Erwerbsleben							**	
E) Sonstige Merkmale								
Körperbehinderung						*		
Alters-/Krankenversicherung						*		
Dienst in der Wehrmacht					*			
Kriegsgefangener o.ä.						*		
Vertriebenenausweis						*	*	*
Zuzug ins Bundesgebiet, vorheriger Wohnsitz bzw. Wohnort vor dem Krieg	*			*	*	*	**	

*   Frage an alle bzw. an alle Betroffenen
** Frage nur an 10% der Bevölkerung

Quelle: bis 1970 nach BRETZ/MAYER (1980)

eins fanden in seinen Mitgliedsstaaten regelmäßig Volkszählungen statt. Die Zählungen wurden alle drei Jahre durchgeführt und nach der Reichsgründung ausgebaut und fortgesetzt. Die Zollvereinsstatistik erstreckte sich neben der Erfassung der Bevölkerung auch auf die der Gewerbebetriebe, des Warenverkehrs und der gemeinschaftlichen Einnahmen der Zollvereinsstaaten. Das „statistische Zentralbureau" des Zollvereins in Berlin, aus dem 1872 das Statistische Reichsamt hervorgehen sollte, wurde 1834 mit dem Zollverein gegründet. Ihm oblag das Abrechungswesen und die Statistik des Zollvereins. Die Volkszählungen und sonstigen statistischen Erhebungen wurden von Landeszentralstellen durchgeführt und vom Zentralbureau für das Gebiet des Zollvereins zusammengestellt, wie es heute ähnlich in der Bundesstatistik geschieht.

Die Statistik des Deutschen Zollvereins wurde in den 60er Jahren des 19. Jahrhunderts als inhaltlich und methodisch unzulänglich erkannt. Eine 1869 eingesetzte Kommission zur weiteren Ausbildung der Statistik sollte in den Folgejahren ein neues Programm entwickeln. Zum Inhalt dieses Programms, dessen Schwerpunkt bei den Volkszählungen lag, gehörten die beiden Entwürfe

- „Allgemeine Bestimmungen in Betreff der Volkszählungen im deutschen Zollverein ..." und

- „Besondere Bestimmungen für die im Jahre 1870 stattfindende Volkszählung ...".

Die für 1870 vorgesehene Volkszählung im Deutschen Zollverein auf der Basis dieser Entwürfe wurde wegen des deutsch–französischen Krieges von 1870/71 um ein Jahr verschoben. Sie fand am 01.12.1871 statt und war damit die erste Volkszählung im neuen Reich. Mit den „Allgemeinen Bestimmungen", die u.a. einen fünfjährigen Zählungsabstand mit dem Vormittag des 1. Dezember als Stichdatum vorsahen und als Bevölkerungskonzept die ortsanwesende Bevölkerung verwendete, war eine Art Volkszählungsrahmenvorschrift abgesteckt. Für jede der dann bis zum I. Weltkrieg folgenden Volkszählungen gab es einen sie anordnenden Bundesratsbeschluß.

Die Tabelle 3.3 listet die seit 1871 durchgeführten **deutschen Volkszählungen** und einige mit ihnen verwandte oder im Verbund durchgeführte Zählungen auf. Bis 1919 waren in Deutschland die Volks- und die Berufszählung getrennt, wobei die Berufszählungen einen größeren Zeitabstand hatten (1882, 1895, 1907). Die für 1915 vorgesehene Volkszählung fiel wegen des Krieges aus. Am 01.12.1916 und am 05.12.1917 gab es während des I. Weltkrieges Volkszählungen, die aber ausschließlich kriegswirtschaftlichen Zwecken dienten und deren Ergebnisse nicht (oder nur in geringem Umfang im Statistischen Jahrbuch des Deutschen Reiches) publiziert worden sind, weshalb man sie nicht als eigentliche Volkszählung werten kann. Auf diese Weise gelangt man zu 18 Volkszählungen von 1871 bis 1987. Ab 1925 war dann die Volkszählung zugleich auch Berufszählung, d.h. auf einem Erhebungsbogen wurden demographische und erwerbsstatistische Merkmale für Personen erhoben. Gleichzeitig

mit diesen Volks- und Berufszählungen wurden gewerbliche und landwirtschaftliche Betriebe gezählt, nach dem II. Weltkrieg nur die nicht–landwirtschaftlichen Arbeitsstätten. Die Zählwerke von 1950 umfaßten in der Bundesrepublik und in der ehemaligen DDR häufig auch eine Wohnungs- und/oder eine
Gebäudezählung (vgl. Tab. 3.3).

Über die **Erhebungsmerkmale** der Volks- und Berufszählungen seit 1925
informiert Tabelle 3.4. Man erkennt u. a.:

- Die Zählung von 1925 mit 15 erhobenen Merkmalen, gefolgt von der 87er
  Zählung mit 18 Merkmalen, war die „kleinste" Erhebung, während die
  70er Zählung das umfangreichste Programm hatte (33 Merkmale), bei
  der jedoch knapp die Hälfte der Fragen (15 Merkmale) nur an 10% der
  Personen gerichtet war.

- Es gibt in allen Zählungen ein Kernprogramm von demographischen und
  erwerbsstatistischen Erhebungsmerkmalen.

- Es gibt in einigen Zählungen Erhebungsmerkmale, die nur aus den besonderen Zeitumständen (Nachkriegsperiode, Drittes Reich) zu verstehen
  sind.

- Neben den beiden klassischen Schwerpunkten des Fragenprogrammes
  (rein demographische Merkmale und Erwerbstätigkeit) hat sich in den
  letzten beiden Zählungen ein dritter Schwerpunkt gebildet: die Fragen
  nach der Ausbildung und damit nach der Bildung von Humankapital
  (= human investment).

- Die familien- und haushaltsbezogenen Fragen wurden immer weniger und
  verschwanden zum Schluß völlig. Entsprechende Informationen liefert
  jetzt nur noch auf Stichprobenbasis der Mikrozensus.

3.2.1.3 Gegenwart und Zukunft der Volkszählung

Als es um die für das Jahr 1983 in der Bundesrepublik Deutschland geplante
Volks-, Berufs-, Wohnungs- und Arbeitsstättenzählung zu einer heftigen öffentlichen Auseinandersetzung kam, konnte diese Art der primären Totalerhebung
auf eine ausgereifte Methodik zurückblicken. Nachdem bis ins 17. Jahrhundert
hinein die Vorläufer keine Erfassung aller Personen zum Ziel hatten, sondern
nur ausgewählte Personengruppen zählten (etwa männliche Erwachsene, freie
Bürger oder das Familienoberhaupt) und die individuenbezogene Auswertung
(Heranziehung zur Steuerzahlung, zum Militär- und Arbeitsdienst) im Vordergrund stand, erfolgte die historische Entwicklung zur heute üblichen kombinierten Zählung von Personen, Wohnungen, Gebäuden und Arbeitsstätten parallel
auf drei Ebenen:

- Ausweitung zu einer allgemeinen, landesweiten Zählung für Zwecke der
  öffentlichen Verwaltung, Wirtschaft und Wissenschaft,

- Verbesserung der Organisation, Durchführung und Genauigkeitskontrolle einschließlich der statistischen Geheimhaltung der Einzelangaben,
- Vertiefung und Systematisierung der erhaltenen Informationen.

Diese Zählung ist die wichtigste und ertragreichste Informationsquelle über eine Nation:

- Demographische Trends (Wachstum/Stagnation/Rückgang, regionale/ geographische Verteilung, Verstädterung, Veränderungen in der Alters-, Geschlechts- und Familienstandsverteilung) werden offengelegt.
- Die Beschäftigtenzahl und ihre Verteilung auf Berufe, Wirtschaftszweige u.a. werden angezeigt.
- Lebens-, Bildungs- und Beschäftigungsstand werden detailliert und genau nachgewiesen.

Doch was geschah um 1982 in der Bundesrepublik Deutschland bezüglich dieser zentralen statistischen Erhebung? – Nachdem das **Volkszählungsgesetz 1981 gescheitert** war, weil sich Bund und Länder über die Kostenverteilung und damit zusammenhängend über die Breite des Erhebungsprogramms nicht einigen konnten, erfolgte 1982 ein zweiter Anlauf zum Beschluß eines neuen **Volkszählungsgesetzes 1983**, das auch einvernehmlich verabschiedet wurde.[8] Zählungsstichtag sollte der 27. April 1983 sein. Ende 1982 ereignete sich aber etwas, das mit der Volkszählung zunächst nichts zu tun hatte, aber dann ungeahnte Auswirkungen für sie haben sollte. Die Abgeordneten der „Grünen" im Bundestag wollten von der Bundesregierung wissen, ob die in der Illustrierten „Stern" veröffentlichten Angaben über die Raketenstandorte zutrafen. Die Regierung weigerte sich pflichtgemäß, und alsbald kursierte im Lande der Spruch: „Uns gibt man keine Auskunft über die Raketenstandorte, also lassen wir uns nicht zählen."

In dieser ersten Phase wurde die öffentliche Kritik nicht allzu ernst genommen, da sie von gesellschaftlichen Randgruppen ausging, denen es weniger um eine sachgerechte Auseinandersetzung mit dem Zählungsgesetz ging, sondern die vielmehr in der Volkszählung ein geeignetes Ziel ihres Kampfes gegen Staat und Gesellschaft sahen. Man schlug den Sack, meinte jedoch den ihn tragenden Esel. Je näher aber der Zählungsstichtag rückte, um so schneller breitete sich – gestützt durch alle Medien – der Protest gegen die Zählung wie eine Massenpsychose aus. Juristen und Informatiker machten sich nunmehr zu Wortführern der Protestbewegung und gaben ihr echte, argumentative Schlagkraft. Die jetzt vorgetragene Kritik richtete sich auf eine Vielzahl von Punkten. Die Beschwerdeführer vor dem inzwischen angerufenen Bundesverfassungsgericht zeigten die Verletzung ihrer Grundrechte aus Art. 2, Abs. 1 GG (Recht auf freie Entfaltung der Persönlichkeit) in Verbindung mit

---

[8] Gesetz über eine Volks-, Berufs-, Wohnungs- und Arbeitsstättenzählung (Volkszählungsgesetz 1983) vom 25.03.1982

- Art. 1, Abs. 1 GG (Unantastbarkeit der Menschenwürde),
- Art. 4, Abs. 1 GG (Glaubens-, Gewissens- und Religionsfreiheit),
- Art. 5, Abs. 1 GG (Meinungsfreiheit),
- Art. 13 GG (Unverletzlichkeit der Wohnung),
- Art. 19, Abs. 4 GG (offene Rechtswege bei Rechtsverletzung durch öffentliche Gewalt),
- Art. 20, Abs. 3 GG (Verstoß gegen das Rechtsstaatsprinzip).

Von den im einzelnen vorgebrachten Kritikpunkten seien nur vier genannt:

1. Es ging zunächst um den geplanten **Abgleich der Zählungsergebnisse mit** den gemeindlichen **Einwohnermelderegistern** (§ 9, Abs. 1 VZ–Gesetz 1983) und die daraus u.U. erwachsenden Nachteile für den Bürger. Ohne Frage wäre mit diesem Abgleich, den es übrigens bei den vorangegangenen Volkszählungen auch schon gegeben hatte, der Grundsatz der Trennung von Statistik und Verwaltungsvollzug aufgegeben worden. Der Registerabgleich ist aber nicht nur für die Verwaltung von Nutzen,[9] sondern auch für die Statistik, deren Bevölkerungsfortschreibung zwischen VZ–Terminen auf den Melderegistern beruht.

2. Ein zweiter Kritikpunkt galt der möglichen **Weiterleitung von Einzeldaten** von den Statistischen Landesämtern an andere Stellen wie z.B. oberste Bundes- und Landesbehörden, Gemeinden und Gemeindeverbände und schließlich – für wissenschaftliche Zwecke – an Amtsträger und für den öffentlichen Dienst besonders Verpflichtete (§ 9, Abs. 2 – 4 VZ–Gesetz 1983).

3. Mit diesem Kritikpunkt hängt ein weiterer zusammen, der sich auf die **Sicherung der Anonymität** bezieht. Unter Bezug auf das Mikrozensusurteil des Bundesverfassungsgerichts von 1969 wurde konstatiert, daß die Anonymität notwendige Voraussetzung jeder Statistik sei. Somit sei eine Erhebung verfassungswidrig, die Anonymität nicht garantiert, selbst wenn sie im übrigen nach Umfang und Gegenstand unbedenklich sei. Und genau dies sei mit der VZ 1983 der Fall, weil sie ohne großen Aufwand eine mittelbare Identifizierung zulasse und damit die Anonymität gefährde.

4. Ganz allgemein wurde deshalb neben einer Reihe weiterer Kritikpunkte (etwa zur Fragebogengestaltung, Nicht–Einsatz von Stichproben, Freiwilligkeit der Teilnahme) die Gefahr heraufbeschworen, daß der Staat mit der Volkszählung eine umfassende **zentrale Einwohnerdatei** anzulegen in der Lage sei, die als ein wesentlicher Baustein dazu beitragen könnte, den „gläsernen Menschen" zu schaffen, ein Aspekt, der gerade im Orwell–Jahr 1984 aktuell war.

---

[9] Die geplante VZ 1983 hätte auch ohne Zusatzaufwand die Einwohnerregister auf das neue Melderecht (vgl. Abs. 3.1.1) umzustellen ermöglicht, da nach dem im Melderechtsrahmengesetz von 1980 geltenden Bevölkerungskonzept gezählt werden sollte.

Das bei vielen Bürgern zumindest latent vorhandene Mißtrauen gegenüber dem Staat wurde, je näher der Zählungsstichtag kam, weiter genährt und führte schließlich zu einer Situation, die eine einwandfreie Durchführung der Zählung mit auch nur einigermaßen vertretbaren und gesicherten Ergebnissen sehr fraglich erscheinen ließ. Mit einer einstweiligen Anordnung setzte das Bundesverfassungsgericht am 13. April 1983 die für den 27. April 1983 geplante Volkszählung aus, was sicherlich auch von vielen Statistikern mit Erleichterung aufgenommen wurde.

Wie ging es nach dem 13. April 1983 weiter? – In den Medien wurde mit abnehmender Intensität die VZ–Problematik weiter diskutiert, um dann zum Termin der mündlichen Verhandlung vor dem Bundesverfassungsgericht am 18. und 19. Oktober 1983 wieder aufzuleben. Ein letztes Aufflackern der öffentlichen Diskussion war anläßlich der Urteilsverkündung am 15. Dezember 1983 zu registrieren. Wie sieht das Urteil aus, hat es nur Sieger und nur Besiegte gegeben? – Es wurden die Absätze 1 bis 3 des § 9 VZ–Gesetz 1983 – und nur diese – für verfassungswidrig erklärt. In seiner Urteilsbegründung (75 Seiten Länge) nahm das Gericht nicht nur zu allen von den Klägern vorgebrachten Argumenten eingehend Stellung, sondern auch zur gesamten Problematik der Volkszählung und zur amtlichen Statistik. Es schuf das **informationelle Selbstbestimmungsrecht** und hob die Bedeutung, ja Unverzichtbarkeit der Statistik für den sozialen Rechtsstaat hervor. Es legte die Bedingungen für die hierzu nötigen Eingriffe in das informationelle Selbstbestimmungsrecht fest, untersagte den Melderegisterabgleich und forderte Vorkehrungen zur Sicherung des Datenschutzes. Ziel und Methode der Volkszählung wurden aber als derzeit verfassungsgemäß erachtet. Vor künftigen Zählungen sollte sich aber der Gesetzgeber mit dem jeweils erreichten Stand der Methodendiskussion befassen und wenn sich dann andere Wege zur Zielerreichung finden sollten, müßten diese begangen werden.

In der Folgezeit wurde ein neues **Volkszählungsgesetz 1987**[10] unter Beachtung des Volkszählungsurteils erarbeitet; auch das neue Bundesstatistikgesetz von 1987 steht unter dem Einfluß des Volkszählungsurteils. Nimmt man zu den Vorschriften des Volkszählungsgesetzes 1987 noch die dazu erlassenen einschlägigen Landesgesetze und Durchführungsverordnungen hinzu, so wurde der Handlungsspielraum der statistischen Ämter und Erhebungsstellen in einer Weise reglementiert, wie das zuvor in statistischen Rechtsvorschriften noch nie geschehen war und wie es für andere regelungsbedürftige Erhebungen, etwa bei Unternehmen, bis heute nicht geschieht. Man kann fast von einer „Kastrierung" des statistisch–organisatorischen Sachverstandes sprechen, ganz abgesehen von der immensen Verteuerung der Zählung.

Alles dies hat aber nicht ausgereicht, die Volkszählungsgegner zu überzeugen und eine allgemeine Akzeptanz in der Bevölkerung zu erreichen. Die Dif-

---

[10]Gesetz über eine Volks-, Berufs-, Gebäude- und Wohungs- und Arbeitsstättenzählung (Volkszählungsgesetz 1987) vom 8. November 1985 mit dem 27.05.1987 als Zählungsstichtag.

ferenziertheit der Regeln ist kaum notiert worden. Als dann die Fragebogen ausgegeben wurden, gewann die Bevölkerung ein ganz anderes Bild von der Zählung, als es die Medien vielfach gezeichnet hatten. Die Harmlosigkeit und der begrenzte Umfang der Fragen (vgl. die letzte Spalte in Tab. 3.4) überraschten viele. Eine Begleituntersuchung (SCHEUCH et al., 1989) zeigte dann u.a.:

- Der Aufruf der Gegner zum weichen Boykott war noch erfolgloser als der zum harten. (95% der Befragten erklärten, sie hätten den Fragebogen so gut wie möglich ausgefüllt; 3% sagten, sie hätten einiges ausgelassen, und von den restlichen 2% hätten nur 0,3% falsch geantwortet.)

- Das zentrale Problem für eine hohe Akzeptanz der Volkszählung in der Bevölkerung ist nicht die Belastung der Bürger, sondern die Einsicht in der Notwendigkeit der Zählung.

- Die Volkszählungsgegner bildeten keine homogene Gruppe. Das sie einigende Band war allenfalls die Sorge um den Datenschutz.

- Es war weiten Teilen der Bevölkerung nicht klar zu machen, daß in der Volkszählung keine kritischen Fragen gestellt würden, so auch nicht nach dem Einkommen. Schon kurze Zeit nach der Volkszählung waren 17% der Befragten in der Begleituntersuchung wieder der Meinung, es sei nach dem Einkommen gefragt worden.

Ein aus der Begleituntersuchung zu ziehendes Fazit ist offenbar, daß die **Notwendigkeit der Auskunftspflicht** bei der auf Vollständigkeit angelegten Volkszählung bestehen bleiben muß, da allein durch Aufklärung und Werbung den Bürgern in ihrer Gesamtheit der Sinn von Statistik und speziell der einer Volkszählung nicht einsichtig gemacht werden kann. Es bleibt zu hoffen, daß die derzeitige Überregelung im Bereich der an den Bürger gerichteten Erhebungen (Volkszählung und Mikrozensus) einer „Deregulierung" Platz machen wird, um bei Wahrung der Prinzipien des Datenschutzes und der informationellen Selbstbestimmung die amtliche Statistik wieder zum Nutzen der Bürger voll funktionsfähig zu machen. Es steht allerdings zu befürchten, daß bei einer erneuten Volkszählung die alten Gegenargumente wieder vorgetragen werden.

3.2.2 Mikrozensus

Das griechisch–lateinische Wort Mikrozensus heißt in Übersetzung „kleine Volkszählung". Der bundesdeutsche Mikrozensus stellt insofern eine kleine Volkszählung dar, als er eine primäre Stichprobenstatistik ist, die ca. 1% der Bevölkerung erfaßt. Er ist aber mehr als eine Volkszählung, da er im Gegensatz zu deren mehrjährigen Abstand jährlich stattfindet und gegenüber einer Volkszählung ein wesentlich umfangreicheres Fragenprogramm aufweist. Der Mikrozensus ist multifunktional angelegt.

3.2.2.1 Aufgaben und bisherige Entwicklung

Der Mikrozensus wurde nach mehrjähriger Erprobung im Jahre 1957 als auf
dem Zufallsprinzip basierende Teilerhebung eingeführt (HERBERGER, 1957).
Er ist damit neben einigen landwirtschaftlichen Zufallsstichproben (Erntevorausschätzung, Viehzählung) die älteste Erhebung dieses Typs in der deutschen
amtlichen Statistik. Die lange Geschichte des Mikrozensus ist sehr reich an
Änderungen inhaltlicher und methodischer Art, wie im folgenden zu zeigen ist.

Der Zweck des Mikrozensus in seiner heutigen Form ergibt sich aus dem
derzeit geltenden Mikrozensusgesetz[11] vom 17. Dezember 1990:

> Zweck des Mikrozensus ist es, statistische Angaben in tiefer fachlicher
> Gliederung über die Bevölkerungsstruktur, die wirtschaftliche und sozia-
> le Lage der Bevölkerung und der Familien, den Arbeitsmarkt sowie die
> berufliche Gliederung und Ausbildung der Erwerbsbevölkerung bereitzu-
> stellen.
> (Mikrozensusgesetz 1990, Art. 1, Ziffer 1)

Eine genauere Analyse der Erhebungsmerkmale, des Stichprobendesigns sowie der Verwendung des Mikrozensus läßt **fünf Funktionen** erkennen:[12]

1. **Permanente Bereitstellung von Strukturdaten des sozioökonomischen Informationsbereichs** – Es soll Jahr für Jahr ein Überblick über
   die Zusammensetzung der Bevölkerung, insbesondere auch der Familien und
   Haushalte, nach Bildungsstand, Beteiligung und Stellung im Erwerbsleben
   sowie der Sicherung des Lebensunterhalts geliefert werden, wie er sonst nur
   von einer Volkszählung vermittelt werden kann. Es soll also die **sozioökonomische Grundstruktur** sichtbar gemacht werden.

2. **Laufende Beobachtung des Arbeitsmarkts** – Hier geht es um die Größe
   und Zusammensetzung des Arbeitskräftepotentials und des Einsatzes von
   Arbeitskräften. Daß und warum die sekundärstatistischen Arbeitsmarkt-
   daten der Bundesanstalt für Arbeit diese Funktion nicht erfüllen, wird in
   Kap. 4 zu zeigen sein.

3. **Erweiterung und Vertiefung des sozioökonomischen Informati-
   onsangebots** für bestimmte, gesamtgesellschaftliche Fragestellungen – Gemeint sind damit Daten tieferen Inhalts über Bildung, Arbeitswelt, soziale
   Sicherung, Gesundheit und Freizeitgestaltung.

4. **Laufende Beobachtung von sozioökonomischen Veränderungs-
   vorgängen** – Es sollen Daten über Prozesse oder Abläufe auf der Ebene der Person, der Familie und des Haushalts bereitgestellt werden, etwa
   über Gründung, Veränderung oder Auflösung von Familien, Berufswechsel,
   Eintritt/Austritt in das/aus dem Erwerbsleben.

---

[11]Genaue Bezeichnung: Gesetz zur Änderung des Gesetzes zur Durchführung einer Repräsentativstatistik über die Bevölkerung und den Arbeitsmarkt (Mikrozensusgesetz) und des
Gesetzes über die Statistik für Bundeszwecke (Bundesstatistikgesetz).
[12]vgl. ESSER/GROHMANN/MÜLLER/SCHÄFFER (1989), p. 50 ff.

5. **Lieferung von Informationen für eine Vielzahl anderer amtlicher und nichtamtlicher Erhebungen** – Der Mikrozensus bietet eine Auswahlgrundlage (= Stichprobenplan) für andere Stichprobenerhebungen im amtlichen Bereich (etwa Einkommens- und Verbrauchsstichprobe) und im privaten Bereich. Für die Erhebungen der Markt- und Meinungsforschungsinstitute ist er ein Hochrechnungs-, Adjustierungs- und Kontrollinstrument.

Mikrozensusähnliche Erhebungen sind auch **im Ausland** üblich. In den 30er Jahren gab es in den USA zur Erfassung der Arbeitslosen erste Stichprobenerhebungen, die während des II. Weltkriegs zur Erfassung des gesamten Arbeitskräfteeinsatzes (= Labour Force) ausgebaut wurden. 1949 empfahl die OEEC (heutiger Name: OECD) ihren Mitgliedsländern, Stichproben über Arbeitskräfte nach einheitlichen Definitionen durchzuführen, um international vergleichbare Daten zu erhalten. Die Abb. 3.3 zeigt, in welchem Tempo die OECD–Mitglieder dieser Empfehlung folgten. Mit Ausnahme der Türkei und Island werden heute in allen OECD–Ländern Arbeitskräftestichproben durchgeführt; aber auch viele andere Staaten besitzen ähnliche Erhebungen. Es handelt sich dabei stets um Stichproben, allerdings mit verschiedener Periodizität (von einmal jährlich bis einmal monatlich), verschieden hohen Auswahlsätzen (auf Jahresbasis umgerechnet von ca. 0,1% bis über 2% der Bevölkerung), verschiedener Regelung über die Auskunftspflicht und natürlich verschiedener Breite und Tiefe des Erhebungsprogramms. Daß die Bundesrepublik Deutschland erst 1957 auf die OEEC–Empfehlung von 1949 mit der Einführung des Mikrozensus reagierte, läßt sich wohl auf drei Ursachen/Gründe zurückführen:

1. In der amtlichen Statistik Deutschlands herrschte eine weit verbreitete Skepsis gegenüber dem Einsatz von Stichprobenverfahren. Bis in die 50er Jahre war die deutsche Datenproduktion durch primäre oder sekundäre Totalerhebungen geprägt.
2. Es gab – im Gegensatz zu anderen Staaten – in der Bundesrepublik eine staatliche Arbeitsverwaltung und umfassende Sozialversicherung, deren Register die amtliche Statistik auswerten konnte.
3. Die neue Erhebung sollte sich in das Gesamtsystem der amtlichen Statistik nahtlos einpassen, was umfangreiche methodische wie inhaltliche Vorbereitungen erforderte (deutsche Gründlichkeit!). Von Anfang an sollte der Mikrozensus mehr sein als nur eine Arbeitskräftestichprobe.

Der Mikrozensus wurde eingeführt durch das

• 1. Mikrozensusgesetz von 1957.

Diesem folgten weitere **Mikrozensusgesetze** nach:

• 2. Mikrozensusgesetz von 1960,
• 3. Mikrozensusgesetz von 1962,
• 4. Mikrozensusgesetz von 1968,
• 5. Mikrozensusgesetz von 1975,

Abb. 3.3: Einführung mikrozensusähnlicher Erhebungen
          in den OECD–Mitgliedstaaten

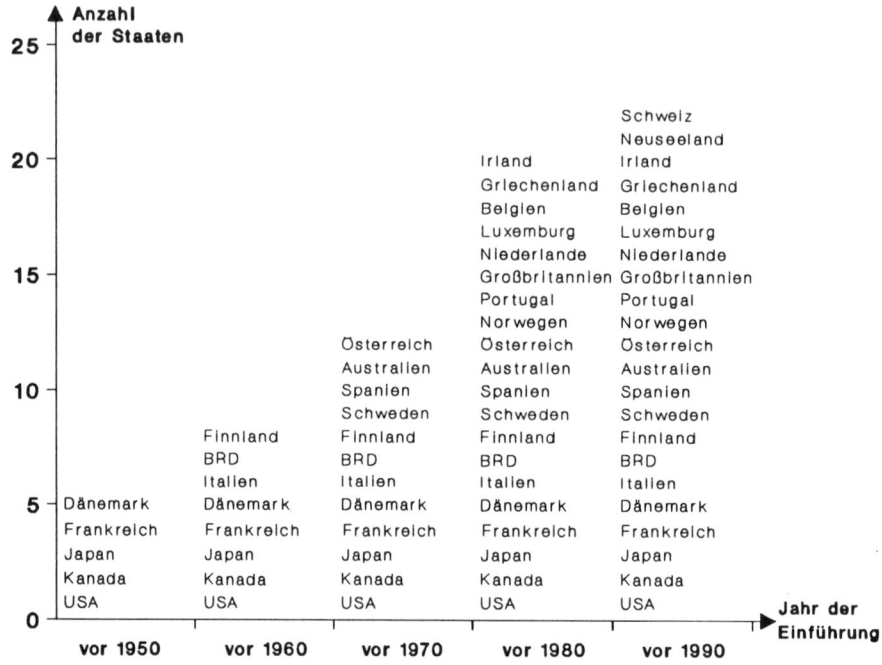

Quelle: ESSER/GROHMANN/MÜLLER/SCHÄFFER (1989), p. 76

- 6. Mikrozensusgesetz von 1983,
- 7. Mikrozensusgesetz von 1985,
- 8. Mikrozensusgesetz von 1990,
- 9. Mikrozensusanpassungsverordnung von 1991.

Während das erste Mikrozensusgesetz noch auf einer halben Druckseite
Platz fand, benötigte das Gesetz von 1985 fünf eng bedruckte Seiten. Diese
Volumensteigerung bedeutete aber keinesfalls eine Ausdehnung des Mikrozen-
susprogramms, das Gegenteil war vielmehr der Fall. Die Gesetzeslänge zeugt
vielmehr von der zunehmenden Reglementierung, so daß man von einer „Kastrierung" der Statistik durch die Legislative sprechen kann. Nicht jede der
obigen neun Rechtsgrundlagen markierte den Beginn einer neuen Phase in
der Entwicklung des Mikrozensus. (Die Anpassungsverordnung von 1991 führte

– auf der Grundlage des deutschen Einigungsvertrags – zu einer Übertragung des Mikrozensus auf die neuen Bundesländer.) ESSER/GROHMANN/MÜLLER/ SCHÄFFER (1989, p. 54 ff.) teilen die Entwicklung vielmehr in nur vier Phasen ein. Ob mit dem Gesetz von 1990 der Beginn einer fünften Phase definiert werden kann, ist in Abs. 3.2.2.2 zu prüfen.

1. Phase (1957 – 1961)
Diese erste Phase der Etablierung führte auch schon zur Konsolidierung. Der **Variablenkatalog** des Gesetzes von 1957 umfaßte bereits alle wesentlichen Merkmale einer sozioökonomischen Grundstruktur und einer laufenden Beobachtung des Arbeitskräftepotentials:

1. Anzahl und Namen der zur Haushaltung gehörenden Personen, deren Geschlecht, Alter, Familienstand, Stellung zum Haushaltungsvorstand, Kinderzahl, Staatsangehörigkeit, Flüchtlings- bzw. Vertriebeneneigenschaft, Wohnsitz und Wohnsitzveränderungen, Körperbehinderung und ihre Ursachen, landwirtschaftliche Nutzfläche der Haushaltung;

2. Beteiligung oder Nichtbeteiligung am Erwerbs- und Berufsleben, im besonderen Beschäftigung und Arbeitslosigkeit, Beruf, Arbeitsstätte, beschäftigte Arbeitskräfte, Arbeitszeit und Versicherungsschutz.
(Mikrozensusgesetz 1957, § 1)

Festgelegt wurden die **Auswahlsätze** und die **Periodizität** (einmal jährlich 1%, dreimal jährlich 0,1%), die **Geltungsdauer** (bis 1959), die **Auskunftspflicht**, die **Erhebungsweise** (mündlich oder schriftliche Befragung) und einige Regelungen über die Vertraulichkeit. Nicht im Gesetz festgelegt war die **Methodik der Stichprobe**, nämlich als zweistufige Stichprobe mit der Gemeinde als Auswahleinheit der ersten und der Wohnung als Auswahleinheit der zweiten Stufe. Das zweite Mikrozensusgesetz von 1960 verlängerte die Geltungsdauer bis 1962 und ergänzte den Katalog der Erhebungsmerkmale um drei (Urlaubs- und Erholungsreisen, Einkommenslage, Kinderbetreuung bei erwerbstätigen Müttern), die aber, wie vorgesehen, nur einmal 1962 erhoben wurden. Schon in dieser ersten Phase zeigte sich, daß die Ergebnisse der 0,1%-Erhebungen kaum genutzt wurden. Die Konsequenz daraus, nämlich die Abschaffung der 0,1%-Erhebungen, wurde jedoch erst relativ spät, nämlich mit dem 5. Mikrozensusgesetz von 1975 gezogen.

2. Phase (1962 – 1974)
Die gesetzliche Regelung (3. Mikrozensusgesetz von 1962), zunächst bis 1968 befristet und durch das 4. Mikrozensusgesetz von 1968 bis 1974 verlängert, war wiederum von äußerster Kürze. **Inhaltlich** ist die Phase gekennzeichnet durch eine Zweiteilung der zu erhebenden Tatbestände in ein **Grundprogramm** und ein **Zusatzprogramm**. Die regelmäßig zu erfassenden Merkmale stehen im Grundprogramm, dessen Tatbestände gegenüber früher noch allgemeiner und

verkürzt gefaßt wurden. Für die Erhebungsmerkmale in Zusatzprogrammen, die durch Rechtsverordnung angeordnet werden konnten, wurde nur ein Rahmen gesteckt, der besagte, es müsse sich um die Wahrnehmung öffentlicher Aufgaben handeln, eine Beschränkung auf das notwendige Maß erfolgen und eine möglichst geringe Belastung der Auskunftspflichtigen resultieren. Auch für das Zusatzprogramm galt die Auskunftspflicht. Zwischen 1962 und 1974 hat es etwa 40 Zusatzbefragungen gegeben mit Erhebungsinhalten wie etwa Rauchgewohnheiten, Sonn- und Feiertagsarbeit, Ausbildungspläne der Eltern für ihre Kinder. **Methodisch** blieb es einerseits bei der Periodizität und den Auswahlsätzen der ersten Phase; umgestellt wurde jedoch andererseits auf eine **Flächenstichprobe** mit sog. **Segmenten**, d.h. Gruppen von benachbarten Gebäuden, als Auswahleinheiten, die in mehrfacher Weise geschichtet wurden, und eingeführt wurde das **Rotationsprinzip**. Letzteres sollte mit geringerem Stichprobenfehler den intertemporalen Vergleich und die Aufzeichnung zeitlicher Entwicklungen ermöglichen, indem nämlich nicht mehr von Erhebungsjahr zu Erhebungsjahr alle Stichprobeneinheiten ausgewechselt wurden, sondern nur 25%, d.h. ein ausgewählter Haushalt war i.d.R. vier Jahre auskunftspflichtig und jährlich wurden 25% der Stichprobenhaushalte durch neu auszuwählende ersetzt. In diese zweite Phase fiel die rasche Entwicklung der DV–Technik, auf die aufbauend die sozialwissenschaftliche Forschung zu einer intensiven Nutzung der Mikrozensusergebnisse kam. Die wachsende Sensibilisierung der Bevölkerung für den Datenschutz führte aber gegen Ende dieser Phase zur Einschränkung bei der Weitergabe der Sätze mit Individualdaten an Forschungseinrichtungen.

3. Phase (1975 – 1982)

Mit dem 5. Mikrozensusgesetz von 1975 entfielen die drei jährlichen 0,1%-Erhebungen. Es blieb die 1%-Erhebung mit der Berichtswoche als einer feiertagsfreien Woche im April. Der Verzicht auf die drei 0,1%-Erhebungen, deren Resultate relativ wenig genutzt worden sind, wurde begründet und erleichtert durch die neu eingeführte vierteljährliche „Statistik der sozialversicherungspflichtigen Beschäftigten", die auf den Meldungen der Arbeitgeber über ihre Beschäftigten an deren Krankenkassen beruht. Die Zusatzprogramme wurden eingeschränkt, wofür jedoch eine Reihe von neuen Merkmalen in das Grundprogramm gelangten, deren Erhebung jedoch mit geringerer Priorität erfolgte (alle zwei oder alle vier Jahre) und die teils einen geringeren Auswahlsatz (0,25% oder 0,1%) hatte, wozu man methodisch eine zweiphasige Stichprobe einführte.

Im Jahre 1983 wurde das **6. Mikrozensusgesetz** verabschiedet. Es sah eine noch weitere Ausdifferenzierung der Erhebungsmerkmale und noch stärkere Variation in den Auswahlsätzen und Periodizitäten vor. Aufgenommen und neu war auch eine Wiederholungsbefragung, um die Zuverlässigkeit (etwa die Antwortvariabilität) zu prüfen. Für alle Erhebungsmerkmale sah es die Auskunftspflicht vor. Nach diesem 6. Mikrozensusgesetz wurde niemals erhoben, vielmehr **verzichtete man 1983 und 1984 auf einen Mikrozensus** und führte nur die kleinere, weniger informative, aber durch EG–Verordnung verbindliche EG–Arbeitskräftestichprobe durch. Dieser Verzicht erfolgte im Hinblick auf das noch ausstehende Volkszählungsurteil des Bundesverfassungsgerichts (15.12.1983) und auf einen Bundestagsbeschluß vom 15.12.1982, in dem die Bundesregierung im Gefolge der Volkszählungsdiskussion aufgefordert wurde, die Notwendigkeit von Mikrozensuserhebungen zu überprüfen sowie nach einem Ersatz durch alternative Erhebungsformen zu suchen.

4. Phase (1985 – 1990)
Am 10. Juni 1985 trat nach intensiven und kontroversen Debatten und Anhörung vieler Sachverständiger das 7. Mikrozensusgesetz in Kraft. Der Text dieses Gesetzes ist zehnmal länger als der des Gesetzes von 1957 und viermal länger als der seines Vorgängers von 1983. Die wichtigsten Neuerungen sind (in Klammern die Paragraphen des Gesetzes von 1985):

- Unterscheidung von Erhebungs- und Hilfsmerkmalen (§ 3, § 6);
- Konkretisierung der Erhebungsmerkmale, z.T. auch Angabe der zulässigen Ausprägungen, Festlegung des Inhalts der Fragen zu den Erhebungsmerkmalen in einer ergänzenden Rechtsverordnung[13] (§ 5, § 10);
- Frühzeitige Trennung von Erhebungs- und Hilfsmerkmalen, Festlegung von Löschungsfristen für die Hilfsmerkmale (§ 11);
- Zulässigkeit der Übernahme der zur Kennzeichnung statistischer Zusammenhänge verwendeten Nummern (sog. Ordnungsnummern) auf Datenträger (§ 4);
- Ausdrückliches Verbot der Reidentifikation (§ 15);
- Umfassende Bestimmungen über Interviewer (Eigenschaften, Rechte, Pflichten) (§ 8);
- Detaillierte Festlegung der Interviewerarbeit und der zu verwendenden Erhebungsvordrucke (§ 10);
- Anweisung zur schriftlichen Unterrichtung der auskunftspflichtigen Personen (§ 12);
- Regelungen zur gemeinsamen Durchführung mit der EG–Arbeitskräfteerhebung (§ 14);
- Anordnung von drei Testerhebungen zur Überprüfung der Möglichkeit, in späteren Gesetzen ganz oder teilweise auf die Auskunftspflicht zu verzichten (Bereits jetzt wurden einige wenige Erhebungsbereiche wie Urlaubs- und Erholungsreisen, Eheschließungsjahr sowie Krankheiten von der Auskunftspflicht ausgenommen.) (§ 13);
- Einsetzung eines Wissenschaftlichen Beirats[14] zur Festlegung, Ausgestaltung und Auswertung der Testerhebungen (§ 13).

[13] Diese Mikrozensusverordnung vom 14. Juni 1985 umfaßt weitere sechs Seiten.

[14] In den Beirat wurden auf Vorschlag der Deutschen Statistischen Gesellschaft berufen: als Statistiker die Professoren GROHMANN und SCHÄFFER, als Sozialwissenschaftler die Professoren ESSER und MÜLLER.

Tab. 3.5: Erhebungsbereiche, Periodizitäten und Auswahlsätze des Mikrozensus von 1985 bis 1990

Erhebungsbereich	Auswahlquote (in v.H.)					
	'85	'86	'87	'88	'89	'90
1. Demographische Merkmale von Person, Haushalt und Familie	1	1	1	1	1	1
2. Erwerbstätigkeit, Arbeitslose, Arbeitssuchende, Nichterwerbstätige, Schüler, Studenten	1	1	1	1	1	1
3. Quellen des Lebensunterhalts	1	1	1	1	1	1
4. Krankenversicherung (gesetzlich/privat), Rentenversicherung	1	1	1	1	1	1
5. Urlaubs- und Erholungsreisen*	0,1	0,1	0,1	0,1	0,1	0,1
6. Berufs- und Tätigkeitsmerkmale	1		1		1	
7. Schulbildung inkl. Weiterbildung	1		1		1	
8. Zusätzliche Angaben von Ausländern	1		1		1	
9. Wohnsituation des Haushalts	1		1		1	
10. Merkmale für Berufs- und Ausbildungspendler	1			1		
11. Unfälle, Krankheiten*		0,5			0,5	
12. Behinderteneigenschaft		0,5			0,5	
13. Private und betriebliche Altersversorgung		0,5			0,5	

* freiwillige Antwort

Inhaltlich wurde das Erhebungsprogramm 1985 gegenüber früher kaum verändert, auch die schon existierenden Periodizitäten und die abgestuften Auswahlsätze blieben erhalten. Aus der Tabelle 3.5 sind entsprechende Einzelheiten zu entnehmen.

3.2.2.2 Methodendiskussion und das Mikrozensusgesetz 1990

Bei der parlamentarischen Beratung und Verabschiedung des Mikrozensusgesetzes 1985 war es – vor dem Hintergrund der Volkszählungsproteste – zu einer heftigen Diskussion über die adäquate Methodik des Mikrozensus gekommen, insbesondere über die Frage, ob die Erhebung mit Auskunftspflicht durchzuführen sei oder nicht. Der oben erwähnte, mit § 13 des Mikrozensusgesetzes eingesetzte Wissenschaftliche Beirat sollte Methodenvorschläge erarbeiten und mittels der angeordneten drei Testerhebungen prüfen, ob und inwieweit die Freiwilligkeit bei der Erhebung die Qualität der Antworten beeinflußt. Die Ergebnisse der Arbeit des Wissenschaftlichen Beirats stehen in ESSER/GROHMANN/MÜLLER/SCHÄFFER (1989) und werden im folgenden stark verkürzt zitiert.

Eine hohe Zweckerfüllung von statistischen Erhebungen ist nur dann gegeben, wenn

1. eine hohe **Teilnehmerquote** zu verzeichnen ist und
2. die Nicht–Antwortenden sich zufällig über die zu erhebende Gesamtheit verteilen oder – anders formuliert – die **Bereitschaft zur Teilnahme statistisch unabhängig ist von jedem der Erhebungsmerkmale**.

Die drei Testerhebungen fanden simultan zu den eigentlichen Mikrozensuserhebungen statt, so daß sich insbesondere die Erfüllung der im zweiten vorstehenden Punkt genannten Bedingung überprüfen ließ.

Aus Abb. 3.3 war zu entnehmen, daß 22 OECD-Mitgliedstaaten eine mikrozensusähnliche Erhebung durchführen. Von diesen haben elf eine Auskunftspflicht, die andere Hälfte arbeitet mit freiwilliger Auskunftserteilung. Wie hoch die Antwortquoten in beiden Teilmengen sind, zeigen die Tabellen 3.6 und 3.7. Bei den Ländern mit Auskunftspflicht liegt die Antwortquote im Bereich von 91% bis 99%, in der anderen Gruppe zwischen 62% und 95%, wobei die niedrigen Quoten in der Schweiz und den Niederlanden auf methodische Sonderbedingungen zurückzuführen sind. Die drei bundesdeutschen Testerhebungen zwischen 1985 und 1987 erbrachten folgende Teilnahmequoten:

1985 – 47,8% (nach Nachbearbeitung: 48,6%),
1986 – 59,0% (nach Nachbearbeitung: 65,0%),
1987 – 53,3% (Durchschnitt aus verschiedenen Testserien).

Tab. 3.6: Beteiligung an mikrozensusähnlichen Erhebungen in OECD-Mitgliedstaaten mit Auskunftspflicht

Staat	Nichtangetroffen/ Sonstiges	Ver- weigerung	Antwort- quote
Portugal			99,1
Australien			99,0
Italien			98,0
Japan			98,0
Bundesrepublik Deutschland	2,5	0,5	97,0
Belgien			95,0
Kanada	3,9	1,5	94,6
Griechenland	5,4	0,8	93,8
Frankreich	3,8	2,8	93,4
Österreich	8,5	0,5	91,0
Spanien			90,8

Quelle: ESSER/GROHMANN/MÜLLER/SCHÄFFER (1989), p. 80

Die niedrige Teilnahmequote von 1985 ist u.a. darauf zurückzuführen, daß man auf den Erhebungsbögen sehr plakativ auf die Freiwilligkeit der Teilnahme hingewiesen hatte. Die **Höhe der Teilnahmequote** variierte beträchtlich mit

- dem **Bundesland** (1985: Niedersachsen 56% – Berlin 32,1%; 1986: Baden–Württemberg 66,4% – Nordrhein–Westfalen 49,1%);
- der **Gemeindegröße** (sinkend mit zunehmender Gemeindegröße);
- dem **Alter des Interviewers** (steigend mit zunehmendem Intervieweralter, während andere Interviewermerkmale wie Geschlecht, Beruf oder Erfahrung keinen signifikanten Einfluß hatten);
- der **Art der Erhebung** (höher bei persönlicher Befragung als bei schriftlicher oder telefonischer Befragung);
- der **Organisation der Erhebung** (höher bei amtlicher Interviewerorganisation als bei Beteiligung privater Markt- und Meinungsforschungsinstitute).

<u>Tab. 3.7:</u> Beteiligung an mikrozensusähnlichen Erhebungen in OECD–Mitgliedstaaten **ohne Auskunftspflicht**

Staat	Nichtangetroffen/ Sonstiges	Verweigerung	Antwortquote
Vereinigte Staaten	2,3	2,7	95,0
Finnland	2,5	2,6	94,9
Irland	2,3	3,1	94,6
Neuseeland			90,4
Schweden	5,9	5,1	89,0
Norwegen	8,0	5,4	86,6
Luxemburg	9,7	5,6	84,7
Dänemark			81,5
Großbritannien	8,0	11,0	81,0
Schweiz	23,2	5,4	71,4
Niederlande	15,2	22,8	62,0

Quelle: ESSER/GROHMANN/MÜLLER/SCHÄFFER (1989), p. 80

Die Untersuchungsergebnisse des Wissenschaftlichen Beirats geben insgesamt keinen Hinweis darauf, daß die Beteiligungsquote bei freiwilliger Antworterteilung durch methodische Änderungen in der Erhebungsart über 2/3 angehoben werden kann. Diese Quote von 65% – 70% erbringen auch manche Stichproben der privaten sozialwissenschaftlichen Forschungsinstitute.

Wichtiger als die Höhe der Teilnehmerquote ist die **Frage**, ob die **Antwortbereitschaft ergebnisneutral** ist, soll heißen: keine verzerrten Ergebnisse liefert. Ein Vergleich der Testerhebungen mit den simultanen Mikrozensus–Haupterhebungen bestätigte die schon seit langer Zeit unter Statistikern und Sozialwissenschaftlern gehegte Vermutung, daß die Erhebung mit Auskunftspflicht präziser ist. In den hochgerechneten Besetzungszahlen zeigten sich Abweichungen im Bereich von 5% bis 10%, die bei Merkmalsausprägungen mit niedriger Häufigkeit bis zu 50% ansteigen. **Zu niedrige Besetzungszahlen** wurden bei freiwilliger Antwort insbesondere **bei den gesellschaftlichen Rand- und Problemgruppen** ausgewiesen:

- ältere geschiedene oder verwitwete Frauen,
- Langzeitarbeitslose,
- Personen mit niedrigem Einkommen,
- eheähnliche Lebensgemeinschaften,
- Drei– oder Mehr–Generationen–Haushalte.

Zu hohe Besetzungszahlen ergeben sich bei der Zahl

- der Studenten,
- der Beamten,
- der Haushalte mit höherem Einkommen.

Ferner zeigte sich, daß die Erhebung mit Freiwilligkeit die jährlichen Veränderungen nicht zuverlässig aufzuzeichnen in der Lage ist. Eine permanente Beobachtung und Analyse des sozialen Wandels würden damit unmöglich. Die sich aus dem Zeitvergleich der Resultate der Testerhebungen ergebenden Veränderungen spiegeln nicht eindeutig den strukturellen Wandel wider, sondern sind z.T. Artefakte, bedingt durch Ausmaß und Zusammensetzung der Ausfälle.[15]

Statistisch gesicherter Rückschluß von einer freiwilligen Erhebung auf die Gesamtbevölkerung ist nur dann möglich, wenn sich die Grundgesamtheit der Antwortenden nicht von der Gesamtbevölkerung, die auch die Nichtantwortenden einschließt, unterscheidet. ARMINGER (1990) hat diese Nullhypothese aufgrund der korrespondierenden Mikrozensen und Testerhebungen von 1985, 1986 und 1987 getestet und ist für einzelne zentrale demographische und sozioökonomische Merkmale wie auch in drei hochdimensionalen Kontingenztafeln zur Ablehnung gekommen. Besonders deutlich waren die Unterschiede in den Variablen Bundesland, Gemeindegrößenklasse, Alter, Familienstand, überwiegender Lebensunterhalt, Einkommen und Rentenversicherung.

Es ist daher nicht überraschend, daß der Wissenschaftliche Beirat empfiehlt, die Auskunftspflicht für das Kernprogramm des Mikrozensus mit den strategisch wichtigen Variablen beizubehalten. Er hält jedoch für viele Zusatz- und Ergänzungsfragen die Freiwilligkeit – allerdings unter flankierenden Bedingungen – für vertretbar. Weitere Empfehlungen sind u.a.:

---

[15]Zur Freiwilligkeit der Auskunftserteilung im Mikrozensus vgl. auch EMMERLING/RIEDE (1994) und RIEDE/EMMERLING (1994).

- höherer Auswahlsatz als 1% in kleinen Bundesländern, um auch dort statistisch gesicherte Ergebnisse für „dünn" besetzte, aber wichtige Merkmalsausprägungen zu erhalten;[16]
- Reduzierung der Segmentgröße, um den genauigkeitsmindernden Klumpeneffekt einzudämmen;
- laufende Befragung, d.h. vierteljährlich 0,25% statt einmal jährlich 1%, was den Vorteil hätte, saisonale Bewegungen sichtbar zu machen;
- Verwendung standardisierter Fragebogen;
- Überlassung der Entscheidung über die Form der Auskunftserteilung (mündlich, schriftlich oder telefonisch) an die zu Befragenden.

Was ist nun von den Empfehlungen und Untersuchungsergebnissen des Wissenschaftlichen Beirats in das 8. Mikrozensusgesetz von 1990 eingegangen? – Ein Mikrozensusgesetzentwurf des Statistischen Bundesamtes, der die Empfehlungen des Wissenschaftlichen Beirats umgesetzt hatte, kam gar nicht erst in die parlamentarische Beratung, sondern nur ein Entwurf des Bundesinnenministeriums, der auf ein Verlängerungsgesetz hinauslief. Die vorparlamentarische Beratung durch die Innenpolitiker der Koalitionsfraktionen führte zunächst auch zur Ablehnung des Entwurfs, wobei wiederum die schon seit der Volkszählungsdiskussion bekannten Argumente vorgetragen wurden: Datenhunger der Statistiker, Eindringen in die Privatsphäre und höhere Antwortqualität bei freiwilliger Auskunft. Letzteres ist durch die Mikrozensustesterhebungen eindeutig empirisch widerlegt worden, wurde offenbar aber von den Politikern bewußt ignoriert (Merke: Was einem Politiker an Fakten nicht gefällt, das sieht er nicht!) oder beruhte auf Unkenntnis des Forschungsberichts. Nach längeren, z.T. unerfreulichen Kontroversen zwischen den betroffenen Ministerien, den Landesbehörden, den Fraktionen des Bundestages und dem Bundesrat wurde unter Zeitdruck (Die Wahlen zum 12. Bundestag am 2. Dezember 1990 standen vor der Tür.) das 8. Mikrozensusgesetz verabschiedet und am 17.12.1990 verkündet (BGBl I, p. 2837).

Dieses Gesetz stellt im Kern eine Verlängerung des Gesetzes von 1985 dar, so daß nicht vom Beginn einer fünften Phase in der Entwicklung des deutschen Mikrozensus gesprochen werden kann. Die Auskunftspflicht blieb grundsätzlich erhalten (Das ist wohl das wichtigste Ergebnis der Beiratsarbeit.), allerdings wurde bei einigen der in Tab. 3.5 aufgezählten Erhebungsbereichen die Freiwilligkeit der Beantwortung eingeführt, nämlich bei

- zusätzlichem privaten Krankenversicherungsschutz,
- Schulbildung und Weiterbildung,
- Angaben von Ausländern über Aufenthaltsdauer, Ehegatten, Kinder und Eltern im Ausland,

---

[16] Die Schätzgenauigkeit einer Stichprobe hängt bekanntlich nicht so sehr von der Höhe des Auswahlsatzes n/N ab, sondern von dem des absoluten Stichprobenumfangs n.

• Merkmalen für Berufs- und Ausbildungspendler.

Ersatzlos gestrichen wurde die Erhebung von Angaben über

• Urlaubs- und Erholungsreisen sowie

• die Wohnsituation.[17]

Die Auswahlsätze und Periodizitäten, wie sie in Tab. 3.5 stehen, bleiben erhalten. Das neue Mikrozensusgesetz gilt bis einschließlich 1995. Wie es danach weitergehen wird, vor allem auch, ob es um das Jahr 2000 eine Volkszählung geben wird, vermag heute keiner zu sagen. Es bleibt an die Einsicht der Parlamentarier zu appellieren, die beiden großen Informationsquellen über Bevölkerung und Gesellschaft nicht zu verschütten.

3.2.3 Sekundärstatistische Bevölkerungsfortschreibung

Neben Volkszählung und Mikrozensus ist die **Bevölkerungsfortschreibung** die dritte Säule der bundesdeutschen Bevölkerungsstatistik. Datenquellen für die Fortschreibung sind im wesentlichen

• die Registrierungen von Geburten, Sterbefällen und Eheschließungen bei den Standesämtern,

• die Registrierungen von Ehelösungen bei den Familiengerichten,

• die Registrierungen von Zu- und Fortzügen bei den gemeindlichen Einwohnermeldeämtern.

Die Fortschreibung ist methodisch gesehen eine totale Sekundärstatistik. Sie erfolgt im monatlichen Abstand und z.t. kleinräumiger Einteilung, wozu der Mikrozensus zuverlässig nicht in der Lage ist.

Fortschreibung der Bevölkerung bedeutet die Errechnung eines neuen Bestandes (zum Zeitpunkt t) aus einem früheren Bestand (zum Zeitpunkt $t-1$) durch Addition der zwischen $t-1$ und t erfolgten Zugänge (Geburten, Zuzüge) und Subtraktion der Abgänge (Gestorbene, Fortzüge) zwischen $t-1$ und t. Je kleiner die Gebietseinheit, desto wichtiger sind die Wanderungen. Gegenüber den Daten zur **natürlichen Bevölkerungsbewegung** (Geburten, Sterbefälle) fällt die Qualität der Daten zur **mechanischen Bevölkerungsbewegung** (Zu- und Fortzüge) ab, insbesondere die der Fortzüge, die häufig nicht gemeldet werden. Das Statistische Bundesamt (und analog die Statistischen Landesämter und die kommunalstatistischen Ämter für ihr jeweiliges Gebiet) schreibt zum einen die **Bevölkerung insgesamt** fort mit der Bilanzgleichung:

---

[17]Angesichts der prekären Lage auf dem deutschen Wohnungsmarkt ist diese Entscheidung überhaupt nicht zu verstehen.

Bevölkerung am Monatsende

= Bevölkerung am Monatsanfang

+ Zuzüge

− Fortzüge

+ Lebendgeborene

− Gestorbene

} während des Monats

und zum anderen die **Bevölkerung gegliedert nach dem Familienstand, dem Geschlecht und dem Alter.** Die Bilanzgleichung für z.b. die Zahl der ledigen Personen (ohne Berücksichtigung von Alter und Geschlecht) lautet:

Ledige am Monatsende

= Ledige am Monatsanfang

− Eheschließende Ledige

− Gestorbene Ledige

+ Lebendgeborene

+ Zuzüge von Ledigen

− Fortzüge von Ledigen

} während des Monats.

Literatur zu Abs. 3.2 [18]

ABELS, H. (1991), p. 60 – 67

ARMINGER, G. (1990)

BENJAMIN, B. (1970)

BRETZ, M. / MAYER, H.-L. (1980)

BRETZ, M. / WEDEL, E. (1987)

ESSER, H. / GROHMAN, H. / MÜLLER, W. / SCHÄFFER, K.-A. (1989)

HERBERGER, L. (1957)

HIESS, F. (1931)

HORSTMANN, K. (1961)

KRUG, W. / NOURNEY, M. / SCHMIDT, J. (1994), p. 237 – 261

LIND, E. (1940), p. 167 – 184

LIPPE, P. v. D. (1990), p. 78 – 82

STATISTISCHES BUNDESAMT (1987a), (1989a), (1989b) und (1991b)

STÖRZBACH, B. (1987)

TAEGER, J. (1983)

UN (1967)

WÜRZBERGER, P. / STÖRZBACH, B. / STÜRMER, B. (1986)

ZINDLER, H. / SCHMIDT, I. / MEYER, K. (1985)

---

[18]Man findet hier nur eine Kurzzitierung. Die vollständigen bibliographischen Angaben stehen im Literaturverzeichnis, Kap. 15.

3.3 Ausgewählte Ergebnisse der Bevölkerungsstatistik

Die nachstehenden Zahlen stellen eine sehr kleine Auswahl aus dem bevölke-rungsstatistischen Datenschatz des Statistischen Bundesamtes dar. Die Aus-wahl soll dem Leser sowohl demographisches Grundwissen über Deutschland vermitteln als auch auf Bevölkerungsprobleme im Lande hinweisen.

3.3.1 Größe und Struktur der Bevölkerung

Primär interessieren an einer Bevölkerung ihre Größe und ihre Gliederung nach bestimmten Merkmalen zu einem gegebenen Stichtag. Die zeitliche Entwick-lung von Größe und Struktur sind danach von Bedeutung für die historische Forschung, aber auch prospektiv für die Abschätzung der zukünftigen Entwick-lung.

3.3.1.1 Bevölkerung in Deutschland: Größe und zeitliche Entwicklung

Deutschland hat eine sehr wechselvolle Geschichte, in der sich der Gebiets-stand mehrfach geändert hat. Zwischen 1949 und 1990 gab es sogar zwei Staa-ten auf dem deutschen Territorium. Das Statistische Bundesamt hat bis in das Jahr 1816 zurück eine Umrechnung der Größe der Bevölkerung vorge-nommen, die jeweils auf dem Gebiet der früheren Bundesrepublik (Größe am 2. Okt. 1990: 248.625,62 km^2) lebte. In Tab. 3.8 sind diese Daten bis 1949 zusammengestellt.[19] Bemerkt sei, daß die Zahlen nicht alle denselben Refe-renzpunkt innerhalb des Jahres haben. In der langfristigen Perspektive stört dies nicht, wohl aber bei der Berechnung von **jährlichen Wachstumsraten**, die ebenfalls in der Tabelle neben der **Einwohnerdichte** ausgewiesen sind.

Exkurs: **Wachstumsraten**[20]

Wir unterscheiden zwei Arten von Wachstumsraten:

- **diskrete** (oder: unstetige) Wachstumsraten,
- **stetige** (oder: natürliche) Wachstumsraten.

Bei den unstetigen Wachstumsraten geht man von der Vorstellung aus, daß die während eines Zeitabschnitts aufgetretene Veränderung an dessen Ende stattge-funden hat, so wie man in einem Sparbuch die Zinsen am Jahresende dem Kapi-tal zuschlägt. Ist der Zeitabschnitt ein Jahr, so spricht man von einer jährlichen

---

[19]Die Entwicklung ab 1950 findet man – zusammen mit jener der Bevölkerung in der ehemaligen DDR und in Deutschland – in Tab. 3.9.

[20]Wir sprechen vereinfachend von Wachstumsrate, müßten jedoch korrekter von **Verände-rungsrate** reden, da eine Variable im Zeitverlauf ja auch kleinere Werte annehmen kann.

Tab. 3.8: Bevölkerungsgröße, Bevölkerungswachstum und Bevölkerungsdichte auf dem Gebiet der früheren Bundesrepublik (1816-1949)

Jahr	Bevölkerung in 1000	je km^2	Jährliche* Wachstums-rate (v.H.)	Jahr	Bevölkerung in 1000	je km^2	Jährliche* Wachstums-rate (v.H.)
1816	13.720	55		1890	25.433	102	
			1,03				1,61
1819	14.150	57		1900	29.838	120	
			1,00				1,78
1822	14.580	59		1910	35.590	143	
			1,24				0,61
1825	15.130	61		1925	39.017	157	
			0,31				
1828	15.270	61		1926	39.351	158	0,86
			1,27				
1831	15.860	64		1927	39.592	159	0,61
			0,64				
1834	16.170	65		1928	39.861	160	0,68
			0,82				
1837	16.570	67		1929	40.107	161	0,62
			0,88				
1840	17.010	68		1930	40.334	162	0,57
			0,84				
1843	17.440	70		1931	40.527	163	0,48
			0,65				
1846	17.780	72		1932	40.737	164	0,52
			0,35				
1849	17.970	72		1933	40.956	165	0,54
			0,48				
1852	18.230	73		1934	41.168	166	0,52
			0,00				
1855	18.230	73		1935	41.457	167	0,70
			0,67				
1858	18.600	75		1936	41.781	168	0,78
			0,80				
1861	19.050	77		1937	42.118	169	0,81
			0,95				
1864	19.600	79		1938	42.576	171	1,09
			0,59				
1867	19.950	80		1939	43.008	173	1,01
			0,57				1,03
1871	20.410	82		1946	46.190	186	
			1,02				1,74
1880	22.820	92		1947	46.992	189	
			1,09				2,68
1890	25.433	102		1948	48.251	194	
							1,96
				1949	49.198	198	

* Bei mehrjährigem Abstand als mittlere jährliche Wachstumsrate (geometrisches Mittel) nach (3.2) berechnet und auf Zeilenlücke geschrieben.

Quelle: Statistisches Jahrbuch 1994 für die Bundesrepublik Deutschland, p. 50

Wachstumsrate. Sei B_{t-1} der Endbestand des Jahres $t-1$ (= Anfangsbestand des Jahres t) und B_t der am Ende des Jahres t (= Anfang des Folgejahres $t+1$), so ist die **jährliche Wachstumsrate** r_t für das Jahr t definiert als

$$r_t = \frac{B_t - B_{t-1}}{B_{t-1}} = \frac{B_t}{B_{t-1}} - 1. \tag{3.1}$$

Kennt man die Bestände am Ende des Jahres $t-n$ und am Ende des Jahres t, nicht jedoch die für die $n-1$ dazwischen liegenden Jahresenden, so erhält man über die Formel des geometrischen Mittels die **mittlere jährliche Wachstumsrate**

$$\bar{r} = \sqrt[n]{\frac{B_t}{B_{t-n}}} - 1. \tag{3.2}$$

Mit $\bar{r}$ läßt sich nach der Aufzinsungsformel der Bevölkerungsstand für jedes Jahresende zwischen $t - n$ und t interpolieren und für ein Jahresende nach t extrapolieren:

$$\widehat{B}_{t-n+k} = B_{t-n} \cdot (1 + \bar{r})^k, \quad k = 1, 2, \dots \wedge k \neq n. \tag{3.3}$$

Die Bevölkerung verändert ihre Größe wie fast alle zeitabhängigen Variablen nicht sprunghaft am Ende eines Zeitabschnitts, etwa des Jahres, sondern stetig in jedem noch so kleinen Zeitabschnitt, d.h. also momentan. Wird mit ρ_t die **natürliche Wachstumsrate im Jahr** t bezeichnet und das Jahr in m Zeitabschnitte zerlegt, so ist $(1 + \rho_t/m)$ der Wachstumsfaktor für ein m–tel Jahr. Damit B_{t-1} nach einem Jahr bei stetigem Wachstum, d.h. bei immer kürzer werdenden Zeitabschnitten, auf B_t angewachsen ist, muß gelten:

$$B_t = B_{t-1} \cdot \lim_{m \to \infty} \left(1 + \frac{\rho_t}{m}\right)^m. \tag{3.4}$$

Setzt man

$$m/\rho_t = x,$$

also

$$m = x \cdot \rho_t,$$

und beachtet

$$\lim_{x \to \infty} \left(1 + \frac{1}{x}\right)^x = e \approx 2,71828\dots,$$

so wird aus (3.4):

$$
\begin{aligned}
B_t &= B_{t-1} \cdot \left\{ \lim_{x \to \infty} \left[\left(1 + \frac{1}{x}\right)^x \right]^{x \cdot \rho_t} \right\} \\
&= B_{t-1} \cdot \left[\lim_{x \to \infty} \left(1 + \frac{1}{x}\right)^x \right]^{\rho_t} \\
&= B_{t-1} \cdot e^{\rho_t}.
\end{aligned} \tag{3.5}
$$

Bei gegebenen Beständen B_{t-1} und B_t folgt aus (3.5) die natürliche Wachstumsrate als

$$\rho_t = \ln\left(\frac{B_t}{B_{t-1}}\right). \tag{3.6}$$

Da sich aus (3.1)

$$B_t = B_{t-1} \cdot (1 + r_t)$$

ergibt, folgen in Verbindung mit (3.5) zwischen den beiden Wachstumsraten r_t und ρ_t die Beziehungen

$$1 + r_t = e^{\rho_t}$$
$$r_t = e^{\rho_t} - 1 \tag{3.7 a}$$
$$\rho_t = \ln(1 + r_t). \tag{3.7 b}$$

Es ist

$$|\rho_t| < |r_t|,$$

und für kleine Werte von r_t und ρ_t gilt:

$$\rho_t \approx r_t.$$

So ist z.B. in Tab. 3.8:

$$r_{1948} = 0,026792$$

$$\rho_{1948} = 0,026439.$$

Die **mittlere natürliche Wachstumsrate** im Zeitraum $[t - n; t]$ ist

$$\bar{\rho} = \frac{1}{n} \cdot \ln\left(\frac{B_t}{B_{t-n}}\right). \tag{3.8}$$

∎

In den 133 Jahren zwischen 1816 und 1949 hat sich die Größe der auf dem Territorium der früheren Bundesrepublik lebenden Bevölkerung **auf** das 3,586–fache vergrößert, d.h. ist **um 258,6%** gewachsen, und – da ja ein und derselbe Gebietsstand betrachtet wird – ist auch die Bevölkerungsdichte in eben diesem Tempo gewachsen. Das Wachstumstempo, gemessen an der jährlichen Wachstumsrate, war allerdings recht unterschiedlich: Vor Beginn des I. Weltkrieges lag sie bei ca. 1,7%, sank dann auf 0,48% in 1931, um dann kräftig anzusteigen (1948: 2,7%).

In der Wachstumsrate der Bevölkerung kommt der **Saldo** der durch Geburten, Sterbefälle, Ein- und Auswanderungen bedingten Veränderungen zum Ausdruck. Bezeichne

$M[t - 1; t]$ die Zahl der Gestorbenen in $[t - 1; t]$,
$G[t - 1; t]$ die Zahl der Lebendgeborenen in $[t - 1; t]$,
$A[t - 1; t]$ die Zahl der Auswanderer in $[t - 1; t]$,
$E[t - 1; t]$ die Zahl der Einwanderer in $[t - 1; t]$,

so gilt

$$B_t - B_{t-1} = G[t - 1; t] - M[t - 1; t] + E[t - 1; t] - A[t - 1; t]$$

bzw.

$$\frac{B_t - B_{t-1}}{B_{t-1}} = r_t = g_t - m_t + e_t - a_t \tag{3.9}$$

mit

$$g_t \quad := \quad \frac{G[t-1;t]}{B_{t-1}} \qquad \text{als} \quad \textbf{Geburtenrate}^{21}$$

$$m_t \quad := \quad \frac{M[t-1;t]}{B_{t-1}} \qquad \text{als} \quad \textbf{Sterberate}^{21}$$

$$e_t \quad := \quad \frac{E[t-1;t]}{B_{t-1}} \qquad \text{als} \quad \textbf{Einwanderungsrate}^{21}$$

$$a_t \quad := \quad \frac{A[t-1;t]}{B_{t-1}} \qquad \text{als} \quad \textbf{Auswanderungsrate}^{21}$$

Beispiel:[22] Für Deutschland lauten die Jahresendbestände der Bevölkerung:

$$B_{1993} = 81.338.000, \quad B_{1992} = 80.975.000,$$

also $B_{1993} - B_{1992} = 363.000$, woraus eine Wachstumsrate von $r_{1993} \approx 4,48\permil$ resultiert. Die Strömungsgrößen haben folgende Werte: $G[92;93] = 798.447$, $M[92;93] = 897.200$, $E[92;93] = 1.268.004$, $A[92;93] = 796.859$. Der Saldo der natürlichen Bevölkerungsbewegungen ist

$$G[92;93] - M[92;93] = -98.753 \approx -99.000$$

und jener der mechanischen Bevölkerungsbewegungen

$$E[92;93] - A[92;93] = +471.145 \approx +471.000,$$

so daß die Bevölkerung 1993 nur aufgrund des den natürlichen Bevölkerungs-schwund übersteigenden Wanderungsgewinns zugenommen hat,[23] und zwar um

$$
\begin{aligned}
r_{1993} &= g_{1993} - m_{1993} + e_{1993} - a_{1993} \\
&\approx 9,86\permil - 11,08\permil + 15,66\permil - 9,84\permil \\
&= 4,60\permil.
\end{aligned}
$$

Der Unterschied zwischen den $4,60\permil$ hier und den $4,48\permil$ oben ist in Fußnote (23) erklärt. ∎

Bei genauerer Betrachtung (vgl. Abs. 3.3.2.1 und 3.3.2.3) und Aufspal-tung von r_t in seine Komponenten gemäß (3.9) läßt sich an den Zeitreihen $\{r_t\}, \{g_t\}, \{m_t\}, \{e_t\}$ und $\{a_t\}$ ein Teil der Geschichte eines Volkes ablesen. So

---

[21]An späterer Stelle (Abs. 3.3.2 und 3.4.2) werden diese Raten etwas anders definiert (und auch entsprechend anders genannt), indem man nämlich als Bezugsgröße die mittlere Bevölkerungsgröße im Jahr t nimmt.

[22]Datenquelle: FLEISCHER/SOMMER (1993)

[23]In der Datenquelle wird der Überschuß der Zu- über die Fortzüge nicht mit 471.000 Personen angegeben, sondern mit 462.000. Der Unterschied ist bedingt durch Personen mit unbekanntem Herkunfts- und Zielgebiet oder ohne festen Wohnsitz.

ist etwa der stetige Anstieg der Wachstumsrate zwischen 1934 und 1939 auf die
geburtenfördernde nationalsozialistische Bevölkerungspolitik zurückzuführen,
während die hohen Wachstumsraten ab 1946 auf dem Zustrom von Flüchtlin-
gen und Vertriebenen aus den ehemals deutschen Ostgebieten beruhen.

In Tab. 3.9 findet man für drei Gebiete (ehemalige DDR = neue Bundesländer und Berlin–Ost mit 108.327,09 km^2, früheres Bundesgebiet = alte Bundesländer mit 248.625,62 km^2 und Deutschland mit 356.952,71 km^2) für die
Jahre 1950 bis 1992 den Nachweis von Größe, Dichte, Wachstum und Sexualproportion der jeweiligen Bevölkerung. Man beachte u.a.

• den Rückgang der DDR–Bevölkerung, bedingt durch die sog. „Republik-
  flucht",

• den Zuwachs der Bevölkerung im früheren Bundesgebiet, der allerdings
  in den Zeiträumen 1975/78 und 1982/85 durch einen leichten Rückgang
  unterbrochen wurde,

• das niedrige Niveau der Sexualproportion in der ehemaligen DDR,

• wie sich die zuvorgenannten Effekte in der Bevölkerung für das vereinte
  Gebiet niederschlagen.

Die Abb. 3.4 zeigt die Verlaufspfade der drei Bevölkerungen ab 1950 sowie
zusätzlich den für die Bevölkerung in den alten Bundesländern seit 1816 (Daten
aus Tab. 3.8).

<u>Abb. 3.4:</u> Bevölkerung in den neuen Bundesländern, den alten Bundesländern
         und in Deutschland

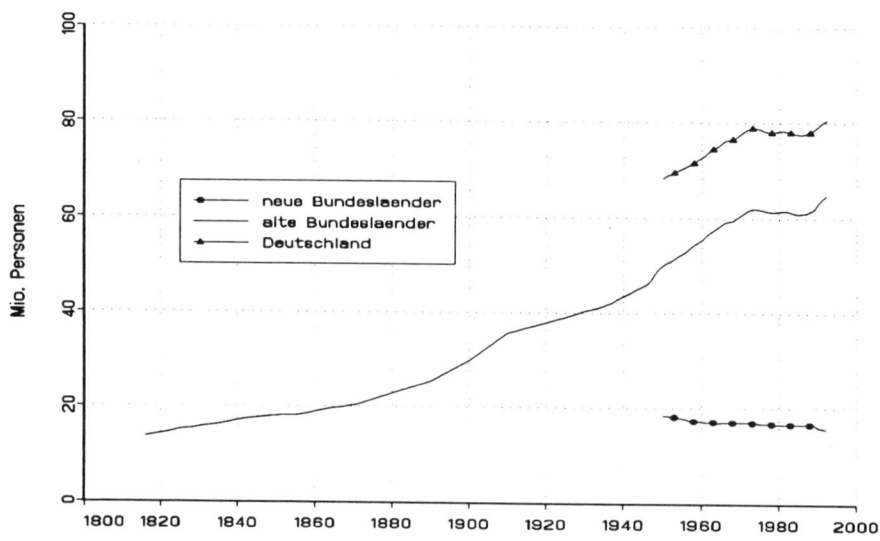

Tab. 3.9: Bevölkerungsgröße, Bevölkerungswachstum, Bevölkerungsdichte und Sexualproportion 1950 – 1992

Jahr	Ehemalige DDR; neue Bundesländer				Früheres Bundesgebiet; alte Bundesländer				Deutschland			
	Bev. in Mio.	Pers. je km²	Wachst. in v.H.	Sexual-prop.	Bev. in Mio.	Pers. je km²	Wachst. in v.H.	Sexual-prop.	Bev. in Mio.	Pers. je km²	Wachst. in v.H.	Sexual-prop.
1950	18,388	170	–	80	49,989	198	1,61	87	68,377	193	–	85
1951	18,351	169	-0,20	78	50,528	203	1,08	87	68,879	195	0,73	85
1952	18,328	169	-0,13	80	50,859	205	0,66	87	69,187	196	0,45	85
1953	18,178	168	-0,82	79	51,330	207	0,91	88	69,528	197	0,49	85
1954	18,059	167	-0,65	81	51,880	209	1,03	87	69,939	198	0,59	85
1955	17,944	166	-0,64	81	52,382	211	0,97	87	70,326	199	0,55	86
1956	17,716	164	-1,27	81	53,008	213	1,20	88	70,724	200	0,57	86
1957	17,518	162	-1,12	81	53,656	216	1,22	88	71,174	200	0,64	86
1958	17,355	160	-0,93	81	54,292	218	1,19	88	71,647	201	0,66	86
1959	17,298	160	-0,33	82	54,876	221	1,08	88	72,174	203	0,74	86
1960	17,241	159	-0,33	82	55,433	223	1,02	88	72,674	204	0,69	87
1961	17,125	158	-0,67	82	56,175	226	1,34	89	73,300	205	0,86	87
1962	17,101	158	-0,14	82	56,837	229	1,18	89	73,939	207	0,87	88
1963	17,155	158	0,32	83	57,389	231	0,97	89	74,544	209	0,82	88
1964	16,983	157	-1,00	84	57,971	233	1,01	90	74,963	210	0,56	88
1965	17,028	158	0,26	84	58,619	236	1,12	90	75,647	212	0,91	89
1966	17,056	158	0,16	84	59,148	238	0,90	90	76,214	212	0,75	89
1967	17,082	158	0,15	84	59,286	238	0,23	90	76,368	214	0,21	89
1968	17,084	158	0,01	85	59,500	239	0,36	90	76,584	215	0,28	89
1969	17,076	158	-0,05	85	60,067	242	0,95	90	77,143	216	0,73	89
1970	17,058	158	-0,11	85	60,651	244	0,97	91	77,709	218	0,73	90
1971	17,061	158	0,02	86	61,280	247	1,04	91	78,341	220	0,81	90
1972	17,043	158	-0,11	86	61,697	248	0,68	92	78,740	221	0,51	90
1973	16,980	157	-0,37	86	61,987	249	0,47	92	78,967	221	0,29	90
1974	16,925	156	-0,32	86	62,071	250	0,14	92	78,996	221	0,04	90
1975	16,850	156	-0,44	87	61,847	249	-0,36	91	78,697	221	-0,38	90
1976	16,786	155	-0,38	87	61,574	248	-0,44	91	78,360	220	-0,43	90
1977	16,765	155	-0,13	87	61,419	247	-0,25	91	78,184	219	-0,22	90
1978	16,756	155	-0,06	88	61,350	247	-0,11	91	78,106	219	-0,10	90
1979	16,745	155	-0,05	88	61,382	247	0,05	91	78,126	219	0,03	90
1980	16,737	154	-0,05	88	61,538	248	0,25	92	78,275	220	0,08	91
1981	16,736	154	-0,01	89	61,663	248	0,20	92	78,399	220	0,16	91
1982	16,697	154	-0,23	89	61,596	248	-0,11	92	78,293	219	-0,14	91
1983	16,699	154	0,01	89	61,383	247	-0,35	92	78,081	218	-0,27	91
1984	16,671	154	-0,17	89	61,126	246	-0,42	92	77,796	218	-0,37	91
1985	16,644	154	-0,16	90	60,975	245	-0,25	92	77,619	217	-0,23	91
1986	16,624	153	-0,12	90	61,010	245	0,06	92	77,635	217	0,02	91
1987	16,641	154	0,10	91	61,077	246	0,11	92	77,718	218	0,11	92
1988	16,666	154	0,15	91	61,450	247	0,61	93	78,116	219	0,51	92
1989	16,614	153	-0,31	92	62,063	250	1,00	93	78,677	220	0,72	93
1990	16,111	149	-3,03	92	63,254	254	1,92	94	79,365	222	0,87	93
1991	15,910	147	-1,25	92	64,074	258	1,30	94	79,984	224	0,78	94
1992	15,730	145	-1,13	93	64,865	261	1,23	95	80,594	226	0,76	94

Anm.: Bevölkerungsgröße im Jahresdurchschnitt; Sexualproportion = Männer je 100 Frauen   Quelle: Statistisches Jahrbuch 1994, p. 50

3.3.1.2 Altersaufbau und Sexualproportion

Alter und Geschlecht sind die wohl wichtigsten und auch – in historischer Sicht
– die am längsten nachgewiesenen Personenmerkmale. Der Altersaufbau einer
Bevölkerung ist das Resultat der demographischen Entwicklung von mindestens
drei Generationen und damit ein Spiegelbild der Geschichte dieser Bevölkerung
in den letzten 100 Jahren. Die simultane Gliederung der Bevölkerung an einem
Stichtag nach Alter und Geschlecht wird graphisch in der sog. **Alterspyramide** dargestellt, vgl. Abb. 3.5 für Deutschland am 01.01.1993.

Statistisch–methodisch gesehen stecken in der Alterspyramide zwei Häufig-
keitsverteilungen in Histogrammform, bei denen gegenüber der üblichen Darstellungsform die Ordinate und Abszisse vertauscht sind. In der Alterspyramide ist die Ordinate die Merkmalsachse (hier: Altersachse) und die Abszisse die
Häufigkeitsachse. Von unten mit den Nulljährigen beginnend werden – entsprechend ihrer Besetzungsstärke – die einzelnen Altersjahrgänge[24] übereinander
in Rechtecken gezeichnet. In der Regel werden – in der Aufsicht – nach links
die Häufigkeiten für männliche und nach rechts die für weibliche Personen aufgetragen. Den **Männer-** bzw. **Frauenüberschuß** eines Altersjahres gewinnt
man durch Klappen um die Ordinate. In Abb. 3.5 ist der Überhang in jeder
Altersklasse an der dunkleren Färbung zu erkennen.

In Abb. 3.6 ist eine zeitliche Folge von sechs Altersaufbauten für Deutschland (mit allerdings uneinheitlichem Gebietsstand) dargestellt. Die typische
Pyramiden- oder Dreiecksform ergab sich für Deutschland nur vor dem I. Weltkrieg, als nahezu jeder Geburtsjahrgang zahlenmäßig stärker war als der voran-
gegangene. Als Beispiel dazu ist der **Altersaufbau von 1910** in Abb. 3.6 anzusehen, in dem für die 40jährigen bei genauerer Betrachtung eine Einschnürung
festzustellen ist, die von den Geburtsausfällen während des deutsch–französischen Krieges von 1870/71 herrührt. Der **Altersaufbau des Jahres 1925**
zeigt die Auswirkungen des Geburtenrückgangs während des I. Weltkrieges sowie am unteren Ende den Rückgang der Geburtenzahlen ab etwa 1920. Auf
der linken Seite sind bei den 25–55jährigen Männern deutlich die Folgen der
direkten Kriegssterbefälle zu erkennen. Der **Altersaufbau von 1939** läßt die
Verschiebung der zuvor geschilderten Sachverhalte um 14 Jahre nach oben erkennen. Bei den 6–8jährigen Personen ist eine weitere Einschnürung auszuma-
chen, die ihre Ursache in den Geburtsausfällen während der Wirtschaftskrise
um 1932 hat. Neu ist eine Zunahme der Geburtenzahlen ab 1934, deutlich
sichtbar bei den unteren fünf Jahrgängen. Aus dem **Altersaufbau von 1961**
lassen sich die Auswirkungen zweier Weltkriege ablesen: Die männliche Seite
ist weiter dezimiert. Erkennbar sind aber auch die Geburtenrückgänge während des I. Weltkrieges, in der Zeit nach 1920, um 1932 und ab 1943, aber auch
der Wiederanstieg der Geburtenzahlen ab 1947/48. Im **Altersaufbau von**

---

[24]Man findet auch Altersaufbauten, in denen nicht die Stärke der individuellen Altersjahrgänge, sondern die von 5er oder 10er Gruppen von Altersjahren nachgewiesen wird.

Abb. 3.5: Altersaufbau der Bevölkerung Deutschlands am 01.01.1993

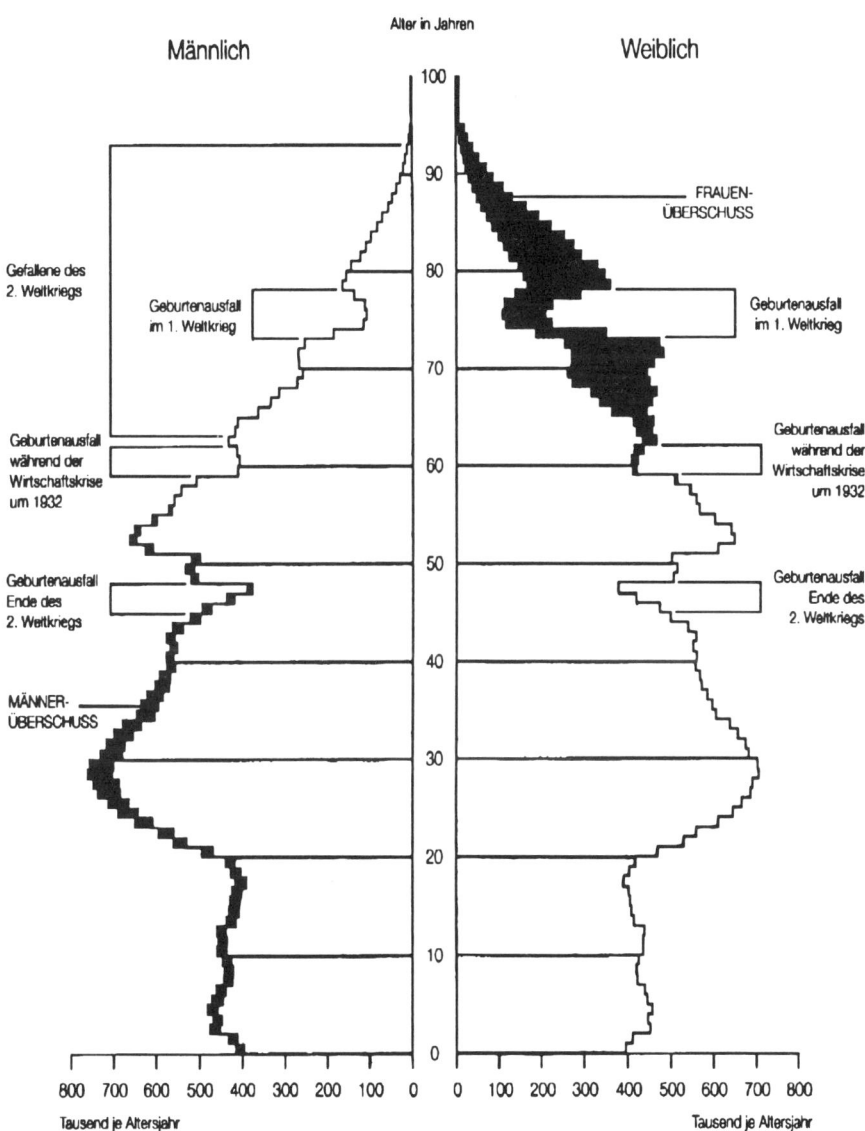

Quelle: Statistisches Jahrbuch 1994, p. 61

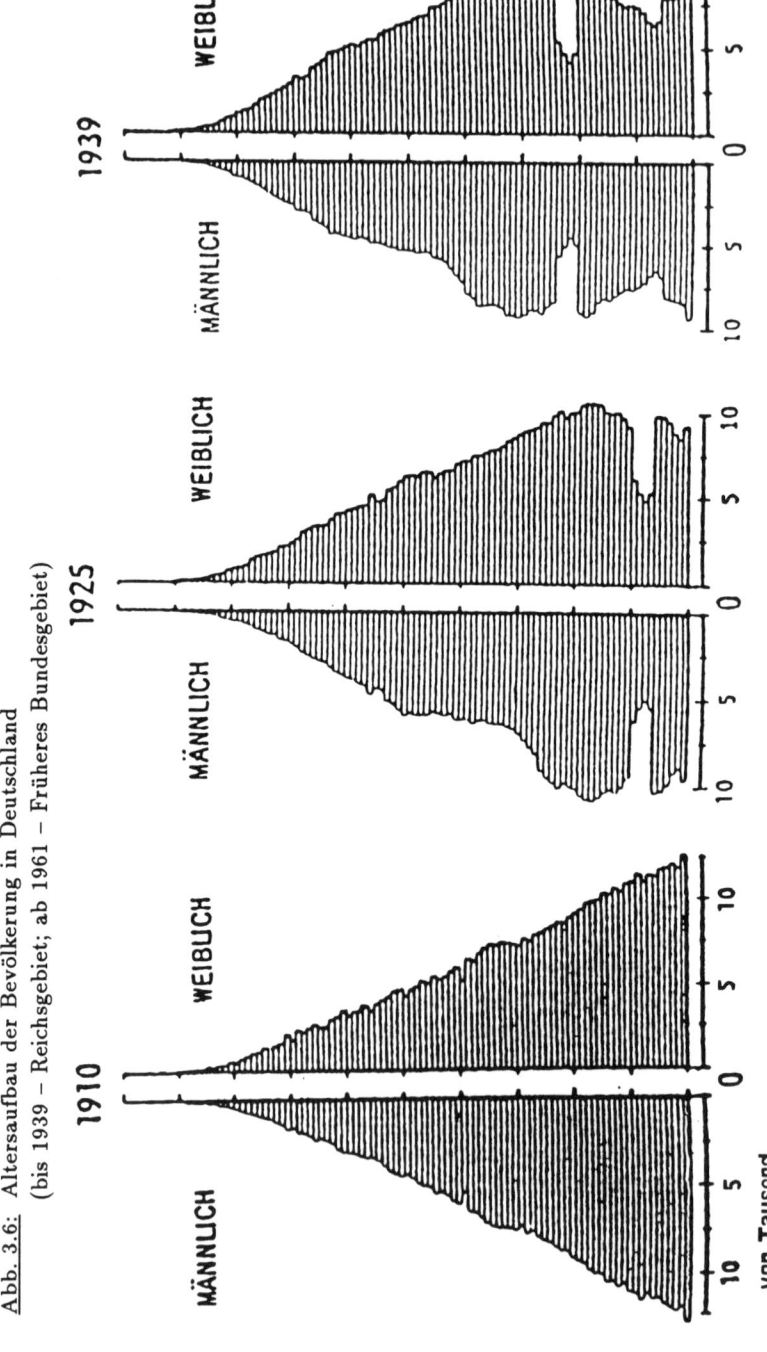

Abb. 3.6: Altersaufbau der Bevölkerung in Deutschland
(bis 1939 – Reichsgebiet; ab 1961 – Früheres Bundesgebiet)

Quelle: Verschiedene Statistische Jahrbücher

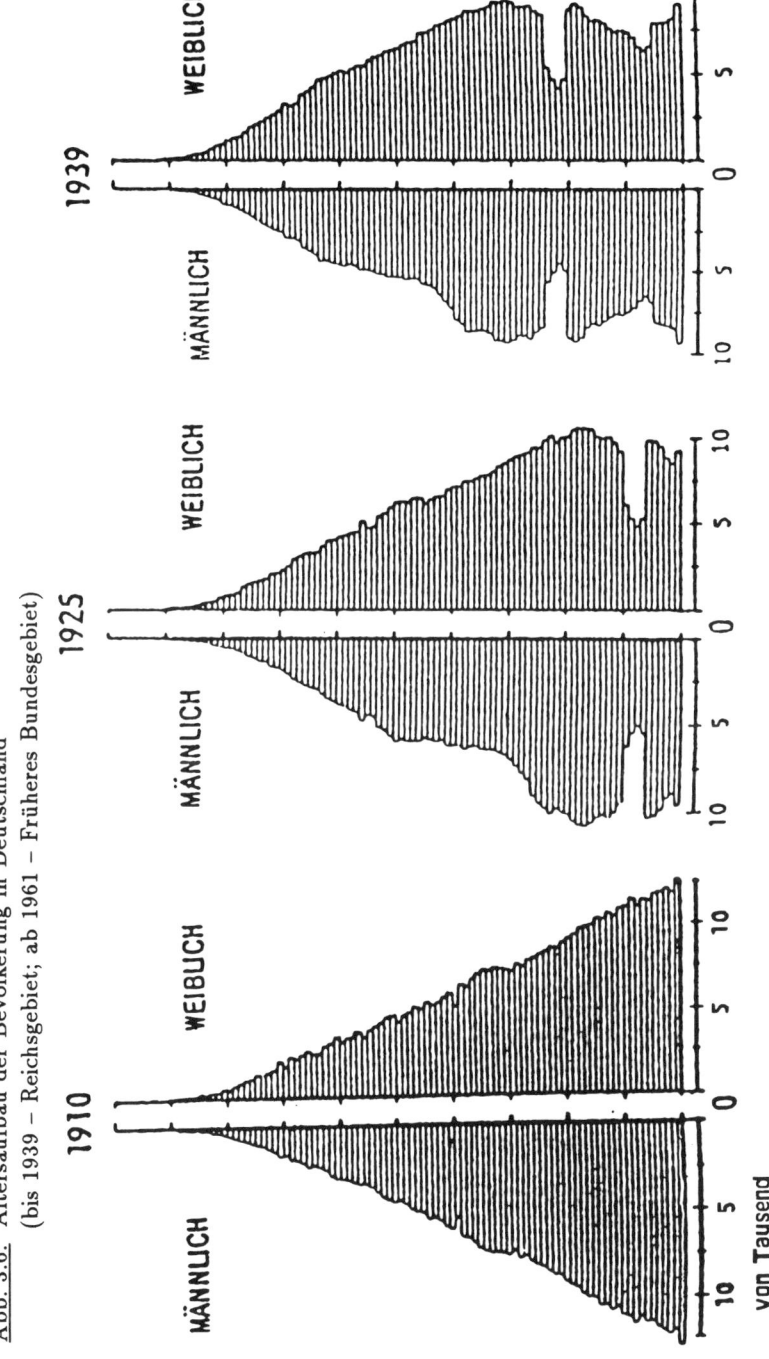

Abb. 3.6: Altersaufbau der Bevölkerung in Deutschland
(bis 1939 – Reichsgebiet; ab 1961 – Früheres Bundesgebiet)

Quelle: Verschiedene Statistische Jahrbücher

1973 wird am unteren Ende bereits der Geburtenrückgang ab ca. 1966 (Pillenknick!) sichtbar, während der **Altersaufbau von 1980** am unteren Ende die seit etwa 1975 stagnierenden Geburtenzahlen klar an den fast konstanten Besetzungszahlen der ersten Altersjahrgänge erkennen läßt.

In der Bevölkerungswissenschaft wird mit **Modellen für bestimmte Standardtypen des Altersaufbaus** gearbeitet. Die Standardisierung geht von folgenden Annahmen aus:

1. Man betrachtet eine „**geschlossene**" Bevölkerung, d.h. es gibt weder Zunoch Abwanderungen; der Bevölkerungswechsel wird allein durch Geburten und Sterbefälle ausgelöst.

2. Die Sterblichkeit der Bevölkerung, ausgedrückt durch ihre **Sterbetafel** (vgl. Abs. 3.4.3), ist **im Zeitablauf konstant**.

3. Die **Anzahl der Lebendgeborenen** soll sich von Jahr zu Jahr **mit konstanter Rate verändern**, wobei als Wert für diese Rate eine positive oder eine negative Zahl oder auch Null in Betracht kommt.

4. Die **Sexualproportion der Lebendgeborenen** ist über die Zeit hinweg **unveränderlich**.

Aus diesen Annahmen hat F. BURGDÖRFER (1932) drei typische Formen von Altersaufbauten hergeleitet.

Typ 1: Altersaufbau als **Pyramide** oder **Dreieck**

Dieser Typ einer **stabil wachsenden Bevölkerung** stellt sich dann ein, wenn die jährliche Anzahl Lebendgeborener mit konstanter, positiver Rate wächst. Die relative Häufigkeit von Sterbefällen bleibt wegen Annahme 2) zeitlich konstant. Es ergibt sich eine gleichmäßige Abnahme der Besetzungszahlen höherer Altersklassen, weil die der Sterblichkeit unterliegenden Altersjahrgänge aus jeweils schwächeren Geburtenjahrgängen stammen als die ihnen folgenden Jahrgänge. Man spricht von einem jungen und wachsenden Volk (vgl. den linken Teil der Abb. 3.7).

Typ 2: Altersaufbau als **Glocke** (**Bienenkorb** oder **Geschoß**)

Dieser Typ einer **stabil stagnierenden** oder **stationären Bevölkerung** ergibt sich bei zeitlich konstanter Zahl der jährlich Lebendgeborenen. Ein gleichbleibender Sockel des jüngsten Altersjahrgangs unterliegt in aufeinanderfolgenden Jahren einer konstanten Reduktion durch die Sterblichkeit. Der Aufbau wird von jener Altersklasse an glockenförmig schmaler, in der die höhere Sterblichkeitsrate der Älteren greift. Die Bevölkerung mit diesem Altersaufbau altert nicht und ist stationär (vgl. den mittleren Teil der Abb. 3.7).

Abb. 3.7: Drei Grundtypen des Altersaufbaus einer Bevölkerung

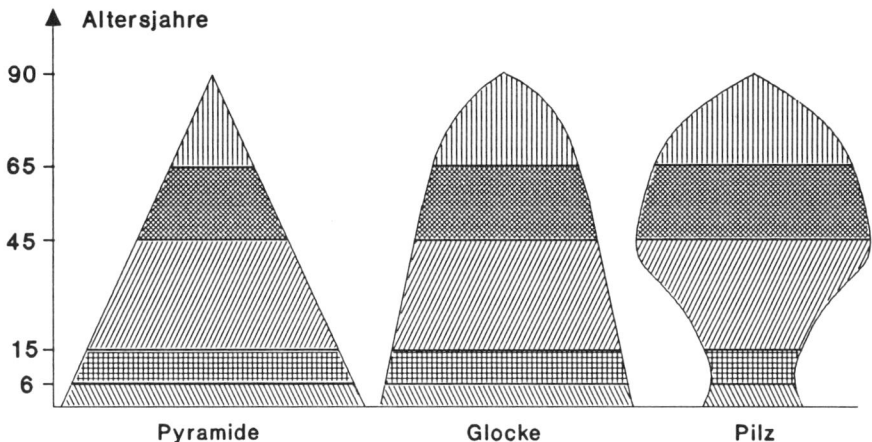

Typ 3: Altersaufbau als **Urne (Pilz, Glühlampe, Tannenbaum)**

Dieser Typ einer **stabil schrumpfenden Bevölkerung** ergibt sich, wenn die Anzahl der jährlich Lebendgeborenen rückläufig ist. Die abnehmende Besetzung des jeweils jüngsten Altersjahrgangs in Verbindung mit der konstanten Sterblichkeit bewirken, daß die Altersklassen der nachrückenden Geburtenjahrgänge absolut stärker reduziert werden als die der vorangehenden. Das gilt aber nur, bis die größere Sterbewahrscheinlichkeit für die höheren Altersklassen zu wirken beginnt, so daß im oberern Teil des Altersaufbaus sich die Form der stationären Bevölkerung zeigt. Bei Typ 3 spricht man von einer abnehmenden und überalterten Bevölkerung (vgl. den rechten Teil der Abb. 3.7).

Die genannten Modelle eines Altersaufbaus können ganz grob zur Beurteilung der möglichen Veränderung einer konkreten Bevölkerung in den folgenden Jahrzehnten dienen. Daß man dabei vor Fehlprognosen nicht sicher ist, weil man die diversen exogenen Einflußgrößen kaum antizipieren kann, zeigt ganz klar die Zuordnung der sechs Aufbauten der deutschen Bevölkerung in Abb. 3.6 zu diesen drei Modellen. Während man z.B. 1961 noch von einer stationären Bevölkerung sprechen konnte, zeichnete sich 1980 und besonders 1993 (vgl. Abb. 3.5) der stabil schrumpfende Typ ab.

Zur numerischen Beschreibung eines vorgelegten **empirischen Altersaufbaus** werden diverse statistische Maßzahlen herangezogen, wobei hier folgende Symbolik verwendet wird:

$x = 0, 1, 2, \ldots$ – Alter (vollendet, in Jahren)

B_x^m – Anzahl männlicher Personen im Alter x

B_x^f – Anzahl weiblicher Personen im Alter x

$B_x := B_x^m + B_x^f$ – Anzahl der Personen im Alter x

$B^m := \sum_{x=0}^{100} B_x^m$ – Umfang der männlichen Bevölkerung[25]

$B^f := \sum_{x=0}^{100} B_x^f$ – Umfang der weiblichen Bevölkerung[25]

$B := B^m + B^f = \sum_{x=0}^{100} B_x$ – Umfang der Gesamtbevölkerung

Sexualproportionen[26]

a) in der Gesamtbevölkerung

$$SP := \frac{B^m}{B_f} \cdot 100 \tag{3.10}$$

b) in den Altersklassen

$$SP_x := \frac{B_x^m}{B_x^f} \cdot 100 \tag{3.11}$$

Die Sexualproportion gibt die Anzahl Männer je 100 Frauen an. $SP < 100$ bedeutet einen **Frauenüberschuß**, $SP > 100$ einen **Männerüberschuß**. Ein Bereich von $95 < SP < 105$ gilt als normal; Werte außerhalb dieses Bereichs weisen – wie in Deutschland – auf außergewöhnliche Ereignisse hin (Tab. 3.9: Kriegsverluste an Männern während des I. und des II. Weltkriegs). Aus dem Altersaufbau der deutschen Bevölkerung am 01.01.1993 (vgl. Abb. 3.5) erkennt man, daß $SP_x > 100$ für $x \le 56$ und $SP_x < 100$ für $x \ge 57$. Während sich für die bis zu 56jährigen die größte altersspezifische Sexualproportion bei den 27jährigen mit $SP_{27} \approx 108,7$ ergibt, sinkt sie bei den über 76jährigen auf Werte unter 50 herab. Dieser Effekt schlägt auf die Sexualproportion der Gesamtbevölkerung durch, die sich als gewogenes arithmetisches Mittel der altersspezifischen Sexualproportionen mit den Besetzungszahlen der Frauen als Gewichten ergibt:

$$SP = \frac{\sum_{x=0}^{100} SP_x \cdot B_x^f}{\sum_{x=0}^{100} B_x^f}. \tag{3.12}$$

---

[25]Gelegentlich ist 90 der Oberwert des Summationsindex. 90 bzw. 100 stehen für „90 und älter" bzw. „100 und älter".

[26]Werte für die Bevölkerung in Deutschland: vgl. Aufgabe 3.15.

Der Anteil der Männer an der Gesamtbevölkerung

$$p^m := \frac{B^m}{B} \qquad (3.13\ a)$$

darf nicht mit der Sexualproportion verwechselt werden. Zwischen beiden Maßzahlen gilt vielmehr die Beziehung

$$p^m = \frac{SP}{100 + SP}. \qquad (3.13\ b)$$

Koeffizienten für die Altersgliederung[27]

a) Gliederungszahlen für
  aa) die gleichgeschlechtliche Bevölkerung:

$$p_x^m := \frac{B_x^m}{B^m}, \qquad (3.14\ a)$$

$$p_x^f := \frac{B_x^f}{B^f}, \qquad (3.14\ b)$$

  ab) die Gesamtbevölkerung:

$$p_x := \frac{B_x}{B} = \left(p_x^m \cdot B^m + p_x^f \cdot B^f\right) / \left(B^m + B^f\right), \qquad (3.15)$$

  ac) bestimmte Altersgruppen, insbesondere die **Jugendlastquote** zur Messung der Belastung einer Bevölkerung durch die i.d.R. **noch nicht** erwerbstätigen Personen:

$$JLQ := \sum_{x=0}^{19} B_x / B, \qquad (3.16\ a)$$

die **Alterslastquote** zur Messung der Belastung einer Bevölkerung durch die i.d.R. **nicht mehr** erwerbstätigen Personen:

$$ALQ := \sum_{x \geq 65} B_x / B, \qquad (3.16\ b)$$

die **Gesamtlastquote** zur Messung der Belastung einer Bevölkerung durch die i.d.R. **nicht–erwerbstätigen** Personen:

$$GLQ := \left(\sum_{x=0}^{19} B_x + \sum_{x \geq 65} B_x \right) / B; \qquad (3.16\ c)$$

---

[27]Werte für die Bevölkerung in Deutschland findet man z.T. in Aufgabe 3.15.

b) Meßzahlen des sachlichen Vergleichs für

    ba) die Überalterung einer Bevölkerung als **Greis–Kind–Relation**

$$GKR := \sum_{x \geq 65} B_x \Big/ \sum_{x=0}^{14} B_x, \qquad (3.17)$$

    bb) die Belastung der i.d.R. erwerbstätigen Bevölkerung durch i.d.R. nicht-erwerbstätigen Bevölkerungsteile[28], insbesondere die **Jugendbelastung**:

$$JBL := \sum_{x=0}^{19} B_x \Big/ \sum_{x=20}^{64} B_x, \qquad (3.18\ a)$$

die **Altersbelastung**

$$ABL := \sum_{x \geq 65} B_x \Big/ \sum_{x=20}^{64} B_x, \qquad (3.18\ b)$$

die **Gesamtbelastung**

$$GBL := \left(\sum_{x=0}^{19} B_x + \sum_{x \geq 65} B_x \right) \Big/ \sum_{x=20}^{64} B_x . \qquad (3.18\ c)$$

(Für die deutsche Bevölkerung am 01.01.1993 ergeben sich folgende Werte (aus der Tabelle in Aufgabe 3.15):

JBL	=	0,339	gegenüber	JLQ	=	0,215,
ABL	=	0,237	gegenüber	ALQ	=	0,150,
GBL	=	0,576	gegenüber	GLQ	=	0,365.)

c) Lageparameter der Altersverteilung, insbesondere

    ca) das **Durchschnittsalter** (arithmetisches Mittel) der **männlichen Bevölkerung**:

$$\bar{x}^m := \frac{1}{B^m} \sum_{x=0}^{100} (x + 0,5) \cdot B_x^m , \qquad (3.19\ a)$$

der **weiblichen Bevölkerung**:

$$\bar{x}^f := \frac{1}{B^f} \sum_{x=0}^{100} (x + 0,5) \cdot B_x^f , \qquad (3.19\ b)$$

---

[28]Man beachte den Unterschied dieser Verhälniszahlen zu denen in (3.16), wo der Umfang der Gesamtbevölkerung die Bezugsgröße ist.

der Gesamtbevölkerung:

$$\bar{x} := \frac{1}{B} \sum_{x=0}^{100} (x + 0,5) \cdot B_x = (\bar{x}^m \cdot B^m + \bar{x}^f \cdot B^f)/(B^m + B^f) \,, \quad (3.19\,c)$$

cb) das mediane Alter[29] der männlichen Bevölkerung:

$$\tilde{x}^m \approx x^*, \text{ so daß } \sum_{x=0}^{x^*-1} B_x^m < 0,5 \cdot B^m \le \sum_{x=0}^{x^*} B_x^m \,, \quad (3.20\,a)$$

der weiblichen Bevölkerung:

$$\tilde{x}^f \approx x^*, \text{ so daß } \sum_{x=0}^{x^*-1} B_x^f < 0,5 \cdot B^f \le \sum_{x=0}^{x^*} B_x^f \,, \quad (3.20\,b)$$

der Gesamtbevölkerung:

$$\tilde{x} \approx x^*, \text{ so daß } \sum_{x=0}^{x^*-1} B_x < 0,5 \cdot B \le \sum_{x=0}^{x^*} B_x \,, \quad (3.20\,c)$$

cc) das modale Alter der männlichen Bevölkerung:

$$x_d^m \approx x^*, \text{ so daß } B_{x^*}^m = \max_x B_x^m \,, \quad (3.21\,a)$$

der weiblichen Bevölkerung:

$$x_d^f \approx x^*, \text{ so daß } B_{x^*}^f = \max_x B_x^f \,, \quad (3.21\,b)$$

der Gesamtbevölkerung:

$$x_d = x^*, \text{ so daß } B_{x^*} = \max_x B_x \,. \quad (3.21\,c)$$

(Für die deutsche Bevölkerung am 01.01.1993, dargestellt im Altersaufbau der Abb. 3.5, erhält man:

$$\bar{x}^m = 37,34 \text{ Jahre}; \quad \bar{x}^f = 41,50 \text{ Jahre}; \quad \bar{x} = 39,48 \text{ Jahre};$$
$$\tilde{x}^m \approx 35,5 \text{ Jahre}; \quad \tilde{x}^f \approx 39,5 \text{ Jahre}; \quad \tilde{x} \approx 37,5 \text{ Jahre};$$
$$x_d^m \approx 28,5 \text{ Jahre}; \quad x_d^f \approx 28,5 \text{ Jahre}; \quad x_d \approx 28,5 \text{ Jahre}.$$

Das höhere Durchschnittsalter und mediane Alter der Frauen ist durch den Frauenüberschuß in den hohen Altersklassen bedingt.)

---

[29]Mediane und auch die folgenden Modalwerte werden hier ohne Interpolation als Klassenmitte der Einfallsklasse angegeben, d.h. die Werte sind Näherungen.

3.3.1.3 Familienstand, Religionszugehörigkeit und Staatsangehörigkeit

Ein Blick in Tab. 3.4 mit den Erhebungsprogrammen der letzten deutschen Volks- und Berufszählungen zeigt, daß die Fragen nach Familienstand, Religionszugehörigkeit und Staatsangehörigkeit zum Kern der erhobenen Personenmerkmale zählen. Die Zulässigkeit der Frage nach der Religionszugehörigkeit war bei der VZ 1987 allerdings stark umstritten (Die VZ–Gegner wollten sie mit Hinweis auf die in Art 4, Abs. 1 GG garantierte Glaubens-, Gewissens- und Religionsfreiheit gestrichen haben.), wurde jedoch letztlich vom Bundesverfassungsgericht zugelassen.

<u>Abb. 3.8:</u> Familienstandsverteilung in Deutschland im historischen Vergleich
        (1871 – 1991)

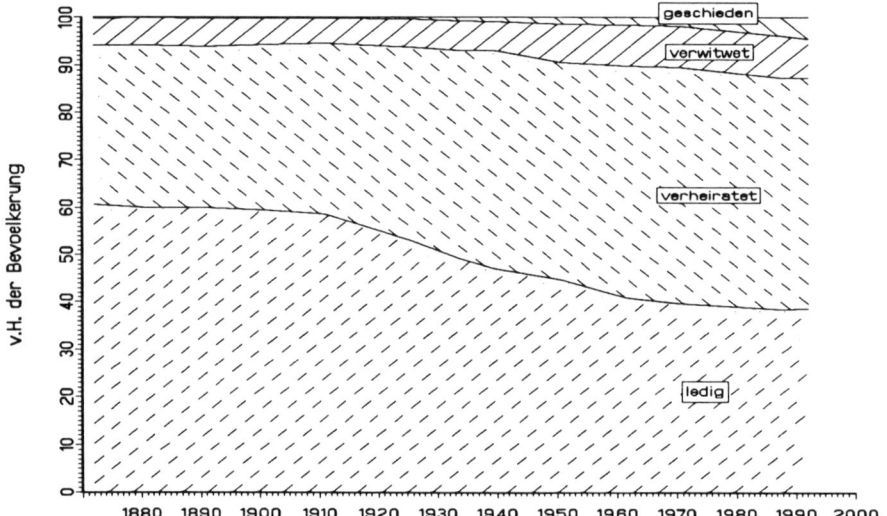

1933 Reichsgebiet, bis 1987 früheres Bundesgebiet, 1991 Deutschland

Quellen: Statistisches Bundesamt (1972 a), p. 96;
        Statistisches Jahrbuch 1989, p. 54; Statistisches Jahrbuch 1994, p. 67.

Herkömmlich wird beim **Familienstand** mit den vier Ausprägungen ledig, verheiratet, verwitwet und geschieden gearbeitet. Die Abb. 3.8 zeigt, wie sich in Deutschland seit 1871 (bis 1987 mit dem Stichtag der jeweiligen Volkszählung) die Familienstandsverteilung verändert hat. Man beachte:
  – das kontinuierliche Sinken der Ledigenquote (von 60% in 1871 auf 38,6% zum 31.12.1991)
  – das kontinuierliche Steigen
    • der Verheiratetenquote (von 33,5% in 1871 auf 49,9% in 1970 und 48,6% zum 31.12.1991),

- der Verwitwetenquote (von 5,7% in 1871 auf 8,2% am 31.12.1991),
- der Geschiedenenquote (von 0,2% in 1871 auf 4,6% am 31.12.1991).

Diese Verschiebung ist nicht nur demographisch bedingt (säkularer Anstieg des Anteils von Personen im heiratsfähigen Alter, vgl. Abb. 3.6), sondern spiegelt sowohl ein geändertes Verhaltenmuster (vgl. etwa die Tabelle in Aufgabe 3.21 bzgl. der Heirats- und Scheidungsziffern) als auch – bei den Verwitweten – historische Einmaligkeiten wider.

Betrachtet man die hier nicht abgedruckten **bedingten Familienstandsverteilungen** für Männer und Frauen, so stellt man weiter fest, daß

- entgegen der Erwartung die Zahl der verheirateten Männer nicht mit jener der verheirateten Frauen übereinstimmt (1991: 19.596.200 verheiratete Männer gegenüber nur 19.414.900 verheirateten Frauen), was vielleicht mit den verheirateten männlichen Gastarbeitern zu erklären ist, deren Frauen im Ausland geblieben sind,

- die Verwitwetenquote bei den Frauen (1991: 13,5%) wesentlich höher ist als bei den Männern (1991: 2,6%), was mit Kriegerwitwen aus dem II. Weltkrieg erklärbar ist.

Hingewiesen sei ferner auf die Tatsache, daß in jüngerer Zeit vom Statistischen Bundesamt auch über die vier klassischen Familienstandsausprägungen hinaus nachgewiesen werden:

- die nichtehelichen Lebensgemeinschaften ohne und mit Kindern (vgl. Aufgabe 3.18),

- die verheirateten Personen danach, ob sie zusammen oder dauernd getrennt leben.

Auch in der **Verteilung der Religionszugehörigkeit** haben sich im Laufe der letzten 120 Jahre in Deutschland zunächst geringfügige, in der jüngsten Vergangenheit dann aber stärkere Verschiebungen ergeben, wie der Abb. 3.9 zu entnehmen ist. Unter der Kategorie „Sonstige", deren Anteil nach dem II. Weltkrieg von 4,1% in 1950 auf 12,8% in 1987 zugenommen hat, verbergen sich u.a.:

- der Islam mit 2,7% in 1987,

- andere Religionszugehörigkeit mit 2,0% in 1987 und die

- keiner Religionsgemeinschaft Angehörende mit noch 3,7% in 1950, aber 8% in 1987.

Während der Anstieg der Quote in der letzten Subkategorie wohl mit der wachsenden Zahl von Kirchenaustritten zu erklären ist, läßt sich die hohe Quote von 4,7% für den Islam und andere Religionsgemeinschaften in 1987, die 1950 erst bei 0,1% lag, auf den steigenden Anteil der Ausländer in Deutschland zurückführen (vgl. auch die Tabelle in Aufgabe 3.17).

Abb. 3.9: Verteilung der Religionszugehörigkeit in Deutschland im historischen
Vergleich (1871 – 1987)

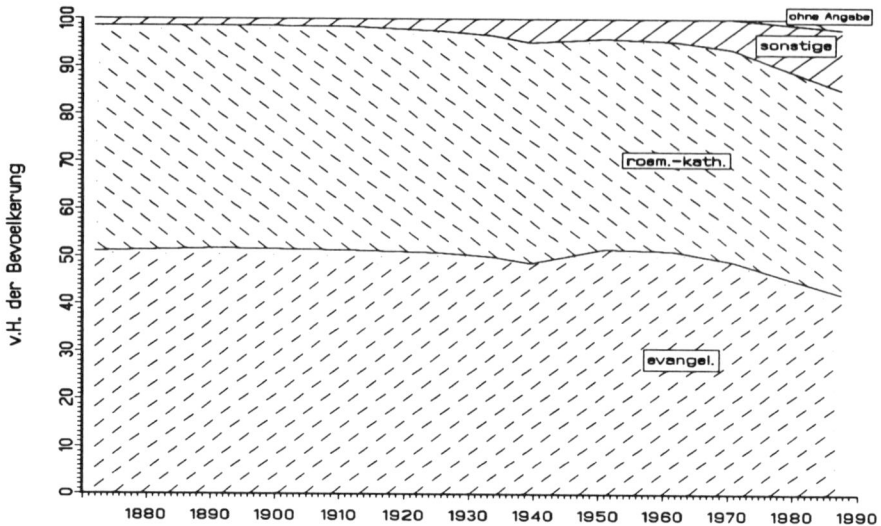

Bevölkerung insgesamt; Gebietsstand: früheres Bundesgebiet

Quellen: Statistisches Jahrbuch 1991 für das vereinte Deutschland, p. 68;
Statistisches Bundesamt (1972a), p. 97

Der **Ausländeranteil** an der Bevölkerung in Deutschland hat, beginnend
mit den ersten Zuzügen von Gastarbeitern in den 50er Jahren, drastisch zugenommen (vgl. Tabelle 3.10), verbunden mit einer Verschiebung in der Zusammensetzung nach der Staatsangehörigkeit (Rückgang der EU-Staatsangehöri-
gen und Zunahme des Anteils der Türken). Der Ausländeranteil auf dem Gebiet
der ehemaligen DDR lag mit 1,2% oder ca. 192.000 Personen am 31.12.1989
vergleichsweise niedrig.

Tab. 3.10: Ausländeranteil, Ausländer und deren Staatsangehörigkeit
(bis 1990: früheres Bundesgebiet; danach: Deutschland)

Zeitpunkt	Quote in v.H.	Anzahl in 1000	darunter v.H. aus	
			EU-Ländern	Türkei
06.06.1961	1,2	686,2	56,9	1,0
27.05.1970	4,3	2.600,6	50,2	16,5
25.05.1987	6,8	4.145,6	29,7	34,3
31.12.1988	7,3	4.489,1	28,4	33,9
31.12.1989	7,7	4.845,9	27,4	33,3
31.12.1990	8,4	5.342,5	26,9	31,7
31.12.1991	7,3	5.882,3	25,3	30,3
31.12.1992	8,0	6.495,8	23,2	28,6

Quelle: Verschiedene Statistische Jahrbücher

Literatur zu Abs. 3.3.1.3 [30]

ABELS, H. (1991), p. 70 – 74

ESENWEIN-ROTHE, I. (1982), p. 90 – 108

3.3.1.4 Haushalte und Familien

Informationen über Familien und Haushalte werden seit der Volkszählung von 1970 (vgl. Tab. 3.4) fast nur durch den Mikrozensus geliefert. Wenn im folgenden von Haushalt gesprochen wird, so ist damit der **Privathaushalt** gemeint. **Anstaltshaushalte** wie z.b. Krankenhäuser, Alten- und Pflegeheime, Haftanstalten (In Anstaltshaushalten leben etwa 1 – 2% der Bevölkerung.), sollen hier nicht betrachtet werden.

Das Statistische Bundesamt definiert einen Privathaushalt (= Haushalt) wie folgt:

> Zusammenwohnende und eine wirtschaftliche Einheit bildende Personengemeinschaften, sowie Personen, die allein wohnen und wirtschaften. Zum Haushalt können verwandte und familienfremde Personen gehören (z.b. Hauspersonal). Anstalten gelten nicht als Haushalte, können aber Privathaushalte beherbergen (z.B. Haushalt des Anstaltleiters). Haushalte mit mehreren Wohnungen werden u.U. mehrfach gezählt.
> (Statistisches Jahrbuch 1994, p. 48)

Während also für den Haushalt das Wohnungs- und das Wirtschaftskriterium ausschlaggebend sind, ist es für die **Familien** das Verwandtschaftskriterium:

> Familien und Ehepaare bzw. alleinerziehende Väter oder Mütter, die mit ihren ledigen Kindern zusammenleben (Zweigenerationenfamilie). In der Familienstatistik wird in Anlehnung an Empfehlungen der Vereinten Nationen von einem idealtypisch abgegrenzten Familienzyklus ausgegangen; das bedeutet, daß als Familie auch Ehepaare vor der Geburt eines Kindes gelten (sog. ‚Kernfamilie‘). Nach dieser Abgrenzung des Familienbegriffs können in einem Privathaushalt mehrere Familien leben.
> (Statistischen Jahrbuch 1994, p. 48)

Kenntnis über Anzahl und Struktur von Familien und Haushalten sind insofern wichtig, da in ihrem Verbund über Teilnahme am Erwerbsleben und damit über das gesamtwirtschaftliche Arbeitsangebot entschieden wird und über die Disposition von mehr als der Hälfte des Bruttoinlandsprodukts (1993 gingen 57,6% des deutschen Bruttoinlandsprodukts in den Privaten Verbrauch). Ein primäres Gliederungskriterium für Haushalte und Familien ist ihre Größe, d.h.

---

[30]Man findet hier nur eine Kurzzitierung. Die vollständigen bibliographischen Angaben stehen im Literaturverzeichnis, Kap. 15.

die Anzahl der Mitglieder. Weiter werden die Haushalte und auch Familien nach bestimmten Merkmalen (Geschlecht, Familienstand) der **Bezugsperson** (früher: Haushalts- oder Familienvorstand genannt) nachgewiesen. Ferner werden Familien aufgegliedert nach ihrem Typ im Rahmen des Familienzyklus oder der Familienphasen (vgl. STUTZER/SCHWARTZ/WINGEN, 1992), während Haushaltstypen gebildet werden nach der Art der Verwandtschaft oder Nicht–Verwandtschaft und der Generationenzahl ihrer Mitglieder (vgl. ESENWEIN–ROTHE, 1982, p. 93).

Im Mai 1992 gab es Deutschland 22.219.000 Familien und 35.700.000 Haushalte. Die Abbildung 3.10 zeigt die Veränderung in der Größenverteilung der Haushalte zwischen 1900 und 1992: Aus einer rechtssteilen Verteilung im Jahre 1900 wurde eine linkssteile Verteilung in 1992.

<u>Abb. 3.10:</u> Verteilung der Haushalte nach ihrer Größe
            (Gebietsstand: bis 1950 früheres Bundesgebiet, 1992 Deutschland)

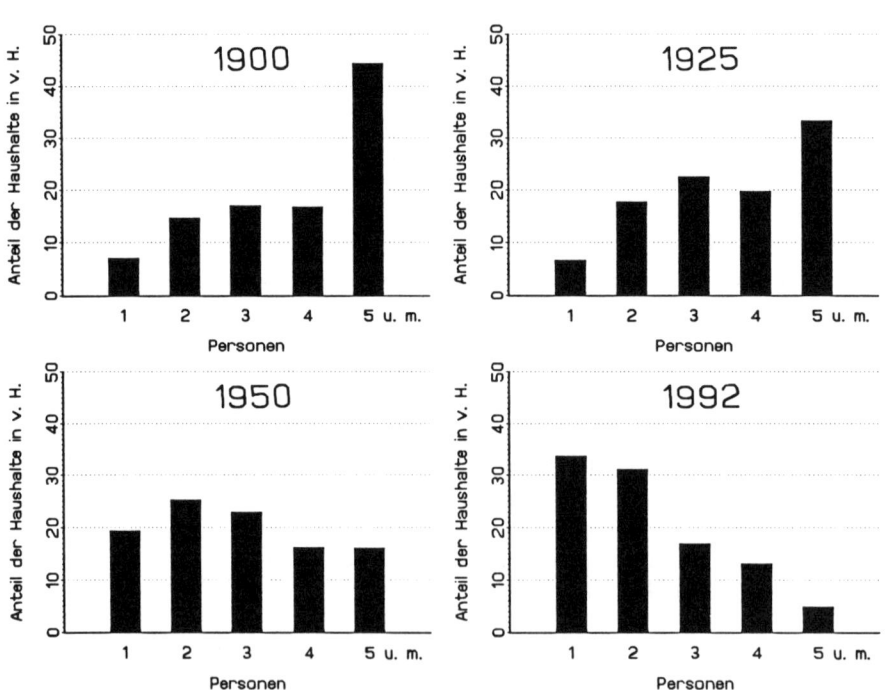

Quelle: Verschiedene Statistische Jahrbücher

Während um 1900 noch die durchschnittliche Haushaltsgröße bei 4,5 Personen lag, sank sie kontinuierlich auf 2,26 im Mai 1992. Als Ursache für die abnehmende Haushaltsgröße kann u.a. der Übergang von der Agrar- zur Industriegesellschaft angesehen werden. Damit einher ging die Zunahme der städtischen

Haushalte, die im Mittel noch kleiner sind als die in ländlichen Gemeinden. Über 50% der städtischen Haushalte sind derzeit Einpersonenhaushalte.

Bezüglich des Familienverbandes erwecken neuerdings die „**unvollständigen Familien**" als Problem- oder Randgruppen das Interesse der Sozialpolitiker. 1992 gab es im früheren Bundesgebiet 1,508 Mio. alleinstehende Väter und Mütter mit einem oder mehr Kindern unter 18 Jahren (insgesamt 2,083 Mio. Kinder). Diese Situation war in 151.000 Fällen auf den Tod des Ehepartners zurückzuführen, in 850.000 Fällen auf Scheidung oder Trennung und der Rest (507.000 Fälle) war nie verheiratet.

Literatur zu Abs. 3.3.1.4 [31]

ESENWEIN–ROTHE, I. (1982), p. 87 - 108
STUTZER, E. / SCHWARTZ, W. / WINGEN, M. (1992)
BRETZ, M. / NIEMEYER, F. (1992)

3.3.1.5 Räumliche Verteilung

Zur statistischen Messung der räumlichen Verteilung einer Bevölkerung bieten sich mehrere Möglichkeiten an (vgl. ESENWEIN–ROTHE, (1982), p. 26 ff.), von denen hier nur einige wenige vorgestellt werden können.

Ein erster, grober Indikator für die Flächenbelegung ist die **Bevölkerungsdichte im Staatsgebiet**:

$$d := B \,/\, \text{Fläche in } km^2 \;, \tag{3.22}$$

also die Anzahl der im Mittel je km^2 lebenden Personen, wobei nicht gefragt wird, ob tatsächlich alle Gebietsteile bewohnbar sind oder nicht (Moore, Gebirge, Binnengewässer, etc.). Die Tabellen 3.8 und 3.9 zeigen die zeitliche Entwicklung dieser Maßzahl für Deutschland in verschiedenen Gebietsständen. Auf dem Gebiet der früheren Bundesrepublik ist es mit 55 Einwohnern/km^2 von 1816 anwachsend auf 261 Einwohner/km^2 in 1992 zunehmend enger geworden.

Der Kehrwert der Bevölkerungsdichte heißt **Arealitätszahl**:

$$A := 1 \,/\, d = \text{Fläche in } km^2 \,/\, \text{Einwohner}. \tag{3.23}$$

Sie gibt die im Durchschnitt je Einwohner zur Verfügung stehende Fläche an, wobei man häufig die Fläche in eine kleinere Einheit umrechnet, etwa in Hektar (ha), Ar (a) oder Quadratmeter (m^2).[32]

---

[31] Man findet hier nur eine Kurzzitierung. Die vollständigen bibliographischen Angaben stehen im Literaturverzeichnis, Kap. 15.

[32]
$$
\begin{aligned}
1\ km^2 &= 1.000.000\ m^2 = 10.000\ a = 100\ ha \\
1\ ha &= 10.000\ m^2 = 100\ a \\
1\ a &= 100\ m^2
\end{aligned}
$$

Tab. 3.11: Bevölkerungsdichte, Arealitätszahl und Abstandszahl für die Bundesländer
am 31.12.1992

Land	Bevölkerung in 1000	Fläche in km^2	Bev.dichte E/km^2	Arealität m^2/E	Abstands- zahl in m
(1)	(2)	(3)	(4)	(5)	(6)
Baden–Württemb.	10.148,7	35.751,39	284	3.723	63,8
Bayern	11.770,3	70.553,90	167	5.994	83,2
Berlin	3.465,7	889,11	3.898	257	17,2
Brandenburg	2.542,7	29.476,49	86	11.593	115,7
Bremen	685,8	404,23	1.697	589	26,1
Hamburg	1.688,8	755,31	2.236	447	22,7
Hessen	5.922,6	21.114,28	281	3.565	64,2
Mecklenburg–Vorp.	1.865,0	23.420,71	80	12.558	120,4
Niedersachsen	7.577,5	47.347,58	160	6.248	84.9
Nordrhein–Westf.	17.679,2	34.071,50	519	1,927	47,2
Rheinland–Pfalz	3.881,0	19.845,54	196	5.114	76,8
Saarland	1.084,0	2.570,28	422	2.371	52,3
Sachsen	4.641,0	18.408,11	252	3.966	67,7
Sachsen–Anhalt	2.797,0	20.442,92	137	7.309	91.9
Schleswig–Holstein	2.679,6	15.731,85	170	5.871	82,3
Thüringen	2.545,8	16.175,50	157	6.354	85,7
Deutschland, ges.	80.974,6	356.958,70	227	4.408	71,3

Quellen: Spalten (2) bis (4) – Statistisches Jahrbuch 1994, p. 52
Spalten (5), (6) – eigene Berechnung

Eine Vorstellung darüber, wie nah oder entfernt die Personen auf der Fläche
stehen, vermittelt die von FLASKÄMPER (1962, p. 102 ff.) vorgeschlagene **Abstandszahl** e^*. Dazu stelle man sich die Fläche des jeweiligen Gebiets in lau-
ter Sechsecke nach dem Wabenmuster zerlegt vor, wobei jeder Person ein gleich
großes Sechseck zugewiesen und in dessen Mittelpunkt sie gestellt wird. Die Abstandszahl e^* gibt dann die Entfernung der Mittelpunkte angrenzender Waben
an. Mit etwas Geometrie leitet man her:

$$e^* = \sqrt{\frac{2}{\sqrt{3}}} \cdot \sqrt{A} \approx 1,0746 \cdot \sqrt{A}. \qquad (3.24)$$

Die Maßzahlen (3.22) – (3.24) lassen sich auch für Subregionen eines Staates angeben. So erhält man für die nach Bundesländern aufgegliederte Bevölkerung Deutschlands am 31.12.1992 die Informationen in Tab. 3.11. Die niedrigste
Bevölkerungsdichte herrscht in Mecklenburg–Vorpommern (80 E/km^2), gefolgt
von Brandenburg (86 E/km^2); Hessen mit 281 E/km^2 liegt im Mittelfeld und
die Stadtstaaten Bremen, Hamburg und Berlin (3898 E/km^2) sind an der Spitze.

Die Geschichte lehrt, daß das Wachstum der Bevölkerung, egal ob im nationalen oder internationalen Rahmen gesehen, verbunden ist mit einer **Agglomeration**, d.h. einer räumlichen Konzentration in sog. Ballungsgebieten. Die Abb. 3.11 zeigt, wie sich auf dem Gebiet der früheren Bundesrepublik seit 1871 die Anteile der in bestimmten Gemeindegrößenklassen wohnenden Bevölkerung verschoben haben. Während 1871 noch 62% der Bevölkerung in Gemeinden mit unter 2.000 Einwohnern lebten und nur 4,9% in Gemeinden mit über 100.000 Einwohnern, lebten 1992 nur noch 9,1% in dieser kleinsten Gemeindegrößenklasse, aber 32,1% in der größten Gemeindegrößenklasse. Augenfälliger läßt sich der Wandel von einer Agrarwirtschaft hin zur Industrie- und Dienstleistungsgesellschaft kaum demonstrieren.

<u>Abb. 3.11</u>: Verteilung der Bevölkerung nach Gemeindegrößenklassen im historischen Vergleich (1871 – 1992)

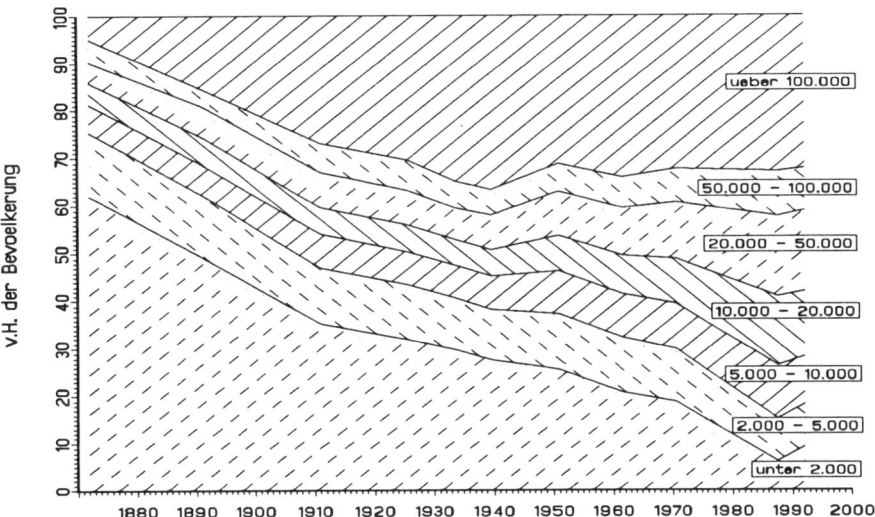

Quelle: Statistisches Bundesamt (1972a), p. 94; Statistisches Jahrbuch 1994, p. 62

Literatur zu Abs. 3.3.1.5 [33]

ESENWEIN-ROTHE, I. (1982), p. 26 – 60

---

[33]Man findet hier nur eine Kurzzitierung. Die vollständigen bibliographischen Angaben stehen im Literaturverzeichnis, Kap. 15.

3.3.2 Bevölkerungsbewegungen

Seit 1841 wurden in allen Staaten des späteren Deutschen Reiches drei Komponenten der natürlichen Bevölkerungsbewegung (Zahl der Eheschließungen, der Geburten und der Sterbefälle) durch amtliche statistische Anschreibungen regelmäßig erfaßt. Diese Erhebungen beruhten ursprünglich auf den Eintragungen in den Kirchenbüchern, seit dem Erlaß der Personenstandsgesetze im Jahre 1875 auf den Aufzeichnungen der Standesbeamten. Gerichtliche Ehelösungen, zunächst nur im Rahmen der Geschäftsstatistik der Gerichte aufgezeichnet, kamen erst viele Jahre nach Einführung der Zivilehe (1875) zur einheitlichen und gesamtstaatlichen Erfassung (um 1888). Die historischen Ursprünge der Aufzeichnung der **mechanischen Bevölkerungsbewegung** liegen bzgl. der **Außenwanderungen** bei der 1871 eingeführten Statistik der überseeischen Wanderungen, d.h. der Aus- und Einwanderungen über Seehäfen. Viel später mit Erlaß von Meldeordnungen setzte eine umfassende Aufzeichnung auch der **Binnenwanderungen** ein.

3.3.2.1 Geburten und Sterbefälle

An dieser Stelle werden zunächst Daten im Längs- und Querschnitt über Geborene und Gestorbene präsentiert, während einige Auswertungen und die zugehörigen Verfahren im Abschnitt 3.4 nachfolgen. Im Kontext einer **Geburt** werden eine Vielzahl von **Merkmalen** erfaßt, nämlich:

- Anschrift der Mutter,
- Vor- und Familienname des Kindes,
- Lebend-/Totgeburt,
- Geschlecht,
- Geburtsdatum,
- Einzelgeburt,
- Mehrlingsgeburt mit Geschlecht der Kinder,
- Legitimität,
- Datum der Eheschließung,
- wievieltes Kind in der Ehe und davon Lebendgeburten,
- Geburtsdatum des vorhergehenden Kindes,
- Geburtsdatum von Vater und Mutter,
- Religionszugehörigkeit von Vater und Mutter,
- Staatsangehörigkeit von Vater und Mutter,
- Erwerbstätigkeit der Mutter,
- Körpergewicht und Körperlänge des Kindes bei der Geburt,
- erkennbare Fehlbildungen.

Ähnlich lang ist die **Merkmalsliste bei Gestorbenen**:

- Anschrift des Verstorbenen,
- Vor- und Familienname des Verstorbenen,
- Geschlecht,
- Sterbedatum,
- Geburtsdatum,
- Lebensdauer in Stunden (bei Kindern, die am Tag der Geburt oder am Tag danach verstorben sind),
- Legitimität bei Tod eines Kindes unter einem Jahr,
- Familienstand des Verstorbenen,
- Jahr der letzten Eheschließung,
- Geburtsdatum des überlebenden Ehegatten,
- Religionszugehörigkeit,
- Staatsangehörigkeit,
- Erwerbstätigkeit,
- Todesursache,
- Körpergewicht und Körperlänge bei gestorbenem Säugling.

Nur die Verteilung und die Auswertung nach einigen dieser Merkmale können im folgenden aus Platzgründen angegeben werden.

Die Geborenen werden in der Bundesstatistik nicht dem Geburtsort, sondern dem Wohnort der Mutter regional zugeordnet, anderenfalls würden die Orte mit Krankenhäusern und Entbindungsheimen eine besonders hohe Geburtendichte aufweisen. Ein wichtiges Erhebungsmerkmal bei Geburten ist die **Legitimität**, wobei sich die Unterscheidung zwischen den Ausprägungen „ehelich" und „nicht–ehelich" nach § 1591 BGB richtet: Ein Kind, das nach Eingehen der Ehe oder bis zu 302 Tage nach Auflösung der Ehe geboren wird, gilt – unbeachtet der Möglichkeit einer späteren Anfechtung – als ehelich. Bezüglich der **Vitalität** wird mit folgender Definition in der amtlichen Statistik gearbeitet:

> Als Lebendgeborene werden Kinder gezählt, bei denen nach der Trennung vom Mutterleib entweder das Herz geschlagen, die Nabelschnur pulsiert oder die natürliche Lungenatmung eingesetzt hat; die übrigen Kinder gelten als Totgeborene oder Fehlgeburten. Als Totgeborene zählen seit 01.07.1979 nur Kinder, deren Geburtsgewicht mindestens 1000 *g* beträgt (vorher mindestens 35 *cm* Körperlänge). Fehlgeburten (seit dem 01.07.1979 unter 1000 *g* Geburtsgewicht, vorher weniger als 35 *cm* lang) werden vom Standesbeamten nicht registriert und bleiben daher in der Statistik der natürlichen Bevölkerungsbewegung außer Betracht. (Statistisches Jahrbuch 1994, p. 48)

Daß neben dem **Geschlecht des Kindes** und der **Nationalität der Eltern** auch das **Alter der Mutter** bei Geburten aufgezeichnet wird, scheint
selbstverständlich. Die Tabelle 3.12 zeigt ausgewählte Zahlen zur Entwicklung
der vorstehend genannten Merkmale bei Geburten.

<u>Tab. 3.12:</u> Auszug demographischer Merkmale von Geburten (1950 – 1992)
bis 1990: früheres Bundesgebiet, 1992: Deutschland

Jahr	Bevölkerung		Frauen von 15	Lebendgeborene				Totgeborene	
	insg.	Aus-länder	bis 45 Jahren	insg.	männl.	nicht-ehel.	Aus-länder	insg.	nicht-ehel.
1950	49.989	•	11.810	812,8	420,9	79,1	•	18,1	2,7
1960	55.433	686,2	11.812	968,6	498,2	61,3	11,1	15,0	1,3
1970	60.671	2.600,6	12.101	810,8	416,3	44,3	63,0	8,4	0,7
1980	61.538	4.453,0	13.206	620,7	318,5	46,9	80,7	3,3	0,4
1990	63.726	5.342,5	13.611	727,2	373,5	76,3	86,3	2,5	0,4
1992	80.975	6.495,8	17.111	809,1	414,8	120,4	100,1	2,7	–

Angaben in 1000
Quelle: diverse Statistische Jahrbücher

Aus Tab. 3.12 erhält man u.a. (weitere Auswertungen in Abschnitt 3.4.2) die
folgende **Sexualproportion der Lebendgeborenen** (Knaben je 100 Mädchen):

Jahr	1950	1960	1970	1980	1990	1992
SP_0	107,4	105,9	105,5	105,4	105,7	105,2

Abgesehen vom Jahr 1950 scheint die Sexualproportion der Lebendgeborenen
bei 105 bis 106 zu liegen. Dieser Wert gilt über längere Zeit für alle Völker
der Welt (ESENWEIN–ROTHE, 1982, p. 61) und wurde bereits von einem der
Urväter der Bevölkerungsstatistik, dem preußischen Feldprediger JOHANN PE-
TER SÜSSMILCH (1707 – 1767), vor über 250 Jahren beobachtet:

> Der weiseste Schöpfer hat in der Natur dieses Gesetz der Ordnung fest-
> gestellt, daß im Ganzen und Großen jederzeit mehr Knaben als Mädchen
> geboren werden, und zwar ... allezeit und überall gegen 20 Töchter 21
> Söhne oder gegen 25 Töchter 26 Söhne ... oder welches einerley ist, es
> werden allzeit auf Hundert 4 bis 5 Söhne mehr als Töchter geboren.
> (J. P. SÜSSMILCH: Die göttliche Ordnung in den Veränderungen
> des menschlichen Geschlechts, aus der Geburt, dem Tode und der
> Fortpflanzung derselben erwiesen; 1. Aufl., 1741. Zitiert nach ESEN-
> WEIN–ROTHE, 1982, p. 61.)

Der Wert 107,4 in 1950 ist kein Ausreißer. Er gehört vielmehr zu einem zeitlichen Verlaufsmuster, das man in Deutschland wie auch in anderen Ländern, die „große" Kriege geführt haben, immer wieder beobachten kann. Nach Kriegsende steigt die Sexualproportion signifikant an (Zahlen für Deutschland: 1918 – 107,3; 1919 – 108,0; 1920 – 107,2; 1946 – 107,9; 1947 – 107,5; 1948 – 108,0), um dann langsam wieder auf eine Konstante zwischen 105 und 106 zu fallen. Verschiedene Erklärungsversuche (etwa medizinischer, soziologischer und ernährungswissenschaftlicher Art) liegen dazu im Wettstreit. Umstritten sind auch die diversen Erklärungsansätze der Strukturunterschiede in der Sexualproportion zu normalen Zeiten. ABELS (1991, p. 78) schreibt:

Die Sexualproportion (der Lebendgeborenen) ist abhängig von:

- der Sozialschichtenzugehörigkeit der Eltern (je 'höher', desto mehr Mädchen),
- der Reihenfolge der Geburt (Erstgeborene sind häufiger männlichen Geschlechts),
- der Legitimität der Geburt (nichteheliche Geborene sind häufiger weiblich),
- den sexualphysiologischen Faktoren (z.B. zeitlicher Zusammenhang zwischen Eisprung und Geschlechtsverkehr),
- der Unterscheidung zwischen Totgeborenen und Lebendgeborenen (Überhöhung etwa 115 zu 100) und
- der Schwangerschaftsdauer bei Fehlgeburten (Überhöhung etwa 125 zu 100 im sechsten Schwangerschaftsmonat bzw. etwa 200 zu 100 im vierten Monat der Schwangerschaft).

Die folgende Abb. 3.12 zeigt für das frühere Bundesgebiet im oberen Teil u.a. die **Entwicklung der Zahl der jährlichen Lebendgeborenen** ab 1950. Seit 1957 ist bis 1964 ein ständiger Anstieg der jährlichen Lebendgeborenenzahlen zu verzeichnen (Höchststand in 1964: 1,0654 Millionen). Die frühen 60er Jahre sind durch den „Babyboom" gekennzeichnet. Jeder nachrückende Geburtenjahrgang zwischen 1953 und 1964 war stärker als sein Vorgänger, was in Abb. 3.5 zu dem breiten, sich nach oben verjüngenden Bauch im Altersaufbau vom 01.01.1993 bei den 28- bis 40jährigen führt. Zwischen 1964 und 1978 (dort Tiefstand mit 576.500) hat sich die Zahl der Lebendgeborenen nahezu halbiert. Auch nach 1978 ist sie, obwohl nun die geburtenstarken Jahrgänge in das heirats- und die Frauen in das gebärfähige Alter aufrückten, nicht dramatisch angestiegen (für Deutschland 1990: 727.199).[34]

Im früheren Bundesgebiet sind die Hauptursachen für den Rückgang ab 1965 und den nur moderaten Anstieg ab 1985 zu finden bei:

- den **demographischen Komponenten**, nämlich

---

[34]Die Rückläufigkeit ab 1964 wäre noch stärker gewesen, hätte nicht der Ausländeranteil an der Bevölkerung zugenommen, wobei die Ausländer eine höhere Geburtenrate als die Deutschen aufweisen (vgl. Tab. 3.12).

Abb. 3.12: Natürliche und mechanische Bevölkerungsbewegung
sowie deren Summe und Saldo
(Gebietsstand: bis 1990 früheres Bundesgebiet, ab 1990 Deutschland)

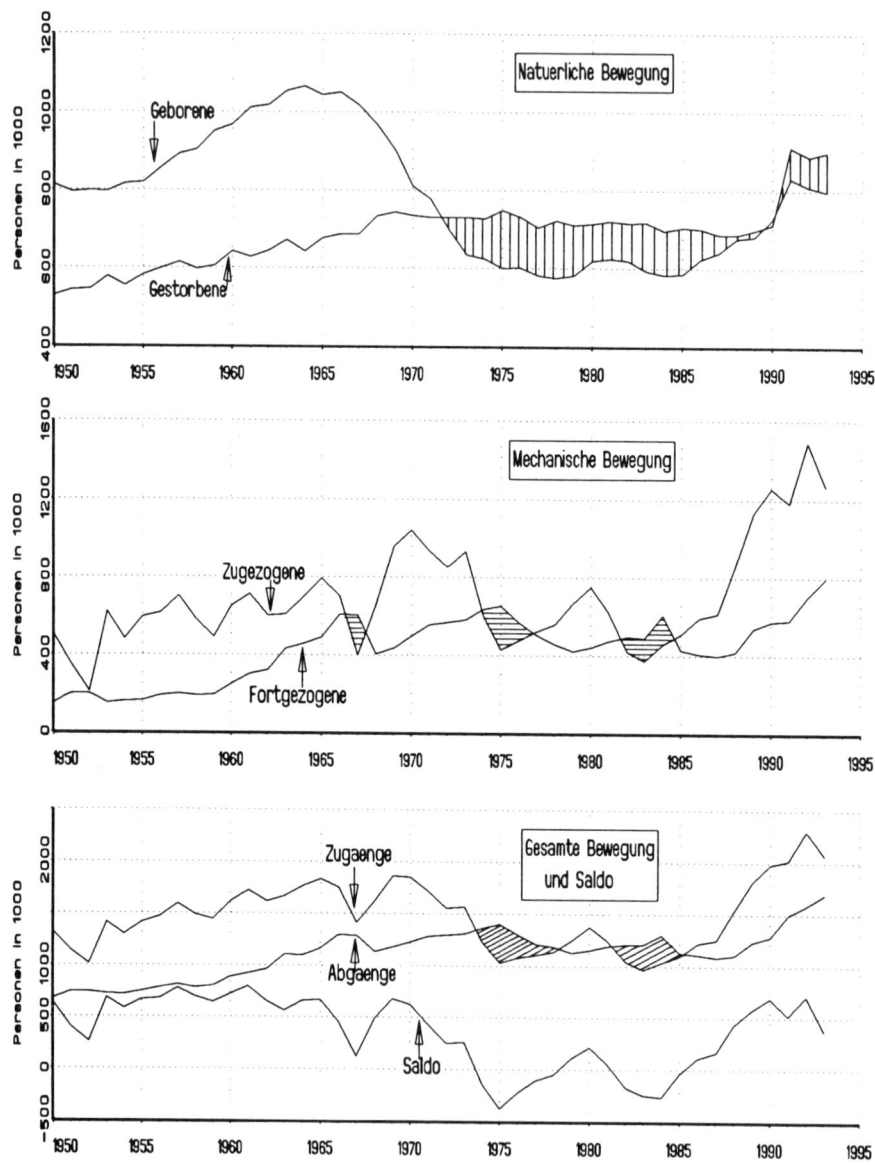

Quelle: Verschiedene Jahrgänge des Statistischen Jahrbuchs

▷ steigendes Heiratsalter, insb. der Frauen,

▷ sinkende Zahl der Eheschließungen,

▷ rückläufiger, ab 1972 sogar ins Negative übergehender Saldo von Eheschließungen und Ehelösungen,

• dem **generativen Verhalten**, nämlich

▷ Vergrößerung der Geburtenabstände,

▷ Verlagerung des Maximums der altersspezifischen Geburtenziffern (vgl. Abs. 3.4.2) zu den höheren Altersklassen der Frauen,

▷ starker Rückgang der Zahl der Ehen mit drei und mehr Kindern.

Im generativen Verhalten, das entscheidend die Geburtenhäufigkeit bestimmt, drückt sich die Einstellung des fortpflanzungsfähigen Teils der Bevölkerung zu Kindern aus. In der vorindustriellen Zeit (und noch heute so in den Entwicklungsländern) hatten die Eltern wichtige ökonomische Motive, viele Kinder zu bekommen, etwa zur Sicherung der Altersversorgung und als mithelfende Familienangehörige (billige Arbeitskräfte). Inzwischen sind andere Überlegungen in den Vordergrund getreten. So fällt vor allem die mit Kindern verbundene Änderung des Lebensstils (finanzielle Einschränkung, Aufgabe der Berufstätigkeit eines Ehepartners, Einbußen an Unabhängigkeit, Selbstverwirklichung der Frau usw.) ins Gewicht. In diesem Zusammenhang wird vielfach verkannt, daß die modernen Mittel und Methoden der Empfängnisverhütung nicht die eigentliche Ursache des Geburtenrückgangs ab 1965 sind (im Volksmund auch „Pillenknick" genannt), sondern nur dazu beigetragen haben, die gewünschte Kinderzahl auch tatsächlich realisieren zu können.

Ein Knick in der Zeitreihe der Lebendgeborenen noch stärkeren Ausmaßes als Mitte der 60er Jahre im früheren Bundesgebiet ist nach der Vereinigung in den neuen Bundesländern zu registrieren.

Jahr	1988	1989	1990	1991	1992	1993
Lebendgeb.	215.734	198.922	178.476	107.769	88.320	80.532

Dieser drastische Geburtenrückgang, der „Vereinigungsknick", ist ein für Friedenszeiten einmaliges Ereignis, und er wird seine Spuren überall hinterlassen: in den Kindergärten, den Schulen und Hochschulen und auf den regionalen Arbeitsmärkten. Im deutschen Bevölkerungsaufbau wird er sich als Einkerbung, die sich am Fuße der Abb. 3.5 abzeichnet, in den kommenden Jahrzehnten klar ausmachen lassen (vgl. Abb. 3.33).

Viele Jahre lang hatte der Osten Deutschlands dem Westen etwas voraus: Es wurden dort im Verhältnis zur Bevölkerung mehr Kinder geboren, vgl. Tab. 3.18 sowie Abb. 3.21 und 3.22. Gemeinsam hatten beide Teile Deutschlands eine im Trend sinkende Geburtenrate: Die Zahl der Geburten je 1.000 Frauen im gebärfähigen Alter (15 bis 45 Jahre) sank im Westen von knapp 2.100 (1950) auf 1.490 (1990) und im Osten von knapp 2.400 (1950) auf ca. 1.500 (1990). Die deutsche Einheit hat diesen leicht abschüssigen Trend im Osten drastisch

beschleunigt. Innerhalb eines Jahres (1991) sanken die Geburtenraten so stark
wie nie zuvor in vier Jahrzehnten: um mehr als ein Drittel und von 1989 bis
1993 haben sie sich praktisch halbiert.

Das war im Vereinigungsschock eine natürliche Reaktion.[35] Die Vermutung
der meisten Bevölkerungswissenschaftler, daß diese Reaktion nach kurzer Zeit
ausgestanden sei und sich die Geburtenziffern den westdeutschen Verhältnissen
angleichen würden, hat sich nicht bestätigt und man vermutet, daß es bis ins
Jahr 2010 mit dieser Angleichung dauern könnte, denn es ist eine grundlegende
Verhaltensänderung zu erwarten.

Für ostdeutsche Paare mit Nachwuchs–Wunsch hat sich das Umfeld seit der
Vereinigung völlig gewandelt. Zu DDR–Zeiten wurde die Verantwortung für
ein Kind fast vollständig auf die Gesellschaft übertragen. Seit Mitte der 70er
Jahre waren Bevölkerungs-, Familien- und Sozialpolitik ganz und gar auf die
sozialistischen Ideen und Belange zugeschnitten. Jungen und Mädchen waren
praktisch Staatskinder; die Kosten der „Aufzucht" wurden sozialisiert; finanzielle Vergünstigungen, Vorzugsbehandlung bei der Wohnungssuche für junge
Familien und großzügige Arbeitszeitregelungen für die Mütter waren gang und
gäbe. Diese Zeiten sind nun vorbei – aus den Staatskindern von einst werden
Familienkinder. Das Geld für ihre Sprößlinge müssen die Eltern heute weitgehend selbst aufbringen, und das bei einem unter dem westdeutschen Standard
liegenden Einkommensniveau und einem Nachholbedarf bei Reisen, Wohnen
und Gütern des gehobenen Konsums. All das spricht dafür, daß die Geburtenziffern im Osten noch einige Zeit unter dem westdeutschen Niveau liegen
werden, auch wenn langfristig einige der heute jungen Frauen in den neuen
Bundesländern ihren Kinderwunsch im höheren Alter, aber wohl nicht in voller
Zahl nachholen.

Die Zeitreihe der Lebendgeborenen weist – wie auch die Zeitreihen der übrigen Ereignismassen einer Bevölkerung – nicht nur längerfristige Bewegungen
auf, sondern auch typische saisonale Verlaufsmuster, die sich bei Betrachtung unterjähriger Reihen, etwa solcher mit Monatszahlen, zeigen. Die jährlich
Lebendgeborenen sind nicht gleichmäßig auf die zwölf Kalendermonate verteilt;
allein durch die unterschiedliche Länge der Monate (Die 31–Tage–Monate sind
um ca. 10% länger als der Monat Februar und um ca. 3% länger als die 30–
Tage–Monate.) sind Abweichungen zwischen den Monatszahlen zu erwarten.
Die Abb. 3.13 zeigt die Monatszahlen der Lebendgeborenen von 1986/Jan. bis
1990/Dez., allerdings nicht in der Form einer durchgehenden Zeitreihe, sondern in Form von fünf Jahresschichtlinien. An diesen erkennt man u.a.:

- die in den letzten Jahren wieder zunehmenden Geburtenzahlen, da nämlich mit wachsender Jahreszahl die zugehörige Schichtlinie fast immer
  höher liegt,

---

[35]Auch die Zahl der Eheschließungen weist im Osten einen ebenso drastischen Einbruch
auf: 1989 wurden in der ehemaligen DDR noch knapp 131.000 Ehen geschlossen, 1993 waren
es dann kaum mehr als 49.000.

• einen innerhalb des Jahres etwa synchronen Verlauf (ein niedriges Niveau
  in den Wintermonaten, ein Durchhängen im kurzen Monat Februar, aber
  auch in den sonstigen „kurzen" Monaten, sowie ein Gipfel in den Monaten
  Juli bis September).

<u>Abb. 3.13</u>: Monatliche Zahl der Lebendgeborenen im früheren Bundesgebiet als
Jahresschichtlinien (1986 – 1990)

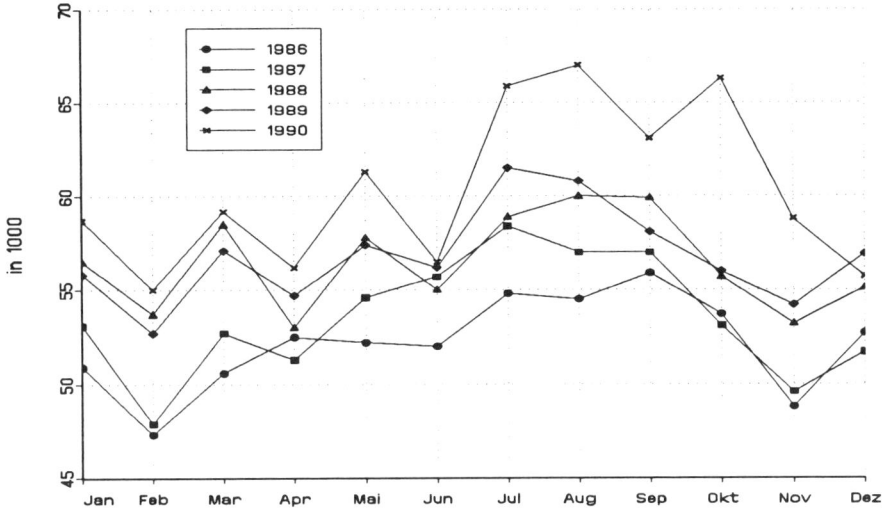

Quelle: Verschiedene Jahrgänge von „Wirtschaft und Statistik"

Es ist hier nicht genügend Platz, um ausführlich und mit aufwendigen und
modernen Methoden eine Analyse dieser und anderer Zeitreihen der Bevölkerungsbewegung durchzuführen. Eine Zerlegung für den Zeitraum 1950 bis 1977
der Reihen der Lebendgeborenen, der im ersten Lebensjahr Gestorbenen, der
Gestorbenen insgesamt und der Eheschließungen findet man bei LINKE/KRO-
SCHEWSKI (1979). Sie lokalisieren u.a. für die Reihe der Lebendgeborenen ein
Saisonhoch in den Monaten März und Mai und ein Saisontief im November.
Demgegenüber hat sich in der jüngsten Vergangenheit, wie sie in Abb. 3.13 zu
sehen ist, die Saisonfigur etwas verändert.

    Im oberen Teil der Abb. 3.12 findet sich auch die **Zeitreihe der jährlich
Gestorbenen**, wobei es sich um die Sterbefälle im jeweiligen Berichtsjahr handelt. Totgeborene, nachträglich beurkundete Kriegssterbefälle und gerichtliche
Todeserklärungen sind in den Zahlen nicht enthalten. Man sieht, daß zwischen
1950 und 1971 stets mehr Lebendgeborene als Gestorbene pro Jahr zu verzeichnen waren. Dieser **Geburtenüberschuß** wird ab 1972 bis 1989 durch ein
Geburtendefizit abgelöst, und erst ab 1990 stellt sich im früheren Bundesgebiet (in Abb. 3.12 nicht mehr dargestellt) wieder ein leichter Geburtenüberschuß mit jährlich zwischen 6.000 bis 25.000 Personen ein, der aber durch den

drastischen Geburtenrückgang im Osten in den gesamtdeutschen Zahlen überkompensiert worden ist. Insgesamt weist die Gestorbenen–Zeitreihe, bedingt
durch die überalternde Bevölkerung, eine leicht steigende Tendenz auf. Eine
gegenläufige, sinkende Tendenz ab 1950 weist hingegen eine Teilzeitreihe der
Gestorbenen–Reihe auf, nämlich die der **Gestorbenen im ersten Lebensjahr** (Säuglingssterblichkeit). Man vgl. dazu das rückläufige Niveau der Jahresschichtlinien für einige ausgewählte Jahre in Abb. 3.14. Während 1950 noch
von 528.700 Lebendgeborenen 45.252 im ersten Lebensjahr starben (ca. 8,6%),
waren es 1989 bei 697.700 Lebendgeborenen nur noch 5.076 (ca. 0,7%). Der
zu beobachtende kontinuierliche Rückgang der Säuglingssterblichkeit ist dem
Ausbau des Gesundheitswesens, insb. der Schwangerenvorsorge, und dem Fort-
schritt der Medizintechnik zu verdanken.[36]

<u>Abb. 3.14:</u> Monatliche Zahl der im ersten Lebensjahr Gestorbenen im früheren
Bundesgebiet als Jahresschichtlinien (1950, 60, 70, 80, 89)

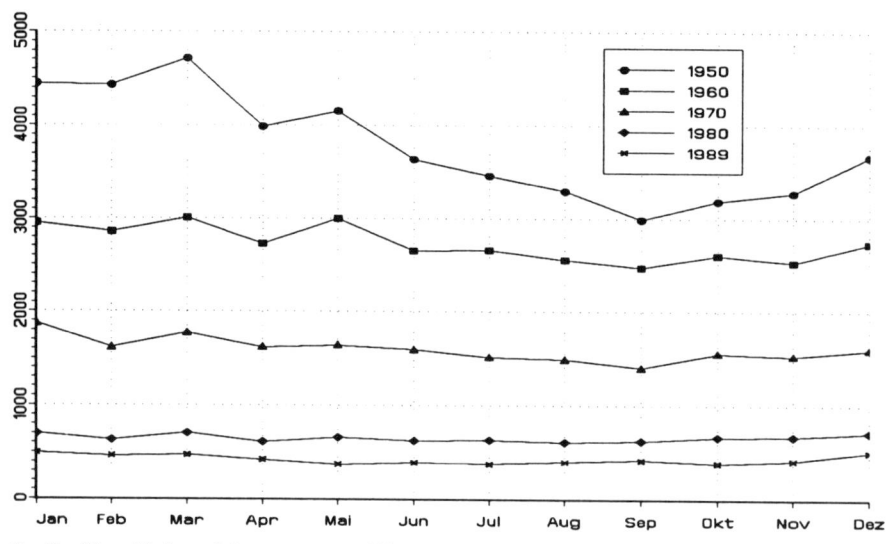

Quelle: Verschiedene Jahrgänge von „Wirtschaft und Statistik"

Auch die Monatszeitreihen der **Gestorbenen insgesamt** sowie der **im ersten Lebensjahr Gestorbenen** weisen ein **Saisonmuster** auf (vgl. LINKE/
KROSCHEWSKI, 1979). In den Monaten Dezember bis April sind überdurchschnittlich viele Sterbefälle insgesamt zu verzeichnen, während in den Monaten
Mai bis November, speziell im August und September, die Sterbefälle insgesamt
am niedrigsten liegen. Außergewöhnlich starke Abweichungen vom jahreszeit-
lichen Rhythmus zeigten sich bei Auftreten von Grippewellen (etwa 1952/53,
1957, 1959/60, 1962/63, 1967/68 und 1969/70). Seit Anfang der 70er Jahre ist

---

[36]Man vgl. auch die den gleichen Umständen zu verdankende Rückläufigkeit in der Zahl
der Totgeborenen in Tab. 3.12.

der jahreszeitliche Einfluß zurückgegangen. Bei der Säuglingssterblichkeit war von 1950 bis 1970 für den Monat März jeweils der höchste Wert zu verzeichnen (vgl. Abb. 3.14). In den folgenden Jahren verlagerte sich dieser Gipfel in die Monate Dezember und Januar. Auch hier zeigt sich eine deutliche Verringerung, wenn nicht gar ein Verschwinden der Saisonschwankungen im Laufe der Jahre seit 1950.

Bezüglich der Geburten und Sterbefälle bleibt abschließend festzustellen, daß aufgrund ihres negativen Saldos seit 1972 die Größe der Bevölkerung im früheren Bundesgebiet und ab 1990 in Deutschland hätte schrumpfen müssen. Ein Blick in die unteren beiden Teile von Abb. 3.12 zeigt, daß dieses Geburtendefizit in den letzten Jahren durch eine Wanderungsgewinn überkompensiert worden ist.

Literatur zu Abs. 3.3.2.1 [37]

ABELS, H. (1991), p. 83 ff.

ANDERSON, O. et al. (1983), p. 238 ff.

ESENWEIN–ROTHE, I. (1982), p. 196 ff. und p. 294 ff.

FLASKÄMPER, P. (1962), p. 258 ff. und p. 286 ff.

3.3.2.2 Eheschließungen und Ehelösungen

Der Familienstand ist im Unterschied zu Alter und Geschlecht lediglich ein soziales bzw. rechtliches Merkmal. Im demographischen Kontext beruht dessen Bedeutung auf seinem Einfluß auf die Geburtenentwicklung, da gegenwärtig (für 1992 vgl. Tab. 3.12) ca. 85% aller Lebendgeborenen einer ehelichen Verbindung entstammen. Bereits in Abb. 3.8 war gezeigt worden, daß im früheren Bundesgebiet in den letzten 100 Jahren der Anteil der Ledigen von 60,6% in 1871 auf 38,5% in 1987 zurückgegangen ist, während der Anteil der Verheirateten von 33,5% auf 48,8% stieg. Bei der Beurteilung dieser Zahlen ist jedoch der veränderte Altersaufbau zu berücksichtigen, d.h. insbesondere die starke Abnahme des Anteils der Bevölkerung unter 15 Jahren.

Die **Zahl der Eheschließungen**, die u.a. auch vom Altersaufbau abhängt, sank im früheren Bundesgebiet von jährlich 521.000 in 1960 kontinuierlich auf einen Tiefstand von 328.000 in 1978 (vgl. Abb. 3.15). Die Heiratshäufigkeit, gemessen an der Zahl der Eheschließungen je 1000 Einwohner, sank in diesem Zeitraum von 9,4 (1960) auf 5,4 (1978).[38] Der nachfolgende Anstieg ist recht bescheiden; aufgrund der ins heiratsfähige Alter nachrückenden starken Geburtsjahrgänge wäre eine wesentlich stärkere Zunahme an Eheschließungen zu

---

[37]Man findet hier nur eine Kurzzitierung. Die vollständigen bibliographischen Angaben stehen im Literaturverzeichnis, Kap. 15.

[38]Über den Verlauf der Heiratsintensitäten zwischen 1946 und 1970 vgl. die Tabelle in Aufgabe 3.21.

erwarten gewesen. Aufzeichnungen über das Heiratsverhalten in sog. **Heirats-tafeln** (vgl. Abs. 3.4.3) der letzten Jahre zeigen den rückläufigen Trend bei den Eheschließungen: Nach der Heiratstafel 1980/83 heirateten nach Vollen-dung des 18. bzw. 16. Lebensjahres nur noch 79% der Männer bzw. 84% der Frauen, während die entsprechenden Anteile für die Jahre 1972/74 noch bei 89% (Männer) und 94% (Frauen) lagen.

Ehen können auf verschiedene Weise gelöst werden:

* **natürliche Ehelösung** durch Tod eines Ehepartners,
* **gerichtliche Ehelösungen**, und zwar wegen

  ▷ Nichtigkeit der Ehe,

  ▷ Aufhebung der Ehe,

  ▷ Scheidung der Ehe,

  wobei die wegen Nichtigkeit oder Aufhebung gelösten Ehen kaum zu Bu-che schlagen (1992: 169 Fälle gegenüber 135.179 Scheidungen in Deutsch-land).

An der Gesamtzahl der gelösten Ehen hat der Anteil der durch Scheidung gelösten Ehen stark zugenommen: von 14% in 1960 auf 31% in 1989. Hielte diese hohe Scheidungshäufigkeit an, so würde bald nahezu jede dritte Ehe geschieden. Der Abb. 3.15 ist zu entnehmen, daß sich **seit 1972** der **Bestand an Ehen** im früheren Bundesgebiet kontinuierlich **verringert** hat.

<u>Abb. 3.15:</u> Eheschließungen und Ehelösungen im früheren Bundesgebiet
(1963 – 1989)

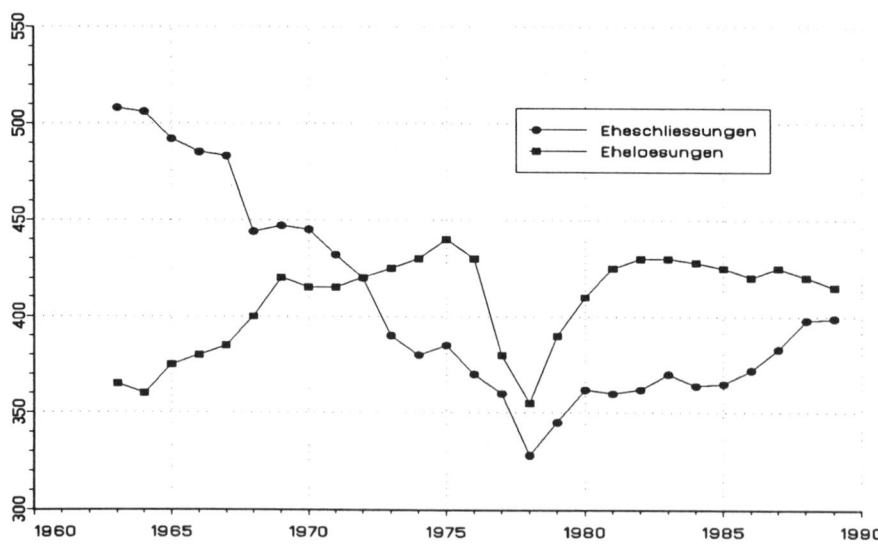

Quelle: Statistisches Bundesamt (1992c)

1993 wurden in Deutschland 156.400 Ehen geschieden, davon 138.000 im
früheren Bundesgebiet. Damit nahm die Zahl der Ehescheidungen im früheren
Bundesgebiet – auch im langfristigen Vergleich – deutlich zu, ein Zuwachs von
ca. 11% gegenüber 1992. In den neuen Bundesländern bewegt sich die Zahl
der Ehescheidungen derzeit auf einem deutlich niedrigeren Niveau als vor der
Vereinigung. In den 80er Jahren wurden in der ehemaligen DDR jährlich etwa
50.000 Ehen geschieden. Die Abb. 3.16 zeigt den Unterschied in der **Schei-
dungsintensität**, gemessen an der Zahl der Scheidungen je 10.000 bestehender
Ehen, in beiden Teilen Deutschlands sehr deutlich. Das DDR–Recht machte die
Scheidung relativ leicht. Die Einführung des westdeutschen Scheidungsrechts ist
einer der wesentlichen Gründe für den dortigen Rückgang der Scheidungsinten-
sität in jüngster Zeit.[39] Hinzu kommt auch ein „Stau" an Scheidungsanträgen
bei den ostdeutschen Familiengerichten, der nur allmählich abgebaut wird.

Abb. 3.16: Gerichtliche Ehelösungen in Deutschland 1965 – 1993
         (Jährlich geschiedene Ehen je 10.000 bestehender Ehen)

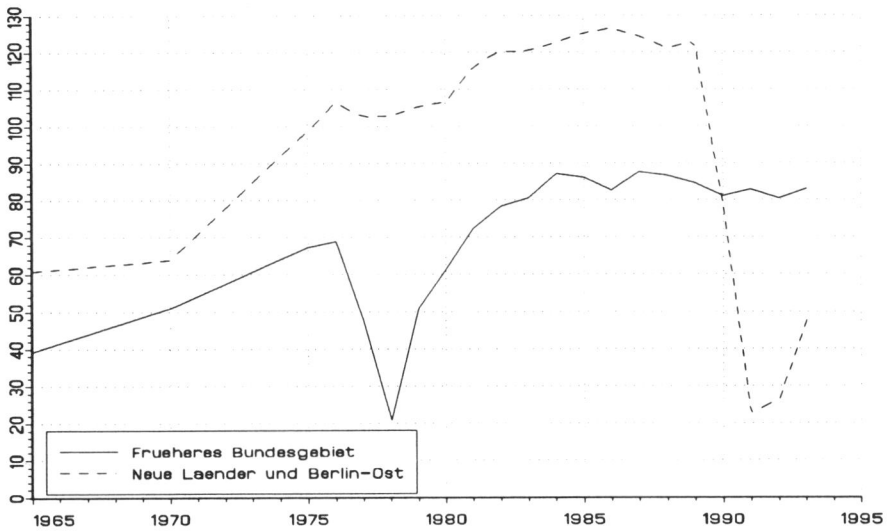

Quelle: HAMMES (1994)

Wie die Zahlen der Lebendgeborenen weisen auch die **Eheschließungs-
zahlen** bei unterjähriger Betrachtung ein **Saisonmuster** auf, das aber nicht
starr ist. So hat der Monat Mai eine sehr alte Tradition als Heiratsmonat, hat
aber erst seit 1970 wieder die höchste Zahl von Eheschließungen. Von 1953
bis 1969 wurden im August die meisten Ehen geschlossen, was ausschließlich
auf Vorschriften des Einkommensteuerrechts zurückzuführen ist. 1948 wurde
bei der Lohn- und Einkommensteuer die Bestimmung eingeführt, daß Verhei-

---

[39]Auch die Änderung des Scheidungsrechts 1977 im früheren Bundesgebiet führte zu einem
Einbruch in der dortigen Zeitreihe.

ratete die günstigere Steuerklasse bzw. die Wahlmöglichkeit zur gemeinsamen Veranlagung für das ganze Jahr nur dann anwenden können, wenn die Ehe im Kalenderjahr mindestens vier Monate bestanden hat. Dieser steuerliche Einfluß ließ von 1950 an die Zahl der Eheschließungen im August sehr stark ansteigen. Im Jahr 1970 trat dann eine Änderung der Lohn- und Einkommensteuervorschriften in Kraft. Seit 1970 kann die gemeinsame Veranlagung der Ehegatten auch dann für das ganze Jahr gewährt werden, wenn die Ehe noch keine vier Monate besteht. Dadurch ging nach 1970 die Heiratshäufigkeit im August wieder zurück. Die Abb. 3.17 soll nicht diesen, sondern einen anderen Effekt in der Zeitreihe der monatlichen Eheschließungen zeigen, der zu Ausreißern führt. Das ist der sog. „Schnapszahleneffekt". Offenbar finden/fanden es viele Ehepaare als schick, den 05.05.55, 06.06.66, 07.07.77 oder 08.08.88 als Heiratsdatum zu haben. Besonders gut ist dieser Effekt an der Zeitreihe für 1977 und 1988 mit den Ausreißern im Juli (für 1977) und August (für 1988) zu erkennen. Es wird sicher keine Fehlprognose sein, für den September 1999 einen über die für einen September normalerweise zu erwartende Eheschließungszahl hinausgehenden hohen Wert zu vermuten.

Abb. 3.17:   Monatliche Zahl der Eheschließungen 1977 und 1988 im früheren Bundesgebiet als Jahresschichtlinien

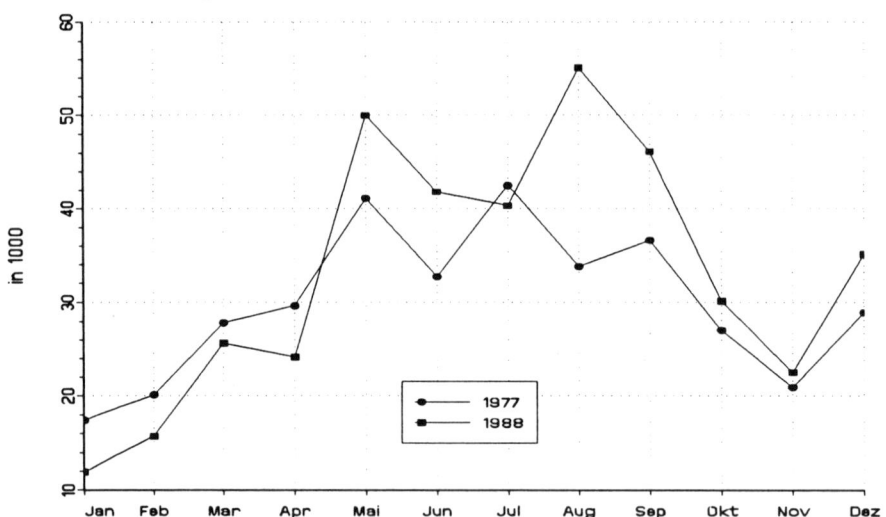

Quelle: Verschiedene Jahrgänge von „Wirtschaft und Statistik"

Literatur zu Abs. 3.3.2.2 [40]

ESENWEIN–ROTHE, I. (1982), p. 262 ff.

FLASKÄMPER, P. (1962), p. 197 ff.

[40]Man findet hier nur eine Kurzzitierung. Die vollständigen bibliographischen Angaben stehen im Literaturverzeichnis, Kap. 15.

3.3.2.3 Wanderungen

Die **Wanderungsstatistik** soll die räumliche Mobilität einer Bevölkerung aufzeigen. In der bundesdeutschen Statistik ist jeder Wohnungswechsel mit Ausnahme der Umzüge innerhalb einer Gemeinde (= Ortsumzüge) als Wanderung definiert. Diese Wanderungen unterteilt man in **Außenwanderungen** (Bundes–Außenwanderungen über die Grenzen der Bundesrepublik Deutschland hinweg) und **Binnenwanderungen** (Bundes–Binnenwanderungen innerhalb des Bundesgebietes über die Gemeinde-, Kreis-, Regierungsbezirks- oder Landesgrenzen hinweg). In der Wanderungsstatistik muß – im Gegensatz zur Statistik der natürlichen Bevölkerungsbewegungen – mit einer höheren Fehlerhaftigkeit gerechnet werden, da insbesondere die Fortzüge nicht vollständig erfaßt werden. Die Wanderungsstatistik ist eine Jahresstatistik der **Umzugsfälle**, d.h. wenn eine Person innerhalb eines Kalenderjahres mehrfach (über eine Gemeindegrenze hinweg) umzieht, so wird sie entsprechend oft gezählt, so daß die Zahl der Wanderungen mindestens so groß ist wie die Zahl der umgezogenen Personen. Als Wanderung gilt jeder auf längere Dauer vorgenommene Wohnungswechsel (Ausnahmen sind: Einberufung und Entlassung von Wehrpflichtigen, Vollzug von Straf- und U–Haft, Sicherungsverwahrung).

Die Wanderungsstatistik als Sekundärstatistik wertet die An- und Abmeldescheine aus, die nach den landesgesetzlichen Bestimmungen über das Meldewesen bei einem Wohnungswechsel auszufüllen sind. Zur Erfassung der Bundes–Binnenwanderungen werden i.d.R. nur die Anmeldescheine herangezogen, weil diese zuverlässiger über Herkunfts- und Zielort informieren als die Abmeldescheine, die bei nicht–erfolgter Abmeldung nicht vorliegen oder die bei Nicht–Aufgabe der bisherigen Wohnung nicht auszufüllen sind. Erfolgt ein Umzug in die nicht aufgegebene frühere Wohnung im Bundesgebiet, so wird der statistische Nachweis dieser Wanderung über den Abmeldeschein vorgenommen, da ja dabei kein Anmeldeschein anfällt. Es wird also nur mit einem Binnenwanderungsbeleg gearbeitet. In der Binnenwanderung müßte die Zahl der Zuzüge derjenigen der Fortzüge entsprechen. In der Tat ist dieser Saldo aber nicht Null, da sich mit Inkrafttreten neuer Landesmeldegesetze (vgl. Abs. 3.1.1) die definitorische Grundlage für die Erfassung der Wanderungsbewegungen in den einzelnen Bundesländern zeitlich unterschiedlich geändert hat. Solche **Aufbereitungsdifferenzen** gibt es auch auf Gemeinde-, Kreis- und Regierungsbezirksebene.

Wegen der starken Verringerung der Zahl der Gemeinden und Kreise durch die kommunale Gebietsreform ist hinsichtlich der Binnenwanderungen ein Zeitvergleich nur für die Wanderungen zwischen den Ländern sinnvoll. In der nachfolgenden Binnenwanderungsmatrix 1992 (Tab. 3.13) sind daher auch nur die **Inter–Länderwanderungen** angegeben, d.h. die Hauptdiagonale ist nicht besetzt. Gleichwohl sind – mit Ausnahme der Stadt-Staaten Berlin und Hamburg – in der vorletzten Zeile diese mit Vorsicht beim längerfristigen Zeitvergleich zu

Tab. 3.13: Binnenwanderungsmatrix für Deutschland 1992

von \ nach	(1)	(2)	(3)	(4)	(5)	(6)	(7)	(8)	(9)	(10)	(11)	(12)	(13)	(14)	(15)	(16)	Fortzüge insg.
(1) Bad.-Württ.	–	32.229	5.595	1.846	882	2.352	14.685	1.000	8.548	16.699	15.636	2.075	6.816	2.002	3.374	3.074	116.813
(2) Bayern	30.101	–	5.246	1.797	813	2.258	11.904	802	7.760	15.381	6.103	1.043	8.799	2.125	3.105	5.673	102.910
(3) Berlin	5.426	6.537	–	9.436	635	1.815	3.834	1.744	7.521	7.915	1.843	338	2.176	1.288	3.489	1.269	55.266
(4) Brandenb.	4.739	4.636	9.876	–	580	924	2.736	2.013	7.092	9.226	2.060	266	3.164	1.793	1.745	1.152	52.002
(5) Bremen	823	738	616	162	–	836	626	293	14.477	1.582	302	65	161	171	950	104	21.906
(6) Hamburg	1.755	2.032	1.696	281	676	–	1.505	1.200	11.067	3.252	585	107	369	262	19.627	177	44.591
(7) Hessen	14.134	13.637	3.370	911	711	1.963	–	511	8.995	14.931	15.929	1.019	2.344	1.079	2.627	3.671	85.832
(8) Meckl.-Vorp.	1.958	1.670	2.588	2.126	796	2.887	978	–	6.049	3.654	876	65	1.478	1.156	6.683	818	33.782
(9) Niedersachsen	11.687	13.404	5.443	1.732	10.811	9.766	14.885	2.327	–	35.665	7.652	1.479	2.141	4.794	9.182	2.180	133.148
(10) Nordr.-Westf.	17.187	18.308	8.010	2.898	1.880	4.718	16.527	2.142	29.219	–	17.841	1.478	4.887	3.148	7.407	3.157	138.807
(11) Rheinl.-Pf.	11.694	5.531	1.477	628	247	664	11.682	281	2.885	13.123	–	3.585	1.428	642	1.215	1.195	56.277
(12) Saarland	2.758	1.450	412	165	91	145	1.211	66	563	1.754	4.458	–	314	136	244	208	13.975
(13) Sachsen	13.128	17.267	3.276	2.850	336	498	4.664	1.225	4.053	7.898	2.876	284	–	2.896	856	3.305	65.412
(14) Sachsen-Anh.	4.665	4.702	1.980	1.663	311	471	2.711	1.127	10.991	6.653	1.719	201	2.677	–	827	2.330	43.026
(15) Schleswig-H.	4.203	5.730	2.189	568	1.946	15.550	4.745	3.270	19.261	19.376	2.746	554	569	498	–	527	81.732
(16) Thüringen	5.623	9.478	1.269	786	88	191	6.407	590	2.785	4.127	1.956	150	2.909	1.574	332	–	38.265
Zuzüge insges.	129.881	137.349	53.043	27.849	20.808	45.038	99.100	18.591	141.266	161.236	82.582	12.709	40.232	23.564	61.663	28.840	1.083.746
Umzüge im Land	456.288	489.806	–	37.660	834	–	211.968	28.264	260.201	490.553	146.075	37.126	67.491	37.692	121.921	136.132	2.422.011
mittl. Bev. in 1000	10.074	11.676	3.455	2.544	684	1.677	5.878	1.873	7.523	17.590	3.852	1.080	4.664	2.809	2.662	2.552	80.594

Quelle: Statistisches Jahrbuch 1994, p. 51, 88/89

verwendenden Intra–Länderwanderungen nachgewiesen. Zur Berechnung von Wanderungsraten sind schließlich in der letzten Zeile die jahresdurchschnittlichen Bevölkerungsgrößen angegeben.

Der Tab. 3.13 entnimmt man für 1992 ein Volumen von 1.083.746 Umzügen zwischen den 16 Ländern und ein Volumen von 2.422.011 Umzügen in den Ländern, also ein Gesamtbinnenwanderungsvolumen von 3.505.757. Daraus errechnet sich eine **Mobilitätsziffer** (Wanderungen je 1000 Einwohner) von ca. 43,5. Die Tab. 3.14 zeigt, wie sich die Binnenwanderungen seit 1965 im früheren Bundesgebiet entwickelten. Langfristig vergleichbar (wegen der oben gemachten Bemerkungen über die kommunalen Gebietsreformen) sind nur die Daten in den Spalten 2 und 3. Man erkennt eine anfänglich (1965 – 1970) hohe Mobilität, die 1984 mit 10,4 (Wanderungen nach einem anderen Land je 1000 Einwohner) einen Tiefstand erreichte, um danach wieder langsam anzusteigen.

<u>Tab. 3.14:</u> Binnenwanderungen im früheren Bundesgebiet (1965 – 1989)

Jahr	Wanderungen nach einem anderen Land		Wanderungen innerhalb der Länder		Gesamtbinnenwanderungen	
	in 1000	je 1000 Einw.	in 1000	je 1000 Einw.	in 1000	je 1000 Einw.
(1)	(2)	(3)	(4)	(5)	(6)	(7)
1965	1.099,0	18,7	2.500,9	42,7	3.600,0	61,4
1970	1.117,6	18,4	2.544,0	41,9	3.661,5	60,4
1975	816,3	13,2	2.167,3	35,1	2.983,6	48,3
1980	819,9	13,3	2.203,9	35,8	3.023,8	49,1
1985	640,0	10,5	1.932,4	31,7	2.572,5	42,2
1986	646,6	10,6	1.891,8	31,0	2.538,4	41,6
1987	655,5	10,7	1.854,5	30,4	2.510,0	41,1
1988	655,2	10,7	1.897,2	30,9	2.552,4	41,5
1989	792,2	12,8	2.091,5	33,7	2.883,7	46,5

Quelle: Verschiedene Jahrgänge des Statistischen Jahrbuchs für die Bundesrepublik Deutschland

Aus den Daten in Tab. 3.13 lassen sich für die einzelnen Bundesländer diverse **Wanderungsraten** berechnen, um u.a. den Grad der Attraktivität eines jeden Landes zu messen. Folgende Wanderungsraten seien eingeführt:

Bruttozuzugsrate als Attraktionsmaß für Land i

$$w_i^z := \frac{Z_i}{B_i} \cdot 1000, \quad \left\{ \begin{array}{ll} Z_i & - \quad \text{Anzahl der Zuzüge} \\ B_i & - \quad \text{mittlere Bevölkerungsgröße}, \end{array} \right. \quad (3.25)$$

Bruttoabwanderungsrate als Distraktionsmaß für Land i

$$w_i^a := \frac{A_i}{B_i} \cdot 1000, \quad A_i - \text{Anzahl der Fortzüge} \quad (3.26)$$

Nettorate des Wanderungssaldo zur Beschreibung der Wanderungsgewinner bzw. -verlierer

$$w_i^n := \frac{Z_i - A_i}{B_i} \cdot 1000, \quad (3.27)$$

Bruttorate des Wanderungsvolumens für Land i zur Lokalisierung des Landes mit der höchsten Wanderungsintensität

$$w_i^b := \frac{Z_i + A_i}{B_i} \cdot 1000. \quad (3.28)$$

Tab. 3.15: Wanderungsraten der Bundesländer 1992

Land	w_i^z	w_i^a	w_i^n	w_i^b	Land	w_i^z	w_i^a	w_i^n	w_i^b
B–WB	12,9	11,6	+1,3	24,5	NIED	18,8	17,7	+1,1	36,5
BAY	11.8	8,8	+2,9	20,6	NRW	9,2	7,9	+1,3	17,1
BERL	15,4	16,0	−0,6	31,4	R–PF	21,4	14,6	+6,8	36,0
BRAN	10,9	20,4	−9,5	31,3	SAAR	11,8	12,9	−1,2	24,7
BREM	30,4	32,0	−1,6	62,4	SACH	8,6	14,0	−5,4	22,6
HAMB	26,9	26,6	+0,3	53,5	S–AN	8,4	15,3	−6,9	23,7
HESS	16,9	14,6	+2,3	31,5	S–HO	23,2	30,7	−7,5	53,9
M–VO	9,9	18,0	−8,1	27,8	THUE	11,3	15,0	−3,7	26,3

Der Tabelle 3.15, die für die 16 Bundesländer diese Wanderungsraten für das Jahr 1992 zeigt, entnimmt man u.a., daß alle neuen Bundesländer, aber auch Schleswig–Holstein, das Saarland, Bremen und Berlin Wanderungsverlierer waren. Bremen hatte einerseits die höchste Attraktionsrate (30,4), andererseits aber auch die höchste Distraktionsrate (32,4) und auch die höchste Wanderungsintensität (62,4), was bei dem kleinsten Bundesland nicht weiter verwundert. Die Binnenwanderungsmatrix und die daraus abgeleiteten Daten sind nicht von großer Zeitstabilität. 1989 war Niedersachsen der einzige Wanderungsverlierer, während noch ein Jahr früher – in 1988 – Hamburg, Niedersachsen, Bremen, Nordrhein–Westfalen und das Saarland Wanderungsverlierer waren, und in 1987 zählte neben den Verlierern von 1988 auch Rheinland–Pfalz dazu. Hinweise auf die Ursachen zeitlicher Verschiebungen in den Wanderungsrichtungen liefert eine Aufgliederung der jeweils Wandernden nach dem Alter und der Rolle im Erwerbs- und Ausbildungsprozeß.

Tab. 3.16: Zerlegung der Bundes–Außenwanderungen
(Gebietsstand: bis 1990 früheres Bundesgebiet, danach Deutschland)

Jahr	Ausländer (in 1000)				Deutsche (in 1000)				
	Zu-züge	Fort-züge	Saldo	nachr.: Asylbe-bewerb.	Zu-züge	Fort-züge	Saldo	nachr.: Über-siedler[†]	nachr.: Aus-siedler[‡]
(1)	(2)	(3)	(4)	(5)	(6)	(7)	(8)	(9)	(10)
1980	632,2	386,0	+ 246,2	107,8	119,9	55,2	+ 64,7	12,0	52,1
1981	501,9	415,6	+ 86,3	49,4	121,0	56,6	+ 65,4	14,5	69,5
1982	322,3	433,3	−111,0	37,4	97,3	61,7	+ 35,6	12,8	48,2
1983	273,8	425,0	−151,2	19,7	94,1	63,6	+ 30,5	10,7	37,9
1984	331,8	545,2	−213,4	35,3	120,9	61,3	+ 59,6	38,7	36,5
1985	398,9	366,8	+ 32,1	73,8	110,4	60,5	+ 49,9	26,3	39,0
1986	479,1	347,9	+ 131,2	99,7	117,6	61,9	+ 55,7	26,2	42,8
1987	473,1	334,1	+ 139,0	57,4	141,5	66,8	+ 74,7	19,0	78,5
1988	647,5	358,9	+ 288,6	103,1	213,0	60,5	+ 152,4	39,8	202,7
1989	766,9	438,1	+ 328,9	121,3	366,8	101,8	+ 265,1	343,9	377,1
1990	835,7	465,5	+ 370,2	193,1	420,5	108,9	+ 311,6		
1991	920,5	497,5	+ 423,0	256,1	262,4	84,8	+ 177,7		
1992	1.207,6	614,7	+ 592,5	438,2	281,8	86,7	+ 195,2		
1993	986,9	710,2	+ 276,6	322,6	281,1	86,6	+ 194,5		

Quelle: Verschiedene Jahrgänge des Statistischen Jahrbuchs für die Bundesrepublik Deutschland

† Deutsche Staatsangehörige und deutsche Volkszugehörige aus der ehem. DDR, die im Wege der Aufnahme im früheren Bundesgebiet ihren ständigen Aufenthalt begründeten. Ab 26.06.1990 wurde die Aufnahme eingestellt.

‡ Deutsche Staatsangehörige und deutsche Volkszugehörige, die nach Abschluß der allgemeinen Vertreibungsmaßnahmen ihre angestammte Heimat in Ost- und Südosteuropa verloren und ihren neuen Wohnsitz im Geltungsbereich des Grundgesetzes begründet haben.

Bereits im mittleren Teil der Abb. 3.12 wurden die **Außenwanderungen** und deren Saldo für 1950 bis 1993 dargestellt. Man erkennt einerseits die starken Schwankungen bei den Zuwanderungen, den etwas glatteren Verlauf der Abwanderungen und den aus diesen beiden Bewegungen resultierenden, ebenfalls stark schwankenden Saldo. Während das **Außenwanderungsvolumen**

(= Zu- plus Fortzüge) 1950 noch bei ca. 650.000 Personen lag, erreichte es 1970 mit über 1,5 Mio. einen vorläufigen Höhepunkt, der jedoch in der jüngsten Vergangenheit mit über 2,0 Mio., davon ca. 1,5 Mio. Zuwanderungen, im Jahr 1992 noch übertroffen wurde.

Außenwanderungen, insb. Zuzüge von außen, beeinflußten die ökonomische und die soziale Entwicklung der Bundesrepublik in den letzten 45 Jahren stark und nachhaltig.[41] Der große Bedarf an Arbeitskräften infolge des Wirtschaftsaufschwungs nach 1950 konnte bis etwa 1961 u.a. durch Zuwanderungen aus der ehemaligen DDR gedeckt werden. Dann setzten aber umfangreiche Ausländerwanderungen ein, denen z.t. recht unterschiedliche Motive zugrunde lagen:

- wirtschafts- und arbeitsmarktpolitische Maßnahmen in Abhängigkeit von der konjunkturellen Situation in der Bundesrepublik (zunächst Anwerbemaßnahmen, dann Anwerbestop in 1973),
- die wirtschaftliche, soziale und politische Situation in den Herkunftsländern (Asylbewerber, Übersiedler aus der ehemaligen DDR, Aussiedler aus den Staaten Ost- und Südosteuropas),
- Nachzug der Familienangehörigen von bereits in der Bundesrepublik tätigen ausländischen Arbeitnehmern.

Diese Globalbetrachtung muß durch eine **Strukturanalyse** der Bewegungsmassen ergänzt werden, wie sie ansatzweise in Tab. 3.16 zu finden ist. Dort sind für den Zeitraum 1980 – 1993 die Bundes–Außenwanderungen – getrennt nach Deutschen und Ausländern – ausgewiesen. Man erkennt das hohe Wanderungsvolumen (Zu- plus Fortzüge) der Ausländer mit wechselndem Vorzeichen im Saldo. Die Saldensumme für die Ausländer (Spalte 4 in Tab. 3.16) liegt bis 1989 bei 781.200 Personen, d.h. um diesen Wert stieg die Zahl der Ausländer im früheren Bundesgebiet im genannten Zeitraum an. Das entspricht in etwa auch der Zunahme der deutschen Bevölkerung zwischen 1980 und 1989, die aber nur in dieser Größenordnung entstehen konnte, weil im betreffenden Zeitraum die Zuzüge von Deutschen die der Fortzüge um insgesamt 1.273.200 Personen (Summe der Salden bis 1989 in Spalte 8 von Tab. 3.16) überstieg. Ohne diesen Außengewinn an Deutschen wäre, bedingt durch die negativen Salden der Geburten und Sterbefälle von Deutschen, die deutsche Bevölkerung zwischen 1980 und 1989 in ihrer Größe rückläufig gewesen. Man sieht an den letzten beiden Spalten der Tab. 3.16, daß die Zuzüge von Deutschen in ganz überwiegendem Maße getragen wurden von Aus- und Übersiedlern, inbesondere seit 1988 durch den einsetzenden Zerfall des Ostblocks. Bezüglich der Asylbewerber, die stets Ausländer sind, ist zu bemerken, daß ihre Zahl nicht in den Zuzügen der Spalte 2 enthalten ist, zumindest nicht so lange, bis über ihre Anerkennung positiv entschieden ist. Abb. 3.18 zeigt die Entwicklung der Zahl der Asylbewerber und der Anerkennungsquote seit 1972. Mit Wirkung zum 29.06.1993 trat die Änderung des Grundgesetzes bzgl. der Artikel 16 und 18 in Kraft, wodurch

---

[41]Zur Bedeutung der Ausländer für die deutsche Volkswirtschaft vgl. die Ausführungen am Ende von Abs. 4.3.1.

die Anerkennung als Asylberechtigter erschwert worden ist. Bereits im zweiten Halbjahr 1993 ging die Zahl der Asylbewerber drastisch zurück.

Abb. 3.18: Asylbewerber und Anerkennungsquote
(Gebietsstand: bis 1990 früheres Bundesgebiet, ab 1991 Deutschland)

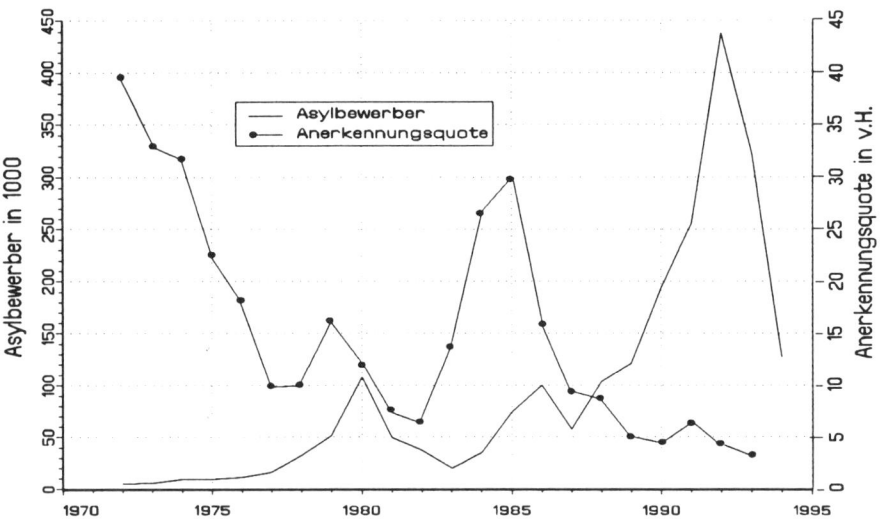

Quelle: FLEISCHER/SOMMER, 1995, p. 35

Die Einbürgerung ist in Deutschland im Vergleich zu vielen anderen Staaten relativ schwer. Wer in Deutschland eingebürgert werden will, muß eine Reihe von Bedingungen erfüllen: Meist wird ein 10- oder 15jähriger rechtmäßiger Aufenthalt vorausgesetzt, der Bewerber muß unbescholten sein, einen gesicherten Lebensunterhalt nachweisen und die deutsche Sprache beherrschen. Diese und ähnliche Forderungen erheben auch andere Staaten; in Deutschland kommt hinzu, daß der Bewerber seine bisherige Staatsbürgerschaft aufgeben soll oder sein Heimatstaat ihn daraus entläßt.[42] 1991 wurden in Deutschland 141.630 Personen eingebürgert. Davon lagen 27.295 Fälle im Ermessen der Behörden, die übrigen waren Anspruchseinbürgerungen, wie z.B. von deutschstämmigen Aussiedlern oder von Personen, die eine(n) Deutsche(n) geheiratet haben.

Literatur zu Abs. 3.3.2.3 [43]

ABELS, H. (1991), p. 93 ff.

ESENWEIN–ROTHE, I. (1982), p. 155 ff.

FLASKÄMPER, P. (1962), p. 410 ff.

---

[42]Man schätzt die Doppel–Staatler auf etwa 1,2 Millionen. Das sind vor allem Kinder aus binationalen Ehen, wieder eingebürgerte Verfolgte des früheren NS–Regimes, anerkannte politische Flüchtlinge und eingebürgerte Aussiedler aus Osteuropa.
[43]Man findet hier nur eine Kurzzitierung. Die vollständigen bibliographischen Angaben stehen im Literaturverzeichnis, Kap. 15.

3.4 Auswertungsmethoden der Bevölkerungsstatistik

Es kann nicht Gegenstand einer zusammenfassenden Darstellung der Bevölkerungs- und Wirtschaftsstatistik wie dieser sein, ausführlich und über alle Auswertungsmethoden der Bevölkerungsstatistik zu informieren. Das ist zum überwiegenden Teil Anliegen der Demographie, so daß der an weiteren Details interessierte Leser u.a. auf die Monographien von FEICHTINGER (1973), ESENWEIN–ROTHE (1982) und DINKEL (1989) hingewiesen wird. Die im folgenden vorgestellten Methoden und Verfahren lassen sich auch auf andere Bereiche übertragen, in denen Bestands- und Ereignismassen sowie Verweilzeiten zu analysieren sind, etwa in der Lagerhaltungs-, Instandhaltungs- und Erneuerungstheorie.

3.4.1 Vorbemerkungen

Dem **Alter** kommt eine zentrale Rolle in der Bevölkerungsstatistik zu. Das Alter einer Person ergibt sich als Differenz des Datums eines Stichtags (etwa Datum der Volkszählung oder der 31.12. eines Jahres (= 01.01. des Folgejahres)) und ihrem Geburtsdatum. Das Alter verändert sich im Verlauf des Lebens einer Person, während das Geburtsdatum eine unveränderliche Merkmalsausprägung ist. Aus dieser an sich banalen Feststellung ergeben sich jedoch spezifisch bevölkerungsstatistische Probleme.

Zur Erläuterung dieser und der meisten nachfolgenden Ausführungen wird das sog. **Becker–Diagramm**[44] herangezogen, vgl. Abb. 3.19. Dort wird auf der Ordinate das **Geburtsjahr** g aufgetragen, auf der Abszisse das **Beobachtungsjahr** b; t_g bzw. t_b markieren den Beginn des g-ten (b-ten) Jahres (01.01.19..). Ferner sind parallele 45°-Linien eingezeichnet, die durch die Jahresanfangspunkte gehen. Die fett gezeichnete 45°-Linie durch den Koordinatenursprung ist die **Zugangsachse**. Auf ihr startet jede **Verweillinie** eines Lebendgeborenen. Um das Bild nicht zu überladen, ist nur **eine** solche Linie eingezeichnet, nämlich die eines Mitte 1977 Geborenen (•), der kurz nach Jahresbeginn 1988 gestorben ist (×). Auf den weiteren 45°-Linien, mit ..., $x-1$, x, $x+1$, ... beschriftet und im Einjahres-Abstand parallel zur Zugangsachse verlaufend, findet man diejenigen Personen, die zu einem bestimmten Zeitpunkt t auf der Abszisse genau ..., $x-1$, x, $x+1$, ... Jahre alt sind. Von der Parallelen x bis unmittelbar vor der Parallelen $x+1$ findet man über einen Zeitpunkt t auf der Abszisse alle diejenigen, die in t das x-te

---

[44]Benannt nach dem deutschen Statistiker KARL BECKER (1823 – 1896), der von 1872 bis 1891 erster Direktor (= Präsident) des Kaiserlichen Statistischen Amtes war. Ähnliche Diagramme gibt es von WILHELM LEXIS (1837 – 1914) und von FEICHTINGER (1973), vgl. ESENWEIN–ROTHE (1982), p. 152.

Lebensjahr vollendet haben, aber noch nicht das $(x+1)$-te, für deren Alter a also gilt: $x \leq a < x+1$. Eine solche Person wird auch kurz als $x$jähriger bezeichnet.

Abb. 3.19: Becker–Diagramm

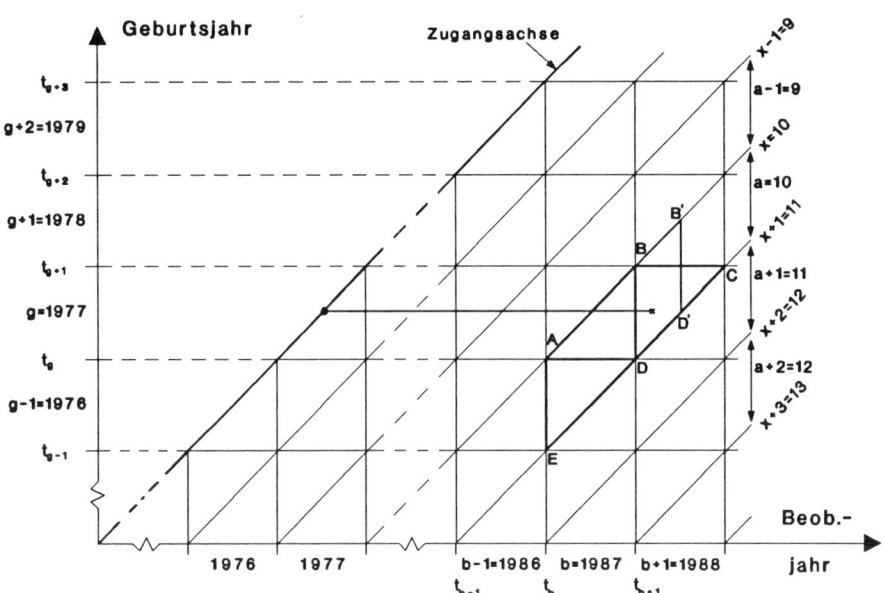

Am 01.01.1988 (0^{00}) sind alle in $g = 1977$ geborenen Personen, deren Lebenslinien die Senkrechte BD erreicht haben, 10 bis unter 11 Jahre alt, also 10jährig. Am 01.07.1988 (0^{00}) aber gehören zu den Zehnjährigen (Linie $B'D'$) sowohl einige aus dem Geburtsjahr $g = 1977$ (Geburtsdatum zwischen dem 01.07.1977 und dem 31.12.1977) als auch einige der in $g+1 = 1978$ Geborenen (Geburtsdatum zwischen dem 01.01.1978 und dem 30.06.1978). Zu jedem Stichtag außer dem 01.01. gehören somit zu einem Altersjahr Angehörige zweier Geburtsjahrgänge. Oder anders formuliert: Die Angehörigen des Geburtsjahrgangs 1977 sind im Verlauf des Jahres 1988 10 bis unter 12 Jahre alt. Die Angehörigen **eines Geburtsjahrgangs** durchleben **während eines Kalenderjahres** statistisch **zwei Altersjahre**, denn die am Jahresanfang Geborenen sind fast ein Jahr älter als die am Jahresende Geborenen.

Viele Statistiken tragen dieser Tatsache Rechnung, indem sie pro **Altersjahr** die Beteiligten der entsprechenden **Geburtsjahrgänge** nachweisen, etwa Eheschließende nach Alters- und Geburtsjahr oder Gestorbene nach Alters- und Geburtsjahr. Andere Statistiken sind nur nach dem Geburtsjahr aufgegliedert oder nur nach dem Altersjahr (vgl. etwa den Altersaufbau in Abb. 3.5). Bei der Berechnung von Verhältniszahlen muß daher sorgfältig darauf geachtet werden, daß Ereignisse betreffend die Personen eines Geburtsjahres (eines Altersjahres) auf die Bevölkerung des gleichen Geburtsjahres (gleichen Altersjahres) bezogen werden.

Das Geburtsjahr hat aber noch eine weitere demographische Bedeutung. In historischer Sicht wird klar, daß alle in einem Jahr Geborenen im Verlauf ihres Lebens bestimmten Ereignissen (z.b. Kriegen, Krisen, Epidemien, Gesetzesänderungen, Wandlungen von Werten und Auffassungen) gleichzeitig und im gleichen Alter ausgesetzt sind. Gerade weil das **gleiche Alter** so wichtig ist für das Erleben bestimmter Ereignisse, reagiert die demographische Analyse darauf mit der **Kohortenanalyse,** auch **Längsschnittanalyse** genannt. Eine Kohorte[45] umfaßt z.b. alle Angehörigen eines Geburtsjahrgangs, alle in einem Jahr Heiratenden (Ehejahrgang), alle in einem Semester Erstimmatrikulierten. Um dann das Heiratsverhalten eines Geburtsjahrgangs zu beschreiben und zu analysieren, muß man die jährlichen Eheschließungen dieser Personen sammeln und aneinanderreihen (**Verlaufsstatistik**). Oder um das generative Verhalten eines Ehejahrgangs zu beschreiben, muß man mit dem Eheschließungsjahr beginnend die jährlichen Geborenenzahlen aus diesem Ehejahrgang solange aneinanderreihen, bis in diesen Ehen keine Kinder mehr geboren werden. Um Studiendauer, Studienort-, Studienfachwechsel und Art der Studiumsbeendigung der Erstimmatrikulierten eines Semesters zu erfahren, muß man diese Kohorte so lange beobachten, bis der letzte Angehörige die Universität verlassen hat.

Inzwischen wird der Kohortenbegriff auch etwas weiter gefaßt, wie die Bezeichnung bestimmter, sich aus dem Becker–Diagramm in Abb. 3.19 ergebenden Personengesamtheiten zeigt:

1. **Kohorte der 1977 Geborenen** = Personen, deren Verweillinie auf der Zugangsachse in 1977 beginnt;

2. **Gleichzeitig Lebende** (am 01.01.1988) **des Jahrgangs 1977** = Personen, deren Verweillinie die Strecke BD schneidet;

3. **Gleichaltrig Lebende des Jahrgangs 1977,** die das 10. Lebensjahr vollendet haben = Personen, deren Verweillinie die Strecke AB schneidet;

4. **Kohorte der 1987 Gestorbenen** = Personen, deren Verweillinie in $b = 1987$ endet (Sie stammen aus den letzten 100 bis 110 Geburtsjahren und sind verschieden alt geworden.);

5. **Kohorte der $a$jährig Verstorbenen** = Personen, deren Verweillinie zwischen den 45°–Linien $x = a$ (einschließlich) und $x = a + 1$ endet (Sie stammen aus verschiedenen Geburtsjahren und wurden in verschiedenen Kalenderjahren beobachtet.);

6. **Kohorte der 1987 im Alter von 10 Jahren Gestorbenen des Jahrgangs 1977** (untere Dreiecksgesamtheit ABD) = Personen, deren Verweillinie im Dreieck ABD endet;

---

[45]Der Begriff als Bezeichnung einer Generation Gleichaltriger geht auf den US–Demographen P. K. WHELPTON zurück, der ihn 1947 i.V.m. Fertilitätsmessungen verwendet hat.

7. **Kohorte der 1988 im Alter von 10 Jahren Gestorbenen des Jahrgangs 1977** (obere Dreiecksgesamtheit *DBC*) = Personen, deren Verweillinie im Dreieck *DBC* endet;

8. **Kohorte der im Alter von 10 Jahren Gestorbenen des Jahrgangs 1977** = Personen, deren Verweillinie im Parallelogramm *ABCD* endet (Beobachtung in zwei Kalenderjahren);

9. **Kohorte der 1987 im Alter von 10 Jahren Gestorbenen** = Personen, deren Verweillinie im Parallelogramm *EABD* endet (Gestorbene aus zwei Geburtsjahrgängen, 1976 und 1977).

Bezüglich weiterer Anwendungen des Becker-Diagramms sei auf Abs. 3.4.3 verwiesen.

Literatur zu Abs. 3.4.1 [46]

ESENWEIN–ROTHE, I. (1982), p. 82 ff. und 152 ff.,

FEICHTINGER, G. (1973), p. 18 ff.

3.4.2 Verhältniszahlen, insbesondere in der Geburten- und Sterbestatistik

Ein Großteil der Auswertungen in der Bevölkerungs-, aber auch in der Wirtschaftsstatistik besteht in der Aufstellung, Berechnung, Interpretation von und Operation mit Verhältniszahlen. Eine **Verhältniszahl** ist ein **Quotient** zweier statistischer Maßzahlen, die jede für sich eine statistische Masse beschreibt. Die Einteilung der Verhältniszahlen richtet sich nach dem Typ der Maßzahl der im Zähler und Nenner auftretenden Massen und der logischen Relation zwischen den Massen. So gelangt man zu der Einteilung der Tabelle 3.17.

Tab. 3.17: Klassifizierung der Verhältniszahlen

Art der Massen ╲ Relation zwischen den Massen	Subordination	Koordination
Gleichartige Massen	Gliederungszahlen	Meßzahlen und Indexzahlen
Verschiedenartige Massen	—	Beziehungszahlen

In Tab. 3.17 bedeutet **Gleichartigkeit**, daß die für die Zähler- und Nennermasse stehenden Maßzahlen (etwa Umfänge oder Merkmalssummen) von gleicher Dimension und damit addierbar sind (Kommensurabilität). **Subordination** heißt, daß die eine der beiden Massen eine Teilmenge der anderen ist,

---

[46]Man findet hier nur eine Kurzzitierung. Die vollständigen bibliographischen Angaben stehen im Literaturverzeichnis, Kap. 15.

während **Koordination** heißt, daß die zu vergleichenden Zähler- und Nenner-massen disjunkt sind. Verhältniszahlen werden oft mit 100 oder mit 1000 multipliziert dargestellt und publiziert. Beim Rechnen mit derart „aufgeblähten" Verhältniszahlen ist Vorsicht geboten. Die Abb. 3.20 zeigt die weitere Einteilung der auf Tab. 3.17 basierenden Verhältniszahlen. Jeder Typus aus Abb. 3.20 wird nachfolgend in formaler Hinsicht vorgestellt und mit Beispielen aus der Geburts- und Sterbestatistik belegt.

<u>Abb. 3.20</u>: Übersicht über die Verhältniszahlen

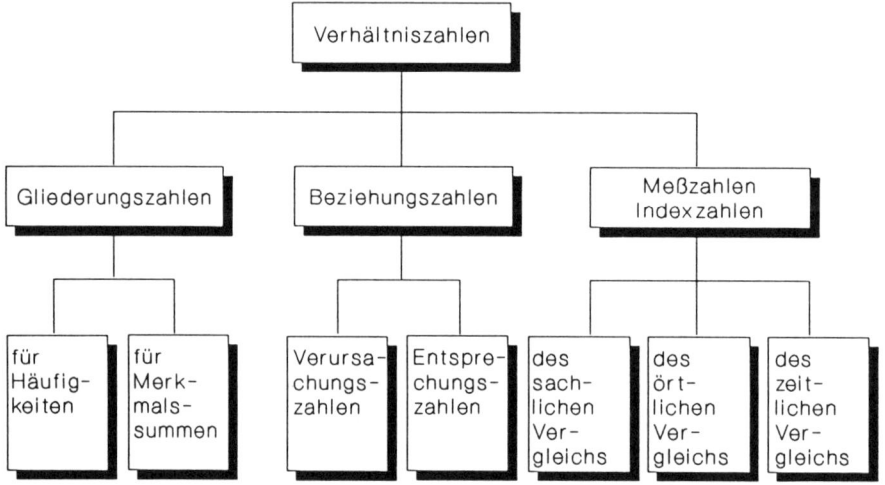

Bei einer **Gliederungszahl**, auch **Anteil** oder **Quote** genannt, wird die Umfangszahl

$$n_i := n(G_i)$$

einer Teilmenge G_i bzw. die Merkmalssumme

$$x_i^T := \sum_{j=1}^{n_i} x_{ij}$$

der Elemente in der Teilmenge G_i auf den Umfang

$$n := n(G)$$

der Gesamtmasse

$$G := \bigcup_{i=1}^{k} G_i, \quad G_i \cap G_j = \emptyset \ \forall i \neq j$$

bzw. auf die gesamte Merkmalssumme

$$x^T := \sum_{i=1}^{k} x_i^T = \sum_{i=1}^{k} \sum_{j=1}^{n_i} x_{ij}$$

bezogen, also

$$p_i := \frac{n_i}{n} , \tag{3.29 a}$$

bzw.

$$\pi_i := \frac{x_i^T}{x^T} . \tag{3.29 b}$$

Es heißt p_i die **relative Häufigkeit** der Gruppe i (n_i ist die **absolute Häufigkeit**.) und π_i die **relative Merkmalssumme** oder der **Merkmalssummenanteil** dieser Gruppe.

Gliederungszahlen sind **dimensionslos** (wegen der Kommensurabilität von Zähler- und Nennermaßzahl kürzt sich die gleiche Dimension fort) und – sofern nicht mit 100 oder 1000 multipliziert – **normiert** auf $[0; 1]$:

$$0 \leq p_i, \pi_i \leq 1 \quad \text{mit} \quad \sum_{i=1}^{k} p_i = \sum_{i=1}^{k} \pi_i = 1.$$

Gliederungszahlen dienen vor allem der **Darstellung** und messen das „bedeutungsmäßige Gewicht" der Teilmenge G_i an der Gesamtmenge G auf der Basis entweder der Elementeanzahl (bei p_i) oder der Merkmalswerte der Elemente (bei π_i). Gliederungszahlen geben Aufschluß über die **Struktur** einer statistischen Masse. Die graphische Darstellung erfolgt als **Pie**– oder als **Bar–Chart**.

Als **Beispiel** sei auf die in (3.16) definierten Lastquoten zur Charakterisierung eines Altersaufbaues hingewiesen. In der **Geburtenstatistik** sind u.a. folgende **Gliederungszahlen** gebräuchlich:

- **Nichtehelichenquote** = Zahl der nichtehelich Lebendgeborenen auf 100 Lebendgeborene insgesamt
  Wert 1990 [47]: $(76, 3/727, 2) \cdot 100 \approx 10, 49$
- **Ausländerquote** = Zahl der ausländischen Lebendgeborenen auf 100 Lebendgeborene insgesamt
  Wert 1990 [47]: $(86, 3/727, 2) \cdot 100 \approx 11, 87$
- **Totgeborenenquote** = Zahl der Totgeborenen auf 100 Lebend- plus Totgeborene
  Wert 1990 [47]: $(2, 5/(727, 2 + 2, 5)) \cdot 100 \approx 0, 34$
  Totgeborenenquoten werden auch nach dem Geschlecht der Geborenen oder deren Legitimität berechnet.
  Nichtehelich–Totgeborenenquote 1990 [47]: $(0, 4/(76, 3 + 0, 4)) \cdot 100 \approx 0, 52$

---

[47]Grundzahlen aus Tab. 3.12.

- **Paritätsquoten,**[48] z.B. Anzahl ehelich lebendgeborene zweite Kinder auf 100 ehelich Lebendgeborene insgesamt.

In der **Sterbestatistik** gliedert man die in einem Kalenderjahr Gestorbenen nach einem oder mehreren der Gestorbenenmerkmale, die zu Beginn von Abs. 3.3.2.1 aufgelistet sind, etwa nach Alter, Geschlecht, Familienstand oder Todesursache.

Eine **Beziehungszahl** ist ein Quotient zweier verschiedenartiger, d.h. in verschiedener Dimension gemessener Maßzahlen für zwei statistische Massen, die nicht Teilmengen voneinander sind, aber in sachlich sinnvoller Verbindung zueinander stehen. Die Koordination (vgl. Tab. 3.17) verlangt für Zähler- und Nennermasse u.a. übereinstimmenden Zeit- und Raumbezug. Beziehungszahlen tragen den Zusatz „Ziffer"[49] oder „Dichte", gelegentlich auch „Rate". Beziehungszahlen haben stets eine **Dimensionsangabe**, und zwar in Quotientenform. Sie dienen vor allem der **Analyse**. (Oft werden übrigens Gliederungszahlen für die Analyse verwendet, wo man eine Beziehungszahl nehmen müßte.) **Verursachungszahlen** sind solche Beziehungszahlen, bei denen die Maßzahl einer Bewegungsmasse auf die Maßzahl der zugehörigen Bestandsmasse bezogen wird, während bei **Entsprechungszahlen** Zähler- und Nennermasse nicht über die Fortschreibungsformel verbunden sind, sondern nur in sachlicher Verbindung zueinander stehen. Beispiele für Entsprechungszahlen sind etwa die Bevölkerungsdichte (3.22), die Arealitätszahl (3.23) oder das Durchschnittsalter (3.19). Sehr artenreich in der Bevölkerungsstatistik sind die Verursachungszahlen. Neben den **rohen** Verursachungszahlen gibt es:

- **spezielle** (= rektifizierte) Verursachungszahlen, bei denen aus der Nennermasse die unbeteiligten („sterilen") Teilmassen ausgeschlossen sind,

- **spezifische** (= besondere) Verursachungszahlen, bei denen Zähler- und Nennermasse anhand eines dritten Klassifikationsmerkmals in homogenere Teilmengen zerlegt sind und die diesen Teilmengen zugehörigen Maßzahlen aufeinander bezogen werden,

- **standardisierte** (= bereinigte) Verursachungszahlen, bei denen auf rechnerischem Wege der Einfluß eines den Vergleich oder die Analyse störenden Faktors ausgeschaltet wird. (Ein Ausschalten auf experimentellem Wege durch Versuchsplanung kommt hier – im Gegensatz zu den Naturwissenschaften – nicht in Betracht.)

Es seien zunächst einige elementare **Verursachungszahlen** aus der Geburtenstatistik vorgestellt und mit Daten von 1990 für das frühere Bundesgebiet ausgewertet:

---

[48]Unter **Parität** (lat.: pario ≙ ich gebäre) wird die Rangfolge oder Ordnungsnummer der Geburten verstanden. Da auf dem Geburtenzählblatt (vgl. den Merkmalskatalog am Anfang von Abs. 3.3.2.1) nur nach Kindern aus der bestehenden Ehe gefragt wird, kann man auch nur eheliche Paritätsquoten berechnen.

[49]Mathematisch korrekt ist diese Bezeichnung nicht, denn es handelt sich stets um eine Zahl und nicht um eine Ziffer.

- **allgemeine Geburtenziffer** (Bruttogeburtenrate, rohe Geburtenrate)

$$= \frac{\text{Anzahl der Lebendgeborenen eines Jahres}}{\text{jahresdurchschnittliche Bevölkerung}} \cdot 1000$$

Wert 1990 [50]: $(727,2 / 63.726) \cdot 1000 \approx 11,41$

- **allgemeine Geburtenrate** (allgemeine Fruchtbarkeitsziffer/rate)

$$= \frac{\text{Anzahl der Lebendgeborenen eines Jahres}}{\text{jahresdurchschnittliche Anzahl Frauen}} \cdot 1000$$
im Alter von 15 bis unter 45 Jahren[51]

Das ist eine spezielle oder rektifizierte Verursachungszahl.
Wert 1990 [50]: $(727,2 / 13.611) \cdot 1000 \approx 53,43$

- **allgemeine Geburtenziffer für Ausländer**

$$= \frac{\text{Anzahl der ausländischen Lebendgeborenen eines Jahres}}{\text{jahresdurchschnittliche ausländische Bevölkerung}} \cdot 1000$$

Das ist eine besondere oder spezifische Verursachungszahl.
Wert 1990 [50] : $(86,3 / 5.342,5) \cdot 1000 \approx 16,15$

- **familienstandsspezifische Fruchtbarkeitsziffern**

  ▷ **eheliche Fruchtbarkeitsziffer**

$$= \frac{\text{Anzahl der ehelich Lebendgeborenen eines Jahres}}{\text{jahresdurchschnittliche Anzahl verheirateter Frauen}} \cdot 1000$$
im Alter von 15 bis unter 45 bzw. 50 Jahren

  ▷ **nichteheliche Fruchtbarkeitsziffer**

$$= \frac{\text{Anzahl der nichtehelich Lebendgeborenen eines Jahres}}{\text{jahresdurchschnittl. Anzahl unverheirateter Frauen}} \cdot 1000$$
im Alter von 15 bis unter 45 bzw. 50 Jahren

- **ehedauerspezifische Geburtenziffer**

$$= \frac{\begin{array}{c}\text{Anzahl der ehelich Lebendgeborenen}\\ \text{von Müttern, deren Ehe } t \text{ Jahre besteht}\end{array}}{\text{Anzahl verheirateter Frauen, deren Ehe } t \text{ Jahre besteht}} \cdot 1000$$
und die bei Eheschließung nicht älter als 45 Jahre waren

- **paritäts- und ehedauerspezifische Geburtenziffer**

$$= \frac{\begin{array}{c}\text{Anzahl der ehelich lebendgeborenen } k\text{-ten Kinder}\\ \text{von Müttern, deren Ehe } t \text{ Jahre besteht}\end{array}}{\text{Anzahl verheirateter Frauen, deren Ehe } t \text{ Jahre besteht}} \cdot 1000$$
und die bei Eheschließung nicht älter als 45 Jahre waren

---

[50] Grundzahlen aus Tab. 3.12.
[51] Gelegentlich wird auch mit 50 Jahren als Obergrenze gearbeitet.

Tab. 3.18: Altersspezifische Geburtenziffern in Deutschland

Alter der Mutter	Früheres Bundesgebiet						Neue Länder und Berlin-Ost					
	1950	1964	1970	1980	1989	1993	1952	1964	1970	1980	1989	1993
15	0,2	0,9	1,2	0,7	0,8	0,9	0,3	0,8	0,3	0,8	0,8	0,9
16	2,3	5,2	6,8	3,6	3,3	3,0	2,6	5,4	3,6	4,5	3,2	2,4
17	10,2	21,0	26,2	10,7	7,8	7,8	14,4	26,3	20,3	17,0	9,5	6,5
18	27,5	49,6	56,6	22,6	14,7	16,7	43,9	68,8	61,5	52,4	27,8	13,8
19	50,4	82,4	89,7	39,1	25,7	29,1	85,9	131,9	129,0	115,2	63,8	25,0
20	74,6	105,9	109,8	55,9	34,4	41,0	130,2	174,9	180,3	169,2	103,9	39,8
21	92,4	125,8	122,7	69,5	42,3	48,2	157,6	189,9	199,9	191,5	128,6	56,1
22	106,5	147,0	130,3	81,7	51,0	54,2	170,1	187,0	199,5	195,1	142,3	63,0
23	116,1	162,8	132,5	93,6	64,6	61,9	170,0	185,1	180,3	187,9	149,7	67,3
24	124,3	173,2	130,9	104,7	79,6	70,0	166,3	177,8	166,7	172,9	151,6	69,7
25	126,3	176,3	125,3	111,1	93,8	80,7	162,5	165,9	146,2	155,8	143,4	71,0
26	129,1	174,5	122,7	112,5	106,8	90,9	149,7	156,0	129,2	134,7	125,5	65,5
27	130,0	167,2	118,1	109,8	111,1	101,4	139,1	141,2	114,6	111,9	105,8	57,2
28	126,2	155,0	110,9	105,0	111,7	107,4	133,7	128,5	99,4	92,2	87,2	48,6
29	121,0	143,2	103,4	94,7	108,0	105,8	121,7	114,4	89,2	75,0	69,2	39,0
30	112,2	131,0	94,1	85,8	99,9	103,4	110,5	103,8	78,4	59,7	56,8	31,2
31	104,3	117,9	85,3	72,7	88,9	92,9	99,6	94,0	69,4	47,8	45,8	25,8
32	94,7	104,5	75,0	60,8	75,8	80,0	87,7	81,3	60,2	38,7	37,6	20,2
33	87,6	91,9	65,5	48,9	65,0	68,5	78,7	70,2	52,1	29,9	28,9	16,3
34	78,2	78,7	57,6	39,4	52,6	58,8	67,6	60,6	45,8	23,8	23,4	14,3
35	71,5	68,0	50,6	32,6	42,3	46,3	60,0	51,6	39,1	17,9	19,1	11,1
36	63,4	58,1	44,5	24,7	33,8	36,4	53,8	43,8	32,8	13,6	14,5	8,6
37	56,5	49,5	39,0	19,1	25,8	27,9	44,7	37,3	28,6	9,9	10,9	6,4
38	48,3	41,0	32,5	14,7	18,8	20,4	39,4	30,4	22,4	7,9	8,1	4,9
39	39,8	32,3	25,5	10,1	12,9	14,8	32,0	24,7	17,0	5,5	5,7	3,8
40	32,9	26,1	19,7	7,5	9,4	10,3	25,4	18,9	10,7	3,8	3,8	2,8
41	24,8	19,8	14,9	5,0	6,1	6,7	19,5	14,2	6,8	2,9	2,3	2,0
42	18,7	13,9	10,5	3,5	3,6	4,1	13,9	10,0	4,0	2,0	1,4	1,3
43	12,9	9,2	6,8	2,2	2,3	2,6	9,1	6,6	2,6	1,2	1,1	0,8
44	8,2	5,2	3,9	1,3	1,3	1,3	5,7	4,2	1,6	0,7	0,4	0,5
45							2,9	2,4	1,0	0,4	0,1	0,2
Summe	2.091,3	2.537,1	2.012,3	1.443,4	1.394,2	1.393,4	2.398,5	2.507,9	2.192,5	1.941,8	1.572,2	776,0

Quelle: bis 1989 – Verschiedene Jahrgänge des Statistischen Jahrbuchs; 1993 persönliche Mitteilung des Statistischen Bundesamtes

Abb. 3.21: Altersspezifische Geburtenziffern 1964, 1989 und 1993
für das frühere Bundesgebiet

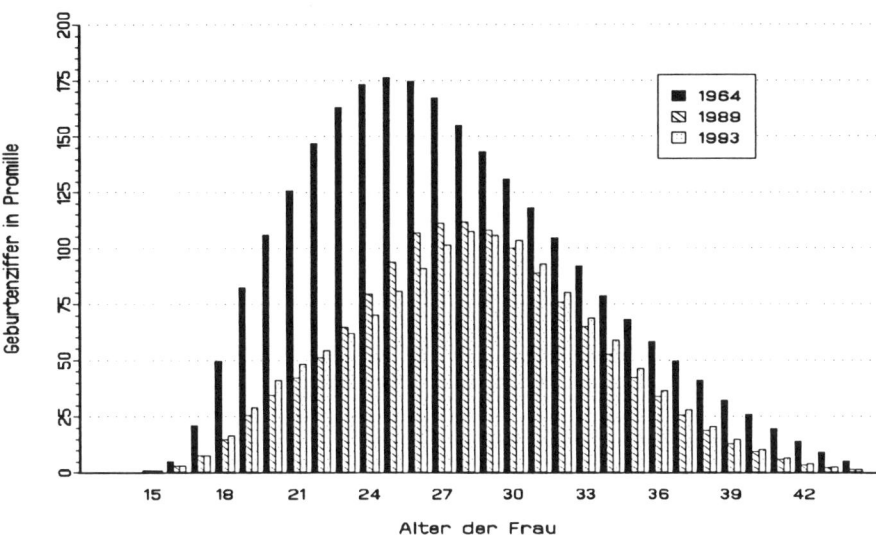

Quelle: siehe Tab. 3.18

Abb. 3.22: Altersspezifische Geburtenziffern 1964, 1989 und 1993
für die ehemalige DDR bzw. die neuen Bundesländer

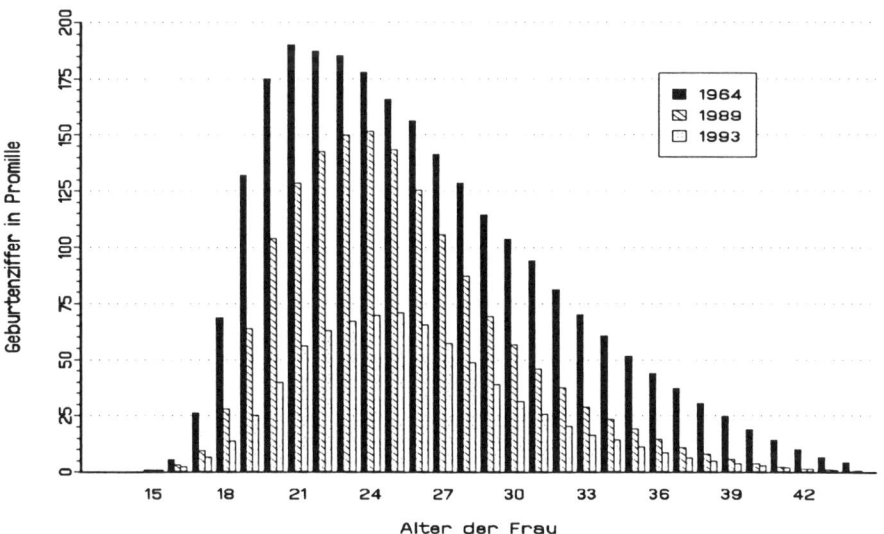

Quelle: siehe Tab. 3.18

- **altersspezifische Geburtenziffer**

$$= \frac{\text{Anzahl der Lebendgeb. eines Jahres von Müttern im Alter } x}{\text{jahresdurchschnittliche Anzahl } x\text{jähriger Frauen}} \cdot 1000$$

Alterspezifische Geburtenziffern spielen in der demographischen Forschung zur Natalität eine zentrale Rolle. Tab. 3.18 zeigt diese Geburtenziffern aus dem Zeitraum 1950 – 1993 im früheren Bundesgebiet und für etwa denselben Zeitraum (1952 – 1993) in den neuen Ländern. Man sieht u.a., wie sich die Altersjahre mit der maximalen Geburtenziffer im Laufe der Zeit verlagert haben (früheres Bundesgebiet: 1950 bei 27, 1964 bei 25, 1970 bei 23, 1980 bei 26, 1989 bei 28 und 1993 bei 29 Jahren; neue Länder: 1952 bei 22, 1964 und 1970 bei 21, 1980 bei 22, 1989 bei 24 und 1993 bei 25 Jahren). Im Osten waren die Mütter im Durchschnitt jünger als im Westen. Seit Mitte der 60er Jahre ist in beiden Teilen Deutschlands ein starker Rückgang in den altersspezifischen Geburtenziffern zu beobachten. Dieser Rückgang folgt in beiden Teilen (vgl. auch Abb. 3.21 und 3.22) einem gleichen Muster: Je jünger die Mütter, desto kräftiger der Geburtenrückgang. Im Osten überlagern sich derzeit und in den nächsten Jahren zwei die Geborenenzahl reduzierende Effekte, der allgemeine Geburtenrückgang und die Tendenz zum höheren Alter der Mütter, und führen zu einem extrem niedrigen Geburtenniveau. Experten schätzen, daß es dort bis zum Jahr 2010 dauern wird, um etwa das Niveau von 1990 zu erreichen. Fraglich bleibt allerdings, ob das Niveau Westdeutschlands erreicht wird, denn auch im früheren Bundesgebiet gibt es keine einheitliche allgemeine Geburtenrate, sondern zwei Gruppen: Die eine besteht aus den Flächenländern Rheinland–Pfalz, Baden–Württemberg, Nordrhein–Westfalen, Bayern, Niedersachsen und Schleswig–Holstein mit 1410 bis 1450 Kindern je 1000 Frauen im gebärfähigen Alter, die andere aus den restlichen alten Bundesländern mit etwa 1230 bis 1320 Kindern je 1000 Frauen zwischen 15 und 45 Jahren.

Die altersspezifischen Geburtenziffern geben zwar einen guten sachlichen und im Zeitvergleich geeigneten Einblick in das generative Verhalten, andererseits besteht jedoch das Bedürfnis nach einer einzigen, zusammenfassenden Maßzahl. Davon gibt es mehrere:

- die standardisierte oder bereinigte Geburtenziffer und
- als **Reproduktionsmaße**
  - ▷ die zusammengefaßte Geburtenziffer (auch totale Fertilitätsrate genannt),
  - ▷ die Bruttoreproduktionsrate,
  - ▷ die Nettoreproduktionsrate.

Weil die Zahl der Geburten und mithin die allgemeine Geburtenziffer auch von der Altersstruktur, vor allem der Frauen abhängen, berechnet man die sog. **standardisierte** (= bereinigte) **Geburtenziffer.** Dazu wählt man einen **Standardaltersaufbau** als Ausgangsbasis. Dieser kann sein

- ein **fiktiver** Altersaufbau, etwa jener aus der Allgemeinen Sterbetafel (vgl. Abs. 3.4.3) oder
- ein **tatsächlicher** Altersaufbau der Bevölkerung zu einem bestimmten Stichtag oder im Durchschnitt eines Jahres.

Hier sei nur das Vorgehen mit einem tatsächlichen Altersaufbau vorgestellt, wobei jener der Bevölkerung im früheren Bundesgebiet am 01.01.1993 (vgl. Abb. 3.5) genommen wird. Es bezeichne:

- $B_x^f(93)$ die Anzahl der $x$jährigen Frauen am 01.01.1993,
- $B(93)$ die Bevölkerungsgröße am 01.01.1993,
- $f_x(t)$ die altersspezifische Geburtenziffer im Jahr t.

Die standardisierte rohe Geburtenziffer ist dann definiert als

$$F_t(93) := \frac{\sum_{x=15}^{44} \frac{f_x(t)}{1000} \cdot B_x^f(93)}{B(93)} \cdot 1000. \tag{3.30}$$

In der Summe des Zählers steht die fiktive Anzahl Lebendgeborener, resultierend aus den altersspezifischen Geburtenziffern des Jahres t und übertragen auf die am 01.01.1993 vorhandene weibliche Bevölkerung im gebärfähigen Alter. Die standardisierte Geburtenziffer sagt also, wie groß die allgemeine Geburtenziffer (rohe Geburtenrate) im Jahr t gewesen wäre, wenn dort die Bevölkerung vom 01.01.1993 nebst zugehöriger Altersverteilung der gebärfähigen Frauen gelebt hätte. Für die sechs Jahre, deren altersspezifische Geburtenraten im linken Teil (früheres Bundesgebiet) der Tab. 3.18 stehen, ergeben sich mit dem Altersaufbau vom 01.01.1993 im früheren Bundesgebiet als Standard:

$$F_{50}(93) = 16,24 \qquad F_{64}(93) = 19,67$$

$$F_{70}(93) = 15,30 \qquad F_{80}(93) = 11,38$$

$$F_{89}(93) = 11,13 \qquad F_{93}(93) = 11,04.$$

Addiert man die altersspezifischen Geburtenziffern eines Jahres, so erhält man die **zusammengefaßte Geburtenziffer** (totale Fertilitätsrate):

$$TFR_t := \sum_{x=15}^{44} f_x(t). \tag{3.31}$$

Diese hypothetische Größe gibt an, wie viele Kinder von 1000 im Jahre t 15jährigen Frauen im Verlaufe ihres Lebens lebend zur Welt gebracht würden, wenn

1. diese Frauen bis zum 45. Lebensjahr sich bzgl. der Fortpflanzung genauso verhalten würden, wie sich die 15- bis unter 45jährigen Frauen im Jahr t verhalten haben, und wenn

2. keine dieser 1000 Frauen vor dem 45–ten Lebensjahr stürbe.

Die Summenzeile in Tab. 3.18 zeigt den dramatischen Rückgang dieses Reproduktionsmaßes zwischen 1964 und 1993: fast eine Halbierung in knapp 30 Jahren im früheren Bundesgebiet und eine Reduktion auf 30% des 64er Wertes im Osten.

Die **Bruttoreproduktionsrate** ist die Summe der altersspezifischen Geburtenziffern eines Jahres, wobei nur die Mädchengeburten berücksichtigt werden. Die Sterblichkeit der Frauen bleibt noch außer Ansatz. Rechnerisch erhält man die Bruttoreproduktionsrate, indem man die totale Fertilitätsrate aus (3.31) mit dem **Anteil der Mädchen unter den Lebendgeborenen**, $p_0^f(t)$, multipliziert.[52] Ist $SP_0(t)$ die Sexualproportion der Lebendgeborenen im Jahre t, so ist wegen (3.13 b)

$$p_0^f(t) = \frac{100}{100 + SP_0(t)}, \qquad (3.32)$$

und für die Bruttoreproduktionsrate ergibt sich

$$BRR_t := p_0^f(t) \sum_{x=15}^{44} f_x(t) = p_0^f(t) \cdot TFR_t. \qquad (3.33)$$

Diese Größe beantwortet die Frage, wie viele Töchter 1000 z.Z. 15jährige Frauen im Laufe ihres Lebens unter den schon zu (3.31) gemachten Bedingungen lebend zur Welt bringen würden. Mit den in Tab. 3.18 berücksichtigten sechs Jahren erhält man für das frühere Bundesgebiet:

$$BRR_{1950} = 1008,34 \quad BRR_{1964} = 1234,55 \quad BRR_{1970} = 979,28$$

$$BRR_{1980} = 702,84 \quad BRR_{1989} = 679,81 \quad BRR_{1993} = 678.02$$

Die **Nettoreproduktionsrate** NRR_t verknüpft die Sterblichkeit mit den Geburtenintensitäten. Bezeichnet

ℓ_x^f – überlebende Frauen des Alters x nach der Allgemeinen Sterbetafel[53],

$f_x^f(t)$ – Häufigkeit, mit der im Jahr t von 1000 $x$jährigen Frauen Mädchen lebend geboren werden,

ℓ_0^f – Zahl der Frauen des Alters 0 in der Allgemeinen Sterbetafel[53] (i.d.R. 100.000),

so gilt

$$NRR_t := \frac{\sum_{x=15}^{44} \ell_x^f(t) \cdot f_x^f(t) \cdot \frac{1}{1000}}{\ell_0^f}. \qquad (3.34)$$

---

[52]Hier wird unterstellt, daß die Sexualproportion der Lebendgeborenen für Kinder aller Mütteraltersklassen gleich ist.
[53]Erläuterungen dazu in Abs. 3.4.3.

Bei der Berechnung von Nettoreproduktionsraten wird ein und dieselbe Allgemeine Sterbetafel über mehrere Jahre t hinweg benutzt. So sind etwa die Nettoreproduktionsraten in Abb. 3.23 für den Zeitraum von 1965 bis 1988 alle mit der Allgemeinen Sterbetafel von 1970/72 errechnet worden. Ist $NRR_t > 1$, so würde die Generation der Mütter unter Berücksichtigung der Sterblichkeit durch die der Töchter mehr als ersetzt. Bei $NRR_t = 1$ wären beide Generationen gleich stark, und im Falle $NRR_t < 1$ würde die Generation der Töchter zur Ersetzung der Müttergeneration nicht ausreichen. Ist in einem Jahr t die Nettoreproduktionsrate gleich Eins, so bedeutet dies noch kein Null–Wachstum der Bevölkerung. Werden dagegen über viele Jahre hinweg, wie etwa in der Bundesrepublik seit 1970 (vgl. Abb. 3.23), regelmäßig Nettoproduktionsraten unter Eins beobachtet, so bedeutet dies dann Schrumpfung der Bevölkerung (bei Vernachlässigung von Außenwanderungen).

<u>Abb. 3.23:</u> Nettoproduktionsraten im früheren Bundesgebiet (1950 – 1989) [Frauen im Alter von 15 bis unter 50 Jahren]

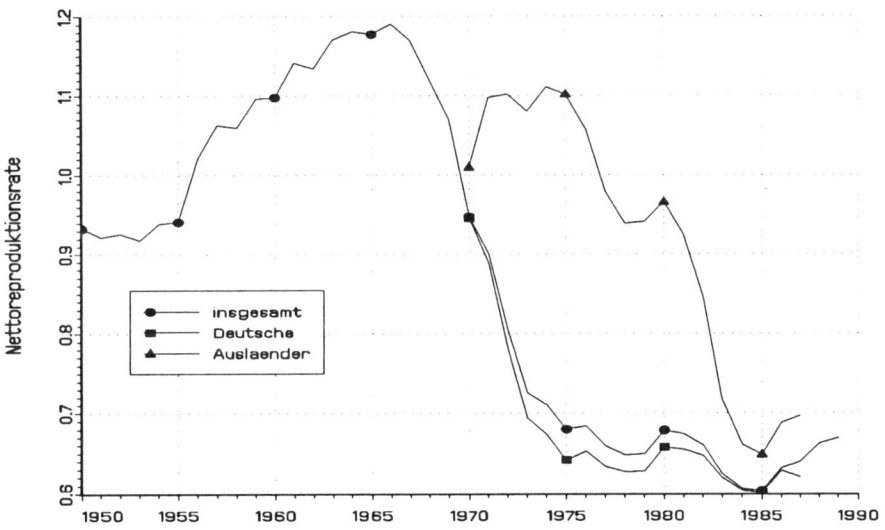

Quelle: Statistisches Bundesamt (1992a), p. 104

Auch in der **Sterbestatistik** werden eine Reihe von **Verursachungszahlen** aufgestellt, so etwa die

- **allgemeine (rohe) Sterbeziffer(-rate)**

$$= \frac{\text{Anzahl der Gestorbenen eines Jahres}}{\text{jahresdurchschnittliche Bevölkerung}} \cdot 1000$$

Wert 1990 für das frühere Bundesgebiet: $(713,3 / 63.726) \cdot 1000 \approx 11,19$

- familienstandsspezifische Sterberaten, z.b. **Sterberate für Ledige**

$$= \frac{\text{Anzahl ledig Gestorbener in einem Jahr}}{\text{jahresdurchschnittliche ledige Bevölkerung}} \cdot 1000$$

- geschlechtsspezifische Sterberaten, z.b. **Sterberate für Männer**

$$= \frac{\text{Anzahl männlicher Gestorbener in einem Jahr}}{\text{jahresdurchschnittliche männliche Bevölkerung}} \cdot 1000$$

- **altersspezifische Sterberate**

$$= \frac{\text{Anzahl Gestorbener im Alter } x}{\text{jahresdurchschnittliche Bevölkerung im Alter } x} \cdot 1000$$

- **Säuglingssterbeziffer für das Jahr** t

$$= \left[\frac{M_0}{G_0} + \frac{M_1}{G_1} \right] \cdot 1000 \tag{3.35}$$

mit

▷ M_0 – im Jahr t gestorbene Säuglinge, die im Jahr t geboren wurden,

▷ G_0 – Lebendgeborene im Jahr t,

▷ M_1 – im Jahr t gestorbene Säuglinge, die im Jahr $t - 1$ geboren wurden,

▷ G_1 – Lebendgeborene im Jahr $t - 1$.

Mit dieser Konstruktion soll der Tatsache Rechnung getragen werden, daß nur ein Teil der gestorbenen Säuglinge in demselben Berichtszeitraum geboren wurde, die Sterblichkeit in den ersten Tagen, Wochen und Monaten nach der Geburt sehr hoch ist (vgl. Abs. 3.4.3) und die Geborenenzahl kurz- und langfristig stark schwankt.

- **standardisierte allgemeine Sterbeziffer**

$$K_t(93) := \frac{\sum\limits_{x=0}^{100} \dfrac{k_x(t)}{1000} \cdot B_x(93)}{B(93)} \cdot 1000 \tag{3.36}$$

mit

▷ $k_x(t)$ als altersspezifische Sterberate für $x$jährige im Jahr t,

▷ $B_x(93)$ als $x$jährige in der Bevölkerung vom 01.01.1993 (= Standard),

▷ $B(93)$ Bevölkerungsgröße am 01.01.1993.

Die Interpretation von (3.36) erfolgt analog zu der von (3.30).

Eine **Meßzahl** ist ein Quotient zweier kommensurabler Maßzahlen für zwei statistische Massen, die einander nicht untergeordnet sind. Es wird eine Reihe gleichartiger Größen auf eine von ihnen oder auf einen Durchschnitt aus ihnen als gemeinsame Basis bezogen. Meßzahlen sind dimensionslos und nicht normiert. Ihre Aufgabe ist der **Vergleich**. Werden einfache und unstrukturierte Phänomene verglichen, spricht man von einer Meßzahl; werden komplexe und strukturierbare Phänomene unter rechnerischer Ausschaltung (= Standardisierung) einer störenden Strukturkomponente verglichen, so liegt eine **Indexzahl** vor. Je nach Art des Abgrenzungskriteriums zwischen den ansonsten gleichartigen und gleichgeordneten Massen hat man Index- und Meßzahlen des

- sachlichen Vergleichs,
- örtlichen Vergleichs und
- zeitlichen Vergleichs.

Meßzahlen des sachlichen Vergleichs sind gelegentlich schwer von Beziehungszahlen zu unterscheiden. Für erstere ist jedoch kennzeichnend, daß die im Zähler und Nenner auftretenden Massen zu einer übergeordneten Masse zusammenfaßbar sind oder beide Teilmengen einer solchen sind. In örtlicher und zeitlicher Abgrenzung stimmen Zähler- und Nennermasse überein, nicht jedoch in sachlicher Hinsicht. Beispiele aus der Bevölkerungsstatistik sind die

- Sexualproportion $= \dfrac{\text{Männer}}{\text{Frauen}} \cdot 100$,

- Stadt–Land–Relation $= \dfrac{\text{Bevölk. in Gemeinden über 5000 Einw.}}{\text{Bevölk. in Gemeinden bis zu 5000 Einw.}} \cdot 100$.

Meßzahlen des örtlichen Vergleichs haben in zeitlicher und sachlicher Hinsicht identisch abgegrenzte Zähler- und Nennermassen, aber in regionaler Hinsicht sind sie verschieden. Als Beispiele für den regionalen Vergleich aus der Bevölkerungsstatistik seien genannt:

$$\frac{\text{Einwohnerzahl am 01.01.1990 im Bundesland } A}{\text{Einwohnerzahl am 01.01.1990 im Bundesland } B}$$

$$\frac{\text{Einwohnerdichte am 01.01.1990 im Bundesland } A}{\text{Einwohnerdichte am 01.01.1990 im Bundesland } B}$$

Man beachte, daß im letzten Beispiel Beziehungszahlen im Zähler und Nenner stehen.

Meßzahlen des zeitlichen Vergleichs oder **dynamische Meßzahlen** haben die größte Bedeutung unter den Meßzahlen. Es werden zeitlich aufeinanderfolgende Werte x_t einer ansonsten (sachlich und regional) gleichartigen statistischen Größe X auf einen dieser Werte, auf einen Durchschnitt aus ihnen oder einen sinnvoll gewählten anderen (= fiktiven) Wert als gemeinsame **Basis** bezogen. Der Wahl der Basis kommt eine Schlüsselrolle zu und führt zu einer Vielfalt von dynamischen Meßzahlen, vgl. Abb. 3.24.

Abb. 3.24: Arten der Basis von dynamischen Meßzahlen

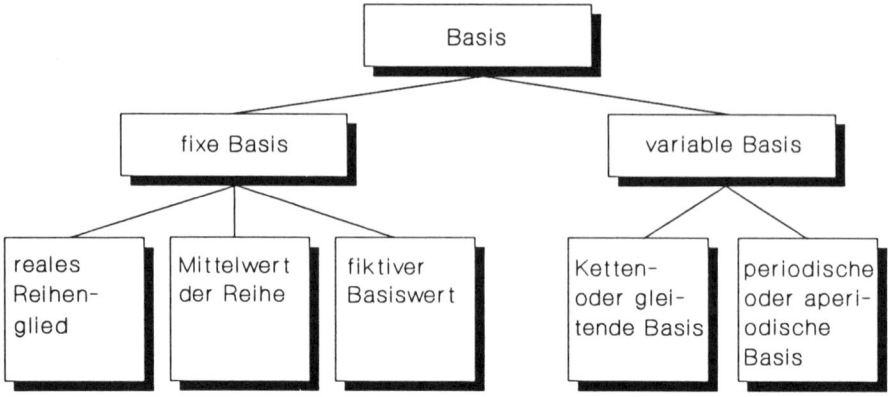

Eine **fixe Basis** liegt vor, wenn alle Glieder einer Zeitreihe auf die gleiche Größe bezogen werden. Rein formal kann jedes **reale Reihenglied** als fixer **Basiswert** verwendet werden:

$$M_{\tau,t} := \frac{x_t}{x_\tau} \cdot 100 \begin{cases} t = 1, 2, \ldots, n - \text{laufende Periode, \textbf{Berichtsperiode}} \\ \tau \in \{1, 2, \ldots, n\} - \text{feste Periode, \textbf{Basisperiode}} \end{cases} \quad (3.37)$$

(Sprechweise: Periode τ gleich 100). Häufig ist mit der Wahl der Basis eine Normvorstellung verbunden; dann sollte die Basisperiode eine Normalperiode und nicht durch Singularitäten geprägt sein. Eine Meßzahl mit realem Reihenglied x_τ als Basis gibt den Wachstumsfaktor für die laufende Periode t gegenüber der Periode τ an. Man kann eine Reihe von Meßzahlen mit der Basisperiode τ auf eine andere Basisperiode $\tau^* \neq \tau$ umstellen (**Umbasierung**), ohne die Grundzahlen x_t zu kennen (vgl. unten).

Bezüglich eines **Mittelwerts** der Reihenglieder **als Basis** (Sprechweise: Durchschnitt gleich 100) hat man die Wahl zwischen im wesentlichen zwei Mittelwertkonstruktionen, dem arithmetischen und dem geometrischen Mittel. Ersterem ist dann der Vorzug zu geben, wenn die Reihenglieder einen linearen Verlauf aufweisen, während man das geometrische Mittel bei Reihen mit exponentiellem Verlauf der Glieder nehmen sollte. Für historisch abgeschlossene Reihen mag eine Mittelwertbasis angebracht sein, nicht jedoch bei einer noch fortlaufenden Reihe; denn bei dieser müßte man mit jeder hinzukommenden Periode die Basis neu berechnen, womit sich dann auch alle bisherigen Meßzahlenwerte ändern.

Einen **fiktiven Basiswert** wird man dann wählen, wenn die Reihenglieder x_t an einem nicht beobachteten oder nicht beobachtbaren Idealzustand zu messen sind. Derartige Meßzahlen sind relativ wenig in Gebrauch.

Eine **Kettenbasis** liegt vor, wenn jedes Reihenglied die Basis für das jeweils nachfolgende Glied ist:

$$M_{t-1,t} := \frac{x_t}{x_{t-1}} \cdot 100; \quad t = 2, 3, \ldots, n. \tag{3.38}$$

Hier liegt ein ständig wechselnder Vergleichsmaßstab vor, so daß man auch von einer **gleitenden Basis** spricht. Die resultierenden dynamischen Meßzahlen heißen **Ketten-** oder **Gliedziffern**. Sachlich gesehen ist $M_{t-1,t}$ der Wachstumsfaktor zweier benachbarter Perioden.

Eine **periodische Basis** ist gegeben, wenn man in konstanten Zeitabständen – etwa alle fünf Jahre – die Basis wechselt. Ein solches Vorgehen ist bei den Indexzahlen der amtlichen Statistik gebräuchlich, wobei allerdings der Basiswechsel nicht streng periodisch ist.

Dynamische Meßzahlen besitzen u.a. die folgenden Eigenschaften (Meßzahlen sind in (3.39) nicht in v.H. angegeben!):

Identitätsprobe	$M_{\tau,\tau} = 1$	(3.39 a)
Zeitumkehrprobe	$M_{\tau,t} \cdot M_{t,\tau} = 1$	(3.39 b)
Rundprobe	$M_{1,2} \cdot M_{2,3} \cdot \ldots \cdot M_{n-1,n} = M_{1,n}$	(3.39 c)
Umbasierung	$M_{\tau^{\bullet},t} = M_{\tau,t}/M_{\tau,\tau^{\bullet}}$	(3.39 d)
Verkettung	$M_{\tau,t} = M_{\tau,\tau^{\bullet}} \cdot M_{\tau^{\bullet},t}$	(3.39 e)

Die Abb. 3.25 zeigt für die Reihe „Bevölkerung in Deutschland 1960 bis 1992" aus Tab. 3.9 den Verlauf folgender Meßzahlenreihen:

a) Basis 1960,

b) Basis 1992,

c) Basis arithmetisches Mittel $\bar{x} = 77.303.765$,

d) Kettenbasis,

e) periodische Basis, nach jeweils fünf Jahren wechselnd, beginnend mit 1960.

Man kann durch die Basiswahl den Betrachter manipulieren, was man ganz gut an den Reihen a), b) und c) erkennt. Diese drei Reihen mit einer festen Basis verlaufen parallel. Bei einer periodischen Basis und annähernd linearem Verlauf der x_t erhält man für die Meßzahlen einen sägezahnförmigen Verlauf, der am Anfang der Reihe e) bis zum Jahr 1975 sehr gut zu erkennen ist.

Bezieht man die Anzahl Lebendgeborener im früheren Bundesgebiet in 1993 ($G_{1993} = 717.915$) auf die in 1964 ($G_{1964} = 1.065.400$), so erhält man mit

$$M_{1964,1993} = \frac{717.915}{1.065.400} \cdot 100 \approx 67,38$$

Abb. 3.25: Verlauf einiger dynamischer Meßzahlen für die Bevölkerungsgröße in
Deutschland 1960 bis 1992

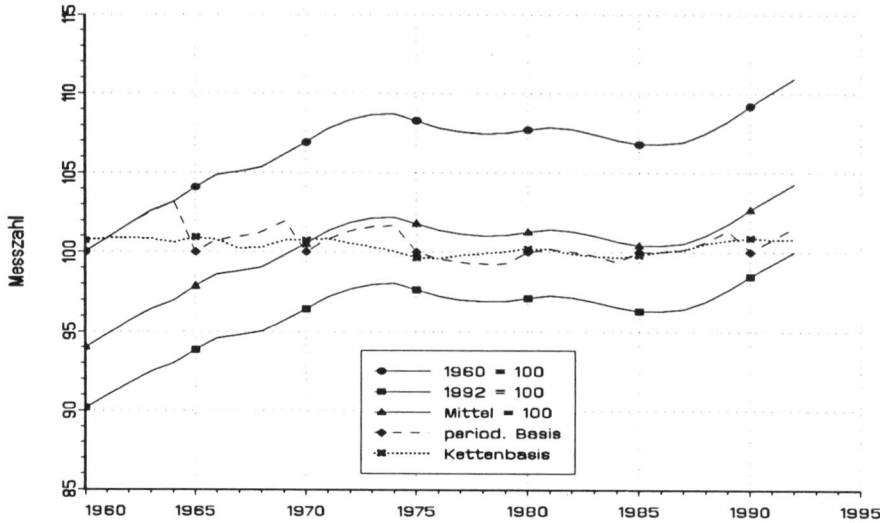

eine globale Vergleichszahl, die nur besagt, daß die Geburtenzahl von 1993 nur
etwa 67% jener von 1964 ausmachte. Ein Grund für den Unterschied könnte
sein, daß in den beiden Jahren die Bevölkerung, aus der die Geburten hervorgegangen sind, verschieden groß war. Um den Einflußfaktor „Bevölkerungsgröße"
auszuschalten, wird man die allgemeinen Geburtenziffern vergleichen und gelangt zu

$$M^*_{1964,1993} \approx \frac{10,91}{18,38} \cdot 100 \approx 59,36,$$

also einem noch stärkeren Unterschied. Nun könnte man einwenden, daß bezüglich der Geburtenzahlen nicht die Größe der gesamten Bevölkerung, sondern die
Anzahl der Frauen im gebärfähigen Alter relevant ist. Verwendet man dementsprechend die allgemeinen Fruchtbarkeitsziffern, so erhält man

$$M^{**}_{1964,1993} \approx \frac{51,8}{86,8} \cdot 100 \approx 59,68,$$

also einen etwa genau so großen Unterschied wie bei Verwendung der allgemeinen Geburtenziffern.

Mit der allgemeinen Fruchtbarkeitsziffer hat man zwar die aus der unterschiedlichen Gesamtzahl der gebärfähigen Frauen resultierende Störung ausgeschaltet, nicht jedoch die Störung, die von der möglicherweise unterschiedlichen
Altersstruktur dieser Frauen ausgeht. Um diesen Strukturunterschied rechnerisch zu eliminieren, wird man zwei standardisierte Geburtenziffern, die analog

zu (3.30) konzipiert sind, aufeinander beziehen und gelangt damit zu einer Indexzahl, nämlich einem **Fruchtbarkeitsindex**. Verwendet man als Standardaltersaufbau der gebärfähigen Frauen jenen, der zu Beginn des Jahres 1993 vorlag, um die Fruchtbarkeit von 1993 mit der von 1964 zu vergleichen, so erhält man:

$$FI^P_{1964,1993} := \frac{\sum\limits_{x=15}^{44} \frac{f_x(1993)}{1000} \cdot B^f_x(1993)}{\sum\limits_{x=15}^{44} \frac{f_x(1964)}{1000} \cdot B^f_x(1993)} \cdot 100 \qquad (3.40\text{ a})$$

$$= \frac{\sum\limits_{x=15}^{44} f_x(1993) \cdot B^f_x(1993)}{\sum\limits_{x=15}^{44} f_x(1964) \cdot B^f_x(1993)} \cdot 100 \qquad (3.40\text{ b})$$

Im Zähler von (3.40a) steht – in etwa – die tatsächliche Zahl der Lebendgeborenen im Jahre 1993, im Nenner von (3.40a) die fiktive Zahl der Lebendgeborenen in 1964, wenn bei der dort gegebenen altersspezifischen Fruchtbarkeit der Altersaufbau der gebärfähigen Frauen jener von Anfang 1993 gewesen wäre. Es wird also die Fruchtbarkeit von 1993 mit der von 1964 am Altersaufbau von 1993 verglichen. Eine Konstruktion wie (3.40a/b) nennt man einen **Index vom Paasche–Typ** (HERMANN PAASCHE, 1851 – 1925), da er das Gewichtssystem – hier die $B^f_x(1993)$ – aus der Berichtsperiode nimmt.[54] Es ist (3.40a/b) ferner vom **Typ eines Preisindex** (vgl. Abs. 8.3), denn die hier zu vergleichenden altersspezifischen Geburtenraten zweier Jahre sind ebenso wie die Preise in einem Preisindex intensive Größen. In Tab. 3.19 sind die Ausgangsdaten und Zwischenresultate zur Berechnung von (3.40b) zusammengestellt. Mit den Summen in Spalte (6) und (7) erhält man

$$FI^P_{1964,1993} := \frac{720.902}{1.284.537} \cdot 100 \approx 56,12 \, ,$$

d.h. 1993 lag die Fruchtbarkeit bei nur 56,12% jener von 1964, oder sie lag um 43,88% unter der von 1964.

Der **Index** (3.40) dient dem **intertemporalen Vergleich der Fruchtbarkeit**. Diese Formel läßt sich leicht zu einem **Index des interregionalen Vergleichs** umschreiben. Möchte man für das Jahr 1993 wissen, wie sich – gemessen am Altersaufbau 1993 in den alten Bundesländern – die Fruchtbarkeit der alten Bundesländer zu jener der neuen Bundesländer verhält, so verwendet man die Indexformel:

---

[54]Verwendet man als Gewichte die $B^f_x(1964)$ aus der Basisperiode, so erhält man einen **Laspeyres-Index** (ERNST LOUIS ETIENNE LASPEYRES, 1834 – 1913).

$$FI^P_{n.L.,a.L.} := \frac{\sum\limits_{x=15}^{44} f_x(a.L.) \cdot B^f_x(a.L.)}{\sum\limits_{x=15}^{44} f_x(n.L.) \cdot B^f_x(a.L.)} \cdot 100 \,. \tag{3.41}$$

Tab. 3.19: Berechnung eines Fruchtbarkeitsindex für den intertemporalen und
den interregionalen Vergleich

Alter x	Frauen (1000) 1993 $B^f_x(93)$	Geburtenziffern im früh. Bundesgebiet		Geb.–Zif. neue L. 1993 $f_x(n.L.)$	Tatsächliche bzw. fiktive Anzahl von Lebendgeborenen		
		1964 $f_x(64)$	1993 $f_x(93)$		$f_x(93) \times B^f_x(93)$	$f_x(64) \times B^f_x(93)$	$f_x(n.L.) \times B^f_x(93)$
(1)	(2)	(3)	(4)	(5)	(6)	(7)	(8)
15	305,8	0,9	0,9	0,9	275	275	275
16	315,4	5,2	3,0	2,4	946	1.640	757
17	312,4	21,0	7,8	6,5	2.437	6.560	2.031
18	328,6	49,6	16,7	13,8	5.488	16.299	4.535
19	342,8	82,4	29,1	25,0	9.976	28.247	8.570
20	388,8	105,9	41,0	39,8	15.941	41.174	15.474
21	436,4	125,8	48,2	56,1	21.035	54.899	24.482
22	463,1	147,0	54,2	63,0	25.100	68.076	29.175
23	511,0	162,8	61,9	67,3	31.631	83.191	34.390
24	542,3	173,2	70,0	69,7	37.961	93.926	37.798
25	559,0	176,3	80,7	71,0	45.111	98.552	39.689
26	571,5	174,5	90,9	65,5	51.949	99.727	37.433
27	569,6	167,2	101,4	57,2	57.757	95.237	32.581
28	578,4	155,0	107,4	48,6	62.120	89.652	28.110
29	571,0	143,2	105,8	39,0	60.412	81.767	22.269
30	552,1	131,0	103,4	31,2	57.087	72.325	17.226
31	545,0	117,9	92,9	25,8	50.630	64.256	14.061
32	531,1	104,5	80,0	20,2	42.488	55.500	10.728
33	513,0	91,9	68,5	16,3	35.141	47.145	8.362
34	489,8	78,7	58,8	14,3	28.800	38.547	7.004
35	481,3	68,0	46,3	11,1	22.284	32.728	5.342
36	468,5	58,1	36,4	8,6	17.053	27.220	4.029
37	452,3	49,5	27,9	6,4	12.619	22.389	2.895
38	449,9	41,0	20,4	4,9	9.178	18.446	2.205
39	438,0	32,3	14,8	3,8	6.482	14.147	1.664
40	443,4	26,1	10,3	2,8	4.567	11.573	1.242
41	435,0	19,8	6,7	2,0	2.915	8.613	870
42	446,6	13,9	4,1	1,3	1.831	6.208	581
43	441,3	9,2	2,6	0,8	1.147	4.060	353
44	415,2	5,2	1,3	0,5	540	2.159	208
insg.	13.898,6	2.537,1	1.393,4	775,8	720.902	1.284.537	394.339

Mit den Daten aus Tab. 3.19 ergibt sich, wenn man dort $f_x(1993) = f_x(a.L.)$ und $B_x^f(1993) = B_x^f(a.L.)$ setzt:

$$FI_{n.L.,a.L.}^P := \frac{720.902}{394.339} \cdot 100 \approx 182,81 \,,$$

d.h. 1993 lag in den alten Bundesländern die Fruchtbarkeit um ca. 83% über jener in den neuen Bundesländern.

Literatur zu Abs. 3.4.2 [55]

ABELS, H. (1991), p. 83 ff.
ESENWEIN–ROTHE, I. (1982), p. 198 ff. und p. 302 ff.
FEICHTINGER, G. (1973), p. 55 ff. und p. 89 ff.
LIPPE, P. V. D. (1990), p. 97 ff.

3.4.3 Tafelrechnungen

„Eine Sterbetafel ist ein Protokoll der Lebensgeschichte eines (tatsächlichen oder hypothetisch konstruierten) Geburtsjahrgangs (einer Kohorte) von Personen." (FEICHTINGER, 1973, p. 63). Aufgezeichnet wird in ihr, wie sich durch die Sterblichkeit diese Kohorte im Lauf der Jahre abbaut. Eine Sterbetafel soll im wesentlichen zwei elementare Fragen beantworten:

1. Wie groß ist das Risiko (= die Wahrscheinlichkeit), daß eine genau $x$jährige Person innerhalb des kommenden Altersjahres stirbt?

2. Wie viele Jahre kann eine genau $x$jährige Person noch erwarten zu leben?

Sterbetafeln sind das historisch älteste Modell der demographischen Analyse; sie stehen am Anfang der Entwicklungsgeschichte der Statistik. Die ersten Sterbetafeln stammen von JOHN GRAUNT, 1620 – 1674, (Bills of Mortality, 1662) und EDMUND HALLEY (1656 – 1742), der 1693 eine Sterbetafel für die Stadt Breslau aufstellte. Später haben sich auch berühmte Mathematiker wie z.B. LEONHARD EULER (1707 – 1783) mit Sterbetafelproblemen befaßt. Der Höhepunkt ihrer Entwicklung lag in der zweiten Hälfte des 19. Jahrhunderts und ist u.a. mit den Namen bedeutender deutscher Statistiker verknüpft: WILHELM LEXIS (1837 – 1914), KARL BECKER (1827 – 1896), GUSTAV ZEUNER, JOHANNES RATHS, RICHARD BÖCKH. Die methodische Entwicklung war praktisch zu Beginn des 20. Jahrhunderts abgeschlossen. In der jüngsten Zeit sind nur noch verfeinerte Methoden der Glättung und des Ausgleichs der rohen Sterbewahrscheinlichkeiten, etwa durch Splinefunktionen, hinzugekommen.

Sterbetafeln sind ein wichtiges Instrument in der einzel- wie auch der gesamtwirtschaftlichen Planung und Prognose. Sie sind Grundlage der Kalkula-

---

[55]Man findet hier nur eine Kurzzitierung. Die vollständigen bibliographischen Angaben stehen im Literaturverzeichnis, Kap. 15.

tion von Lebensversicherungsprämien, der betrieblichen Pensionsrückstellungen, der gesetzlichen Altersversicherung. Sie sind der Eckpfeiler von Bevölkerungsprognosen und aller darauf basierenden Vorausschätzungen, etwa jener der Schüler, der Studenten, der Erwerbspersonen. Die Sterbetafel ist zwar der Prototyp der statistischen Analyse in der Demographie, allerdings ist ihre Anwendung nicht auf die Mortalität beschränkt. Sie sind in ihrer Anwendung und Aufstellung relativ einfach, weil es nur eine Art des Abgangs gibt, nämlich durch Tod (**Einfach–Dekrement–Tafel**). Andere Tafeln, wie etwa die Heirats-, Ehedauer-, Fruchtbarkeits-, Wanderungs-, Reproduktions-, Arbeitslosen- oder Erwerbspersonentafeln kennen zwei oder mehr Arten von Abgängen (**Mehrfach–Dekrement–Tafeln**) und sind komplizierter zu erstellen und zu handhaben.

Bei den hier nur zu betrachtenden Sterbetafeln differenziert man nach der Art der zugrunde gelegten Kohorte zwischen

- der **Generationstafel** und
- der **Periodentafel**.

In Aufbau und Form unterscheiden sich beide nicht, sie weisen die gleichen **Tafelfunktionen** auf. Sie differieren jedoch hinsichtlich ihrer Konstruktion, d.h. der aus der Realität zu entnehmenden Bausteine, und ihrer Interpretation. Bei der Generationstafel, auch **Längsschnitt–** oder **longitudinale Tafel** genannt, wird ein **realer** Geburtsjahrgang in seinem Abgangsverhalten beschrieben. Eine Generationentafel ist also erst nach 100 bis 110 Jahren „fertig". Weitere Kritikpunkte zu ihr findet man u.a. bei FEICHTINGER (1973, p. 71). Eine Periodentafel, auch **Querschnittstafel** genannt, geht von einer fiktiven Kohorte aus, auf welche die in einem oder in einigen wenigen Jahren beobachteten Sterblichkeitsverhältnisse der momentan lebenden, aber aus den letzten ca. 100 Jahren stammenden Bevölkerung übertragen wird. Periodentafeln sind die vorherrschenden Tafeln.

Bezüglich des Detaillierungsgrades unterscheidet man zwischen

- der **vollständigen** (= **allgemeinen**) Sterbetafel und
- den **abgekürzten Sterbetafeln**.

Bei der allgemeinen Sterbetafel wird in Einjahresintervallen vorgegangen bis zum Altersjahr 100 (gelegentlich auch 110) und außerdem wird – wegen der besonderen Bedeutung der Säuglingssterblichkeit – ein Nachweis auch für die ersten Lebenstage, Lebenswochen und Lebensmonate gebracht. Abgekürzte Sterbetafeln weisen das Alter in Fünf- oder Zehnjahresintervallen aus, häufig auch nur bis zum Alter von 90, allerdings sind für die ersten fünf Altersjahre i.d.R. die jährlichen Angaben zu finden.

Zur Erläuterung des Aufbaus und der Handhabung einer Sterbetafel sei in Anlehnung an V. D. LIPPE (1990, p. 103) auf ein – konstruiertes – Zahlenbeispiel zurückgegriffen, das in Tab. 3.20 eine Generationentafel beschreibt. Die

Ausgangsbevölkerung besteht aus acht Personen, A bis H, die gleichzeitig geboren wurden. Ihre alphabetische Bezeichnung entspricht dem erreichten Alter (Spalte 2). In Spalte 1 steht das **vollendete Alter** x in Jahren. Mit ℓ_x in Spalte 3 wird die **Anzahl der Überlebenden** des Alters x bezeichnet. In Spalte 4 stehen die Namen und in Spalte 5 die Anzahl d_x der im x-ten Lebensjahr, d.h. im Altersintervall $[x; x+1)$ Gestorbenen. Man beachte, daß ℓ_x eine auf den Zeitpunkt bezogene Größe ist, die eine Bestandsmasse mißt, und d_x eine auf den Zeitraum bezogene Größe, die den Umfang einer Bewegungsmasse mißt. Da der Sterbetafelkonstruktion eine gegenüber Ein- und Auswanderungen geschlossene Abgangsmasse zugrunde liegt, besteht zwischen den ℓ_x und d_x die folgende **Fortschreibungsformel**, auch **erste Tafelfunktion** genannt:

$$\ell_{x+1} = \ell_x - d_x; \quad x = 0, 1, \ldots, 99(109). \tag{3.42 a}$$

Demnach ist umgekehrt (**zweite Tafelfunktion**)

$$d_x = \ell_x - \ell_{x+1}. \tag{3.42 b}$$

Tab. 3.20: Beispiel einer Sterbetafelkonstruktion (Generationstafel)

x	Namen der Überlebenden	ℓ_x	Namen der Gestorbenen	d_x	q_x	p_x	L_x^*	T_x^*	e_x^*	L_x	T_x	e_x
(1)	(2)	(3)	(4)	(5)	(6)	(7)	(8)	(9)	(10)	(11)	(12)	(13)
0	$ABCDEFGH$	8	AB	2	$0,25$	$0,75$	8	26	$3,25$	7	22	$2,75$
1	$CDEFGH$	6	CD	2	$0,\bar{3}$	$0,\bar{6}$	6	18	3	5	15	$2,5$
2	$EFGH$	4	E	1	$0,25$	$0,75$	4	12	3	$3,5$	10	$2,5$
3	FGH	3	F	1	$0,\bar{3}$	$0,\bar{6}$	3	8	$2,\bar{6}$	$2,5$	$6,5$	$2,1\bar{6}$
4	GH	2	$-$	0	0	1	2	5	$2,5$	2	4	2
5	GH	2	G	1	$0,5$	$0,5$	2	3	$1,5$	$1,5$	2	1
6	H	1	H	1	1	0	1	1	1	$0,5$	$0,5$	$0,5$

Der Quotient

$$q_x := \frac{d_x}{\ell_x} = \frac{\ell_x - \ell_{x+1}}{\ell_x} = 1 - \frac{\ell_{x+1}}{\ell_x} \tag{3.43}$$

in Spalte (6) heißt **einjährige**[56] **Sterbewahrscheinlichkeit** eines $x$jährigen. Das ist die **dritte Tafelfunktion**. Das Einskomplement zu q_x:

$$p_x := 1 - q_x = \frac{\ell_{x+1}}{\ell_x} \tag{3.44}$$

in Spalte (7) ist dann die **einjährige Überlebenswahrscheinlichkeit**[57] eines $x$jährigen (**vierte Tafelfunktion**). Nach einem Multiplikationssatz der

---

[56]Es wird in diesem Beispiel das ganzjährige Alter x in Einjahresschritten variiert.

[57]q_x und p_x sind bedingte **Wahrscheinlichkeiten**, so daß

$$\sum_{x=0}^{100} q_x \neq 1 \quad \text{und} \quad \sum_{x=0}^{100} p_x \neq 1.$$

Wahrscheinlichkeitsrechnung erhält man aus (3.44) die **mehrjährige Überlebenswahrscheinlichkeit** dafür, daß ein $x$jähriger das Lebensjahr y überlebt, als

$$
p_{xy} = \begin{cases} p_x \cdot p_{x+1} \cdot \ldots \cdot p_{y-1} & \text{für} \quad x < y \\ 1 & \text{für} \quad x = y \\ 1 & \text{für} \quad x > y\,. \end{cases} \qquad (3.45\ \text{a})
$$

Man bestätigt leicht durch Einsetzen von (3.44), daß

$$
p_{xy} = \frac{\ell_y}{\ell_x} \quad \text{für} \quad x \leq y. \qquad (3.45\ \text{b})
$$

Speziell ist

$$
p_{0x} = \frac{\ell_x}{\ell_0}
$$

die $x$jährige Überlebenswahrscheinlichkeit eines Neugeborenen. Das Einskomplement zu p_{xy} ist die **mehrjährige Sterbewahrscheinlichkeit** eines $x$jährigen

$$
q_{xy} := 1 - p_{xy}\,, \qquad (3.45\ \text{c})
$$

also die Wahrscheinlichkeit, daß ein $x$jähriger in einem der $y - x$ Jahre zwischen dem Alter x und y stirbt.

Unter der **unbedingten Sterbewahrscheinlichkeit** $q(x)$ versteht man die Wahrscheinlichkeit, daß ein Neugeborener im Alter von x bis unter $x + 1$ Jahren stirbt, also

$$
q(x) := \frac{d_x}{\ell_0}.
$$

Die $q(x)$ sind normiert

$$
\sum_{x=0}^{100} q(x) = 1.
$$

Wegen

$$
q_x := \frac{d_x}{\ell_x} = \frac{d_x/\ell_0}{\ell_x/\ell_0}
$$

und

$$
\ell_x = \ell_0 - \sum_{y=0}^{x-1} d_y
$$

erhält man zwischen den q_x und $q(x)$ die Beziehung

$$
q_x = \frac{q(x)}{1 - \sum\limits_{y=0}^{x-1} q(y)}.
$$

Abb. 3.26: Bestands- oder Überlebensfunktion einer reinen Abgangsmasse

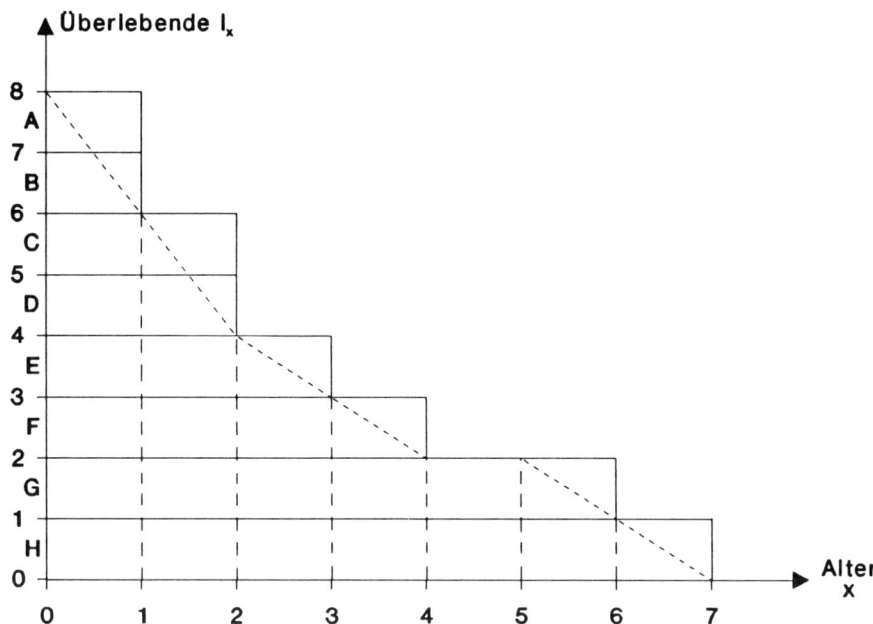

Die vier Tafelfunktionen d_x, ℓ_x, q_x und p_x beschreiben das Überlebens- und Sterblichkeitsverhalten einer Kohorte vollständig; allerdings sind diese Funktionen nicht unabhängig voneinander, sondern durch die Formeln (3.42) bis (3.44) miteinander verknüpft. Für weitergehende Analysen werden zusätzliche Tafelfunktionen benötigt, deren Bestimmung jedoch ohne Annahmen nicht möglich ist. **Unterstellt** wird zunächst, daß jede der d_x **Personen in Tab. 3.20 unmittelbar vor Vollendung ihres $(x+1)$-ten Lebensjahres stirbt.** Die so errechneten Tafelfunktionen sind in Tab. 3.20 mit einem Stern (*) markiert. Zu ihrer Erläuterung sei auf die in Abb. 3.26 dargestellte Bestandsfunktion verwiesen. Auf der Abszisse wird das Alter aufgetragen, auf der Ordinate die Anzahl der bis zu einem gegebenen Alter überlebenden Personen. Jeder der acht Personen aus Tab. 3.20 ist als Lebenslinie ein waagrechter Balken der Höhe Eins zugeordnet, dessen Länge – wegen der obigen Unterstellung – unmittelbar vor einem ganzzahligen Alter endet. So ergibt sich der monoton fallende treppenförmige Verlauf der Bestands- oder Überlebensfunktion ℓ_x. Als **fünfte Tafelfunktion** wird L_x^*, die **Anzahl der im Altersintervall $[x;x+1)$ durchlebten Personenjahre** eingeführt. Finden – wie unterstellt – alle Todesfälle unmittelbar vor Erreichung des Alters $x+1$ statt, so gilt

$$L_x^* = 1 \cdot \ell_x = \ell_x \,. \tag{3.46}$$

In Abb. 3.26 entspricht L_x^* jeweils dem Flächeninhalt einer gestrichelt abgegrenzten Säule.

Die sechste Tafelfunktion, T_x^*, gibt die von den Überlebenden im Alter x insgesamt noch zu durchlebenden Personenjahre an. Sie ist offenbar die Summe der in $[x, x+1)$ durchlebten Personenjahre und der von den ℓ_{x+1} Überlebenden noch insgesamt zu durchlebenden Jahren:

$$T_x^* = L_x^* + T_{x+1}^* = \ell_x + T_{x+1}^* \, . \tag{3.47 a}$$

Durch Substitution bis zum höchsten Alter 100 erhält man

$$T_x^* = \sum_{y=x}^{100} L_y^* = \sum_{y=x}^{100} \ell_y \, . \tag{3.47 b}$$

T_x^* ist die **Zeitmengenfläche** unter der Treppenkurve rechts von einer im Punkt x zu errichtenden Senkrechten.

Die siebte Tafelfunktion, e_x^*, ist die **durchschnittliche fernere Lebenserwartung eines genau $x$jährigen**, in Kurzbezeichnung: **mittlere Restlebensdauer** eines $x$jährigen. Sie ergibt sich durch gleichmäßige Aufteilung der den ℓ_x noch verbleibenden Summe T_x^* an Lebensjahren auf eben diese ℓ_x Überlebenden:

$$e_x^* = \frac{T_x^*}{\ell_x} = \frac{1}{\ell_x} \sum_{y=x}^{100} \ell_y \, . \tag{3.48}$$

Die bisherige Unterstellung eines jeden Todeszeitpunkts unmittelbar vor Vollendung eines Altersjahres ist sicherlich nicht realistisch. Es wird nun unterstellt, daß die **Todesfälle im Altersintervall $[x; x+1)$ gleichmäßig verteilt sind**.[58] Dann liefern die d_x in $[x; x+1)$ sterbenden Personen im Durchschnitt pro Person nur einen Beitrag von einem halben Jahr zur Anzahl der in diesem Altersjahr durchlebten Personenjahre, und aus der fünften Tafelfunktion wird

$$
\begin{aligned}
L_x &= 1 \cdot \ell_{x+1} + 0,5 \cdot d_x \\
    &= \ell_{x+1} + 0,5 \cdot (\ell_x - \ell_{x+1}), \text{ wegen (3.42 b)} \\
    &= 0,5(\ell_x + \ell_{x+1}) \tag{3.49 a}
\end{aligned}
$$

oder

$$
\begin{aligned}
L_x &= 1 \cdot \ell_{x+1} + 0,5 \cdot d_x \\
    &= (\ell_x - d_x) + 0,5 \cdot d_x, \text{ wegen (3.42 a)} \\
    &= \ell_x - 0,5 \cdot d_x . \tag{3.49 b}
\end{aligned}
$$

---

[58]Diese Annahme ist für alle Altersjahre zutreffend, außer für das erste, denn wenn Säuglinge sterben, so am häufigsten in den allerersten Lebenstagen, Lebenswochen oder Lebensmonaten. Für die weiteren Formeln wird aber gleichwohl mit der obigen Unterstellung weiter gearbeitet.

In Abb. 3.26 entspricht L_x dem Flächeninhalt eines Trapezes (bzw. eines Dreiecks in der letzten Altersklasse) über einem Jahresintervall, und die Bestandsfunktion verläuft nicht mehr als Treppe, sondern als Polygonzug (eng gestrichelte Linie in Abb. 3.26). Aus der sechsten Tafelfunktion wird zunächst

$$T_x = \sum_{y=x}^{100} L_y \qquad (3.50\,\text{a})$$

und dann unter Berücksichtigung von (3.49a):

$$T_x = \frac{\ell_x}{2} + \sum_{y=x+1}^{100} \ell_y . \qquad (3.50\,\text{b})$$

Die siebte Tafelfunktion, die mittlere fernere Lebenserwartung eines genau $x$jährigen, wird dann zu

$$e_x = \frac{T_x}{\ell_x} = \frac{1}{2} + \frac{1}{\ell_x} \sum_{y=x+1}^{100} \ell_y ; \qquad (3.51)$$

speziell ist die eines Neugeborenen:

$$e_0 = \frac{1}{2} + \frac{1}{\ell_0} \sum_{x=1}^{100} \ell_x . \qquad (3.52)$$

Vergleicht man e_x nach (3.51) mit e_x^* nach (3.48), um die Auswirkung der beiden Annahmen bezüglich der Lage der Todeszeitpunkte in einem Altersjahr zu erkennen, so sieht man leicht, daß wegen

$$e_x^* = \frac{1}{\ell_x} \sum_{y=x}^{100} \ell_y = 1 + \frac{1}{\ell_x} \sum_{y=x+1}^{100} \ell_y \qquad (3.53)$$

gilt:

$$e_x^* - e_x = 0,5 ,$$

d.h. die in der Praxis durchgängig getroffene Annahme der Gleichverteilung der Todesfälle über ein Altersjahr führt gegenüber e_x^* zu einer Verkürzung der Lebenserwartung um ein halbes Jahr:

$$e_x = e_x^* - 0,5 ,$$

man vgl. dazu auch die Spalten (10) und (13) in Tabelle 3.20.

Vor der Präsentation und der Diskussion konkreter Sterbetafeln seien noch weitere formale Eigenschaften der Tafelfunktionen vorgestellt. Zunächst ergibt sich für das **erwartete Lebensalter** $E(X\,|\,x)$ eines genau $x$jährigen:

$$E(X\,|\,x) = x + e_x , \qquad (3.54)$$

also die Summe aus dem schon erreichten Alter x und der noch zu erwartenden Restlebensdauer.

Welche Beziehung besteht zwischen e_x und e_{x+1}? – Wenn z.B. ein 50jähriger Mann lt. Allgemeiner Sterbetafel 1986/88 eine mittlere fernere Lebenserwartung $e_{50} = 25,50$ Jahre hat, so hat ein 51jähriger Mann nicht eine von 24,50 Jahren, sondern von 24,65 Jahren. Aus (3.51) folgt nach einigen Umformungen

$$e_x - e_{x+1} = 1 - q_x \cdot (e_{x+1} + 0,5) \,. \qquad (3.55)$$

Da $q_x \geq 0$, ergibt sich für die Differenz der mittleren Restlebensdauer zweier aufeinander folgender Altersjahre die Abschätzung nach oben

$$e_x - e_{x+1} \leq 1 \,, \qquad (3.56)$$

d.h. die mittlere Restlebensdauer e_x eines $x$jährigen ist maximal um 1 Jahr größer als die eines $(x+1)$jährigen,[59] sie kann aber auch kleiner sein als die eines $(x+1)$jährigen, d.h. im Gegensatz zur ℓ_x-Funktion muß die e_x-Funktion nicht monoton fallend sein. Dieser Sachverhalt $e_x - e_{x+1} < 0$ ergibt sich dann, wenn gilt

$$q_x > \frac{1}{e_{x+1} + 0,5} \,,$$

d.h. ein $(x+1)$jähriger hat eine größere mittlere Restlebensdauer als ein $x$jähriger, wenn die Sterbewahrscheinlichkeit der $x$jährigen, q_x, hinreichend hoch ist. Dieser Sachverhalt war, wie ein Blick in die Abbildungen 3.29 und 3.30 zeigt, bis zur dort ausgewiesenen Allgemeinen Sterbetafel 1986/88 für die ersten Altersjahre auch tatsächlich gegeben.

Da eine Kohorte restlos ausstirbt, muß gelten

$$\ell_0 = \sum_{x=0}^{100} d_x \,. \qquad (3.57\ \text{a})$$

Was für ℓ_0 in (3.57a) festgestellt ist, gilt für jedes Alter x:

$$\ell_x = \sum_{y=x}^{100} d_y \,. \qquad (3.57\ \text{b})$$

Entsprechend kann man die für e_x benötigte Funktion T_x auch anders berechnen, nämlich nicht mehr wie bisher als Summe von senkrecht stehenden Trapezen in Abb. 3.26, sondern als Summe von liegenden Trapezen. Für die gesamte Zeitmengenfläche T_0 unter der Überlebensfunktion ergibt sich

$$T_0 = \sum_{x=0}^{100} (x + 0,5) \cdot d_x$$

---

[59]Das Gleichheitszeichen in (3.56) gilt übrigens nur dann für alle x, wenn alle Personen gleich alt würden, d.h. die Bestandsfunktion in Abb. 3.26 zu einem Rechteck würde. Ansonsten gilt das Gleichheitszeichen für diejenigen x, für die $q_x = 0$.

$$= \sum_{x=0}^{100} x \cdot d_x + 0,5 \cdot \ell_0, \text{ wegen (3.57 a).} \qquad (3.58\text{ a})$$

Demnach ist

$$e_0 = \frac{T_0}{\ell_0} = \frac{\displaystyle\sum_{x=0}^{100} x \cdot d_x}{\displaystyle\sum_{x=0}^{100} d_x} + 0,5\,; \qquad (3.58\text{ b})$$

also ist die mit dem erwarteten Lebensalter bei einem Neugeborenen identische mittlere fernere Lebenserwartung e_0 gleich dem um 0,5 erhöhten durchschnittlichen Sterbealter der Neugeborenen.

Allgemein erhält man für beliebiges x:

$$T_x = \sum_{y=x}^{100} (y - x + 0,5) \cdot d_y$$

$$= \sum_{y=x}^{100} (y - x) \cdot d_y + 0,5 \cdot \ell_x, \text{ wegen (3.57 b).} \qquad (3.59\text{ a})$$

In (3.59 a) ist die Beziehung (3.58 a) für $x = 0$ als Sonderfall enthalten. Aus (3.59 a) resultiert die mittlere Restlebensdauer eines $x$jährigen als:

$$
\begin{aligned}
e_x = \frac{T_x}{\ell_x} &= \frac{1}{\ell_x} \sum_{y=x}^{100} (y - x) d_y + 0,5 \\
&= \frac{1}{\ell_x} \sum_{y=x}^{100} y \cdot d_y - \frac{x}{\ell_x} \sum_{y=x}^{100} d_x + 0,5 \\
&= \frac{\displaystyle\sum_{y=x}^{100} y \cdot d_y}{\displaystyle\sum_{y=x}^{100} d_y} - x + 0,5, \text{ wegen (3.57 b).} \qquad (3.59\text{ b})
\end{aligned}
$$

In (3.59 b) ist die Beziehung (3.58 b) für $x = 0$ als Sonderfall enthalten. Eine kleine Umstellung von (3.59 b) liefert

$$x + e_x = \frac{\displaystyle\sum_{y=x}^{100} y \cdot d_y}{\displaystyle\sum_{y=x}^{100} d_y} + 0,5\,. \qquad (3.59\text{ c})$$

Auf der linken Seite von (3.59 c) steht – vgl. (3.54) – das erwartete Lebensalter eines genau $x$jährigen, und dieses ist um 0,5 Jahre höher als das **mittlere**

Sterbealter jener ℓ_x Personen, die mindestens das Alter von x Jahren erreicht haben. Auch diese Interpretation enthält die von (3.58 b) für $x = 0$ als Spezialfall.

Die durchschnittliche fernere Lebenserwartung läßt sich auch als Summe von mehrjährigen Überlebenswahrscheinlichkeiten darstellen. Zunächst ist wegen (3.45 a/b)

$$\begin{aligned}
\ell_{x+k} &= \ell_x \cdot p_{x,x+k} \\
&= \ell_x \cdot p_x \cdot p_{x+1} \cdot \ldots \cdot p_{x+k-1} .
\end{aligned} \qquad (3.60\ a)$$

Dieses ergibt in (3.51) eingesetzt:

$$e_x = \frac{1}{2} + \sum_{y=x+1}^{100} p_{xy}. \qquad (3.60\ b)$$

Es sei angemerkt, daß die Darstellungen (3.59 b) und (3.60 b) der mittleren ferneren Lebenserwartung für methodisch–analytische Betrachtungen nützlich sind, nicht jedoch für die praktische Berechnung. Letztere erfolgt stets über (3.51).

In Tab. 3.20 ist ein verkürztes Beispiel für eine Generationssterbetafel gebracht worden. Generationstafeln zeichnen sich dadurch aus, daß in ihnen die d_x–Werte aus der Realität stammen, nämlich aus dem Protokoll der je Altersjahr Gestorbenen der Ausgangskohorte. Aus den d_x und ℓ_x werden dann alle weiteren Tafelfunktionen berechnet, wobei dann aus Gründen der leichteren Lesbarkeit die Größe der Ausgangsgesamtheit ℓ_0 (auch **Radix** der Tafel genannt) auf 100.000 Personen angesetzt wird. Wegen der unterschiedlichen Sterblichkeit der Geschlechter werden die Generationstafeln und auch die Periodentafeln getrennt für Männer und Frauen aufgestellt.

Die **real existierenden Sterbetafeln** sind praktisch alle Periodentafeln. Bei ihrer Aufstellung entnimmt man der Realität nicht – wie bei den Generationstafeln – die d_x, sondern die q_x als geeignet gewählte oder modifizierte altersspezifische Sterberaten eines oder mehrerer Kalenderjahre. Eine Möglichkeit ihrer Berechnung ist die **Geburtsjahrmethode nach Becker–Zeuner**. Bei ihr wird die Anzahl der $x$jährig Verstorbenen eines bestimmten Geburtsjahrgangs bezogen auf die Zahl derjenigen Personen dieses Geburtsjahrgangs, die das Alter x erreicht haben. Nimmt man etwa $x = 10$ sowie das Geburtsjahr 1977, so erhält man unter Verwendung des Becker–Diagramms in Abb. 3.19 die Anzahl der 10jährig Verstorbenen des Jahrgangs 1977 als Summe der im Parallelogramm ABCD endenden Verweillinien. Die Anzahl der aus 1977 das zehnte Lebensjahr Vollendenden ist in Abb. 3.19 gegeben durch die Anzahl der Lebenslinien, die die Strecke AB erreichen oder überschreiten. Die Geburtsjahrmethode benötigt also die Sterbefälle zweier benachbarter Kalenderjahre, hier: 1987 und 1988.

Eine andere, ebenfalls gut am Becker–Diagramm zu erklärende Konstruktion von Sterbewahrscheinlichkeiten ist die auf J. RATHS zurückgehende **Sterbejahrmethode**.[60] In einem Berichtsjahr (In Abb. 3.19 sei dies das Kalenderjahr 1987.) wird die Anzahl aller im Alter von x Jahren Gestorbenen herangezogen; in Abb. 3.19 sei $x = 10$ genommen. Die Verweillinien dieser Personen enden im Parallelogramm ABDE, und sie kommen aus den Geburtsjahren 1976 und 1977. Als Bezugsgröße für diese Gestorbenenzahl benötigt man die Risikomenge, definiert als jene Personen, die das zehnte Lebensjahr vollendet haben und ein Jahr dem Risiko der Sterblichkeit ausgesetzt waren. Bei Unterstellung einer Gleichverteilung sowohl der Sterbe- als auch der Geburtenfälle über das Kalenderjahr ergibt sich die gesuchte Bezugsgröße wie folgt:

1. Anzahl der Personen, die in 1987 das zehnte Lebensjahr vollenden (= Anzahl der die Strecke AB schneidenden Lebenslinien), reduziert um die Hälfte der am Jahresende 1987 noch Lebenden des Geburtsjahrgangs 1977 (= Anzahl der die Strecke BD schneidenden Lebenslinien), da sich das Risiko dieses Jahrgangs, im gleichen Alter (von 10 Jahren) zu sterben, auf zwei Kalenderjahre verteilt, zuzüglich

2. der Hälfte der Personen des Geburtsjahres 1976, die am Jahresanfang 1987 als Zehnjährige in das Berichtsjahr eingetreten sind (= Anzahl der die Strecke AE schneidenden Lebenslinien). Hier ist die halbe Personenzahl zu nehmen, da die Hälfte der Zeitspanne, in der das Risiko bestand, zehnjährig zu sterben, bereits abgelaufen ist.

Führt man die Berechnungen nach der Geburtsjahrmethoden für $x = 0, 1, ..$ .., 100 in 1987/88 durch, so erhält man einen Satz von Sterbewahrscheinlichkeiten $q_x(1987/88)$. Um zufällige Über- oder Untersterblichkeiten dieser beiden Jahre auszugleichen, wird man das Prozedere für weitere ein oder zwei Jahrespaare wiederholen, etwa für 1986/87 und 1988/89. Aus den dann vorliegenden drei Sterbewahrscheinlichkeiten für ein jedes Altersjahr bildet man die **rohen Sterbewahrscheinlichkeiten** als ungewogenes arithmetisches Mittel:[61]

$$\bar{q}_x := \frac{q_x(1986/87) + q_x(1987/88) + q_x(1988/89)}{3} .$$ (3.61)

Die graphische Darstellung der $\bar{q}_x$ über x liefert nicht unbedingt einen hinreichend glatten Verlauf, so daß man die $\bar{q}_x$ glättet und schließlich die q_x als **ausgeglichene Sterbewahrscheinlichkeiten** bekommt.[62] Diese aus einem oder einigen wenigen Querschnitten stammenden q_x werden in die Periodentafel eingetragen und auf eine hypothetische Kohorte von $\ell_0 = 100.000$ Personen angewendet. Man fragt also, wie würde diese hypothetische Generation im Laufe

---

[60] Weitere Verfahren wie z.B. die Kalenderjahrmethode nach BÖCKH oder das Koeffizientenverfahren nach FARR findet man bei ESENWEIN-ROTHE (1982, p. 245 ff.) dargestellt.

[61] Analog verfährt man bei der Sterbejahrmethode.

[62] Als Glättungsverfahren wurden und werden verwendet: einfache oder gewogene gleitende Durchschnitte, spezielle analytische Funktionen (**Gompertz**– oder **Gompertz–Makeham**–Funktionen) oder Splinefunktionen.

der nächsten 100 Jahre hinschwinden, falls sie der altersspezifischen Mortalität ausgesetzt wäre, die in den ein bis drei zur Schätzung der q_x herangezogenen Bevölkerungen herrschte. Bleibt noch zu ergänzen, daß die Größe L_0 in den Periodentafeln nicht nach (3.49 a/b) errechnet wird, sondern sich empirisch aus dem Alter der gestorbenen Säuglinge in den gewählten Beobachtungsjahren ergibt.

In der Bundesrepublik Deutschland wie auch in fast allen anderen Staaten werden die ausführlichen Allgemeinen Sterbetafeln immer mit dem Jahr einer Volkszählung als Stützperiode berechnet, dem dann noch ein oder zwei vor- und/oder nachlaufende Kalenderjahre hinzutreten. Der Grund dafür liegt in der Tatsache, daß die Volkszählung einen sehr genauen Altersaufbau der Bevölkerung liefert und man die Bevölkerung – bei entsprechender Frage nach dem Alter (vgl. Aufgabe 3.7) – nach Alters- und Geburtsjahren gliedern kann. Allgemeine Sterbetafeln für Deutschland gibt es für die Jahre 1871/80, 1910/11, 1932/34 und 1949/50 nach der Geburtsjahrmethode von BECKER–ZEUNER, für die Jahre 1881/90, 1891/1900, 1901/10, 1924/26 und 1960/62 nach der Sterbejahrmethode von RATHS sowie für 1970/72 und 1986/88 nach dem Koeffizientenverfahren von FARR.

Abb. 3.27 zeigt im logarithmischen Maßstab den Verlauf der altersspezifischen Sterbewahrscheinlichkeiten aus der Allgemeinen Sterbetafel 1986/88 getrennt für Männer und Frauen. Die Sterblichkeit liegt in allen Altersjahren bei den Männern über jener der Frauen. Für Männer ist $q_0 \approx 0,00925 \hat{=} 9,25‰$, bei den Frauen ist $q_0 \approx 0,00702 \hat{=} 7,02‰$. Dann sinkt die Sterbewahrscheinlichkeit für beide Geschlechter bis zum Alter $x = 11$. (Minimum bei Männern: 0,20‰, bei Frauen: 0,15‰). Der anschließend steile Anstieg bis zum Alter von 21 ist auf die tödlichen Straßenverkehrsunfälle von Jugendlichen zurückzuführen. Ab etwa Mitte 30 verlaufen beide Funktionen in Abb. 3.27 nahezu linear, allerdings im logarithmischen Maßstab. Das bedeutet einen exponentiellen Verlauf der q_x–Werte im natürlichen Maßstab.

Abb. 3.28 zeigt den Verlauf der durchschnittlichen ferneren Lebenserwartung – wiederum getrennt nach dem Geschlecht – aus der Allgemeinen Sterbetafel von 1986/88. Da die Sterbewahrscheinlichkeit für Frauen durchgängig niedriger ist als die für Männer, liegt die mittlere Restlebensdauerfunktion der Frauen bei jedem Alter über jener der Männer. Es ist $e_0 = 78,68$ Jahre für ein neugeborenes Mädchen und $e_0 = 71,88$ Jahre für einen neugeborenen Knaben. Im Gegensatz zu historisch älteren Tafeln ist nunmehr der Verlauf der e_x–Funktion bei der jährlichen Altersangabe monoton fallend.[63]

Im Laufe der letzten 120 Jahre hat sich die Sterblichkeit der deutschen Bevölkerung wie auch der anderer Industrienationen stetig verringert. Abb. 3.29 zeigt diesen Sachverhalt am Beispiel der Verläufe der altersspezifischen Sterbewahrscheinlichkeiten für Männer aus den Periodentafeln von 1901/10, 1932/34, 1960/62 und schließlich 1986/88. Die Kurven haben sich im Laufe der letzten

---

[63]Innerhalb des ersten Lebensmonats ist allerdings noch ein leichter Anstieg zu beobachten.

Abb. 3.27: Altersspezifische Sterbewahrscheinlichkeiten für Männer und Frauen nach der Allgemeinen Sterbetafel 1986/88

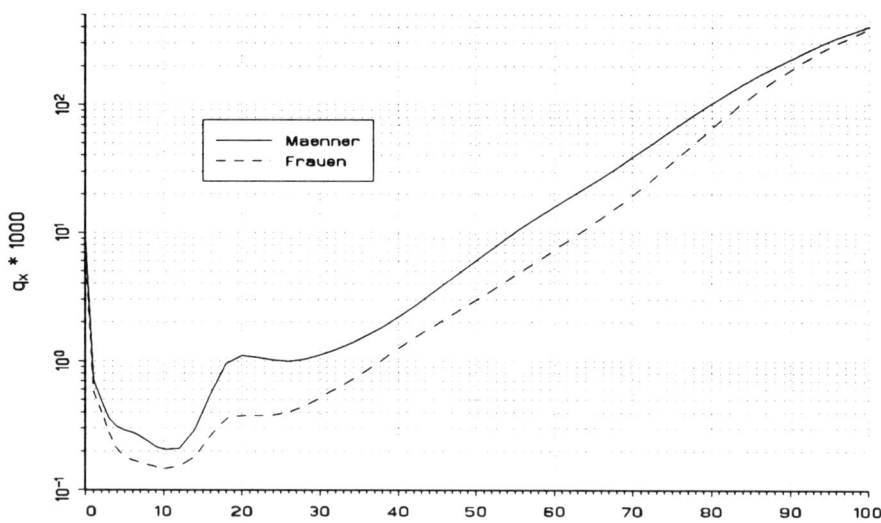

Quelle: Statistisches Bundesamt 1992a, p. 148–151

Abb. 3.28: Durchschnittliche fernere Lebenserwartung für Männer und Frauen nach der Allgemeinen Sterbetafel 1986/88

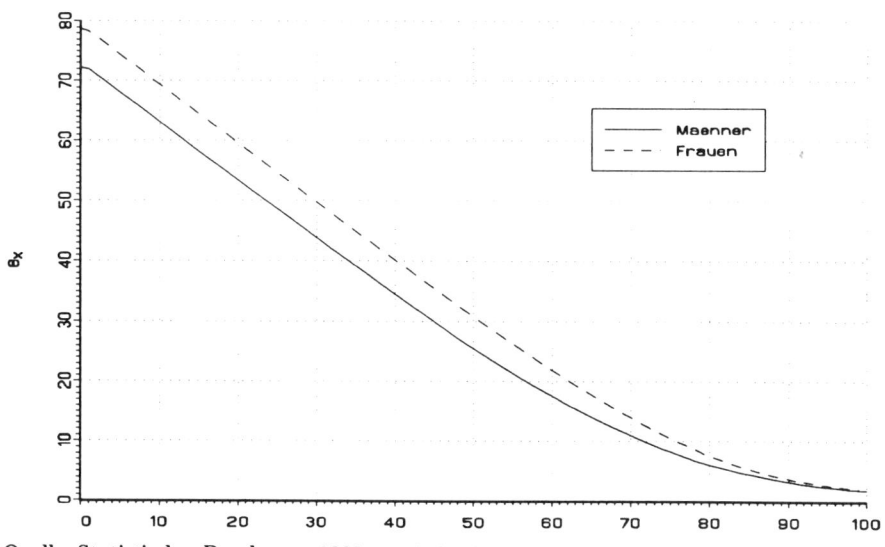

Quelle: Statistisches Bundesamt 1992a, p. 148–151

Abb. 3.29: Altersspezifische Sterbewahrscheinlichkeiten für Männer nach den abgekürzten Sterbetafeln 1901/10, 1932/34, 1960/62 und 1986/88

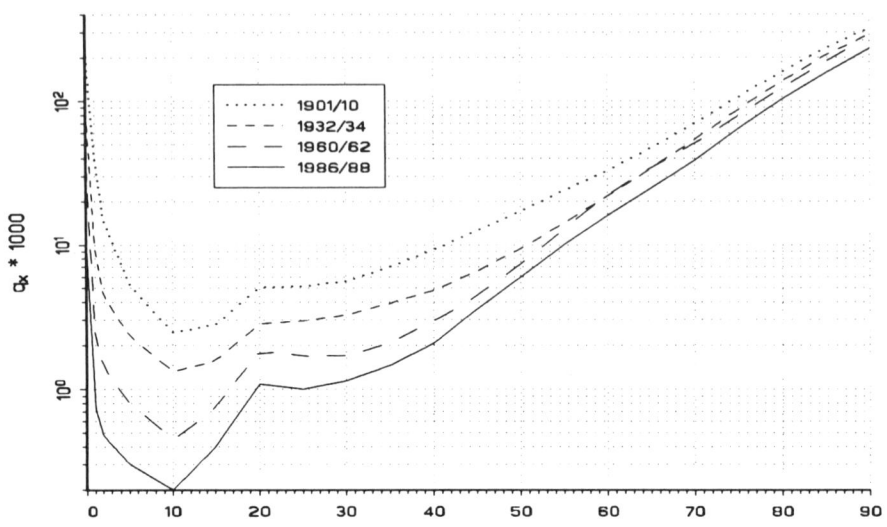

Quelle: Statistisches Jahrbuch 1990, p. 68

Abb. 3.30: Durchschnittliche fernere Lebenserwartung für Männer nach den abgekürzten Sterbetafeln 1901/10, 1932/34, 1960/62 und 1986/88

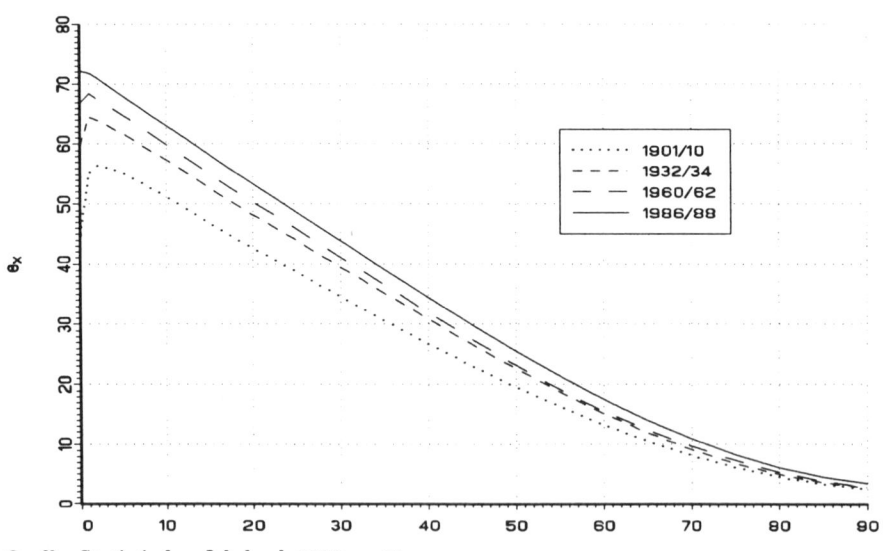

Quelle: Statistisches Jahrbuch 1990, p. 68

80 Jahre permanent nach unten verschoben.[64] Besonders drastisch hat sich die Säuglings- und Kindersterblichkeit reduziert. So fiel q_0 von 202,34‰ in 1901/10 über 85,35‰ in 1932/34 und 35,33‰ in 1960/62 auf 9,25‰ in 1986/88. Reduktionen der Frühsterblichkeit führen zu einer besonders großen Zunahme der Lebenserwartung für Neugeborene, was in Abb. 3.30 gut zu erkennen ist. e_0 stieg von 44,82 Jahre in 1901/10 über 59,86 Jahre in 1932/34 und 66,86 Jahre in 1960/62 auf 71,88 Jahre in 1986/88. Die früher hohe Säuglings- und Kleinkindersterblichkeit führte auch zum nicht–monotonen e_x–Verlauf. So galt etwa 1901/10: $e_0 = 44,82$ Jahre, $e_1 = 55,12$ Jahre und $e_2 = 56,39$ Jahre, d.h. nach glücklichem Überstehen des besonders kritischen ersten Lebensjahres ging die mittlere Restlebensdauer um über 10 Jahre nach oben. Noch 1970/72 galt für Männer: $e_0 = 67,41$ Jahre, $e_1 = 68,20$ Jahre, $e_2 = 67,31$ Jahre. Während sich zwischen der Sterbetafel 1901/10 und 1986/88 e_0 für Männer von 44,82 auf 71,88, also um etwa 27 Jahre erhöhte, stieg im gleichen Zeitraum e_0 für Frauen von 48,33 um etwas mehr als 30 Jahre auf 78,68.

Literatur zu Abs. 3.4.3 [65]

ABELS, H. (1991), p. 89 ff.

ESENWEIN-ROTHE, I. (1982), p. 226 ff.

FEICHTINGER, G. (1973), p. 63 ff.

FLASKÄMPER, P. (1962), p. 342 ff.

LIPPE, P. V. D. (1990), p. 102 ff.

3.4.4 Bevölkerungsprognosen

Abschätzungen der zukünftigen Bevölkerung lassen sich in

*   **unstrukturierter** oder in
*   **strukturierter Form**

durchführen. Die unstrukturierte Prognose liefert nur einen Schätzwert für die Größe der **Gesamt**bevölkerung zu einem zukünftigen Zeitpunkt t. Hierfür sind verschiedene Methoden anwendbar:

1. **Extrapolation** mittels der letzten beobachteten Wachstumsrate oder dem geometrischen Mittel von mehreren Wachstumsraten **nach der Aufzinsungsformel**, vgl. (3.3);

---

[64]Daß die Kurve von 1960/62 bei den 60/65jährigen über der von 1932/34 liegt, ist ein sog. **Kohorteneffekt**. Denn die 1960/62 gestorbenen 60- bis 65jährigen waren entweder keine Kriegsteilnehmer (wehruntauglich und damit gesundheitlich beeinträchtigt) oder als Kriegsteilnehmer und Kriegsgefangene durch den Krieg gesundheitlich geschädigt.

[65]Man findet hier nur eine Kurzzitierung. Die vollständigen bibliographischen Angaben stehen im Literaturverzeichnis, Kap. 15.

2. **Schätzung einer Trendfunktion** aus der Zeitreihe der Bevölkerungsgröße und Verlängerung dieser Funktion in die Zukunft;

3. Unterstellung einer bestimmten Art von **Wachstumsfunktion mit
   Sättigungsgrenze**, etwa der logistischen Funktion

$$B(t) = \frac{S}{1 + e^{a+bt}}, \quad b < 0, \tag{3.62}$$

   mit S als Sättigungsgrenze;

4. Übertragung des in Europa und anderen Industriestaaten beobachteten
   demographischen Übergangs auf andere Staaten.

Im Rahmen des demographischen Übergangs werden bezüglich Niveau und
Verlauf der Geburten- und Sterberate, deren Saldo ja die Wachstumsrate einer
Bevölkerung ist (wenn man von Außenwanderungen absieht), fünf Phasen un-
terschieden. Diese sind in Abb. 3.31 ohne genaue Zeitangaben skizziert, denn
Einsetzen und Länge der Phasen differieren zwischen einzelnen Staaten:

Phase I   Agrarischer Bevölkerungsprozeß mit in etwa übereinstimmenden
              und hohen Geburten- und Sterberaten: Die Wachstumsrate ist
              nur geringfügig größer als Null, so daß die Bevölkerung praktisch
              stagniert.

Phase II Frühindustrieller Bevölkerungprozeß (etwa erste Hälfte des 19.
              Jahrhunderts): Die Geburtenrate verharrt auf dem bisherigen ho-
              hen Niveau, während die Sterberate durch den medizinischen Fort-
              schritt schnell sinkt. Die Bevölkerung nimmt rasch zu.

Phase III Übergangsperiode der Industriegesellschaft (etwa Ende des 19.
              Jahrhunderts): Die Sterberate sinkt nur noch geringfügig, die Ge-
              burtenrate aber dafür um so mehr. Die Bevölkerung wächst, aber
              mit abnehmendem Tempo.

Phase IV Bevölkerungsprozeß der fortgeschrittenen Industrieländer: Gebur-
              ten- und Sterberate sind zeitlich konstant. Da die Geburtenrate
              über der Sterberate liegt, wächst die Bevölkerung mit konstanter,
              aber niedriger Rate.

Phase V   Übergangsperiode nach der Industrialisierung: Die Sterberate
              bleibt nahezu konstant, die Geburtenrate fällt unter die Sterbera-
              te, so daß die Bevölkerungsgröße schrumpft.

Die strukturierte Form einer Bevölkerungsprognose liefert nicht nur eine
Schätzung des Umfangs der künftigen Bevölkerung, sondern auch in Form einer Alterspyramide die alters- und geschlechtsmäßige Zusammensetzung. Nur
solche strukturierten Prognosen sind für detaillierte Planungen und konkrete
Entscheidungen von Nutzen. Das Prinzip dieser Art von Prognose ist einfach,
denn sie simuliert die beobachtbaren Bevölkerungsbewegungen. Eine nach Geschlecht und Alter gegliederte Ausgangsbevölkerung wird von einem Jahr zum
anderen fortgeschrieben. Jeder Altersjahrgang wird um die erwarteten Sterbefälle – berechnet mittels der Sterbewahrscheinlichkeiten aus einer **Sterbe-**

Abb. 3.31: Phasen des demographischen Übergangs im Industrialisierungsprozeß
Europas

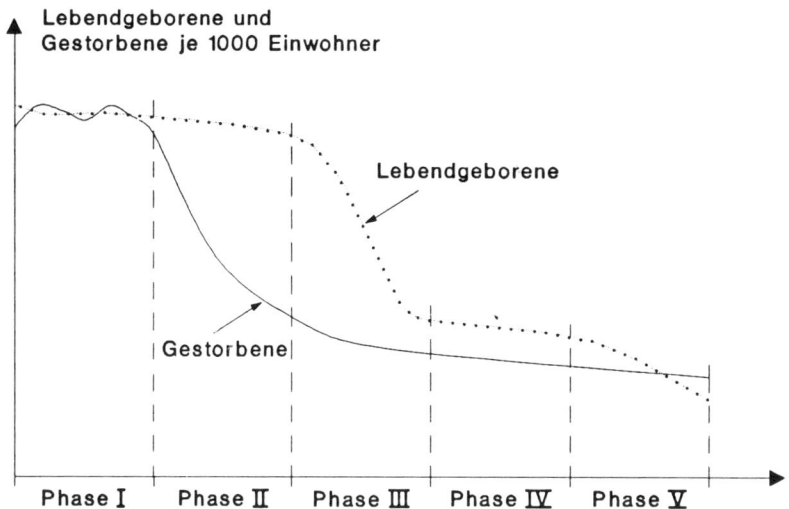

tafel – reduziert und in die nächsthöhere Altersklasse des Folgejahres übernommen. Gleichzeitig wird ein neuer Jahrgang von Nulljährigen hinzugefügt, dessen Größe sich aus der Anwendung der **altersspezifischen Geburtenraten**
auf die Frauen im gebärfähigen Alter ergibt. Die Aufspaltung der Nulljährigen nach dem Geschlecht erfolgt unter Verwendung der **Sexualproportion
der Lebendgeborenen**. Gegebenenfalls können auch **Außenwanderungen**
berücksichtigt werden.

Die **Komponentenmethode** wendet auch das Statistische Bundesamt seit
Anfang der 50er Jahre an. Sofern sich die Vorausberechnung auf einen mittel-
fristigen Zeitraum (10 bis 15 Jahre) erstreckt, spricht das Statistische Bundesamt von einer **Bevölkerungsvorausschätzung**. Da für diesen Zeithorizont
der überwiegende Teil der Bevölkerung schon zu Beginn des Prognosezeitrau-
mes lebt, kann man relativ sichere Aussagen machen. Neben den Wanderungen
spielt nur die Entwicklung der Sterblichkeit eine wesentliche Rolle. Diese läßt
sich, da relativ kontinuierlich verlaufend (vgl. die Verlagerung der Kurven in
Abb. 3.29), recht sicher abschätzen. Annahmen über die Geburtenentwicklung
– ausgedrückt über die altersspezifischen Geburtenraten – sind auch nur über
10 bis 15 Jahre zu machen, und die Jahrgangsstärken der Frauen im zukünftigen gebärfähigen Alter sind auch (abzüglich der noch Sterbenden) schon bekannt. Wird ein längerer Zeitraum als 15 Jahre zugrunde gelegt, so spricht das
Statistische Bundesamt von einer **Modellrechnung**. Sie ist in ihren Ergebnissen unsicherer als die Vorausschätzung, da die Determinanten der Entwicklung
(Mortalität, Natalität und Migration) über einige Jahrzehnte antizipiert wer-

den müssen. Gelegentlich werden mehrere Alternativen – etwa eine optimistische und eine pessimistische – durchgerechnet, um die mögliche Bandbreite der
künftigen Bewegung zu erfahren.

Mitte 1994 hat das Statistische Bundesamt die Ergebnisse seiner achten koordinierten Bevölkerungsvorausberechnung vorgelegt, die – mit Ausgangsbasis
31.12.1992 – bis zum Jahr 2040 reicht, vgl. SOMMER, B. (1994). Die erst zwei
Jahre vorher (Frühjahr 1992) gemachte siebte koordinierte Vorausberechnung
war von Wanderungssalden ausgegangen, die sich als zu niedrig erwiesen. Für
1992 waren damals die Nettoaußenwanderungen um mehr als 300.000 Personen
unterschätzt worden.

Da in einer Bevölkerungsvorausberechnung die Komponente „Außenwanderungen" mit der größten Unsicherheit behaftet ist (In der Vergangenheit wies
sie erhebliche Schwankungen auf, wie Abb. 3.12 im mittleren Teil zeigt.), wurden nun **drei Varianten** gerechnet und damit ein Korridor zur Beschreibung
der möglichen zukünftigen Entwicklung geschaffen. Diese drei Varianten unterscheiden sich in den Annahmen bzgl. der **Wanderungen der Ausländer**,
für die auf lange Sicht Wanderungssalden von jährlich 100.000 (Variante 1),
200.000 (Variante 2) bzw. 300.000 (Variante 3) unterstellt werden. Die **Wan-
derungsannahmen über Deutsche** sind angesichts der bisher kontinuierlichen Entwicklung in allen drei Varianten gleich. Es handelt sich hierbei im wesentlichen um die Zuwanderung von Aussiedlern, derzeit mit einem jährlichen
Maximum von etwa 220.000 Aufnahmebescheiden, wobei davon ausgegangen
wird, daß dieser Zustrom bis zum Jahr 2010 ausklingt und sich danach die Zu-
und Fortzüge von Deutschen ausgleichen.

Wegen unterschiedlicher Gegebenheiten zur **Geburtenhäufigkeit** und
Sterblichkeit waren jeweils eigene Annahmen für die alten und die neuen
Bundesländer zu treffen. Für die alten Länder wurde von einer konstanten
Geburtenhäufigkeit – ausgedrückt durch den Vektor der altersspezifischen Geburtenziffern – ausgegangen und von einer leichten Zunahme der Lebenserwartung (Senkung der Sterbewahrscheinlichkeiten) bis zum Jahre 2000 mit nach-
folgender Konstanz.[66] In den neuen Ländern unterstellte man einen weiteren
Rückgang der Geburtenhäufigkeit bis etwa 1996 mit einer nachfolgenden Angleichung bis 2005 an das westdeutsche Niveau. Die Sterblichkeit in den neuen
Ländern wurde in einem allmählichen Anpassungsprozeß – bis 2030 dauernd –
an das niedrigere westdeutsche Niveau angenähert.

Abb. 3.32 zeigt den deutschen Altersaufbau, wie er effektiv 1992 vorlag,
und den, der sich nach jeder der drei Varianten geschätzt im Jahr 2040 einstellen könnte. In Abb. 3.33 wird nur das Ergebnis der Durchrechnung nach der
mittleren Variante gezeigt, allerdings für den Osten und Westen Deutschlands

---

[66] Geht man von einer weiteren Senkung der Sterblichkeit in den höheren Altersklassen aus,
was durchaus realistisch ist, so wird durch die hier unterstellte Konstanz bzgl. der Kranken-,
Pflege- und Rentenversicherung ab 2020 ein zu optimistisches Bild gezeichnet.

Abb. 3.32: Altersaufbau der Bevölkerung Deutschlands 1992 und 2040

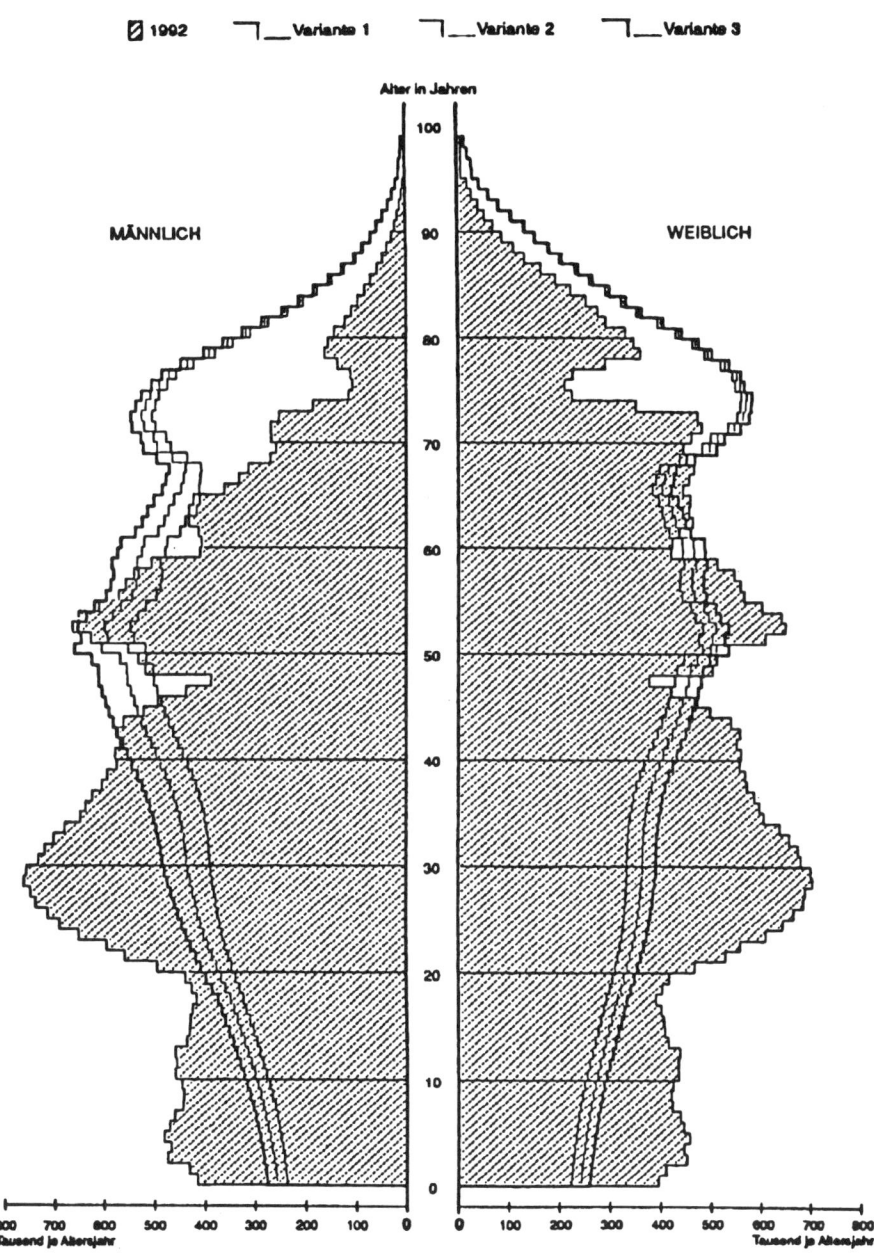

Quelle: SOMMER, 1994, p. 449

Abb. 3.33: Altersaufbau der Bevölkerung im früheren Bundesgebiet und
           in den neuen Bundesländern in den Jahren 1992 und 2040

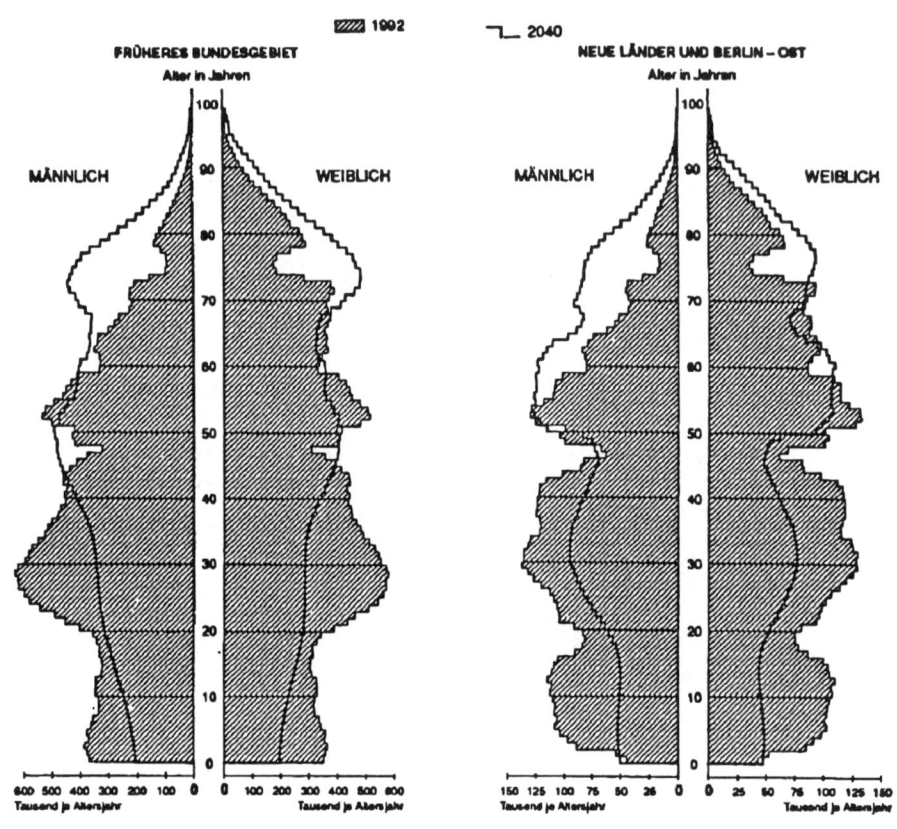

Quelle: SOMMER, 1994, p. 503

getrennt. Im Altersaufbau 2040 in den neuen Ländern sieht man deutlich die
Einschnürung bei den dann 45- bis 50jährigen (Geburtenrückgang in den 90er
Jahren), aber auch die leichte Einschnürung bei den dann 15- bis 20jährigen,
bedingt durch das „Fehlen von Eltern" aus den Geburtsjahren 1990 ff.

Nachfolgend sind in Tab. 3.21 einige Zahlen aus der für Gesamtdeutschland geltenden Vorausberechnung zusammengestellt. Man erkennt in jeder Variante nicht nur die auf unterschiedlichem Niveau verlaufende Entwicklung der
Bevölkerungsgröße (Anstieg bis etwa 2010, danach ein Rückgang), sondern auch
den Anstieg der Gesamtbelastung, der erst wesentlich später (um 2030) aufhört.
In der geschätzten Entwicklung der Gesamtbelastung sind zwei gegenläufige
Bewegungen enthalten, Rückgang der Jugendbelastung und Zunahme der Altersbelastung, wobei letztere nicht kompensiert wird. Während die Jugendbe-

lastung vornehmlich durch die Eltern im Familienverbund getragen wird, ist die Altersbelastung (Renten, Pensionen, Pflege) vornehmlich von der Gemeinschaft, also kollektiv zu tragen. Ob angesichts des geschätzten Anstiegs dieser Lastquote, die sich unter Variante 1 von 1992 bis 2040 mehr als verdoppelt, noch von „sicheren Renten" in ihrer derzeitigen Höhe (relativ zum Einkommen des arbeitenden Bevölkerungsteils) gesprochen werden kann, ist nach diesen Modellrechnungen anzuzweifeln.

Tab. 3.21: Einige Ergebnisse aus der achten koordinierten Bevölkerungsvorausberechnung des Statistischen Bundesamtes

Am 31.12. des Jahres	Variante 1				Variante 2				Variante 3			
	Bevölk. in 1000	JBL %	ABL %	GBL %	Bevölk. in 1000	JBL %	ABL %	GBL %	Bevölk. in 1000	JBL %	ABL %	GBL %
1992	80.974,6	37,0	35,0	72,0	⟸ Basisbevölkerung der Modellrechnung							
2000	83.347,4	38,1	41,6	79,7	83.740,5	38,1	41,4	79,5	84.133,4	38,0	41,2	79,2
2010	81.960,3	32,9	44,9	77,8	83.433,0	32,9	44,1	77,0	84.894,8	32,9	43,4	76,3
2020	78.581,0	31,4	53,3	84,7	81.183,4	31,4	51,7	83,0	83.748,0	31,3	50,2	81,4
2030	73.677,3	34,3	71,1	105,4	77.413,5	33,9	67,8	101,8	81.072,1	33,5	65,0	98,4
2040	67.580,2	32,4	71,2	103,6	72.413,0	32,2	67,8	99,9	77.115,4	31,8	65,0	96,8

JBL – unter 20jährige je 100 Personen von 20 bis unter 60 Jahre

ABL – 60jährige und ältere je 100 Personen von 20 bis unter 60 Jahre

GBL – Summe aus JBL und ABL

Quelle: SOMMER, 1994, p. 501

Bevölkerungsprognosen für die übrigen EU–Mitgliedstaaten fallen – mit Ausnahme Frankreichs – ähnlich aus. Von derzeit (Ende 1994) 344 Millionen Einwohnern im Europa der 12 wird die Bevölkerung bis 2020 auf ca. 323 Millionen zurückgehen, mit allerdings unterschiedlichen Schrumpfungsraten je Staat. Verbunden ist diese Entwicklung, die zu einem kopflastigen Altersaufbau führt, mit einem Anstieg des Durchschnittsalters („vergreisende Bevölkerung"). Zwischen 1990 und 2020 wird EU–weit das Durchschnittsalter von 37,9 Jahren (Deutschland: 39,3 Jahre) auf 44,6 Jahre (Deutschland: 46,9 Jahre) zunehmen. Auch Migrationen werden diesen Prozeß nicht stoppen, sondern allenfalls je nach betriebener Einwanderungspolitik stärker oder schwächer ausfallen lassen. Die weltweit vorhandenen Wanderungspotentiale sind um ein Vielfaches größer als die Integrationsmöglichkeiten der europäischen Industriestaaten.

Literatur zu Abs. 3.4.4 [67]

BRETZ, M. (1986), p. 89 ff.

ESENWEIN-ROTHE, I. (1982), p. 363 ff.

---

[67] Man findet hier nur eine Kurzzitierung. Die vollständigen bibliographischen Angaben stehen im Literaturverzeichnis, Kap. 15.

FEICHTINGER, G. (1973), p. 114 ff.
HÖHN, C. (1986)
LIPPE, P. V. D. (1990), p. 106 ff.
SOMMER, B. (1994).

3.4.5 Sozio–demographische Gesamtrechnung

Es ist seit vielen Jahrzehnten national und international üblich, die Güter-, Leistungs- und Finanzierungsströme innerhalb einer Volkswirtschaft und zwischen verschiedenen Volkswirtschaften im Rahmen einer Volkswirtschaftlichen Gesamtrechung (vgl. Abs. 11) aufzuzeichnen. Auf RICHARD STONE (1913 – 1992), der nach dem II. Weltkrieg am Auf- und Ausbau solcher VGR-Systeme maßgeblich i.v.m. UN und OECD bzw. später der OEEC beteiligt war und dafür 1984 mit dem Nobelpreis für Wirtschaftswissenschaften ausgezeichnet worden ist (vgl. RECKTENWALD, Bd. II, 1989), geht die Idee einer sozio–demographischen Gesamtrechnung zurück (STONE, 1971).

Ziel eines solchen Ansatzes ist es, bevölkerungs- und erwerbsstatistische Daten in einem konsistenten System zur Darstellung zu bringen. Die diversen Bewegungen von Personen zwischen Positionen und Zuständen (Geburt, Heirat, Tod, Wanderungen, Schulbesuch, Berufsausbildung, Ein- und Austritt sowie Wechsel in der Erwerbstätigkeit, Haushaltsgründungen und -auflösungen) sollen als Ströme aufgezeichnet werden, wobei auch die Aufwendungen und Erträge sozialer Maßnahmen nachgewiesen werden sollen. Ein derartiges „Gesamtbild" soll einerseits der systematischen Zusammenführung von Daten aus den verschiedenen statistischen Erhebungen dienen, soll aber andererseits auch Informationen für die Berechnung von Indikatoren (vgl. Abs. 13) liefern.

Die Umsetzung der STONEschen Ideen in die Praxis ist noch nicht sehr weit fortgeschritten. In Deutschland liegt z.Z. nur ein Teilsystem vor, nämlich die **Arbeitskräfte–Gesamtrechung** des Instituts für Arbeitsmarkt- und Berufsforschung bei der Bundesanstalt für Arbeit (REYHER, 1984).

3.5 Rechtsgrundlagen und wichtige Datenquellen

Die bevölkerungsstatistischen Erhebungen des Statistischen Bundesamtes haben folgende Rechtsgrundlagen:

- Gesetz über eine Volks-, Berufs-, Gebäude-, Wohnungs- und Arbeitsstättenzählung (Volkszählungsgesetz 1987) vom 08.11.1985 (BGBl I, p. 2078)
- Gesetz zur Änderung des Gesetzes zur Durchführung einer Repräsentativstatistik über die Bevölkerung und den Arbeitsmarkt (Mikrozensusgesetz vom

10.06.1985, BGBl I, p. 955) und des Gesetzes über die Statistik für Bundeszwecke (BGBl I, p. 2837)

- Gesetz über die Statistik der Bevölkerungsbewegung und die Fortschreibung
  des Bevölkerungsstandes in der Fassung der Bekanntmachung vom 14.03.1980
  (BGBl I, p. 308), geändert durch das Melderechtsrahmengesetz vom 16.08.1980
  (BGBl I, p. 1429)
- Verwaltungsvereinbarung zwischen dem Statistischen Bundesamt und dem
  Bundesverwaltungsamt (Ausländerzentralregister) mit Zustimmung des Bun-
  desministers des Innern.

Die laufenden Veröffentlichungen des Statistischen Bundesamtes mit bevölkerungsstatistischen Daten sind:

- Fachserie 1: Bevölkerung und Erwerbstätigkeit; speziell die Reihe 1 (Gebiet und
  Bevölkerung), Reihe 2 (Ausländer), Reihe 3 (Haushalte und Familien)
- Bevölkerungsstruktur und Wirtschaftskraft der Bundesländer (jährlich)
- Lange Reihen zur Wirtschaftsentwicklung (zweijährlich)

Weiterführende Informationen finden sich im Anhang zum 3. Abschnitt (Bevölkerung) eines jeden Statistischen Jahrbuches.

AUFGABE 3.1

Welche sachliche Untergliederung besitzen:

a) das Kapitel 3 „Bevölkerung" im Statistischen Jahrbuch 1994,
b) die Fachserie 1 „Bevölkerung und Erwerbstätigkeit"?

AUFGABE 3.2

Diskutieren Sie die Fehlerquellen der Bevölkerungsfortschreibung. Wo liegen
die größten Fehler?

AUFGABE 3.3

Im Statistischen Jahrbuch 1994 heißt es auf der Seite 47: "Die Bevölkerungs-
durchschnittszahlen für ein Kalenderjahr sind das arithmetische Mittel aus
12 Monatsdurchschnitten; die Monatsdurchschnitte werden aus dem Bevölkerungsstand am Anfang und Ende der Monate berechnet".

a) Wie viele Monatseinzelbestandszahlen gehen also in den Jahresdurchschnitt
   ein?
b) Mit welchen Gewichten sind diese versehen?
c) Wie heißt diese Art der Jahresdurchschnittsberechnung?

AUFGABE 3.4

a) Welche juristischen Konstruktionen zur Sicherung der Legalität einer Volkszählung sind denkbar?
b) Welche Alternativen zur Volkszählung als primäre Totalerhebung sind denkbar? Geben Sie in Stichworten die Argumente und Gegenargumente zu jeder
   Alternative.

AUFGABE 3.5

a) Warum wurde wohl im Deutschen Kaiserreich die Volkszählung mit Stichtag
   1. Dezember durchgeführt?
b) Warum wurde wohl 1895 am 2. Dezember gezählt?

AUFGABE 3.6

Skizzieren Sie die historische Entwicklung der Aufbereitungstechnik von Großzählungen, wie etwa der Volkszählung!

AUFGABE 3.7

a) Wie wurde in der Volkszählung von 1987 nach dem Alter einer Person gefragt?
b) Warum wurde so und nicht anders gefragt?

AUFGABE 3.8

Zwischen dem Mikrozensusgesetz 1985 und dem von 1990 hat es bezüglich des
Zweckes, definiert in § 1 des Gesetzes von 1985, eine wichtige Änderung gegeben.

a) Welche ist dies?
b) Welche Vor- bzw. Nachteile hat Ihres Erachtens diese Änderung?

AUFGABE 3.9

Welche Datenschutzregelungen befinden sich im ersten Mikrozensusgesetz von
1957 (Bundesgesetzblatt Teil I, 1957, Seite 213)?

AUFGABE 3.10

Skizzieren Sie die methodischen Grundzüge des derzeit praktizierten Mikrozensus (Erhebungs-, Auswahl-, Aufbereitungseinheiten, Auswahlverfahren, Auswahlsätze, Hochrechungsverfahren).

AUFGABE 3.11

Welches sind die im Mikrozensusgesetz von 1985 (Bundesgesetzblatt, Teil I, 1985, Seite 955 – 959) definierten Hilfsmerkmale?

AUFGABE 3.12

Notieren Sie die Bilanzgleichung für die Verheirateten am Monatsende (ohne Aufgliederung nach Alter und Geschlecht).

AUFGABE 3.13

Auf dem Territorium der alten Bundesrepublik lebten

1816	13.720.000	Personen,	1900	29.838.000	Personen,
1950	49.989.000	Personen,	1989	62.063.000	Personen.

a) Wie lauten für die Zeiträume 1816 – 1900, 1900 – 1950, 1950 – 1989 die durchschnittlichen jährlichen Wachstumsraten?

b) Wie lauten für diese Zeiträume die durchschnittlichen natürlichen Wachstumsraten?

c) Angenommen, die Bevölkerung wäre ab 1950 mit dem Tempo wie zwischen 1900 und 1950 weiter gewachsen, welche Größe hätte sie dann 1989 gehabt bei

   ca) Verwendung der durchschnittlichen jährlichen Wachstumsrate,

   cb) Verwendung der durchschnittlichen natürlichen Wachstumsrate?

AUFGABE 3.14

Die Gliederung der Bevölkerung nach den Merkmalen Alter und Geschlecht wird graphisch in Form einer „Alterspyramide" dargestellt.

a) Wie sieht die zeitliche Folge der „Alterspyramiden" aus, wenn man es mit

   aa) einer stationären Bevölkerung,

   ab) einer stabilen Bevölkerung

   zu tun hat? (Keine Zeichnung, sondern verbale Beschreibung!)

b) Nennen Sie die drei idealtypischen „Alterspyramiden" und die jeweils zugehörigen Modellannahmen. Wo findet man diese Idealtypen in etwa?

c) Wie würden Sie die derzeitige „Alterspyramide" für die Bundesrepublik
   Deutschland in diese Idealtypen einordnen? Welche Besonderheiten kennzeichnen den heutigen Altersaufbau?

| AUFGABE 3.15 |

Die folgende Tabelle zeigt die Bevölkerung (in 1000) am 01.01.1993 gegliedert
nach großen Altersklassen und dem Geschlecht im früheren Bundesgebiet und
in den neuen Ländern.

Alter	Früheres Bundesgebiet		Neue Länder	
	männl.	weibl.	männl.	weibl.
unter 15	5.299,8	5.028,5	1.494,0	1.419,8
15 b. u. 20	1.693,7	1.605,0	446,7	415,4
20 b. u. 65	21.277,1	20.385,7	4.904,2	4.828,6
65 u. älter	3.485,6	6.513,6	699,5	1.477,5
insgesamt	31.756,2	33.532,8	7.544,4	8.141,3

Quelle: Statistisches Jahrbuch 1994, p. 66

a) Geben Sie für jedes Gebiet an:
   aa) die Jungendlastquote,
   ab) die Alterslastquote,
   ac) die Gesamtlastquote,
   ad) die Greis-Kind-Relation,
   ae) die Sexualproportion in der Gesamtbevölkerung.

b) Berechnen Sie für das frühere Bundesgebiet die Sexualproportion in der
   Gesamtbevölkerung aus den altersklassenspezifischen Sexualproportionen.

c) Rechnen Sie für das vereinte Deutschland die sechs unter a) genannten
   Verhältniszahlen aus, indem Sie die schon bekannten Werte für die beiden
   Teilgebiete verwenden.

| AUFGABE 3.16 |

Die folgende Tabelle zeigt die Verteilung der Bevölkerung in der Bundesrepublik Deutschland am Stichtag der Volkszählungen 1950 und 1970 nach dem
Familienstand:

Volkszählung	Personen in 1000				
	ledig	verheiratet	verwitwet	geschieden	insgesamt
13.09.1950	22.734	23.264	4.111	700	50.809
27.05.1970	24.039	30.290	5.197	1.125	60.651

Quelle: Statistisches Bundesamt 1972a, p. 96

Hat sich die Streuung in diesen beiden Verteilungen verändert? Wenn ja, in
welche Richtung?

AUFGABE 3.17

Die folgende Tabelle zeigt die Verteilung der Bevölkerung in der Bundesrepublik Deutschland am 25.05.1987 nach Nationalität und Religionszugehörigkeit, sofern Angaben gemacht worden sind.

Beurteilen Sie die Unabhängigkeit der beiden Merkmale durch eine geeignete statistische Maßzahl!

Religions-zugehörigkeit \ Nationalität	Deutsche	Ausländer	insgesamt
römisch-katholisch	24.905.614	1.326.390	26.232.004
evangelisch	25.243.690	168.882	25.412.572
evangelisch freikirchlich	371.980	16.255	388.235
jüdisch	20.655	11.664	32.319
islamisch	47.966	1.602.986	1.650.952
andere Religionen	658.716	544.570	1.203.286
keine Religion	4.590.430	321.830	4.912.260
insgesamt	55.839.051	3.992.577	59.831.628

Quelle: Statistisches Jahrbuch 1991 für das vereinte Deutschland, p. 71

AUFGABE 3.18

Die folgende Tabelle zeigt – als Ergebnis des Mikrozensus – die geschätzte Zahl nichtehelicher Lebensgemeinschaften mit Kindern und ohne Kinder im früheren Bundesgebiet in der Zeit zwischen 1985 und 1989:

	Nichteheliche Lebensgemeinschaften (in 1000)				
	April 1985	April 1986	März 1987	April 1988	April 1989
ohne Kinder	616	645	688	723	745
mit Kindern	70	86	90	97	97

Quelle: Statistisches Jahrbuch 1991 für das vereinte Deutschland, p. 72

Schätzen Sie für jede Zeitreihe eine lineare Trendfunktion und prognostizieren Sie für 1990 und 1991!

AUFGABE 3.19

Hessen mit einer Fläche von 2.111.400 *ha* hatte am 31.12.1989 eine Bevölkerung von 5.661.000, Hamburg mit 75.500 *ha* eine Bevölkerung von 1.626.000.

Vergleichen Sie die räumliche Dispersion der Bevölkerung in diesen beiden Bundesländern mittels

a) der Bevölkerungsdichte (je km^2),
b) der Arealitätszahl (in m^2),
c) der Abstandszahl (in m).

AUFGABE 3.20

Die folgende Tabelle zeigt die zeitliche Verteilung der Lebendgeborenen sowie der Gestorbenen des Jahres 1989 im früheren Bundesgebiet

Monat	Jan.	Febr.	März	April	Mai	Juni
Lebendgeborene	55.820	52.719	57.128	54.656	57.389	56.249
Gestorbene	62.366	58.139	61.653	55.579	58.899	54.811

Monat	Juli	Aug.	Sept.	Okt.	Nov.	Dez.
Lebendgeborene	61.531	60.842	58.091	56.025	54.168	56.919
Gestorbene	54.908	54.776	53.793	59.115	57.307	66.384

a) Zeichnen Sie beide Zeitreihen in ein Diagramm.
b) Liegt eine Gleichverteilung oder ein Saisonmuster vor?
c) Berechnen Sie für jede Reihe Saisonindizes, indem Sie jeden Monatswert am durchschnittlichen Monatswert vergleichen.

AUFGABE 3.21

Die folgende Tabelle zeigt für das Gebiet der früheren Bundesrepublik Deutschland die Entwicklung der Eheschließungen und der Ehescheidungen je 1000 Einwohner zwischen 1946 und 1970:

Jahr	46	47	48	49	50	51	52	53	54	55	56	57
Eheschließungen je 1000 Einwohner	8,8	10,1	10,7	10,2	10,7	10,3	9,5	9,0	8,7	8,8	9,0	9,0
Ehescheidungen je 1000 Einwohner	11,4	16,8	18,8	16,9	16,9	12,7	11,4	10,5	9,8	9,2	8,7	8,6

Jahr	58	59	60	61	62	63	64	65	66	67	68	69	70
Eheschließungen je 1000 Einwohner	9,1	9,2	9,4	9,4	9,3	8,8	8,7	8,3	8,1	8,1	7,4	7,3	7,3
Ehescheidungen je 1000 Einwohner	8,9	8,9	8,8	8,8	8,7	8,8	9,5	10,0	9,8	10,5	10,8	11,9	12,6

Quelle: Statistisches Bundesamt 1972a, p. 103 und p. 114

a) Zeichnen Sie beide Zeitreihen in ein Diagramm!

b) Wenn Sie jeden Verlauf durch ein Polynom darstellen sollten, welcher Polynomgrad wäre jeweils angebracht?

c) Schätzen Sie die Koeffizienten der unter b) gewählten Polynome.

d) Prognostizieren Sie mit den geschätzten Funktionen die Werte für 1990. Macht das Sinn?

AUFGABE 3.22

a) Entwerfen Sie eine Tabelle, in der die jährlichen Wanderungen in und zwischen den 16 Bundesländern dargestellt werden können.

b) Wo stehen die Landesbinnenwanderungen? Wie berechnet sich deren Gesamtvolumen?

c) Wie berechnet sich der Wanderungssaldo zwischen den beiden Bundesländern i und j?

d) Wie berechnet sich der Wanderungsgewinn bzw. -verlust des i–ten Bundeslandes?

e) Wie berechnet sich das Volumen der Wanderungen zwischen den Ländern?

AUFGABE 3.23

In der Statistik der Geburten unterscheidet man u.a. zwischen:

- roher Geburtenrate (= allgemeine Geburtenziffer),
- allgemeiner Geburtenrate (= allgemeine Fruchtbarkeitsziffer),
- familienstandsspezifischen Geburtenraten,
- altersspezifischen Geburtenraten,
- paritätsspezifischen Geburtenraten,
- ehedauerspezifischen Geburtenraten,
- bereinigter (= standardisierter) Geburtenrate,
- zusammengefaßter Geburtenziffer (= Index der Gesamtfruchtbarkeit = totale Fertilitätsrate),
- Bruttoreproduktionsrate,
- Nettoreproduktionsrate.

Wie sind diese Maßzahlen definiert?

AUFGABE 3.24

Erläutern Sie die Konzepte:

- rohe Sterberate (= allgemeine Sterbeziffer),
- standardisierte allgemeine Sterbeziffer,

- rohe Sterbewahrscheinlichkeit,
- ausgeglichene Sterbewahrscheinlichkeit.

| AUFGABE 3.25 |

Gegeben ist der folgende Ausschnitt aus der Allgemeinen Sterbetafel 1970/2 für die weibliche Bevölkerung der Bundesrepublik Deutschland.

Vollendetes Alter in Jahren	Sterbewahr- scheinlichkeit	Überlebende im Alter x	Von den Überleben- den im Alter x insge- samt noch zu durch- lebende Jahre	
x	q_x	ℓ_x	T_x	e_x
0	0,01984	u	7.382.782	73,83
1	v	98.016	7.284.563	w
2	0,00080	97.888	7.186.611	73,42
3	0,00060	y	7.088.762	72,47

a) Ergänzen Sie die fehlenden Werte u, v, w, y !

b) Auf welches Ereignis bezieht sich die Sterbewahrscheinlichkeit q_3?

c) Wie lautet die verbale Überschrift für die letzte Spalte?

| AUFGABE 3.26 |

a) Wie groß ist e_{98}, wenn folgende Informationen gegeben sind:

$\ell_{98} = 180$ und

x	98	99	100	101	102
q_x	0,5	0,5	0,2	0,75	1

?

b) Der in Aufgabe 3.25 zitierten Sterbetafel für die weibliche Bevölkerung ent- nimmt man:
Überlebende im Alter 35: 95.997,
Gestorbene im Alter 35 bis unter 36: 111,
von den Überlebenden im Alter 36 insgesamt noch zu durchlebende Jahre: 3.887.570.
Welches Alter hat eine 36jährige Frau nach diesen Angaben zu erwarten?

| AUFGABE 3.27 |

a) Was versteht das Statistische Bundesamt im Rahmen von Bevölkerungspro- gnosen unter
aa) einer Bevölkerungsvorausschätzung,
ab) einer Modellrechnung?

b) Welche Informationen benötigt man für jedes dieser Rechenwerke?

Kapitel 4

Erwerbstätigkeit, Beschäftigung, Arbeitsmarkt

Die Statistik der Erwerbstätigkeit bildet den Übergang von der Bevölkerungs- zur Wirtschaftsstatistik. Mit den Fragen nach der Erwerbstätigkeit stellen sich auch solche nach der Beschäftigung und dem Arbeitsmarkt.

4.1 Grundlagen und Zielsetzungen

Für den Menschen ist Arbeit sowohl ein wesentlicher Teil seines Lebensinhaltes als auch ein Mittel zur Erlangung von Einkommen zum Kauf von Gütern und Dienstleistungen. Für die Wirtschaft ist Arbeit neben Kapital und Boden ein Produktionsfaktor. Umfang und Zusammensetzung des von der Bevölkerung ausgehenden Angebots an Arbeit auf der einen Seite sowie Volumen und Struktur der von der Wirtschaft ausgehenden Nachfrage nach Arbeit auf der anderen Seite werden i.a. nicht übereinstimmen. Aus diesen drei eigentlich banalen Feststellungen ergeben sich die drei Hauptansatzpunkte der statistischen Erfassung und Analyse dieses Sektors.

Geht es um die Arbeit aus der Sicht der Bevölkerung, also der Arbeitsanbieter, für die Arbeit u.a. **die** Einkommensquelle ist, so spricht man in der amtlichen deutschen Statistik von **Erwerbstätigkeit**. Ausgangspunkt für Erhebungen und Untersuchungen mit der Zielrichtung „Erwerbstätigkeit" bildet die Wohnbevölkerung. Eine Obergrenze für den Umfang der Erwerbsbevölkerung ist das **Arbeitskräftepotential**, d.h. die Bevölkerung im arbeitsfähigen Alter, etwa alle Personen im Alter zwischen 15 und 65 Jahren[1], wobei man nicht weiter fragt, ob diese Personen aus gesundheitlichen Gründen arbeitsfähig sind oder nicht, aus ökonomischen Gründen arbeitsbereit oder nicht oder aus

---

[1]In anderen Staaten werden die Altersgrenzen nach den jeweils geltenden sozialversicherungsrechtlichen Bestimmungen u.U. anders gezogen.

psychologischen Gründen arbeitswillig oder nicht. Am 31.12.1992 umfaßte das Arbeitskräftepotential

- in den alten Bundesländern 45,0 Mio. Personen oder ca. 69% der Wohnbevölkerung,
- in den neuen Bundesländern 10,6 Mio. Personen oder ca. 67,5% der dortigen Wohnbevölkerung.

Gliedert man aus der Wohnbevölkerung alle Personen aus, die tatsächlich eine Erwerbstätigkeit ausüben, egal wie lange deren wöchentliche Arbeitszeit ist und welche Rolle das Entgelt für die Bestreitung ihres Lebensunterhaltes spielt, so gelangt man zu den **Erwerbstätigen**. Das Statistische Bundesamt (1990a, p. 90) definiert aufzählend: „Erwerbstätige sind Personen, die in einem Arbeitsverhältnis stehen (einschl. Soldaten und mithelfender Familienangehörige) oder selbständig ein Gewerbe oder eine Landwirtschaft betreiben oder einen freien Beruf ausüben." [Im Mai 1992 waren dies in Deutschland 36,940 Mio. Personen.] Jene Personen, die zu einer Erwerbstätigkeit bereit und in der Lage sind, jedoch keine Gelegenheit dazu finden, heißen **Erwerbslose**. Das Statistische Bundesamt (1990a, p. 90) definiert: „Erwerbslose sind Personen ohne Arbeitsverhältnis, die sich jedoch um eine Arbeitsstelle bemühen, unabhängig davon, ob sie beim Arbeitsamt als Arbeitslose gemeldet sind." und fährt fort „Insofern ist der Begriff der Erwerbslosen umfassender als der Begriff der Arbeitslosen. Andererseits zählen Arbeitslose, die vorübergehend geringfügige Tätigkeiten ausüben, nach dem Erwerbskonzept nicht zu den Erwerbslosen, sondern zu den Erwerbstätigen". [Im Mai 1992 umfaßte die Menge der Erwerbslosen 3,186 Mio. Personen in Deutschland.]

Da die tatsächliche oder die beabsichtigte Beteiligung am Erwerbsleben im Mittelpunkt der beiden vorstehenden Abgrenzungen steht, spricht man in der amtlichen Statistik vom Erwerbskonzept. Nach ihm wird jährlich im Mikrozensus und aperiodisch in einer Volkszählung erhoben. Dieses Konzept gliedert die Wohnbevölkerung auf einer ersten Stufe in die **Nichterwerbspersonen** (Kleinkinder, Schüler, Studenten, Hausfrauen, Pensionäre, Rentner, Berufs- oder Erwerbsunfähige o.ä.) und **Erwerbspersonen**, letztere dann weiter in Erwerbslose und Erwerbstätige. Nach ihrer **Stellung im Beruf** werden die Erwerbstätigen unterteilt in nichtabhängig Erwerbstätige (Selbständige und mithelfende Familienangehörige) und abhängig Erwerbstätige (Beamte, Angestellte, Arbeiter und Auszubildende), vgl. Abb. 4.1. In Deutschland machten im Mai 1992 die Erwerbspersonen 49,9% der Wohnbevölkerung aus. Diese Verhältniszahl heißt **allgemeine Erwerbsquote**. In Abs. 4.3.1 werden weiter differenzierte Erwerbsquoten eingeführt. Den Kehrwert der Erwerbsquote bezeichnet man als **Abhängigkeit** [Mai 1992: 2,004]. Für Zwecke der Volkswirtschaftlichen Gesamtrechung und bei der Aufstellung von Arbeitsmarktbilanzen wird bei den Erwerbstätigen nach dem Wohnsitz unterschieden zwischen **erwerbstätigen Inländern** (Das sind solche mit einem Wohnsitz im Bundesgebiet.) und **Erwerbstätigen im Inland**. Diese beiden Mengen gehen wie folgt, auseinander hervor, wobei die Zahlen in Klammern Jahresdurchschnitte von 1993 sind, Mio. Personen darstellen und für die alten Bundesländer gelten:

Erwerbstätige Inländer (28,652)

+ im Inland erwerbstätige Einpendler (0,547)

− in der übrigen Welt erwerbstätige Auspendler (0,185)

= Erwerbstätig im Inland (29,014).

<u>Abb. 4.1</u>: Gliederung der Wohnbevölkerung nach dem Erwerbskonzept

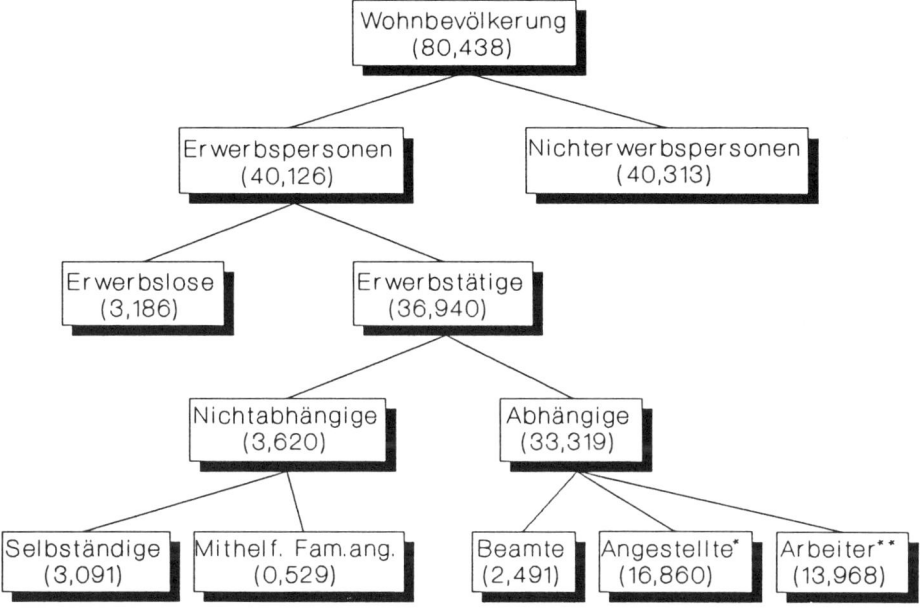

Zahlen in Mio.; Mai 1992; Deutschland

★ inkl. Auszubildende in anerkannten kaufmännischen und technischen Ausbildungsberufen

★★ inkl. Auszubildende in anerkannten gewerblichen Ausbildungsberufen

Das **Erwerbspersonenpotential** geht über die Menge der Erwerbspersonen hinaus. Es setzt sich zusammen aus:

• den Erwerbstätigen,

• den (bei den Arbeitsämtern registrierten) Arbeitslosen,

• den (von den Arbeitsämtern finanzierten) Teilnehmern an Fortbildung und Umschulung,

• den Personen im Vorruhestand,

• der **Stillen Reserve**

(vgl. Abb. 4.2 und Tab. 4.1). Die Stille Reserve umfaßt solche Personen, die sich nicht (weil die Leistungsansprüche fehlen) oder nicht mehr bei den Arbeitsämtern arbeitslos melden und wegen schlechter Verhältnisse am Arbeitsmarkt auf eine Erwerbsbeteiligung verzichten, aber bei einer Besserung wieder arbeiten wollen. Da die Mengen der „Erwerbslosen" und der „registrierten Arbeitslosen" nicht deckungsgleich sind, braucht die Stille Reserve nicht nur aus Nichterwerbspersonen zu bestehen. Erwerbspersonenpotential und Stille Reserve können nicht direkt erfaßt werden. Das Institut für Arbeitsmarkt- und Berufsforschung (IAB) der Bundesanstalt für Arbeit schätzt das Erwerbspersonenpotential aus Zeitreihen zur Erwerbsbeteiligung, indem die Erwerbstätigenzahl zur Zeit der Vollbeschäftigung, in der die Stille Reserve per Definition den Wert Null hat, unter Beachtung der demographischen Entwicklung und der Erwerbsbeteiligung, die von der Ausbildungszeit, der Altersstruktur, dem Renteneintrittsalter und der Frauenerwerbstätigkeit abhängt, fortgeschrieben wird. Die Stille Reserve ergibt sich dann als Differenz zwischen dem so geschätzten Erwerbspersonenpotential und der Zahl der registrierten Arbeitslosen, der Zahl der Erwerbstätigen sowie einiger anderer Personengruppen. In den letzten Jahren lag die Stille Reserve bei 40 bis 50% der Zahl der Arbeitslosen.

Abb. 4.2.: Abgrenzung des Erwerbspersonenpotentials

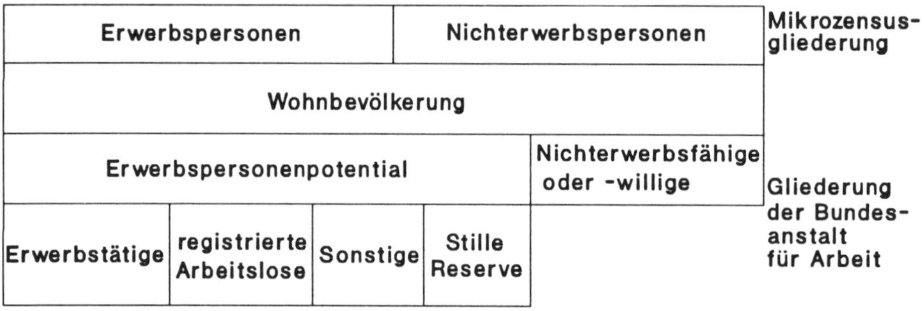

Erwerbspersonen			Nichterwerbspersonen		Mikrozensus-gliederung
Wohnbevölkerung					
Erwerbspersonenpotential				Nichterwerbsfähige oder -willige	Gliederung der Bundes-anstalt für Arbeit
Erwerbstätige	registrierte Arbeitslose	Sonstige	Stille Reserve		

Stellt man bei der Abgrenzung der Erwerbstätigen auf die Bedeutung der Erwerbstätigkeit für die Finanzierung des Lebensunterhalts einer Person ab und zählt als Erwerbstätige nur jene, die ihren Lebensunterhalt überwiegend aus Erwerbstätigkeit finanzieren, so gelangt man nach diesem **Unterhaltskonzept** zu einer gegenüber dem Erwerbskonzept niedrigeren Zahl von Erwerbstätigen, vgl. Tab. 4.3. Beim Unterhaltskonzept wird – im Rahmen des Mikrozensus und der Volkszählung – nach den Quellen des Lebensunterhalts gefragt, und man unterscheidet zwischen Personen mit überwiegendem Lebensunterhalt durch

- (eigene) Erwerbstätigkeit,
- Arbeitslosengeld/-hilfe,
- Renten, Pensionen und dgl.,
- Angehörige.

Tab. 4.1: Prognostizierte Bilanz des deutschen Arbeitsmarktes

	Westdeutschland		Ostdeutschland	
	1994	1995	1994	1995
	Jahresdurchschnitt in 1.000 Personen			
Wohnbevölkerung (Jahresanfang)	65.744	66.051	15.608	15.524
+ Netto–Zuwanderungen	300	250	30	50
+ Geburten	718	708	73	68
− Sterbefälle	711	702	187	184
= **Wohnbevölkerung (Jahresende)**	66.051	66.307	15.524	15.458
Erwerbsbevölkerung (15 − 75 Jahre)	51.176	51.222	12.008	12.063
× Potentialerwerbsquote	0,635	0,635	0,740	0,712
= **Erwerbspersonenpotential**	32.521	32.521	8.881	8.589
− Personen im Vorruhestand	5	4	650	360
− Teiln. an Fortbildung und Umschulung	230	220	250	220
− nicht als arbeitslos Registrierte	195	190	30	35
− „Stille Reserve"	1.205	1.110	170	220
= **Erwerbspersonen**	30.886	30.997	7.781	7.754
− Registrierte Arbeitslose	2.550	2.450	1.150	1.080
= **Erwerbstätige Inländer**	28.336	28.547	6.631	6.674
+ Pendlersaldo	310	300	− 320	− 300
= **Erwerbstätige im Inland**	28.646	28.847	6.311	6.374
darunter				
Arbeitsbeschaffung	60	80	280	300
Vollzeitäquivalente der Kurzarbeit	85	70	50	50
Entlastungsvolumen der Arbeitsmarktpolitik	575	564	1.260	965
+ registrierte Arbeitslose	2.550	2.450	1.150	1.080
= **Unterbeschäftigungsvolumen**	3.125	3.014	2.410	2.045
Arbeitslosenquote in v.H.	8,3	7,8	14,8	13,9

Entlastungsvolumen der Arbeitsmarktpolitik: Vorruhestand + Fortbildung und Umschulung + Leistungsempfänger nach §105 AFG + Arbeitsbeschaffung + Vollzeitäquivalente der Kurzarbeit

Quelle: Informationsdienst des Instituts der Deutschen Wirtschaft, Nr. 19, 1994, p. 4
    und Bundesanstalt für Arbeit/IAB

Eine weitere Abgrenzungsmöglichkeit für eine Erwerbsbevölkerung stellt das im internationalen Vergleich häufig herangezogene **Labour–Force–Konzept** dar. Dieser Ansatz ist primär an der Dauer der Arbeitszeit ausgerichtet. Das Erwerbskonzept reduziert sich hier auf solche Personen, die in der Berichtswoche (Das ist in der Bundesrepublik Deutschland eine feiertagsfreie Woche im April, in der der Mikrozensus und die nach dem Labour–Force–Konzept arbeitende EU–Arbeitskräftestichprobe gemeinsam durchgeführt werden.) mindestens 15 Stunden erwerbstätig waren.

Zusammenfassend kann also festgehalten werden, daß es bezüglich der bei der Bevölkerung (Arbeitsanbietern) ansetzenden Abgrenzungen von Erwerbstätigkeit fünf nicht deckungsgleicher Personenmengen gibt:

1. das Arbeitskräftepotential,
2. die Erwerbspersonen (= Erwerbstätige + Erwerbslose) nach dem Erwerbskonzept,
3. das Erwerbspersonenpotential,
4. die Erwerbstätigen nach dem Unterhaltskonzept,
5. die Labour–Force.

Geht es um die **Arbeit als Produktionsfaktor**, also um die Sicht der Wirtschaft und Arbeitgeber, so spricht man in der amtlichen deutschen Statistik von **Beschäftigung** und **Beschäftigten**. Untersuchungsgegenstand sind der mögliche oder der tatsächliche Arbeitseinsatz gemessen in Personen (= Beschäftigten) oder in Arbeitsstunden (= Beschäftigung), dessen Kosten und Erträge sowie die Produktivität. Für die Bevölkerung resultiert eine bestimmte Nachfrage nach Arbeit.

Geht es schließlich um die gleichzeitige Betrachtung von Arbeitsangebot und Arbeitsnachfrage, so ist der Arbeitsmarkt zu untersuchen, und man spricht dann in der amtlichen deutschen Statistik von der **Arbeitsmarktstatistik**. Untersuchungsgegenstand sind die Friktionen auf diesem Markt, nämlich die Übereinstimmung oder auch Nichtübereinstimmung von Arbeitsangebot und -nachfrage in quantitativer wie struktureller Hinsicht.

4.2   Erhebungsmethoden

Die Erhebung von Daten über Erwerbstätigkeit, Beschäftigung und Arbeitsmarkt knüpft an die vorstehend genannten Grundkonzepte und Zielsetzungen an. So gibt es eine Vielzahl von Erhebungen auf diesem Sektor, die zu durchschauen dem statistischen Anfänger nicht ganz leicht fällt. Eine vergleichende Übersicht, die auf die wesentlichen Unterschiede hinweist, ist daher einleitend, vor einer genaueren Diskussion der einzelnen Erhebungen angebracht und hilfreich, vgl. Tab. 4.2.

4.2.1   Volks- und Berufszählung, Mikrozensus, EU–Arbeitskräftestichprobe

Die drei in der Überschrift genannten Erhebungen sind die Basis der gesamten Bevölkerungs- und Erwerbsstatistik. Das Fragenprogramm erstreckt sich bei der Volks- und Berufszählung und dem Mikrozensus auf alle wesentlichen demographischen und erwerbswirtschaftlichen Merkmale, so daß sich diese auch miteinander kombiniert aufbereiten lassen. Nach der ausführlichen Darstellung dieser beiden Erhebungen in Abs. 3.2.1 und 3.2.2 ist hier nur noch auf die **EU–Arbeitskräftestichprobe** einzugehen. Sie wurde in der Bundesrepublik 1960, von 1968 bis 1971 jährlich, danach regelmäßig im zweijährigen Abstand bis 1983 und seit 1984 wieder jährlich durchgeführt. Bis 1981 erfolgte die Arbeitskräftestichprobe mit dem Mikrozensus zusammen (als Unterstichprobe des Mikrozensus); in den Jahren 1983 und 1984, als der Mikrozensus entfiel (vgl. Abs. 3.2.2.1), war sie eine eigenständige Erhebung. Seit 1985 ist sie wieder in den Mikrozensus integriert. Sie wendet sich an einen Teil (40%) der im Mikrozensus befragten Bürger, an die – über das mit dem Grundprogramm des Mikrozensus weitgehend übereinstimmende Programm hinaus – zusätzliche Fragen gestellt werden, etwa zur Aus- und Fortbildung in den letzten vier Wochen oder zum Wohnsitz oder zur Erwerbsbeteiligung ein Jahr vor der Erhebung. Auch ein spezieller Arbeitslosenbegriff kommt zur Anwendung, der strenger ist als jener der Bundesanstalt für Arbeit und der Daten für die Berechnung einer international vergleichbaren Arbeitslosenquote liefern soll (vgl. Abs. 4.3.3).

Die Erhebungen zur Statistik der Erwerbstätigkeit erfassen die Erwerbspersonen mit ihren diversen Merkmalen. Das **Erwerbspersonenkonzept** hat sich seit der Volks- und Berufszählung 1925, in der es erstmals auftauchte, mehrmals **im Inhalt gewandelt**. Bis 1950 wurden als Erwerbspersonen nur hauptberuflich Tätige oder eine hauptberufliche Tätigkeit suchende Personen definiert (**Hauptberufskonzept**). Mit der Einführung des Mikrozensus 1957 ging die amtliche Statistik zunächst zu einer dreifachen Erwerbspersonendefinition über und dann zum heutigen umfassenden Erwerbskonzept. Demnach wird jeder als **erwerbstätig** angesehen, der eine auf Erwerb (= Einkom-

Tab. 4.2: Das Erhebungssystem der Erwerbs-, Beschäftigten- und Arbeitsmarktstatistik

	Statistik der Erwerbstätigkeit	Statistik der Beschäftigten	Statistik des Arbeitsmarktes
Zielrichtung:			
Erhebungen:	(1) Volks- und Berufszählung (2) Mikrozensus (3) EU–Arbeitskräftestichprobe	(1) Arbeitsstättenzählung (2) Bereichsstatistiken (3) Integriertes Meldeverfahren zur Sozialversicherung	Karteiauszählungen der Arbeitsämter
Art der Erhebung:	Primärstatistik bei (1) bis (3) Vollerhebung bei (1) Stichprobe bei (2) und (3)	Primärstatistik bei (1) und (2) Sekundärstatistik bei (3) Vollerhebung bei (1), (3) und z.T. (2) Stichprobe bei einigen aus (2)	Sekundärstatistik Vollerhebung
Periodizität:	unregelmäßig bei (1) jährlich bei (2) und (3)	unregelmäßig bei (1) unregelmäßig bis monatlich bei (2) vierteljährlich bei (3)	monatlich
Ansatz der Erhebung:	Person/Haushalt	Arbeitsstätte/Betrieb, Unternehmen	Person
Erfaßte Merkmale u.a.:	Erwerbstätige Erwerbslose Stellung im Beruf Wirtschaftsbereich	Beschäftigte bzw. Beschäftigungsfälle bei (1) und (2) Sozialversicherungspflichtig beschäftigte Arbeitnehmer bei (3)	registrierte Arbeitslose offene Stellen Kurzarbeiter Arbeitsvermittlungen
Durchführende Institution:	Statistisches Bundesamt und Statistische Landesämter	Stat. Bundesamt und Landesämter bei (1) und (2) Stat. Bundesamt und Bundesanstalt für Arbeit bei (3)	Bundesanstalt für Arbeit

menserzielung) gerichtete Tätigkeit ausübt, unabhängig von der Bedeutung des Ertrags dieser Tätigkeit für den Lebensunterhalt und ohne Rücksicht auf die tatsächlich geleistete oder vertragsmäßig zu leistende Arbeitszeit. **Erwerbslose** sind Personen ohne Arbeitsverhältnis, die sich um einen Arbeitsplatz bemühen, unabhängig davon, ob sie beim Arbeitsamt als arbeitslos gemeldet sind. Um trotz dieser weiten Abgrenzung auch der erwerbswirtschaftlichen Auffassung Rechnung zu tragen, wird insbesondere beim Mikrozensus neben der Frage nach der tatsächlichen oder beabsichtigten Erwerbsbeteiligung auch die nach dem überwiegenden Lebensunterhalt und nach der Arbeitszeit gestellt. Auswertungen dazu finden sich in Abs. 4.3.1.

4.2.2 Arbeitsstättenzählung und Bereichsstatistiken

Seit 1950 wird zeitgleich mit einer Volks- und Berufszählung auch eine **Arbeitsstättenzählung** (genauer: Erhebung bei den nicht–landwirtschaftlichen Arbeitsstätten) durchgeführt. Sie ist eine der ältesten Zählungen in der deutschen Wirtschaftsstatistik, nämlich seit 1875 (vgl. Tab. 3.3), hieß allerdings früher „Gewerbliche Betriebszählung". Sie wendet sich an die Institutionen der Wirtschaft und erfaßt u.a. die Zahl der Beschäftigten einschl. der tätigen Inhaber und der mithelfenden Familienangehörigen.

Im Rahmen der **Bereichsstatistiken** in den Wirtschaftszweigen

- Land- und Forstwirtschaft, Fischerei;
- Produzierendes Gewerbe;
- Bautätigkeit und Wohnungen;
- Handel, Gastgewerbe, Reiseverkehr;
- Geld, Kredit, Versicherungen;
- Verkehr

sowie in der öffentlichen Verwaltung gibt es zahlreiche einmalige und periodische Erhebungen, auf die teilweise an späterer Stelle noch einzugehen ist. Sie sind allerdings in ihren Erhebungskonzepten verschieden und decken keineswegs alle Wirtschaftszweige (So gibt es z.B. keine eigentliche Statistik der Dienstleistungen.) ab. Da sie zudem noch verschiedene Periodizitäten haben, lassen sich die bei ihnen ermittelten Beschäftigtenzahlen nicht ohne weiteres aggregieren. Hinzu kommt, daß bei ihnen kaum oder keine Personenmerkmale der Beschäftigten erfaßt werden. Schließlich muß noch gesagt werden, daß die Bereichsstatistiken aber auch die Arbeitsstättenzählung die **Beschäftigungsfälle** erfassen, so daß Personen mit mehreren Beschäftigungsverhältnissen mehrfach gezählt werden. Hinzu kommt, was den Vergleich mit der Erwerbsstatistik weiter erschwert, ein anderes **örtliches Zuordnungsprinzip**. In der Erwerbsstatistik werden die Erwerbtätigen ihrem Wohnort zugeordnet; in den Beschäftigtenstatistiken ordnet man die Beschäftigten dem Sitz der Arbeitsstätte zu.

4.2.3 Integriertes Meldeverfahren zur Sozialversicherung

Diese Beschäftigtenstatistik basiert auf dem mit Wirkung vom 01.01.1973 eingeführten integrierten Meldeverfahren zur Kranken-, Renten- und Arbeitslosenversicherung. Rechtsgrundlage ist § 6 Arbeitsförderungsgesetz vom 25.06.1969. Dieses Meldeverfahren verlangt von den Arbeitgebern für alle **sozialversicherungspflichtig beschäftigten Arbeitnehmer** innerhalb bestimmter Fristen nach

- der Aufnahme, Unterbrechung oder dem Ende eines Beschäftigungsverhältnisses,
- dem Jahresende,
- Änderungen sozialversicherungsrelevanter Merkmale

die Abgabe von Meldungen in einheitlicher Form an die Sozialversicherungsträger. Die Arbeitgeber senden die je Person und Beschäftigtenfall angelegten Meldebelege an die zuständigen Träger der Krankenversicherung. Diese erfassen die Meldung, prüfen die Inhalte auf formale und inhaltliche Richtigkeit und leiten die Daten an die Datenstelle der Rentenversicherung bzw. an die Bundesversicherungsanstalt für Angestellte weiter. Die für die Arbeitsverwaltung relevanten Daten werden an die Bundesanstalt für Arbeit zur Auswertung übermittelt.

Um eine optimale Auswertung des Datenmaterials zu erreichen, wurde für die Auswertung und Veröffentlichung von Ergebnissen zwischen der Bundesanstalt für Arbeit und dem Statistischen Bundesamt eine Arbeitsteilung vereinbart, die den unterschiedlichen Auswertungsinteressen gerecht wird. Im Vordergrund der Darstellung der Ergebnisse im Arbeitsbereich des Statistischen Bundesamtes steht eine weitgehende wirtschaftssystematische, berufliche und regionale Koordinierung mit den Erwerbstätigkeitsstatistiken.

In der Beschäftigtenstatistik nach dem integrierten Meldeverfahren werden je sozialversicherungspflichtig beschäftigtem Arbeitnehmer folgende Merkmale erhoben: Geschlecht, Alter, Staatsangehörigkeit, Wirtschaftszweig des Betriebes, ausgeübter Beruf, Stellung im Beruf, Vollzeit- und Teilzeitbeschäftigung, Ausbildung, Beschäftigungsdauer und beitragspflichtiges Bruttoarbeitsentgelt. Aus dem Datenverbund werden auch die Daten für die von der **EU** angeforderten **Statistiken** „Ausländische Arbeitnehmer" und „Abhängig Beschäftigte" gewonnen.

Die Ergebnisse dieser Beschäftigtenstatistik sollen die Struktur der sozialversicherungspflichtig beschäftigten Arbeitnehmer nach demographischen und erwerbsstatistischen Merkmalen beschreiben. Dabei erfolgt eine tiefe regionale Aufgliederung. Diese Strukturdaten dienen auch der mittel- und längerfristigen Beobachtung des Arbeitsmarktes und der Strukturveränderungen im Zeitablauf. Die vierteljährlich veröffentlichten Ergebnisse sollen aktuelle Informationen zur Beurteilung der sozialen und konjunkturellen Entwicklung auf dem Arbeitsmarkt und in den einzelnen Wirtschaftszweigen vermitteln. Die Jahresdaten über die Entgelte und die Beschäftigungszeiten stellen dazu eine Ergänzung dar und dienen z.b. zur Berechnung der Lohn- und Gehaltssumme in der Volkswirtschaftlichen Gesamtrechnung und zur jährlichen Fortschreibung der allgemeinen Bemessungsgrundlage in der Rentenversicherung.

Es bleibt abschließend festzustellen, daß diese Statistik sich zwar nicht auf alle Erwerbstätigen erstreckt, wohl aber auf den weitaus größten und zudem für die Arbeitsmarktpolitik ausschlaggebenden Teil. (Sie erfaßt etwa 80% der insgesamt erwerbstätigen Personen.) Da sie außerdem an ohnehin laufend registrierte Geschäftsvorfälle anknüpft (**Prozeßstatistik**), die für die Betroffenen Rechtsfolgen haben, kann sie als eine relativ preiswerte und doch zugleich zuverlässige Statistik angesehen werden. Ferner ist sie eine sehr „schnelle" Statistik. Die Ergebnisse der vierteljährlichen Totalauszählung sind nach sechs bis sieben Monaten verfügbar. Monatliche Stichprobenergebnisse mit einem Abstand von maximal drei Monaten zum Bezugsmonat dienen als Frühindikatoren der Beschäftigungsentwicklung.

4.2.4 Statistiken der Bundesanstalt für Arbeit

Die **Bundesanstalt für Arbeit** hat im wesentlichen zwei **Aufgaben**:

- die Arbeitsförderung, insbesondere durch Arbeitsvermittlung und Umschulung, aber auch durch Arbeitsbeschaffungsmaßnahmen (ABM),
- die Gewährung von Leistungen an Arbeitslose.

Im Kontext dieser Aufgaben werden viele Dateien geführt, die sich sekundärstatistisch auswerten lassen. Rechtsgrundlage dieser Statistiken ist auch § 6 Arbeitsförderungsgesetz. Für die Arbeitsmarktstatistik der Bundesanstalt als einer Sekundärstatistik ist die Möglichkeit, eigenständig Merkmale zu definieren und zu erheben, stark eingeschränkt.

Abgesehen von der in Abs. 4.2.3 genannten Beschäftigtenstatistik aus dem integrierten Meldeverfahren lassen sich die laufenden, arbeitsmarktbezogenen Statistiken der Nürnberger Bundesanstalt für Arbeit, wie folgt, gruppieren:

1. **Statistiken der Arbeitsvermittlung** mit Nachweis von Arbeitslosen, offenen Stellen und Vermittlungen;
2. **Statistiken der Berufsberatung;**
3. **Statistiken der beruflichen Förderung** mit Nachweis von u.a. Umschulungen, Rehabilitationsfällen;
4. **Statistiken der Leistungen bei Arbeitslosigkeit und zur Erhaltung und Schaffung von Arbeitsplätzen** mit Nachweis von u.a. Kurzarbeitern, Empfängern von Arbeitslosengeld, Arbeitslosenhilfe und Unterhaltsgeld;
5. **Sonstige Statistiken**, wie z.B. Nachweis von Streiks und Aussperrungen, Kindergeldzahlungen u.v.m.

Am bekanntesten sind – durch die allmonatliche Präsentation in den Medien – die Statistik der Arbeitslosen, der Kurzarbeiter und der offenen Stellen. Auf ihre Konzepte und Ergebnisse wird in Abs. 4.3.3 eingegangen.

4.2.5 Synthetische, zeitraumbezogene Erwerbstätigenstatistik

Die bisher genannten Erhebungsprogramme sind alle auf einen **Stichtag** (bzw. eine Stichwoche) **bezogen** und werden z.t. nur in mehr oder weniger langen Zeitabständen durchgeführt. Sie sind daher auch nicht ohne weiteres mit Stromgrößen wie Einkommen, Produktion, Wertschöpfung o.ä. in Verbindung zu bringen, was für bestimmte Problemstellungen, etwa für die Produktivitätsanalyse, aber gerade notwendig ist. Auch auf das Phänomen der saisonalen Bewegungen im Sektor Arbeit, Beschäftigung und Erwerb sei in diesem Zusammenhang hingewiesen.

Das Statistische Bundesamt ermittelt und publiziert aus diesen Gründen neben den Daten aus den bisher schon aufgeführten Erhebungsprogrammen auch Erwerbstätigen- und Erwerbspersonenzahlen als **Jahres-** und **Vierteljahresdurchschnitte**, die auf einer fundierten Schätzung der monatlichen Erwerbstätigenzahlen beruhen. Das Amt stützt sich dabei nicht etwa auf eine weitere Erhebung, sondern nutzt die verschiedenen, ihm verfügbaren Datenquellen dafür aus und schließt eventuelle Lücken durch Schätzung. Diese Erweiterung des kurzfristigen Berichtsystems wurde ab 1986 möglich, weil sich die Datenlage in jüngerer Zeit deutlich verbessert hat. Angaben über die Zahl der Erwerbstätigen, die als Basis für die Schätzungen dienen, werden sowohl durch Personen- und Unternehmensbefragungen gewonnen als auch auf sekundärstatistischem Wege durch Auswertung von Verwaltungsunterlagen. Insbesondere wird auf die monatlichen Statistiken der Teilbereiche der Wirtschaft zurückgegriffen, etwa auf den Monatsbericht im Bergbau und Verarbeitenden Gewerbe, im Bauhauptgewerbe, im Handel oder auf die Monatsmeldungen von Bahn und Post. Diese **synthetisch ermittelten Erwerbstätigenzahlen**, die ja auf Beschäftigtenzahlen fußen, werden dann mit den für die jeweiligen Zeiträume – Quartal, Halbjahr oder Jahr – gemittelten Arbeitslosenzahlen der Bundesanstalt für Arbeit zu Erwerbspersonenzahlen zusammengefaßt. Eine Verwendung von Erwerbslosenzahlen kommt hier nicht in Betracht, weil solche nämlich nur einmal jährlich im April im Mikrozensus erhoben werden. So nimmt man in Kauf, daß eine ihrerseits schon aus verschiedenen Quellen stammende Erwerbstätigenzahl mit einer begrifflich darauf nicht abgestimmten Arbeitslosenzahl kombiniert wird.

Die Ergebnisse dieser synthetisierten Statistik finden vor allem in der Volkswirtschaftlichen Gesamtrechnung Verwendung und werden dort auch nach dem Inländer- und dem Inlandskonzept ausgewiesen.

4.3 Auswertungsmethoden und ausgewählte Ergebnisse

Die in diesem statistischen Arbeitsgebiet angewendeten Methoden sind weitgehend mit denen der Bevölkerungsstatistik identisch und arbeiten hauptsächlich mit Verhältniszahlen.

4.3.1 Erwerbstätigkeitsstatistik

Im Mikrozensus wird nach der Beteiligung am Erwerbsleben im Rahmen des Erwerbskonzepts gefragt und nach dem überwiegenden Lebensunterhalt im Rahmen des Unterhaltskonzepts. Tab. 4.3 zeigt die daraus resultierende kombinierte Aufgliederung der Wohnbevölkerung in Deutschland in der Mikrozensusberichtswoche im April 1993 (1994). Die v.H.-Angaben beziehen sich auf die absoluten Zahlen am unteren Rand der jeweiligen Spalte. Im April 1993 (1994) waren also 42,3% (41,9%) der Wohnbevölkerung erwerbstätig **und** bestritten

Tab. 4.3: Bevölkerung in Deutschland nach der Beteiligung am Erwerbsleben und dem überwiegenden Lebensunterhalt 1993 und 1994 (Angaben in 1.000 bzw. in v.H.)

Personen mit überwiegendem Lebensunterhalt durch:	Beteiligung am Erwerbsleben (Erwerbskonzept)			insgesamt
	Erwerbstätige	Erwerbslose	Nichterwerbspersonen	
Erwerbstätigkeit	94,3%	×	×	42,3%
	94,4%	×	×	41,9%
Arbeitslosengeld/	0,1%	65,9%	×	3,1%
Arbeitslosenhilfe	0,1%	67,0%	×	3,5%
Renten und dgl.	1,5%	16,3%	43,3%	23,3%
	1,6%	14,5%	43,9%	23,6%
Angehörige	4,1%	17,8%	56,7%	31,3%
	3,9%	18,5%	56,1%	31,0%
insgesamt	36.380	3.799	40.921	81.100
in 1.000	36.076	4.160	41.132	81.368

× – Feld aus sachlichen Gründen nicht besetzt; obere (untere) Zahl – 1993 (1994)
Quelle: CORNELSEN, 1995, p. 285

ihren Lebensunterhalt überwiegend aus dieser Erwerbstätigkeit, während insgesamt 36.380/81.100 $\hat{=}$ 44,9% (36.076/81.360 $\hat{=}$ 44,3%) erwerbstätig waren, so daß bei 2,6% (2,4%) die Erwerbstätigkeit nicht zur Bestreitung der Kosten des Lebensunterhalts ausreichte. Die übrigen Zahlen in Tab. 4.3 sprechen für sich.

Tab. 4.4: Entwicklung der Wohn- und Erwerbsbevölkerung von 1960 bis 1989 (alte Bundesländer)

Jahr	Erwerbstätige lt. Mikrozensus in 1000	Ergeb. der synthet., zeitraumbezog. Erwerbstätigenstatistik (Jahresdurchschnitt)					
		Wohnbev. in 1000	Erwerbspersonen in		Erwerbstätige		
					insgesamt		Ausländer
			1000	v.H.	1000	v.H.	1000
(1)	(2)	(3)	(4)	(5)	(6)	(7)	(8)
1960	26,194	55,433	26,518	47,8	26,247	47,3	0,279
1962	26,271	56,837	26,845	47,2	26,690	47,0	0,655
1964	26,390	57,971	26,922	46,4	26,753	46,1	0,339
1966	26,630	59,148	26,962	45,6	26,801	45,3	1,314
1968	25,870	59,500	26,291	44,2	25,968	43,6	1,019
1970	25,951	60,651	26,817	44,2	26,668	44,0	1,807
1972	26,861	61,697	27,121	44,0	26,875	43,6	2,285
1974	26,853	62,071	27,411	44,2	26,829	43,2	2,331
1976	25,752	61,574	27,034	43,9	25,974	42,2	1,937
1978	26,021	61,350	27,212	44,4	26,219	42,7	1,869
1980	26,874	61,538	27,948	45,4	27,059	44,0	2,072
1981	26,947	61,663	28,305	45,9	27,033	43,8	1,930
1982	26,774	61,596	28,558	46,4	26,752	43,4	1,809
1983	26,477	61,383	28,605	46,6	26,347	42,9	1,714
1984	26,608	61,126	28,659	46,9	26,393	43,2	1,593
1985	26,626	60,975	28,897	47,4	26,593	43,6	1,584
1986	26,940	61,010	29,188	47,8	26,960	44,2	1,592
1987	27,083	61,077	29,386	48,1	27,157	44,5	1,589
1988	27,366	61,450	29,596	48,2	27,354	44,5	1,624
1989	27,742	61,990	29,767	48,0	27,729	44,7	1,689

Quelle: Statistisches Bundesamt (1991a), p. 34 ff.

In Tab. 4.4 ist die **zeitliche Entwicklung der Erwerbstätigkeit** in Untergliederungen seit 1960 dargestellt. Die Erwerbstätigenzahlen lt. Mikrozensus (Spalte 2), die ja ein Stichwochenergebnis sind, stimmen recht gut mit den Jahresdurchschnittsdaten (Spalte 6) aus der synthetischen Erwerbstätigenstatistik überein, zumindest liegt nicht die eine Reihe eindeutig über der anderen. Während in den 60er Jahren die Erwerbspersonenquote (Spalte 5) nur geringfügig unter der Erwerbstätigenquote (Spalte 7) lag, was als ein Zeichen von Vollbeschäftigung gewertet werden darf, öffnete sich die Schere zur Gegenwart hin. Man sieht dies auch am Vergleich der dynamischen Meßzahlen (1970 = 100): Für die Erwerbspersonen liegt sie 1989 bei 111, für die Erwerbstätigen 1989 bei 104, während die der Wohnbevölkerung von 1970 = 100 nur auf 1989 = 102 anstieg.

Die Differenz zwischen Erwerbspersonen- und Erwerbstätigenzahl ist die Anzahl der Erwerbslosen, und diese hat sich in zwei Schüben von ca. 150.000 in 1972 auf zunächst etwas über 1 Million als Folge des ersten Ölpreisschocks 1973 erhöht und dann noch einmal auf über 2 Millionen ab 1983. Dies legt die Vermutung nahe, daß Erwerbspersonen- und Erwerbstätigenzahl zwar durchaus unterschiedliche Bestimmungsfaktoren haben, sich aber doch gegenseitig beeinflussen. Die Erwerbspersonenzahl wird offenbar vorwiegend durch demographische und gewisse verhaltensbedingte Faktoren determiniert, die generell oder zumindest gegen Ende des in Tab 4.4 ausgewiesenen Zeitraums auf eine deutliche Erhöhung hinwirkten. Die Erwerbstätigenzahl wird dagegen weit mehr durch die konjunkturelle Entwicklung geprägt. Während in der ersten Rezessionsphase nach 1973 jedoch tatsächlich 1 Million Arbeitsplätze verloren gingen und möglicherweise als Folge davon der Anstieg der Erwerbspersonenzahl gebremst wurde, scheint deren Anstieg in den frühen 80er Jahren eher auf eine Erhaltung von Arbeitsplätzen trotz Rezession hingewirkt zu haben.

Als Maß für die Erwerbsbereitschaft oder die Erwerbsintensität ist die allgemeine Erwerbsquote, definiert als Quotient aus der Erwerbspersonenzahl und dem Umfang der Wohnbevölkerung, nicht sehr gut geeignet, da sie wesentlich vom Altersaufbau und anderen Merkmalsverteilungen der Bevölkerung abhängt. Das Statistische Bundesamt weist daher in seiner alljährlichen Aufbereitung des Mikrozensus eine Vielzahl spezifischer (= besonderer) Erwerbsquoten aus, vgl. etwa Statistisches Bundesamt (1992 b), p. 55 – 57. Man differenziert dort nach Deutschen und Ausländern, weiter nach dem Geschlecht, dem Familienstand und insbesondere nach dem Alter. Die Abbildungen 4.3a/d zeigen solche altersspezifische und weiter spezifizierte Erwerbsquoten in den Jahren 1970, 1980 und 1990. Die höchsten Erwerbsquoten für die Personen insgesamt (Abb. 4.3a) verzeichnet man im Alter zwischen 25 und 55 Jahren. Die Erwerbsquote der Männer (Abb. 4.3b) steigt nach dem Ausbildungsalter rasch an, bewegt sich im Alter von 30 bis 55 Jahren zwischen 90% und 100% und fällt beim Übergang ins Rentenalter ebenso rasch wieder ab. Die Erwerbsquote für die Frauen insgesamt (Abb. 4.3c) liegt in allen Altersstufen unter denen der Männer, weist jedoch ein Maximum in der Altersklasse 20 – 25 Jahre auf. Die Erwerbsquoten für ledige und verwitwete oder geschiedene Frauen (hier nicht separat nachgewiesen) liegen auf einem ähnlich hohen Niveau wie die der Männer, während jene der verheirateten Frauen (Abb. 4.3d) jedoch erwartungsgemäß einen wesentlich anderen Verlauf hat, nämlich im Niveau wesentlich niedriger liegt.

Geschlechts-, alters- und familienstandsspezifische Erwerbsquoten ändern sich im Zeitablauf, wie den Abb. 4.3a/d zu entnehmen ist. In diesen Ände-

Abb. 4.3a: Altersspezifische Erwerbsquoten in den alten Bundesländern 1970,
            1980 und 1990 für **Personen insgesamt**

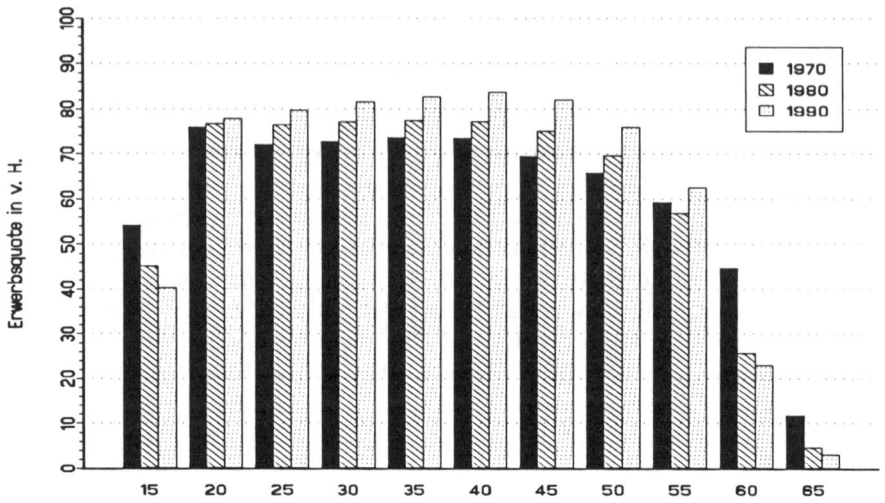

Quelle: Statistisches Bundesamt 1971a, p. 24, Statistisches Bundesamt 1981a, p. 31,
        Statistisches Bundesamt 1992b, p. 55.

Abb. 4.3b: Altersspezifische Erwerbsquoten in den alten Bundesländern 1970,
            1980 und 1990 für **Männer insgesamt**

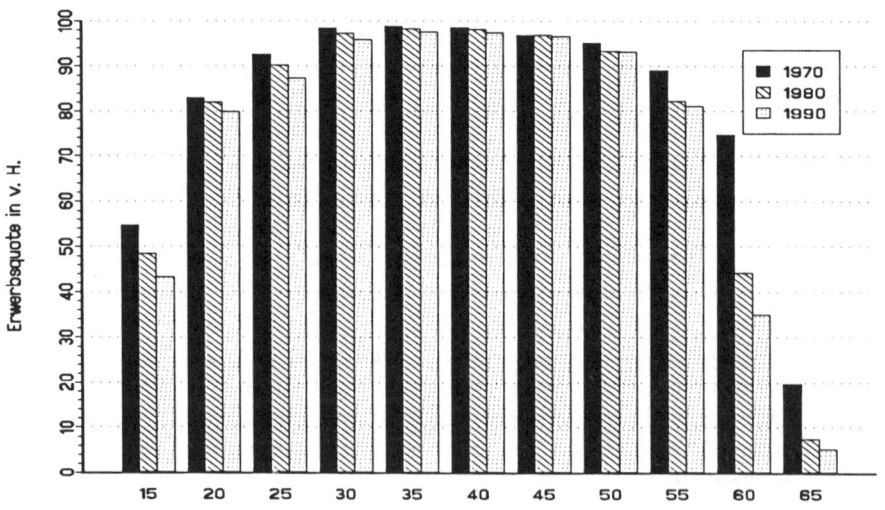

Quelle: Vgl. Abb. 4.3a

<u>Abb. 4.3c:</u> Altersspezifische Erwerbsquoten in den alten Bundesländern 1970,
1980 und 1990 für **Frauen insgesamt**

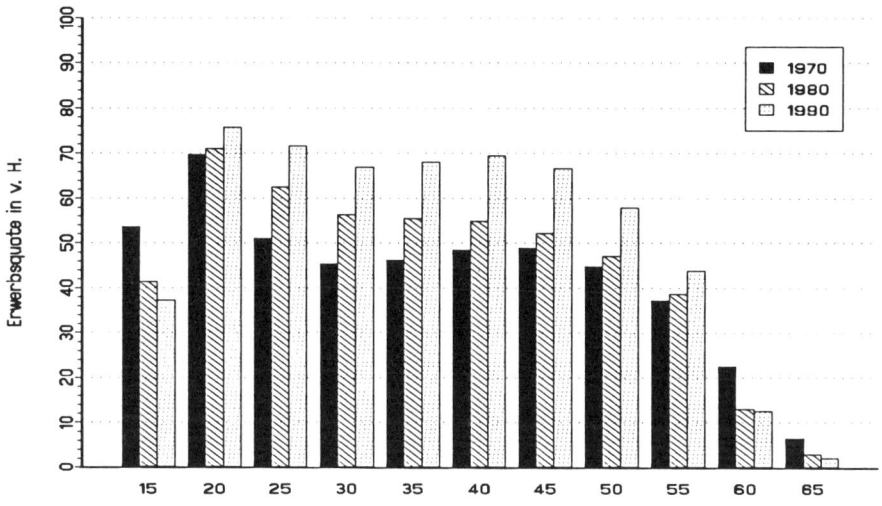

Quelle: Vgl. Abb. 4.3a

<u>Abb. 4.3d:</u> Altersspezifische Erwerbsquoten in den alten Bundesländern 1970,
1980 und 1990 für **verheiratete Frauen**

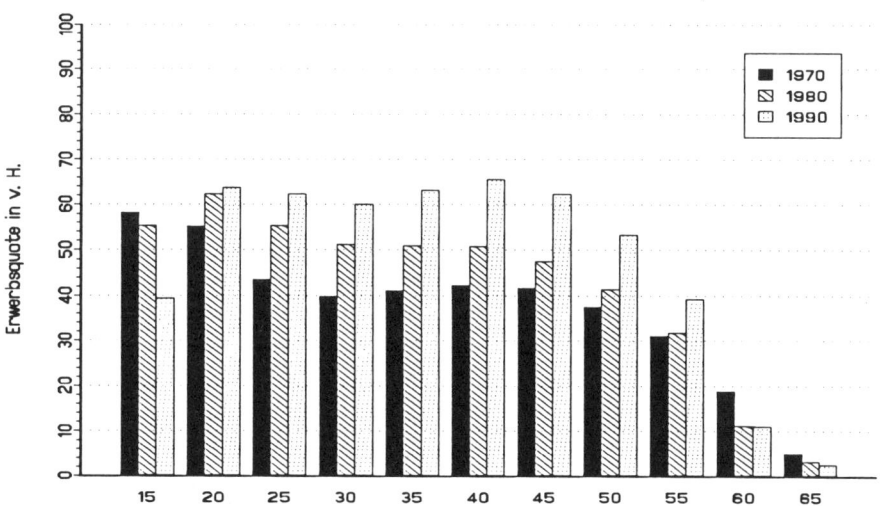

Quelle: Vgl. Abb. 4.3a

rungen kommt der **sozioökonomische Strukturwandel** zum Ausdruck. Bei
abnehmender Bedeutung der Landwirtschaft, des Handels und Kleingewerbes
z.b. sinkt gewöhnlich die Erwerbsquote, vor allem die der verheirateten Frauen,
da in diesen Bereichen die Erwerbstätigkeit der Ehefrauen besonders hoch ist.
Verglichen mit der Zeit um 1970 schlagen sich heute vor allem die verlänger-
ten Ausbildungszeiten nieder (vgl. den stetigen Rückgang der Erwerbsquoten
der 15 – 20jährigen bei allen Personengruppen von 1970 bis 1990 in Abb. 4.3),
die Einführung der flexiblen Altersgrenze (vgl. den stetigen Rückgang der Erwerbsquoten der 60 – 65jährigen bei allen Personengruppen von 1970 bis 1990
in Abb. 4.3) und die geänderte Einstellung der verheirateten Frauen zum Erwerbsleben (vgl. den kontinuierlichen Anstieg der Erwerbsquoten bei den 20 –
60jährigen verheirateten Frauen von 1970 bis 1990 in Abb. 4.3d).

Um die Veränderung der Erwerbsbeteiligung zusammenfassend kennzeichnen zu können, ohne daß sich dabei die Veränderung der Altersstruktur aus-
wirkt, berechnet man analog zu (3.30) **standardisierte Erwerbsquoten.**
Wendet man z.b. auf die in Abb. 4.3a für 1970 und 1980 ausgewiesenen Erwerbsquoten der Personen insgesamt den Altersaufbau von 1990 an, so erhält
man:

Erwerbsquote	effektiv	standardisiert
1970	43,5%	48,4%
1980	44,9%	47,2%

Will man die zukünftige **Zahl der Erwerbspersonen** prognostizieren
unter der Prämisse, daß die Erwerbsbeteiligung nach Alter, Geschlecht und
Familienstand konstant bleibt, so geht man analog zur Standardisierung vor.
Zunächst wird die Bevölkerung nach Alter und Familienstand jahrgangsweise
fortgeschrieben, wie in Abs. 3.4.4 gezeigt. Dann multipliziert man jede prognostizierte Besetzungszahl mit der zuletzt ermittelten zugehörigen Erwerbsquote
und summiert. Auf diese Weise läßt sich abschätzen, in welchem Umfang das
Arbeitskräfteangebot allein aufgrund der Veränderung in der demographischen
Struktur der Bevölkerung in der näheren Zukunft vermutlich steigen oder fallen
wird.

In Verbindung mit Tab. 4.4 war die Entwicklung der Erwerbspersonenzahl
seit 1960 skizziert worden. Im folgenden soll für den Zeitraum 1970 – 1990 ein
Versuch zur **Separierung des Einflusses der Bevölkerungsentwicklung
auf die Entwicklung der Erwerbspersonenzahl** unternommen werden.
Das Arbeitskräfteangebot in einer Volkswirtschaft läßt sich ableiten aus der
Wohnbevölkerung und der in ihr vorhandenen Bereitschaft zur Erwerbstätigkeit. Da diese Bereitschaft entscheidend von Alter, Geschlecht und Familienstand abhängt, muß die Wohnbevölkerung zunächst nach diesen Merkmalen
aufgegliedert werden. Faßt man nun die Erwerbstätigen und die Erwerbslosen
als diejenigen Personen auf, die zur Ausübung einer Erwerbstätigkeit bereit
sind,[2] so manifestiert sich in den geschlechts-, alters- und familienstandsspe-

---

[2]Die Einbeziehung der Stillen Reserve wird hier der Einfachheit halber ausgeklammert.

zifischen Erwerbsquoten die Erwerbsbereitschaft der Bevölkerung. Im Laufe der Zeit ändern sich nun sowohl die Besetzungszahlen der einzelnen Bevölkerungsgruppen (= **Strukturkomponente**[3]) als auch deren Bereitschaft zur Erwerbstätigkeit und mithin ihre Erwerbsquoten (= **Verhaltenskomponente**). Mit Hilfe der Standardisierungsmethode lassen sich diese beiden Komponenten voneinander trennen (Die in den Naturwissenschaften für solche Zwecke herangezogene, adäquatere Methode des kontrollierten Experiments scheidet in den Sozialwissenschaften aus!), wenn man zu unterstellen bereit ist, daß die zu einem bestimmten Zeitpunkt beobachtete Erwerbsbereitschaft sehr wohl auch zu einem anderen Zeitpunkt, insbesondere bei einer anderen Bevölkerungsstruktur, denkbar ist.

Das Ergebnis einer solchen Standardisierungsrechnung wird im folgenden vorgestellt, und zwar um die Veränderung der Erwerbspersonenzahl in den alten Bundesländern von 1970 auf 1980, von 1980 auf 1990 und von 1970 auf 1990 in die beiden Komponenten aufzuspalten. Die Gliederung der Erwerbsbevölkerung erfolgt dabei nach Geschlecht und 5–Jahres–Altersklassen, die der Frauen außerdem in verheiratet und unverheiratet (vgl. Tab. 4.5). Bezeichnet man mit

$E_{j,t}$ – Erwerbspersonenzahl der Gruppe j im Jahre t,

$B_{j,t}$ – Wohnbevölkerung der Gruppe j im Jahre t,

so lassen sich die globalen Erwerbspersonenzahlen in den drei Vergleichsjahren darstellen als

$$\sum_j E_{j,70} = \sum_j B_{j,70} \cdot \frac{E_{j,70}}{B_{j,70}} = 26,498 \text{ Mio.}$$

$$\sum_j E_{j,80} = \sum_j B_{j,80} \cdot \frac{E_{j,80}}{B_{j,80}} = 27,642 \text{ Mio.}$$

$$\sum_j E_{j,90} = \sum_j B_{j,90} \cdot \frac{E_{j,90}}{B_{j,90}} = 31,305 \text{ Mio.}$$

Die globale Zunahme der Erwerbspersonenzahl von 26,498 Mio. in 1970 auf 27,642 Mio. in 1980, also um 1,144 Mio. (analog für die anderen Zeiträume), erklärt sich hiernach gleichzeitig aus Veränderungen der gruppenspezifischen Bevölkerungszahlen und der Veränderungen der gruppenspezifischen Erwerbsquoten. Eine Trennung dieser beiden Komponenten läßt sich dadurch erreichen, daß man die Bevölkerungszahlen von 1980 mit den Erwerbsquoten von 1970 zusammenführt (analog für 1980/90 und 1970/90). Durch Aufsummierung erhält man dann diejenige Zahl von Erwerbspersonen, die sich 1980 ergeben hätte,

---

[3]Eigentlich ist darin auch noch eine Bevölkerungswachstumskomponente enthalten, die hier nicht extra ausgewiesen werden soll. Sie ist im übrigen auch bei nur 2% Wachstum der Bevölkerung zwischen 1970 und 1990 nicht sehr bedeutend.

Tab. 4.5: Veränderung der Zahl der Erwerbspersonen lt. Mikrozensus im früheren Bundesgebiet in den Zeiträumen 1970/1980, 1980/1990 und 1970/1990, zerlegt in Struktur- und Verhaltenskomponente (Zahlen in 1000)

	Alters-aufbau von	Er-werbs-quoten von	Männer und nichtverheiratete Frauen		verhei-ratete Frauen	Männer und Frauen		insgesamt
			15 – 30	30 – 60	15 – 60	60 – 65	65 u.ä.	
Zeile	(1)	(2)	(3)	(4)	(5)	(6)	(7)	(8)
(1)	1970	1970	6.371	12.346	5.039	1.726	1.016	26.498
(2)	1980	1970	7.941	13.215	5.161	1.026	1.015	28.358
(3)	1980	1980	7.350	13.143	6.094	604	451	27.642
Demograph. bed. Veränd. 70/80 (Zeile 2 – Zeile 1)			+ 1.570	+ 869	+ 122	- 700	− 1	+ 1.860
Verhaltensbed. Veränd. 70/80 (Zeile 3 – Zeile 2)			− 591	− 72	+ 933	− 422	− 564	− 716
Gesamtveränd. 70/80 (Zeile 3 – Zeile 1)			+ 979	+ 797	+ 1.055	− 1.122	− 565	+ 1.144
(4)	1980	1980	7.350	13.143	6.094	604	451	27.642
(5)	1990	1980	8.536	14.443	5.888	990	421	30.278
(6)	1990	1990	8.378	14.594	7.197	831	305	31.305
Demograph. bed. Veränd. 80/90 (Zeile 5 – Zeile 4)			+ 1.186	+ 1.300	− 206	+ 386	− 30	+ 2.636
Verhaltensbed. Veränd. 80/90 (Zeile 6 - Zeile 5)			− 158	+ 151	+ 1.309	− 159	− 116	+ 1.027
Gesamtveränd. 80/90 (Zeile 6 – Zeile 4)			+ 1.028	+ 1.451	+ 1.103	+ 227	− 146	+ 3.663
(7)	1970	1970	6.371	12.346	5.039	1.726	1.016	26.498
(8)	1990	1970	9.062	14.545	4.982	1.680	1.008	31.277
(9)	1990	1990	8.378	14.594	7.197	831	305	31.305
Demograph. bed. Veränd. 70/90 (Zeile 8 – Zeile 7)			+ 2.691	+ 2.199	− 57	− 46	− 8	+ 4.779
Verhaltensbed. Veränd. 70/90 (Zeile 9 – Zeile 8)			− 684	+ 49	+ 2.215	− 849	− 703	+ 28
Gesamtveränd. 70/90 (Zeile 9 – Zeile 7)			+ 2.007	+ 2.248	+ 2.158	− 895	− 711	+ 4.807

wenn in diesem Jahr alle Gruppen noch dieselbe Erwerbsbereitschaft wie 1970 gezeigt hätten. Man erhält auf diese Weise (vgl. Tab. 4.5):

$$\sum_j B_{j,80} \cdot \frac{E_{j,70}}{B_{j,70}} = 28,358 \text{ Mio.}$$

$$\sum_j B_{j,90} \cdot \frac{E_{j,80}}{B_{j,80}} = 30,278 \text{ Mio.}$$

$$\sum_j B_{j,90} \cdot \frac{E_{j,70}}{B_{j,70}} = 31,277 \text{ Mio.}$$

Die Zahl der Erwerbspersonen wäre also von 1970 bis 1980 (von 1980 bis 1990 bzw. von 1970 bis 1990) um 1,860 Mio. (2,636 Mio. bzw. 4,779 Mio.) gestiegen und nicht – wie in Wirklichkeit – um 1,144 Mio. (3,663 Mio. bzw. 4,807 Mio.). Stellt man dem die Zahl der 1980 (1990) tatsächlich Erwerbstätigen – vgl. Tab. 4.4, Spalte 2 – von 26,874 Mio. (29,334 Mio.) gegenüber, so gelangt man zu dem Schluß, daß bei Konstanz des Erwerbsverhaltens von 1970 bis 1980 (von 1980 bis 1990 bzw. von 1970 bis 1990) in 1980 nicht 27,642 - 26,874 = 0,768 Mio. (in 1990: 31,305 - 29,334 = 1,971 Mio.) erwerbslos gewesen wären, sondern 28,358 - 26,874 = 1,484 Mio. (30,278 - 29,334 = 0,944 Mio. bzw. 31,277 - 29,334 = 1,893 Mio.) Personen. Die Veränderung der Verhaltenskomponente hat also in 1980 immerhin zu einer Entlastung von 1,484 - 0,768 = 0,716 Mio. Erwerbslosen geführt, während sie in 1990, gemessen am Verhalten von 1980, zu einer Belastung von 1,971 - 0,944 = 1,027 Mio. führt und, gemessen am Verhalten von 1970, zu einer Belastung von nur 1,971 - 1,893 = 0,078 Mio. Personen.

Bei der Interpretation dieser Resultate ist die restriktive und im Grunde unrealistische Prämissensetzung zu bedenken. Das Erwerbsverhalten, das sich ja in den gruppenspezifischen Erwerbsquoten manifestiert, ist nicht völlig frei gestaltbar. Zum Teil ist es durch politische Maßnahmen gezielt beeinflußt worden, um etwa den Anstieg der Erwerbslosenzahl zu bremsen (Einführung der flexiblen Altersgrenze, Vorruhestandsregelung), zum Teil haben staatliche Maßnahmen mit anderen Zielsetzungen bestimmte Verhaltensänderungen hervorgerufen, die sich unmittelbar auf das Erwerbsverhalten auswirken mußten (Änderungen im Ausbildungsangebot), z.T. waren auch gesellschaftliche Veränderungen wirksam, die mit dem Erwerbsleben in einem unlösbaren Zusammenhang stehen (Geburtenrückgang, Erhöhung des Heiratsalters und Frauenerwerbstätigkeit). Dennoch erscheint es sinnvoll, ein konstantes Erwerbsverhalten über jeweils 10 bzw. 20 Jahre einmal modellmäßig zu unterstellen, allein um die einzelnen Effekte quantifizieren zu können. In Tab. 4.5 sind deshalb die zunächst sehr differenziert berechneten Einzelwerte über die tatsächlichen und die nach dem Standardisierungsansatz ermittelten Erwerbspersonenzahlen zu fünf Bevölkerungsgruppen (Spalten 3 - 7) zusammengefaßt, die im Hinblick auf ihr Erwerbsverhalten als einigermaßen homogen angesehen werden dürfen.

Es sei hier nur die Analyse der Veränderungen von 1970 auf 1980 im oberen Drittel von Tab. 4.5 betrachtet, die anderen Veränderungen möge der Leser selbst analysieren. Es wird nun deutlich, daß die 1,860 Mio. allein aus demographischen Gründen mehr zu erwartenden Erwerbspersonen überwiegend solche im Ausbildungsalter waren: Die geburtenstarken Jahrgänge befanden sich 1980 in einem Alter, in dem die Menschen 1970 zu einem erheblichen Teil schon im Erwerbsleben standen. Gerade diese demographisch bedingte Zunahme des Erwerbspersonenpotentials (1980 gab es immerhin 2,340 Mio. 15- bis unter 30jährige Männer und unverheiratete Frauen mehr als 1970) ist durch die Verlängerung der Ausbildungszeiten und die allgemein längeren Ausbildungszeiten unverheirateter Frauen zu über einem Drittel (mit 0,591 Mio.) kompensiert worden.

Die demographisch bedingte Zunahme bei den 30- bis unter 60jährigen Männern und unverheirateten Frauen um 0,869 Mio. ist dagegen kaum durch Verhaltensänderungen ausgeglichen worden, sie hatte auch einen völlig anderen Grund. 1970 gab es in der Altersklasse 40 bis unter 60 wegen der hohen Kriegsverluste anormal wenige Männer; 1980 hatten sich in diesem Altersbereich dagegen die Verhältnisse schon erheblich normalisiert. Hier hat man also einen ersten echten Grund für die starke Zunahme des Erwerbspersonenpotentials von 1970 auf 1980. Dem steht jedoch ein demographisch bedingter Rückgang von 0,700 Mio. in der Altersklasse 60 bis unter 65 gegenüber (Geburtsausfälle während des II. Weltkriegs, Kriegsverluste bei den Männern), der zudem noch durch die Verhaltenskomponente (Vorziehen des Rentenalters) verstärkt wurde. Die demographisch bedingten Veränderungen bei den restlichen zwei Gruppen sind unbedeutend. Um so stärker fielen bei diesen aber die verhaltensbedingten Änderungen ins Gewicht: die Zunahme der Erwerbsbeteiligung verheirateter Frauen um 0,933 Mio. und die Abnahme bei den über 65jährigen um 0,564 Mio. Die tatsächliche Zunahme der Erwerbspersonen zwischen 1970 und 1980 um 1,144 Mio. findet ihre Erkärung in der erheblich gewachsenen Erwerbsbereitschaft verheirateter Frauen, man vgl. dazu auch die Abb. 4.3d.

Betrachtet man schließlich die Veränderungen von 1970 auf 1990 im unteren Drittel der Tab. 4.5, so stellt man fest, daß die Gesamtveränderung von 4,807 Mio. nahezu mit der demographisch bedingten Veränderung identisch ist (4,779 Mio.), da sich nämlich verhaltensbedingte Richtungsänderungen – der Rückgang durch längere Ausbildungszeiten und Vorziehen des Rentenalters (inkl. einer beträchtlichen Reduzierung der Erwerbstätigkeit jenseits der Grenze von 65 Jahren) und die Zunahme der Erwerbstätigkeit verheirateter Frauen – kompensierten.

Der wirtschaftliche Strukturwandel läuft zugunsten der **Frauen**; vom westdeutschen Beschäftigungsaufbau der letzten 35 Jahre haben sie überdurchschnittlich profitiert: Zwei von drei neuen Arbeitsplätzen nahmen Frauen ein. Zudem gleicht sich das einst wesentlich höhere Arbeitsmarktrisiko der Frauen dem der Männer an.[4] Allerdings bei Einkommen und Karrierechancen sind die Frauen gegenüber den Männern immer noch im Nachteil. Der Arbeitsmarkt für Frauen wird durch zwei Grundtendenzen gekennzeichnet:

1. Frauen nehmen heute weitaus stärker als früher am Erwerbsleben teil. Die Erwerbsquote der westdeutschen Frauen im Alter zwischen 15 und 65 Jahren stieg von 46,2% in 1970 auf 59,6% in 1993.[5]

2. Die Beschäftigungsmöglichkeiten für Frauen haben sich seit den frühen 60er Jahren wesentlich erweitert durch zwei längerfristige Entwicklungen am westdeutschen Arbeitsmarkt:

   a) Strukturwandel von einer industriegeprägten zu einer durch den tertiären Sektor dominierten Volkswirtschaft (vgl. auch Abs. 5.3),

   b) Trend zur Teilzeit–Arbeit. Von 1973 bis 1993 hat sich die Zahl der abhängig beschäftigten Teilzeiter von ca. 2 Millionen auf knapp 4,4 Millionen mehr als verdoppelt. Vom Teilzeit–Boom profitierten in erster Linie die Frauen. Gut jede dritte weibliche Erwerbstätige arbeitet nicht Vollzeit, bei den Männern nur jeder vierzigste.

Im Rahmen der Ergebnispräsentation der Erwerbstätigkeitsstatistik sei noch auf einen weiteren Aspekt ausführlicher eingegangen, den der **ausländischen Erwerbspersonen**. Der westdeutsche Nachkriegsboom induzierte einen Arbeitskräftebedarf, der aus dem Inland nicht mehr gedeckt werden konnte. Durch den Bau der Berliner Mauer am 13. August 1961 versiegte zudem der Zustrom an Arbeitskräften aus der damaligen DDR. Gleichzeitig herrschte in den überwiegend agrarisch strukturierten Mittelmeerländern Unterbeschäftigung. In dieser Situation bot es sich an, die Arbeitnehmer dorthin gehen zu lassen, wo sie gebraucht wurden. Die Bundesregierung schloß mit zahlreichen Anrainern des Mittelmeers Abkommen zur Anwerbung und Vermittlung von Arbeitskräften. Die Herkunftsländer der Gastarbeiter waren zunächst nur an einer zeitlich befristeten Wanderung, nicht aber an der Emigration der Arbeitskräfte interessiert. Nach ihrer Rückkehr sollten die Arbeitsemigranten mit dem erworbenen Know–how und dem erarbeiteten Kapital dazu beitragen, den industriellen Entwicklungsstand in der Heimat zu heben.

Vom ersten Anwerbeabkommen 1955 bis zur ersten Nachkriegs–Rezession 1966 stieg die Zahl der ausländischen Arbeitnehmer kontinuierlich von knapp 800.000 auf 1,3 Mio. (vgl. Tab. 4.4). Konjunkturbedingt sank sie vorübergehend um ca. 300.000. Die expansivste Phase der Ausländerbeschäftigung lag zwischen 1966 und 1973. Sie ließ die Zahl der ausländischen Erwerbstätigen

---

[4]Erstmals seit den 60er Jahren lag 1994 wieder die jahresdurchschnittliche Arbeitslosenquote bei Männern und Frauen auf gleicher Höhe, bei 9,2%, und im ersten Quartal 1995 betrug die Frauen–Quote 9,3% gegenüber einer Männer–Quote von 10,1%.

[5]Zum Vergleich: 1882 lag die Erwerbsquote der 15- bis 69jährigen Frauen im Deutschen Reich bei 36% und 1939 bei 50%.

auf 2,6 Mio. hochschnellen. Die Wende kam 1973 nach dem ersten Ölpreisschock und der durch ihn bedingten Rezession. Die Bundesregierung verfügte
einen Anwerbestopp für Bürger aus Nicht–EU–Staaten. Dieses Instrument griff
aber nur vorübergehend und zudem einseitig. Der Nachzug von Ehegatten und
minderjährigen Kindern der in der Bundesrepublik lebenden Ausländer sorgte
weiter für Nachschub. Kurzfristig wurde zwar der Arbeitsmarkt zwischen 1973
und 1978 um ca. 750.000 ausländische Arbeitnehmer entlastet, die ausländische
Wohnbevölkerung in Deutschland verringerte sich jedoch kaum, vgl. Abb. 4.4.

<u>Abb. 4.4:</u> Ausländeranteil an der Wohnbevölkerung und an den beschäftigten
           Arbeitnehmern in den alten Bundesländern 1973 – 1991

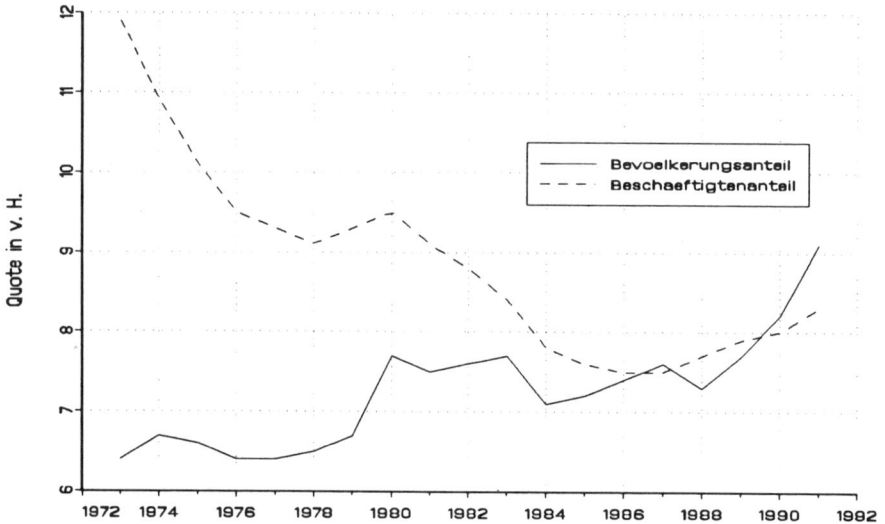

Der Anwerbestopp wirkte ganz anders als beabsichtigt. Er verstärkte die
Tendenz zum Daueraufenthalt. So blieb etwa die überwiegende Zahl türkischer
Arbeitnehmer in der Bundesrepublik und ließ ihre Familienangehörigen nach-
kommen. Von 1973 bis 1991 ist die ausländische Wohnbevölkerung um 1,3 Mio.
auf 5,8 Mio. Personen gewachsen und hat jetzt einen Anteil von 9,1% (1973:
6,4%) an der westdeutschen Gesamtbevölkerung. Gleichzeitig ging der Anteil
der erwerbstätigen Ausländer zurück, von 11,9% in 1973 auf 8,3% in 1991 (vgl.
Abb. 4.4). Diese Entwicklung ist ein Indiz für die Absicht vieler Ausländer,
mit der gesamten Familie längerfristig in der Bundesrepublik zu bleiben. Auch
die Nationalitätenstruktur hat sich dadurch verschoben: Die Türken stellten
1991 gut 30% der ausländischen Wohnbevölkerung und 33% der ausländischen
Arbeitskräfte gegenüber noch 25% in 1974.

Beschäftigungsschwerpunkt der Ausländer ist die Industrie mit ca.
950.000. Damit arbeitet jeder zweite Ausländer in der Industrie, wo jeder neun-
te Arbeitnehmer Ausländer ist. Der nächste mit Ausländern stark besetzte

Bereich ist der Dienstleistungssektor, wo sie ca. 8,5% der Beschäftigten ausmachen. Ausländische Arbeitnehmer üben vor allem angelernte und ungelernte Tätigkeiten aus und sind noch immer zum Verrichten körperlich schwerer und unangenehmer Arbeiten bereit, die von deutschen Arbeitnehmern abgelehnt werden, die dafür offenbar lieber in die Arbeitslosigkeit und Sozialhilfe gehen. In einigen Wirtschaftszweigen sind Ausländer längst unentbehrlich geworden, etwa im Gaststätten- und Beherbergungsgewerbe, in Gießereien und in der Gebäudereinigung.[6]

Die **ökonomische Bedeutung der Ausländer** reicht weit über den Arbeitsmarkt hinaus. Sie unterliegen dem deutschen Steuer- und Sozialversicherungsrecht. Nach Schätzungen des RWI hat die ausländische Bevölkerung 1991 ca. 90 Mrd. DM Steuern und Sozialversicherungsbeiträge aufgebracht. Rechnet man dieser Summe die staatlichen Aufwendungen für Geldleistungen an Ausländer und für die Inanspruchnahme öffentlicher Infrastruktur und Dienstleistungen gegen, so bleibt ein Überschuß zugunsten von Fiskus und Sozialversicherung von etwa 25 Mrd. DM. Ausländer sind ferner in die volkswirtschaftlichen Finanzströme integriert und wirken an der Erstellung des Sozialprodukts mit; am Bruttosozialprodukt 1991 von 2.200 Mrd. DM sind sie mit etwa 200 Mrd. DM beteiligt. Die Heimatüberweisungen ausländischer Arbeitnehmer stiegen nach Schätzungen der Deutschen Bundesbank von 300 Mio. DM in 1960 auf ca. 9 Mrd. DM in 1984; im Jahre 1990 lagen sie nur noch bei ca. 7,5 Mrd. DM.

4.3.2 Beschäftigtenstatistik

Erwerbstätigkeits- und Beschäftigtenstatistik unterscheiden sich u.a. dadurch, daß

1. die Beschäftigtenstatistik Fälle zählt, die Erwerbsstatistik hingegen Personen,

2. der Kreis der Erfaßten sehr verschieden ist (Sozialversicherungspflichtige Arbeitnehmer in der Beschäftigtenstatistik, Erwerbstätige ohne irgendwelche Einschränkungen in der Erwerbsstatistik).

So ist die Menge der Beschäftigten um die Beamten, Selbständigen, z.T. die leitenden Angestellten und z.T. die mithelfenden Familienangehörigen kleiner als die der Erwerbstätigen, aber um die Mehrfachbeschäftigten größer. Es gab

---

[6]Auch in der ehemaligen DDR wurden Ausländer beschäftigt und zur Einreise angeworben. Sie sollten drei bis vier Jahre in DDR–Betrieben beschäftigt und ausgebildet werden, um dann in den Herkunftsländern in DDR–Projekten eingesetzt werden zu können. Herkunftsländer waren u.a. Angola, Kuba, Mosambik, Ungarn und Vietnam, also Staaten die entweder Mitglied oder assoziiertes Mitglied des Rates für gegenseitige Wirtschaftshilfe (RGW) waren. Die Ausländerpolitik der ehemaligen DDR war konsequent auf Rückkehr ausgerichtet. Während Ende 1989 in der DDR noch 90.600 Vertragsarbeitnehmer beschäftigt waren, zählte man Mitte 1991 nur noch ca. 6.700.

1993 im Jahresdurchschnitt 29,014 Mio. Erwerbstätige im Inland, jedoch am Stichtag 30.06.1993 nur 23,122 Mio. beschäftigte Arbeitnehmer in den alten Bundesländern. Tab. 4.6 zeigt für 1990 die Gegenüberstellung gegliedert nach Wirtschaftsbereichen. Bei der Interpretation der dort ausgewiesenen Zahlen ist zu bedenken, daß die Erwerbstätigenzahlen Jahresdurchschnitte (aus der synthetischen, zeitraumbezogenen Erwerbsstatistik) sind und die Beschäftigtenzahlen Stichtagsergebnisse zur Jahresmitte 1993. Das beeinträchtigt den Vergleich – allerdings nicht sehr stark.

Tab. 4.6: Erwerbstätige und Beschäftigte 1993 in den alten Bundesländern nach Wirtschaftsbereichen

Wirtschaftsbereich	Erwerbstätige		Beschäftigte	
	in 1000	in v.H.	in 1000	in v.H.
Land- und Forstwirtschaft, Fischerei	880	3,0	219,0	1,0
Energie, Wasserversorgung, Bergbau	441	1,5	417,3	1,8
Verarbeitendes Gewerbe (ohne Baugewerbe)	8.400	29,0	8.105,2	35,0
Baugewerbe	1.982	6,8	1.589,9	6,9
Handel	3.965	13,7	3.307,9	14,3
Verkehr, Nachrichtenübermittlung	1.630	5,6	1.179,9	5,1
Kreditinstitute, Versicherungsunternehmen	951	3,3	964,4	4,2
Übrige Dienstleistungen	5.026	17,3	5.307,7	23,0
Staat (Gebietskörperschaften, Sozialvers.)	4.323	14,9	1.463,2	6,3
Private Haushalte und Organisationen ohne Erwerbszweck	1.416	4,9	567,5	2,4
insgesamt	29.014	100,0	23.122,0	100,0

Quelle: Statistisches Jahrbuch 1994, p. 112 und p. 120

Sowohl in der Erwerbstätigkeits- als auch in der Beschäftigtenstatistik wird eine **Verteilung nach Berufen** aufgestellt, wobei in beiden mit demselben systematischen Verzeichnis, der Klassifizierung der Berufe (Ausgabe 1975), gearbeitet wird. Tab. 4.7 zeigt eine sehr grob gehaltene Aufgliederung der am 30.09.1986 sozialversicherungspflichtig Beschäftigten.

Die Berufe–Statistik muß in ihrer Erfassung als überholt gelten. Das Statistische Bundesamt und die Arbeitsverwaltung verstehen unter dem **Beruf** nicht, was jemand kann oder gelernt hat, sondern die **Tätigkeit**, die **zum Erhebungszeitpunkt vorwiegend ausgeübt** wird. Ein gelernter Bäcker, der inzwischen LKW fährt, erscheint in der Statistik als „Kraftfahrzeugführer". Ähnlich wird auch ein ausgebildeter Lehrer eingestuft, der sein Geld als Taxi-

Tab. 4.7: Berufe–Statistik der sozialversicherungspflichtig Beschäftigten
          am 30.09.1986

Berufsbereich	Anzahl Beschäftigte
Agrar-, Forst- und Fischereiberufe	327.777
Bergleute, Mineralgewinner	129.089
Fertigungsberufe	7.983.283
darunter Steinbearbeiter,	(52.720)
darunter Keramiker, Glasmacher	(75.712)
Technische Berufe	1.417.613
Dienstleistungsberufe	11.285.799
darunter Organisations-, Verwaltungs- und Büroberufe	(3.930.393)
Sonstige Arbeitskräfte	52.758
insgesamt	21.196.319

Quelle: Bundesanstalt für Arbeit

fahrer verdient. Die Statistiker berücksichtigen also weder die Erfahrung des
Berufstätigen, noch seine Schulbildung oder Ausbildung und Stellung im Beruf.

In der Berufe–Statistik sind persönliche Qualifikationen (Ausbildungsstufen) oder die Belastung am Arbeitsplatz ebenfalls keine Einordnungsmerkma-
le. So wird z.b. nicht ausgewiesen, ob ein Arbeitnehmer Erster oder Zweiter
Verkäufer ist, vielmehr werden alle Ausbildungsstufen eines Berufes derselben
statistischen Position zugeschlagen. Die Folge ist, daß Auszubildende, Gesellen
und Meister in der Berufe–Statistik „gleich" behandelt werden. Bemerkt sei
auch, daß der Beruf nicht für einen bestimmten Ausbildungsabschluß steht –
einem Beruf im Sinne der Statistik können auch Ungelernte nachgehen.

Die **Statistik der Berufe** ordnet die unterschiedlichen Tätigkeiten bis ins
kleinste, aber **nicht mehr zeitgemäß**, so daß es „Berufszwerge" und „Berufs-
riesen" gibt. In der „Klassifizierung der Berufe, Ausgabe 1975" werden auf der
letzten, fünften Gliederungsebene (**Berufsklassen** genannt) 1.600 Berufe ausgewiesen. Auf der vierten Ebene gibt es 328 **Berufsordnungen**, danach 86 **Be-
rufsgruppen**, die in 33 **Berufsabschnitte** zusammengefaßt sind. Das gröbste
Raster auf der ersten Stufe umfaßt sechs **Berufsbereiche** (vgl. Tab. 4.7).

Der **Wandel in der Arbeitswelt** schlägt sich auch in der Einteilung der
Berufe nieder. So gewinnen seit einiger Zeit die Dienstleistungsberufe immer
mehr an Gewicht. Über die Hälfte aller Arbeitskräfte geht inzwischen einem
Dienstleistungsberuf nach. In diesem Bereich sind etwa 3 Mio. Arbeitskräfte
mehr beschäftigt als im Fertigungsbereich. Dennoch entfällt der größte Teil
aller Berufsklassen nach wie vor auf die Fertigungsberufe: Von allen 33 Be-

rufsabschnitten beziehen sich 19 auf den Fertigungsbereich und nur acht auf die Dienstleistungssparte. So werden in den kleinen und inzwischen fast bedeutungslos gewordenen Berufsabschnitten „Steinbearbeiter, Baustoffhersteller" und „Keramiker, Glasmacher" lediglich knapp 53.000 bzw. 75.000 Beschäftigte gezählt. Der Berufsabschnitt „Organisations-, Verwaltungs- und Büroberufe" umfaßt aber knapp 4 Mio. Beschäftigte, wovon wiederum allein die „Bürokräfte" 2,4 Mio. Beschäftigte stellen.

Die amtliche Statistik gerät also gegenüber der Entwicklung der Berufe immer mehr ins Hintertreffen. Diese Unausgewogenheit in den Griff zu bekommen und den Wandel zu den Dienstleistungsberufen nachzuvollziehen, ist eine wichtige Aufgabe der Statistik. Angemerkt sei, daß für den Normalbürger die Berufe-Statistik zur eigenen und auch gesellschaftlichen Standortbestimmung wenig taugt. Für die Einschätzung der persönlichen und gesellschaftlichen Stellung spielen andere Kriterien eine Rolle, etwa Einkommen, Bildungsstand, Einstufung in der betrieblichen Hierarchie, Anzahl der Untergebenen und Statussymbole wie z.B. Dienstwagen.

4.3.3   Arbeitsmarktstatistik

Zur Messung des Ungleichgewichts auf dem Arbeitsmarkt werden eine Reihe von **Indikatoren** herangezogen, insbesondere die Zahl

- der Erwerbslosen,
- der Arbeitslosen,
- der Kurzarbeiter,
- der offenen Stellen.

Abb. 4.5 zeigt den Verlauf der Jahresdurchschnitte dieser vier Indikatoren zwischen 1950 und 1994, während in Abb. 4.6 die Monatsdaten für die Zahl der Arbeitslosen und offenen Stellen zwischen Januar 1960 und Dezember 1994 dargestellt sind. Der Gebietsstand für beide Graphiken ist das frühere Bundesgebiet.

Zu Abb 4.5 ist u.a. anzumerken:

- Die Reihen für Arbeitslose und Kurzarbeiter verlaufen in etwa parallel, denn beide sind ein Indikator für die Unterbeschäftigung.
- Die erst ab 1980 verfügbare Reihe der im Jahresdurchschnitt Erwerbslosen verläuft mit jener der Arbeitslosen synchron, liegt jedoch von 1980 bis 1984 um durchschnittlich 150.000 unter jener der Arbeitslosen, danach kehrt sich das Verhältnis um.
- Die Reihe der offenen Stellen, die einen Arbeitskräftebedarf anzeigt, verläuft asynchron zur Reihe der Arbeitslosen.
- Die Arbeitslosigkeit startete 1950 auf einem hohen Niveau (1,6 Mio.) und erreichte ihr Minimum in 1970 (149.000). Danach stieg sie in zwei Schüben: zunächst 1975 auf ein Niveau von 1 Million und ab 1983 auf einen Wert von über 2 Millionen.

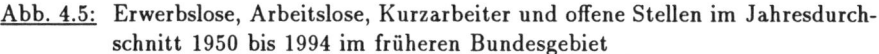

Abb. 4.5: Erwerbslose, Arbeitslose, Kurzarbeiter und offene Stellen im Jahresdurchschnitt 1950 bis 1994 im früheren Bundesgebiet

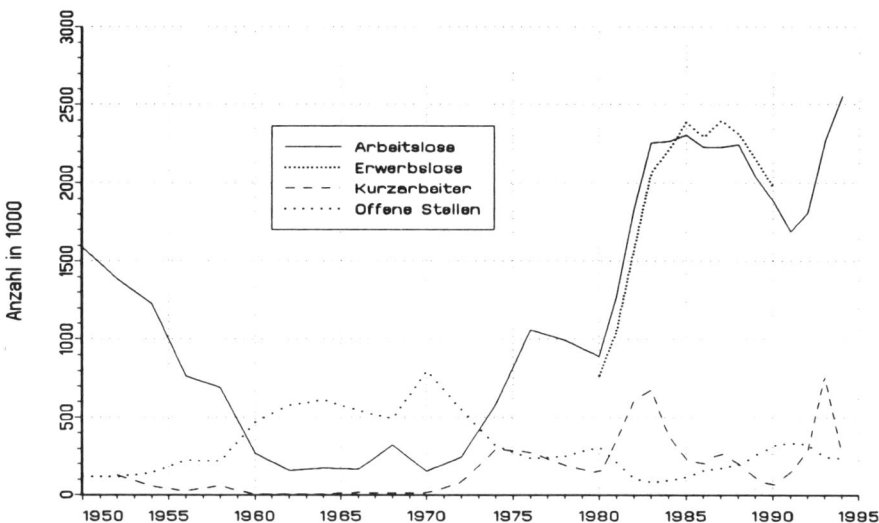

bis 1958: Bundesgebiet ohne Saarland und ohne Berlin
Quelle: Verschiedene Statistische Jahrbücher
          Verschiedene Jahrgänge von Wirtschaft und Statistik

Zu Abb. 4.6 ist u.a. anzumerken:

• Die bereits in den Jahresreihen von Abb. 4.5 erkennbare Gegenläufigkeit von Zahl der Arbeitslosen und offenen Stellen wiederholt sich auch in den Monatsreihen: hohe Arbeitslosenzahl und niedrige Zahl offener Stellen im Winter, wenige Arbeitslose und viele offenen Stellen im Sommer und Herbst.

• Beide Reihen weisen ein ausgeprägtes Saisonmuster auf, wobei jedoch die Saisonfigur in den 35 Jahren nicht konstant ist.

• Für die Reihe der offenen Stellen wird offenbar das Saisonmuster ab Mitte der 80er schwächer.

• Für die Reihe der Arbeitslosen stellt sich ab etwa dem ersten Schub um 1975 ein zweites, allerdings niedrigeres Maximum zur Jahresmitte ein, das mit der vermehrten Kündigung von Arbeitnehmern zu Beginn der Sommerferien zusammenhängt. Bei genauerem Hinschauen (vgl. den gezoomten Ausschnitt im Overlay) erkennt man, daß sich das zweite Maximum bereits um 1970 beginnt abzuzeichnen.[7]

---

[7]Eine Analyse dieser Zeitreihe muß hier aus Platzgründen unterbleiben. Ergebnisse einer Zerlegung beider Reihen in Trend–Konjunktur-, Saison- und Restkomponente nach dem „Berliner Verfahren" finden sich in der Monatszeitschrift „Konjunktur aktuell" des Statistischen Bundesamtes.

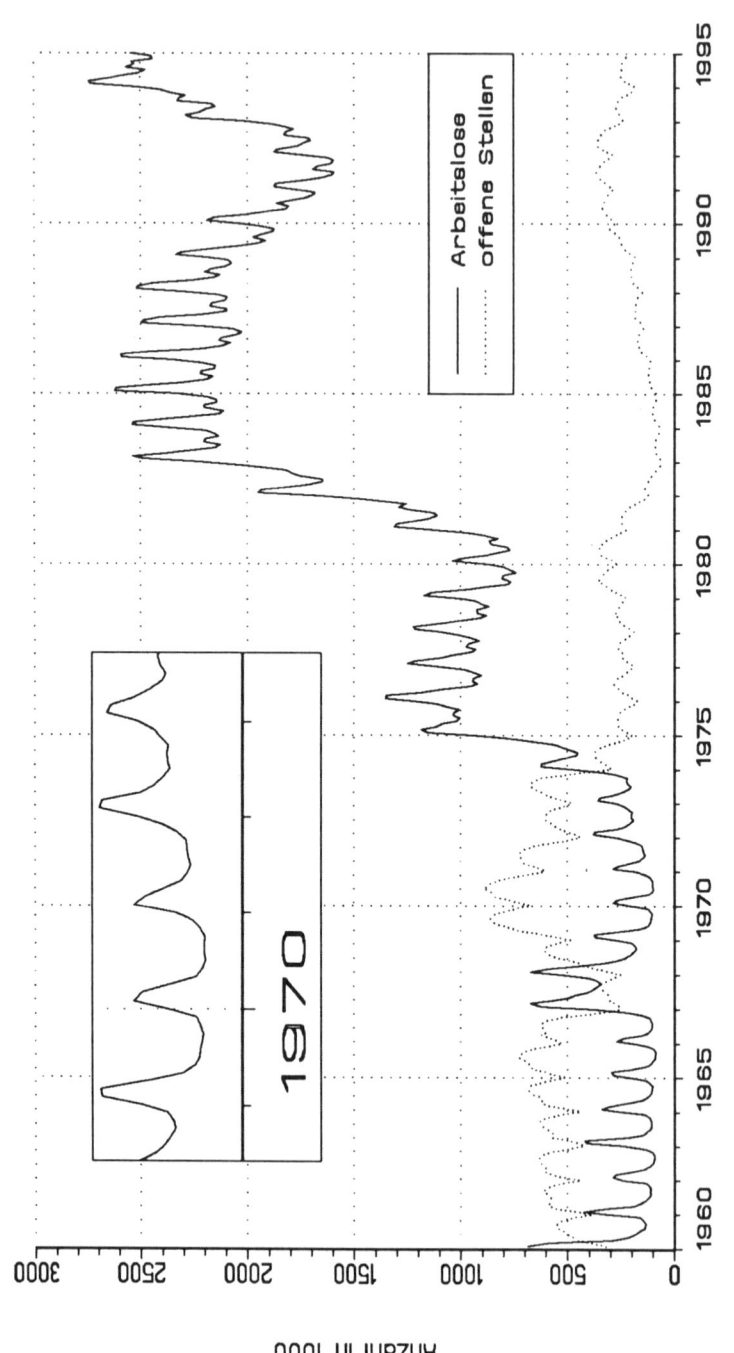

Abb. 4.6: Monatliche Zahl der Arbeitslosen und der offenen Stellen im früheren Bundesgebiet

Quelle: Verschiedene Jahrgänge von Wirtschaft und Statistik

Keine amtliche Statistik wird so kontrovers diskutiert – insbesondere zwischen jeweiliger Regierung und Opposition – wie die **Arbeitslosenstatistik**, vor allem wird bei rückläufiger Arbeitslosenzahl gern von einer „statistischen Manipulation nach unten" gesprochen. Andererseits wird behauptet, die Statistik zähle Personen mit, die nicht wirklich arbeitslos seien, sie zeichne ein zu düsteres Bild der Arbeitsmarktsituation. Richtig ist, die Ermittlung der „tatsächlichen" Arbeitslosigkeit ist ein nahezu unlösbares Unterfangen. Zahlreiche Probleme stehen dem im Wege:

* **Bereitschaft zur Arbeit** – Arbeitsunwilligkeit ist nicht nachweisbar. Eine Nagelprobe auf die Arbeitsbereitschaft wäre nur dann möglich, wenn jedem Arbeitslosen ein Arbeitsplatz, der seinen Qualifikationen entspricht, angeboten werden könnte. Wer dann ablehnt, muß als arbeitsunwillig gelten. Qualifikationen der Arbeitslosen und Anforderungen, die von den angebotenen Jobs gestellt werden, passen aber in vielen Fällen nicht mehr zusammen.

* **Mitnahme–Motive** – Das Sozialrecht bietet zahlreiche Anreize, sich arbeitslos zu melden, ohne tatsächlich Arbeit zu suchen: verlängerte Kindergeldzahlungen für arbeitslose Jugendliche, Sozialhilfebezug, die Anrechnung von Ausfallzeiten in der Rentenversicherung oder die Möglichkeit der „Frühverrentung" im Falle der Arbeitslosenmeldung stellen finanzielle Vorteile in Aussicht, die mit dem Arbeitslosenstatus verbunden sind. Inwieweit hier tatsächlich Mißbrauch getrieben wird, ist zahlenmäßig kaum zu erfassen.

* **Leistungsmißbrauch** – In erster Linie handelt es sich dabei um Schwarzarbeit. Diese illegale Beschäftigungsform entzieht sich jedoch der genauen statistischen Erfassung. In 1988 deckte die Bundesanstalt immerhin 177.000 Fälle des unberechtigten Leistungsbezuges auf.

* **Mehrfacharbeitslosigkeit** – Die Zahl der Arbeitslosigkeitsfälle ist deutlich größer als die Zahl der arbeitslosen Personen, weil einzelne Arbeitslose innerhalb eines Jahres mehrfach arbeitslos werden. Die Statistik weist aber Arbeitslosigkeitsfälle, nicht arbeitslose Personen aus. Nach einer neueren Schätzung kommen auf 100 Arbeitslose ca. 170 Arbeitslosigkeitsfälle.

* **Stille Reserve** – Das in den letzten Jahren steigende Erwerbspersonenangebot (vgl. Tab. 4.4) ist zum Teil darauf zurückzuführen, daß die gute Konjunktur auch zuvor nicht aktive Personen dazu ermunterte, sich arbeitssuchend zu melden. Ein Beispiel ist die zunehmende Erwerbsbeteiligung der Frauen. Dahinter steht: Viele Menschen sind zwar arbeitswillig und -fähig, sehen aber erst bei besserer Konjunktur für sich auf dem Arbeitsmarkt eine Chance. Deshalb melden sie sich bei nachlassender Konjunktur nicht arbeitslos. Mit anderen Worten: Diese sog. Stille Reserve baut sich in der Rezession auf und wird im Konjunkturaufschwung kleiner. Die genaue zahlenmäßige Bestimmung der Stillen Reserve ist äußerst

problematisch. Die Abgrenzung des „aktiven" vom „passiven" Teil ist ebenso schwierig wie die Definition des Erwerbspersonenpotentials als Gesamtzahl der bei Hochkonjunktur am Arbeitsmarkt Arbeit nachfragenden Personen. Einzig zuverlässiger Nachweis für die Erwerbsbereitschaft einer Person ist damit nach wie vor ihre Registrierung als „arbeitssuchend".

Alles in allem ist also an mehreren Stellen „Luft" in der Arbeitslosenstatistik. Ein Vergleich mit nationalen und internationalen **Erhebungskonzepten für Arbeitslosigkeit**, wie er nachfolgend vorgenommen wird, zeigt erhebliche Unterschiede in der Aussagefähigkeit sowohl der absoluten Zahlen als auch der Quoten.

Internationale Empfehlungen zur einheitlichen Definition von Arbeitslosigkeit bzw. Erwerbslosigkeit gehen auf erste Ansätze des Internationalen Arbeitsamtes (ILO) in den 50er Jahren zurück. Die neusten **ILO–Richtlinien** rechnen zu den Arbeits- oder Erwerbslosen (unemployed persons) alle Personen ab einem bestimmten Alter (i.a. Ende der allgemeinen Schulpflicht in einem Staat), die in der Berichtswoche der jeweiligen Erhebung:

1. ohne Arbeit sind, d.h. weder eine selbständige noch abhängige Beschäftigung ausüben (Kriterium der **Nichterwerbstätigkeit**),
2. zur Aufnahme einer angebotenen Tätigkeit in der Berichtswoche oder in den folgenden zwei Wochen bereit sind (Kriterium der **Verfügbarkeit**),
3. in den letzten vier Wochen vor der Berichtswoche eine entsprechende Beschäftigung suchten, wobei die Art der Suche (eigene Initiative, Einschaltung privater oder staatlicher Vermittler) keine Rolle spielt (Kriterium der **Aktivsuche**).

Trotz dieser Empfehlungen gibt es keine einheitliche national und international gültige Definition von Arbeitslosigkeit. Die folgenden je zwei nationalen und internationalen Konzepte sind vorrangig im Gebrauch:

1. **Arbeitslose** (genau: registrierte Arbeitslose) nach der monatlichen Karteiauszählung der Arbeitsämter,
2. **Erwerbslose** nach dem jährlichen Mikrozensus des Statistischen Bundesamtes,
3. **EU–Erwerbslose** nach der jährlich mit dem Mikrozensus zeitgleich durchgeführten EU–Arbeitskräftestichprobe,
4. **OECD–Erwerbslose** nach den OECD Empfehlungen, die an die Daten der EU–Arbeitskräftestichprobe anknüpfen.

Nach der **Arbeitsmarktstatistik der Bundesanstalt für Arbeit** gelten alle bei der Arbeitsverwaltung registrierten nicht erwerbstätigen Personen als arbeitslos, wenn sie folgende Merkmale aufweisen, die z.T. von den ILO-Empfehlungen abweichen:

1. nicht arbeitsunfähig erkrankt und im Alter von 15 bis unter 65 Jahre;
2. nicht in Ausbildung stehend;

3. Suche einer Erwerbstätigkeit auf Dauer, d.h. für einen Zeitraum von länger als drei Monate und für mehr als 18 Stunden pro Woche;

4. gesuchte Beschäftigung darf sich nicht auf einen bestimmten Betrieb oder auf Heimarbeit beschränken;

5. jederzeitige Erreichbarkeit des Arbeitssuchenden für das Arbeitsamt.

Im Gegensatz zu den ILO–Richtlinien darf ein Arbeitsloser auch eine kurzzeitige bzw. geringfügige Erwerbstätigkeit ausüben (weniger als 18 Stunden pro Woche und mit einem zeitlichen beschränkten Arbeitsvertrag).

Die Abgrenzung der **Erwerbslosen nach dem Mikrozensus** kommt den ILO–Empfehlungen wesentlich näher:

1. Die Person muß älter als 15 Jahre sein. (Eine obere Altersgrenze gibt es nicht.)

2. Die Person darf in der Berichtswoche nicht erwerbstätig sein, auch nicht geringfügig.

3. Die Person muß sich um eine Arbeitsstelle bemühen, worunter sowohl die Aktivsuche verstanden wird als auch das Warten auf eine bereits gefundene, jedoch noch nicht angetretene Arbeitsstelle. Der Zeitraum für die Arbeitssuche ist unbestimmt.

4. Die tatsächliche Verfügbarkeit wird nicht ermittelt.

Für die Erfassung der **EU–Erwerbslosen** in der Arbeitskräftestichprobe gelten – im Gegensatz zum Mikrozensus – die strengen Maßstäbe der Verfügbarkeit (innerhalb von zwei Wochen) der ILO–Richtlinien, so daß die Zahl der EU–Erwerbslosen niedriger ausfällt. Noch etwas niedriger liegt die Zahl der **OECD–Erwerbslosen**, da in dieser die Nichterwerbstätigen, die bereits einen neuen Arbeitsvertrag in der Tasche haben, unabhängig von ihrer Verfügbarkeit nicht mehr zu den Arbeitslosen zählen.[8]

---

[8] Die nach nationalen Gepflogenheiten und nach ILO–Richtlinien ermittelten Arbeitslosenzahlen variieren beträchtlich, und zwar nach beiden Seiten.

Arbeitslose im Jahresduchschnitt 1994 in 1000

Land	Nationale Angabe	ILO–Angaben
Belgien	589	413
Dänemark	337	296
Deutschland	2.557	1.933
Frankreich	3.329	2.808
Griechenland	173	303
Großbritannien	2.628	2.778
Irland	282	244
Italien	5.178	2.888
Luxemburg	82	96
Niederlande	415	622
Portugal	396	317
Spanien	2.647	3.760
EUR12	18.613	16.458

Noch verwirrender wird das Zahlenspiel, wenn man sich die Quoten anschaut, da nicht nur die Zähler – wie oben beschrieben – differieren, sondern zusätzlich die Bezugsgröße:

1. Erwerbslosenquote (Mikrozensus) =
$$= \frac{\text{Erwerbslose}}{\text{zivile abhängig Erwerbstätige} + \text{Erwerbslose}} \cdot 100,$$
wobei als zivile abhängig Erwerbstätige die Arbeiter, Angestellten und Beamten ohne Soldaten zählen.

2. EU–Erwerbslosenquote =
$$= \frac{\text{EU–Erwerbslose}}{\text{zivile Erwerbspersonen}} \cdot 100$$

3. Arbeitslosenquote der Bundesanstalt für Arbeit
   a) Definition vor 1990
   $$\frac{\text{Arbeitslose}}{\text{zivile abhängig Erwerbstätige} + \text{Arbeitslose}} \cdot 100$$

   b) Definition ab 1990
   $$\frac{\text{Arbeitslose}}{\text{zivile Erwerbspersonen}} \cdot 100$$
   Diese Umdefinition korrigiert die Arbeitslosenquote in Richtung auf die niedrigere EU–Erwerbslosenquote.[9]

Welche Werte diese Quoten annehmen, sei am Beispiel des Jahres 1988 für das frühere Bundesgebiet (Jahresdurchschnitt in 1000) gezeigt:

- Erwerbspersonen (ohne Soldaten): 29.681
- Erwerbstätige (ohne Soldaten): 27.366
- abhängige Erwerbstätige (ohne Soldaten): 24.305
- EU–Erwerbslose lt. Arbeitskräftestichprobe: 1.803
- Erwerbslose lt. Mikrozensus: 2.314
- Arbeitslose: 2.242

Erwerbslosenquote	$=$	$\dfrac{2.314}{24.305 + 2.314} \cdot 100$	$=$	$8,7\%$
EU–Erwerbslosenquote	$=$	$\dfrac{1.803}{29.681} \cdot 100$	$=$	$6,1\%$
Arbeitslosenquote (vor 1990)	$=$	$\dfrac{2.242}{24.305 + 2.242} \cdot 100$	$=$	$8,4\%$
Arbeitslosenquote (ab 1990)	$=$	$\dfrac{2.242}{29.681} \cdot 100$	$=$	$7,6\%$

[9]Bei der Angabe von Monatsquoten bezieht die Bundesanstalt für Arbeit die Arbeitslosen–Endbestandszahl eines Monats des laufenden Jahres auf die Zahl der zivilen Erwerbspersonen im Juni des Vorjahres.

Der Vergleich der einzelnen Erhebungs- und Berechnungsmethoden zeigt dreierlei:

1. Die statistischen Ergebnisse hängen nachhaltig von dem ab, was per Definition hineingelegt wird. Die Harmonisierung von Arbeitslosenzahlen ist für internationale Vergleiche der Arbeitslosigkeit zwar unerläßlich, für die Ermittlung der Arbeitslosigkeit eines Landes aber nur von geringer Bedeutung.

2. Der Tatbestand der Arbeitslosigkeit kann nicht in einer einzigen Zahl abgebildet werden; statistische Zusatzinformationen sind dringend nötig, etwa die Aufgliederung der Arbeitslosen nach verschiedenen Merkmalen (vgl. etwa Statistisches Bundesamt 1991c, p. 129).

3. Arbeitslosigkeit beschreibt nur einen Teil des Arbeitsmarktgeschehens; ebenso wichtig sind die Tatbestände „Entwicklung der Erwerbstätigkeit" und „offene Stellen".

Die Arbeitsmarktstatistik der Bundesanstalt für Arbeit wird daher vor dem Hintergrund dieser statistischen Schwierigkeiten die Grundlage der Arbeitsmarktpolitik bleiben.

Die Bundesanstalt für Arbeit führt unter ihren Geschäftsstatistiken über den Arbeitsmarkt auch eine über die jährlich **durch Arbeitskämpfe (= Aussperrungen und Streiks) verlorenen Arbeitstage**. Diese soll aus wirtschaftsgeschichtlichen Gründen dargestellt und näher analysiert werden; zur Erläuterung sei auf Abb. 4.7 verwiesen.

Im Nachkriegsdeutschland wird zwar relativ selten gestreikt; kommt es aber zu Arbeitskämpfen, so wird um so heftiger gestritten, bisher meist in der Metallindustrie im Südwesten. Die Bundesrepublik weist im internationalen Vergleich ein niedriges Arbeitskampfniveau auf. Zwischen 1970 und 1990 gingen in Westdeutschland pro Jahr durch Streik und Aussperrung nur 40 Arbeitstage je 1000 Arbeitnehmer verloren.[10] In Italien betrug der streikbedingte Ausfall dagegen 1.042 Arbeitstage. Allein die Schweiz, Österreich, die Niederlande und die skandinavischen Länder verzeichnen noch friedlichere Arbeitsbeziehungen. In fast allen Industrieländern haben die Arbeitskämpfe in jüngster Vergangenheit an Umfang und Intensität verloren. Der Strukturwandel zugunsten des weniger arbeitskampfanfälligen Dienstleistungssektors, eine zunehmende Distanz der Arbeitnehmer gegenüber kollektivem Vorgehen[11] und möglicherweise auch die steigende Arbeitslosigkeit haben dafür gesorgt.

---

[10]In den 14 Jahren der Weimarer Republik zwischen 1919 und 1932 war die Arbeitskampfbereitschaft wesentlich höher. Im Durchschnitt gingen pro Jahr 10,193 Mio. Arbeitstage verloren, und die Spanne reicht von 32,3 Mio. Tagen in 1919 bis 0,8 Mio. Tagen in 1926.

[11]Die Beschäftigten sind heute meist wesentlich individualistischer eingestellt und versuchen eher, ihre Interessen selbständig gegenüber dem Arbeitgeber zu artikulieren und durchzusetzen. In diesem Kontext ist auch der Rückgang des gewerkschaftlichen Organisationsgrades zu sehen.

Der geringe Durchschnittswert in Deutschland verdeckt jedoch das dahinterstehende Muster (vgl. Abb. 4.7):

1. Mehrjährige Phasen sozialen Friedens werden regelmäßig durch massive Arbeitskämpfe unterbrochen. Diese führen regelmäßig zu einem Arbeitsausfall in Millionenhöhe. Spitzenreiter war das Jahr 1984, in dem durch Streiks und Aussperrungen in der Druck- und in der Metallindustrie 5,62 Mio. Arbeitstage verloren gingen. Auch 1971 und 1978 lagen die Ausfälle über 4 Mio. Arbeitstage. Damit waren die siebziger Jahre das konfliktträchtigste Jahrzehnt mit durchschnittlich 1,16 Mio. verlorenen Arbeitstagen jährlich. In den fünfziger Jahren gab es im Durchschnitt knapp eine Million Ausfalltage, in den achtziger Jahren 609.000. Am ruhigsten waren die sechziger Jahre mit durchschnittlich 216.000 Ausfalltagen. Anders formuliert: In den gesamten sechziger Jahren gingen durch Tarifkonflikte weniger Arbeitstage verloren als in irgendeinem der drei großen Arbeitskämpfe von 1971, 1978 oder 1984.

Abb. 4.7: Durch Arbeitskämpfe 1950 bis 1994 jährlich ausgefallene Arbeitstage
Gebietsstand: bis 1992 früheres Bundesgebiet, danach Deutschland

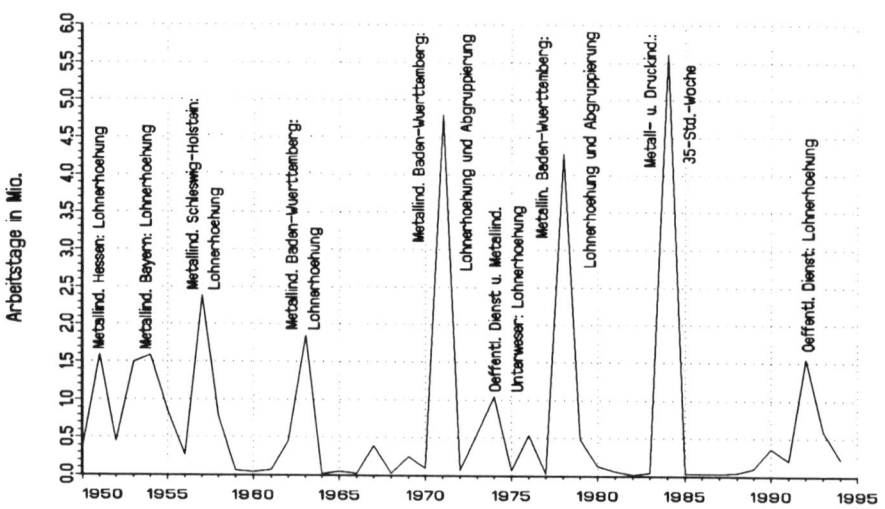

Quelle: Verschiedene Jahrgänge des Statistischen Jahrbuchs

2. Die Arbeitskämpfe sind keinesfalls gleichmäßig über die Bundesländer verteilt. Über die Hälfte aller Streikausfalltage seit 1960 sind in Baden–Württemberg zu verzeichnen, weil die dortige Metallindustrie oft bundesweit die Tarifführerschaft übernommen hat.

3. Dementsprechend verteilen sich die Arbeitskämpfe auch sehr unterschiedlich über die Wirtschaftszweige. Zwei Drittel aller Ausfalltage seit 1960 entfallen auf die Metallverarbeitung. Nennenswerte Streikaktivitäten

zeigten in den letzten 30 Jahren auch die Bereiche Eisen und Stahl, Druck und Papier sowie der öffentliche Dienst, letzterer gerade erst wieder im Frühjahr 1992. Stark zurückgegangen ist die Arbeitskampfintensität in der Textilindustrie, im Bergbau und im Baugewerbe.

4. Gegenstand der meisten Arbeitskämpfe waren Lohnerhöhungen. Ab den siebziger Jahren stritten sich die Tarifpartner jedoch verstärkt um Fragen der Arbeitsbedingungen und der Sicherung von Arbeitsplätzen. Manteltarifvertrag, technischer Wandel und Abgruppierung wurden zu Schlagworten der Arbeitskämpfe von 1973 und 1978 in der Metall- und Druckindustrie. In diesen beiden Wirtschaftszweigen wurde 1984 auch für die 35–Stunden–Woche gestreikt.

Die volkswirtschaftlichen Auswirkungen von Arbeitskämpfen lassen sich nur schwer beziffern. Einerseits werden die Produktionsverluste in indirekt betroffenen Branchen meist vernachlässigt, andererseits lassen sich manche Ausfälle durch Sonderschichten wieder aufholen. Für den bisher größten Arbeitskampf 1984 kam die Deutsche Bundesbank zu folgender Einschätzung: Die Produktionseinbußen – unmittelbar durch Streik oder Aussperrung oder mittelbar durch Produktionsstillegungen bei Zulieferern und Abnehmern – sind mit 4 Mrd. DM zu veranschlagen, das sind 4% der ohne Arbeitskampf zu erwartenden durchschnittlichen Nettoproduktion des Verarbeitenden Gewerbes in den Arbeitskampfmonaten Mai/Juni.

4.4 Rechtsgrundlagen und wichtige Datenquellen

Die Erwerbs-, Beschäftigten- und Arbeitsmarktstatistiken haben folgende Rechtsgrundlagen:

- Gesetz zur Änderung des Gesetzes zur Durchführung einer Repräsentativstatistik über die Bevölkerung und den Arbeitsmarkt (Mikrozensusgesetz vom 10.06.1985, BGBl I, p. 955) und des Gesetzes über die Statistik für Bundeszwecke (BGBl I, p. 2837)
- Verordnung (EWG) Nr. 3633/85 des Rates vom 17. Dezember 1985 zur Durchführung einer Stichprobenerhebung über Arbeitskräfte im Frühjahr 1986 (Amtsbl. der EG Nr. L 350, p. 4)
- § 6 des Arbeitsförderungsgesetzes (AFG) vom 25. Juni 1969 (BGBl I, p. 582)
- Verordnung (EWG) Nr. 311/76 des Rates vom 9. Februar 1976 über die Erstellung von Statistiken über ausländische Arbeitnehmer (Amtsblatt der EG Nr. L 39, p. 1)

Die laufenden Veröffentlichungen des Statistischen Bundesamtes mit Daten aus diesem Erhebungbereich sind:

- Fachserie 1 (Bevölkerung und Erwerbstätigkeit), speziell die Reihen 4.1.1 (Stand und Entwicklung der Erwerbstätigkeit mit den Ergebnissen des jähr-

lichen Mikrozensus), 4.1.2 (Beruf, Ausbildung und Ausbildungsbedingungen
der Erwerbstätigen), 4.2.1 (Struktur der Arbeitnehmer), 4.2.2 (Entgelte und
Beschäftigungsdauer der Arbeitnehmer), 4.3 (Erwerbstätigkeit und Arbeitsmarkt)

- Fachserie 13 (Sozialleistungen), speziell die Reihe 1 (Versicherte in der Kranken-
  und Rentenversicherung)
- Angaben über einzelne Wirtschaftsbereiche sind in vielen anderen Fachserien
  enthalten.
- Monatliche Daten über Erwerbstätigkeit und Arbeitsmarkt werden in „Wirtschaft und Statistik", „Indikatoren zur Wirtschaftsentwicklung", „Konjunktur
  aktuell" und im „Statistischen Wochendienst" veröffentlicht.
- Lange Reihen zur Wirtschaftsentwicklung (zweijährlich)

Weiterführende Informationen finden sich im Anhang zum 6. Abschnitt (Erwerbstätigkeit) eines jeden Statistischen Jahrbuches.

Die Bundesanstalt für Arbeit gibt ihre Statistiken in einer Vielzahl von
Publikationen heraus, insbesondere

- Amtliche Nachrichten der Bundesanstalt für Arbeit,
- Mitteilungen aus der Arbeitsmarkt- und Berufsforschung.

Literatur zu Kapitel 4 [12]

ABELS, H. (1991), p. 103 ff.
BUTTLER, G. (1984)
LIPPE, P. V. D. (1990), p. 83 ff.
UNGERER, A. / HAUSER, S. (1986), p. 52 ff.
ZWER, R. (1985), p. 63 ff.

AUFGABE 4.1

Zur statistischen Abgrenzung der Erwerbsbevölkerung kann das Merkmal „Erwerb" nach unterschiedlichen Konzepten operationalisiert werden.

a) Welche sind dies?
b) Charakterisieren Sie diese!

AUFGABE 4.2

a) Grenzen Sie die Begriffe „erwerbslos" und „arbeitslos" gegeneinander ab!

---

[12]Man findet hier nur eine Kurzzitierung. Die vollständigen bibliographischen Angaben
stehen im Literaturverzeichnis, Kap. 15.

b) Die Wohnbevölkerung wird in Nichterwerbspersonen und Erwerbspersonen, letztere in Erwerbstätige und Erwerbslose unterteilt, vgl. die folgende Abbildung. In diese Menge ist die der Arbeitslosen schraffiert eingezeichnet. Nennen Sie für die mit A, B, C und D bezeichneten Untermengen je einen Repräsentanten.

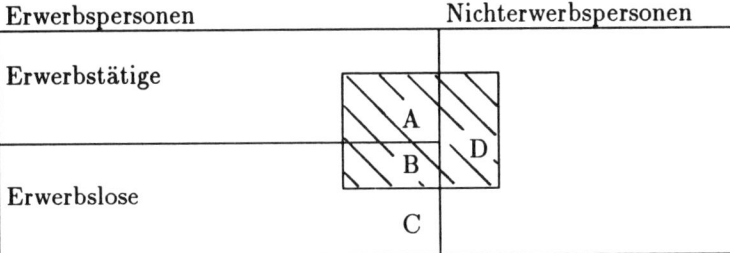

|AUFGABE 4.3|

Welche Unterschiede bestehen zwischen folgenden Begriffspaaren:

a) „registrierte Arbeitslose" und „Erwerbslose" nach dem Unterhaltskonzept,

b) „registrierte Arbeitslose" und „Erwerbslose" nach dem Erwerbskonzept?

|AUFGABE 4.4|

Im Jahre 1979 hatte die Bundesrepublik Deutschland eine Wohnbevölkerung von 61,3 Mio., wovon 25,5 Mio. erwerbstätig, 0,9 Mio. erwerbslos und 34,9 Mio. Nichterwerbspersonen waren. Demnach war die Zahl der Erwerbspersonen:

A – 61,3 Mio.   B – 34,9 Mio.   C – 26,4 Mio.

D – 25,5 Mio.   E – 24,6 Mio.   F – 35,8 Mio.

|AUFGABE 4.5|

Beim Nachweis der Erwerbstätigen werden zwei örtliche Abgrenzungskriterien verwendet. Welche sind dies und wie unterscheiden sie sich?

|AUFGABE 4.6|

Welche der folgenden Aussagen über einige Konzepte aus dem Bereich der amtlichen Statistik der Bundesrepublik Deutschland sind richtig?

A: Die Erwerbspersonen setzen sich aus Erwerbstätigen und Erwerbslosen zusammen.

B: Die in der Bundesrepublik tätigen ausländischen Arbeitnehmer zählen überwiegend nicht zu den Erwerbspersonen.

C: Die Zahl der Arbeitslosen ist mit jener der Erwerbslosen nicht identisch.

D: Ein Arbeitsloser muß kein Erwerbsloser sein.

E: Nicht alle Erwerbslosen zählen zu den Arbeitslosen.

F: Erwerbslose sind stets auch Arbeitslose.

G: Alle Arbeitslosen zählen zu den Nichterwerbspersonen.

H: Die von der Bundesanstalt für Arbeit monatlich ausgewiesene Zahl von Arbeitslosen gibt genau an, wie viele Personen in diesem Monat einen Arbeitsplatz suchen.

I: Die von der Bundesanstalt für Arbeit monatlich ausgewiesene Zahl der offenen Stellen gibt genau an, wie viele Arbeitsplätze unbesetzt sind.

J: In jeder Gemeinde ist die Zahl der Erwerbstätigen stets gleich der Zahl der Beschäftigten.

AUFGABE 4.7

Welche der folgenden Erhebungen liefern Informationen über Erwerbstätige, welche über Beschäftigte?

A – Mikrozensus

B – Volkszählung

C – Monatsbericht im Produzierenden Gewerbe

D – Zensus im Produzierenden Gewerbe

E – Arbeitsstättenzählung

F – Integriertes Meldeverfahren zur Sozialversicherung

AUFGABE 4.8

Welche der folgenden Kriterien treffen auf den Begriff „registrierter Arbeitsloser" der Bundesanstalt für Arbeit zu?

A – arbeitswillig

B – verfügbar

C – nicht arbeitsunfähig erkrankt

D – älter als 65 Jahre

E – Heimarbeit gesucht

F – Tätigkeit als Selbständiger gesucht

G – geringfügige Beschäftigung gesucht

H – Lehrstelle gesucht

I – noch in Ausbildung

J – regelmäßiger Kontakt zum Arbeitsamt

AUFGABE 4.9

In den Jahren 1976 bis 1981 liegen für die Monate April (betrifft die Erwerbslosen) und Mai (betrifft die Arbeitslosen) folgende Zahlen (in 1.000) vor:

Jahr	1976	1977	1978	1979	1980	1981
Erwerbslose	944	972	931	852	766	1.045
Arbeitslose	954	946	913	775	767	1.110

a) Wie hoch ist der Korrelationskoeffizient nach BRAVAIS-PEARSON? Interpretieren Sie das Ergebnis!
b) Welcher Wert für den Korrelationskoeffizienten würde sich ergeben, wenn
in jedem Jahr
ba) die Arbeitslosen- mit der Erwerbslosenzahl übereinstimmt,
bb) die Zahl der Arbeitslosen um 10% über (unter) jener der Erwerbslosen
liegt,
bc) die Zahl der Arbeitslosen um 50.000 über (unter) jener der Erwerbslosen
liegt?

AUFGABE 4.10

a) Wie sind die altersspezifischen Erwerbsquoten definiert? Skizzieren Sie ihren
Verlauf (verbal) getrennt nach dem Geschlecht.
b) Sie sollen eine Vorausschätzung der Zahl der Erwerbspersonen durchführen.
Was benötigen Sie dazu? Wie gehen Sie vor?

AUFGABE 4.11

Für zwei Länder A und B mögen folgende Zahlen (Durchschnittsbestände in
der Beobachtungsperiode) für die zivilen abhängigen Erwerbspersonen und die
beim Arbeitsamt registrierten Arbeitslosen festgestellt worden sein:

Altersklasse von ... bis unter ...	Land A		Land B	
	zivile abhängige Erwerbspersonen	registrierte Arbeitslose	zivile abhängige Erwerbspersonen	registrierte Arbeitslose
20 – 30	400	40	200	24
30 – 45	800	48	1.000	100
45 – 65	600	42	400	50
zusammen	1.800	130	1.600	174

a) Berechnen Sie für A und B die allgemeine Arbeitslosenquote.
b) Berechnen Sie die besonderen Arbeitslosenquoten für die drei Altersklassen
(in jedem Land) und zeigen Sie, wie sich die allgemeine Arbeitslosenquote
aus diesen ergibt.

c) Welche Information liefert der Vergleich der besonderen Arbeitslosenquoten zusätzlich zu der allgemeinen Arbeitslosenquote?

d) Berechnen Sie für Land B die standardisierte Arbeitslosenquote, indem Sie Land A als Standard nehmen. Wozu ist diese Vorgehensweise gut?

AUFGABE 4.12

Die nachfolgende Tabelle zeigt für das frühere Bundesgebiet die Monatsendbestände an Arbeitslosen und an offenen Stellen in den Jahren 1990 und 1991 (Angaben in 1000).

Arbeitslose

Jahr	Jan.	Febr.	März	April	Mai	Juni	Juli	Aug.	Sept.	Okt.	Nov.	Dez
1990	2191	2153	2013	1915	1823	1808	1864	1813	1728	1687	1685	1784
1991	1874	1869	1731	1652	1604	1593	1694	1672	1610	1599	1618	1731

Offene Stellen

Jahr	Jan.	Febr.	März	April	Mai	Juni	Juli	Aug.	Sept.	Okt.	Nov.	Dez
1990	287	302	318	325	335	337	332	324	320	310	295	283
1991	303	314	341	349	358	364	353	350	341	321	299	287

a) Berechnen Sie für 1991 den Jahresdurchschnittsbestand an
   aa) Arbeitslosen,
   ab) offenen Stellen.

b) In welcher Jahreszeit liegt bei jedem Merkmal das Saisonhoch und das Saisontief? (Zeichnen Sie auch!)

c) Beurteilen Sie für 1991 die „Konjunkturbewegung" anhand der Methode des Vorjahresvergleichs mit beiden Reihen.

Kapitel 5

Unternehmen und Arbeitsstätten

Nachdem im vorstehenden Kapitel einige Probleme der statistischen Erfassung des Produktionsfaktors „Arbeit" behandelt worden sind, geht es hier um solche der anderen Produktionsfaktoren.

5.1 Definitionen, Bereichsabgrenzungen und Zielsetzungen

Die Erfassung der Wirtschaftseinheiten – über die Arten und deren Abgrenzungen vgl. weiter unten – mit ihren Strukturen und ihren Aktivitäten gehört zum Grundprogramm der Wirtschaftsstatistik. Es ist weder Gegenstand dieses Kapitels noch dieses Buches, über jeden der amtlich–statistisch unterschiedenen Wirtschaftsbereiche

- Land- und Forstwirtschaft, Fischerei,
- Produzierendes Gewerbe,
- Bautätigkeit und Wohnen,
- Handel und Gastgewerbe,
- Verkehr,
- Kreditinstitute und Versicherungen,
- Dienstleistungsunternehmen,
- Staat (Gebietskörperschaften und Sozialversicherung)

zu berichten[1] (Das würde zu weit führen!), sondern es geht hier nur um solche Probleme und Merkmale, die allen oder fast allen Wirtschaftsbereichen gemeinsam sind. Im Arbeitsbereich „Unternehmen und Arbeitsstätten" werden von der Bundesstatistik Unternehmen, Betriebe und Arbeitsstätten nach ihren Aktivitäten, Strukturen und Unternehmenserfolgen bzw. ökonomischen Problemen befragt, um so ein umfassendes Bild über die Situation „der Wirtschaft" zu erhalten.

---

[1]Ein in dieser Art konzipiertes Lehrbuch ist jenes von KUNZ (1987). Auch in dem Buch von ZWER (1985) klingen solche Gliederungsaspekte an.

Ein **Unternehmen** ist definiert als kleinste, gesondert bilanzierende und
rechtlich selbständige Wirtschaftseinheit, unabhängig von einer eventuellen Zu-
gehörigkeit zu einem Konzern oder einer Organschaft.[2] Zu den Unternehmen
zählen also auch Praxen oder Büros der Angehörigen Freier Berufe sowie sonstige selbständig buchführende Wirtschaftseinheiten. Ein Unternehmen im Sinne der Statistik, welche auf die Art der Bilanzierung und die rechtliche Unabhängigkeit abstellt, ist nicht notwendig eine wirtschaftlich unabhängige und
selbständige Einheit, d.h. bei der statistischen Abgrenzung des Unternehmens-
begriffes bleiben Eigentumsfragen sowie Entscheidungs- und Kontrollbefugnis
unberücksichtigt, so daß die Unternehmensstatistik kein Bild der Verteilung
von Verfügungsmacht zeichnen kann.

Als **Betrieb** wird eine örtlich getrennte feste Geschäftseinrichtung bezeichnet, die der Tätigkeit eines Unternehmens dient. Man kann sagen, es handelt
sich um die Niederlassung eines Unternehmens mit allen zugehörigen, naheliegenden Verwaltungs- und Hilfsbetrieben. Es ist eine **örtliche Einheit im
weiteren Sinne**. Statistiken über Betriebe in diesem Sinne werden ebenso im
amtlichen Bereich aufgestellt, wie für **örtliche Einheiten im engeren Sinne**,
die sog. **Arbeitsstätten**.

Als Arbeitsstätte gilt jede örtliche Einheit (Grundstück oder abgegrenzte
Räumlichkeit), in der – unter Einschluß des Leiters oder Inhabers – mindestens eine Person regelmäßig haupt- oder nebenberuflich erwerbstätig ist. In
der Mehrzahl der Fälle sind Arbeitsstätte und Unternehmen identisch, d.h. das
Unternehmen besteht nur aus einer einzigen Arbeitsstätte (= **Einbetriebsunternehmen**). Deckungsgleichheit ist nicht gegeben, wenn ein Unternehmen
mehrere Arbeitsstätten umfaßt, es also eine Haupt- und eine oder mehrere
Zweigniederlassungen besitzt (= **Mehrbetriebsunternehmen**).

Unternehmen und Arbeitsstätten sind die beiden hauptsächlichen Formen
von **Erhebungseinheiten** in der Wirtschaftsstatistik. Ergebnisse werden aber
nicht nur für diese Art von Einheiten ausgewiesen; es gibt vielmehr auch davon
abweichende **Darstellungseinheiten**. Diese sind auf den Umstand zurückzuführen, daß in einem Unternehmen (einer Arbeitsstätte) verschiedene Arten von Produkten hergestellt werden, die nicht alle in ein und denselben
Wirtschaftszweig fallen. Bei der Zuordnung des gesamten Unternehmens (der
gesamten Arbeitsstätte) zu **einem** Wirtschaftszweig wird dieses (diese) nach
dem **Schwerpunkt** seiner (ihrer) Aktivität zugeordnet, wobei das Unternehmen (die Arbeitsstätte) entweder diese Zuordnung nach seiner (ihrer) eigenen
Einschätzung vornimmt oder die Statistiker dies auf der Basis der Nettoproduk-
tionswerte (vgl. Kap. 6) oder der Beschäftigtenzahl machen. Dieses Vorgehen
ist für manche Belange, etwa für Input–Output–Analysen oder für den Nachweis von Produktionsvorgängen, nicht zufriedenstellend. Hierfür benötigt man

---

[2]In der deutschen Wirtschaftsstatistik werden grundsätzlich keine größeren Einheiten als
Unternehmen erfaßt, also keine Unternehmenszusammenschlüsse, Konzerne o.ä., mit Ausnahme der nicht auf Dauer eingerichteten sog. „Arbeitsgemeinschaften" im Baugewerbe.

eine Darstellung nach fachlichen Aspekten. Als **fachlichen Unternehmens-** oder **Betriebsteil** versteht man Abteilungen, die ein und dieselbe Tätigkeit ausüben, die durch die Art der hergestellten Güter oder Dienstleistungen charakterisiert und durch die Systematik der Wirtschaftszweige definiert ist. Diese fachlichen Darstellungseinheiten sind für statistische Zwecke gebildete Einheiten, sie entsprechen keiner im Rechtsverkehr auftretenden Institution. Auch die Unternehmensorganisation stimmt selten mit dieser fachlichen Einteilung überein, so daß statistische Nachweise oft auf Schätzungen basieren müssen, da die von der Statistik benötigten Informationen nicht direkt dem betrieblichen Rechnungswesen zu entnehmen sind.

Die bisherige Diskussion über die Einteilung produzierender Einheiten nach der regionalen und fachlichen Abgrenzung ist – in Anlehnung an v. d. LIPPE, 1990, p. 221 – in Tab. 5.1 zusammengefaßt:

Tab. 5.1: Abgrenzung produzierender Einheiten

fachlich / regional	inhomogen (institutionell)	homogen (funktionell)
inhomogen	Unternehmen	fachlicher Unternehmensteil
homogen	Betrieb, Arbeitsstätte	fachlicher Betriebsteil

5.2 Erhebungssystem

Die folgenden Erhebungen umfassen die gewerbliche Wirtschaft, wobei Land-, Forstwirtschaft und Fischerei – soweit nicht als Gewerbebetrieb lt. Gewerbe-, Umsatz- und Einkommensteuerrecht geltend – und z.t. auch die öffentliche Verwaltung ausgeschlossen sind. Die Beschreibung erfolgt hier in der Unterteilung nach **Strukturerhebungen**, die in mehrjährigem, oft unregelmäßigem Abstand stattfinden und regional und fachlich tiefgegliederte Ergebnisse liefern, und nach **laufenden Erhebungen**, die jährlich und z.t. sogar unterjährig erfolgen.

5.2.1 Strukturerhebungen

Zu den Strukturerhebungen zählen

- die Arbeitsstättenzählung,
- die Kostenstrukturstatistiken,
- die Einheitswertstatistik.

Auf letztere, die dreijährlich stattfindet und die Einheitswerte der gewerblichen Betriebe für Zwecke der Erhebung der Gewerbesteuer nachweist, wird hier nicht eingegangen. Sie ist auch eher dem statistischen Arbeitsgebiet „Finanzen und Steuern" zuzurechnen.

Mit Ausnahme des größten Teils der Landwirtschaft umfaßt die **Arbeitsstättenzählung** (= AZ) alle Wirtschaftsbereiche:

- Produzierendes Gewerbe,
- Handel,
- Verkehr und Nachrichtenübermittlung (inkl. Bahn und Post),
- Kreditinstitute und Versicherungsgewerbe,
- von Unternehmen und Freien Berufen erbrachte Dienstleistungen,
- Organisationen ohne Erwerbszweck,
- Gebietskörperschaften[3] und Sozialversicherung.

Von dieser Zählung ausgenommen sind:

- Land- und Forstwirtschaft, soweit nicht bei der Besteuerung als Gewerbebetrieb geltend,
- Private Haushalte und Privatquartiere,
- Vertretungen ausländischer Staaten,[3]
- inter- und supranationale Organisationen.

---

[3] Arbeitsstätten der Bundeswehr und der ausländischen Stationierungsstreitkräfte gehören nur hinsichtlich ihres zivilen Personals zum Erhebungsbereich.

Entsprechend der Definition einer Arbeitsstätte ist für jede/n/s Hauptnie-
derlassung, Zweigniederlassung, Filialbetrieb, Werkstätte, Geschäftsstelle, Praxis, Büro oder Dienststelle einer Behörde ein Arbeitsstättenbogen auszufüllen.
Dem Charakter der AZ als **Rahmenzählung** entsprechend werden nur Angaben über wenige, aber dafür zentrale Merkmale einer jeden Arbeitsstätte
erhoben:

- tätige Personen (= Beschäftigte),

- Wirtschaftszweig,

- Löhne und Gehälter,

- Rechtsform,

- Eröffnungsjahr.

Die AZ ist historisch gesehen eine der **ersten Zählungen** innerhalb der Wirtschaftsstatistik; die erste fand 1875 – allerdings unter anderem Namen (Gewerbliche Betriebszählung), vgl. Tab. 3.3 – statt, die bislang letzte am 25.05.1987.
Auch 1987 wurde die AZ zusammen mit der VZ durchgeführt, wie zuvor in
den Jahren 1950, 1961 und 1970 (vgl. Tab. 3.3). Es wurden Zähler eingesetzt,
die am Zählungsstichtag jedes Gebäude in ihrem Zählbezirk aufsuchten und
feststellten, ob eine Arbeitsstätte vorhanden war. In jeder Arbeitsstätte wurde
ein Erhebungsbogen abgegeben, der ausgefüllt entweder abgeholt wurde oder
an die örtliche Erhebungsstelle gesandt werden konnte. Von dort gelangten
die ausgefüllten Bogen an die Statistischen Landesämter zur Erstellung von
Gemeinde-, Kreis-, Landes- und anderen Regionalergebnissen. Im Statistischen
Bundesamt erfolgte die Verdichtung zu Bundesergebnissen und deren Veröffentlichung.

Die AZ hat zwar kein stark differenziertes Fragenprogramm, nimmt aber
trotzdem in der Wirtschaftsstatistik eine ähnlich zentrale Rolle ein wie die VZ
in der Bevölkerungs- und Erwerbsstatistik:

- Sie liefert **tief gegliederte Daten** über die räumliche und die fachliche Verteilung der Produktionsstätten und ergänzt das nicht lückenlose
  System der Bereichsstatistiken (Lücken im Dienstleistungsbereich!).

- Sie stellt für nachfolgende Bereichsstatistiken **Basismaterial** bereit:

  ▷ Unternehmens- und Betriebskarteien können aufgebaut und aktua-
    lisiert werden.

  ▷ Sie liefert den Auswahl- und Hochrechnungsrahmen für Stichproben.

- Sie liefert **Beschäftigtenzahlen** (Fälle, keine Personenzahlen!), die nicht
  – wie bei der Beschäftigtenstatistik des Abs. 4.2.3 – auf die sozialversicherungspflichtig Beschäftigten beschränkt sind.[4]

---

[4]Als Beschäftigte werden in der AZ tätige Inhaber, unbezahlt mithelfende Familienangehörige sowie alle in abhängiger Tätigkeit stehenden Personen nachgewiesen, unabhängig
davon, ob die Tätigkeit haupt- oder nebenberuflich bzw. als Voll- oder Teilzeitbeschäftigung
ausgeübt wird. Personen mit mehreren Arbeitsverhältnissen sind mehrfach erfaßt.

- Die erfaßten **Löhne und Gehälter** (Sie bezogen sich bei der AZ 1987 auf das Kalenderjahr 1986.) schließen alle tariflichen und frei vereinbarten Zahlungen ein, allerdings nicht die Pflichtbeiträge der Arbeitgeber zur Sozialversicherung, Ruhegehälter und Betriebspensionen. Damit stellt die AZ einen Eckpfeiler für die Verteilungsrechnung der VGR dar.

Auf politischer Ebene bilden die von der AZ ermittelten Daten eine wesentliche Entscheidungsgrundlage für die regionale und sektorale Strukturpolitik, die Mittelstandsförderung und die Arbeitsmarktpolitik. Im Rahmen der Marktforschung läßt sich das Nachfragepotential regional zuverlässiger als mit jeder anderen Statistik ermitteln, allerdings nur im Abstand der AZ.

Kostenstrukturerhebungen (= KSE) wurden mit **freiwilliger Auskunftserteilung** zentral vom Statistischen Bundesamt (zentrale Bundesstatistik) als Stichprobe mit einem relativ hohen Auswahlsatz (über 5%) in etwa vierjährlichem Turnus abwechselnd für die folgenden Bereiche durchgeführt (in Klammern das letzte Jahr, für das Ergebnisse vorliegen):

- Handwerk (1990),
- Großhandel, Buch- und ähnliche Verlage (1988),
- Handelsvertreter und Handelsmakler (1988),
- Einzelhandel (1989),
- Gastgewerbe (1989),
- Verkehrsgewerbe (1991),
- ausgewählte Freie Berufe und weitere Dienstleistungsunternehmen (1990 bzw. 1991).

Kostenstrukturerhebungen **mit Auskunftspflicht**, und zwar jährlich – aber auch auf Stichprobenbasis – finden im Produzierenden Gewerbe und Pressewesen (Verlage von Zeitungen und Zeitschriften) statt.

Erhebungs- und Darstellungseinheit der KSE ist das Unternehmen bzw. die Praxis oder das Büro. Unternehmen, die in mehreren Wirtschaftszweigen tätig sind, werden nach ihrem Schwerpunkt zugeordnet. Erhoben wird praktisch das gesamte Produktionskonto (vgl. Abs. 6.1) bzw. die Gewinn- und Verlustrechnung, insbesondere

- Gesamtumsatz bzw. – bei Freien Berufen – die Einnahmen,
- Material- und Wareneinsatz,
- Kosten nach Arten:
  - ▷ Personal,
  - ▷ Mieten und Pachten,
  - ▷ Steuern, Gebühren, öffentliche Beiträge,
  - ▷ steuerliche Abschreibungen auf Sachanlagen.

Kenntnis über die Entwicklung der Kostenstruktur und der Kostenrelationen sind notwendig, um wirtschaftspolitische Maßnahmen und ihre Nebenwirkungen in einer hochgradig arbeitsteiligen und technisierten Volkswirtschaft richtig erkennen und beurteilen zu können. Die Beobachtung der Kosten- und Preisrelationen in den einzelnen Wirtschaftszweigen und Wirtschaftsbereichen vermag den Unternehmen Anhaltspunkte über die Entwicklung der Wirtschaftlichkeit und über die Bedeutung der einzelnen Kostenarten in der Produktion zu geben. Durch Betriebsvergleiche lassen sich wichtige Aufschlüsse gewinnen. Für die Sozialproduktsberechnung von der Entstehungsseite her (vgl. Abs. 11.4.2) und für die Beiträge der einzelnen Wirtschaftsbereiche zum Sozialprodukt sind die Kostenstrukturstatistiken in Verbindung mit den Umsatzstatistiken die unentbehrliche Grundlage.

5.2.2 Laufende Erhebungen

Zu diesen Erhebungen zählen:

- die Statistik der Kapitalgesellschaften,
- die Bilanzstatistik,
- die Insolvenzstatistik,
- die Statistik der Gewerbeaufsicht,
- die Umsatzsteuerstatistik.

Auf die letzten beiden, die Sekundärstatistiken aus Unterlagen der Gewerbeaufsichtsämter bzw. der Finanzverwaltung sind, wird hier nicht eingegangen. Die zweijährliche Umsatzsteuerstatistik hat allerdings eine erhebliche Bedeutung für die Erstellung Volkswirtschaftlicher Gesamtrechnungen.

Die **Statistik der Kapitalgesellschaften** (AG, KGaA, GmbH) berichtet über die Anzahl der Gesellschaften und die Höhe ihres Nominalkapitals. Es handelt sich um eine laufende Ermittlung, die auf Auswertungen der Eintragungen in das Handelsregister und der Bekanntmachungen im Bundesanzeiger beruht. Sie wird in Form einer jährlichen Bestandsfortschreibung (nach Anzahl und Nominalkapital) durchgeführt, wobei die Zusammenstellung gleitend die letzten zwei Jahre überdeckt. Die Ergebnisse werden – getrennt für AGs und GmbHs – nach Wirtschaftszweigen dargestellt. Dabei werden jährlich Zu- und Abgänge nach Arten der Veränderung, nämlich:

- Neugründung/Umwandlung,
- Fortsetzung,
- Kapitalerhöhung gegen Einlagen/aus Gesellschaftsmitteln,
- Liquidations-/Konkurseröffnungen,
- Fusion und Umwandlung,
- Kapitalherabsetzung

sowie die Anfangs- und Endbestände nachgewiesen. Alle drei Jahre wird der Endbestand nach Größenklassen des Nominalkapitals aufgeschlüsselt. Diese Statistik erstreckt sich auf ca. 430.000 Kapitalgesellschaften.

Die **Bilanzstatistik** wertet die Jahresabschlüsse von Untcrnehmen und Konzernen (ohne Kreditinstitute und Versicherungsunternehmen) aus, die aufgrund des Handelsgesetzes bzw. des Publizitätsgesetzes zur Veröffentlichung ihrer Abschlüsse verpflichtet sind.[5] Ausgewertet werden die im Bundesanzeiger publizierten Handelsbilanzen (ca. 2.000 – 2.500). Zur Bilanzstatistik wird auch die Statistik der Finanzen der öffentlichen Wirtschaftsunternehmen und der Zweckverbände mit wirtschaftlichen Aufgaben gerechnet, die auf einer jährlichen Erhebung bei den öffentlichen Versorgungs-, Entsorgungs- und Verkehrsunternehmen beruht. In der Bilanzstatistik werden insbesondere die Posten der Bilanz und der Gewinn- und Verlustrechnung nach Wirtschaftszweigen sowie eine Finanzierungsrechnung nachgewiesen. Auch wird über das dividendenberechtigte Grundkapital der AGs und die letzten Dividendenzahlungen berichtet. Die Bilanzstatistik darf – was die nicht–öffentlichen Wirtschaftsunternehmen betrifft – als wenig repräsentativ gelten. Ausführlicher in dieser Hinsicht ist die ca. 80.000 Unternehmen umfassende Bilanzstatistik der Deutschen Bundesbank, die von letzterer aus den zur Prüfung der Zentralbankfähigkeit von Handelswechseln eingereichten Bilanzen (i.d.R. Steuerbilanzen) aufgebaut wird.

Die **Insolvenzstatistik** basiert auf den Meldungen der Amtsgerichte über die eröffneten und mangels Masse abgelehnten Konkursverfahren sowie über die eröffneten Vergleichsverfahren. Berichtet wird monatlich in der Gliederung nach Wirtschaftszweigen. Finanzielle Ergebnisse liegen nur zu den eröffneten Konkurs- und Vergleichsverfahren vor. Außergerichtliche Vergleichsverfahren werden statistisch nicht erfaßt. Das Bild über Zahlungsschwierigkeiten wird abgerundet durch eine Statistik über Anzahl und Betrag der Wechselproteste und der nicht eingelösten Schecks sowie der Bezieher von Konkursausfallgeld.

Zusammen betrachtet liefern die drei vorstehend bwschriebenen Statistiken wichtige Informationen über Unternehmenserfolge, aber auch über wirtschaftliche Schwierigkeiten in bestimmten Wirtschaftszweigen und bei bestimmten Rechtsformen.

---

[5] Kapitalgesellschaften unterliegen grundsätzlich (vgl. HGB §§ 325 ff.) der Publizitätspflicht. Einzelkaufleute und Personengesellschaften sind nur dann publizitätspflichtig, falls mindestens zwei der folgenden Merkmale am Abschlußstichtag und mindestens zwei darauffolgenden Abschlußstichtagen erfüllt sind: mehr als 125 Mio. DM Bilanzsumme, mehr als 250 Mio. DM Umsatzerlöse, mehr als 5.000 Arbeitnehmer.

5.3   Ausgewählte Ergebnisse

Ergebnisse der Arbeitsstättenzählung werden für die Abteilungen 0 bis 7 der Wirtschaftszweigsystematik **für Unternehmen**, aber auch für Arbeitsstätten als Darstellungseinheiten ausgewiesen, für die Abteilungen 8 (Organisationen ohne Erwerbszweck) und 9 (Staat = Gebietskörperschaften und Sozialversicherung) werden aus naheliegenden Gründen nur Ergebnisse **für Arbeitsstätten** angegeben. Betrachtet man nun die Größe der Wirtschaftszweige – im folgenden nur auf der ersten Gliederungsebene der Abteilungen – gemessen an der Zahl ihrer Beschäftigten, so kommt man für die Abteilungen 0 bis 7 zu leicht unterschiedlichen Relationen, je nachdem, ob man mit der Unternehmens- oder Arbeitsstättendarstellung operiert (vgl. Tab. 5.2 für die AZ 1987).

<u>Abb. 5.1</u>: Die Verteilung der Beschäftigten auf die zehn Wirtschaftsabteilungen 1961, 1970 und 1993 im früheren Bundesgebiet

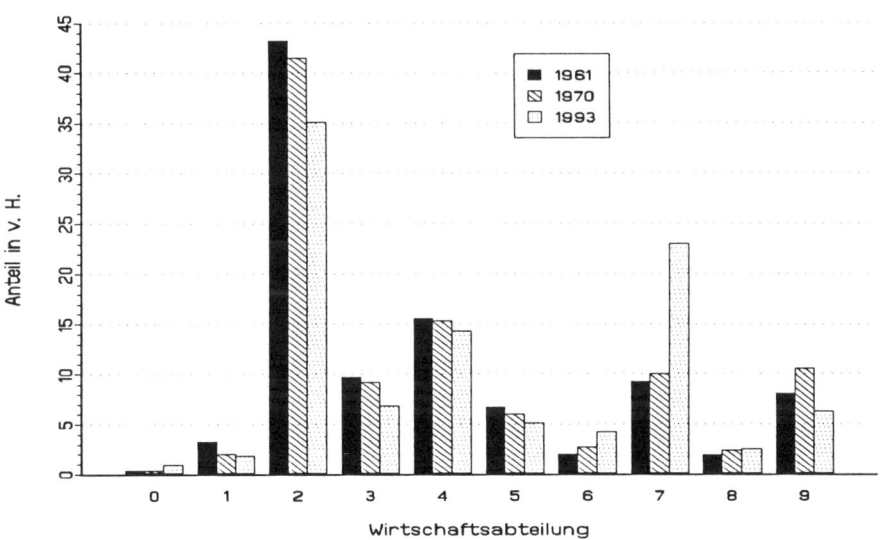

0 – Land- und Forstwirtschaft, Fischerei
1 – Energie-, Wasserversorgung, Bergbau
2 – Verarbeitendes Gewerbe
3 – Baugewerbe
4 – Handel
5 – Verkehr und Nachrichtenübermittlung
6 – Kreditinstitute und Versicherungsgewerbe
7 – Dienstleistungen
8 – Organisationen ohne Erwerbszweck
9 – Gebietskörperschaften und Sozialversicherung

Quelle: Verschiedene Statistische Jahrbücher

Tab. 5.2: Unternehmen, Arbeitsstätten und Beschäftigte in den Wirtschaftszweigen 1987

	Abteilung	Darstellungseinheit: Unternehmen				Darstellungseinheit: Arbeitsstätte			
		Unternehmen		Beschäftigte		Arbeitsstätten		Beschäftigte	
		Anzahl	v.H.	Anzahl	v.H.	Anzahl	v.H.	Anzahl	v.H.
0	Land- und Forstwirtschaft, Fischerei*	28.195	1,34	137.958	0,63	28.962	1,21	137.226	0,62
1	Energie, Wasserversorgung, Bergbau	3.010	0,14	485.183	2,21	6.325	0,26	401.584	1,82
2	Verarbeitendes Gewerbe	336.561	16,04	8.581.947	39,16	360.466	15,08	8.339.114	37,81
3	Baugewerbe	181.598	8,66	1.864.592	8,51	186.342	7,79	1.851.652	8,39
4	Handel	585.073	27,89	3.878.928	17,69	707.121	29,56	4.027.502	18,26
5	Verkehr, Nachrichtenübermittlung†	81.039	3,86	1.513.583	6,91	122.092	5,11	1.547.283	7,02
6	Kreditinstitute, Versicherungsgewerbe‡	80.052	3,82	979.435	4,47	121.795	5,09	965.469	4,38
7	Dienstleistungsgewerbe	802.325	38,25	4.474.212	20,42	858.667	35,90	4.784.898	21,70
	insgesamt	2.097.853	100,00	21.915.838	100,00	2.391.770	100,00	22.054.728	100,00

Quelle: Statistisches Bundesamt (1991a), p. 47 ff.

*soweit bei der Besteuerung als Gewerbebetrieb geltend
†inkl. Postgiro und Postsparkasse
‡ohne Postgiro und Postsparkasse

Die Abb. 5.1 zeigt, wie sich die Beschäftigtenverteilung auf die zehn Wirtschaftsabteilungen im Laufe der letzten gut 30 Jahre verändert hat. Darstellungseinheit ist die Arbeitsstätte und verglichen werden die Ergebnisse der AZ vom 06.06.1961 und vom 27.05.1970 sowie der Beschäftigtenstatistik zum Stichtag 30.05.1993. Man stellt u.a. fest:

- Rückgang des Beschäftigtenanteils von 1961 über 1970 bis 1993 bei den Wirtschaftsabteilungen 1 bis 5 und 9,

- Zunahme des Beschäftigtenanteils von 1961 über 1970 bis 1993 bei den Wirtschaftsabteilungen 6 bis 8, geringfügig bei Abteilung 0.

Die Abteilungen 0 und 1 lassen sich zum sog. **Primären Sektor**,[6] die Abteilungen 2 und 3 zum **Sekundären Sektor** und die restlichen Abteilungen 4 bis 9 zum **Tertiären Sektor** oder Dienstleistungssektor einer Volkswirtschaft zusammenfassen. Gemessen an der Beschäftigtenzahl geht dann die Bedeutung des Primärsektors zurück (von ca. 3,3% in 1961 auf 2,7% in 1993),[7] ebenso die des Sekundärsektors (von ca. 53% in 1961 auf ca. 42% in 1993), während die des Tertiärsektors stark ansteigt (von 43,7% in 1961 auf 55,3% in 1993).[8]

Aus der **Kostenstrukturstatistik** sei ein Ergebnis der Erhebung 1991 bei den Freien Berufen, speziell bei den Ärzten (freiwillige Auskunftserteilung), vorgestellt, vgl. Tab. 5.3. Die dort angegebenen Zahlen stellen die prozentuale Aufteilung der Gesamtleistung (= Einnahmen) einer Praxis aus der jeweiligen Sparte in der Einnahmengrößenklasse 400.000 bis 500.000 DM dar.

Aus der **Statistik der Kapitalgesellschaften** sei als ein Ergebnis die Entwicklung der Anzahl dieser Gesellschaften, getrennt nach AG/KGaA und GmbH, seit 1952 aufgezeichnet, vgl. Abb. 5.2. Man erkennt:

1. Bei den AGs/KGaA erfolgte eine mehr oder minder kontinuierliche Abnahme in der Anzahl bis zum Jahre 1983, danach ein vergleichsweise steiler Anstieg. Die Sprünge in der Zeitreihe in 1963 und 1991 sind durch die Gebietsstandsänderungen bedingt. Verglichen mit der Anzahl der GmbHs ist in dieser Reihe relativ wenig Bewegung.[9]

---

[6]Gelegentlich wird auch nur die Abteilung 0 als Primärsektor aufgefaßt und die Abteilung 1 dem Sekundärsektor zugeschlagen, vgl. Abs. 6.1.

[7]In der vorliegenden Statistik sind nicht alle in Land-, Forstwirtschaft und Fischerei Tätigen erfaßt (nur solche in den Gewerbebetrieben dort). Würde man alle Arbeitskräfte dieses Sektors nehmen, so wie sie aus der Land-, Forstwirtschafts- und Fischereistatistik resultieren, käme man auf etwas höhere Quoten, aber die rückläufige Tendenz der Quoten in der Zeit bliebe erhalten.

[8]Mit diesem Anteil rangiert Westdeutschland unter zwölf hochentwickelten Volkswirtschaften auf dem vorletzten Platz. (Die ersten beiden Plätze nehmen 1992 Kanada und die USA mit 73% bzw. 72,5% ein.) Dies liegt z.T. daran, daß in Deutschland die Industrieunternehmen viele Dienstleistungen in eigener Regie erbringen und wenig „Outsourcing" betreiben. Geordnet nach der Tätigkeit dürften z.Z. 80% aller Erwerbstätigen dem Tertiärsektor zuzurechnen sein.

[9]Wegen der unterschiedlichen Maßstäbe wird allerdings optisch das Gegenteil suggeriert.

2. Bei den GmbHs ist eine stetige Zunahme im gesamten Zeitraum zu verzeichnen, in den 50er und 60er Jahren nicht so rasant wie danach. Die
Gründe für die Zunahme der Unternehmenszahl mit dieser Gesellschafts-
form sind betriebswirtschaftlich und rechtlich offenkundig und müssen
hier nicht wiederholt werden.

<u>Abb. 5.2</u>: Die Entwicklung der Anzahl der Kapitalgesellschaften seit 1952
(Stand jeweils am Jahresende)

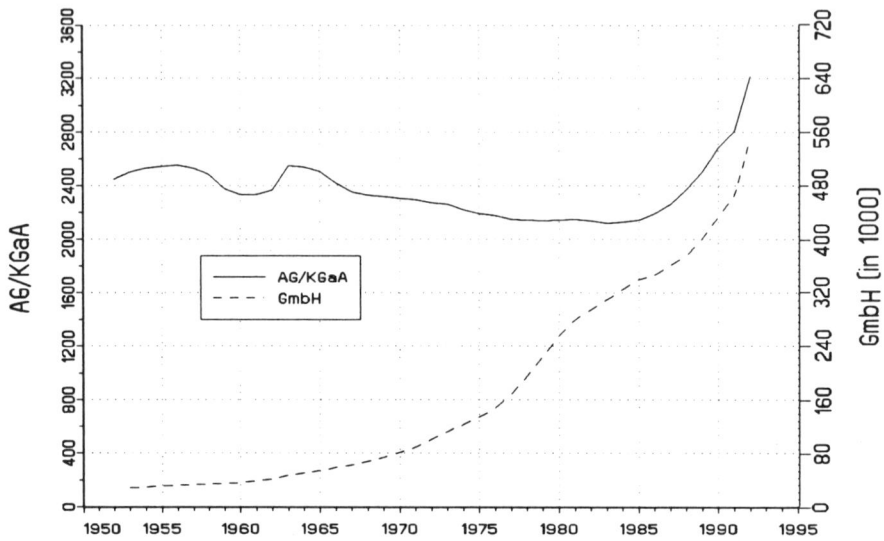

bis 1960   –   Bundesgebiet ohne Saarland und ohne Berlin
1961, 1962   –   Bundesgebiet ohne Berlin
1963 bis 1991   –   früheres Bundesgebiet
ab 1992   –   Deutschland

Quelle: Verschiedene Statistische Jahrbücher

Wo viel Licht ist, ist auch viel Schatten. – Mit der steigenden Zahl von
Unternehmen in der Bundesrepublik (Abb. 5.2 zeigte nur die Entwicklung bei
den Kapitalgesellschaften; bei den anderen Unternehmensformen läuft die zahlenmäßige Entwicklung aber ebenso.) nahm naturgemäß auch die Risikomenge für Unternehmensversagen zu. Abb. 5.3 spiegelt dies auch wider: Es ist
ein steigender Trend bei den jährlichen Unternehmensinsolvenzen[10] zu verzeichnen. Diesem Trend ist aber eine konjunkturelle Schwingungskomponente
überlagert, die in etwa synchron verläuft zu jener der Arbeitslosenzahl. Hohe
Arbeitslosenzahlen sind ein Zeichen für Konjunkturschwäche, und im Gefolge
einer schlechten Konjunktur scheitern naturgemäß viele Unternehmen. Erfah-
rungsgemäß läuft die Insolvenz–Welle stets mit einer gewissen Zeitverzögerung
der Konjunkturentwicklung hinterher. Das hat im wesentlichen zwei Gründe:

---

[10]Insolvenzen sind definiert als Konkurse plus gerichtliche Vergleichsverfahren.

1. Viele Unternehmen besitzen eine zu dünne Eigenkapitaldecke, die in der Rezession noch geschmälert wird.

2. In der Frühphase des Aufschwungs ist es auch um die Zahlungsmoral nicht zum besten gestellt. Jeder will die Expansion möglichst mit eigenem Geld finanzieren und hält sich mit fälligen Zahlungen gern zurück. Vor allem die öffentliche Hand tut sich dabei in Zeiten leerer Kassen hervor. Selbst bei sich verbessernder Auftragslage und steigendem Umsatz müssen die Unternehmen die anfallenden Kosten zunächst vorfinanzieren. Sind die Liquiditätsreserven schon weitgehend erschöpft, droht schnell die Insolvenz.

Tab. 5.3: Kostenstruktur bei Ärzten mit jährlichen Einnahmen zwischen 400.000 und 500.000 DM in 1991 (Angaben in v.H.)

	Arztpraxen*	Zahnarztpraxen	Tierarztpraxen
Reinertrag**	43,5	28,0	32,1
Kosten insgesamt	56,5	72,0	67,9
darunter:			
Materialverbrauch***	2,8	5,0	30,1
fremde Laborkosten	1,8	24,5	–
Personal	26,4	20,2	18,1
Mieten	6,0	4,3	3,5
Strom, Gas, Wasser, Heizung	1,2	1,0	0,9
Kraftfahrzeugkosten	1,9	1,2	4,9
steuerl. Abschreibungen	4,5	5,1	2,1

*   Ohne Zahnarzt- und Tierarztpraxen
**   Außer kalkulatorischer Miete sind keine anderen kalkulatorischen Kosten enthalten.
*** Bei Tierarztpraxen einschl. des Verbrauchs von Abgabearzneimitteln
Quelle: Statistisches Jahrbuch 1994, p. 143

Stellt man die Frage nach der Anzahl der im Lande vorhandenen **Arbeitsplätze**, so ist sie – was die Zahl der **besetzten** Arbeitsplätze betrifft – am ehesten mit der Zahl der Beschäftigten, nicht etwa mit jener der Erwerbstätigen, zu beantworten. Interessant ist aber nicht nur die Zahl der Arbeitsplätze, sondern auch deren Ausstattung mit Kapital. Hinter einem Arbeitsplatz in der westdeutschen Wirtschaft (ohne Wohnungsvermietung) steckte 1992 im Durchschnitt ein Sachkapital von durchschnittlich 230.000 DM; das ist mehr als dreimal soviel wie noch vor 30 Jahren. Die Dynamik der **Kapitalausstattung** hat sich allerdings deutlich verlangsamt:

- Von 1972 bis 1982 wuchs der Kapitalstock je Beschäftigten, die **Kapitalintensität**, um durchschnittlich 4,1% im Jahr.

• Von 1982 bis 1992 lag die jahresdurchschnittliche Wachstumsrate der Kapitalintensität bei unter 1,7%.

Die Spanne der Arbeitsplatzkosten zwischen den Wirtschaftszweigen ist beträchtlich. Den höchsten Kapitalbedarf je Arbeitsplatz hat die Energiewirtschaft (fast zwei Millionen DM), den niedrigsten das Baugewerbe mit kanpp 50.000 DM. Anfang der neunziger Jahre wurde wegen neuerlichen Lohnkostendrucks in Verbindung mit einer drastischen DM–Aufwertung kräftig rationalisiert. Auch neue Produktionsstrukturen (Stichwort: lean production) haben den Kapitalbedarf in die Höhe getrieben.

<u>Abb. 5.3:</u> Die Entwicklung der Zahl von Unternehmensinsolvenzen und der Arbeitslosenzahl im früheren Bundesgebiet von 1960 bis 1993

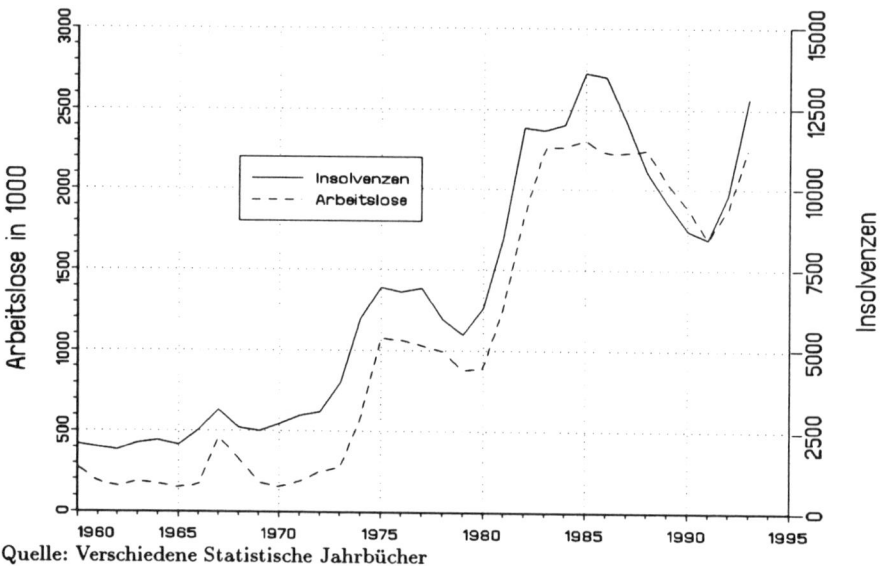

Quelle: Verschiedene Statistische Jahrbücher

Was sind die Ursachen dafür und welche Konsequenzen hat eine hohe Kapitalintensität? – Ursache für den Rückgang im Wachstumstempo der Kapitalausstattung zwischen 1972/82 und 1982/92 war offenkundig der nachlassende **Lohnkostendruck**: In der Dekade 1982/92 stiegen die Lohnstückkosten mit 2,1% jährlich nicht einmal halb so schnell wie von 1972/82 mit 5,5%. Damit trat in den Achtzigern für viele Unternehmen das Motiv der Rationalisierung (= Substitution von Arbeit durch Kapital) in den Hintergrund, die Investitionen kamen dem Arbeitsplatzaufbau zugute: Während die Beschäftigung 1972/82 noch um 0,5% im Jahresdurchschnitt sank, stieg sie 1982/92 um jährlich 1%. Wie beschäftigungsintensiv der Investitionsaufschwung in den vergangenen zehn Jahren war (Die Anlageinvestitionen wuchsen jährlich mit 5,3% gegenüber nur 0,4% p.a. zwischen 1972/82.), verdeutlicht auch der steigende Anteil der Nettoinvestitionen an den gesamtwirtschaftlichen Bruttoanlageinvestitionen: 33% in 1982, 43% in 1991.

Eine hohe Kapitalintensität ist aus beschäftigungspolitischer Sicht ein zweischneidiges Schwert. Einerseits sichert zusätzliches Kapital die Konkurrenzfähigkeit des Arbeitsplatzes, andererseits können aber umso weniger neue Arbeitsplätze geschaffen werden, je teurer ein Platz ist, denn das jährliche Investitionsvolumen ist begrenzt. Die Konsequenz ist, daß die Kapitalausstattung pro Arbeitsplatz nicht über das ökonomisch notwendige Maß hinaus erhöht werden sollte.

Die neuen Bundesländer geben über die Konsequenzen der vorstehend skizzierten Zusammenhänge den besten Anschauungsunterricht. Der Ehrgeiz, das ostdeutsche Lohnniveau möglichst schnell dem westdeutschen anzupassen, ist ökonomisch unvernünftig. Ohnehin kommt der „Aufschwung–Ost" wegen der vielfältigen Investitionshemmnisse – desolate Infrastruktur, Altschulden, ungeklärte Eigentumsfragen, politisches Kompetenzgerangel – nur mühsam in Gang. Die Lohnstückkosten, die in ostdeutschen Unternehmen höher liegen als im Westen, erschweren den Aufschwung noch zusätzlich: Bei ähnlich hohen Löhnen, aber wesentlich niedrigerer Produktivität konzentrieren sich die Investitionen im Osten auf kapitalintensive Arbeitsplätze. Die Folge: Es entsteht ein zusätzlicher Rationalisierungsdruck, während der erwünschte Beschäftigungseffekt gering bleibt. Dadurch können sich die ostdeutschen Arbeitsmarktprobleme weiter verschärfen, trotz eines nachhaltigen Investitionsaufschwungs dort.

Im Kontext der Unternehmens- und Arbeitsstättenstatistik stellt sich auch die Frage nach der **Unternehmenskonzentration**. Die Messung der Höhe und der Entwicklung der Konzentration in den diversen Wirtschaftszweigen gehören nicht zum Aufgabenbereich der amtlichen Statistik. Das Gesetz gegen Wettbewerbsbeschränkungen (Fassung vom 24.09.1990) schreibt zu diesem Zweck in § 24b die Bildung einer **Monopolkommission** vor (Sitz in Köln). Diese hat im Zweijahresabstand der Bundesregierung über die Entwicklung der Unternehmenskonzentration zu berichten. Das geschieht in Form der sog. **Hauptgutachten**, auf die der Leser verwiesen wird.[11] Bei ihrer Arbeit stützt sich die Monopolkommission weitgehend auf Statistiken des Statistischen Bundesamtes. Einige Maßzahlen für Konzentration werden in Abs. 7.3.1 vorgestellt.

5.4 Rechtsgrundlagen und wichtige Datenquellen

Die Unternehmens- und Arbeitsstättenstatistik hat folgende Rechtsgrundlagen:

- Für jede Arbeitsstättenzählung ist eigens ein Gesetz zu erlassen, zuletzt: Gesetz über eine Volks-, Berufs-, Gebäude-, Wohnungs- und Arbeitsstättenzählung (Volkszählungsgesetz 1987) vom 08.11.1985 (BGBl I, p. 2078).

---

[11]Z.B. MONOPOLKOMMISSION (Hrsg.): Hauptgutachten 1986/7 – Die Wettbewerbsordnung erweitern, Baden-Baden, 1988.

- Gesetz über Kostenstrukturstatistik vom 17.05.1959 (BGBl I, p. 45), zuletzt geändert durch das Gesetz über die Statistik im Produzierenden Gewerbe vom 06.11.1975 (BGBl I, p. 2779) i.V.m. der Verordnung zur Abänderung der Reihenfolge der Kostenstrukturerhebungen vom 20.08.1986 (BGBl I, p. 1333).
- § 5 Abs. 5 Satz 1 des Gesetzes über die Statistik für Bundeszwecke (Bundesstatistikgesetz) vom 22.01.1987 (BGBl I, p. 462 und 565) für die Statistik der Kapitalgesellschaften und die Bilanzstatistik.
- Gesetz über die Finanzstatistik in der Fassung der Bekanntmachung vom 11.06.1980 (BGBl I, p. 673 und 782), zuletzt geändert durch Artikel 4 des Zweiten Statistikbereinigungsgesetzes vom 19.12.1986 (BGBl I, p. 2555) für die Statistik der Finanzen der öffentlichen Wirtschaftsunternehmen und Zweckverbände mit wirtschaftlichen Aufgaben.
- Verwaltungsvereinbarungen des Statistischen Bundesamtes mit den statistischen Ämtern der Länder sowie Anordnungen der Landesjustizministerien für die Statistik der Konkurs- und Vergleichsverfahren.

Die laufenden Veröffentlichungen des Statistischen Bundesamtes mit Daten aus diesem Erhebungsbereich sind:

- Fachserie 2 (Unternehmen und Arbeitsstätten) mit den Reihen 1 (Kostenstruktur in ausgewählten Wirtschaftszweigen), 2.1 (Abschlüsse der Aktiengesellschaften), 2.2 (Zahl und Nominalkapital der Kapitalgesellschaften), Reihe 3 (Abschlüsse der öffentlichen Versorgungs- und Verkehrsunternehmen), Reihe 4.1 (Insolvenzverfahren), Reihe 4.2 (Finanzielle Abwicklung der Insolvenzverfahren), Einzelveröffentlichungen zur Arbeitsstättenzählung,
- Fachserie 4 (Produzierendes Gewerbe),
- Fachserie 6 (Handel, Gastgewerbe, Reiseverkehr),
- Fachserie 8 (Verkehr),
- Fachserie 18 (Volkswirtschaftliche Gesamtrechnungen),
- Bevölkerungsstruktur und Wirtschaftskraft der Bundesländer (jährlich),
- Lange Reihen zur Wirtschaftsentwicklung (zweijährlich).

Weiterführende Informationen finden sich im Anhang zum 7. Abschnitt (Unternehmen und Arbeitsstätten) eines jeden Statistischen Jahrbuches.

Literatur zu Kapitel 5 [12]

KUNZ, D. (1987), p. 105 – 151

LIPPE, P. V. D. (1990), p. 220 ff.

UNGERER, A. / HAUSER, S. (1990), p. 63 ff.

---

[12]Man findet hier nur eine Kurzzitierung. Die vollständigen bibliographischen Angaben stehen im Literaturverzeichnis, Kap. 15.

AUFGABE 5.1

Es geht um die Systematik der Wirtschaftszweige (Ausgabe 1979) in der Fassung für die Arbeitsstättenzählung.

a) Nach welchem Kriterium ist die Abteilung 2 (Verarbeitendes Gewerbe) weiter unterteilt? Wie lauten dementsprechend die Unterabteilungen (Zweisteller) dieser Systematik?

b) Abteilung 7 umfaßt Dienstleistungen. Welche Zweisteller gibt es?

AUFGABE 5.2

a) In der amtlichen Statistik wird vom Produzierenden Gewerbe und vom Verarbeitenden Gewerbe gesprochen. Was ist darunter jeweils zu verstehen?

b) Was sind Organisationen ohne Erwerbszweck?

AUFGABE 5.3

a) Sie suchen einen Job und informieren sich aufgrund der letzten Arbeitsstättenzählung über die Lohn- und Gehaltssituation in den einzelnen Wirtschaftszweigen. In welchen drei Zweigen sind die Verdienstmöglichkeiten

aa) am besten,

ab) am schlechtesten?

b) Zahnärzte und niedergelassene Ärzte sowie Rechtsanwälte sollen angeblich gut verdienen, weshalb ja auch so viele Studenten diese Fächer wählen. Läßt sich dies statistisch nachweisen und wie?

AUFGABE 5.4

Vergleichen Sie für den 31.12.1990 die Verteilung

a) der Aktiengesellschaften (inkl. KGaA),

b) der Gesellschaften mit beschränkter Haftung

auf die ersten acht Wirtschaftsabteilungen gemäß Systematik der Wirtschaftszweige (Ausgabe 1979) nach der Anzahl und nach dem Grund- bzw. Stammkapital.

AUFGABE 5.5

a) Stellen Sie in je einem Kreisdiagramm die Verteilung der Konkurse auf die ersten acht Wirtschaftsabteilungen dar für
   aa) 1989,
   ab) 1990.
b) Wie verteilten sich 1989 und 1990 die Konkurse der Unternehmen nach der Rechtsform? Zeichnen Sie auch die zugehörigen Kreisdiagramme.

AUFGABE 5.6

Ein Zeichen schlechter Zahlungsmoral sind Wechselproteste (= geplatzte Wechsel) und nicht eingelöste Schecks. Wie entwickelten sich (im alten Bundesgebiet) zwischen 1980 und 1990

a) die Wechselproteste,
b) die nicht eingelösten Schecks,
   jeweils nach der Zahl der Fälle, dem Gesamtbetrag und dem Durchschnittsbetrag?
c) Vergleichen Sie die drei Wechselprotestreihen mit den drei Reihen für nicht eingelöste Schecks.
d) Gibt es Tendenzen in den Reihen und ggf. welche?
e) Wer ist der eigentliche Lieferant dieser Daten?

AUFGABE 5.7

a) Wie könnte man mittelständische Unternehmen definieren und statistisch abgrenzen?
b) Was sind volkswirtschaftliche Vorteile eines Mittelstandes?

Kapitel 6

Produktion und Produktivität

Das Wort „Produktion" tritt in mehrfacher Bedeutung auf:

- Produktion heißt einmal der Prozeß der Kombination der Produktionsfaktoren (Arbeit, Boden, Kapital), um mit ihnen unter Einsatz von Roh-, Hilfs- und Betriebsstoffen Güter und Dienste zu erstellen, also ist Produktion eine bestimmte Art **wirtschaftlicher Aktivität**.
- Produktion heißt aber auch das **Produktionsergebnis**, also das Volumen erstellter Produkte in Form von Sachgütern oder Dienstleistungen.
- Einschränkend spricht man von Produktion einer Volkswirtschaft, wenn man die **Leistungserstellung im Produzierenden Gewerbe** meint.

Von der letzteren Bedeutung wird im folgenden ausgegangen.[1]

6.1 Bereichsabgrenzung, Definitionen und Ziele

Zum Produzierenden Gewerbe werden alle jene Unternehmen und Betriebe gerechnet, die **schwerpunktmäßig** in einem der folgenden vier Wirtschaftsbereiche laut „Systematik der Wirtschaftszweige, Fassung für das Produzierende Gewerbe (SYPRO)" tätig sind:

- Elektrizitäts-, Gas-, Fernwärme- und Wasserversorgung;
- Bergbau;
- Verarbeitendes Gewerbe in der Unterteilung
  - ▷ Grundstoff- und Produktionsgütergewerbe,
  - ▷ Investitionsgüter produzierendes Gewerbe,
  - ▷ Verbrauchsgüter produzierendes Gewerbe,
  - ▷ Nahrungs- und Genußmittelgewerbe;

---

[1]Interessenten an der Leistungserstellung in den anderen volkswirtschaftlichen Bereichen (Land-, Forstwirtschaft, Fischerei, Handel, Gastgewerbe, Verkehr, Versicherungen, Kreditgewerbe, Freie Berufe und Dienstleistungen) seien auf die Darstellung bei KUNZ (1987) verwiesen.

• Baugewerbe in der Unterteilung

  ▷ Bauhauptgewerbe,

  ▷ Ausbaugewerbe.

Die SYPRO unterteilt das Produzierende Gewerbe in 42 Wirtschaftsgruppen
(„Zweisteller") und 254 Wirtschaftszweige („Viersteller").

Der wirtschaftliche Schwerpunkt wird grundsätzlich an der **Wertschöpfung** (vgl. unten) festgestellt, ersatz- oder behelfsweise an der Beschäftigtenzahl oder am **Nettoproduktionswert** (vgl. unten). Erfaßt werden laufend in
unterjähriger Frequenz:

• **Unternehmen** des Produzierenden Gewerbes mit 20 Beschäftigten und
  mehr,

• das **produzierende Handwerk** mit 20 und mehr Beschäftigten je Betrieb,

• **Betriebe** des Produzierenden Gewerbes mit 20 und mehr Beschäftigten
  von solchen Unternehmen, deren wirtschaftlicher Schwerpunkt außerhalb
  des Produzierenden Gewerbes liegt.

Das **Cut–off–Prinzip**[2] führt zu einer immensen Arbeitseinsparung in der
statistischen Erhebung und Aufbereitung (Von den ca. 500.000 Unternehmen
des Produzierenden Gewerbes werden auf diese Weise nur ca. 10% berichtspflichtig.), ohne daß dabei ein zu großer Teil der Beschäftigten (nur ca. 10%),
ein zu großer Teil der Lohn- und Gehaltssumme (nur ca. 5%) oder ein zu großer
Teil irgend eines anderen Merkmals unerfaßt bleibt.

Das Produzierende Gewerbe ist, obwohl sich seine Bedeutung in den letzten Jahrzehnten gegenüber dem Dienstleistungssektor verringert hat, weiterhin
ein Zentralbereich der deutschen Wirtschaft, vgl. Tab. 6.1. Bis Anfang der 70er
Jahre wurde im Sekundärsektor,[3] wie das Produzierende Gewerbe auch bezeichnet wird, mehr als die Hälfte der gesamtwirtschaftlichen Leistung erbracht, und
knapp die Hälfte der Erwerbstätigen fand in diesem Bereich einen Arbeitsplatz.
In den zurückliegenden 23 Jahren nahm allerdings der Wertschöpfungsanteil
bis auf ca. 38% ab, und der Erwerbstätigenanteil sank auf 37%. 1993 waren
von den 10,823 Mio. Erwerbstätigen im Produzierenden Gewerbe des früheren
Bundesgebietes

• 77,6% im Verarbeitenden Gewerbe,

• 18,3% im Baugewerbe,

• 4,1% in der Energie- und Wasserversorgung und im Bergbau tätig.

---

[2]Mit Abschluß der zwischen 1975 und 1980 erfolgten Reform der Statistik des Produzierenden Gewerbes wurde die Abschneidegrenze, die uneinheitlich war und z.T. bei 10 Beschäftigten lag, einheitlich auf 20 festgesetzt.

[3]Im Sinne von FOURASTIÉ umfaßt der primäre Sektor die Urproduktion, der sekundäre
Sektor die Produktion von Waren und der tertiäre Sektor die von Dienstleistungen. Bergbau
z.B. ist Urproduktion, wird aber hier konventionsgemäß als Teil des Produzierenden Gewerbes zum Sekundärsektor gerechnet. Weitere Probleme der Drei–Sektoren–Einteilung von
FOURASTIÉ werden weiter unten i.V.m. Tab. 6.2 diskutiert.

Hauptziel der Statistik im Produzierenden Gewerbe ist der Nachweis der Produktion, wobei folgende drei Aspekte von Interesse sind:

1. Umfang und Entwicklung der Produktion (vgl. Abs. 6.3.1),
2. Effizienz der Produktion durch Berechnung von Faktorproduktivitäten und Produktivitätsindizes (vgl. Abs. 6.3.2),
3. Nachfrage nach der Produktion durch Nachweis der Auftragsbestände, Auftragseingänge und Indizes dafür (vgl. Abs. 6.3.3).

Tab. 6.1: Anteil des Produzierenden Gewerbes an der Bruttowertschöpfung, den Erwerbstätigen und den Anlageinvestitionen (in v.H.) Gebietsstand: früheres Bundesgebiet

Jahr	Bruttowertschöpfung	Erwerbstätige	Anlageinvestitionen
1960	53	48	33
1965	53	49	30
1970	52	49	31
1975	45	45	27
1980	44	43	25
1985	42	41	26
1990	41	40	26
1993	38	37	24

Quelle: Verschiedene Jahrgänge des Statistischen Jahrbuchs für die Bundesrepublik Deutschland

Produktionsstatistiken im Produzierenden Gewerbe sollen, das ist ihre Hauptaufgabe, das **inländische Aufkommen von Gütern** (= Waren und Dienstleistungen) in möglichst tiefer fachlicher Gliederung darstellen. Umfang und Entwicklung des Produktionsergebnisses werden in der Einteilung nach Güterarten und Güterklassen und ferner nach **Mengen** und **Werten** ausgewiesen, bei verschiedenartigen Produkten nur nach Werten. Die Erhebungsergebnisse bilden dann die Grundlage für

- die Aufstellung eines großen Teiles der Volkswirtschaftlichen Gesamtrechnung,
- die Schätzung von Input–Output–Tabellen,
- vielfältige Branchenanalysen durch Wirtschaftsforschungsinstitute sowie Wirtschaftsverbände, Ministerien etc.,
- die Berechnung von Produktionsindizes (vgl. Abs. 6.3.1).

Da bei der Produktionsmessung hauptsächlich die physische Produktion in ihrer Höhe und Veränderung dargestellt werden soll, aufgrund der Inkommensurabilität der Güterarten (Stahl in t, Schnittholz in m^3, Zigaretten in *Stück* etc.) diese zum Zwecke der Aggregation über eine monetäre Bewertung erst addierbar gemacht werden müssen, muß man für den intertemporalen **mengenmäßigen** Produktionsvergleich aus den preisbewerteten Produktionsmengen die reinen Preisveränderungen wieder eliminieren. Dazu gibt es zwei Möglichkeiten:

- Man dividiert die in jeweiligen (= laufenden Preisen) bewertete Produktion durch einen passenden (= güterspezifischen) Preisindex, etwa durch den Index der Erzeugerpreise gewerblicher Produkte. Abb. 6.1 zeigt die **nominale** (in laufenden Preisen bewertete) und die **reale** (in Preisen von 1985 und von 1991 bewertete) **Produktion**. Auf solche Weise preisbereinigte Produktionswerte zeigen die Produktionsschwankungen im Konjunkturverlauf deutlicher als die Produktionswerte in jeweiligen Preisen.
- Man konstruiert einen **Mengenindex** (= Volumenindex), der **als Produktionsindex** die Veränderungsraten der mengenmäßigen Produktion direkt ausweist. Die zu diesem Zwecke angebotenen Indizes der Netto- und der Bruttoproduktion werden in Abs. 6.3.1 vorgestellt.

Beide Vorgehensweisen unterscheiden sich im Ergebnis.

<u>Abb. 6.1:</u> Produktionswerte im Bergbau und Verarbeitenden Gewerbe 1988/I bis 1994/III in jeweiligen Preisen und in Preisen von 1985 und von 1991 Gebietsstand: Früheres Bundesgebiet

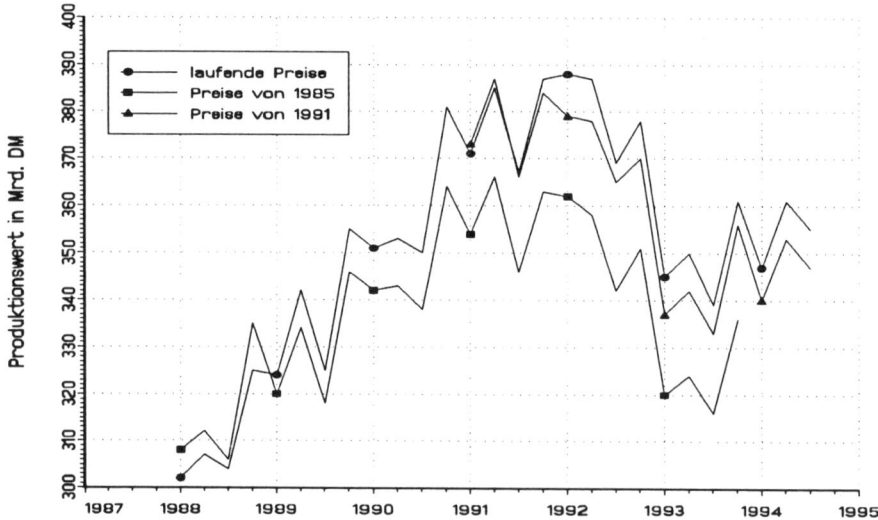

Quelle: Statistisches Bundesamt, Fachserie 4, Reihe 3.1 (1. Quartal 1992, p. 10; 1993, p. 9; 3. Quartal 1994, p. 9)

Zur Herleitung der hier, aber auch später in der Volkswirtschaftlichen Gesamtrechnung verwendeten **Produktionskonzepte** ist es zweckmäßig, das **Produktionskonto** eines typischen Produktionsunternehmens zu betrachten (Abb. 6.2). Mit Ausnahme des Kredit- und Versicherungsgewerbes tritt diese Form des Produktionskontos auch bei Unternehmen anderer Branchen (Handel, Verkehr, etc.) auf, wobei dann dort die eine oder andere Position vielleicht nicht vorkommt. Das Produktionskonto ist eine rein statistische Kategorie, keine wirtschaftliche, handels- oder steuerrechtliche; gleichwohl leitet es sich aus der betrieblichen Erfolgsrechnung ab. Letztere enthält eine Reihe von Positionen, die mit der laufenden Produktionstätigkeit des Unternehmens (Unternehmenszweck) nicht in unmittelbarem Zusammenhang stehen, nämlich die außerordentlichen und die betriebsfremden Erträge und Aufwendungen (etwa Gewinne/Verluste aus Wertpapieren, Beteiligungen, Veräußerungen von Gegenständen des Anlagevermögens). Durch deren Herausnahme entsteht das Produktionskonto. Es umfaßt nur diejenigen Erträge und Aufwendungen, die durch die Leistungserstellung unmittelbar entstehen.

Abb. 6.2: Produktionskonto eines Produktionsunternehmens

Aufwand (Input)		Ertrag (Output)	
1.	Verbrauch an Vorleistungen	A.	Wirtschaftlicher Umsatz
1.1	Materialverbrauch	B.	Bestandsveränderungen an un-
1.2	Einsatz von Handelsware		fertigen und fertigen Erzeugnis-
1.3	Vergebene Lohnarbeiten		sen aus eigener Produktion
1.4	Sonstige Vorleistungen	C.	Selbsterstellte Anlagen
1.4.1	Verbrauch industrieller und handwerklicher Dientleistungen		
1.4.2	Verbrauch nichtindustrieller und nichthandwerklicher Dienstleistungen		
2.	Abschreibungen auf Sachanlagen		
3.	Produktionssteuern abzgl. Subventionen		
4.	Faktorkosten		
4.1	Bruttolohn- und -gehaltssumme, Sozialkosten		
4.2	Zinsen, Nettomieten, Pachten		
4.3	Gewinne		
	Bruttoproduktionswert (Gesamtleistung)		Bruttoproduktionswert (Gesamtleistung)

In der Form der Abb. 6.2 unterscheidet sich dieses **mikroökonomische** Produktionskonto eines Unternehmens vom **makroökonomischen** Produktionskonto der Volkswirtschaftlichen Gesamtrechnung insbesondere dadurch, daß

1. die Vorleistungen (dort links stehend) und der Bruttoproduktionswert (dort rechts stehend) – in der VGR kurz als Produktionswert bezeichnet – in die einzelnen Bestandteile zerlegt sind,
2. die Bruttowertschöpfung (ein Teil der hiesigen linken Seite, vgl. weiter unten) ebenfalls in ihren Komponenten nachgewiesen wird, was in der VGR erst auf dem Einkommensentstehungs- und auf dem Einkommensverteilungskonto erfolgt.

Zum Produktionskonto der Abb. 6.2 ist generell zu bemerken, daß die **Umsatz**(= Mehrwert)**steuer** nach dem **Nettosystem** gebucht sein soll, d.h. der wirtschaftliche Umsatz wird ohne in Rechnung gestellte Umsatzsteuer ausgewiesen, die Vorleistungen sind ohne abzugsfähige Umsatzsteuer und die Produktionssteuern ohne geschuldete Umsatzsteuer zu verstehen. Speziell ist zu den einzelnen Positionen anzumerken:

A. Wirtschaftlicher Umsatz umfaßt: Umsatz aus eigenen Erzeugnissen und aus gewissen industriellen sowie handwerklichen Dienstleistungen (Montage, Wartung, Reparatur), Umsatz aus Handelsware, Umsatz aus sonstigen nichtindustriellen sowie nichthandwerklichen Tätigkeiten (Lieferkosten).

B. Bestandsveränderungen an unfertigen und fertigen Erzeugnissen aus eigener Produktion: Hier geht es um die Veränderungen bei den Outputvorräten, die i.d.R. nur am Rechnungsjahresende, aber nicht unterjährig nachgewiesen werden. Die Bewertung erfolgt zu Buchwerten.

C. Selbsterstellte Anlagen: Dieser Posten schließt auch Gebäude ein sowie selbst durchgeführte Reparaturen, soweit sie aktiviert sind. Auch hier handelt es sich um Werte, die während der Periode erwirtschaftet wurden und dieser Periode als Erträge zuzurechnen sind.

1. **Verbrauch an Vorleistungen:** Die Bewertung erfolgt zu Einstandspreisen, also inkl. aller Beschaffungskosten (Fracht, Verpackung, Einfuhrabgaben), aber ohne Umsatzrückvergütungen (Rabatte, Skonti). Bei den sonstigen Vorleistungen (Position 1.4) ist zu unterscheiden zwischen:

   • **industriellen und handwerklichen Dienstleistungen** (Reparaturen, Instandhaltung, Montage) von außerhalb des Unternehmens,

   • **nichtindustriellen und nichthandwerklichen Dienstleistungen,** die durch Provisionen, Postgebühren, Bankspesen, Versicherungsprämien, Beratungshonorare, Verbandsbeiträge o.ä. abgegolten werden.

2. **Abschreibungen:** Hier werden – im Gegensatz zu den Abschreibungen der Volkswirtschaftlichen Gesamtrechnung – die **steuerlichen** Abschreibungen angesetzt, da im Rechnungswesen eines Unternehmens häufig nur diese zu finden sind.

3. **Produktionssteuern abzgl. Subventionen:** Es handelt sich um die Produktionssteuern auf die eigenen, abgesetzten Erzeugnisse (Produktionssteuern auf Vorleistungen sind bereits im Einstandswert der Vorleistungen enthalten), die um die vom Staat empfangenen Subventionen verkürzt sind. Zu den Produktionssteuern i.S. des Produktionskontos zählen Gewerbe-, Kapitalverkehrs-, Versicherungssteuer und die Verbrauchssteuern und Abgaben (etwa Tabaksteuer, Sektsteuer, Branntweinmonopolabgabe etc.).

4. **Faktorkosten:** Hiermit sind die Kosten gemeint, die im Produktionsprozeß durch den Einsatz eigener und fremder Produktionsfaktoren Arbeit, Boden und Kapital entstehen.

4.1 Bruttolohn- und -gehaltssummme umfaßt die Löhne und Gehälter vor Abzug der Lohnsteuer und der Sozialversicherungsbeiträge der Arbeitnehmer. Der Posten enthält auch alle Zulagen und Zuschläge, Jahressonderzuwendungen, Prämien u.ä. Die **Sozialkosten** umfassen im wesentlichen die Arbeitgeberbeiträge zur Sozialversicherung, ferner Aufwendungen für die betriebliche Altersversorgung, Beiträge zur Aus- und Fortbildung, Geldzuweisungen an Belegschaftseinrichtungen.[4]

4.2 Zinsen, Nettomieten, Pachten: Dies sind Zinsen auf **Fremdkapital** ohne Bankspesen (die zu den sonstigen Vorleistungen zählen) und die Mieten/Pachten für betrieblich genutzte **fremde Grundstücke und Gebäude** ohne Entgelt für Nebenleistungen wie Heizung, Beleuchtung, Müllabfuhr. (Letztere gehören ebenfalls zu den Vorleistungen.)

4.3 Gewinn: Das ist der Saldo von Ertrag und Aufwendungen. Mit ihm werden der Arbeitseinsatz der im Unternehmen tätigen Inhaber und ggf. der mithelfenden Familienangehörigen, der Einsatz von Eigenkapital und von eigenen Grundstücken und Gebäuden abgegolten. Eine Aufspaltung dieses Saldos und die Zurechnung zu den drei Produktionsfaktoren ist rein statistisch und aufgrund von Beobachtungen nicht möglich.

Der wirtschaftliche Umsatz (A) oder auch der Bruttoproduktionswert (A+B+C) eines Unternehmens sind Maßzahlen für seine ökonomische Leistung, jedoch werden sie in erheblichem Maße durch die Höhe der Vorleistungen bestimmt, deren Anteil umso größer ist, je weiter „hinten" in der Kette der arbeitsteiligen volkswirtschaftlichen Produktion das Unternehmen steht. Es liegt also nahe, **Nettoleistungsgrößen** zu definieren, die frei von Vorleistungen anderer Unternehmen, anderer Wirtschaftszweige oder anderer Perioden sind. Das geschieht im Rahmen einer **Staffelrechnung,** die zu verschiedenen Nettogrößen führt.

Die Aufstellung des Produktionskontos in der Form von Abb. 6.2 und die daraus abgeleitete Staffelrechnung unterliegen Einschränkungen.

1. Es gibt Probleme bei der Aufstellung für Betriebe sowie für fachliche Unternehmens- oder Betriebsteile. Hier müssen in den statistischen Ämtern Umrechnungen des Unternehmenskontos erfolgen, da das Rechnungswesen eines Unternehmens die von der Statistik in der regionalen und/ oder fachlichen Aufteilung benötigten Informationen selten aufweist.

---

[4] 1994 verzeichneten das Banken- und das Versicherungsgewerbe die höchsten Personalzusatzkosten mit 98% bzw. 94% des Direktentgelts für einen Mitarbeiter. Etwa ein Drittel der Personalzusatzkosten sind gesetzlich bedingt (Sozialversicherungsbeiträge der Arbeitgeber, bezahlte Feiertage und sonstige Ausfallzeiten, Entgeltfortzahlung im Krankheitsfall, Versicherung gegen Betriebsunfälle und Berufskrankheiten, Mutterschutz), die anderen zwei Drittel sind tariflich oder betrieblich bedingt (Urlaub und Urlaubsgeld, Sonderzahlungen [Gratifikationen, 13. Monatsgehalt], betriebliche Altersversorgung, Vermögensbildung etc.).

2. Es gibt Probleme bei der Aufstellung unterjähriger Produktionskonten, da viele Positionen in der Unternehmensrechnung nur als Jahreswerte anfallen. Das betrifft insbesondere die meisten Abzugsposten in der Staffelrechnung unterhalb des Nettoproduktionswertes. So gibt es monatliche Indikatoren in Indexform nur für die Bruttowertschöpfung und für den Census Value Added.

Bruttoproduktionswert

− Materialverbrauch

− Einsatz von Handelswaren

− Vergebene Lohnarbeiten

= **Nettoproduktionswert** (Value Added)

− Kosten für industrielle und handwerkliche Dienstleistungen

= **Census Value Added** (Keine deutsche Übersetzung existent)

− Kosten für nichtindustrielle und nichthandwerkliche Dienstleistungen

− Mieten, Pachten und Zinsen

= **Bruttowertschöpfung zu Marktpreisen**

− Abschreibungen

= **Nettowertschöpfung zu Marktpreisen**

− Produktionssteuern abzgl. Subventionen

= **Nettowertschöpfung zu Faktorkosten**

Die Tab. 6.2 zeigt die Bruttoproduktionswerte 1992 im Produzierenden Gewerbe und seinen wesentlichen Teilbereichen sowie Anteile am Bruttoproduktionswert für ausgewählte Positionen des Produktionskontos und der Staffelrechnung.

Das Produzierende Gewerbe ist längst nicht mehr ein reiner sekundärer Sektor, sondern gehört bzgl. seiner Leistungserstellung z.T. in den tertiären Sektor, denn Unternehmen des Produzierenden Gewerbes treten in den letzten Jahren immer häufiger als Anbieter von bestimmten Dienstleistungen auf, die in engem Zusammenhang mit der Warenproduktion stehen. Es handelt sich dabei etwa um Forschung und Entwicklung, Engineering, Erstellung von Software, Leasing, Montagen und Demontagen, Reparaturen und Wartung. Diese

Tab. 6.2: Bruttoproduktionswerte 1992 im Produzierenden Gewerbe und Anteile ausgewählter Positionen
Gebietsstand: Früheres Bundesgebiet

| Wirtschaftsbereich | Brutto-prod.-wert Mio. DM | Netto-prod.-wert | Anteile (v.H.) am Bruttoproduktionswert | | | | | | |
| | | | Nettowert-schöpfung zu Faktor-kosten | Personal-kosten | Material-verbrauch | Einsatz von Han-delsware | Mieten und Pachten | Fremd-kapital-zinsen | Abschrei-bungen auf Sachanlagen |
(1)	(2)	(3)	(4)	(5)	(6)	(7)	(8)	(9)	(10)
Elektrizitäts-, Gas-, Fernwärme-, Wasserversorgung	174.127	44,2	19,2	14,9	11,7	44,2	1,4	1,8	9,7
Bergbau	29.939	65,7	42,2	43,6	26,7	5,6	0,8	1,1	6,2
Verarbeitendes Gewerbe insg.	1.965.574	48,6	28,7	26,1	38,7	10,2	1,6	1,4	4,0
darunter:									
Grundstoffe/Produktionsgüter	499.600	48,6	23,0	21,4	35,1	14,2	1,1	1,4	4,3
Investitionsgüter	961.553	49,4	33,3	31,0	38,5	9,5	1,6	1,4	4,1
Verbrauchsgüter	272.269	51,5	32,9	28,3	38,7	6,1	2,0	1,7	4,1
Nahrungs- und Genußmittel	232.153	42,5	17,0	13,4	47,3	9,8	1,7	1,1	3,0
Baugewerbe insg.	185.061	54,0	42,0	35,6	25,8	1,3	2,2	1,0	2,7
darunter:									
Bauhauptgewerbe	143.872	53,7	41,3	35,5	23,2	0,6	2,4	1,0	3,0
Ausbaugewerbe	41.189	55,0	44,6	35,9	34,8	3,6	1,7	1,0	1,6

Quelle: Statistisches Jahrbuch 1994, p. 207, 209

Dienstleistungen wurden z.T. zwar auch schon bisher von Unternehmen des
Produzierenden Gewerbes erbracht, waren aber i.d.R. lediglich Vorleistungen
für die eigene Warenproduktion. Im Zuge des allgemeinen Strukturwandels hat
sich jedoch die Unternehmenspolitik im Produzierenden Gewerbe zumindest in
Teilbereichen geändert. Neben der traditionellen Warenproduktion verkaufen
die Unternehmen des sekundären Sektors zunehmend auch Dienstleistungen.
Diese werden allerdings bisher nur dann in der Produktionsstatistik nachgewiesen, wenn es sich um Dienstleistungen handelt, für die im Güterverzeichnis
des Produzierenden Gewerbes eigene Meldenummern vorgesehen sind (etwa
Reparaturen und Montagen), ansonsten entziehen sie sich gegenwärtig der Erfassung durch die Produktionsstatistik. Hier ist dringend Abhilfe zu schaffen.
Die Deutsche Statistische Gesellschaft hat sich auf ihrer Jahrestagung 1986 mit
diesem Problem wissenschaftlich auseinandergesetzt (vgl. Allgemeines Statistisches Archiv 1987, Bd. 71, p. 1 – 84), und das Statistische Bundesamt hat
später im Rahmen der nach § 6 Bundesstatistikgesetz möglichen Erhebungen
kleinen Umfangs erste empirische Untersuchungen in diese Richtung angestellt.

6.2   Erhebungssystem

Das amtliche Erhebungssystem im Produzierenden Gewerbe arbeitet flächen-
deckend und liefert **harte Daten** im Sinne der Positionen des Produktionskontos der Abb. 6.2. Das nicht–amtliche Erhebungssystem des Münchener IFO–
Instituts liefert hingegen **weiche Daten** in Form von Meinungen, Tendenzen
und Erwartungen der Unternehmensleitung und geht dabei in den erfaßten
Wirtschaftsbereichen über das Produzierende Gewerbe hinaus.

6.2.1   Amtliche Statistik

Das amtliche Erhebungssystem besteht – zum Leidwesen der deutschen Industrie und des deutschen Handwerks, denen diese Erhebungen eine Menge un-
vergütete Arbeit bereiten[5] – aus einer Vielzahl von Erhebungen mit recht unterschiedlicher Periodizität. Zur Steuerung der Erhebungsabläufe sowie als Hilfe
bei der Aufbereitung und Auswertung und nicht zuletzt als Auswahlgrundlage
und Hochrechnungsrahmen für die Stichproben dient die durch Gesetz angeordnete **Kartei der Unternehmen und Betriebe im Produzierenden
Gewerbe**. Diese Kartei in Form einer EDV–Datei enthält für jede Einheit
neben den **Hilfsmerkmalen** (Name, Anschrift, Telefon etc.) auch sog. **Ord-
nungsmerkmale**, nämlich eine Identitätsnummer und den Wirtschaftszweig.
Zu entnehmen ist auch, ob

- Unternehmen und Betriebe sich decken (Einbetriebsunternehmen),
- zu einem Unternehmen mehrere Betriebe gehören (Mehrbetriebsunternehmen),
- ein Betrieb zu einem Mehrbetriebsunternehmen gehört und ggf. zu welchem.

Die Kartei umfaßt ca. 30.000 Unternehmen und 90.000 Betriebe.

Das Erhebungssystem im Produzierenden Gewerbe ist kompliziert wegen

- der großen Anzahl von Erhebungen,
- der unterschiedlichen Periodizität,
- der verschiedenen Methoden (Vollerhebung, bewußte Teilauswahl nach
  dem Cut–off–Prinzip, echte Stichproben),
- den unterschiedlichen Adressatenkreisen (Unternehmen, Betriebe, Arbeitsstätten, fachliche Unternehmensteile),
- den verschiedenen rechtlichen Zuständigkeiten (zentrale Bundesstatistik,
  normale Bundesstatistik).

---

[5] Ein Unternehmen des Produzierenden Gewerbes muß mit bis zu 29 Erhebungen pro Jahr
rechnen.

Die zusammenfassende Übersicht der Tab. 6.3 geht auf einige dieser Aspekte ein. Bezüglich des inhaltlichen Teils der Erhebungen ist die Bundesstatistik allerdings – unter Berücksichtigung gewisser Besonderheiten in einzelnen Wirtschaftsbereichen – bemüht, einheitlich und modular vorzugehen.

Im Bereich der **kurzfristigen Erhebungen** sind zu nennen:

- der **Monatsbericht**, der Informationen über Beschäftigte, geleistete Arbeitsstunden, Bruttolohn- und -gehaltssumme, Umsatz und Auftragseingänge liefert,
- der monatliche **Produktionseilbericht** mit dem Nachweis der Produktion nach Güterarten (Mengen und Werte),
- der **monatliche Bericht über Energie** (Bestand und Verbrauch an Brennstoffen; öffentliche Gas- und Energieversorgung; Bezug, Verbrauch und Abgabe von Elektrizität),
- die **vierteljährliche Produktionserhebung** mit einem gegenüber dem Produktionseilbericht detaillierteren Programm,
- die **vierteljährliche Handwerksberichterstattung** für jene Handwerksbetriebe, die nicht schon in den vorstehenden Erhebungen erfaßt worden sind.

Tab. 6.3: Erhebungssystem im Produzierenden Gewerbe

Erhebung	Energie- und Wasserversorg.	Bergbau und verarbeitendes Gewerbe	Baugewerbe
Monatsbericht	B	B	B
Produktionseilbericht (monatl.)		B	
Monatl. Bericht über Energie	U		
Viertelj. Produktionserhebung		B	B
Viertelj. Handwerksberichterstatt.		U	U
Kostenstrukturerhebung (jährl.)	U, U*	U, U*	U, U*
Unternehmens- und Investitionserhebung (jährl.)	U, U*, B	U, B	U
Erhebung für Kleinbetriebe (jährl.)		U	U
Erhebungen über besonders abgegrenzte Berichtskreise	U, B		
Arbeitsstättenzählung 1985	A	A	A
Zensus (alle 4 – 6 Jahre)	U	U	U
Material- und Wareneingangserhebung (alle 4 Jahre)		U	U
Handwerkszählung (unregelm.)		U	U
Fachstatistiken (jährl. und mehrj.)		U	U

U	– für Unternehmen	U*	– für fachliche Unternehmensteile
B	– für Betriebe	A	– für Arbeitsstätten

Die kurzfristigen Erhebungen, die vornehmlich mit dem Betrieb als Erhebungseinheit arbeiten, dienen insbesondere der Beobachtung der konjunkturellen Entwicklung, sowohl im größeren Zusammenhang der Gesamtwirtschaft als auch in den einzelnen Produktionszweigen. So werden als Indikatoren für die Nachfrage Indizes des Auftragseinganges und (allerdings nur bis 1986) des Auftragsbestandes berechnet. Die Produktionsindizes, die eine Darstellung der Entwicklung der preisbereinigten Wertschöpfung ermöglichen, basieren alle auf dem kurzfristigen Erhebungssystem. Wegen der kurzen Berichtstermine teilen die Unternehmen oft zunächst nur Schätzungen oder vorläufige Monatsergebnisse mit; die später nachgereichten endgültigen Daten führen dann in den statistischen Ämtern zu Revisionen der Indexwerte. Für die Ermittlung der Wägungsschemata dieser Indizes werden jedoch die Ergebnisse der längerfristigen und detaillierteren Strukturerhebungen benötigt (vgl. Abs. 5.2.1). Produktionsindizes werden auch für Schätzungen in der Volkswirtschaftlichen Gesamtrechnung gebraucht. Neben der ebenfalls auf Kurzfristdaten beruhenden Produktivitätsmessung gibt es viele weitere Verwendungszwecke. Die Erfassung von Energiedaten ist für die Planung und Sicherung der künftigen Energieversorgung erforderlich. Der vierteljährliche Nachweis der gesamten Produktion dient handelspolitischen Zwecken (Zollpolitik, Handelsvertragsverhandlungen) und liefert in Verbindung mit der Außenhandelsstatistik (vgl. Kap. 10) der Wirtschaft wichtige Unterlagen für die Produktionspolitik und die Marktbeobachtung. Außerdem wird die vierteljährliche Produktionserhebung für Zwecke der Input–Output–Rechnung genutzt.

Im Bereich der **jährlichen Erhebungen** sind zu nennen:

- **Kostenstrukturerhebung** zur Erstellung vornehmlich der Aufwandsseite des Produktionskontos,

- **Unternehmens- und Investitionserhebung** mit Erfassung der Investitionen, Lagerbestände, Aufwendungen für gemietete und gepachtete Anlagegüter,

- **Erhebung für Kleinbetriebe**, die unterhalb der Cut–off–Grenze liegen und daher im Monatsbericht nicht auftreten,

- **Erhebungen für besonders abgegrenzte Berichtskreise**, etwa nicht–öffentliche Gasversorgung, Anlagen zur Erzeugung von Elektrizität.

Von den Jahresstatistiken haben die Investitionserhebungen Bedeutung für die Wachstumspolitik und die regionale Wirtschaftspolitik. Außer den investierten Sachanlagen wird der Bilanzwert der Lagerbestände am Jahresanfang und Jahresende als wichtiger gesamtwirtschaftlicher Indikator erfaßt, insbesondere für die Beurteilung der Wachstumsentwicklung; in der Volkswirtschaftlichen Gesamtrechnung dienen sie zur Schätzung der Vorratsveränderungen in der gesamten Volkswirtschaft. Investitions- und Kostenstrukturerhebungen tragen auch internationalen und vor allem von der EU gestellten Anforderungen Rechnung; sie zielen damit auf internationale Struktur- und Leistungsvergleiche ab.

Auch die Wirtschaft selbst und die Wirtschaftsberatung nutzen die Daten der Kostenstrukturerhebungen für Branchenvergleiche.

Im Bereich der **mehrjährigen Erhebungen** sind zu nennen:

- die **Arbeitsstättenzählung** (i.V.m. der Volkszählung) als Rahmenerhebung,

- der **Zensus im Produzierenden Gewerbe** (1967, 1979, 1985 und dann alle sechs Jahre),

- die **Material- und Wareneingangserhebung** im Bergbau und Verarbeitenden Gewerbe (1967, 1978, 1982 und dann alle vier Jahre),

- die **Handwerkszählung**, über das Produzierende Gewerbe hinausgehend (1949, 1956, 1963, 1968, 1977).

Mittel- und langfristige Veränderungen der Struktur und Verflechtungen zwischen und innerhalb der Branchen werden vor allem durch die Erhebungen im mehrjährigen Abstand sichtbar gemacht. Diese Information hat Bedeutung für die Strukturberichterstattung und die Strukturpolitik. Die Messung von Entwicklungen, etwa Konzentrationstendenzen, liefert Ausgangsmaterial für die Wettbewerbspolitik. Regional gegliederte Daten für Länder und kleinere regionale Einheiten sind notwendige Unterlagen für die regionale Wirtschaftspolitik und Raumordnung. Die Ergebnisse aus den mehrjährigen Statistiken dienen als Basisdaten der Fortschreibung repräsentativ erhobener Angaben und liefern ferner die Gewichtssysteme für die Aufstellung der Indizes.

Bei den – unterjährig und jährlich – erhobenen **Fachstatistiken** für einzelne Zweige des Produzierenden Gewerbes handelt es sich um die Eisen- und Stahlstatistik, die Düngemittel-, die Holz-, die Mineralöl- und die NE–Metallstatistik. Sie sollen die besondere Lage einzelner, für die Gesamtwirtschaft wichtiger Wirtschaftszweige und Produkte umfassender und genauer als die übrigen Statistiken erheben; z.T. erfüllen sie internationale Verpflichtungen der Bundesrepublik.

6.2.2 Nicht–amtliche Statistik

Die Verbände der im Produzierenden Gewerbe zusammengefaßten Wirtschaftsbereiche liefern ebenfalls Statistiken ihrer Unternehmen mit z.T. ähnlichem Inhalt wie die amtliche Statistik. All diese quantitativ abgesicherten Daten kommen für die schnelle, zeitnahe Konjunkturanalyse oft zu spät, weshalb Tendenzbefragungen durch nicht–amtliche Institute einige Bedeutung haben. Am bekanntesten und am ältesten sind die Umfragen des Münchener IFO–Instituts: der **IFO–Konjunkturtest** (seit 1950), der **IFO–Investitionstest** (seit 1955) und die **Prognose 100** (seit 1970), vgl. Aufgabe 2.1.

Die Idee dieser Umfragen (10.000 – 12.000 Unternehmen beim Konjunktur- und Investitionstest, ca. 400 Unternehmen bei der Prognose 100) ist es, **schnell** und **leicht** (ohne Rückgriff auf Unterlagen des betrieblichen Rechnungswesens) und durch leitende Mitarbeiter zu beantwortende Fragen grobe Informationen in Form von Tendenzen zu erhalten. Man fragt nach Urteilen über die Geschäftslage, Einschätzungen der Auftrags- und Lagerbestände, Plänen und Erwartungen im Konjunkturtest sowie noch speziell nach Investitionen im Investitionstest. Kennzeichnend ist, daß auf jede Frage nur eine von drei Antwortmöglichkeiten anzukreuzen ist (steigend/konstant/fallend; besser/gleich/ schlechter o.ä.). Die Häufigkeiten der drei Antwortkategorien werden dann zu Indikatoren verdichtet. Etwas detaillierter in den Antwortmöglichkeiten, aber immer noch „weiche" Daten liefernd, ist die Prognose 100 (Vorjahreswert = 100), bei der mit einem Zeithorizont von fünf Jahren die Plangrößen von Beschäftigung, Umsatz (getrennt nach In- und Ausland) und Anlageinvestitionen erfaßt werden. Bei allen drei Umfragen werden Branchenergebnisse ermittelt, die über den Bereich des Produzierenden Gewerbes hinausgehen. Die methodischen Grundlagen dieser Art von Umfragen, die es inzwischen auch in anderen Staaten gibt, findet man dargestellt bei STRIGEL (1964, 1979) und OPPENLÄNDER/POSER (1989). Über die Nutzung von Daten aus Konjunkturumfragen für die Wirtschaftsanalyse berichten OPPENLÄNDER/POSER/NERB (1992).

6.3 Auswertungsmethoden und Ergebnisse

Von den vielen Auswertungen der amtlichen Daten über das Produzierende Gewerbe werden nur jene vorgestellt, die sich mit Indizes befassen. Es interessieren hier also nicht die Mengen und Werte der diversen hergestellten Produkte, die man natürlich in den amtlichen Publikationen ausgewiesen findet.

6.3.1 Produktionsindizes

Aufgabe von Produktionsindizes ist eine von Preis- und Strukturveränderungen bereinigte Darstellung der zeitlichen Entwicklung (Veränderung) von Leistungsgrößen im Produzierenden Gewerbe.[6] Hierzu benötigt man einen **Mengenindex**. Die amtliche Statistik verwendet einen Laspeyres–Mengenindex. Dieser hat die grundsätzliche Bauart:

$$Q_{0,t}^{L} = \frac{\sum\limits_{i=1}^{m} q_{it} \cdot p_{i0}}{\sum\limits_{i=1}^{m} q_{i0} \cdot p_{i0}} \cdot 100 \qquad (6.1\ a)$$

$$= \sum_{i=1}^{m} \frac{q_{it}}{q_{i0}} \cdot g_i \cdot 100 \qquad (6.1\ b)$$

$$\text{mit } g_i = q_{i0} \cdot p_{i0} \bigg/ \sum_{j=1}^{m} q_{j0} \cdot p_{j0} . \qquad (6.1\ c)$$

Es bedeuten:

0 – (feste) Basisperiode,

t – laufende Berichtsperiode,

i – Nummer der Güterart,

p_{i0} – Preis der Güterart i in der Basisperiode 0,

p_{it} – Preis der Güterart i in der Berichtsperiode t,

q_{i0} – Menge der Güterart i in der Basisperiode 0,

q_{it} – Menge der Güterart i in der Berichtsperiode t,

g_i – Anteil der Güterart i am Wert aller Güter in der Basisperiode 0.

In dieser reinen, akademischen Form ist der Mengenindex als Produktionsindex nicht anwendbar.

---

[6] Im Zuge der z.Z. laufenden Umstellung der Indizes vom Basisjahr 1985 auf 1991 erfährt das Programm der Produktionsindizes starke Veränderungen. Bruttoproduktionsindizes gibt es künftig nicht mehr. Für die Rückrechnung (Umbasierung) der bisherigen Nettoproduktionsindizes benötigt man spezielle Umsteigefaktoren, da ab 1995 eine neue Wirtschaftszweigsystematik statt der alten SYPRO gilt. Produktionsindizes mit der Darstellungseinheit „Unternehmen" gibt es für das Basisjahr 1991 nicht mehr, sondern nur noch solche für „fachliche Unternehmensteile". Methodisch gesehen ist der neue Index eine Mischung aus Paasche- und Laspeyres-Typ. Einzelheiten findet man bei BALD–HERBEL/HERBEL, 1995.

Das Statistische Bundesamt berechnet zwei Arten von Produktionsindizes:

- Bruttoproduktionsindizes,
- Nettoproduktionsindizes.

Zwischen beiden gibt es fundamentale Unterschiede. Am wenigsten problematisch, am wenigsten differenziert und auch vergleichsweise weniger verwendet ist die Gruppe der Bruttoproduktionsindizes.

Bruttoproduktionsindizes, die monatlich und jährlich berechnet werden, sind nicht von den Vorleistungen und damit von Doppelzählungen befreit. Sie arbeiten also mit den **Bruttoproduktionswerten**, d.h. unter $q_{i0} \cdot p_{i0}$ in (6.1) hat man sich einen Bruttoproduktionswert vorzustellen. Es gibt je einen Bruttoproduktionsindex für **Investitionsgüter** und für **Verbrauchsgüter** mit jeweils Subindizes für diverse Güterarten (126 bei den Investitionsgütern, 151 bei den Verbrauchsgütern). Unter dem Laufindex i in (6.1) sind die Nummern von Güterarten zu verstehen. Bruttoproduktionsindizes dienen weniger der Konjunkturanalyse (Das ist Hauptaufgabe der Nettoproduktionsindizes.), sondern vielmehr der Aufstellung von Input–Output–Tabellen. Sie sollen die zeitliche Entwicklung des mengenmäßigen Ausstoßes bestimmter Waren nach ihrem vermutlichen und überwiegenden Verwendungszweck zeigen. Investitionsgüter sind in diesem Kontext solche, die überwiegend von Unternehmen als Anlagegüter (ohne Güter für Bauinvestitionen) gekauft werden. Verbrauchsgüter sind in diesem Zusammenhang solche, die überwiegend von Privaten Haushalten gekauft werden (ohne Nahrungs- und Genußmittel), auch wenn sie eine längere Nutzungsdauer als ein Jahr haben. Die Zuordnung der produzierten Personen- und Kombikraftwagen erfolgt nicht zu nur einem der beiden Indizes, wie es bei den anderen Gütern nach der Hauptkäufergruppe geschieht, sondern hier nimmt man eine Aufteilung nach der Zulassungsstatistik des Kraftfahrt–Bundesamtes vor. Unter den q_{it} bzw. q_{i0} hat man sich die (monatlichen oder jährlichen) Ausstoßmengen von häufig repräsentativen Gütern der i–ten Güterart vorzustellen, gelegentlich – etwa bei der Gruppe der Großanlagen – auch den preisbereinigten Umsatz. Die beiden Bruttoproduktionsindizes messen nicht die Veränderungen des inländischen Verbrauchs- bzw. Investitionsvolumens, denn dazu müßten die Im- und Exporte ebenso berücksichtigt werden wie Verbrauchs- und Investitionskomponenten, die von Unternehmen außerhalb des Produzierenden Gewerbes stammen, wie auch die zeitlichen Verwerfungen zwischen Produktion und Verbrauch/Investition. Abb. 6.3 zeigt den Verlauf der beiden Gesamtbruttoproduktionsindizes zwischen 1982 und 1993 zusammen mit dem des Index der Nettoproduktion.

Nettoproduktionsindizes – monatlich, vierteljährlich und jährlich aufgestellt – sollen die mengenmäßige Veränderung der **Nettoproduktionsleistung** im Produzierenden Gewerbe und seinen Teilsektoren zeigen. Doppelzählungen, die aus den eingesetzten Vorleistungen anderer Unternehmen resultieren, müssen ausgeschlossen werden. Unter den $q_{i0} \cdot p_{i0}$ in (6.1) hat man also

Tab. 6.4: Gewichte und Indexstand 1993 des Index der Nettoproduktion für das Produzierende Gewerbe (1985 = 100) mit Unternehmen bzw. mit fachlichem
Unternehmensteil als Darstellungseinheit

Wirtschaftsgliederung	Unternehmen		Fachl. Untern.teil	
	Gewichte	Indexstand 1993	Gewichte	Indexstand 1993
Produzierendes Gewerbe insg.	100	113,0	100	111,6
Elektrizitäts- und Gasversorgung	7,39	113,5	6,37	114,3
Bergbau	2,35	69,4	2,87	71,1
Verarbeitendes Gewerbe	82,92	123,3	84,69	111,2
Grundstoff- u. Produktionsgütergew.	(21,10)	111,1	(22,78)	109,9
Investitionsgüter produz. Gewerbe	(40,75)	108,8	(41,55)	108,4
Verbrauchsgüter produz. Gewerbe	(12,13)	113,7	(12,19)	113,3
Nahrungs- und Genußmittelgewerbe	(8,94)	129,2	(8,17)	125,7
Bauhauptgewerbe	7,34	135,0	6,07	133,2

Quelle: Statistisches Jahrbuch 1994, p. 224 - 225

eine der Nettogrößen aus der Staffelrechnung zu verstehen. Verwendet wird
die Bruttowertschöpfung zu Marktpreisen in einem Fall (vgl. unten) und der
Census Value Added im anderen Fall. Der Nettoproduktionsindex wird – im
Gegensatz zum Bruttoproduktionsindex – nicht für Gütergruppen, sondern für
Wirtschaftszweige aufgestellt, einmal für Wirtschaftszweige als Gesamtheiten gleichartiger **fachlicher Unternehmensteile** (funktionelle Abgrenzung),
zum anderen für Wirtschaftszweige als Gesamtheiten von **Unternehmen** mit
gleichem wirtschaftlichen Schwerpunkt (institutionelle Abgrenzung). Der Laufindex i in (6.1) steht also für die Nummer eines Wirtschaftszweiges. Wie die
Tab. 6.4 zeigt, unterscheiden sich je nach gewählter Darstellungseinheit (fachlicher Unternehmensteil oder Unternehmen) die Gewichtung, g_i laut (6.1c),
voneinander, aber auch die Indexwerte.

Die monatliche, mengenbedingte Veränderung der Nettoleistung von Wirtschaftszweigen zu messen, führt zu zwei Problemen, die eine unmittelbare Anwendung der Formel (6.1) ausschließen (v. D. LIPPE, a.a.O., p. 260):

1. Die darzustellende Leistungsgröße ist nicht monatlich verfügbar, so daß
   man auf geeignete Ersatz- oder Hilfsreihen zurückgreifen muß. Diese
   müssen sich parallel zur Nettoleistung entwickeln.

2. Es müssen Daten, die nach Warenarten gegliedert sind, zu Reihen für
   Wirtschaftszweige aggregiert werden.

Als Hilfsreihen verwendet das Statistische Bundesamt:

• **Produktionsausstoßmengen** (aus dem monatlichen Produktionseilbericht), etwa im Bergbau, im Grundstoff- und Produktionsgütergewerbe
  sowie im Ernährungsgewerbe;

- **Bruttoproduktionswerte** (ebenfalls aus dem monatlichen Produktionseilbericht), die preisbereinigt werden, etwa in der elektrotechnischen Industrie;
- **Umsätze** (aus dem Monatsbericht), die ebenfalls preisbereinigt werden, etwa in der Verbrauchsgüterindustrie;
- **geleistete Arbeitsstunden** (aus dem Monatsbericht) in Branchen mit langer Fertigungszeit (Schiff-, Hoch- und Tiefbau).

Aus jeder Hilfsgröße wird eine Meßzahl des zeitlichen Vergleichs gebildet (Basis z.Z. 1985). Die Hilfsgrößen sind i.d.R. Warenarten zugeordnet. Für jeden Wirtschaftszweig i wird statt der Mengenmeßzahl q_{it}/q_{i0} in (6.1) ein Produktionsindex $Q_{0,t}^i$ wie folgt gebildet:

- Jedem Zweig werden eine oder mehrere der aus den Hilfsgrößen berechneten Meßzahlen zugeordnet, nämlich jene, die für die von diesem Zweig repräsentierten Güter stehen.
- Die Meßzahlen eines Zweiges werden zu dessen Produktionsindex $Q_{0,t}^i$ verschmolzen, indem man sie mit dem Anteil am Bruttoproduktionswert gewichtet, den die repräsentierte Warenart 1985 hatte.[7]

Der Index der Nettoproduktion ergibt sich dann statt aus (6.1b) nach der Formel

$$Q_{0,t}^L = \sum_{i=1}^m Q_{0,t}^i \cdot g_i \,. \tag{6.2}$$

Unter g_i hat man sich derzeit vorzustellen:

- beim Index mit fachlichen Unternehmensteilen als Darstellungseinheit den Census–Value–Added–Anteil 1985,
- beim Index mit Unternehmen als Darstellungseinheit den Bruttowertschöpfungsanteil 1985.

Die vorstehend behandelten Produktionsindizes werden in zwei Varianten berechnet und ausgewiesen:

- als **kalendermonatliche Originalwerte**,
- als **arbeitstäglich bereinigte** Indizes.

Man darf a priori davon ausgehen, daß das monatliche Produktionsvolumen von der Anzahl der Arbeitstage abhängt, und diese variiert von Monat zu Monat, weil die Monate zum einen unterschiedlich viele Tage umfassen (28, 29, 30, 31 Tage) und verschiedene Strukturen (Wochenende, Feiertage) besitzen. Diese **Kalenderunregelmäßigkeiten** kann man auf unterschiedliche Weise **ausschalten**:

1. Eine sehr grobe Methode besteht darin, das monatliche Produktionsergebnis durch die Anzahl der effektiv in diesem Monat gearbeiteten Tage zu dividieren und den Quotienten mit z.B. 22 als Länge eines Standardmonats zu multiplizieren.

---

[7]Auf diese Weise gelangen in den Nettoproduktionsindex Elemente der Bruttorechnung.

2. Eine differenzierte Methode arbeitet mit Verfahren der Zeitreihenanalyse und schätzt explizit die in der monatlichen Produktionsreihe enthaltene Kalenderkomponente. Häufig wird dabei nicht nur die Anzahl der
Arbeitstage generell berücksichtigt, sondern auch die Anzahl der Montage, Dienstage etc. im betreffenden Monat. Auch **Brückentage**, d.h.
solche Arbeitstage, die zwischen zwei freien Tagen liegen, werden gesondert berücksichtigt.

<u>Abb. 6.3:</u> Bruttoproduktionsindex für Investitionsgüter und für Verbrauchsgüter
sowie Index der Nettoproduktion (fachliche Unternehmensteile) für das
Produzierende Gewerbe, 1982 – 1993, jeweils kalendermonatlich

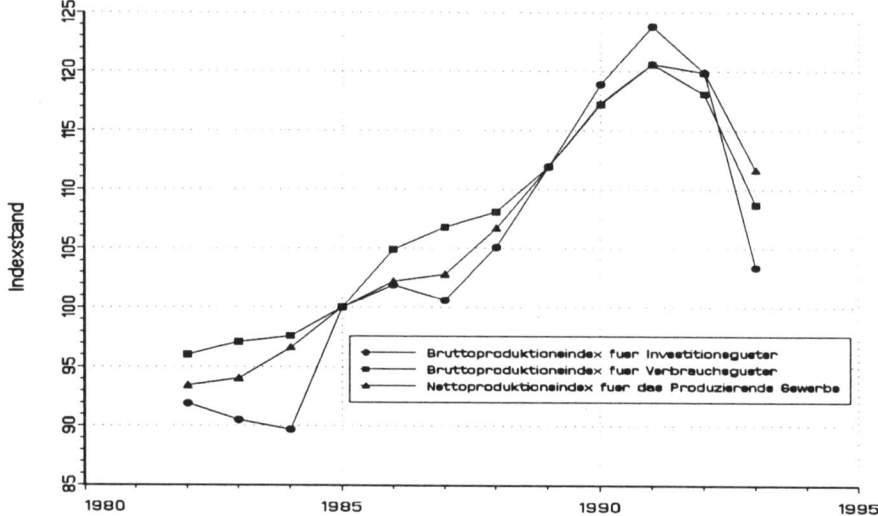

Quelle: Verschiedene Jahrgänge des Statistischen Jahrbuchs für die Bundesrepublik
Deutschland

Da Nettoproduktionsindizes vornehmlich zur Konjunkturdiagnose herangezogen werden, sind Jahresindexwerte – wie in Abb. 6.3 dargestellt – zeitlich zu
grob gerastert. Abb. 6.4a/b zeigen daher – für 36 Monate – die Monatswerte. In
Abb. 6.4a sind die Originalwerte von sechs Nettoproduktionsindizes dargestellt.
Für eine Konjunkturbeurteilung sind die Originalwerte wenig oder überhaupt
nicht geeignet, da in der Zeitreihe einige störende Komponenten (Saisonbewe-
gung, Kalendereinfluß, zufällige und sonstige Reste) enthalten sind. Abb. 6.4b
zeigt die nach dem „Berliner Verfahren" vom Statistischen Bundesamt extra-
hierte **Trend–Konjunktur–Komponente**. Die Verläufe für die sechs Indizes
sind hier wesentlich glatter. Jeder von ihnen zeigt im betrachteten Zeitraum
zwei Arten von Wendepunkten, eine Wende vom Auf- in den Abschwung und
eine weitere Wende vom Ab- in den Aufschwung. Der erste Typ von Wende-
punkt liegt für die einzelnen Branchen ebenso an verschiedenen Zeitstellen (zwi-

<u>Abb. 6.4a:</u> Monatliche Originalwerte von sechs Indizes der Nettoproduktion
            (fachliche Unternehmensteile, 1985 = 100) 1989/Sep. – 1994/Dez.

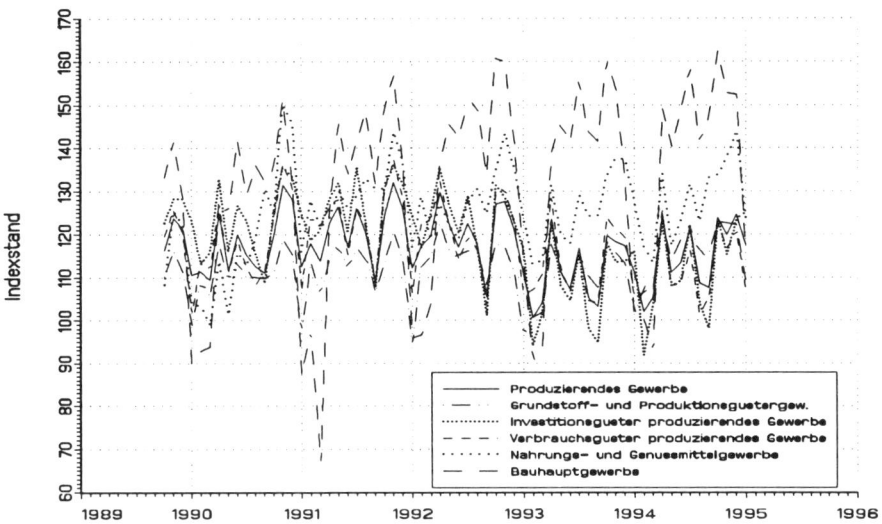

<u>Abb. 6.4b:</u> Trend–Konjunktur–Komponente von sechs Indizes der Nettoproduktion
            (fachliche Unternehmensteile, 1985 = 100) 1989/Sep. – 1994/Dez.

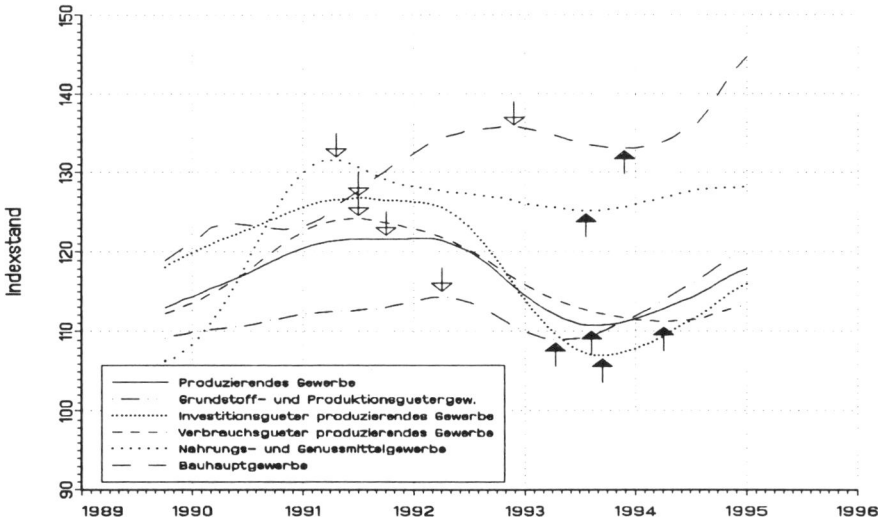

Quelle: Verschiedene Jahrgänge der Zeitschrift „Konjunktur aktuell"

schen dem Frühjahr 1991 im Nahrungs- und Genußmittelgewerbe und dem
Herbst 1992 im Bauhauptgewerbe) wie auch der zweite Typ. Der Aufschwung
setzt ab Mitte 1993 ein. Man erkennt an diesem Beispiel, daß es die Konjunktur nicht gibt, sondern daß branchenspezifische und durchaus nicht synchrone
Konjunkturverläufe vorhanden sind.

Indizes der Nettoproduktion für die Bundesrepublik gibt es seit 1950. Im
Laufe der vergangenen Jahrzehnte sind sie mehrfach auf eine andere Basis gestellt worden, auch hat sich die inhaltliche Zuordnung etwas geändert. Abb. 6.5
zeigt den Indexverlauf, wobei die Teilreihen (auf der Basis 1962, 1970, 1976,
1980 und 1985) sich z.T. überlappen. Letzteres bietet die Gelegenheit, rein
formal eine durchgehende, auf einer einzigen Basis beruhende Reihe zu berechnen. (Inhaltlich ist diese **Verkettung** umstritten, und die Ergebnisse sind mit
Vorsicht zu interpretieren.) Eingezeichnet ist die auf Basis 1985 umgerechne-
te durchgehende Reihe. Demnach hätte sich das Volumen der Produktion im
Produzierenden Gewerbe von 20,4 in 1950 auf 113,0 in 1993 erhöht, d.h. etwas
weniger als versechsfacht.

<u>Abb. 6.5:</u> Indizes der Nettoproduktion 1950 – 1991 auf den Basen 1962, 1970, 1976,
1980 und 1985 sowie durch Verkettung auf Basis 1985 umgerechnet

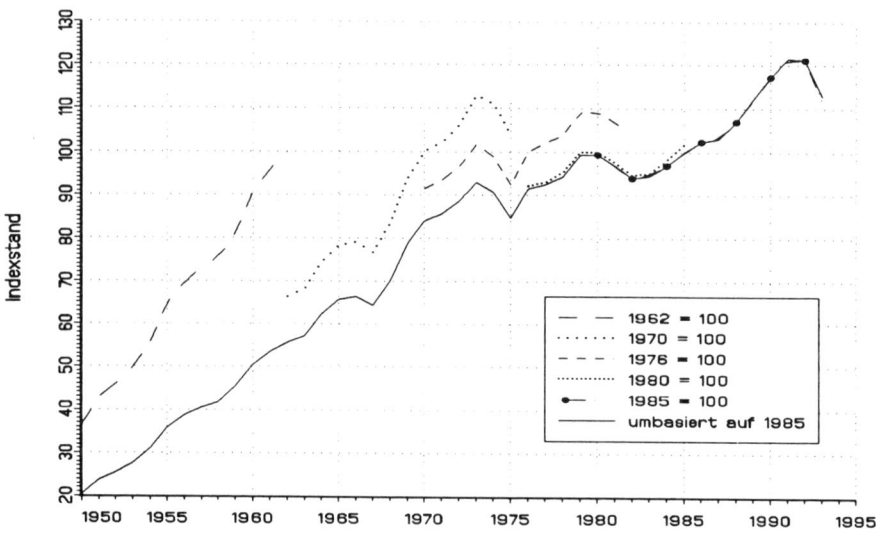

Quelle: Verschiedene Jahrgänge des Statistischen Jahrbuchs für die Bundesrepublik
Deutschland

6.3.2 Indizes der Arbeitsproduktivität

Unter **Produktivität** versteht man generell das Verhältnis von Produktions-
menge (Output) zur Einsatzmenge (Input) an Produktionsfaktoren. Die Produktivität ist eine güterwirtschaftlich orientierte Maßzahl. Der Faktoreinsatz

kann sein: die Einsatzmenge aller an der Produktion beteiligten Faktoren (**globale** oder **totale Produktivität**) oder auch nur die Menge eines bestimmten Faktors (**partielle** oder **Faktorproduktivität**).

Das Statistische Bundesamt berechnet keine Produktivitäten an sich, sondern nur Indizes, die die Veränderung der Produktivität gegenüber einem gewählten Basisjahr, z.Z. 1985, ausdrücken. Wegen der Verfügbarkeit statistischer Daten wird der Produktivitätsbegriff in der Bundesstatistik in zweifacher Weise eingeschränkt:

1. Das Produktionsergebnis wird nur auf einen Produktionsfaktor bezogen, d.h. es wird eine partielle Produktivität, und zwar in Form einer **Arbeitsproduktivität**, bestimmt.

2. Angaben liegen nur für einen **Teilbereich** der bundesdeutschen Volkswirtschaft vor, nämlich für Bergbau und Verarbeitendes Gewerbe.

Das Statistische Bundesamt berechnet **vier Indizes der Arbeitsproduktivität**. In allen vier Fällen wird das Produktionsergebnis durch den Nettoproduktionsindex für fachliche Unternehmensteile (z.Z. 1985 = 100) repräsentiert. Bezogen wird er auf eine Meßzahl des zeitlichen Vergleichs für den Arbeitseinsatz (z.Z. 1985 = 100). Letzterer kann gemessen werden durch:

a) Zahl der Arbeiter,
b) Zahl der Beschäftigten,
c) Zahl der Arbeiterstunden,
d) Zahl der Beschäftigtenstunden.

Im Sinne der Indextheorie ist damit keiner der vom Statistischen Bundesamt so genannten Arbeitsproduktivitätsindizes ein Index.

Bei den Indizes mit a) und b) wird der von Kalenderunregelmäßigkeiten bereinigte Nettoproduktionsindex genommen, bei den Indizes mit c) und d) der kalendermonatliche Nettoproduktionsindex. Die Ansätze mit c) und d) berücksichtigen im Unterschied zu denen mit a) und b) die Intensität der monatlichen Faktornutzung, denn die **geleisteten** (nicht die bezahlten!) **Arbeitsstunden** variieren, etwa durch die Zahl der Arbeitstage, Kurzarbeit, Teilzeitbeschäftigung, Überstunden. Beschäftigte sind neben den Arbeitern vor allem die Angestellten, aber auch tätige Inhaber und mithelfende Familienangehörige. Im Unterschied zur Zahl der Arbeiter, den Arbeiterstunden und der Zahl der Beschäftigten liegen für die Beschäftigtenstunden aus den Monatsberichten keine Erhebungsergebnisse vor. Die Beschäftigtenstunden werden im Statistischen Bundesamt geschätzt, und zwar getrennt für jeden Wirtschaftszweig auf der Basis der dort geleisteten Arbeiterstunden zuzüglich der Angestelltenstunden (= Zahl der im Monatsdurchschnitt beschäftigten Angestellten multipliziert mit der monatlichen Stundenzahl eines Arbeiters). Die vier Arbeitsproduktivitätsindizes fallen unterschiedlich hoch aus und nehmen auch, wie Abb. 6.6 zeigt, einen etwas anderen Verlauf, der sich auch von dem des zugehörigen Index der Nettoproduktion unterscheidet.

Abb. 6.6: Arbeitsproduktivitätsindizes und Index der Nettoproduktion für Bergbau und Verarbeitendes Gewerbe (kalendermonatlich, fachliche Unternehmensteile), 1980 – 1993, Früheres Bundesgebiet (1985 = 100)

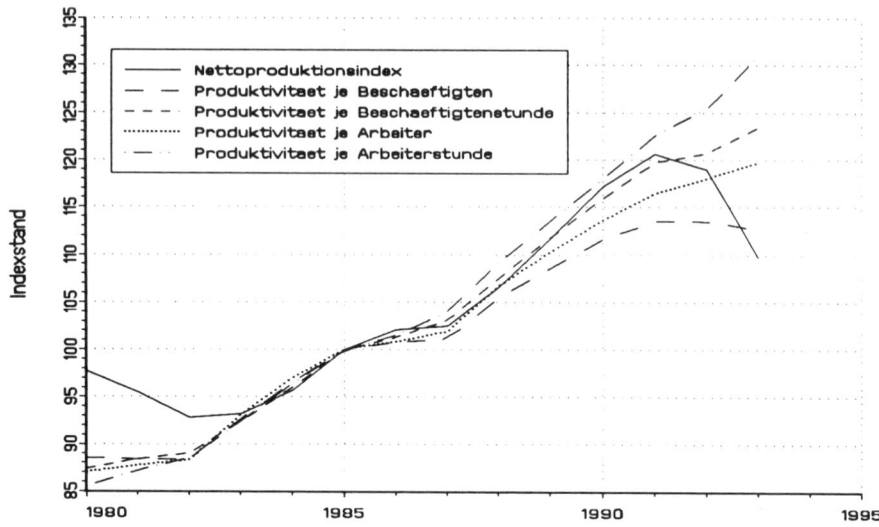

Quelle: Verschiedene Jahrgänge des Statistischen Jahrbuchs für die Bundesrepublik
Deutschland

Bei der Interpretation der Arbeitsproduktivitätsindizes sind einige Einschränkungen zu beachten:

1. Ein Anstieg des Indexwertes darf nicht ohne weiteres kausal interpretiert
   werden, in dem Sinne, daß allein der Faktor Arbeit produktiver geworden
   ist.[8] Der Anstieg kann ganz andere Gründe haben, z.B. neue Produkti-
   onstechniken, höhere Kapitalausstattung, höhere Faktorauslastung.

2. Die Inhomogenität der Qualität des Faktors Arbeit wird nicht berücksichtigt.

3. Da der Index der Nettoproduktion – wie oben dargestellt – mit Ersatzrei-
   hen monatlich fortgeschrieben wird, kann das Produktionsergebnis auch
   bei Konstanz des Inputs von Arbeit statistisch durch einen erhöhten Einsatz von Vorleistungen ansteigen.

4. Bei der monatlichen Berechnung der Arbeitsproduktivitätsindizes liegt
   gelegentlich keine zeitliche Entsprechung von Produktionsergebnis und
   Arbeitseinsatz vor.

5. Die Veränderung eines Index der Arbeitsproduktivität kann auch durch
   Veränderung in der Verteilung der Beschäftigten/Arbeiter auf die Wirtschaftszweige entstanden sein.

---

[8]Die am Produktivitätszuwachs orientierte Lohnpolitik tut dies aber offenbar, wenn die
Entlohnung um den Anstieg der Arbeitsproduktivität angehoben wird oder werden sollte.

Der im letzten Punkt angesprochene **Struktureffekt** soll an einem (fiktiven) Zahlenbeispiel erläutert werden, vgl. Tab. 6.5. Eine Volkswirtschaft be-
stehe aus nur zwei Wirtschaftszweigen A und B. Wie man sieht, haben sich
zwischen dem Zeitraum t und $t+1$ in keinem der beiden Wirtschaftszweige die
Arbeitsproduktivitäten verändert, gleichwohl ist die volkswirtschaftliche Arbeitsproduktivität von 1,85 auf 4,1 gestiegen, da nämlich die Beschäftigten in
der Zwischenzeit vom unproduktiveren Zweig A in den produktiveren Zweig B
abgewandert sind. Sie beträgt nun das $4,1/1,85 \approx 2,22$-fache der Periode t,
d.h. der Gesamtproduktivitätsindex liegt in $t+1$ bei 222. Bei umgekehrter Wan-
derungsbewegung kann die gesamtwirtschaftliche Arbeitsproduktivität auch
sinken. Dieser Struktureffekt ist bei jedem Index möglich, z.b. für Preisindizes,
und bei jeder aggregierten Größe, etwa für die allgemeine Fruchtbarkeitsziffer.
Der Struktureffekt läßt sich rechnerisch durch Verwendung einer für alle Perioden gleichen Beschäftigtenverteilung auf die Wirtschaftszweige ausschalten.

Tab. 6.5: Fiktives Zahlenbeispiel zur Demonstration des Struktureffekts bei der
Arbeitsproduktivität

Zeitraum t			
Zweig	Nettoproduktion	Anzahl Beschäftigte	Arbeitsproduktivität
A	35	70	0,5
B	150	30	5,0
gesamt	185	100	1,85
Zeitraum $t+1$			
A	10	20	0,5
B	400	80	5,0
gesamt	410	100	4,1

6.3.3 Indizes über Aufträge

In vielen Wirtschaftszweigen, in denen nämlich die Nachfrage nicht durch Lieferung aus dem Lager oder der laufenden Produktion befriedigt wird, geht der
Produktion ein erteilter Auftrag voraus. Wenn man also in diesen Wirtschaftszweigen, in denen auf Bestellung produziert wird, etwa im Anlagenbau oder
im Baugewerbe, die Auftragseingänge kennt, kann man unter Berücksichtigung
des Produktionslags, aber auch der jeweiligen Auslastung der Produktionsan-
lagen die zukünftige Produktion, Beschäftigung und den Umsatz abschätzen.
Auftragseingänge stellen somit einen **Frühindikator** für die Konjunkturentwicklung dar.

Das Statistische Bundesamt berechnet für das Verarbeitende Gewerbe (ohne Nahrungs- und Genußmittelgewerbe) **zwei Indizes für den Auftragseingang**,[9] beide z.Z. auf der Basis 1985 = 100, jeweils monatlich und jährlich. Der eine ist ein **Wertindex**, also kein Index im engeren Sinne, da keine zeitkonstante Gewichtung erfolgt, sondern eine Meßzahl des zeitlichen Vergleichs vom Typ:

$$W_{0,t}^{AE} = \frac{\sum_i p_{it}\, q_{it}}{\sum_i p_{i0}\, q_{i0}} \cdot 100 \,. \tag{6.3}$$

Dabei sind die q_{it} (q_{i0}) die in Periode $t(0)$ in Auftrag gegebenen Mengen und p_{it} (p_{i0}) die zugehörigen Preise. Wenn also dieser Index zwischen 0 und t eine Veränderung anzeigt, dann kann sie auf Preis- oder auf Mengenänderungen oder auf beiden beruhen.

<u>Abb. 6.7:</u> Wert- und Volumenindex des Auftragseingangs im Verarbeitenden Gewerbe (gesamt), 1982 – 1993, Früheres Bundesgebiet (1985 = 100)

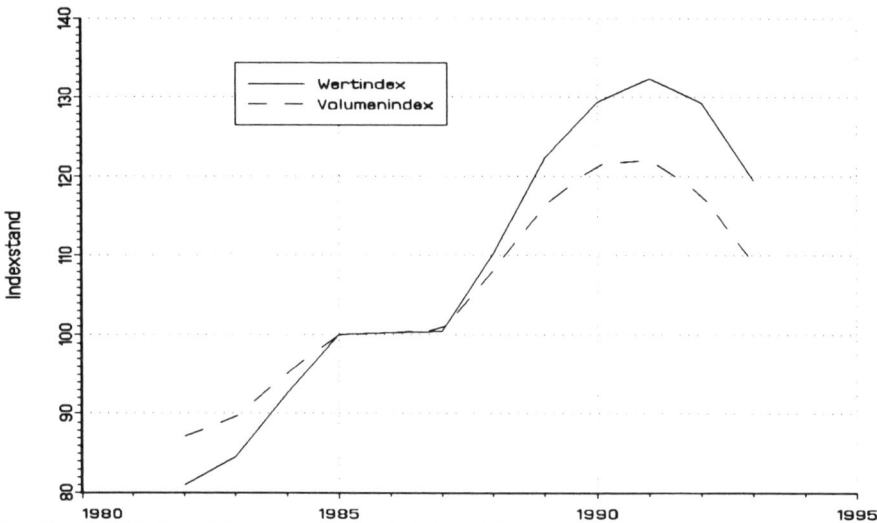

Quelle: Verschiedene Jahrgänge des Statistischen Jahrbuchs für die Bundesrepublik Deutschland

Um die Auftragseingangsveränderung unter Ausschaltung der Preisveränderungen zu messen, wird ein **Volumenindex** berechnet. Dies geschieht im Statistischen Bundesamt in der Weise, daß der Wertindex durch einen Laspeyres–Preisindex für die Erzeugerpreise der betreffenden Produkte dividiert wird. Das Ergebnis ist ein Mengenindex vom Paasche–Typ:

---

[9] Bis zum Jahre 1980 wurden auch Indizes für den Auftragsbestand berechnet.

$$Q_{0,t}^{AE} = \frac{W_{0,t}^{AE}}{P_{0,t}^{L}} \cdot 100 = \frac{\sum p_{it}\,q_{it}/\sum p_{i0}\,q_{i0}}{\sum p_{it}\,q_{i0}/\sum p_{i0}\,q_{i0}} \cdot 100$$

$$= \frac{\sum p_{it}\,q_{it}}{\sum p_{it}\,q_{i0}} \cdot 100 = Q_{0,t}^{P} \qquad (6.4)$$

Die Abb. 6.7 zeigt, daß der Wertindex zwischen 1982 und 1993 schneller gestiegen ist als der Volumenindex.

6.4 Rechtsgrundlagen und wichtige Datenquellen

Die Tätigkeit der amtlichen Statistik für den Bereich Produzierendes Gewerbe basiert auf folgenden Rechtsvorschriften:

Gesetz über die Statistik im Produzierenden Gewerbe in der Fassung der Bekanntmachung vom 30.05.1980 (BGBl I, p. 641), zuletzt geändert durch den Art. 2 des zweiten Statistikbereinigungsgesetzes vom 19.12.1986 (BGBl I, p. 2555).

Verordnung über die Aussetzung des Zensus im Produzierenden Gewerbe vom 08.10.1985.

Gesetz über Statistiken der Rohstoff- und Produktionswirtschaft einzelner Wirtschaftszweige vom 11.11.1960 (BGBl I, p. 842), zuletzt geändert durch Art. 1 des zweiten Statistikbereinigungsgesetzes vom 19.12.1986 (BGBl I, p. 2555).

Gesetz über eine Düngemittelstatistik vom 15.11.1977 (BGBl I, p. 2137).

Gesetz über die Handwerkszählung 1977 vom 10.08.1977 (BGBl I, p. 2125).

Gesetz über die Durchführung laufender Statistiken im Handwerk in der Fassung vom 30.05.1980 (BGBl I, p. 648).

Veröffentlichungen über das Produzierende Gewerbe finden sich in:

Fachserie 4

Indikatoren zur Wirtschaftsentwicklung (monatl.)

Lange Reihe zur Wirtschaftsentwicklung (alle 2 Jahre)

Bevölkerungsstruktur und Wirtschaftskraft der Bundesländer (jährlich)

Ausgewählte Zahlen für die Energiewirtschaft (monatl.)

Branchendienst des STATIS–Bund (monatl.)

Weitere aktuelle Literaturhinweise stehen im Anhang des Abschnitts 9 (Produzierendes Gewerbe) eines jeden Statistischen Jahrbuches.

Literatur zu Kapitel 6 [10]

ABELS, H. (1991), p. 149 ff.

ANDERSON, O. u.a. (1983), p. 305 ff.

BALD, C. / HERBEL, N. (1983)

HERBEL, N. (1985)

KUNZ, D. (1987), p. 105 ff. und p. 173 ff.

LIPPE, P. V. D. (1990), p. 232 ff.

STROHM, W. (1985)

STROHM, W. (1986)

UNGERER, A. / HAUSER, S. (1986), p. 77 ff.

ZWER, R. (1985), p. 104 ff.

| AUFGABE 6.1 |

In der Produktionsstatistik wird mit folgenden Erhebungs- und Darstellungseinheiten gearbeitet:

1. Unternehmen,
2. Betrieb,
3. fachlicher Unternehmensteil,
4. fachlicher Betriebsteil.

Folgende abgrenzende Definitionen stehen zur Verfügung:

a) örtliche Einheit,

b) kleinste rechtlich selbständig bilanzierende Einheit,

c) Zusammenfassung gleichartiger Tätigkeiten in einem Betrieb,

d) Zusammenfassung gleichartiger Tätigkeiten in einem Unternehmen.

Folgende Eigenarten sowie Vor- und Nachteile stehen zur Verfügung:

A) Heterogenität bzgl. Standorte und Produkte,
B) Rückgriff auf Daten der Bilanz und G+V-Rechnung möglich,
C) Zuordnung nach dem Schwerpunkt der wirtschaftlichen Tätigkeit,
D) Homogenität bzgl. der Produktion,
E) Homogenität bzgl. Standorte und Produkte,
F) Erbringung von häufig nur firmeninternen Lieferungen und Leistungen,
G) Homogenität bzgl. Standort,
H) Ist Teilmenge von ...

Ordnen Sie die kleinen und großen Buchstaben den Ziffern (Art der Einheit) zu!

---

[10]Man findet hier nur eine Kurzzitierung. Die vollständigen bibliographischen Angaben stehen im Literaturverzeichnis, Kap. 15.

| AUFGABE 6.2 |

Markieren Sie bei den nachfolgenden Erhebungen im Produzierenden Gewerbe,

a) ob es sich um eine Unternehmenserhebung (U) oder Betriebserhebung (B) handelt,

b) ob sie im mehrjährigen Abstand (m), jährlich (j) oder unterjährig (u) stattfinden:

1. Zensus,
2. Kostenstrukturerhebungen,
3. Vierteljährliche Produktionsstatistik,
4. Produktionseilbericht,
5. Investitionserhebung,
6. Monatsbericht,
7. Erhebung über Material- und Wareneingang,
8. Industriebericht für Kleinbetriebe.

| AUFGABE 6.3 |

Aus welchen Positionen setzen sich zusammen:

a) der Bruttoproduktionswert,
b) der Nettoproduktionswert,
c) die Bruttowertschöpfung,
d) die Nettowertschöpfung?

| AUFGABE 6.4 |

Der Monatsbericht beruht auf einer Teilerhebung nach dem Abschneideverfahren (Erfassung der Betriebe mit 20 und mehr Beschäftigten). Welche Begründung(en) gibt es dafür:

A – In Kleinbetrieben gibt es selten eine ausgebaute Buchhaltung.

B – Kleinere Betriebe haben kaum eine elektronische Datenverarbeitung.

C – Es soll eine Schichtung in Klein- und Großbetriebe vorgenommen werden.

D – Mit einem geringen Anteil zu erfassender Betriebe erhält man den Löwenanteil der gesamten Leistung im Wirtschaftszweig.

AUFGABE 6.5

Ein Unternehmen hat zwei Betriebe A und B, deren Produktionskonto im Jahre
1991 lautete:

Produktionskonto Betrieb A

Aufwand			Ertrag	
1)	Vorleistungen (davon 100 von B)	250	A) Wirtschaftlicher Umsatz (davon 150 mit B)	450
2)	Sonstige Vorleistungen	20	B) Bestandsänderungen an	
3)	Indirekte Steuern abzgl.		Halb- und Fertigwaren	80
	Subventionen	40	C) Selbsterstellte Anlagen	70
4)	Abschreibungen	60		600
5)	Wertschöpfung	230		
		600		

Produktionskonto Betrieb B

Aufwand			Ertrag	
1)	Vorleistungen (davon 150 von A)	700	A) Wirtschaftlicher Umsatz (davon 100 mit A)	950
2)	Sonstige Vorleistungen	50	B) Bestandsänderungen an	
3)	Indirekte Steuern abzgl.		Halb- und Fertigwaren	80
	Subventionen	60	C) Selbsterstellte Anlagen	70
4)	Abschreibungen	150		1.100
5)	Wertschöpfung	140		
		1.100		

a) Stellen Sie das Produktionskonto des Unternehmens auf!

b) Welcher Wertschöpfungsbegriff (brutto/netto; Marktpreise/Faktorkosten)
   ist in diesen Konten verwendet?

c) Wie hoch ist für den Betrieb A, den Betrieb B, das Unternehmen jeweils
   ca) der Bruttoproduktionswert,
   cb) der Nettoproduktionswert,
   cc) die Nettowertschöpfung zu Marktpreisen?

AUFGABE 6.6

Aus der Produktionsstatistik des Statistischen Bundesamtes stammen – mit
Ausnahme der letzten Spalte – die folgenden Daten über den Index der Nettoproduktion für das Produzierende Gewerbe (Unternehmen als Darstellungseinheit) mit 1985 = 100:

Bereich	Gewichtung in v.H.	Indexstand			Veränderung 1990 gegenüber 1989 in v.H.
		1987	1988	1989	
Elektrizitäts- und Gasversorgung	7,39	102,6	105,3	108,3	+ 2,86
Bergbau	2,35	90,6	86,6	85,2	− 1,12
Verarb. Gewerbe	82,92	103,2	107,5	×	+ 5,31
Bauhauptgewerbe	7,34	105,5	×	118,1	+ 5,42
insesamt	100,00	×	107,0	112,3	× ×

Quelle: Statistisches Jahrbuch 1991, p. 210

a) Füllen Sie die mit × versehenen Felder aus!
b) Wie lautet der Indexstand 1990 für die 4 Subindizes und für den Gesamt-index? Um wieviel v.H. hat sich der Gesamtindex von 1989 auf 1990 (× ×) verändert?
c) Wie hoch ist zwischen 1985 und 1990 die durchschnittliche jährliche Pro-duktionsveränderung (in v.H.) im Produzierenden Gewerbe gewesen?

AUFGABE 6.7

Berechnen Sie mit den folgenden Angaben (keine selbsterstellten Anlagen, keine Bestandsänderungen, d.h. Bruttoproduktionswert = wirtschaftlicher Umsatz), bei denen die Preise in 1000 DM und die Mengen in 1000 Stück zu verstehen sind:

a) den Nettoproduktionsindex nach Laspeyres,
b) den Index der Nettoproduktion entsprechend der Vorgehensweise des Stati-stischen Bundesamtes, wobei die Fortschreibung über die „Bruttomengen" erfolgen soll.

	Basisjahr				Berichtsjahr			
	Bruttoproduktion		Vorleistungen		Bruttoproduktion		Vorleistungen	
Gut	Preis	Menge	Preis	Menge	Preis	Menge	Preis	Menge
1	5	10	5	5	10	10	5	4
2	10	10	5	10	20	12	5	10
3	5	12	6	5	10	9	6	4

AUFGABE 6.8

Ordnen Sie den Begriffen

1) Produktivität,   2) Rentabilität,   3) Wirtschaftlichkeit

die folgenden Definitionen

a) Verhältnis von Erlös zu Kosten,
b) Verhältnis von Reingewinn zu Kapital,
c) Verhältnis von Produktionsergebnis zu Faktoreinsatz

und die folgenden Eigenschaften

A) monetärer Bereich, B) realer Bereich zu.

AUFGABE 6.9

Gegeben sind die folgenden (fiktiven) Zahlen einer aus nur zwei Branchen bestehenden Volkswirtschaft:

		Produktionsergebnis in 1000 DM	Zahl der Arbeiter
Basisjahr 0	Branche 1	$W_{01} = 400$	$A_{01} = 80$
	Branche 2	$W_{02} = 200$	$A_{02} = 20$
Berichtsjahr 1	Branche 1	$W_{11} = 180$	$A_{11} = 60$
	Branche 2	$W_{12} = 480$	$A_{12} = 40$

a) Wie lauten in jedem Jahr t für jede Branche i die Arbeitsproduktivitäten
    p_{ti}?

b) Wie lautet in jedem Jahr t die gesamtwirtschaftliche Arbeitsproduktivität
    $p_{t.}$?

c) Welchen Wert hat der Index der gesamtwirtschaftlichen Arbeitsprodukti-
    vität (Laspeyres–Typ, Basis 0)?

AUFGABE 6.10

Welche der folgenden Aussagen über die genannten Indizes sind richtig/falsch
(Begründung)?

a) Wenn in einem Wirtschaftszweig in einem Monat der Auftragsbestand we-
    sentlich größer ist als der Auftragseingang, so ist in diesem Monat auch der
    Wert des Auftragsbestandsindex größer als der Wert des Auftragseingangs-
    index.

b) Auch wenn für einen Wirtschaftszweig der Index des Auftragseingangs im Laufe eines Jahres fortlaufend steigt, kann der Index des Auftragsbestandes in diesem Jahr abnehmen.

c) Wegen der Beziehung „Nettoproduktionswert = Bruttoproduktionswert – Vorleistungen" sind (für jeweils denselben Zeitraum und Wirtschaftszweig) die Indexwerte der Nettoproduktion niemals größer als die Indexwerte der Bruttoproduktion.

d) Für denselben Zeitraum und Wirtschaftszweig muß der Arbeitsproduktivitätsindex in der Form „Produktionsergebnis je Arbeiter" größer sein als der Arbeitsproduktivitätsindex in der Form „Produktionsergebnis je Beschäftigter", da die Arbeiter eine echte Teilmenge der Beschäftigten sind.

Kapitel 7

Einkommen und Einkommensverwendung

Was ist Einkommen? – Auf diese simple Frage **eine** Antwort zu finden, haben sich Generationen von Wirtschaftswissenschaftlern bemüht. Viele der in der wirtschaftstheoretischen Literatur zu findenden Definitionen erweisen sich bei näherer Betrachtung als unbefriedigend und nicht in ein statistisches Meßkonzept umsetzbar (= operational). Über den HICKS'schen Einkommensbegriff, nach dem **Einkommen der Realvermögenszuwachs** eines Haushaltes ist, also der Geldbetrag, den ein Haushalt ausgeben könnte, ohne den Realwert seines Vermögens zu verändern, schreibt v. D. LIPPE (1990, p. 323), er sei für statistische Zwecke unbrauchbar, „weil es keine geschlossene Vermögensrechnung gibt, eine Inflationsrechnung fehlt, bzw. immer umstritten sein wird, weil die Definition zirkulär ist (der Ertragswert wird seinerseits definiert durch zu erwartende Einkommensströme) und weil er in Zweifelsfällen nicht operational genug ist, z.B. auch keine Hinweise zur Unterscheidung zwischen laufenden und vermögensverändernden Transaktionen gibt." **Einen** Einkommensbegriff für die Statistik wird es also nicht geben, das Konzept hängt in seinem Inhalt von der jeweiligen erfassenden Statistik ab, d.h. man hat es zu tun mit „Einkommen im Sinne der ... –Statistik".

7.1   Konzepte und Ziele

Statistische Informationen über Einkommen, was immer es sei, findet man in den unterschiedlichsten Stellen im bundesstatistischen Berichtssystem, etwa laut Statistischem Jahrbuch

- im Abschnitt „Unternehmen und Arbeitsstätten" die gemäß Arbeitsstättenzählung gezahlten Löhne und Gehälter eines bestimmten Jahres,
- in den Wirtschaftszweigstatistiken Informationen über die Kosten der eingesetzten Produktionsfaktoren,
- im Arbeitsgebiet „Sozialleistungen" Angaben über Teile der Einkommensumverteilung (Transfers),
- im Bereich „Finanzen und Steuern" Informationen über die personelle Verteilung der steuerbaren Einkünfte und der Steuern darauf (Transfers),

- im Bereich „Wirtschaftsrechnung und Versorgung" Daten über die Haushaltseinkommen und die Einkommensverwendung,
- im Bereich „Löhne und Gehälter" Informationen über Einkommen aus der Quelle „unselbständige Arbeit",
- in der Volkswirtschaftlichen Gesamtrechnung schließlich das Volkseinkommen in verschiedenen Untergliederungen.

Bei der Festlegung eines Einkommensbegriffs für eine konkrete statistische Erhebung sind folgende Fragen zu beantworten:

1. Auf welchen **Empfängerkreis** soll sich das Einkommen beziehen?
2. Welche **Einkommensquellen** sollen berücksichtigt werden?
3. Wie sieht über die Beantwortung der generellen zweiten Frage hinaus die Grenzziehung bezüglich einzelner Zahlungsströme aus? (**Abgrenzungsproblematik**)
4. Wie ist die **Erhebungsart**, d.h. der Adressatenkreis der Erhebung und die näheren Modalitäten der Erfassung?

Bezüglich des **Empfängerkreises** wird zunächst unterschieden zwischen dem **persönlichen** – oder **Individualeinkommen** und dem **Haushaltseinkommen**. Welches dieser beiden Einkommenskonzepte heranzuziehen ist, hängt von der Fragestellung ab. Steht der **Leistungsaspekt** im Vordergrund, wird man die Erfassung der Individualeinkommen anstreben und sich dann – außer für die Verteilung der Individualeinkommensbezieher nach der Einkommenshöhe (**personelle Einkommensverteilung**) – interessieren für die Verteilung des gesamten Einkommens auf (bzw. nach) z.B.:

- die Produktionsfaktoren Arbeit und Kapital (**funktionelle Einkommensverteilung**),
- die Sektoren oder Wirtschaftszweige einer Volkswirtschaft (**sektorale Einkommensverteilung**),
- dem Geschlecht der Einkommensbezieher (**geschlechtsbezogene Einkommensverteilung**),
- dem Alter der Einkommensbezieher im Erhebungsjahr (**Altersquerverteilung des Einkommens**) oder im Zeitablauf (**Alterslängsschnittverteilung** des Einkommens oder **Lebenseinkommensverteilung**),
- dem Ausbildungsstand,
- der beruflichen Stellung o.ä.

Interessiert man sich hingegen für das Einkommen unter dem **Verfügungsaspekt**, also bezüglich des Wohlstandes, der Konsumchancen und des Verbraucherverhaltens, wird man das Haushaltseinkommen heranziehen. Auch hier geht es dann um bestimmte **Verteilungen**, etwa

a) die der Haushalte **nach der Höhe** des Brutto- oder Nettohaushaltseinkommens,

b) zusätzlich zu a) nach der **Haushaltsgröße** oder nach der sozialen Stellung der **Bezugsperson** (= Haushaltsvorstand in früherer Terminologie).

Das Einkommen des Haushalts ist mehr als die Summe der Individualeinkommen seiner Mitglieder, d.h. es gibt Einkommen, die sich nicht individuell zurechnen lassen, sondern dem Haushalt als Einheit zufließen, etwa Wohngeld, Kindergeld, unterstellte Miete (im früheren Einkommensteuerrecht) beim Wohnen im Eigenheim oder in der Eigentumswohnung.

Nach der **Einkommensquelle** wird zwischen vier Kategorien unterschieden:

a) Einkommen **aus unselbständiger Arbeit**,

b) Einkommen **aus Unternehmertätigkeit**,

c) Einkommen **aus Vermögen** (= Geld- und/oder Sachkapital),

d) Einkommen **aus** (staatlichen und/oder privaten) **Übertragungen**.

Die Verteilung der Einkommen auf die Kategorien a), b) und c) liefert eine funktionelle Einkommensverteilung, und diese ist eine **primäre Verteilung**, die sich am Markt (Arbeits- und Kapitalmarkt) als Ergebnis der Preisbildung für diese Produktionsfaktoren einstellt. Neben dieser gibt es die **sekundäre Verteilung**, die sich als Folge freiwilliger oder obligatorischer Einkommensübertragungen bildet. Die Verteilung der Haushaltseinkommen ist stets eine sekundäre Verteilung. Die personelle Einkommensverteilung muß heute im Prinzip ebenfalls als sekundäre Verteilung angesehen werden, da auch eine Person als Folge der **Querverteilung** verschiedene Einkunftsarten beziehen kann, nämlich aus den Quellen a), c) und d) oder aus den Quellen b), c) und d). Ein gleichzeitiges Einkommen einer Person aus unselbständiger Arbeit und aus Unternehmertätigkeit ist definitorisch nicht möglich. Es sei bemerkt, daß – mit Ausnahme der Quelle a) – die anderen Einkunftsarten nicht nur von Personen und Privaten Haushalten bezogen werden können, sondern auch von Unternehmen und dem Staat (= Gebietskörperschaften und Sozialversicherung).

Bezüglich der **Erhebungsart** stellen sich die Fragen nach

- der **Erfassungsstelle** (entweder der Zahlungsleistende, z.B.: Arbeitgeber, Versicherungen, oder der Zahlungsempfänger, z.B. das Individuum oder der Haushalt),

- der **Erfassungsart** (z.B. freiwillige Aufschreibung für vorgegebene Einkunftsarten, sekundärstatistische Auswertung von Unterlagen der Finanzämter),

- dem **Erfassungszweck** (z.B. die tarifliche Bezahlung in der Tariflohnstatistik, die Personalkosten in Kostenstrukturerhebungen, die Bruttoverdienste in Verdiensterhebungen),

- der **Erfassungseinheit** (z.B. Haushalt, Arbeitnehmer, Tätigkeits- oder Steuerfall).

Tab. 7.1: Einkommensbegriffe in drei Erhebungen der amtlichen Statistik

Erhebung:	Lohn- und Gehalts-strukturerhebung	Einkommens- und Ver-brauchsstichprobe	Einkommen- und Lohn-steuerstatistik
Begriff:	Bruttoverdienst (= Arbeitseinkommen, Löhne und Gehälter)	Haushaltseinkommen (Ein-nahmen der Haushalte nach best. Quellen)	Steuerbares Einkom-men (laut Steuerrecht)
Unterglie-derung:	1. Entgelt für geleiste-te Arbeitszeit 2. Lohnfortzahlung im Krankheitsfall 3. Sonderzahlungen 4. Abzüge (Lohn-steuer, Arbeitneh-merbeiträge zur So-zialversicherung)	1. Bruttoeinkommen aus – unselbst. Arbeit – Unternehmertätigkeit – Vermögen 2. Renten, Pensionen, sonst. laufende Ein-nahmen 3. Einmalige Einkommens-übertragungen 4. Auflösung von Vermögen 5. Kreditaufnahme	Einkünfte aus – Land- und Forstwirt-schaft – Gewerbebetrieb – selbständiger Arbeit – unselbständiger Arbeit – Kapitalvermögen – Vermietung und Ver-pachtung – sonstige Einkünfte
Erhebungs-einheit:	Tätigkeitsfall	Privater Haushalt	Steuerfall

Bei V. D. LIPPE (1990, p. 328) werden vier Erfassungsarten aufgezählt:

a) **Lohnsummenverfahren** (Durch Befragung von Arbeitsstätten, Betrieben oder Unternehmen werden Lohn- und Gehaltssummen ermittelt und i.d.R. auch die Zahl der zugehörigen Beschäftigten. Damit ist nur eine Berechnung von Durchschnittsverdiensten möglich.)

b) **Individualzählverfahren** (Die Einkommensbezieher werden einzeln nach der Höhe ihrer Einkommen befragt. So läßt sich eine personelle Einkommensverteilung gewinnen.)

c) **Auswertung von Tarifverträgen** (Die Tariflohnstatistik ist eine Preisstatistik für den Arbeitsmarkt, die aber nicht unbedingt etwas über die Effektivlöhne aussagt.)

d) **Synthetische Einkommensstatistik** (Hier werden aus verschiedenen Statistiken – etwa Kostenstruktur-, Bilanz-, Umsatz- oder Versicherungsstatistiken –, die nicht primär Einkommensstatistiken sind, Gesamt- und Durchschnittseinkommen einer Personengruppe oder aus einer bestimmten Einkommensquelle geschätzt.)

In den Einzelstatistiken richtet sich der Einkommensbegriff vor allem nach den Erfassungsmöglichkeiten. Tab. 7.1 (in Anlehnung an UNGERER/HAUSER, 1986, p. 152) zeigt dazu drei Beispiele. Die Verteilungsrechnung für die gesamte Volkswirtschaft, wie sie sich in der VGR (vgl. Abs. 11.4.3) niederschlägt, muß einen anderen, stärker ökonomisch ausgerichteten Einkommensbegriff haben. Allerdings ergibt sich das dort ausgewiesene Einkommen durch Zusammenführung der Einzelstatistiken (vgl. Abs. 7.2.1) und statistische Umrechnungen (= Schätzungen). Die Verteilungsrechnung der VGR liefert vor allem eine funktionelle Einkommensverteilung (vgl. Abs. 7.3.1), die in jüngster Zeit auch nach Haushaltsgruppen aufgegliedert ist. Eine personelle Einkommensverteilung, die mit einem ähnlich umfassenden Einkommensbegriff wie die VGR arbeitet, wird in mehrjährigem Abstand vom DIW erstellt.

Weil die neueren Einkommenserhebungsformen (etwa Einkommens- und Verbrauchsstichproben, laufende Wirtschaftsrechnungen, Mikrozensus) neben dem **Einkommen** auch dessen **Verwendungsformen** (Verbrauch, Vermögensbildung) mit erfassen, ist es angebracht, in diesem Abschnitt auch auf die Einkommensverwendung einzugehen. Im Gegensatz zur Verwendungsrechnung der VGR (vgl. Abs. 11.4.4) wird hier aber nur die **mikroökonomische Ebene** betrachtet. Der statistische Nachweis betrifft dann die Mengen und Werte der konsumierten Güter nach Arten und in Abhängigkeit von Einkommen, Preisen und sozialen Merkmalen der Haushalte als den wichtigsten Verbrauchseinheiten.

Zur **Abgrenzung**, aber auch zur statistischen **Erfassung des Privaten Verbrauchs** (= Verbrauch der Privaten Haushalte) gibt es drei Konzepte, die in der bundesdeutschen Statistik nebeneinander existieren:

1. Das **Marktentnahmekonzept** geht vom Kauf der Güter und Dienstleistungen am Markt durch Private Haushalte aus. Hinzu gerechnet werden gewisse unterstellte Käufe, etwa für Wohnen in eigener Wohnung oder eigenem Haus, für Deputate, für Sachentnahmen aus dem eigenen Betrieb. Dabei interessiert nicht, ob, wann, von wem und wo die gekauften oder als gekauft unterstellten Güter verbraucht wurden.

2. Das **Verbrauchskonzept** umfaßt den periodengerecht abgegrenzten Verbrauch von Gütern und Diensten zur Bedarfsbefriedigung, wobei allerdings noch dauerhafte Konsumgüter als in der Kaufperiode sofort verbraucht gelten.

3. Das **Versorgungskonzept** schließlich enthält ebenfalls den periodengerechten Güter- und Dienstleistungsverbrauch, jedoch unter Hinzurechnung der zeitanteiligen Nutzung von dauerhaften Gütern, der Vorratsveränderungen, der Wertschöpfung im Haushalt sowie des Verbrauchs unentgeltlich oder verbilligt vom Staat bezogener Güter.

Am leichtesten statistisch realisierbar ist das Marktentnahmekonzept, weshalb es auch vorrangig angewendet wird. Bei der Erfassung der Marktentnahme über die Haushalte läßt sich dies laufend nur – aus Kostengründen – in Form von Teilerhebungen realisieren. Die Marktentnahme läßt sich aber auch über die Produzenten (auch der Handel käme in Frage) erfassen, wobei dann ausgehend von der Jahresproduktion noch Korrekturen um Vorratsveränderungen sowie um Ex- und Importe vorzunehmen sind. Dieser Vorgang heißt Aufstellung einer **Versorgungsbilanz**, ist aber nicht mit dem Versorgungskonzept identisch.

7.2   Erhebungssystem

Das System der Erhebungen, die Daten über Einkommen liefern, ist sehr umfangreich, was auch mit den unterschiedlichen Fragestellungen von Verwaltung
und Wissenschaft zusammenhängt. Es gibt laufende Erhebungen und einmalige
Erhebungen (= Strukturerhebungen), Primär- und Sekundärstatistiken sowie
Voll- und Teilerhebungen. Unterschiede gibt es auch bezüglich des Erhebungs-
kreises, der Erhebungseinheiten und der erhobenen Merkmale. Abb. 7.1 zeigt
zunächst alle bundesdeutschen einkommensorientierten Statistiken, während
die nachfolgende Besprechung getrennt danach erfolgt, ob nur das Einkommen
oder auch gleichzeitig die Einkommensdisposition und der Verbrauch erfaßt
werden.

7.2.1   Reine Einkommensstatistiken

Ein Teil der in Abb. 7.1 aufgeführten Statistiken (Mikrozensus, Beschäftigtenstatistik, Arbeitsstättenzählung, Bereichsstatistiken, Kostenstrukturerhebungen) ist bereits in vorangegangenen Abschnitten behandelt worden. Die **Statistiken der Sozialversicherung** liefern in Form einer synthetischen Statistik
die Renten und damit einen Großteil der Rentnereinkommen.

Lohn- und Einkommensteuerstatistiken, aber auch die Körperschafts-
und Gewerbesteuerstatistik waren lange Zeit die einzige Quelle zur Aufstellung personeller Einkommensverteilungen (vgl. Aufgabe 7.1). Es handelt sich
um die Erfassung eines steuerrechtlich abgegrenzten Einkommens nach dem
Individualzählverfahren. In der Lohnsteuerstatistik wird grundsätzlich jeder
lohnsteuerpflichtige Arbeitnehmer erfaßt, für den eine Lohnsteuerkarte
mit eingetragenem Bruttolohn vorliegt. Außer dem Bruttolohn werden – z.T.
für Zwecke der Finanzverwaltung und -wissenschaft – u.a. erhoben: Lohnsteuer nach Steuerklassen, Bruttolohngruppen, Anzahl und Geschlecht der Kinder.
Erhebungseinheit der Einkommensteuerstatistik ist jede zur Angabe einer Steuererklärung verpflichtete **natürliche Person mit ihrem Einkommen**, deren
Veranlagung zur Erteilung eines Einkommensteuerbescheides führt. Erfaßt werden die im Rechengang des Veranlagungsverfahrens ermittelten Einkommensgrößen nach Einkommensgrößenklassen und die Sonderausgaben.

Den Steuerstatistiken fällt insgesamt eine doppelte Aufgabe zu. Im Vordergrund des Interesses steht der Bedarf an tief gegliedertem Material über
die Bemessungsgrundlage und über das Ergebnis der Besteuerung für den Gesetzgeber, die Verwaltung (Berechnung der Lohnsteuer–Zerlegungsbeträge und
des Gemeindeanteils an der Lohn- und Einkommensteuer) und andere an der
Gestaltung des Steuersystems Beteiligte. Man benötigt die Informationen, um
die Auswirkungen der Besteuerung in ihren vielfältigen Formen beurteilen zu
können und Ansatzpunkte für Reformen zu haben. Maßgebend für die Ge-

Abb. 7.1: Die Erhebungen zur deutschen Einkommensstatistik

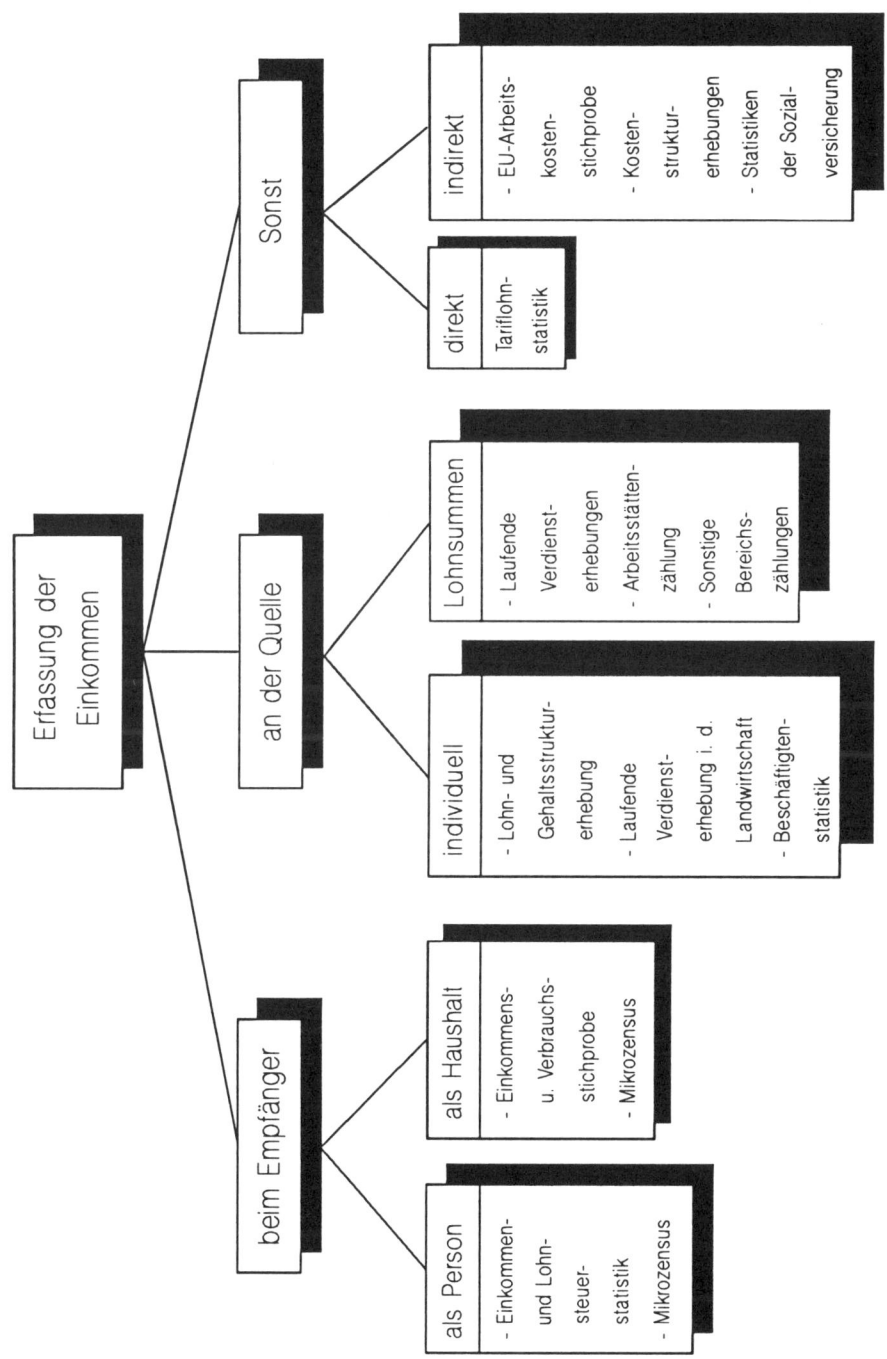

staltung der Steuerstatistiken sind primär finanzwissenschaftliche und steuerrechtliche Überlegungen. Daneben bilden sie eine wichtige Materialquelle für
die VGR und andere gesamtwirtschaftliche Analysen und Prognosen (etwa die
laufende Steuervorausschätzung). Das erklärt sich daraus, daß die Steuersyste-
me bei dem hohen Finanzbedarf des Staates eine breite Basis haben müssen
und die Besteuerung dabei primär an ökonomischen Tatbeständen ansetzt, die
die Ergebnisse der wirtschaftlichen Leistungserstellung möglichst umfassend
weitergeben und daher gleichzeitig die wesentlichen Aggregate des Wirtschaftskreislaufs repräsentieren.

Als Sekundärstatistik weist die Lohn- und Einkommensteuerstatistik deren typische Nachteile auf. Der Einkommensbegriff ist durch den Primärzweck
determiniert, so daß der resultierende Gesamtbetrag der Einkünfte anders,
nämlich niedriger ist als das in der VGR ausgewiesene Einkommen der Privaten
Haushalte. Gemeinsam nach dem Splitting–Verfahren veranlagte Ehepartner
werden als ein Steuerpflichtiger gezählt. Diese Statistik wird nur in dreijähri-
gem Abstand durchgeführt. Zu dieser Zeitlücke kommt noch eine beträchtliche
Zeitverzögerung, da für ein bestimmtes Kalenderjahr die Steuererklärungen
mit bis zu einem Jahr Verspätung abgegeben werden und dann die Finanzverwaltung noch Bearbeitungszeit benötigt. Die jüngste, derzeit vorliegende
Lohn- und Einkommensteuerstatistik ist die für 1989. Bemühungen um Aktualisierung (Heranziehung der Steuererklärungen statt der Steuerveranlagungen/
-bescheide) sind bisher fehlgeschlagen.

In der Gehalts- und Lohnstrukturerhebung (GLS) werden in sechs-
jährigem Abstand in Form einer geschichteten Stichprobe von Betrieben auf
der zweiten Stufe ca. 10% der beschäftigten Arbeitnehmer (also nicht auch
die Unternehmer) erfaßt. Der Erhebungsbereich umfaßt das Produzierende Gewerbe, den Groß- und Einzelhandel sowie das Kredit- und Versicherungsgewerbe. Erfaßt werden im Individualzählverfahren Bruttoverdienste (Stunden-,
Wochen-, Monatsverdienste und Jahresverdienst) und die gesetzlichen Abzüge,
so daß Nettoeinkommen errechnet werden können. Im Gegensatz zur sekundären Lohn- und Einkommensteuerstatistik werden eine Vielzahl sozialer und
ökonomischer Merkmale mit erfaßt (Alter, Geschlecht, Familienstand, Kinderzahl, Dauer der Betriebszugehörigkeit, Wirtschaftszweig, Lohnformen, Lei-
stungsgruppe, Arbeitszeit, Unternehmensgröße), so daß multivariate Auswertungen möglich sind.

Zu den laufenden Verdiensterhebungen gehören die vierteljährlichen
Erhebungen in Industrie, Handel, Kredit- und Versicherungsgewerbe (12% der
Betriebe mit 10 und mehr Beschäftigten), halbjährlich im Handwerk und jährlich in der Landwirtschaft. Es werden – mit Ausnahme der Landwirtschaft
– keine Individualangaben für einzelne Arbeitnehmer erfragt, sondern Lohn-
und Gehaltssummen für bestimmte Arbeitnehmergruppen sowie deren Ar-
beitszeiten. Gegenüber der GLS sind die Verdiensterhebungen schmaler im Erhebungsprogramm, aber breiter in der Zahl der erfaßten Personen.

In der **Tariflohnstatistik** werden die in den abgeschlossenen Tarifverträgen nachgewiesenen Lohn- und Gehaltssätze und andere wichtige Tarifbestimmungen laufend erfaßt (allerdings nur halbjährlich dargestellt). Erhebungseinheit ist der Tarifvertrag, der entweder vom Bundesminister für Arbeit oder von den Sozialpartnern zur Verfügung gestellt wird.[1] Im weiteren Sinne zählt hierher auch die jährliche Zusammenstellung und Veröffentlichung der in den Besoldungsgesetzen nachgewiesenen Dienstbezüge der Bundesbeamten. Aus den erhobenen Angaben werden auch (vierteljährlich) eine Reihe von **Indizes** berechnet, etwa für die tariflichen Stunden- und Wochenlöhne sowie Monatsgehälter (ein Preisindex für den Faktor Arbeit) oder für die tarifliche Arbeitszeit. Die Ergebnisse der Tariflohnstatistik sind weniger für Einkommensuntersuchungen geeignet als für die Sozial-, Arbeitsmarkt- und Konjunkturpolitik.

Die **Arbeitskostenerhebung** (inkl. Sondererhebungen über die betriebliche Altersversorgung) ist eine **auf EU–Anordnung** basierende, im Dreijahresrhythmus durchgeführte Statistik. Es geht um die Erfassung der gesamten Personalkosten bei Unternehmen mit 10 und mehr Beschäftigten (Stichprobe von 14.000 im Produzierenden Gewerbe und 11.000 im Dienstleistungsbereich.) Als Personal- oder Arbeitskosten gelten dabei sämtliche den Produktionsfaktor Arbeit betreffende Aufwendungen, auch die sog. Personalnebenkosten, die einen immer höheren Anteil an den Personalkosten ausmachen. Die anfallenden Ergebnisse gehen in die Entscheidungsprozesse der Arbeitgeber und der Arbeitnehmerverbände ein (Einführung betrieblicher Sozialleistungen, Beurteilung der Wettbewerbsfähigkeit und der Standorte); sie finden auch Berücksichtigung in der Sozialpolitik (soziale Sicherung der Arbeitnehmer).

7.2.2 Einkommens- und Verbrauchsstatistiken

Eine Erhebung, die sowohl Daten über Einkommen als auch den Verbrauch Privater Haushalte liefert, ist die seit 1962 durchgeführte **Einkommens- und Verbrauchsstichprobe (EVS)**. Sie wurde bisher 1962/63, 1969, 1973, 1978, 1983, 1988 und 1993 durchgeführt. Die Grundgesamtheit besteht aus den Privaten Haushalten, die keine Spitzeneinkommen beziehen, d.h. ausgeschlossen sind die Anstaltsbevölkerung (bis vor 1988 auch die ausländische Bevölkerung) und in 1993 Haushalte mit einem monatlichen Nettoeinkommen über DM 35.000. Der Auswahlsatz liegt bei 0,3%, da aber die Teilnahme freiwillig ist, werden effektiv nur etwa 0,25% der Zielhaushalte erfaßt, und das waren etwa 56.000 Haushalte im gesamten Deutschland. Diese führen ein Jahr lang Buch über ihre Einnahmen und Ausgaben: Für die Dauer von elf Monaten (**laufende**

---

[1]1992 wurden in Deutschland rund 9.000 neue Tarifverträge abgeschlossen, etwa 6.900 in den alten und 2.100 in den neuen Bundesländern. Dazu zählen sowohl Lohn- und Gehaltstarifverträge als auch Mantel-, Änderungs- und Anschlußtarifverträge. Insgesamt wurden zwischen 1949 und 1992 gut 263.000 Tarifverträge in das Tarifregister beim Bundesarbeitsministerium eingetragen, von denen heute noch etwa 40.000 gültig sind.

Monatsanschreibung) bleiben dabei die Anschreibungen der Ausgaben auf ausgewählte Aufwendungen beschränkt, um die Belastung der Haushalte in Grenzen zu halten, während in einem Monat des Jahres, der für die erfaßten Haushalte natürlich verschieden ist, alle Ausgaben (**Feinanschreibung**) nachzuweisen sind. Zu dieser Selbstausfüllung kommen ein **Grund-** oder **Eröffnungsinterview**, in dem Angaben über die Haushaltszusammensetzung, seine Ausstattung mit langlebigen Gebrauchsgütern, seine Wohnverhältnisse und andere Merkmale erfragt werden, sowie ein **Abschlußinterview** zur Erfassung der Vermögensbestände und Schulden.

Während es für die Durchleuchtung der Produktion und damit der Angebotsstatistik der Volkswirtschaft zahlreiche Statistiken gibt, ist auf der Nachfrageseite die EVS die wichtigste Erhebung, die ausgehend vom Haushalt als Wirtschaftseinheit eine geschlossene Darstellung der Einkommensverteilung und -verwendung ermöglicht. Nachgewiesen wird so der Zusammenhang zwischen Einkommen, Verbrauch und Vermögensbildung. Die Kenntnis dieser Zusammenhänge ist wichtig für eine erfolgreiche und zielgerichtete Wirtschafts- und Sozialpolitik. Die EVS liefert ferner Informationen für die Aufstellung und Kontrolle der Verwendungsseite des Sozialprodukts. Das Gewichtssystem (Warenkorb) für einen der fünf Preisindizes der Lebenshaltung (vgl. Abs. 8.4.3), der **Preisindex für die Lebenshaltung aller Privaten Haushalte**, wird aus den EVS–Daten errechnet.

Die **laufenden Wirtschaftsrechnungen**, in Abb. 7.1 nicht enthalten, da primär verbrauchsorientiert, bilden mit monatlich maximal 1.000 berichtenden Haushalten nur eine kleine Stichprobe.[2] Sie existiert seit 1949. Die Teilnahme ist ebenfalls freiwillig. Der Vorteil der kleinen Stichprobe liegt in den niedrigen Kosten und der kurzen Aufbereitungszeit (hohe Aktualität). Der Nachteil ist, daß nur wenige, genau abgegrenzte **Haushaltstypen** in die Erhebung einbezogen werden können:

- **Typ 1** ist ein Zwei–Personen–Haushalt von Renten- und Sozialhilfeempfängern mit geringem Einkommen (1993 monatlich zwischen DM 1.650 und 2.350).

- **Typ 2** ist ein Vier–Personen–Haushalt von Arbeitern und Angestellten mit mittlerem Einkommen. Es handelt sich um ein Ehepaar mit zwei Kindern, davon mindestens eines unter 15 Jahren. Ein Ehepartner soll als Arbeiter oder Angestellter tätig und alleiniger Einkommensbezieher sein (1993 monatlich zwischen 3.600 und 5.400 DM brutto im früheren Bundesgebiet, zwischen 2.700 und 4.400 DM brutto in den neuen Bundesländern).

- **Typ 3** ist ein Vier–Personen–Haushalt von Beamten und Angestellten mit höherem Einkommen. Es handelt sich um ein Ehepaar mit zwei Kin-

---

[2] 1993 waren im früheren Bundesgebiet etwa 910 und in den neuen Ländern inkl. Berlin-Ost etwa 820 Haushalte einbezogen.

dern, davon mindestens eines unter 15 Jahren. Ein Ehepartner soll Angestellter oder Beamter sein (1993 monatlich zwischen 6.200 und 8.400 DM brutto im früheren Bundesgebiet, zwischen 4.800 und 6.500 DM brutto in den neuen Bundesländern).

Durch die laufenden Wirtschaftsrechnungen sollen die Budgets der ausgewählten Haushaltstypen permanent beobachtet werden. Erhoben wird das vollständige monatliche Haushaltsbudget durch Anschreibung der Einnahmen nach Quellen und Höhe, der Ausgaben nach Arten, Verwendungszweck und Höhe. Ferner erfaßt man die Ausstattung mit langlebigen Gebrauchsgütern sowie wirtschaftliche und soziale Verhältnisse. Die Haushaltstypen sind so festgelegt, daß sie im zeitlichen Längsschnitt von möglichst vielen Haushalten durchlaufen werden. Außerdem sollen sie stets die gleiche relative Position in der sich ändernden Einkommenspyramide einnehmen. Daher müssen die Einkommensgrenzen laufend gemäß der allgemeinen Einkommensentwicklung durch Fortschreibung angepaßt werden. So lagen etwa für den Typ 3 die Grenzen 1965 bei 1.600 und 2.000 DM, 1988 bei 5.200 und 7.000 DM und 1991 bei 5.750 und 7.800 DM.

Die Ergebnisse können nicht auf alle Privaten Haushalte übertragen werden und sind auch für jene sozialen Gruppen, denen die erfaßten Haushalte zugehören, wegen der vorgegebenen Auswahlmerkmale nicht repräsentativ. Gleichwohl liefern sie laufend Orientierungspunkte über die Verbrauchsstruktur. Mit ihnen werden die Warenkörbe für drei weitere Preisindizes der Lebenshaltung (vgl. Abs. 8.4.3) aufgebaut und laufend kontrolliert. Die Ergebnisse liefern den Sozialpolitikern Grundlagen für Festsetzung und Änderung von Renten und Unterstützungssätzen und erlauben, die Auswirkungen von Reformen auf diesen Gebieten zu beobachten. Sie dienen als Grundlage für ernährungswissenschaftliche Untersuchungen und gestatten einen Einblick in die Veränderung der Verbrauchsgewohnheiten bei steigendem Einkommen im Längs- und Querschnitt.

Für die Berechnung des Privaten Verbrauchs in der VGR sind die EVS und die laufenden Wirtschaftsrechnungen nur bedingt tauglich. Dort geht man zur Erfassung **lieferbereichsorientiert** vor und wertet die Produktionsstatistiken, aber auch die Binnenhandels- und Außenhandelsstatistiken sowie die diversen Steuerstatistiken, insb. die Verbrauchssteuerstatistiken, entsprechend aus.

7.3 Einige Auswertungen

Von den vielfältigen Auswertungsmöglichkeiten sollen hier nur drei – und diese auch nicht erschöpfend – behandelt werden: Analyse von Individual- und Haushaltseinkommensverteilungen, die funktionelle Verteilung und die Ausschaltung von Preissteigerungen.

7.3.1 Einkommensverteilungen und Einkommenskonzentration

Spricht man in der statistischen Methodenlehre von „Verteilung eines Merkmals", so meint man die Verteilung der Merkmalsträger nach der Größe der Ausprägungen dieses Merkmals. In diesem Sinne sollen hier zwei Einkommensverteilungen vorgestellt werden: Einmal sind Individuen, das andere Mal sind Haushalte die Träger.

Als **Individualeinkommensverteilung** betrachten wir die in Aufgabe 7.1 ausgewiesene Verteilung der Lohn- und Einkommensteuerpflichtigen nach der Höhe ihrer Einkünfte in 1989. Der verwendete Einkommensbegriff ist steuerlicher Natur, enthält also die Einkünfte laut Tab. 7.1. Die Verteilung ist keine primäre Einkommensverteilung, sondern ist das Resultat einer Querverteilung, entstanden durch Kumulation der bis zu sieben Einkunftsarten bei einem Steuerpflichtigen. Streng genommen ist bei dieser sekundärstatistischen Einkommensverteilung auch nicht das Individuum der Träger, sondern der „Steuerpflichtige", und dieser kann auch zwei Personen umfassen, wenn nämlich Ehepartner die gemeinsame Veranlagung (= ein Steuerfall) wählen. Abb. 7.2 zeigt das **Histogramm** (= empirische Dichte) dieser Verteilung. Es folgen zunächst einige Kommentare zur Konstruktion und dann solche zur Interpretation.

Die **empirische Dichte**, d.h. die Höhe eines Rechtecks über der i-ten Klasse ergibt sich aus den absoluten Häufigkeiten n_i durch Umrechnung zu relativen Häufigkeiten (Anteilen)

$$p_i = \frac{n_i}{n} \quad \text{mit} \quad n = \sum_{i=1}^{k} n_i \tag{7.1}$$

und anschließender Division durch die Klassenbreite

$$\Delta x_i = x_i^o - x_i^u \tag{7.2}$$

als

$$f_n(x) = \frac{p_i}{\Delta x_i} \quad \text{für} \quad x_i^u < x \le x_i^o . \tag{7.3}$$

Oberhalb von 100.000 DM ist $f_n(x)$ so klein, daß eine graphische Darstellung kaum noch möglich ist, weshalb das Histogramm bei 100.000 DM abgebrochen worden ist. Auf diese Weise sind nur etwa 88% der Steuerpflichtigen in dieser Abbildung enthalten.

<u>Abb. 7.2</u>: Histogramm der Verteilung der Steuerpflichtigen nach der Höhe ihrer Einkünfte 1989

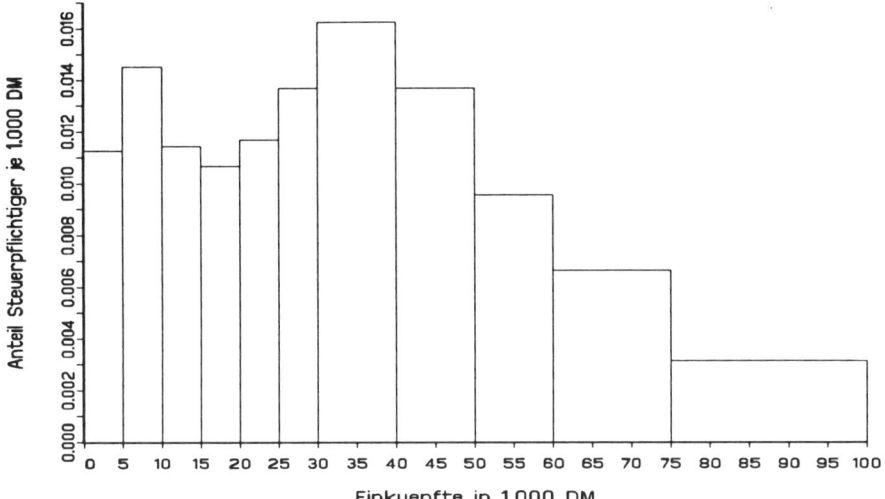

Man erkennt in Abb. 7.2 klar zwei Gipfel, den ersten in der Klasse von 5.000 bis 10.000 DM, den zweiten in der Klasse von 30.000 bis 40.000 DM. Diese Zweigipfligkeit rührt daher, daß hier offenbar zwei Verteilungen gemischt oder überlagert worden sind, nämlich die der **Lohnsteuerpflichtigen**, deren Verteilung mit ihrem Gipfel bei den niedrigen Einkünften liegt, und die der **Einkommensteuerpflichtigen**, deren Verteilung mit ihrem Gipfel bei höheren Einkünften liegt. Mehrgipflige Verteilungen sind i.d.R. Mischverteilungen, sie entstehen durch Pooling mehrerer homogener Einzelverteilungen zu einer heterogenen Gesamtverteilung (vgl. auch Aufgabe 7.2).

In Tab. 7.2 sind **zwei Einkommensverteilungen** des Jahres 1988 für alle Privaten Haushalte enthalten:

- In Spalte 3 steht, wie sich die 26.187.000 Privathaushalte bezüglich der Höhe ihres **monatlichen** Bruttoerwerbs- und -vermögenseinkommens verteilen. Spalte 4 gibt das zugehörige **Jahreseinkommen** 1988 in jeder Einkommensklasse an. Diese Verteilung ist jene, die sich **vor** jeder privaten und/oder staatlichen **Umverteilung** ergibt. Das hier betrachtete Einkommen schließt Einkünfte aus Wohnungsvermietung ein, enthält jedoch weder unterstellte Sozialbeiträge noch nichtentnommene Gewinne der Unternehmen ohne eigene Rechtspersönlichkeit.

- In Spalte 8 steht, wie sich die 26.187.000 Privathaushalte nach Einkommenstransfers, d.h. **nach Umverteilung**, bezüglich der Höhe ihres dann

monatlichen verfügbaren Einkommens verteilen. In Spalte 9 schließlich
findet man das verfügbare Jahreseinkommen jeder Klasse.

Tab. 7.2 entstammt einer DIW–Publikation, DIW (1990). Das DIW stellt
solche Haushaltseinkommensverteilungen in größeren Zeitabständen auf. Es
verwendet dabei amtliche Statistiken (EVS, Statistiken über Finanzen, Steuern, Sozialversicherung, Sozialhilfe u.ä.), aber auch die Ergebnisse des vom
DIW maßgeblich betreuten Sozioökonomischen Panels. Tab. 7.2 und eine Reihe ähnlicher Tabellen, die für bestimmte Gruppen von Haushalten gelten –
vgl. Aufgabe 7.2 und 7.3 – und die in der zitierten DIW–Publikation zu finden sind, müssen als Ergebnis einer sorgfältig durchgeführten Synthese vieler
Basisstatistiken angesehen werden.

Es folgen nun einige Kommentare und Erläuterungen zu Tab. 7.2:

1. Zu den Übertragungen in Spalte 5 und 6 ist zu bemerken, daß es sich
   bei ihnen um solche zwischen Privathaushalten, Anstaltsbevölkerung und
   Privaten Organisationen ohne Erwerbszweck und dem Staat (Gebietskörperschaften und Sozialversicherung) handelt.

2. Die empfangenen Leistungen enthalten nicht die vom Staat gezahlten
   Sozialversicherungsbeiträge für Empfänger sozialer Leistungen.

3. Die geleisteten Übertragungen umfassen auch die Zinsen auf Konsumen-
   tenschulden, allerdings keine unterstellten Sozialversicherungsbeiträge
   und keine Sozialversicherungsbeiträge des Staates für Empfänger sozialer
   Leistungen.

4. Der Transfersaldo ist die Differenz zwischen empfangenen und geleisteten
   laufenden Übertragungen.

5. Die Eintragungen in den Spalten 5 bis 7 sind in der Zeilenzugehörig-
   keit der Spalte 3 zu lesen, d.h. etwa die 7.067.000 Haushalte mit einem
   Bruttoerwerbs- und -vermögenseinkommen unter monatlich 1.000 DM haben per Saldo 149.166 Mio. DM in 1988 aus der Übertragung gewonnen,
   was dazu führt, daß nach dieser Umverteilung nur noch 516.000 Haushalte (Spalte 8) monatlich unter 1.000 DM verfügbares Einkommen haben
   bzw. sie zusammen 5.554 Mio. DM im Jahr (Spalte 9).

6. Man sieht in der Summenzeile, daß die empfangenen und geleisteten
   Übertragungen sich nicht ausgleichen, sondern daß die Privaten Haushalte 261,815 Mrd. DM mehr geleistet als empfangen haben. Ein Teil
   dieses Betrages ist sicher anderen Titeln im Staatshaushalt zugeflossen.

Die beiden in Tab. 7.2 enthaltenen Einkommensverteilungen, kurz **Verteilung vor Übertragung** und **Verteilung nach Übertragung** genannt,
sollen im folgenden statistisch analysiert werden. Da sich die empfangenen und
geleisteten Übertragungen nicht ausgleichen, sondern 261,815 Mrd. DM von
den Privaten Haushalten abgeflossen sind, hat sich durch die Umverteilung das
durchschnittliche Haushaltseinkommen von $\bar{x} \approx 4.858$ DM monatlich auf $\bar{x} \approx$
4.025 DM monatlich reduziert. Auch das mediane monatliche Einkommen hat

Tab. 7.2: Einkommensverteilung 1988 aller Privaten Haushalte vor und nach Transfers

i	Monatl. Haushaltseinkommen über ... bis zu ... DM $x_i^u - x_i^o$	Bruttoerwerbs- und -vermögenseinkommen		laufende Übertragungen		Transfersaldo [Mio. DM]	Verfügbares Einkommen	
		Zahl der Haushalte [1000] n_i^b	Jahreseinkommen [Mio. DM] x_i^T	empfangen [Mio. DM]	geleistet [Mio. DM]		Zahl der Haushalte [1000] n_i^y	Jahreseinkommen [Mio. DM] y_i^T
(1)	(2)	(3)	(4)	(5)	(6)	(7)	(8)	(9)
1	1.000	7.067	24.387	165.421	16.255	+ 149.166	516	5.554
2	1.000 – 2.000	2.139	38.878	64.707	17.215	+ 47.492	3.632	67.224
3	2.000 – 3.000	2.265	68.030	54.338	29.980	+ 24.358	6.875	208.519
4	3.000 – 4.000	2.332	98.277	25.527	42.435	– 16.908	7.278	303.633
5	4.000 – 5.000	2.122	115.255	12.620	50.922	– 38.302	2.685	143.888
6	5.000 – 6.000	2.161	142.770	13.119	65.266	– 52.147	1.751	114.607
7	6.000 – 7.000	1.881	146.503	11.756	67.918	– 56.162	1.056	81.653
8	7.000 – 8.000	1.530	137.288	9.714	63.779	– 54.065	668	59.612
9	8.000 – 9.000	1.181	120.002	7.818	55.553	– 47.735	453	45.868
10	9.000 – 10.000	881	99.994	6.191	45.929	– 39.738	301	34.106
11	10.000 – 15.000	1.194	174.470	11.139	72.269	– 61.130	414	60.844
12	15.000 – 20.000	790	160.486	8.499	64.172	– 55.673	282	57.607
13	20.000 – 25.000	428	112.453	5.624	41.320	– 35.696	165	43.065
14	25.000 und mehr	216	87.737	3.453	28.728	– 25.275	111	38.535
	insgesamt	26.187	1.526.530	399.926	661.741	– 261.815	26.187	1.264.715

Quelle: DIW (1990), p. 311

sich durch die Umverteilung reduziert, von $\tilde{x} \approx 3.697$ DM vor Umverteilung auf $\tilde{x} \approx 3.281$ DM nach Umverteilung. Während die Standardabweichung der Monatseinkommen vor der Umverteilung bei $s \approx 5.258$ DM lag, ist sie durch die Umverteilung auf $s \approx 3.253$ DM gesunken, d.h. die Einkommen sind „gleicher" geworden und die Einkommenskonzentration (darüber weiter unten mehr) hat abgenommen.

Abb. 7.3 zeigt im oberen Teil das Histogramm zur Verteilung vor Übertragungen. Die Verteilung ist extrem linkssteil und weist noch einen zweiten, kleineren Gipfel in der Klasse von 3.000 bis 4.000 DM Monatseinkommen auf. Diese Verteilung aller Privathaushalte ist wiederum (vgl. Abb. 7.2) eine Mischverteilung, und zwar aus insgesamt acht einzelnen, sehr stark voneinander differierenden Verteilungen bestimmter, nach der sozialen Stellung[3] der Bezugsperson (= Haushaltsvorstand) unterschiedener Haushaltstypen, vgl. DIW (1990). Abb. 7.3 zeigt im unteren Teil das Histogramm zur Verteilung nach Übertragung. Die Verteilung ist jetzt eingipflig, aber immer noch linkssteil.

In der Literatur sind viele theoretische Verteilungen als Modelle für Einkommensverteilungen vorgeschlagen worden.[4] Zwei von ihnen seien hier vorgestellt, wobei auch der Versuch unternommen wird, diese an die beiden Verteilungen des Haushaltseinkommens in Tab. 7.2 anzupassen.

Das eine Modell stammt von VILFRED PARETO (1848 – 1923). Er behauptete aufgrund zahlreicher Beobachtungen von Einkommensverteilungen im ausgehenden 19. Jahrhundert, daß die Anzahl $N(x)$ von Personen mit einem Einkommen X von mehr als x durch die Funktion

$$N(x) := N(X > x) = A\,x^{-c}, \ c > 0, \ A = \text{Konstante}, \qquad (7.4)$$

zu beschreiben sei. Nach Logarithmierung dieser echt gebrochen–rationalen Funktion erhält man im doppelt–logarithmischen Netz eine Gerade, die unter einem Winkel α fällt, dessen Tangens $-c$ beträgt:

$$\log N(x) = \log A - c \log x \,. \qquad (7.5)$$

Normiert man (7.4) durch Division mit N, der Anzahl aller Einkommensbezieher, so ergibt sich die **komplementäre Verteilungsfunktion** der PARETO–**Verteilung**.

$$G(x) := P(X > x) = \left(\frac{x}{b}\right)^{-c}, \ x \geq b \qquad (7.6\,\text{a})$$

mit

$$b = \sqrt[c]{A/N} \,.$$

---

[3]Selbständige in der Landwirtschaft, Selbständige außerhalb der Landwirtschaft, Angestellte, Beamte, Arbeiter, Arbeitslose, Rentner und Pensionäre.
[4]Vgl. etwa: DAGUM, C. (1983).

<u>Abb. 7.3:</u> Histogramme der Verteilung aller Privaten Haushalte nach ihrem Monatseinkommen 1988 vor und nach Umverteilung

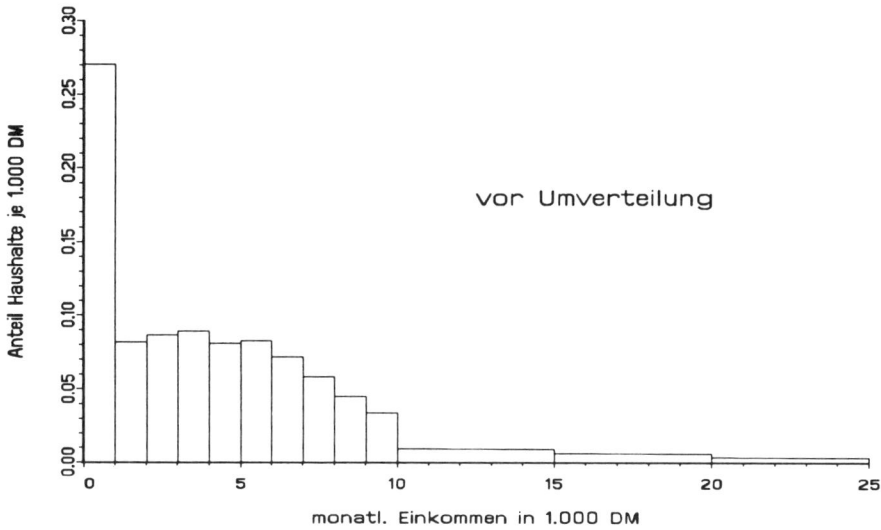

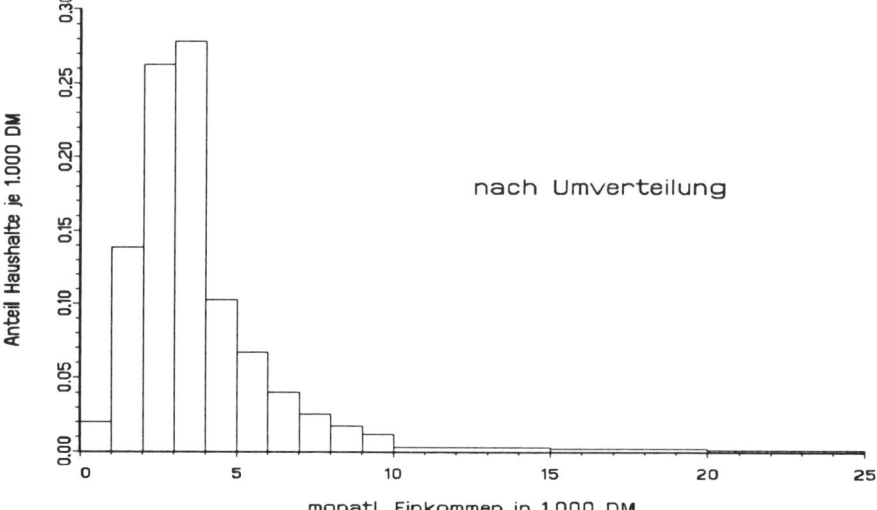

Zu (7.6 a) gehören die **Verteilungsfunktion**

$$F(x) = P(X \leq x) = 1 - \left(\frac{x}{b}\right)^{-c} \qquad (7.6\ \text{b})$$

und die **Dichte**

$$f(x) = \frac{c}{b}\left(\frac{x}{b}\right)^{-c-1} . \qquad (7.6\ \text{c})$$

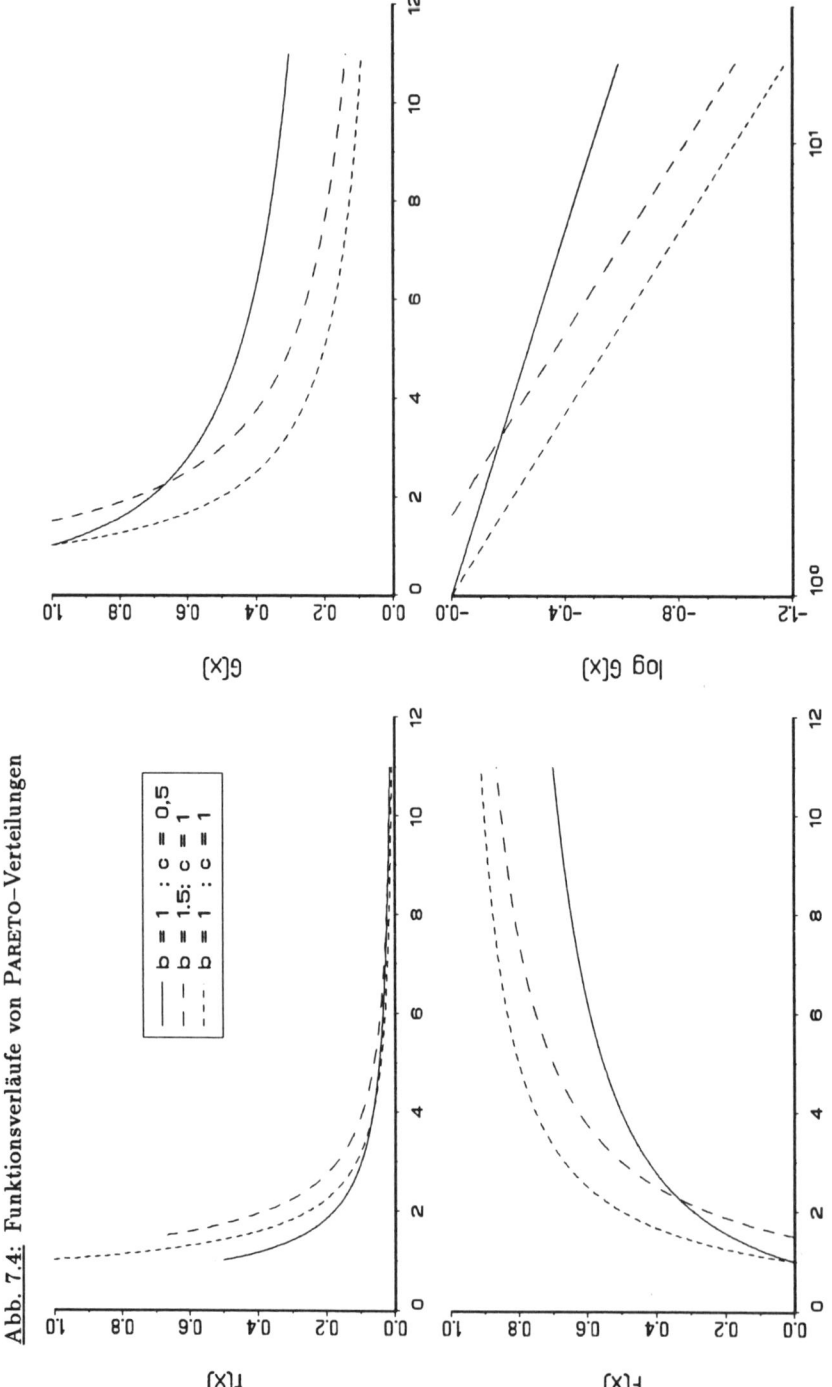

Abb. 7.4: Funktionsverläufe von PARETO-Verteilungen

Es heißt c die PARETO-**Konstante**. Sie ist für den Verlauf der drei Funktionen (7.6 a – c) maßgeblich; b ist nur ein Skalenparameter. Je kleiner der Wert von c ist, desto langsamer fällt die Funktion $G(x)$ bzw. desto flacher verläuft die PARETO–Gerade

$$\log[G(x)] = c \log b - c \log x. \qquad (7.6\ d)$$

Man kann c als ein **Maß für die Einkommensungleichheit** interpretieren: Je größer (kleiner) c, desto schneller (langsamer) fällt $G(x)$ und desto niedriger (höher) ist bei festem x der Anteil der Bezieher eines Einkommens von mehr als x. Man vgl. dazu die Abb. 7.4, die für drei Parameterkonstellationen die Verläufe der vier durch (7.6 a – d) definierten Funktionen zeigt.

Abb. 7.5: Graphische Überprüfung auf Vorliegen einer PARETO–Verteilung

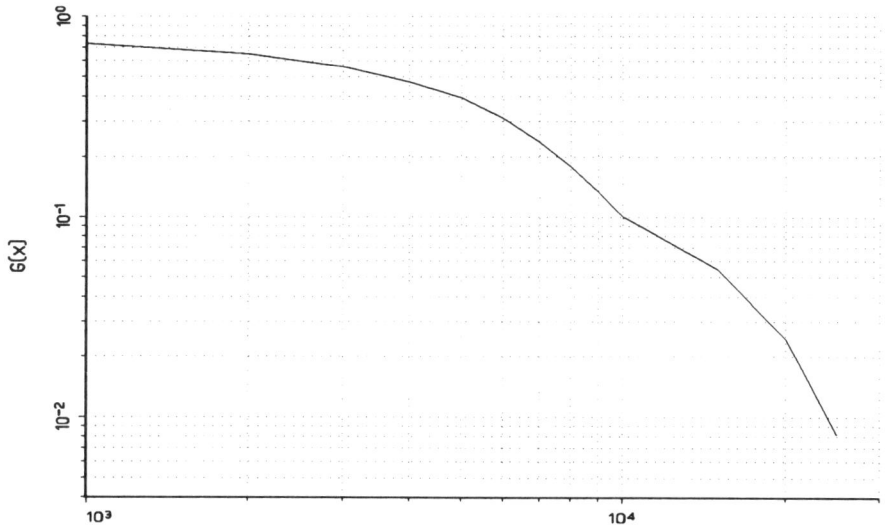

Die PARETO-Verteilung hat eine linkssteile Dichte mit dem Maximum am linken Rand $x = b$ des Definitionsbereichs. Von den beiden empirischen Verteilungen der Haushaltseinkommen kommt daher – vgl. Abb. 7.3 – allenfalls jene vor Umverteilung für eine Anpassung durch die PARETO-Verteilung in Frage. Stellt man $\log[G_n(x_i^0)]$ über $\log(x_i^0)$ dar,[5] so erhält man den Verlauf in Abb. 7.5. Bei Vorliegen einer PARETO-Verteilung müßten die Punkte im doppelt–logarithmischen Netz regellos um eine fallende Gerade streuen. Dies ist hier offenbar nicht der Fall; die Punkte liegen auf einer nahezu konkaven Kurve. Nach diesem graphischen Anpassungstest muß also die PARETO-Verteilung als nicht adäquat angesehen werden.

---

[5]Die Werte der Überschreitungsanteile $G_n(x_i^0)$ stehen in Spalte 7 von Tab. 7.3a weiter hinten.

Das andere, um 1930 von R. GIBRAT vorgeschlagene Modell ist die **Lognormalverteilung**,[6] die im Kontext von Einkommensanalysen auch als GIBRAT–Verteilung bezeichnet wird. Ihre **Dichte** für das Einkommen X im natürlichen Maßstab lautet

$$f(x) = \frac{\log e}{x\,b\,\sqrt{2\pi}}\,\exp\left\{-0,5\,[\log x - a]^2/b^2\right\}\,;\; \left\{\begin{array}{l} x \geq 0,\\ a \in \mathbb{R},\\ b > 0. \end{array}\right. \qquad (7.7\text{ a})$$

Die Dichte für das logarithmierte Einkommen $\log X$ ist hingegen

$$f^*(\log x) = \frac{\log e}{b\sqrt{2\pi}}\,\exp\left\{-0,5\,[\log x - a]^2/b^2\right\}. \qquad (7.7\text{ b})$$

Die Funktionsparameter a und b haben die Bedeutung:

$$a = E(\log X),$$

$$b^2 = V(\log X),$$

d.h. a ist der Erwartungswert des logarithmierten Einkommens und b^2 dessen Varianz. Für den Erwartungswert des Einkommens im natürlichen Maßstab gilt hingegen

$$E(X) = 10^{[a+b^2/(2\,\log e)]}.$$

Abb. 7.6 zeigt den Verlauf von (7.7 a/b) für einige Kombinationen von Parameterwerten. Man sieht den glockenförmigen, von der Normalverteilung bekannten Verlauf von $f^*(\log x)$, daher auch die Bezeichnung Lognormalverteilung, während $f(x)$ eine linkssteile Dichte hat. Für die Verteilungsfunktionen, ebenfalls in Abb. 7.6 zu finden, gilt

$$F^*(\log x) = F(x) = \Phi\left(\frac{\log x - a}{b}\right) \qquad (7.7\text{ c})$$

mit $\Phi(\cdot)$ als Verteilungsfunktion der Standardnormalverteilung.

---

[6]Arbeitet man nicht – wie oben – mit dem dekadischen Logarithmus (log), sondern mit dem natürlichen Logarithmus (ln), so erhält man etwas andere Formeln :

$$f(x) \;=\; \frac{1}{x\,\bar{b}\,\sqrt{2\pi}}\,\exp\left\{-0,5\,[\ln x - \bar{a}]^2/\bar{b}^2\right\},$$

$$f^*(\ln x) \;=\; \frac{1}{\bar{b}\,\sqrt{2\pi}}\,\exp\left\{-0,5\,[\ln x - \bar{a}]/\bar{b}^2\right\},$$

$$\bar{a} \;=\; E(\ln X),\;\; \bar{b}^2 = V(\ln X),$$

$$E(X) \;=\; \exp[\bar{a} + \bar{b}^2/2],\;\; V(X) = \exp[2\bar{a} + \bar{b}^2]\cdot\{\exp(\bar{b}^2) - 1\}.$$

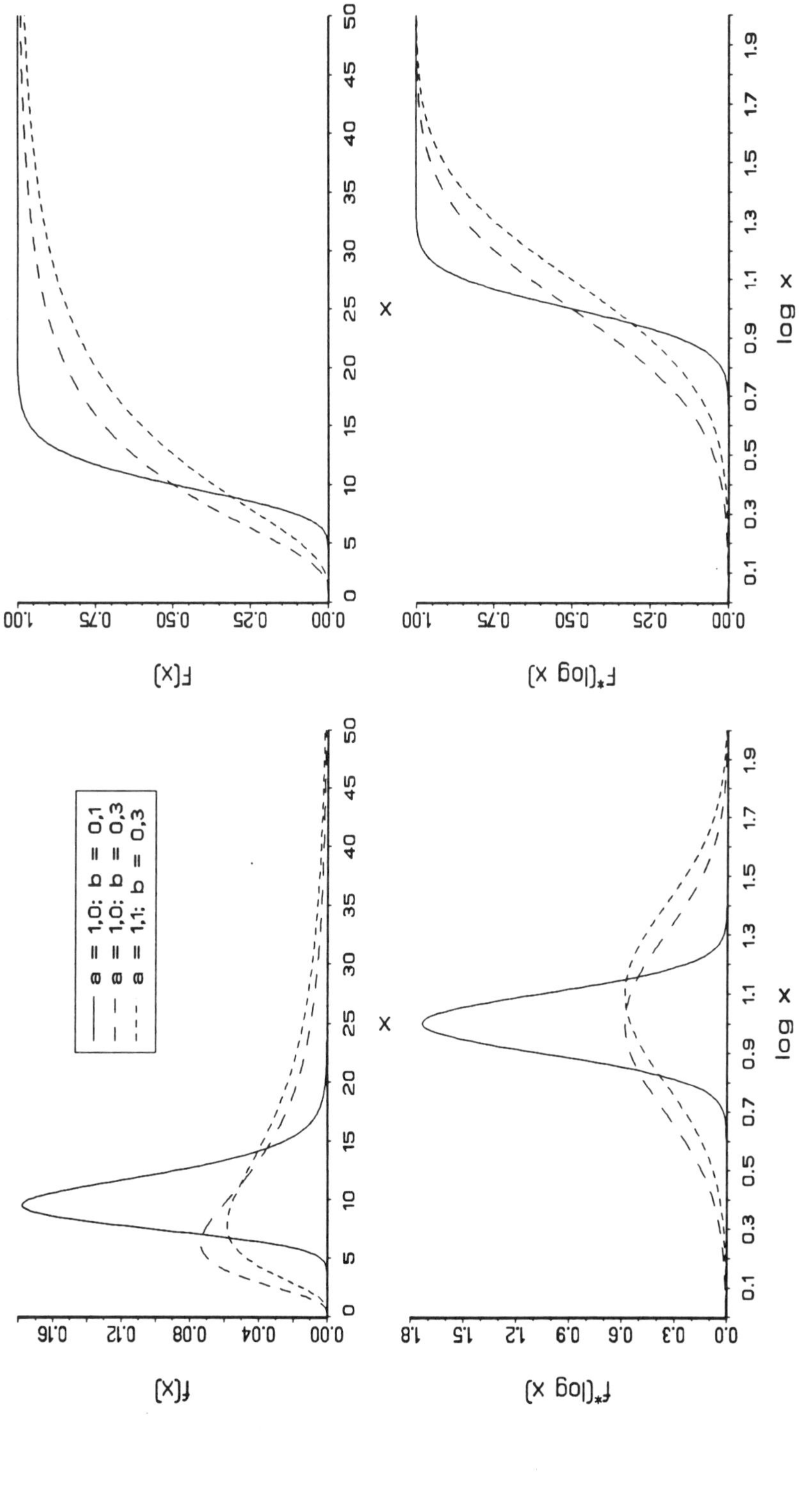

Abb. 7.6: Funktionsverläufe von Lognormalverteilungen

Der Einkommensverteilung 1988 der Privaten Haushalte nach Transfers (untere Teilgraphik in Abb. 7.3) soll eine Lognormalverteilung angepaßt werden, wobei a und b^2 nach der Momentenmethode geschätzt werden:

$$\widehat{a} \;=\; \frac{1}{n} \sum_{i=1}^{k} n_i \, \log \bar{x}_i \qquad\qquad\qquad (7.8\ a)$$

$$\widehat{b}^2 \;=\; \frac{1}{n} \sum_{i=1}^{k} n_i \, (\log \bar{x}_i)^2 - \widehat{a}^2, \qquad\qquad (7.8\ b)$$

und $\bar{x}_i$ das monatliche Durchschnittseinkommen (errechnet aus den Spalten 8 und 9 der Tab. 7.2) ist. Man erhält

$$\widehat{a} = 3,524356 \quad \text{und} \quad \widehat{b}^2 = 0,060466.$$

Wertet man mit diesen Schätzwerten die Formel (7.7 c) an den Klassenobergrenzen x_i^0 aus, so erhält man die in Spalte 7 von Tab. 7.3b stehenden Werte $\widehat{F}(x_i^0)$, die sehr gut mit den Werten der empirischen Verteilungsfunktion

$$F_n(x_i^0) = \sum_{j=1}^{i} p_j$$

übereinstimmen, vgl. Spalte 6 von Tab. 7.3b. Das Modell der Lognormalverteilung scheint also gut zur beobachteten Verteilung zu passen.

Im Zusammenhang mit Einkommen, aber auch mit anderen ökonomischen Merkmalen (Vermögen, Umsatz, Beschäftigte) stellt sich die Frage, ob die Merkmalssumme bezüglich der Merkmalsträger stark oder wenig konzentriert bzw. gleichmäßig oder ungleichmäßig aufgeteilt ist. Die Frage beantwortet man durch Aufstellung und Berechnung von **Konzentrationsmaßen**.[7] Es werden zwei Arten statistischer Konzentration unterschieden:

1. **Absolute Konzentration** liegt vor, wenn auf eine kleine **Anzahl von Merkmalsträgern** ein großer **Anteil der Merkmalssumme** entfällt.

2. **Relative Konzentration** (synonym: **Disparität**) liegt vor, wenn auf einen kleinen **Anteil von Merkmalsträgern** ein großer **Anteil der Merkmalssumme** entfällt.

Wir führen zunächst einige Symbole ein und unterstellen, daß das Merkmal X summierbar und nicht–negativ ist. Als **Merkmalssumme** bezeichnen wir

$$x^T \;:=\; \sum_{\nu=1}^{n} x_\nu \;-\; \text{bei Einzelwerten} \qquad\qquad (7.9\ a)$$

$$x^T \;:=\; \sum_{i=1}^{k} \bar{x}_i \, n_i \approx \sum_{i=1}^{k} x_i \, n_i \;-\; \text{bei gruppierten Daten.} \qquad (7.9\ b)$$

---

[7]Eine ausführliche Darstellung der Konzentrationsmessung findet man bei PIESCH (1975).

Die **aufsteigend** geordneten Einzelwerte werden mit

$$x_{<1>} \leq x_{<2>} \leq \ldots \leq x_{<n-1>} \leq x_{<n>}$$

bezeichnet, und von den Klassenmitten x_i bzw. Klassenmittelwerten $\bar{x}_i$ wird eine aufsteigende Anordnung unterstellt. Als **Merkmalssummenanteile** bezeichnen wir:

$$\pi_\nu \; := \; x_{<\nu>}/x^T \,, \tag{7.10 a}$$

$$\pi_i \; := \; x_i^T/x^T \,, \tag{7.10 b}$$

mit $x_i^T = \bar{x}_i n_i \approx x_i n_i$. Daraus gewinnt man die (aufwärts) **kumulierten Merkmalssummenanteile**

$$L_\nu \; := \; \sum_{\kappa=1}^{\nu} \pi_\kappa \,, \tag{7.11 a}$$

$$L_i \; := \; \sum_{j=1}^{i} \pi_j \,. \tag{7.11 b}$$

Es sagt z.B. L_i, wie hoch für die Träger in den i „untersten" Klassen ihr Anteil an der Merkmalssumme ist. An der Gesamtzahl der Träger haben diese i „untersten" Klassen einen Anteil von $F_n(x_i^0)$. Für die Einkommensverteilung 1988 der Haushalte vor bzw. nach Übertragung stehen die oben definierten Größen in Tab. 7.3a bzw. Tab. 7.3b.

Als **Maße der absoluten Konzentration** seien nur drei vorgestellt:

1. HERFINDAHL–Maß (1950)

$$HF := \left\{ \begin{array}{ll} \sum\limits_{\nu=1}^{n} \pi_\nu^2 & \text{mit} \quad \frac{1}{n} \leq HF \leq 1 \\ \sum\limits_{i=1}^{k} \pi_i^2 & \text{mit} \quad \frac{1}{k} \leq HF \leq 1 \end{array} \right\} \tag{7.12}$$

Es ist $HF = 1$ bei perfekter absoluter Konzentration, wenn nämlich ein Träger (eine Klasse) die gesamte Merkmalssumme hat und die anderen $n-1$ Träger ($k-1$ Klassen) nichts haben. Es ist $HF = 1/n$ ($1/k$), wenn jeder Träger (jede Klasse) gleich viel von der Merkmalssumme hat. Je größer der HF-Wert, desto höher die absolute Konzentration. Für die Einkommensverteilungen 1988 der Privaten Haushalte erhält man aus den Tab. 7.3a/b:

$$HF \; = \; 0,0821 \quad \text{vor Tansfers,}$$

$$HF \; = \; 0,1237 \quad \text{nach Transfers.}$$

Bei $k = 14$ ist 0.0714 der Minimalwert für HF. Durch die Transfers hat demnach die absolute Konzentration leicht zugenommen.

Tab. 7.3a: Arbeitstabelle für die Analyse der Einkommensverteilung 1988
der Privaten Haushalte vor Transfers

i	x_i^0	n_i	x_i^T	p_i	$F_n(x_i^0)$	$G_n(x_i^0)$	π_i	L_i
(1)	(2)	(3)	(4)	(5)	(6)	(7)	(8)	(9)
1	1.000	7.067	24.387	0,2699	0,2699	0,7301	0,0160	0,0160
2	2.000	2.139	38.878	0,0817	0,3516	0,6484	0,0255	0,0415
3	3.000	2.265	68.030	0,0865	0,4381	0,5619	0,0446	0,0861
4	4.000	2.332	98.277	0,0890	0,5271	0,4729	0,0643	0,1504
5	5.000	2.122	115.255	0,0810	0,6081	0,3919	0,0755	0,2259
6	6.000	2.161	142.770	0,0825	0,6906	0,3094	0,0935	0,3194
7	7.000	1.881	146.503	0,0718	0,7624	0,2376	0,0960	0,4154
8	8.000	1.530	137.288	0,0584	0,8209	0,1791	0,0899	0,5053
9	9.000	1.181	120.002	0,0451	0,8660	0,1340	0,0786	0,5839
10	10.000	881	99.994·	0,0336	0,8996	0,1004	0,0655	0,6494
11	15.000	1.194	174.470	0,0456	0,9452	0,0548	0,1143	0,7637
12	20.000	790	160.486	0,0302	0,9754	0,0246	0,1051	0,8688
13	25.000	428	112.453	0,0163	0,9917	0,0083	0,0737	0,9425
14	∞	216	87.737	0,0083	1,0000	0,0000	0,0575	1,0000
insgesamt		26.187	1.526.530	1,0000			1,0000	

2. Exponentialindex

$$EX := \left\{ \begin{array}{ll} \prod_{\nu=1}^{n} \pi_\nu^{\pi_\nu} & \text{mit} \quad 1/n \leq EX \leq 1 \\ \prod_{i=1}^{k} \pi_i^{\pi_i} & \text{mit} \quad 1/k \leq EX \leq 1 \end{array} \right\} \qquad (7.13)$$

In (7.13) gilt $0^0 := 1$. Die Grenzwerte für EX ergeben sich unter den gleichen Bedingungen wie für HF. Auch die Interpretation von EX ist wie bei HF. Aus Tab. 7.3a/b erhält man:

$$EX = 0,0779 \quad \text{vor Transfers},$$
$$EX = 0,0972 \quad \text{nach Transfers}.$$

3. Normierte Entropie

$$ENTRO := \left\{ \begin{array}{l} -\sum_{\nu=1}^{n} \pi_\nu \cdot \dfrac{\ln \pi_\nu}{\ln n} \\ -\sum_{i=1}^{k} \pi_i \cdot \dfrac{\ln \pi_i}{\ln k} \end{array} \right\} ; \quad 0 \leq ENTRO \leq 1 \qquad (7.14)$$

ENTRO ist ein **Gegenrichtungsindex**, d.h. je höher sein Wert, desto niedriger ist die absolute Konzentration. Der Höchstwert 1 ergibt sich, wenn $\pi_\nu = 1/n \,\forall\, \nu$ ($\pi_i = 1/k \,\forall\, i$), d.h. bei Gleichverteilung der Merkmalssumme auf alle Träger (Klassen). Der kleinste Wert 0 stellt sich – bei Beachtung von $0 \cdot \ln 0 = 0$ – ein, wenn $\pi_{\nu*} = 1$ ($\pi_{i*} = 1$) und für alle $\nu \neq \nu^*$ ($i \neq i^*$) die Anteile den Wert 0 haben. Aus Tabellen 7.3a/b erhält man:

$$ENTRO = 0,9672 \quad \text{vor Transfers,}$$

$$ENTRO = 0,8833 \quad \text{nach Transfers.}$$

Diese Werte stehen bzgl. Größe und Reihung im Einklang mit denen von HF und EX.

<u>Tab. 7.3b:</u> Arbeitstabelle für die Analyse der Einkommensverteilung 1988 der Privaten Haushalte nach Transfers

i	x_i^0	n_i	x_i^T	p_i	$F_n(x_i^0)$	$\hat{F}(x_i^0)$	$G_n(x_i^0)$	π_i	L_i
(1)	(2)	(3)	(4)	(5)	(6)	(7)	(8)	(9)	(10)
1	1.000	516	5.554	0,0197	0,0197	0,0165	0,9803	0,0044	0,0044
2	2.000	3.632	67.224	0,1387	0,1584	0,1819	0,8416	0,0531	0,0575
3	3.000	6.875	208.519	0,2625	0,4209	0,4238	0,5791	0,1649	0,2224
4	4.000	7.278	303.633	0,2779	0,6988	0,6240	0,3012	0,2401	0,4625
5	5.000	2.685	143.888	0,1025	0,8013	0,7612	0,1987	0,1138	0,5763
6	6.000	1.751	114.607	0,0669	0,8682	0,8490	0,1318	0,0906	0,6669
7	7.000	1.056	81.653	0,0403	0,9085	0,9039	0,0915	0,0646	0,7315
8	8.000	668	59.612	0,0256	0,9341	0,9382	0,0659	0,0471	0,7786
9	9.000	453	45.868	0,0173	0,9514	0,9598	0,0486	0,0363	0,8149
10	10.000	301	34.106	0,0115	0,9629	0,9735	0,0371	0,0270	0,8419
11	15.000	414	60.844	0,0158	0,9787	0,9960	0,0213	0,0481	0,8900
12	20.000	282	57.607	0,0108	0,9895	0,9992	0,0105	0,0455	0,9355
13	25.000	165	43.065	0,0063	0,9958	0,9998	0,0042	0,0340	0,9695
14	∞	111	38.535	0,0042	1,0000	1,0000	0,0000	0,0305	1,0000
insgesamt		26.187	1.264.715	1,0000				1,0000	

Zur Ableitung eines Maßes der relativen Konzentration greift man auf eine graphische Darstellung zurück, bei der L_ν über $F_n(x_{<\nu>}) = \nu/n$ bzw. L_i über $F_n(x_i^0)$ abgetragen wird, vgl. Abb. 7.7. Die Verbindung der Punkte $(F_n(x_i^0), L_i)$ liefert einen monoton wachsenden, konvexen Polygonzug, der aus k Stücken besteht und im Punkt $(0; 0)$ beginnt und in $(1; 1)$ endet. Dieser Polygonzug heißt LORENZ–Kurve (1904).

<u>Abb. 7.7:</u> LORENZ–Kurven für die Einkommensverteilung 1988
der Privaten Haushalte vor und nach Umverteilung

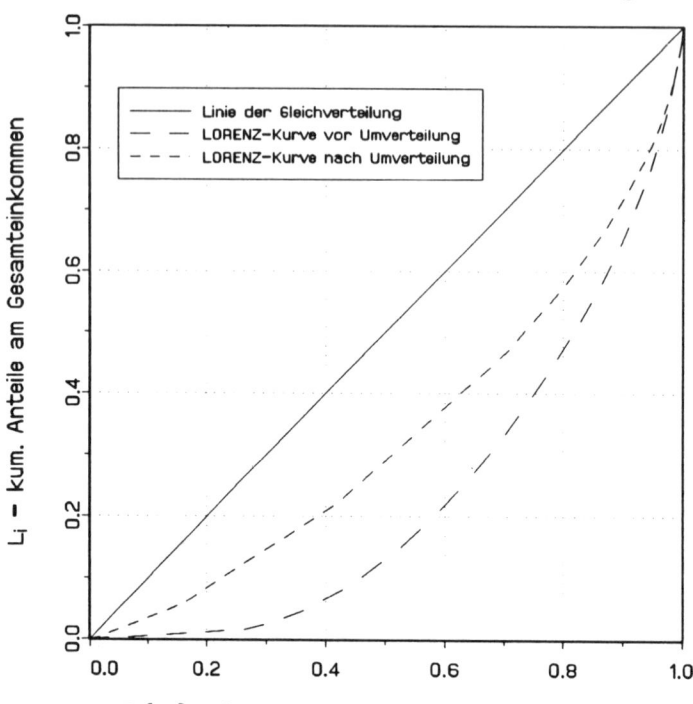

$F_n(x_i^0)$ – kum. Anteile der Einkommensbezieher

Das LORENZ–Diagramm liefert direkt die Antwort auf zwei Fragen durch
verschiedene Arten des Ablesens (entweder ein Abszissen- oder ein Ordinaten-
wert als Ausgangspunkt):

1. Welcher Anteil der Merkmalssumme entfällt auf die $F \cdot 100\%$ kleinsten
   oder die $(1-F)\cdot100\%$ größten Träger? – Aus Abb. 7.7 entnimmt man, daß
   die $F\cdot100\% = 30\%$ einkommensschwächsten Haushalte **vor** Umverteilung
   ca. 3% des gesamten Einkommens hatten, **nach** Umverteilung jedoch
   ca. 15%.

2. Welcher Anteil der Merkmalsträger bezieht $L \cdot 100\%$ oder $(1 - L) \cdot 100\%$
   des Gesamteinkommens? – Abb. 7.7 zeigt, daß die ersten 30% des Einkommens **vor** Umverteilung auf die ersten (= niedrigsten) ca. 67% der
   Haushalte entfielen, während es **nach** Umverteilung die ersten (= niedrigsten) ca. 50% waren.

Die 45°–Linie in Abb. 7.7 heißt **Linie der Gleichverteilung.** Auf sie
kommt die LORENZ–Kurve dann zu liegen, wenn alle Haushalte das gleiche
Einkommen erhalten würden. Das ist der eine Extremfall. Der andere ist jener,
in dem $n - 1$ Haushalte ein Einkommen von Null beziehen, und ein Haushalt

das gesamte Einkommen auf sich vereinigt (extreme Ungleichverteilung). Dann würde die LORENZ–Kurve bis $F_n = (n-1)/n$ auf der Abszisse verlaufen und von dort zum Punkt $(1;1)$ steigen, d.h. die LORENZ–Kurve fällt (für $n \to \infty$) mit den Katheten eines rechtwinkligen Dreiecks zusammen. Als **Maße der relativen Konzentration** bieten sich an:

1. die **Länge der LORENZ–Kurve** (Sie ist $\sqrt{2}$, wenn keine Disparität gegeben ist, und 2 für $n \to \infty$, wenn die extreme Ungleichverteilung vorliegt.);

2. die zwischen LORENZ–Kurve und Gleichverteilungslinie **eingeschlossene Fläche** A (Sie ist 0, wenn keine Disparität vorliegt, und 1/2 für für $n \to \infty$, wenn die extreme Ungleichverteilung gegeben ist.).

Am weitesten verbreitet ist das auf der Fläche basierende Maß. Es heißt GINI–**Koeffizient** (1914). Dieser ist auf $[0;1]$ normiert und definiert als

$$GINI = \frac{A}{0,5\left(1-\dfrac{1}{n}\right)} = \begin{cases} \displaystyle\sum_{\nu=1}^{n} \frac{2\nu-n-1}{n-1}\,\pi_\nu \\[2ex] \dfrac{n}{n-1}\left[1-\displaystyle\sum_{i=1}^{k} p_i\,(L_{i-1}+L_i)\right] \; ; \; L_0 := 0. \end{cases} \quad (7.15)$$

Aus den Tabellen 7.3a/b erhält man:

$$GINI \;=\; 0,5269 \quad \text{vor Transfers},$$

$$GINI \;=\; 0,3289 \quad \text{nach Transfers},$$

so daß die Disparität durch die Umverteilung zurückgegangen ist.

Auf zwei interessante Phänomene der LORENZ–Kurve sei noch hingewiesen:

1. Legt man an die LORENZ–Kurve eine 45°–Tangente, so liefert der zu diesem Tangentialpunkt gehörende F–Wert das Perzentil x_F und dieses stimmt mit $\bar{x}$ überein.

2. Mißt man von diesem Tangentialpunkt parallel zur L–Achse den Abstand zur Linie der Gleichverteilung, so erhält man damit den Einkommensanteil, der umverteilt werden müßte, um jedem Einkommensbezieher ein gleich hohes Einkommen zu geben, also die Disparität zum Verschwinden zu bringen.

Ein weiteres Maß für die Disparität ist der **Variationskoeffizient**

$$VK = s\,/\,\bar{x}\,. \quad (7.16)$$

Es ist $VK = 0$, wenn $s = 0$ und damit die Verteilung eine Ein–Punkt–Verteilung ist, also jeder Träger denselben Merkmalswert aufweist (keine Disparität.) Nach oben ist VK nicht beschränkt. Für die beiden in Rede stehenden Verteilungen erhält man:

$$VK = \frac{5.258 DM}{4.858 DM} \approx 1,0823 \quad \text{vor Transfers,}$$

$$VK = \frac{3.253 DM}{4.025 DM} \approx 0,8082 \quad \text{nach Transfers,}$$

so daß auch diese Maßzahl eine Abnahme der Disparität durch Umverteilung anzeigt.

Seit Anfang der achtziger Jahre macht das Schlagwort „Neue Armut" die Runde. Hinter der unstrittigen Steigerung des Volkseinkommens im letzten Jahrzehnt wird behauptet, stünde eine gespaltene Einkommensentwicklung. Werden die Armen immer ärmer und die Reichen immer reicher? Leben wir in einer „Zweidrittel–Gesellschaft"? Waren die unteren Einkommensschichten am Wohlstandszuwachs nicht beteiligt? – Die Beantwortung dieser Fragen setzt eine Definition von Armut voraus. Vom DIW werden hierzu drei Konzepte vorgelegt:

1. Als **einkommensarm** gilt, wer bis zu 40% des durchschnittlichen Haushaltsnettoeinkommens erzielt.

2. Als **arm** gilt ein Haushalt mit über 40% bis zu 50%,

3. als **armutsnah** ein Haushalt mit über 50% bis zu 60% des durchschnittlichen Haushaltsnettoeinkommens, das 1991 (in den alten Bundesländern) bei jährlich ca. 54.000 DM lag.

Gemessen an diesen Richtwerten zeigt sich, daß im Verlaufe der zweiten Hälfte der achtziger Jahre in allen drei Armutsgruppen der Anteil der Haushalte zurückging. Selbst wenn man die relativ hohe 60%–Grenze nimmt, waren 1989 nur ca. 19% der Haushalte und damit längst nicht zwei Drittel der Haushalte als arm zu bezeichnen. Seitdem hat sich die Quote noch weiter verringert.

7.3.2   Lohnquoten und Lohndrift

Im Kontext der funktionellen Einkommensverteilung interessiert, wie sich das gesamtwirtschaftliche Einkommen oder Volkseinkommen (vgl. Abs. 11.4.3) auf die beiden Produktionsfaktoren Arbeit und Kapital aufteilt. Die **ideale** (oder **reine**) Lohnquote des Jahres t wäre dann definiert als

$$LQ_t^* := A_t / Y_t \qquad (7.17)$$

mit Y_t als Volkseinkommen und A_t als Summe der Vergütungen für den Einsatz von Arbeit. In dieser reinen Form wird die Quote aber nicht berechnet, sondern man gibt als **gesamtwirtschaftliche** oder **effektive** Lohnquote an

$$LQ_t^e := \frac{\text{Bruttoeinkommen aus unselbständiger Arbeit } (= B_t)}{Y_t} . \qquad (7.18)$$

<u>Abb. 7.8:</u> Effektive und bereinigte Lohnquote sowie Arbeitnehmerquote in v.H.
in den alten Bundesländern 1960 – 1994

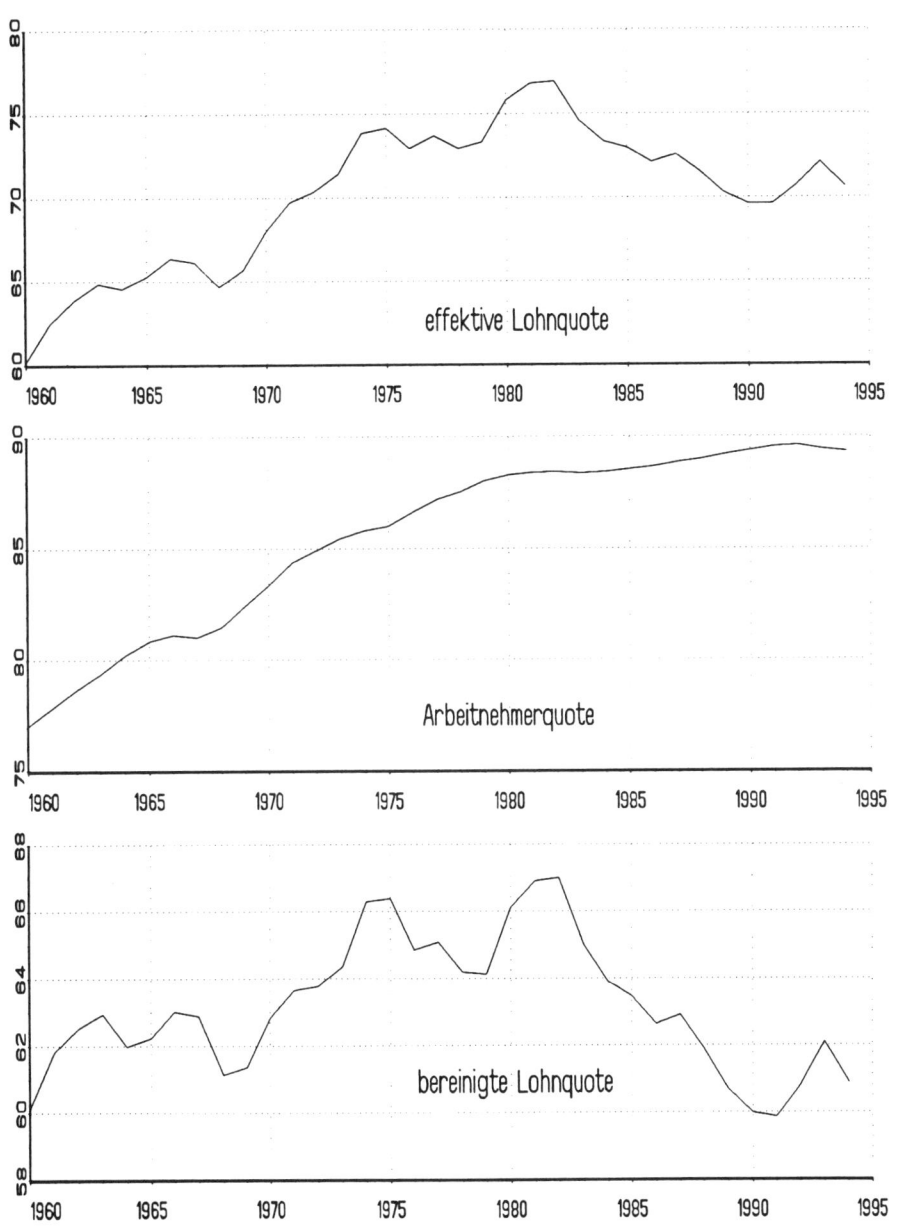

Quelle: Fachserie 18, Reihe 1.1 – Erste Ergebnisse der Sozialproduktsberechnung, 1994

Im Zähler steht nicht das gesamte dem Faktor Arbeit zugeflossene Einkommen, es fehlt der – allenfalls kalkulatorisch bestimmbare, jedoch statistisch nicht meß- oder erhebbare – Unternehmerlohn.[8] Für die Berechnung der effektiven Lohnquote wird das Volkseinkommen in die beiden Komponenten

Bruttoeinkommen aus unselbständiger Arbeit und

Bruttoeinkommen aus Unternehmertätigkeit und Vermögen

aufgespalten, die nicht definitionsscharf den Entgelten der Faktoren Arbeit und Kapital entsprechen.[9]

Abb. 7.8 zeigt im oberen Teil den Verlauf der effektiven Lohnquote zwischen 1960 und 1994. Sie startete 1960 auf dem niedrigen Niveau von 60%, stieg dann mit leichten Schwankungen bis 1982 auf ihr Maximum von knapp 77%, um danach wieder zurückzugehen, so daß sie 1994 bei knapp 71% liegt. Die effektive Lohnquote unterliegt in ihrer Höhe und Veränderung einer Vielzahl von Einflüssen. Zu nennen ist einmal die gewerkschaftliche Lohnpolitik, die u.a. auf eine Anhebung dieser Quote ausgerichtet ist. Preis- und Konjunkturbewegungen wirken ebenfalls auf die relative Größe des Volkseinkommens. Eine statistisch-hausgemachte Ursache sind die Revisionen in den VGR–Daten (vgl. Abs. 11.5.2). Die letzte große Revision von 1991 führte – rückwirkend bis 1970 – zu einer Anhebung des Bruttoeinkommens aus unselbständiger Arbeit bei nahezu gleichbleibenden Werten für das Volkseinkommen, so daß sich die bis zum Jahre 1990 für den Zeitraum 1970 bis 1990 berechneten Lohnquoten erhöhten. Auf diese Weise wurde aus dem Maximum von 74,1% in 1981 ein Maximum von 76,9% in 1982.

Die gesamtwirtschaftliche Lohnquote LQ^e sagt nur wenig über die relative Einkommensposition der Arbeitnehmer als Personengruppe aus, denn einerseits gibt es eine beachtliche Querverteilung (Arbeitnehmer beziehen Einkommen aus ihrem Kapitalvermögen) und andererseits hat sich im Laufe der letzten Jahrzehnte die Erwerbsstruktur beachtlich verändert. Man sieht dies im mittleren Teil der Abb. 7.8, wo der Verlauf der **Arbeitnehmerquote**

$$AQ_t := AE_t \, / \, EW_t \qquad\qquad (7.19)$$

zwischen 1960 und 1994 dargestellt ist. Dabei bedeuten:

- AE_t die jahresdurchschnittliche Anzahl beschäftigter Arbeitnehmer im Inland,

- EW_t die jahresdurchschnittliche Anzahl der Erwerbstätigen im Inland.

---

[8]Für die reine Lohnquote hat der Sachverständigenrat zur Begutachtung der gesamtwirtschaftlichen Entwicklung für den Zeitraum 1960/1987 im Jahresgutachten 1987/88 Werte zwischen 78% und 85% ausgewiesen.

[9]Diese Vorgehensweise ist bedingt dadurch, daß ein großer Teil der zweiten Komponente der per Saldo ermittelte Unternehmensgewinn ist (vgl. die Saldenrechnung in Abb. 6.2), der nicht in seine Bestandteile Unternehmerlohn, Eigenkapitalverzinsung und Miete/Pacht auf eigene Gebäude und Grundstücke zerlegbar ist.

Die Arbeitnehmerquote stieg kontinuierlich von 77% in 1960 über 85% in 1972 auf knapp 90% in 1994. Ein Anstieg dieser Quote ist auch in anderen entwickelten Volkswirtschaften zu beobachten. In der Bundesrepublik ist er wesentlich auf zwei Ursachen zurückzuführen:

1. Der Anteil der Erwerbstätigen in der Land- und Forstwirtschaft, in der traditionell die Quote der Selbständigen und mithelfenden Familienangehörigen an allen Erwerbstätigen die höchste aller Wirtschaftsbereiche ist (1989 lag sie bei ca. 75%), an den insgesamt Erwerbstätigen ist stark zurückgegangen (von etwa 14% in 1960 auf ca. 3% in 1990).

2. Der in fast allen Wirtschaftsbereichen zu beobachtende Übergang zu größeren Unternehmenseinheiten reduzierte die Zahl der Selbständigen.

Um nun beide vorstehenden Strukturveränderungen und den Einfluß der sich ändernden Arbeitnehmerquote auf die Einkommensverteilung rechnerisch auszuschalten, wird eine **bereinigte Lohnquote** berechnet. Der erste Schritt dabei besteht in der Aufstellung einer Meßzahl des zeitlichen Vergleiches für die Entwicklung der Arbeitnehmerquote

$$M_{0,t}^{AQ} := \frac{AE_t/EW_t}{AE_0/EW_0} \, , \qquad (7.20)$$

d.h. man mißt die Arbeitnehmerquote des Jahres t an der eines Basisjahres 0, für das im folgenden 1960 genommen wird. Diese Meßzahl steigt von 100% in 1960 über ca. 110% in 1972 auf 116% in 1994. Die Division der effektiven Lohnquote LQ_t^e durch die Meßzahl liefert dann die bereinigte Lohnquote

$$LQ_t^b := LQ_t^e \, / \, M_{0,t}^{AQ} \, . \qquad (7.21\ \text{a})$$

Einsetzen von (7.18) und (7.20) in (7.21 a) liefert nach kurzer Umformung

$$LQ_t^b := \frac{B_t/AE_t}{Y_t/EW_t} \cdot \frac{AE_0}{EW_0} \, , \qquad (7.21\ \text{b})$$

so daß also die bereinigte Quote im wesentlichen das Verhältnis des durchschnittlichen Bruttoeinkommens aus unselbständiger Arbeit je Arbeitnehmer (B_t/AE_t) zum durchschnittlichen Einkommen je Erwerbstätigen (Y_t/EW_t) ist. Multipliziert wird diese Beziehungszahl mit der Arbeitnehmerquote im gewählten Basisjahr (AE_0/EW_0).

Ein Blick auf den unteren Teil von Abb. 7.8 zeigt den Verlauf der bereinigten Lohnquote. Sie bewegt sich gegenüber der effektiven Lohnquote in einem engeren Bereich (zwischen 60% und 67%). Sie macht die Ausschläge der effektiven Lohnquote mit, läuft also synchron zu ihr. Sie hat zu Beginn der 90er Jahre praktisch wieder den Stand von 1960 erreicht. STOBBE (1994, p. 330) meint daher: „Das läßt vermuten, daß die bereinigte Lohnquote relativ stabil ist und von den Verhältnissen auf dem Arbeitsmarkt wenig beeinflußt wird.“

Im Verlaufe des Aufschwungs von 1982 bis 1990 ist die Lohnquote (effektiv und auch bereinigt) deutlich gesunken. Doch nur die Hälfte dieses Rückgangs war eine echte Verteilungskorrektur. Für die andere Hälfte zeichnet der sektorale Strukturwandel verantwortlich. In drei Vierteln der westdeutschen Branchen lag der Anteil der Arbeitskosten an der Wertschöpfung im Boom–Jahr 1990 unter dem Stand des Rezessionsjahres 1982. Spiegelbildlich zur sinkenden Lohnquote haben sich die Einkommen aus Unternehmertätigkeit und Vermögen in der Mehrzahl der Branchen verbessert. Solche Verteilungskorrekturen sind typisch für jeden Aufschwung. Dank der besseren Kapazitätsauslastung sinken nämlich die Stückkosten in den Unternehmen und schaffen Platz für höhere Gewinne. Dieser typische Verteilungszyklus setzt sich jedoch nicht in allen Bereichen der Volkswirtschaft durch; liegen nämlich schwerwiegende Branchen–Probleme vor, nützt auch das verbesserte gesamtwirtschaftliche Umfeld nur wenig. Der Lohnquoten–Rückgang von 1982 auf 1990 um ca. 6 Prozentpunkte überzeichnet allerdings die tatsächliche Verteilungskorrektur, denn während des Aufschwungs in den 80er Jahren hat der Strukturwandel dafür gesorgt, daß Branchen mit hohen oder steigenden Lohnquoten (sektorale Lohnquoten[10]) tendenziell am gesamtwirtschaftlichen Wertschöpfungsvolumen verloren haben. Es sind dies die Bereiche Bergbau, Eisenbahnen und Mineralölindustrie. Jene Bereiche, die ihren Anteil an der Wertschöpfung ausbauen konnten (etwa Luft- und Raumfahrzeugbau, Tabakverarbeitung, Kunststoffherstellung), haben eine vergleichsweise niedrige sektorale Lohnquote, die sich auch kaum nach oben oder unten verändert hat. Die statistische Konsequenz dieser Verschiebung im sektoralen Gefüge ist, daß etwa 3 Prozentpunkte des 6 Prozentpunkte–Rückgangs in der gesamtwirtschaftlichen Lohnquote zu erklären sind mit dem Strukturwandel hin zu Branchen mit niedriger Lohnquote.

Unter **Lohndrift** versteht man das sich Voneinander–Entfernen der tariflichen von der effektiven Vergütung. Um diese Drift beispielhaft für die Arbeiter im Investitionsgüter produzierenden Gewerbe zwischen 1974 und 1993 darzustellen, werden zwei Indizes verwendet:[11]

1. der Index der tarifliche Stundenlöhne T_{0t} mit $0 \triangleq 1985$,

2. der Index der Bruttostundenverdienste B_{0t} mit $0 \triangleq 1985$.

Über die genaue Höhe der übertariflichen Zahlungen liegen keine aktuellen Angaben der amtlichen Statistik vor. Als Proxi–Variable wird hier der Bruttolohn genommen. Unter diesem ist der den Arbeitnehmern vom Arbeitgeber gezahlte Betrag zu verstehen, d.h. der tariflich vereinbarte Lohn und außertarifliche Leistungs-, Sozial- und sonstige Zulagen und Zuschläge vor Abzug von Steuern und Sozialversicherungsbeiträgen. Betrachtet man nun den Quotienten

$$D_t = \frac{B_{0t}}{T_{0t}} \cdot 100 \, , \qquad\qquad (7.22)$$

---

[10] Sie lag 1990 in der Landwirtschaft bei 16,2% und für die Eisenbahnen bei 130,8%. Letztere, über 100% liegende Quote hat auch mit dem Defizit oder Verlust der Bahnen zu tun.
[11] Zu einer etwas anderen Vorgehensweise vgl. V. D. LIPPE (1990), p. 339 f.

so besagt $D_t > 100$, daß im Intervall $[0;t]$ die effektiven Verdienste schneller gestiegen sind als die tariflichen, also gegenüber dem Basisjahr 0 (hier: 1985) eine positive Lohndrift zu verzeichnen ist. Abb. 7.9 zeigt den Verlauf der beiden Indexreihen und auch den des Quotienten D_t. Wie man sieht, war die Lohndrift der Jahre 1974 bis 1979 leicht negativ und danach – mit Ausnahme der Jahre 1987, 1992 und 1993 – leicht positiv. Es ist z.B. $D_{1991} \approx 101,5$, so daß von 1985 bis 1991 die effektiven Löhne um 1,5% schneller gestiegen sind als die tariflichen Löhne.

<u>Abb. 7.9:</u> Indizes der tariflichen Stundenlöhne und der Bruttostundenverdienste für Arbeiter im Investitionsgüter produzierenden Gewerbe und Lohndrift 1974 bis 1993

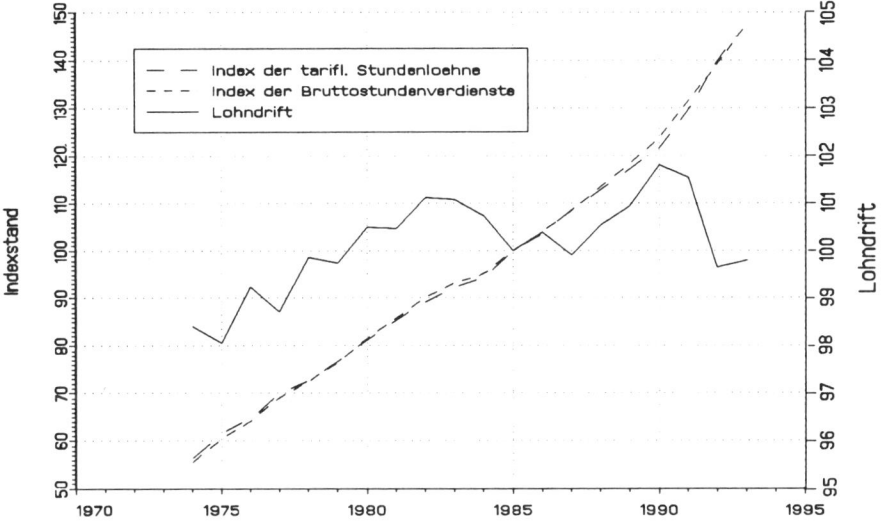

Quelle: Verschiedene Jahrgänge des Statistischen Jahrbuchs für die Bundesrepublik Deutschland

Eine weitere, recht anschauliche Art der Darstellung der Lohndrift besteht darin, die jährliche Veränderung der effektiven und der tariflichen Stundenverdienste zu betrachten, vgl. Abb. 7.10 für den Zeitraum 1961 – 1993. Das Ausmaß der übertariflichen Bezahlung ist in den vergangenen Jahrzehnten tendenziell zurückgegangen, gleichwohl gilt der zyklische Verlauf weiter. Im Aufschwung wird der Abstand zwischen tariflichen und tatsächlichen Verdiensten größer, in der Krise wird er kleiner. In den sechziger Jahren war die Lohndrift durchweg positiv; der Abstand zwischen der jährlichen Steigerungsrate der effektiven und der tariflichen Vergütung lag bei gut zwei Prozentpunkten. Seit den siebziger Jahren stiegen die Effektivverdienste gelegentlich weniger stark als die Tariflöhne und -gehälter. Die Unternehmen kompensierten damit Tarifabschlüsse, die durch die wirtschaftliche Entwicklung nicht gedeckt sind, indem sie die Tarifsteigerungen zum Teil auf die Effektivverdienste anrechneten. Für

1993 deuten die Daten auf eine leicht positive Lohndrift hin; allerdings dürfte
das Bild verzerrt sein, da durch Abfindungszahlungen für ausscheidende Mitarbeiter die Effektivverdienste überhöht ausgewiesen werden. Tatsächlich dürfte
die übertarifliche Bezahlung infolge der Rezession weiter zurückgegangen sein.

Für das Produzierende Gewerbe, dessen Lohndrift in Abb. 7.10 dargestellt ist, zeigt sich seit 1970: Langfristig erhöhen sich die effektiven Stunden-
Verdienste je Prozentpunkt Tarifanstieg um ca. 1,1 Prozentpunkte. Kurzfristig
lassen jedoch zwei Ursachen den effektiv gezahlten Lohn um diesen Mittelwert
schwanken:

1. **Konjunktur** – Bei hoher Kapazitätsauslastung kommt zu dem bei durchschnittlicher Auslastung üblichen Lohnanstieg ein Bonus von etwa 0,5
   Prozentpunkten hinzu; bei niedriger Auslastung ist ein Abschlag in gleicher Höhe zu verzeichnen.

2. **Arbeitsmarkt** – Bei einer besonders hohen Arbeitslosenquote von z.B.
   8% fällt die Effektivlohnentwicklung um einen halben Prozentpunkt niedriger aus als bei durchschnittlicher Arbeitslosigkeit.

<u>Abb. 7.10:</u> Jährliche prozentuale Zunahme der effektiven und der tariflichen Stun-
denverdienste im Produzierenden Gewerbe zwischen 1961 und 1993

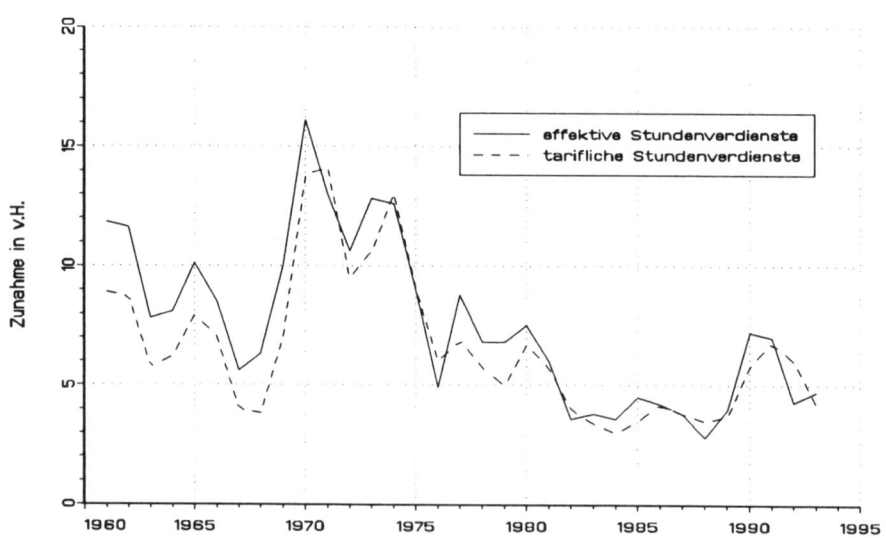

Quelle: Verschiedene Jahrgänge des Statistischen Jahrbuchs für die Bundesrepublik
        Deutschland

7.3.3   Realeinkommen

Bekanntlich soll man nicht allein auf einen Geldbetrag schauen, sondern auch
auf die Preise der Güter, die man damit zu kaufen beabsichtigt, anderenfalls

erliegt man einer Geldillusion. Da Preise i.d.R. offenbar nur nach oben flexibel sind, geht es darum, durch **Deflationierung** den Realwert des Einkommens zu ermitteln. Dies geschieht, indem der laufende Einkommensbetrag durch einen Preisindex, der die Preisveränderung der laufenden Periode gegenüber einer Basisperiode mißt (vgl. Abs. 8.3.1), dividiert wird. Als Deflatoren stehen eine Reihe von Indizes zur Verfügung, insbesondere werden verwendet:

- einer der Preisindizes für die Lebenshaltung,
- einer der Preisindizes aus der Volkswirtschaftlichen Gesamtrechnung.

Bei der Wahl eines Preisindex sind zwei Aspekte zu berücksichtigen:

1. Der Index sollte die Preisentwicklung der Güter zeigen, die mit dem Einkommen erworben werden.

2. Das Resultat der Division sollte sinnvoll interpretierbar sein.

Der letzte Aspekt führt zur Verwendung eines Preisindex vom PAASCHE–Typ. Geht man nämlich davon aus, daß das Einkommen der Periode t, E_t, für den Kauf von m Gütern mit den Mengen q_{it} zu Preisen p_{it} verwendet wird und sind im herangezogenen Index P_{0t}^P genau diese m Güter vertreten, so erhält man durch Deflationierung:

$$\frac{E_t}{P_{0t}^P} = \frac{\sum\limits_{i=1}^{m} p_{it} \cdot q_{it}}{\sum\limits_{i=1}^{m} p_{it} q_{it} / \sum\limits_{i=1}^{m} p_{i0} q_{it}} = \sum\limits_{i=1}^{m} p_{i0}\, q_{it}\,, \qquad (7.23)$$

d.h. den Wert des laufenden Warenkorbs $\{q_{it}\}$ bewertet zu Preisen der Basisperiode 0. Eine Division von E_t durch einen LASPEYRES–Preisindex liefert hingegen eine unanschauliche Größe. Geeignete PAASCHE–Preisindizes findet man in der Volkswirtschaftlichen Gesamtrechnung, denn die Preisentwicklung der Komponenten des Sozialprodukts wird mit diesem Indextyp gemessen. Geeignet sind für die Deflationierung des verfügbaren Einkommens:

- der Preisindex für den Privaten Verbrauch oder
- der Preisindex für die letzte inländische Verwendung von Gütern.

Beide unterscheiden sich nicht nur in ihrem Verlauf (vgl. Tab. 7.4), sondern auch im einbezogenen Güterbündel. Der Preisindex für den Privaten Verbrauch enthält z.B. nicht die Güterart „Kauf einer Wohnung/eines Hauses", die aber im Ausgabenpaket eines Haushaltes durchaus vorkommt. Solche Investitionsausgaben sind zwar im zweiten Index enthalten, doch dieser enthält auch – als letzte inländische Verwendung – den Verbrauch des Staates. Bleibt als Fazit festzustellen, daß eine Realeinkommensberechnung eine durchaus subjektive Angelegenheit ist, nämlich abhängt vom zu erwerbenden Warenkorb und dem Auffinden eines diesen Korb möglichst gut wiedergebenden Index.

Tab. 7.4: Entwicklung zweier Preisindizes für Sozialproduktkomponenten
1986 bis 1991 (Basis 1985 = 100)

Preisindex für:	1986	1987	1988	1989	1990	1991
Privater Verbrauch	99,5	100,1	101,5	104,6	107,3	111,1
Letzte inländische Verwendung von Gütern	100,4	101,4	102,8	106,0	109,1	113,7

Quelle: Statistische Jahrbücher von 1991 und 1992

7.4 Rechtsgrundlagen und wichtige Datenquellen

Rechtsgrundlage für sowohl die laufenden Wirtschaftsrechnungen als auch die Einkommens- und Verbrauchsstichprobe ist:

- Gesetz über die Statistik der Wirtschaftsrechnungen Privater Haushalte vom 11.01.1961 (BGBl I, p. 18), zuletzt geändert durch Artikel 10 des 1. Statistik-bereinigungsgesetzes vom 14.03.1980 (BGBl I, p. 294).

Für die Einkommen- und Lohnsteuerstatistik gilt:

- Gesetz über die Finanzstatistik in der Fassung der Bekanntmachung vom 11.06. 1980 (BGBl I, p. 673), zuletzt geändert durch Artikel 4 des 2. Statistikbereini-gungsgesetzes vom 19.12.1986 (BGBl I, p. 2555).

Für Verdiensterhebungen und Gehalts- und Lohnstrukturerhebungen gilt:

- Gesetz über die Lohnstatistik vom 18.05.1956 (BGBl I, p. 429), zuletzt geändert durch Gesetz vom 25.10.1985 (BGBl I, p. 2006).

Für die Tariflohnstatistiken ist relevant:

- § 5, Abs. 5 des Gesetzes über die Statistik für Bundeszwecke (Bundesstatistik-gesetz) vom 22.01.1987 (BGBl I, p. 462 und 565).

Für die EU–Arbeitskostenerhebung gilt:

- Verordnung (EWG) Nr. 1612/88 des Rates vom 09.06.1988 (Amtsblatt der EG, Nr. L 145/1).

Veröffentlichungen findet man in

- Fachserie 15 (Wirtschaftsrechnungen),
- Fachserie 14 (Finanzen und Steuern): Reihe 7.1 (Einkommensteuer) und Reihe 7.2 (Vermögenssteuer),
- Fachserie 16 (Löhne und Gehälter).

Hinweise auf aktuelle Publikationen enthält der Anhang zu den Abschnitten 20 (Finanzen und Steuern), 21 (Wirtschaftsrechnungen und Versorgung), 22 (Löhne und Gehälter) und 24 (Volkswirtschaftliche Gesamtrechnungen) eines jeden Statistischen Jahrbuchs.

Literatur zu Kapitel 7 [12]

KUNZ, D. (1987), p. 241 ff.
LIPPE, P. v. D. (1990), p. 320 ff.
STOBBE, A. (1994), p. 324 ff.
UNGERER, A. / HAUSER, S. (1986), p. 149 ff.

AUFGABE 7.1

Die folgende Tabelle zeigt die Verteilung der Lohn- und Einkommensteuerpflichtigen (Spalte 2), das zu versteuernde Einkommen (Spalte 3) und die festgesetzte Lohn-/Einkommensteuer (Spalte 4) nach der Höhe der Einkünfte (Spalte 1) für das Kalenderjahr 1989.

Einkünfte von ... bis unter ... DM	Anzahl der Steuerpflichtigen	zu versteuerndes Einkommen [Mio. DM]	Festgesetzte Lohn-/ Einkommensteuer [Mio. DM]
(1)	(2)	(3)	(4)
1 – 5.000	1.300.621	2.045	16
5.000 – 10.000	1.677.378	7.868	250
10.000 – 15.000	1.318.591	10.250	858
15.000 – 20.000	1.232.530	14.168	1.625
20.000 – 25.000	1.347.534	21.452	2.984
25.000 – 30.000	1.579.334	32.394	5.129
30.000 – 40.000	3.754.162	99.141	17.275
40.000 – 50.000	3.163.821	106.929	19.792
50.000 – 60.000	2.205.547	94.146	18.310
60.000 – 75.000	2.297.899	123.726	25.522
75.000 – 100.000	1.809.563	127.957	29.467
100.000 – 250.000	1.251.985	146.139	43.623
250.000 – 500.000	127.380	38.865	16.397
500.000 – 1 Mio.	36.065	22.696	10.735
1 Mio. – 2 Mio.	11.178	14.384	7.054
2 Mio. – 5 Mio.	4.869	13.867	6.775
5 Mio. – 10 Mio.	1.159	7.568	3.501
10 Mio. und mehr	895	33.063	11.265
insgesamt	23.120.511	916.657	220.577

Quelle: Statistisches Jahrbuch 1994, p. 544/545

a) Geben Sie für jede dieser 18 Einkommensklassen den durchschnittlichen Steuersatz an.

[12]Man findet hier nur eine Kurzzitierung. Die vollständigen bibliographischen Angaben stehen im Literaturverzeichnis, Kap. 15.

b) Wie läßt sich der Durchschnittssteuersatz aller Steuerpflichtigen, der sich auf

$$\frac{220.577}{916.657} \cdot 100 \approx 24,06\%$$

beläuft, mit diesen 18 Durchschnittssteuersätzen darstellen?

| AUFGABE 7.2 |

Die folgende Tabelle zeigt die Verteilung der Arbeitslosen–Haushalte und der Angestellten–Haushalte nach der Höhe ihres monatlichen Einkommens 1988 **vor** Einkommenstransfers. Angegeben ist auch für jede Einkommensklasse das gesamte Jahreseinkommen 1988.

Monatl. Haus-haltseinkommen über ... bis zu ... DM	Arbeitslosen–Haushalte		Angestellten–Haushalte	
	Zahl der Haushalte in 1000	Jahresein-kommen in Mio. DM	Zahl der Haushalte in 1000	Jahresein-kommen in Mio. DM
(1)	(2)	(3)	(4)	(5)
0 – 1.000	474	1.535	0	0
1.000 – 2.000	165	2.939	5	99
2.000 – 3.000	88	2.559	153	4.950
3.000 – 4.000	32	1.285	489	21.000
4.000 – 5.000	1	52	728	39.893
5.000 – 6.000	0	0	857	56.851
6.000 – 7.000	0	0	860	67.148
7.000 – 8.000	0	0	750	67.392
8.000 – 9.000	0	0	586	59.600
9.000 – 10.000	0	0	420	47.688
10.000 – 15.000	0	0	439	63.739
15.000 – 20.000	0	0	256	51.456
20.000 – 25.000	0	0	95	25.304
insgesamt	760	8.370	5.638	505.120

Quelle: DIW - Wochenbericht 22/1990, p. 304 ff.

a) Stellen Sie die für beide Haushaltstypen gemeinsame Einkommensverteilung auf (Mischung!).

b) Zeichnen Sie das Histogramm für die beiden Einzelverteilungen und für die Mischverteilung. Was stellen Sie fest?

c) Berechnen Sie arithmetisches Mittel und Varianz der beiden Einzelvertei-lungen. Arbeiten Sie dabei nicht mit den Klassenmitten, sondern mit den (aus dem Jahreseinkommen hergeleiteten) monatlichen Klassendurchschnitten. Wie erhalten Sie dann am einfachsten arithmetisches Mittel und Varianz der Mischverteilung? Interpretieren Sie Ihren Rechenvorgang und Ihr Ergebnis!

AUFGABE 7.3

Die folgende Tabelle zeigt die Verteilung der Rentner–Haushalte nach der Höhe ihres monatlichen Einkommens **vor** Einkommenstransfer. (Spalten 2 und 3) und **nach** erfolgten Transferzahlungen (Spalten 4 und 5).

Monatl. Haushaltseinkommen über ... bis zu ... DM	Schicht. vor Transfers		Schicht. nach Transfers	
	Zahl der Haushalte in 1000	Jahreseinkommen in Mio. DM	Zahl der Haushalte in 1000	Jahreseinkommen in Mio. DM
(1)	(2)	(3)	(4)	(5)
0 – 1.000	6.039	20.558	399	4.400
1.000 – 2.000	1.740	31.572	2.828	51.794
2.000 – 3.000	1.356	39.652	2.986	88.758
3.000 – 4.000	432	17.420	2.524	104.601
4.000 – 5.000	52	2.751	562	29.805
5.000 – 6.000	27	1.740	253	16.519
6.000 – 7.000	12	925	79	6.171
7.000 – 8.000	2	182	21	1.852
8.000 – 9.000	0	0	8	792
insgesamt	9.660	114.800	9.660	304.692

Quelle: DIW - Wochenbericht 22/1990, p. 304 ff.

a) Vergleichen Sie die absolute Konzentration vor und nach Transfers mittels Herfindahl–Maß, normierter Entropie und Exponentialindex.

b) Zeichnen Sie die Lorenz–Kurven der Verteilung vor und nach Transfers und vergleichen Sie die relative Konzentration (= Disparität) mit dem Gini–Maß.

AUFGABE 7.4

a) Passen Sie der in Aufgabe 7.3 stehenden Einkommensverteilung der Rentner–Haushalte **nach** Transfers eine Lognormal–Verteilung an. Berechnen Sie dafür zunächst die durchschnittlichen Monatseinkommen $\bar{x}_i$ in jeder der

neun Klassen und schätzen Sie dann die beiden Parameter der Lognormalverteilung wie folgt:

$$\hat{a} = \frac{1}{n} \sum n_i \log \bar{x}_i \; ; \quad \hat{b} = \frac{1}{n} \sum n_i (\log \bar{x}_i)^2 - \hat{a}^2 \, .$$

b) Mit diesen Parameterschätzwerten berechnen Sie dann die Verteilungsfunktion der Lognormalverteilung an den Klassenobergrenzen x_i^0 und vergleichen Sie diese Werte mit denen der empirischen Verteilungsfunktion an den
Klassenobergrenzen.

AUFGABE 7.5

Läßt sich die in Aufgabe 7.3 stehende Einkommensverteilung der Rentner-
Haushalte **vor** Transfers gut durch eine Pareto–Verteilung darstellen? Beantworten Sie die Frage durch Zeichnung von $\ln[G_n(x_i^o)]$ über $\ln(x_i^o)$, wobei $G_n(x_i^o)$
der Anteil der Haushalte mit einem Einkommen über x_i^o, der Obergrenze der
i-ten Einkommensklasse, ist.

Kapitel 8

Preise

Fragt man nach langen, weit in die Vergangenheit zurückreichenden Zeitreihen wirtschaftsstatistischer Größen, so wird man als Antwort immer Preisreihen genannt bekommen. Eine sehr berühmte Preisreihe, die vor allem in der Zeitreihenanalyse immer wieder zitiert und für diverse Methoden als Demonstrationsobjekt genommen wird, ist die BEVERIDGE–Weizenpreisindexreihe. Es handelt sich dabei um eine Reihe mit Jahresdurchschnitten für Weizenpreise, gemittelt über die an 50 Orten in verschiedenen Ländern Europas notierten Preise zwischen 1500 und 1869.[1] Solch lange Reihen sind vorzüglich geeignet, das Phänomen der säkularen Inflation aufzuzeigen, etwa den Kaufkraftverfall in Europa durch die Gold- und Silberimporte Spaniens aus der Neuen Welt. In Abb. 8.1 wird nicht die BEVERIDGE–Reihe gezeigt, sondern eine weniger bekannte multiple Zeitreihe mit den Preisnotierungen für fünf Getreidesorten (Weizen, Roggen, Gerste, Hafer und Buchweizen) in der Zeit von 1571 bis 1869 im holländischen Arnheim. Die Preise sind in rheinischen Gulden ausgedrückt und gelten für eine Menge von ca. 1,25 Hektolitern.[2] An einigen Stellen weisen die fünf Reihen Lücken (missing values) auf. Da die Reihen offenbar synchron verlaufen und stark kreuzkorreliert sind, lassen sich diese Lücken im Prinzip durch eine statistische Schätzung schließen. Man erkennt u.a. eine wellenförmige Bewegung, aber auch einen langanhaltenden Anstieg ab ca. 1735, einen Preissturz nach Ende der Napoleonischen Kriege, gleich danach jedoch einen raschen Anstieg auf das hohe Niveau vor dem Preissturz. Besonders dieser rasche und hohe Preisanstieg ab ca. 1820 regte das Interesse der Ökonomen an und führte im 19. Jahrhundert – vgl. Abs. 8.3.1 – zur Konstruktion einer Vielzahl von Preisindizes.

---

[1] Man findet die komplette Reihe abgedruckt bei ANDERSON (1971).

[2] Die Reihe wurde einer Arbeit von LASPEYRES (1872) entnommen, der sie seinerseits aus einer holländischen Publikation hat.

Abb. 8.1: Preisentwicklung von fünf Getreidearten
           zwischen 1571 und 1869 in Arnheim/Holland

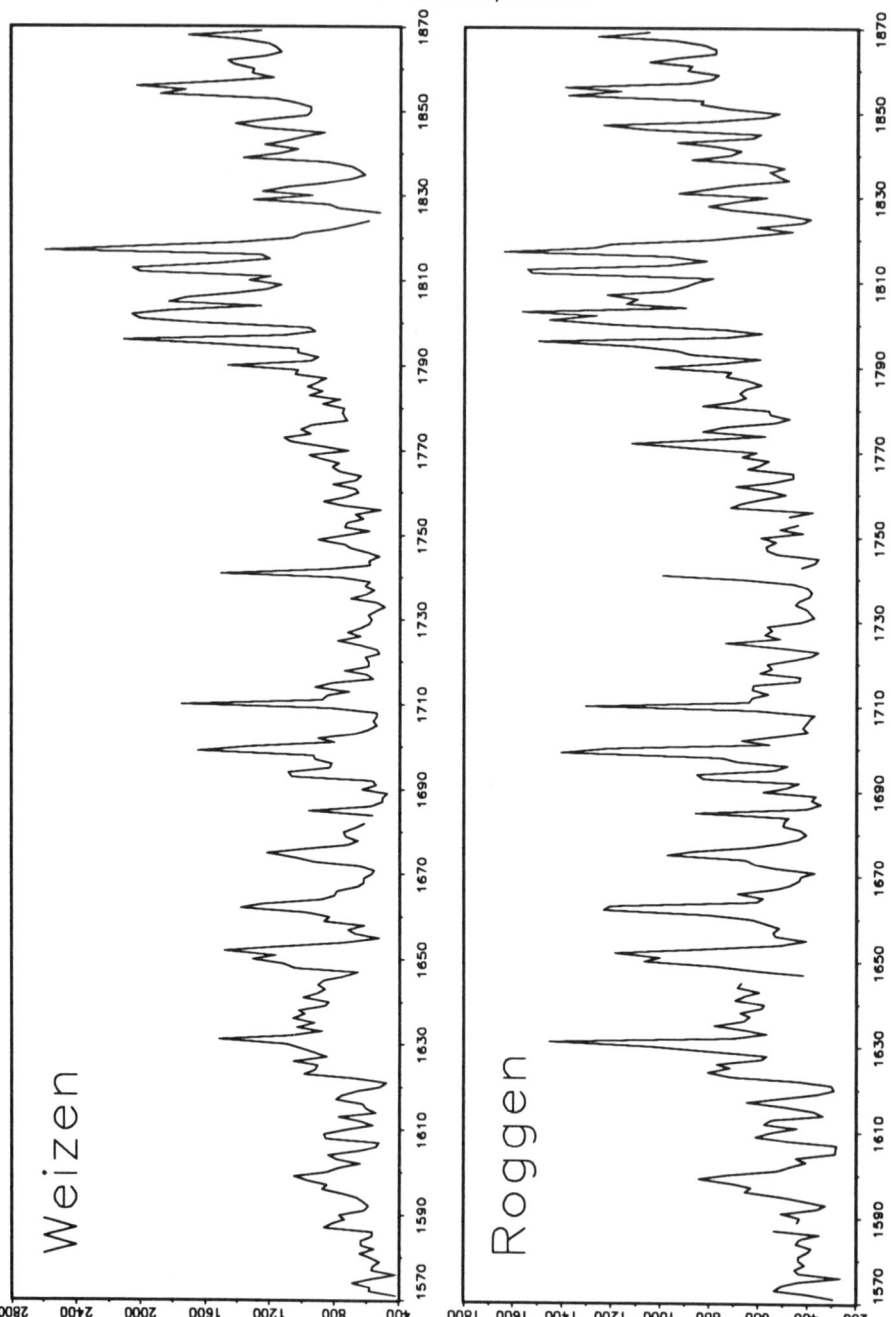

Abb. 8.1: Fortsetzung

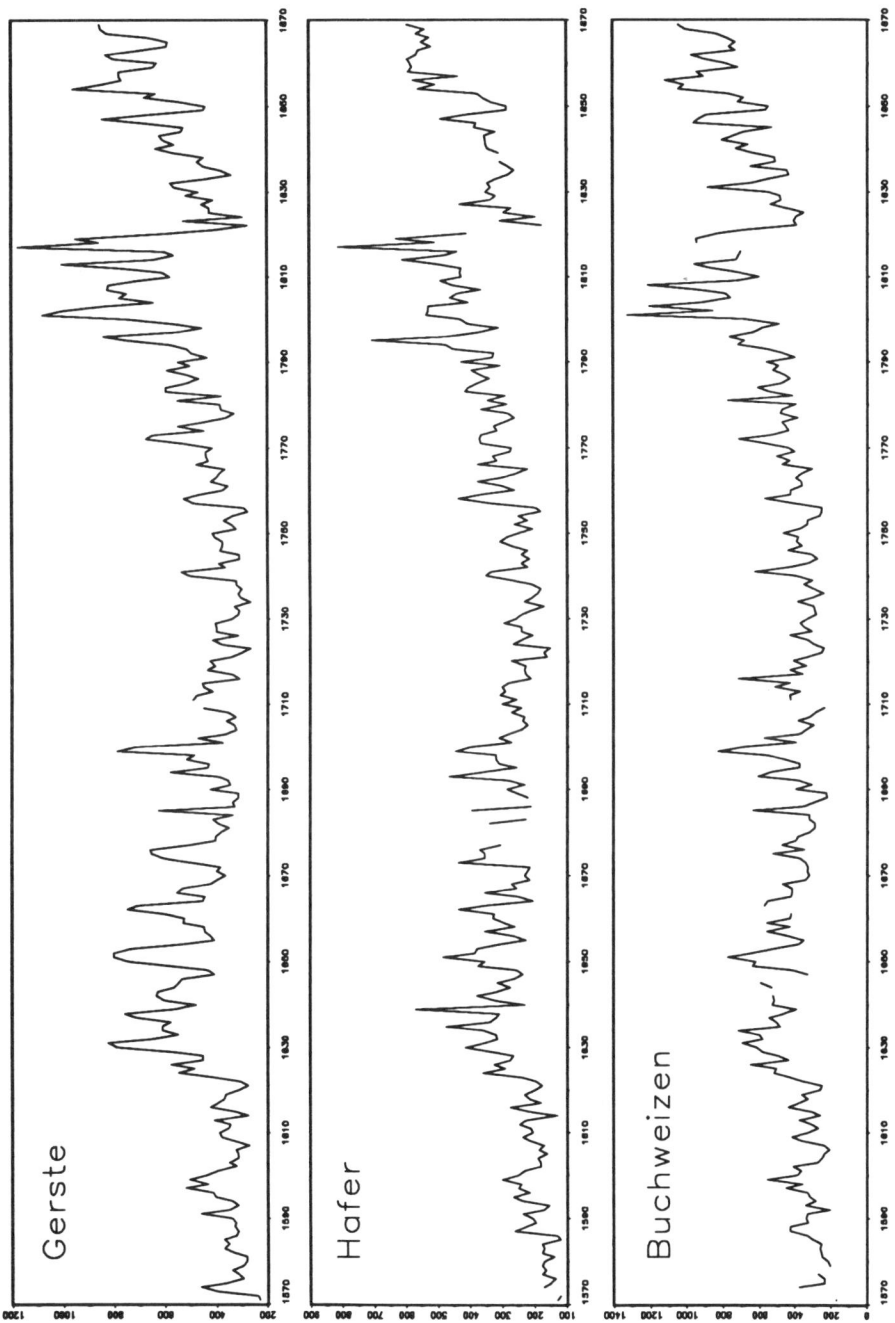

8.1 Aufgaben, Probleme und Konzepte der Preisstatistik

Die Preisstatistik im Sinne der Erfassung und des Nachweises nur von Preisen hat in der deutschen amtlichen Statistik eine sehr lange Tradition; sie läßt sich bei Einzelhandelspreisen bis auf das Jahr 1816 (Königlich–Preußisches Statistik–Bureau) zurückverfolgen. Preisindizes sind, obwohl seit mindestens 1871 in methodisch ausgereifter Form in der wissenschaftlichen Literatur vorliegend (LASPEYRES (1871), RINNE (1981)), von der amtlichen Statistik in Deutschland erst spät aufgegriffen worden.[3] So berechnete das Statistische Reichsamt erst 1920 die „Reichsindexziffer für die Lebenshaltungskosten einer fünfköpfigen Arbeiterfamilie", zunächst monatlich, auf dem Höhepunkt der Inflation 1923 wöchentlich, zum Schluß sogar zweimal pro Woche. Als Nachfolger dieser Reichsindexziffer können die heutigen Preisindizes für die Lebenshaltung angesehen werden.

Im Mittelpunkt der amtlichen Preisstatistik steht der Nachweis der **Entwicklung der Preise** für die bedeutendsten Gütergruppen auf den verschiedenen Wirtschaftsstufen und nach Wirtschaftszweigen, vgl. Abb. 8.2. Daher sind heute die wichtigsten Ergebnisse der Preisstatistik die **Preisindizes**. Sie geben die Preisentwicklung in einem bestimmten Bereich der Volkswirtschaft als durchschnittliche Veränderung gegenüber einem Vergleichs- oder Basiszeitraum an. Preisindizes dienen aber auch dem interregionalen und internationalen Vergleich des Niveaus bestimmter Preise.

Neben den Preisindizes werden auch **Durchschnittspreise** ausgewiesen. Angaben über die absolute Höhe von Preisen können i.d.R. nur als grobe Anhaltspunkte angesehen werden. Sie liefern nicht **das** volkswirtschaftliche **Preisniveau**, das es als solches nicht gibt, weil man erstens nicht von jeder Güterart die Preise erfassen kann und zweitens auch nicht alle für eine Güterart zur gleichen Zeit an verschiedenen Orten/Geschäften geltenden Preise. Gewisse Ausnahmen bilden in dieser Hinsicht die Preisnachweise für einige homogene Grundstoffe (z.B. Getreide, Rohholz, Kohle, Stahl, Zement, Mineralölerzeugnisse), deren preisstatistische Erhebung so angelegt ist, daß auch hinreichend sichere Bundesdurchschnittspreise und z.T. sogar Länder- und Marktortpreise berechnet werden können.

Die Preisstatistik hat eine Reihe methodischer Probleme zu lösen. Genannt seien nur die folgenden:

1. **Was ist der Preis?** – In vielen Fällen, etwa bei manchen Dienstleistungen, ist eine exakte Trennung von Preis und Menge nicht möglich. Als Preis gilt in der Statistik der in Geldeinheiten ausgedrückte, beim

---

[3]Das gilt auch für andere Methodenentwicklungen (Stichproben, Zeitreihenanalyse) und neue Konzepte (VGR, Input–Output–Tabellen), die – im Vergleich zum Ausland – von der deutschen amtlichen Statistik nur zögernd und verzögert rezipiert wurden.

Kauf vereinbarte Gegenwert für die Übereignung eines Gutes oder die Ausübung eines Dienstes. Die Preishöhe ist von einer Anzahl den Kaufkraftvertrag bestimmender Merkmale abhängig, etwa Art und Qualität des Gutes, Menge, Konditionen (Verpackung, Transport, Zahlungsmodalität, Liefertermin, Installation, Service). Für eine einwandfreie und einheitliche Preisbeobachtung müssen auch diese Konditionen bekannt und möglichst einheitlich festgelegt werden.

2. **Auswahl** oder **Repräsentation von Waren**, die eine Warengruppe oder einen Wirtschaftszweig möglichst gut vertreten, ferner die Preisentwicklung der Gruppe/des Zweiges gut wiedergeben und auch für längere Zeit ihre repräsentative Funktion beibehalten.

3. **Substitution** einzelner Waren durch andere gleich- oder neuartige, verbesserte etc. Werden Güter vom Käufer/Verkäufer substituiert und ist dabei eine Preisänderung zu beobachten, dann ist oft nicht klar, ob sich Preis- und Qualitätsveränderung entsprechen.

4. Wechsel des **Warenkorbes** (Mengenstruktur) bei Preisindizes – Da die Mehrzahl der amtlichen Preisindizes vom LASPEYRES–Typ ist (vgl. Abs. 8.3.1), muß gelegentlich der Warenkorb geändert werden, da er nicht mehr den aktuellen Verbrauchsgewohnheiten entspricht. Die amtliche Statistik hat sich dafür einige qualitative Richtlinien gegeben: Abstand zwischen den Basen von ca. fünf Jahren, Umstellung möglichst aller Indizes gleichzeitig, Suche nach einem Basisjahr mit normaler ökonomischer Situation.[4]

---

[4]Das Statistische Bundesamt befindet sich z.Z. – im Sommer 1995 – bei der Umstellung der Indexbasis von 1985 auf 1991.

8.2   Erhebungssystem

Das Konzept der amtlichen deutschen Preisstatistik ist an den großen Produktions- und Verbrauchsbereichen ausgerichtet, vgl. Abb. 8.2. Dabei fällt auf, daß die Preisbeobachtungen weitgehend auf die Erfassung der **Verkaufspreise** ausgerichtet sind, was der gesamten Orientierung der Wirtschaftsstatistik auf die Output–Seite entspricht, die die Input–Seite und damit auch die **Einkaufspreise** wesentlich weniger einbezieht. Im Zusammenhang mit den Preisstatistiken sind folgende erhebungstechnische Fragen von Interesse:

1. **Periodizität** – Wegen der hohen Aktualität dominiert der kurze Erhebungsabstand, maximal ein Monat, u.U. noch kürzer.

2. **Kreis der Befragten** – Da Marktpreise erhoben werden, hat die Statistik im Prinzip die Wahl, bei einem der beiden Marktpartner anzusetzen. Aus Opportunitätsgründen wählt man die hauptbeteiligten Stellen. Das bedeutet z.B. für die Verbraucherpreise nicht die Erhebung bei den unzähligen Verbrauchern, sondern die Befragung des Einzelhandels.

3. **Berichtsweg** – Dieser läuft über die Befragten zu den Statistischen Landesämtern und von dort – für die Zusammenstellung von Bundesergebnissen – zum Statistischen Bundesamt. Bei Verbraucherpreiserhebungen werden geschulte Preisermittler eingesetzt, die ihre Preisaufzeichnungen über die kommunalen statistischen Ämter weiterleiten.

4. Die **Auswahl** der Waren und Dienstleistungen, für die Preise zu erheben sind, erfolgt nach den Kriterien, die weiter oben im Zusammenhang mit den zu lösenden methodischen Problemen genannt wurden. Die zeitliche Folge der Preisnotierungen für eine ausgewählte Warenart an einem bestimmten Ort liefert eine **Preisreihe**. So werden etwa in der Statistik der Erzeugerpreise gewerblicher Produkte z.Z. Preise für ca. 2.400 Waren mit ca. 15.500 Preisreihen erhoben, für die Statistik der Verbraucherpreise ca. 750 Waren und Dienstleistungen mit über 300.000 Preisreihen, d.h. im Durchschnitt wird der Preis einer Ware/Dienstleistung an über 400 Orten in der Bundesrepublik (alte Bundesländer) notiert.

5. Für die Ergebnisnachweise werden **Systematiken** benötigt, die mit den Warenverzeichnissen der jeweiligen Fachbereiche übereinstimmen sollten oder weitgehend aufeinander abgestimmt sind.

6. Die **Ergebnisse** werden, vor allem in aggregierter Form als Preisindizes, in einer eigenen Fachserie 17 publiziert.

Die Preisstatistik umfaßt hauptsächlich, allerdings nicht ausschließlich, die in Abb. 8.2 dargestellten Bereiche (Punkt 1 der nachfolgenden Aufzählung); es treten noch einige spezielle Bereiche und/oder Waren bzw. Dienstleistungen hinzu. Damit erstreckt sich die Preisstatistik auf:

1. Preise für land- und forstwirtschaftliche sowie gewerbliche Güter auf der Stufe der Erzeugung oder Gewinnung, der Be- und Verarbeitung, des

Groß- und Einzelhandels sowie des Außenhandels;

2. Preise und Entgelte für Werk- und Dienstleistungen, sofern nicht unter Punkt 3 genannt;

3. Preise und Entgelte für Verkehrsleistungen und Vercharterung von Schiffen;

4. Mieten für Wohnraum (Man denke etwa an die Mietspiegel!);

5. Kaufwerte für Bauland.

Abb. 8.2: Erfassungssystem der amtlichen deutschen Preisstatistik

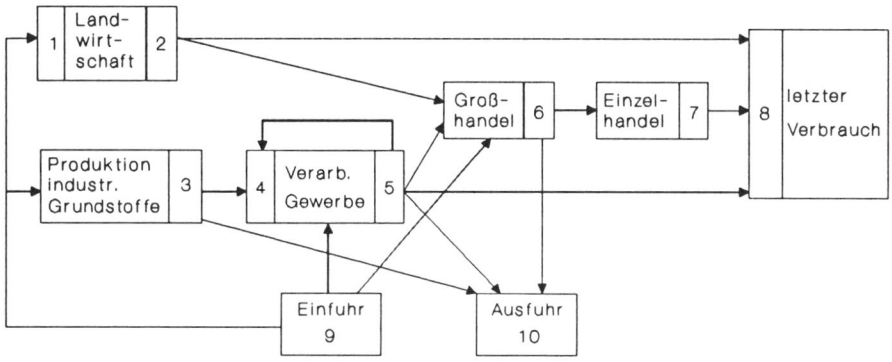

Quelle: ANDERSON, O. u.a., p. 278

1	Einkaufspreise landwftl. Betriebsmittel	6	Großhandelsverkaufspreise
2	Erzeugerpreise landwftl. Produkte	7	Einzelhandelsverkaufspreise
3	Erzeugerpreise ausgewählter Grundstoffe	8	Verbraucherpreise der privaten Lebenshaltung
4	Wareneingangspreise im Prod. Gewerbe		vaten Lebenshaltung
5	Erzeugerpreise gewerblicher Produkte	9	Einfuhrpreise
		10	Ausfuhrpreise

Die Erhebung der **Erzeugerpreise** für landwirtschaftliche (einschl. gartenbauliche), forstwirtschaftliche und gewerbliche Produkte wird i.a. monatlich bei Erzeugerfirmen, Marktverwaltungen, Preisnotierungskommissionen usw. vorgenommen. Es handelt sich dabei i.d.R. um Preise auf der ersten Vermarktungsstufe. Die landwirtschaftlichen **Betriebsmittelpreise** werden – überwiegend monatlich – bei den jeweiligen Verkäufern der Betriebsmittel (etwa Landwarenhandel, landwirtschaftliche Warengenossenschaften, einschlägige Handwerksbetriebe) erhoben.

Die **Baupreise** werden vierteljährlich ermittelt, wobei es um Preise für einzelne Bauleistungen geht, die aus Vertragsabschlüssen zwischen Bauherren und Bauunternehmen stammen. Die Statistik der **Kaufwerte für Bauland** basiert

auf den bei Finanzämtern (Grunderwerbsstcucr) bzw. Gutachterausschüssen
vorhandenen Unterlagen über die im Berichtszeitraum verkauften Grundstücke
(vierteljährliche Publikation).

Großhandelspreise werden monatlich nicht nur von Großhandelsunter-
nehmen gemeldet, sondern auch auf Großhandelsmärkten durch zentrale
Marktpreisberichtsstellen ermittelt. Bei den **Verbraucherpreisen** handelt es
sich in erster Linie um Einzelhandelsverkaufspreise (einschl. der Preise von Wa-
renhäusern, Verbrauchermärkten, Konsumgenossenschaften und Versandhan-
delsunternehmen), ferner um Preise für Waren und Leistungen des Handwerks,
Strom- und Gastarife, Eintrittspreise für Oper, Theater und Kino, Prämien
für Versicherungsleistungen, Gebühren von Geldinstituten, Pauschalpreise für
Urlaubsreisen usw. Den Preisen liegen örtlich gängige Ausführungen und Qua-
litäten zugrunde.

Ein- und **Ausfuhrpreise** beziehen sich auf die Güter des deutschen Außenhandels. Sie werden i.a. monatlich bei Unternehmen und Fachverbänden
erfragt. Auswertungen über Preise im Außenhandel werden nicht hier, sondern
später im Kapitel 10 vorgestellt.

8.3 Auswertungsmethoden

Das wohl wichtigste Ziel der statistischen Erfassung von Preisen ist die Berechnung von Preisindizes, um mit ihnen intertemporal, interregional und international die Kaufkraft des Geldes und dessen Veränderung zu messen. Preis und Kaufkraft stehen in einem reziproken Verhältnis zueinander. Während der **Preis** eines Gutes angibt, wie viele Geldeinheiten für eine Mengeneinheit des Gutes zu bezahlen sind (etwa 1,539 DM für 1 l unverbleites Superbenzin), zeigt die **Kaufkraft** (synonym: Geldwert), wie viele Mengeneinheiten des Gutes für eine Geldeinheit erhältlich sind (etwa 0,750 l unverbleites Superbenzin für 1 DM). Die Kaufkraft des Geldes bezüglich **eines** Gutes ist definiert als der Kehrwert des Preises dieses Gutes. Das ist eine sog. **singuläre Kaufkraft**. Von ihr gibt es so viele, wie Güter und Güterpreise existieren.

8.3.1 Zeitvergleich mittels Preisindizes

Es bezeichne p_0 den Einheitspreis eines Gutes (= Preis für eine Mengeneinheit) in der Periode 0 (= **Basisperiode**). Dann ist

$$p_0^{-1} = 1/p_0$$

die zugehörige singuläre Kaufkraft. In Periode t (= **Berichtsperiode**), i.d.R. $t > 0$, ist der Einheitspreis p_t und die zugehörige singuläre Kaufkraft p_t^{-1}. Es gibt dann

$$SP_{0t} := \left(\frac{p_t}{p_0} - 1 \right) \cdot 100\% \tag{8.1}$$

an, um wieviel Prozent der Preis von Periode 0 zu Periode t gestiegen (falls $p_t/p_0 > 1$) bzw. gefallen (falls $p_t/p_0 < 1$) ist. Als prozentuale Kaufkraftveränderung von Periode 0 zu Periode t erhält man

$$SK_{0t} := \left(\frac{p_t^{-1}}{p_0^{-1}} - 1 \right) \cdot 100\% = \left(\frac{p_0}{p_t} - 1 \right) \cdot 100\% \,. \tag{8.2}$$

Die **singuläre Kaufkraft nimmt** von Periode 0 zu t **zu** (verbessert sich), wenn $p_0/p_t > 1$, also wenn der Preis fällt. Umgekehrt nimmt die singuläre Kaufkraft von Periode 0 zu t **ab** (verschlechtert sich), wenn $p_0/p_t < 1$, also der Preis steigt.

Aus dem Vergleich von (8.1) und (8.2) sieht man, daß die prozentuale Preisveränderung nicht mit der im Vorzeichen umgekehrten singulären Kaufkraftveränderung mathematisch übereinstimmt, d.h. es ist

$$|SP_{0t}| \neq |SK_{0t}|, \quad \text{falls} \quad p_0 \neq p_t \,. \tag{8.3}$$

Beispiel: In der ersten Dezemberwoche 1992 (Periode 0) lag der Preis für 1 l unverbleites Superbenzin der Marke D in Gießen bei DM 1,439, in der zweiten Dezemberwoche (Periode 1) bei DM 1,399. Aus (8.1) ergibt sich

$$SP_{0t} = \left(\frac{1,399 \ \mathrm{DM}/l}{1,439 \ \mathrm{DM}/l} - 1 \right) \cdot 100\% \approx -2,78\%,$$

also ein Preisrückgang von ca. 2,78%. Die singuläre Kaufkraftverbesserung liegt nun nicht etwa bei $+ 2,78\%$, sondern bei

$$SK_{0t} = \left(\frac{1,439 \ \mathrm{DM}/l}{1,399 \ \mathrm{DM}/l} - 1 \right) \cdot 100\% \approx +2,86\%.$$

Allgemein gilt:

$$|SP_{0t}| < SK_{0t}, \quad \text{falls} \quad p_0 > p_t,$$

d.h. bei Preisrückgang ist der Betrag der prozentualen Preisveränderung (wie im Beispiel) kleiner als die prozentuale Kaufkraftveränderungsrate, und

$$SP_{0t} > |SK_{0t}|, \quad \text{falls} \quad p_0 < p_t,$$

d. h. bei Preisanstieg ist die prozentuale Preisveränderung größer als der Betrag der prozentualen Kaufkraftveränderungsrate. Es sei jedoch bemerkt, daß die Unterschiede in den Beträgen der beiden Veränderungsraten umso kleiner sind, je geringer die prozentuale Preisveränderung ist.

Betrachtet man die in Tab. 8.1 aufgelisteten Güter, so ist bei jedem Gut – mit Ausnahme von Bohnenkaffee und Brathähnchen, die als einzige absolut billiger geworden sind – die singuläre **Kaufkraft der DM** zurückgegangen. Daraus schließen zu wollen, die Lebenshaltung sei teurer geworden, wäre voreilig. Auch die Einkommen sind, da die Produktivität der Arbeit zugenommen hat, in diesem Zeitraum gestiegen. Sieht man sich die Veränderung der **Kaufkraft der Lohnminute** an, stellt man für alle Güter eine – z.T. beträchtliche – Steigerung fest. Für Lebensmittel fiel dieser Kaufkraftgewinn meist moderat aus, ebenso für die Dienstleistungen, da dort das Rationalisierungspotential bedeutend kleiner ist als in der Industrie. Für deren Produkte hat die Kaufkraft der Lohnminute stark zugenommen, wobei außerdem noch die Qualität der Produkte verbessert worden ist, vom Schwarz–Weiß–TV zum Farbfernseher mit Stereoempfang und Videotext. Eines ist allerdings noch zu bedenken: Dem Vergleich liegen die Bruttolöhne zugrunde, aber die Kluft zwischen Brutto- und Nettolohn ist breiter geworden. Während 1958 die Abzüge vom Bruttolohn sich nur auf 15% beliefen, lagen sie 1993 bei 33,5%.

Tab. 8.1: Kaufkraftveränderung der DM und der Lohnminute zwischen 1958 und 1993 im früheren Bundesgebiet

		1958			1993			Kaufkraft- veränderung	
		Preis in DM	Arbeitszeit Std.	Min.	Preis in DM	Arbeitszeit Std.	Min.	der DM	der Min.
Mischbrot	1 kg	0,85	0	22	3,90	0	10	−78,2%	+120,0%
Markenbutter	250 g	1,73	0	45	2,05	0	5	−15,6%	+800,0%
Zucker	1 kg	1,24	0	32	1,92	0	5	−35,4%	+540,0%
Vollmilch	1 l	0,43	0	11	1,33	0	3	−67,7%	+266,7%
Eier	10 St.	2,10	0	54	2,74	0	7	−23,4%	+672,4%
Rindfleisch	1 kg	4,75	2	3	11,04	0	28	−57,0%	+339,3%
Schweine- kotelett	1 kg	5,73	2	28	12,85	0	32	−55,4%	+362,5%
Brathähnchen	1 kg	6,11	2	38	5,07	0	13	+20,5%	+1115,4%
Kabeljau	1 kg	2,48	1	4	18,96	0	48	−86,9%	+133,3%
Kartoffeln	2,5 kg	0,56	0	14	2,83	0	7	−80,2%	+100,0%
Edamer	1 kg	3,21	1	23	12,98	0	33	−75,3%	+333,3%
Bohnenkaffee	250 g	4,85	2	5	3,76	0	9	+29,0%	+1288,9%
Flaschenbier	0,5 l	0,63	0	16	1,11	0	3	−43,2%	+433,3%
Branntwein	0,7 l	12,26	5	17	15,24	0	38	−19,6%	+734,2%
Straßenanzug	1 St.	126,00	54	19	450,00	18	48	−72,0%	+188,9%
Damenkleid	1 St.	26,90	11	36	200,00	8	21	−86,6%	+ 38,9%
Damen- strumpfhose	1 St.	3,54	1	32	6,08	0	15	−41,8%	+513,3%
Herrenschuhe	1 Paar	27,10	11	41	119,00	4	58	−77,2%	+135,2%
Damenschuhe	1 Paar	32,00	13	37	146,00	6	6	−78,1%	+126,0%
Strom/Grund- gebühr	200 kWh	36,00	15	31	67,40	2	49	−46,6%	+450,9%
Normalbenzin	1 l	0,63	0	16	1,33	0	3	−52,6%	+433,3%
Braunkohle- briketts	50 kg	4,19	1	48	24,35	1	1	−82,8%	+ 77,0%
Kleiderschrank	1 St.	191,00	82	20	788,00	32	56	−75,8%	+150,0%
Kühlschrank	1 St.	492,00	212	4	679,00	28	22	−27,5%	+645,4%
Waschmaschine	1 St.	570,00	245	0	1199,00	50	6	−52,5%	+389,0%
Fernseher	1 St.	984,80	424	33	1582,00	66	7	−37,7%	+542,1%
Tageszeitung	1 Mon.	4,09	1	46	26,30	1	6	−84,4%	+60,6%
Rundfunkgeb.	1 Mon.	2,00	0	52	8,25	0	21	−75,8%	+147,6%
Briefporto	1 Brief	0,20	0	5	1,00	0	3	−80,0%	+66,7%
Ortsgespräch	10 St.	2,00	0	52	2,30	0	6	−13,0%	+766,7%
Herrenschuhe besohlen	1 Paar	9,47	4	5	30,40	1	16	−68,8%	+222,4%
Haare waschen/legen	einmal	3,44	1	29	23,20	0	58	−85,2%	+53,4%

Anmerkung: Durchschnittlicher Bruttostundenlohn in der Industrie: 1958 — 2,32 DM, 1993 — 23,93 DM

Messung und Vergleich der Kaufkraft des Geldes bezüglich eines Gutes (singuläre Kaufkraft) werfen grundsätzlich keine Probleme auf, wenn man einmal von der Einhaltung der intertemporalen (und in Abs. 8.3.2 auch der interregionalen) Homogenität des gewählten Vergleichsgutes absieht.[5] Nun gibt aber ein Wirtschaftssubjekt (privater oder staatlicher Haushalt, Unternehmen) sein Geld nicht ausschließlich für ein einziges Gut aus, sondern für eine Vielzahl nach Art, Qualität und Menge verschiedener Güter. Dieses Güterbündel heißt **Warenkorb**. Sein Umfang und seine Zusammensetzung werden bei demselben Wirtschaftssubjekt zeitlich variieren, weil sich die Bedürfnisstruktur ändert oder weil durch Verschiebungen im Güterpreisgefüge relativ teuer gewordene Güter durch relativ billig gebliebene Güter substituiert werden.

Will man Preisvergleiche für einen Warenkorb duchführen und die Kaufkraft das Geldes bezüglich dieses Warenkorbes messen, dann stellt sich die sog. **Aggregationsaufgabe**, d.h. die Frage nach der geeigneten Zusammenfassung der zeitlichen Preismeßzahlen für die im Warenkorb enthaltenen Güterarten zu **einer** Zahl, die den zeitlichen Unterschied im Preisniveau des Güterkorbes ausdrückt. Der Statistiker löst diese Aufgabe durch Aufstellung und Berechnung eines Preisindex. Im Laufe der letzten 250 Jahre sind von Ökonomen und Statistikern eine Vielzahl von Preisindexformeln entwickelt worden. Durchgesetzt von diesen vielen Formeln haben sich in der statistischen Praxis im wesentlichen nur zwei, die von ERNST LOUIS ETIENNE LASPEYRES (1871) und von HERMANN PAASCHE (1874).

Vor der Diskussion dieser beiden und einiger anderer Indexformeln seien einige kritische Anmerkungen zur oft anzutreffenden Auffassung gemacht, daß es **das** Preisniveau und damit **den** Geldwert gäbe. Diese Vorstellung dürfte man etwa bei Politikern und auch beim Gesetzgeber vermuten, wenn z.B. im „Gesetz zur Förderung der Stabilität und des Wachstums der Wirtschaft" vom 08.06.1967 die Stabilität des Preisniveaus als ein wirtschaftspolitisches Ziel aufgestellt ist, ohne daß allerdings der Gesetzgeber gesagt hat, wie ein Indikator für das allgemeine Preisniveau auszusehen habe. FÜRST (1976, p. 8/9) hat dargelegt, daß und warum es einen solchen Indikator, etwa in Form eines gesamtwirtschaftlichen Preisindex, nicht geben kann. Die Kaufkraft des Geldes hängt davon ab, welche Güter (= Waren und Dienstleistungen) mit dem Geld gekauft werden. Damit sind letztendlich der Geldwert und seine Veränderung abhängig von den Einkaufs- und Verbrauchsgewohnheiten des über sein Geld disponierenden Wirtschaftssubjekts, die Kaufkraft des Geldes ist also nicht objektiv. Für Wirtschaftssubjekte, die in ihrer Gelddisposition gleichartig sind, etwa für bestimmte Typen von Haushalten (vgl. Abs. 8.4.3), wird von der amtlichen Statistik in Form einer geeigneten Preisindexzahl eine durchschnittliche Preisveränderung gemessen. So läßt sich zeigen, wie sich die Kaufkraft des Geldes in der Hand bestimmter Käufergruppen entwickelt.

---

[5] Probleme können sich bei Qualitätsänderungen ergeben, wenn man diese nicht preislich bewerten und eliminieren kann.

Will man die zeitliche (oder auch räumliche) Variation des Preises von mehr als einem Gut messen, so verwendet man dazu einen Index als komplexe Meßzahl. Die historisch älteste Preisindexformel[6] ist die von DUTOT (1738):

$$P_{0t}^{Du} = \frac{\sum\limits_{i=1}^{n} p_{ti}}{\sum\limits_{i=1}^{n} p_{0i}} . \qquad (8.4)$$

In dieser Formel werden die Summen der Preise von n Gütern zu zwei Zeitpunkten (0 und 1) aufeinander bezogen. Daß Preise als intensive Merkmale inkommensurabel sind, störte DUTOT offenbar nicht. Das Vergleichsergebnis ist auch abhängig von der gewählten Mengeneinheit, für die man den Güterpreis nimmt. Bei DUTOT war $n = 5$, und er verglich in seinem Index die Preisveränderung einer Ladung Heu, einer Taube, einer Ziege, des Tageslohnes eines männlichen und eines weiblichen Tagelöhners.

Die aus dem Jahre 1764 stammende Indexformel von CARLI (1720 – 1795) lautet:

$$P_{0t}^{Ca} = \frac{1}{n} \sum_{i=1}^{n} \frac{p_{ti}}{p_{0i}} . \qquad (8.5)$$

Während die DUTOT-Formel – mathematisch gesehen – unsinnig ist, da sie auf die „Addition von Äpfeln und Birnen" hinausläuft, macht die CARLI-Formel schon mehr Sinn. Sie ist das (ungewogene) arithmetische Mittel von n Preismeßzahlen p_{ti}/p_{0i}, gibt also den mittleren Preisveränderungsfaktor der n Güter an. Bei CARLI war $n = 3$, und die drei Güter waren typische italienische Landesprodukte: Olivenöl, Wein und Weizen. Die Willkür in der Wahl der Mengeneinheit, deren Preis genommen werden soll, ist bei (8.5) ausgeschlossen. Die Formel berücksichtigt aber noch nicht die Bedeutung der Güter für den Käufer/Haushalt. So würden eine Verdoppelung der Parkgebühren und eine Verdoppelung des Brotpreises gleich stark (gleichgewichtig) in den Index (8.5) eingehen, obwohl ein Haushalt von der Verdoppelung dieser beiden Preise unterschiedlich betroffen wird.

Die Formel von YOUNG (1812) greift erstmalig die Idee einer Gewichtung auf:

$$P_{0t}^{Yo} = \frac{\sum\limits_{i=1}^{n} p_{ti}\, w_i}{\sum\limits_{i=1}^{n} p_{0i}\, w_i} = \sum_{i=1}^{n} \frac{p_{ti}}{p_{0i}} \cdot g_i, \text{ mit } g_i = \frac{p_{0i}\, w_i}{\sum\limits_{j} p_{0j}\, w_j} . \qquad (8.6)$$

Die zeitunabhängigen Gewichte w_i sind willkürlich gewählte natürliche Zahlen, wie man sie auch heute noch heranzieht, wenn aus den Einzelnoten einer Reife-

---

[6]Zur folgenden historischen Darstellung vgl. RINNE (1981).

oder Diplomprüfung eine Gesamtnote berechnet und dabei bestimmte Fächer
„einfach", „doppelt", „dreifach" usw. zählen.

1822 führte LOWE als erster eine Mengengewichtung der Preise ein:

$$P_{0t}^{Lo} = \frac{\sum\limits_{i=1}^{n} p_{ti} \, q_i}{\sum\limits_{i=1}^{n} p_{0i} \, q_i} \, . \tag{8.7}$$

Die Mengen q_i müssen nicht aus der Berichtsperiode t oder der Basisperiode 0
stammen. LOWE hat sich in seiner Arbeit bezüglich der Wahl der Gewichte
nicht sehr klar ausgedrückt, so daß einige Wissenschaftler meinen, er hätte
die LASPEYRES- und PAASCHE–Formel von 1871 und 1874 vorweggenommen,
vgl. (8.8 a) und (8.10 a), und andere glauben, q_i sei der Durchschnitt aus den
Mengen q_{i0} und q_{it} oder sogar aus allen Mengen in den $t + 1$ Perioden 0 bis t.

Die LASPEYRES–Formel von 1871 lautet:

$$P_{0t}^{L} = \frac{\sum\limits_{i=1}^{n} p_{it} \, q_{i0}}{\sum\limits_{i=1}^{n} p_{i0} \, q_{i0}} \, . \tag{8.8 a}$$

In dieser sog. **Summenformel** werden die fiktiven Ausgaben für den Warenkorb der Periode 0 $\{q_{10}, \ldots, q_{n0}\}$ – nämlich bewertet zu Preisen der Berichtsperiode t – gemessen an den tatsächlichen Ausgaben dieses Warenkorbes in der
Periode 0. Bildet man analog zu (8.1) den Ausdruck

$$(P_{0t}^{L} - 1) \cdot 100\% = \left(\frac{\sum p_{it} \, q_{i0}}{\sum p_{i0} \, q_{i0}} - 1 \right) \cdot 100\% \, ,$$

so gibt dieser an, um wieviel Prozent teurer (falls $P_{0t}^{L} > 1$) oder billiger (falls
$P_{0t}^{L} < 1$) der als Vergleichsstandard genommene Warenkorb der Basisperiode in
der Berichtsperiode t ist als in der Basisperiode 0 (= **Preisveränderungsrate**
von Periode 0 zu Periode t). Unter Verwendung des reziproken LASPEYRES-
Preisindex erhält man analog zu (8.2) den Ausdruck

$$\left(\frac{1}{P_{0t}^{L}} - 1 \right) \cdot 100\% = \left(\frac{\sum p_{0i} \, q_{0i}}{\sum p_{ti} \, q_{0i}} - 1 \right) \cdot 100\% \, ,$$

der die **prozentuale Kaufkraftveränderung** des Geldes am Standard des
Basisperioden–Warenkorbes mißt. Für etwa $P_{0t}^{L} = 1,05$ ist $1/P_{0t}^{L} \approx 0,9524$,
so daß zwischen den Perioden 0 und t die Kaufkraft nur 4,76% gesunken ist.
Genauer: In Periode t können nur noch 95,24% der Mengen jener Güter gekauft
werden, die man mit gleichem Geldbetrag in Periode 0 erhalten hat, Teilbarkeit
der Güter im Warenkorb vorausgesetzt.

Den Wert des LASPEYRES–Preisindex kann man auch als durchschnittlichen Preisveränderungs**faktor** der n Güter im Warenkorb interpretieren bzw. die Differenz $P_{0t}^L - 1$ als durchschnittliche Preisveränderungs**rate** der n Güter, jeweils von Periode 0 zu Periode t. Um dies zu sehen, muß man von der Summenformel (8.8 a) durch identische Umformung zur **Mittelwertformel** übergehen:

$$\left. \begin{array}{rcl} P_{0t}^L & = & \displaystyle\sum_{i=1}^{n} \frac{p_{ti}}{p_{0i}} \cdot g_{0i} \\[4mm] g_{0i} & = & \dfrac{p_{0i}\, q_{0i}}{\displaystyle\sum_{j=1}^{n} p_{0j}\, q_{0j}} \end{array} \right\} \cdot \qquad (8.8\ b)$$

Die Gewichte g_{0i} stellen die **Ausgabenanteile** der Güter ($i = 1, \ldots, n$) an den Gesamtausgaben für den Warenkorb im Basisjahr dar, d.h. jede Preismeßzahl p_{ti}/p_{0i} wird gemäß der Bedeutung des zugehörigen Gutes, ausgedrückt durch seinen Ausgabenanteil am Warenkorb in der Basisperiode, in die Durchschnittsbildung einbezogen. Ist z.B. $P_{0t}^L = 1,05$, so sind von Periode 0 zu Periode t die Preise der n Güter um durchschnittlich 5% gestiegen, wobei über die n Güter und nicht über die Perioden gemittelt wird.

Bildet man den Quotienten zweier zeitlich aufeinanderfolgender Preisindizes vom LASPEYRES–Typ mit derselben Basisperiode, so erhält man:

$$\frac{P_{0,t+1}^L}{P_{0t}^L} = \frac{\sum_i p_{t+1,i}\, q_{0i}}{\sum_i p_{ti}\, q_{0i}} \qquad (8.9\ a)$$

$$= \sum_i \frac{p_{t+1,i}}{p_{ti}} \cdot g_i^*, \quad \text{mit } g_i^* = \frac{p_{ti}\, q_{0i}}{\sum_j p_{tj}\, q_{0j}}. \qquad (8.9\ b)$$

$(P_{0,t+1}^L/P_{0t}^L - 1) \cdot 100\%$ gibt also an, um wieviel Prozent sich der Wert des Basisperioden-Warenkorbs von der Periode t zur folgenden Periode $t+1$ verändert hat (Interpretation von (8.9 a)) oder wie hoch die durchschnittliche Preisveränderungsrate der n Güter von Periode t zu Periode $t+1$ ist (Interpretation von (8.9 b)). Im letzteren Fall sind jedoch die individuellen Preismeßzahlen $p_{t+1,i}/p_{ti}$ anders gewichtet als in (8.8 b), nämlich mit dem fiktiven Ausgabenanteil für die Menge q_{0i} zu Preisen der Periode t.

Der LASPEYRES-Preisindex ist sehr anschaulich interpretierbar und ferner für die statistischen Ämter – im Gegensatz zum nachfolgenden PAASCHE-Preisindex – leicht praktisch auszuwerten. Das Gewichtssystem – die q_{i0} in (8.8 a) bzw. die g_{0i} in (8.8 b) – ist mit Übergang auf eine andere Berichtsperiode (von t auf $t + 1$) nicht neu zu erheben, was sehr aufwendig wäre, sondern es hat nur laufend die relativ einfache Erhebung der Preise der n Güter zu erfolgen.

Der LASPEYRES–Preisindex weist jedoch den Nachteil auf, daß mit zunehmender zeitlicher Entfernung zwischen der laufenden Berichtsperiode und der Basisperiode der Warenkorb veraltet, d.h. nicht die aktuellen Ausgaben- und Verbrauchsgewohnheiten widerspiegelt. Da i.d.R. Konsumenten ökonomisch handeln und die **relativ** teuer gewordenen Güter durch **relativ** billig bleibende Güter substituieren, dieser Substitutionseffekt im LASPEYRES–Preisindex wegen des konstanten Warenkorbes aber unberücksichtigt bleibt, überzeichnet dieser Index die Preissteigerung (= LASPEYRES–Effekt). Der Vorschlag, die Preisentwicklung am Warenkorb der jeweils laufenden Periode t zu messen, geht auf PAASCHE (1874) zurück. Seine Preisindexformel[7] lautet in der **Summenformel:**

$$P_{0t}^P = \frac{\sum\limits_{i=1}^{n} p_{it}\, q_{it}}{\sum\limits_{i=1}^{n} p_{i0}\, q_{it}} \qquad\qquad (8.10\ \text{a})$$

und in der **Mittelwertformel**

$$\left.\begin{array}{rcl} P_{0t}^P &=& \sum\limits_{i=1}^{n} \dfrac{p_{ti}}{p_{0i}} \cdot g_{ti} \\[2em] g_{ti} &=& \dfrac{p_{0i}\, q_{ti}}{\sum\limits_{j=1}^{n} p_{0j}\, q_{tj}} \end{array}\right\} \cdot \qquad\qquad (8.10\ \text{b})$$

Mit P_{0t}^P wird die tatsächliche Ausgabensumme für den Warenkorb der Periode t $\{q_{1t}, \ldots, q_{nt}\}$ gemessen an den fiktiven Ausgaben für diesen Warenkorb zu Preisen der Periode 0 (Summenformel). Andererseits liefert P_{0t}^P nach der Mittelwertformel auch einen durchschnittlichen Preisveränderungsfaktor (von Periode 0 zu Periode t), allerdings mit dem gegenüber dem LASPEYRES–Preisindex gravierenden erhebungs- und auswertungstechnischen Nachteil, daß die Gewichte nicht zeitlich konstant sind, sondern mit der Berichtsperiode variieren. Aus diesem Grund werden nur sehr wenige Indizes in der statistischen Praxis, so auch beim Statistischen Bundesamt, nach der PAASCHE–Formel berechnet.

Das Statistische Bundesamt führt jedoch in größerem Zeitabstand für die LASPEYRES–Indizes Kontrollrechnungen mit dem Index nach PAASCHE durch. Wenn die Diskrepanz der Indexwerte ein bestimmtes Limit überschreitet (i.d.R. gilt $P_{0t}^L > P_{0t}^P$), wird der LASPEYRES–Index umbasiert, d.h. ein neuer, aktueller Warenkorb verwendet. So gibt es für die Verbraucherpreisindizes (vgl. Abs. 8.4.3) und auch für die meisten anderen bundesdeutschen LASPEYRES–Indizes in historischer Sicht unterschiedliche Basen. Basisjahre sind: 1950, 1958,

---

[7]Eigentlich müßte in der PAASCHE–Formel ein anderer Summationsindex mit einer anderen Summationsobergrenze als in der LASPEYRES–Formel verwendet werden, da sich durch den zeitlich variablen Warenkorb die Art und die Anzahl der Güter ändern können.

1962, 1970, 1976, 1980 und 1985. Um eine durchgehende Indexzeitreihe auf einheitlicher Basis zu erhalten, greift man auf die Operationen **Verkettung** und **Umbasierung** zurück.

Bei einfachen Preismeßzahlen sind diese beiden Operationen unproblematisch und formal einwandfrei. Gesucht sei die einfache Meßzahl

$$M_{\tau^*,t} = \frac{p_t}{p_{\tau^*}}$$

mit der Basis τ^*. Bekannt seien nicht die einzelnen Preise, sondern nur die Meßzahlen auf einer Basis $\tau \neq \tau^*$:

$$M_{\tau,t} = \frac{p_t}{p_\tau} \quad \text{und} \quad M_{\tau,\tau^*} = \frac{p_{\tau^*}}{p_\tau}.$$

Die **Umbasierungsformel** beinhaltet die Division von $M_{\tau,t}$ durch M_{τ,τ^*}, und man erhält so die gesuchte Meßzahl $M_{\tau^*,t}$:

$$M_{\tau^*,t} = \frac{M_{\tau,t}}{M_{\tau,\tau^*}} \qquad (8.11\,\text{a})$$

$$= \frac{p_t/p_\tau}{p_{\tau^*}/p_\tau} = \frac{p_t}{p_{\tau^*}}. \qquad (8.11\,\text{b})$$

Die Umbasierung macht aus zwei Meßzahlen mit gleicher Basis (τ) eine andere Meßzahl mit neuer Basis τ^*. Durch Umformung von (8.11a) erhält man die sog. **Verkettungsformel**:

$$M_{\tau,t} = M_{\tau,\tau^*} \cdot M_{\tau^*,t} \qquad (8.12)$$

$$\frac{p_t}{p_\tau} = \frac{p_{\tau^*}}{p_\tau} \cdot \frac{p_t}{p_{\tau^*}}.$$

Die Verkettung macht aus zwei Meßzahlen mit verschiedener Basis (τ und τ^*) eine andere Meßzahl mit neuer Basis τ. Fixpunkt (Pivot) in beiden Formeln ist die Meßzahl M_{τ,τ^*}.

In der Indexpraxis verwendet man (8.11 a) und (8.12) mit Preisindizes anstelle der Einzelpreise, obwohl die dann verknüpften Indizes komplexe Meßzahlen sind und sich keine Kürzungen ergeben, da die Warenkörbe in τ und τ^* verschieden sind. Die Umbasierungsformel wird herangezogen, wenn man eine Indexreihe mit Basis τ auf eine **nach** τ liegende neue Basis τ^* umstellen will ($\tau^* > \tau$), z.B. von der Basis $\tau = 1980$ auf die Basis $\tau^* = 1985$:

$$P^L_{85,82} = \frac{P^L_{80,82}}{P^L_{80,85}},$$

während man die Verkettungsformel nimmt, wenn eine Indexreihe mit Basis τ^* auf eine **vor** τ^* liegende andere Basis τ umzustellen ist ($\tau < \tau^*$), z.B. von $\tau^* = 1985$ auf $\tau = 1980$:

$$P^L_{80,90} = P^L_{80,85} \cdot P^L_{85,90}.$$

Es ist in diesem Text nicht der Platz, um auf die formale Theorie der Indexzahlen einzugehen. Eine ältere Darstellung zu diesem Thema ist das Buch von I. Fisher (1922), eine neuere, axiomatisch begründete Darstellung liefern Eichhorn/Voeller (1976). Auf nur zwei Punkte sei hingewiesen:

1. Ersetzt man in allen vorstehenden Indexformeln p durch q und umgekehrt, so erhält man einen **Mengenindex**. So wird aus (8.8 a) der Laspeyres–Mengenindex

$$Q_{0t}^L = \frac{\sum\limits_{i=1}^{n} q_{it}\, p_{i0}}{\sum\limits_{i=1}^{n} q_{i0}\, p_{i0}}\,. \tag{8.13}$$

2. Multiplizert man Preis- und Mengenindex nach Laspeyres und Paasche geeignet miteinander, so erhält man einen **Wert-** oder **Ausgabenindex** W_{0t}, der eine Meßzahl für den zeitlichen Vergleich der effektiven Ausgaben des Berichtsperioden- und Basisperioden–Warenkorbes ist:

$$P_{0t}^L \cdot Q_{0t}^P = P_{0t}^P \cdot Q_{0t}^L = \frac{\sum\limits_{i=1}^{n} p_{ti}\, q_{ti}}{\sum\limits_{i=1}^{n} p_{0i}\, q_{0i}} =: W_{0t}\,. \tag{8.14}$$

8.3.2 Regionalvergleich mittels Preisindizes

Die Preisindexformeln sind von ihren Urhebern für den intertemporalen Preis- und Kaufkraftvergleich konzipiert worden. Sie können aber unschwer auch für den interregionalen Preisvergleich herangezogen werden, wenn man Preise und Mengen nicht am gleichen Ort in **verschiedenen Perioden** erhebt und in die Indexformel einsetzt, sondern in zwei **verschiedenen Orten** A und B in der gleichen Periode. Liegen die beiden Orte A und B innerhalb **eines Währungsgebietes**, liefert die Indexformel eine dimensionslose Größe. Liegen die Orte A und B in verschiedenen Währungsgebieten, so erhält man mit dem Index eine dimensionsbehaftete Größe, nämlich eine mit dem Verhältnis zweier Währungseinheiten ausgedrückte Größe, die **Kaufkraftparität** heißt.[8]

Bezeichnet A den **Basisort** und B den **Berichtsort**, dann lautet der **regionale** Laspeyres**–Preisindex**

$$P_{A,B}^L = \frac{\sum\limits_{i=1}^{n} p_{Bi}\, q_{Ai}}{\sum\limits_{i=1}^{n} p_{Ai}\, q_{Ai}}\,. \tag{8.15}$$

---

[8]Zur Vorgehensweise beim multilateralen Vergleich von Kaufkraftparitäten vgl. Krug/Nourney/Schmidt, 1994, p. 307–311.

$(P^L_{A,B} - 1) \cdot 100\%$ gibt an, um wieviel Prozent teurer $(P^L_{A,B} > 1)$ bzw. billiger $(P^L_{A,B} < 1)$ der Warenkorb des Ortes A im Ort B ist. Im Zähler von (8.15) steht eine fiktive Ausgabensumme. Der **regionale PAASCHE–Preisindex** hat die Form

$$P^P_{A,B} = \frac{\sum\limits_{i=1}^{n} p_{Bi}\, q_{Bi}}{\sum\limits_{i=1}^{n} p_{Ai}\, q_{Bi}} \,. \qquad (8.16)$$

$(P^P_{A,B} - 1) \cdot 100\%$ gibt an, um wieviel Prozent der Warenkorb des Ortes B in B teurer $(P^P_{A,B} > 1)$ bzw. billiger $(P^P_{A,B} < B)$ ist als in A. Bei (8.16) steht eine fiktive Ausgabensumme im Nenner.

Beim regionalen Preisvergleich wird häufiger, insbesondere im internationalen Vergleich, der LOWE–Index herangezogen. Man spricht dann von einem Vergleich mit **gekreuzten Warenkörben**. Für jede Güterart i werden die Mengen beider Orte gemittelt:

$$\bar{q}_i = \frac{1}{2}(q_{Ai} + q_{Bi}) \,,$$

so daß die Kaufkraftparitätsformel lautet:

$$P^{Lo}_{A,B} = \frac{\sum\limits_{i=1}^{n} p_{Bi}\, \bar{q}_i}{\sum\limits_{i=1}^{n} p_{Ai}\, \bar{q}_i} \,. \qquad (8.17)$$

Bei diesem Index sind beide verglichenen Ausgabensummen fiktiv.

8.4   Ausgewählte Ergebnisse

Von den vielen Preisindizes, die laufend (i.d.R. monatlich) von deutschen statistischen Ämtern berechnet werden, ist der Öffentlichkeit durch die Medien
nur einer bekannt, nämlich ein Verbraucherpreisindex, der als Indikator für die
Inflationsrate verwendet wird. Aus diesem Grunde werden nachfolgend Verbraucherpreisindizes ausführlicher als die anderen Preisindizes behandelt.

<u>Abb. 8.3:</u> Ein- und Verkaufspreisindizes in der deutschen Preisstatistik

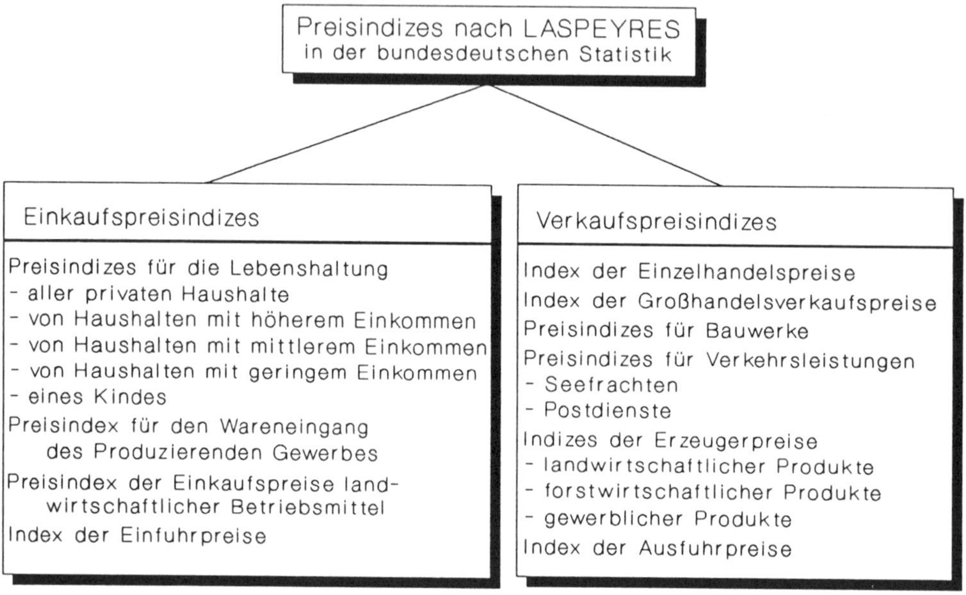

```
            ┌─────────────────────────────────────────┐
            │   Preisindizes nach LASPEYRES            │
            │     in der bundesdeutschen Statistik     │
            └─────────────────────────────────────────┘
```

Einkaufspreisindizes	Verkaufspreisindizes
Preisindizes für die Lebenshaltung	Index der Einzelhandelspreise
- aller privaten Haushalte	Index der Großhandelsverkaufspreise
- von Haushalten mit höherem Einkommen	Preisindizes für Bauwerke
- von Haushalten mit mittlerem Einkommen	Preisindizes für Verkehrsleistungen
- von Haushalten mit geringem Einkommen	- Seefrachten
- eines Kindes	- Postdienste
Preisindex für den Wareneingang	Indizes der Erzeugerpreise
des Produzierenden Gewerbes	- landwirtschaftlicher Produkte
Preisindex der Einkaufspreise land-	- forstwirtschaftlicher Produkte
wirtschaftlicher Betriebsmittel	- gewerblicher Produkte
Index der Einfuhrpreise	Index der Ausfuhrpreise

Preisindizes lassen sich einer von zwei Klassen zuordnen: Einkaufs- oder
Verkaufspreisindizes. Die Zuweisung erfolgt auf der Basis der Rolle als Käufer/
Verkäufer, die jene Wirtschaftssubjekte spielen, bei denen das Gewichtungssystem, nicht etwa die Preise, erhoben wird. So sind die Preisindizes für die
Lebenshaltung in Abb. 8.3 als Einkaufspreisindizes eingestuft, da nämlich die
Verbrauchsgewohnheiten zur Herleitung der Gewichte bei den Haushalten als
Käufern von Gütern erhoben werden; während die in den Lebenshaltungspreisindizes verarbeiteten Preise i.d.R. Verkaufspreise sind, etwa die des Einzelhandels.

8.4.1   Indizes für Erzeugerpreise

Erzeugerpreisindizes gibt es (vgl. Abb. 8.3) für drei Gruppen von Produkten,
von denen der Index der Erzeugerpreise gewerblicher Produkte als der wohl
wichtigste für die deutsche Volkswirtschaft anzusehen ist. Die derzeitige Basis

für diesen Index ist 1991; frühere Basisjahre waren 1958, 62, 70, 76, 80 und 85. Der Index umfaßt nur die Preise von gewerblichen Waren (keine gewerblichen Dienstleistungen), die in den Inlandsabsatz gehen. Die Gewichte sind die Umsatzanteile (in Promille), die sich aus den Monatsberichten des Basisjahres 1991 ergaben und wie folgt für die erste Gliederungsstufe lauten (in Klammern stehen die Gewichte des früheren Basisjahres 1985):

- Elektrizität, Fernwärme, Wasser (95,8) 93,1

- Bergbauliche Erzeugnisse (87,1) 54,5

- Erzeugn. des Grundstoff- und Produktionsgütergewerbes (238,9) 119,7

- Erzeugn. des Investitionsgüter produzierenden Gewerbes (310,0) 366,5

- Erzeugn. des Verbrauchsgüter produzierenden Gewerbes (137,7) 155,2

- Erzeugnisse des Nahrungs- und Genußmittelgewerbes (130,6) 131,1

Erfaßt werden die Preise (als Nettopreise bei Kaufabschluß am Stichtag, also keine Listen- oder Durchschnittspreise) von etwa 2.000 Waren in Form von ca. 13.500 Preisreihen. Die Auswahl der Waren erfolgt nach der Umsatzbedeutung. Der Index wird als Gesamtindex (vgl. Tab. 8.2) und in Form von Subindizes für 34 Gütergruppen und in weiterer Unterteilung nach Güterzweigen und Güterklassen in Anlehnung an das Systematische Güterverzeichnis für Produktionsstatistiken (Ausgabe 1982) nachgewiesen.

8.4.2 Indizes für Einkaufspreise

Als Pendant zum Erzeugerpreisindex für gewerbliche Produkte sei der Preisindex für den Wareneingang des Produzierenden Gewerbes vorgestellt. Sein Gewichtungsschema wird aus den Input–Output–Tabellen der VGR abgeleitet. In ihm sind Erzeuger-, Großhandelsverkaufs- und Einfuhrpreise für Inputgüter des Produzierenden Gewerbes zusammengefaßt. Seine Subindizes gliedern sich nach der Herkunft, nach dem Grad der Bearbeitung und dem vorwiegenden Verwendungszweck. Derzeitige Basis ist 1985.

Stellt man für einen Sektor dem Index der Verkaufs(= Erzeuger)preise jenen der Einkaufspreise gegenüber, so erkennt man, ob sich die **Preisschere** öffnet oder schließt und sich damit die Gewinnsituation des Sektors verbessert oder verschlechtert. Tab. 8.2 zeigt eine solche Scherenbewegung für den Sektor „Produzierendes Gewerbe", Tab. 8.3 für den Sektor „Landwirtschaft". Während sich im Produzierenden Gewerbe die Schere öffnet, d.h. der Erzeugerpreisindex ab 1986 stets über dem Preisindex des Wareneingangs liegt, also auf eine Verbesserung der Gewinnsituation hinweist, ist das Bild in der Landwirtschaft anders. Dort öffnet sich die Schere bis 1989, und ab 1990 schließt sie sich.

Tab. 8.2: Preisschere im Produzierenden Gewerbe 1986 – 1993

| Jahr | Index (1985 = 100); Jahresdurchschnitt | |
	Erzeugerpreise gewerblicher Produkte	Preise des Wareneingangs im Produzierenden Gewerbe
1986	97,5	89,3
1987	95,1	86,4
1988	96,3	88,6
1989	99,3	92,8
1990	101,0	91,4
1993	104,8	88,1

Quelle: Verschiedene Jahrgänge des Statistischen Jahrbuchs für die Bundesrepublik Deutschland

Tab. 8.3: Preisschere in der Landwirtschaft 1987 – 1993

| Jahr | Index (1985 = 100); Jahresdurchschnitt, ohne Mehrwertsteuer | |
	Erzeugerpreise landwirtschaftlicher Produkte	Einkaufspreise landwirtschaftlicher Betriebsmittel
1987	91,7	90,3
1988	91,8	91,4
1989	99,8	96,4
1990	94,7	95,7
1993	84,7	99,6

Quelle: Verschiedene Jahrgänge des Statistischen Jahrbuchs für die Bundesrepublik Deutschland

8.4.3 Indizes für Verbraucherpreise

Das Statistische Bundesamt berechnet für das Bundesgebiet und die Statistischen Landesämter berechnen für ihr jeweiliges Bundesland allmonatlich fünf Preisindizes für die Lebenshaltung,[9] derzeit alle auf der Basis 1985, und zwar für:

1. **Alle Privaten Haushalte**
   Der Index bezieht sich auf die von der Einkommens- und Verbrauchsstichprobe erfaßten Privaten Haushalte (vgl. Abs. 7.2.2), d.h. Haushalte

[9]Der Bundesindex ergibt sich aus den Länderindexwerten als gewogenes arithmetisches Mittel, wobei der Bevölkerungsanteil eines Bundeslandes als Gewicht dient.

mit Spitzeneinkommen (über DM 25.000 netto monatlich) sind ausgeschlossen. Rechnerisch bestand ein Durchschnittshaushalt 1985 aus 2,3
Personen (1980: 2,4 Personen; 1976: 2,6 Personen) und hatte 1985 monatliche Verbrauchsausgaben von DM 3.150 (1980: DM 2.665; 1976: DM
2.326).

2. **4–Personen–Haushalte von Angestellten und Beamten mit höherem Einkommen**
Das sind städtische Haushalte mit zwei Erwachsenen, davon einer als
alleinverdienender Beamter oder Angestellter, und zwei Kindern, davon
mindestens eines unter 15 Jahren. Die monatlichen Verbrauchsausgaben
im Basisjahr 1985 lagen bei durchschnittlich DM 4.964 (1980: DM 4.184;
1976: DM 3.298).

3. **4–Personen–Haushalte von Arbeitern und von Angestellten mit
mittlerem Einkommen**
Hier handelt es sich um städtische Haushalte mit zwei Erwachsenen, davon einer als alleinverdienender Arbeiter oder Angestellter, und zwei Kindern, davon mindestens eines unter 15 Jahren. Im Basisjahr 1985 betru-
gen die monatlichen Verbrauchsausgaben ca. 3.044 DM (1980: DM 2.575;
1976: DM 2.053).

4. **2–Personen–Haushalte von Renten- und Sozialhilfeempfängern
mit geringem Einkommen**
Dieses sind Haushalte mit zwei älteren Erwachsenen, wovon einer Einkommen bezieht. Im Basisjahr 1985 lagen die Verbrauchsausgaben bei
ca. DM 1.526 (1980: DM 1.162; 1976: DM 889).

5. **Einfache Lebenshaltung eines Kindes**
Das Gewichtungssystem dieses Index beruht nicht auf Beobachtung oder
Erhebung, sondern auf Konstruktion für die Mindestlebenshaltung eines
Erstkindes. Das Bedarfsschema – im Jahre 1976 von einer Expertengrup-
pe aufgestellt – soll für ein Kind im Alter von 1 bis 18 Jahren gelten. Es ist
seitdem mit den Preisen von 1980 bzw. 1985 fortgerechnet worden. Dieser
Index dient der Realwertberechnung bei Unterhaltsansprüchen, weshalb
er auch als „Alimentenindex" bezeichnet wird.

Der wichtigste dieser fünf Indizes ist der unter 1.) genannte; er wird als Indikator für die Inflation herangezogen und seine Entwicklung wird – neben jener
der Anzahl der Arbeitslosen, Kurzarbeiter und offenen Stellen – allmonatlich
in den Medien vorgestellt und interpretiert. Ihm liegt z.Z. (Basis 1985)[10] ein
Warenkorb mit 751 Positionen (Sachgüter und Dienstleistungen) zugrunde. Mit
einem Basiswechsel ändern sich i.d.R. die Anzahl und der Inhalt der Positionen.
So hatte dieser Index auf der Basis 1980 noch 753 Positionen. Gegenüber 1985
sind 83 Positionen gestrichen worden (darunter z.B. Schwarz–Weiß–Fernseher,

---

[10]Für die neuen Bundesländer werden die Preisindizes für die Lebenshaltung mit der Basis
2. Halbjahr 1990/1. Halbjahr 1991 berechnet.

Tab. 8.4a: Gewichtungsschema des Preisindex für die Lebenshaltung aller
Privaten Haushalte 1980 und 1985

Hauptgruppen nach der Systematik der Einnahmen und Ausgaben Privater Haushalte (1983)	Anteil am Warenkorb (%)	
	1980	1985
1. Nahrungsmittel, Getränke, Tabakwaren	24,9	23,0
2. Bekleidung, Schuhe	8,2	6,9
3. Wohnungsmieten, Energie (ohne Kraftstoffe)	21,3	25,0
4. Möbel, Haushaltsgeräte und andere Güter für die Haushaltsführung	9,4	7,3
5. Gesundheits- und Körperpflege	4,0	4,1
6. Verkehr und Nachrichtenübermittlung	14,3	14,4
7. Bildung, Unterhaltung, Freizeit (ohne Dienstleistungen des Gastgewerbes)	8,5	8,4
8. Güter für die persönliche Ausstattung, Dienstleistungen des Beherbergungsgewerbes sowie Güter sonstiger Art	9,4	10,9
insgesamt	100,0	100,0

Tab. 8.4b: Gewichtungsschema des Preisindex für die Lebenshaltung aller
Privaten Haushalte 1962, 1970 und 1976

Hauptgruppen nach dem Systematischen Güterverzeichnis für den Privaten Verbrauch (1963)	Anteil am Warenkorb (%)		
	1962	1970	1976
1. Nahrungs- und Genußmittel	39,9	33,3	26,7
2. Kleidung, Schuhe	12,0	10,1	8,7
3. Wohnungsmiete	11,0	12,6	13,3
4. Elektrizität, Gas, Brennstoffe	4,1	4,6	4,9
5. Übrige Waren und Dienstleistungen für die Haushaltsführung	11,7	11,4	10,0
Waren und Dienstleistungen für:			
6. Verkehr, Nachrichtenübermittlung	7,7	10,5	14,8
7. Gesundheits- und Körperpflege	3,4	4,0	4,3
8. Bildungs- und Unterhaltungszwecke	6,4	6,1	7,9
9. Persönliche Ausstattung, sonstige Waren und Dienstleistungen	3,8	7,4	9,4
insgesamt	100,0	100,0	100,0

Quelle (auch zu Tab. 8.4a): Verschiedene Jahrgänge des Statistischen Jahrbuchs
für die Bundesrepublik Deutschland

verbleites Benzin), 81 Positionen wurden neu aufgenommen (darunter z.B. Walkman und Videokamera). In jeder Position ist eine größere Zahl von Preisen (= Preisreihen) zusammengefaßt, so etwa für die Position „Zeitungen/Zeitschriften" 400 Einzelpreise (verschiedene Zeitungen/Zeitschriften an verschiedenen Orten) oder für die Position „Dienstleistungen der Kreditinstitute" 3.600 Preisreihen. Insgesamt sind in diesem Index bundesweit mehr als 300.000 Preisreihen verarbeitet. Bezüglich des Verwendungszweckes der Güter und Dienste weist dieser Index (und auch die anderen vier) z.Z. acht Hauptgruppen auf, die weiter nach Gruppen und Untergruppen aufgeteilt sind und für die jeweils Subindizes berechnet werden. Tab. 8.4a zeigt die Ausgabenanteile dieser acht Hauptgruppen in den Basisjahren 1980 und 1985 und Tab. 8.4b die damit nicht voll kompatible Aufteilung auf die neun Hauptgruppen in den Basisjahren 1962, 1970 und 1976. Man sieht bei der in beiden Tabellen kompatibel abgegrenzten ersten Hauptgruppe (Nahrungs- und Genußmittel) den im Längsschnitt rückläufigen Anteil dieser Güterkategorie (von ca. 40% auf 23%). Diese Beobachtung macht man übrigens auch im Querschnitt bei Betrachtung

Tab. 8.5: Gewichtungsschema der Preisindizes für die Lebenshaltung ausgewählter Haushaltstypen 1985

Hauptgruppen nach der Systematik der Einnahmen und Ausgaben Privater Haushalte (1983)	Anteil am Warenkorb %			
	Typ 3	Typ 2	Typ 1	Kind
1. Nahrungsmittel, Getränke, Tabakwaren	20,2	26,0	30,4	44,5
2. Bekleidung, Schuhe	8,0	7,7	5,2	23,9
3. Wohnungsmieten, Energie (ohne Kraftstoffe)	22,6	25,3	33,8	16,8
4. Möbel, Haushaltsgeräte und andere Güter für die Haushaltsführung	6,2	6,6	6,3	5,0
5. Gesundheits- und Körperpflege	5,6	2,9	4,8	3,3
6. Verkehr und Nachrichtenübermittlung	14,5	13,9	8,6	3,1
7. Bildung, Unterhaltung, Freizeit	9,7	9,4	5,7	2,3
8. Güter für die persönliche Ausstattung, Dienstleistungen des Beherbergungsgewerbes sowie Güter sonstiger Art	13,2	8,2	5,2	1,1
insgesamt	100,0	100,0	100,0	100,0

Typ 3: 4–Personen–Haushalt mit höherem Einkommen (Beamte/Angestellte)
Typ 2: 4–Personen–Haushalt mit mittlerem Einkommen (Arbeiter/Angestellte)
Typ 1: 2–Personen–Haushalt mit geringem Einkommen (Renten-, Sozialhilfeempfänger)
Kind: Einfache Lebenshaltung eines Kindes
Quelle: Statistisches Jahrbuch 1992, p. 635

Tab. 8.6: Jahresdurchschnittswerte der fünf Preisindizes für die Lebenshaltung (1985=100) zwischen 1986 und 1994

Preisindex der Lebenshaltung für:	1986	1987	1988	1989	1990	1991	1992	1993	1994
alle Privaten Haushalte	99,9	100,1	101,4	104,2	107,0	110,7	115,1	119,1	123,5
Haushalte des Typs 3	100,1	100,6	102,1	104,9	107,6	111,3	115,8	120,7	124,4
Haushalte des Typs 2	99,8	99,9	101,0	103,9	106,7	110,5	114,9	119,3	122,8
Haushalte des Typs 1	100,3	100,0	101,0	104,0	107,0	110,8	115,2	119,5	123,3
ein Kind	100,2	100,8	101,8	104,6	107,7	111,3	114,7	117,8	120,7

Legende: Vgl. Tab. 8.5
Quelle: Verschiedene Jahrgänge des Statistischen Jahrbuchs für die
        Bundesrepublik Deutschland

Tab. 8.7: Werte der Subindizes für die acht Hauptgruppen des Preisindex der Lebenshaltung aller Privaten Haushalte (1985=100) zwischen 1986 und 1994

Hauptgruppe	1986	1987	1988	1989	1990	1991	1992	1993	1994
1. Nahrungsmittel, Getränke, Tabakwaren	100,6	100,1	100,3	102,6	105,6	108,6	112,1	114,4	116,3
2. Bekleidung, Schuhe	101,9	103,2	104,5	106,0	107,5	110,1	113,3	116,4	118,0
3. Wohnungsmieten, Energie (ohne Kraftstoffe)	97,9	96,7	97,7	101,1	104,7	109,2	113,9	119,5	123,8
4. Möbel, Haushaltsgeräte, Güter für Haushaltsführ.	101,1	102,2	103,3	104,9	107,3	110,5	114,4	118,0	120,4
5. Gesundheits-/Körperpfl.	101,4	103,2	104,7	108,6	110,3	113,8	117,9	122,4	126,7
6. Verkehr und Nachrichtenübermittlung	96,4	97,4	98,9	103,2	106,1	112,1	117,1	121,7	125,6
7. Bildung, Unterhaltung, Freizeit (ohne Gastgew.)	100,9	101,6	102,7	103,8	106,1	108,1	112,7	115,9	118,1
8. Güter für pers. Ausstatt., Dienstleist. des Beherbergungsgew., sonst. Güter	103,6	106,0	110,0	113,1	115,3	118,0	124,3	135,2	143,2

Quelle: Verschiedene Jahrgänge des Statistischen Jahrbuchs für die
        Bundesrepublik Deutschland

des Gewichtungsschemas 1985 für die ausgewählten Haushaltstypen (Tab. 8.5): Je höher das Haushaltseinkommen (in Tab. 8.4a/b steigt das Einkommen mit der Zeit), desto geringer ist der **Anteil** der Ausgaben für Nahrungsmittel. Das ist der Inhalt des ENGELschen Gesetzes, benannt nach ERNST ENGEL (1821 –1896), Direktor des Königlich-Sächsischen Statistischen Bureaus, der 1857 diese Beobachtung im Konsumverhalten veröffentlichte. Auch das SCHWABEsche Gesetz läßt sich – zumindest im Querschnitt an Tab. 8.5 – erkennen. HER-MANN SCHWABE (1830 – 1874), Leiter des Statistischen Bureaus der Stadt Berlin, stellte 1868 aufgrund seiner Beobachtungen über die Ausgabegewohn-heiten von Haushalten fest, daß bei steigendem Einkommen der Ausgabenanteil für Wohnungsmiete rückläufig ist.

Abb. 8.4a: Preisindex für die Lebenshaltung in Deutschland (mittlere Ver-
          brauchergruppe, 1985=100) von 1924 bis 1994

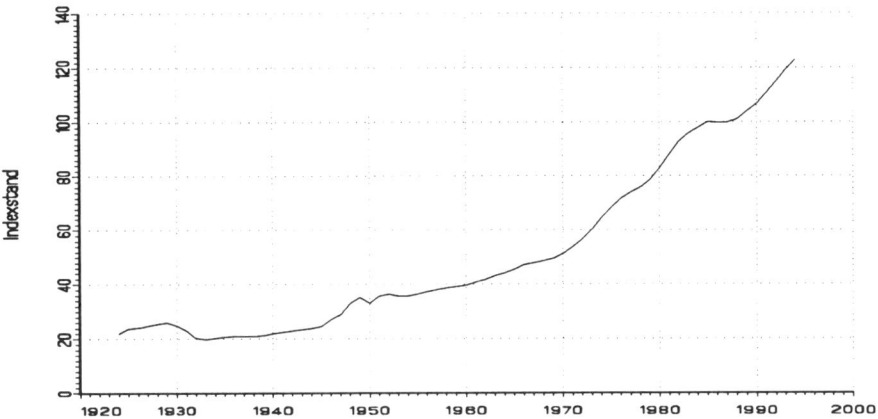

Abb. 8.4b: Änderung in v.H. gegenüber dem Vorjahr

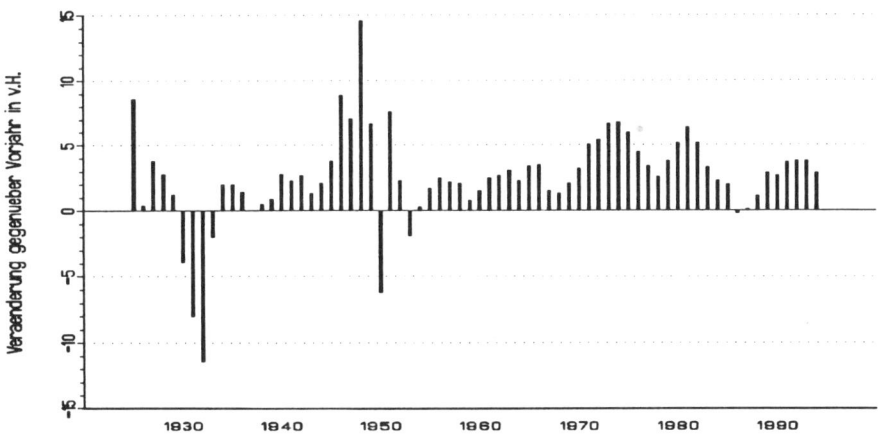

Die Werte der fünf Preisindizes für die Lebenshaltung besitzen für den Ge-samtindex im großen und ganzen einen einheitlichen Verlauf, wenn das Be-obachtungsintervall nicht zu lang ist (vgl. Tab. 8.6). Am besten stimmen der Index für alle Haushalte und der für die Haushalte mit mittlerem Einkommen überein. Die Verläufe der Subindizes für die acht Hauptgruppen differieren beträchtlich, vgl. Tab. 8.7, in der dies bezüglich des Index für alle Haushalte gezeigt ist.

Von den fünf Preisindizes der Lebenshaltung wird der für die mittlere Verbrauchergruppe am längsten berechnet, nämlich seit 1950; allerdings sind seitdem etliche Basiswechsel erfolgt (1958, 1962, 1970, 1980, 1985). Das Statistische Bundesamt hat diesen Index für den Zeitraum 1950 bis 1991 auf die Basis 1985 gemäß (8.11 a) umbasiert und dabei auch den historischen Vorläufer dieses Index bis 1924 einbezogen. Abb. 8.4 zeigt im oberen Teil den Verlauf der Indexwerte und im unteren Teil die Veränderung des Index gegenüber dem Vorjahr, also die jährliche Inflationsrate. In der Zeit nach 1948, also nach der Währungsreform, lag die höchste Jahresinflationsrate mit 7,6% in 1951, gefolgt von 6,7% und 6,8% in 1973 und 1974. Das Wirtschaftswachstum in der Bundesrepublik war zwischen 1955 und 1991 von einem ständigen Anstieg der Preise für die Lebenshaltung begleitet. Zwischen 1957 und 1960 schwächte sich der Anstieg etwas ab, ging erneut 1967/68 im Zuge der damaligen Rezession zurück, beschleunigte sich dann bis 1974, flachte aber danach bis 1978 ab, nahm bis 1981 wieder zu. Eine Periode relativer Preisstabilität mit Teuerungsraten unterhalb von 2,5% gab es von 1984 bis 1988. In der letzten erkennbaren Welle stieg die Inflationsrate wieder, dieses Mal auf Werte um 3,8%. Insgesamt kann die Entwicklung als wellenförmig charakterisiert werden.

8.4.4 Internationale Kaufkraftvergleiche

Die **Währungskurse**, wie sie sich an den Devisenmärkten bilden, geben oft ein verzerrtes Bild vom tatsächlichen Wert einer Währung im Ausland wieder. Währungskurs steht dabei (vgl. Abs. 10.5.1) als Oberbegriff zu Devisen- und Wechselkurs. Der **Devisenkurs** ist der Preis **einer ausländischen Währungseinheit in Inlandswährung**, während der **Wechselkurs** als Kehrwert des Devisenkurses den Preis **einer inländischen Währungseinheit in einer Auslandswährung** angibt. Liegt der Devisenkurs eines US-Dollar bei 1,60 DM, so heißt das längst nicht, daß 100 Dollar in den USA die gleiche Kaufkraft haben wie 160 DM in Deutschland. Die Währungskurse an den Devisenmärkten werden in hohem Maße durch Zinsdifferenzen und Erwartungen der Marktteilnehmer bestimmt, die ihrerseits oft genug durch politische Ereignisse beeinflußt werden. Diese haben mit realwirtschaftlichen Gegebenheiten oft wenig zu tun.

Näher an der Realität sind demgegenüber die **Kaufkraftparitäten**, die sich etwa gemäß (8.17) ergeben, wenn man den Wert des gekreuzten Warenkorbes in nationaler Währung ermittelt und mit dem Wert dieses Warenkorbes in einem anderen Land vergleicht.[11] Liegt die Kaufkraftparität **über dem De-**

---

[11] Während die OECD von Kaufkraftparitäten spricht, bezeichnet das Statistische Amt der EU diese Maßzahl des Währungsvergleichs als **Kaufkraftstandard**. Formal handelt es sich bei beiden Größen um dieselbe Konstruktion.

visenkurs, ist die entsprechende ausländische Währung **unterbewertet**, und man erzielt einen **Kaufkraftgewinn** im Ausland. Im umgekehrten Fall ist die ausländische Währung **überbewertet**, was mit einem **Kaufkraftverlust** des zum Devisenkurs eingetauschten DM-Betrags im Ausland verbunden ist.

Beispiel: Seien der Devisenkurs des US–Dollars bei DM 1,60 und die Kaufkraftparität bei 2 DM je $ US. 100 DM zum Devisenkurs gewechselt ergeben 62,5 $ US, für die man aufgrund der Kaufkraftparität in den USA Güter (des herangezogenen Warenkorbes) im Wert von 125 DM kaufen kann. Man erzielt demnach einen Kaufkraftgewinn von 25% (125 DM/100 DM). Dieser Kaufkraftgewinn (KKW) ergibt sich auch direkt aus dem Verhältnis von Kaufkraftparität (KK) zu Devisenkurs (DK):

$$KKW = \left(\frac{KK}{DK} - 1\right) \cdot 100\%,$$

hier:

$$KKW = \left(\frac{2\,\mathrm{DM}/\$\,\mathrm{US}}{1,60\,\mathrm{DM}/\$\,\mathrm{US}} - 1\right) \cdot 100\% = +25\%.$$

Kaufkraftgewinne bzw. Kaufkraftverluste sind zu beachten, wenn etwa bundesdeutsche Staatsbedienstete im Ausland eingesetzt werden (z.B. Botschaftspersonal) oder deutsche Unternehmen Mitarbeiter in eine ausländische Filiale abordnen. Bei Kaufkraftverlusten werden dann Ausgleichszahlungen (Kaufkraftausgleich) fällig, während i.d.R. bei Kaufkraftgewinnen keine negativen Ausgleichszahlungen erfolgen. Zur Ermittlung des Kaufkraftausgleichs führt das Statistische Bundesamt zahlreiche Kaufkraftparitätenberechnungen durch (zur Methode vgl. GUCKES, 1976; zu den laufenden Ergebnissen vgl. Fachserie 17, Reihe 10). Neben diesen, auf einem den Preisindizes der Lebenshaltung ähnlichen Warenkorb beruhenden Kaufkraftparitäten werden auch **Reisegeldparitäten** berechnet. Diesen liegt der Warenkorb eines Touristen zugrunde.

Die Berechnung von Kaufkraftparitäten ist statistisch sehr aufwendig. Das britische Wirtschaftsmagazin „The Economist" veröffentlicht daher als Alternative seit längerer Zeit schon die **Big–Mac–Parität**. Diese spezielle Kaufkraftparität wird mittels eines Warenkorbes errechnet, der als einziges Produkt den in allen Ecken dieser Welt erhältlichen Big Mac des „Gourmet–Restaurants" McDonald's enthält. Die Big–Mac–Parität kann keinen Anspruch auf Repräsentanz erheben, allerdings halten sich die Abweichungen gegenüber den aufwendigeren Kaufkraftparitäten über längere Zeiträume in relativ engen Grenzen.

In Deutschland kostete z.B. der Big Mac 1992 im Mai 4,50 DM und in den USA 2,19 $ US, woraus eine Big–Mac–Parität von 2,05 DM/$ US resultiert. Der Devisenkurs lag gleichzeitig bei 1,64 DM/$ US. Ein Amerikaner konnte also in den USA für 11 $ US fünf Big Macs kaufen; tauschte er die 11 $ US in

DM, so würden die erhaltenen 18 DM hier im Lande gerade für vier Big Macs reichen, so daß er einen Kaufkraftverlust von 20% hätte.

Wie die Wechselkurse ändern sich auch die Big–Mac–Paritäten. Im Jahre 1988 hatte der Devisenkurs mit 1,66 DM/$ US praktisch denselben Wert wie im Mai 1992, allerdings kostete damals die Referenz–Delikatesse hier 4,10 DM und in den USA 2,39 $ US. Die Big–Mac–Parität mit damals 1,72 DM/$ US lag praktisch auf der Höhe des Devisenkurses. Die Entwicklung seither zeigt, daß der Dollar, am Big Mac gemessen, zu niedrig bewertet – oder was das gleiche ist – die DM für die Amerikaner einfach zu teuer ist,[12] was sich nachhaltig negativ auf die deutschen Exporte in die USA auswirkt.

8.5 Rechtsgrundlagen und wichtige Datenquellen

Die statistische Arbeit in diesem Erhebungsbereich hat folgende rechtliche Fundierung:

- Gesetz über die Preisstatistik vom 09.08.1958 (BGBl I, p. 605),
- Verordnung zur Durchführung des Gesetzes über die Preisstatistik vom 29.05. 1959 (BAnz. Nr. 104, p. 1), zuletzt geändert durch Artikel 16 des 2. Statistikbereinigungsgesetzes vom 19.12.1986 (BGl I, p. 2555),
- Fünfte Verordnung zur Durchführung des Gesetzes über die Preisstatistik vom 05.06.1967 (BAnz. Nr. 103, p. 1).

Daten werden publiziert in:

- Fachserie 17 (Preise) in diversen Reihen, die monatlich, vierteljährlich oder jährlich erscheinen;
- Faltblatt „Preise", jährlich;
- Lange Reihen zur Wirtschaftsentwicklung, zweijährlich;
- Indikatoren zur Wirtschaftsentwicklung, monatlich;
- Tabellenteil der Monatsschrift „Wirtschaft und Statistik".

Hinweise über weitere, auch methodisch orientierte Publikationen stehen im Anhang des Abschnitts 23 (Preise) eines jeden Statistischen Jahrbuchs.

Literatur zu Kapitel 8 [13]

ABELS, H. (1991), p. 130 ff.
ANDERSON, O. u.a. (1983), p. 175 ff. und p. 277 ff.
KRUG, W. / NOURNEY, M. / SCHMIDT, J. (1994), p. 293 ff.
KUNZ, D. (1987), p. 272 ff.

---

[12]Das zeigt übrigens auch die amtliche Kaufkraftparität.
[13]Man findet hier nur eine Kurzzitierung. Die vollständigen bibliographischen Angaben stehen im Literaturverzeichnis, Kap. 15.

LIPPE, P. v. d. (1990), p. 354 ff.
STOBBE, A. (1994), p. 161 ff.
UNGERER, A. / HAUSER, S. (1986), p. 126 ff.
ZWER, R. (1985), p. 177. ff.

AUFGABE 8.1

Ein Preisindex für die Lebenshaltung nach LASPEYRES ist aus nur zwei Subindizes (für Gütergruppe A und B) zusammengesetzt. Für einen bestimmten
Zeitabschnitt t findet man folgende Werte:

Preisindex insgesamt: 117
Preisindex für Gütergruppe A: 121
Preisindex für Gütergruppe B: 111

Welche Gewichtsanteile fallen auf die beiden Gütergruppen?

AUFGABE 8.2

Der Warenkorb des Preisindex für die Lebenshaltung aller Privaten Haushalte
(Basis 1976) hatte im Basisjahr einen Gesamtwert von DM 2.326 (= 100%),
wovon DM 620 (= 26,7%) auf Nahrungs- und Genußmittel entfielen. Welchen
Wert hat der Index im Jahr t, wenn sich in t gegenüber 1976 die Preise

• für Nahrungs- und Genußmittel um 25% erhöht,

• für alle übrigen Güter und Dienste um 5% verringert

haben?

AUFGABE 8.3

Nach der LASPEYRES-Formel werden Preisindizes der Lebenshaltung berechnet
für u.a.:

–   Haushaltstyp 3:   4–Personen–Haushalt von Angestellten und Beam-
                       ten mit höherem Einkommen,

–   Haushaltstyp 1:   2–Personen–Haushalt von Renten- und Sozialhilfe-
                       empfängern.

Im Basisjahr 1985 betrug der Wertanteil der Nahrungs- und Genußmittel am
Gesamtwert des jeweiligen Warenkorbes

–   beim Haushaltstyp 3:   20,181%,

–   beim Haushaltstyp 1:   30,419%.

Wie groß wäre die Differenz (= Unterschied in Prozentpunkten) beider Indizes in 1990, wenn sich die Preise für Nahrungs- und Genußmittel in 1990 gegenüber 1985 – gemessen an deren Subindex – um 10% erhöht hätten und die der übrigen Güter unverändert geblieben wären?

AUFGABE 8.4

Für den Preisindex der Lebenshaltung aller Haushalte mit dem Wägungsschema von 1985 stehen folgende Angaben zur Verfügung:

Gruppe	Gewichte am Gesamtindex in v.H.	Index- stand 1989	Index- stand 1990
Verbrauchs- und Gebrauchsgüter	g_1	100,2	102,8
darunter			
- Nahrungsmittel	13,373	x_1	x_4
- Sonstiges	43,264	x_2	102,1
Dienstleistungen	g_2	109,9	112,6
Wohnungs- und Garagennutzung	18,392	x_3	112,5
Gesamt	100,00	104,2	x_5

a) Berechnen Sie die fehlenden Gewichte g_1 und g_2.

b) Berechnen Sie für 1990 den Teilindex für Nahrungsmittel (x_4) und den Gesamtindex (x_5).

c) Berechnen Sie die fehlenden Teilindizes für 1989. Es sei bekannt, daß sich der Teilindex „Sonstiges" von 1989 nach 1990 um 2,2% erhöht hat.

AUFGABE 8.5

Für den Preisindex der Lebenshaltung der mittleren Verbrauchergruppe liegen folgende Informationen vor:

Basis 1962		Basis 1970		Basis 1976	
Jahr	Index	Jahr	Index	Jahr	Index
1965	108,7	1969	96,4	1975	95,8
1966	112,7	1970	100	1976	100
1967	114,6	1971	105,3	1977	103,5
1968	116,4	1972	111,1	1978	106,1
1969	119,5	1973	118,8	1979	110,2
		1974	127,1	1980	116,0
		1975	134,7	1981	122,8
				1982	129,2

a) Berechnen Sie eine von 1965 bis 1982 durchgehende Indexreihe auf der Basis 1970.

b) Wie hoch ist aufgrund der unter a) errechneten Reihe

   ba) die Gesamtpreissteigerung (in v.H.) zwischen 1965 und 1982,

   bb) die jahresdurchschnittliche Preissteigerung (in v.H.) zwischen 1965 und 1982?

|AUFGABE 8.6|

Welche der folgenden Indizes sind „Einkaufspreisindizes":

a) Ausfuhrpreisindex,

b) Einfuhrpreisindex,

c) Index der Erzeugerpreise industrieller Produkte,

d) Einzelhandelspreisindex,

e) Preisindex für die Lebenshaltung?

|AUFGABE 8.7|

Berechnen Sie die Kaufkraftparität $ US zu DM für die Lebenshaltung eines Vegetariers aus den folgenden (fiktiven) Preis- und Mengenangaben:

Ware (Einheit)	Preis je Einheit		Durchschnittsverbrauch je Monat in der BRD
	USA $	BRD DM	
Brot (1 *kg*)	1,20	2,42	4 *kg*
Erbsen (1 *kg*)	1,12	2,38	2 *kg*
Kartoffeln (5 *kg*)	2,05	3,52	12 *kg*
Äpfel (1 *kg*)	0,85	2,24	6 *kg*
Apfelsinen (1 *kg*)	0,75	2,28	8 *kg*
Margarine (1 *kg*)	1,80	4,44	2,5 *kg*
Milch (1 *l*)	0,80	1,11	30 *l*
Käse (1 *kg*)	4,73	10,76	3,4 *kg*

Kapitel 9

Geld und Kredit

Die wohl bedeutendste menschliche Erfindung ist das Geld, ohne das eine arbeitsteilige nationale wie internationale Wirtschaft nicht oder nur unter allergrößten Schwierigkeiten funktionieren würde. Neben der realen Seite einer Wirtschaft gibt es eine monetäre Seite, die beide nicht unabhängig voneinander sind. Während einerseits die Lehrmeinung vertreten wird, das **Geld** sei **neutral**, übe also – vor allem langfristig – keinen Einfluß auf die realwirtschaftliche Seite aus (Neoklassische Theorie, Monetarismus), werden auch zunehmend gegenteilige Positionen bezogen, insbesondere von den Zentralbanken, die mit ihrem geldpolitischen Instrumentarium die Volkswirtschaften steuern wollen.

Vor einer statistischen Durchleuchtung des deutschen Geldsystems in den Abschnitten 9.4 und 9.5 soll vorab und allgemeiner das Geldsystem unter drei Blickwinkeln betrachtet werden:

- dem **mengenmäßigen** (Abs. 9.1),
- dem **marktmäßigen** (Abs. 9.2),
- dem **institutionellen** Aspekt (Abs. 9.3).

9.1 Geldarten und Geldgesamtheiten

Was Geld ist, ergibt sich primär aus seinen Funktionen, und das sind vier.[1]

1. Geld erfüllt eine **Tauschmittelfunktion**. Als allgemeines Tauschmittel verdankt Geld seine Entstehung in historischer Sicht dem zunehmenden Tauschbedürfnis infolge fortschreitender Arbeitsteilung, denn bei wachsender Zahl der Tauschakte stößt der direkte Tausch von Gut gegen Gut bald an seine technischen und organisatorischen Grenzen. Geld in diesem Sinne ist ein Objekt, das jedermann bereit ist, als Gegenleistung für die Hingabe von Gütern in der Hoffnung zu akzeptieren, daß er damit wieder (andere) Güter erwerben kann.

2. Ein Teil der Tauschmittelfunktion des Geldes besteht in seinem Gebrauch als **Zahlungsmittel**. Geld kann nicht nur zum Tausch gegen Güter, sondern auch jederzeit in jedem Betrag und gegenüber jedermann zur Tilgung von Schulden verwendet werden. Was Geld in diesem juristischen Sinne ist, also gesetzliches Zahlungsmittel, wird vom Staat festgelegt. Für die Produktion des Geldes als gesetzliches Zahlungsmittel haben der Staat und/oder die von ihm eingerichtete Zentral- oder Notenbank ein

---

[1]Manche Autoren sprechen auch nur von drei ökonomischen Funktionen des Geldes (Triade des Geldes), indem sie die ersten beiden der hier aufgelisteten Funktionen zusammenfassen.

Monopol. Banknoten sind in Deutschland in unbegrenzter Höhe, Münzen nur bis zu bestimmten Höchstbeträgen (bis 20 DM bei auf Mark lautenden Münzen, bis 5 DM bei auf Pfennig lautenden Münzen) gesetzliches Zahlungsmittel, das jedes inländische Wirtschaftssubjekt zur Tilgung von Verbindlichkeiten anzunehmen hat.

3. Dem Geld kommt ferner eine Rolle als **Wertaufbewahrungsmittel** zu. Wer durch Verkauf von Gütern (= Waren, Dienstleistungen) Geld erhalten hat, braucht nicht unmittelbar wieder andere Güter zu kaufen. Er kann einerseits warten, bis er Güter benötigt, oder er kann andererseits permanent einen Geldwert halten, um jederzeit zahlungsfähig zu sein. Die Wertaufbewahrungsfunktion des Geldes war lange umstritten, da ökonomisches (= rationales) Verhalten eine unverzinsliche Vermögenshaltung zu verbieten scheint. Erst JOHN MAYNARD KEYNES (1884 – 1946) hat in seinem Buch „General Theory of Employment, Interest and Money" (1936) nachgewiesen, daß Geld das Wertaufbewahrungsmittel mit dem höchsten Liquiditätsgrad ist, das, im Gegensatz zu den verzinslichen Vermögensformen, ohne Wertverlust – von Inflation abgesehen – jederzeit für Finanztransaktionen und Güterkäufe verfügbar ist.[2]

4. Schließlich erfüllt Geld die Aufgabe, als **Wertmaßstab** oder **Recheneinheit** zu dienen. Es erlaubt und erleichtert die Vergleichbarkeit der Werte der zu tauschenden Güter, indem zum einen die Anzahl der Preise drastisch reduziert[3] und zum anderen die Zusammenfassung heterogener Güter zu einer Größe, nämlich einer monetären Größe, möglich wird. Die in der realen- oder Güterwelt gegebene Inkommensurabilität wird auf diese Weise überwunden.

Die Tausch- inkl. Zahlungsmittelfunktion ist im Gegensatz zu den beiden anderen Funktionen geeignet, Geld eindeutig gegen andere Güter abzugrenzen. Die Rolle des Wertmaßstabs könnte, ohne daß bereits ein Tauschmittel existiert, durch ein beliebiges homogenes oder standardisiertes Gut oder sogar durch eine abstrakte Recheneinheit[4] wahrgenommen werden. Als Wertaufbewahrungsmittel schließlich konkurriert das Geld mit allen dauerhaften oder zumindest lagerfähigen Gütern (etwa Edelmetallen). Dennoch kann sich ein Gut nur dann als allgemeines Tauschmittel durchsetzen, wenn es auch die beiden anderen Geldfunktionen erfüllt, insbesondere die der Wertaufbewahrung. Nur wenn dem Tauschgut von allen Wirtschaftssubjekten ein Wert beigemessen wird, der auch in Zukunft gesichert erscheint, findet es als Tauschmittel und Recheneinheit allgemein Verwendung.

---

[2] Auf KEYNES geht die Motivanalyse zur Definition des Geldbegriffs zurück (Transaktions- und Vorsichtsmotiv als Teilaspekte des Liquiditätsmotivs, Wertaufbewahrungsmotiv und Spekulationsmotiv), die sich insb. im Spekulationsmotiv von der klassischen funktionalen Betrachtung unterscheiden.

[3] Gibt es n Güter, wobei jedes gegen jedes getauscht werden kann, benötigt man ohne Geld $n \cdot (n-1)/2$ Güterpreise, während man mit Geld gerade n Preise oder Austauschverhältnisse braucht.

[4] Der ECU kommt einer solchen Recheneinheit recht nahe.

Was den **Geldstoff** als das Material anbetrifft, aus dem Geld besteht, so ist eine von sinkenden Produktionskosten gekennzeichnete historische Entwicklung festzustellen: von bestimmten Waren (Salz, Fisch, Vieh, Häute etc.) über Metalle, Legierungen hin zu Papier und schließlich zum substanzlosen Geld wie Buchgeld, das in den Bankbüchern steht, und Computergeld, das auf elektronischen Datenträgern in den Rechnern der Banken gespeichert ist.

Die in einer heutigen Volkswirtschaft vorkommenden Geldarten zeigt Abb. 9.1. Unter Geld versteht man im Alltag zunächst **Banknoten** und **Münzen**, die zusammengefaßt als **Bar-** oder **Stückgeld** bezeichnet werden. Dieses Geld existiert in Bilanzen und Vermögensrechnungen aller Wirtschaftssubjekte mit Ausnahme der Zentralbank (= Deutsche Bundesbank) als Aktivum, während die Zentralbank in ihrer Bilanz (vgl. Aufgabe 9.1) den Posten **Banknotenumlauf** als Passivum bucht. Der Banknotenumlauf stellt den Nennwert aller zum Bilanzstichtag in den Verkehr gegebenen Banknoten abzüglich der zurückgenommenen Banknoten dar. Entgegen der Bezeichnung ist der Banknotenumlauf eine Bestands- und keine Bewegungsgröße.[5] Durch Banknoten werden Kreditbeziehungen verbrieft mit den Notenbesitzern als Gläubigern und der Notenbank als Schuldnerin. Da kein Wirtschaftssubjekt Forderungen oder Schulden gegen sich selbst haben kann, bucht die Zentralbank keine ihrer Banknoten, die sie in Milliardenhöhe im Safe hat, unter ihren Aktiva.

Abb. 9.1: Geldarten

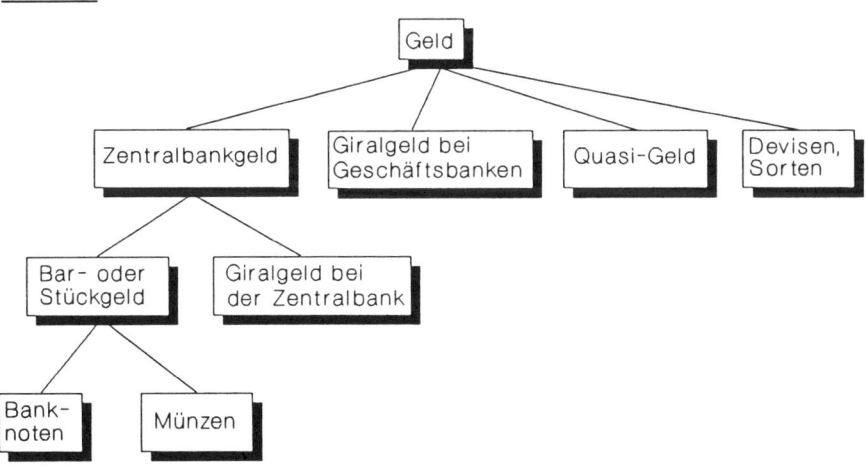

Die Deutsche Bundesbank läßt Banknoten drucken (bei der Bundesdruckerei in Berlin) und gibt sie – i.d.R. über die **Geschäftsbanken** (= Oberbegriff für alle Kreditinstitute außer der Zentralbank) – in den Verkehr. Stückelung und Nennwert der per 31.12.1994 im Verkehr befindlichen Noten erge-

---

[5]Über dessen Zusammensetzung zum 31.12.1994 vgl. Tab. 9.1 und zum 31.12.1991 vgl. Aufgabe 9.2, über die Entwicklung seit 1950 vgl. Abb. 9.3.

ben sich aus Tab. 9.1. Banknoten haben eine im Vergleich zu Münzen relativ niedrige mittlere Lebensdauer (vgl. Tab. 9.2), so daß erhebliche Aufwendungen für die Bestandspflege anfallen. Die in Tab. 9.3 ausgewiesenen Druckkosten sind aber nicht nur solche für den Nachdruck vernichteter Banknoten, sondern sind auch solche für die Bestandserweiterung. Der starke Anstieg des

Tab. 9.1: Struktur des Bargeldumlaufs zum 31.12.1994

Banknotenumlauf					Münzumlauf				
Noten zu DM	Mio. DM	Anteil v.H.	Mio. Stück	Anteil v.H.	Münzen zu DM	Mio. DM	Anteil v.H.	Mio. Stück	Anteil v.H.
1.000	74.950	31,7	74,950	3,1	10,00	2.180	14,8	218,0	0,7
500	25.724	10,9	51,448	2,1	5,00	5.534	37,5	1.106,8	3,6
200	11.309	4,8	56,545	2,3	2,00	2.131	14,5	1.065,8	3,4
100	90.745	38,4	907,450	37,2	1,00	2.252	15,3	2.252,0	7,3
50	20.427	8,7	408,540	16,7	0,50	1.085	7,4	2.170,0	7,0
20	7.852	3,3	392,600	16,1	0,10	959	6,5	9.590,0	30,8
10	4.812	2,0	481,200	19,7	0,05	301	2,0	6.020,0	19,4
5	346	0,2	69,200	2,8	0,02	140	0,9	7.000,0	22,6
					0,01	160	1,1	1.600,0	5,2
insges.	236.165	100,0	2.441,933	100,0		14.742	100,0	31.022,6	100,0

Quelle: Geschäftsbericht der Deutschen Bundesbank 1994, p. 116

Tab. 9.2: Mittlere Lebensdauer von Banknoten der alten Serie
(Stand Ende 1991)

Banknote zu:	5 DM	10 DM	20 DM	50 DM	100 DM	500 DM	1.000 DM
Mittl. Lebensdauer in Jahren:	9,7	2,0	1,6	2,3	5,0	6,7	6,2

Quelle: STOBBE (1994), p. 194

Aufwands für den Notendruck ab 1990 ist bedingt durch den erhöhten Bedarf für das vergrößerte Bundesgebiet und durch die Einführung neuer Noten (01.10.1990: 100–DM– und 200–DM–Note; 16.04.1991: 10–DM–Note; 30.09.1991: 50–DM–Note; restliche Noten in 1992). Trotz der hohen Sicherheitsstandards deutscher Banknoten werden immer wieder Fälschungsversuche unternommen. Die festgestellten Falsifikate (nach Stückzahl und Wert) weist Tab. 9.3

aus. Man bedenke bei diesen Zahlen, die im Verhältnis zum Umlauf sehr niedrig liegen, daß nicht jede Fälschung entdeckt wird![6]

Tab. 9.3: Banknotenumlauf, vernichtete Banknoten, Banknotendruckaufwand und festgestellte Falsifikate, 1986 – 1994

	1986	1987	1988	1989	1990	1991	1992	1993	1994
Banknotenumlauf (Mio. St.)	1.424	1.501	1.611	1.772	1.968	2.057	2.244	2.373	2.442
Banknotenumlauf (Mrd. DM)	114,0	125,6	143,9	150,5	166,9	181,3	213,4	224,3	236,2
Vernichtete Banknoten (Mio. St.)	595,7	578,0	553,5	719,3	506,0	1.098,7	1.697	914	516
Vernichtete Banknoten (Mio. DM)	27.053	25.896	29.222	27.423	25.786	62.624	97.500	120.000	28.200
Notendruck (Mio. DM)	142,0	142,4	152,8	109,7	194,3	331,0	289,6	236,4	156,7
Falsifikate (Stück)	8.257	6.010	6.232	3.425	4.120	6.632	14.057	41.838	23.028
Falsifikate (Tsd. DM)	807,4	598,4	538,8	304,2	326,8	754,4	2.520	5.732	3.317

Quelle: Geschäftsbericht der Deutschen Bundesbank (ab 1986); z.T. eigene Berechnung

Münzen dienen der Erleichterung des Zahlungsverkehrs. Das Münzmonopol liegt seit 1950 beim Bund (Gesetz über die Ausprägung von Scheidemünzen vom 08.07.1950, BGBl I, p. 323). Münzen werden im Auftrag und für Rechnung des Bundes (Bundesfinanzminister) in fünf Münzstätten[7] geprägt und an die Bundesbank gegeben, die dem Bund den Nennwert gutschreibt und sie nach Bedarf in den Verkehr bringt. Wie der Banknotenumlauf ist auch der **Münzumlauf**[8] (Münzen außerhalb der Bundesbank) eine Bestandsgröße. Bis 1963 gab es eine im oben genannten Gesetz festgelegte Höchstgrenze für den Münzumlauf: 30 DM je Einwohner. Ende 1994 hatte sich der Münzumlauf auf

[6]Zwischen 1991 und 1993 ist ein dramatischer Anstieg von entdeckten Falsifikaten zu verzeichnen. Dieser Zuwachs war nicht nur eine Folge der hohen Qualität von Farbkopierern, sondern war auch durch die Einführung der neuen Banknoten bedingt, die sich das zahlende Publikum noch nicht genügend hatte einprägen können. Die in den obigen Angaben nicht enthaltene und sehr hoch vermutete Anzahl von Falsifikaten, die in Osteuropa hergestellt werden und dort umlaufen, schadet der deutschen Volkswirtschaft nicht, solange sie dort verbleibt. In einer neueren Untersuchung kommt die Bundesbank (vgl. Deutsche Bundesbank, 1995a) zu dem Schluß, daß Ende 1994 etwa 30 bis 40% des deutschen Bargeldes im Ausland umlief.
[7]Die Münzprägestätte ist an einem Buchstaben auf der Münze zu identifizieren: A für Berlin, D für München, F für Stuttgart, G für Karlsruhe und J für Hamburg.
[8]Über dessen Struktur zum 31.12.1994 vgl. Tab. 9.1, zum 31.12.1991 vgl. Aufgabe 9.2.

ca. 181 DM je Kopf erhöht. (Bei den Pro–Kopf–Rechnungen für die Münzen und Banknotenausstattung ist zu bedenken, daß inländische Münzen und Banknoten sich auch im Ausland befinden, derzeit verstärkt als Parallelwährung in den Staaten Ost- und Südosteuropas.)

Die Herstellkosten der meisten Münzen liegen weit unter ihrem Nennwert (vgl. Tab. 9.4), so daß der Bundesfinanzminister einen **Münzgewinn** macht, der sich 1994 auf ca. 501 Mio. DM belief.[9] Da Münzen aus Metall im Gegensatz zu Banknoten einen Materialwert haben, kann es vorkommen, daß beim Steigen des Metallwertes über den Nennwert inkl. der Einschmelz- und sonstigen Handlingkosten solche Münzen aus dem Verkehr verschwinden. In der jüngeren Vergangenheit ist das bei Silbermünzen in den USA (1964/65 und 1976), in der Schweiz und den Niederlanden (1967/68) sowie in Großbritannien und Schweden (1968 und 1970) geschehen. Auch in der Bundesrepublik Deutschland mußte 1979/80 eine 5–DM–Gedenkmünze (Otto Hahn) aus Silber, die noch nicht im Verkehr war, wegen des gestiegenen Silberpreises wieder eingeschmolzen werden.

Tab. 9.4: Herstellkosten deutscher Münzen 1992

Münznennwert	1 Pf	2 Pf	5 Pf	10 Pf	50 Pf	1 DM	2 DM	5 DM
Herstellkosten je Stück in Pf	2	3	3	4	9,5	15	35	50

Quelle: STOBBE (1994), p. 195

Neben dem Bargeld in Form von Münzen und Noten fungiert heute hauptsächlich **Buch-** oder **Giralgeld** als Zahlungsmittel. Darunter versteht man die jederzeit (= auf Sicht) fälligen Guthaben von Nichtbanken bei Banken (Geschäftsbanken und Zentralbank). Diese Guthaben heißen auch **Sichteinlagen** oder **täglich fällige Einlagen**. Während sich Ende 1994 die Sichteinlagen von Inländern auf 538,2 Mrd. DM beliefen, lag der Bargeldumlauf (ausschließlich der Kassenbestände der Kreditinstitute) bei nur 225,9 Mrd. DM. Sichtguthaben als bestimmte, nicht verbriefte Forderungen von Nichtbanken gegen Banken zeichnen sich dadurch aus, daß sie nicht oder nur geringfügig verzinst werden und daß ihr Inhaber jederzeit in beliebiger Höhe und in beliebiger Weise über sie disponieren kann, insbesondere kann er sich in Guthabenhöhe Banknoten geben lassen. Da also Sichtguthaben bei Banken und Bargeld sich praktisch kostenlos jederzeit in beliebiger Höhe ineinander umwandeln lassen, sind sie engste Substitute und erfüllen beide die Geldfunktion.

---

[9]Die Bundesbank hat zwischen 1948 und 1994 für Rechnung des Bundes Münzen im Betrag von 18.782 Mio. DM übernommen und im Gegenwert von 1.914 Mio. DM nicht mehr umlauffähige oder aufgerufene Münzen eingelöst.

Außer den Sichteinlagen gibt es in einer Volkswirtschaft nennenswerte Bestände von Forderungen an Banken, die von ihren Inhabern entweder ohne Aufwendungen in Geld umgewandelt werden können:

- **Sparguthaben** in Beträgen **bis zu 3.000 DM** pro Kalendermonat,
- in verzinslichen Geldmarkttiteln angelegte **Kassenüberschüsse** öffentlicher Haushalte,

oder die dies innerhalb kurzer Frist von selbst tun:

- **Sparguthaben** nach dreimonatiger Kündigung **in voller Höhe,**
- **Termingelder** nach Ablauf ihrer Anlagedauer.

Forderungen dieser Art, die geldnah sind, heißen Geldsubstitute oder **Quasi–Geld.**

Ausländische Banknoten und Münzen (**Sorten**) im Besitz von Inländern sowie **Devisenforderungen** von Inländern sind ebenfalls enge Substitute inländischen Geldes, wenn sie – wie in der Bundesrepublik – ohne Einschränkung in DM gewechselt werden können.

Für die Bundesbank als einem der bedeutendsten Träger der Wirtschaftspolitik ist es für ihre gesamtwirtschaftlichen Analysen und Maßnahmen wichtig, zu bestimmten Zeitpunkten den Gesamtbetrag jener Kreditbeziehungen zu kennen, die für ihre Gläubiger Geld darstellen. Durch verschiedene Möglichkeiten der Abgrenzung der Gläubiger und/oder der Kreditbeziehungen gelangt man zu diversen **Geldgesamtheiten.** Nicht immer ist von den so gebildeten Geldgesamtheiten klar, welche für die Bundesbank Instrument- oder welche Zielvariable sind. Es sollen hier folgende Geldgesamtheiten betrachtet werden:

- Geldvolumen, auch Geldmenge genannt,
- Zentralbankgeldmenge,
- Bankenliquidität,
- Geldbasis.

Die **Zentralbankgeldmenge** setzt sich (vgl. Abb. 9.1) aus zwei Komponenten zusammen:

1. dem Bargeldumlauf,
2. den Sichtguthaben (Einlagen) der Geschäftsbanken und der Nichtbanken bei der Zentralbank.

In der Praxis ermittelt man den Umfang dieser Menge am einfachsten aus der Addition gewisser Passivposten der Bundesbankbilanz (vgl. Aufgabe 9.1) und addiert noch den – nicht in der Bilanz ausgewiesenen – Münzumlauf hinzu.[10] Umfang und Struktur der Zentralbankgeldmenge zum 31.12.1994 zeigt Tab. 9.5. Wenn man berücksichtigt, daß von dem gesamten Bargeldumlauf in Tab. 9.5

---

[10]Neben dieser einfachen Definition der Zentralbankgeldmenge gibt es andere, wie etwa die der Bundesbank oder des Sachverständigenrats, vgl. dazu V. D. LIPPE, 1990, p. 296 ff.

(250.907 Mio. DM = Summe der Positionen 1 und 2) ca. 25.000 Mio. DM auf Geschäftsbanken als deren Kassenbestände entfielen, so folgt, daß sich 81.182 Mio. DM Zentralbankgeld oder gut 26% der Zentralbankgeldmenge im Geschäftsbankensektor befand. Dieses ist die **Bankenliquidität**, auch **Barreserve** genannt.

<u>Tab. 9.5:</u> Zentralbankgeldmenge in Deutschland am 31.12.1994

Position	Mio. DM	v.H.
1. Banknotenumlauf	236.165	76,7
2. Münzumlauf	14.742	4,8
3. Einlagen von Geschäftsbanken	56.182	18,2
4. Einlagen von öffentl. Haushalten	216	0,1
5. Einlagen anderer inländ. Anleger	711	0,2
Zentralbankgeldmenge	308.016	100,0

Quelle: Geschäftsbericht der Deutschen Bundesbank 1994, p. 151

Die Bundesbank zahlt den Geschäftsbanken auf deren bei ihr gehaltenen Einlagen keine Zinsen, so daß diese Einlagen neben dem Bargeld für die Geschäftsbanken eine ertragslose Vermögensanlage sind, die daher aus deren Sicht möglichst klein sein sollte. Die Bargeldhaltung einer Geschäftsbank richtet sich nach ihren Erfahrungen über den im Monatsablauf schwankenden Bedarf. Die Höhe ihres Zentralbankguthabens hängt ab von der Höhe und der Zusammensetzung der reservepflichtigen Einlagen von Nichtbanken und den von der Bundesbank festgelegten Mindestreservesätzen (vgl. Tab. 9.6). Daraus resultiert ein **Reserve–Soll**, das z.B. im Durchschnitt des Monats März 1995 bei 55.170 Mio. DM lag. Subtrahiert man dieses Reserve–Soll und die anrechenbaren Kassen- oder Bargeldbestände (= 12.548 Mio. DM) von den tatsächlich gehaltenen Einlagen der Geschäftsbanken bei der Bundesbank, der sog. **Ist–Reserve** (= 42.963 Mio. DM), so gelangt man zur **Überschußreserve** (= 341 Mio. DM im Durchschnitt des Monats März 1995).

Die Möglichkeit einer Geschäftsbank, an eine Nichtbank Kredit zu gewähren, erhöht einerseits deren Bestand an Giralgeld und andererseits die Sichteinlagen der Bank und folglich die von ihr zu haltende Mindestreserve als Bestandteil der Zentralbankgeldmenge. Über die Steuerung der Zentralbankgeldmenge kann also indirekt das Volumen der Kreditgewährung beeinflußt werden.[11] Der Geldbestand im Nichtbankensektor hängt nach Aussagen

[11] Die Bundesbank hat seit 1987 die Mindestreservesätze zweimal gesenkt – 1993 und 1994 – und damit den Kreditspielraum der Banken erhöht.

der Geldtheorie von der Zentralbankgeldmenge ab, weshalb man diese auch als **Geldbasis** bezeichnet.

Tab. 9.6: Mindestreservesätze (in v.H.) der Deutschen Bundesbank
(gültig seit dem 1. März 1994)

Art der Einlage	bis 10 Mio. DM	über 10 Mio. DM	über 100 Mio. DM
Sichteinlagen	5 (6,6)	5 (9,9)	5 (12,1)
Termineinlagen		2 (2) unabhängig vom Volumen	
Spareinlagen		2 (2) unabhängig vom Volumen	
Sichteinlagen von Gebietsfremden		5 (12,1) unabhängig vom Volumen	
Termineinlagen von Gebietsfremden		2 (2) unabhängig vom Volumen	
Spareinlagen von Gebietsfremden		2 (2) unabhängig vom Volumen	

In Klammern sind die bis zum 28.02.1994 geltenden Sätze angegeben.

Quelle: Deutsche Bundesbank – Monatsbericht Mai 1995, p. 41*

Eine Hypothese der Geldtheorie besagt, daß zwischen dem Gesamtwert der Transaktionen, die für die Erstellung eines Sozialprodukts in bestimmter Höhe notwendig sind, und dem zur Abwicklung dieser Transaktionen erforderlichen **Geldbestand** ein Zusammenhang besteht. Bei Gültigkeit dieser Hypothese wird der Geldbestand zu einer Schlüsselgröße für Erklärung, Prognose und Steuerung des Wirtschaftsprozesses. Gelingt es der Zentralbank, durch ihre währungspolitischen Instrumente den Geldbestand zu regulieren, so kann sie Einfluß auf den Gesamtwert der Transaktionen und mithin auf das Sozialprodukt ausüben. Das Problem ist, die Gesamtheit derjenigen Forderungen von Nichtbanken an Banken abzugrenzen, die ganz oder überwiegend zur Abwicklung solcher Transaktionen verwendet werden. Diese Gesamtheit wird von der Bundesbank als **Geldvolumen** bezeichnet, im allgemeinen Sprachgebrauch heißt sie auch **Geldmenge**. Im Laufe der Jahre hat die Bundesbank die Abgrenzung des Geldvolumens sukzessive erweitert, etwa 1973 durch Einbezug der Spareinlagen und 1989 durch Schaffung von „M3 erweitert".[12] Zur Zeit werden die folgenden Definitionen verwendet (Zahlen in Mrd. DM zum Jahresende 1994):

---

[12] „M3 erweitert" ist im September 1994 noch einmal erweitert worden um inländische und ausländische Geldmarktfonds inländischer Nichtbanken, bereinigt um die Bankeinlagen und Bankschuldverschreibungen unter 2 Jahren der inländischen Geldmarktfonds.

M1	=	Bargeldumlauf (ohne Kassenbestände der Kreditinstitute) und Sichtguthaben inländischer Nichtbanken bei Banken (ohne Guthaben der Geschäftsbanken und der öffentlichen Haushalte bei der Bundesbank) (764,1)
M2	=	M1 plus Termingelder inländischer Nichtbanken mit Befristung bis unter 4 Jahren (1.282,7)
M3	=	M2 plus Spareinlagen inländischer Nichtbanken mit dreimonatiger Kündigungsfrist (1.937,0)
M3 erweitert	=	M3 plus Einlagen inländischer Nichtbanken bei Auslandsfilialen und Auslandstöchtern inländischer Kreditinstitute sowie Inhaberschuldverschreibungen im Umlauf bei inländischen Nichtbanken plus Geldmarktfonds (2.231,0)

Für das jährliche Wachstum der Geldmenge, und zwar für M3, gibt die Bundesbank einen Zielkorridor an. Für 1994 (1993) betrug er 4% bis 6% (4,5% bis 6,5%). Da M3 vom IV. Quartal 1993 bis zum IV. Quartal 1994 um 5,7% stieg, ist 1994 der Korridor eingehalten worden.

9.2 Märkte des Geldsystems

Im Geldsystem lassen sich – weit gefaßt – zwei Märkte unterscheiden, der Geldmarkt und der Kapitalmarkt. Auf dem **Geldmarkt** sind die Bundesbank und die Geschäftsbanken die Akteure. Die „Handelswaren" sind

1. **Zentralbankgeld** mit unterschiedlicher Fristigkeit (Tagesgeld, Monatsgeld und Dreimonatsgeld), hauptsächlich gehandelt zwischen den Geschäftsbanken, um Engpässe und Überschüsse in der Liquidität auszugleichen und deren Mindestreservepositionen im Laufe eines Monats zu regulieren;

2. **Geldmarktpapiere**, gehandelt zwischen Bundesbank und Geschäftsbanken zu Konditionen (Abgabe- und Rücknahmesatz), die von der Bundesbank gesetzt werden.

Während auf dem Geldmarkt kurzfristige Finanztitel gehandelt werden, sind es auf dem **Kapitalmarkt** Finanzmittel langfristiger Natur für Kredite (= Anleihen) und für Beteiligungen (= Aktien und Anteile). Der Kapitalmarkt verschafft den Emittenten von Wertpapieren langfristige Finanzierungsmittel, während er den Kapitalgebern einen jederzeitigen Verkauf der Papiere ermöglicht. Dementsprechend gliedert sich der Kapitalmarkt in

1. einen **Primär-** oder **Emissionsmarkt** und

2. einen **Sekundär-** oder **Effektenmarkt**, auf dem Wertpapiere über die Börse gehandelt werden, wobei man zwischen **Rentenmarkt** (Handel mit festverzinslichen Effekten), **Aktienmarkt** und **Hypothekenmarkt** unterscheidet.

Die für die auf dem Geld- und Kapitalmarkt gehandelten Güter sich bildenden Preise, die Zinsen, beeinflussen sich wechselseitig. Beim Kapitalmarkt entfällt das größere Geschäftsvolumen auf den Effektenmarkt und damit auf die Börsen. In Deutschland gibt es acht Börsenplätze: Berlin, Bremen, Düsseldorf, Frankfurt/Main, Hamburg, Hannover, München und Stuttgart. Neben den Effekten- oder Wertpapierbörsen gibt es ferner Devisenbörsen, Waren- oder Produktbörsen, Fracht- sowie Versicherungsbörsen.

9.3   Der deutsche Finanzsektor

Zum Finanzsektor einer Volkswirtschaft gehören jene Wirtschaftssubjekte, deren Hauptaktivität darin besteht, Kredite zu nehmen und zu gewähren oder
die Dienstleistung „Versicherungsschutz" zu produzieren.[13] Von STOBBE (1994,
p. 223 ff.) werden vier Hauptgruppen von Finanzunternehmen unterschieden:

1. Banken,
2. Bausparkassen,
3. Kapitalanlagegesellschaften,
4. Versicherungsunternehmen.

In Tab. 9.7 sind einige Strukturdaten über **Versicherungsunternehmen**
– gegliedert nach dem Versicherungszweig – zusammengestellt. Es handelt sich
dabei nur um private Versicherungsunternehmen. Sie unterstehen einer Staatsaufsicht (Bundesaufsichtsamt für das Versicherungswesen, Berlin).

Tab. 9.7: Informationen über Versicherungsunternehmen 1992

Versicherungszweig	Anzahl Unternehmen*)	Beitragsein- nahmen Mrd. DM	Kapitalanlage Mrd. DM*)
Lebensversicherung	120	68,731	537,971
Pensions- und Sterbekassen	1.130	4,155	81,750
Krankenversicherung	111	22,734	47,135
Schaden- und Unfallversicherung	894	84,078	106,326
Rückversicherung	31	42,622	63,734
insgesamt	2.286	222,320	836,916

*) am Jahresende
Quelle: Statistisches Jahrbuch 1994, p. 376

Kapitalanlagegesellschaften, auch als Investmentgesellschaften bezeichnet, kaufen Geld- und Kapitalmarktpapiere bzw. Gebäude und Grundstücke,
die zu einem sog. Fonds zusammengefaßt werden (**Wertpapier- bzw. Immobi-
lienfonds**). Durch Ausgabe von Anteilsscheinen (Investmentzertifikaten) werden die Mittel dazu aufgebracht, entweder bei jedermann (**Publikumsfonds**)
oder bei institutionellen Kapitalanlegern wie z.B. Versicherungen, Pensionskassen, Stiftungen (**Spezialfonds**). Die Tätigkeit und Aufgabe der Kapitalanlagegesellschaften besteht in der Risikostreuung, der Transformation der Kre-
ditgrößen und Fristen und der kleinen Stückelung der Anteilsscheine, so daß

---

[13]Die Zuordnung der Versicherungsunternehmen zum Finanzsektor liegt in der Tatsache
begründet, daß sie große Kapitalsammelstellen sind und einen hohen Anlagebedarf haben.

auch Kleinsparer anlegen können. Die Tätigkeit der Kapitalanlagegesellschaften steht unter dem Gesetz über Kapitalanlagegesellschaften von 1957, neugefaßt in 1970 (BGBl I, p. 128). Tab. 9.8 informiert über Kapitalanlagegesellschaften.

Tab. 9.8: Strukturdaten über Kapitalanlagegesellschaften 1994

| | Publikumsfonds | | | | | | Spezial-fonds | ins-gesamt |
	zusammen	Geld-markt-fonds	Ren-ten-fonds	Ak-tien-fonds	Ge-misch. Fonds	Offene Immo.-fonds		
Anzahl der Fonds	556	24	217	187	112	16	2.498	3.054
Anteilsumlauf (Mio. Stück)	3.582	349	2.015	587	153	478	2.525	6.107
Mittelaufkommen (Mio. DM)	63.263	31.180	10.175	10.550	3.660	7.698	45.650	108.914
Fondsvermögen (Mio. DM):	229.008	31.274	93.784	40.963	10.952	52.035	257.029	486.037
darunter:								
– Aktien insg.	43.042						68.002	111.044
– Aktien inl. Emittenten	29.090						50.078	79.168
– Schuldverschr. insg.	88.922						164.711	253.633
– Schuldverschr. inl. Emittenten	40.601						137.938	178.539
– Geldmarktpap.	323						358	681

Quelle: Deutsche Bundesbank – Kapitalmarktstatistik Mai 1995, p. 52 ff.

Bausparkassen nehmen – überwiegend von Privaten Haushalten – Spar-einlagen zu einem niedrigen Zinssatz (2,5% bis 3%) an und gewähren den Bau-sparern Baudarlehen zu einem ebenfalls niedrigen Zins (4,5% bis 5%). Aus der Differenz zwischen den Soll- und Habenzinsen werden im wesentlichen die Ko-sten der Bausparkasse gedeckt. Durch die massive staatliche Förderung des Bausparens in der Nachkriegszeit konnten die Bausparkassen bis Ende der 70er Jahre stark expandieren. Danach ließ – auch bedingt durch den Abbau der staatlichen Förderung – die Attraktivität nach, erst ab 1989 ist wieder ein steigendes Geschäftsvolumen der Bausparkassen zu verzeichnen. Ursachen dafür sind im wesentlichen der Wohnungsbedarf der geburtenstarken Jahrgänge

Abb. 9.2: Die Banken als Teil des Finanzsektors

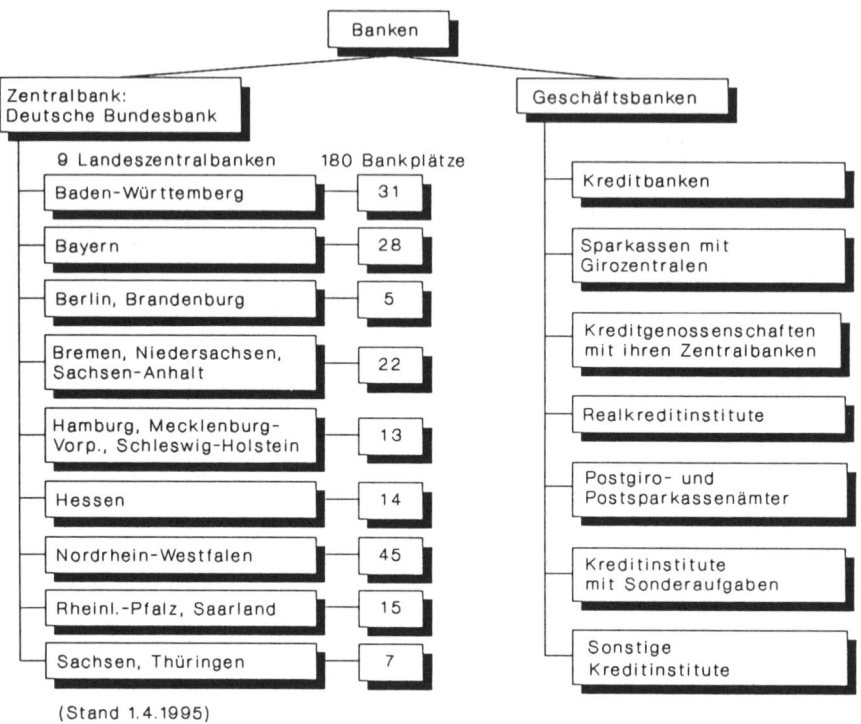

(Stand 1.4.1995)

Tab. 9.9: Eckdaten über Bausparkassen per 31.12.1994

Gruppe	Anzahl der Institute	Bilanz-summe	Bauspar-darlehen	Bauspar-einlagen	Bauspar-summe	Bauspar-verträge
		Mrd. DM				Mio. Stück
Private Bausparkassen	22	156,376	114,634	103,659	770,798	20,520
Öffentl. Bausparkassen	13	64,629	49,230	46,581	344,371	10,150
insgesamt	35	221,005	163,864	150,240	1.115,169	30,670

Bem: Erfaßt sind die monatlich berichtenden Institute.

Quelle: Deutsche Bundesbank – Bankenstatistik Mai 1995, p. 103 ff.

und der Bevölkerung in den neuen Bundesländern. Bausparkassen unterliegen der Aufsicht durch das Bundesamt für das Kreditwesen (Berlin) und arbeiten unter dem Gesetz über Bausparkassen. Tab. 9.9 enthält Informationen über Bausparkassen.

Abb. 9.2 liefert einen Überblick über die **Banken**, die den größten Teil des Finanzsektors ausmachen. Eine Schlüsselstellung im Bankensystem nimmt die Zentralbank ein, hier: die Deutsche Bundesbank (Frankfurt/Main). Ihre Aufgaben sind in §3 des Bundesbankgesetzes festgelegt. Zum einen hat sie eine währungspolitische Aufgabe, nämlich die Wirtschaft mit dem gesetzlichen Zahlungsmittel zu versorgen (Banknotenmonopol), die Kreditversorgung zu regeln (Mindestreserve, Diskont-, Lombard-, Pensionssatz, Offenmarktpolitik) und die Währungsreseven des Landes zu verwalten (Gold, Devisen, Sonderziehungsrechte). Zum anderen fällt ihr auch eine banktechnische Aufgabe zu, nämlich den Zahlungsverkehr des zentralen Staatshaushalts abzuwickeln, den Zahlungsausgleich zwischen den einzelnen Banken und den Zahlungsverkehr mit dem Ausland vorzunehmen.[14] Die Bundesbank hat einen zweistufigen regionalen Unterbau: Landeszentralbanken – Zweiganstalten.[15] Anfang 1995 hatte die Bundesbank ca. 17.000 Mitarbeiter.

Über die Geschäftsbanken (und auch die Postsparkassen) berichtet die Deutsche Bundesbank monatlich in ihrer Reihe „Bankenstatistik".[16] Dabei gliedert die Bundesbank auf der ersten Stufe so, wie in Abb. 9.2 ausgewiesen. Einige dieser Gruppen werden noch weiter unterteilt, vgl. Tab. 9.10. Die **Kreditbanken**, die übrigens wie Sparkassen, Kreditgenossenschaften und der Postbankdienst **Universalbanken** sind, da sie neben dem Einlagen- und Kreditgeschäft das gesamte Wertpapiergeschäft betreiben, werden von der Bundesbank nach Geschäftsbereich und Rechtsform in vier Teilgruppen eingeteilt:

1. **Großbanken**, wie Commerz –, Deutsche –, Dresdner Bank AG und deren Berliner Tochtergesellschaften;
2. **Regional- und sonstige Kreditbanken**, die als Branchenbanken für bestimmte Wirtschaftszweige (z.B. Ärzte- und Apothekerbank) oder als Hausbanken nur für einzelne Unternehmen oder Unternehmensgruppen tätig sind;
3. **Zweigstellen ausländischer Banken**;
4. **Privatbanken**.

Während die Kreditbanken üblicherweise **einstufig** aufgebaut sind (Filialen zählen nicht als Stufen, da rechtlich unselbständig), sind sowohl die **Spar-**

---

[14]Die statistische Analyse der außenwirtschaftlichen Tätigkeit der Deutschen Bundesbank (u.a. Zahlungsbilanz, Auslandsposition) erfolgt erst in Kap. 10.

[15]Die ersten drei Ziffern der Bankleitzahl (BLZ) sind übrigens die Ortsnummer der Zweiganstalt.

[16]Laut §18 Bundesbankgesetz hat sie das Recht, „zur Erfüllung ihrer Aufgaben Statistiken auf dem Gebiet des Bank- und Geldwesens bei allen Kreditinstituten anzuordnen und durchzuführen."

Tab. 9.10: Kennzahlen über den deutschen Geschäftsbankensektor per 31.03.1995

Gruppe	Anzahl der berichtenden Banken	Kapital Mrd. DM	Geschäftsvolumen Mrd. DM	Geschäftsvolumen v. H.	Kredite an Nichtbanken Mrd. DM	Kredite an Nichtbanken v. H.	Einlagen und Kredite von Nichtbanken Mrd. DM	Einlagen und Kredite von Nichtbanken v. H.
Kreditbanken insgesamt	336	110,4	1.686,1	24,3	1.101,5	24,8	628,8	20,8
Großbanken	3	47,7	639,4	9,2	414,3	9,4	292,0	9,7
Regional- und sonst. Kreditbanken	200	56,2	894,4	12,9	616,4	13,9	296,7	9,8
Zweigstellen ausl. Banken	66	3,1	99,4	1,4	36,4	0,8	11,0	0,4
Privatbankiers	67	3,4	52,9	0,8	34,4	0,8	29,1	1,0
Girozentralen	13	42,8	1.210,8	17,4	660,1	14,9	267,8	8,9
Sparkassen	631	54,7	1.409,4	20,3	1.008,9	22,8	972,7	32,2
Genossenschaftliche Zentralbanken	4	9,5	226,5	3,3	75,5	1,7	15,4	0,5
Kreditgenossenschaften	2.660	37,0	818,1	11,8	594,6	13,4	623,0	20,6
Realkreditinstitute	33	20,1	847,7	12,2	658,7	14,9	243,1	8,1
Kreditinstitute mit Sonderaufgaben*	19	23,3	749,0	10,8	331,7	7,5	267,3	8,9
alle Bankgruppen	3.696	297,8	6.947,7	100,0	4.431,0	100,0	3.018,1	100,0

*) einschl. Deutsche Postbank AG

Quelle: Deutsche Bundesbank – Monatsbericht Mai 1995, p. 20/21*

kassen als auch die **Kreditgenossenschaften**, auch Genossenschaftsbanken genannt, dreistufig organisiert. Das Spitzeninstitut ist die Deutsche Girozentrale / Deutsche Kommunalbank im Sparkassensektor und die Deutsche Genossenschaftsbank im Genossenschaftssektor. Die zweite Stufe bilden die Girozentralen für die Sparkassen bzw. die Genossenschaftlichen Zentralbanken. Die letzte Stufe sind die Sparkassen bzw. die Kreditgenossenschaften (häufig als Volks- und Raiffeisenbanken bezeichnet).

Realkreditinstitute gewähren i.d.R. langfristige, durch Hypotheken gesicherte Kredite auf Grundstücke, Gebäude und Schiffe und finanzieren sich vornehmlich über die Ausgabe von Pfandbriefen und Kommunalobligationen. Die **Kreditinstitute mit Sonderaufgaben**, wie z.B. die Kreditanstalt für Wiederaufbau oder die Deutsche Ausgleichsbank, sind häufig auf einer eigenen gesetzlichen Grundlage tätig und erfüllen Spezialaufgaben. **Sonstige Kreditinstitute** sind z.B. Wertpapiersammel- und Bürgschaftsbanken. Der **Postbankdienst** zählt mit seinen Postsparkassen zur Annahme von Spareinlagen und mit seinem Postgirodienst zur Abwicklung des Zahlungsverkehrs zum Sektor der Geschäftsbanken.

In Tab. 9.10 sind einige Kennzahlen über den deutschen Geschäftsbankensektor zusammengestellt. Unter den **Bankstellen** sind die Kreditinstitute selbst und ihre Zweigstellen zu verstehen, nicht jedoch die Annahmestellen. Das dichteste Netz unterhalten die Sparkassen, gefolgt von den Kreditgenossenschaften. Das **Geschäftsvolumen**, das übrigens nicht von Interbankverflechtungen bereinigt ist, umfaßt die Bilanzsumme zuzüglich Indossamentsverbindlichkeiten aus rediskontierten Wechseln, den Kreditnehmern abgerechnete eigene Ziehungen im Umlauf und aus dem Wechselbestand vor Verfall zum Einzug versandte Wechsel. Die Zahlen in Tab. 9.10 enthalten (seit Juni 1990) auch die ostdeutschen Kreditinstitute.

9.4   Bereichsabgrenzung und statistische Zuständigkeit

Kreditinstitute und Versicherungen nehmen im Unternehmenssektor einer Volkswirtschaft eine Sonderrolle ein. Wegen der Art ihrer Tätigkeit ist dieser Bereich sehr stark reguliert; die Unternehmen unterliegen einer mit weitreichenden Kompetenzen ausgestatteten **Staatsaufsicht** (Bundesaufsichtsamt für das Kreditwesen bzw. Bundesaufsichtsamt für das Versicherungswesen, beide mit Sitz in Berlin). Die **Melde-**, **Berichts-** und **Auskunftspflicht** gegenüber den zuständigen Behörden ist umfassend. Die dabei anfallenden Daten dienen nicht nur der Aufsicht, sondern auch der Produktion von Statistiken, so daß diese ein hohes Maß an Vollständigkeit, Zuverlässigkeit und Aktualität haben.

Die Statistiken des monetären Systems stammen mit ganz wenigen Ausnahmen von der Deutschen Bundesbank. Das **Statistische Bundesamt** erstellt nur zwei Statistiken, die der **Aktienmärkte** und die der **Bausparkassen**.[17] Im Rahmen der Bausparkassenstatistik kommen die Angaben der z.Z. 22 privaten und 13 öffentlichen Bausparkassen über die zuständigen Verbände (Verband der privaten Bausparkassen und Bundesgeschäftsstelle der Landesbausparkassen, beide in Bonn) im Monats- bzw. Jahresrhythmus zum Statistischen Bundesamt. Erhoben werden u.a. die Neuabschlüsse, Kündigungen, zugeteilte Verträge, Ein- und Auszahlungen, Bestände zugeteilter und nicht–zugeteilter Verträge, Bauspareinlagen, aufgenommene Fremdmittel, Baudarlehen aus Zuteilungen, Zwischenkredite und sonstige Baudarlehen. Hier wie auch bei der Bankenstatistik der Bundesbank stehen die Erscheinungsformen und die institutionelle Seite des Mediums Geld im Vordergrund, weniger die Leistungsmessung bei der Abwicklung des Geldverkehrs und bei der Finanzierung, wie man sie für die Wertschöpfungsrechnung im Rahmen der Volkswirtschaftlichen Gesamtrechnung benötigt. In der Aktienmarktstatistik werden für die börsennotierten Aktien von Gesellschaften mit Sitz im Bundesgebiet (ca. 500) nachgewiesen: ein Index der Aktienkurse, die Durchschnitte von Kursen, Dividenden und Renditen sowie Ertragswerte und Kapitalbestände, jeweils in einer Gliederung nach Wirtschaftsbereichen.

Für die **Statistik der Kreditinstitute**[18] (mit Ausnahme der Bausparkassen) ist die **Deutsche Bundesbank** zuständig. Sie wird hier auf dem Wege der Anordnung tätig, denn nach §18 des Gesetzes über die Deutsche Bundesbank ist diese „berechtigt, zur Erfüllung ihrer Aufgaben Statistiken auf dem Gebiet des Bank- und Geldwesens bei allen Kreditinstituten anzuordnen und

---

[17]Die Statistik der Aktienmärkte soll – u.a. aus Gründen mangelnder Haushaltsmittel – zum 30.06.1995 eingestellt werden.

[18]Kreditinstitute (auch Geschäftsbanken genannt) sind nach §1 Kreditwesengesetz Unternehmen, die Bankgeschäfte betreiben. Diese sind lt. Gesetz: Einlagen-, Kredit-, Diskont-, Effekten-, Depot-, Investment-, Garantie- und Girogeschäft sowie das Eingehen der Verpflichtung, Darlehensforderungen vor Fälligkeit zu erwerben.

durchzuführen". Diese Anordnungen sind keine Rechtsverordnungen im Sinne des Verwaltungsrechts; mit ihrer Veröffentlichung im Bundesanzeiger wird eine Anordnung der Bundesbank rechtskräftig. Im Vergleich zum Statistischen Bundesamt hat die Deutsche Bundesbank in ihrem Geschäftsbereich wesentlich größere statistische Kompetenzen.

Kernstück ist die **Monatliche Bilanzstatistik,**[19] die seit 1986 eine Totalstatistik ist. Die berichtenden Kreditinstitute (Anfang 1995: 3.727) haben ihre Meldungen nach dem Stand vom Monatsultimo bereits in der ersten Woche des Folgemonats an die örtlich zuständige Zweiganstalt ihrer Landesbank zu geben. Bereits knapp drei Wochen nach dem Meldestichtag liegen die wichtigsten Bundesergebnisse vor (veröffentlicht im Monatsbericht der Bundesbank sowie z.T. in den Beiheften zum Monatsbericht). Die Kurzfristigkeit ist wichtig, da für wirtschafts- und währungspolitische Entscheidungen zeitnahe Ergebnisse benötigt werden. Die Meldungen der Kreditinstitute bestehen aus einer statistischen Bilanz und einer Reihe ergänzender Nachweise für bestimmte Bilanzpositionen. Ergänzungen zur monatlichen Bilanzstatistik sind:

- die vierteljährliche Kreditnachweisstatistik,
- die monatliche Kreditzusagenstatistik als eine Art Auftragseingangsstatistik für Kredite,
- die jährliche Statistik der Gewinn- und Verlustrechnungen der Kreditinstitute,
- die monatliche Statistik der Wertpapiermärkte,
- die jährliche Statistik der Wertpapier–Kundendepots.

Über ihre eigene Geschäftstätigkeit berichtet die Deutsche Bundesbank in Form

- der Bundesbankausweise (Aktiva und Passiva der Bundesbank) viermal monatlich,
- der Statistik der von ihr festgelegten Zinssätze (u.a. Diskont-, Lombard- und Pensionssatz) in Form einer chronologischen Zusammenstellung,
- der Mindestreservestatistik.

Für die Geldmengensteuerung greift die Bundesbank auf die **Bankenstatistische Gesamtrechnung** zurück. Diese wird erstellt aus ihren eigenen Ausweisen und der monatlichen Bilanzstatistik. In der Gesamtrechnung wird das Bankensystem als Einheit gesehen. Forderungen und Verbindlichkeiten der Geschäftsbanken untereinander und gegenüber der Bundesbank werden gegeneinander aufgerechnet. Die resultierende konsolidierte Bilanz des Bankensystems zeigt dann im wesentlichen die Beziehungen zwischen dem Bankensystem und den inländischen Nichtbanken (Bankkredite an Nichtbanken, deren im Bankensystem angelegtes Geld und Kapital und das volkswirtschaftliche Geldvolumen) und die Auslandsaktiva und -passiva des Bankensystems.

---

[19]Zur Bankenstatistik vgl. I. SCHRAMM (1983) und H. E. BÜSCHGEN (1983).

9.5   Ausgewählte Ergebnisse

Die statistischen Informationen über das deutsche Geldsystem liegen in umfangreicher und vorbildlich aufbereiteter und präsentierter Form durch die Deutsche Bundesbank vor (jährlicher Geschäftsbericht, Monatsbericht mit fünf statistischen Beiheften dazu und diverse Sonderberichte), was nicht bedeutet, daß alle Informationswünsche von Politik, Wirtschaft und Forschung befriedigt sind. Im folgenden werden nur einige wenige, dafür aber zentrale Ergebnisse präsentiert, wobei eine Einteilung nach Geld- und Kapitalmarkt erfolgt.

9.5.1   Geld- und Geldmarktstatistiken

Abb. 9.3 informiert über den **Bargeldumlauf**. Es wird der Bargeldumlauf (per Jahresende) in der Zeit von 1950 bis 1994 dargestellt, und zwar in absoluter Größe und je Kopf der Bevölkerung. In den absoluten Zahlen ist der Bargeldumlauf von 8.414 Mio. DM Ende 1950 auf 205.907 Mio. DM Ende 1994 ständig gestiegen, d.h. er ist in dieser Zeitspanne auf das 24,5–fache seines Anfangswertes gewachsen. Das entspricht einer durchschnittlichen jährlichen Wachstumsrate von gut 7,5%. In den Pro–Kopf–Daten stieg der Bargeldumlauf von DM 168,32 in 1950 stetig bis 1989 auf DM 2.612,57. Der Rückgang des Pro–Kopf–Wertes in 1990 und 1991 ist bedingt durch die Osterweiterung der Bundesrepublik, bei der der Bargeldumlauf kurzfristig nicht proportional zur Bevölkerung anstieg. Der Endwert 1994 liegt bei DM 3.096,85 und ist damit ca. 18mal größer als 1950. Die jährliche Wachstumsrate der Pro–Kopf–Ausstattung ist mit durchschnittlich 6,8% etwas niedriger als die der absoluten Größe, was man in der halblogarithmischen Darstellung der Abb. 9.3 an dem etwas flacheren Verlauf der Pro–Kopf–Kurve erkennt. (Bei gleicher Wachstumsrate müßten in halblogarithmischer Darstellung beide Kurven parallel verlaufen.)

In Abb. 9.4a bis 9.4c geht es um die **Geldvolumina** in der langfristigen Betrachtung seit 1955, dem ersten Jahr, für das Daten von allen Geldmengen M1, M2 und M3 und ihrer Bestandteile (Bargeldumlauf, Sichteinlagen, Termingeld und Spareinlagen) vorliegen. In allen drei Abbildungen sind die Jahresendbestände verwendet worden. In Abb. 9.4a (log. Darstellung) erkennt man, daß M3 – neben dem Bargeldumlauf im Nichtbankensektor – den ruhigsten Verlauf aller Reihen aufweist. M3 stieg von 56,651 Mrd. DM Ende 1955 auf 1.937 Mrd. DM Ende 1994, was einem Anstieg auf das 34,2–fache bzw. einer mittleren jährlichen Wachstumsrate von 9,5% entspricht. Den stärksten Zuwachs haben die Spareinlagen (von 14,111 Mrd. DM Ende 1955 auf 654,3 Mrd. DM Ende 1994 mit 10,3% Jahreswachstum) und die Termingelder (von 11,080 Mrd. DM Ende 1955 auf 518,6 Mrd. DM Ende 1992 mit 10,4% Jahreswachstum). Bargeldumlauf und Sichteinlagen wuchsen mit 7,3% bzw. 9,2% im Jahresdurchschnitt.

<u>Abb. 9.3:</u> Bargeldumlauf absolut und je Einwohner, 1950 – 1994

Bem.: Ab 1990 inkl. der neuen Bundesländer

Quellen: Deutsche Bundesbank (1988), p. 3
  Verschiedene Jahrgänge des Statistischen Jahrbuchs für die
  Bundesrepublik Deutschland

<u>Abb. 9.4a:</u> Geldmengen und ihre Komponenten zwischen 1955 und 1994,
  jeweils am Jahresende

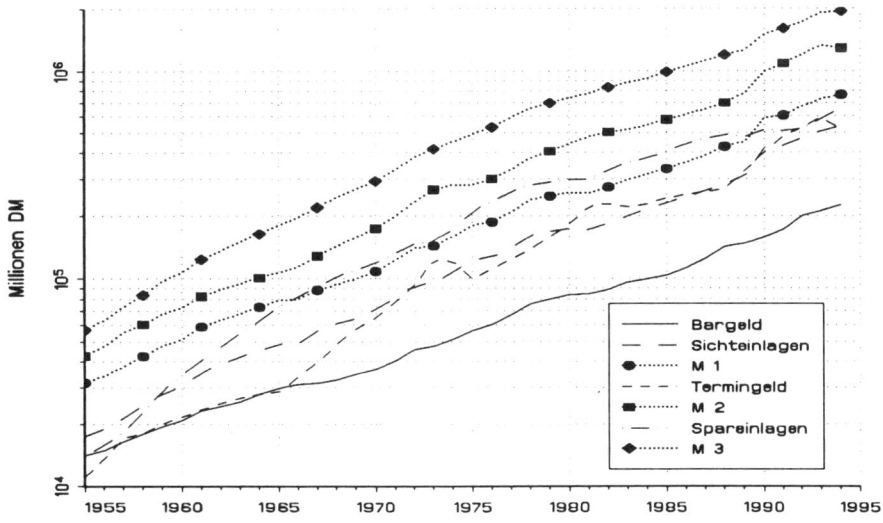

Bem. und Quellen vgl. Abb. 9.3

Um Struktur und Veränderung in M3 zu verstehen, wurde Abb. 9.4b erstellt.
Sie zeigt, wie sich die Anteile der sechs Komponenten an M3 verändert haben.
Es sei noch einmal an die Definition erinnert:

       Bargeldumlauf (ohne Kassenbestände der Kreditinstitute)

+   Sichteinlagen inländischer Nichtbanken

=   M1

+   Termingelder inländ. Nichtbanken mit Befristung bis unter 4 Jahre

=   M2

+   Spareinlagen inländ. Nichtbanken mit dreimon. Kündigungsfrist

=   M3

Abb. 9.4b: Struktur von M3 zwischen 1955 und 1994

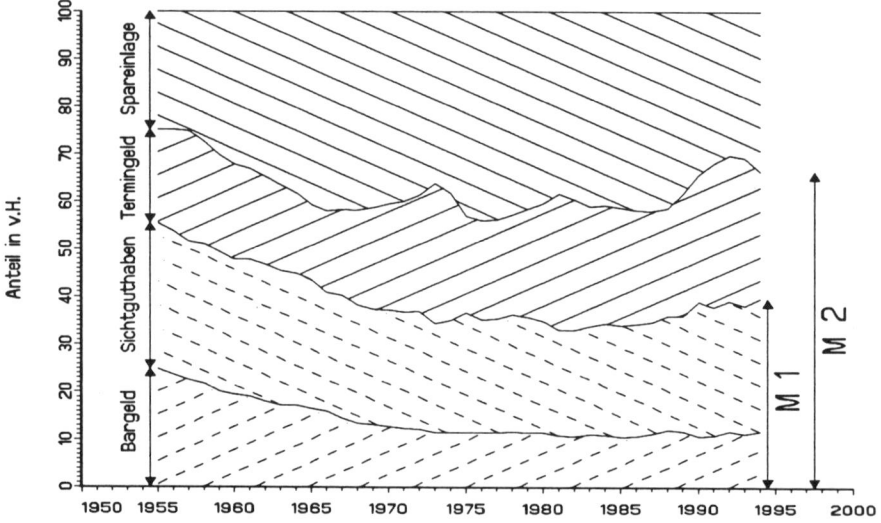

Der Bargeldanteil von anfangs knapp 25% hat sich gegen Ende des Beobachtungszeitraumes auf einem Niveau von gut 11% stabilisiert. Der Sichteinla-
genanteil pendelt zwischen ca. 30% (1955) und 22% (1981) und liegt 1994 bei
rund 28%. M1 hat sich von gut 55% in 1955 auf ca. 39,5% in 1994 reduziert.
Der Termingeldanteil konnte von 19,6% in 1955 auf ca. 27% in 1994 aufholen.
Der Spareinlagenanteil, mit 24,9% in 1955 startend, verläuft sehr unruhig: auf
42% in 1966 steigend, dann rückläufig auf 36,2% in 1973, Höchstwert von 44%
in 1976 und 1994 bei 33,7% anlangend. In diesen Bewegungen wird u.a. die
Zinsreagibilität der Geldhalter sichtbar.

Abb. 9.4c: Jährliche Wachstumsraten von M1, M2 und M3 von 1956 bis 1994

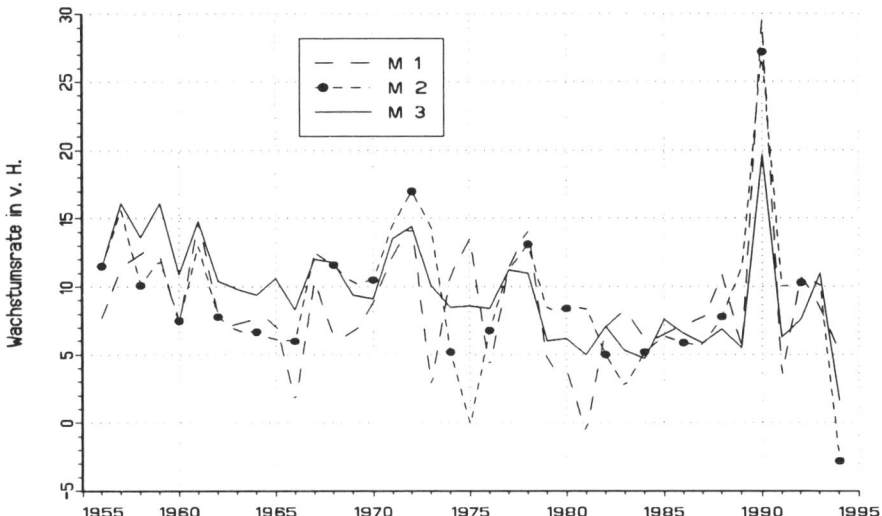

Diese Strukturverschiebungen und Umschichtungen wirken sich auch in den jährlichen Wachstumsraten von M1, M2 und M3 aus, vgl. Abb. 9.4c. Während die Wachstumsraten von M2 und M3 eher synchron verlaufen, bewegen sich die von M1 in bestimmten Perioden (um 1958, 1975, 1982) anders. Die mittlere jährliche Wachstumsrate liegt für M1 bei 8,5%, für M2 bei 9,1% und für M3 bei 9,5%. Das sprunghafte Ansteigen aller drei Geldvolumina in 1990 ist mit der Ausdehnung des Währungsgebietes der DM durch die deutsche Vereinigung leicht erklärt. Bei der Messung der M3–Veränderung und bei der Vorgabe von Zielkorridoren für die jährliche Wachstumsrate von M3 verwendet die Bundesbank nicht die in Abb. 9.4c dargestellte Wachstumsrate der Jahresendbestände, sondern arbeitet mit saisonbereinigten Quartalswerten, was zu niedrigeren Raten führt (vgl. etwa: Geschäftsbericht der Deutschen Bundesbank für das Jahr 1994, p. 77 ff.).

Zu den wirtschaftspolitischen Instrumenten der Bundesbank gehören der Diskont-, der Lombard- und der Pensionssatz. Die Bundesbank steuert den gesamtwirtschaftlichen Geldumlauf, indem sie den Geschäftsbanken für einen bestimmten Preis (= Zins) Liquidität zur Verfügung stellt. Auf diese Weise kann sie das Geld teurer machen – also die Nachfrage nach Krediten bremsen – oder aber verbilligen, mithin die Kreditnachfrage stimulieren.

Der **Diskontsatz** ist jener Zins, zu dem die Bundesbank Wechsel, die den von ihr festgelegten formellen und qualitativen Anforderungen entsprechen müssen, von Banken ankauft und ihnen so Zentralbankgeld zur Verfügung stellt. Der Diskontsatz übt für andere Zinssätze eine Leitfunktion aus. Auf dem Geldmarkt ist er i.d.R. die untere Schranke für die sich dort bildenden Zinssätze, denn Banken können sich im Rahmen des Rediskontkontingents und ihres Bestandes an bundesbankfähigen Wechseln Geld zum Diskontsatz beschaffen. Der **Lombardsatz** ist ebenfalls ein Instrument der Refinanzierungspolitik der Notenbank, die den Geschäftsbanken auf deren Initiative für kurze Frist (maximal drei Monate) Zentralbankguthaben im Wege der Beleihung von zugelassenen, pfandgesicherten Wertpapieren (im Besitz der Geschäftsbanken) zur Verfügung stellt.

Seit Mitte der achtziger Jahre steht ein neuer Preis im Vordergrund: der **Pensionssatz**, häufig als dritter Leitzins bezeichnet. Mit ihm kann die Bundesbank den Preis für Zentralbankgeld praktisch jederzeit und ganz präzise auf einen Hundertstel Prozentpunkt nach ihren Vorstellungen steuern. Der Pensionssatz ist der Preis, den die Geschäftsbanken für Mittel aus Wertpapierpensionsgeschäften an die Bundesbank zahlen müssen. Er liegt normalerweise zwischen dem Diskont- und Lombardsatz, vgl. Abb. 9.5. Das Verfahren läuft wie folgt: Die Bundesbank kauft von den Banken Wertpapiere für eine kurze Laufzeit, i.d.R. für 14 Tage, und schließt mit ihnen gleichzeitig eine Rückkaufvereinbarung ab.[20] Dabei gibt es zwei Möglichkeiten:

1. **Mengen–Tender** – Hier legt die Bundesbank den Zins für ein Liquiditätsangebot fest. Die Banken müssen entscheiden, welche Menge an Zentralbankgeld sie zu diesen Konditionen übernehmen wollen.
2. **Zins–Tender** – Hierbei bietet die Bundesbank den Banken Liquidität an, deren Preis durch ein Versteigerungsverfahren unter den Banken ermittelt wird. Dieses Verfahren wird in jüngster Zeit am häufigsten praktiziert. Am Gutschriftstag 26. April 1995 lag der Bundebank von 734 anbietenden Banken ein Gebot von insgesamt 152.095 Mio. DM vor. Die Bundesbank kaufte dann von 649 Banken Wertpapiere im Betrag von 57.780 Mio. DM, wobei der **marginale Zuteilungssatz** bei 4,51% lag und der **Schwerpunktsatz**, zu dem das Schwergewicht der Zuteilungen erfolgte, bei 4,51% – 4,52%.

Die Wertpapierpensionsgeschäfte haben in den letzten Jahren den traditionellen Diskont- und Lombardkredit in den Schatten gestellt. Ende Juni 1994 hatte die Bundesbank ein Wertpapierpensionsgeschäft mit einem Volumen von über 128 Mrd. DM laufen, mehr als doppelt soviel wie die Rediskontkredite und knapp sechsmal soviel wie die Lombardkredite ausmachten. Nicht ohne Grund hat der Pensionssatz die beiden klassischen Steuerungsmittel zurückgedrängt:

• Diese beiden Hebel eignen sich nur zur monetären Grobsteuerung; denn Diskont- und Lombardsatz werden zumeist gleich um einen halben Prozentpunkt geändert, vgl. Abb. 9.5, und nur zu diskreten Zeitpunkten, nämlich anläßlich der Sitzung des Zentralbankrats.

• Änderungen von Diskont- und Lombardsatz finden stets ein großes Echo in der Öffentlichkeit und haben damit einen mitunter unerwünschten Signalcharakter.

---

[20]Der Name „Wertpapierpensionsgeschäft" ist damit zu erklären, daß die betroffenen Wertpapiere für die vereinbarte Zeit der Bundesbank quasi „in Pension gegeben" werden.

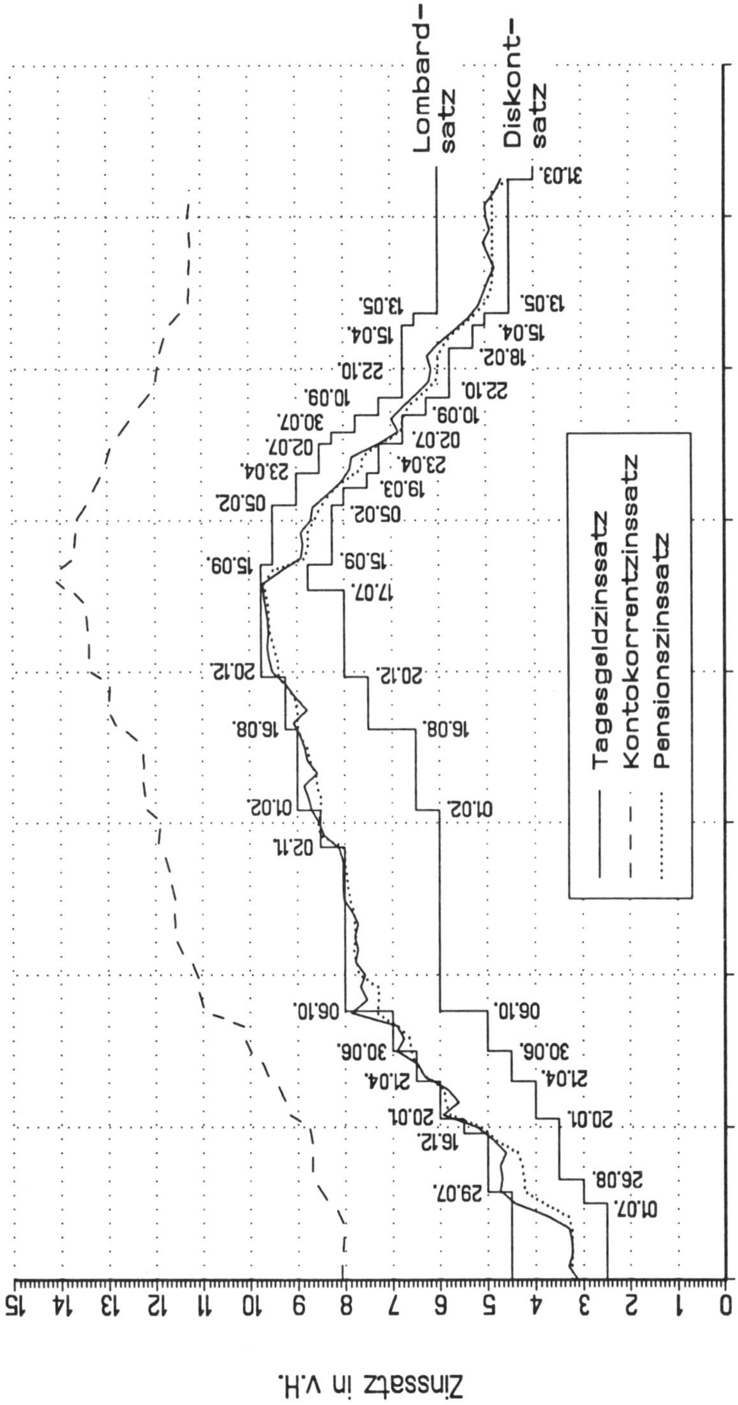

Abb. 9.5: Diskont-, Lombard-, Pensions-, Tagesgeld- und Kontokorrentzinssatz; Januar 1988 – März 1995

Zinssatz in v.H.

Lombard-satz

Diskont-satz

—— Tagesgeldzinssatz
- - - Kontokorrentzinssatz
········· Pensionszinssatz

Quelle: Deutsche Bundesbank – Diverse Monatsberichte

- Bei Wertpapierpensionsgeschäften spielt die Bundesbank selbst eine aktive Rolle, indem sie den Kreditinstituten Liquidität nach eigenem Ermessen anbietet; hier müssen die Institute reagieren. Beim Lombard- und Diskontkredit dagegen können die Institute von sich aus im Rahmen der zur Verfügung stehenden Kontingente auf Liquidität zurückgreifen, und die Bundesbank reagiert.

In Abb. 9.5 ist der Verlauf dieser drei Leitzinssätze zwischen Januar 1988 und April 1995 angegeben. In dieser Zeit stiegen die beiden klassischen Sätze auf ihren bisherigen Höchststand (8,75% beim Diskontsatz vom 17.07.92 bis 14.09.92; 9,75% beim Lombardsatz vom 20.12.91 bis 14.09.92), wobei der Diskontsatz von seinem bisherigen Tiefststand (2,5% vom 04.12.87 bis 30.06.88) startete. Der Lombardsatz lag maximal zwei Prozentpunkte über dem Diskontsatz. Der Pensionssatz ist der ungewogene Durchschnitt aus den Zinssätzen der pro Monat getätigten Wertpapierpensionsgeschäfte. Mit niedrigen Leitzinssätzen wird stimulierend, mit hohen Sätzen dämpfend auf die Wirtschaft im Wege der Kreditgewährung eingewirkt. Abb. 9.5 zeigt ferner, wie zwei Geldsätze auf die Setzungen der Bundesbank reagieren, nämlich gleichgerichtet und nahezu simultan. Der Satz für **Tagesgeld**[21] (Monatsdurchschnitt am Frankfurter Bankplatz) liegt ab Anfang 1989 bis Mitte 1992 knapp auf dem Niveau des Lombardsatzes und damit etwa zwei Prozentpunkte über dem Diskontsatz, danach tendiert er eher auf das niedrigere Niveau des Diskontsatzes. Der Tagesgeldsatz steht in Konkurrenz zum Diskontsatz, weil Banken ihr Mindestreservesoll mit Diskontrechten oder mit Tagesgeld auffüllen können. Pensions- und Tagesgeldsatz liegen sehr eng beieinander. Kontokorrentkredite sind im Prinzip kurzfristige Kredite, die eine Geschäftsbank ihren Kreditnehmern im Rahmen einer festgesetzten Kreditlinie ohne besondere Formalitäten gewährt. Der in Abb. 9.5 dargestellte monatliche Durchschnitt des **Kontokorrentsatzes** (Kreditlimit unter 1 Mio. DM) läuft mit einem leichten Timelag (ein bis zwei Wochen) hinter dem Diskontsatz her, allerdings auf einem um mindestens bis fünf Prozentpunkte höheren Niveau.

9.5.2   Kapitalmarktstatistiken

Auf dem Teilmarkt für festverzinsliches Kapital sei zunächst ein Blick auf dessen Volumen und auf eine Bewegungskomponente dieses Volumens geworfen. Als Maßzahl für das Volumen wird in Abb. 9.6 der **Monatsendbestand** (in der Fachsprache „Umlauf" genannt) des Nominalwerts **festverzinslicher Wertpapiere inländischer Emittenten** genommen. Diese Kenngröße zeigt nicht das gesamte Engagement deutscher Anleger in festverzinslichem Kapital. Zum einen fehlen in ihr DM–Anleihen ausländischer Emittenten und zum anderen

---

[21]Tagesgeld sind Zentralbankguthaben, die auf dem Geldmarkt vor allem zwischen Banken gehandelt werden, um Engpässe oder Überschüsse in ihrer Liquidität auszugleichen und ihre Mindestreservepositionen bei der Bundesbank zu regulieren.

halten Ausländer DM–Anleihen. Die gewählte Maßzahl hat sich innerhalb von gut sechs Jahren von 1.160 Mrd. DM (November 1988) auf 2.710 Mrd. DM (März 1995) stetig erhöht, was einer durchschnittlichen jährlichen Zuwachsrate von 14,1% entspricht. Den größten Anteil an diesem Bestand machen mit knapp 62% die Bankschuldverschreibungen aus, gefolgt von den Anleihen der öffentlichen Hand (ca. 38%), während die Industrieobligationen einen Anteil von weniger als 0,5% haben. Abb. 9.6 zeigt auch den monatlichen **Brutto–Absatz**, definiert als Erstabsatz neu aufgelegter Wertpapiere. Der **Netto–Absatz**, um den sich der Bestand von Monatsende zu Monatsende verändert, ist die Differenz von Brutto–Absatz und Tilgung. Der monatliche Brutto–Absatz hat auch – allerdings mit unterjährigen Schwankungen – zugenommen, von 13,145 Mrd. DM auf 47,553 Mrd. DM innerhalb des Beobachtungszeitraumes.

Abb. 9.6: Umlauf und Brutto–Absatz festverzinslicher Wertpapiere inländischer Emittenten (Nominalwert, Mrd. DM), Nov. 1988 bis März 1995

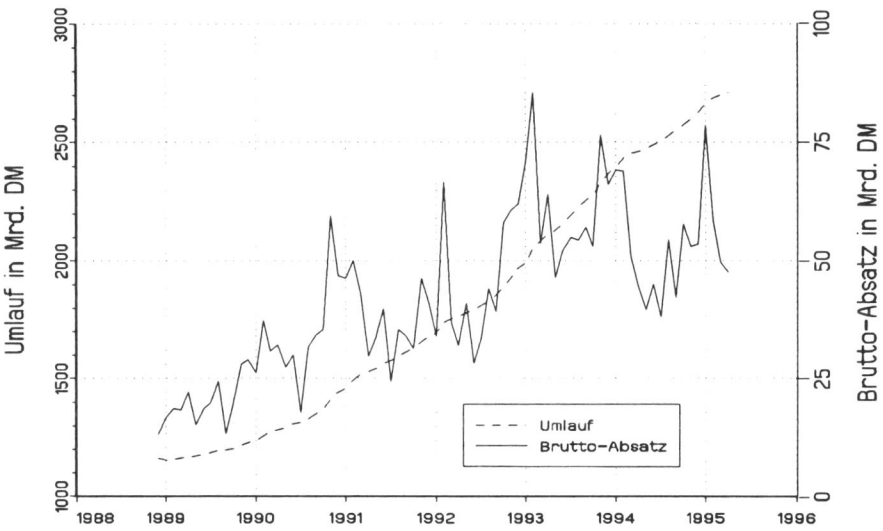

Quelle: Deutsche Bundesbank – Kapitalmarktstatistik Mai 1995, p. 6 und p. 24

In Abb. 9.7 ist die **Rendite** der im Umlauf bzw. im Brutto–Absatz enthaltenen Papiere für den gleichen Zeitraum wie in Abb. 9.6 dargestellt. Die Rendite als tatsächliche oder effektive Verzinsung hängt ab von:

- dem Nominalzins,
- der Periodizität der Zinszahlung,
- dem Kaufkurs (bei umlaufenden Papieren) bzw. dem Emissionskurs (bei neu aufgelegten Papieren),
- dem Rückzahlungskurs,
- der Laufzeit,
- dem Tilgungsmodus (gesamt- oder teilfällig).

Die **Emissionsrendite** (für erstmalig abgesetzte Papiere) und die **Umlaufsrendite** (für die schon im Umlauf befindliche Papiere) differieren leicht voneinander, wobei die Umlaufsrendite etwas höher liegt (maximal um 0,3 Prozentpunkte). Diese Renditewerte orientieren sich am Diskontsatz (vgl. dazu Abb. 9.5), allerdings nicht in starrer Koppelung. Die für die Konjunktur in erster Linie relevante Zinsentwicklung am Kapitalmarkt folgt nur bedingt dem geldpolitischen Kurs der Bundesbank. Mindestens ebenso wichtig ist das Vertrauen der Kapitalmarktteilnehmer in die künftige Entwicklung des Geldwertes, und dieses Vertrauen scheint zu Beginn des Jahres 1993 nicht sehr hoch zu sein, wenn man bedenkt, daß die Umlaufsrendite innerhalb von acht Monaten drastisch gesunken ist (von 8,6% im August 1992 auf 6,5% im März 1993). Einen ähnlich drastischen Rückgang in so kurzer Zeit hat es nur während der beiden Rezessionen von 1974/75 und 1981/82 gegeben.

<u>Abb. 9.7:</u> Emissions- und Umlaufsrendite tarifbesteuerter festverzinslicher Wertpapiere, Nov. 1988 bis März 1995

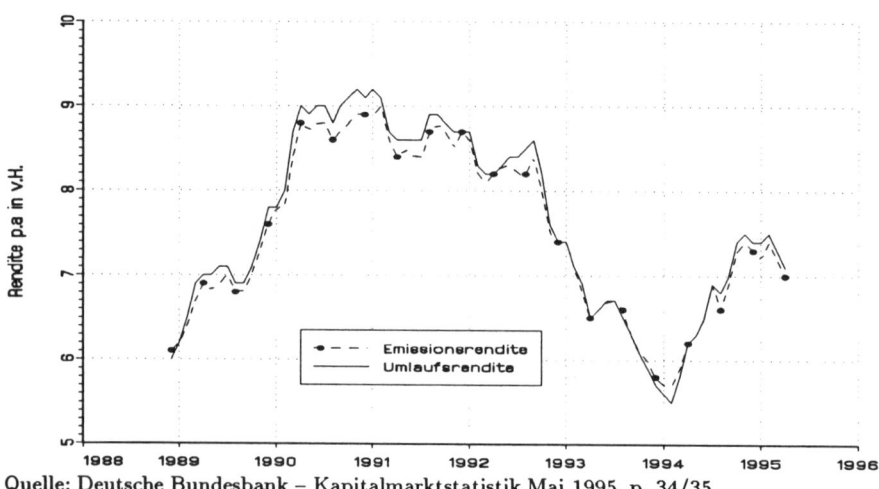

Quelle: Deutsche Bundesbank – Kapitalmarktstatistik Mai 1995, p. 34/35

In Tab. 9.11 sind einige Informationen über den Teilmarkt der Aktien zusammengestellt. Der mittlere Aktienkurs bezieht sich auf ein 100–DM–Stück. Die mittlere Dividende enthält die Steuergutschrift und entsprechend ist in der mittleren Rendite die Steuergutschrift enthalten. Bezeichnet K_i den Kurs, N_i das Nominalkapital und D_i die Dividende der i–ten Aktiengesellschaft, dann sind die Größen in Tab. 9.11 wie folgt definiert:

Durchschnittskurs $\qquad \bar{K} \;=\; \sum K_i N_i / \sum N_i$ $\qquad\qquad$ (9.1)

Durchschnittsdividende $\quad \bar{D} \;=\; \sum D_i N_i / \sum N_i$ $\qquad\qquad$ (9.2)

Durchschnittsrendite $\qquad \bar{R} \;=\; \bar{D}/\bar{K}.$ $\qquad\qquad\qquad\quad$ (9.3)

Die Aktienrendite liegt beträchtlich unter jener der festverzinslichen Papiere (vgl. Tab. 9.11 mit Abb. 9.7).

Tab. 9.11: Durchschnittskurs, -dividende und -rendite börsennotierter
inländischer Aktiengesellschaften, Jan. 1989 bis April 1995

Periode	Kurs (DM)	Dividende (DM)	Rendite (v.H.)	Periode	Kurs (DM)	Dividende (DM)	Rendite (v.H.)
1989–1	789,48	27,46	3,48	1993–1	798,72	31,00	3,88
1989–2	772,19	27,54	3,57	1993–2	849,63	30,87	3,63
1989–3	787,81	27,51	3,49	1993–3	853,20	29,15	3,42
1989–4	817,52	28,59	3,50	1993–4	833,64	28,81	3,46
1989–5	828,28	29,00	3,50	1993–5	829,77	29,90	3,60
1989–6	866,60	29,03	3,35	1993–6	847,31	30,38	3,59
1989–7	902,46	28,98	3,21	1993–7	889,71	30,74	3,46
1989–8	930,87	28,96	3,11	1993–8	944,26	30,81	3,26
1989–9	941,34	28,98	3,08	1993–9	935,47	30,85	3,30
1989–10	882,08	28,87	3,27	1993–10	1.005,35	30,83	3,07
1989–11	928,69	28,97	3,12	1993–11	1.001,89	30,78	3,08
1989–12	1.017,83	28,98	2,85	1993–12	1.069,52	30,80	2,88
1990–1	1.047,52	29,02	2,77	1994–1	1.048,87	30,78	2,93
1990–2	1.038,45	29,47	2,84	1994–2	1.018,84	30,66	3,01
1990–3	1.121,91	30,08	2,68	1994–3	1.029,57	28,99	2,82
1990–4	1.049,89	31,26	2,98	1994–4	1.068,57	29,21	2,73
1990–5	1.060,74	31,55	2,97	1994–5	1.016,31	29,92	2,94
1990–6	1.084,41	31,57	2,91	1994–6	984,91	30,17	3,06
1990–7	1.125,92	31,61	2,81	1994–7	1.015,82	30,62	3,01
1990–8	961,14	31,65	3,29	1994–8	1.032,74	32,24	3,12
1990–9	807,62	31,85	3,94	1994–9	953,99	32,12	3,37
1990–10	866,32	32,04	3,70	1994–10	969,62	32,30	3,33
1990–11	867,78	32,05	3,69	1994–11	954,11	32,30	3,39
1990–12	846,56	31,97	3,78	1994–12	972,79	32,28	3,32
1991–1	842,44	32,03	3,80	1995–1	936,07	30,05	3,21
1991–2	917,09	32,26	3,52	1995–2	964,63	30,14	3,12
1991–3	900,63	33,39	3,71	1995–3	893,44	30,86	3,45
1991–4	938,67	33,46	3,56	1995–4	927,30	31,45	3,39
1991–5	971,39	33,10	3,41				
1991–6	927,85	32,83	3,54				
1991–7	916,57	32,90	3,59				
1991–8	927,51	32,90	3,55				
1991–9	902,11	32,89	3,65				
1991–10	884,83	32,95	3,72				
1991–11	874,26	32,95	3,77				
1991–12	868,43	32,97	3,80				
1992–1	910,10	33,07	3,63				
1992–2	944,27	33,08	3,50				
1992–3	929,17	32,86	3,54				
1992–4	929,93	32,13	3,45				
1992–5	951,36	31,97	3,36				
1992–6	912,63	31,90	3,50				
1992–7	844,12	31,71	3,76				
1992–8	798,80	31,71	3,97				
1992–9	771,23	31,67	4,11				
1992–10	779,10	31,70	4,08				
1992–11	794,18	31,77	4,00				
1992–12	792,50	31,81	4,01				

Quelle: Deutsche Bundesbank – Kapitalmarktstatistik Mai 1995, p. 451

Der Durchschnittskurs von Aktien darf nicht mit dem **Aktienindex** (genauer: Index der Aktienkurse) verwechselt werden. In der Bundesrepublik werden eine Vielzahl von Aktienindizes berechnet. Es sei hier nur in groben Zügen die Konstruktion des **Aktienindex des Statistischen Bundesamtes** skizziert.[22] Im Gegensatz zum Durchschnittskurs basiert der Aktienindex nicht auf den Kursen aller Aktiengesellschaften (ca. 520), sondern nur auf einer Auswahl (Warenkorb–Prinzip), die eine möglichst hohe Repräsentation nach Art der Gesellschaften sichern soll. In den Index sind 195 Aktien einbezogen. Der Aktienindex ist ein Preisindex, wobei die Kurse als Preise p_{it} und die Nominalwerte als Mengen q_{it} aufzufassen sind. Da die reine Kursentwicklung angezeigt werden soll, müssen Einflüsse aus Kapitalveränderungen und aus dem Ausscheiden und Hinzukommen neuer Aktien ausgeschaltet werden, die im Durchschnittskurs enthalten sind. Die vom Statistischen Bundesamt gefundene Lösung besteht darin (Einzelheiten vgl. LÜTZEL/JUNG, 1984), einen Umsatz- oder Wertindex durch einen Mengenindex zu dividieren, der sich über sog. **Ausgleichsfaktoren** berechnet. Der Ausgleichsfaktor der Periode t (Als Periode wird der Börsentag genommen.) ist ein Mengenindex vom LASPEYRES–Typ:

$$A_t = \frac{\sum q_{it}\, p_{i,t-1}}{\sum q_{i,t-1}\, p_{i,t-1}} \,. \tag{9.4}$$

Der Ausgleichsfaktor wird börsentäglich berechnet, wobei immer über die aktuelle, korrigierte Zahl der Aktiengesellschaften summiert wird. Der Aktienindex ist dann definiert als

$$P_{0t} = \frac{\sum p_{it}\, q_{it}}{\sum p_{i0}\, q_{i0}} : \prod_{\tau=1}^{t} A_\tau \,, \tag{9.5}$$

d.h. der Umsatz- oder Wertindex wird durch das Produkt der t Ausgleichsfaktoren dividiert. Basistag $\tau = 0$ ist der 30.12.1980. Daß (9.5) einen Preisindex liefert, erkennt man durch Ausschreiben unter Berücksichtigung von (9.4) und Kürzen:

$$P_{0t} = \frac{\sum p_{it}\, q_{it}}{\sum p_{i0}\, q_{i0}} \cdot \frac{\sum p_{i0}\, q_{i0}}{\sum p_{i0}\, q_{i1}} \cdot \frac{\sum p_{i1}\, q_{i1}}{\sum p_{i1}\, q_{i2}} \cdot \ldots \cdot \frac{\sum p_{i,t-1}\, q_{i,t-1}}{\sum p_{i,t-1}\, q_{i,t-1}}$$

$$= \prod_{\tau=1}^{t} \frac{\sum p_{i\tau}\, q_{i\tau}}{\sum p_{i,\tau-1}\, q_{i\tau}} \,, \tag{9.6}$$

d.h. es handelt sich um einen börsentäglich verketteten PAASCHE–Preisindex, denn jeder der Faktoren ist ein PAASCHE–Preisindex mit gleitender Basis.

In Tab. 9.12 sind für die Jahre 1987 bis 1991 der Jahresendstand sowie jährlicher Tiefst- und Höchststand (mit Datum) des obigen Aktienindex ausgewiesen, und zwar für den Gesamtindex.[23] Dieser Index ist weniger bekannt als der

---

[22]Er soll zum 30.06.1995 eingestellt werden.
[23]Es gibt auch diverse Subindizes, etwa für Wirtschaftsbereiche, für Volksaktien, für den finanziellen und den nichtfinanziellen Sektor, für Publikumsgesellschaften etc.

Deutsche Aktienindex der Frankfurter Wertpapierbörse, DAX genannt. Er hat eine andere Konzeption und Funktion. Er beschreibt die Wertentwicklung eines über längere Zeit unverändert gehaltenen Portefeuilles von 30 Standardwerten, wobei Dividenden und Bezugsrechtserlöse in das Portefeuille reinvestiert werden. Seit 1987 wird der DAX original berechnet. Weiter zurückliegende Werte werden durch Verkettung mit dem Aktienindex der Börsenzeitung ermittelt.

<u>Tab. 9.12:</u> Index der Aktienkurse des Statistischen
Bundesamtes, 1987 – 1993

Jahr	Jahres-endstand	Höchststand		Tiefststand	
		Index	Datum	Index	Datum
1987	193,3	298,3	06.01.	183,5	10.11.
1988	248,4	249,7	27.12.	181,0	29.01.
1989	330,4	330,4	30.12.	243,7	27.02.
1990	274,5	371,5	19.07.	261,9	28.09.
1991	285,7	318,3	17.06.	259,2	15.01.
1992	265,0	316,2	25.05.	246,9	12.10.
1993	370,8	372,3	27.12.	263,9	14.01.

Quelle: Verschiedene Jahrgänge des Statistischen Jahrbuchs für die
Bundesrepublik Deutschland

9.6 Rechtsgrundlagen und wichtige Datenquellen

Die statistischen Aktivitäten der Bundesbank haben ihre Rechtsbasis in §18 des Bundesbankgesetzes vom 26.07.1957, die des Statistischen Bundesamtes für die Geld- und Kreditstatistik in §5, Abs. 5 des Bundesstatistikgesetzes vom 22.01.1987.

Die Datenproduktion der Bundesbank, z.T. mit Kommentaren und Analysen versehen, findet sich dokumentiert in den

- Geschäftsberichten (jährlich),
- Monatsberichten,
- Statistischen Beiheften zu den Monatsberichten:
    ▷ Reihe 1 – Bankenstatistik,
    ▷ Reihe 2 – Kapitalmarktstatistik (bis Dez. 1992: Wertpapierstatistik),
    ▷ Reihe 3 – Zahlungsbilanzstatistik,

- ▷ Reihe 4 – Saisonbereinigte Wirtschaftsdaten,
- ▷ Reihe 5 – Die Währungen der Welt,
- Deutsches Geld und Bankwesen in Zahlen 1876 – 1975, Frankfurt/Main, 1976,
- 40 Jahre Deutsche Mark (Monetäre Statistiken 1948 – 1987), Frankfurt/ Main, 1988.

Das Statistische Bundesamt stellt seine Daten über Geld und Kredit zur Verfügung in:

- Fachserie 9 (Geld und Kredit) – Reihe 2 (Aktienmärkte), monatlich; Reihe 2, p. 1 (Index der Aktienkurse – lange Reihen), unregelmäßig;
- Lange Reihen zur Wirtschaftsentwicklung, zweijährlich;
- Kapitel 14 des Statistischen Jahrbuchs, wo auch Hinweise auf weiterführende Informationen zu finden sind.
- Der Aktienindex kann aktuell einen Tag nach den Börsennotierungen abgerufen werden.

Literatur zu Kapitel 9 [24]

Allg. Statist. Archiv, Heft 1, 1983 (Schwerpunktthema „Bankenstatistik")
BLEYMÜLLER, J. (1966)
KUNZ, D. (1987), p. 224 ff.
LIPPE, P. V. D. (1990), p. 280 ff.
STOBBE, A. (1994), p. 193 ff.
UNGERER, A. / HAUSER, S. (1986), p. 101 ff.

AUFGABE 9.1

a) Wie sieht die Bilanz der Deutschen Bundesbank per 31. Dezember 1994 aus?

b) Wie lautet die Gewinn- und Verlustrechnung der Deutschen Bundesbank für das Jahr 1994?

AUFGABE 9.2

a) Wie hoch war per 31.12.1991 der Banknotenumlauf und seine Verteilung nach Noten?

b) Wie hoch war per 31.12.1991 der Münzumlauf und seine Verteilung auf die Münzen?

---

[24]Man findet hier nur eine Kurzzitierung. Die vollständigen bibliographischen Angaben stehen im Literaturverzeichnis, Kap. 15.

AUFGABE 9.3

a) In welcher Bandbreite bewegten sich seit der Währungsreform (1. Juli 1948)
   aa) der Diskontsatz,
   ab) der Lombardsatz?
b) Welches war die größte/kleinste Differenz zwischen beiden Sätzen?
c) Welches war die längste/kürzeste Gültigkeitsdauer eines Diskontsatzes?

AUFGABE 9.4

Bekanntlich setzt sich das Geldvolumen nach Definition der Deutschen Bundesbank wie folgt zusammen:

	Bargeldumlauf ($\hat{=}$ B)
+	Sichteinlagen und Termineinlagen bis zu einem Monat
=	Geldvolumen M1
+	Termineinlagen (ein Monat bis zu vier Jahren)
=	Geldvolumen M2
+	Spareinlagen mit dreimonatiger Kündigungsfrist ($\hat{=}$ SP)
=	Geldvolumen M3

Die folgende Tabelle zeigt die Werte der Größen B, M2, SP und M3 zwischen 1982 und 1991 (Mrd. DM)

Jahr	1982	1983	1984	1985	1986	1987	1988	1989	1990	1991
B	88,6	96,4	99,8	104,2	112,2	124,1	142,6	146,9	158,6	171,8
M2	502,2	515,4	542,3	566,1	610,9	645,6	696,1	776,4	987,3	1.084,4
SP	328,8	359,5	373,8	395,4	439,8	466,8	493,5	479,1	515,7	513,2
M3	831,0	874,9	916,1	961,5	1.050,7	1.112,4	1.189,6	1.255,5	1.503,0	1.597,6

Quellen: Statistisches Jahrbuch 1989, p. 302
Statistisches Jahrbuch 1992, p. 372

a) Wie hoch ist der Korrelationskoeffizient zwischen B und M2, zwischen SP und M2?
b) Wie hoch ist demgegenüber der Korrelationskoeffizient zwischen den Anteilen B/M3 und M2/M3, zwischen SP/M3 und M2/M3?
c) Machen Sie sich die Werte der unter a) und b) errechneten Korrelationskoeffizienten klar, indem Sie zu jedem der vier Koeffizienten das zugehörige Streuungsdiagramm zeichnen.
d) Welche Konsequenzen ziehen Sie aus diesem Beispiel?

Kapitel 10

Außenwirtschaftsstatistik

Der Wohlstand in Deutschland ist in erheblichem Maße aus der starken internationalen Verflechtung seiner Volkswirtschaft entstanden und hängt in der weiteren Entwicklung von guten außenwirtschaftlichen Beziehungen ab. Die Bedeutung der Außenwirtschaft für Deutschland ist weitaus stärker, als es der in 1993 auf nur 0,4% sich belaufende Anteil des Außenbeitrags am deutschen Bruttoinlandsprodukt (BIP) anzeigt. Betrachtet man die Relation der beiden im Außenbeitrag saldierten Größen zum BIP, so wird das Ausmaß der Verflechtung deutlicher: 1993 betrug die Exportquote (= Anteil der Ausfuhr von Waren und Dienstleistungen am BIP) 21,1% und die Importquote 20,7%. In einzelnen Wirtschaftsbereichen ist die Außenhandelsverflechtung noch wesentlich höher. 1992 lag die Exportquote (Importquote) in der Ledererzeugung bei 93,8% (91,6%), in der EDV bei 66,0% (78,6%), im Straßenfahrzeugbau bei 48,7% (35,3%).

Während noch bis in die Zeit zwischen den beiden Weltkriegen Außenwirtschaft mit Außenhandel gleichgesetzt werden konnte, die außenwirtschaftlichen Beziehungen also fast ausschließlich im Warenaustausch bestanden, sind in jüngerer Zeit auch andere Arten wirtschaftlicher Transaktionen hinzugetreten: Transfer von Kapital und Unternehmensbeteiligungen, von Dienstleistungen (z.B. Reiseverkehr), von Rechten (Patente, Lizenzen, Gebrauchsmuster), von Arbeitskräften oder Zahlungen beträchtlichen Ausmaßes an inter- und supranationale Institutionen. Ein umfassendes Bild des gesamten außenwirtschaftlichen Engagements einer Volkswirtschaft findet sich in deren Zahlungsbilanz.

In der jüngsten Vergangenheit hat die außenwirtschaftliche Einbindung der deutschen Volkswirtschaft zwei Impulse erfahren, deren langfristige – hoffentlich positive – Auswirkungen im Moment nur schwer abzuschätzen sind. Das ist einmal der in 1990 einsetzende Prozeß der deutschen Vereinigung auf wirtschaftlichem Gebiet und zum anderen die Verwirklichung des EU–Binnenmarkts zum 01.01.1993. Beide Ereignisse stellen auch die Wirtschaftsstatistiker vor größere Herausforderungen und haben zu erheblichen Änderungen in der Außenwirtschaftsstatistik geführt, was im folgenden noch gezeigt wird.

10.1 Bereichsabgrenzung und statistische Zuständigkeiten

Die Außenwirtschaft der Bundesrepublik umfaßt alle **wirtschaftlichen Trans-aktionen** der in ihrem Gebiet ansässigen Wirtschaftssubjekte, der **Inländer, mit Ausländern** während einer Periode. Es wird also eine Stromrechnung ge-führt, die allerdings an einer Stelle durch eine Bestandsrechnung, den Auslands-vermögensstatus, ergänzt wird. Wie sind nun in der Zahlungsbilanz, dem wich-tigsten Instrument der Außenwirtschaftsstatistik, die beiden konstitutiven Kon-zepte „wirtschaftliche Transaktion" und „Inländer" abgegrenzt?[1]

Als Inländer gelten alle Einheiten – öffentliche Stellen, Unternehmen, Pri-vatpersonen und Private Organisationen ohne Erwerbszweck –, die mit dem Territorium der Bundesrepublik Deutschland wirtschaftlich enger verbunden sind als mit dem irgendeines anderen Landes. Territorium im Sinne der Zah-lungsbilanzstatistik ist die Bundesrepublik Deutschland in ihren Staatsgrenzen[2] und der Teil des Festlandsockels, der nach internationalen Vereinbarungen der Bundesrepublik zuzurechnen ist.

Inländer sind zum einen die **öffentlichen Stellen** der Bundesrepublik auf allen Verwaltungsebenen inkl. der Sozialversicherung, der unselbständigen Un-ternehmen im öffentlichen Eigentum, der deutschen diplomatischen Vertretun-gen und der militärischen Abordnungen im Ausland. Nicht zu den Inländern zählen ausländische diplomatische Vertretungen und militärische Dienststel-len im Inland. Internationale Organisationen mit Sitz im Inland werden als selbständige ausländische Einheiten behandelt.

Zu den inländischen **Unternehmen** gehören alle selbständigen Unterneh-men mit Sitz im Inland inkl. ihrer inländischen Produktionsstätten, Verwaltun-gen etc. ohne Rücksicht auf Eigentumsverhältnisse und Rechtsform. So zählen etwa Unternehmen im mehrheitlichen Kapitaleigentum von Ausländern zu den inländischen Einheiten, soweit sich ihre Tätigkeit im Inland vollzieht. Inländi-sche Einheiten sind ferner die Zweigniederlassungen und Betriebsstätten – nicht aber die Agenturen – ausländischer Unternehmen im Inland, sofern sie ei-ne eigene Leitung bzw. Verwaltung und Buchführung besitzen. Bebaute und unbebaute inländische Grundstücke im Auslandsbesitz, Baustellen ausländi-scher Firmen sowie ausländische Pipelines, Bohrstellen o.ä. im Inland gelten

---

[1] Ausführungen in Anlehnung an DEUTSCHE BUNDESBANK (1990), p. 24 ff.

[2] Ohne die badischen Zollausschlüsse (Büsingen und die Buttenhardter Höfe in der Nähe von Schaffhausen), aber einschließlich der Zollanschlüsse (Jungholz in der Nähe von Pfronten und Mittenberg/Kleinwalsertal in der Nähe von Oberstdorf). Bis zur deutschen Wieder-vereinigung wurden übrigens die wirtschaftlichen Beziehungen mit der DDR nicht in der allgemeinen bundesdeutschen Außenwirtschaftsstatistik berücksichtigt, sondern separat er-hoben, aufbereitet und publiziert, obwohl sie sich im ökonomischen Sinne nicht von jenen mit irgendeinem anderen Staat unterschieden.

als inländische Einheiten. Umgekehrt zählen alle von deutschen Unternehmen oder Eigentümern abhängigen Unternehmen, Niederlassungen, Betriebsstätten usw. im Ausland als Ausländer.

Inländische **Privatpersonen** sind alle natürlichen Personen, deren wirtschaftliche Aktivitäten oder Interessen überwiegend mit dem deutschen Territorium verbunden sind, etwa durch Einkommenserwerb, Konsum oder Vermögensanlage. Die Faustregel besagt, daß alle Personen, die sich länger als ein Jahr in der Bundesrepublik befinden, insbesondere wenn sie ein Gewerbe betreiben, einen längerfristigen Arbeitsvertrag haben oder unbeschränkt einkommensteuerpflichtig sind, als Inländer gelten. (Im deutschen Außenwirtschaftsrecht spricht man von Gebietsansässigen und Gebietsfremden statt von In- und Ausländern und knüpft dabei an den Wohnsitz an.) So sind „Reisende" Inländer ihres Wohnsitzlandes. Inländer in Deutschland sind hingegen die Gastarbeiter, die sich ständig im Bundesgebiet aufhalten, und ihre in Deutschland lebenden Angehörigen. Grenzgänger und Saisonarbeiter gelten als Ausländer. Das ausländische Personal ausländischer diplomatischer Vertretung gehört im Gegensatz zu dem militärischer Dienststellen ebenfalls zu den Inländern. Bei Privatpersonen spielt also die Nationalität bezüglich der Inländereigenschaft praktisch keine Rolle.

Der Begriff der **Transaktion** wird im „Balancement of Payments Manual" des IWF lapidar definiert als jede Art von Veränderung, die üblicherweise in der Zahlungsbilanz erscheint. Diese wenig besagende Definition ist durch Regeln und Vorschriften für einzelne Geschäfte zu konkretisieren und zu ergänzen. So wird zum einen erfaßt der **entgeltliche** Übergang wirtschaftlicher Werte zwischen In- und Ausländern, also der Kauf von

• Waren,
• Dienstleistungen,
• Faktorleistungen (= Leistungen der Produktionsfaktoren Arbeit, Boden und Kapital in einem Land, die unmittelbar in der Produktion eines anderen Landes verwendet werden),
• finanziellen Vermögenswerten.

Als Transaktion gilt auch die **unentgeltliche** Überlassung von Waren, Dienst- und Faktorleistungen oder finanzieller Werte sowie die Zuteilung von Sonderziehungsrechten durch den IWF an die Bundesrepublik. Schließlich werden in der Zahlungsbilanz einige Vorgänge erfaßt, an denen Ausländer nicht beteiligt sind, nämlich der Übergang von finanziellen Auslandswerten zwischen verschiedenen inländischen Sektoren, darunter die sog. Monetarisierung/Demonetarisierung von Gold, die nicht auf Transaktionen beruhenden Wertänderungen des Bestands der Auslandsaktiva und -passiva der Deutschen Bundesbank, die jedoch durch den Ausgleichsposten neutralisiert werden (vgl. Abs. 10.3.1), sowie unter bestimmten Umständen der Vermögenstransfer im Zusammenhang mit der Aus- und Einwanderung von Personen.

Nicht in der Zahlungsbilanz erfaßt werden die **Reklassifikationen** finanzieller Anlagen, etwa von Wertpapieranlagen zu Direktinvestitionen, und die Änderungen im Bestand von Auslandsforderungen und -verbindlichkeiten durch Neubewertung, Wechselkursänderung oder unfreiwilligen Verlust.

Träger der Außenwirtschaftsstatistik in Deutschland sind zwei Institutionen: das Statistische Bundesamt und die Deutsche Bundesbank. Beide arbeiten auf diesem Gebiet eng zusammen und tauschen ihre Ergebnisse und Informationen aus. Der Arbeitsschnitt zwischen beiden Behörden ist im folgenden dargestellt.

Das **Statistische Bundesamt** führt die **Außenhandelsstatistik** durch, deren Gegenstand der grenzüberschreitende entgeltliche und unentgeltliche **Warenverkehr** ist. Diese Statistik ist eng an das Zollverfahren gekoppelt (vgl. Abs. 10.2.1), und da der Zoll eine Bundes- und keine Länderangelegenheit ist, hat man die sekundärstatistische Aufbereitung der Zollpapiere dem Statistischen Bundesamt übertragen.[3] Dort ist sie die größte der zentralen Bundesstatistiken und bindet das meiste Personal des Amtes. Der Warenverkehr gegen Entgelt taucht in der Handelsbilanz, der ohne Entgelt in der Schenkungsbilanz auf, die beide Teilbilanzen der Zahlungsbilanz sind. Insofern findet ein Informationstransfer von Wiesbaden nach Frankfurt/Main statt, wobei zwischen dem Erfassungszeitpunkt und dem Wertansatz (vgl. Fußnote 12) des Warenverkehrs in der Außenhandelsstatistik und in der Zahlungsbilanz Unterschiede bestehen. In der Außenhandelsstatistik wird dem Monat zugeordnet, in dem der Grenzübergang der Ware erfolgte, in der Zahlungsbilanzstatistik dem Monat des Eigentumsübergangs. Für einen großen Teil des deutschen Außenhandels dürfte der Abstand zwischen beiden Zeitpunkten nicht groß sein, da es sich um Transaktionen mit Nachbarländern handelt. Bei weiter entfernten Ursprungs- und Bestimmungsländern und Transport über See wird der Eigentumsübergang in vielen Fällen vor bzw. nach dem Grenzübergang stattfinden, das gilt vor allem, wenn dritte Länder als Einkaufs- oder Käuferländer (Handelsländer) zwischengeschaltet sind.[4]

Die **Zahlungsbilanz** wird von der **Deutschen Bundesbank** aufgestellt. Diese Zuständigkeit ergibt sich aus der Tatsache, daß in dieser Bilanz vor allem Geld- und Finanzströme erfaßt werden und finanzielle Auslandstransaktionen über die Bundesbank abzuwickeln sind. Das deutsche Außenwirtschaftsgesetz von 1961 verpflichtet darüber hinaus jeden Inländer zur Meldung seiner an Ausländer geleisteten und von Ausländern empfangenen Zahlungen (oberhalb

---

[3] Welche Änderungen in der Außenhandelsstatistik mit dem Wegfall der Zollgrenzen innerhalb der EU zum 01.01.1993 verbunden sind, wird in Abs. 10.2.3 zu erläutern sein.

[4] Da die meisten Länder so verfahren, d.h. die Exporte vor den entsprechenden Importen erfaßt werden, weisen die Zahlen des Welthandels i.d.R. einen Saldo auf, der bei steigendem Welthandelsvolumen zum Positiven, bei fallendem oder stagnierendem Welthandelsvolumen zum Negativen tendiert. Daneben gibt es aber noch andere Gründe für Diskrepanzen zwischen dem Weltexport und -import, vgl. Aufgabe 10.6.

einer Freigrenze von DM 2.000), und der Adressat dieser Meldung ist die Deutsche Bundesbank. So baut die Bundesbank die Zahlungsbilanz im wesentlichen auch als Sekundärstatistik auf, wobei sie an einigen Stellen (etwa bei der Dienstleistungs- und Schenkungsbilanz) auf Schätzungen angewiesen ist.

Zu den Instrumenten der Außenwirtschaftsstatistik zählen ferner:

- der **Auslandsvermögensstatus** (durchgeführt von der Deutschen Bundesbank) als Aufstellung der zu einem Stichtag existierenden Ansprüche inländischer Wirtschaftssubjekte gegenüber solchen in der übrigen Welt und umgekehrt,

- das **zusammengefaßte Konto der übrigen Welt** aufgestellt vom Statistischen Bundesamt,[5]

- die **Input–Output–Tabellen** (vgl. Abs. 11.6.3), aufgestellt vom Statistischen Bundesamt, sofern sie produktionsmäßige Verflechtungen des Inlands mit der übrigen Welt nachweisen.

---

[5]Hier geht es – aus der Sicht der übrigen Welt – um Einkommensbeziehungen zwischen In- und Ausländern, vgl. Abs. 11.3. Für die Aufstellung dieses Kontos bezieht das Statistische Bundesamt Informationen von der Deutschen Bundesbank. Interessant ist, daß bis zur Wiedervereinigung „die übrige Welt" die DDR einschloß, während das „Ausland" in der Außenhandelsstatistik die DDR ausklammerte.

10.2   Außenhandelsstatistik

Die Außenhandelsstatistik gehört national wie international zu den Gebieten
der Wirtschaftsstatistik mit einer langen Tradition. Sie ist in ihren Anfängen bis
auf die Zeit des Merkantilismus (17. Jhdt.) zurückzuverfolgen. In Deutschland
hat sich die Außenhandelsstatistik aus den sog. Kommerzialnachweisungen des
1834 gegründeten Deutschen Zollvereins entwickelt. Sie wurde erstmals 1879
im Deutschen Reich gesetzlich durch das „Gesetz über die Statistik des Warenverkehrs des Deutschen Zollgebiets mit dem Ausland" geregelt. Im Laufe der
letzten 100 Jahre ist die gesetzliche Grundlage mehrfach den Entwicklungen
in Wirtschaft, Verkehr, Zollrecht und Zolltechnik angepaßt worden; über den
neuesten Gesetzesstand vergleiche man Abs. 10.2.3 und Abs. 10.6.

10.2.1   Konzepte und Instrumente der Außenhandels-
statistik

Der Terminus Außenhandelsstatistik ist für den Inhalt dieser Statistik längst
nicht mehr zutreffend und eigentlich nur historisch zu erklären. Den Ursprung
der außenwirtschaftlichen Beziehungen bildeten vermutlich Handelsgeschäfte.
Handel im wirtschaftssystematischen Sinne ist der Einkauf und im wesentlichen
der unveränderte Wieder-/Weiterverkauf einer Ware. In der Außenhandelsstatistik geht es aber längst nicht mehr um Handel in diesem Sinne (Einkauf
einer Ware im Inland und Verkauf im Ausland durch den Exporthändler, Einkauf einer Ware im Ausland und Verkauf im Inland durch den Importhändler),
sondern um den grenzüberschreitenden Warenverkehr schlechthin. Der
Außenhandel Deutschlands – aber auch jener der meisten wirtschaftlich entwickelten Länder – wird immer weniger von Handelsunternehmen abgewickelt
als vielmehr von Unternehmen des Produzierenden Gewerbes, die ihre Produkte unmittelbar im Ausland absetzen und ihre Rohstoffe, Einbauteile, aber auch
Ausrüstung direkt aus dem Ausland beziehen. In der Außenhandelsstatistik
werden der Dienstleistungs- und Kapitalverkehr nicht dargestellt, wohl aber
Schenkungen (= Übertragungen), sofern sie in Waren erfolgen, sowie der Handel zwischen fremden Ländern auf Inlandsrechnung und der Handel im Inland
auf Auslandsrechnung.

Die Abgrenzungen der Außenhandelsstatistik ergeben sich im wesentlichen
aus der engen Bindung an das Zoll- und Außenwirtschaftsrecht. Dieser Rechts-
bereich beeinflußt die Verfahrensvorschriften, Begriffsbestimmungen, nachgewiesenen Merkmale und Darstellungsformen der Außenhandelsstatistik in erheblicher Weise.

Da der Außenhandel als grenzüberschreitender Warenverkehr definiert ist,
muß geklärt werden,

- welches Gebiet gemeint ist, bei dessen Grenzüberquerung durch eine Ware ein Außenhandelsvorgang entsteht, und
- welche Arten grenzüberschreitenden Verkehrs nachgewiesen werden sollen.

Maßgeblich sind die Grenzen des **Erhebungsgebiets**, nicht etwa die Zollgrenzen (= Grenzen des **Zollinlands**). Das Erhebungsgebiet ist folgendermaßen definiert:

$$\text{Erhebungsgebiet} \quad = \quad \text{Staatsgebiet der Bundesrepublik}$$
$$+ \text{ Zollenklaven}[6]$$
$$- \text{ Zollexklaven.}[7]$$

Das Zollinland ist gegenüber dem Erhebungsgebiet um das **Zollgebiet** kleiner:

$$\text{Zollinland} \quad = \quad \text{Erhebungsgebiet}$$
$$- \text{ Zollgebiet.}$$

Das Zollgebiet seinerseits ist definiert als:

$$\text{Zollgebiet}[8] \quad = \quad \text{Zollfreigebiete (Helgoland, Freihäfen)}$$
$$+ \text{ Zollager.}$$

Zu diesen Gebietsabgrenzungen vergleiche man auch Abb. 10.2. Es sei noch einmal erwähnt, daß bis zum 31.12.1990 die DDR inkl. Ost–Berlin weder Ausland noch deutsches Erhebungsgebiet waren, sondern der Handel zwischen BRD und DDR als eine Art Binnenhandel gesondert ausgewiesen wurde.

Bezüglich der **Arten des Warenverkehrs** unterscheidet man:

1. **Einfuhr** $\hat{=}$ Verbringen von Waren aus dem Ausland in das Erhebungsgebiet,

2. **Ausfuhr** $\hat{=}$ Verbringen von Waren aus dem Erhebungsgebiet ins Ausland,

3. **Durchfuhr** $\hat{=}$ Beförderung von Waren aus dem Ausland durch das Erhebungsgebiet unmittelbar ins Ausland,

4. **Zwischenauslandsverkehr** $\hat{=}$ Beförderung von Waren aus dem Erhebungsgebiet durch das Ausland unmittelbar in das Erhebungsgebiet.

---

[6]Das ist ausländisches Staatsgebiet, das jedoch zollrechtlich zu Deutschland gehört (hier: Jungholz und Mittenberg, die österreichisches Staatsgebiet sind). Auch das Gebiet des EU–Binnenmarktes weist Enklaven auf: das Fürstentum Monaco, die Insel Man, die Kanalinseln und die Republik San Marino.

[7]Das ist deutsches Staatsgebiet, das aber zollrechtlich zum Ausland gehört (hier: Büsingen und die Buttenhardter Höfe, die zollrechtlich zur Schweiz gehören). Für die EU gibt es auch Zollexklaven, nämlich außer den beiden vorstehenden Gebieten noch Campione (italienische Enklave in der Schweiz), Helgoland, sowie im Hinblick auf eine lokale Sondersteuer die französischen Übersee-Départements Guadeloupe, Martinique, Réunion und Französisch Guayana.

[8]Bei V. D. LIPPE (1990, p. 400) findet man eine abweichende und m.E. nicht korrekte Definition des Erhebungsgebietes. Auch deckt sich seine übrige Terminologie nicht voll mit der hier verwendeten. Die EU verwendet übrigens auch eine von den nationalen Definitionen leicht abweichende Abgrenzung.

Die Durchfuhr und der Zwischenauslandsverkehr berühren nicht die waren-
mäßige Verflechtung der heimischen Volkswirtschaft mit dem Ausland, sind
aber gleichwohl für den einen oder anderen Sektor der heimischen bzw. ausländischen Volkswirtschaft beschäftigungsrelevant, etwa für das Verkehrsgewerbe.
Der Zwischenauslandsverkehr wird in der Außenhandelsstatistik gar nicht erfaßt. Die Durchfuhrstatistik erfaßt nur einen Teil der Durchfuhr, und zwar die
Durchfuhr über die wichtigsten Seehäfen und den Seeumschlag dort, wobei
dieser Teil auch nur mengen(= gewichts)mäßig nachgewiesen wird.

Relevant für den Außenhandel sind also nur die Einfuhr und die Ausfuhr, wobei diese nach gewissen zollrechtlichen Vorschriften weiter differenziert werden, um nämlich eine sinnvolle Zuordnung des **Lagerverkehrs** und
des **Veredelungsverkehrs** zu erhalten. Zollfreie Regionen im Erhebungsgebiet in Form von Zollagern oder Zollfreigebieten werden eingerichtet, damit
entweder Zoll ganz vermieden wird oder erst später anfällt und so für den Importeur Zinsen gespart werden. Der Veredelungsverkehr soll volkswirtschaftlich
unerwünschte Zollbelastungen vermeiden helfen.

Eine Ware kann **direkt** (= unmittelbar) „in den freien Verkehr" eingeführt
werden, wobei sie in dem Sinne frei ist, daß sie nach der zollamtlichen Behandlung im Zollinland frei bewegt werden kann, zollrechtlich also nicht mehr
beaufsichtigt wird (**Einfuhr in den freien Verkehr**). Eine Ware kann aber
auch zunächst auf ein Freihafen- oder Zollager gehen (**Einfuhr auf Lager**).
Dort befindet sie sich unverzollt – gewissermaßen unter Quarantäne – , bis sie
entweder das Lager wieder in Richtung Ausland (**Ausfuhr aus Lager**) oder
aber in Richtung heimische Volkswirtschaft/Zollinland (**Einfuhr aus Lager**)
verläßt. Beim Re–Export bleibt die Ware unverzollt; bei Einfuhr aus Lager in
den freien Verkehr ist der übliche Zoll zu entrichten, allerdings erst später als
bei einer unmittelbaren Einfuhr in den freien Verkehr. Bei zollfreien Waren
macht der Umweg über ein Freihafen- oder Zollager wirtschaftlich keinen Sinn.
Auch eine Ausfuhr auf Lager, die zwar unter dem Aspekt einer vollständigen
Systematik genannt werden könnte, existiert in der Praxis kaum.[9] Somit sind
Gegenstand des Lagerverkehrs nur ausländische Waren.

Vom freien Verkehr zu unterscheiden ist der **Veredelungsverkehr**, genauer: der zollamtlich bewilligte Veredelungsverkehr. Er besteht darin, daß Waren

- in das Bundesgebiet eingeführt, hier behandelt (bearbeitet, ausgebessert)
  und dann wieder ausgeführt werden (Aus der Sicht der heimischen Volkswirtschaft spricht man dabei von **aktiver Veredelung**.) oder
- aus dem Bundesgebiet ausgeführt werden und nach Behandlung im Ausland in die Bundesrepublik zurückgebracht werden (**passive Veredelung**).

Im aktiven Veredelungsverkehr wird ferner unterschieden zwischen **Eigenver-
edelung** (in eigener Regie und auf Rechnung des Inlands) und **Lohnverede-**

---

[9]Bestimmte Formen von Subventionen können allerdings die Ausfuhr auf Lager ökonomisch attraktiv machen.

lung (auf Rechnung des im In- oder Ausland ansässigen Eigentümers). Bei der zollamtlichen Veredelung werden die Ein- und Ausfuhr zur Veredelung überhaupt nicht verzollt und die Aus- und Einfuhr nach Veredelung nur in Höhe der wertmäßigen Differenz zwischen der veredelten und unveredelten Ware. Die Abb. 10.1 zeigt in Form eines Pfeildiagramms noch einmal im Schema die wesentlichen Arten des grenzüberschreitenden Warenverkehrs.

<u>Abb. 10.1:</u> Arten des grenzüberschreitenden Warenverkehrs

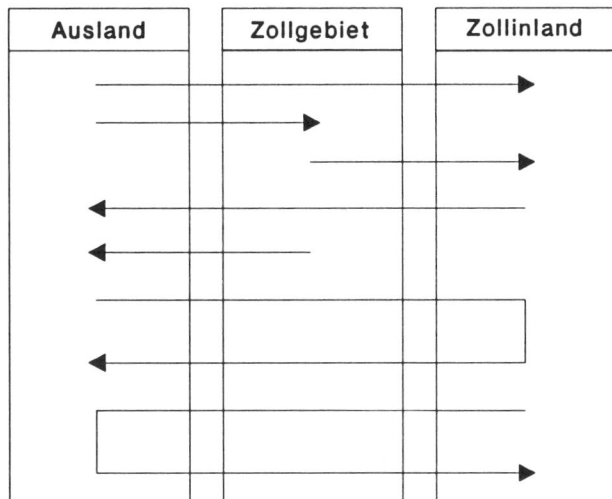

Aufbauend auf die zuvor definierten Ein- und Ausfuhrarten wird der Außenhandel auf zweierlei Weise definiert und zahlenmäßig nachgewiesen:

- als Generalhandel und
- als Spezialhandel.

Der **Generalhandel** (früher auch Gesamteigenhandel genannt) umfaßt alle die Grenzen des **Erhebungsgebietes** überschreitenden Waren ohne die des Zwischenauslandsverkehrs und der Durchfuhr. Er enthält damit auch solche Waren, die im Import zunächst nur auf Freihafen- oder Zollager gehen, sowie solche, die im Export vom Lager ausgeführt werden. Diese Waren berühren insofern nicht den inländischen Wirtschaftsverkehr. Der **Spezialhandel** unterscheidet sich vom Generalhandel durch eine abweichende Behandlung des Lagerverkehrs: Einfuhr auf Lager und Ausfuhr aus Lager sind im Spezialhandel nicht eingeschlossen, wohl aber die Einfuhr aus Lager in den inländischen Wirtschaftsverkehr. Der Spezialhandel enthält damit im wesentlichen die Waren, die zum Gebrauch, zum Verbrauch und zur Be- und Verarbeitung in das Bundesgebiet eingehen bzw. aus der Erzeugung oder der Be- und Verarbeitung des Bundesgebietes stammen und ausgeführt werden. Der Generalhandel, der wertmäßig über dem Spezialhandel liegt, umfaßt demnach auch die Waren, die sich nur im „Vorhof" der heimischen Wirtschaft befunden haben.

Unter den Aspekten Versorgung, Produktion und Verbrauch ist der Spezialhandel relevant und damit die ökonomisch bedeutsamere Darstellungsform, daher beruht die deutsche Außenhandelsstatistik vorwiegend auf diesem Konzept.
Er wird in viel stärkerer Differenzierung nach Waren und Ländern ausgewiesen
als der Generalhandel. Letzterer wird jedoch in der VGR und der Zahlungsbilanz betrachtet. In anderen Staaten wird das Generalhandelskonzept bevorzugt,
und auch dem Nachweis des Welthandels liegt es zugrunde. Abb. 10.2 zeigt den
Zusammenhang zwischen General- und Spezialhandel sowie den einzelnen Ein-
und Ausfuhrarten. Auch die verschiedenen Gebietskonzepte kommen zur Darstellung. Eingetragen sind ebenfalls die Werte der Warenströme für 1992. Diese
Zahlen finden sich mit Zwischensummen und weiterer Aufgliederung versehen
noch einmal in der Tab. 10.1.

Erhebungseinheit der deutschen Außenhandelsstatistik ist die ein- oder
ausgeführte Warensendung. **Meldepflichtig** ist der Ein- oder Ausführer bzw.
Versender oder Empfänger. Ausgenommen von der Meldepflicht sind Sendungen von geringer Bedeutung, z.B. Warensendungen bis zu 1.000 DM Wert,
Reise-, Übersiedlungs- oder Heiratsgut. Die Zollstellen[10] nehmen als Anmel-
destellen die Ein- und Ausfuhrmeldungen entgegen und senden die Papiere an
das Statistische Bundesamt. Es sind auch Sammelanmeldungen auf amtlichen
Vordrucken oder elektronischen Datenträgern zulässig. Monatlich fallen beim
Statistischen Bundesamt ca. 2,5 Millionen Meldungen an.[11]

Hauptaufgabe der Außenhandelsstatistik ist es, **Mengen** und **Werte** der
ein- und ausgeführten Waren in der Gliederung nach Ländern und Warenarten
darzustellen. Zu den wichtigsten erfaßten Merkmalen zählen bei der

- Einfuhr: Mengen und Werte nach Einfuhrart, Warennummer, Ursprungsland, Handelsland (Einkaufsland), Versendungsland, Bestimmungsland
  (= Bundesland), Lieferbedingungen, Eingangszollstelle und verkehrsstatistische Merkmale wie Verkehrszweig an der Grenze, Containereigenschaft,
  Staatszugehörigkeit des grenzüberschreitenden Fahrzeugs,
- Ausfuhr: Mengen und Werte nach Ausfuhrart, Warennummer, Verbrauchsland, Handelsland (Käuferland), Ursprungsland (= Bundesland),
  Währung sowie Finanz- und Bankangaben, Ausgangszollstelle und verkehrsstatistische Merkmale (wie bei der Einfuhr).

Unter **Menge der Ware** sind die Eigenmasse (**das Eigengewicht**) der Warenart und ggf. die besondere Maßeinheit (Stück, Paar, Liter etc.) zu verstehen. Die Bewertung erfolgt mit dem „Statistischen Wert" der als Wert der

---

[10]Die Zolleinnahmen des Bundes fließen absolut gesehen zwar noch immer recht üppig
(1990: 7,2 Mrd. DM, 1995: 8,1 Mrd. DM), aber als Finanzierungsquelle der öffentlichen
Ausgaben führen sie nur noch ein Schattendasein (1990: ca. 1,3% und 1995 ca. 0,9% des
Steueraufkommens). Das war früher anders. 1893 wurde etwa ein Drittel des Reichshaushalts
aus Zöllen bestritten.

[11]Nach diesem Verfahren wird seit dem 01.01.1993 nicht mehr im Handel mit EU–Staaten
verfahren, vgl. Abs. 10.2.3.

Abb. 10.2: General- und Spezialhandel sowie die Ein- und Ausfuhrarten in der Übersicht

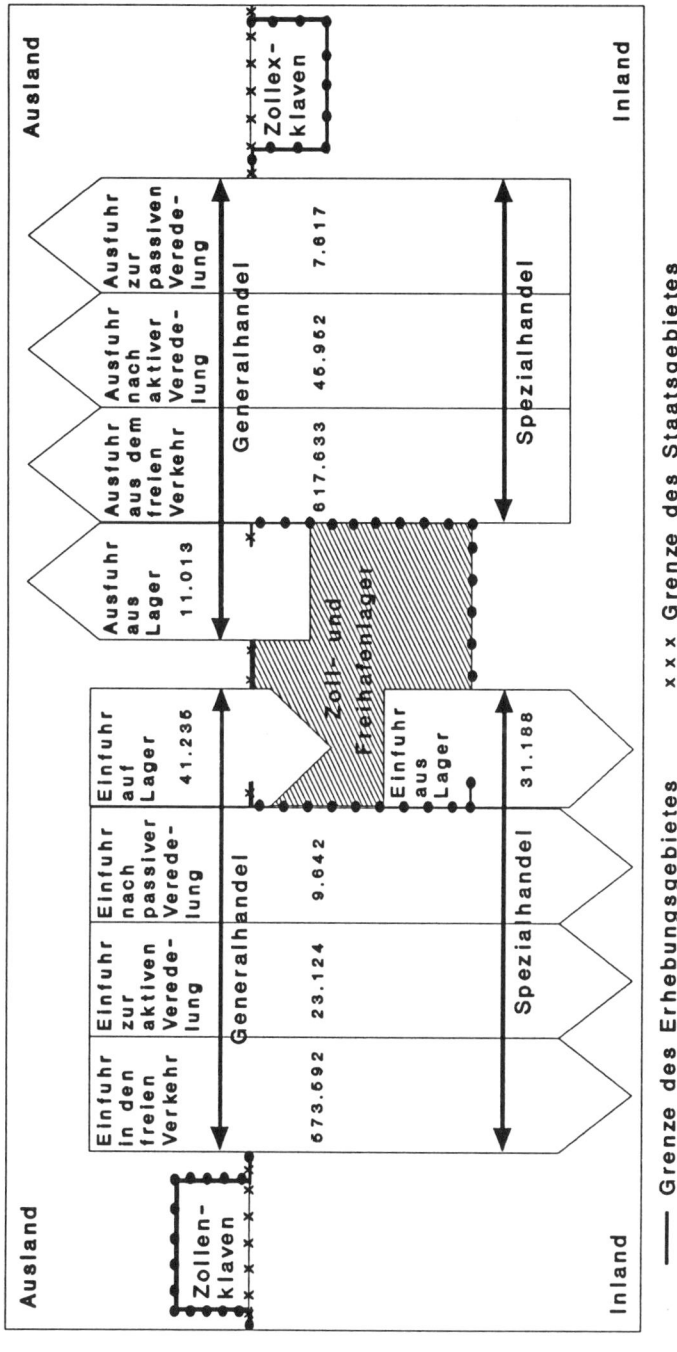

Angaben in Mio. DM; 1992 Deutschland
Quelle: Statistisches Jahrbuch 1994, p. 316 und 323/4

Ware beim Grenzübergang zu verstehen ist. Dieser **Grenzübergangswert** stellt den Wert frei Grenze des Erhebungsgebietes dar. Bei der Einfuhr ist das in der Regel der **cif**–**Wert**, bei der Ausfuhr der **fob**–**Wert**, d.h. der Warenwert ist um bestimmte Dienstleistungskosten erhöht.[12]

Tab. 10.1: Spezial- und Generalhandel 1991 und 1992; in Mio. DM

Ein-/Ausfuhrarten	Spezialhandel		Generalhandel	
	1991	1992	1991	1992
Einfuhr insgesamt	643.914	637.546	656.593	647.593
- davon direkte/unmittelbare Einfuhr	611.586	606.358	611.586	606.358
• in den freien Verkehr	578.094	573.592	578.094	573.592
• zur aktiven Veredelung	24.258	23.124	24.258	23.124
× Eigenveredelung	18.516	17.637	18.516	17.673
× Lohnveredelung	5.742	5.487	5.742	5.487
• nach passiver Veredelung	9.234	9.642	9.234	9.642
- davon Einfuhr auf Lager	–	–	45.007	41.235
- davon Einfuhr aus Lager	32.328	31.188	–	–
Ausfuhr insgesamt	665.813	671.202	677.251	682.215
- davon direkte/unmittelbare Ausfuhr	665.813	671.202	665.813	671.202
• aus dem freien Verkehr	612.280	617.633	612.280	617.633
• nach aktiver Veredelung	46.167	45.952	46.167	45.952
× Eigenveredelung	42.660	42.773	42.660	42.733
× Lohnveredelung	3.507	3.179	3.507	3.179
• zur passiver Veredelung	7.366	7.617	7.366	7.617
- davon Ausfuhr aus Lager	–	–	11.438	11.013

Quellen: Vgl. Abb. 10.2

Angesichts der Vielzahl der Waren und Länder erfolgt die Gliederung der Einfuhr und Ausfuhr nach eigens dafür geschaffenen und international weitgehend aufeinander abgestimmten systematischen Verzeichnissen: den Waren- und den Länderverzeichnissen für die Außenhandelsstatistik.

---

[12]Damit unterscheidet sich der Wertansatz einer Ware hier von dem in der Zahlungsbilanz. In der dortigen Handelsbilanz wird der reine Warenwert ausgewiesen, und die im fob– bzw. cif–Wert enthaltenen Transport-, Versicherungs- u.ä. Kosten werden herausgerechnet und in der Dienstleistungsbilanz gebucht.

Warenverzeichnisse für den Außenhandel gibt es in größerer Zahl, und sie sind einer ständigen Revision unterworfen, weil sich sowohl Veränderungen in der Art und Bedeutung der Waren wie auch unterschiedliche Verwendungszwecke für die Resultate der Außenhandelsstatistik ergeben. Seit Anfang 1988 bildet das „Harmonisierte System zur Bezeichnung und Codierung der Waren" (HS) die Grundlage für die Arbeit des Statistischen Bundesamts. Dieses System wurde vom „Rat für die Zusammenarbeit auf dem Gebiet des Zollwesens" (RZZ) herausgegeben und arbeitet mit einer sechsstelligen Schlüsselnummer. Auf dem HS baut zunächst die EU–einheitliche achtstellige „Kombinierte Nomenklatur" (KN) auf, die das frühere „Warenverzeichnis für die Statistik des Außenhandels der Gemeinschaft und des Handels zwischen ihren Mitgliedsstaaten" (NIMEXE) ersetzt. Die KN ist ihrerseits Basis für das neunstellige „Warenverzeichnis für die Außenhandelsstatistik" (WA), mit dem das Statistische Bundesamt arbeitet.[13] Es weist ca. 10.300 Warennummern (= Warenarten) auf. Für manche Zwecke werden Warennummern zu verschiedenen Gruppierungen zusammengefaßt, um spezielle Aussagen zu ermöglichen. Die wichtigsten sind:

- EGW (Gliederung der Waren der Ernährungswirtschaft und der gewerblichen Wirtschaft), nach der lange, bis zum Jahr 1913 zurückreichende Zeitreihen vorliegen,
- SITC (Standard International Trade Classification) der UN.

Länderverzeichnisse sind gegenüber den Warenverzeichnissen vergleichsweise einfach und weniger umfangreich, aber auch in ständiger Revision begriffen. Man denke in diesem Zusammenhang an die Auflösung der Sowjetunion und die Entstehung vieler Nachfolgestaaten. Das derzeit gültige Länderverzeichnis weist über 200 Länder und Gebiete aus.

Bei der Erhebung (vgl. oben) wird mit verschiedenen Länderkonzepten gearbeitet und nach ihnen gefragt:

- **Ursprungsland** (auch Herstellungsland) ist in der Einfuhr das Land, in dem die Ware vollständig gewonnen oder hergestellt worden ist oder ihre letzte wesentliche und wirtschaftlich relevante Be- oder Verarbeitung erfahren hat. In der Ausfuhr ist es das betreffende Bundesland.
- **Verbrauchsland** ist in der Ausfuhr jenes Land, in dem die Ware ge- oder verbraucht bzw. be- oder verarbeitet werden soll.
- **Handelsland** bei der Einfuhr heißt **Einkaufs-** oder **Verkäuferland** und ist jenes Land, in dem die außerhalb des Erhebungsgebietes ansässige Person, von der die im Erhebungsgebiet ansässige Person die eingeführte Ware erworben hat, ihren Sitz bzw. gewöhnlichen Aufenthalt hat. Handelsland bei der Ausfuhr heißt **Käuferland** und meint das Land, in dem die außerhalb des Erhebungsgebietes ansässige Person, die von der im Erhebungsgebiet ansässigen Person die Ware erworben hat, ihren Sitz oder gewöhnlichen Aufenthalt hat.

---

[13]Einzelheiten findet man z.B. bei J. LAMBERTZ (1988).

- **Versendungsland** ist in der Einfuhr das Land, aus dem die Ware in das Erhebungsgebiet verbracht worden ist, ohne daß sie in eventuellen Durchfuhrländern anderen als den mit der Beförderung zusammenhängenden Aufenthalten oder Rechtsgeschäften unterworfen worden ist. Man spricht auch von **Einladeland**.

- **Bestimmungsland**, auch **Empfangs-** oder **Ausladeland** genannt, ist in der Ausfuhr das Land, in das die Ware geliefert (transportiert) wird.

Je nach Auswertungszweck der Außenhandelsstatistik ist das eine oder das andere Länderkonzept relevant. Bei produktions- und verbrauchswirtschaftlichen Untersuchungen ist das Ursprungsland bzgl. der Einfuhr und das Verbrauchsland bzgl. der Ausfuhr relevant, während für handels- und finanzstatistische Auswertungen das Verkäufer- und Käuferland benötigt werden und für verkehrsstatistische Analyse das Versendungs- und Bestimmungsland.

<u>Abb. 10.3:</u> Struktur der deutschen Einfuhr 1950 – 1990

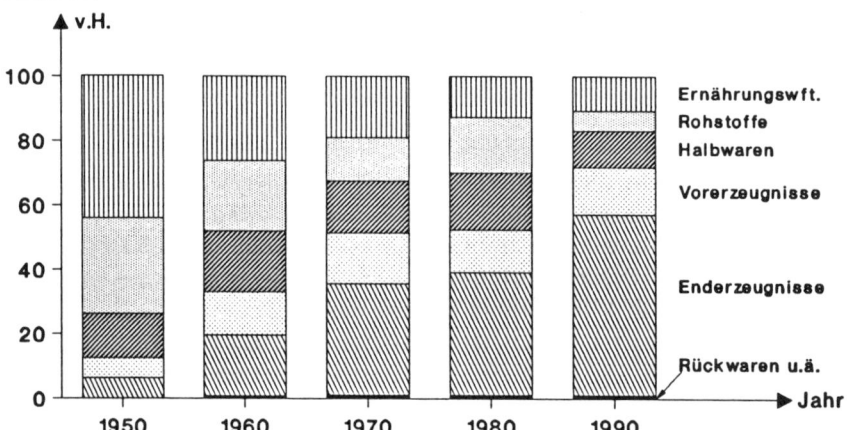

Gebietsstand: Früheres Bundesgebiet (1950 ohne Saarland)

Quellen: Statistisches Bundesamt (1991a), p. 150 – 153
       Statistisches Jahrbuch 1992, p. 297 – 304

Abb. 10.3 zeigt im Zeitraum 1950 – 1990 die Strukturverschiebungen bei den Warengruppen in der deutschen **Einfuhr** (Spezialhandel) und in Abb. 10.4 die in der deutschen **Ausfuhr**. Das für die Entwicklung des Welthandels in den letzten Jahrzehnten typische Vordringen höherwertiger Konsum- und Investitionsgüter zu Lasten von Rohstoffen, Vorprodukten und Ernährungsgütern spiegelt sich auch im deutschen Außenhandel wider, insbesondere gilt dies in der Einfuhr (Abb. 10.3). Dort hat sich der Anteil der Enderzeugnisse in den letzten vier Jahrzehnten verdreifacht und liegt 1990 bei knapp 56%. Dieser Prozeß vollzog sich im Export (Abb. 10.4) offenbar mehr innerhalb der einzelnen Produktionsgruppen als zwischen ihnen: Serienmäßig gefertigte „Massenware" wurde im Laufe der Jahre durch qualitativ und technologisch höherwertige Produkte verdrängt. Der Anteil der Enderzeugnisse erhöhte sich zwischen 1950 und 1990 lediglich von 42,6% auf 72,2%, allerdings hatten Güter höheren Fertigungsgrades schon immer einen hohen Exportanteil, da Deutschland als rohstoffarmes Land seinen Bedarf an Industrie- und Energierohstoffen durch Importe decken und diese durch den Export von Industrieprodukten finanzieren mußte.

<u>Abb. 10.4</u>: Struktur der deutschen Ausfuhr 1950 – 1990

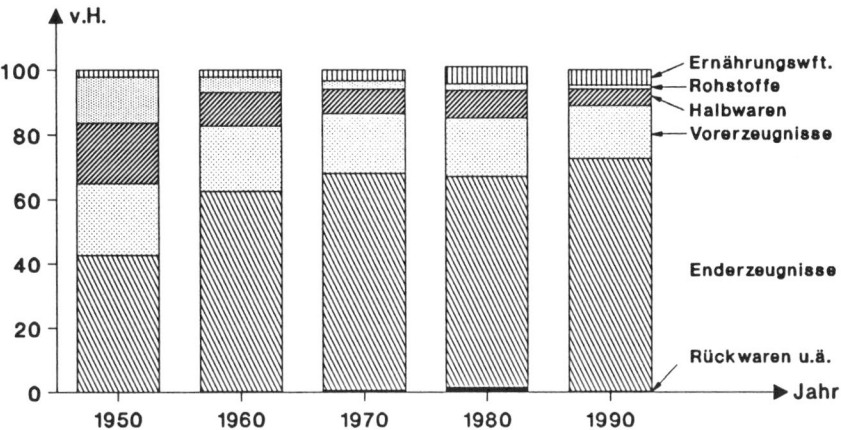

Anmerkungen wie zu Abb. 10.3

Tab. 10.2 weist die regionale Verteilung des deutschen Außenhandels nach. Der steigende Anteil von Industrieprodukten am Welthandel schlägt sich in einer entsprechenden Ausdehnung des Warenaustauschs zwischen den Industrieländern nieder. Der starke Zuwachs des grenzüberschreitenden Warenverkehrs zwischen Ländern etwa gleichen Entwicklungsstandes und ähnlicher Produktionsstruktur zeigt, daß die mit steigendem Realeinkommen verbundene Differenzierung der Nachfragestrukturen immer mehr zum Motor des internationalen Handels geworden ist. Die klassische Form der internationalen Arbeitsteilung zwischen rohstoffarmen und rohstoffreichen Ländern wie auch die zwischen Ländern mit unterschiedlicher Kapitalausstattung tritt in den Hintergrund. Auch die deutsche Außenhandelsentwicklung hat sich diesem Trend angepaßt: Der Austausch mit Industrieländern liegt bei über 80%, der mit Entwicklungsländern[14] nur bei ca. 10%. Über 50% des deutschen Außenhandels wird derzeit mit EU–Ländern vorgenommen.

Zwischen 1991 und 1994 entwickelte sich der gesamtdeutsche Export bezüglich seiner regionalen Struktur wie folgt:

- Westeuropa – Rückgang um 6,8%,
- Ostasien – Zunahme um 42,3%,

---

[14]Der kurzfristige Anstieg der Einfuhr auf 20,3% in 1980 (und auch davor) hängt mit der Ölpreiserhöhung der OPEC-Länder zusammen.

- Nordamerika – Zunahme um 25,3%,
- Mittel- und Osteuropa – Zunahme um 28,5%,
- OPEC – Rückgang um 17,6%,
- Südamerika – Zunahme um 22,5%,
- in alle Welt – Zunahme um 2,9%.

Das Welthandelsvolumen, das sich 1992 auf ca. 3,5 Bio. US $ belief, verteilte sich wie folgt:

- zwischen den Industriestaaten: 1,843 Bio. US $,
- zwischen den Entwicklungsländern: 353,1 Mrd. US $,
- zwischen den Ex–Staatshandelsländern: 17,7 Mrd. US $,
- zwischen Industriestaaten und Entwicklungsländern: 1,078 Bio. US $,
- zwischen Industriestaaten und Ex–Staatshandelsl.: 119,5 Mrd. US $,
- zwischen Entwicklungs- und Ex–Staatshandelsländern: 37,4 Mrd. US $.

Tab. 10.2: Regionalstruktur der deutschen Ein- und Ausfuhr 1950 – 1990

Ländergruppe	Ausfuhr					Einfuhr				
	1950	1960	1970	1980	1990	1950	1960	1970	1980	1990
Westl. Industrieländer	80,5	76,3	83,7	79,3	85,4	73,3	72,9	79,8	74,4	82,5
– EU (12 Staaten)	48,9	40,3	49,8	51,1	54,5	36,6	39,5	51,5	48,6	52,0
– Sonst. Europa	23,1	23,3	19,7	18,3	18,8	15,9	14,7	11,9	12,8	16,0
– USA / Kanada	5,7	9,0	10,1	6,8	8,0	16,3	16,0	12,7	8,6	7,5
– Übrige Länder	2,9	3,8	4,1	3,1	4,1	4,6	2,7	3,7	4,5	7,0
Entwicklungsländer	14,9	18,5	11,8	14,7	10,1	23,5	22,1	16,1	20,3	12,0
– Afrika	2,4	3,8	2,7	4,1	1,7	7,9	4,9	6,1	6,8	2,5
– Amerika	8,0	6,9	4,1	3,3	1,9	7,1	8,7	4,9	3,3	2,7
– Asien	4,5	7,8	4,9	7,3	6,4	8,5	8,4	5,1	10,1	6,8
– Ozeanien	0,0	0,0	0,1	0,0	0,0	0,0	0,1	0,0	0,0	0,1
Staatshandelsländer	4,3	4,8	4,3	5,5	4,3	3,1	4,8	4,0	5,1	5,4
– Europa	3,7	3,9	3,8	4,9	3,6	2,6	4,0	3,7	4,6	4,0
– Asien	0,6	0,9	0,5	0,6	0,6	0,5	0,8	0,3	0,5	1,4
insgesamt v.H.	100	100	100	100	100	100	100	100	100	100
insgesamt Mrd. DM	8,4	47,9	125,3	350,3	642,8	11,4	42,7	109,6	341,4	550,6

Gebietsstand: Früheres Bundesgebiet (1950 ohne Saarland)

Zahlen vor Addition gerundet

Quellen: Statistisches Bundesamt (1991a), p. 154 - 157
         Statistisches Jahrbuch 1992, p. 315

10.2.2 Indizes der Außenhandelsstatistik

Die Außenhandelsstatistik begnügt sich nicht mit der Bereitstellung der absoluten Zahlen und deren Aggregation, etwa zum **Außenhandelsvolumen** (= Summe aus Wert der Einfuhr und Ausfuhr), oder der Berechnung diverser Quoten wie z.B.

- Struktur von Ein- und Ausfuhr nach Warengruppen (vgl. Abb. 10.3/4),
- Struktur von Ein- und Ausfuhr nach Ländern oder Ländergruppierungen (vgl. Tab. 10.2),
- **Export(Import)quote** als Anteil der Ausfuhr (Einfuhr) am Bruttosozialprodukt oder auch an der letzten inländischen Verwendung,
- **Verflechtungskoeffizient** als Verhältnis der Summe von Ein- und Ausfuhr zur letzten inländischen Verwendung,

vielmehr werden – speziell für den intertemporalen Vergleich – verschiedene Indizes berechnet. Im Arbeitsgebiet „Außenhandelsstatistik" berechnet das Statistische Bundesamt jeweils für die Ein- und die Ausfuhr, für größere Warengruppen und für Ländergruppierungen drei Arten von Indizes:

- Indizes der tatsächlichen Werte,
- Indizes der Durchschnittswerte,
- Indizes des Volumens.

Im Rahmen des Arbeitsgebietes „Preisstatistik" berechnet das Statistische Bundesamt echte Preisindizes des Außenhandels (getrennt nach Ein- und Ausfuhr, Warengruppen und Ländergruppierungen).

Zur Erläuterung der Indizes wird folgende Notation eingeführt:

- p bzw. q steht für Preis bzw. Menge,
- der Superskript a (e) bedeutet Ausfuhr (Einfuhr),
- 0 bzw. t im Subskript weisen auf die Periode hin (0 auf die Basisperiode, t auf die laufende Periode),
- i im Subskript steht für eine Warennummer und läuft von 1 bis n,
- j im Subskript steht für die einzelne Lieferung oder Sendung mit der Warennummer i, so daß j von 1 bis n_i läuft, wenn von dieser Warennummer n_i Lieferungen in einer Periode erfolgten.

Dann bedeuten z.B.:

$p_{0ij}^e\, q_{0ij}^e$ – Wert der j-ten Sendung mit der Warennummer i in der Einfuhr der Periode 0,

$\displaystyle\sum_{j=1}^{n_i} p_{0ij}^e\, q_{0ij}^e$ – Wert aller Sendungen mit der Warennummer i in der Einfuhr der Periode 0,

$$q_{0i}^e := \sum_{j=1}^{n_i} q_{0ij}^e \quad \text{– eingeführte Menge[15] mit der Warennummer} \quad (10.1)$$
i in der Periode 0,

$$\bar{p}_{0i}^e := \frac{\sum_{j=1}^{n_i} p_{0ij}^e\, q_{0ij}^e}{q_{0i}^e} \quad \text{– Durchschnittswert je Mengeneinheit (unit} \quad (10.2)$$
value) der i-ten eingeführten Warenart in
der Periode 0.

Aus (10.1) und (10.2) erhält man folgende Darstellung des Einfuhrwertes der i-ten Warenart in Periode 0 (= tatsächlicher Wert in Periode 0):

$$\sum_{j=1}^{n_i} p_{0ij}^e\, q_{0ij}^e = \bar{p}_{0i}^e\, q_{0i}^e \,, \qquad (10.3)$$

und für den **tatsächlichen Wert der gesamten Einfuhr in Periode 0** folgt

$$\sum_{i=1}^{n} \sum_{j=1}^{n_i} p_{0ij}^e\, q_{0ij}^e = \sum_{i=1}^{n} \bar{p}_{0i}^e\, q_{0i}^e \,. \qquad (10.4)$$

Der **Index der tatsächlichen Werte der Einfuhr** ist dann definiert als

$$W_{0t}^e := \frac{\sum_{i=1}^{n} \bar{p}_{ti}^e\, q_{ti}^e}{\sum_{i=1}^{n} \bar{p}_{0i}^e\, q_{0i}^e} \,, \qquad (10.5)$$

und jener der **Ausfuhr** als

$$W_{0t}^a := \frac{\sum_{i=1}^{n} \bar{p}_{ti}^a\, q_{ti}^a}{\sum_{i=1}^{n} \bar{p}_{0i}^a\, q_{0i}^a} \,. \qquad (10.6)$$

W_{0t}^e bzw. W_{0t}^a sind **Meßzahlen des zeitlichen Vergleichs** der tatsächlichen Einfuhr- bzw. Ausfuhrwerte der Perioden 0 und t. Wenn es um den Vergleich der Zahlungsströme im Außenhandel geht, sind diese beiden Indizes geeignete Maßzahlen. Ein Index der tatsächlichen Werte spiegelt Mengen- **und** Preisänderungen zwischen den Perioden 0 und t wider.

Überträgt man die Durchschnittspreise aus der Basisperiode ($\bar{p}_{0i}^e$ bzw. $\bar{p}_{0i}^a$) auf die in der Berichtsperiode t „gehandelten" Mengen, so erhält man einen fiktiven Wert der Ein- bzw. Ausfuhr in Periode t, der im Fachjargon als **Volumen** bezeichnet wird:

---

[15]Da die Warenart i nur homogene Güter umfaßt, lassen sich deren Mengen addieren.

$$\sum_{i=1}^{n} \bar{p}_{0i}^{e}\, q_{ti}^{e} \quad \text{bzw.} \quad \sum_{i=1}^{n} \bar{p}_{0i}^{a}\, q_{ti}^{a}\,.$$

Der **Index des Volumens der Einfuhr** lautet dann

$$V_{0t}^{e} := \frac{\sum\limits_{i=1}^{n} \bar{p}_{0i}^{e}\, q_{ti}^{e}}{\sum\limits_{i=1}^{n} \bar{p}_{0i}^{e}\, q_{0i}^{e}}\,, \tag{10.7}$$

jener der **Ausfuhr**

$$V_{0t}^{a} := \frac{\sum\limits_{i=1}^{n} \bar{p}_{0i}^{a}\, q_{ti}^{a}}{\sum\limits_{i=1}^{n} \bar{p}_{0i}^{a}\, q_{0i}^{a}}\,. \tag{10.8}$$

V_{0t}^{e} und V_{0t}^{a} zeigen die von Änderungen in den Durchschnittswerten bereinigte Mengenentwicklung von Periode 0 zu Periode t. Die Volumenindizes haben eine Ähnlichkeit mit dem LASPEYRES-Mengenindex (vgl. (8.13)), sind aber nicht mit diesem identisch und daher nicht zu verwechseln. Sie unterscheiden sich im Wertansatz. Der Mengenindex würde für jede Warenart mit einem **repräsentativen** Preis p_{0i}^{e} bzw. p_{0i}^{a} einer typischen Variante von Waren der i-ten Art arbeiten, während im Volumenindex über die Preise aller Ausführungsvarianten der i-ten Warenart gemittelt wird, die in Periode 0 „gehandelt" worden sind. Je homogener die Warenarten abgegrenzt sind, desto geringer fällt der Unterschied zwischen $\bar{p}_{0i}^{e}$ und p_{0i}^{e} aus. Der Volumenindex des Außenhandels ist also vom LASPEYRES-Typ oder LASPEYRES-ähnlich, aber im Sinne der Indextheorie kein Mengenindex nach LASPEYRES.

Die Konstruktion

$$D_{0t}^{e} := \frac{\sum\limits_{i=1}^{n} q_{ti}^{e}\, \bar{p}_{ti}^{e}}{\sum\limits_{i=1}^{n} q_{ti}^{e}\, \bar{p}_{0i}^{e}} \tag{10.9}$$

heißt **Index der Durchschnittswerte der Einfuhr**, und

$$D_{0t}^{a} := \frac{\sum\limits_{i=1}^{n} q_{ti}^{a}\, \bar{p}_{ti}^{a}}{\sum\limits_{i=1}^{n} q_{ti}^{a}\, \bar{p}_{0i}^{a}} \tag{10.10}$$

ist der **Index der Durchschnittswerte der Ausfuhr**. Das Statistische Bundesamt berechnet diese beiden Indizes, indem es den Index der tatsächlichen Werte durch den Volumenindex dividiert. Für z.B. die Einfuhr ergibt sich:

$$\frac{W_{0t}^e}{V_{0t}^e} = \frac{\sum \bar{p}_{ti}^e \, q_{ti}^e / \sum \bar{p}_{0i}^e \, q_{0i}^e}{\sum \bar{p}_{0i}^e \, q_{ti}^e / \sum \bar{p}_{0i}^e \, q_{0i}^e} = D_{0t}^e.$$

Die beiden Durchschnittswertindizes sind Indikatoren für die Preisentwicklung
im Außenhandel, genauer: für die Entwicklung der Durchschnittswerte. Es wird
bei ihnen die Mengenstruktur der laufenden Periode t einmal auf die Durchschnittswerte der Basisperiode (im Nenner) und zum anderen auf die der Berichtsperiode (im Zähler) übertragen, so daß eine reale Größe (im Zähler) an
einer fiktiven Größe (im Nenner) verglichen wird. Man erkennt eine Verwandtschaft zum PAASCHE–Preisindex (vgl. (8.10a)). Im Sinne der Indextheorie liegt
mit dem Durchschnittswertindex kein Preisindex vor. Während nämlich ein
Preisindex die **reine** Preisentwicklung mißt, wird ein Durchschnittswertindex
auch durch Änderungen von Qualität und Ausführung der Güter, durch wechselnde Zahlungs- und Lieferkonditionen und durch Veränderung in der Zusammensetzung der unter der Warennummer i „gehandelten" n_i Ausführungen
beeinflußt. D_{0t}^e bzw. D_{0t}^a sind also nur PAASCHE–ähnlich oder vom PAASCHE–
Typ. Die drei vorstehend genannten Indextypen im Außenhandel werden z.Z.
auf der Basis 1980 berechnet, also $0 \hat{=} 1980$.

Für die Güter des Außenhandels berechnet das Statistische Bundesamt aber
auch echte Preisindizes, und zwar nach der LASPEYRES–Formel mit 1985 und
kürzlich mit 1991[16] als Basisjahr. Im Statistischen Jahrbuch findet man diese
Preisindizes nicht im Kapitel „Außenhandel", sondern im Kapitel „Preise". Zwischen den Außenhandelspreisindizes und den Indizes der Durchschnittswerte
bestehen gravierende Unterschiede, nicht nur numerischer Art (vgl. Tab. 10.3),
sondern vom Inhalt her:

- Die Preisindizes beruhen auf einer gezielten Auswahl von Gütern. Die
  Durchschnittswertindizes umfassen die ein- und ausgeführten Güter nahezu total. Sie können daher auch für ein breites Güterspektrum und
  nach Ländergruppen berechnet werden.

- Die Ein- und Ausfuhrpreise beziehen sich auf den Zeitpunkt des Vertrags-
  abschlusses, die Durchschnittswerte auf den Zeitpunkt des Grenzüber-
  gangs.

- Die Preisindizes sind vom LASPEYRES–Typ und haben ein historisches
  Gewichtssystem; die Durchschnittswertindizes sind vom PAASCHE–Typ
  und besitzen ein aktuelles Gewichtssystem.

- Derzeit haben in der Bundesrepublik beide Indexarten verschiedene Basen: 1991 bzw. 1980.

Über die Gründe für das Festhalten an den älteren Durchschnittswertindizes,
die in der amtlichen Außenhandelsstatistik bereits lange vor der Einführung
der echten Preisindizes verwendet worden sind, vergleiche man KUNZ (1987,
p. 104).

---

[16]Vgl. BEUERLEIN, 1995, p. 207/214

Abb. 10.5: Entwicklung einiger Indizes des Außenhandels 1955 – 1993

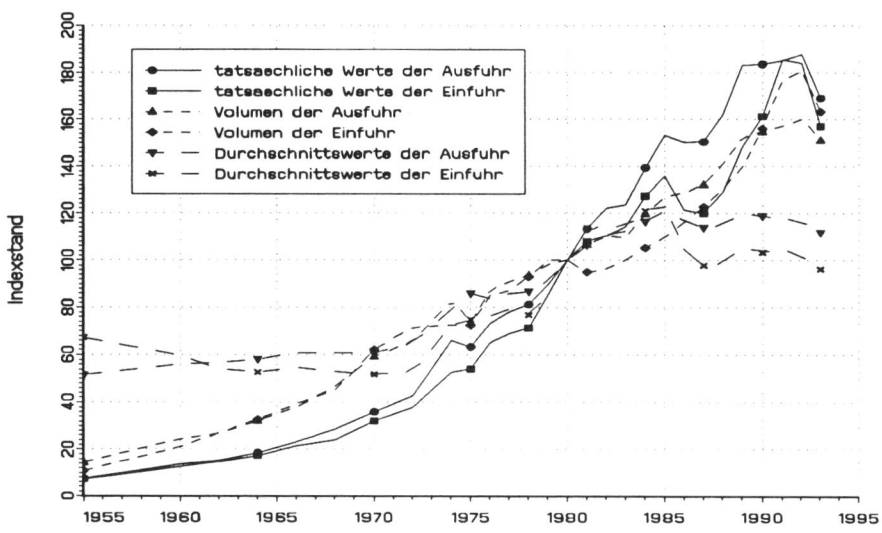

Gebietsstand: früheres Bundesgebiet (1955 ohne Saarland)
Quellen: Statistisches Bundesamt (1991a), p. 146 - 147
          Verschiedene Jahrgänge des Statistischen Jahrbuchs für die
          Bundesrepublik Deutschland

In Abb. 10.5 sind die Indizes der tatsächlichen Werte, der Durchschnittswerte und des Volumens für die gesamte Einfuhr bzw. Ausfuhr auf der Basis 1980 dargestellt im Zeitraum 1955 bis 1993, allerdings mit Lücken für die weiter zurückliegenden Jahre. Da in dieser Zeitspanne das Basisjahr mehrmals gewechselt worden ist (1954, 1960, 1962, 1976, 1980), wurden die Reihen im Statistischen Bundesamt auf 1980 umgerechnet. Gegenüber dem Basisjahr 1980 sind bis 1993

- die tatsächlichen Werte der Ausfuhr (der Einfuhr) um 69,0% (57,1%) gestiegen;
- die Mengen in der Ausfuhr (der Einfuhr) um 51,3% (63,2%);
- die Durchschnittspreise in der Ausfuhr (der Einfuhr) um 11,7% ($-3,7\%$).

Gegenüber dem Jahr 1955 sind bis 1993

- die tatsächlichen Werte der Ausfuhr (der Einfuhr) auf das 23,2 (21,8)fache gestiegen,
- die Mengen in der Ausfuhr (der Einfuhr) auf das 10,6 (15,3)fache,
- die Durchschnittspreise der Ausfuhr (der Einfuhr) auf das 2,2 (1,4)fache.

In Tab. 10.3 sind für die Ein- und Ausfuhr in den Jahren 1984 bis 1993/94 die Preisindizes und die Indizes der Durchschnittswerte gegenübergestellt.

Beide Maßzahlen zeigen für die Einfuhr ein qualitativ ähnliches Muster, nämlich einen tendenziellen Preisrückgang der Importgüter bei synchronen lokalen Auf- und Abwärtsbewegungen. In der Ausfuhr zeichnen die beiden Maßzahlen im Groben das gleiche Bild, nämlich steigende Preistendenz, wobei allerdings lokal (seit 1989) der Durchschnittswertindex fallende Preise im Export signalisiert.

Tab. 10.3: Indizes der Ein- und Ausfuhrpreise und der Durchschnittswerte in Ein- und Ausfuhr 1984 – 1993/94

	Einfuhr		Ausfuhr	
	Preisindex	Index der Durch-schnittswerte 1980=100	Preisindex	Index der Durch-schnittswerte 1980=100
1984	98,6	120,8	97,4	116,3
1985	100,0	123,9	100,0	120,8
1986	84,3	104,1	98,2	116,8
1987	79,8	97,8	97,3	113,8
1988	80,8	98,7	99,3	114,8
1989	84,4	106,0	102,1	120,0
1990	82,5	103,3	102,2	118,6
1991	82,8	105,1	103,5	117,9
1992	97,6	101,9	100,7	117,1
1993	96,1	96,3	100,7	111,7
1994	96,9		101,6	

Gebietsstand: früheres Bundesgebiet
Basis der Preisindizes: 1985=100 bis 1991; 1991=100 ab 1992
Quelle: Verschiedene Jahrgänge des Statistischen Jahrbuchs für die
            Bundesrepublik Deutschland
            Wirtschaft und Statistik, 1995, p. 229*/230*

10.2.3 Intrahandel und EU–Binnenmarkt

Die deutsche Außenhandelsstatistik hat sich in ihrer Erhebungs- und Aufbereitungsorganisation mit der Einführung des EU–Binnenmarktes zum 01.01.1993 grundlegend geändert. Es liegt nunmehr eine Zweiteilung vor in eine **Intrahandelsstatistik** (= Außenhandelsstatistik mit EU–Ländern) und eine **Extrahandelsstatistik** (= Außenhandelsstatistik mit der übrigen Welt). Für letztere bleibt das bisherige, in Abs. 10.2.1 beschriebene Konzept im wesentlichen bestehen, während die Intrahandelsstatistik auf eine neue Grundlage gestellt werden mußte.

Zunächst erhebt sich die Frage, ob man in einem gemeinsamen Markt überhaupt eine Aufzeichnung der zwischen ihren Regionen fließenden Warenströme benötigt, denn z.B. für die Bundesrepublik gibt es auch keine Statistik, die den Warenaustausch zwischen den Bundesländern nachweist. Bei genauerer Betrachtung zeigen sich aber fundamentale Unterschiede in den Rahmenbedingungen des **nationalen Binnenhandels** und des **innergemeinschaftlichen Handels.** Während sich der Binnenhandel auf der Basis **einer** Währung vollzieht und unter **einheitlicher Geld-, Finanz- und Wirtschaftspolitik** steht, gelten für den innergemeinschaftlichen Handel noch

- elf verschiedene Währungen,
- nur teilweise harmonisierte Rechtsnormen für
  ▷ die Besteuerung (Umsatz-, Verbrauchsteuer, Unternehmensbesteuerung),
  ▷ die Produktgestaltung (Sicherheitsnormen, Umweltverträglichkeit),
  ▷ Umweltschutz (Produktionsverfahren, eingesetzte Rohstoffe).

Die Auswirkungen dieser Unterschiede in den Rahmenbedingungen auf den Intrahandel und auf die jeweiligen Volkswirtschaften interessieren:

- die Träger der nationalen Wirtschaftspolitik (hier: Parlament, Regierung, Deutsche Bundesbank),
- die Wirtschaft selbst (Unternehmen und Verbände), um sich auf neue Bedingungen einzustellen, traditionelle Märkte auszubauen oder neue Märkte zu erkunden,
- die EU–Kommission und den EU–Rat, wenn sie die Harmonisierung aller einschlägigen Rechtsvorschriften vorantreiben und die noch bestehenden Ungleichgewichte auf dem EU–Binnenmarkt beseitigen wollen.

Das System zur Erfassung des Intrahandels ist nur vor dem Hintergrund der **Besteuerungsmöglichkeiten des internationalen Handels** zu verstehen. Es gibt grundsätzlich drei verschiedene Verfahren der Besteuerung.

1. Bestimmungslandprinzip

Danach werden Warenexporte von den indirekten Steuern im Exportland entlastet, indem entweder eine Rückerstattung von schon gezahlten Steuern erfolgt oder erst gar keine Steuern erhoben werden. Im Importland erfolgt eine Besteuerung der eingeführten Güter gemäß der dortigen Vorschriften. Dieser Ansatz hat drei Vorteile:

- Die am internationalen Handel beteiligten Länder bleiben in ihrer Steuerpolitik autonom.
- Es entsteht keine steuersatzbedingte Wettbewerbsverzerrung zwischen importierten und heimischen Gütern.
- Die Besteuerung erfolgt dort, wo der Verbrauch stattfindet, d.h. etwa, daß die Steuerzahler auch Nutznießer der mit ihren Steuern finanzierten Ausgaben sind.

Hauptnachteil unter Binnenmarktaspekten ist, daß Grenzkontrollen erforderlich sind, um eine ordnungsgemäße Be- und Entlastung zu sichern.

2. Ursprungslandprinzip

International gehandelte Güter werden nur im Exportland besteuert. Um eine Doppelbesteuerung zu vermeiden, erfolgt keine Besteuerung im Importland. Aus der Sicht eines Binnenmarktes ist der größte Nachteil, daß steuersatzbedingte Preisunterschiede zu Wettbewerbsverzerrungen führen; Unternehmen aus Niedrigsteuerländern können zu günstigen Preisen anbieten. Grenzkontrollen sind dann i.d.R. nicht erforderlich.

3. Gemeinschaftsprinzip oder Gemeinsamer–Markt–Prinzip

Beim Grenzübergang einer Ware erfolgt – wie beim Ursprungslandprinzip – keine Entlastung von bereits gezahlten Mehrwert- und Verbrauchsteuern. Der Importeur ist jedoch zum grenzüberschreitenden Vorsteuerabzug berechtigt. Im Importland wird das Produkt mit der dort geltenden Mehrwertsteuer belastet, da das importierende Unternehmen beim Verkauf an den Endverbraucher den heimischen Steuersatz berechnen muß. Der Vorteil ist die Wettbewerbsneutralität und der Fortfall von Grenzkontrollen. Allerdings ändert sich das Steueraufkommen zwischen den beteiligten Ländern im Vergleich zum derzeit praktizierten Bestimmungslandprinzip.

Die EU–Kommission wollte mit ihren 1987 vorgelegten Vorschlägen bezüglich der Mehrwertsteuerharmonisierung das Gemeinsamer–Markt–Prinzip zum 01.01.1993 eingeführt wissen. Sie konnte sich aber gegen den Widerstand der Mitgliedsstaaten nicht durchsetzen. Aus den nachfolgenden Verhandlungen ist eine zunächst bis zum 31.12.1996 geltende Übergangsregelung herausgekommen, die – wie bei Kompromissen üblich – höchst kompliziert ist und daher hier nicht vollständig dargestellt werden kann. Die Übergangsregel ist eine Mischung aus Bestimmungs- und Ursprungslandprinzip:

- Im Warenverkehr zwischen in der EU ansässigen Unternehmen, die vorsteuerabzugsberechtigt sind, gilt das Bestimmungslandprinzip, d.h. die von Unternehmen an andere Unternehmen gelieferten Waren bleiben weiterhin steuerlich unbelastet. Anstelle der bisherigen Besteuerung an der Grenze durch die Einfuhrumsatzsteuer tritt – nach Aufhebung der Grenzkontrollen – die Besteuerung des sog. **innergemeinschaftlichen Erwerbs** im jeweiligen Bestimmungsland.

- Innergemeinschaftliche Lieferungen an nicht vorsteuerabzugsberechtigte Wirtschaftssubjekte sind im Ursprungsland steuerpflichtig mit allerdings einer Reihe von Ausnahmen und Sonderregelungen (etwa im Versandhandel und im Kfz–Handel).

Zur Überwachung der korrekten Anwendung der Vorschriften, zur Unterscheidung von Importen aus Drittländern, die weiterhin von den Zollbehörden zur Einfuhrumsatzsteuer herangezogen werden, und um festzustellen, ob der Abnehmer einer Ware vorsteuerabzugsberechtigt ist oder nicht, sind umfangreiche und technisch aufwendige Kontrollverfahren seitens des Fiskus notwendig. Die Abrechnung und Kontrolle befreiter Ausfuhren hat sich also von den Grenzen weg verlagert in die Büros der Exporteure, Importeure und der Finanzämter und verursacht, wie inzwischen die Wirtschaftsverbände beklagen, sogar mehr Verwaltungsarbeit, nicht zuletzt auch deswegen, weil die Unternehmen bzgl. ihres Intrahandels dem Statistischen Bundesamt gegenüber berichtspflichtig sind.

Die Intrahandelsstatistik (= **Intrastat**) ist für Deutschland eine zentrale Bundesstatistik, die in die Umsatzbesteuerung eingebunden ist, aber keine sekundärstatistische Auswertung der Umsatzsteuervoranmeldungen bzw. -erklärungen ist, sondern eine primärstatistische Unternehmenserhebung darstellt. Sie beruht auf EU–Recht (Grundverordnung vom 07.11.1991, Schwellenverordnung vom 31.07.1992, Datenträgerverordnung vom 11.12.1992) und darauf erlassenem, ergänzendem nationalen Recht (in Deutschland: Durchführungsverordnung vom 18.12.1992). Das EU–Recht schreibt Inhalt und Form der Intrahandelsstatistik – wie in EU–Verordnungen üblich – sehr detailliert und akribisch vor und läßt den Mitgliedsstaaten nur wenig Spielraum in der Ausgestaltung, etwa bei der Auswahl zusätzlicher Erhebungsmerkmale, der Einführung von Befreiungsregeln oder der organisatorischen Einbindung.[17] So bleibt die traditionell für die Außenhandelsstatistik geltende Maxime der Identität der Konzepte europaweit gewahrt.

Intrastat zeichnet sich u.a. durch folgende Eigenschaften[18] aus:

1. Im Laufe des Jahres 1992 wurde beim Statistischen Bundesamt ein **Unternehmensregister** (z.Z. mit 230.000 Unternehmen) aufgebaut, das alle am EU–Handel teilnehmenden Unternehmen enthält. Der Registeraufbau erfolgte unter Mithilfe der Finanzämter, die auf der Basis der in den monatlichen bzw. vierteljährlichen Umsatzsteuervoranmeldungen gesondert gekennzeichneten EU–Versendungen die betreffenden Unternehmen dem Bundesamt meldeten. Berichtspflichtig aus diesem Register werden aber nur solche Unternehmen, die mit ihrem Vorjahresumsatz generell oberhalb einer Befreiungsschwelle und zusätzlich mit ihren EU–Umsätzen oberhalb von Assimilationsschwellen liegen, die für Ein- und Ausfuhr unterschiedlich sein können.[19] Das Register wird fortlaufend geändert auf der Basis der auch 1993 von den Finanzämtern weitergeleiteten Adressen und – zum Zwecke des Abgleichs mit den im Bundesamt ermittelten Intrahandelsdaten – der Handelswerte.

2. Die Auskunftspflichtigen müssen grundsätzlich ihre Meldungen direkt bis zum fünften Werktag nach Ablauf des Berichtsmonats (Auch Intrastat ist eine Monatsstatistik!) dem Statistischen Bundesamt übersenden. Monatlich fallen z.Z. 800.000 Erhebungsvordrucke an.

3. Erleichterung in der Aufbereitung ist künftig durch den ebenfalls von der EU im Kontext der Intrahandelsstatistik beschlossenen und genauestens

---

[17]In Frankreich, Italien und z.T. in Großbritannien und Nordirland wird die Intrahandelsstatistik von den Finanzbehörden durchgeführt.
[18]Über Einzelheiten informiert der Aufsatz von MAI (1993).
[19]In Deutschand liegen sie einheitlich bei 200.000 DM.

geregelten Einsatz moderner Informationstechniken zu erwarten. IDEP steht für „Intrastat Data Entry Progam" und ist eine EU–weit einheitliche PC–Software (unter MS–DOS laufend), die gratis an die Unternehmen abgegeben wird. Sie arbeitet mit einer Benutzeroberfläche (Eingabemasken) und enthält zahlreiche Kontrollfunktionen, die Ein- und Weitergabe ungültiger Informationen auf den Monatsdisketten von vornherein unterbinden sollen. Der Datenübermittlung dienen auch die Projekte STADIUM (= Statistical Data Interchange Universal Monitor), STATEL (= Statistiques Télétransmission) und IDA (= Interchange of Data between Administrations), die einen Ausbau der Datenfernübertragung bzw. eine Vernetzung der Produzenten und Konsumenten von intrahandelsstatistischen Daten anstreben. Das führt zu einer Beschleunigung der Datenübermittlung und verkürzt die Aufbereitungszeiten, schafft allerdings – zumindest in Teilbereichen – das „gläserne Unternehmen".

4. Die Erhebungsmerkmale von Intrastat sind mit den in Abs. 10.2.1 beschriebenen und für die Extrahandelsstatistik geltenden Merkmalen weitgehend identisch (Sie gehen allerdings an einigen Stellen etwas darüber hinaus.), denn die Ergebnisse beider Arten von Außenhandelsstatistik sollen für die Nutzer, deren Anforderungen für beide Bereiche nahezu übereinstimmen, kombinier-, addier- und vergleichbar sein. So wird u.a. auch in beiden Bereichen mit denselben systematischen Verzeichnissen (HS, KN, EGW und SITC) gearbeitet.

5. Das Veröffentlichungsprogramm (Fachserie 7 in den Reihen 1 bis 8) und die monatliche Periodizität bleiben erhalten; durch die Umstellung kann es in 1993 zu leichten Verzögerungen und allenfalls auch zur späteren Revision gewisser Ergebnisse kommen, bis alle Beteiligten mit dem neuen System vertraut sind.[20]

6. Mit Intrastat haben sich auch im Unternehmenssektor die Zuständigkeiten verlagert. Waren zuvor die Versandabteilungen und die Spediteure zuständig, die z.T. unter Hilfe der Zollverwaltung die Erhebungsunterlagen ausfüllten, so hat sich jetzt – wegen der steuerlichen Anbindung – die Arbeit auf die Organisationseinheiten des Rechnungswesens im Unternehmen verlagert, wo in den meisten Fällen die Außenhandelsstatistik mit ihren Begriffen (z.B. Ursprungs-, Bestimmungs-, Versendungsland, aktives Verkehrsmittel, Art des Geschäftes, statistische Verfahren, fiktive Kosten für Versicherung und Fracht auf in- und ausländischen Strecken) ein Novum ist. Fehler, Antwortverspätungen und Antwortausfälle werden daher anfangs zu erwarten sein.

---

[20]Über die Erfahrung mit der neuen Erhebungsform nach einjährigem Einsatz vgl. Mᴀɪ, 1994. Die prophezeiten Verzögerungen sind in der Tat ebenso eingetreten wie die Revisionen der Daten. Die erste Schätzung des deutschen Gesamtexports 1993, vorgelegt im Juli 1994 mit 604 Mrd. DM, wurde einen Monat später um 24,5 Mrd. DM auf 628,5 Mrd. DM angehoben.

10.3 Zahlungsbilanz

Die Bezeichnung „Zahlungsbilanz" stimmt bezüglich dessen, was sie nachweist, weder vorn („Zahlung") noch hinten („Bilanz"). Sie ist keine Bilanz im eigentlichen Wortgebrauch, der eine zeitpunktbezogene Aufstellung von Vermögensbeständen meint.[21] Hier geht es vielmehr um eine zeitraumbezogene Stromrechnung. Ferner ist sie mehr als eine Aufzeichnung von Zahlungsvorgängen im Verkehr mit dem Ausland. Zwar besteht ein großer Teil aller wirtschaftlichen Transaktionen im Austausch von Gütern oder Kapitalansprüchen gegen Geld. Es werden aber auch Vorgänge erfaßt, bei denen die Zahlungen nicht in der gleichen Periode stattfinden (Ein- oder Ausfuhren auf Ziel oder nach Anzahlung) oder die zu keiner Zahlung von Geld führen (unentgeltliche Überlassung von Waren). Die Zahlungsbilanz ist also eine systematische Aufzeichnung und Darstellung aller in einer abgelaufenen Periode[22] zwischen Inländern und Ausländern durchgeführten ökonomischen Transaktionen. Die Systematik ergibt sich aus der doppelten (realen und finanziellen) Buchung innerhalb eines Systems mehrerer Konten oder Teilbilanzen, wobei allerdings eine unabhängige statistische Erfassung nicht zwingend erfolgt. Aus dieser doppelten Buchung ergibt sich, daß auch die immer wieder zu hörende und lesende Aussage vom Saldo der Zahlungsbilanz bzw. der unausgeglichenen Zahlungsbilanz in den Bereich der volkswirtschaftlich–statistischen Folklore gehört. Die Zahlungsbilanz ist stets ausgeglichen; von Null verschiedene Salden weisen nur ihre Teilbilanzen auf.

10.3.1 Grundschema und Teilbilanzen

Der Begriff „Zahlungsbilanz" wurde um 1770 von JAMES STEUART (1712 – 1780), einem englischen Nationalökonomen der merkantilistischen Schule, eingeführt. Das Konzept läßt sich aber bis ins 14. Jahrhundert zurückverfolgen (vgl. F. BOCHUD, 1970). England lieferte im ausgehenden 19. Jahrhundert die ersten umfassenden statistischen Aufstellungen. Die amtliche deutsche Statistik hat eine vollständige Zahlungsbilanz des Deutschen Reichs erstmals für das Jahr 1924 vorgelegt. Als Instrument der Wirtschaftspolitik wurde die Zahlungsbilanz nach dem I. Weltkrieg entdeckt, und der Völkerbund nahm sich alsbald der Frage ihrer weltweiten Standardisierung an. Nach dem II. Weltkrieg setzte zunächst die UN diese Arbeit fort, wurde aber bald vom Internationalen Währungsfonds (IWF) abgelöst. Seit 1948 hat der IWF fünf Auflagen des „Balance of Payments Manual" (IWF, 1993) herausgegeben, das Richtlinien für die Aufstellung einer Zahlungsbilanz enthält und Grundlage der Arbeit in den mit

---

[21]Die betreffende Bestandsrechnung im außenwirtschaftlichen Kontext heißt Auslandsvermögensstatus oder Auslandsposition, vgl. Abs. 10.4.

[22]Diese Periode ist für die Bundesrepublik Deutschland der Monat. Durch zeitliche Aggregation der monatlichen Zahlungsbilanzen erhält man die Quartals- und Jahresbilanzen.

ihrer Erstellung beauftragten nationalen Institutionen ist. In der Bundesrepublik Deutschland ist damit seit 1949 die deutsche Notenbank betraut, zunächst die Bank Deutscher Länder und seit 1957 deren Nachfolgerin, die Deutsche Bundesbank. Die Zuständigkeit für dieses Aufgabengebiet der amtlichen Statistik ergibt sich primär daraus, daß es sich bei der Zahlungsbilanz um eine notenbankspezifische Statistik handelt.

<u>Abb. 10.6:</u> Grundschema der Zahlungsbilanz

Bilanz der Gütertransaktionen

Haben	Konto 1	Soll
Verkäufe von Gütern an das Ausland		Käufe von Gütern aus dem Ausland
		Saldo der Bilanz der Gütertransaktionen

Bilanz der Übertragungen

Haben	Konto 2	Soll
Empfangene Übertagungen		Geleistete Übertragungen
Saldo der Übertragungsbilanz		

Bilanz der Änderung der Devisenbestände

Haben	Konto 3	Soll
Abnahme der Devisenbestände (wegen Güterkäufen und geleisteter Übertragungen)		Zunahme der Devisenbestände (wegen Güterverkäufen und empfangener Übertragungen)
Saldo der Devisenbilanz		

Gäbe es als internationale Transaktionen nur Käufe und Verkäufe von Gütern gegen Devisen sowie die (unentgeltliche) Übertragung von Devisen, dann genügten (vgl. STOBBE, 1994, p. 237) zu ihrer Erfassung und Darstellung die obigen drei Konten, die das **Grundschema der Zahlungsbilanz** ausmachen (Abb. 10.6). Die Bilanz der Gütertransaktionen (Konto 1) zeigt die Güterkäufe und -verkäufe, das Konto 2 die Gegenbuchungen zu empfangenen und geleisteten Devisenübertragungen. In diesen beiden Konten sind Einnahmen und Ausgaben gebucht. Die damit einhergehenden Änderungen von Forderungen und Verbindlichkeiten in Form von Devisenzu- und -abgängen[23] bucht man in Konto 3. Das Drei–Konten–System ist rechnerisch stets ausgeglichen.

---

[23]Es sei daran erinnert, daß Devisen Kreditbeziehungen in Geldform darstellen, deren Gläubiger und Schuldner Volkswirtschaften mit verschiedenen Währungen angehören.

In der wirtschaftlichen Realität kommen nicht nur Käufe und Verkäufe von Gütern gegen Devisen und Devisenübertragungen vor, so daß ein detaillierteres Zahlungsbilanzschema benötigt wird. Vorgestellt und diskutiert wird im folgenden das von der Deutschen Bundesbank verwendete und an die IWF-Empfehlungen angelehnte System. Man kann dieses Schema in Kontenform, aber auch in Tabellenform darbieten. Aus drucktechnischen Gründen wird nachstehend die tabellarische Version gewählt. Die deutsche Zahlungsbilanz besteht – vgl. Tab. 10.4 – aus fünf großen Teilbilanzen (mit A, B, C, D, E bezeichnet), von denen einige nochmals in Unterbilanzen (fortlaufend numeriert) aufgeteilt sind, so daß sich folgende Gliederung ergibt, wenn man zunächst, einmal die von der Bundesbank bis zum Anfang des Jahres 1995 praktizierte Vorgehensweise betrachtet, die auf der vierten Auflage des „Balance of Payments Manual" des IWF basiert:

A. Leistungsbilanz
    1. Handelsbilanz und Ergänzungen zum Warenhandel
    2. Dienstleistungsbilanz
    3. Übertragungsbilanz
B. Kapitalverkehrsbilanz
    1. Langfristiger Kapitalverkehr
    2. Kurzfristiger Kapitalverkehr
C. Saldo der statistisch nicht aufgliederbaren Transaktionen (Restposten)
D. Ausgleichsposten zur Auslandsposition der Bundesbank
E. Änderung der Auslandsposition der Bundesbank (Reservebilanz)

In Tab. 10.4 sind für die Unterbilanzen in Spalte 1 und 2 die Buchungssummen (vor Saldierung) der linken und rechten Bilanzseite ausgewiesen. In Spalte 3 stehen die Salden, sowohl die der fünf Unterbilanzen als auch die der fünf Teilbilanzen A bis E, deren Summe Null ist. Die Buchungsregeln, die Bedeutung der Unter- und Teilbilanzen sowie die wichtigsten Bilanzpositionen werden im folgenden erläutert.

Jeder Vorgang wird in der Zahlungsbilanz doppelt gebucht, d.h. man geht von der Annahme aus, daß einem Wertstrom vom Inland ins Ausland stets ein gleich großer Wertstrom aus dem Ausland ins Inland entspricht. Diese beiden Ströme werden in der Zahlungsbilanz gesondert, d.h. nach dem **Bruttoprinzip** ausgewiesen. Die Bezeichnung der ökonomischen Transaktion ist jeweils vom Inland aus zu sehen, also Export = Export des Inlands (= Import des Auslands) und Import = Import des Inlands (= Export des Auslands). Um die Richtung der Transaktionen oder Wertströme zu kennzeichnen, verwendet man bei der tabellarischen Darstellung **Vorzeichen** („ + " für einen Wertstrom ins Ausland, „ – " für einen Wertstrom aus dem Ausland) und bei Kontendarstellung die der doppelten Buchführung entnommenen Bezeichnungen „Credit", „Haben" oder „Aktivum" für die linke Seite mit den Wertströmen ins Ausland und „Debet", „Soll" oder „Passivum" für die rechte Seite mit den Wertströmen aus dem Ausland.

Tab. 10.4: Die deutsche Zahlungsbilanz 1994 (Auslaufendes Konzept)

Einnahmen und Änderungen von Verbindlichkeiten (Credit, Haben, Aktivum, +)	Ausgaben und Änderungen von Forderungen (Debet, Soll, Passivum, -)	Salden (1) − (2)
(1)	(2)	(3)
A. Leistungsbilanz		
1. Handelsbilanz		
Warenexport (685.133)	Warenimport (611.222)	+ 73.911
Ergänzungen zum Warenhandel		− 513
2. Dienstleistungsbilanz		
Dienstleistungsexport (262.777)	Dienstleistungsimport (317.608)	− 54.831
3. Übertragungsbilanz		
Empfangene Übertragungen (25.970)	Geleistete Übertragungen (81.194)	− 55.224
Saldo A:		− 36.657
B. Kapitalverkehrsbilanz		
1. Langfristiger Kapitalverkehr		
Kapitalimport: Änderungen der Verbindlichkeiten von Inländern gegenüber Ausländern (57.376)	Kapitalexport: Änderungen der Forderungen von Inländern an Ausländer (104.813)	− 47.437
2. Kurzfristiger Kapitalverkehr		
Kapitalimport: Änderungen der Verbindlichkeiten von Inländern gegenüber Ausländern	Kapitalexport: Änderungen der Forderungen von Inländern an Ausländer	+ 98.376
Saldo B:		+ 50.939
C. Saldo der statistisch nicht aufgliederbaren Transaktionen		− 2.040
D. Ausgleichsposten zur Auslandsposition der Bundesbank		− 3.690
E. Änderung der Netto–Auslandsposition der Bundesbank*		− 8.552

Angaben in Mio. DM

* Das Minuszeichen bedeutet hier eine Zunahme der Reserven.

Quelle: Deutsche Bundesbank: Zahlungsbilanzstatistik, März 1995, p. 6a/7a

Die Lieferung inländischer Waren, Dienst- und Faktorleistungen (Ausfuhr) und die Abgabe inländischer Eigentums- und Schuldtitel (Kapitalimport) wird mit „+" versehen und auf der Aktivseite der Konten gebucht. Umgekehrt versieht man den Bezug ausländischer Waren, Dienst- und Faktorleistungen durch Inländer (Einfuhr) und den Erwerb von Eigentums- und Forderungstiteln (Kapitalexport) mit „−" und bucht diese auf der Passivseite der betreffenden Konten. Es mag auf den ersten Blick verwirrend erscheinen, daß ein **Warenexport** mit „+" und ein **Kapitalexport** mit „–" versehen bzw. auf unterschiedlichen Seiten gebucht werden, erklärt sich aber daraus, daß ein Kapitalexport als Import („–") von Wertpapieren aufgefaßt werden kann, in denen das Ausland Schuldner ist. Dieser Forderungserwerb gegen das Ausland erfolgt aufgrund eines Warenexports (Lieferung auf Kredit), einer Schenkung oder einer Zahlung an das Ausland in Devisen, wobei die Gegenbuchung dann jeweils mit „+" in Handels-, Schenkungs- oder Devisenbilanz (E) erfolgt. Kapitalexport bedeutet demnach eine Zunahme von Forderungen an das Ausland oder eine Abnahme von Verbindlichkeiten gegenüber dem Ausland.

In den meisten Fällen bringt ein Geschäft zwischen In- und Ausländern sowohl einen ausgehenden (+) als auch einen eingehenden (–) Wertstrom mit sich, denn die größere Zahl der Geschäfte ist **entgeltlich**. Der gelieferten Ware oder Dienstleistung, dem eingeräumten Eigentums- oder Forderungsrecht entspricht ein Gegenwert, meist in Form von Geld, gelegentlich auch in Form einer anderen realen Leistung[24] oder eines nichtmonetären Anspruchs.[25] Häufig finden aber auch Übertragungen von Werten zwischen In- und Ausländern **unentgeltlich** statt, d.h. es werden Waren geliefert, Dienstleistungen erbracht, nichtmonetäre oder monetäre Ansprüche an das Ausland oder vom Ausland übertragen, ohne daß eine konkrete Gegenleistung erfolgt. Der formale Ausgleich (= Gegenbuchung) in der Zahlungsbilanz wird in solchen Fällen durch einen **fiktiven Posten** in der sogenannten Übertragungsbilanz (früher auch Schenkungsbilanz genannt) herbeigeführt. Unentgeltliche Leistungen des Auslands werden mit „+", solche des Inlands mit „–" versehen.

Zur Buchung fiktiver Posten greift man auch in einigen anderen Fällen, in denen sich Vorgänge in der Zahlungsbilanz mangels Gegenleistung nur einseitig niederschlagen würden. Diese fiktiven Posten heißen **Ausgleichsposten**. Sie beschränken sich in der deutschen Zahlungsbilanz auf den Ausgleich der Zuteilung von Sonderziehungsrechten durch den IWF sowie den Ausgleich von nicht–transaktionsbedingten Wertänderungen der Netto–Auslandsposition der Deutschen Bundesbank. Die Teilbilanz D nimmt diese beiden fiktiven Posten auf.

Schließlich führt die falsche oder unvollständige Erfassung von Leistung und Gegenleistung dazu, daß die Zahlungsbilanzen aller Länder eine Position aufweisen (Teilbilanz C), die „Restposten" oder „Saldo der statistisch nicht aufgliederbaren Transaktionen" heißt. Dieser Posten ist die Differenz sämtlicher Credit- und Debet-Buchungen in der Zahlungsbilanz. In ihm schlagen sich alle Erfassungslücken, Erfassungs-, Bewertungs- und Periodisierungsfehler nieder,

---

[24] Bei Staatshandelsländern und allgemein bei devisenschwachen Ländern ist es eine durchaus gängige Praxis, Importe in Form eines **Barter**- oder **Warenkompensationsgeschäfts** zu regeln.
[25] Z.B. erhält eine deutsche Fernsehanstalt aus dem Ausland eine Sendelizenz und „bezahlt" sie dem Lizenzgeber durch Bereitstellung von Werbezeit.

die sich in einem statistischen Rechenwerk einstellen können, das aus verschiedenen und nicht aufeinander abgestimmten Quellen stammt. Das Vorzeichen des Restpostens ist „+" oder „–", je nachdem auf welcher Seite die Fehler dominieren.[26] Unter Einschluß dieses Restpostens ist die Summe aller Plus- und Minusbuchungen gleich Null, die Zahlungsbilanz rechnerisch ausgeglichen.

Die **Hauptposten**[27] der Zahlungsbilanz sind bei der **Teilbilanz A**

- in der Handelsbilanz der Außenhandel (Export zum fob–Ansatz, Import zum cif–Ansatz) mit gewissen Ergänzungen zum Warenverkehr (nämlich Lagerverkehr, Transithandel und einigen Zu- und Absetzungen),
- in der Dienstleistungsbilanz der Reiseverkehr, die Transportleistungen, die Versicherungsleistungen, die Kapitalerträge, die Regierungsleistungen und die übrigen Dienstleistungen wie etwa Provisionen, Patent- und Lizenzgebühren,[28]
- in der Übertragungsbilanz im privaten Bereich die Heimatüberweisungen ausländischer Gastarbeiter, Pensionen, Renten, Unterstützungen inkl. privater Entwicklungshilfe, im öffentlichen Bereich die Leistungen im Rahmen der EU und anderer inter- und supranationaler Organisationen, Zuwendungen an Entwicklungsländer, Wiedergutmachung, Pensionen, Renten, Unterstützungen;

bei der **Teilbilanz B**

- in der langfristigen Kapitalverkehrsbilanz die Direktinvestitionen, Wertpapieranlagen, Kreditgewährung/-aufnahme, Bundesbeteiligungen an internationalen Organisationen, privater Grunderwerb,
- in der kurzfristigen Kapitalverkehrsbilanz Erwerb und Veräußerung von Auslandsaktiva und -passiva mit einer ursprünglichen Laufzeit oder Kündigungsfrist von bis zu zwölf Monaten inkl. der sofort fälligen Anlagen wie z.B. Sichtguthaben bei Banken (Die Gliederung erfolgt nach drei Gruppen von Kreditnehmern/-gebern: Kreditinstitute, Unternehmen/Privatpersonen und öffentliche Stellen.);

bei der **Teilbilanz C** wird der Restposten als Nettofehler aller Buchungen nicht aufgegliedert;

bei der **Teilbilanz D** handelt es sich einmal um Gegenbuchungen zur Zuteilung von Sonderziehungsrechten (eine Art Reservemedium) des IWF und um Umbewertungen der Gold- und Fremdwährungsbestände der Deutschen Bundesbank;

---

[26] Im Jahre 1990 wies der Restposten mit ca. + 28 Mrd. DM den größten seit 1949 in einer deutschen Zahlungsbilanz registrierten Wert auf, vgl. Tab. 10.7. Der Grund dafür lag im Einbezug der früheren DDR–Volkswirtschaft in die deutsche Zahlungsbilanz zum 01.07.1990 (Zeitpunkt des Inkrafttretens der deutschen Währungs-, Wirtschafts- und Sozialunion).

[27] Eine detaillierte Inhaltsbeschreibung der Posten findet sich in DEUTSCHE BUNDESBANK (1990), p. 49 ff.

[28] Dieser Teil der Zahlungsbilanz ist in Deutschland im Vergleich zu anderen Ländern stark ausgebaut.

bei der **Teilbilanz E** schließlich werden die Veränderungen der Währungsreserven (Gold, Devisen, Sorten, Reservepositionen im IWF und Sonderziehungsrechte, Forderungen an den EFWZ (= Europäischer Fonds für währungspolitische Zusammenarbeit) im Rahmen des EWS abzüglich Unterschiedsbetrag
zwischen ECU–Wert und Buchwert der eingebrachten Reserven) und der sonstigen Aktiva sowie Auslandsverbindlichkeiten nachgewiesen. Da hier die un-
bereinigten Bestandsveränderungen zur Darstellung kommen, die auch bewer-
tungsverursachte Änderungen im DM–Wert der Auslandsaktiva und -passiva
der Bundesbank enthalten, erfolgt in Teilbilanz D eine entsprechende Gegenbuchung, da den Wertschwankungen keine Transaktionen in der Leistung- oder
Kapitalbilanz gegenüberstehen.

Die deutsche Zahlungsbilanz wird in DM aufgestellt. Transaktionen, die auf
Fremdwährung lauten, sind zu konvertieren.[29] Die Umrechnung in DM erfolgt
zum Kassakurs des Transaktionstages bzw. – wenn ein solcher nicht zu bestimmen ist – zum Durchschnittskurs der betreffenden Periode. Bewertet werden die
Transaktionen grundsätzlich zu Marktpreisen; wo sie fehlen, werden Schätzprei-
se eingesetzt. Warengeschäfte werden im Zeitpunkt des Eigentumsübergangs
erfaßt, Dienstleistungen dann, wenn sie erbracht werden, und Übertragungen
in der Periode, in der sie den Geber verlassen. Finanzielle Aktiva und Passiva
sind zum Zeitpunkt der Ausbuchung aus den Büchern des bisherigen Inhabers
und der Einbuchung beim neuen Inhaber zu erfassen.

Die Zahlungsbilanz ist – wie auch die VGR – eine **Tertiärstatistik**, da
sie auf sekundärstatistischen Erhebungen und gelegentlich anderen nicht–statistischen Informationen aufbaut und zwar

- im Warenverkehr hauptsächlich auf die Außenhandelsstatistik des Statistischen Bundesamts,

- in der Dienstleistungs- und Übertragungsbilanz und in Teilen der langfristigen Kapitalverkehrsbilanz auf die von der Bundesbank erhobene Statistik des Auslandszahlungsverkehrs der Kreditinstitute,

- in Teilen der kurz- und langfristigen Kapitalverkehrsbilanz auf dem Auslandsstatus der Kreditinstitute,

- in den Teilbilanzen D und E auf Informationen aus dem internen Rechenwerk der Deutschen Bundesbank.

- An einigen Stellen finden sich auch Schätzungen, insbesondere für den
  Reiseverkehr.

---

[29] Im deutschen Außenhandel wird überwiegend in DM fakturiert (1991: 77,3% der Exporte,
55,4% der Importe). Von nennenswerter Bedeutung ist daneben nur noch der US–Dollar. Seit
Beginn der 80er Jahre hat sich bei den Einfuhren die DM–Fakturierung zu Lasten des Dollars
ständig erhöht. Im Welthandel werden z.Z. etwa 14% in DM abgewickelt. Der Heimvorteil
der eigenen Währung schafft zwar deutschen Unternehmen mehr Planungssicherheit, bietet
aber keinen Schutz vor Beeinträchtigung der Wettbewerbsfähigkeit in Zeiten eines schwachen
Dollars.

Im März 1995 hat die Deutsche Bundesbank Änderungen in der Systematik
der Zahlungsbilanz in Anpassung an die neueste Version des „Balance of Payments Manual" des IWF vorgenommen, vgl. Deutsche Bundesbank (1995), um
damit einerseits geänderten wirtschaftlichen Bedingungen Rechnung zu tragen
und andererseits erhöhten analytischen Anforderungen der Zahlungsbilanznut-
zer zu entsprechen. Die quantitative Auswirkung auf die verschiedenen Salden
der Zahlungsbilanz ist vergleichsweise gering; die Bruttogrößen werden aber
z.T. merklich beeinflußt, vgl. dazu Tab. 10.5. Für diese methodische Änderung
waren folgende Entwicklungen maßgebend:

1. Harmonisierung mit den Systemen Volkswirtschaftlicher Gesamtrechnungen der UN und der EU (vgl. Tab. 10.6);
2. Expansion der Geldvermögenspositionen infolge der dynamischen Entwicklung der internationalen Kapitalmärkte;
3. schnelle Ausbreitung derivativer Finanzprodukte;
4. weitere Zunahme des Dienstleistungssektors.

Die wesentlichen Änderungen sind:

1. Die Leistungsbilanz enthält künftig neben den Waren und Dienstleistungen sowie den Erwerbs- und Vermögenseinkomen nur noch die „Laufenden
   Übertragungen"; die Vermögensübertragungen wie etwa Schuldenerlasse
   sind ausgegliedert (Position 7 in Tab. 10.5).
2. Die klassische Definition der Leistungsbilanz, nämlich die gesamte transaktionsbedingte Veränderung des Netto–Auslandsvermögens anzuzeigen,
   wurde damit modifiziert. Nach dem neuen Konzept entspricht der Saldo der Leistungsbilanz nur noch der Differenz aus inländischer Ersparnis
   und Nettoinvestitonen (vgl. Tab. 10.6).
3. In die Dienstleistungbilanz gehen die grenzüberschreitenden Leistungen
   der Versicherer nur mit der Wertschöpfung ein. Risikoprämien, Entschä-
   digungszahlungen und Rückvergütungen rangieren künftig unter den Laufenden Übertragungen.
4. Die Lohnveredelung, bisher als Dienstleistung geführt, ist nun dem Warenverkehr zugeordnet. Auch bestimmte Reparaturarbeiten sowie die Lieferung von Schiffs- und Flugzeugbedarf fallen nun unter die Warenliefe-
   rungen.
5. Der Transithandel wurde im Gegenzug aus dem Warenverkehr herausge-
   nommen und den Dienstleistungen zugerechnet.
6. Kapitalerträge und Arbeitseinkommen sind aus der Dienstleistungsbilanz
   herausgelöst worden und bilden nun die eigenständige Leistungsbilanzka-
   tegorie „Erwerbs- und Vermögenseinkommen".[30]

---

[30] Zinszahlungen aus Steuerfluchtgeldern wurden bisher in der Dienstleistungsbilanz als Abflüsse an das Ausland gebucht und belasteten dementsprechend die Leistungsbilanz, obwohl
sie eigentlich Inländern gutgeschrieben wurden. Im Ergebnis wurden damit die Zinszahlun-

7. Bei den Zinserträgen wird eine Buchung gemäß der jeweiligen Entstehung angestrebt. Maßgebend ist nicht mehr der Zeitpunkt der Zahlung, sondern der Zeitabschnitt, auf den sich die Zinserträge beziehen.

8. Im Kapitalverkehr wird nicht mehr zwischen lang- und kurzfristigen Transaktionen unterschieden. Die Kapitalbewegungen sind in drei funktionale Hauptgruppen unterteilt: Direktinvestitionen, Wertpapieranlagen und Kreditverkehr.

9. Die Direktinvestitionen wurden neu abgegrenzt. Künftig gelten neben den Beteiligungen und langfristigen Darlehen auch die kurzfristigen Finanzbeziehungen verbundener Unternehmen als Teil der Direktinvestitionen. Der grenzüberschreitende Erwerb und die Veräußerung von Immobilien wurde den Direktinvestitionen zugeschlagen.

10. Die Wertpapieranlagen sind erheblich weiter abgegrenzt als bisher. Um der stürmischen Entwicklung auf dem Gebiet der Finanzinnovationen Rechnung zu tragen, werden künftig auch Anteile an Geldmarktfonds, Geldmarktpapiere und Finanzderivate einbezogen.

Tab. 10.5: Änderung der Präsentation der Zahlungsbilanz am Beispiel des Berichtsjahres 1994 – Überblick auf Basis der Salden

Position		Bisheriges Konzept	Neues Konzept
1.	Außenhandel fob/cif	+ 73.911	+ 73.910
2.	Ergänzungen und Transithandel		
	Ergänzungen zum Warenhandel	(– 3.645)	(– 3.595)
	darunter:		
	Absetzungen wegen Lohnveredelung	[+ 4.076]	–
	Absetzungen wegen Schiffsbedarf	[– 982]	–
	Reparaturen	–	[+ 1.183]
	Transithandel	(+ 3.132)	–
	insgesamt	– 513	– 3.595
3.	Dienstleistungen	– 54.831	– 50.782
	darunter		
	Lohnveredelung	(– 4.462)	–
	Transithandel	–	(+ 3.132)
	Versicherungen	(– 434)	(+ 1.175)
	Erwerbseinkommen	(– 4.747)	–
	Kapitalerträge	(+ 9.099)	–

gen an das Ausland als zu hoch ausgewiesen. Die Leistungsbilanz weist für 1994 nur noch ein Defizit von 38,6 Mrd. DM auf statt von 55,6 Mrd. DM vor dieser Korrektur und der üblichen Jahresrevison. Eine vorsichtige Schätzung der Erträge Deutscher aus Steuerfluchtgeldern liegt für 1994 bei 14 Mrd. DM.

Tab. 10.5: Fortsetzung

Position		Bisheriges Konzept	Neues Konzept
4.	Erwerbs- und Vermögenseinkommen	–	+ 3.012
	Erwerbseinkommen	–	(– 4.747)
	Kapitalerträge	–	(+ 7.759)
5.	Übertragungen	– 55.224	–
	Laufende Übertragungen	.	(– 61.160)
	darunter Versicherungstransaktionen	–	[– 3.205]
	Vermögensübertragungen	.	–
6.	Leistungsbilanz (= 1+2+3+4+5)	– 36.658	– 38.614
7.	Vermögensübertragungen	–	+ 1.155
8.	Kapitalverkehr (Export: –)		
	Direktinvestitionen	(– 23.685)	(– 23.685)
	Wertpapiere	(– 27.997)	(– 54.959)
	Kreditverkehr	(+ 6.901)	(+ 133.193)
	langfristig	[+ 6.901]	[+ 6.901]
	kurzfristig	–	[+ 126.292]
	Sonstige Anlagen	(– 2.656)	(– 2.809)
	langfristig (insgesamt)	– 47.436	–
	kurzfristig (insgesamt)	+ 98.376	–
	Kapitalverkehr insgesamt	+ 50.940	+ 51.741
9.	Restposten	– 2.040	– 2.040
10.	Veränderung der Nettoauslandsaktiva der Bundesbank (Transaktionswerte) (= 6+7+8+9)	.	+ 12.242
11.	Ausgleichsposten	– 3.690	.
12.	Veränderung der Nettoauslandsaktiva der Bundesbank (Bilanzwerte) (= 10+11)	+ 8.552	+ 8.552

Angaben in Mio. DM
– nichts vorhanden; . Zahlenwert unbekannt, geheimzuhalten oder nicht sinnvoll
Die Zahlen wurden vor ihrer Addition bzw. Subtraktion gerundet.
Wegen einer anderen Art der Buchung sind die Vorzeichen der inhaltsgleichen Position 12
hier und der Position E in Tab. 10.4 verschieden.
Quelle: Deutsche Bundesbank (1995), p. 38

Um Längsschnittanalysen zu ermöglichen, hat die Bundesbank Zahlungsbilanzen nach der neuen Konzeption bis zum Jahre 1971 aufgestellt.

Die nun angenäherten Konzepte der Zahlungsbilanz und Volkswirtschaftlichen Gesamtrechnungen erleichtern deren Nutzung, auch wenn in beiden Rechnungen nicht immer alle Salden explizit ausgewiesen werden. Grundsätzlich gilt in der Dokumentation der jeweiligen „Außenkonten" der in Tab. 10.6 dargestellte Zusammenhang, vgl. auch Abs. 11.3 und 11.4.

Tab. 10.6: Salden in der Zahlungsbilanz und in den Volkswirtschaftlichen Gesamtrechnungen

Salden in der Zahlungsbilanz	Salden in den VGR
(1) Warenhandel und Dienstleistungen	Außenbeitrag zum BIP
+ (2) Erwerbs- und Vermögenseinkommen (Faktoreinkommen)	Erwerbs- und Vermögenseinkommen (Faktoreinkommen)
= (3) –	Außenbeitrag zum BSP
– (4) Laufende Übertragungen an das Ausland	Laufende Übertragungen an die übrige Welt
= (5) Leistungsbilanz	Saldo der Ersparnis und Nettoinvestitonen
– (6) Vermögensübertragungen an das Ausland	Vermögensübertragungen an die übrige Welt
= (7) –	Finanzierungssaldo

identisch mit der transaktionsbed. Veränderung des Netto–Auslandsvermögens

Quelle: Deutsche Bundesbank (1995), p. 37

10.3.2 Ausgewählte Ergebnisse

Als erstes Ergebnis seien die **Saldenzusammenhänge** in der Zahlungsbilanz
am Beispiel des Jahres 1994 auf der Basis von Tab. 10.5 betrachtet. Die Leistungsbilanz ist negativ. Diesem Negativsaldo von 38,614 Mrd. DM stehen
kompensierend gegenüber:

- ein positiver Saldo der Vermögensübertragungen von 1,155 Mrd. DM,
- ein Kapitalimport der Inländer in Höhe 51,741 Mrd. DM, was gleichbe-
  deutend ist mit einer Abnahme ihres Netto–Auslandsvermögens,
- ein statistischer Fehler oder Restposten von – 2,040 Mrd. DM,
- eine transaktionsbedingte Zunahme der Nettoauslandsaktiva der Bundesbank um 12,242 Mrd. DM.

In Tab. 10.7 sind die Salden der Teil- und Unterbilanzen zur deutschen
Zahlungsbilanz zwischen 1949 und 1994 nach den bis März 1995 geltenden
Abgrenzungen und Begriffen ausgewiesen. Man erkennt:

- eine seit 1951 aktive Handelsbilanz mit fast stetig über die Zeit wachsen-
  dem Saldo (Der Einbruch in 1991 hat mit dem verstärkten Warenimport
  zur Befriedigung der hohen Nachfrage – vor allem der Privaten Haushalte – in den neuen Bundesländern nach der Wiedervereinigung zu tun sowie

Tab. 10.7: Die Salden der Teilbilanzen zur deutschen Zahlungsbilanz 1949 – 1994; früheres Zahlungsbilanzkonzept

Jahr (1)	Handelsbilanz (2)	Dienstl.bilanz (3)	Übertr.bilanz (4)	Leistungsbilanz (5)	Langfr.-Kap.verk. (6)	Kurzfr.-Kap.verk. (7)	Gesamt Kap.verk. (8)	Statist. Fehler (9)	Ausgleich (10)	Änderung Ausl.pos. (11)
1949	− 3,4	− 0,2	+ 3,4	− 0,2	+ 0,0	+ 0,0	+ 0,0	− 0,1	–	− 0,3
1950	− 2,3	− 2,0	+ 3,0	− 0,3	+ 0,5	+ 0,1	+ 0,6	− 0,9	–	− 0,6
1951	+ 1,5	− 0,5	+ 1,5	+ 2,5	− 0,0	− 0,5	− 0,5	+ 0,1	–	+ 2,0
1952	+ 2,2	+ 0,4	+ 0,2	+ 2,7	− 0,4	− 0,4	− 0,7	+ 0,2	–	+ 2,9
1953	+ 3,7	+ 0,5	− 0,5	+ 4,1	− 0,4	− 0,3	− 0,7	− 0,2	–	+ 3,6
1954	+ 3,9	+ 0,6	− 0,5	+ 4,0	− 0,3	− 0,4	− 0,6	− 0,3	–	+ 3,0
1955	+ 3,5	+ 0,3	− 0,8	+ 2,7	− 0,4	− 0,4	− 0,6	− 0,2	–	+ 1,9
1956	+ 5,6	+ 0,4	− 1,2	+ 5,0	+ 0,4	+ 0,2	+ 0,2	− 0,2	–	+ 5,0
1957	+ 7,3	+ 1,1	− 1,9	+ 6,5	− 1,4	− 1,3	− 2,7	+ 0,5	–	+ 5,1
1958	+ 7,4	+ 0,5	− 2,0	+ 6,6	− 1,1	− 1,3	− 6,4	− 0,5	–	+ 3,4
1959	+ 7,6	+ 0,7	− 3,3	+ 4,8	− 3,6	− 2,8	− 6,4	+ 0,1	–	+ 1,7
1960	+ 8,4	− 1,2	− 3,5	+ 5,6	− 0,1	+ 2,4	+ 2,3	+ 0,1	− 1,5	+ 8,0
1961	+ 9,6	− 2,0	− 4,4	+ 4,0	− 4,1	+ 1,0	− 5,0	+ 0,2	–	+ 2,3
1962	+ 6,5	− 2,1	− 5,1	+ 0,7	+ 1,8	− 1,2	+ 0,6	+ 0,4	–	− 0,9
1963	+ 9,2	− 2,7	− 5,3	+ 2,0	+ 1,1	− 0,4	+ 0,6	+ 0,2	–	+ 2,7
1964	+ 9,6	− 3,9	− 6,3	+ 1,6	+ 0,3	+ 2,4	+ 1,3	− 0,2	–	− 0,4
1965	+ 5,2	− 3,2	− 6,4	+ 1,1	− 2,9	+ 0,3	+ 3,5	+ 0,2	–	+ 1,3
1966	+ 11,8	− 2,7	− 7,3	+ 1,7	− 11,2	− 8,9	+ 0,0	− 0,3	–	+ 2,0
1967	+ 21,0	− 6,3	− 8,8	+ 11,4	− 23,0	+ 5,1	− 11,9	+ 0,4	–	+ 0,1
1968	+ 22,7	− 9,8	− 9,8	+ 13,2	− 0,9	+ 4,4	− 16,1	+ 0,0	–	+ 7,0
1969	+ 20,3	− 11,2	− 10,3	+ 8,8	+ 6,3	− 17,6	− 18,7	+ 0,4	+ 4,0	− 14,4
1970	+ 20,8	− 14,1	− 12,1	+ 4,8	+ 15,6	+ 16,7	+ 16,7	+ 4,3	+ 0,7	+ 22,7
1971	+ 23,4	− 15,6	− 13,7	+ 3,3	+ 13,0	+ 8,7	+ 8,7	+ 1,5	+ 5,4	+ 11,0
1972	+ 27,1	− 14,0	− 15,2	+ 3,8	− 18,2	− 5,2	+ 10,3	+ 2,3	− 0,5	+ 15,2
1973	+ 41,2	− 18,5	− 17,3	+ 13,4	+ 13,0	− 0,3	− 28,8	− 0,4	− 10,3	+ 16,1
1974	+ 58,3	− 13,8	− 17,6	+ 27,3	− 18,2	− 22,5	− 12,6	− 0,4	− 7,2	+ 9,1
1975	+ 43,5	− 20,7	− 20,5	+ 10,6	− 12,6	+ 5,7	+ 1,6	− 0,3	+ 5,5	+ 3,3
1976	+ 41,4	− 20,1	− 23,5	+ 9,3	− 12,6	− 0,3	+ 6,3	+ 0,5	+ 7,5	+ 1,3
1977	+ 45,5	− 22,6	− 24,8	+ 17,9	− 2,8	+ 14,2	+ 9,4	+ 0,4	− 7,9	+ 2,6
1978	+ 49,9	− 25,0	− 26,0	+ 9,9	+ 12,2	+ 9,0	+ 0,4	+ 4,3	− 7,6	+ 12,2
1979	+ 31,3	− 18,3	− 25,7	− 9,9	+ 5,8	− 6,2	+ 5,8	+ 4,5	+ 7,3	+ 7,3
1980	+ 18,4	− 7,3	− 29,7	− 25,1	+ 8,4	− 2,6	+ 3,2	− 2,4	+ 2,2	− 25,7
1981	+ 39,4	− 9,1	− 29,1	− 8,0	− 14,2	+ 11,0	− 18,4	− 0,0	+ 3,6	+ 2,7
1982	+ 63,3	− 15,2	− 27,1	+ 12,4	− 7,0	− 11,5	− 37,5	+ 6,2	+ 3,6	+ 1,3
1983	+ 57,0	− 19,6	− 31,8	+ 13,5	− 19,8	− 17,7	− 39,0	+ 0,8	+ 2,1	− 1,6
1984	+ 65,8	− 4,7	− 33,8	+ 22,0	− 12,9	− 41,7	− 127,5	+ 6,5	+ 3,1	− 1,0
1985	+ 84,7	− 5,3	− 36,7	+ 48,3	+ 33,4	− 116,0	+ 54,6	+ 8,1	+ 9,3	− 1,3
1986	+ 121,9	+ 3,3	− 58,5	+ 85,8	+ 22,0	− 17,0	+ 82,6	+ 2,7	+ 3,2	+ 2,8
1987	+ 126,8	− 17,2	− 50,0	+ 82,5	+ 86,8	− 40,8	− 39,0	+ 2,2	+ 2,2	+ 31,9
1988	+ 140,3	− 30,8	− 52,2	+ 88,9	+ 22,5	− 113,1	− 127,5	+ 3,9	+ 2,6	− 32,5
1989	+ 146,4	− 54,8	− 55,2	+ 108,0	− 66,2	− 23,9	− 90,1	+ 8,6	+ 5,1	+ 2,6
1990	+ 118,1			+ 76,1	− 27,0	+ 46,9	+ 19,9	+ 25,0	+ 0,5	+ 5,9
1991	+ 21,9			− 31,9	+ 29,2	+ 61,2	+ 90,4	+ 12,3	− 6,3	+ 0,8
1992	+ 33,7			− 32,8	+ 168,2	− 162,5	+ 5,7	+ 11,1	+ 1,5	+ 62,4
1993	+ 61,9			− 24,5	− 47,4	+ 98,4	+ 50,9	− 17,0	− 3,7	− 34,2
1994	+ 73,9			− 36,7				− 2,0		+ 8,6

Angaben in Mrd. DM; ab Mitte 1990 inkl. neue Bundesländer. Bei der Queraddition der Salden sind Rundungsfehler zu bedenken.
Die Vorzeichenregel der Tab. 10.4 und 10.7 stimmen überein mit Ausnahme der Spalte 11. Spalte 11 ist die Summe der Spalten 5, 8,
9 und 10. Ein „+" in Spalte 11 bedeutet eine Zunahme der Reserven (= Auslandsaktiva der Bundesbank).
Quellen: Deutsche Bundesbank (1988), p. 254/5; Zahlungsbilanzstatistik März 1995, p. 6a/7a

dem hohen Außenwert der DM, der exporthemmend und importsteigernd wirkt.),

- eine vorwiegend passive Dienstleistungsbilanz,
- eine seit 1953 passive Übertragungsbilanz,
- eine bis vor wenigen Jahren aktive Leistungsbilanz, die zu einer Zunahme des deutschen Netto–Auslandsvermögens führte,
- einen dazu im Vorzeichen fast immer entgegengesetzten Saldo der Kapitalverkehrsbilanz,
- wechselnde Perioden mit Reserve(= Devisen)zu- und -abflüssen bei der Bundesbank.

<u>Abb. 10.7:</u> Der deutsche Waren- und Kapitalverkehr mit dem Ausland 1983 – 1993

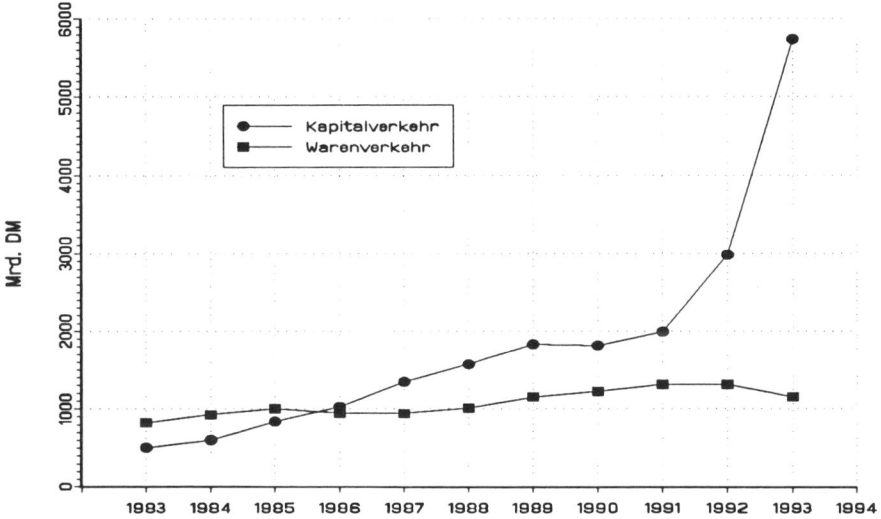

Quelle: IW (Informationsdienst des Instituts der deutschen Wirtschaft), Köln, Nr. 15 von 1994, p. 1

Während in Tab. 10.7 nur die Salden des Waren- bzw. des Kapitalverkehrs zur Darstellung kommen, zeigt Abb. 10.7 das Volumen aus Ex- und Import. Dargestellt sind zum einen der jährliche **Warenhandel** als Summe aus Ex- und Import in der Handelsbilanz und zum anderen der (langfristige) Kapitalverkehr als Summe der Käufe und Verkäufe von In- und Ausländern im Bereich der langfristigen Kapitalanlage (Direktinvestitionen, Wertpapieranlagen, Kreditverkehr). Man sieht, daß reine Finanzgeschäfte in der deutschen Außenwirtschaft eine immer größere Rolle spielen. Der langfristige Kapitalverkehr erreichte 1993 mit 5,7 Billionen DM mehr als den fünffachen Umfang des sich auf 1,1 Billionen DM belaufenden Warenhandels, während er 1983 erst 60%

ausmachte. Das Kapitaltransaktionsvolumen stieg 1993 gegenüber dem Vorjahr um ca. 192%. Ursache für den Zuwachs war vor allem der Boom bei den
grenzüberschreitenden Wertpapieranlagen. (Luxemburg und die Schweiz lassen
grüßen!) Die hohe Dynamik im Wachstum der Finanztransaktionen ist auch in
anderen Ländern zu beobachten. Sie ist die Folge der allgemeinen Internatio-
nalisierung der Finanzmärkte und der Liberalisierung des Kapitalverkehrs in
den vergangenen Jahren. Mit dem Boom des Kapitalverkehrs steigt auch die
wechselseitige Abhängigkeit unter den Volkswirtschaften.

Blendet man aus dem Kapitalverkehr den Strom der Direktinvestitionen
aus, so stellt sich für Deutschland im Vergleich zu anderen Staaten kein so
günstiges Bild ein, vgl. Abb. 10.8. Die Investitionen ausländischer Unternehmen
in Deutschland blieben – Ausnahme 1989 wegen der unternehmensstrategischen
Vorbereitungen auf den EU-Binnenmarkt – im vergangenen Jahrzehnt nahezu
konstant, sie machen nur etwa 1% der Inländerinvestitionen aus. Demgegenüber
sind die deutschen Direktinvestitionen im Ausland offenbar recht ordentlich,
allerdings längst nicht so hoch wie jene, die andere Staaten wie z.B. die USA
auswärts tätigen.

<u>Abb. 10.8:</u> Direktinvestitionen von und in Deutschland

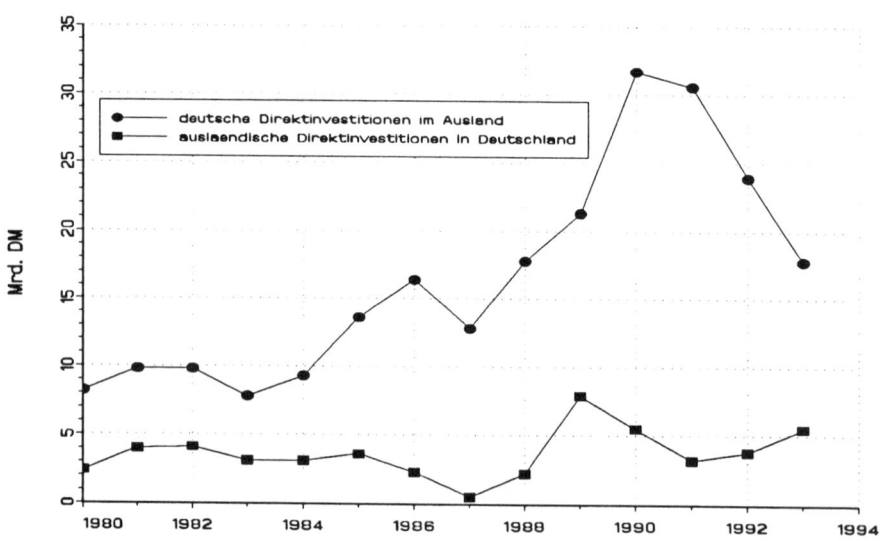

Eine andere Ausblendung aus den vergangenen Zahlungsbilanzen zeigt
Abb. 10.9 mit dem über die deutschen Grenzen fließenden Strom der Erwerbs-
und Vermögenseinkommen. Seit 1993 ist der Abfluß von in Deutschland entstandenen Erwerbs- und Vermögenseinkommen höher als der Zufluß. Haupt-
ursache für das 30 Mrd. DM-Defizit in 1993 ist ein Negativsaldo von etwa 10
Mrd. DM bei den Kapitalerträgen, hinter dem die stark angewachsenen Zins-

zahlungen an ausländische Kapitalanleger stecken, die sich an der Finanzierung der deutschen Einheit wider Erwarten stark beteiligt hatten. Hinzu kommt aber auch die in den obigen Zahlen noch steckende Verzerrung aus den Erträgen deutscher Steuerfluchtgelder. Diese sind zu einem großen Teil über ausländische Banken in inländischen Wertpapieren angelegt worden. Die hierfür gezahlten Zinsen werden den depotführenden Auslandsbanken zugeschrieben und daher als Zinsabfluß an das Ausland gebucht. Die neue Zahlungsbilanzpraxis ist – wie weiter oben beschrieben – mit diesem Inhaltsmangel nicht mehr behaftet. So wurde aus dem für 1994 in Abb. 10.9 dargestellten 157,2 Mrd. DM Abfluß nach neuer Praxis 121,6 Mrd. DM, und der Zufluß wurde von 126,4 Mrd. DM auf 124,6 Mrd. DM revidiert. Damit wandelte sich der nach alter Praxis negative Saldo zu einem positiven.

<u>Abb. 10.9:</u> Erwerbs- und Vermögenseinkommen in der Zahlungsbilanz 1980 – 1994

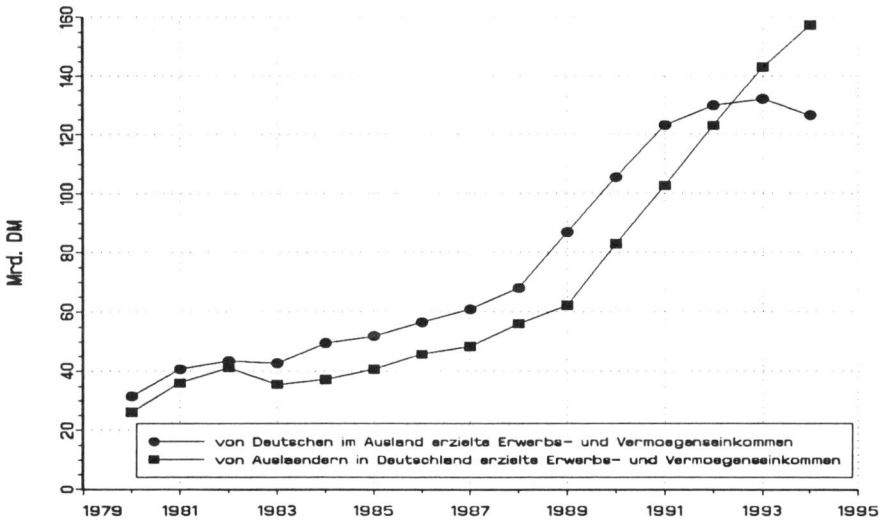

In den letzten Jahrzehnten ist Deutschland auch zum „Zahlmeister" der Welt geworden; die staatlichen Übertragungen innerhalb der Übertragungsbilanz zeigen dies recht deutlich. Auch hier stecken viele Sparmöglichkeiten, wenn es um eine Konsolidierung des deutschen Staatshaushalts geht. Die Tab. 10.8 zeigt einen, und zwar den größten Teil der staatlichen Übertragungen, den jährlichen Nettobeitrag der Bundesrepublik Deutschland zum EU–Haushalt seit 1981.

<u>Tab. 10.8:</u> Nettobeitrag Deutschlands zum EU–Haushalt, 1981 – 1994 (Mrd. DM)

Jahr	1981	1982	1983	1984	1985	1986	1987	1988	1989	1990	1991	1992	1993	1994
Betrag	6,5	7,5	6,1	7,5	8,3	8,2	10,4	13,0	13,4	11,6	19,1	22,0	23,6	27,6

Quelle: Verschiedene Geschäftsberichte der Deutschen Bundesbank

10.4 Die Auslandsposition der Bundesrepublik Deutschland

Mit einer Stromrechnung, wie sie die Zahlungsbilanz ist, lassen sich die außenwirtschaftlichen Verflechtungen einer Volkswirtschaft nicht hinreichend beschreiben und analysieren. Ändern sich z.B. laut Ausweis durch die Zahlungsbilanz die Auslandsforderungen oder -verbindlichkeiten eines Landes, so ist damit noch nicht gesagt, ob dieses Land gegenüber dem Ausland eine Schuldner-
oder Gläubigerposition einnimmt. Auch welche inländischen Sektoren zu einer Schuldner- oder Gläubigerposition beitragen, wie die Liquiditäts- und Fri-
stigkeitsstruktur von Forderungen und Verbindlichkeiten beschaffen sind und
auf welche Währungen die Titel lauten, woraus sich dann das Wechselkurs-
risiko ergibt, alles dies sind Fragen, die zur Beantwortung eine entsprechend
strukturierte Bestands- oder Vermögensrechnung erfordern. Mit **Auslands-
vermögensrechnung** oder **Auslandsvermögensstatus** (kurz: Auslandsstа-
tus oder Auslandsposition) bezeichnet man die eine Zahlungsbilanz ergänzende
Bestandsrechnung.[31] Zwischen ihnen besteht dadurch eine enge Verbindung,
daß der Saldo der Leistungsbilanz anzeigt, in welchem Umfang sich der Bestand an Nettoforderungen bzw. Nettoverbindlichkeiten durch die laufenden
Transaktionen mit dem Ausland verändert. Leistungsbilanzüberschüsse führen
zu einer Verbesserung, Leistungsbilanzdefizite zu einer Verschlechterung der
Auslandsvermögensposition eines Landes. Die Vermögensbestände werden aber
auch durch Wertschwankungen geändert, die sich nicht im Leistungsverkehr
niederschlagen.

Was enthält ein Auslandsstatus? – Da sich Sachvermögen nur im Inland
bilden kann und das im Ausland akkumulierte Vermögen per Definition nur
in Form von Geldvermögen gehalten werden kann,[32] folgt, daß nur finanzielle
Aktiva und Passiva auftreten und zwar in den Formen, in denen Geldvermögen
im Ausland sich realisieren kann. Man rechnet auch Sonderziehungsrechte und
Währungsgold hierzu, die zwar keinen Vermögensanspruch an das Ausland darstellen, die aber zur Erfüllung solcher Ansprüche eingesetzt werden können.

Wie läßt sich ein Auslandsstatus gliedern? – Zunächst einmal bietet sich
eine Strukturierung nach der **Funktion der Vermögenswerte** an, z.B. in
Währungsgold, Devisenreserven und andere Auslandsaktiva der Notenbank,
Finanzkredite, Handelskredite, Wertpapiere (Renten- und Beteiligungspapie-
re), Direktinvestitionen und Grundbesitzrechte, die durch eine weitere Unterteilung nach Fristigkeit ergänzt werden kann. Eine Gliederung nach **Sektoren**
setzt bei einer bezüglich ihrer Zielsetzung homogenen Gruppe von Entschei-

---

[31]Zahlungsbilanz und Auslandsstatus stehen in etwa so zueinander wie G.u.V.-Rechnung
und Bilanz eines Unternehmens oder VGR und Vermögensrechnung einer Volkswirtschaft.

[32]„Erwirbt z.B. ein Inländer Grundbesitz im Ausland, so wird er nicht als Eigentümer,
sondern als Gläubiger einer fiktiven ausländischen Wirtschaftseinheit betrachtet, die ihrerseits
Eigentümer des Grundstücks ist." (STEGER, 1986, p. 189)

dungsträgern im Entscheidungsfeld „Außenwirtschaft" an (Notenbank, Unternehmen/Privatpersonen, Kreditinstitute, Staat). Eine **regionale Gliederung** geht i.d.R. von ökonomisch motivierten Ländergruppierungen (Westliche Industrieländer, Schwellenländer, Drittweltländer, OPEC–Staaten, Staatshandelsländer) aus, neben die man gelegentlich auch noch eine **Gliederung nach Währungen** stellen kann. Der deutsche Auslandsstatus (vgl. Tab. 10.9) gliedert primär nach Sektoren, sekundär nach Fristigkeit und tertiär nach der Funktion der Vermögenswerte.

Wie erfolgen die Wertansätze im Auslandsstatus? – Denkbar sind die **Bewertung** zum Anschaffungspreis oder -kurs, zum aktuellen Marktpreis oder -kurs oder zu festen Preisen einer Basisperiode. Im deutschen Auslandsstatus dominieren der Marktpreisansatz und der Ansatz von Bilanzwerten. Fremdwährungsbestände werden zum Tageskurs angesetzt und der Goldbestand (Währungsgold der Deutschen Bundesbank) mit den historischen Anschaffungskosten von 144 DM je Unze (= 29,82 g).

Wie läßt sich der Auslandsstatus statistisch erfassen? – Eine erste Möglichkeit besteht in der jährlichen Erhebung bei jenen inländischen Wirtschaftssubjekten, die über Vermögen im Ausland verfügen. Einen solchen Vermögenszensus gibt es in keinem Land der Welt. Eine zweite Möglichkeit wäre, die Bilanzen der Wirtschaftssubjekte entsprechend auszuwerten. Dieser Ansatz ist unpraktikabel, da Auslandsvermögen auch – mit zunehmender Tendenz – von nicht bilanzierenden Wirtschaftseinheiten, etwa Privatpersonen, gehalten wird. Denkbar wäre drittens eine Erfassung über eine Stichprobenerhebung oder über sekundärstatistische Auswertungen, etwa durch Kumulation der Transaktionswerte (= perpetual inventory) aus der Zahlungsbilanz. Der deutsche Auslandsstatus basiert im wesentlichen auf dem letzteren Ansatz. Einerseits werden Bestandsdaten ausgewertet, nämlich die der Deutschen Bundesbank über ihre Auslandsaktiva und -passiva sowie die zweier Bestandsmeldungen von Kreditinstituten (monatliche Bilanzstatistik und Auslandsstatus der Banken), andererseits wird ein Teil durch Kumulation von Zahlungsbilanzposten gewonnen (etwa Portfolioinvestition von Staat und Wirtschaftsunternehmen, Grundbesitzerwerb von Privatpersonen). Schätzungen sind relativ selten, werden allerdings erforderlich, wenn man die Positionen des Auslandsstatus tiefer gliedern will.

In Tab. 10.9 ist ein grob untergliederter Auslandsstatus im langjährigen Vergleich zu finden. Während die Bundesrepublik zum Jahresende 1950 noch mit 4,718 Mrd. DM im Ausland verschuldet war, hatte sich Mitte 1994 die übrige Welt gegenüber Deutschland mit 335,454 Mrd. DM verschuldet. Schaut man sich die Sektoren an, so sind alle – bis auf den Staat – Gläubiger des Auslands. Die öffentliche Hand, die noch bis 1978 Nettogläubiger war, hat sich gegenüber dem Ausland – aber nicht nur diesem gegenüber – immer mehr verschuldet; Mitte 1994 beliefen sich die Schulden der öffentlichen Hand gegenüber dem Ausland auf knapp 360 Mrd. DM, und diese Tendenz ist weiterhin steigend.

Tab. 10.9: Vermögensstatus der Bundesrepublik Deutschland gegenüber dem Ausland 1950 – 1994

Wirtschaftssubjekt	Aktiva						Passiva					
	1950	1960	1970	1980	1990	1994	1950	1960	1970	1980	1990	1994
Unternehmen/Privatpers.	2.343	18.868	72.073	231.152	873.385	1.196.930	6.202	26.145	83.532	211.783	456.611	580.387
dar. kurzfrist. Handelskred.	1.700	7.500	17.000	62.749	185.494	166.769	2.300	7.900	19.900	56.636	96.410	101.623
dar. langfrist. Wertpapiere	–	2.282	17.032	28.544	256.118	393.663	–	5.097	6.855	22.910	126.984	162.855
dar. Direktinvestitionen	280	2.250	13.316	46.264	147.139	214.020	1.693	6.081	22.929	43.830	76.877	93.587
Öffentliche Stellen	18	7.351	21.167	36.463	94.760	133.930	509	7.710	2.202	42.511	220.819	493.421
dar. langfrist. Kred.	18	2.948	17.379	34.739	66.834	84.096	509	7.289	1.758	41.572	219.256	493.183
Kreditinstitute	383	3.547	40.606	152.111	569.770	704.226	79	5.543	37.219	157.462	370.853	698.740
dar. langfristige Kredite	–	593	18.654	72.608	172.662	260.857	–	107	4.923	66.408	164.870	240.308
dar. Direktinvestitionen	–	27	538	5.994	20.245	31.130	–	–	800	4.375	10.909	11.685
Deutsche Bundesbank	1.151	33.628	52.337	83.006	106.446	125.191	1.815	589	2.812	15.579	52.259	37.769
sonstige Auslandspassiva*							8	109	1.138	10.376	10.823	14.506
insgesamt	3.895	63.394	186.183	502.732	1.644.361	2.160.277	8.613	40.096	126.903	437.711	1.111.365	1.824.823
Saldo (Aktiva – Passiva)							-4.718	+23.298	+59.280	+65.021	+532.996	+335.454

Angaben in Mio. DM; zum Jahresende
Ab Ende 1990 gesamtdeutsche Angaben
* DM-Noten im Ausland (geschätzt) und Gegenposten für zugeteilte Sonderziehungsrechte
Quelle: Statistisches Jahrbuch 1992, p. 699 – 700; Zahlungsbilanzstatistik März 1995, p. 98/99

Abschließend sei noch mit Tab. 10.10 eine Aufgliederung der Auslandsposition der Deutschen Bundesbank in den Jahren 1987 bis 1994 vorgenommen, um so die offiziellen **Währungsreserven** zu zeigen. Unter den Währungsreserven versteht man die Zahlungsmittel, die in anderen Ländern akzeptiert werden und die das betreffende Land nicht selbst schaffen kann. Die Währungsreserven umfassen:

1. **fremde Währungen** (Bevorzugt werden Währungen solcher Länder, die einen hohen Anteil am Welthandel haben, über ein hoch entwickeltes Bankwesen mit breiten Geld- und Kapitalmärkten verfügen und weder den Kapitalverkehr noch den Devisenhandel beschränken.),

2. **Rückgriffsrechte** auf internationale Institutionen (IWF und EFWZ),

3. **Gold.**

Tab. 10.10: Währungsreserven und Auslandsposition der Deutschen Bundesbank
zwischen 1987 – 1994

	Position	\multicolumn{8}{c}{Stand zum Jahresende}
		1987	1988	1989	1990	1991	1992	1993	1994
1	Währungsreserve, brutto	120.192	94.689	97.527	104.023	94.754	141.351	120.143	113.605
1.1	Gold	13.688	13.688	13.688	13.688	13.688	13.688	13.688	13.688
1.2	Devisen, Sorten	68.280	50.183	58.308	64.517	55.424	85.845	61.784	60.209
1.3	Reservepos. im IWF, Sonderziehungsrechte	9.273	9.264	8.229	7.373	8.314	8.199	8.496	7.967
1.4	Forderungen an den EFWZ, netto	28.953	21.554	17.303	18.445	17.329	33.619	36.176	31.742
2	Verbindlichkeiten gegenüber dem Ausl.	20.234	27.249	51.642	52.259	42.335	26.506	39.541	24.192
3	Währungsreserven, netto ((1) – (2))	99.958	67.440	45.885	51.764	52.419	114.845	80.602	89.413
4	Kredite und sonst. Forder. ans Ausl.	2.437	2.437	2.432	2.423	2.592	2.608	2.620	2.360
5	Netto–Auslandsposition ((3) + (4))	102.396	69.877	48.317	54.188	55.010	117.453	83.222	91.773

Mio. DM; ab 1990 gesamtdeutsche Angaben; Differenzen in den Querrechnungen sind durch Runden bedingt

Quelle: Deutsche Bundesbank – Monatsbericht Mai 1993, p. 89*
und Zahlungsbilanzstatistik März 1995, p. 96/97

Position 1.1 enthält die zu konstantem Preis bewerteten Goldbestände. Diese stellen eine ertragslose Anlage dar. Position 1.2 besteht ganz überwiegend aus auf US–Dollar lautende und ertragbringend angelegte, aber kurzfristig verfügbare Forderungen. Position 1.3 resultiert aus der deutschen Mitgliedschaft im IWF. Jedes Mitglied hat eine Quote in diesem Fonds, die – grob gesprochen –

einerseits den Betrag angibt, mit dem sich das Land durch Einzahlung von
Gold, international handelbaren Währungen sowie eigener Währung an ihm
beteiligt, und andererseits das Limit bedeutet, bis zu dem das Land bei Bedarf
Kredite des Fonds erhalten kann. Zu diesen „regulären" Ziehungsrechten kommen noch Sonderziehungsrechte. Position 1.4 enthält die von der Deutschen
Bundesbank an den 1973 eingerichteten Europäischen Fonds für währungspolitische Zusammenarbeit übertragenen ca. 20% ihrer Gold- und Dollarreserven.[33]
Die Auslandsverbindlichkeiten (Pos. 2) sind primär auf DM lautende Guthaben ausländischer Zentralbanken. Die Position 4 umfaßt hauptsächlich Kredite
an die Weltbank. Betrachtet man bei Position 5 die Differenz der Jahresend-
werte von 1994 und 1993, so ergibt sich der Wert 8,551 Mrd. DM, und das ist
der in der Zahlungsbilanz des Jahres 1994 (vgl. Tab. 10.5) auftretende Posten
„Veränderung der Netto–Auslandsaktiva der Bundesbank zu Bilanzwerten".

---

[33]Nach Inkrafttreten des EWS 1979 wurde der EFWZ eine seiner Institutionen.

10.5 Internationale Tauschverhältnisse

International werden Waren und Faktorleistungen ausgetauscht. Da die Marktpartner Volkswirtschaften mit verschiedenen Währungen sind, muß es neben den Gütermärkten auch Märkte geben, auf denen diese Währungen getauscht werden. Solche Märkte heißen **Devisenmärkte**.

10.5.1 Währungskurse

Die Relation zweier Währungen wird allgemein als **Währungskurs** bezeichnet. Aus der Sicht einer Volkswirtschaft läßt sich die heimische Währung in den Zähler oder auch in den Nenner dieses Quotienten setzen, d.h. die auf dem Devisenmarkt sich bildenden Preise lassen sich auf zweierlei Weise schreiben und tragen daher auch verschiedene Namen.

Der in Inlandswährung notierte Preis für eine Einheit ausländischer Währung[34] (Auslandswährung im Nenner) heißt **Devisenkurs**. Da auch alle inländischen Güterpreise so notiert werden, spricht man bei Devisenkursen auch von der **Preisnotierung** für Auslandswährungen. Der in ausländischer Währung angegebene Preis für eine inländische Währungseinheit (Inlandswährung im Nenner) heißt **Wechselkurs**. An einem Börsenplatz sind zum gleichen Zeitpunkt Wechselkurs und Devisenkurs derselben zwei Währungen reziprok zueinander bzw. ist das Produkt der beiden Kurse gleich Eins. Der Wechselkurs beantwortet die Frage, wieviel Auslandswährung man für eine heimische Währungseinheit erhält, weshalb man bei ihm auch von der **Mengennotierung** spricht. Zwischen Devisen- und Wechselkurs besteht also die gleiche logische Beziehung wie zwischen Preis und Kaufkraft, vgl. Abs. 8.3. In den meisten Ländern werden, wie in Deutschland, die Preise auf dem Devisenmarkt als Devisenkurse notiert, anders ist dies z.B. in Großbritannien.

Als **Geldkurs** bezeichnet man den Ankaufskurs (= Einkaufspreis) für eine ausländische Währungseinheit; der Verkaufskurs heißt **Briefkurs**. Beide differieren, indem nämlich der Geldkurs unter dem Briefkurs liegt. Die Spanne ist das Entgelt für die Händler. Ferner ist zusätzlich zwischen dem Kurs für Sorten und für Devisen zu unterscheiden. Der **Sortenkurs** ist der Preis für Banknoten und Münzen, der **Devisenkurs** meint den Preis für Bankguthaben. Schließlich gibt es noch den **Kassa-** und den **Terminkurs**, wobei der Zeitpunkt der Erfüllung eines Devisengeschäftes relevant ist. Im Kassageschäft sind die Beträge unverzüglich (in Deutschland innerhalb einer Zwei–Tagesfrist) bereitzustellen, im Termingeschäft zu einem späteren Zeitpunkt. Für einen US–Dollar galten am 21.06.1995 folgende Kassakurse an der Frankfurter Börse:

---

[34]Gelegentlich wird statt 1 auch 100 (z.B. beim französischen Franc oder dem österreichischen Schilling) oder 1.000 (z.B. bei der italienischen Lire oder dem türkischen Pfund) genommen.

Sorten		Devisen	
Ankauf	Verkauf	Ankauf	Verkauf
1,34 DM	1,45 DM	1,3905 DM	1,3985 DM

Währungskurse ändern sich ständig, nicht nur täglich, sondern auch permanent während der Öffnungszeit der Börse. Auf diese Weise entstehen **Aufwertungen** und **Abwertungen**. Aufwertung bedeutet, daß ein Objekt mehr Wert erhält oder teurer wird. Eine Aufwertung der DM gegenüber dem US–$ drückt sich demnach in einem steigenden Wechselkurs aus (mehr Dollar ist für eine DM zu zahlen) oder in einem sinkenden Devisenkurs. Bei ungeänderten DM–Preisen für Güter und Dienste in Deutschland bedeutet eine DM–Aufwertung, daß sich auch alle aus Deutschland von Ausländern bezogenen Güter und Dienste verteuern, während sich die Importe aus dem Land, gegenüber dem aufgewertet worden ist, für Deutschland verbilligen.

Die Kaufkraft einer Währung im eigenen Land heißt **Binnenwert**, und dieser ergibt sich aus den inländischen Güterpreisen. Der **Außenwert** einer Währung in einem anderen Land hängt ab vom Wechselkurs und den Preisen in diesem anderen Land. Bei der nominalen Außenwertveränderung wird nur die Entwicklung des Währungskurses betrachtet, während bei der realen Außenwertveränderung auch die Preisentwicklung mit ins Kalkül einbezogen wird. Die zeitliche Entwicklung des nominalen Außenwertes einer Währung zu **einer** anderen drückt man durch eine Meßzahl des zeitlichen Vergleichs aus, bei der im Nenner der Wechselkurs w_0 einer Basisperiode 0 steht und im Zähler der Wechselkurs w_t der laufenden Periode t:

$$a_t = w_t / w_0 . \qquad (10.11)$$

Es ist $a_t > 1$ bei einer Aufwertung und $a_t < 1$ bei einer Abwertung gegenüber der Periode 0. Damit ist $(1 - a_t) \cdot 100$ die prozentuale Veränderung des Außenwertes im **bilateralen** Fall. Tab. 10.11 zeigt, wie sich der Außenwert der DM gegenüber dem US–Dollar seit 1988 (= 100) geändert hat; er lag am Jahresende 1991 um 17,43% höher als am Jahresende 1988.

Tab. 10.11: Änderung des nominalen Außenwertes der DM
gegenüber dem US–Dollar 1988 – 1993 (1988 = 100)

	1988	1989	1990	1991	1992	1993
Devisenkurs* (DM / US–$)	1,7803	1,6978	1,4940	1,5160	1,6140	1,7263
Wechselkurs (US–$ / DM)	0,5617	0,5890	0,6693	0,6596	0,6196	0,5793
a_t	1,0000	1,0468	1,1916	1,1743	1,1031	1,0313

* Kurs am Jahresende (Kassa–Mittelkurs)

Quelle für den Devisenkurs: Verschiedene Jahrgänge des Statistischen Jahrbuchs
für die Bundesrepublik Deutschland

Bei der Berechnung der zeitlichen Entwicklung des (durchschnittlichen) Außenwertes gegenüber einer Gruppe von n Ländern (**multilateraler Fall**) entsteht ein Aggregationsproblem. Zunächst läßt sich gegenüber dem i–ten Land ($i = 1, \ldots, n$) die bilaterale Meßzahl gemäß (10.11) berechnen: $a_{i,t} = w_{i,t}/w_{i,0}$. Da der Außenwert einer Währung eine Form der Kaufkraft bezüglich Auslandsgütern ist, liegt es nahe, die Bedeutung einer fremden Währung relativ zur eigenen am Umfang des Außenhandels mit dem betreffenden Land zu messen. Ist g_i der Anteil des Außenhandelsvolumens (Ex- plus Import) des i–ten Landes am Außenhandelsvolumen der Gruppe, so wäre die gesuchte Meßzahl für die Entwicklung des Außenwertes einer Währung gegenüber den n Ländern entweder

$$\bar{a}_t = \sum_{i=1}^{n} a_{i,t} \cdot g_i \qquad (10.12)$$

bei arithmetischer Mittelung bzw.

$$\bar{a}_t^* = \prod_{i=1}^{n} a_{i,t}^{g_i} \qquad (10.13)$$

bei geometrischer Mittelung. Nach (10.12) rechnete die Deutsche Bundesbank zwischen 1973 und 1979, nach (10.13) zwischen 1979 und 1985. Seit 1985 wird eine Formel verwendet, in der Gewichte auftreten, die auch die **Drittmarkteffekte** berücksichtigen, die von einer Wechselkursänderung ausgehen. Details dieses Ansatzes findet man im Monatsbericht Januar 1985 dargelegt. Im Monatsbericht November 1993 legte die Bundesbank in einer ökonometrisch ausgerichteten Studie dar, welche Faktoren längerfristig die Wechselkurse der D–Mark gegenüber europäischen Partnerwährungen wie auch im Verhältnis zum US–$ bestimmen.

10.5.2 Außenhandelspreise und Terms of Trade

Ein Unternehmer verwendet einen Teil seiner Verkaufserlöse zum Kauf der von ihm benötigten Einsatzfaktoren. Die wirtschaftliche Position des Unternehmers wird im Zeitverlauf besser (schlechter), wenn sich für ihn die Verkaufspreise günstiger (ungünstiger) entwickeln als die Einkaufspreise, etwa schneller steigen oder langsamer fallen als die Einkaufspreise. Diese Überlegungen lassen sich auch auf eine Volkswirtschaft übertragen. Für diese stellt sich dann die Frage, ob und in welchem Grad sich aus heimischer Perspektive die Ausfuhrpreise günstiger oder ungünstiger entwickelt haben als die Einfuhrpreise. Eine statistische Maßzahl, die darüber Auskunft gibt, sind die **Terms of Trade** (= Austauschverhältnis).

Dividiert man die in (10.10) und (10.9) definierten Indizes der Durchschnittswerte der Ausfuhrgüter D_{0t}^a und der Einfuhrgüter D_{0t}^e durcheinander, so bezeichnet man diesen Quotienten als **Realaustauschverhältnis**[35] (engl.: Net Barter Terms of Trade):

$$ToT_{0t}^{nb} = \frac{D_{0t}^{a}}{D_{0t}^{e}}. \qquad (10.14)$$

Bei der Interpretation von ToT_{0t}^{nb} ist Vorsicht geboten, denn als Verhältnis von Indizes sagt dieser Quotient nichts über das Verhältnis von Preisen, sondern er gibt die Relation von Preisveränderungen an. Man könnte etwa so interpretieren: Erhöht sich ToT_{0t}^{nb}, z.B. weil die Ausfuhrpreise bei Konstanz der Einfuhrpreise zunehmen oder weil erstere stärker steigen als letztere, dann bedeutet dies, daß das Land bei einem gegebenen Saldo seiner zusammengefaßten Handels- und Dienstleistungsbilanz real weniger Güter exportieren müßte, um diesen Stand zu halten. Da dann mehr Güter im Inland verbleiben und mehr Güter i.d.R. mit einer höheren Wohlfahrt verbunden sind, hat sich das Realaustauschverhältnis des Landes verbessert.

Zusätzlich zur Preis- oder Durchschnittswertbetrachtung mit Net Barter Terms of Trade kann man auch eine Volumenbetrachtung anstellen, die dann das Bruttoaustauschverhältnis in Form der **Gross Barter Terms of Trade** charakterisiert:

$$ToT_{0t}^{gb} = \frac{V_{0t}^{a}}{V_{0t}^{e}}, \qquad (10.15)$$

wobei V_{0t}^{e} und V_{0t}^{a} die in (10.7) und (10.8) definierten Volumenindizes der Einfuhr bzw. Ausfuhr sind. Mit (10.15) werden die Mengenveränderungen in der Ausfuhr an denen in der Einfuhr verglichen.

Veränderungen in den Preis- und Mengenrelationen sagen für sich genommen nichts über die Kaufkraftänderung der Exporterlöse aus, nämlich ob diese mehr oder weniger wert geworden sind, was vielleicht am meisten interessiert. Zur Messung der Kaufkraftveränderung der Exporterlöse zieht man die **Income Terms of Trade** heran, definiert als

$$ToT_{0t}^{in} = ToT_{0t}^{nb} \cdot V_{0t}^{a}, \qquad (10.16a)$$

Substituiert man (10.14) unter Beachtung von (10.9) und (10.10) sowie (10.6), so erhält man

$$ToT_{0t}^{in} = \frac{W_{0t}^{a}}{D_{0t}^{e}}, \qquad (10.16b)$$

also den Quotienten aus dem Index der tatsächlichen Werte der Ausfuhr und dem Index der Durchschnittswerte der Einfuhr.

Abb. 10.10 zeigt den Verlauf der drei vorstehend definierten Terms of Trade für die Bundesrepublik Deutschland zwischen 1955 und 1993. Die Net Barter

---

[35] Man kann auch die Aus- und Einfuhrpreisindizes (vgl. Abs. 10.2.2) verwenden, erhält dann jedoch etwas andere Terms-of-Trade-Werte. Die Indizes der Durchschnittswerte sind aber aus zwei Gründen vorzuziehen. Zum einen sind sie als PAASCHE-ähnliche Indizes in ihren Gewichten (Gütern) aktueller in der Warenstruktur, und zum anderen sind die Preise vieler Varianten eines jeden Gutes enthalten und nicht nur ein repräsentativer Preis je Gütergruppe.

Terms of Trade hatten ihren Höchststand mit 123 in 1972 vor dem ersten
Ölpreisschock und den stärksten Jahresanstieg (um 14,7 Prozentpunkte) 1986.
Die Gross Barter Terms of Trade weisen im großen und ganzen eine leicht
fallende Tendenz auf, während die Income Terms of Trade nahezu ungebremst
bis 1992 gewachsen sind.

<u>Abb. 10.10:</u> Terms of Trade für die Bundesrepublik Deutschland 1955 – 1993

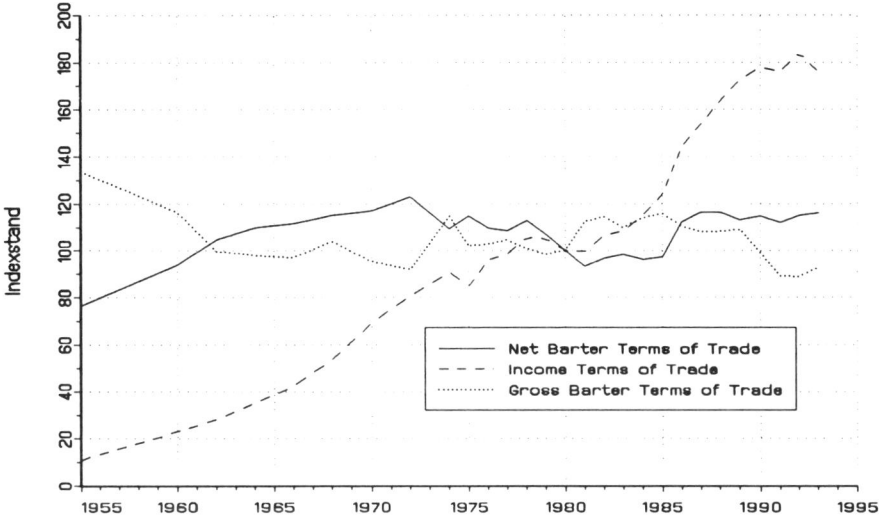

Quelle: Vgl. Abb. 10.5

10.6 Rechtsgrundlagen und wichtige Datenquellen

Die Außenhandelsstatistik des Statistischen Bundesamtes hat folgende inner-
staatliche Rechtsgrundlagen:

- Gesetz über die Statistik des grenzüberschreitenden Warenverkehrs (Außenhan-
  delsstatistikgesetz, AHStatGes) vom 01.05.1957 (BGBl I, p. 413), geändert
  durch Art. 9 des 1. Statistikbereinigungsgesetzes vom 14.03.1980 BGBl I, p.
  294),

- Verordnung zur Durchführung des Gesetzes über die Statistik des grenzüberschreitenden Warenverkehrs in der Fassung der Bekanntmachung vom 18.12.
  1992 (BGBl I, p. 2338).

Von den zahlreichen Vorschriften des Gemeinschaftsrechts seien genannt:

- Verordnung (EWG) Nr. 1736/75 des Rates vom 24.06.1975 über die Statistik
  des Außenhandels der Gemeinschaft und des Handels zwischen ihren Mitglieds-

staaten (Amtsblatt der EG 1975 Nr. L 183, p. 3) in der jeweils geltenden Fassung,

- Verordnung (EWG) Nr. 2658/87 des Rates vom 23.07.1987 über die zolltarifliche und statistische Nomenklatur sowie den gemeinsamen Zolltarif (Amtsblatt der EG 1987 Nr. L 256, p. 1) in der jeweils geltenden Fassung,
- Verordnung (EWG) Nr. 3367/87 des Rates vom 09.11.1987 über die Anwendung der kombinierten Nomenklatur auf die Statistik des Handels zwischen den Mitgliedsstaaten und zur Änderung der Verordnung (EWG) Nr. 1736/75 (Amtsblatt der EG 1987, Nr. L 321, p. 3),

und bezüglich der Intrahandelsstatistik seit 1993:

- Verordnung (EWG) Nr. 3330/91 des Rates vom 07.11.1991 über die Statistiken des Warenverkehrs zwischen den Mitgliedsstaaten (Grundverordnung) (Amtsblatt der EG 1991, Nr. L 316),
- Verordnung (EWG) Nr. 3046/92 der Kommission vom 22.10.1992 zur Festlegung von Durchführungsvorschriften für die Grundverordnung und zur Änderung dieser Grundverordnung (Amtsblatt der EG 1992, Nr. L 307),
- Verordnung (EWG) Nr. 2256/92 der Kommission vom 31.07.1992 über die statistischen Schwellen des Handels zwischen den Mitgliedsstaaten (Amtsblatt der EG 1992, Nr. L 219),
- Verordnung (EWG) Nr. 3590/92 der Kommission vom 11.12.1992 betreffend die Datenträger für die statistische Information der Statistik des Handels zwischen den Mitgliedsstaaten (Amtsblatt der EG 1992, Nr. L 364).

Die Zahlungsbilanzstatistik der Deutschen Bundesbank basiert auf folgenden Gesetzen und Verordnungen:

- Außenwirtschaftsgesetz (AWG) vom 28.04.1961 (BGBl I, p. 481), zuletzt geändert durch das 1. Rechtsbereinigungsgesetz vom 24.04.1986 (BGBl I, p. 260), insb. § 26 AWG (Verfahrens- und Meldevorschriften),
- Verordnung zur Durchführung des AWG vom 18.12.1986 (BGBl I, p. 2671), zuletzt geändert durch die 6. Verordnung zur Änderung der Außenwirtschaftsverordnung vom 20.03.1990 (BGBL I, p. 554),
- Gesetz über die Deutsche Bundesbank vom 26.07.1957 (BGBl I, p. 745), zuletzt geändert durch das 1. Rechtsbereinigungsgesetz vom 24.04.1986 (BGBl I, p. 560),
- diverse Mitteilungen der Deutschen Bundesbank.

Das Statistische Bundesamt stellt die Daten der Außenhandelsstatistik sehr umfassend dar in:

- Fachserie 7 (Außenhandel) in den Reihen 1 bis 8 sowie einer Sonderreihe S, monatlich und z.T. jährlich,
- Foreign Trade according to the Standard International Trade Classification (SITC-Rev. III) – Special Trade, jährlich,
- Indikatoren zur Wirtschaftsentwicklung, monatlich,
- Lange Reihen zur Wirtschaftsentwicklung, zweijährlich,
- Warenverzeichnis für die Außenhandelsstatistik, jährlich,

• Kapitel 23 und 25 des Statistischen Jahrbuchs, wo Hinweise auf weiterführende und aktuelle Informationen zu finden sind.

Bezüglich der Datenproduktion der Deutschen Bundesbank sei auf die in Abs. 9.6 genannten Quellen verwiesen.

Literatur zu Kapitel 10 [36]

ANDERSON, O. u.a. (1983), p. 372 ff.
BOCHUD, F. (1970)
DEUTSCHE BUNDESBANK (1990)
GROHMANN, H. (1991, Hrsg.)
IWF (1977)
KUNZ, D. (1987), p. 90 ff. und p. 134 ff.
LIPPE, P. V. D. (1990), p. 394 ff.
MAI, H. (1993)
STEGER, A. (1993)
STOBBE, A. (1994), p. 236 ff.
UNGERER, A. / HAUSER, S. (1986), p. 101 ff.
ZWER, R. (1981), p. 314 ff.
ZWER, R. (1985), p. 203 ff. und p. 283 ff.

AUFGABE 10.1

Wie sind in der früheren Bundesrepublik Deutschland und in der Bundesrepublik nach der Wiedervereinigung definiert:

a) das Ausland,

b) das Erhebungsgebiet,

c) das Zollgebiet,

d) das Zollinland?

AUFGABE 10.2

Welche der folgenden, den General- und Spezialhandel betreffende Aussagen sind richtig?

A) Der grenzüberschreitende Warenverkehr, der sich nach Ausschaltung der Durchfuhr und des Zwischenauslandsverkehrs ergibt, heißt Generalhandel.

---

[36] Man findet hier nur eine Kurzzitierung. Die vollständigen bibliographischen Angaben stehen im Literaturverzeichnis, Kap. 15.

B) Der Generalhandel erfaßt den Warenverkehr an den Staatsgrenzen des Erhebungsgebietes.

C) Der Spezialhandel erfaßt den Warenverkehr an den Zollgrenzen des Erhebungsgebietes.

D) Im Spezialhandel zählen zur Einfuhr im wesentlichen nur die Waren, die zum Ge- oder Verbrauch bzw. zur Weiterverarbeitung in das Erhebungsgebiet eingeführt werden.

E) Im Spezialhandel zählen zur Ausfuhr im wesentlichen nur die Waren, die aus der Erzeugung bzw. Be- und Verarbeitung des Erhebungsgebietes stammen und aus dem Erhebungsgebiet ausgeführt werden.

F) Die Ausfuhr im Sinne des Generalhandels setzt sich zusammen aus der Ausfuhr im Sinne des Spezialhandels und der Ausfuhr aus Zoll- und Freihafenlager.

AUFGABE 10.3

Welche der folgenden Aussagen über die Zahlungsbilanzstatistik der Bundesrepublik Deutschland sind richtig?

A) Die Zahlungsbilanzstatistik ist eine Bestandsrechnung im Sinne einer Gegenüberstellung von Vermögenswerten und Verbindlichkeiten.

B) Die Konsolidierung der im Jahre 1990 von der Deutschen Bundesbank ausgewiesenen Leistungsbilanz, Kapitalverkehrsbilanz und Veränderung der Nettoposition der Deutschen Bundesbank ergibt den Saldo Null.

C) Von einer aktiven Zahlungsbilanz spricht man, wenn der Wert des Warenimports kleiner ist als der des Warenexports.

D) Die Zusammenfassung von Handels- und Dienstleistungsbilanz nennt man Leistungsbilanz.

E) Von einer aktiven Handelsbilanz spricht man, wenn der Wert des Warenimports größer ist als der des Warenexports.

F) Der im Rahmen der Bruttosozialproduktsberechnung auftretende „Außenbeitrag" ist der Saldo der Handelsbilanz.

G) Der Handelsbilanz liegt im wesentlichen der Warenhandel in der Abgrenzung des Spezialhandels zugrunde.

H) Die gesamte Zahlungsbilanzstatistik wird vom Statistischen Bundesamt geführt.

I) Die Leistungen der Bundesrepublik an den EU–Haushalt erscheinen in der Dienstleistungsbilanz.

J) Die Ausgaben deutscher Touristen im Ausland erscheinen in der Dienstleistungsbilanz.

K) Überweisungen ausländischer Arbeitskräfte in ihre Heimatländer erscheinen in der Dienstleistungsbilanz.

L) Zahlungen, die ein Inländer an einen Ausländer leistet oder von ihm erhält, müssen – unabhängig von ihrer Höhe – gemeldet werden.

AUFGABE 10.4

Das Statistische Bundesamt weist für das frühere Bundesgebiet in 1990 (in Mio. DM) folgende Positionen aus:

a) unmittelbare Einfuhr: 520.402,

b) Einfuhr auf Lager: 41.581,

c) Ausfuhr aus Lager: 10.939,

d) unmittelbare Ausfuhr: 642.785,

e) Einfuhr aus Lager: 30.226.

Berechnen Sie daraus die Ausfuhr und die Einfuhr in der Abgrenzung des Spezialhandels und des Generalhandels.

AUFGABE 10.5

Im Bereich des Außenhandels treten folgende Indizes auf:

- Index der tatsächlichen Werte (für Einfuhr bzw. für Ausfuhr),
- Index des Volumens (für Einfuhr bzw. für Ausfuhr),
- Index der Durchschnittswerte (für Einfuhr bzw. für Ausfuhr),
- Ausfuhrpreisindex bzw. Einfuhrpreisindex,
- Terms of Trade.

a) Geben Sie jeweils die Formel an und nennen Sie den Indextyp.

b) Welches ist die derzeit gültige Basis bei jedem Index?

c) Geben Sie jeweils den Indexstand von 1992 und 1993 an.

AUFGABE 10.6

Im Statistischen Jahrbuch 1991 für das Ausland (p. 237) weist das Statistische Bundesamt für das Jahr 1989 (in Mio. US–$) für den Welthandel einschl. der Staatshandelsländer aus:

Einfuhr – 3.200.000,

Ausfuhr – 3.091.000.

Wie kommt es, daß hier die Summe der Einfuhren aller Länder nicht gleich der Summe der Ausfuhren aller Länder ist?

Kapitel 11

Volkswirtschaftliche Gesamtrechnungen (VGR)

Die ökonomischen Transaktionen in einer Volkswirtschaft erstrecken sich auf eine praktisch als unendlich groß aufzufassende Anzahl von Gütern (Waren und Dienstleistungen) und finden zwischen einer ebenfalls sehr großen Anzahl von Wirtschaftssubjekten statt. Das Netz dieser Transaktionen läßt sich durch ein System interdependenter Gleichungen darstellen. Dann stellt sich die Frage, welche Werte die Variablen dieses Systems (Preise, Mengen, Einkommen) annehmen müssen, damit ein totales Gleichgewicht herrscht. Während AN-TOINE AUGUSTIN COURNOT (1801 – 1877) die Lösung eines solchen Systems noch für unmöglich hielt (vgl. Recherches sur les principes mathématiques de la théorie des richesses, 1838) gelang LÉON WALRAS (1834 – 1910) die erste allgemeine statische Lösung des oben angeführten Totalgleichgewichts auf mikroökonomischer Basis (vgl. Eléments d'économie pure, 1874). Eine Erörterung der Existenz- und Stabilitätsfrage eines solchen Gleichgewichts findet man z.B. bei J.R. HICKS (Value and Capital, 1939) und ABRAHAM WALD (1902 – 1950): „Über einige Gleichungssysteme der mathematischen Ökonomie"; Zft. für Nationalökonomie, 1936, p. 649 ff. Die praktisch–numerische Behandlung eines solchen gesamtwirtschaftlichen Modells, das auf die Individuen rekurriert, ist allerdings aus zwei Gründen nicht möglich:

1. Es fehlen die technischen Instrumente (= Rechner) zur Bearbeitung der Riesenzahl von Variablen und Gleichungen.

2. Die exakte, schnelle und aktuelle Erfassung aller Daten bei jedem Wirtschaftssubjekt ist nicht realisierbar.

Der numerischen Behandlung von Transaktionen einer Volkswirtschaft muß also eine Aggregation (Zusammenfassung) sowohl der Individuen als auch der Transaktionen vorausgehen. Instrumente dieser Aggregationen sind die **Volkswirtschaftlichen Gesamtrechnungen**, VGR abgekürzt. Sie schaffen die Voraussetzungen für die Analyse des totalen wirtschaftlichen Gleichgewichts, allerdings auf makroökonomischer Grundlage. Ein Gleichgewicht zwischen den Aggregaten (= inter–aggregatives Gleichgewicht) bedeutet nicht auch automatisch ein Gleichgewicht innerhalb eines jeden Aggregats (= intra–aggregatives Gleichgewicht).

11.1   Grundlagen und Zielsetzungen der VGR

Unter dem Begriff „Volkswirtschaftliche Gesamtrechnungen" werden gesamtwirtschaftliche Rechnungssysteme zusammengefaßt, die einen überschaubaren
und zahlenmäßigen Überblick über die wirtschaftliche Entwicklung der Volkswirtschaft in einer abgelaufenen Periode liefern. Die Periode war früher ausschließlich das Kalenderjahr, heute jedoch sind es zusätzlich das Halbjahr und
das Quartal. Auf Monatsbasis gibt es allenfalls Teilsysteme im Bereich von Geld
und Kredit. Die VGR werden i.d.R. für die gesamte Volkswirtschaft aufgestellt,
gelegentlich aber auch zusätzlich für gewisse regionale Teile von ihr, so etwa
für Bundesländer, Regierungsbezirke, Kreise oder auch nicht verwaltungsrecht-
lich abgegrenzte Regionen. Mit der Aufstellung der VGR für Deutschland ist
laut BStatG 1987 (§ 3, Abs. 1, Ziff. 7) das Statistische Bundesamt beauftragt.
Es wird bei dieser Arbeit unterstützt vom DIW bezüglich der vierteljährlichen
Gesamtrechnungen, von mehreren Wirtschaftsforschungsinstituten hinsichtlich
der Input–Output–Rechnung und von der Deutschen Bundesbank hinsichtlich
der Finanzierungsrechnung. Ähnlich wie die Zahlungsbilanz sind Volkswirtschaftliche Gesamtrechnungen das Ergebnis der Weiterverarbeitung primär-
und sekundärstatistisch gewonnener Daten. Es gibt kaum eine Bundesstatistik,
die nicht in irgendeiner Form am Entstehen der VGR beteiligt ist. In den 50er
und 60er Jahren nahmen die deutschen Statistiker die VGR als Orientierungspunkt für den Auf- und Ausbau des statistischen Berichtssystems. Trotz der
zwischenzeitlich gut ausgebauten Statistik–Infrastruktur sind nicht alle Teile
der VGR und auch nicht alle Perioden – insbesondere nicht die unterjährigen
Zeitabschnitte – durch statistische Erhebungen belegt. Dies erfordert von den
Gesamtrechnern im Statistischen Bundesamt – zusätzlich zur Umrechnung der
Ergebnisse aus Primär- und Sekundärstatistiken auf die Konzepte und Definitionen der VGR – eine Schätzung für verspätet anfallende oder überhaupt
fehlende Daten. Die VGR werden also in Form von Mosaiken aus allen vorhandenen statistischen Daten zusammengesetzt und gelegentlich durch eine
fundierte Schätzung komplettiert.

Die in den VGR enthaltenen Aggregate liefern mit ihren zugehörigen Zah-
lenwerten die Basis für die Beobachtung und Analyse der gesamtwirtschaftlichen Entwicklung. Sie werden zur Konjunkturdiagnose und -prognose ebenso
herangezogen wie ganz allgemein für die wirtschaftspolitische Entscheidungsfindung und für die Aufstellung der staatlichen Haushalte. Außer der Tatsache,
daß sie zur operationalen Formulierung wirtschaftspolitischer Ziele eingesetzt
werden, dienen die VGR–Daten auch der Erfolgskontrolle der ergriffenen wirtschaftspolitischen Maßnahmen. VGR–Daten ermöglichen ferner – etwa unter
Einsatz statistisch–ökonometrischer Verfahren – die Überprüfung wirtschafts-
theoretischer Aussagen und Hypothesen. In jüngerer Zeit werden die Ergebnisse
auch zur Beobachtung des strukturellen Wandels in der Volkswirtschaft herangezogen.

Die heutigen VGR haben sich über etwa drei Jahrhunderte historisch entwickelt. Sie entstanden in den vorliegenden Ausprägungen aus der Integration zweier volkswirtschaftlicher Forschungsrichtungen: der **Kreislaufanalyse** und der **Volkseinkommensberechnung**. WILLIAM PETTY (1623 – 1687) und GREGORY KING (1648 – 1712), zwei Merkantilisten und politische Arithmetiker, waren die ersten, die kurz nacheinander – PETTY 1690 und KING 1696 – eine Definition und Schätzung des Volkseinkommens für England vornahmen, vgl. STUDENSKY (1958, Part One). Konkreter Anlaß war für PETTY die Berechnung des potentiellen Steueraufkommens anläßlich einer bevorstehenden Steuerreform. Bei ihm finden sich bereits die drei heute praktizierten Methoden der Berechnung über die Entstehungs-, Verteilungs- und Verwendungsseite (vgl. Abs. 11.4). KING verknüpfte seine Volkseinkommensberechnung mit einer Schätzung und Prognose des Volksvermögens. Etwa gleichzeitig mit KING schätzte in Frankreich PIERRE LE PESANT DE BOISGUILLEBERT (1646 – 1714) in einer zunächst anonym 1697 im Ausland erschienenen Schrift das französische Volkseinkommen. Auch bei ihm wie ebenfalls in der 1707 publizierten Schätzung des Marschalls VAUBAN (1633 – 1707) lag die Motivation bei der Berechnung des Steueraufkommens. Während das 18. Jahrhundert für die Sozialproduktberechnung aus praktischer und theoretischer Sicht relativ unergiebig war, wurden in ihm die Grundlagen für die Kreislaufanalyse geschaffen, nämlich durch das 1758 publizierte „Tableau économique" von FRANÇOIS QUESNAY (1694 – 1774).

Die erste Entwicklungsphase der VGR (ausgehendes 17. bis Anfang des 20. Jahrhunderts) war gekennzeichnet durch die Einzelleistungen privater Forscher. Mit dem Auf- und Ausbau statistischer Zentralämter wurde die Datenverfügbarkeit für die Erstellung von VGR verbessert, doch Kreislaufdarstellungen und die Volkseinkommensberechnungen blieben noch bis zur Weltwirtschaftskrise 1929/32 eine Domäne der Wirtschaftsforschungsinstitute und der privaten Forscher. Dieser zweiten Phase folgte die Institutionalisierung der VGR (in den nationalen statistischen Ämtern) und ihre Durchsetzung in der Praxis. Die theoretischen Grundlagen wurden durch die „General Theory of Employment, Interest and Money" (1936) von JOHN MAYNARD KEYNES (1884 – 1946) gelegt, während etwa gleichzeitig in den USA – nach ersten, rudimentären Ansätzen in der UdSSR – WASSILY LEONTIEF (*1906) die erste Input–Output–Tabelle erstellte.[1] In den Jahren nach dem Zweiten Weltkrieg bestand aus naheliegenden Gründen ein verstärkter Bedarf an VGR–Daten und zwar zunächst auf nationaler Ebene. Doch bald setzten weltweit wirtschaftliche Integrationsbestrebungen ein, von denen starke Impulse auf die Entwicklung der Wirtschafts- und Sozialstatistik, insbesondere aber auf die VGR ausgingen.

Die vierte und vorläufig letzte Phase ist gekennzeichnet durch die Entstehung und die Durchsetzung großer **übernationaler Systeme der VGR**.

---

[1] Für diese bahnbrechende Arbeit wurde ihm 1973 der Nobelpreis für Wirtschaftswissenschaften verliehen (vgl. RECKTENWALD, 1988, Band 1).

Nach einzelnen Vorläufern, so je ein VGR–System der OEEC[2] und der Vereinten Nationen, erschienen um 1970 innerhalb zweier Jahre nach mehr als zehnjährigen Vorarbeiten gleich drei solcher Systeme:

- 1968 das „System of National Accounts" (= **SNA**) der UN,
- 1969 das „Material Product System" (= **MPS**) des RGW,
- das „Europäische System Volkswirtschaftlicher Gesamtrechnungen" (= **ESVG**) der EU.

Das SNA stellte bei seinem Erscheinen eine Empfehlung der UN für alle westlichen Volkswirtschaften dar, mit Ausnahme der EU–Mitgliedsstaaten und der ihnen verbundenen Länder. Dieses System ging erstmalig über die traditionelle Kreislauf- und Sozialproduktrechnung hinaus, indem es nämlich um eine Finanzierungs-, Vermögens- und Input–Output–Rechnung erweitert wurde. Das System hat sich inzwischen durchgesetzt; die USA, Kanada und Japan arbeiten ebenso nach ihm wie die meisten Entwicklungsländer.[3] 1993 erschien die vierte, gründlich überarbeitete Fassung von SNA (vgl. LÜTZEL, 1993), die auch eine Revision des ESVG nach sich ziehen wird.

Das ebenfalls von den Vereinten Nationen konzipierte MPS besitzt nach der Auflösung der Sowjetunion und dem Zerfall des Ostblocks nur noch historische Bedeutung. Es wurde früher von den RGW-Staaten eingesetzt. Es unterscheidet sich vom SNA im wesentlichen durch einen eingeschränkten Produktionsbegriff. Im Sinne der MARXschen und kommunistischen Wertlehre werden im Sozialprodukt nur die Sachgüterproduktion und die eng mit ihr verbundenen Dienstleistungen (Distribution, Reparatur) erfaßt, während alle übrigen Dienstleistungen, insb. die des Staates nicht „zählen".

Das ESVG hat einen hohen Verbindlichkeitsgrad für die EU–Mitglieder. Es ist gegenüber SNA auf eine Gruppe homogener, wirtschaftlich relativ hoch entwickelter Volkswirtschaften zugeschnitten, die eine gemeinsame Wirtschafts- und Sozialpolitik betreiben wollen. Dies erfordert eine in allen Mitgliedstaaten nach gleichen Kriterien erstellte Aufzeichnung des Wirtschaftsprozesses. So kommt der Sozialproduktsermittlung eines EU-Mitgliedstaates etwa die gleiche Funktion zu wie die jährliche Steuererklärung eines Unternehmens oder einer Privatperson. Nach der Höhe des Sozialprodukts als Maß für die wirtschaftliche Leistungsfähigkeit eines Staates richten sich im wesentlichen seine Beiträge an den EU–Haushalt, aber auch die von der EU zu erwartenden Leistungen. Nach wie vor weichen jedoch die nationalen VGR–Systeme in den Mitgliedsstaaten der EU in Einzelkonzeptionen und in Einzeldefinitionen voneinander ab. Die Gründe dafür liegen in den jeweils verfügbaren statistischen Basisdaten und in

---

[2]An dessen Ausbau war vor allem RICHARD STONE (1913 – 1992) beteiligt, der für diese bahnbrechenden Arbeiten 1984 mit dem Nobelpreis für Wirtschaftswissenschaften ausgezeichnet wurde (vgl. RECKTENWALD, 1988, Band 2).

[3]SNA enthält spezielle Kapitel mit Vorschlägen und Empfehlungen für Entwicklungsländer, die deren besondere Bedürfnisse und allgemein ungünstige Datenlage berücksichtigen.

den in ihren Zielsetzungen differierenden nationalen Rechnungslegungen. Das Statistische Bundesamt verfügt mit seinem im Jahr 1970 konzipierten Kontensystem (vgl. Abs. 11.3) und den ergänzenden Tabellen über eine im EU–Vergleich sehr detaillierte VGR, die über die ESVG–Anforderungen hinausgeht. So fällt es nicht besonders schwer, im Rahmen einer Sonderrechnung die von den EU–Behörden verlangten ESVG–konformen Rechnungen durchzuführen.

11.2   Darstellungsformen und Inhalte

Die VGR bilden ein System statistischer Ergebnisse zur Darstellung gesamtwirtschaftlicher Vorgänge mit dem Ziel, ein umfassendes, aber auch hinreichend
detailliertes Gesamtbild des wirtschaftlichen Geschehens in einer abgelaufenen
Periode zu liefern. Das VGR–Konzept geht von der Vorstellung eines Wirtschaftskreislaufs aus. Die Kreislaufanalyse beruht auf **vier** grundlegenden **Ein-
teilungen**, die bei Bedarf und je nach wirtschaftspolitischen und wirtschaftstheoretischen Zielsetzungen sowie der Datenlage feiner untergliedert werden
können.

1   **Wirtschaftsobjekte** sind:

1.1 **Güter,** die von Wirtschaftssubjekten in Form von Sachgütern (**Waren**)
und Dienstleistungen (**Dienste**) produziert oder von Produktionsfaktoren als **Faktorleistungen** abgegeben werden;

1.2 **Forderungen,** zu denen auch Geld und die durch Aktien verbrieften
Beteiligungsrechte zählen.

2   **Wirtschaftssubjekte** werden nach ihrer hauptsächlichen ökonomischen
Betätigung und nach der Form der Beschaffung ihrer finanziellen Mittel
eingeteilt in folgende **Sektoren:**

2.1 **Unternehmen,**[4] die Güter und/oder Dienste herstellen und gegen Entgelt am Markt verkaufen und dabei Gewinnerzielung oder zumindest Ko-
stendeckung anstreben;

2.2 **Staat** oder öffentliche Haushalte, die auf Rechtsbasis als **Gebietskörperschaften** (Bund, Länder, Gemeinden) Steuern erheben und dafür
Dienste produzieren und überwiegend ohne Gegenleistung abgeben oder
als **Sozialversicherungen** Zwangsbeiträge einziehen und Transferzahlungen leisten;

2.3 **Private Haushalte,** die Einkommen als Gegenwert für die Abgabe
von Faktorleistungen (Arbeitsleistungen, Nutzung von reproduzierbarem
Sachkapital, Boden, Krediten) an Unternehmen, öffentliche Haushalte
und das Ausland oder Einkommen ohne Gegenleistung beziehen, Konsumgüter verbrauchen und Ersparnis bilden; [Zu diesem Sektor gehören
auch die **Privaten Organisationen ohne Erwerbszweck** (POoE =
Kirchen, karitative, kulturelle, wissenschaftliche, im Erziehungswesen tätige Organisationen, politische Parteien, Gewerkschaften, Sportvereine,
gesellige Vereine), die sich überwiegend aus freiwilligen Zahlungen Privater Haushalte i.e.S. finanzieren und diesen ihre Leistungen im wesentlichen unentgeltlich zur Verfügung stellen.][5]

---

[4]Eine weitere Unterteilung geht nach Wirtschaftszweigen (vgl. Kap. 5 und 6) vor, z.B.
Produktionsunternehmen, Kreditinstitute und Versicherungsunternehmen.

[5]Wirtschaftsverbände zählen demnach nicht zu diesem Sektor, sondern zu den Unternehmen, da sie sich aus den Mitgliedsbeiträgen der Verbandsunternehmen finanzieren.

2.4 **Ausland** (Übrige Welt) als Zusammenfassung aller Wirtschaftssubjekte, die ihren ständigen Sitz oder Wohnsitz außerhalb des Geltungsbereichs der jeweiligen Staatsverfassung (hier: Grundgesetz der Bundesrepublik Deutschland) haben.

3 Der Übergang eines Wirtschaftsobjekts von einem Wirtschaftssubjekt auf ein anderes anläßlich einer ökonomischen Transaktion kann entweder **im Tausch** gegen ein anderes Objekt oder **ohne Gegenleistung** (Transfer, Schenkung) geschehen. Man unterscheidet auf diese Weise fünf Arten ökonomischer Transaktionen:

3.1 Tausch Gut gegen Gut (**Güter-** oder **Realtausch**);

3.2 Übertragung eines Gutes (**Realtransfer** als eine Form der Schenkung);

3.3 Tausch Gut gegen Forderung (**Güterkauf/Güterverkauf**);

3.4 Übertragung einer Forderung (**Forderungstransfer** als weitere Form der Schenkung, **Transferzahlung** bei Übertragung von Geld);

3.5 Tausch Forderung gegen Forderung[6] (hauptsächlich **Kauf/Verkauf von Forderungen**).

4 Die ökonomische Betätigung wird in **Aktivitäten** zerlegt. So können Wirtschaftssubjekte

4.1 Sachgüter und Dienste **produzieren**,

4.2 **Einkommen** empfangen und verwenden,

4.3 **Vermögen** bilden und anlegen,

4.4 **Kredite** nehmen und gewähren.

Die VGR–Praxis braucht präzise Definitionen und Abgrenzungen der Konzepte „Gut", „Produktion", „Einkommen", „Vermögen" und „Kreditbeziehung". So kennt man bezüglich der **Güter** solche, die

A) **über Märkte verteilt** werden, und zwar

A1) Güter privater Anbieter gegen Entgelt,

A2) Güter öffentlicher Anbieter gegen Entgelt (z.B. Baulanderschließung, Beglaubigungen),

A3) Güter, die real getauscht werden (z.B. Deputatkohle der Bergleute, Haustrunk der Brauereimitarbeiter);

B) **nicht über Märkte verteilt** werden, und zwar

B1) Güter, die ihre Produzenten selbst konsumieren (Eigenverbrauch) oder im eigenen Produktionsprozeß einsetzen,

B2) unentgeltlich abgegebene Güter (z.B. öffentliche Dienste oder Nutzung öffentlichen Sachvermögens),

---

[6] Als **Geldvermögen** eines Wirtschaftssubjektes bezeichnet man die Differenz zwischen seinen Forderungen und Verbindlichkeiten. Während die **Leistungstransaktionen** 3.3 und 3.4 das Geldvermögen der Transaktionspartner ändern, lassen es die unter 3.5 stehenden **Finanztransaktionen** unverändert.

B3) in Privathaushalten für den Eigenverbrauch (PKW–Reparatur) oder
   unentgeltlich für andere produzierte Güter (Kochen der Hausfrau für
   die Familienmitglieder),

B4) häusliche unentgeltliche Nutzung dauerhafter Konsumgüter.

Eng verknüpft mit der Gütereinteilung ist die Abgrenzung dessen, was als
Produktion gelten soll. Drei Konventionen sind/waren im Einsatz:

1. **Umfassendes Produktionskonzept** (alle Güter unter A und B oben) –
   Herstellung aller Sachgüter und Dienste, egal ob für den Markt bestimmt
   oder nicht;

2. **Konzept der Marktproduktion** (Güter unter A1 bis A3 oben) – Herstellung marktbestimmter Sachgüter und Dienste;

3. **Konzept der materiellen Produktion** (Güter A1 bis A3, B1 und
   B2 oben) – Herstellung von Sachgütern und damit unmittelbar zusam-
   menhängender Dienste.

Ausgeschlossen in der klassischen, rein ökonomischen Kreislaufbetrachtung
bleiben bei allen Konzepten die mit Produktion und Konsum verbundenen
positiven und negativen externen Effekte (Zerstörung der Umwelt).[7] In den
VGR der marktwirtschaftlich orientierten Staaten gilt derzeit ein **erweitertes
Konzept der Marktproduktion**, nach dem Güter gemäß A1 bis A3, B1, B2
und Teile von B3 erfaßt werden. Die Abgabe von Faktorleistungen gilt jedoch
niemals als Produktion.

Bei den zwischen den Sektoren stattfindenden Transaktionen entstehen sog.
Ströme. Man muß unterscheiden zwischen **realen Strömen** (Güterströme, die
allerdings aus Gründen der Zusammenfaßbarkeit in Geld bewertet sind) und
monetären Strömen (Zahlungsströme). Am klarsten kommen diese beiden
entgegengesetzt fließenden Ströme beim Barkauf eines Gutes zur Darstellung,
vgl. Abb. 11.1. Bei anderen Transaktionen muß man – wie in der Zahlungsbilanz, vgl. Abs. 10.3.1 – einen der Ströme oder auch beide Ströme (bei B1 bis
B4) fingieren. Zur vollständigen Beschreibung des Barkaufs eines Gutes sind
demnach vier Buchungen erforderlich (Nr. 1 – 4 in Abb. 11.1), wodurch sich
auch für die Statistiker vier Ansatzpunkte zur Erfassung dieser Transaktion
ergeben. In der Praxis erfolgt jedoch nur eine zweifache (= doppelte) Buchung,
entweder in einem **offenen (einseitigen)** oder einem **geschlossenen (zweiseitigen) System.**

In einem offenen oder einseitigen Buchungssystem werden nur die Ströme erfaßt, die jeweils **ein** Wirtschaftssubjekt betreffen. Man betrachtet in Abb. 11.1
dann nur jeweils eine Spalte, entweder die der Käufer mit Kauf (2) und Zah-
lungsausgang (4) oder die der Verkäufer mit Verkauf (1) und Zahlungseingang
(3). Beim geschlossenen oder zweiseitigen Buchungssystem betrachtet man nur
einen Strom, aber den bei beiden beteiligten Sektoren, d.h. man erfaßt jeweils

---

[7]In neueren Ansätzen (vgl. 11.6.4) versucht man eine entsprechende Erweiterung zu einer
umweltökonomischen Gesamtrechnung.

eine der Zeilen in Abb. 11.1, also entweder den Realstrom von (1) nach (2) oder den monetären Strom von (4) nach (3). In den Kreislaufdarstellungen der VGR liegt die doppelte, zweifache Buchung der monetären Ströme in einem geschlossenen System vor (vgl. Abb. 11.2). In den Input–Output–Tabellen (vgl. Abs. 11.6.3) hat man es ebenfalls mit einem geschlossenen Buchungssystem, allerdings der realen Ströme zu tun. Die doppelte Buchhaltung eines Unternehmens ist übrigens ein offenes Buchungssystem, welches die dieses Unternehmen betreffenden realen und monetären Ströme erfaßt.

<u>Abb. 11.1:</u> Realer und monetärer Strom

	Verkäufer	Käufer
Realer Strom (Übergabe des Gutes)	Verkauf (1) ⟶	Kauf (2)
Monetärer Strom (Bezahlung des Gutes)	Zahlungs- eingang (3) ⟵	Zahlungs- ausgang (4)

Quelle: ABELS (1991), p. 175

Die Kreislaufdarstellung der VGR läßt sich in vier verschiedenen Formen[8] vornehmen. Es sind dies in abnehmender Bedeutung:

- die **Kontenform**,
- die **Matrizen-** oder **Tabellenform**,
- die **Gleichungsform**,
- die **bildliche Darstellung** als Flußbild oder Kreislaufdiagramm.

Aus didaktischen Gründen wird mit der bildlichen Darstellung eines stark vereinfachten (oder hochaggregierten) Kreislaufs einer fiktiven Volkswirtschaft begonnen. In der Abb. 11.2 werden fünf Sektoren (Private Haushalte, Unternehmen, Staat, Ausland und Vermögensbildung/Finanzierung) mit relativ wenigen monetären Strömen betrachtet. Die Ströme sind mit Symbolen gekennzeichnet, die in den nachfolgenden drei anderen Darstellungsformen nebst der zugehörigen Zahlenwerte weiter verwendet werden.

Die **Privaten Haushalte** erhalten Faktoreinkommen (Y_h = 1.500 GE) von den Unternehmen und Transfereinkommen (Tr = 100) vom Staat. Sie verwenden diese 1.600 GE zum Kauf von Gütern und Diensten (C_{pr} = 1.000) von den Unternehmen und zur Zahlung von Steuern und Abgaben (Ab = 300) an den Staat, während der Rest bei der Vermögensbildung gespart wird (S_{pr} = 300).

---

[8]Eine fünfte Form, das sog. Blockschaltbild, (vgl. WAFFENSCHMIDT, 1959) wird hier nicht vorgestellt, da diese über das Kreislaufschema hinausgeht in Richtung auf die Sichtbarmachung auch der Informationsströme, die die realen bzw. monetären Ströme steuern. Diese Form ist der Regelungstechnik entnommen.

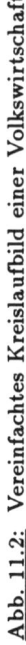

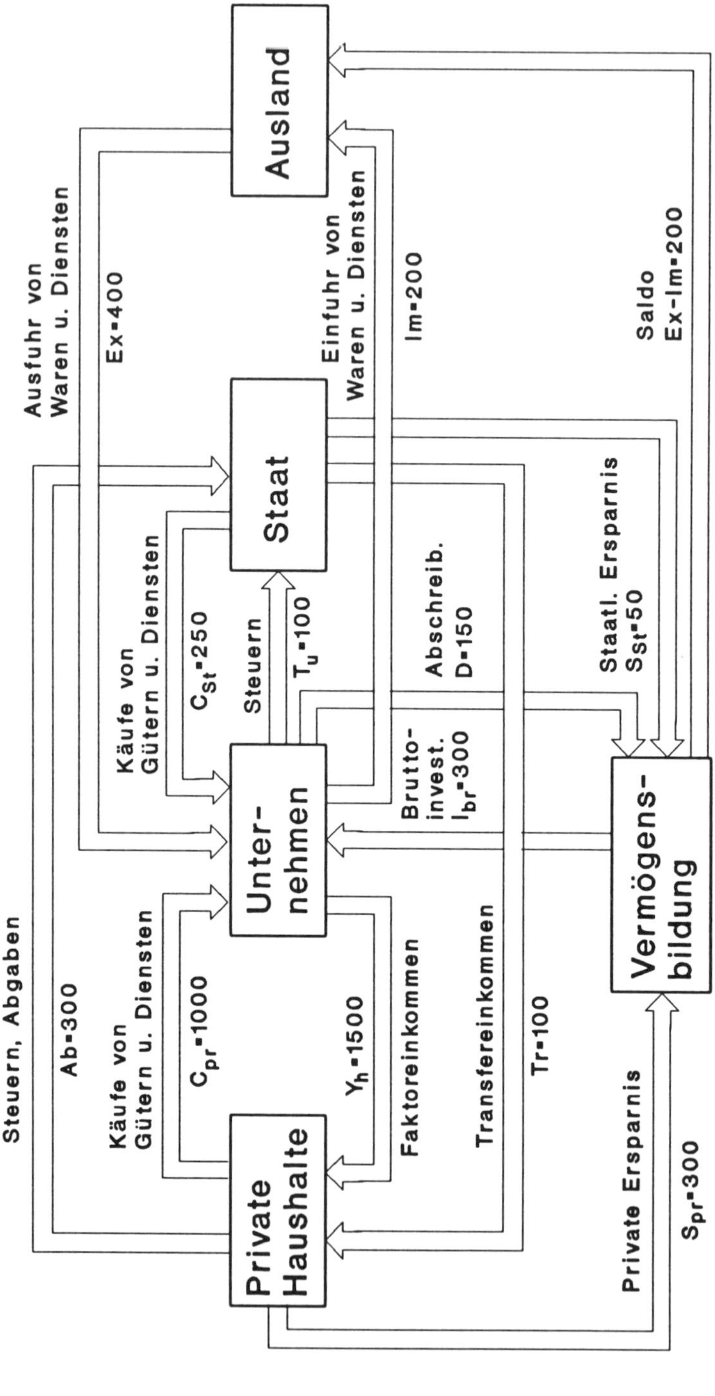

Abb. 11.2: Vereinfachtes Kreislaufbild einer Volkswirtschaft

Die **Unternehmen** zahlen Faktoreinkommen an die Privaten Haushalte und Steuern an den Staat ($T_u = 100$) sowie für ihre Importe ($Im = 200$) an das Ausland und stellen der Vermögensbildung Abschreibungen ($D = 150$) zur Verfügung. Sie beziehen andererseits Erlöse für den Verkauf von Gütern und Diensten an die Privaten Haushalte, an den Staat ($C_{st} = 250$) und an das Ausland ($Ex = 400$) und erhalten Mittel von der Vermögensbildung für die Bruttoinvestitionen ($I_{br} = 300$). Der **Staat** erhält Steuern und Abgaben von den Privaten Haushalten und Steuern von den Unternehmen, womit er die Transfereinkommen an die Privaten Haushalte, die Güter- und Dienstkäufe bei den Unternehmen bestreitet und den Rest als staatliche Ersparnis ($S_{st} = 50$) der Vermögensbildung zuführt. Bei der **Vermögensbildung** sammeln sich die Ersparnisse der Privaten Haushalte und des Staates sowie die Abschreibungen der Unternehmen, die insgesamt verwendet werden für die Bruttoinvestitionen und zum Forderungserwerb vom Ausland in Höhe des Exportüberschusses ($Ex - Im = 200$). Danach ist auch für das **Ausland** das Transaktionsvolumen formal ausgeglichen mit einem Abstrom ($Ex = 400$) und zwei Zuströmen ($Im = 200$ und dem Saldo $Ex - Im = 200$).

Betrachtet man die monetären Ströme in der Kontenform (Abb. 11.3), bei der für jeden Sektor ein Konto geführt wird, so erscheinen die Eingänge oder Zuflüsse auf der rechten Kontenseite (Soll- oder Passivseite) und die Ausgänge oder Abflüsse auf der linken Seite (Haben- oder Aktivseite). Im Gegensatz

<u>Abb. 11.3:</u> Kontensystem des vereinfachten Kreislaufs einer Volkswirtschaft

	H		
C_{pr}	1000	Y_h	1500
Ab	300	Tr	100
S_{pr}	300		
	1600		1600

	U		
Y_h	1500	C_{pr}	1000
D	150	C_{st}	250
T_u	100	I_{br}	300
IM	200	Ex	400
	1950		1950

	S		
Tr	100	Ab	300
C_{st}	250	T_u	100
S_{st}	50		
	400		400

	A		
Ex	400	Im	200
		Ex-Im	200
	400		400

	V		
I_{br}	300	S_{pr}	300
Ex-Im	200	S_{st}	50
		D	150
	500		500

zur bildlichen Darstellung erscheint hier jeder Strom zweifach, auf dem Konto des abgebenden und des empfangenden Sektors. Gleichwohl ist die Kontenform überschaubarer, insbesondere bei einer größeren Zahl von Sektoren und Strömen, ganz abgesehen davon, daß die Konten leichter zu erstellen sind als die Grafiken. Zur Kontenform der VGR sei angemerkt, daß sie keineswegs mit der betrieblichen Buchhaltung identisch ist. Sie ist zwar aus letzterer in Analogie abgeleitet worden; es ist aber falsch, die VGR–Konten als Aggregation individueller, einzelwirtschaftlicher Konten aufzufassen:

1. In der VGR werden auch Transaktionen von Wirtschaftssubjekten dargestellt, die keine Konten führen.

2. Eine Aggregation individueller Konten führt nicht immer zu einem sinnvollen Gesamtkonto, da es zu gesamtwirtschaftlich unerwünschten Doppel- und Mehrfachzählungen kommen kann.

3. Der Buchungsansatz auf einem VGR–Konto erfolgt i.d.R. nicht wie in der Buchhaltung aufgrund eines Belegs, dessen Angaben jederzeit durch Zählung, Messung o.ä. nachprüfbar sind, sondern basiert auf Umrechnungen primär- und sekundärstatistischer Daten sowie auf statistischen Schätzungen dort, wo Fundierungen fehlen.

Die Gleichungsform für die Kreislaufdarstellung ist das bevorzugte Mittel der mathematischen Präsentation und der operativen Weiterverarbeitung in Wirtschaftstheorie und empirischer Wirtschaftsforschung. Für jeden Sektor wird eine Gleichung aufgestellt, auf deren linker (rechter) Seite man die Abflüsse (Zuflüsse) des Sektors auflistet, wenn man die Analogie zur Kontenform haben möchte. So erhält man für den Kreislauf in Abb. 11.2:

Private Haushalte

$$C_{pr} + Ab + S_{pr} = Y_h + Tr$$
$$1.000 + 300 + 300 = 1.500 + 100$$

Unternehmen

$$Y_h + D + T_u + Im = C_{pr} + C_{st} + I_{br} + Ex$$
$$1.500 + 150 + 100 + 200 = 1.000 + 250 + 300 + 400$$

Staat

$$Tr + C_{st} + S_{st} = Ab + T_u$$
$$100 + 250 + 50 = 300 + 100$$

Ausland

$$Ex = Im + (Ex - Im)$$
$$400 = 200 + 200$$

Vermögensbildung

$$I_{br} + (Ex - Im) = S_{pr} + S_{st} + D$$
$$300 + 200 \qquad = 300 + 50 + 150$$

An die mathematische Schreibweise des Kreislaufs knüpft dessen tabellarische Darstellung in Matrixform an. Jedem Sektor wird – mit gleicher Nummer – eine Zeile und eine Spalte der Matrix zugeordnet. Dann werden i.d.R. die ausgehenden Ströme zeilenweise eingetragen und die einfließenden Ströme spaltenweise. Auf diese Weise wird – im Gegensatz zur Konten- und Gleichungsform – jeder Strom (wie in der graphischen Form) nur einmal notiert. In der Matrix stehen dann die Habenseiten der Konten als Spalten nebeneinander und die Sollseiten als Zeilen untereinander. Die Matrixform eignet sich besonders gut für die mathematische Manipulation (vgl. Abs. 11.6.3). Zum Kreislauf der Abb. 11.2 gehört die Matrix in Tab. 11.1.

Tab. 11.1: Matrix des vereinfachten Kreislaufs einer Volkswirtschaft

von \ an	H	U	S	A	V	$\sum$
H	–	C_{pr} Ab	–		S_{pr}	
U	Y_h	–	T_u	Im	D	
S	Tr C_{st}	–	–		S_{st}	
A	–	Ex	–	–	–	
V	–	I_{br}	–	$Ex - Im$	–	
$\sum$						

von \ an	H	U	S	A	V	$\sum$
H	–	1.000	300	–	300	1.600
U	1.500	–	100	200	150	1.950
S	100	250	–	–	50	400
A	–	400	–	–	–	400
V	–	300	–	200	–	500
$\sum$	1.600	1.950	400	400	500	4.850

Unabhängig von einer bestimmten Darstellungsform des Wirtschaftskreislaufs gelten stets die folgenden **Kreislaufsätze**:

1. Die Transaktionen zwischen den Sektoren, die entweder **institutionell** aus Wirtschaftssubjekten oder **funktionell** aus Wirtschaftsfunktionen gebildet worden sind, werden in Geldeinheiten pro Zeiteinheit (gelegentlich auch in Mengeneinheiten pro Zeiteinheit) gemessen und als **Strom** bezeichnet.[9] Der Wert des Stroms ist die Strombreite. Der Strom ist gerichtet, von einer gebenden zu einer empfangenden Einheit.

2. Die gebenden und empfangenden Einheiten heißen **Pole**.

3. Laufen zwischen zwei Polen Ströme in entgegengesetzter Richtung, so kann man saldieren und nur den **Saldenstrom** darstellen. Eine Saldierung bedeutet aber einen Informationsverlust.

---

[9]Die Erfassung der Transaktionen bezieht sich auf einen Zeitraum, so daß eine Periodenrechnung vorliegt.

4a. Existieren Pole, so sind zwischen ihnen höchstens n^2 Ströme möglich, wenn die In–sich–Ströme mit erfaßt werden.[10]

4b. Läßt man die In–sich–Ströme fort, was allerdings bei der Input–Output–Rechnung nicht erlaubt ist, so sind höchstens $n \cdot (n - 1)$ Ströme möglich.

4c. Die Zahl der Saldenströme kann höchstens $n \cdot (n - 1)/2$ sein.

5. In jedem **System** ist die Summe aller abfließenden Ströme gleich der Summe aller zufließenden Ströme, da nämlich Ströme nur von Polen ausgehen und nur zu Polen hinführen und weiterhin keine „Sickerverluste" eintreten.

6. Satz 5 gilt nicht unbedingt auch für jeden **Pol** des Systems.

7. Für einen **geschlossenen Kreislauf** und nur für diesen gilt das **quantitative Kreislaufaxiom**: Die Summe der einfließenden Ströme ist bei jedem Pol gleich der Summe der von ihm ausfließenden Ströme.

8. Durch Definition eines oder mehrerer zusätzlicher Pole kann ein beliebiger Kreislauf in einen geschlossenen überführt werden. Der zusätzliche Pol nimmt die Salden der ein- und ausfließenden Ströme aller anderen Pole auf.[11]

9. In einem geschlossenen Kreislauf mit n Polen können von den insgesamt n^2 Strömen maximal $n - 1$ (unbekannte) Ströme aus den übrigen (bekannten) Strömen errechnet werden.

10. Kennt man außer den Stromgrößen noch die **Polbreite** (Summe der bei einem Pol hinein- oder hinausfließenden Ströme), so lassen sich daraus weitere unbekannte Stromgrößen errechnen. Bei n Polen können höchstens n Polbreiten bekannt sein, so daß man unter Beachtung von Satz 9 bei n Polen $2\,n-1$ unbekannte Ströme aus bekannten Strömen und n Polbreiten errechnen kann.[12]

11. Wenn in einem Kreislauf mit n Polen das quantitative Kreislaufaxiom für $n - 1$ Pole erfüllt ist, so gilt es auch für den n–ten Pol. Es liegt dann ein geschlossener Kreislauf vor.

---

[10] Solche In–sich–Ströme sind etwa der Eigenverbrauch, wenn der Pol nur aus einem Wirtschaftssubjekt besteht, oder die gegenseitigen Lieferungen und Bezüge, wenn ein Pol aus mehreren Wirtschaftseinheiten besteht.

[11] Die Einführung eines Saldenpols könnte als mathematischer Kunstgriff aufgefaßt werden. Das ist aber keineswegs der Fall, denn diesem Pol kommt im realen Kreislauf eine ökonomische Bedeutung zu. Er ist entweder ein Vermögensänderungskonto (wie im vorstehenden Beispiel) oder die Zahlungsbilanz, wenn man es mit einer offenen Volkswirtschaft zu tun hat.

[12] Die Möglichkeit, unbekannte Kreislaufströme aus bekannten abzuleiten, ist von praktischer Bedeutung, denn sie erspart Aufwand bei der statistischen Erfassung der Ströme. In der Tat ist es oft der Fall, daß man gewisse Ströme nicht erfassen kann (weil relevante Primär- oder Sekundärstatistiken fehlen) oder will (weil es zu aufwendig ist). Dieses Verfahren ist aber nicht unbedenklich. Man muß davon ausgehen, daß die direkt erfaßten Ströme fehlerbehaftet sind. Der Gesamtfehler, der sich nicht ausgleichen muß, überträgt sich dann automatisch auf den errechneten Strom und kann dessen Größenordnung völlig verzerren, besonders wenn der unbekannte Strom nicht sehr breit ist (vgl. dazu Tab. 11.10 in Abs. 11.5.2 für die Vorratsveränderungen).

11.3 Das Kontensystem der VGR in der Bundesrepublik Deutschland

Die Ergebnisse der amtlichen deutschen VGR werden dargestellt:

- in Form eines geschlossenen **Kontensystems** mit doppelter Buchung aller nachgewiesenen Vorgänge und
- in einer Reihe von **Tabellen** (vgl. Abs. 11.4), die das Kontensystem ergänzen, indem Kontenpositionen teils tiefer gegliedert, teils nach besonderen Gesichtspunkten zusammengefaßt oder teils in sonstiger Hinsicht erweitert werden.

Das deutsche Kontensystem wurde 1970 eingeführt (HAMER, 1970), rückwirkend bis 1960 mit Zahlen aufgefüllt und seitdem jährlich erstellt.

Die kleinste **Darstellungseinheit** in den Konten (und den damit zusammenhängenden Tabellen) sind Institutionen, die eine Haushalts- und ggf. eine Vermögensrechnung aufstellen (z.B. Gebietskörperschaften, private Haushalte), sowie Institutionen, die selbst bilanzieren (Unternehmen).[13] Im Kontensystem werden die drei traditionell unterschiedenen Sektoren Unternehmen, Staat und Private Haushalte in homogenere Teilsektoren aufgespalten, so daß insgesamt **sieben Sektoren** der heimischen Volkswirtschaft unterschieden werden, vgl. Abb. 11.4.

Zu den **Unternehmen** gehören alle Institutionen, die für den Markt Waren und Dienstleistungen produzieren mit dem Zweck, einen Gewinn zu erzielen oder zumindest die Kosten zu decken (Erwerbszweck). Unternehmen ohne Erwerbszweck und andere Institutionen, die überwiegend durch den Sektor „Unternehmen" finanziert werden oder für diesen tätig sind, zählen ebenfalls hierher, etwa die Arbeitgeber- und Unternehmensverbände. Die private (= nichtgewerbliche) Wohnungsvermietung zählt ebenso zu den Unternehmen wie die unterstellte Nutzung von Eigenheimen und Eigentumswohnungen. **Produktionsunternehmen** sind mit der Erstellung von Waren und Dienstleistungen befaßt. Zu ihnen gehören die landwirtschaftlichen Betriebe, die Unternehmen des Produzierenden Gewerbes, des Handels und Verkehrs und des Dienstleistungsbereichs (ohne Kreditinstitute und Versicherungen), die freien Berufe sowie Bahn und Post und auch die einschlägigen Verbände. Der **Kreditsektor** umfaßt die in Abb. 9.2 aufgeführten Banken und mithin auch die Deutsche Bundesbank. Durch die Bildung dieses Teilsektors wird der Sonderrolle der Kreditinstitute bei der Vermögensbildung und der Finanzierung einer Volkswirtschaft, speziell die der Investitionen, Rechnung getragen. Der Teilsektor **Versicherungsunternehmen**, zu dem die Ersatzkassen und die Sozialversicherungseinrichtungen wegen des Zwangscharakters ihrer Beiträge nicht

---

[13] Im ESVG–System sind hingegen als Darstellungseinheiten fachlich und örtlich abgegrenzte Unternehmensteile vorgesehen. Nach diesem Konzept werden in Deutschland die Input–Output–Tabellen erstellt, wobei aber eine Umrechnung auf Unternehmensbasis möglich ist.

gehören, wurde gebildet, weil er eine erhebliche Vermögensanlage betreibt und eine besondere Rolle bei der nicht–staatlichen Umverteilung von Einkommen und Vermögen über Prämienzahlungen und Versicherungsleistungen spielt.

Abb. 11.4: Struktur des Kontensystems der deutschen VGR

Sektoren						
1 Unternehmen			2 Staat		3 Priv. Haushalte	
11 Produkt.-unternehm.	12 Kredit-institute	13 Versicher.-unterneh.	21 Gebietskör-perschaften	22 Sozial-versicher.	31 Private Haushalte	32 Private Organis.

0 Zusammengefaßtes Güterkonto

1 Produktionskonten

| 11 - 1 | 12 - 1 | 13 - 1 | 21 - 1 | 22 - 1 | 31 - 1 | 32 - 1 |

2 Einkommensentstehungskonten

| 11 - 2 | 12 - 2 | 13 - 2 | 21 - 2 | 22 - 2 | 31 - 2 | 32 - 1 |

3 Einkommensverteilungskonten

| 11 - 3 | 12 - 3 | 13 - 3 | 21 - 3 | 22 - 3 | 3 - 3 |

4 Einkommensumverteilungskonten

| 11 - 4 | 12 - 4 | 13 - 4 | 21 - 4 | 22 - 4 | 3 - 4 |

5 Einkommensverwendungskonten

| 11 - 5 | 12 - 5 | 13 - 5 | 21 - 5 | 22 - 5 | 3 - 5 |

6 Vermögensänderungskonten

| 11 - 6 | 12 - 6 | 13 - 6 | 21 - 6 | 22 - 6 | 3 - 6 |

7 Finanzierungskonten

| 11 - 7 | 12 - 7 | 13 - 7 | 21 - 7 | 22 - 7 | 3 - 7 |

8 Zusammengefaßtes Konto der übrigen Welt

Für die Bildung des Sektors **Staat** ist neben dem Kriterium „Finanzierung durch Zwangsabgaben" entscheidend, daß die produzierten Waren und Dienste entweder selbst verbraucht werden (wie übrigens auch bei den Privaten Haushalten) oder hauptsächlich ohne spezielles Entgelt zur Verfügung gestellt werden. Der Teilsektor **Gebietskörperschaften** umfaßt den Bund, die Länder, die Gemeinden und Gemeindeverbände und alle aus öffentlichen Haushalten finanzierten Einrichtungen. Eigenbetriebe der Gemeinden, die der Ver- und Entsorgung dienen oder Verkehrsleistungen anbieten, zählen zu den Produktionsunternehmen. Der Teilsektor **Sozialversicherung** enthält – neben einem fiktiven Pensionsfonds für Beamte – die Rentenversicherungen (für Arbeiter, Angestellte und Bergleute), die Arbeitslosenversicherung und die gesetzliche Unfall- und Krankenversicherung. Er spielt eine wichtige Rolle bei der Einkommensumverteilung.

Im Sektor **Private Haushalte** sind schließlich alle Wirtschaftssubjekte zusammengefaßt, die primär Empfänger von Faktoreinkommen (aus Arbeit und Vermögen) sind, sowie die Endverbraucher und Sparer. Organisationen, Verbände, Vereine und dgl., die sich hauptsächlich aus Beiträgen und Spenden privater Haushalte finanzieren, bilden den Teilsektor **Private Organisationen ohne Erwerbszweck**.

Für jeden der sieben Sektoren werden der Absicht nach sieben Konten geführt (vgl. Abb. 11.4), womit die vier in Abs. 11.2 genannten ökonomischen Grundaktivitäten weiter aufgespalten werden. Diese Unterteilung ist allerdings beim Sektor „Private Haushalte" bis heute nur Programm geblieben, da die Aktivitäten 3 bis 7 des Teilsektors „Private Organisationen ohne Erwerbszweck" nicht getrennt von denen der Privaten Haushalte i.e.S. nachgewiesen werden können. Den so entstandenen 44 Konten wird ein Konto 0 als **Zusammengefaßtes Güterkonto** vorangestellt. Es zeigt auf der linken Seite das Aufkommen neuer Güter aus inländischer Produktion und der Einfuhr und rechts deren Verwendung zur laufenden Produktion (Vorleistung) und Investition sowie zum Verbrauch und Export. Nachgestellt ist ein Konto 8 als **Zusammengefaßtes Konto der übrigen Welt** (bis 1990 inkl. DDR), das aus der Sicht des Rests der Welt alle zwischen inländischen Wirtschaftseinheiten und ihm stattgefundenen Handels-, Einkommens- und Kreditströme nachweist. Diese beiden Konten sind konsolidiert, d.h. sie werden nicht für jeden der sieben Sektoren geführt.

Die Art und die Reihenfolge der sieben Kontengruppen sind leicht verständlich und einzusehen. Es wird **produziert** (Kontengruppe 1), wodurch – überwiegend im Unternehmenssektor – **Einkommen entstehen** (Kontengruppe 2). Die **Einkommen** werden – vor allem an die Privaten Haushalte – **verteilt** (Kontengruppe 3), dann – hauptsächlich durch Steuern und Abgaben sowie staatliche Unterstützung – **umverteilt** (Kontengruppe 4) und dann für Verbrauch und Vermögensbildung **verwendet** (Kontengruppe 5). Diese logische Reihenfolge ist nicht unbedingt auch die zeitliche Reihenfolge, z.T. finden die Aktionen simultan statt oder es wird gekauft, bevor das Einkommen erzielt worden ist. Während die ersten fünf Gruppen die Konten der **laufenden Transaktionen** sind, dienen die letzten beiden dem Nachweis der **vermögensändernden Transaktionen**. Als vermögensändernd gilt bei jedem Sektor der Überschuß des laufenden Einkommens über die laufenden Ausgaben. Während die Kontengruppe 6 die Vermögensbildung von der **realen Seite** zeigt (Bildung von Sachvermögen durch Investitionen aus Ersparnissen und Vermögensübertragungen), wird in Kontengruppe 7 die **finanzielle Seite** betrachtet.[14] Es müssen daher die Finanzierungssalden der Kontengruppen 6 und 7 – bis auf statistische Diskrepanzen – übereinstimmen. Die Reihenfolge der sieben Kontengruppen ist nicht beliebig; es wird vielmehr mit dem Saldo eines Kontos in der genannten Folge das jeweils nächstfolgende Konto eröffnet. Tab. 11.2 zeigt noch einmal in der Zusammenfassung die Konten, die in ihnen nachgewiesenen Aktivitäten und deren Salden.

Tab. 11.2: Aktivitäten, Konten und Salden im deutschen VGR-Kontensystem

Aktivität	Nachweisende Konten	Saldenbezeichnung
1. Produktion von Waren und Diensten	Produktionskonten	Beitrag zum Bruttoinlandsprodukt zu Marktpreisen*
2. Entstehung von Erwerbs- und Vermögenseinkommen	Einkommensentstehungskonten	Beitrag zum Nettoinlandsprodukt zu Faktorkosten
3. Verteilung der Erwerbs- und Vermögenseinkommen	Einkommensverteilungskonten	Anteil am Volkseinkommen
4. Umverteilung der Einkommen	Einkommensumverteilungskonten	Anteil am verfügbaren Einkommen
5. Verwendung der Einkommen	Einkommensverwendungskonten	Beitrag zur Ersparnis
6. Vermögensbildung	Vermögensänderungskonten	Beitrag zur Nettogeldvermögensbildung
7. Änderungen der Forderungen und Verbindlichkeiten	Finanzierungskonten	Statistische Differenz

*) vor Addition der Einfuhrabgaben und der nichtabzugsfähigen Umsatzsteuer
Quelle: STOBBE (1994), p. 344

Nachfolgend werden die für 1993 geltenden VGR-Konten[15] aufgelistet. Dabei sind – aus Platzgründen und um die Übersichtlichkeit zu wahren – die Konten einer jeden der sieben Gruppen **konsolidiert** wiedergegeben, d.h. alle Vorgänge zwischen den inländischen Sektoren innerhalb einer jeden Kontengruppe sind gegeneinander aufgerechnet worden. Jede Buchung erhält eine Nummer und (in Klammern nachgestellt) die Gegenbuchungsnummer.

---

[14]Die Finanzierungskonten im VGR-Kontensystem sind wenig informativ und weisen nur je drei Buchungen pro Konto aus. Ein detaillierter Nachweis findet sich an anderer Stelle, nämlich in der von der Deutschen Bundesbank aufgestellten Finanzierungsrechnung (vgl. Abs. 11.6.1).

[15]Die Daten sind vorläufig, beziehen sich auf das frühere Bundesgebiet, sind in Mrd. DM (auf zwei Nachkommastellen gerundet) angegeben und aus Angaben in der Fachserie 18 (Reihe 1.3 – Konten und Standardtabellen, Hauptbericht 1993, p. 92 ff.) errechnet.

0 Zusammengefaßtes Güterkonto

0.10	Produktionswert (1.60)	6.751,84	0.60	Vorleistungen (1.10)	4.129,59
0.20	Einfuhr von Waren und Dienstleistungen (8.60)	695,22	0.70	Letzter Verbrauch (5.10)	2.097,38
0.30	Nichtabzugsfähige Umsatzsteuer (4.62)	202,63	0.80	Bruttoinvestitionen (6.20)	540,28
0.40	Einfuhrabgaben (4.63)	28,82	0.90	Ausfuhr von Waren Dienstleistungen (8.10)	911,26
	Gesamtes Aufkommen von Gütern aus Produktion und Einfuhr	7.678,51		Gesamte Verwendung von Gütern	7.678,51

Auf der Verwendungsseite (rechts) sind z.t. die nichtabzugsfähige Umsatzsteuer und die Einfuhrabgaben (Ab 1971 sind diese – Zölle, Verbrauchssteuern auf Einfuhren u.ä. – eigene Einnahmen der EU.) enthalten. Um die Wertgleichheit von Aufkommen und Verwendung zu erhalten, müssen daher links die Korrekturbuchungen dazu erfolgen, denn der Produktionswert wird ohne in Rechnung gestellte Mehrwertsteuer gebucht, ebenso die Vorleistungen ohne abziehbare Umsatzsteuer (aber inkl. Einfuhrabgaben) wie die Einfuhr ohne Einfuhrabgaben (vgl. auch Abb. 6.2 und die zugehörige Kommentierung).

1 Konsolidiertes Produktionskonto

1.10	Vorleistungen (0.60)	4.129,59	1.60	Produktionswert (0.10)	6.751,84
1.49	Bruttowertschöpfung (2.50)	2.622,25			
	Summe	6.751,84		Summe	6.751,84

2 Konsolidiertes Einkommensentstehungskonto

2.10	Abschreibungen (6.70)	379,16	2.50	Bruttowertschöpfung (1.49)	2.622,25
2.20	Geleistete Produktionssteuern an den Staat (4.61)	147,85	2.70	Empf. Subventionen vom Staat (4.10)	44,89
2.49	Beitrag zum Nettoinlandsprodukt zu Faktorkosten (Nettowertschöpfung) (3.50)	2.140,13			
	Summe	2.667,14		Summe	2.667,14

3 Konsolidiertes Einkommensverteilungskonto

3.09	Geleistete Einkommen an die übrige Welt (8.70)	142,90	3.50	Nettowertschöpfung (2.49)	2.140,13
3.49	Volkseinkommen (4.50)	2.129,23	3.59	Empf. Einkommen aus der übrigen Welt (8.20)	132,00
	Summe	2.272,13		Summe	2.272,13

4 Konsolidiertes Einkommensumverteilungskonto

4.10	Geleistete Subventionen an Unternehmen (2.70)	44,89	4.50 Volkseinkommen (3.49)	2.129,23
4.29	Geleistete lfd. Übertrag. an die übrige Welt (8.80)	206,12	4.61 Empf. ind. Steuern (2.20)	147,85
4.49	Verfügbares Eink. (5.50)	2.299,12	4.62 Nichtabzugsfähige Umsatzsteuer (0.30)	202,63
			4.63 Einfuhrabgaben (0.40)	28,82
			4.69 Empf. lfd. Übertrag. aus der übrigen Welt (8.30)	41,60
	Summe	2.550,13	Summe	2.550,13

5 Konsolidiertes Einkommensverwendungskonto

5.10	Letzter Verbrauch (0.70)	2.097,38	5.50 Verfügb. Einkommen (4.49)	2.299,12
5.49	Ersparnis (6.50)	201,74		
	Summe	2.299,12	Summe	2.299,12

6 Konsolidiertes Vermögensänderungskonto

6.20	Bruttoinvestitionen (0.80)	540,28	6.50 Ersparnis (5.49)	201,74
6.30	Geleistete Vermögens- übertragungen an die übrige Welt (8.87)	25,06	6.70 Abschreibungen (2.10)	379,16
6.49	Finanzierungssaldo gegenüber der übrigen Welt (7.50)	15,82	6.80 Empfangene Vermögens- übertragungen von der übrigen Welt (8.37)	0,26
	Summe	581,16	Summe	581,16

7 Konsolidiertes Finanzierungskonto

7.10	Veränderung der Forderungen gegenüber der übrigen Welt (8.90)	●	7.50 Finanzierungssaldo gegen- über der übrigen Welt (6.49)	15,82
			7.60 Veränderungen der Verbind- lichkeiten gegenüber der übrigen Welt (8.40)	●
			7.99 Statistische Differenz (8.99)	●
	Summe	●	Summe	●

8 Zusammengefaßtes Konto der übrigen Welt

8.10	Käufe von Waren und Dienstleistungen (0.90)	911,26		8.60	Verkäufe von Waren und Dienstleistungen (0.20)	695,22
8.20	Geleistete Erwerbs- und Vermögensein- kommen (3.59)	132,00		8.70	Empfangene Erwerbs- und Vermögensein- kommen (3.09)	142,90
8.30	Geleistete laufende Übertragungen (4.69)	41,60		8.80	Empfangene laufende Übertragungen (4.29)	206,12
8.37	Geleistete Vermögens- übertragungen (6.80)	0,26		8.87	Empfangene Vermögens- übertragungen (6.30)	25,06
8.40	Veränderung der Forderungen (7.60)	●		8.90	Veränderung der Verbindlichkeiten (7.10)	●
				8.99	Statistische Differenz (7.99)	●
	Summe	●			Summe	●

● – Zahlenwert liegt noch nicht vor

11.4   Berechnung von Inlands- und Sozialprodukt

Im Zentrum der VGR steht immer noch die Messung der Leistung und des Einkommens einer Volkswirtschaft. Globale Maßzahl ist – je nachdem, wie man die „räumliche" Abgrenzung der Volkswirtschaft vornimmt – das Inlandsprodukt oder das Sozialprodukt.

11.4.1   Abgrenzungsmöglichkeiten

Einkommen und Erwerbstätigkeit werden in den VGR nach zwei Konzepten gemessen. Das **Inländerkonzept** erfaßt die wirtschaftliche Tätigkeit aller Inländer im In- und Ausland. Nach dem Wohnort- und Produktionsortprinzip gelten alle Wirtschaftseinheiten als Inländer, die ihren ständigen Sitz in der Bundesrepublik haben, also auch ausländische Arbeitnehmer und Tochtergesellschaften ausländischer Unternehmen. Folglich werden nach diesem Konzept bei der Einkommensverteilung alle von Inländern bezogenen Einkommen erfaßt, ganz unabhängig davon, ob sie im Inland oder im Ausland entstanden sind. Zu den Erwerbstätigen zählen nach diesem Konzept alle erwerbstätigen Inländer, auch wenn sie bei Unternehmen im Ausland beschäftigt sind. Der Private Verbrauch ergibt sich aus den Käufen inländischer Haushalte, ohne Rücksicht darauf, ob die Verkäufer In- oder Ausländer sind.

Das **Inlandskonzept** zielt auf die wirtschaftliche Tätigkeit von Arbeit und Kapital im Inland. Bei den Einkommen registriert das Inlandskonzept alle im Inland entstandenen Einkommen. Ob diese Einkommen dann im Inland bleiben oder ins Ausland fließen, spielt dabei keine Rolle. Zu den Erwerbstätigen zählen alle Beschäftigten bei im Inland ansässigen Unternehmen, auch wenn sie im Ausland wohnen und zur Arbeit in die Bundesrepublik einpendeln. Der Private Verbrauch errechnet sich aus allen bei inländischen Unternehmen getätigten Käufen, und es spielt dabei keine Rolle, ob der Käufer In- oder Ausländer ist.

Je nach Erfassungskonzept unterscheidet man zwischen dem **Bruttosozialprodukt** und dem **Bruttoinlandsprodukt**. Auf welchen Wegen man diese berechnen kann, wird in Abs. 11.4.2 bis 11.4.4 gezeigt; wie sich die jeweiligen Varianten (brutto/netto, zu Marktpreisen/Faktorkosten) unterscheiden, wird am Ende dieses Abschnitts dargelegt. Zunächst geht es nur um die Unterschiede zwischen „Inländerprodukt" (= Sozialprodukt) und „Inlandsprodukt" und die Relevanz dieser beiden Varianten für ökonomische Analysen. Das Bruttoinlandsprodukt (BIP) mißt – unter Ausschluß von Vorleistungen – die Produktion von Waren und Dienstleistungen in einem bestimmten Gebiet (Inland) unabhängig davon, ob diejenigen, von denen die Produktionsfaktoren bereitgestellt werden (Erwerbstätige, Kapitaleigner), ihren ständigen Wohnsitz in diesem Gebiet haben oder nicht. Das BIP repräsentiert also die in einem

Wirtschaftsgebiet in einer bestimmten Periode erbrachte wirtschaftliche Leistung und ist somit Meßstab für die inländische Produktionsentwicklung. Das **Bruttosozialprodukt (BSP)** bezieht sich hingegen auf die Güter, die mit Hilfe der Faktorleistung (Arbeit, Kapital) der Einwohner eines bestimmten Gebietes (Inland, Wohnort) produziert werden, unabhängig davon, ob die Produktion im Inland oder in der übrigen Welt stattfindet. Das BSP entspricht daher eher den Einkommen, die den Bewohnern eines bestimmten Gebietes zufließen, egal woher diese Einkommen stammen.

Dementsprechend wird im Rechengang zur Herleitung des BSP aus dem BIP wie folgt vorgegangen:

> BIP
>
> + Empfangene Faktoreinkommen (aus der übrigen Welt an Wirtschaftseinheiten im Inland)
>
> − Geleistete Faktoreinkommen (an Wirtschaftseinheiten mit Sitz in der übrigen Welt)
>
> = BSP.

Abb. 11.5 zeigt diese Beziehung in graphischer Form, während Tab. 11.3 den numerischen Nachweis für 1991 bis 1993 und die drei derzeit in den VGR noch – bis vermutlich 1996 – unterschiedenen deutschen Wirtschaftsgebiete bringt. Als Faktoreinkommen gelten dabei sowohl die Einkommen aus unselbständiger Arbeit (hauptsächlich Pendlereinkommen von Grenzgängern) als auch Einkommen aus Unternehmertätigkeit und Vermögen (Kapitalerträge [Dividenden, Zinsen, Gewinne], Erträge aus Patenten und Lizenzen).

<u>Abb. 11.5:</u> Bruttoinlands- und Bruttosozialprodukt

Bruttoinlandsprodukt		
Geleistete Einkommen an die übrige Welt	In der Inlandsproduktion entstandene Einkommen von Inländern	Empfangene Einkommen aus der übrigen Welt
	Bruttoinländerprodukt oder Bruttosozialprodukt	

Der Vorteil des BIP als Indikator für das Wirtschaftswachstum liegt darin, daß es die Produktion in einem Wirtschaftsgebiet unmittelbar mißt und mithin besser zu weiteren wichtigen Konjunkturindikatoren wie Auftragseingang, Index der industriellen Nettoproduktion, Umsatz, Beschäftigtenzahl paßt. Die Entwicklung des BSP wird dagegen auch durch die Veränderung der per Saldo aus der übrigen Welt empfangenen und geleisteten Faktoreinkommen bestimmt. Die Entwicklung dieser über die Grenzen fließenden Faktoreinkommen hängt – wenn überhaupt – nur sehr indirekt mit der Inlandskonjunktur zusammen. So sind etwa die von Deutschen empfangenen Kapitalerträge primär abhängig vom Vermögensstatus, den Zinssätzen und der Ertragslage im Ausland und den

Währungskursen. Der Vermögensstatus dürfte langfristig von der Entwicklung des Außenhandelssaldos abhängen. Änderungen der allgemeinen Rahmenbedingungen können zu heftigen internationalen Kapitalbewegungen führen, die dann sozialproduktwirksame Kapitalertragszu- und -abflüsse über die Grenzen auslösen. Jüngstes Beispiel dafür sind die Ankündigung einer Quellensteuer in 1990 und die Einführung der Zinsabschlagsteuer zum 01.01.1993. Aus dem Ausland empfangene Kapitalerträge und Binnenkonjunktur haben wenig miteinander zu tun.

Tab. 11.3: BIP und BSP für Deutschland, das frühere Bundesgebiet und die neuen Bundesländer inkl. Berlin–Ost 1991 bis 1993

Gegenstand der Nachweisung	Deutschland			Früheres Bundes- gebiet			Neue Bundes- länder und Berlin–Ost		
	1991	1992	1993	1991	1992	1993	1991	1992	1993
BIP	2.853,60	3.075,60	3.159,10	2.647,60	2.813,00	2.853,70	206,00	262,60	305,40
+ Saldo der Einkommen aus der übrigen Welt	28,40	17,60	$-1,50$	20,40	6,80	$-10,90$	8,00	10,80	9,40
= BSP	2.882,00	3.093,20	3.157,60	2.668,00	2.819,80	2.842,80	214,00	273,40	314,80

Angaben in Mrd. DM; z.T. vorläufige Ergebnisse
Quelle: Fachserie 18, Reihe 1.3 (Konten und Standardtabellen),
    Hauptbericht 1993, p. 144/5

Gemessen an den Kapitalerträgen haben die an die übrige Welt geleisteten bzw. die aus der übrigen Welt empfangenen Einkommen aus unselbständiger Arbeit geringeres Gewicht und sind normalerweise auch geringeren zeitlichen Schwankungen unterworfen. Allerdings hat sich hier für Deutschland im Zuge der Vereinigung eine Besonderheit ergeben. Seit Öffnung der Grenzen ist ein nicht unerheblicher Teil der Differenz zwischen der Entwicklung des BIP und des BSP des früheren Bundesgebietes (und umgekehrt der neuen Bundesländer) darauf zurückzuführen, daß Arbeitnehmer aus den neuen Ländern und Ost–Berlin seit diesem Zeitpunkt im früheren Bundesgebiet arbeiten, ohne dort zu wohnen. Die Einkommen dieser Pendler, deren Zahl zunächst kräftig zugenommen hatte, tragen zum BIP aber nicht zum BSP des früheren Bundesgebietes bei, während für die neuen Länder dies umgekehrt gilt[16].

Die Entwicklung von Produktion und Beschäftigung ist ganz allgemein für konjunkturpolitische Betrachtungen von größerer Bedeutung als die gesamt-

---

[16]1993 betrug der Flächenanteil des früheren Bundesgebietes 70%, der Bevölkerungsanteil 80%, der Erwerbstätigenanteil 82% und der BIP-Anteil 90%.

wirtschaftliche Einkommensentwicklung nach dem BSP. Vor allem deshalb be-
nutzen die meisten Industrieländer als Hauptkonjunkturindikator die Wachstumsrate des realen BIP, vgl. Abs. 13.1.1. So sind Ende 1991 auch die USA
vom BSP– zum BIP-Konzept übergegangen; das Statistische Bundesamt vollzog diesen Schritt im September 1992. Dennoch hat das BSP–Konzept noch
lange nicht ausgedient und wird vom Statistischen Bundesamt nach wie vor
realisiert. Da das BSP eine am Einkommen der Wohnbevölkerung orientierte Größe ist, hat es einen besonderen Wert für solche Analysen, die sich auf
die Verfügbarkeit, die Verteilung und die Verwendung von Einkommen beziehen. Spar- und Lohnquotenberechnung hängen direkt an der Ermittlung des
verfügbaren Einkommens der Privaten Haushalte bzw. am Volkseinkommen.
Auch als Bemessungsgrundlage für die Beiträge der EU–Mitgliedstaaten zum
Haushalt der EU wird das BSP herangezogen. Im früheren Bundesgebiet lag
das BIP bis 1991 im Niveau bis zu 1% unter dem des BSP.

Man unterscheidet zwischen **Brutto- und Nettokonzept.** Das Nettopro-
dukt (für Inland bzw. Inländer) ergibt sich aus dem Bruttoprodukt (für Inland
bzw. Inländer) durch Abzug der **Abschreibungen.** Der Abzug von Abschreibungen ist eine Korrektur für eine zeitliche Vorleistung. Sie dienen der zeitlichen
Verteilung des Aufwands für reproduzierbare Güter des Anlagevermögens, deren Nutzung sich auf mehr als eine Wirtschaftsperiode verteilt. In den VGR
werden die Abschreibungen vom Wiederbeschaffungswert vorgenommen (Prinzip der Erhaltung des realen Vermögensbestands), und zwar linear, so daß
der Gesamtrechner auch die Nutzungsdauer der Anlagen kennen bzw. schätzen
muß. Mithin können für die VGR die Abschreibungen nicht einfach dem betrieblichen Rechnungswesen entnommen werden.

Inlands- und Inländerprodukt können zu **Marktpreisen** oder zu **Faktorkosten** bewertet werden. Mit dem Übergang vom Marktpreiskonzept, nach
dem die Produktion zunächst bewertet wird, zum Faktorpreiskonzept, nach
dem die Einkommensgrößen bewertet werden, wird der Eingriff des Staates in
den Produktionsprozeß über indirekte Steuern und Subventionen berücksichtigt. Man erhält somit folgende Kette von Begriffen:

Bruttoinlandsprodukt (bzw. Bruttosozialprodukt) zu Marktpreisen

– Abschreibungen

= Nettoinlandsprodukt (bzw. Nettosozialprodukt) zu Marktpreisen

– indirekte Steuern

+ Subventionen

= Nettoinlandsprodukt (bzw. Nettosozialprodukt) zu Faktorkosten

Der Begriff **Volkseinkommen** steht abkürzend für **Nettosozialprodukt zu
Faktorkosten.** Tab. 11.4 zeigt in Fortsetzung von Tab. 11.3 die oben definierten „Produkte".

Tab. 11.4: Herleitung des Volkseinkommens 1991 bis 1993 aus dem BSP für
Deutschland, das frühere Bundesgebiet und die
neuen Bundesländer inkl. Berlin–Ost

Gegenstand der Nachweisung	Deutschland			Früheres Bundes- gebiet			Neue Bundes- länder und Berlin–Ost		
	1991	1992	1993	1991	1992	1993	1991	1992	1993
BSP	2.882,00	3.093,20	3.157,60	2.668,00	2.819,80	2.842,80	214,00	273,40	314,80
– ind. Steuern abzgl. Subv.	289,82	325,84	344,79	291,68	319,40	334,41	-1,86	6,44	10,38
= Bruttovolksein.	2.592,18	2.767,36	2.812,81	2.376,32	2.500,40	2.508,39	215,86	266,96	304,42
– Abschreibungen	364,55	399,79	426,84	332,84	359,69	379,16	31,71	40,10	47,68
= Volkseinkommen	2.227,63	2.367,57	2.385,97	2.043,48	2.140,71	2.129,23	184,15	226,86	256,74

Angaben in Mrd. DM; z.T. vorläufige Ergebnisse
Quelle: Fachserie 18, Reihe 1.3 (Konten und Standardtabellen),
    Hauptbericht 1993, p. 144/5

11.4.2 Entstehungsrechnung

Inlandsprodukt und Inländerprodukt lassen sich aufgrund der volkswirtschaftlichen Kreislaufzusammenhänge auf dreierlei Weise definieren und – sofern
man über die entsprechenden statistischen Basisdaten verfügt – unabhängig
voneinander berechnen und mithin kontrollieren. Die für Deutschland historisch älteste und auch datenmäßig am besten abgesicherte Methode ist die
Entstehungs- oder **Wertschöpfungsrechnung.** Diese Methode setzt am
Produktionskonto (vgl. Abb. 6.2) an und bestimmt zunächst für jeden Wirt-
schaftsbereich seine Nettowertschöpfung (= Nettoinlandsprodukt zu Faktorkosten). Durch Addition über alle Wirtschaftsbereiche ergibt sich das gesamte
Nettoinlandsprodukt zu Faktorkosten. Tab. 11.5 zeigt, wie diese Rechnung für
die gesamte Volkswirtschaft (= alle Wirtschaftsbereiche) in den Jahren 1991
bis 1993 aussieht.

Unter **Produktionswert** (eines Unternehmens) versteht man den Wert der
Verkäufe von Waren und Dienstleistungen aus eigener Produktion sowie von
Handelswaren, vermehrt um den Wert der Bestandsänderungen an Halb- und
Fertigwaren aus eigener Produktion und um den Wert der selbsterstellten Anlagen. In den VGR zählen zu den Verkäufen auch die Einnahmen aus Vermietung
von Wohnungen (inkl. unterstellte Mieten für eigengenutzte Wohnungen) und
gewerblichen Anlagen (Leasing) sowie der Eigenverbrauch der Unternehmen.
Der Wert der Verkäufe schließt die in Rechnung gestellte Umsatzsteuer nicht
ein. Der Produktionswert des Staates und der Privaten Organisationen ohne
Erwerbszweck wird, da die Leistungen überwiegend ohne Entgelt abgegeben
werden, durch Addition der Aufwandspositionen dieser Institutionen ermittelt.

Tab. 11.5: Nettoinlandsprodukt zu Faktorkosten 1991 bis 1993 nach der Entstehungsrechnung (Früheres Bundesgebiet)

Gegenstand der Nachweisung		1991	1992	1993
	Produktionswert	6.553,17	6.837,86	6.751,84
−	Vorleistungen	4.108,93	4.242,49	4.129,59
=	Bruttowertschöpfung	2.444,24	2.595,37	2.622,25
+	Nichtabzugsfähige Umsatzsteuer	174,08	187,06	202,63
+	Einfuhrabgaben	29,28	30,57	28,82
=	Bruttoinlandsprodukt	2.647,60	2.813,00	2.853,70
−	Abschreibungen	332,84	359,69	379,16
=	Nettoinlandsprodukt zu Marktpreisen	2.314,76	2.453,31	2.474,54
−	Indirekte Steuern	337,33	364,40	379,30
+	Subventionen	45,65	45,00	44,89
=	Nettoinlandsprod. zu Faktorkosten			
	(Nettowertschöpfung)	2.023,08	2.133,91	2.140,13

Angaben in Mrd. DM; z.T. vorläufige Ergebnisse
Quelle: Fachserie 18, Reihe 1.3 (Konten und Standardtabellen),
    Hauptbericht 1993, p. 92, p. 144

Unter **Vorleistungen** ist der Wert der von anderen Wirtschaftseinheiten bezogenen und im Berichtszeitraum im Zuge der Produktion verbrauchten Güter (Waren und Dienste) zu verstehen. Der Wert der Vorleistungen schließt die nichtabzugsfähige Umsatzsteuer und die Einfuhrabgaben ein.

Die **Abschreibungen** sind oben bereits definiert. Sie betreffen nicht Straßen, Brücken, Wasserwege und ähnliche Güter des Staates mit schwer bestimmbarer Nutzungsdauer.

Zu den **indirekten Steuern** zählen alle Steuern und Abgaben, die bei der Gewinnermittlung abzugsfähig sind (Damit ist nicht die Abzugsfähigkeit als Sonderausgabe gemeint!). Sie enthalten Produktionssteuern, die nichtabzugsfähige Umsatzsteuer und Einfuhrabgaben.

Unter **Subventionen** hat man in der VGR alle Zuschüsse zu verstehen, die der Staat im Rahmen seiner Wirtschafts- und Sozialpolitik für laufende Produktionszwecke gewährt, etwa zur Beeinflussung des Marktpreises oder zur Stützung von Produktion und Einkommen.

11.4.3 Verteilungsrechnung

Während die Entstehungsrechnung den wesentlichen Teil des Volkseinkommens, nämlich das Nettoinlandsprodukt zu Faktorkosten, auf subtraktivem Wege aus dem Produktionswert ableitet, versucht die Verteilungsrechnung das

Nettosozialprodukt zu Faktorkosten (= Volkseinkommen) **auf additivem We-**
ge aus den Faktoreinkommen zu ermitteln. Tab. 11.6 zeigt die hochagg-
gregierte Rechnung für die Jahre 1991 bis 1993 und Tab. 11.7 die Zusammensetzung nach Einkommensarten. Die Einkommensumverteilungskonten im
VGR–Kontensystem zeigen, wie sich aus dem Volkseinkommen das verfügbare
Einkommen eines Sektors ergibt.

Tab. 11.6: Volkseinkommen 1991 bis 1993 nach der Verteilungsrechnung
(Früheres Bundesgebiet)

	Gegenstand der Nachweisung	1991	1992	1993
	Bruttoeinkommen aus unselbständiger Arbeit, im Inland entstanden	1.430,30	1.527,13	1.550,39
+	Bruttoeinkommen aus Unternehmertätigkeit und Vermögen, im Inland entstanden	592,78	606,78	589,74
=	Nettoinlandsprodukt zu Faktorkosten	2.023,08	2.133,91	2.140,13
+	Bruttoeinkommen aus unselbständiger Arbeit von der übrigen Welt	11,97	13,79	14,54
+	Bruttoeinkommen aus Unternehmertätigkeit und Vermögen von der übrigen Welt	111,13	115,98	117,46
–	Bruttoeinkommen aus unselbständiger Arbeit an die übrige Welt	20,03	27,37	29,01
–	Bruttoeinkommen aus Unternehmertätigkeit und Vermögen an die übrige Welt	82,67	95,60	113,89
=	Volkseinkommen	2.042,48	2.140,71	2.129,23

Angaben in Mrd. DM; z.T. vorläufige Ergebnisse
Quelle: Fachserie 18, Reihe 1.3 (Konten und Standardtabellen),
    Hauptbericht 1993, p. 92, p. 144

Die von den Arbeitgebern gezahlten **Einkommen aus unselbständiger**
Arbeit enthalten die Bruttolöhne und -gehälter, die tatsächlichen Arbeitgeberbeiträge zur Sozialversicherung, an Lebensversicherungsunternehmen und
an Pensionskassen, ferner unterstellte Sozialbeiträge, die von Arbeitgebern an
gegenwärtig oder früher beschäftigte Arbeitnehmer gezahlt oder als unverfall-
bare Forderungen gutgeschrieben werden. Die **Einkommen aus Unterneh-**
mertätigkeit und Vermögen im Unternehmenssektor ergeben sich nach Abzug der geleisteten Einkommen aus unselbständiger Arbeit von der aus der
Entstehungsrechnung übernommenen Nettowertschöpfung dieses Sektors. Man
sieht also, daß die Verteilungsrechnung von der Entstehungsrechnung abhängig
ist und im Sinne des zehnten Kreislaufsatzes (vgl. Abs. 11.2) als Differenz
(Saldo) berechnet wird. Welche Konsequenzen dies haben kann, wird sich in
Abs. 11.5.2 zeigen.

Tab. 11.7: Zusammensetzung des Volkseinkommens 1991 bis 1993 nach
Einkommensarten (Früheres Bundesgebiet)

Gegenstand der Nachweisung	1991	1992	1993
Bruttoeinkommen aus unselbst. Arbeit	1.422,24	1.513,55	1.535,92
(= Bruttolohn- und -gehaltssumme	(1.154,68)	(1.226,68)	(1.239,48)
[= Nettolohn- und -gehaltssumme	[778,93]	[816,49]	[825,47]
+ Sozialbeiträge der Arbeitnehmer	[168,38]	[179,99]	[186,36]
+ Lohnsteuer]	[207,37]	[230,20]	[227,65]
+ Sozialbeiträge der Arbeitgeber)	(267,56)	(286,87)	(296,44)
+ Bruttoeink. aus Unternehmertät. und Vermög.	621,24	627,16	593,31
(= Nettoeink. aus Unternehmertät. und Verm.	(529,99)	(536,44)	(507,25)
[= Entnommene Gewinne	[493,08]	[522,78]	[529,93]
+ Nichtentnom. Gewinne]	[36,91]	[13,66]	[– 22,08]
+ Dir. Steuern, Sozialbeitr., Saldo der Übertr.)	(91,25)	(90,72)	(86,06)
= Volkseinkommen	2.043,48	2.140,71	2.129,83

Angaben in Mrd. DM; z.T. vorläufige Ergebnisse
Quelle: Fachserie 18, Reihe 1.3 (Konten und Standardtabellen),
Hauptbericht 1993, p. 201, p. 205

11.4.4 Verwendungsrechnung

Im Gegensatz zur Verteilungs- ist die Verwendungsrechnung in Deutschland
autonom, d.h. sie basiert ihre Aggregate auf Statistiken, die nicht schon in den
anderen beiden Rechnungen verwendet worden sind, und sie ermittelt auch kein
Aggregat als Saldo. Die Verwendungsrechnung zeigt die volkswirtschaftliche
Endnachfrage, die im Prinzip aus Produktionsstatistiken abgeleitet wird. Die
Verwendungsrechnung führt zum Bruttoinlandsprodukt zu Marktpreisen, wie
Tab. 11.8 zeigt.

Der **Private Verbrauch** ist wie Staatsverbrauch und Investitionen nach
dem Inländerkonzept (Käufe **von** Inländern) angesetzt, nicht nach dem Inlandskonzept (Käufe **bei** inländischen Einheiten). Neben den tatsächlichen Käufen
werden auch einige unterstellte Käufe zugerechnet: Eigenverbrauch im Unter-
nehmerhaushalt (etwa bei Landwirten), der Wert der Nutzung von Eigentümer-
wohnungen und Deputate von Arbeitnehmern. Der Verbrauch auf Geschäfts-
kosten (Spesen) wird nicht zum Privaten Verbrauch gerechnet, sondern zu den
Vorleistungen der Unternehmen. Grundstücks- und Gebäudeverkäufe gehören
zu den Investitionen.

Der **Staatsverbrauch** stellt den staatlichen Aufwand für Verwaltungslei-
stungen dar, die den Bürgern ohne spezielles Entgelt zur Verfügung stehen. Er
ergibt sich, indem man vom Produktionswert des Staates (gemessen anhand der
laufenden Aufwendungen staatlicher Institutionen) die – wenigen – Verkäufe
und die selbsterstellten Anlagen abzieht. Alle Aufwendungen für Verteidigungs-
zwecke, auch militärische Bauten und sonstige dauerhafte Ausrüstungen, zählen

zum Staatsverbrauch wie auch die Sachleistungen der Sozialversicherung und
der Sozialhilfe an Private Haushalte.

Tab. 11.8: Bruttoinlandsprodukt zu Marktpreisen 1991 bis 1993 nach der
Verwendungsrechnung (Früheres Bundesgebiet)

Gegenstand der Nachweisung	1991	1992	1993
Privater Verbrauch	1.448,77	1.563,32	1.588,90
+ Staatsverbrauch	466,52	502,86	508,48
(= Verbrauch für zivile Zwecke,	(423,71)	(458,86)	(467,42)
+ Verteidigungsaufwand)	(42,81)	(44,00)	(41,06)
+ Bruttoinvestitionen	583,65	584,28	540,28
(= Anlageinvestitionen	(563,22)	(586,87)	(551,80)
[= Ausrüstungen,	[263,90]	[257,55]	[213,33]
+ Bauten]	[299,32]	[329,32]	[338,47]
+ Vorratsveränderungen)	(20,43)	(− 2,59)	(− 11,52)
= Letzte inländische Verwendung von Gütern	2.498,94	2.623,46	2.637,66
+ Ausfuhr von Waren und Dienstleistungen	875,22	932,65	911,26
= Letzte Verwendung von Gütern	3.374,16	3.556,11	3.548,92
− Einfuhr von Waren und Dienstleistungen	726,56	743,11	695,22
= Bruttoinlandsprodukt zu Marktpreisen	2.647,60	2.813,00	2.853,70
(nachrichtl.: Außenbeitrag = (Ausf. − Einf.))	148,66	189,54	216,04

Angaben in Mrd. DM; z.T. vorläufige Ergebnisse
Quelle: Fachserie 18, Reihe 1.3 (Konten und Standardtabellen),
Hauptbericht 1993, p. 169

Anlageinvestitionen umfassen die Käufe (und die Selbsterstellung) neuer
Anlagen sowie von gebrauchten Anlagen und Land (nach Abzug der Verkäufe
von gebrauchten Anlagen und Land). Als Anlagen werden alle dauerhaften re-
produzierbaren Produktionsmittel angesehen (Ausnahme: militärische Güter
und dauerhafte Güter in Privaten Haushalten), wobei „dauerhaft" bedeutet,
daß die Nutzungsdauer länger als ein Jahr ist. Ausgenommen davon sind ge-
ringwertige Güter.

Die **Vorratsveränderungen** berechnen sich aus Bestandsangaben über
selbsterstellte (nicht gekaufte!) fertige und halbfertige Produkte, die zunächst
auf die Preisbasis 1985 umgerechnet werden. Die Differenz zwischen dem Jah-
resend- und -anfangsbestand zu konstanten Preisen wird dann mit dem Durch-
schnittspreis des laufenden Jahres bewertet, so daß die Vorratsveränderung frei
von Scheingewinnen und -verlusten ist, die aus preisbedingten Änderungen der
Buchwerte resultieren könnten.

Als **Ausfuhr** und **Einfuhr** gelten alle Waren- und Dienstleistungsumsätze
mit Wirtschaftseinheiten, die ihren ständigen Sitz/Wohnsitz außerhalb des jet-
zigen (für Deutschland) bzw. des früheren Bundesgebietes haben. Ausgangspunkt sind die Zahlen des Generalhandels, von denen die von Ausländern auf
deutsche Zollager genommenen und wieder ausgeführten Waren abgesetzt werden.

11.5 Offene Fragen

Obwohl die VGR mittlerweile zu einem gut ausgebauten Instrument der Wirtschaftsbeobachtung und der systematischen Darstellung ökonomischer Vorgänge herangereift sind, die in keiner Volkswirtschaft mehr entbehrt werden können, gibt es noch einige offene Probleme. In diesem Abschnitt gehen wir einigen konzeptionellen und statistischen Schwachstellen der klassischen VGR nach, wie sie sich etwa im SNA– oder ESVG–System präsentieren. Im nachfolgenden Abs. 11.6 werden Erweiterungen der klassischen VGR vorgestellt.

11.5.1 Konzeptionelle Probleme

Zwei Fragen stehen im Zentrum der Kreislaufanalyse und der VGR:

1. Was soll in einer Volkswirtschaft als Produktion gelten?
2. Welche Güter sollen als Endprodukte des Produktionsprozesses gelten?

Die Antwort auf diese Fragen ist derzeit eher pragmatisch und auf der Basis einer 40–50jährigen VGR–Geschichte gegeben; sie könnte auch durchaus anders lauten. Die Antworten sind auch nicht ganz ideologiefrei; man denke etwa an das MPS–Konzept.

Bei der in der VGR nachgewiesenen Produktion handelt es sich vorwiegend um solche, die für den Markt und gegen Entgelt erfolgt. Somit bleiben alle Produktionsvorgänge ausgeklammert, die **unentgeltlich** in einem Haushalt ablaufen (Kinderbetreuung und -erziehung durch die Eltern, Haushaltsführung, Pflege und Reparatur von Haushaltsgeräten inkl. Fahrzeugen, Schrebergarten etc.) oder die eine Person an sich selbst vornimmt (Rasieren, Frisieren, Mani- und Pediküre etc.). Außen vor bleibt aber auch der gesamte Bereich der sog. **Nebenwirtschaft**, auch **Schatten-** oder **Untergrundwirtschaft** genannt, über den zu Beginn der 1980er Jahre sehr viel geforscht worden ist.[17] Zur schattenwirtschaftlichen Produktion, die sich im offiziellen Sozialprodukt nicht niederschlägt, obwohl sie **entgeltlich** erfolgt, gehören folgende Gruppen von Aktivitäten (vgl. KIRCHGÄSSNER, 1984, p. 379):

1. legale Aktivitäten, die legal ausgeführt werden, aber der Erfassung durch die Steuer entzogen werden (Arbeiten von Handwerkern ohne Rechnung),
2. legale Aktivitäten, die illegal ausgeführt werden (Schwarzarbeit),
3. illegale Aktivitäten (z.B. Erpressung von Schutzgeldern, Rauschgifthandel, Prostitution, illegales Glücksspiel etc.).

---

[17]Ein Übersichtsartikel mit zahlreichen Literaturstellen aber auch mit der Darstellung von Methoden zur Schätzung des Umfangs der Schattenwirtschaft ist die Arbeit von KIRCHGÄSSNER (1984), der das in der Schattenwirtschaft erzeugte Nebensozialprodukt mit etwa 10% des offiziellen Sozialprodukts veranschlagt.

Das Volumen der in den ersten beiden Gruppen genannten Aktivitäten dürfte positiv mit der Höhe der Steuern und öffentlichen Abgaben korrelieren. Die Existenz einer Schattenwirtschaft führt dazu, daß Größen wie Sozialprodukt, Volkseinkommen, geleistete Arbeitsstunden und Wirtschaftswachstum zu niedrig, die Arbeitslosigkeit, der Arbeitsausfall durch Arbeitskämpfe und die Inflationsrate zu hoch ausgewiesen werden. Auch taugt das offizielle Sozialprodukt aus diesen und anderen Gründen nicht als Indikator für Wohlstand und Wohlfahrt (vgl. RINNE, 1967; LEIPERT, 1975; RINNE, 1993b).

Die Trennung zwischen Endprodukten und Vor- bzw. Zwischenprodukten wird in der VGR im Prinzip auf der Basis der Überschreitung einer dreifachen Grenzlinie durch ein Gut definiert. Demnach gilt ein Gut als Endprodukt, wenn es

- eine **institutionelle Grenze** überschreitet, nämlich in den Bereich der Privaten Haushalte übergeht, oder
- eine **räumliche Grenze** überschreitet, nämlich an Ausländer übergeht, oder
- eine **zeitliche Grenze** überschreitet, nämlich am Ende einer Rechnungsperiode noch vorhanden ist und in die folgende übergeht.

Ob ein Gut für den Markt produziert wird oder nicht, spielt dabei zunächst keine Rolle. Die Drei–Grenzen–Konvention wird in der VGR–Praxis nicht strikt eingehalten. Auf drei offene Fragen bei der Trennung zwischen Endverbrauch und intermediärem Verbrauch sei speziell hingewiesen (vgl. RINNE, 1993a):

- Staatsausgaben für Dienstleistungen, die Unternehmen unentgeltlich zufließen,
- Grenzziehung zwischen Privatem Verbrauch und Vorleistungen (Fahrten zur Arbeitsstätte und ähnliche Werbungskosten im Sinne des Einkommensteuerrechts),
- Abschreibungen als Verbrauch dauerhafter Güter in Privaten Haushalten und Unternehmungen.

Als weitere offene Fragen, deren Beantwortung auch anders als derzeit gegeben ausfallen könnte, seien genannt:

- Bewertung von in den VGR berücksichtigten, aber nicht über den Markt gehenden Transaktionen,
- Trennung zwischen laufenden und vermögenswirksamen Vorgängen,
- Messung des Werts der Dienstleistungen von Kreditinstituten und Versicherungsunternehmen (vgl. STOBBE, 1994, p. 349 – 351).

11.5.2 Statistische Probleme

Die VGR sind keine originär erhobenen Statistiken, sondern bauen auf vorhandene Statistiken auf. Diese Abhängigkeit hat Konsequenzen. Zum einen setzt sie der **Detaillierung** oder **Disaggregation** Grenzen:

1. In zeitlicher Hinsicht lassen sich VGR nicht für beliebig kurze Perioden aufstellen, obwohl dies für die Konjunkturanalyse wünschenswert wäre. Auch die derzeit vorliegenden Quartalsrechnungen sind nicht so informativ wie die Jahresrechnungen, da es einfach an den Basisdaten fehlt, vierteljährlich in dem Detail zu arbeiten, wie es etwa das jährliche Kontensystem tut.

2. In regionaler Hinsicht sind der Aufstellung von der Datenlage ebenfalls Grenzen gesetzt. Ein Arbeitskreis der Statistischen Landesämter erstellt zwar VGR für die Bundesländer und auch für kreisfreie Städte und Landkreise, allerdings nur für die großen Aggregate (keine sachliche Tiefengliederung) und nach dem Inlandskonzept.[18] Je kleiner die gewählte binnenwirtschaftliche Region ist, desto schwieriger wird die Beschaffung von zuverlässigen Daten über den grenzüberschreitenden Waren-, Dienstleistungs- und Kapitalverkehr.

Zum anderen führt die Abhängigkeit vom Datenanfall der fundierten Erhebungen zu **Revisionen** der zunächst vorläufig anzusehenden VGR–Ergebnisse. Tab. 11.9 zeigt beispielhaft, wie sich das Bruttosozialprodukt zu Marktpreisen für 1960 und für 1961, damit also auch die Wachstumsrate 1961, und die Vorratsveränderung 1960 im Laufe von fast 25 Jahren durch Revisionstätigkeit geändert haben.[19] Die Revisionen in den ersten zwei bis drei Jahren nach Ablauf der Darstellungsperiode (in Tab. 11.9 ist dies das Jahr 1960 bzw. 1961) haben mit dem verspäteten Eintreffen von Erhebungsergebnissen für das Jahr 1960 (bzw. 1961) zu tun. Daraus resultieren die **statistisch bedingten** Revisionen; sie sind i.d.R. nicht sehr groß. Die sogenannten großen oder **Generalrevisionen**, die im mehrjährigen Abstand erfolgen, haben z.T. andere Gründe, etwa Änderungen an den VGR–Konzepten und an den Konstruktions(Schätz-)methoden. Um die Konsistenz in den Zeitreihen zu wahren und keine artefaktischen Strukturbrüche zu erzeugen, werden dann auch die weiter zurückliegenden Daten – z.T. bis 30 Jahre zurück – nach diesen neuen Methoden und Konzepten umgerechnet und revidiert. Einzelheiten der Revisionspraxis des Statistischen Bundesamtes findet man bei RINNE (1965, 1993c, 1993d). Revisionen haben vielfache Auswirkungen: Sie verschieben das Niveau der früheren Daten (i.d.R. nach oben), verändern deren Wachstumsraten (vgl. Tab. 11.9) und beeinflussen die Struktur (= Zusammensetzung) des Sozialprodukts und Volkseinkommens.[20] Besonders unangenehm für die Wirtschaftspolitik war in

---

[18]So zeigt sich etwa, daß Hessen bezüglich der Entwicklung des BIP gegenüber allen alten Bundesländern vorn ist: Von 1970 bis 1992 hat sich dessen BIP nahezu verdoppelt (auf 199%). Am unteren Ende der Fahnenstange steht Bremen mit einem Zuwachs zwischen 1972 und 1992 von nur 43%.

[19]Die Revision der Vorratsveränderung, die z.T. als Saldo ermittelt wird, ist besonders drastisch. Es gibt sogar einige Kalenderjahre, für die sich durch spätere Revision das Vorzeichen der Vorratsveränderung umgekehrt hat.

[20]Welche Auswirkungen auf die ökonomischen Prognosen und die Schätzwerte ökonomischer Koeffizienten (marginale Konsumquote, Multiplikatoren und Akzeleratoren) ausgehen, zeigt RINNE (1969). Neuere Ansätze zu diesem Problem sind bei RINNE (1993d) zitiert.

dieser Beziehung die letzte Generalrevision des Statistischen Bundesamtes von
1991 (vgl. Wirtschaft und Statistik 1991, p. 227 – 247 und p. 653 – 666). Es
muß danach ein Teil der Wirtschaftsgeschichte bzgl. der Verteilung des Volkseinkommens umgeschrieben werden.

Tab. 11.9: Erste und revidierte Schätzwerte für das Bruttosozialprodukt zu
            Marktpreisen 1960 und 1961, dessen Wachstumsrate 1961
            und die Vorratsveränderung 1960 (Früheres Bundesgebiet)

Datum der Schätzung*	BSP_m 1960 Mio. DM	BSP_m 1961 Mio. DM	Wachstumsrate des BSP_m 1961 in v. H.	Vorratsverände-rung Mio. DM
1961, I	275.800	–	–	6.200
1961, IX	276.600	–	–	6.200
1962, I	277.700	310.400	11,78	7.900
1962, IX	277.700	310.400	11,78	7.900
1963, X	296.800	326.400	9,97	8.590
1970, II	302.300	332.600	10,02	8.700
1977, VII	303.000	331.400	9,37	8.900
1982, VIII	303.000	331.400	9,37	9.200
1985, VIII	303.000	331.400	9,37	9.200

*) Jahrgang und Monat von „Wirtschaft und Statistik"
Quelle: RINNE (1993d), p. 98

Die Generalrevision vom Frühjahr 1991 brachte wesentliche Korrekturen für
die Verteilungsrechnung der Jahre 1971 bis 1990. Das Volkseinkommen wurde
nach unten revidiert. Auf ca. 26 Mrd. DM beläuft sich die Differenz für das Jahr
1990, was bei einer Gesamtsumme von 1.870 Mrd. DM vergleichsweise wenig
ist (1,4%). Der Teufel steckt aber im Detail. Die Bruttoeinkommen aus unselbständiger Arbeit sind für 1990 um 48 Mrd. DM heraufgesetzt worden,
das Bruttoeinkommen aus Unternehmertätigkeit und Vermögen mußte
dagegen nach neuester Datenlage um 74 Mrd. DM reduziert werden. Der
Grund für den hohen Korrekturbedarf liegt in der Meßmethode: Was innerhalb
des Volkseinkommens nicht als Arbeitseinkommen identifizierbar ist, kommt in
den großen Topf der Unternehmereinkommen. Aktuelle Konsequenz der Reste–
Messung ist bei nach oben korrigierten Beschäftigungszahlen und Arbeitseinkommen zwangsläufig ein niedrigeres Einkommen aus Unternehmertätigkeit
und Vermögen. Auch die als Verteilungsmaßstab ohnehin umstrittene Lohnquote (vgl. Abs. 7.3.2) fiel den Revisoren zum Opfer; statt bei 66,7% nach der
alten Rechnung liegt sie nun bei 70,2% für 1990.

Aber auch weitere Posten waren zu revidieren. Die Arbeitskosten je Arbeitnehmer mußten um 3,8% heraufgesetzt werden und liegen nun bei 51.520 DM
im Jahre 1990. Die Lohn- und Gehaltssumme je Arbeitnehmer fiel 1990 durch

die Revision brutto um 1.900 DM höher aus, beim Nettoeinkommen waren es pro Monat 150 DM mehr. Weiterer Befund: Die Ertragslage der Unternehmen war 1990 schlechter als ursprünglich angenommen. Die Gewinne im engeren Sinne (= Bruttoeinkommen aus Unternehmertätigkeit und Vermögen abzüglich Miet- und Zinseinkommen Privater Haushalte und abzüglich kalkulatorischem Unternehmerlohn) gingen in 1990 von ursprünglich 287 Mrd. DM auf 196 Mrd. DM zurück, fielen also um knapp ein Drittel. Der Gewinnanteil am Volkseinkommen liegt 1990 nach neuem Datenstand statt bei 15,1% nur noch bei 10,5%. Seit 1971 stiegen diese Gewinne im engeren Sinne nach Revision im Jahresdurchschnitt nur um 6,9% statt um 9% vor Revision.

Ein weiteres statistisches Problem ist die Deflationierung der VGR. Hauptschwierigkeit beim Versuch, die VGR in konstanten Preisen aufzustellen, ist die Existenz von Wertgrößen, die sich nicht eindeutig in eine Preis- und eine Mengenkomponente zerlegen lassen; das sind etwa auf der Verwendungsseite die Dienstleistungen (etwa die des Staates im Bildungs- und Gesundheitswesen, in der Verwaltung), auf der Entstehungs- und Verteilungsseite die Faktoreinkommen und die Umverteilungsströme. Auch die als Salden ermittelten Größen, die sich als Differenz zweier Güterströme ergeben (Wertschöpfung als Differenz von Produktionswert und Vorleistung), machen Schwierigkeiten wie überhaupt alle Ströme von Forderungen und Verbindlichkeiten. Da jedoch dringendes Interesse an Angaben der VGR in konstanten Preisen besteht (etwa für die Konjunkturmessung), wird im Wege eines Kompromisses so verfahren, daß man nicht die komplette VGR deflationiert, also nicht das gesamte Kontensystem, sondern daß man ihr einige wichtige Aggregate entnimmt und außerhalb des Systems deflationiert. So erhält man etwa die reale Bruttowertschöpfung in der Entstehungsrechnung für die einzelnen Wirtschaftszweige im Wege der **doppelten Deflationierung**, d.h. man deflationiert den Produktionswert mit auf PAASCHE–Indizes umgestellten Erzeugerpreisindizes und die Vorleistung mit ebenfalls auf PAASCHE–Konzept umgestellten Einkaufspreisindizes. Die Differenz der resultierenden Größen wird dann als reale Bruttowertschöpfung angesehen. Analog wird auch das Sozialprodukt nach der Verwendungsrechnung behandelt, nämlich – vgl. Tab. 11.8 – als Differenz zwischen den Waren der letzten Verwendung und der Einfuhr, wobei man für die Teilaggregate geeignete – wiederum auf das PAASCHE-Konzept umgestellte – Preisindizes benutzt. Über den Sinn dieser Vorgehensweise berichten NEUBAUER (1974, 1978) und MEYER/PINNO (1985). Dividiert man den nominellen Wert $\sum p_{it} q_{it}$ eines Aggregats durch den so erhaltenen realen Wert, der von der Bauart $\sum p_{i0} q_{it}$ ist (mit derzeit $0 \mathrel{\hat=} 1985$), so erhält man den **impliziten Preisdeflator**, der ein PAASCHE-Preisindex ist.

11.6 Ausbau des Gesamtrechnungssystems

Einige flankierende Systeme zur klassischen VGR, wie sie sich etwa im Kontensystem und den ergänzenden Tabellen für Inlands- und Inländerprodukt darstellen, gibt es schon seit vielen Jahrzehnten, nämlich Finanzierungs-, Vermögens- und Input–Output–Rechnung; andere sind neueren Datums, nämlich die sog. Satellitensysteme.

11.6.1 Finanzierungsrechnung

Die Kontengruppe 7 des deutschen VGR–Kontensystems kann bzgl. der Finanzierung als kaum informativ angesehen werden. Unter der Bezeichnung „Vermögensbildung und ihre Finanzierung" erstellt die Deutsche Bundesbank seit 1955 jährlich eine ausführlichere Finanzierungsrechnung, die i.d.R. im Mai-Monatsbericht veröffentlicht wird. Die dabei unterschiedenen Sektoren sind z.T. noch etwas tiefer gegliedert als im VGR–Kontensystem. Gegenstand einer Finanzierungsrechnung sollte es sein zu zeigen, zwischen welchen Gläubigern und Schuldnern (als Sektoren aufzufassen) welche Arten von Finanzierungsmitteln geflossen sind, um Sach- und Geldvermögen zu bilden. Die Kreditverflechtung wird von der Deutschen Bundesbank allerdings nicht in Konten- oder Kubusform[21] präsentiert, sondern in einer Tabelle, die in ihren Spalten für jeden Sektor die zugeflossenen Forderungen und Verpflichtungen sowie in den Zeilen die Finanzierungsarten (z.B. Sicht- und Termingeldeinlage bei Banken, Erwerb von Aktien, Emission von Aktien, gewährte/genommene Darlehen) ausweist. Aus dieser Darstellung (vgl. etwa: Deutsche Bundesbank, Monatsbericht Mai 1993, p. 34 – 41) ist nicht sicher darauf zu schließen, zwischen welchen Sektoren die Ströme geflossen sind, so daß kein echter Finanzierungskreislauf dargestellt ist.

11.6.2 Vermögensrechnung

Die Vermögensrechnung ist im Gegensatz zu den bisher betrachteten und noch zu betrachtenden Rechnungen ein Bestandsnachweis. Eine umfassende Vermögensrechnung, die alle Arten von Vermögen zeigt, gibt es für Deutschland nicht. Eine solche Volksvermögensrechnung hätte die folgenden Positionen nachzuweisen:

---

[21]Um die Finanzierungsströme nach Gläubigern und Schuldnern und nach Finanzierungsmitteln nachzuweisen, benötigt man eine dreidimensionale Anordnung in Form eines Würfels, bei dem z.B. jede Schicht für ein Finanzierungsmittel steht, von dem gezeigt wird, wer Geber und Empfänger ist.

Aktiva	Schema einer Volksvermögensrechnung	Passiva

1 Sachvermögen
1.1 Nichtreproduzierbar
  – Boden
  – Bodenschätze
  – Kunstwerke
1.2 Reproduzierbar
  – bei Unternehmen
    • Anlagevermögen
    • Lagerbestände
  – bei Haushalten
    • Gebrauchsvermögen
    • Vorräte
1.3 Immateriell
  – Patente, Lizenzen
  – Urheber-, Markenrechte
2 Auslandsforderungen
  – Devisen
  – Kurzfristige Forderungen
  – Langfristige Forderungen
	1 Auslandsverbindlichkeiten
	  – Kurzfristige Verbindlichkeiten
	  – Langfristige Verbindlichkeiten
	2 Rein(Netto-)vermögen der Volks-
	wirtschaft bei
	  – Privaten Haushalten
	  – Privaten Org. o. E.
	  – Öffentlichen Haushalten	

Summe	Summe	

Aus dem obigen Konto sind in real existierenden Vermögensbilanzen immer die Positionen 1.1 und 1.3 auf der Aktivseite ausgelassen. Vermögensrechnungen stellt die Deutsche Bundesbank auf (jährliche Publikation im Mai-Monatsbericht) und das Statistische Bundesamt. Letzteres hat sich stärker auf den Nachweis des Anlagevermögens spezialisiert, das in der Gliederung nach Wirtschaftseinheiten und nach – allerdings sehr groben – Altersklassen berechnet wird. Da es in Deutschland keinen Vermögenszensus gibt, wird zur Bestimmung die **Perpetual–Inventory–Methode** herangezogen. Ausgehend von dem für 1950 geschätzten Anfangsbestand wird dieser durch Fortschreibung über die jährlichen, den VGR entnommenen Investitionen bestimmt. Die Rechnung wird einerseits zu Wiederbeschaffungspreisen und andererseits auch zu konstanten Preisen (derzeit von 1985) durchgeführt.

11.6.3 Input–Output–Rechnung

Im VGR-Kontensystem kommt die Verflechtung zwischen den produzierenden Sektoren des Inlands in den Konten 0 und 1 nicht zur Darstellung; was man den beiden Konten entnehmen kann, sind die summarischen Vorleistungen. Eine **Input–Output–Tabelle (IOT)** zeigt nun einerseits, wie die produzierenden Bereiche untereinander verbunden sind, nämlich im I. Quadranten der IOT (vgl. Abb. 11.6), welche Endnachfrager sie beliefern (im II. Quadranten der IOT) und welche Faktorleistungen und Importe sie einsetzen (im III. Quadranten). Auf diese Weise wird die „Nettorechnung" des Kontensystems zu einem kompletten Güterkreislauf der Volkswirtschaft ergänzt. Unterstellt man noch eine bestimmte Form der makroökonomischen Produktionsfunktion, nämlich eine sog. LEONTIEF–Produktionsfunktion, die linear–homogen ist, so kann man von der deskriptiven zu einer operativen Anwendung der IOT gelangen, zur **Input–Output–Analyse**. Die Bezeichnung **Input–Output–Rechnung** steht hier als Oberbegriff für alle Aktivitäten, die sich mit der Erstellung und deskriptiven Verwendung der IOT befassen, und für die Input–Output–Analyse.

<u>Abb. 11.6:</u> Gerüst einer Input–Output–Tabelle

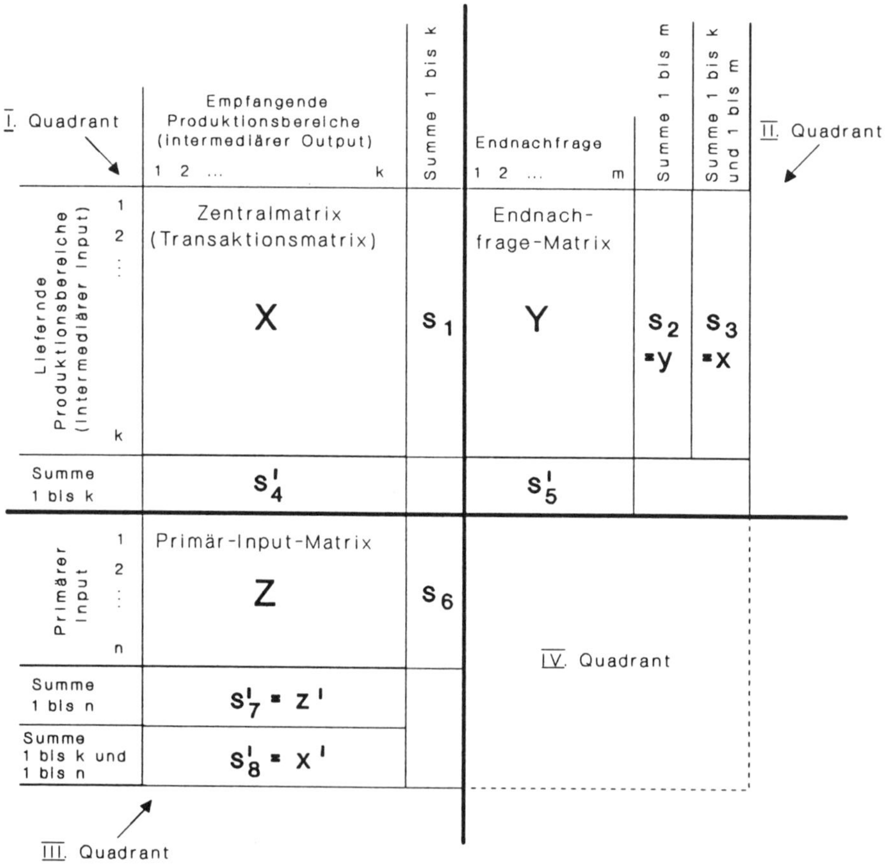

Die IOT besteht aus vier Blöcken oder **Quadranten**, von denen der vierte i.d.R. keine Eintragungen enthält. Kernstück ist der I. Quadrant mit der **Zentral-** oder **Transaktionsmatrix X**. Diese quadratische, aber nicht symmetrische $(k \times k)$–Matrix mit den Elementen x_{ij} zeigt die zwischen den k Produktionsbereichen[22] ausgetauschten Vor- und Zwischenprodukte, also die Vorleistungen. In der i–ten Zeile wird nachgewiesen, welche – i.d.R. wertmäßigen – Lieferungen x_{ij} in der betrachteten Periode (i.a. ein Jahr) vom Bereich i an die anderen Bereiche $(j = 1, \dots, k \wedge j \neq i)$ erfolgten und was die Einheiten in diesem Bereich an sich geliefert haben (x_{ii}). In der Summenspalte s_1, die nicht zur Matrix **X** gerechnet wird, steht, welche Gesamtvorleistung jeder der k Bereiche erbracht hat. Bezeichnet man mit 1_k einen k–elementigen Spaltenvektor von Einsen (= summierender Vektor), so gilt

$$s_1 = X \cdot 1_k. \tag{11.1}$$

In der j–ten Spalte von **X** steht, welche Vorleistungsbezüge der j–te Bereich von anderen Bereichen $(i = 1, \dots, k \wedge i \neq j)$ erhalten hat und von sich selbst verbraucht hat (x_{jj}). Die Summenzeile s_4', die wiederum nicht zur Matrix **X** gehört, weist für jeden der k Bereiche seine insgesamt eingesetzten Vorleistungen aus:

$$s_4' = 1_k' \cdot X. \tag{11.2}$$

Im II. Quadranten stehen eine Matrix **Y** und drei Vektoren: $y := s_2$, $x := s_3$ und s_5'. Die $(k \times m)$–**Matrix der Endnachfrage Y** mit den Elementen y_{is} enthält in der i–ten Zeile die vom Bereich i an die s–te Endnachfrager-Gruppe $(s = 1, \dots, m)$ gelieferten **Güter zur letzten Verwendung.**[23] Die Summenspalte **y** (nicht zu **Y** gehörend) gibt für jeden der k produzierenden Bereiche seine Gesamtlieferung an alle Endnachfrager an:

$$y = Y \cdot 1_k. \tag{11.3}$$

Die Summenzeile s_5' außerhalb von **Y** zeigt für jede der m Endnachfrager-Gruppen ihre jeweilige Gesamtnachfrage:

$$s_5' = 1_m' \cdot Y. \tag{11.4}$$

Der Spaltenvektor $x := s_3$ außerhalb von **Y** weist für jeden der k produzierenden Bereiche seine Gesamtlieferung aus, die sich aus der Vorleistungslieferung in s_1 und der Endnachfrage–Lieferung in s_2 zusammensetzt:

---

[22]Das Statistische Bundesamt arbeitet in seiner ausführlichen IOT mit $k = 58$ Bereichen und in der abgekürzten, im Statistischen Jahrbuch publizierten IOT mit $k = 12$ Bereichen. Die ersten bundesdeutschen IOT wurden ab 1950 von Wirtschaftsforschungsinstituten (DIW, Ifo, RWI) erstellt; das Statistische Bundesamt nahm die Erstellung zu Beginn der 60er Jahre auf.

[23]Das Statistische Bundesamt arbeitet in seiner IOT mit $m = 5$ Gruppen von Endnachfragern.

$$\begin{aligned} \mathbf{x} &= s_1 + s_2 \\ &= \mathbf{X} \cdot \mathbf{1_k} + \mathbf{Y} \cdot \mathbf{1_k}. \end{aligned} \tag{11.5}$$

Die Elemente von $\mathbf{x}$ seien mit $x_{i.}$ bezeichnet und geben die **gesamte Verwendung von Gütern** an.

Der III. Quadrant enthält eine Matrix $\mathbf{Z}$ und drei Vektoren s_6, $\mathbf{z}' := s_7$ und $\mathbf{x}' := s_8$. Die $(n \times k)$-Matrix $\mathbf{Z}$ mit den Elementen z_{rj} gibt den **Primär–Input** (= Faktorleistungen und Importe) an.[24] In der r–ten Zeile von $\mathbf{Z}$ stehen die Einsätze des r–ten Input–Faktors in jedem der k Produktionsbereiche. In der Summenspalte – außerhalb von $\mathbf{Z}$ –

$$s_6 = \mathbf{Z} \cdot \mathbf{1_k} \tag{11.6}$$

ist abzulesen, wie hoch von jedem Primär–Input–Faktor sein gesamter Einsatz gewesen ist, während die Summenzeile

$$\mathbf{z}' := s_7' = \mathbf{1}_k' \cdot \mathbf{Z} \tag{11.7}$$

für jeden der k Produktionsbereiche seinen gesamten Einsatz an Primär–Input zeigt. Bildet man schließlich die Summe der Zeilenvektoren s_4' und s_7':

$$\begin{aligned} \mathbf{x}' &= s_4' + s_7' \\ &= \mathbf{1}_k' \cdot \mathbf{X} + \mathbf{1}_k' \cdot \mathbf{Z}, \end{aligned} \tag{11.8}$$

wobei ein Element von $\mathbf{x}'$ mit $x_{.j}$ bezeichnet sein soll, so wird damit ausgewiesen, welchen Gesamteinsatz an Vorleistungsgütern und Primär–Input ein jeder der k Produktionsbereiche hatte. Es heißt $\mathbf{x}'$ auch der Vektor des gesamten Aufkommens an Gütern in der Volkswirtschaft. Da für **jeden** Produktionsbereich die Summe seiner „Abflüsse" gleich der Summe seiner „Zuflüsse" sein muß, stimmen die Vektoren $\mathbf{x}$ und $\mathbf{x}'$ elementweise überein:

$$\begin{aligned} \mathbf{x} &= (\mathbf{x}')' \\ x_{i.} &= x_{.j} \text{ für } i = j \wedge i, \, j = 1, \ldots, k. \end{aligned} \tag{11.9}$$

Der IV. Quadrant bleibt i.d.R. leer, weil zwischen Endnachfrage und Primär–Input, die hier zusammentreffen würden, keine einfachen funktionalen Beziehungen, wie sie (vgl. weiter unten) in den ersten drei Quadranten – zumindest als approximativ geltend – postuliert werden. Im IV. Quadranten ist ausnahmsweise dann etwas einzutragen, wenn der I. und II. Quadrant nur Güter aus inländischen Produktionsstätten enthalten. Dann sind hier die für die letzte Verwendung importierten Sachgüter und Dienstleistungen anzugeben. Für die deutschen IOT trifft dieser Umstand allerdings nicht zu.

---

[24]Das Statistische Bundesamt unterscheidet in seiner IOT $n = 5$ Arten von Primär–Input.

Hinsichtlich des Aufbaus und der Aussagefähigkeit der IOT ist wichtig zu wissen, welches Modell angewendet wird und wie in der Zentralmatrix die Bereiche gebildet sind. Ist als Darstellungseinheit in jedem Sektor das Unternehmen gewählt worden (Bildung nach institutionellem Aspekt mit Unternehmenszuordnung zu einem Sektor nach dem Schwerpunkt), so spricht man von einer **Marktverflechtungsmatrix**. Die x_{ij} stellen in diesem Fall Marktströme dar. Eine IOT mit diesem Verflechtungstyp paßt in Deutschland besser zum Kontensystem der VGR, das ebenfalls institutionell abgegrenzt ist. Wichtige Eckdaten (etwa in s_1 und s'_4) könnten dann direkt der VGR entnommen werden. IOT dieser Art stellt für Deutschland das DIW auf. Die anderen Institutionen (Statistisches Bundesamt, Ifo und RWI) arbeiten mit einer **Produktionsverflechtungsmatrix** als Zentralmatrix. Dabei sind die Sektoren nach homogenen Güterarten oder Produktionsbereichen abgegrenzt, und man benötigt die fachlichen Unternehmensteile als Darstellungseinheit. Im folgenden wird nur dieser Typ betrachtet, denn er allein ist relevant, wenn man im Rahmen von Input–Output–Analysen zeigen will, wie sich Änderungen in der Endnachfrage und in den Preisen auf die gesamtwirtschaftliche Güterproduktion und Beschäftigung auswirken könnten. Die Unterscheidung zwischen Markt- und Produktionsverflechtungsmatrizen könnte entfallen, wenn jedes Unternehmen ein Einprodukt–Unternehmen wäre.

Die meisten IOT sind – und davon wird auch hier ausgegangen – Modelle des offenen, statisch–evolutorischen Typs. Als **offen** bezeichnet man eine IOT wie die in Abb. 11.6, weil nicht alle ökonomischen Transaktionen in einer Matrix erfaßt sind und dort interdependent ablaufen. Im I. Quadrant entsteht ein offener Kreislauf, denn die Verwendung von Gütern als Endprodukte und das Aufkommen an Faktorleistungen sind in den II. und III. Quadranten ausgelagert. So lassen sich Endnachfrage und Primär–Input frei variieren (exogene Variable), und man kann berechnen, wie sich diese Änderungen auf andere Größen in der IOT auswirken. Das Modell heißt **statisch**, weil zum einen alle Größen in der IOT **einer** Periode – i.d.R. aus einem bestimmten Kalenderjahr – entstammen und zum anderen bei der operativen Input–Output–Analyse unterstellt wird, daß Änderungen, die an den exogenen Variablen im II. oder III. Quadranten erfolgen, zu Anpassungsvorgängen (Produktionserweiterungen oder -einschränkungen) mit einem neuen Gleichgewicht innerhalb einer Periode führen. Mit diesem statischen Modelltyp können also keine (dynamischen) Anpassungsvorgänge dargestellt werden, die über mehrere Perioden ablaufen, bis das neue Gleichgewicht erreicht ist. **Evolutorisch** bedeutet schließlich, daß Investitionen nicht ausgeschlossen oder gleich Null gesetzt sind. Allerdings werden sie nicht auf die einzelnen Tabellenfelder der Zentralmatrix verteilt, sondern sie treten im II. Quadranten auf, entweder in einer einzigen Spalte oder in mehreren Spalten (als z.B. Ausrüstungs-, Bauinvestitionen, Vorratsveränderung).

Die IOT enthält monetäre Größen, d.h. die ausgetauschten, bezogenen und eingesetzten Güter-, Dienst- und Faktorleistungsmengen sind monetär bewertet. Für die Bewertung kommen folgende Preise in Frage:

1. Herstellungspreis,

2. Ab–Werk–Preis bzw. Ab–Zoll–Preis (= Herstellungspreis + indirekte Steuern – Subventionen),

3. Anschaffungspreis (= Ab–Werk–Preis + Handels- und Transportkosten).

Für die Produktionsverflechtungsmatrix sind die Ab–Werk–Preise adäquat, während zur Marktverflechtungsmatrix eher die Anschaffungspreise passen.

Die **IOT** läßt sich zeilen- oder spaltenweise **aufstellen** (berechnen). Geht man zeilenweise vor (**Outputmethode**), so wird zur Bestimmung der Matrizen **X** und **Y** der Output eines Bereichs (d.h. $x_i.$ in **x**) auf der Basis von Absatzstatistiken aufgefächert. Die **Inputmethode** baut die IOT spaltenweise auf, indem für die Bestimmung der Matrizen **X** und **Z** der Input eines Bereichs (d.h. $x._j$ in **x**′) auf der Grundlage von Kostenstruktur-, Material- und Wareneingangsstatistiken aufgegliedert wird. In der Praxis wird man beide Methoden kombiniert einsetzen müssen, da man für einige Bereiche Absatz- und für andere die Input-Statistiken hat. Manche Tabellenfelder werden dabei als Randergänzungen berechnet, gelegentlich sind auch Schätzungen erforderlich.

Die **deskriptive Auswertung** einer IOT besteht

1. in der Strukturuntersuchung der Zentralmatrix **X**,

2. in der Berechnung von Strukturkoeffizienten.

Bei der Strukturuntersuchung der Matrix **X** versucht man – u.U. durch Umordnen von Zeilen und Spalten – festzustellen, ob sie von einem der folgenden Typen ist:

a) **Diagonalmatrix** – In diesem Fall ist jeder der k Bereiche autonom, d.h. nicht mit irgendeinem anderen produktionstechnisch über Lieferungen und Bezüge verbunden.

b) **Block–Diagonalmatrix** – Hier sind die k Bereiche in $l \geq 2$ Gruppen derart zusammengefaßt, daß die in einer Gruppe befindlichen Bereiche verflochten sind, die Blöcke aber nicht.

c) **Dreiecksmatrix** – Hier spricht man von einer **Dependenz**, d.h. es gibt eine Hierarchie in der Produktion.

d) **Allgemeine Matrix** – Dieser Fall ist gegeben, wenn keiner der vorstehenden drei Fälle zutrifft, so daß man von einer **Interdependenz** der k Bereiche sprechen muß.

Die **Input–Koeffizienten**

$$a_{ij} := \frac{x_{ij}}{x._j}; \quad i = 1, \ldots, k \text{ für festes } j, \tag{11.10}$$

werden spaltenweise berechnet, indem man die Vorleistungsinput–Werte x_{ij} des j–ten Bereichs auf seinen gesamten Input $x_{.j}$ bezieht. Da ein Bereich außer dem Vorleistungsinput auch noch Primär–Input hat, gilt

$$\sum_{i=1}^{k} a_{ij} < 1.$$

Die a_{ij} werden auch als **Produktions-** oder technische **Verbrauchskoeffizienten** bezeichnet. Es besagt nämlich a_{ij}, daß zur Erzeugung einer Produkteinheit im Bereich j ein Einsatz von a_{ij} Produkteinheiten des Bereichs i erforderlich sind. (Genauer müßte es heißen, da alle Angaben in monetären Einheiten gemacht werden, daß man im Bereich j zur Erzeugung einer Produktmenge, die eine Währungseinheit Wert ist, vom Bereich i eine Produktmenge benötigt, die a_{ij} Währungseinheiten Wert ist.) Setzt man die spaltenweise Quotientenbildung in die Matrix **Z** fort:

$$c_{rj} := \frac{z_{rj}}{x_{.j}}; \quad r = 1, \ldots, n \ \ \text{für festes } j, \tag{11.11}$$

so ergeben sich die analog zu a_{ij} interpretierbaren **Primär–Input–Koeffizienten**. Man erhält dann

$$\sum_{i=1}^{k} a_{ij} + \sum_{r=1}^{n} c_{rj} = 1 \ \text{für alle } j.$$

Die a_{ij} werden zur $(k \times k)$–**Input–Koeffizienten–Matrix A** zusammengefaßt, entsprechend die c_{rj} zur $(n \times k)$–**Matrix C** der **Primär–Input–Koeffizienten**.

Die **Output–Koeffizienten**

$$b_{ij} := \frac{x_{ij}}{x_{i.}}; \quad j = 1, \ldots, k \ \ \text{für festes } i, \tag{11.12}$$

werden zeilenweise berechnet, indem die gelieferten Vorleistungen des i–ten Bereichs auf seinen gesamten Output $x_{i.}$ bezogen werden. Da ein Bereich i.d.R. außer Vorleistungen auch Endnachfrager beliefert, gilt

$$\sum_{j=1}^{k} b_{ij} < 1.$$

Die b_{ij}, die zur Matrix **B** zusammengefaßt werden, heißen auch **Verteilungskoeffizienten**. Setzt man die zeilenweise Quotientenbildung in die Matrix **Y** fort:

$$d_{is} := \frac{y_{is}}{x_{i.}}; \quad s = 1, \ldots, m \ \ \text{für festes } i, \tag{11.13}$$

so sieht man, wie sich auch der Rest der Lieferung $x_{i.}$ auf die Endnachfrage-Bereiche verteilt. Die d_{is} bilden die $(k \times m)$–Matrix **D** der **Endnachfrage-Output–Koeffizienten**. Für die b_{ij} und d_{is} gilt:

$$\sum_{j=1}^{k} b_{ij} + \sum_{s=1}^{m} d_{is} = 1 \text{ für alle } i.$$

Die **Input–Output–Analyse** knüpft nun an die vorstehend definierten Strukturkoeffizienten an. Dabei werden zwei **Grundmodelle** unterschieden, das **Input–Koeffizientengrundmodell**, das mit den Matrizen **A** und **C** arbeitet, und das mit **B** und **D** operierende **Output–Koeffizientengrundmodell**. Im Input–Koeffizientengrundmodell geht man von einem vorgegebenen Vektor $\mathbf{y}^*$ der Endnachfrage aus und fragt, wie die zugehörigen Vorleistungen x_{ij}^* und der Primär–Input z_{rj}^* aussehen müssen, damit diese Endnachfrage befriedigt werden kann. Im Output–Grundmodell geht man von einem Vektor $\mathbf{z}^{*\prime}$ des Primär–Inputs aus und fragt, wie die zugehörigen Vorleistungen x_{ij}^* und die Endnachfrage y_{is}^* aussehen, die mit diesem Primär–Input zu erreichen sind.

Es sei zunächst das **Input–Koeffizientengrundmodell** vorgestellt. In der beobachteten IOT gilt zunächst für jede der k Zeilen **per Definition** der a_{ij}:

$$
\left.
\begin{aligned}
x_{i.} &= \sum_{j=1}^{k} x_{ij} + \sum_{s=1}^{m} y_{is} \\
       &= a_{i1} \cdot x_{.1} + a_{i2} \cdot x_{.2} + \ldots + a_{ik} \cdot x_{.k} + y_{i.} \quad ^{25}
\end{aligned}
\right\} i = 1, \ldots, k.
$$

(11.14)

Schreibt man diese k Gleichungen kompakt in Matrix–Vektor–Notation, so erhält man:

$$\mathbf{x} = \mathbf{A} \cdot \mathbf{x} + \mathbf{y}.$$

(11.15)

Ist man nun bereit zu unterstellen, daß die in der beobachteten Periode festgestellte Input–Koeffizientenmatrix **A** auch in anderen Perioden für einen anderen Endnachfragevektor $\mathbf{y}^* \neq \mathbf{y}$ unverändert gelten wird, so liegt eine makroökonomische Produktionsfunktion vor, die **linear–homogen** und ferner **limitational**[26] ist. Eine solche Produktionsfunktion heißt auch LEONTIEF-**Produktionsfunktion**.

Eine erste Umformung von (11.15) liefert

$$(\mathbf{E} - \mathbf{A}) \cdot \mathbf{x} = \mathbf{y},$$

(11.16)

wobei **E** die k–reihige Einheitsmatrix ist. Die Matrix $(\mathbf{E} - \mathbf{A})$ heißt LEONTIEF-**Matrix** oder **technologische Matrix**. Sie gestattet, zu einem gegebenen

---

[25]Es ist $y_{i.} = \sum_s y_{is}$ die gesamte Endnachfrage nach Produkten des Bereichs i.

[26]Limitational bedeutet, daß die Substitutionselastizität Null ist, d.h. keine Substitution zwischen Produktionsfaktoren stattfinden kann.

Vektor x^+ der Gesamterzeugung der Produkte der k Bereiche die damit zu befriedigende Endnachfrage y^+ auszurechnen. Gibt man umgekehrt einen Endnachfragevektor y^* vor, so interessiert,

- welche Gesamterzeugung x^* daraus resultiert und
- welcher Primär–Input dazu benötigt wird.

Multipliziert man (11.16) mit der inversen LEONTIEF–Matrix $(E - A)^{-1}$ von links und setzt x^* für x und y^* für y, so erhält man

$$x^* = (E - A)^{-1} \cdot y^* . \tag{11.17}$$

Den benötigten Primär–Input (in seiner Aufteilung auf die k Produktionsbereiche) für den r–ten Primär–Input–Faktor, d.h. die r-te Zeile der neuen Matrix Z^*, ergibt sich als

$$z_r^{*\,\prime} = (\Delta_r^c \cdot (E - A)^{-1} \cdot y^*)' . \tag{11.18}$$

Dabei bezeichnet Δ_r^c die Diagonalmatrix mit den Elementen c_{rj} (r-te Zeile von C) auf der Diagonalen.

Die in (11.17) und (11.18) auftretende Inverse heißt Matrix der **Verflechtungskoeffizienten**

$$V := (E - A)^{-1}. \tag{11.19}$$

Das Element v_{ij} von V gibt an, wieviel (gemessen in Währungseinheiten) der Bereich i mehr produzieren muß, um eine zusätzliche Währungseinheit Endnachfrage nach Gütern des Bereichs j zu befriedigen. Damit sind die v_{ij} **Multiplikatoren**. Daß V eine Matrix mit Multiplikatoren ist, erkennt man an der Reihenentwicklung von V:

$$V = (E - A)^{-1} = E + A + A^2 + A^3 + \dots . \tag{11.20}$$

Hierin beschreibt E den unmittelbaren Einfluß der Endnachfrageänderung und $(A + A^2 + A^3 + \dots)$ deren mittelbaren Einfluß auf die Veränderung in der gesamten Güterproduktion. Dabei bestimmt A den direkten Mehrbedarf an Vorleistung, A^2 etc. den Mehrbedarf an Vorleistung, der vom direkten Mehrbedarf ausgelöst wird usw.

Die Aufstellung des **Output–Koeffizientengrundmodells** erfolgt weitgehend analog zum vorstehenden Modell. Für (11.14) erhält man

$$\left.\begin{aligned} x_{.j} &= \sum_{i=1}^{k} x_{ij} + \sum_{r=1}^{m} z_{rj} \\ &= b_{1j} \cdot x_{1.} + b_{2j} \cdot x_{2.} + \dots b_{kj} \cdot x_{k.} + z_{.j} \quad {}^{27} \end{aligned}\right\} j = 1, \dots, k . \tag{11.21}$$

Die Matrix–Vektor–Notation der k Gleichungen in (11.21) lautet

$$x' = x' \cdot B + z'. \tag{11.22}$$

---

[27]Es ist $z_{.j} = \sum_r z_{rj}$ der Gesamteinsatz von Primär–Input–Faktoren im j-ten Produktionsbereich.

Aus (11.22) erhält man zunächst

$$\mathbf{x}' \cdot (\mathbf{E} - \mathbf{B}) = \mathbf{z}', \qquad (11.23)$$

womit man zu einer gegebenen gesamtwirtschaftlichen Güternachfrage[28] $\mathbf{x}' = \mathbf{x}^{+\prime}$ den Vektor $\mathbf{z}^{+\prime}$ des erforderlichen Primär–Inputs nach Bereichen gegliedert bekommt. Rechtsmultiplikation von (11.23) mit $(\mathbf{E} - \mathbf{B})^{-1}$ liefert, wenn $\mathbf{z}'$ durch den Vektor des verfügbaren Primär–Inputs $\mathbf{z}^{*\prime}$ ersetzt wird:

$$\mathbf{x}^{*\prime} = \mathbf{z}^{*\prime} \cdot (\mathbf{E} - \mathbf{B})^{-1}, \qquad (11.24)$$

so daß sich die mit $\mathbf{z}^{*\prime}$ erzielbare Güterproduktion $\mathbf{x}^{*\prime}$ in den k Bereichen errechnen läßt. Will man schließlich wissen, wie der zu dieser gesamtwirtschaftlichen Güterproduktion gehörende Endnachfragevektor der s–ten Gruppe von Endnachfragern lautet, so erhält man ihn als

$$\mathbf{y}_s^* = (\mathbf{z}^{*\prime} \cdot (\mathbf{E} - \mathbf{B})^{-1} \cdot \Delta_s^d)'. \qquad (11.25)$$

Dabei ist Δ_s^d die Diagonalmatrix mit den Elementen d_{is} (s–te Spalte von $\mathbf{D}$) auf der Diagonalen.

Die vorstehenden theoretischen Darstellungen sollen abschließend durch ein Beispiel ergänzt werden, das aus didaktischen Gründen mit einer kleinen IOT arbeitet. Diese IOT entstand durch Zusammenfassung der 12–Sektoren–IOT, wie sie für 1990 und das frühere Bundesgebiet vom Statistischen Bundesamt aufgestellt worden ist (vgl. BLESES/STAHMER, 1994). Dabei wurde hier wie folgt zusammengefaßt:

- Bereich 1 (= Primär–Sektor) umfaßt aus der Original–IOT die beiden Bereiche „Produkte der Land-, Forstwirtschaft und Fischerei " und „Energie, Wasser, Bergbauerzeugnisse".

- Bereich 2 (= Sekundär–Sektor) besteht aus den sieben Bereichen „Chemische- und Mineralölerzeugnisse, Steine, Erden", „Eisen, Stahl, NE-Metalle, Gießereierzeugnisse", „Stahl- und Maschinenbauerzeugnisse, AVD-Einrichtungen, Fahrzeuge", „Elektrotechnische und feinmechanische Erzeugnisse, EBM-Waren", „Holz-, Papier-, Lederwaren, Textilien, Bekleidung", „Nahrungsmittel, Getränke, Tabakwaren", „Bauleistungen".

- Bereich 3 (= Tertiär–Sektor) enthält die drei Bereiche „Dienstleistungen des Handels und Verkehrs sowie Postdienste", „Übrige marktbestimmte Dienstleistungen", „Nichtmarktbestimmte Dienstleistungen".

Die drei gebildeten Endnachfragegruppen sind:

EF 1 – Privater Verbrauch;

EF 2 – Ausfuhr von Waren und Dienstleistungen (Export);

---

[28]Man beachte, daß $\mathbf{x} = (\mathbf{x}')'$; also steht in $\mathbf{x}'$ ebenfalls die gesamte Nachfrage nach Produkten des i–ten Bereichs, im Gegensatz zu (11.15) allerdings als Zeilenvektor.

Tab. 11.10: Input–Output–Tabelle 1990 für die Bundesrepublik Deutschland
(Ab–Werk–Preise, Angaben in Mrd. DM)

	1	2	3	Summe 1 - 3	EF 1	EF 2	EF 3	Summe EF 1 – EF 3	Gesamte Güter-verwen-dung
1	51	130	39	220	57	10	3	70	290
2	41	851	231	1.123	456	615	456	1.527	2.650
3	27	352	690	1.069	711	83	478	1.272	2.341
Summe 1 - 3	119	1.333	960	2.412	1.224	708	937	2.869	5.281
PI 1	43	572	701	1.316					
PI 2	69	481	46	596					
PI 3	59	264	634	957					
Summe PI 1 - PI 3	171	1.317	1.381	2.869					
Gesamtes Güter-aufkom.	290	2.650	2.341	5.281					

Quelle: Statistisches Jahrbuch 1994, p. 708/9

EF 3 – Zusammenfassung der drei vom Statistischen Bundesamt noch
unterschiedenen Gruppen „Staatsverbrauch", „Vorratsveränderung", „Anlageinvestitionen".

Die drei Primär–Input–Faktoren stehen für:

PI 1 – Einkommen aus unselbständiger Arbeit (entspricht also in etwa
der Vergütung für den Arbeitseinsatz),
PI 2 – Einfuhr von gleichartigen Gütern (Import),
PI 3 – Zusammenfassung der drei vom Statistischen Bundesamt noch unterschiedenen Primär–Input–Arten „Abschreibungen", „Einkommen aus Unternehmertätigkeit und Vermögen" (entspricht in etwa dem Einkommmen des Faktors Kapital), „Produktionssteuern
abzüglich Subventionen".

Die drei gebildeten Produktionsbereiche sind so heterogen, daß man kaum
die Gültigkeit der LEONTIEF-Produktionsfunktion unterstellen darf, besonders
dann nicht, wenn man Input–Output–Analysen für solche Vektoren y^* oder $z^{*\prime}$
machen will, die stark von den in der Tabelle stehenden, beobachteten Vektoren
y bzw. z' abweichen. Gleichwohl wird dies nachfolgend geschehen, allerdings
zur Demonstration der Rechengänge und nicht mit dem Anspruch auf Relevanz
der Ergebnisse für die Praxis, etwa für Prognosen.

Aus Tab. 11.10 ergeben sich die folgenden Koeffizientenmatrizen:

$$\mathbf{A} = \begin{pmatrix} 0,1759 & 0,0491 & 0,0167 \\ 0,1414 & 0,3211 & 0,0987 \\ 0,0931 & 0,1328 & 0,2947 \end{pmatrix},$$

$$\mathbf{C} = \begin{pmatrix} 0,1483 & 0,2158 & 0,2994 \\ 0,2379 & 0,1815 & 0,0196 \\ 0,2034 & 0,0996 & 0,2708 \end{pmatrix},$$

$$\mathbf{B} = \begin{pmatrix} 0,1759 & 0,4483 & 0,1345 \\ 0,0155 & 0,3211 & 0,0872 \\ 0,0115 & 0,1504 & 0,2947 \end{pmatrix},$$

$$\mathbf{D} = \begin{pmatrix} 0,1965 & 0,0345 & 0,0103 \\ 0,1721 & 0,2321 & 0,1721 \\ 0,3037 & 0,0355 & 0,2042 \end{pmatrix}.$$

Die LEONTIEF–Matrix lautet:

$$\mathbf{E} - \mathbf{A} = \begin{pmatrix} 0,8241 & -0,0491 & -0,0167 \\ -0,1414 & 0,6789 & -0,0987 \\ -0,0931 & -0,1328 & 0,7053 \end{pmatrix};$$

ihre Inverse ist

$$\mathbf{V} = (\mathbf{E} - \mathbf{A})^{-1} = \begin{pmatrix} 1,2351 & 0,0977 & 0,0429 \\ 0,2888 & 1,5373 & 0,2220 \\ 0,2174 & 0,3024 & 1,4653 \end{pmatrix}.$$

Die ersten beiden Terme nach $\mathbf{A}$ in der Reihenentwicklung von $\mathbf{V}$ gemäß (11.20) sind:

$$\mathbf{A}^2 = \begin{pmatrix} 0,0394 & 0,0266 & 0,0127 \\ 0,0795 & 0,1232 & 0,0631 \\ 0,0626 & 0,0863 & 0,1015 \end{pmatrix},$$

$$\mathbf{A}^3 = \begin{pmatrix} 0,0119 & 0,0122 & 0,0070 \\ 0,0373 & 0,0518 & 0,0321 \\ 0,0327 & 0,0443 & 0,0395 \end{pmatrix}.$$

Ab $\mathbf{A}^9$ werden hier – auf vier Nachkommastellen genau – die potenzierten Matrizen zu Nullmatrizen, d.h. ab „Runde 12" gibt es praktisch keine Nachwirkungen mehr von einer Endnachfrage–Änderung auf die Gesamtproduktion.

Angenommen, die Endnachfrage des Auslands (= Export) nach Gütern des Sekundär–Sektors erhöht sich von 615 Mrd. DM (in Tab. 11.10) um ca. 5,7% auf 650 Mrd. DM. Der neue Endnachfrage–Vektor lautet dann:

$$\mathbf{y}^* = \begin{pmatrix} 70 \\ 1.562 \\ 1.272 \end{pmatrix}.$$

Dazu gehört ein neuer Vektor des Gesamtoutputs der drei Bereiche von

$$\mathbf{x}^* = (\mathbf{E} - \mathbf{A})^{-1} \cdot \mathbf{y}^* = \begin{pmatrix} 293,6 \\ 2.703,9 \\ 2.351,4 \end{pmatrix}.$$

Da der bisherige Gesamtoutput der drei Bereiche

$$\mathbf{x} = \begin{pmatrix} 290 \\ 2.650 \\ 2.341 \end{pmatrix}$$

ist, führt die Nachfragesteigerung um 35 Mrd. DM im Sekundär–Sektor bei diesem zu einem Outputanstieg von 53,9 Mrd. DM, wovon 35 Mrd. DM unmittelbar ausgelöst worden sind und der Rest von 18,9 Mrd. DM die mittelbare Wirkung im Sekundär–Sektor ist. Mittelbare Auswirkungen hat es auch im Primär–Sektor gegeben, dessen Output um 3,6 Mrd. DM gestiegen ist, und im Tertiär–Sektor mit einem Output–Anstieg um 10,4 Mrd. DM. Addiert man die Zuwächse auf, so sieht man, daß die 35 Mrd. DM noch zusätzlich einen Outputanstieg in allen Bereichen von 32,9 Mrd. DM erbracht haben.

Wie lautet zu $\mathbf{x}^*$ die Matrix $\mathbf{Z}^*$ des Primär–Inputs?

- Zu PI 1 (Einkommen aus unselbständiger Arbeit) gehört gemäß (11.18) der neue Vektor

$$\mathbf{z}_1^{*\prime} = \left[\begin{pmatrix} 0,1483 & 0 & 0 \\ 0 & 0,2158 & 0 \\ 0 & 0 & 0,2994 \end{pmatrix} \cdot \mathbf{x}^* \right]^{\prime}$$

$$= \begin{pmatrix} 43,5 & 583,5 & 704,0 \end{pmatrix}.$$

Aufsummiert wird das zu einem neuen Gesamtbruttoeinkommen von 1.331,0 Mrd. DM und damit 15,0 Mrd. DM mehr als in der Ausgangssituation von Tab. 11.10.

- Zu PI 2 (Einfuhr) lautet der neue Vektor

$$
z_2^{*\prime} = \left[\begin{pmatrix} 0,2379 & 0 & 0 \\ 0 & 0,1815 & 0 \\ 0 & 0 & 0,0196 \end{pmatrix} \cdot x^* \right]^{\prime}
$$
$$
= \begin{pmatrix} 69,9 & 490,8 & 46,1 \end{pmatrix}.
$$

Der Wert aller Importe ist damit von 596 Mrd. DM in Tab. 11.10 auf 606,8 Mrd. gestiegen.

- Zur PI 3 (restlicher Primär–Input) gehört der neue Vektor

$$
z_3^{*\prime} = \left[\begin{pmatrix} 0,2034 & 0 & 0 \\ 0 & 0,0996 & 0 \\ 0 & 0 & 0,2708 \end{pmatrix} \cdot x^* \right]^{\prime}
$$
$$
= \begin{pmatrix} 59,7 & 269,3 & 636,8 \end{pmatrix}.
$$

Damit hat sich der Gesamteinsatz der restlichen Primär–Input–Faktoren von 957 Mrd. DM in Tab. 11.10 auf 965,8 Mrd. DM erhöht.

Bezüglich des Arbeitens mit dem Output–Koeffizienten–Grundmodell sei auf Aufgabe 11.6 verwiesen.

11.6.4 Satellitensysteme

Nicht allen Informationswünschen aus Wirtschaft und Gesellschaft kann die klassische VGR, wie sie sich im Kontensystem und den sie ergänzenden Tabellen präsentiert, gerecht werden. Anstatt nun das System zu erweitern, gehen die statistischen Ämter weltweit einen anderen Weg; sie ergänzen es durch locker mit ihm verbundene spezielle Rechenwerke, die als **Satellitensysteme** zur VGR bezeichnet werden. Ein solches Satellitensystem soll neuen Anforderungen an die Gesamtrechnungen begegnen, etwa im Hinblick auf die umfassende Darstellung gesellschaftlicher Anliegen oder **Aufgabenbereiche** wie etwa:

- Bildung,
- Forschung,
- Gesundheit,
- Haushaltsproduktion,
- Tourismus, Freizeit,
- Umwelt.

In einem Satellitensystem sind quantitative Angaben zu einem Aufgabenbereich nach einem detaillierten, aber unter einheitlichen Gesichtspunkten strukturierten Darstellungsschema zusammenzustellen, wobei monetäre und nichtmonetäre Angaben einbezogen werden. Im **monetären Bereich** werden die
Basiskonzepte, Definitionen, systematischen Gliederungen und Methoden der
VGR übernommen. Das sichert die Anbindung und Verknüpfung mit VGR–
Daten und erleichtert die Analyse der ökonomischen Bedeutung des jeweiligen Aufgabenbereichs. Den Besonderheiten eines Aufgabenbereichs wird durch
zusätzliche Klassifikationen und dem tieferen Nachweis der spezifischen Vorgänge im Aufgabenbereich entsprochen. Für einen Aufgabenbereich sind grundsätzlich drei Problemstellungen interessant:

1. Welche Ausgaben werden für einen Aufgabenbereich von wem
   getätigt, und welche Leistungen werden damit produziert?
2. Wer finanziert diese Ausgaben letztlich?
3. Wer ist Nutznießer welcher Ausgaben?

Je nach Aussagezweck kann die Ausgestaltung eines Satellitensystems mehr den
Produktions-, den **Finanzierungs-** oder den **Benefizaspekt** berücksichtigen. Die Auswahl der in einem Satellitensystem dargestellten **nicht–monetären Größen** hängt vom Verwendungszweck und den verfügbaren Informationen ab. Sie reicht z.B. von den produzierten Gütern über den mengenmäßigen Input zur Produktion, die Verwendung bereichstypischer Güter und die
Begünstigten bis hin zu Angaben über Indikatoren zur Erfolgsmessung.

National wie international konzentrieren sich die Aktivitäten der Statistiker seit einigen Jahren auf die Erstellung von **Umwelt–Satellitensystemen**.
In ihnen werden die ökonomisch–ökologischen Wechselwirkungen abgebildet.
Dabei steht der ökonomische Aspekt durch die Verknüpfung mit den VGR im
Vordergrund. Durch Einbeziehung der nicht–monetären Daten über die Umweltsituation bildet ein Umwelt–Satellitensystem auch ein Bindeglied zwischen
den VGR und einem rein ökologisch orientierten Berichtssystem, vgl. Abs. 12.4.

Zur Verknüpfung unbezahlter Arbeit im Haushalt – kurz: Haushaltsproduktion – mit den VGR und zur Fundierung von Untersuchungen über Verlagerungen zwischen Markt- und Haushaltsproduktion sowie über den Funktionswan-
del von Haushalten wurde vom Statistischen Bundesamt kürzlich ein **Satellitensystem „Haushaltsproduktion"** entwickelt (vgl. SCHÄFER/SCHWARZ,
1994). Die statistische Basisinformationen hierzu lieferte eine Zeitbudgeterhe-
bung (auf der Rechtsgrundlage von § 7 BStatG) in den Jahren 1991/2 bei 7.200
Haushalten in den alten und neuen Bundesländern. Im **Wertbaustein** dieses
Satellitensystems wird zunächst der jährliche Umfang unbezahlter Arbeit berechnet. Dieser ist für 1992 mit 77 Mrd. Stunden deutlich höher als jener der
bezahlten Arbeit (48 Mrd. Stunden). Die Bewertung dieses Stundenvolumens
erfolgte nach mehreren Verfahren, die zu Ergebnisspielräumen von über 100%
führten. Die gesamte Bruttowertschöpfung in der Haushaltsproduktion erreich-

te 1992 selbst bei vorsichtiger Bewertung (unterer Wertansatz) eine Größenordnung von 1.051 Mrd. DM, das sind 38% des BIP. Davon entfielen 965 Mrd. DM auf die unterstellten Einkommen aus Eigenleistungen, 80 Mrd. DM auf Abschreibungen auf das Produktionsvermögen in den Haushalten (z.B. Waschmaschine, Herd, Kraftfahrzeug) und 6 Mrd. DM auf Produktionssteuern abzgl. Subventionen. Von der Entstehungsseite betrachtet entfielen 715 Mrd. DM auf hauswirtschaftliche Tätigkeiten. Es folgten die unentgeltlichen Pflege- und Betreuungsdienstleistungen mit 108 Mrd. DM, die handwerklichen Aktivitäten mit 77 Mrd. DM und die Leistungen im Ehrenamt mit 43 Mrd. DM. Die restlichen 108 Mrd. DM entfielen auf die von Privaten Haushalten erbrachten Dienstleistungen für den Eigenbedarf.

Im **Mengenbaustein** geht es um die differenzierte Darstellung des Zeiteinsatzes für die Aktivitäten der Haushaltsproduktion und eine tiefere sozioökonomische Aufgliederung des Zeiteinsatzes. Dabei ist aufzuzeigen, welche Personen für wen (den eigenen Haushalt, fremde Haushalte, soziale Organisationen) welche Leistungen erbringen. Dem Mengenbaustein kommt angesichts der Bewertungsprobleme eine mindestens ebenso große Bedeutung im Satellitensystem zu. So läßt sich etwa die geschlechtsspezifische Arbeitsteilung im Haushalt besser auf der Zeit- als auf der Wertebene untersuchen. Ferner können auf der Mengenebene die Verlagerungen zwischen Markt- und Haushaltsproduktion klarer aufgezeichnet werden.

Trotz der gewonnenen Erkenntnisse gilt: Auch künftig wird die unbezahlte Haushaltsarbeit wohl kaum in die Berechnung des Inlandsprodukts einfließen können, da

1. die internationale Vergleichbarkeit der Inlandsprodukte gefährdet würde (Es sei denn, alle Staaten der Welt entschließen sich dazu, einem UN–Beschluß von 1993 zu folgen und ihre VGR entsprechend umzustellen.),

2. der intertemporale Vergleich der Inlandsprodukte nur schwer möglich wäre, denn entweder müßten die Anteile der Haushaltsproduktion in der laufenden Aufstellung der VGR herausgerechnet werden oder man müßte für die zurückliegenden Jahre die Haushaltsproduktion hinzurechnen, was wohl nur im Wege einer vagen und gewagten Schätzung geschehen könnte.

11.7 Rechtsgrundlagen und wichtige Datenquellen

Die Aktivitäten des Statistischen Bundesamtes auf dem Gebiet der VGR haben ihre Rechtsbasis in § 3, Abs. 1, Nr. 7 BStatG 1987 (BGBl I, p. 462, 565):

> „(1) Aufgabe des Statistischen Bundesamtes ist es . . .
> 7. Volkswirtschaftliche Gesamtrechnungen und sonstige Gesamtsysteme statistischer Daten für Bundeszwecke aufzustellen sowie für allgemeine Zwecke zu veröffentlichen und darzustellen."

Die Umweltstatistiken stützen sich auf:

- Gesetz über Umweltstatistiken in der Fassung der Bekanntmachung vom 14.03. 1980 (BGBl I, p. 311),
- Statistikbereinigungsverordnung vom 15.09.1984 (BGBl I, p. 1247).

Das Statistische Bundesamt stellt seine VGR–Daten zur Verfügung in:

- Fachserie 18 (VGR) – Reihe 1 (Konten und Standardtabellen), Reihe 2 (Input–Output–Tabellen), Reihe 3 (Vierteljahresergebnisse der Sozialproduktsberechnung), Reihe S (Sonderbeiträge);
- Bevölkerungsstruktur und Wirtschaftskraft der Bundesländer, jährlich;
- Lange Reihen zur Wirtschaftsentwicklung, zweijährlich;
- Kapitel 24 des Statistischen Jahrbuchs, wo auch Hinweise auf weiterführende Publikationen zu finden sind.

Umweltstatistiken findet man in:

- Fachserie 19 (Umweltschutz) – Reihe 1 (Abfallbeseitigung), Reihe 2 (Wasserversorgung und Abwasserbeseitigung), Reihe 3 (Investitionen für Umweltschutz im Produzierenden Gewerbe);
- Umweltinformationen der Statistik, zweijährlich;
- Kapitel 26 des Statistischen Jahrbuchs mit Hinweisen auf weiterführende Publikationen.

Literatur zu Kapitel 11 [29]

ABELS, H. (1991), p. 169 – 206
ANDERSON, O. u.a. (1983), p. 341 – 370
BLESES, P. / STAHMER, C. (1994)
BRÜMMERHOFF, D. (1989)
BRÜMMERHOFF, D. / LÜTZEL, H. (1993, Hrsg.)
HASLINGER, F. (1986)
HOLUB, W. / SCHNABL, H. (1985)

---

[29]Man findet hier nur eine Kurzzitierung. Die vollständigen bibliographischen Angaben stehen im Literaturverzeichnis, Kap. 15.

HUJER, R. / CREMER, R. (1978), p. 145 – 182
KRENGEL, R. (1973)
KRENGEL, R. (1982)
KUNZ, D. (1987), p. 35 – 90
LIPPE, P. V. D. (1990), p. 116 – 219
REICH, U.-P. / STAHMER, C. (1984)
STOBBE, A. (1994), p. 340 ff.
UNGERER, A. / HAUSER, S. (1986), p. 77 ff.
ZWER, R. (1981), p. 19 – 203
ZWER, R. (1985), p. 217 – 282

| AUFGABE 11.1 |

Welche der folgenden Aussagen bezogen auf die derzeitige VGR der Bundesrepublik sind richtig?

A) Die VGR ist eine ex–post–Darstellung.

B) In der VGR werden in allen Sektoren nur Marktvorgänge erfaßt.

C) Das Bruttosozialprodukt verändert sich nicht, wenn der verwitwete Vater dreier Kinder die Kinderfrau heiratet.

D) Im Sinne der VGR sind die in der Bundesrepublik tätigen ausländischen Arbeitnehmer überwiegend Inländer.

E) Sozialprodukt ist synonym mit Inländerprodukt.

F) Der Bruttoproduktionswert unterscheidet sich vom Bruttoinlandsprodukt durch die Abschreibungen.

G) Das Nettosozialprodukt zu Faktorkosten ist das um den Saldo aus indirekten Steuern und Subventionen verminderte Nettosozialprodukt zu Marktpreisen.

H) Das Nettosozialprodukt zu Marktpreisen erhält man durch Subtraktion der Abschreibungen vom Bruttosozialprodukt zu Marktpreisen.

I) Die Verteilungsrechnung stellt dar, wie sich die erzeugten Güter und Dienste auf Konsum, Investitionen und Exporte verteilen.

J) Das Bruttoeinkommen aus unselbständiger Arbeit umfaßt die Bruttolöhne und -gehälter sowie die (tatsächlichen und unterstellten) Sozialbeiträge der Arbeitgeber.

K) Aus dem Ansteigen der Lohnquote (= Bruttoeinkommen aus unselbständiger Arbeit/Volkseinkommen) folgt, daß das Durchschnittseinkommen der Bezieher von Einkommen aus unselbständiger Arbeit sich stärker erhöht hat als das Durchschnittseinkommen aus Unternehmertätigkeit und Vermögen.

AUFGABE 11.2

Ergänzen Sie die fehlenden Begriffe, Rechenzeichen und Werte für das Jahr 1990 und das frühere Bundesgebiet (aus dem Statistischen Jahrbuch 1994):

		(Mrd. DM)
	Produktionswert	6.004,15
...	....	3.758,90
=	Bruttowertschöpfung	....
...	Nichtabzugsfähige Umsatzsteuer	154,97
...	....	24,98
=	Bruttoinlandsprodukt zu Marktpreisen	....
...	....	303,01
=	Nettoinlandsprodukt zu Marktpreisen	....
...	....	253,39
=	Nettoinlandsprodukt zu Faktorkosten	....
−	Erwerbs- und Vermögenseinkommen an den Rest der Welt	81,51
...	....	104,51
=	....	....

AUFGABE 11.3

a) Aus welchen Konten in funktioneller Gliederung besteht das Kontensystem der bundesdeutschen VGR und was bedeuten die Salden der einzelnen Konten?

b) Inwiefern spielen die Konten 0 und 8 eine Sonderrolle?

c) Auf welchen Konten welcher Sektoren finden Buchung und Gegenbuchung folgender Ströme statt:

    ca) Abschreibungen der Unternehmen,

    cb) Gehaltszahlung inländischer Unternehmer an in der Bundesrepublik lebende Gastarbeiter (an täglich aus Holland ein- und auspendelnde Grenzgänger),

    cc) von Privaten Haushalten gezahlte direkte Steuern,

    cd) Konsumgüterkäufe Privater Haushalte,

    ce) Zahlung von Erbschaftsteuer durch Private Haushalte,

    cf) Geldüberweisung von Gastarbeitern in ihre Heimatländer?

| AUFGABE 11.4 |

a) Vervollständigen Sie die folgende Input–Output–Tabelle:

	1	2	y_i	$x_i.$
1			90	200
2	50	10		
prim. Input	70			
$x._j$				

Es sei bekannt, daß der Anteil des primären Inputs beim Sektor 2 sich auf 60% des gesamten Inputs dieses Sektors beläuft.

b) Wie groß ist nach dieser Tabelle das Bruttosozialprodukt zu Marktpreisen, wenn der Saldo der Erwerbs- und Vermögenseinkommen – 5 beträgt?

c) Die Inverse zur technologischen Matrix einer (3×3)–Tabelle sei mit

$$(\mathbf{E} - \mathbf{A})^{-1} = \begin{pmatrix} 2,5 & 0,4 & 1,1 \\ 0,3 & 0,8 & 0,1 \\ 1,4 & -0,7 & 1,5 \end{pmatrix}$$

berechnet. Stimmt das?

d) Kann die Determinante von $(\mathbf{E} - \mathbf{A})$ gleich Null werden? Kurze Begründung!

| AUFGABE 11.5 |

Gegeben sei die folgende (fiktive) Zentralmatrix einer 3–Sektoren–Input–Output–Tabelle.

	1	2	3
1	6	0	8
2	4	1	5
3	0	0	1

Das gesamte Aufkommen an Gütern der Sektoren 1 bis 3 beträgt 15, 12 und 16. Berechnen Sie:

a) die Matrix der Output–Koeffizienten,

b) die Matrix der Input–Koeffizienten,

c) die triangulierte Vorleistungsmatrix,

d) die LEONTIEF-Matrix,

e) die Inverse der LEONTIEF-Matrix,

f) den gesamten Output und den primären Input der drei Sektoren zu einer Endnachfrage von 2 beim Sektor 1, 13 beim Sektor 2 und 20 beim Sektor 3.

AUFGABE 11.6

Gehen Sie von der IOT in Tab. 11.10 aus und verwenden Sie die dort schon berechneten Matrizen und die Inverse $(\mathbf{E} - \mathbf{A})^{-1}$ sowie

$$(\mathbf{E} - \mathbf{B})^{-1} = \begin{pmatrix} 1,2351 & 0,8922 & 0,3458 \\ 0,0317 & 1,5373 & 0,1961 \\ 0,0269 & 0,3424 & 1,4653 \end{pmatrix},$$

um die nachfolgenden Fragen zu beantworten:

a) Der Private Verbrauch von Erzeugnissen des Tertiär–Sektors steigt um 70 Mrd. DM, also um knapp 10%.

  aa) Wie lautet dann die Gesamtproduktion in jedem der drei Sektoren und um wieviel hat sie sich jeweils verändert?

  ab) Welche Einkommen aus unselbständiger Arbeit werden jetzt in jedem Sektor gezahlt und wie stark ist das Gesamteinkommen aus unselbständiger Arbeit angestiegen?

  ac) Wie lauten die Importwerte der drei Bereiche und wie hat sich der Importwert insgesamt verändert?

b) In jedem der drei Sektoren werden 10% mehr Arbeitskräfte beschäftigt, so daß das Einkommen aus unselbständiger Arbeit um 10% zunimmt.

  ba) Welche Auswirkungen hat dies auf den Output eines jeden Sektors?

  bb) Wie sieht dann der Vektor des Privaten Verbrauchs aus?

  bc) Wie lautet jetzt der Vektor der Exporte?

Kapitel 12

Umweltstatistik

Fragen der Erhaltung bzw. Verbesserung der Umweltbedingungen gewinnen immer mehr an Bedeutung. Das in jüngster Vergangenheit stark gewachsene Bewußtsein der Interdependenz von Ökonomie und Umwelt hat zu einem Anstieg des Informationsbedarfs geführt. Neben dem generellen Interesse am Zustand der Umwelt an sich sind die vielfältigen und vielgestaltigen Wechselbeziehungen zwischen ökonomischen Aktivitäten und ökologischen Tatbeständen bzw. Entwicklungsprozessen in den Mittelpunkt des Interesses gerückt. Das ist der Ausgangspunkt für eine umweltökonomische Berichterstattung. Sie hat die Aufgabe, ein quantitatives Rahmenwerk der jeweils relevant erachteten Zusammenhänge zu schaffen und zu vermitteln.

Rationale politische Entscheidungen, Planung und Prognose setzen aktuelle und umfassende statistische Informationen voraus. Die Erhebung von Daten über die Inanspruchnahme von Umweltmedien, Umweltbelastungen und Umweltschutzmaßnahmen soll diesen Erfordernissen Rechnung tragen. Die methodische Herangehensweise an den Aufbau eines derartigen Erhebungssystems wird notwendigerweise geprägt durch die wissenschaftliche Position jener, die über Zielsetzung und Struktur des Systems zu entscheiden haben. KLAUS u.a. (1994, p. 13 ff.) unterscheiden hier zwischen einer

- **ökonomisch zentrierten Betrachtungsweise** (Anknüpfungspunkte liefern die wirtschaftlichen Prozesse. Die Natur erhält ihre Bedeutung als Produktionsfaktor und Konsumgut; Verknappung von Naturgütern treten als Restriktionen bei der Erreichung von Wohlfahrtszielen für den Ökonomen in Erscheinung. Die ökonomischen Denk- und Analysemodelle, etwa die Kreislaufanalyse in Form der Input–Output–Tabellen und den Volkswirtschaftlichen Gesamtrechnungen, liefern die methodischen Grundlagen für diese Form der umweltökonomischen Berichterstattung.) und einer

- **ökosystemaren Sicht**. Bei dieser stehen die komplexen ökologischen Prozesse und Zustände im Mittelpunkt, und die ökonomischen Aktivitäten sind nur Teil dieses umfassenden Systems. Repräsentativ für diese Denkweise ist die Zielsetzung des nachhaltigen Wachstums oder der zukunftsverträglichen Entwicklung (= sustainable development).

Man kann sagen, daß in Deutschland die amtliche Umweltberichterstattung eher der ökonomisch zentrierten Betrachtungsweise zugewandt ist.

Wirtschaftswachstum ist die treibende Kraft jeder gesellschaftlichen Entwicklung. Unbestritten ist aber auch, daß Wirtschaftswachstum ohne Rücksicht auf die Umwelt zerstörerische Wirkung hat. Um zu einem Ausgleich
zwischen ökonomischen Wachstumsprozessen und der Erhaltung der natürlichen Lebensgrundlagen zu gelangen, ist 1987 von der Weltkommission für Umwelt und Entwicklung in ihrem Abschlußbericht erstmals das **Prinzip der
Nachhaltigkeit**[1] als Leitvorstellung für die wirtschaftliche Entwicklung formuliert worden. Sustainable Development wird darin formuliert als eine „Entwicklung, die die Bedürfnisse der Gegenwart befriedigt, ohne zu riskieren, daß
künftige Generationen ihre eigenen Bedürfnisse nicht befriedigen können." Die
Umweltökonomen haben für das Stoffstrommagement im Sinne des Sustainable
Developments drei „Managementregeln"aufgestellt:

1. Die Abbaurate erneuerbarer Ressourcen darf ihre Regenerationsrate nicht
   überschreiten.

2. Die Stoffeinträge in die Umwelt dürfen die Belastbarkeit der Ökosysteme
   nicht überschreiten. Eine dem Vorsorgeprinzip folgende Umweltpolitik
   versucht diese Regel umzusetzen.

3. Der Abbau nicht erneuerbarer Ressourcen ist nur dann legitimierbar,
   wenn spätere Generationen durch den Abbau nicht schlechtergestellt werden.

Eine gute Kennziffer dafür, wie weit sich das Wirtschaftswachstum in
Deutschland vom Umweltverbrauch abgekoppelt hat, ist das Wachstum des
Stromverbrauchs verglichen mit dem gesamtwirtschaftlichen Wachstum. Noch
während der 60er Jahre lag die jährliche Wachstumsrate des Stromverbrauchs
mit 7,3% deutlich über dem Wachstum des realen BIP (4,4%). In den 70er Jahren wuchs der Stromverbrauch im Jahresdurchschnitt mit 2,2% und das reale
BIP mit 1,6%. Seit 1983 wächst dagegen das reale BIP schneller (mit 2,6%) als
der Stromverbrauch (1,7%). Weitere Beispiele lassen sich anführen:

- Trotz Wirtschaftswachstum ist die Energieintensität der deutschen Volkswirtschaft zurückgegangen. Sie lag 1970 bei $218, 2\,kg$ SKE[2] 1.000 DM BIP
  und hatte 1993 den Wert von $154, 3\,kg$ SKE je 1.000 DM BIP.

- Trotz Wirtschaftswachstum ist die Luftbelastung zwischen 1970 und 1990
  spürbar zurückgegangen, bei Schwefeldioxid um 75%, bei Staub um 30%.

- Trotz Wirtschaftswachstum sind die klimawirksamen CO_2-Emissionen
  von 1.064 Mio. t in 1987 auf 910 Mio. t in 1992 zurückgegangen.

---

[1]Das Nachhaltigkeitsprinzip stammt ursprünglich aus der Forstwirtschaft und wird dort
auch praktiziert. Es gilt die Regel, daß der jährliche Holzeinschlag nicht größer sein soll als
die nachwachsende Holzmenge.
[2]SKE steht als Abkürzung für Steinkohleeinheit. Diese ist der Wärmegehalt von 1 kg
Steinkohle mit einem mittlerem Heizwert von 7.000 $kcal$.

12.1 Ursprünge der deutschen Umweltstatistik

Die Umweltstatistik ist das jüngste Arbeitsgebiet der amtlichen (Bundes-)Statistik und stellt deren Antwort auf die ökologische Herausforderung der letzten Jahrzehnte dar. Erstmals im Statistischen Jahrbuch für die Bundesrepublik Deutschland 1976 findet man ein Kapitel „Umwelt" mit quantitativen Informationen ökologischen Bezugs. Die amtliche Statistik konnte auf diesem Feld erst tätig werden, nachdem – getreu dem für ihre Arbeit geltenden Legalitätsprinzip – die gesetzliche Grundlage geschaffen worden war, das Gesetz über Umweltstatistiken von 1974.[3] Derzeit gilt die Fassung dieses Gesetzes in der Bekanntmachung vom 14.03.1980 (BGBl I, p. 311) i.V.m. der Statistikbereinigungsverordnung vom 14.09.1984 (BGBl I, p. 1247).

Mit dem ersten Umweltstatistik–Gesetz 1974 begann auch in Deutschland die statistisch–wissenschaftliche Auseinandersetzung mit diesem neuen Aufgabenbereich. Die Deutsche Statistische Gesellschaft stellte ihre Jahrestagung 1974 unter das Thema „Umweltschutz und Statistik"[4] und griff es 1987 noch einmal in ihrer Jahrestagung auf.[5] Inzwischen sind – national und international – die wissenschaftlichen Aktivitäten betreffend die Konzipierung von Umweltberichtssystemen[6] und die statistische Analyse der verfügbar gewordenen Daten[7] fast unüberschaubar geworden, da einerseits die Forschungsförderung großzügig Mittel zur Verfügung stellt und andererseits die aus dem menschlichen Handeln auf die Umwelt ausgehenden Belastungen und Gefahren kaum noch zu übersehen sind und bedrohliche Dimensionen angenommen haben. Trotz der Fülle an vorliegenden Publikationen sind viele Vorschläge, insbesondere die sich auf eine umfassende Berichterstattung beziehenden Ansätze noch nicht voll in die Praxis umgesetzt worden.

---

[3]Es ist sicher kein Zufall, daß im gleichen Jahr auch das Bundesimmissionsschutzgesetz (am 15.03.1974) in Kraft trat.

[4]vgl. Allgemeines Statistisches Archiv, Bd. 59, 1975, p. 1 – 70

[5]vgl. Allgemeines Statistisches Archiv, Bd. 72, 1988, p. 1 – 80

[6]So gibt es seit 1989 die „International Environmetrics Society", von der (im Wiley-Verlag) die Zeitschrift „Environmetrics" herausgegeben wird.

[7]Eine aktuelle Bestandsaufnahme der im internationalen Rahmen (EU, OECD, UN) und von einzelnen Staaten erarbeiteten Systeme zur umweltökonomischen Berichterstattung findet man bei KLAUS u.a. (1994).

12.2   Datenbedarf

Die Umwelt hat für das ökonomische System im wesentlichen zwei Funktionen:

1. Sie liefert für die Produktion natürliche Ressourcen und den Standort
   Boden und für den Verbrauch Konsumgüter wie z.B. Sauerstoff und
   Schönheit der Landschaft.
2. Sie nimmt die aus der Produktion und dem Konsum resultierenden unerwünschten Kuppelprodukte, also **Emissionen,**[8] auf.

Die an die Umwelt abgegebenen Schadstoffe werden von den verschiedenen
Medien der Umwelt – Boden, Luft, Wasser – aufgenommen, z.T. abgebaut,
akkumuliert, an andere Orte transportiert oder in ihrer Struktur geändert.
Emissionen sind daher nicht identisch mit **Immissionen**[9]. Emissionen sind die
bei Produktion und Konsum anfallenden unerwünschten Kuppelprodukte bei
ihrer Abgabe an die Umwelt. Immissionen sind die in einem bestimmten Um-
weltmedium zu einem Zeitpunkt befindlichen Stoffe. Die Beziehung zwischen
Emissionen und Immissionen in Form von sog. Diffusionsprozessen sind natur-
wissenschaftlicher Art und noch nicht voll geklärt, so daß man aus den noch
relativ leicht erfaßbaren Emissionen nicht eindeutig und schlüssig die Immissionen herleiten kann, sondern sie eigens statistisch erfassen muß. Die Unterscheidung zwischen Emission und Immission ist auch aus einem anderen Grund
wichtig: Die Zielgröße „Umweltqualität" muß auf die Immissionen im System
der Umwelt abgestellt werden, da sich auf den Menschen die in der Umwelt
befindlichen Schadstoffe auswirken. Wirtschaftspolitische Eingriffe setzen aber
in der Regel bei den Emissionen an.

Den Datenbedarf für die Umweltpolitik kann man – an die vorstehenden
Betrachtungen anknüpfend – in vier Kategorien einteilen:

1. Daten über den Zustand der Umwelt in Form von Immissionsdaten;
2. Daten über die Belastung der Umwelt in Form von Emissionsdaten;
3. Daten über Maßnahmen zur Verbesserung des Zustandes, insb. zur Reduktion von Emissionen;
4. Daten über die Kosten der Umweltbelastung und den Nutzen des Umweltschutzes.

12.2.1   Daten über den Zustand der Umwelt

Daten über den Umweltzustand werden im Rahmen der Bundesstatistik ar-
beitsteilig von Bund und Ländern erhoben, vgl. Abs. 12.3. Umfassende Daten
über die verfügbaren Ressourcen liegen bereits vor, etwa in Form von Rohstoffbilanzierungen. Es fehlen derzeit noch ausreichende Informationen über

---

[8]Emission bedeutet ursprünglich (in der Physik) die Aussendung von Wellen- oder Teil-
chenstrahlung, meint heute aber die unerwünschte Abgabe von Stoffen beliebiger Form aus
einem physikalisch–chemischen Prozeß.

[9]Der Begriff „Immission" hat seinen Ursprung in den Rechtswissenschaften und bedeutet
dort die Einwirkung auf ein Grundstück durch Zuführen von Gasen, Dämpfen, Rauch u.a.
von einem Nachbargrundstück aus.

die Bodennutzung. Aber hier ist durch das beim Statistischen Bundesamt im Aufbau befindliche STABIS–System (Statistisches Informationssystem zur Bodennutzung), das u.a. eine Luftbild–gestützte Flächendatenbank liefern soll, Abhilfe in Aussicht. Zustandsdaten liefern weiter

- die Luftmeßnetze der Länder,
- das früher einmal „Reinluftmeßnetz" genannte Netz des Umweltbundesamtes,
- die Gewässermeßstationen der Bundesanstalt für Gewässerkunde,
- seit 1980 ein Meßnetz des Bundes und der Länder für die Nordsee.

Meßnetze für das Grundwasser sind noch im Entstehen, während es seit 1983 eine bundesweit einheitliche terrestrische Waldschadenserhebung gibt. Die Probleme solcher Qualitätsdaten sind vielfältig; genannt seien nur drei: die Indikatorenwahl, die Normierung von Probeentnahme und Analyse, das Fehlen langer Zeitreihen.

Die Auswahl geeigneter **Indikatoren** sowie die Zusammenfassung dieser Meßwerte zu einem Index wird wohl immer umstritten bleiben. So hat etwa das Umweltbundesamt – im Unterschied zu den USA – aus methodischen Gründen noch keinen Qualitätsindex für die Luft aufgestellt. Das Saprobiensystem[10] der Gewässergütekarten beschreibt lediglich die biologisch abbaubaren Stoffe, nicht aber Schwermetalle, Salz oder schwer abbaubare Kohlenwasserstoffe. Bekannt ist etwa, daß die Menge der gemessenen Kohlenwasserstoffe wenig über deren Schädlichkeit aussagt, weil sich darin harmlose und hoch–toxische Varianten verbergen können.

Die Aggregation diverser Meßreihen oder deren Vergleich scheitert häufig an ihrer Inkompatibilität, da die **Probeentnahmen** und **Analysen** nicht nur international, sondern auch national weitgehend **nicht normiert** sind. Die Daten werden mit unterschiedlichen Meßsystemen erfaßt, divergieren in ihrer Repräsentativität, in ihrer räumlichen und zeitlichen Dichte oder haben verschiedene Erhebungszeiträume. Eine Harmonisierung ist dringend geboten.

Ein weiteres Problem der Qualitätsüberwachung liegt im **Fehlen** ausreichend **langer Zeitreihen**. So gibt es regelmäßige Messungen des Säuregehalts des Regens durch den Deutschen Wetterdienst erst seit etwas über 25 Jahren. Bewertungen des Ozons oder Kohlendioxidgehalts der globalen Atmosphäre leiden am gleichen Problem.

12.2.2 Daten über die Belastung der Umwelt

Emissionsdaten werden von staatlichen Stellen weniger häufig (z.B. in öffentlichen Kläranlagen) als von den Emittenten selbst gemessen, entweder freiwillig oder wegen staatlicher Auflagen. Die immer noch vorherrschende Form der Abschätzung von Emissionsdaten erfolgt aufgrund von Produktions- und Außenhandelsstatistiken, aber die Situation ist noch nicht zufriedenstellend. So

---

[10]In der Hydrobiologie versteht man unter „saprob" die Wassereigenschaften faulend, verschmutzt oder durch Abfallstoffe verunreinigt.

beklagte der Präsident des Umweltbundesamtes (VON LERSNER, 1988, p. 6) Schwierigkeiten bei der Emissionsabschätzung bestimmter chemischer Stoffe in Wasch- und Reinigungsmitteln. Deren Hersteller oder Importeure müssen zwar die Rezepturen mitteilen, nicht aber die produktbezogenen Absatzmengen und Marktanteile. Auch die stoffliche Zusammensetzung des Hausmülls ist nicht restlos bekannt. Die Emissionsberechnungen für den Kraftfahrzeugverkehr sind alles andere als einfach und zuverlässig: Die Typprüfwerte des Kraftfahr-Bundesamtes beziehen sich nur auf die neuen Fahrzeuge. Seit dem zweijährigen Großversuch 1986/88 zur Abschätzung der Auswirkungen einer Geschwindigkeitsbegrenzung auf Autobahnen hat es keine flächendeckenden und fundierten Emissionsdaten über den Straßenverkehr mehr gegeben. Der grenzüberschreitende Transport von Schadstoffen wird von der Außenhandelsstatistik nicht vollständig nachgewiesen. Die Schadstoffausbreitung in der Luft wird über mathematische Aufbereitungsmodelle errechnet, die auf Konventionen beruhen und politisch nur verwertbar sind, wenn die beteiligten Staaten diese Konventionen als realistisch anerkennen. Ein solches anerkanntes Modell (auch von osteuropäischen Staaten) ist das SO_2-Ausbreitungsmodell der ECE.

12.2.3 Daten über Maßnahmen zum Umweltschutz

Man gewinnt diese Daten am leichtesten dort, wo es sich um Maßnahmen des sog. zweiten oder dritten Rangs handelt, d.h. solche der Emissionsminderung an der Quelle oder des Passivschutzes, da beide Kosten verursachen, die man aus steuerlichen Gründen und auch wegen der Subventionierungsmöglichkeit möglichst exakt im betrieblichen Rechnungswesen erfassen wird. Oberste Priorität beim Umweltschutz ist aber die Vermeidung der Emission, durch Produktionsverzicht oder durch Änderung der Produktionsprozesse. Über diese Maßnahmen des ersten Rangs findet man selten Informationen. Nicht immer ist auch klar, ob Produktionsverzicht oder Substitution aus Gründen des Umweltschutzes oder aus ökonomischen oder anderen Gründen erfolgte. Man denke etwa daran, daß die Waschmittelindustrie sich ernsthaft mit der Phosphatsubstitution zu befassen anfing, als kriegerische Auseinandersetzungen in der Westsahara die Versorgung gefährdeten, was zufällig mit umweltpolitischen Zwängen koinzidierte. Auch manche Rückgewinnungsmaßnahmen (etwa für Lösemittel) sind nicht nur wichtig für den Umweltschutz, sondern „rechnen sich" auch. Ähnlich sieht es beim Recycling in der Abfallverwertung aus, wenn der Primärrohstoff knapp wird.

12.2.4 Daten über die Kosten der Umweltbelastung und den Nutzen des Umweltschutzes

Zu den Kosten der Umweltbelastung und zum Nutzen des Umweltschutzes gibt es Daten von sehr unterschiedlicher Valenz. Relativ leicht abzugrenzen und exakt zu erfassen sind noch Investitionen in unmittelbar dem Umweltschutz dienende Maßnahmen, wenn es auch gelegentlich bei subventionierten Objekten zwischen Behörde und Empfänger zu Streit über den Hauptzweck kommt. Schwerer abzugrenzen sind die laufenden Betriebskosten, wenn es sich nicht gerade um zweifelsfreie Fälle von Betriebsausgaben bei Kläranlagen oder Müllverbrennung handelt. Ein zuverlässiger Nachweis der sog. Umweltschutzindustrie im Rahmen der Produktionsstatistik steht ebenfalls noch aus.

1985 wurde vom Bundesminister für Umwelt, Naturschutz und Reaktorsicherheit ein Forschungsschwerpunktprogramm zu den Kosten der Umweltverschmutzung und dem Nutzen des Umweltschutzes aufgelegt. Dieses Programm, das eine Vielzahl methodischer und empirischer Ergebnisse erbrachte, ist abgeschlossen und dokumentiert (vgl. KLAUS u.a., 1994, p. 211 ff.). Was noch aussteht, ist die Umsetzung der Erkenntnisse in das Berichtsystem der Bundesumweltstatistik, vgl. Abs. 12.4.

12.3   Ist–Zustand der Bundesumweltstatistik

Die Umweltstatistiken im engeren Sinne, wie sie im Gesetz über Umweltstatistiken von 1974 angeordnet werden, erstrecken sich auf Daten über Umweltbelastungen und Umweltschutzmaßnahmen. Zu diesen Umweltstatistiken zählen

- die Statistik der Abfallbeseitigung,
- die Statistik der Wasserversorgung und der Abwasserbeseitigung,
- die Statistik der Unfälle bei Lagerung und Transport wassergefährdender Stoffe,
- die Statistik der Investitionen für Umweltschutz im Produzierenden Gewerbe.

Die **Statistik der Abfallbeseitigung**, erstmals 1975 erhoben, wird ab 1984 im Dreijahresrhythmus durchgeführt, seit 1990 auch für Gesamtdeutschland. Es gibt zwei Teilstatistiken. In der **Statistik der öffentlichen Abfallbeseitigung** wurden die für die Abfallbeseitigung zuständigen Körperschaften des öffentlichen Rechts und von ihnen mit der Abfallbeseitigung beauftragte Dritte befragt. Als beseitigungspflichtig gelten die Kreise, die kreisfreien Städte und Gemeinden. Während in einigen Bundesländern die Kreise und die kreisfreien Städte für die gesamte Abfallbeseitigung zuständig sind, gibt es andere Länder, die eine Teilung haben: Die Gemeinden sammeln ein und transportieren, die Kreise und kreisfreien Städte beseitigen. Es findet eine Erfassung aller Träger in diesem Bereich statt mit u.a. folgenden Erhebungsmerkmalen: Zahl der von der Abfallbeseitigung erfaßten Einwohner, Angaben über das erfaßte Gebiet, Einsammeln und Befördern der Abfälle, Art und Menge der Abfälle, Art und Ort der Abfallbeseitigungsanlagen und seit 1987 auch Informationen über die Getrenntsammlung verwertbarer und schadstoffhaltiger Abfälle. Bei der Statistik der **Abfallbeseitigung im Produzierenden Gewerbe und in Krankenhäusern** werden maximal 80.000 Betriebe im Bundesgebiet nach Art, Menge und Beseitigung von Abfällen erfaßt. Neben Abfällen kann es sich auch um Reststoffe handeln, die zur außerbetrieblichen Verwertung an Dritte (etwa Weiterverarbeitungsbetriebe, Altstoffhandel) abgegeben werden. Bedienen sich Betriebe des Produzierenden Gewerbes und Krankenhäuser gewerblicher Anlagen Dritter zur Entsorgung ihrer Abfälle, so gehören diese auch zum Berichtskreis. Die laufende Berichterstattung erfolgt in der Fachserie 19 (Umwelt) in den Reihen 1.1 (öffentliche Abfallbeseitigung) und 1.2 (Abfallbeseitigung im Produzierenden Gewerbe und in Krankenhäusern).

Die **Statistik der Wasserversorgung und Abwasserbeseitigung** besteht ebenfalls aus Teilstatistiken. Die Statistik der **öffentlichen** Wasserversorgung und der öffentlichen Abwasserbeseitigung erstreckt sich auf Anstalten und Körperschaften des öffentlichen Rechts sowie Unternehmen und Einrichtungen, die Anlagen der öffentlichen Wasserversorgung und Abwasserbeseitigung betreiben. Bei der Wasserversorgung werden Merkmale wie Gewinnung von Grundwasser, Quellwasser, Oberflächenwasser und Uferfiltrat getrennt nach Gewinnungslagen, Bezug und Abgabe von Wasser sowie Zahl der versorgten Einwohner erfaßt. Bei der Abwasserbeseitigung geht es u.a. um die Tatbestände Menge und Herkunft des Abwassers, Art und Wirkungsgrad der Abwasserbehandlung, Sammlung und Ableitung des Abwassers sowie Behandlung und Beseitigung des entstandenen Klärschlammes. Diese Statistik wird seit 1975 alle vier Jahre durchgeführt. Die Statistiken der Wasserversorgung und der Abfallbeseitigung im **Bergbau**, im **Verarbeitenden Gewerbe** sowie bei **Wärmekraftwerken** für die öffentliche Versorgung findet ebenfalls seit 1975 statt, zunächst (bis 1983) im zweijährigen Turnus, danach im Vierjahresrhythmus. Erfaßt werden Gewinnung und Bezug des Wassers; Einfach-, Mehrfach- und Kreislaufnutzung sowie die Ableitung des Abwassers (Direkt- oder Indirekteinleitung) und die evtl. Art der Abwasserbehandlung (mechanisch oder biologisch). In den Reihen 2.1 (öffentlicher Sektor) und 2.2 (Bergbau, Verarbeitendes Gewerbe, Wärmekraftwerke) der Fachserie 19 finden sich die laufenden Ergebnisse.

Die **Statistik der Unfälle bei der Lagerung und dem Transport wassergefährdender Stoffe** richtet sich jährlich an die nach Landesrecht zuständigen Dienststellen. Diese geben für den eingetretenen Unfall Auskunft über die Lagerbehälter bzw. Beförderungsmittel; Art und Menge des wassergefährdenden Stoffes; Art, Ort und Zeit des Unfalls sowie Ursachen und Folgen des Unfalls.

Die jährliche **Statistik der Investitionen für Umweltschutz im Produzierenden Gewerbe** (erstmals 1975) erstreckt sich auf maximal 100.000 Unternehmen und Betriebe. Umweltschutzinvestitionen sind definiert als Zugänge an Sachanlagen zum Schutz vor schädigenden Einflüssen, die im Rahmen der Produktionstätigkeit entstehen (sog. produktionsbezogene Investitionen), sowie zur Herstellung von Erzeugnissen, die bei Verwendung oder Verbrauch eine geringere Umweltbelastung mit sich bringen (sog. produktbezogene Investitionen). In dieser letzten Kategorie werden aber nur solche Investitionen gezählt, die aufgrund gesetzlicher oder behördlicher Vorschriften bzw. Auflagen erfolgt sind. Umweltschutzinvestitionen umfassen den Wert der Bruttozugänge an erworbenen oder für eigene Rechnung selbst erstellten Sachanlagen für Zwecke des Umweltschutzes. Ausgeklammert bleiben Kosten der Finanzierung, des Erwerbs von Beteiligungen, Wertpapieren, Konzessionen, Patenten und Lizenzen. Die Aufgliederung der Erhebungsergebnisse in der Reihe 3 der Fachserie 19 erfolgt nach vier Bereichen: **Abfallbeseitigung** (Einrichtungen zum Sammeln, Befördern, Behandeln, Lagern und Ablagern von Abfällen), **Gewässerschutz** (Einrichtungen zur Verminderung der Abwasserfracht, zum Schutz der Oberflächengewässer und des Grundwassers), **Lärmbekämpfung** (Einrichtungen zur Beseitigung, Verringerung oder Vermeidung von Geräuschen, aber ohne Investitionen für Arbeitsschutz), **Luftreinhaltung** (Einrichtungen zur Beseitigung, Verringerung oder Vermeidung von luftfremden Stoffen in Abluft bzw. Abgas, wieder mit Ausnahme der Investitionen für Arbeitsschutz).

12.4   Soll–Zustand der Bundesumweltstatistik: Umweltökonomische Gesamtrechnungen

Die Umweltökonomischen Gesamtrechnungen (UGR) des Statistischen Bundesamtes streben ein integriertes ökonomisch–ökologisches Berichtssystem an. Die
Grundidee der UGR ist, daß sich die verschiedenen Aktivitäten im umweltstatistischen Bereich leichter und effizienter bearbeiten und eventuelle Lücken in
der Bereitstellung von Basisstatistiken am ehesten erkennen lassen, wenn man
sie im Rahmen eines Gesamtsystems sieht und behandelt.[11] Der Datenbedarf,
wie er in Abs. 12.2 formuliert worden ist, wird durch die auf dem Umweltstatistikgesetz beruhenden Statistiken, wie sie in Abs. 12.3 vorgestellt worden sind,
nur partiell abgedeckt. Abhilfe könnten die UGR bringen.

12.4.1   Entwicklungsansätze

Anfang 1990 wurde der wissenschaftliche Beirat „Umweltökonomische Gesamtrechnung" beim Bundesminister für Umwelt, Naturschutz und Reaktorsicherheit eingerichtet mit der Aufgabe, „vorliegende Konzeptionen für eine Umweltökonomische Gesamtrechnung zu prüfen und insbesondere die entsprechenden Arbeiten des Statistischen Bundesamtes kritisch und konstruktiv zu be-
gleiten sowie Empfehlungen für das weitere Vorgehen zu geben" (Bundesumweltministerium, 1992, p. 3). Im Herbst 1991 wurde die Stellungnahme vorgelegt und 1992 publiziert. Nunmehr liegt ein sog. Werkstattbericht (BOLLEY-
ER/RADERMACHER, 1993) vor, der über die inzwischen begonnenen Projekte
in den einzelnen Teilbereichen der UGR berichtet.

Abb. 12.1 zeigt, welchen Standort die UGR innerhalb der gesellschaftlichen Berichtssysteme hat. Die UGR ist wesentlicher Teil der umweltbezogenen
Berichtssysteme, hat aber „offene Flanken" zu den ökonomischen Berichtssy-
stemen. Ein statistisches Umweltgesamtsystem wie die UGR muß einer Reihe
von Anforderungen genügen:

- Es muß ein offenes und leicht veränderbares System sein.
- Es muß aus klar definierten Bausteinen bestehen, die eine getrennte Bearbeitung und Veröffentlichung gestatten. Die Bausteine sollen aber soweit
  wie möglich miteinander verknüpfbar sein.
- Es muß die Möglichkeit zu alternativen Ansätzen, aber auch zu Parallel-
  ansätzen geben.
- Es muß eine Datensammlung mit möglichst einheitlichen Klassifikationen
  besitzen.

---

[11]Es sei daran erinnert, daß die deutschen Statistiker in den 50er und 60er Jahren die
Volkswirtschaftlichen Gesamtrechnungen als Orientierungspunkt für den Auf- und Ausbau
des allgemein- und wirtschaftsstatistischen Berichtssystems heranzogen.

- Eine statistische Verdichtung und Aggregation der Daten, etwa in Form von Durchschnitten oder von Indizes muß möglich sein. Soweit wie möglich sollte eine einheitliche Bewertung der Größen in DM angestrebt werden.

- Es muß ein Informationssystem enthalten, das eine Datenbank für die Informationen und eine Methodenbank für die Analysen umfaßt und gleichzeitig eine laufende Berichterstattung liefert.

Ein derart umfangreiches Berichtssystem kann zweckmäßigerweise nicht von einer Institution allein aufgebaut werden. Das Statistische Bundesamt hat zwar mit den zehn Bausteinen von STUBS (= Statistisches Umweltberichtssystem), die die UGR im weiteren Sinne ausmachen, und der integrierten Volkswirtschaftlichen und Umweltgesamtrechnung in Form des SEEA (= System for Integrated Environmental and Economic Accounting), die man als UGR im engeren Sinne bezeichnen kann, die Denkansätze gegeben. Die Umsetzung dieser Ideen wird aber mit einer Vielzahl anderer Institutionen erfolgen; genannt seien etwa das Umweltbundesamt, die Wirtschaftsforschungsinstitute (DIW, RWI), das Fraunhofer–Institut für Systemforschung und Innovation, die Industrie (Dornier), diverse Institute an Hochschulen sowie nationale und internationale statistische Ämter (vgl. KLAUS u.a., 1994, p. 225/226).

Das vorläufige Konzept der UGR, wie es mit seinen fünf Darstellungsgebieten in Abs. 12.4.2 beschrieben und in der Umsetzung begriffen ist, hat zwei Ursprünge im Statistischen Bundesamt: die bereits zu Beginn der 80er Jahre aufgenommenen Arbeiten an einem Umwelt–Satellitensystem zu den Volkswirtschaftlichen Gesamtrechnungen (VGR) mit einer ökonomisch zentrierten Betrachtung und die gegen Ende der 80er Jahre einsetzenden Arbeiten an einem weiter gefaßten Informationssystem mit einer etwas ausgeprägteren ökosystemaren Sichtweise, die ihren Niederschlag in STUBS gefunden haben.

Aufgabe der VGR ist es gegenwärtig, eine verläßliche Datengrundlage für wirtschaftspolitische Entscheidungen auf kurz- und mittelfristige Sicht zu sein. Immer stärker umstritten ist, ob das Sozialprodukt in seinen verschiedenen Varianten und andere Angaben aus der VGR auch für die langfristige Wirtschaftsanalyse und für die Wohlfahrtsmessung gleich gut geeignet sind. Zur Kritik an der VGR hat insbesondere beigetragen, daß diese praktisch keine Informationen über die wirtschaftliche Nutzung der natürlichen Umwelt enthalten. Um den verschiedenen Aufgaben gerecht zu werden, bietet es sich an, das traditionelle Rechenwerk wie bisher fortzuführen und es durch ein eigenständiges Datenwerk, Satellitensystem genannt, zu ergänzen. Eine auf wesentliche Vorarbeiten im Statistischen Bundesamt beruhende Empfehlung des Statistischen Amtes der UN für ein solches System liegt in Form des SEEA vor (vgl. STAHMER, 1992). SEEA soll zeigen, wie ökonomische Aktivitäten die Umwelt nutzen, diese in ihrer Entfaltung einengen, sie verändern, belasten und z.T. zerstören, aber auch, welche Anstrengungen unternommen werden, um unerwünschten Entwicklungen entgegenzuwirken. Bezüglich der natürlichen Umwelt zeigt SEEA, welche

Abb. 12.1: Standortbestimmung für eine Umweltökonomische Gesamtrechnung

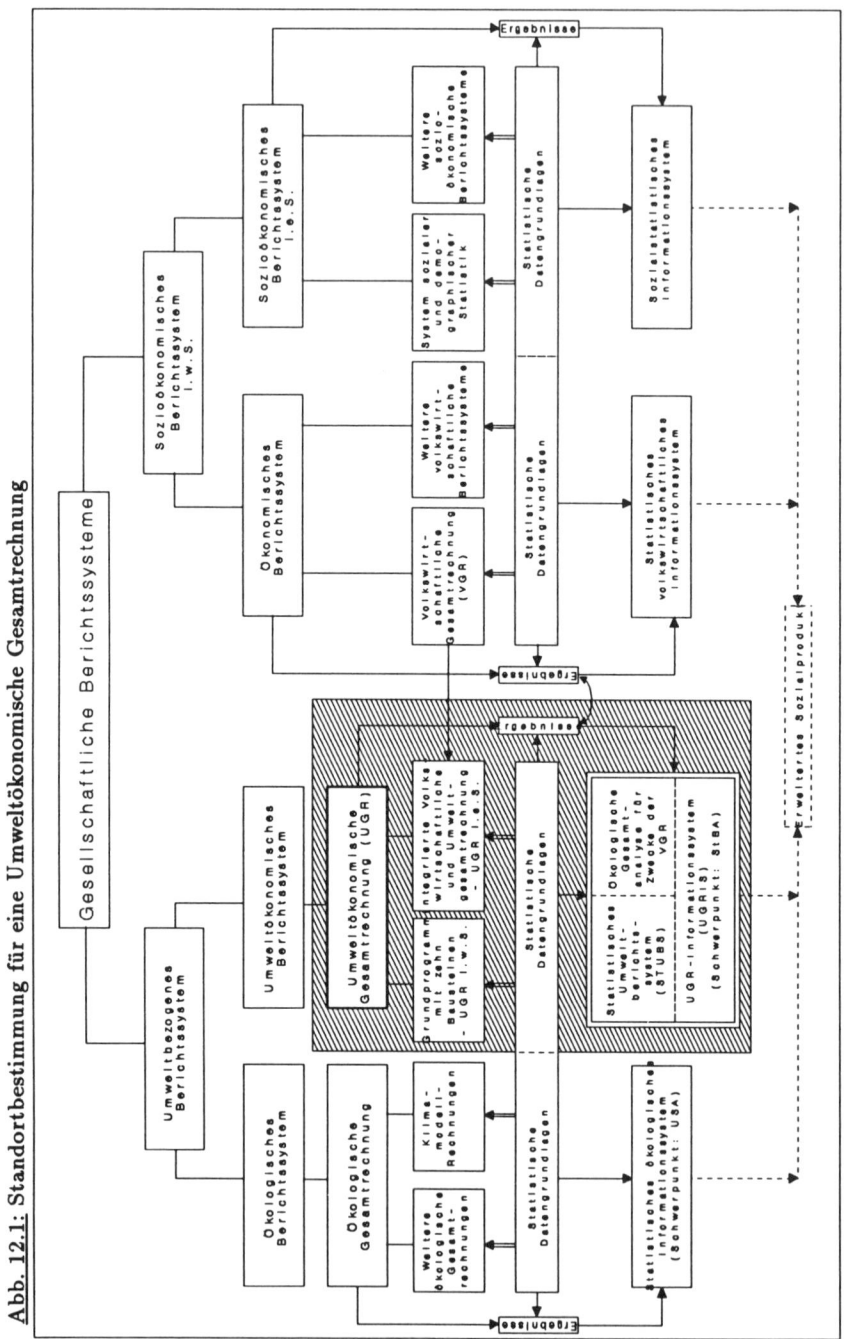

Quelle: Bundesumweltministerium (1992), p. 37

Abb. 12.2: Bausteine des SEEA

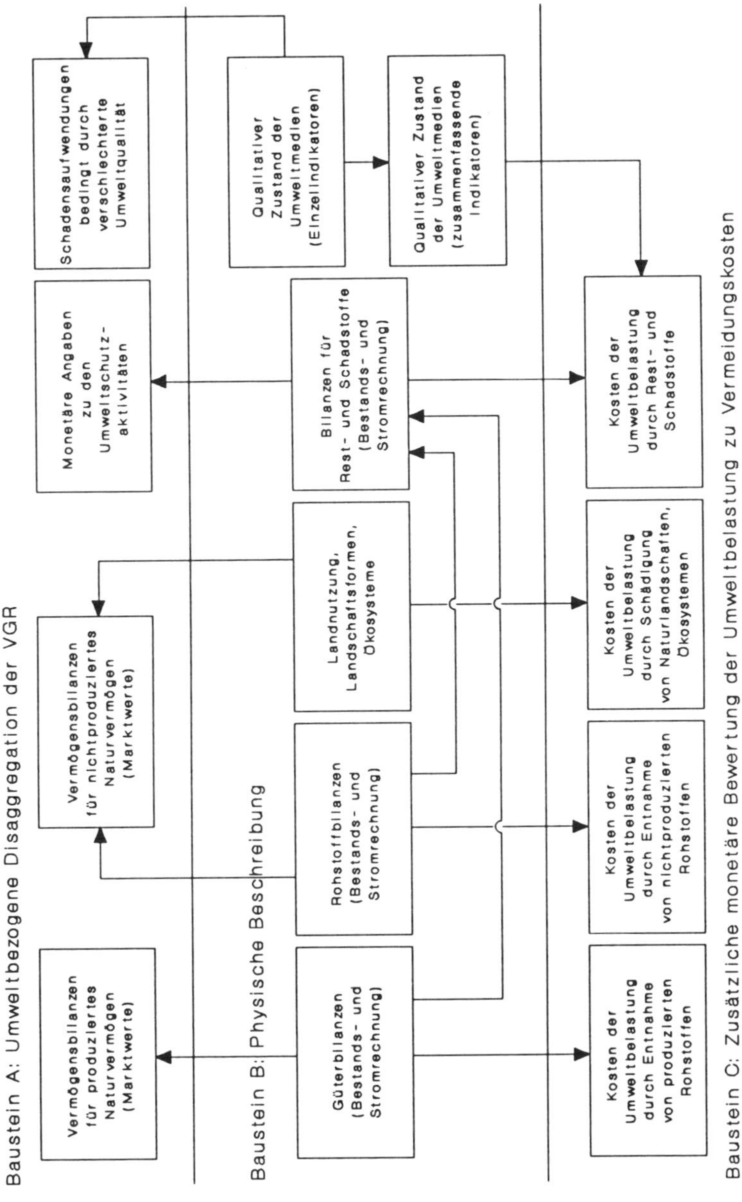

Baustein A: Umweltbezogene Disaggregation der VGR

Vermögensbilanzen für produziertes Naturvermögen (Marktwerte)	Vermögensbilanzen für nichtproduziertes Naturvermögen (Marktwerte)	Monetäre Angaben zu den Umweltschutz- aktivitäten	Schadensaufwendungen bedingt durch verschlechterte Umweltqualität
			Qualitativer Zustand der Umweltmedien (Einzelindikatoren)
			Qualitativer Zustand der Umweltmedien (zusammenfassende Indikatoren)

Baustein B: Physische Beschreibung

Güterbilanzen (Bestands- und Stromrechnung)	Rohstoffbilanzen (Bestands- und Stromrechnung)	Landnutzung, Landschaftsformen, Ökosysteme	Bilanzen für Rest- und Schadstoffe (Bestands- und Stromrechnung)

Baustein C: Zusätzliche monetäre Bewertung der Umweltbelastung zu Vermeidungskosten

Kosten der Umweltbelastung durch Entnahme von produzierten Rohstoffen	Kosten der Umweltbelastung durch Entnahme von nichtproduzierten Rohstoffen	Kosten der Umweltbelastung durch Schädigung von Naturlandschaften, Ökosystemen	Kosten der Umweltbelastung durch Rest- und Schadstoffe

Quelle: STAHMER, C. (1992), p. 591

natürlichen Gegebenheiten (Flächen, Böden, Bodenschätze) oder Kreisläufe (Wasser, Luft, Lebewesen) in welcher Form betroffen sind und wie menschliche Eingriffe sich auf die Umwandlungs- und Regenerationsprozesse der Natur auswirken.

Hinsichtlich der VGR steht der Güterkreislauf – mit der Wertschöpfung als Bindeglied und ergänzt um Bestandskonten des Sachvermögens – im Vordergrund. Hierfür bietet sich die Darstellungsweise der Input–Output–Tabelle an. Aus dem Umweltbereich interessieren vor allem die für das menschliche Leben wichtigen Bestände an Ressourcen, deren Veränderung durch Produktion und Verbrauch, Belastungen, Schädigungen oder schlechthin Entnahmen von Ressourcen sowie die Selbsterhaltungskräfte innerhalb der Kreisläufe der verschiedenen Umweltmedien Boden, Wasser, Luft usw. Das instrumentelle Rüstzeug für die Integration läßt sich den seit langem bekannten Material- und Energiebilanzen und den seit kurzem entwickelten Ressourcenbilanzen entnehmen.

Die aus der VGR abgeleiteten Zahlen des SEEA sind monetärer Art, während es sich bei den übrigen Daten – bereits vorhanden oder neu zu gewinnen – in erster Linie um physische Einheiten handelt. Diese Mengenangaben erfüllen im System einerseits eigene Aufgaben, sind zugleich aber Basis für die Berechnung ergänzender monetärer Daten. Man hat es im SEEA mit drei Darstellungsebenen (vgl. Abb. 12.2) zu tun.

1. In Ebene A hat man es mit der umweltrelevanten Untergliederung der monetären Daten der traditionellen, vor allem auf Marktvorgänge ausgerichteten VGR zu tun.

2. In Ebene B werden alle nicht–monetären Daten über die wirtschaftliche Nutzung der Umwelt mit ihren Auswirkungen auf wirtschaftliche Aktivitäten und die Situation der Umwelt dargeboten.

3. In Ebene C wird – auf dem Vermeidungskostenansatz basierend – eine Bewertung der Umweltbelastung vorgenommen.

STUBS (vgl. Dorow, 1991), sieht (vgl. Abs. 12.3) zehn Bausteine vor, die sich mit denen von SEEA z.T. überschneiden:

- Baustein 1 (**Rohstoffverbrauch**) – Hier sollen Angaben über den Abbau und Verbrauch von biotischen und abiotischen Primär- und Sekundär-Rohstoffen und Elementargütern (Sonnenenergie, Wasser, Luft, u.ä.) erfaßt werden, sowohl über den Abbau inländischer Ressourcen als auch über den Verbrauch in- und ausländischer Ressourcen. Auch eine „Gegenrechnung" soll aufgemacht werden, um etwa Aufwendungen der Forschung zur Ausweitung der Ressourcenmengen (neue Lagerstätten) oder der besseren Rohstoffnutzung zu berücksichtigen.

- Baustein 2 (**Emissionsmodell**) – Ausgangspunkt für dieses Modell, das Emissionen und ihren Zusammenhang mit Produktions- und Verbrauchsprozessen behandelt, sind nicht nur die Emissionsdaten aus den emittierenden Anlagen, sondern auch jene Angaben, die kalkulatorisch aus der

Abb. 12.3: Umweltökonomische Gesamtrechnung

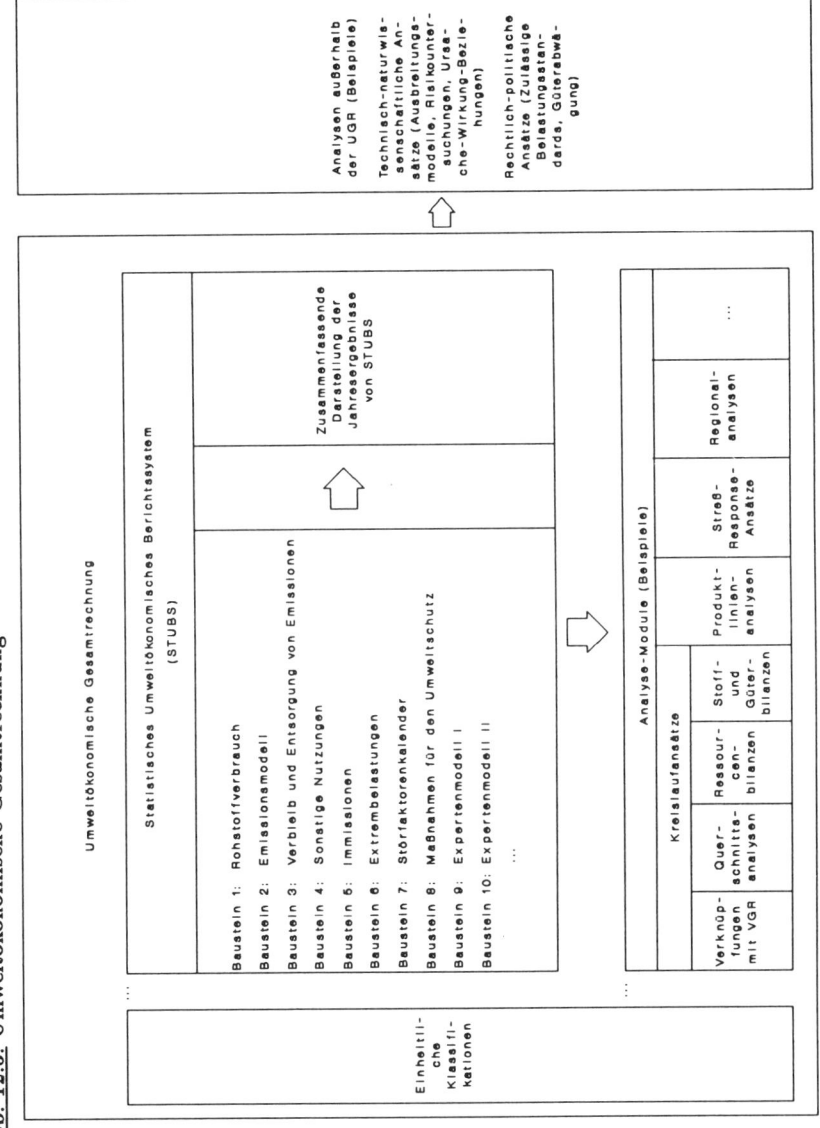

Quelle: HÖLDER, E. u. Mitarbeiter (1991), p. 24

Kombination von Produktions- und Verbrauchsdaten und Emissionsko-
effizienten gewonnen werden können.

- Baustein 3 (**Verbleib und Entsorgung von Emissionen**) – Hier wird
  Baustein 2 ergänzt um Angaben über den Verbleib der Emissionen, die
  entweder entsorgt, ins Recycling oder frei in die Umwelt gehen. Neben
  dem Verbleib von Schadstoffen ist auch der von Gebrauchsgütern zu erfassen.

- Baustein 4 (**Sonstige Nutzungen**) – Es geht um diejenigen Nutzungen
  der Umwelt, die nicht in den Bausteinen 1 - 3 und 5 erfaßt sind. Positiv
  formuliert geht es um den Nachweis der Natur als Standort im weitesten
  Sinne für menschliche Aktivitäten, wenn eines oder mehrere der folgenden
  Kriterien betroffen ist:

  ▷ Knappheiten oder Kapazitätsgrenzen im Umweltbereich,

  ▷ konkurrierende Nutzungsmöglichkeiten,

  ▷ Nutzung mit Eingriff in die Regelungsfunktionen der Umwelt,

  ▷ Nutzung mit Eingriffen positiver oder negativer Art in die räumliche
    Umwelt.

- Baustein 5 (**Immissionen**) – Hier soll anhand bestimmter Umweltmeß-
  werte für Boden, Wasser, Luft, Strahlung, Lärm, Erschütterung die tatsächliche Umweltsituation und ihre Veränderung im Zeitablauf gezeigt
  werden. Die Immissionsdaten sind statistisch vergleichbar zu machen, zu
  zeitlichen und regionalen Durchschnitten zu verdichten und in Meßzif-
  ferreihen umzuwandeln. Vorgesehen ist ebenfalls, neben den Indikatoren
  auch Werte darzustellen, wobei als Bewertungsmaß periodenbezogene Re-
  produktionskosten, d.h. hypothetische Aufwendungen für die Wiederher-
  stellung des Umweltzustandes am Periodenbeginn als besonders geeignet
  angesehen werden.

- Baustein 6 (**Extrembelastungen**) – Zeitliche und geographische Durchschnitte von Immissionswerten reichen nicht für alle analytischen Zwecke
  aus, um die Lage der Umwelt und ihre Veränderung zu beschreiben. Daher müssen die Daten im Baustein 5 durch Angaben über Art, Ort, Ausmaß und Häufigkeit von Spitzenbelastungen und Belastungskombinatio-
  nen ergänzt werden.

- Baustein 7 (**Störfaktorenkalender**) – In einer Art Kalendarium werden
  außergewöhnliche Störungen (Emissionen) zusammengestellt, wie einerseits durch die Natur ausgelöste Ereignisse (Hochwasser, Stürme, Erdbe-
  ben) oder andererseits durch den Menschen verursachte Störungen (extreme Emissionen von Kernkraftwerken oder Chemieunternehmen). Eine
  quantitative Folgenabschätzung wird angestrebt.

- Baustein 8 (**Umweltschutzmaßnahmen**) – Monetäre Aufwendungen
  der Sektoren und Wirtschaftsbereiche für den Umweltschutz kommen
  hier nach den Arten des Umweltschutzes (Luftreinhaltung, Abfallbeseitigung, Abwasserbehandlung) und in der Gliederung nach laufenden Auf-

wendungen und Investitionen (mit daraus abgeleiteten Abschreibungen) zur Darstellung. Angestrebt wird auch ein Nachweis nach der Art der Aufwendung, etwa als emissionssenkend, ressourcensparend oder schadenbehebend.

- Bausteine 9 und 10 (**Expertenmodelle**) – Expertenmodell I schreibt ein von Experten bestimmtes Gewichtsschema mit der mengenmäßigen Entwicklung ausgewählter Emissionen u.ä. fort und kommt so zu einem Index, der die Veränderung im Umweltzustand widerspiegeln soll (Baustein 9). Das Expertenmodell II sammelt Beurteilungsnoten für ausgewählte Umweltindikatoren und ermöglicht einen zeitlichen Vergleich dieser subjektiven Beurteilungen (Baustein 10).

12.4.2 Darstellungsgegenstände der UGR

Die Bausteine von STUBS und SEEA lassen sich fünf Darstellunggebieten (vgl. Abb. 12.4) zuordnen. Diese machen die Form der UGR aus, die derzeit in der Umsetzung begriffen ist (vgl. BOLLEYER/RADEMACHER, 1993):

1. umweltbezogene ökonomische Aktivitäten, die nicht unmittelbar mit der ökonomischen Nutzung im Zusammenhang stehen, kurz: Umweltschutzmaßnahmen;
2. Nutzung und Verbauch natürlicher Rohstoffe;
3. Nutzung der Umwelt als Auffangbecken für Rest- und Schadstoffe, kurz: Emissionen und Emissionsverbleib;
4. Nutzung der Umwelt als Standort für menschliche Aktivitäten;
5. qualitativer Zustand der Umwelt, insb. im Hinblick auf die Schadstoffbelastung, kurz: Immissionslage.

Von der Darstellung ausgeklammert bleiben die Regelungsfunktion (Transformations-, Assimilations- und Regenerationsprozesse in der natürlichen Umwelt) sowie die Informationsfunktion der natürlichen Umwelt.

Bei der Abgrenzung der **Umweltschutzmaßnahmen** ist zu berücksichtigen, ob bei ihrer Realisierung der umweltschützende Aspekt im Vordergrund steht. Fällt bei einer Investition die Umweltentlastung nur als „Kuppelprodukt" ab, stehen also betriebswirtschaftliche oder produktionstechnische Motive im Vordergrund, soll die betreffende Investition nicht einbezogen werden. Mit einer Umweltschutzmaßnahme kann grundsätzlich angestrebt werden:

- Vermeidung, Verminderung o.ä. auf der Entstehungsseite von Umweltbelastungen (etwa Luftfilteranlagen, Kläranlagen, End–of–Pipe–Technologien);
- Sanierung, Reparatur oder Kompensation auf der Wirkungsseite (etwa Renaturierung von Tagebauflächen, Flußläufen, Sanierung kontaminierter Böden, Bodenentsiegelung, Trinkwasseraufbereitung);

Abb. 12.4: Darstellungsgegenstände der Umweltökonomischen Gesamtrechnungen

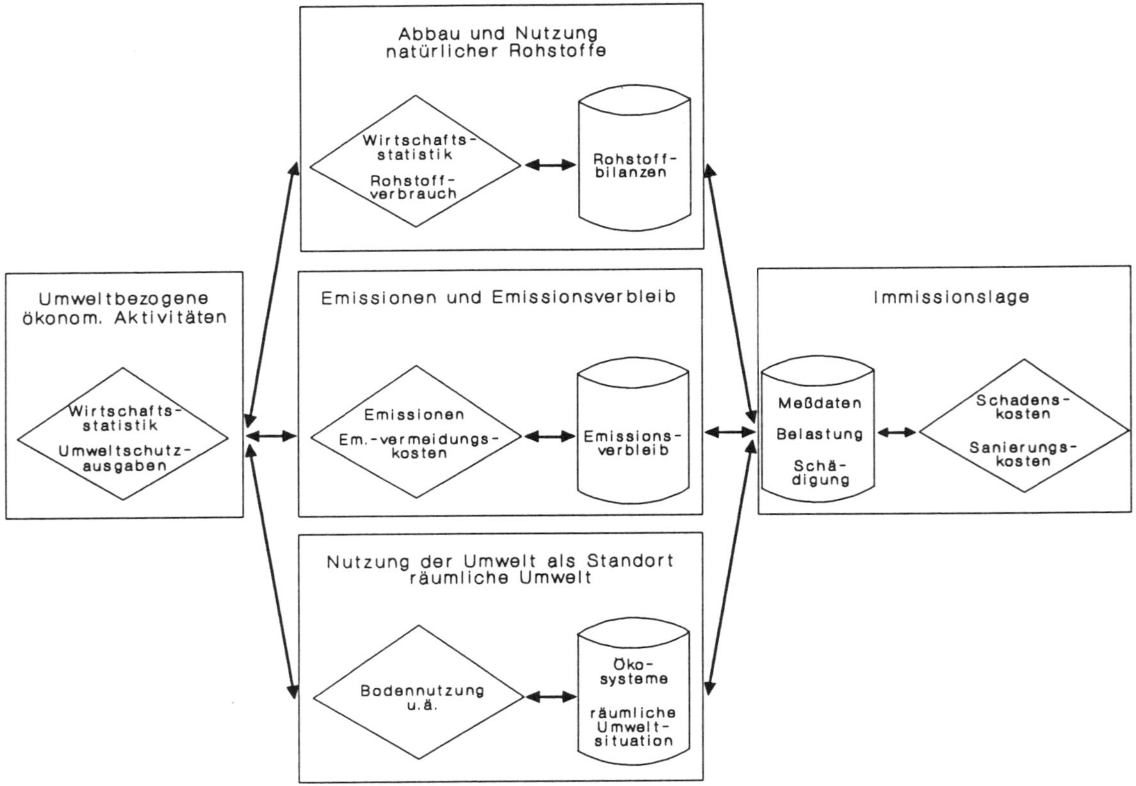

Quelle: KLAUS, J. u.a. (1994), p. 219

- Ausweichen vor der Belastung bzw. Erhöhung der Belastbarkeit der Medien und Ökosysteme (etwa Lärmschutzfenster, Kalkung von Wäldern);
- Veränderung des Niveaus einer umweltbelastenden Aktivität (etwa Ge- und Verbote).

Datengrundlagen dazu liefert die amtliche Statistik in diesem Darstellungsbereich nur für zwei Sektoren (Produzierendes Gewerbe und öffentliche Haushalte). Das RWI arbeitet an einer Datengrundlage für Umweltschutzmaßnahmen der Privaten Haushalte, das Ifo–Institut an einer solchen für den Sektor Sonstige Dienstleistungen.

Ausgangspunkt für die Darstellungseinheit **Nutzung und Verbrauch natürlicher Rohstoffe** sind die traditionellen Rohstoffsaldierungen, die anhand von Angaben zur Inlandsproduktion und zum Handel mit der übrigen Welt die Inlandsverfügbarkeit aufzeigen. Darüber hinaus müssen die im Außenhandel erfaßten Güter auf ihre Rohstoffanteile hin untersucht werden, um Aussagen über die weltweite Rohstoffnutzung durch inländische Aktivitäten machen zu können. Auch der Bereich der Mehrfachverwendung bzw. des Recycling, dessen Bedeutung in jüngster Zeit immer größer geworden ist, muß in die Betrachtung einbezogen werden. Ein wichtiges wirtschaftsstatistisches Instrument in dieser Darstellungseinheit ist die Input–Output–Analyse. Da Sekundärrohstoffe in den bisherigen Produktionsstatistiken bisher nicht systematisch nachgewiesen werden (Ausnahmen sind etwa Gips aus der Rauchgasentschwefelung oder Altpapier), erging im Rahmen des UGR–Projekts ein Forschungsauftrag an das DIW zur Erstellung einer Wiederverwertungsbilanz.

In der Darstellungseinheit **Emissionen** liegen Ergebnisse zur Emission ausgewählter Luftschadstoffe von Produktionsbereichen vor. In Arbeit ist eine Emittentenstruktur, d.h. die Struktur der Emissionen in bezug auf die Tätigkeit der Wirtschaftseinheiten. Sie soll dazu beitragen, die bisher überwiegend technisch orientierte Umweltpolitik dem ökonomischen Zugriff zu ermöglichen, d.h. ökonomische Prinzipien wie optimaler Ressourceneinsatz sollen auch im Umweltschutz zur Geltung kommen. Beim Aufbau der Emittentenstruktur stützt sich das Statistische Bundesamt auf Vorarbeiten des Fraunhofer–Instituts für Systemforschung und Innovation in Karlsruhe.

Bei umweltstatistischen Informationen ist der Zusammenhang mit ihrem jeweiligen Bezugsort von großer Bedeutung, da die Verursacher der Umweltbelastungen wie auch die Belastungen selbst regional äußerst ungleich verteilt sind. In der Darstellungseinheit **Immissionslage** benötigt man also ebenso wie in der Darstellungseinheit **Umwelt als Standort** ein Geo–Informationssystem. 1986 startete das Statistische Bundesamt mit den Arbeiten an einem solchen System, STABIS genannt. Basierend auf der Auswertung von Luftbildern und topographischen Karten im Maßstab 1:25.000 wurde in diesem Projekt eine Erhebungsmethode entwickelt und zur Einsatzreife gebracht, die den Aufbau eines digitalen geographischen Datenbestandes über die Bodennutzung und Bodenbedeckung erlaubt.

Nachdem nun eine Vielzahl von Projekten im und durch das Statistische Bundesamt angelaufen sind, darf in den nächsten Jahre mit einer Flut von Informationen gerechnet werden. Es ist zu hoffen, daß die Daten wegen ihrer Entstehung in einem – wenn auch nicht sehr stringenten – Bezugsrahmen aufeinander abgestimmt sind.

12.5 Rechtsgrundlagen und wichtige Datenquellen

Die Tätigkeit der amtlichen Statistik für den Bereich Umwelt basiert auf folgenden Rechtsvorschriften:

- Gesetz über Umweltstatistiken in der Fassung der Bekanntmachung vom 14.03. 1980 (BGBl I, p. 311)
- Statistikbereinigungsverordnung vom 14.09.1984 (BGBl I, p. 1247)
- Bundesstatistikgesetz vom 22.01.1987 (BGBl I, p. 462, 565), insb. §3, Abs. 1 Nr. 7: „Aufgabe des Statistischen Bundesamtes ist es, ... 7. Volkswirtschaftliche Gesamtrechnungen und sonstige Gesamtsysteme statistischer Daten für Bundeszwecke aufzustellen sowie sie für allgemeine Zwecke zu veröffentlichen und darzustellen".

Die laufenden Veröffentlichungen des Statistischen Bundesamtes mit Daten aus diesem Erhebungsbereich finden sich in der Fachserie 19 (Umweltschutz):

- Reihe 1.1 Öffentliche Abfallbeseitigung (alle 3 Jahre)
- Reihe 1.2 Abfallbeseitigung im Produzierenden Gewerbe und in Krankenhäusern (alle 3 Jahre)
- Reihe 2.1 Öffentliche Wasserversorgung und Abwasserbeseitigung (alle 4 Jahre)
- Reihe 2.2 Wasserversorgung und Abwasserbeseitigung im Bergbau und Verarbeitenden Gewerbe und bei Wärmekraftwerken für die öffentliche Versorgung (alle 4 Jahre)
- Reihe 3 Investitionen für Umweltschutz im Produzierenden Gewerbe (jährlich)
- Reihe 4 Umweltökonomische Gesamtrechnungen (Basisdaten und ausgewählte Ergebnisse) (alle 2 Jahre)

Weitere Aktuelle Literaturhinweise stehen im Anhang von Abs. 26 (Umwelt) eines jeden Statistischen Jahrbuchs für die Bundesrepublik Deutschland.

Literatur zu Kapitel 12 [12]

Allgemeines Statistisches Archiv, Heft 1, 1975 (Schwerpunktthema: „Umweltschutz und Statistik")

Allgemeines Statistisches Archiv, Heft 1, 1988 (Schwerpunktthema: „Umwelt und Statistik")

---

[12]Man findet hier nur eine Kurzzitierung. Die vollständigen bibliographischen Angaben stehen im Literaturverzeichnis, Kap. 15.

BOLLEYER, R. / RADERMACHER, W. (1993)
Bundesumweltministerium (1992)
DOROW, F. (1991)
HÖLDER, E. u. Mitarbeiter (1991)
KLAUS, J. u.a. (1994)
REICH, U.-P. / STAHMER, C. (1988)
SCHNABEL, H. (1993)
STAHMER, C. (1992)

AUFGABE 12.1

a) Im Zusammenhang mit Rohstoffbilanzierungen treten u.a. die Begriffe abiotische und biotische Rohstoffe auf. Was versteht man darunter? Nennen Sie Beispiele.

b) Wie sieht die Rohstoffbilanzierung (in konstanten Preisen) 1978 und 1990 aus?

AUFGABE 12.2

a) Beim Wasseraufkommen werden die Kategorien Grund-, Quell-, Oberflächenwasser und Uferfiltrat unterschieden. Was versteht man darunter? Wie verteilt sich die Wassergewinnung auf diese Kategorien?

b) Zeichnen Sie die Profilkurven mit dem Anteil der Bevölkerung, der an der öffentlichen Wasserversorgung und der an der öffentlichen Kanalisation angeschlossen ist, für die Bundesländer. Was stellen Sie fest?

AUFGABE 12.3

Als ökologischen Kapitalstock bezeichnet man das Bruttoanlagevermögen für den Umweltschutz.

a) Wie hat sich dieser von 1975 bis 1990 (in Preisen von 1985) entwickelt (in 5–Jahres–Schritten), und zwar im

- Produzierenden Gewerbe,
- staatlichen Sektor?

b) Vergleichen Sie die Zusammensetzung des ökologischen Kapitalstocks 1991 nach Umweltbereichen im Produzierenden Gewerbe und beim Staat.

Kapitel 13

Indikatoren und Indikatorensysteme

Bei der Lektüre wissenschaftlicher und populär–wissenschaftlicher Arbeiten, die sich mit gesellschaftlichen und ökonomischen Themen befassen, stellt man immer wieder fest, daß über Sachverhalte geschrieben wird, die sich einer präzisen Definition und damit auch der unmittelbaren Messung entziehen. Beispiele dafür sind Bildung, Gesundheit, Konjunktur, Lebensqualität, Sicherheit, Sozialer Frieden, Umweltqualität. Die Aufzählung läßt sich beliebig lang fortsetzen. Alle reden über diese „Größen", ihr Niveau und dessen Entwicklung, die negativ oder positiv eingeschätzt wird. Fragt man aber weiter nach, was denn eigentlich gemeint ist, dann weiß eigentlich kaum jemand so recht Bescheid, und die Vorstellungen über die Begriffsinhalte, so sie denn überhaupt vorhanden sind, gehen weit auseinander. Größen oder Variablen, die vielschichtig, komplex oder hochdimensional sind und auch nicht direkt beobachtbar, werden als **latente Variablen** bezeichnet. Beobachtbare Variable, auch **manifeste Variable** genannt, werden herangezogen, die latenten Variablen und deren Veränderung zu messen. Manifeste Variable, die diesem Zweck dienen, heißen **Indikatoren**. In diesem Sinne sind praktisch alle bisher in statistischen Erhebungen gemessenen Variablen als Indikatoren in dem einen oder anderen sachlichen Kontext einsetzbar.

13.1   Ökonomische Indikatoren

Ökonomische Indikatoren haben die Aufgabe, Stand und Entwicklung latenter Variablen im Bereich der Ökonomie anzuzeigen.

13.1.1   Aufgaben und Arten

Eine zentrale Rolle spielt im makroökonomischen Bereich das Erkenntnisobjekt **Konjunktur**. Die meisten ökonomischen Indikatoren dienen – direkt oder indirekt – der Diagnose und Prognose der Konjunktur, so daß sich die folgenden Ausführungen vor allem mit Konjunkturindikatoren befassen. Kriterien, die man zur Auswahl und Beurteilung von Indikatoren heranzieht, sind:

1. **Theoretische Plausibilität** – Dieses Erfordernis führt dazu, daß man i.d.R. ganze Bündel von Indikatoren oder Gesamtindikatoren benötigt, um die Komplexität der heutigen Konjunkturbewegungen voll zu erfassen.

2. **Übereinstimmung** in zeitlicher und sachlicher Hinsicht mit den vergangenen Konjunkturverläufen.

3. **Aktuelle und qualitativ hochwertige Daten** – Die Daten über den Indikator sollten schnell und für möglichst kurze Berichtsperioden verfügbar sowie zuverlässig sein in dem Sinne, daß sie nicht später revidiert werden und zu einer geänderten Beurteilung führen.

Für die weitere Argumentation und Klassifikation von Indikatoren benötigt man eine sog. **konjunkturelle Referenzreihe**, die über den Stand der Konjunktur informiert. Für Deutschland werden dazu herangezogen:

a) der Index der industriellen Nettoproduktion,

b) die Wachstumsrate von BIP oder BSP.

Der Nettoproduktionsindex hat den Vorteil, monatlich berechnet zu werden, wodurch die Konjunktur zeitlich feiner gerastert erkennbar wird,[1] aber den Nachteil, nur einen Teil (ca. die Hälfte) der wirschaftlichen Aktivität zu repräsentieren. BSP und BIP fallen nur als Quartalsdaten an, beziehen sich aber auf die gesamte Volkswirtschaft. Als Referenzreihe soll nachfolgend die Reihe der BIP–Wachstumsrate genommen werden, wobei sich zwei Fragen stellen:

• Soll das nominale oder das reale BIP zugrunde gelegt werden?

• Wie sollen die Wachstumsraten bestimmt werden?

In der Konjunkturforschung wird mit dem realen BIP gearbeitet, da Konjunktur primär als ein realwirtschaftliches Phänomen aufgefaßt wird. Zur Wachstumsratenbestimmung ist die Zeitreihe zunächst von zufälligen und saisonalen Bewegungen zu bereinigen, damit die **Trend–Konjunktur–Komponente**, kurz Trend-Komponente oder glatte Komponente genannt, verfügbar wird, denn deren Wachstumsrate gilt es zu messen. Je nach dem zur Zeitreihenanalyse verwendeten Verfahren fällt die Referenzreihe anders aus. Dies zeigt Abb. 13.1, in der drei Reihen vierteljährlicher Wachstumsraten des BIP für den Zeitraum 1982/I – 1994/IV dargestellt sind, die einen zweifachen Vergleich erlauben:

• zwischen der nominalen und realen Entwicklung,

• zwischen zwei Verfahren der Zeitreihenanalyse.

Im Verhältnis zu den realen Wachstumsraten liegen die nominalen tendenziell höher. Die nach demselben Verfahren bereinigten Reihen des nominalen und realen BIP schwingen – mit wenigen Ausnahmen (1985/III, 1993/IV) –

---

[1] Es müssen dann andere Indikatoren, die mit diesem Index in Verbindung gebracht werden sollen, ebenfalls als Monatsdaten verfügbar sein.

parallel. Vergleicht man die nach dem Berliner Verfahren[2] und dem Census–
Verfahren[3] bereinigten Verläufe des nominalen BIP, so sieht man, daß das
Census–Verfahren hier einen weniger glatten Verlauf generiert als das Berli-
ner Verfahren. Nachfolgend werden nur nach dem Berliner Verfahren bereinig-
te Zeitreihen verwendet.[4] Man sieht an diesem Fall, daß schon die Wahl der
Referenzreihe Probleme mit sich bringt.

<u>Abb. 13.1</u>: Vierteljährliche Wachstumsraten der Trendkomponente des BIP
           von 1982/I bis 1994/IV

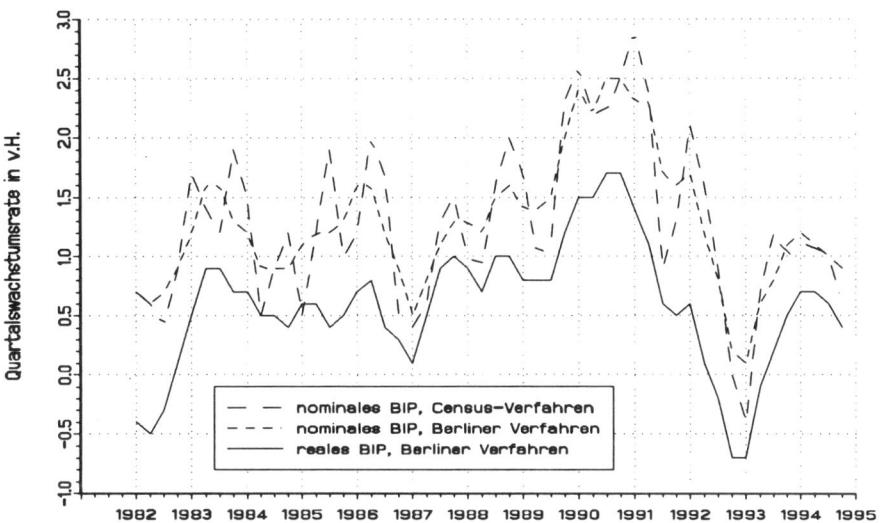

Quelle: Statistisches Bundesamt (1995), p. 8/11

Im hier gezeigten Verlaufssausschnitt der vierteljährlichen BIP–Wachstumsraten wird etwas mehr als die Länge eines Konjunkturzyklus', des vorläufig letzten von insgesamt fünf Wellen im Nachkriegsdeutschland, dargestellt.[5] Nachhaltig rückläufige und negativ werdende Wachstumsraten des BIP kennzeichnen eine Rezessionsphase. (Am linken Rand ist noch das Ende der vorletzten
Rezessionsphase an den negativen Wachstumsraten von 1982/I und 1982/II zu
erkennen. Ferner sieht man sehr gut den 1991 einsetzenden Abschwung.) Nachhaltig zunehmende und positiv werdende Wachstumsraten (ab 1983/I bzw. ab
1994/I) beschreiben eine Aufschwungphase. Man sieht auch, daß innerhalb des

---

[2]Das Berliner Verfahren wird insbesondere vom Statistischen Bundesamt eingesetzt, vgl.
NULLAU, B. u.a. (1969), NOURNEY, M. (1973, 1976 und 1983).
[3]Das Census–Verfahren wird von der Deutschen Bundesbank präferiert, vgl. SHISKIN, J.
u.a. (1967) und DEUTSCHE BUNDESBANK (1970 und 1987).
[4]Ein Problem jedes Zeitreihenanalyseverfahrens ist die Stabilität der Schätzung am aktuellen Rand der Reihe. Wie das Statistische Bundesamt über die Randstabilität informiert,
ist deren Monatsschrift „Konjunktur aktuell" zu entnehmen.
[5]Diese Zyklen – datiert von einem Tiefpunkt zum nächsten – liegen wie folgt: 1950/II —
1957/IV — 1966/III — 1974/III — 1982/II — 1992/IV.

Zyklus' die Wachstumsraten einen M–förmigen Verlauf nehmen und sich nicht etwa von einem Tiefpunkt zum nächsten in Form eines ∧ bewegen. Die Wachstumsraten steigen also nicht monoton vom Tiefwert am Zyklusanfang auf den Höchstwert im Zyklus, um dann wieder monoton auf den die nächste Welle einläutenden Tiefwert zu fallen, sondern sie steigen zunächst, fallen dann leicht zurück (hier: im Jahr 1986), um erneut zu steigen (hier: von Anfang 1987 bis Ende 1990) und sacken dann auf einen das Zyklusende markierenden Tiefwert ab. Dieses M–förmige Verlaufsmuster läßt sich in allen fünf Zyklen seit 1950 beobachten, in den vorangegangenen Zyklen z.T. noch klarer ausgeprägt als im Zyklus 1982/1992.

Bezüglich des **zeitlichen Verlaufs** der Indikatorenzeitreihe gegenüber der Referenzreihe unterscheidet man:

- **synchrone** oder **gleichlaufende** Indikatoren (Präsensindikatoren), die mit dem Indikandum in Phase sind,

- **asynchrone** oder **versetzt laufende** Indikatoren, die gegenüber dem Indikandum phasenverschoben laufen, und zwar:

  ▷ **zeitlich vorlaufend** (Dann spricht man von **Frühindikatoren**[6] – engl.: leading indicators.) oder

  ▷ **zeitlich nachlaufend.** (Dann spricht man von **Spätindikatoren**[7] – engl.: lagging indicators.)

Eine Möglichkeit, festzustellen in welche Richtung und mit welcher Verzögerungslänge zwei zeitlich geordnete Variablen X und Y aufeinander reagieren, besteht in der Berechnung von **Kreuzkorrelationskoeffizienten**. Es sei $\{y_t\}$ die Referenzzeitreihe – Nachfolgend ist dies die Reihe der vierteljährlichen Veränderungsraten des realen (Basis 1991) BIP! – und $\{x_t\}$ eine Indikatorenzeitreihe ($t = 1, 2, \ldots, T$). Der Kreuzkorrelationskoeffizient von Y und X mit **Verschiebung** ℓ ist dann definiert als:

$$r_{YX}(\ell) := \frac{c_{YX}(\ell)}{s_Y \cdot s_X}, \quad \ell = 0, \pm 1, \pm 2, \ldots, \pm(T-1) \qquad (13.1)$$

mit

$$c_{YX}(\ell) := \begin{cases} \dfrac{1}{T-|\ell|} \displaystyle\sum_{t=|\ell|+1}^{T} (y_t - \bar{y})(x_{t+\ell} - \bar{x}), & \ell \leq 0 \\[3mm] \dfrac{1}{T-\ell} \displaystyle\sum_{t=1}^{T-\ell} (y_t - \bar{y})(x_{t+\ell} - \bar{x}), & \ell \geq 0 \end{cases} \qquad (13.2)$$

als **Kreuzkovarianz** zwischen Y und X,

---

[6] Als typische Frühindikatoren für die Konjunktur werden Indizes über Auftragseingänge angesehen.

[7] Typische nachlaufende Indikatoren sind Faktorentgelte und Arbeitsmarktvariable.

$$s_X := \sqrt{c_{XX}(0)}, \qquad s_Y := \sqrt{c_{YY}(0)}$$

als Standardabweichungen und

$$\bar{x} = \frac{1}{T} \sum_{t=1}^{T} x_t, \qquad \bar{y} = \frac{1}{T} \sum_{t=1}^{T} y_t$$

als arithmetische Mittelwerte.
Es sei

$$r_{YX}(\ell^*) = \max_{\ell} |r_{YX}(\ell)|,$$

so gilt:

a) X ist ein Frühindikator für Y, wenn $\ell^* < 0$. Diese negative Verschiebung von X gegenüber Y wird als Lead (von X) bezeichnet.

b) X und Y laufen synchron, wenn $\ell^* = 0$ und $r_{YX} > 0$.

c) X und Y laufen asynchron, d.h. um eine halbe Wellenlänge gegeneinander verschoben, wenn $\ell^* = 0$ und $r_{YX} < 0$.

d) X ist ein Spätindikator für Y, wenn $\ell^* > 0$, und ℓ^* heißt Lag (von X).

Nach der Art der im Indikator **verwendeten Datenbasis** gliedert man in:

- objektive Indikatoren und
- subjektive Indikatoren.

Objektive Indikatoren bauen auf kardinalen, objektiv meßbaren Daten auf, wie sie von der amtlichen Statistik angeboten werden, während **subjektive Indikatoren** auf ordinalen und qualitativen Daten basieren, wie sie vorherrschend in der nicht–amtlichen Datenproduktion erhoben werden. Schließlich wird hinsichtlich der **Komplexität des Indikators** eine Einteilung in

- einfache Indikatoren und
- komplexe Indikatoren oder Gesamtindikatoren

vorgenommen.

13.1.2 Einfache Indikatoren

Die einfachen Indikatoren dienen vornehmlich der Beschreibung ökonomischer Teilbereiche, oder sie werden zur Messung der Zielerreichung partieller Ziele der Wirtschaftspolitik herangezogen. Es spielt dabei keine Rolle, ob der Indikator aus einer einzigen Zeitreihe besteht oder ob er eine Kombination mehrerer Zeitreihen in Form eines Index ist. Ausgehend von den vier im „Gesetz zur Förderung der Stabilität und des Wachstums" zu findenden Zielen:

- stabiles Preisniveau,
- hoher Stand der Beschäftigung,
- Gleichgewicht in der Außenwirtschaft sowie
- gleichmäßiges und angemessenes Wirtschaftswachstum,

werden – in dieser Gliederung – nachfolgend einige einfache Indikatoren vorgestellt. Daß keine Vollständigkeit zu erreichen ist, dürfte von vornherein klar sein.

Bei Aussagen über die Zielsetzung „Stabilität des Preisniveaus" werden als **Preisindikatoren** diverse Preisindizes herangezogen, die ihrerseits auf den Preisen einzelner Gütergruppen aufbauen. Nimmt man als Referenzgröße, die die wirtschaftliche Tätigkeit möglichst umfassend repräsentiert, die Wachstumsrate des Bruttoinlandsprodukts, so stellt man fest, daß die Preise, ausgedrückt über einen Preisindex, als nachlaufende Indikatoren einzustufen sind. Allerdings weisen die diversen Preisindizes unterschiedliche Lags gegenüber der Referenzreihe auf. Einen kurzen Lag haben Nahrungsmittelpreisindizes, einen langen Lag – bis zu 1,5 Jahren – haben Preisindizes für Industrieprodukte. Welcher Preisindex soll nun als Meßlatte für die Aussage gelten, ob Preisstabilität herrscht oder nicht? – Die drei vom Sachverständigenrat herangezogenen Indikatoren

- Preisindex für das Bruttosozialprodukt,
- Preisindex für den Privaten Verbrauch,
- Preisindex für die Lebenshaltung aller Haushalte

zeigen i.d.R. für ein und denselben Zeitraum unterschiedliche Preisentwicklungen an, wobei ersterer oft die höheren Steigerungsraten aufweist als die beiden letzteren. Der schnellere Zuwachs des BSP–Preisindex ist bedingt durch den überproportionalen Anstieg der Preise für staatliche Leistungen und der staatlich administrierten Preise, während der geringere Anstieg der anderen beiden Indizes auf die unterdurchschnittlich steigenden Preise im Import zurückzuführen ist. Definiert man Preisniveaustabilität mit einer bestimmten niedrigen Wachstumsrate (z.B. 1% – 2%), so muß man auch sagen, für welchen Index diese Rate gelten soll.

Aussagen über den Beschäftigungsstand werden mit **Arbeitsmarktindikatoren** getroffen. Indikator für das Arbeitsangebot könnte eine der in Abs. 4.1 definierten Potentialgrößen sein, etwa das Erwerbspersonenpotential. Als Indikator für die Nachfrageseite kommt einer der weiter unten definierten Wachstumsindikatoren in Frage. Bei der Kennzeichnung der Situation am Arbeitsmarkt, auf dem ja ein hoher Beschäftigungsstand herrschen soll, stellen sich – wie zuvor bei der Preisstabilität und nachfolgend beim außenwirtschaftlichen Gleichgewicht und dem stetigen, angemessen hohen Wirtschaftswachstum – zwei Fragen:

1. Woran soll gemessen werden? (Problem der Indikatorauswahl)
2. Was ist „hoch"? (Problem der Schwellenwertfixierung)

Als Indikator wird vorrangig die Arbeitslosenquote genommen, wobei man im längerfristigen Zeitvergleich auf Änderungen in der Definition zu achten hat (vgl. Abs. 4.3.3). Die Vollbeschäftigung wird als erreicht angesehen, wenn die Arbeitslosenquote um 1% mit Ausschlägen von ±0,2% pendelt. Auch andere

Indikatoren werden verwendet, etwa der

Anspannungsindex = Zahl der Arbeitslosen / Zahl der offenen Stellen

oder die mittlere Dauer der Arbeitslosigkeit.

Das außenwirtschaftliche Gleichgewicht wird über den Außenhandelsbei-
trag und die Währungssituation beschrieben und analysiert. Von Export- und
Importbewegungen gehen bekanntlich starke Wirkungen auf die Binnenkonjunktur aus. Hohe und langdauernde Exportüberschüsse können, da sie zur
Erweiterung der Geldmenge führen, die Preise steigen lassen, und da sie die
Kapazitäten überlasten, eine Konjunkturüberhitzung mit sich bringen. Bei
hohen und nachhaltigen Importüberschüssen wird die Wechselkursstabilität
gefährdet, da das inländische Preisniveau unter Druck gerät, und es wird das
Wachstum der Wirtschaft beeinträchtigt, da die Kapazitäten unterausgelastet
sind und kostenungünstig produziert wird. Ferner geraten Arbeitsplätze wegen
sinkender Absatzchancen in Gefahr. **Außenwirtschaftsindikatoren** sind der
Außenbeitragsanteil am Bruttosozialprodukt und die Terms of Trade oder der
Außenwert der Währung.

<u>Abb. 13.2:</u> Vierteljährliche Wachstumsraten des realen BIP und des realen Privaten
Konsums 1982/I bis 1994/IV (gemessen an der Trendkomponente) – oben
Kreuzkorrelationskoeffizienten dieser Wachstumsraten – unten

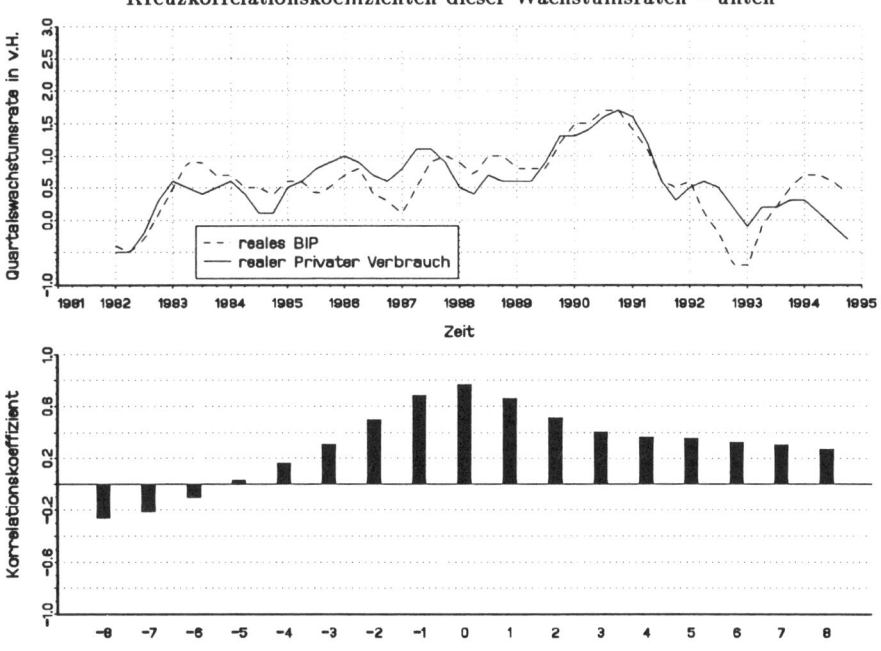

Quelle: Statistisches Bundesamt (1995), p. 9 und 23

Wirtschaftswachstum bedeutet allgemein das Wachstum des BIP oder
des BSP. Für die Prognose stellt sich die Frage, welche seiner Komponenten

die Wachstumsrate zuerst anzeigen. Der Private Verbrauch (vgl. Tab. 13.1) ist
mit ca. 55% des BSP dessen größte Komponente; er weist aber relativ wenig
Bewegung in seiner Wachstumsrate auf (vgl. Abb. 13.2). In der Literatur findet
man die Meinung vertreten, daß der Private Verbrauch einerseits ein leicht
nachlaufender Indikator ist (Abb. 13.2 bestätigt diese Auffassung allerdings
nicht, denn der maximale Kreuzkorrelationskoeffizient stellt sich bei $\ell = 0$ ein.)
und er andererseits dämpfend auf die Konjunkturschwankungen wirkt (Habit–
Persistence–Hypothese der Konsumtheorie).

Tab. 13.1: Anteil des Privaten Verbrauchs und der Bruttoinvestitionen am BIP
zwischen 1960 und 1993 im früheren Bundesgebiet

Jahr	1960	1970	1980	1990	1991	1992	1993
Anteil des Privaten Verbrauchs	56,8	54,6	56,9	54,4	54,2	54,0	55,1
Anteil der Bruttoinvestitionen	27,4	27,6	23,4	21,4	21,7	21,1	19,1

Quelle: Verschiedene Jahrgänge des Statistischen Jahrbuchs für die
Bundesrepublik Deutschland

Abb. 13.3: Vierteljährliche Wachstumsraten des realen BIP und
der realen Ausrüstungsinvestitionen 1982/I bis 1994/IV
(gemessen an der Trendkomponente) – oben
Kreuzkorrelationskoeffizienten dieser Wachstumsraten – unten

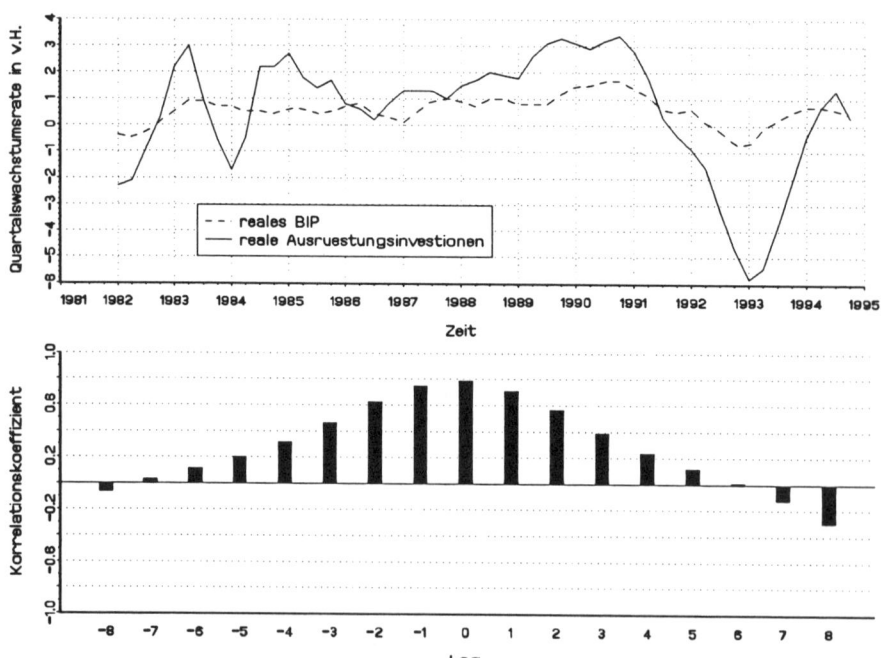

Quelle: Statistisches Bundesamt (1995), p. 9 und 31

Anders sieht es hingegen mit den Bruttoinvestitionen aus: Ihr Anteil am BIP ist weniger zeitstabil (vgl. Tab. 13.1), und ihre Wachstumsrate schwankt wesentlich stärker (für die Ausrüstungsinvestitionen, der größten Komponente der Bruttoinvestitionen, in Abb. 13.3 zwischen $-5,8\%$ und $+3,4\%$) als die des BIP (zwischen $-0,7\%$ und $+1,7\%$). Die in der Literaur vertretene Meinung, die Investitionen seien ein Frühindikator, läßt sich für den in Abb. 13.3 dargestellten Zeitraum nicht bestätigen; der maximale Kreuzkorrelationskoeffizient liegt bei $\ell = 0$.

Abb. 13.4: Vierteljährliche Wachstumsraten des realen BIP und des nominalen Bruttoeinkommens aus unselbständiger Arbeit 1982/I bis 1994/IV (gemessen an der Trendkomponente) – oben Kreuzkorrelationskoeffizienten dieser Wachstumsraten – unten

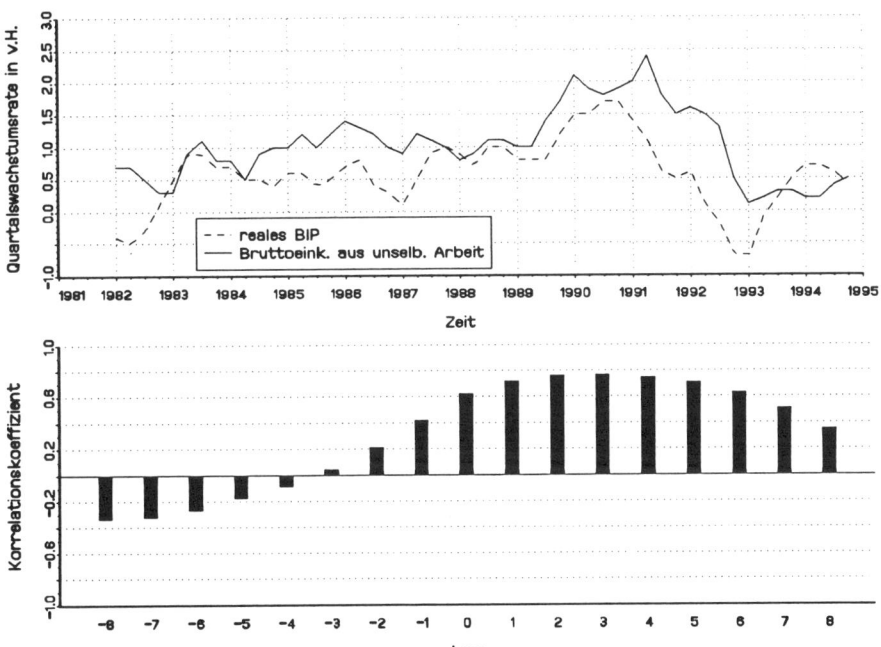

Quelle: Statistisches Bundesamt (1995), p. 9 und 99

Das Bruttoeinkommen aus unselbständiger Arbeit, das auf der Verteilungsseite den größten Anteil am BSP ausmacht, erweist sich in Abb. 13.4 – wie auch in der Literatur behauptet – als ein nachlaufender Indikator. Der maximale Kreuzkorrelationskoeffizient hat hier einen Lag von $\ell = 3$.

Alternativen zur Wachstumsrate des BIP bzw. des BSP als Wachstumsindikatoren sind:

• das Pro–Kopf–Einkommen,
• das Produktionsergebnis je Beschäftigten,
• das Produktionsergebnis je Stunde

mit ihrer jeweiligen Veränderungsrate. Manche Autoren zweifeln alle sozial-produktsorientierten Indikatoren an, da das Sozialprodukt konzeptionell unbe-friedigend ist (vgl. Abs. 11.5.1), und weichen auf soziale Indikatoren aus (vgl. Abs. 13.2).

13.1.3 Komplexe Indikatoren

Einfache Indikatoren spiegeln jeweils nur Einzelaspekte der Wirtschaftsentwick-lung wider, so daß man bemüht ist, durch komplexe Indikatoren einen möglichst umfassenden Teil der gesamten wirtschaftlichen Entwicklung abzubilden, wobei man zwei Konzeptionen bei der Aufstellung vertreten findet:

- komplexe Indikatoren i.e.S. in Form der gesamtwirtschaftlichen Kapa-zitätsauslastung,
- Gesamtindikatoren als Aggregate von Einzelindikatoren.

Die erste Konzeption läßt sich von der Beobachtung leiten, daß die Wachstums-rate von BSP oder BIP, an der man sich bei der Konjunkturdiagnose zu halten pflegt, ihren Maximalwert schon kurz nach dem Tiefpunkt der Kapazitätsausla-stung der Produktionsfaktoren erreicht und bereits zu sinken anfängt, während der Auslastungsgrad noch steigt. Die zweite Konzeption geht davon aus, daß die Konjunktur kein homogenes Geschehen ist, sondern eine Streuung besitzt, die man durch geeignete Aggregation diverser Einzelindikatoren berücksichti-gen kann.

Nach dem ersten Konzept werden Konjunkturbewegungen definiert als Schwankungen der gesamtwirtschaftlichen Kapazitätsauslastung. Der **Ausla-stungsgrad**, dessen zeitliche Entwicklung verfolgt wird, ist der Quotient des tatsächlichen BIP einer Periode und dem Vollbeschäftigungs–BIP dieser Peri-ode; letzteres heißt **Produktionspotential**. Sachverständigenrat und Deut-sche Bundesbank, die Produktionspotentiale berechnen, gehen dabei unter-schiedlich vor. Beide Ansätze sind nicht frei von einer gewissen Subjektivität (vgl. HUJER/CREMER, 1978, p. 107 – 114). Da die Ansätze unterschiedlich sind (Der Sachverständigenrat geht im wesentlichen von einer trendmäßigen Entwicklung der Kapitalproduktivität bei Voll- und Normalauslastung aus, während die Bundesbank mit einer COBB–DOUGLAS–Produktionsfunktion ar-beitet.), fallen auch die Ergebnisse verschieden aus. Von Mitte der 60er bis Mitte der 70er Jahre verliefen beide Auslastungsgrade auf verschiedenem Ni-veau (Der von der Bundesbank errechnete Auslastungsgrad lag höher!), aber sie verliefen parallel.

Bei der Bildung von **Gesamtindikatoren** lassen sich vier verschiedene Konstruktionsmethoden ausmachen:

- Diffusionsindexbildung,
- Signalwertmethode,
- Standardisierungsmethode,
- Hauptkomponentenmethode.

Hinter der Konstruktion des **Diffusionsindex** steht die Annahme, daß die konjunkturelle Entwicklung nicht in allen Bereichen der Volkswirtschaft gleich verläuft, sondern sich mehr oder minder langsam ausbreitet oder diffundiert. Es werden n konjunkturrelevante Einzelzeitreihen als Repräsentanten der funktional und/oder sektoral abgegrenzten Bereiche betrachtet. Sind in einer bestimmten Periode (Monat, Quartal) k dieser Reihen angestiegen, dann ist k/n der Wert des Diffusionsindex. Die resultierende Diffusionsindexreihe wird häufig noch mit gleitenden Durchschnitten geglättet.

Indikatoren nach der **Signalwertmethode**, die in den 70er Jahren vom Sachverständigenrat und vom WSI konzipiert worden sind, sollen rechtzeitig die Gefährdungsphasen anzeigen, die den Fehlentwicklungsphasen der Konjunktur zeitlich vorauseilen. Für zwölf Einzelindikatoren werden jeweils reihenspezifische Normwerte und obere sowie untere Toleranzgrenzen berechnet,[8] aus denen vier Bereiche resultieren, die mit Punktezahlen zwischen 1 und 4 bewertet werden:

1, wenn der Wert der Einzelreihe die untere Toleranzgrenze
   erreicht oder unterschreitet;
2, wenn er zwischen Norm und unterer Toleranzgrenze liegt;
3, wenn er zwischen Norm und oberer Toleranzgrenze liegt;
4, wenn er die obere Toleranzgrenze erreicht oder überschreitet.

Der SVR–Gesamtindikator in einer Periode ist dann das arithmetische Mittel der Punkte der zwölf Reihen in der betreffenden Periode. Der WSI–Gesamtindikator unterscheidet sich kaum in der Methode, sondern nur in der Auswahl der Einzelreihen vom SVR–Indikator.

Die **Standardisierungsmethode** bricht das vierstufige Bewertungsverfahren des SVR–Gesamtindikators auf, indem die Beobachtungswerte x_{it} eines jeden der n Einzelindikatoren mittels dessen arithmetischem Mittel $\bar{x}_i$ und dessen Standardabweichung s_i standardisiert werden:

$$u_{it} = \frac{x_{it} - \bar{x}_i}{s_i}; \quad i = 1, 2, \ldots, n.$$

Das arithmetische Mittel

$$\bar{u}_t = \frac{1}{n} \sum_{i=1}^{n} u_{it}$$

ist dann der Gesamtindikator.[9] Auf den standardisierten Variablenwerten u_{it} bauen auch die Gesamtindikatoren nach der **Hauptkomponentenmethode** auf. Diese extrahiert aus den u_{it} sog. Hauptkomponenten (Das sind Linearkombinationen der u_{it}, die orthogonal sind und maximale Variation aufweisen.) und verdichtet sie in geeigneter Weise.[10]

---

[8]Zu Einzelheiten der Methode vergleiche man das Jahresgutachten 1970/71 des SVR.
[9]Zu Einzelheiten vgl. NEUBAUER (1975).
[10]Eine Darstellung dieser Technik findet man bei STURM (1971).

13.1.4 Subjektive Indikatoren

Die bekanntesten subjektiven Konjunkturindikatoren für Deutschland resultieren aus den monatlichen Konjunkturtesterhebungen des Münchener Ifo–Instituts. In dieser Erhebung geben leitende Mitarbeiter von ausgewählten Unternehmen[11] ihr Urteil zu sieben Fragen ab, die sich auf die **gegenwärtige** und **vergangene Wirtschaftslage** beziehen:

- Beurteilung der Geschäftslage,
- Produktion im Vormonatsvergleich,
- Beurteilung der Fertigwarenlager,
- Auftragseingang im Vormonatsvergleich,
- Auftragsbestand im Vormonatsvergleich,
- Beurteilung des Auftragsbestands,
- Inlandsverkaufspreise im Vormonatsvergleich,

und zu vier Fragen, die die **erwartete, zukünftige Lage** betreffen:

- Produktion für die nächsten drei Monate,
- Inlandsverkaufspreise für die nächsten drei Monate,
- Exportgeschäft für die nächsten drei Monate,
- Geschäftsentwicklung für die nächsten sechs Monate.

Diese Fragen beziehen sich nicht auf das Unternehmen insgesamt, sondern auf einzelne (hergestellte bzw. gehandelte) Produkte. Die Antworten werden nicht in Form von Zahlenangaben gemacht, vielmehr wird nur eine Tendenzantwort mit einer von drei möglichen Kategorien (schlechter/gleich/steigend o.ä.) erwartet. In der Ifo–Publikation „Konjunkturspiegel" wird dann – gegliedert nach Branchen – jeweils der gewogene Prozentsatz[12] der Unternehmen mit positiver, gleicher oder negativer Beurteilung angegeben. Die Konjunkturentwicklung wird über den Vergleich der Salden aus positiven und negativen Antworten gemessen.[13] Ein speziell ausgewiesener **Geschäftsklimaindex** ergibt sich als Mittelwert der beiden Reihen zur Beurteilung der gegenwärtigen Geschäftslage und der erwarteten Geschäftsentwicklung für die nächsten Monate. Untersuchungen haben erwiesen, daß Erwartungs- und Urteilsdaten sich besonders gut als Frühindikatoren eignen. Diese Beobachtung bestärkt die Position jener Konjunkturtheoretiker, die die Konjunktur – zumindest in Teilen – als psychologisch bedingtes Phänomen erklären.

---

[11] Die Auswahl erfolgt nicht zufällig, sondern bewußt nach Branche, Größe und Bedeutung der Unternehmen.

[12] Gewichte sind die Beschäftigtenzahl im Industriebereich und der Jahresumsatz im Handelsbereich.

[13] Eine Darstellung des Konjunkturtests gibt LINDLBAUER (1989).

13.2 Soziale Indikatoren

Der Begriff „sozialer Indikator", in Anlehnung an den Terminus „ökonomischer Indikator" gebildet, geht vermutlich auf R. A. BAUER (1966) zurück, der 1962 im Auftrag der NASA die gesellschaftlichen Nebenwirkungen des amerikanischen Raumfahrtprogramms zu erforschen begann.

13.2.1 Aufgaben und Arten

Soziale Indikatoren lassen sich als statistische Maßzahlen definieren, die von direktem normativem Interesse sind und eine zutreffende, umfassende und ausgewogene Beurteilung zentraler gesellschaftlicher Lebensbedingungen gestatten. STONE (1966) definiert sehr weit: Soziale Indikatoren beziehen sich auf Tatbestände und Bereiche von gesellschaftspolitischer Relevanz, sollen diesbezügliche Informationsbedürfnisse befriedigen, das Verständnis verbessern und zum Handeln anleiten.

Nach ZAPF (1976) lassen sich soziale Indikatoren einsetzen zur

• Wohlfahrtsmessung,

• Dauerbeobachtung des sozialen Wandels,

• Steuerung und Prognose gesellschaftlicher Prozesse.

Am Anfang der Beschäftigung mit sozialen Indikatoren stand die **Wohlfahrtsmessung**. Sie entwickelte sich aus der Kritik am Bruttosozialprodukt, das allenfalls den **Wohlstand** im Sinne eines monetären Aggregats anzeigt. Indikatoren sind nur für jene Aspekte der Wohlfahrt aufzustellen, die in der öffentlichen Meinung unstrittig als Wohlfahrtsziele gelten. Der Einsatz sozialer Indikatoren zur **Dauerbeobachtung des sozialen Wandels** ist weniger ambitiös; hier sollen sie über Strukturen, Prozesse, Ziele und Leistungen sowie Werte und Meinungen in der Gesellschaft aufklären. Im Rahmen der **Prognose und Steuerung gesellschaftlicher Prozesse** benötigt man sozio–ökonomische Modelle, deren Input– und Output–Variable soziale Indikatoren sind. Die drei Einsatzgebiete erfordern ganze Batterien von Indikatoren, die man zweckmäßigerweise in Form eines Systems bereitstellt.

13.2.2 Systeme sozialer Indikatoren

Im Gegensatz zum ökonomischen Bereich existiert kein in sich geschlossenes und umfassendes System, das sich als soziale Gesamtrechnung bezeichnen läßt. Das hängt offenbar damit zusammen, daß es in einer demokratischen, pluralistischen Gesellschaft nicht die „Sozialstruktur" gibt, die durch bestimmte Merkmale und Wertskalen eindeutig definiert ist und danach im Prinzip statistisch meßbar wird. So können offenbar nur soziale Strukturen auf der Basis ausgewählter Merkmale erfaßt werden.

International gibt es im wesentlichen drei Systeme sozialer Indikatoren, die Informationen über soziale Strukturen und deren Veränderung bereitstellen:[14]

- das System der Europäischen Gemeinschaften, 1977 erstmals mit Zahlen über alle Mitgliedsstaaten veröffentlicht,
- das System der UN,
- das System der OECD.

Die Inhalte dieser Systeme stimmen in weiten Teilen überein und decken folgende Bereiche ab:

- Ausbildung/Lernen,
- Beruf/Erwerbstätigkeit,
- Ökonomische Situation der Individuen,
- Gesundheit inkl. Gesundheitswesen,
- Physische Umwelt,
- Persönliche Sicherheit und öffentliche Ordnung,
- Zeit und Freizeit,
- Bevölkerung,
- Soziale Sicherheit inkl. Systeme der sozialen Sicherung,
- Mobilität und soziale Schichtung.

Im nationalen Rahmen gibt es den seit 1968 vom Bundesminister für Arbeit und Sozialordnung in unregelmäßigem Abstand vorgelegten **Sozialbericht** und das zeitgleich erscheinende **Sozialbudget**. Während der Sozialbericht ohne ausführliche Statistiken über Maßnahmen und Vorhaben der Gesellschafts- und Sozialpolitik informiert, liefert das Sozialbudget Daten über soziale Leistungen und ihre Finanzierung in funktionaler Gliederung nach

- Ehe und Familie,
- Gesundheit,
- Beschäftigung,
- Alter und Hinterbliebene,
- Folgen politischer Ereignisse (z.B. Kriegsfolgen),
- Wohnen,
- Sparförderung,
- Allgemeine Lebenshilfen, Notlagen,

und in institutioneller Gliederung nach

- Allgemeine Systeme (Renten-, Kranken-, Arbeitslosen-, Unfallversicherung, Kinder- und Erziehungsgeld),
- Sondersysteme (Altershilfe für Landwirte, Versorgungswerke),

---

[14]Eine ausführliche Darstellung liefert STACHE (1981).

- Beamtenrechtliche Systeme,
- Arbeitgeberleistungen,
- Entschädigungen,
- Soziale Hilfe und Dienste.

Natürlich decken die im Sozialbudget ausgewiesenen Statistiken längst nicht das gesamte Spektrum eines Indikatorensystems ab. Sie tragen aber mit den Statistiken anderer amtlicher und privater Datenproduzenten dazu bei, ein Zahlenbild der Befindlichkeit der Nation zu liefern.

Das erste gesamtdeutsche Sozialbudget, aufgestellt für 1992, erinnert an eine bekannte Märchensammlung: Es umfaßt tausendundeine Milliarde DM. Damit beliefen sich die Sozialleistungen auf über ein Drittel des Bruttosozialprodukts. Seit der Vereinigung sind die Sozialausgaben um fast 35% gestiegen.

Wie in anderen Bereichen auch, verläuft die Entwicklung in Ost und West sehr unterschiedlich. In Westdeutschland kletterte der Sozialaufwand zwischen 1990 und 1992 von ca. 718 auf 870 Mrd. DM. Knapp 43 Mrd. DM davon kamen über die Renten- und Arbeitslosenversicherung den neuen Ländern zugute. Im Osten schnellten die Ausgaben von 1990 auf 1992 um 560% auf knapp 174 Mrd. DM hoch, eine Folge der sozialen Abfederung des wirtschaftlichen Umbruchs und der Übertragung des westdeutschen Sozialsystems. Gemessen am ostdeutschen Sozialprodukt machten die Sozialleistungen 1992 immerhin 70,5% aus, gegenüber 31% im Westen. Pro Kopf der Bevölkerung lagen die Sozialleistungen 1992 bundesweit bei 12.434 DM; das waren fast 1.250 DM (oder 10%) mehr als im Vorjahr.

Diese Entwicklung ist keineswegs unumkehrbar.

1. Es müßte auf eine Erweiterung des Leistungskatalogs nach Möglichkeit verzichtet werden.[15]
2. Es wäre zu prüfen, wie die Beitragsbelastung durch Straffung der Leistungskataloge gesenkt werden könnte.
3. Es müßte weit stärker als bisher gegen kostentreibende falsche Anreize vorgegangen werden.

Unsolidarisches Verhalten, nämlich die beitragssteigernde Ausbeutung der Sozialkassen zu Lasten der Mitversicherten, breitet sich aus. Jede andere Versicherung sieht sorgfältig darauf, daß die Solidarkasse aller Versicherten nicht durch vermeidbare Schadenfälle belastet und nicht zur persönlichen Bereicherung mißbraucht wird. Alle Maßnahmen, die unsoziales Verhalten einzelner unattraktiv machten, werden ausgerechnet im Fall der Sozialversicherung von vielen Politikern als „Einschnitt in das soziale Netz" empört abgelehnt.

Nach wie vor entfällt der Großteil der Ausgaben auf die klassischen Sozialversicherungssysteme. Renten-, Kranken-, Unfall- und Arbeitslosenversicherung beanspruchten 1992 fast zwei Drittel des Sozialbudgets.

---

[15]Mit der Einführung der Pflegeversicherung in 1995 ist dies gerade nicht getan worden!

- Die Rentenversicherung erbrachte Leistungen in Höhe von 291 Mrd. DM.
- Die Krankenversicherung war mit mehr als 210 Mrd. DM am Sozialnetz beteiligt.
- Die Bundesanstalt für Arbeit brachte ca. 111 Mrd. DM unters Volk.
- Die Arbeitgeber wendeten rund 89 Mrd. DM für die Entgeltfortzahlung bei Krankheit und für die betriebliche Altersversorgung auf.[16]

Die Finanzierung des Sozialbudgets 1992 gestaltete sich wie folgt:

- 37% steuerten die Arbeitgeber bei.
- 28% betrug der Anteil der Arbeitnehmer.
- 33% zahlte der Staat.
- 2% stammte aus Kapitalerträgen und Rücklagen der Versicherungsträger.

Aus diesen vier Quellen finanzieren auch die anderen EU–Staaten ihr Sozialversicherungssystem, allerdings mit z.T. beträchtlichen anderen Quoten je Finanzier. So liegt in Dänemark der Staatsanteil bei etwa 81% und der Arbeitgeberanteil bei nur etwa 7%. Einen Arbeitgeberanteil über 50% weisen Spanien, Frankreich und Italien auf. Den höchsten Anteil für die Versicherten haben die Niederlande mit etwa 40%.

Literatur zu Kapitel 13 [17]

ANDERSON, O. (1983)

ANDERSON, O. u.a. (1983), p. 380 – 390

GROHMANN, H. (1994)

HUJER, R. / CREMER, R. (1978), p. 71 – 144

UNGERER, A. / HAUSER, S. (1986), p. 113 – 125

ZWER, R. (1981), p. 341 – 352

ZWER, R. (1985), p. 295 – 298

---

[16] In diesem Betrag sind aber nicht alle Arbeitgeber–Aufwendungen für die Entgeltfortzahlung enthalten. Es fehlen jene 8 Mrd. DM, die als Sozialversicherungsbeiträge auf die fortgezahlten Löhne abgeführt werden müssen. Dieser Betrag wird im Sozialbudget nicht auf der Ausgaben-, sondern auf der Einnahmenseite gebucht.

[17] Man findet hier nur eine Kurzzitierung. Die vollständigen bibliographischen Angaben stehen im Literaturverzeichnis, Kap. 15.

Kapitel 14

Lösung der Aufgaben

14.1 Aufgabe zu Kap. 1

Lösung von Aufgabe 1.1

Zur Bearbeitung wurde das STATISTISCHE JAHRBUCH 1994 FÜR DIE BUNDESREPUBLIK DEUTSCHLAND verwendet..

a) Die Gliederung des Jahrbuches weist 27 Abschnitte auf:
1. Geographische und meteorologische Angaben, Naturschutz
2. Zusammenfassende Übersichten
3. Bevölkerung
4. Wahlen
5. Kirchliche Verhältnisse
6. Erwerbstätigkeit
7. Unternehmen und Arbeitsstätten
8. Land- und Forstwirtschaft, Fischerei
9. Produzierendes Gewerbe
10. Bautätigkeit und Wohnungen
11. Handel, Gastgewerbe, Reiseverkehr
12. Außenhandel
13. Verkehr
14. Geld und Kredit, Versicherungen
15. Rechtspflege
16. Bildung und Wissenschaft
17. Kultur, Freizeit, Sport
18. Gesundheitswesen
19. Sozialleistungen
20. Finanzen und Steuern
21. Wirtschaftsrechnungen und Versorgung
22. Löhne und Gehälter
23. Preise
24. Volkswirtschaftliche Gesamtrechnungen
25. Zahlungsbilanz
26. Umweltschutz
27. Wirtschaftsorganisationen und Berufsverbände

b) Es liegt kein einheitliches Gliederungsprinzip vor. Der größte Teil der Statistiken ist **sektoral** gegliedert. Es treten auf

- der Sektor **Bevölkerung** ($\Rightarrow$ Private Haushalte) in Abs. 3,
- der Sektor **Unternehmen**,
    - ▷ generell in Abs. 7 (Unternehmen und Arbeitsstätten) und ferner in Abs. 27 (Wirtschaftsorganisationen und Berufsverbände),
    - ▷ speziell gegliedert nach folgenden Teilsektoren:
        - ∗ Land- und Forstwirtschaft, Fischerei (Abs. 8),
        - ∗ Produzierendes Gewerbe (Abs. 9),
        - ∗ Bautätigkeit und Wohnungen (Abs. 10),
        - ∗ Handel, Gastgewerbe, Reiseverkehr (Abs. 11),
        - ∗ Verkehr (Abs. 3),
        - ∗ Geld und Kredit, Versicherungen (Abs. 14),
- der Sektor **Staat** in Abs. 20 (Finanzen und Steuern).

Ein anderer Teil ist nach bestimmten **Merkmalen** gegliedert, und zwar unabhängig von den Sektoren, in denen diese Merkmale entstehen:

- Löhne und Gehälter (Abs. 22),
- Preise (Abs. 23).

Ein weiterer Teil weist eine **Mischung** aus einer Gliederung nach **Sektoren** und nach **bestimmten Tatbeständen** auf:

- Wahlen (Abs. 4),
- Kirchliche Verhältnisse (Abs. 5),
- Erwerbstätigkeit (Abs. 6),
- Außenhandel (Abs. 12),
- Rechtspflege (Abs. 15),
- Bildung und Wissenschaft (Abs. 16),
- Kultur, Freizeit, Sport (Abs. 17),
- Gesundheitswesen (Abs. 18),
- Sozialleistungen (Abs. 19),
- Wirtschaftsrechnungen und Versorgung (Abs. 21),
- Umweltschutz (Abs. 26).

Schließlich gibt es auch noch Abschnitte, die **Systeme** repräsentieren:

- Volkswirtschaftliche Gesamtrechnung (Abs. 24),
- Zahlungsbilanz (Abs. 25),

oder die **Zusammenfassungen** bringen:

- Geographische und meteorologische Angaben, Naturschutz (Abs. 1),
- Zusammenfassende Übersichten (Abs. 2).

c) Zur **Bevölkerungsstatistik** gehören eindeutig Abs. 3, weniger eindeutig Abs. 17 und 18. Zur **Sozialstatistik** gehören mehr oder minder eindeutig die Abschnitte 4, 5, 15, 16, 19 und 21. Zur **Wirtschaftsstatistik** gehören alle anderen Abschnitte mit Ausnahme von Abs. 1 und 2.

d) Informationen über **Erwerbstätigkeit und Arbeitsmarkt** finden sich in den Abschnitten 6 – 9, 11, 13, 15 – 20, 22, 27. Informationen über **Preise** stehen in den Abschnitten 12 (etwa die Terms of Trade), 14 (Zinsen sind Preise!), 22 (Löhne und Gehälter sind auch Preise!) und schwerpunktmäßig in Abs. 23.

14.2 Aufgaben zu Kap. 2

Lösung von Aufgabe 2.1

Hinweise zur Bearbeitung findet man bei A. STOBBE, Volkswirtschaftliches Rechnungswesen, 8. Aufl., Springer–Verlag, Berlin etc., 1994, p. 417 ff. und in den – auf Anfrage erhältlichen – Informationsbroschüren der im folgenden genannten Institute.

a) und b)

Wirtschaftsforschungsinstitute, die von Interessenverbänden getragen werden, sind:

- **IW** (Köln) – Institut der deutschen Wirtschaft,
- **WSI** (Düsseldorf) – Wirtschafts- und Sozialwissenschaftliches Institut des Deutschen Gewerkschaftsbundes.

Wirtschaftsforschungsinstitute in Form gemeinnütziger und unabhängiger Institutionen, als e.V. geführt, sind:

- **DIW** (Berlin) – Deutsches Institut für Wirtschaftsforschung,
- **HWWA** (Hamburg) – HWWA–Institut für Wirtschaftsforschung (Es steht HWWA für „Hamburgisches Welt–Wirtschafts–Archiv".),
- **Ifo** (München) – Ifo–Institut für Wirtschaftsforschung (Ifo steht für „Information" und „Forschung".),
- **IfW** (Kiel) – Institut für Weltwirtschaft an der Universität Kiel,
- **IWH** (Halle) – Institut für Wirtschaftsforschung Halle,
- **RWI** (Essen)–Rheinisch–Westfälisches Institut für Wirtschaftsforschung.

c) Das **IW** ist eine (1951 gegründete) gemeinsame Einrichtung von Wirtschafts- und Arbeitgeberverbänden sowie einzelner Unternehmen und hat einen eindeutig gruppenspezifischen Auftrag. Um Unternehmer und Manager für die täglichen Auseinandersetzungen mit Herausforderern des freien Unternehmertums zu rüsten, bemüht sich das Institut in seinen Veröffentlichungen und Veranstaltungen um wissenschaftlich fundierte Argumentationshilfen sowohl für grundsätzliche Themen als auch für Detailfragen. Es forscht auf den Gebieten

Bildungs-, Gesellschafts-, Wirtschafts-, Sozial- und Medienpolitik. Es bietet den Unternehmen und Verbänden eine Reihe besonderer Dienstleistungen, etwa Datenbankzugriff auf nationale und internationale statistische Daten.

Das **WSI** (1946/47 gegründet) versteht sich in erster Linie als wissenschaftliche Dienstleistungseinrichtung für den DGB (Deutscher Gewerkschaftsbund) und seine Gewerkschaften. Ob in Grundsatzfragen oder bei Detailanalysen, es geht prinzipiell um Untermauerung und Ausbau der gesellschaftspolitischen Zielvorstellungen der Gewerkschaften. Es liegt auf der Hand, daß im Verhältnis zum IW fast immer konträre Interessen vertreten werden. Es gibt im WSI drei große Forschungsbereiche: Konjunktur- und Strukturforschung, Verteilungsforschung, Gesellschaftspolitik.

Das **DIW** (1925 von ERNST WAGEMANN [1884 – 1956] als Institut für Konjunkturforschung gegründet) befaßt sich heute vor allem mit Wirtschaftsbeobachtung und -forschung im nationalen und internationalen Maßstab, der Anlagevermögensrechnung, der vierteljährlichen Volkswirtschaftlichen Gesamtrechnung einschl. der gesamtwirtschaftlichen Finanzierungsrechnung für die Bundesrepublik Deutschland. Besonders gepflegt werden Wirtschaftsbeobachtung und Wirtschaftsanalyse der bisherigen „sozialistischen" Länder Osteuropas, insbesondere bis 1990 auch der DDR. Traditionell bestehen besonders enge Beziehungen zur Berliner Wirtschaft. 1984 betrat das DIW wissenschaftliches Neuland mit der Einrichtung einer Projektgruppe zur Betreuung des „Sozioökonomischen Panels". Dieses Panel umfaßt ca. 6.000 Private Haushalte, die jährlich zu den Themenkreisen Haushaltszusammensetzungen, Erwerbsbeteiligung, berufliche Mobilität, Einkommen und Transferzahlungen, Wohnsituation von INFAS befragt werden. Getragen wird das Panel außerdem vom Sonderforschungsbereich „Mikroanalytische Grundlagen der Gesellschaftspolitik" an den Universitäten Frankfurt/Main und Mannheim.

Das **HWWA–Institut** (1908 als Zentralstelle für die wissenschaftliche Kolonie–Forschung des Hamburger Kolonialinstituts gegründet) hat seine Arbeitsschwerpunkte bei der Analyse und Prognose der in- und ausländischen Konjunkturentwicklung, bei Strukturuntersuchungen, bei der Erfassung der Handels- und Kapitalverflechtungen der westlichen Industrieländer, der Ost–West- und der Nord–Süd–Wirtschaftsbeziehungen. Es ist ferner im Archiv- und Dokumentationsbereich für Wirtschaftsfragen international führend (Bibliothek mit ca. 900.000 Bänden).

Das **Ifo–Institut** (1949 gegründet) befaßt sich mit Konjunktur-, Wachstums- und Strukturforschung sowie mit Branchenanalysen. Mit seinen regelmäßigen Umfragen wendet sich das Institut direkt an Unternehmen, die die aufgearbeiteten Ergebnisse im Gegenzug (Ifo spricht von einer Informationsgemeinschaft mit den Unternehmen) für ihre Geschäftspolitik auswerten können. Ifo veranstaltet drei Arten von Umfragen: den Konjunkturtest, den Investitionstest und die Prognose 100 (steht für Vorjahreswert = 100).

Das **IfW** (1914 als Königliches Institut für Seeverkehr und Weltwirtschaft gegründet) ist stets eine Kombination von Forschungs- und Lehrinstitut gewesen. Seine Direktoren bzw. Präsidenten gehörten/gehören zu den führenden Vertretern des Faches Volkswirtschaftslehre in Deutschland (BERNHARD HARMS, ANDREAS PREDÖHL, FRITZ BAADE, ERICH SCHNEIDER, HERBERT GIERSCH, HORST SIEBERT). Seine Forschungsschwerpunkte liegen bei der Wachstums- und Strukturpolitik, der Ressourcenökonomik, der Regional- und Verkehrswissenschaft, den Entwicklungsländern und der Weltwirtschaft sowie bei der Konjunkturforschung. Seine Bibliothek mit über 2 Mio. Bänden hat die Funktion einer zentralen Fachbibliothek der Wirtschaftswissenschaften in Deutschland.

Das **IWH** wurde als jüngstes deutsches Wirtschaftsforschungsinstitut am 1. Januar 1992 gegründet. Es hat ca. 70 Mitarbeiter, davon etwa 60% Wirtschaftswissenschaftler. Die Gründung geht auf Initiativen des Bundesministeriums für Wirtschaft zurück. Der Gründungsausschuß hat drei grundlegende Forschungsaufgaben: Aufarbeitung der Anpassungsprobleme in den neuen Bundesländern einschl. der wissenschaftlichen Begleitung der marktwirtschaftlichen Reformen in Mittel- und Osteuropa, Suche nach Lösungen für die zukunftsträchtige Gestaltung der ostdeutschen Wirtschaft und ihre Einbettung in die EU und die Weltwirtschaft, Bereitstellung von gesamtwirtschaftlichen, sektoralen und regionalen Informationen.

Das **RWI** (aus der 1926 gegründeten „Abteilung Westen" des Berliner Instituts für Konjunkturforschung hervorgegangen) ist mit ca. 70 Mitarbeitern das kleinste der hier vorgestellten Institute. Der Schwerpunkt seiner Forschungsarbeiten liegt bei Diagnosen und Prognosen der konjunkturellen und strukturellen Entwicklung der Wirtschaft in Deutschland und in den Industrieländern. Weiter ist die Wirtschaft des Landes Nordrhein–Westfalen mit den Bereichen Energie und Stahl ein primäres Arbeitsgebiet. Das Aufgabenspektrum umfaßt ferner die Analyse der Entwicklung im Handwerk, im Einzelhandel sowie die des Mittelstandes und der Betriebsgrößenstruktur.

Die Institute arbeiten in der 1949 gegründeten **Arbeitsgemeinschaft deutscher wirtschaftswissenschaftlicher Forschungsinstitute e.V.** zusammen, der auch andere Datenproduzenten wie das Statistische Bundesamt oder die Deutsche Bundesbank angehören. DIW, HWWA, Ifo, IfW, IWH und RWI sind dem Publikum durch ihre gemeinsamen jährlichen Frühjahrs- und Herbstgutachten bekannt, in denen sie eine Einschätzung der deutschen Wirtschaftslage und eine Prognose der voraussichtlichen wirtschaftlichen Entwicklung im jeweils folgenden Jahr geben.

d)   Laufende Publikationen (jeweils in Auswahl)

- des **IW**
  - ▷ iwd (= Informationsdienst des Instituts der deutschen Wirtschaft) für wichtige Meinungsbildner (wöchentlich)
  - ▷ iw-eil als Pressedienst für Redaktionen und Pressestellen der Verbände und Unternehmen (nach Bedarf)

  ▷ iw-trends mit Analysen, Dokumentationen und Prognosen
  ▷ Unternehmen und Gesellschaft (früher: Gewerkschaftsreport) mit
    Themen aus dem Bereich der Sozialwissenschaften (8 Ausgaben jähr-
    lich)
- des **WSI**
  ▷ WSI-Mitteilungen (monatlich)
  ▷ WSI-Informationsdienst Arbeit (vierteljährlich)
- des **DIW**
  ▷ Wochenberichte
  ▷ Vierteljahrshefte zur Wirtschaftsforschung
  ▷ Beiträge zur Strukturforschung (unregelmäßig)
- des **HWWA**-Instituts
  ▷ Wirtschaftsdienst (monatlich)
  ▷ Konjunktur von morgen (14 täglich)
  ▷ Finanzierung und Entwicklung (vierteljährlich)
  ▷ Weltkonjunkturdienst (vierteljährlich)
  ▷ Intereconomics (zweimonatlich)
  ▷ Hamburger Jahrbuch für Wirtschafts- und Gesellschaftspolitik
- des **Ifo**-Instituts
  ▷ Wirtschaftskonjunktur (monatlich)
  ▷ ifo-Schnelldienst (dreimal monatlich)
  ▷ ifo-Studien (vierteljährlich)
  ▷ ifo Spiegel der Wirtschaft
- des **IfW**
  ▷ Weltwirtschaftliches Archiv (vierteljährlich)
  ▷ Die Weltwirtschaft (halbjährlich)
  ▷ Wirtschaftsarchiv
  ▷ Bibliographie der Wirtschaftswissenschaften
- des **IWH**
  ▷ Konjunkturberichte (monatlich)
  ▷ Forschungsreihe (unregelmäßig)
  ▷ Kurzinformationen (aktuell und unterjährig)
- des **RWI**
  ▷ RWI-Mitteilungen (vierteljährlich)
  ▷ RWI-Konjunkturberichte (halbjährlich)

Lösung von Aufgabe 2.2

a) Deutsche Bundesbank

- Geschäftsbericht der Deutschen Bundesbank für das Jahr .... (jährlich seit
  1948/49)
- Monatsberichte der Deutschen Bundesbank (mtl. seit Januar 1949)

- Statistische Beihefte zu den Monatsberichten
    - ▷ Reihe 1: Bankenstatistik nach Bankengruppen (mtl. seit September 1969)
    - ▷ Reihe 2: Kapitalmarktstatistik (mtl. seit September 1968)
    - ▷ Reihe 3: Zahlungsbilanzstatistik (mtl. seit Juni 1968)
    - ▷ Reihe 4: Saisonbereinigte Wirtschaftszahlen (mtl. seit April 1968)
    - ▷ Reihe 5: Die Währungen der Welt (vierteljährlich seit Anfang 1974)
- **b)** Bundesanstalt für Arbeit (BA)
    - Amtliche Nachrichten der Bundesanstalt für Arbeit (monatlich seit 1953)
    - Mitteilungen aus der Arbeitsmarkt- und Berufsforschung (vierteljährlich seit 1968)
      Letztere Publikation stammt von der 1967 eingerichteten Forschungsabteilung „Institut für Arbeitsmarkt- und Berufsforschung" (IAB) der BA.

Lösung von Aufgabe 2.3

a) nein **b)** ja **c)** nein **d)** nein **e)** ja **f)** ja **g)** ja **h)** ja

---

Lösung von Aufgabe 2.4

a) nein   **b)** Bundesminister des Innern   **c)** nein
da) ja   **db)** nein   **ea)** nein   **eb)** nein

Lösung von Aufgabe 2.5

a) <u>Vorteile:</u> Schutz der Befragten vor Eingriffen in die persönliche Freiheit; eindeutige Rechtsverhältnisse
   <u>Nachteile:</u> Belastung der Gesetzgebungsorgane; Gefahr der Überregelung; langer Vorlauf von Erhebungen, dadurch frühzeitige Festlegung des Programms und damit wachsende Inflexibilität

b) <u>Vorteile:</u> Koordination statistischer Erhebungen und mithin Vermeidung von Doppelarbeit; Rationalisierung; methodische Vereinheitlichung
   <u>Nachteile:</u> regionale Ergebnisse kommen oft zu kurz

c) <u>Vorteile:</u> größere Vertrautheit mit den örtlichen Gegebenheiten; Einklang mit der föderalen Struktur Deutschlands
   <u>Nachteile:</u> Methodenpluralismus; Sonderwünsche; zeitliche Verzögerungen (Geleitzug–Prinzip); höhere Kosten

---

Lösung von Aufgabe 2.6

a) ja   **b)** nein   **c)** nein   **d)** nein

Lösung von Aufgabe 2.7

Ja! Die Konditionen ergeben sich aus §16, Abs. 6 – 8 BStatG 1987:

> (6) Für die Durchführung wissenschaftlicher Vorhaben dürfen vom Statistischen Bundesamt und den statistischen Ämtern der Länder Einzelangaben an Hochschulen oder sonstige Einrichtungen mit der Aufgabe unabhängiger wissenschaftlicher Forschung übermittelt werden, wenn die Einzelangaben nur mit einem unverhältnismäßig großen Aufwand an Zeit, Kosten und Arbeitskraft zugeordnet werden können und die Empfänger Amtsträger, für den öffentlichen Dienst besonders Verpflichtete oder Verpflichtete nach Absatz 7 sind.

> (7) Personen, die Einzelangaben nach Absatz 6 erhalten sollen, sind vor der Übermittlung besonders zu verpflichten, soweit sie nicht ...

> (8) Die aufgrund einer besonderen Rechtsvorschrift oder der Absätze 4, 5 oder 6 übermittelten Einzelangaben dürfen nur für die Zwecke verwendet werden, für die sie übermittelt wurden. In den Fällen des Absatzes 6 sind sie zu löschen, sobald das wissenschaftliche Vorhaben durchgeführt ist. Bei den Stellen, denen Einzelangaben übermittelt werden, muß durch organisatorische und technische Maßnahmen sichergestellt werden, daß nur Amtsträger, für den öffentlichen Dienst besonders Verpflichtete oder Verpflichtete nach Absatz 7 Satz 1 Empfänger von Einzelangaben sind.

Lösung von Aufgabe 2.8

Außer einem einführenden Teil mit vermischtem Inhalt (ca. 30 Seiten) gibt es zwei Hauptteile:

- Europäische Gemeinschaften bzw. Europäische Union,
- Internationale Übersichten.

Diese sind aber nicht nach Ländern gegliedert, sondern – mit geringfügigen Abweichungen – so wie das „Statistische Jahrbuch für die Bundesrepublik Deutschland", vgl. die Lösung von Aufgabe 1.1. Innerhalb der Sachgebiete, etwa bei den Preisen, findet man die Daten nach Ländern ausgewiesen.

Lösung von Aufgabe 2.9

a) A   b) B   c) B   d) A   e) C   f) A   g) C

Lösung von Aufgabe 2.10

Klassifizierung der Berufe
Internationale Standardklassifikation der Berufe
Verzeichnis der Religionsbenennungen
Staatsangehörigkeits- und Gebietsschlüssel

Lösung von Aufgabe 2.11

1. Die Volks- und Berufszählung (VZ) hat die gleiche Zählungsorganisation wie die Gebäude- und Wohnungszählung (GZ) und die Arbeitsstättenzählung (AZ), d.h. etwa, daß diese drei Zählungen simultan stattfinden.

2. Die VZ liefert die Auswahlgrundlage für den Mikrozensus, auf den
   - die Einkommens- und Verbrauchsstichprobe sowie
   - die Wohnungsstichprobe

   aufbauen. (Die GZ liefert ebenfalls Auswahlgrundlagen für die Wohnungsstichprobe.)

3. Die AZ liefert:
   - Adressen für Betriebskarteien der Beschäftigtenstatistik und
   - Daten zu Aktualisierung der Bereichsstatistiken in allen Wirtschaftssektoren.

Lösungen zu Aufgabe 2.12

Volkszählung, Mikrozensus, EU–Arbeitskräftestichprobe, Beschäftigtenstatistik, Arbeitsstättenzählung, Landwirtschaftszählung, Industriezensus, Zensus im Baugewerbe, Handwerkszählung, Handels- und Gaststättenzählung, Arbeitskräftestichprobe in der Landwirtschaft, Handwerksberichterstattung, Industriebericht, Baubericht, Personalstatistik im öffentlichen Dienst.

Lösung von Aufgabe 2.13

Agrarberichterstattung, Bodennutzungserhebung, besondere Ernteermittlung, Viehzwischenzählung, Nachprüfung der Viehzwischenzählung.

Lösung von Aufgabe 2.14

CCC	—	Rat für Zusammenarbeit auf dem Gebiet des Zollwesens
CD	—	Donau–Kommission
CEMT	—	Europäische Konferenz der Verkehrsminister
EAG	—	Europäische Atomgemeinschaft
ECA	—	Wirtschaftskommission der UNO für Afrika
EGKS	—	Europäische Gemeinschaft für Kohle und Stahl
ESCAP	—	Ständiger Ausschuß für Statistik der Wirtschafts- und Sozialkommission der UNO für Asien und den Pazifik
EWG	—	Europäische Wirtschaftsgemeinschaft
FAO	—	Food and Agricultural Organization
GATT	—	General Agreement on Tariffs and Trade
IARIW	—	Internat. Assoc. for Research in Income and Wealth

ICAO	—	International Civil Aviation Organization
ILO	—	International Labour Organization
IMF	—	International Monetary Fund
ISI	—	International Statistical Institute
ISO	—	International Organization for Standardization
IUSSP	—	Internationale Union für Bevölkerungswissenschaft
OECD	—	Organization for Economic Cooperation and Development
SAEG	—	Statistisches Amt der Europäischen Union (auch EUROSTAT genannt)
UNESCO	—	Organisation der Vereinten Nationen für Erziehung, Wissenschaft und Kultur
WHO	—	World Health Organization
ZKR	—	Zentralkommission für die Rheinschiffahrt

Lösung von Aufgabe 2.15

Es gab die „Staatliche Zentralverwaltung für Statistik" (SZS). (Ab März 1990 bis zur grundsätzlichen Integration in das Statistische Bundesamt nach der Wiedervereinigung hieß sie „Statistisches Amt der DDR".) Die SZS unterstand direkt dem Ministerrat. Der SZS waren 15 Bezirksstellen unmittelbar unterstellt und diesen wiederum ca. 220 Kreisstellen, die in sehr enger Verbindung mit den Berichtspflichtigen (Betrieben, VEBs und Kombinaten) standen. Das gesamte Berichtswesen wurde zentral vorbereitet. Für die einzelnen Berichterstattungen gab es keine Rechtsnorm im Gesetzesrang. Eine föderative Struktur mit Mitbestimmung unterer Staatsebenen existierte nicht.

Lösung von Aufgabe 2.16

1. die Gesellschaft (society)

2. die Auftraggeber und Arbeitgeber (funders and employers)

3. die Kollegen (colleagues)

4. Einzelpersonen, etwa Befragte (subjects)

Lösung von Aufgabe 2.17

a) Familienname, Vorname, akad. Grad, Beruf, Anschrift (bei Lastschriftverfahren zusätzlich die Bankverbindung)

b) Telefonnummer, Art des Apparats, Art des Anschlusses, Datum des Anschlusses, Gebühren

c) Bundesdatenschutzgesetz

Lösung von Aufgabe 2.18

a) PKW–Händler, PKW–Hersteller, Bank- und Kreditauskunftei (falls Kreditfinanzierung), Versicherer, Zulassungsstelle, Kraftfahrt–Bundesamt, Finanzamt.

b) Für die ersten vier unter a) und das Kraftfahrt–Bundesamt gilt das Bundesdatenschutzgesetz, für Finanzamt und Zulassungsstelle das jeweilige Landesdatenschutzgesetz.

14.3 Aufgaben zu Kap. 3

Lösung von Aufgabe 3.1

a) Gebiet und Bevölkerung,
Haushalte und Familien,
Ausländer,
Einbürgerungen,
Natürliche Bevölkerungsbewegung,
Räumliche Bevölkerungsbewegung (Wanderungen),
Aussiedler.
b) Reihe 1 – Gebiet und Bevölkerung
Reihe 2 – Ausländer
Reihe 3 – Haushalte und Familien (Ergebnisse des Mikrozensus)
Reihe 4 – Erwerbstätigkeit

Lösung von Aufgabe 3.2

Fehler ergeben sich dadurch, daß die Betroffenen (oder deren Angehörige) Umzüge, Geburten oder Sterbefälle den Behörden nicht, verspätet oder verfälscht melden. Es kann Übertragungsfehler bei den Zählpapieren und deren statistischer Auswertung geben. Die größte Fehlerquelle liegt eindeutig bei der räumlichen Bewegung und dort bei den vergessenen Ab- oder Ummeldungen.

Lösung von Aufgabe 3.3

a) 13 Einzeldaten, nämlich: Bestand am 01.01. (= 31.12. des Vorjahres), 01.02. (= 31.01.), ..., 01.12. (= 30.11.), 01.01. des Folgejahres (= 31.12. des lfd. Jahres).

b) Die beiden Bestände vom 01.01. gehen mit dem Gewicht 0,5 ein, die anderen elf Bestände mit Gewicht 1.

c) Chronologisches Mittel

Lösung von Aufgabe 3.4

a) Denkbar sind vier Möglichkeiten:

1. Im Rahmen eines **allgemeinen Statistikgesetzes**, das die Arbeitsprinzipien der Statistik regelt und für die einzelnen statistischen Erhebungen, so auch für Volkszählungen, bezüglich Inhalt, Termin etc. die größtmögliche Freiheit einräumt. Dies wäre ein Statistikermächtigungsgesetz, das es in dieser Form in so gut wie keinem Staat gibt.

2. Es gibt ein **Volkszählungsdauergesetz**, mit dem die einheitliche Durchführung von Volkszählungen auf Dauer geregelt wird, also Fragen und Methoden auf absehbare Zeit festgeschrieben werden.

3. Es gibt ein **Volkszählungsrahmengesetz**, das die Zeitpunkte und nur die groben Züge der Volkszählung festlegt, die Durchführung im einzelnen aber den jeweils ad hoc erlassenen Durchführungsverordnungen überläßt.

4. Für jede Volkszählung gibt es ein **Einzelgesetz.**

b) Alternativen wären:

1. **Nulloption** (= Völliger Verzicht auf eine VZ ohne jeglichen Ersatz)

   Pro: Freiheit des Bürgers von jeglichen staatlichen Eingriffen; Negation des Nutzens statistischer Daten für planerische Zwecke

   Kontra: Fortfall der Informationsbasis des Staates für seine Aufgabe, insb. der Daseinsvorsorge; Fortfall der Fortschreibungsbasis und der Auswahlgrundlage in der Statistik

2. **Volkszählung auf freiwilliger Basis**

   Pro: wie unter 1); Selbstbestimmungsrecht des Bürgers; Erhöhung der Bereitschaft des Bürgers zur Antwort

   Kontra: Verzerrung der Ergebnisse, da freiwillig Antwortende anders strukturiert sind als die Gesamtheit

3. **Volkszählung als Stichprobe**

   Pro: milderes Mittel; allgemeine Argumente für Teilerhebung gegenüber Totalerhebung

   Kontra: fehlende sachliche und regionale Tiefengliederung; Fehlen einer zuverlässigen Auswahl- und Hochrechnungsunterlage

4. **Volkszählung als Kombination von Vollerhebung und Stichprobe**

   Pro: Gute Erfahrung mit der 70er VZ, wenn man die Grundfragen an alle richtet

   Kontra: Hier gibt es kaum Gegenargumente.

5. **Ad–hoc–Erhebungen für bestimmte Planungsvorhaben**

   Pro: Nur benötigte Daten werden erhoben.

   Kontra: Uneinheitlichkeit; hohe Kosten

6. **Auswertung von Registern und Dateien**

   Pro: Wie unter 1) und 2); Preiswürdigkeit

   Kontra: Es gibt in Deutschland keine Dateien, die aktuell und vollständig sind, um **alle** Zwecke des Zählwerks zu erfüllen.

Lösung von Aufgabe 3.5

a) Im Winter war früher die Mobilität der Bevölkerung sehr eingeschränkt, so daß ein Zähltermin dort mit der erfaßten ortsanwesenden Bevölkerung (so das damalige Zählprinzip) sehr gut auch die ständige Bevölkerung widerspiegelte.

b) Der 1. Dezember 1895 fiel auf einen Sonntag und die für den Stichtag vorgeschriebene Einsammlung der Fragebogen durch die Zähler am Sonntag hielt man offenbar für inopportun.

Lösung von Aufgabe 3.6

1. **Manuelle Aufbereitung** (= Auszählung der Ausprägungen oder Ausprägungskombinationen) mit Strichlisten oder Zählkärtchen (Zählplättchen)

2. **Automatische Aufbereitung** mittels Lochkarten und Tabelliermaschinen

3. **Einsatz elektronischer Belegleser** zur direkten Einlesung der angekreuzten Angaben auf speziell gestalteten Fragebogen

---

Lösung von Aufgabe 3.7

a) Es wurde gefragt nach

- dem Geburtsjahr,
- ob man zwischen 1. Januar und 24. Mai oder zwischen 25. Mai und 31. Dezember Geburtstag hat.

Da der Stichtag auf dem 25. Mai 1987 lag, konnte dann das Alter (in vollendenten Jahren) computerintern errechnet werden.

b) Diese Art der Frage erspart Fehlantworten. Die direkte Frage, etwa „Wie alt sind Sie?", wird nämlich häufig mißverstanden. Der eine gibt dann das Alter in vollendeten Jahren an, der andere das Altersjahr, in dem er sich befindet. Ferner erhält man eine Grundlage für die Bevölkerungsfortschreibung nach Geburts- und Altersjahren.

Lösung von Aufgabe 3.8

a) Während laut MZ–Gesetz 1985 (§ 1, Abs. 2) noch Informationen über Wohnverhältnisse zu erheben waren, fällt dieser Programmteil nun (ab Erhebungsjahr 1991) fort.

b) **Vorteil**: Straffung des Erhebungsprogramms, Kostensenkung
Nachteil: Die spezielle Wohnungsstichprobe, die über Wohnverhältnisse informiert, findet nur in größerem Zeitabstand statt (1972, 1978), so daß jetzt aktuelle Informationen für diesen Sektor fehlen. Die laufende Statistik der Bautätigkeit kann die Lücke auch nicht füllen, da sie nichts über die Wohnungsbelegung aussagt.

Lösung von Aufgabe 3.9

1. Die ausgefüllten Erhebungsbögen können im verschlossenen Umschlag an das zuständige Statistische Landesamt gesendet werden, sofern man nicht mündlich dem „Interviewer" antwortet.

2. Die mit der Befragung zu betrauenden Personen (heute Erhebungsbeauftragte genannt) müssen Gewähr für Zuverlässigkeit und Verschwiegenheit bieten.

Lösung von Aufgabe 3.10

Erhebungseinheit: Haushalt

Erhebungsverfahren: Interview

Aufbereitungseinheiten: Person, Familie, Haushalt

Auswahlverfahren: einstufig

Phasen: einphasig und mehrphasig für bestimmte Merkmale

Auswahleinheit: Segment (von denen es über 1.000.000 gibt)

Auswahlgrundlage: Volkszählung von 1987

Schichtungsmerkmale: Bundesland, Gemeindegrößenklasse, Straßenart, Anstalten, Großgebäude

Auswahlsätze: $1\%; 0,5\%; 0,25\%; 0,1\%$

Auswahltechnik: systematische Auswahl mit Zufallsstart

Hochrechnungsverfahren: freie Hochrechnung mit Anpassung an andere Erhebungsergebnisse (etwa fortgeschriebene Bevölkerung)

Lösung von Aufgabe 3.11

1. Vor- und Familiennamen der Haushaltsmitglieder

2. Telefonnummer (ohne Auskunftspflicht)

3. Straße, Hausnummer, Lage der Wohnung im Gebäude

4. Vor- und Familienname des Wohnungsinhabers

5. Name der Arbeitsstätte

Lösung von Aufgabe 3.12

Verheiratete am Monatsende
= Verheiratete am Monatsanfang
+ Eheschließende Ledige, Verwitwete ⎫
 oder Geschiedene
− Gestorbene Verheiratete
− Verwitwete ⎬ während des Monats
− Geschiedene
+ Zuzüge von Verheirateten
− Fortzüge von Verheirateten ⎭

Lösung von Aufgabe 3.13

a)

$$1816/1900: \quad \bar{r}_I = \sqrt[84]{\frac{29.838}{13.720}} - 1 \quad \approx 0,009292 \quad \hat{=} \ 0,93\%$$

$$1900/1950: \quad \bar{r}_{II} = \sqrt[50]{\frac{49.989}{29.838}} - 1 \quad \approx 0,010374 \quad \hat{=} \ 1,04\%$$

$$1950/1989: \quad \bar{r}_{III} = \sqrt[39]{\frac{62.063}{49.989}} - 1 \quad \approx 0,005563 \quad \hat{=} \ 0,56\%$$

b) Ansatz: $B_n = B_o \cdot e^{n \cdot \bar{\rho}}$

$$1816/1900: \quad \bar{\rho}_I \ = \ \frac{1}{84} \ln\left(\frac{29.838}{13.720}\right) \quad \approx \ 0,009249$$

$$1900/1950: \quad \bar{\rho}_{II} \ = \ \frac{1}{50} \ln\left(\frac{49.989}{29.838}\right) \quad \approx \ 0,010320$$

$$1950/1989: \quad \bar{\rho}_{III} \ = \ \frac{1}{39} \ln\left(\frac{62.063}{49.989}\right) \quad \approx \ 0,005547$$

ca) $B_{1989} = 49.989.000 \cdot 1,010374^{39} = 74.761.631 \approx 74.762.000$

cb) $B_{1989} = 49.989.000 \cdot e^{39 \cdot 0,01032} \approx 74.760.000$

Beide Prognosen müßten identisch sein. Die Differenz ist durch Rundungsfehler bei $\bar{r}_{II}$ und $\bar{\rho}_{II}$ bedingt

Lösung von Aufgabe 3.14

aa) Bei einer stationären Bevölkerung wiederholt sich die Alterspyramide von Jahr zu Jahr identisch.

ab) Bei einer stabil wachsenden Bevölkerung nimmt jeder Altersbalken von Jahr zu Jahr um denselben Prozentsatz zu, d.h. die Pyramide verändert sich proportional. In jeder Altersklasse ist die Sexualproportion dieselbe und stimmt mit der Sexualproportion der Bevölkerung überein, die sich zeitlich ebenso nicht verändert wie die relative Altersgliederung.

b) **Pyramide** – Sie kennzeichnet eine wachsende Bevölkerung. Jeder Jahrgang Neugeborener ist größer als der vorhergehende. Das Hinzukommen jedes jüngeren Geburtsjahrganges bewirkt eine Verbreiterung nach unten. Die Sterblichkeit führt dann zu einem Schmalerwerden der nächsthöheren Altersbalken. Man findet die Pyramide in vorindustriellen und agrarischen Bevölkerungen, heute in den Entwicklungsländern.

Glocke (Bienenkorb, Geschoß) – Sie kennzeichnet eine stagnierende Bevölkerung. Jeder Jahrgang Neugeborener ist so groß wie der vorhergehende. Durch die Sterblichkeit reduzieren sich die Besetzungszahlen, für niedriges Alter wenig, für hohes Alter stärker (starke Reduktion an der Spitze). Man findet diese Form in vielen Industrieländern.

Urne (Pilz, Glühlampe, Tannenbaum) – Sie kennzeichnet eine schrumpfende Bevölkerung. Jeder Jahrgang Neugeborener ist kleiner als der vorhergehende (rückläufige Geburtenzahl). Bei zeitlich unveränderten altersspezifischen Sterberaten wird jede Altersklasse der nachrückenden Geburtenjahrgänge absolut stärker reduziert als die der vorhergehenden (Breiterwerden nach oben). Dies gilt nur so lange, bis das größere Sterberisiko für höhere Altersklassen greift und zu einem Schmalerwerden führt. Die Bevölkerung überaltert. Man findet diese Form in hochindustrialisierten Ländern nach vielen Jahrzehnten der Schrumpfung. Für Schweden und Deutschland zeichnet sich diese Form langsam ab.

c) Der Altersaufbau zeigt Ansätze einer Urnenform, ist im übrigen aber vielfach zerklüftet durch Geburtenausfall

– am Ende des II. Weltkriegs,

– während der Weltwirtschaftskrise um 1932,

– im I. Weltkrieg.

Ferner ist der Altersaufbau asymmetrisch mit

– einem Männerüberschuß im Alter von 0 bis ca. 55 Jahren,

– einem starken Frauenüberschuß im Alter über ca. 58 Jahren, bedingt durch die gefallenen Männer des II. Weltkriegs.

Lösung von Aufgabe 3.15

a) Jugendlastquote: $JLQ = \sum_{x=0}^{19} B_x \Big/ B$

Alterslastquote: $ALQ = \sum_{x \geq 65} B_x \Big/ B$

Gesamtlastquote: $GLQ = \left[\sum_{x=0}^{19} B_x + \sum_{x \geq 65} B_x \right] \Big/ B$

Greis–Kind–Relation: $GKR = \sum_{x \geq 65} B_x \Big/ \sum_{x < 15} B_x$

Sexualproportion: $SP = \dfrac{B^m}{B^f} \cdot 100$

b)

Alter	SP
unter 15	105,40
15 bis u. 20	105,53
20 bis u. 65	104,37
65 bis u. älter	53,51

Sexualproportion (gesamt) als gewogenes arithmetisches Mittel der nebenstehenden altersgruppenspezifischen SPs mit der Anzahl der Frauen als Gewicht

$$SP_{ges} = \frac{105,40 \cdot 5.028,5 + 105,53 \cdot 1.605,0 + 104,37 \cdot 20.385,7 + 53,51 \cdot 6.513,6}{33.532,8} \approx 94,70$$

c)

	früh. Bundesgebiet	neue Länder	Deutschland (gewogenes Mittel)
JLQ	$\dfrac{13627,0}{65289} \approx 0,2087$	$\dfrac{3775,9}{15685,7} \approx 0,2407$	$\dfrac{0,2087 \cdot 65289 + 0,2407 \cdot 15685,7}{65289 + 15685,7}$ $= \dfrac{13625,8 + 3775,5}{80974,7} \approx 0,2149$
ALQ	$\dfrac{9999,2}{65289} \approx 0,1532$	$\dfrac{2177,0}{15685,7} \approx 0,1388$	$\dfrac{0,1532 \cdot 65289 + 0,1388 \cdot 15685,7}{80974,7}$ $\approx 0,1504$
GLQ	$\dfrac{13627,0 + 9999,2}{65289}$ $= \dfrac{23626,2}{65289} \approx 0,3619$	$0,2407 + 0,1388$ $= 0,3795$	$\dfrac{0,3619 \cdot 652897 + 0,3795 \cdot 15685,76}{80974,7}$ $\approx 0,2149 + 0,1504 = 0,3653$
GKR	$\dfrac{9999,2}{10328,3} \approx 0,9681$	$\dfrac{2177,0}{2913,8} \approx 0,7471$	$\dfrac{0,9681 \cdot 9999,2 + 0,7471 \cdot 2913,8}{9999,2 + 2913,8}$ $\approx \dfrac{11857,1}{12913} \approx 0,9182$
SP	$\dfrac{31756,2}{33532,8} \cdot 100 \approx 94,7$	$\dfrac{7544,4}{8141,3} \cdot 100 \approx 92,7$	$\dfrac{0,947 \cdot 33532,8 + 0,927 \cdot 8141,3}{33532,8 + 8141,3} \cdot 100$ $= \dfrac{39302,5}{41674,1} \cdot 100 \approx 94,31$

Lösung von Aufgabe 3.16

Bei diesem nominalen Merkmal ist eine Streuungsmessung möglich mit der Entropie oder dem HERFINDAHL-Maß. Hier wird nur letzteres angewendet.

Familien-	VZ 1950			VZ 1970		
stand	n_i	p_i	p_i^2	n_i	p_i	p_i^2
ledig	22734	0,4474	0,2002	24039	0,3964	0,1571
verheiratet	23264	0,4579	0,2097	30290	0,4994	0,2494
verwitwet	4111	0,0809	0,0065	5197	0,0857	0,0073
geschieden	700	0,0138	0,0019	1125	0,0185	0,0003
insgesamt	50809	1,0000	0,4183	60651	1,0000	0,4141

$$RHF(\cdot) = \frac{k}{k-1} \cdot \left[1 - \sum_{i=1}^{k} p_i^2 \right]$$

$$RHF(1950) = \frac{4}{3} \cdot [1 - 0,4183] \approx 0,7756$$

$$RHF(1970) = \frac{4}{3} \cdot [1 - 0,4172] \approx 0,7771$$

Die Streuung hat sich demnach praktisch nicht verändert.

Lösung von Aufgabe 3.17

$$\chi^2 = \sum_{i=1}^{7} \sum_{j=1}^{2} \frac{(n_{ij} - u_{ij})^2}{u_{ij}} = 26.183.033$$

Die Tabelle hat $(7-1) \cdot (2-1) = 6$ Freiheitsgrade.

$\chi^2_{6;0,95} = 12,591$.

Da $\chi^2 > \chi^2_{6;0,95}$, ist die Unabhängigkeitshypothese zu verwerfen.

Lösung von Aufgabe 3.18

$$y(t) = a + b \cdot t \qquad t = -2, -1, 0, 1, 2$$

$y(t)$ gibt die Zahl der nichtehelichen Lebensgemeinschaften an.
$t = -2$ entspricht 1985; $t = 2$ entspricht 1989.

$y_{ohne}(t) = 683,4 + 33,6 \cdot t$ $\leftarrow$ ohne Kinder
$\hat{y}_{ohne}(1990) = 683,4 + 33,6 \cdot 3 = 784,2$
$\hat{y}_{ohne}(1991) = 683,4 + 33,6 \cdot 4 = 817,4$

$y_{mit}(t) = 88 + 6,5 \cdot t$ $\leftarrow$ mit Kindern
$\hat{y}_{mit}(1990) = 88 + 6,5 \cdot 3 = 107,5$
$\hat{y}_{mit}(1991) = 88 + 6,5 \cdot 4 = 114$

Lösung von Aufgabe 3.19

Vorbemerkung: 1 ha $= 10.000\ \text{m}^2$
                1 km^2 $= 1.000.000\ \text{m}^2 = 100\ \text{ha}$

a) Hessen $d = \dfrac{5.661.000\ \text{E}}{21.114\ \text{km}^2} \approx 268 \left[\dfrac{\text{E}}{\text{km}^2}\right]$

Hamburg $d = \dfrac{1.626.000\ \text{E}}{755\ \text{km}^2} \approx 2.154 \left[\dfrac{\text{E}}{\text{km}^2}\right]$

b) Die Arealitätszahl ist der Kehrwert der Bevölkerungsdichte.

Hessen $A = \dfrac{21.114.000.000\ \text{m}^2}{5.661.000\ \text{E}} \approx 3.730 \left[\dfrac{\text{m}^2}{\text{E}}\right]$

Hamburg $A = \dfrac{755.000.000\ \text{m}^2}{1.626.000\ \text{E}} \approx 464 \left[\dfrac{\text{m}^2}{\text{E}}\right]$

c) Abstandszahl $e^* = \sqrt{\dfrac{2}{\sqrt{3}}} \cdot \sqrt{A}$

Hessen $e^* = \sqrt{\dfrac{2}{\sqrt{3}}} \cdot \sqrt{3.729,73} \approx 65,63\ \text{m}$

Hamburg $e^* = \sqrt{\dfrac{2}{\sqrt{3}}} \cdot \sqrt{464,33} \approx 23,16\ \text{m}$

Lösung von Aufgabe 3.20

a)

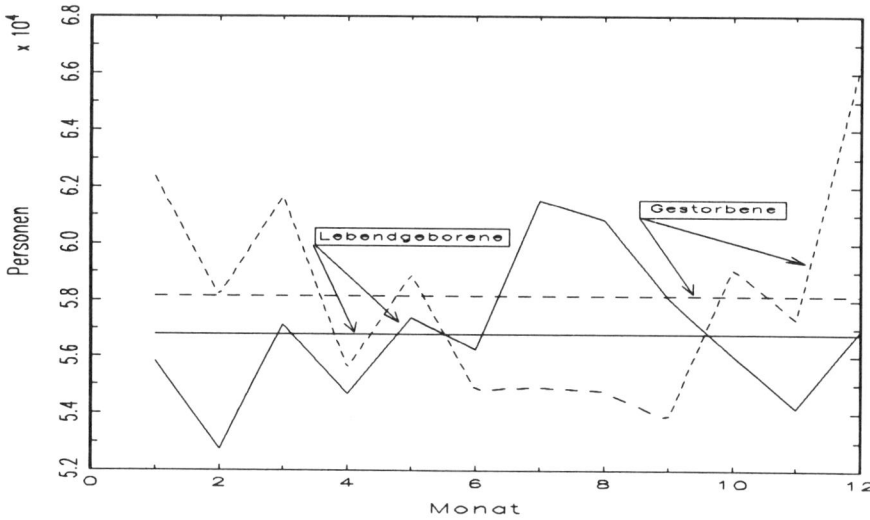

b) Saisonmuster: Geburtenhoch im Sommer und Gestorbenenhoch im Winter.

c) Angaben in v.H.
(Bem.: $\bar{x}_{leb.} \approx 56.794,75$; $\bar{x}_{gest.} \approx 58.144,1\bar{6}$)

	I	II	III	IV	V	VI
Lebend.	98,3	92,8	100,6	96,2	101,0	99,0
Gestorb.	107,3	100,0	106,0	95,6	101,3	94,0

	VII	VIII	IX	X	XI	XII
Lebend.	108,3	107,1	102,3	98,6	95,4	100,2
Gestorb.	94,4	94,2	92,5	101,7	98,6	114,2

Lösung von Aufgabe 3.21

a)

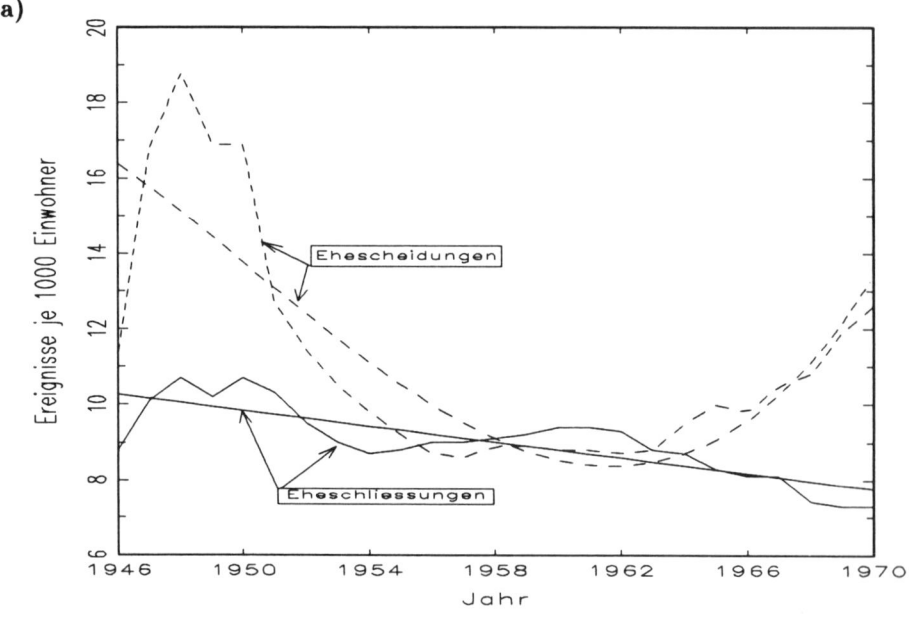

b) Für Eheschließungen ein Polynom 1. Grades (= Gerade), für Ehescheidungen ein Polynom 3. Grades.

c) Zeittransformation $t \quad = \text{Jahr} - 1958$

Eheschließungen $\quad y_t \quad = 9,0080 - 0,1047 \cdot t$

Ehescheidungen $\quad y_t \quad = 9,0960 - 0,3701 \cdot t + 0,0402 \cdot t^2 + 0,0017 \cdot t^3$

d) Eheschließungen
1990 $\hat{=} t = 1990 - 1958 = 32$
$\hat{y}_{t=32} = 9,0080 - 0,1047 \cdot 32 = 5,6576$[Eheschl. / 1.000 Einw.]
tatsächlich: $y_{t=32} = 414.475 / 63.726 \approx 6,5$; also Fehlprognose

Scheidungen

$$\hat{y}_{t=32} = 9,0960 - 0,3701 \cdot 32 + 0,0402 \cdot 32^2 + 0,0017 \cdot 32^3$$
$$= 94,1332[\text{ Scheidungen / 1.000 Einw.}]$$

tatsächlich: $y_{t=32} = 122.869 \,/\, 63.726 \approx 1,93$; also große Fehlprognose

Fazit: Extrapolieren von Polynomen weit über den Stützbereich hinaus ist nicht angebracht!

Lösung von Aufgabe 3.22

a)

nach Land	1	2	...	16	$n_{i.}$
von Land					
1	n_{11}				$n_{1.}$
2		$\ddots$			
$\vdots$			$\ddots$		
16				$n_{16,16}$	
$n_{.j}$	$n_{.1}$				n

b) Landesbinnenwanderungen auf der Hauptdiagonalen: n_{ii}

Gesamtbinnenwanderung: $\sum\limits_{i=1}^{16} n_{ii}$

c) Fortzüge von i nach j: n_{ij}
   Zuzüge nach i von j: n_{ji}
   Saldo: $n_{ji} - n_{ij}$;
   Ist z.B. $n_{ji} - n_{ij} > 0$, so hat i gegenüber j einen Wanderungsgewinn.

d) $n_{.i} - n_{i.} > 0$ Land i hat Wanderungsgewinn.

   $n_{.i} - n_{i.} < 0$ Land i hat Wanderungsverlust.

e) $\sum\limits_{i=1}^{16} \sum\limits_{j=1}^{16} n_{ij} - \sum\limits_{i=1}^{16} n_{ii}$ (Binnenwanderungen sollen ausgeschlossen sein!)

Lösung von Aufgabe 3.23

rohe Geburtenrate $= \dfrac{\text{Anzahl Lebendgeborene eines Jahres}}{\text{jahresdurchschnittliche Bevölkerung}} \cdot 1.000$

allg. Frucht-
barkeitsziffer $\Big\} = \dfrac{\text{Anzahl Lebendgeborene eines Jahres}}{\text{jahresdurchschnittliche Anzahl Frauen von}} \cdot 1.000$
$\text{15 bis unter 45(50) Jahren}$

Familienstandsspezifische Geburtenraten sind:

1.) eheliche Frucht-
barkeitsziffer $\Big\} = \dfrac{\text{Anzahl ehelich Lebendgeborene eines Jahres}}{\text{jahresdurchschnittl. Anzahl verhei-rateter Frauen von 15 bis unter 45}} \cdot 1.000$

2.) nichteheliche Fruchtbarkeitsziffer (analog)

altersspez. Geburtenrate $= \dfrac{\text{Anzahl der Lebendg. von Müttern im Alter von } x \text{ eines Jahres}}{\text{jahresdurchschnittliche Anzahl } x\text{-jäh-riger Frauen}} \cdot 1.000$

ehedauerspez. Geburtenrate $= \dfrac{\text{Anzahl ehelich Lebendgeborene von Müttern, deren Ehe } t \text{ Jahre besteht}}{\begin{array}{l}\text{Anzahl verheirateter Frauen, deren}\\ \text{Ehe } t \text{ Jahre besteht und die bei Ehe-}\\ \text{schließung nicht älter als 45 Jahre wa-}\\ \text{ren}\end{array}} \cdot 1.000$

paritäts- und ehedauer-
spezifische Geburtenrate $\Big\} = \dfrac{\text{Anzahl ehelich lebendgeb. } k\text{-te Kinder von Müttern, deren Ehe } t \text{ Jahre besteht}}{\begin{array}{l}\text{Anzahl verheirateter Frauen, deren Ehe}\\ t \text{ Jahre besteht und die bei Eheschlie-}\\ \text{ßung nicht älter als 45 Jahre waren}\end{array}} \cdot 1.000$

bereinigte oder standar-
disierte Geburtenrate $\Big\} = F_t(19..) = \dfrac{\displaystyle\sum_{x=15}^{44(49)} \frac{f_x(t)}{1000} \cdot B_x^f(19..)}{B(19..)} \cdot 1.000$

mit $\quad f_x(t)$ — alterspez. Geburtenziffer im Jahr t

$\quad B_x^f(19..)$ — Anzahl x-jähriger Frauen am 1.1.19..

$\quad B(19..)$ — Bevölkerungsgröße am 1.1.19..

Man kann statt mit einem realen Altersaufbau auch mit einem fiktiven Altersaufbau (etwa aus der Sterbetafel) arbeiten.

zusammengefaßte Geburtenziffer oder **totale Fertilitätsrate**

$$TFR_t = \sum_{x=15}^{44(49)} f_x(t)$$

Bruttoreproduktionsrate

$$BRR_t = p_0^f(t) \cdot \sum_{x=15}^{44(49)} f_x(t) = p_0^f(t) \cdot TFR_t$$

$p_0^f(t)$ — Anteil weiblicher Lebendgeborener

$p_0^f(t) = \dfrac{100}{100 + SP_0(t)}$

Nettoreproduktionsrate

$$NRR_t = \frac{\sum_{x=15}^{44(49)} \ell_x^f \cdot \frac{f_x^f(t)}{1000}}{\ell_0^f}$$

ℓ_x^f — überlebende Frauen des Alters x nach der Allg. Sterbetafel

$f_x^f(t)$ — Häufigkeit, mit der im Jahre t von 1.000 x–jährigen Frauen Mädchen lebendgeboren werden

ℓ_0^f — Anzahl Frauen im Alter 0 in der Allg. Sterbetafel, i.a. 100.000

Lösung von Aufgabe 3.24

$$\textbf{rohe Sterberate} = \frac{\text{Anzahl Gestorbene eines Jahres}}{\text{jahresdurchschnittl. Bevökerung}} \cdot 1.000$$

$$\textbf{standardisierte allg. Sterbeziffer} = \frac{\sum_{x=0}^{100} m_x(t) \cdot B_x(19..)}{B(19..)}$$

mit $m_x(t)$ als **altersspezifische Sterberate**

$$= \frac{\text{Anzahl } x\text{–jährig Gestorbene eines Jahres}}{\text{jahresdurchschnittl. Bevölkerung im Alter } x}$$

$B_x(19..)$ – Anzahl x–Jähriger in der Standardbevölkerung vom 1.1.19..

$B(19..)$ – Bevölkerungsgröße am 1.1.19..

rohe Sterbewahrscheinlichkeit: nach der Geburtsjahr-, Sterbejahr-, Kalenderjahr- oder FARR–Methode empirisch ermittelter Anteil der genau x–Jährigen, die vor ihrem nächsten Geburtstag sterben

ausgeglichene Sterbewahrscheinlichkeit: nach einer geeigneten Methode (Spline, gleitende Durchschnitte, GOMPERTZ–MAKEHAM–Funktion) geglättete rohe Sterbewahrscheinlichkeiten

---

Lösung von Aufgabe 3.25

a) $u = 100.000$ (Ausgangsgröße oder Radix)

$$v = q_1 = \frac{\ell_1 - \ell_2}{\ell_1} = \frac{98.016 - 97.888}{98.016} \approx 0,001306$$

$$w = e_1 = \frac{T_1}{\ell_1} = \frac{7.284.563}{98.016} \approx 74,32$$

$$y = \ell_3 = \ell_2 - q_2 \cdot \ell_2 = \ell_2 \cdot (1 - q_2) = 97.888 \cdot 0,9992 \approx 97.810$$

b) $q_3 = 0,00060$ ist die Wahrscheinlichkeit dafür, daß eine der 97.810 weiblichen Personen, die gerade ihr drittes Lebensjahr vollendet haben, vor Erreichen des nächsten (= vierten) Geburtstages stirbt.

c) Fernere Lebenserwartung (in Jahren) einer gerade x Jahre alt gewordenen Person.

Lösung von Aufgabe 3.26

a)

$$e_{98} = 0,5 + \frac{1}{\ell_{98}} \sum_{x>98} \ell_x = 0,5 + \frac{90 + 45 + 36 + 9}{180} = 1,5$$

Nebenrechnung:

$$\ell_{99} = \ell_{98} \cdot (1 - q_{98}) = 180 \cdot 0,5 = 90$$
$$\ell_{100} = \ell_{99} \cdot (1 - q_{99}) = 90 \cdot 0,5 = 45$$
$$\ell_{101} = \ell_{100} \cdot (1 - q_{100}) = 45 \cdot 0,8 = 36$$
$$\ell_{102} = \ell_{101} \cdot (1 - q_{101}) = 36 \cdot 0,25 = 9$$
$$\ell_{103} = \ell_{102} \cdot (1 - q_{102}) = 9 \cdot 0 = 0$$

b)

$$36 + e_{36} = 36 + \frac{T_{36}}{\ell_{36}} = 36 + \frac{T_{36}}{\ell_{35} - d_{35}}$$

$$= 36 + \frac{3.887.570}{95.997 - 111} \approx 36 + 40,54 = 76,54$$

Lösung von Aufgabe 3.27

aa) Bevölkerungsvorausschätzung (Zeithorizont: 10 – 15 Jahre)
Man benötigt die Entwicklung der Sterblichkeit, ausgedrückt durch eine **Sterbetafel**. Deren Veränderung ist aufgrund der vorliegenden Sterblichkeitsentwicklung auf 10 – 15 Jahre gut abschätzbar. Gleiches gilt auch für die **Geburtenentwicklung**, ausgedrückt durch die altersspezifischen Geburtraten. Etwas unsicherer, auch über 10 – 15 Jahre, ist die Abschätzung der **Wanderungsbewegungen**.

ab) Modellrechnungen haben einen längeren Zeithorizont, bis zu 50 Jahren. Für die drei Komponenten (Sterbetafel, Fertilität, Wanderungen) werden wahrscheinliche oder rein hypothetische Entwicklungen unterstellt (Szenario–Technik). Häufig wird eine pessimistische und eine optimistische Entwicklung der drei Komponenten angesetzt und durchgerechnet, um so die Bandbreite der möglichen Bevölkerungsentwicklung abzustecken.

b) Lösung ist in Teil **aa)** und **ab)** enthalten.

14.4   Aufgaben zu Kap. 4

Lösung von Aufgabe 4.1

Arbeitskräftepotential (demographische Abgrenzung): Bevölkerung im erwerbsfähigen Alter, wobei sich die Altersgrenzen nach dem geltenden Sozialversicherungsrecht richten, z.B. in Deutschland: 15 bis 65 Jahre.

Unterhaltskonzept (sozialpolitische Abgrenzung): Erwerbstätige Personen sind solche, die ihren Lebensunterhalt überwiegend aus Erwerbs- oder Berufstätigkeit bestreiten.

Erwerbskonzept (arbeitsmarktorientierte Abgrenzung): Erwerbstätige Personen sind solche, die eine unmittelbar (z.B. als Selbständiger oder abhängig Beschäftigter) oder mittelbar (z.B. als mithelfender Familienangehöriger) auf Erwerb ausgerichtete Tätigkeit ausüben, wobei Art, Umfang, Dauer und Regelmäßigkeit der Tätigkeit sowie die Höhe des Entgelts keine Rolle spielen.

Arbeitskräfte- oder **Labour–Force–Konzept** (ökonomische Abgrenzung): Personen, die in der Erhebungswoche mindestens 15 Stunden erwerbstätig sind.

Lösung von Aufgabe 4.2

a) Erwerbslose: Personen ohne Arbeitsverhältnis, die sich jedoch um eine Arbeitsstelle bemühen.
Arbeitslose: Personen ohne Arbeitsverhältnis (abgesehen von geringfügiger Beschäftigung), die sich dem Arbeitsamt als Arbeitsuchende gemeldet haben, eine Beschäftigung von mindestens 18 Stunden für mehr als drei Monate suchen, sofort verfügbar sind, arbeitsfähig (= gesund) sind und noch nicht das 65. Lebensjahr vollendet haben.

b) A – Arbeitsloser Erwerbstätiger: (legal) Arbeitsloser, der in der Berichtswoche des Mikrozensus eine nur geringfügige Beschäftigung ausübt; (illegal) Arbeitsloser, der einer Schwarzarbeit (mehr als 20 Stunden pro Woche) nachgeht.

   B – Arbeitsloser Erwerbsloser: als arbeitssuchend registriert und erwerbslos.

   C – Nichtarbeitsloser Erwerbsloser: Nichterwerbstätiger, der nicht als arbeitslos registriert ist, jedoch ein Beschäftigungsverhältnis eingehen möchte oder würde.

   D – Arbeitslose Nichterwerbsperson: als arbeitssuchend registriert, aber nicht an der Aufnahme einer Erwerbstätigkeit interessiert.

Lösung von Aufgabe 4.3

a) Nach dem Unterhaltskonzept sind die Erwerbslosen eine Teilmenge der registrierten Arbeitslosen, da die Erwerbslosen nach dem Unterhaltskonzept jene Arbeitslosen umfassen, die Anspruch auf Arbeitslosengeld bzw. Arbeitslosenhilfe haben.

b) Die Zahl der Erwerbslosen nach dem Erwerbskonzept ist gegenüber der Zahl der registrierten Arbeitslosen
- größer um die **unsichtbaren Arbeitslosen** (fehlende Meldung beim Arbeitsamt) und die **stille Reserve** (angesichts der Arbeitsmarktsituation zurückgestaute Nachfrage nach Arbeit),
- kleiner um die nur eine geringfügige Beschäftigung Suchende (bis zu 20 Stunden pro Woche) und um die sich außerhalb der für die Arbeitsverwaltung geltende Altersgenze (15 bis 65 Jahre) befindlichen Arbeitssuchenden.

Lösung von Aufgabe 4.4

Da # Erwerbstätige + # Erwerbslose = # Erwerbspersonen,

ist 25,5 Mio. + 0,9 Mio. = 26,4 Mio., so daß also C gilt.

Lösung von Aufgabe 4.5

Inländerkonzept – Nachweis aller Erwerbstätigen (Deutsche und Ausländer), die – egal wo ihr Arbeitsort liegt – ihren ständigen Wohnsitz im Inland haben (Wohnortkonzept).

Inlandskonzept – Nachweis aller im Inland in der Produktion eingesetzten Personen, egal ob im Inland oder Ausland wohnend (Arbeitsortkonzept).

Unterscheidung um den Saldo der im Inland erwerbstätigen Einpendler und der im Ausland tätigen Auspendler.

Lösung von Aufgabe 4.6

A – richtig

B – falsch, da in der Bundesrepublik tätige ausländische Arbeitnehmer (April 1989: 2.048.000) meistens hier ihren Wohnsitz haben, damit zur Wohnbevölkerung und zu den Erwerbspersonen zählen. Die im Inland tätigen erwerbstätigen ausländischen Einpendler, die nicht zu den Erwerbspersonen zählen, machten 1989 (im Jahresdurchschnitt) 56.000 Personen aus.

C – richtig
D – richtig
E – richtig   } vgl. auch Lösung von Aufgabe 4.2
F – falsch
G – falsch

H – falsch, da sich nicht jeder Arbeitssuchende beim Arbeitsamt registrieren läßt

I – falsch, da nicht jede zu besetzende Stelle dem Arbeitsamt gemeldet wird oder zu melden ist

J – falsch, da von verschiedenen örtlichen Zuordnungskriterien in der Erwerbstätigenstatistik (Wohnort) und in der Beschäftigtenstatistik (Arbeitsort) ausgegangen wird. Wenn man einmal von den Erwerbstätigen mit mehrfacher Beschäftigung absieht, unterscheiden sich die Beschäftigten von den Erwerbstätigen einer Gemeinde um den Saldo aus den Berufseinpendlern und den Berufsauspendlern.

Lösung von Aufgabe 4.7

A – Erwerbstätige   B – Erwerbstätige   C – Beschäftigte
D – Beschäftigte   E – Beschäftigte   F – Beschäftigte

Lösung von Aufgabe 4.8

Kontra–konstitutiv sind: D, E, F, G, H, I.

Lösung von Aufgabe 4.9

a) $r = 0,9501$, d.h. Erwerbs- und Arbeitslosenzahl hängen hochgradig linear gleichläufig voneinander ab.

b) In allen Fällen wäre der Korrelationskoeffizient $+1$, da perfekte lineare Abhängigkeit (gleichläufig) vorliegt.

Lösung von Aufgabe 4.10

a) Erwerbsquote der x-Jährigen = x-jährige Erwerbspersonen bezogen auf die x-Jährigen in der Wohnbevölkerung. Die Erwerbsquoten der Männer sind – in jedem Altersjahr – höher als die der Frauen. Bei den Männern liegt die maximale Erwerbsquote im Altersbereich 35/45, bei Frauen im Bereich 20/25 Jahre.

b) Es muß zunächst eine nach Alter, Geschlecht und Familienstand differenzierte Bevölkerungsprognose gemacht werden. Problematisch ist dabei die Prognose des Wanderungssaldos. Man benötigt dann die nach Alter, Geschlecht (bei Frauen zusätzlich nach dem Familienstand) differenzierten Erwerbsquoten in der Zukunft. Dabei kann man nur mit Prämissen arbeiten, etwa die momentanen Quoten unverändert übernehmen oder aber – gestützt auf beobachtete Entwicklungen oder aufgrund subjektiver Einschätzungen – im Prognosezeitraum variable Quoten ansetzen.

Lösung von Aufgabe 4.11

Vorbemerkung: $AQ = \dfrac{\text{reg. Arbeitslose}}{\text{zivile Erwerbspersonen}}$

a) $AQ^A = \dfrac{130}{1.800} \approx 0,0722; \quad AQ^B = \dfrac{174}{1.600} \approx 0,1088$

b)

Alter x	AQ_x^A	AQ_x^B	Standardisierung mit Struktur in Land A
20 − 30	0,1000	0,1200	$0,1200 \cdot 400 = 48,0000$
30 − 45	0,0600	0,1000	$0,1000 \cdot 800 = 80,0000$
45 − 65	0,0700	0,1250	$0,1250 \cdot 600 = 75,0000$
		Summe	203,0000

Die allgemeine AQ ist ein gewogenes arithmetisches Mittel aus den altersspezifischen AQ mit den zivilen Erwerbspersonen als Gewicht, z.B.

$$AQ^A = \frac{0,1000 \cdot 400 + 0,6000 \cdot 800 + 0,0700 \cdot 600}{400 + 800 + 600} \approx 0,0722.$$

c) Die altersspezifischen Arbeitslosenquoten zeigen, wie sich die Arbeitslosigkeit nach dem Alter zusammensetzt. Während im Land A die Jugendarbeitslosigkeit hoch ist, sind im Land B in allen drei Altersklassen nahezu gleich hohe Quoten zu verzeichnen.

d) Es wurden die im Land A in den Altersklassen geltenden Besetzungszahlen von Erwerbspersonen als Gewichte für die im Land B registrierten altersspezifischen Arbeitslosenquoten genommen. (Berechnung z.T. in der Tabelle in Teil **a)**)

$$AQ^B(\text{A als Standard}) = \frac{203}{1.800} \approx 0,1128$$

Zweck: Beim Vergleich der Quoten AQ^A und AQ^B aus Teil a) wird durch die unterschiedliche Altersverteilung ein Element der Störung eingebracht, das auf diese Weise ausgeschaltet wird. Auch nach Standardisierung ist die Quote in B höher als in A.

Lösung von Aufgabe 4.12

aa) $\varnothing_{91}^A = \dfrac{0,5 \cdot 1.784 + 1.874 + \cdots + 1.618 + 0,5 \cdot 1.731}{12} \approx 1.689,5$

ab) $\varnothing_{91}^O = \dfrac{0,5 \cdot 283 + 303 + \cdots + 299 + 0,5 \cdot 287}{12} \approx 331,5$

b) Saisontief im Winter bei offenen Stellen und im Sommer/Herbst bei den Arbeitslosen.
Saisonhoch im Sommer bei den offenen Stellen und im Winter bei den Arbeitslosen.

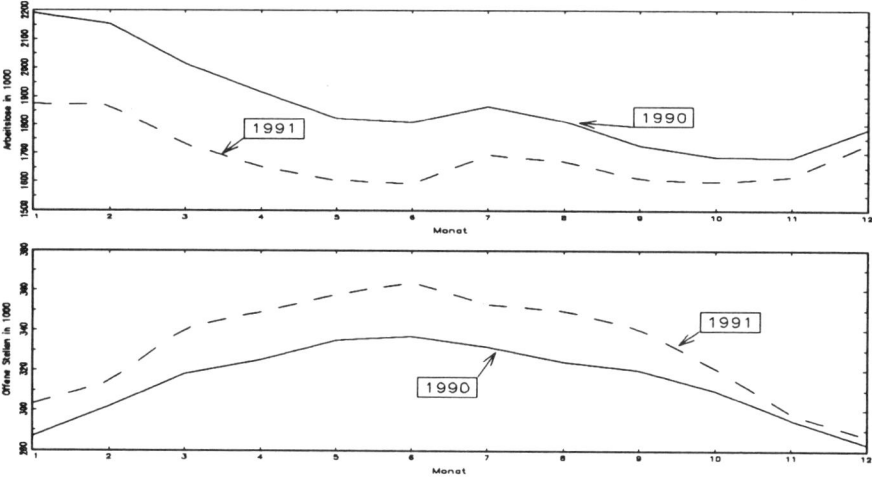

c) Berechnung der Wachstumsraten $(X_t / X_{t-12}) - 1$ für beide Reihen und Multiplikation mit 100.

Arbeitslose

Jan.	Feb.	März	April	Mai	Juni	Juli	Aug.	Sept.	Okt.	Nov.	Dez.
-14,5	-13,2	-14,0	-13,7	-12,0	-11,9	-9,1	-7,8	-6,8	-5,2	-4,0	-3,0

Offene Stellen

Jan.	Feb.	März	April	Mai	Juni	Juli	Aug.	Sept.	Okt.	Nov.	Dez.
5,6	4,0	7,2	7,4	6,9	8,0	6,3	8,0	6,6	3,5	1,4	1,4

Die Arbeitslosenveränderungsrate ist negativ, was im Prinzip auf eine „gute" Konjunktur schließen läßt; allerdings wird im Laufe des Jahres die Schrumpfungsrate der Arbeitslosen kleiner, also die Konjunktursituation schlechter. Die Veränderungsrate der offenen Stellen ist positiv, was ebenfalls ein gutes Konjunkturzeichen ist; allerdings wird die positive Veränderungsrate gegen Jahresende kleiner, was auch auf eine Verschlechterung des Konjunkturklimas hinweist.

14.5 Aufgaben zu Kap. 5

Lösung von Aufgabe 5.1

a) Gliederungskriterium ist der Stoffcharakter der hauptsächlich eingesetzten Materialien, gelegentlich auch die Art der hergestellten Produkte:

20	–	Chemische Industrie, Herstellung von Spalt- und Brutstoffen, Mineralölverarbeitung
21	–	Herstellung von Kunststoff- und Gummiwaren
22	–	Gewinnung und Verarbeitung von Steinen und Erden; Feinkeramik, Glasgewerbe
23	–	Metallerzeugung und -bearbeitung
24	–	Stahl-, Maschinen- und Fahrzeugbau; Herstellung von Büromaschinen, DV–Geräten und DV–Einrichtungen
25	–	Elektrotechnik, Feinmechanik, Optik etc.
26	–	Walz-, Papier- und Druckgewerbe
27	–	Leder-, Textil- und Bekleidungsgewerbe
28/29	–	Ernährungsgewerbe, Tabakverarbeitung

b)

71	–	Gastgewerbe (ohne Privatquartiere)
72	–	Heime (ohne Fremden-, Erholungs- und Ferienheime)
73	–	Wäscherei, Körperpflege, Fotoateliers u.a. persönliche Dienstleistungen
74	–	Gebäudereinigung, Abfallbeseitigung u.a. hygienische Einrichtungen
75	–	Bildung, Wissenschaft, Kultur, Sport, Unterhaltung
76	–	Verlagsgewerbe
77	–	Gesundheits- und Veterinärwesen
78	–	Rechts-, Steuerberatung, Wirtschaftsberatung etc.
79	–	Sonstige Dienstleistungen

Lösung von Aufgabe 5.2

a) „Produzierendes Gewerbe" ist umfassender als „Verarbeitendes Gewerbe" und enthält alle die Wirtschaftszweige, die materielle Güter (= Waren) hervorbringen. In diesem Sinne umfaßt das Produzierende Gewerbe die Abteilung 1 (= Energie- und Wasserversorgung, Bergbau), 2 (= Verarbeitendes Gewerbe); 3 (= Baugewerbe).

b) Organisationen ohne Erwerbszweck sind solche Gruppen von Wirtschaftssubjekten – häufig in der Rechtsform eines eingetragenen Vereins – , die ihre Güter und vornehmlich Dienstleistungen ohne den expliziten Zweck der Gewinnerzielung abgeben. Es gibt solche, die nicht für Unternehmen tätig sind (z.B. Parteien, Gewerkschaften, wiss. Gesellschaften), und solche, die für Unternehmen tätig sind (z.B. Wirtschaftsverbände). Erstere werden in den VGR dem Sektor der Privaten Haushalte, letztere dem Unternehmenssektor zugerechnet.

| Lösung von Aufgabe 5.3 |

a) Nach der Arbeitsstättenzählung vom 25.5.1987 lagen im Kalenderjahr 1986 je Arbeitnehmer die Löhne und Gehälter

aa) am höchsten in der chemischen Industrie (53.646 DM), im Versicherungsgewerbe (50.567 DM) und in der Elektrizitäts-, Gas-, Fernwärme- und Wasserversorgung (49.656 DM),

ab) am niedrigsten bei Gebäudereinigung (9.590 DM), Wäscherei, Körperpflege etc. (12.532 DM) und im Gastgewerbe (15.062 DM).

Quelle: Statistisches Jahrbuch 1991, p. 138

b) Dem Statistischen Jahrbuch 1990 (p. 129) ist folgendes Ergebnis aus der Kostenstrukturstatistik zu entnehmen:

1) Bei den Arztpraxen mit Einnahmen im Bereich von 250.000 DM bis 2 Mio. DM differierte der Reinertrag (= Einnahmen – alle Kosten) zwischen 42% und 51,5%.

2) Bei den Zahnarztpraxen lag der Reinertrag zwischen 29,8% und 36,4% der Einnahnen im Bereich von 250.000 bis 2 Mio. DM.

3) Bei den Rechtsanwaltpraxen mit Notariat machte der Reinertrag zwischen 36,2% und 43,8% der von 100.000 bis 1 Mio. DM reichenden Einnahmen aus, bei den Rechtsanwaltpraxen ohne Notariat lag die Reinertragsquote zwischen 36,9% und 44,2% bei gleichen Einnahmen.

| Lösung von Aufgabe 5.4 |

a,b) **Bzgl. der Anzahl** lautet die Reihenfolge in absteigender Ordnung:
AG/KGaA: 7, 2, 6, 4, 1, 5, 3, 0   GmbH: 7, 4, 2, 3, 5, 6, 0, 1
(Übereinstimmung nur auf dem ersten Platz),

bzgl. des Nominalkapitals
AG/KGaA: 2, 7, 6, 1, 4, 5, 3, 0   GmbH: 2, 7, 4, 1, 6, 5, 3, 0
(Übereinstimmung bis auf die Rangplätze 3 und 5).

Die Reihung der Abteilungen bzgl. der Anzahl ist nicht deckungsgleich mit der bzgl. des Nominalkapitals.

Abteilung	AG und KGaA				GmbH			
	Anzahl		Grundkapital		Anzahl		Stammkapital	
	abs.	rel.	Mio. DM	rel.	abs.	rel.	Mio. DM	rel.
0	5	0,002	50	0,000	2.175	0,005	293	0,001
1	143	0,053	22.347	0,150	892	0,002	14.706	0,075
2	751	0,280	58.281	0,392	86.515	0,199	68.794	0,352
3	32	0,012	991	0,006	45.374	0,105	4.445	0,023
4	185	0,069	5.116	0,034	110.978	0,256	26.239	0,134
5	113	0,042	4.212	0,028	17.807	0,041	5.576	0,028
6	519	0,194	26.569	0,178	6.217	0,014	6.979	0,036
7	934	0,348	31.543	0,212	163.773	0,378	68.783	0,351
insgesamt	2.682	1,000	149.109	1,000	433.731	1,000	195.815	1,000

Quelle: Statistisches Jahrbuch 1991, p. 142.

Lösung von Aufgabe 5.5

a)

Abteilung	Insolvenzen			
	1989		1990	
	abs.	rel.	abs.	rel.
0	137	0,014	157	0,020
1	2	0,000	0	0,000
2	1.645	0,172	1.530	0,175
3	2.058	0,215	1.724	0,197
4	2.527	0,264	2.197	0,251
5	482	0,050	503	0,058
6	80	0,008	74	0,008
7	2.659	0,277	2.545	0,291
insgesamt	9.590	1,000	8.730	1,000

Quelle: Statistisches Jahrbuch 1991, p. 150

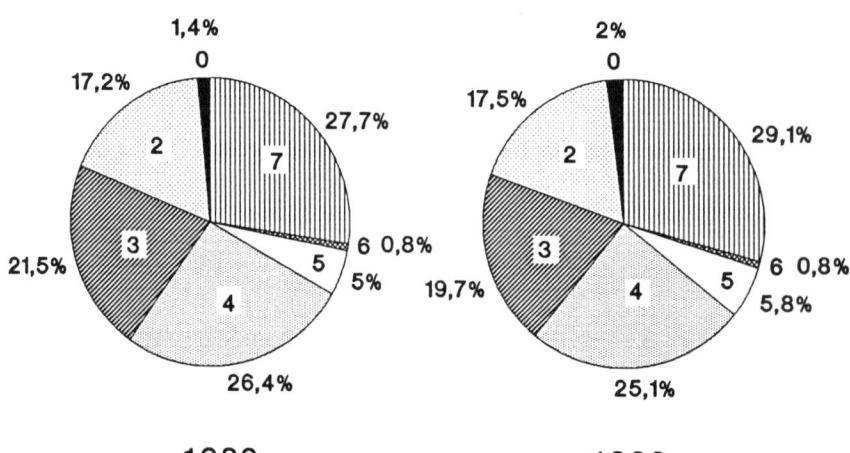

1989　　　　　　　　　1990

b)

Rechtsform	Nr.	Insolvenzen			
		1989		1990	
		abs.	rel.	abs.	rel.
Nicht eingetragene Unternehmen	1	2.530	0,264	2.205	0,253
Eingetragene Einzelunternehmen	2	897	0,094	838	0,096
Personengesellschaften (OHG, KG)	3	747	0,078	630	0,072
GmbH	4	5.370	0,559	5.017	0,574
AG inkl. KGaA	5	11	0,001	14	0,002
Eingetragene Genossenschaften	6	7	0,001	5	0,001
Sonstige Unternehmen	7	28	0,003	21	0,002
insgesamt		9.590	1,000	8.730	1,000

Quelle: Statistisches Jahrbuch 1991, p. 150

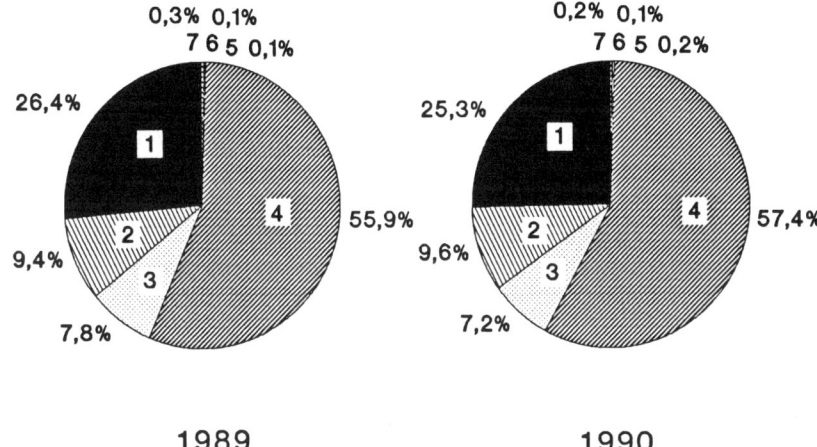

1989   1990

Lösung von Aufgabe 5.6

a)

Jahr	Wechselproteste		
	Anzahl der Fälle	Betrag Mio. DM	Durchschnitt je Wechsel DM
1980	148.662	967	6.505
81	169.130	1.279	7.562
82	189.224	1.532	8.096
83	162.979	1.511	9.217
84	153.929	1.295	8.413
85	152.546	1.412	9.256
86	129.744	1.184	9.126
87	104.944	990	9.434
88	83.434	769	9.217
89	68.909	680	9.868
90	60.413	727	12.034

b)

Jahr	Nicht eingelöste Schecks		
	Anzahl der Fälle	Betrag Mio. DM	Durchschnitt je Scheck DM
1980	1.701.927	3.064	1.800
81	2.136.932	5.152	2.411
82	2.425.173	5.496	2.266
83	2.281.775	5.295	2.321
84	2.206.936	4.865	2.204
85	2.291.095	4.993	2.179
86	2.098.334	4.686	2.233
87	2.037.554	4.580	2.199
88	1.877.717	4.283	2.281
89	1.496.321	4.424	2.957
90	1.359.391	4.458	3.279

c) Bezüglich der „Anzahl der Fälle" und des „Gesamtbetrages in Mio. DM" liegen die Wechselprotestreihen niedriger als die der nicht eingelösten Schecks, während sich beim Durchschnittsbetrag je Fall das Verhältnis umkehrt, was wohl darauf zurückzuführen ist, daß ein Wechsel i.d.R. über einen höheren Betrag als ein Scheck (z.B. Euro–Scheck) ausgestellt wird.

d) Die drei Reihen über die Wechselproteste laufen mit den jeweils korrespondierenden Reihen bei den nicht eingelösten Schecks fast synchron, nur auf unterschiedlich hohem Niveau. Während bzgl. der „Anzahl der Fälle" und des „Betrages in Mio. DM" die Reihen in beiden Kategorien ab 1982 fallend sind, steigen die der „Durchschnitte" im großen und ganzen ab 1982.

e) Die Zahlen in den Tabellen zu a) und b) sind zwar dem Statistischen Jahrbuch (verschiedene Jahrgänge ab 1988) entnommen, Produzent der Daten ist aber die Deutsche Bundesbank.

Lösung von Aufgabe 5.7

a) Die Wirtschaftswissenschaften bieten keine klare Abgrenzung. Wenn von kleinen und mittleren Unternehmen die Rede ist, werden verschiedene Kriterien genannt:

1. Qualitative Kriterien – Ein Unternehmen heißt mittelständisch, wenn es vom selbständigen, aktiv mitarbeitenden Inhaber mit vollem wirtschaftlichen Risiko geleitet und meist nicht über den Kapitalmarkt finanziert wird.

2. Quantitative (statistische) Kriterien
Jahresumsatz bis zu 100 Mio. DM und/oder
Beschäftigte bis zu 499.
Diese Kriterien sind insofern recht willkürlich, als sie die unterschiedlichen Branchenverhältnisse nicht berücksichtigen.

b) Eine moderne, arbeitsteilige Volkswirtschaft kommt nicht ohne kleine und mittlere Unternehmen aus. Andererseits können Industriezweige wie die Automobilindustrie, der Luft- und Raumfahrzeugbau sowie ein Großteil der elektrotechnischen und chemischen Industrie aus betrieblichen Gründen nur in großen Einheiten kostengünstig produzieren. Ein breiter Mittelstand ist die beste Versicherung gegen Dirigismus, Kollektivismus und Egalisierung; er fördert eine freiheitliche Wirtschaftsordnung und die Demokratie.

14.6 Aufgaben zu Kap. 6

Lösung von Aufgabe 6.1

1: b, A, B, C   2: a, G, H   3: d, D, H   4: c, E, F, H

Lösung von Aufgabe 6.2

1: U, m   2: U, j   3: B, u   4: B, u
5: U, j   6: B, u   7: U, m   8: B, j

Lösung von Aufgabe 6.3

a) Bruttoproduktionswert = Wirtschaftlicher Umsatz
            + Bestandsänderung an Halb- und Fertig-
             erzeugnissen
            + Selbsterstellte Anlagen

b) Nettoproduktionswert = Bruttoproduktionswert
            − Einsatz an Handelsware
            − Verbrauch von Roh-, Hilfs- und Betriebs-
             stoffen
            − Kosten für durch andere Unternehmen aus-
             geführte Lohnarbeiten

c) Bruttowertschöpfung = Nettoproduktionswert
            − Kosten für industrielle und handwerkliche
             Dienstleistungen
            − Mieten, Pachten und Zinsen
            − Kosten für nicht−industrielle und nicht-
             handwerkliche Dienstleistungen

d) Nettowertschöpfung zu Marktpreisen = Bruttowertschöpfung
                     − Abschreibungen

$$\text{Nettowertschöpfung zu Faktorkosten} = \begin{array}{l} \text{Bruttowertschöpfung} \\ -\text{ Abschreibungen} \\ -\text{ Verbrauchssteuern} \\ -\text{ sonstige indirekte Steuern} \\ +\text{ Subventionen} \end{array}$$

Lösung von Aufgabe 6.4

D ist die Hauptbegründung, A ist Nebenbegründung.

Lösung von Aufgabe 6.5

a)

Produktionskonto des Unternehmens				
Aufwand				**Ertrag**
1)	Vorleistungen	700	A) Wftl. Umsatz	1150
2)	Sonstige Vorl.	70	B) Bestandsänderungen	
3)	Ind. Steuern abzgl.		an Halb- und Fertigwaren	160
	Subventionen	100	C) Selbsterstellte Anlagen	140
4)	Abschreibungen	210		1450
5)	Wertschöpfung	370		
		1450		

b) Es handelt sich um die Nettowertschöpfung zu Faktorkosten.

c)

	A	B	Unternehmen
ca)	600	1100	1450
cb)	350	400	750
cc)	270	200	470

Lösung von Aufgabe 6.6

a) Gesamtindex 1987

$$= 102,6 \cdot 0,0739 + 90,6 \cdot 0,0235 + 103,2 \cdot 0,8292 + 105,5 \cdot 0,0734 \approx 103,0$$

Bauhauptgewerbe 1988

$$= \frac{107,0 - 105,3 \cdot 0,0739 - 86,6 \cdot 0,0235 - 107,5 \cdot 0,8292}{0,0734} \approx 109,6$$

Verarbeitendes Gewerbe 1989

$$= \frac{112,3 - 108,3 \cdot 0,0739 - 85,2 \cdot 0,0235 - 118,1 \cdot 0,0734}{0,8292} \approx 112,9$$

b) Indexstände 1990

Elektrizitäts- und Gasversorgung: $108,3 \cdot 1,0286 \approx 111,4$

Bergbau: $85,2 \cdot 0,988 \approx 84,2$

Verarbeitendes Gewerbe: $112,9 \cdot 1,0531 \approx 118,9$

Bauhauptgewerbe: $118,1 \cdot 1,0542 \approx 124,5$

Prod. Gewerbe insgesamt:

$111,4 \cdot 0,0739 + 84,2 \cdot 0,0235 + 118,9 \cdot 0,8292 + 124,5 \cdot 0,0734 \approx 117,94$

Veränderung des Gesamtindex 1990 gegenüber 1989 in v.H.

$$\left(\frac{117,94}{112,3} - 1 \right) \cdot 100 \approx 5,02\%$$

c) $100 \cdot \left(\sqrt[5]{1,179} - 1 \right) \approx 3,35\%$

Lösung von Aufgabe 6.7

$i = 1, 2, 3$ – Nummer des Gutes; $t = 0$ Basisjahr, $t = 1$ Berichtsjahr

b – brutto; v – Vorleistung; n – netto; p – Preis; q – Menge

a) $NPI_{0,1} = \dfrac{\sum\limits_{i=1}^{3} [p_{0i}^b \cdot q_{1i}^b - p_{0i}^v \cdot q_{1i}^v]}{\sum\limits_{i=1}^{3} [p_{0i}^b \cdot q_{0i}^b - p_{0i}^v \cdot q_{0i}^v]} \cdot 100$

$\quad = \dfrac{[5 \cdot 10 - 5 \cdot 4] + [10 \cdot 12 - 5 \cdot 10] + [5 \cdot 9 - 6 \cdot 4]}{[5 \cdot 10 - 5 \cdot 5] + [10 \cdot 10 - 5 \cdot 10] + [5 \cdot 12 - 6 \cdot 5]} \cdot 100 \approx 115,24$

b) $NP_i(0)$ – Nettoproduktionswert für Gut i im Basisjahr 0

$NP_1(0) = p_{01}^b \cdot q_{01}^b - p_{01}^v \cdot q_{01}^v = 5 \cdot 10 - 5 \cdot 5 = 25$

$NP_2(0) = p_{02}^b \cdot q_{02}^b - p_{02}^v \cdot q_{02}^v = 10 \cdot 10 - 5 \cdot 10 = 50$

$NP_3(0) = p_{03}^b \cdot q_{03}^b - p_{03}^v \cdot q_{03}^v = 5 \cdot 12 - 6 \cdot 5 = 30$

$INP_{0,1} = \left(\dfrac{\sum\limits_{i=1}^{3} \frac{q_{1i}^b}{q_{0i}^b} \cdot NP_i(0)}{\sum\limits_{i=1}^{3} NP_i(0)} \right) \cdot 100$

$\quad\quad = \dfrac{\frac{10}{10} \cdot 25 + \frac{12}{10} \cdot 50 + \frac{9}{12} \cdot 30}{25 + 50 + 30} \cdot 100 \approx 102,38$

Lösung von Aufgabe 6.8

1: c, B   2: b, A   3: a, A

Lösung von Aufgabe 6.9

a) $p_{ti} = \dfrac{W_{ti}}{A_{ti}}$

$p_{01} = \dfrac{400}{80} = 5$ [1.000 DM/Arbeiter]; $\quad p_{02} = \dfrac{200}{20} = 10$ [1.000 DM/Arbeiter];

$p_{11} = \dfrac{180}{60} = 3$ [1.000 DM/Arbeiter]; $\quad p_{12} = \dfrac{480}{40} = 12$ [1.000 DM/Arbeiter]

b) $p_{t.} = \sum_i p_{ti} \cdot a_{ti}$ mit $a_{ti} := \dfrac{A_{ti}}{\sum_j A_{tj}}$

$p_{0.} = 5 \cdot 0,8 + 10 \cdot 0,2 = 6$ [1.000 DM/Arbeiter]
$p_{1.} = 3 \cdot 0,6 + 12 \cdot 0,4 = 6,6$ [1.000 DM/Arbeiter]

c) $P_{01}^L = \dfrac{\sum_i p_{1i} \cdot a_{0i}}{\sum_i p_{0i} \cdot a_{0i}} \cdot 100 = \dfrac{3 \cdot 0,8 + 12 \cdot 0,2}{5 \cdot 0,8 + 10 \cdot 0,2} \cdot 100 = 80$

Lösung von Aufgabe 6.10

a) **falsch** – Indizes geben relative Veränderungen gegenüber dem Basisjahr an. Daher sind Rückschlüsse von der Größenrelation verschiedener absoluter Größen auf die entsprechende Relation der Indexwerte nicht möglich.

b) **richtig** – Wenn die Auftragseingänge trotz steigender Tendenz nicht ausreichen, um die Produktionskapazitäten voll auszulasten, nehmen die Auftragsbestände durch Auftragserledigung stärker ab als sie durch Auftragseingänge zunehmen, wodurch der Index des Auftragsbestandes sinkt.

c) **falsch** – Begründung wie zu a). Welcher Index ab dem Basisjahr, in dem beide gleich (100) sind, stärker steigt, hängt allein davon ab, welcher der beiden Produktionswerte gegenüber dem jeweiligen Niveau im Basisjahr schneller wächst.

d) **falsch** – Im Nenner beider Indexformeln steht nicht die Anzahl der Arbeiter bzw. der Beschäftigten (Dann würde die Aussage stimmen.), sondern die entsprechende Meßzahl. Welcher Produktivitätsindex also höher ist, hängt von der Veränderung dieser Meßzahlen ab.

14.7   Aufgaben zu Kap. 7

Lösung von Aufgabe 7.1

a)

lfd. Nummer der Klasse	Obergrenze der Klasse	Durchschnittlicher Steuersatz
1	5.000	0,0078
2	10.000	0,0318
3	15.000	0,0837
4	20.000	0,1147
5	25.000	0,1391
6	30.000	0,1583
7	40.000	0,1742
8	50.000	0,1851
9	60.000	0,1945
10	75.000	0,2063
11	100.000	0,2303
12	250.000	0,2985
13	500.000	0,4219
14	1.000.000	0,4730
15	2.000.000	0,4904
16	5.000.000	0,4886
17	10.000.000	0,4626
18	∞	0,3407

Mit steigendem Einkommen nimmt – als Folge der Progression im Einkommensteuertarif – der durchschnittliche Steuersatz zu. Der Rückgang ab der 16. Klasse läßt sich damit erklären, daß das zu versteuernde Einkommen je Steuerpflichtigem in diesen Klassen niedriger ausfällt als in den davor liegenden Klassen. Desweiteren dürfte sich die festgesetzte Einkommensteuer durch die Anrechnung von schon im Ausland abgeführten Steuern in dieser Klasse reduzieren.

b) Der Durchschnittssteuersatz aller Steuerpflichtigen (0,2406) ergibt sich als gewogenes arithmetisches Mittel der 18 Klassendurchschnittssätze mit dem Anteil des zu versteuernden Einkommens dieser Klasse am gesamten zu versteuernden Einkommen als Gewicht.

Lösung von Aufgabe 7.2

a)

Monatl. Haushaltseinkommen über ... bis zu ...DM	Haushalte von Arbeitslosen und Angestellten	
	Zahl der Haushalte in 1.000	Jahreseinkommen in Mio. DM
0 – 1.000	474	1.535
1.000 – 2.000	170	3.038
2.000 – 3.000	241	7.509
3.000 – 4.000	521	22.285
4.000 – 5.000	729	39.945
5.000 – 6.000	857	56.851
6.000 – 7.000	860	67.148
7.000 – 8.000	750	67.392
8.000 – 9.000	586	59.600
9.000 – 10.000	420	47.688
10.000 – 15.000	439	63.739
15.000 – 20.000	256	51.456
20.000 – 25.000	95	25.304
insgesamt	6.398	513.490

b)

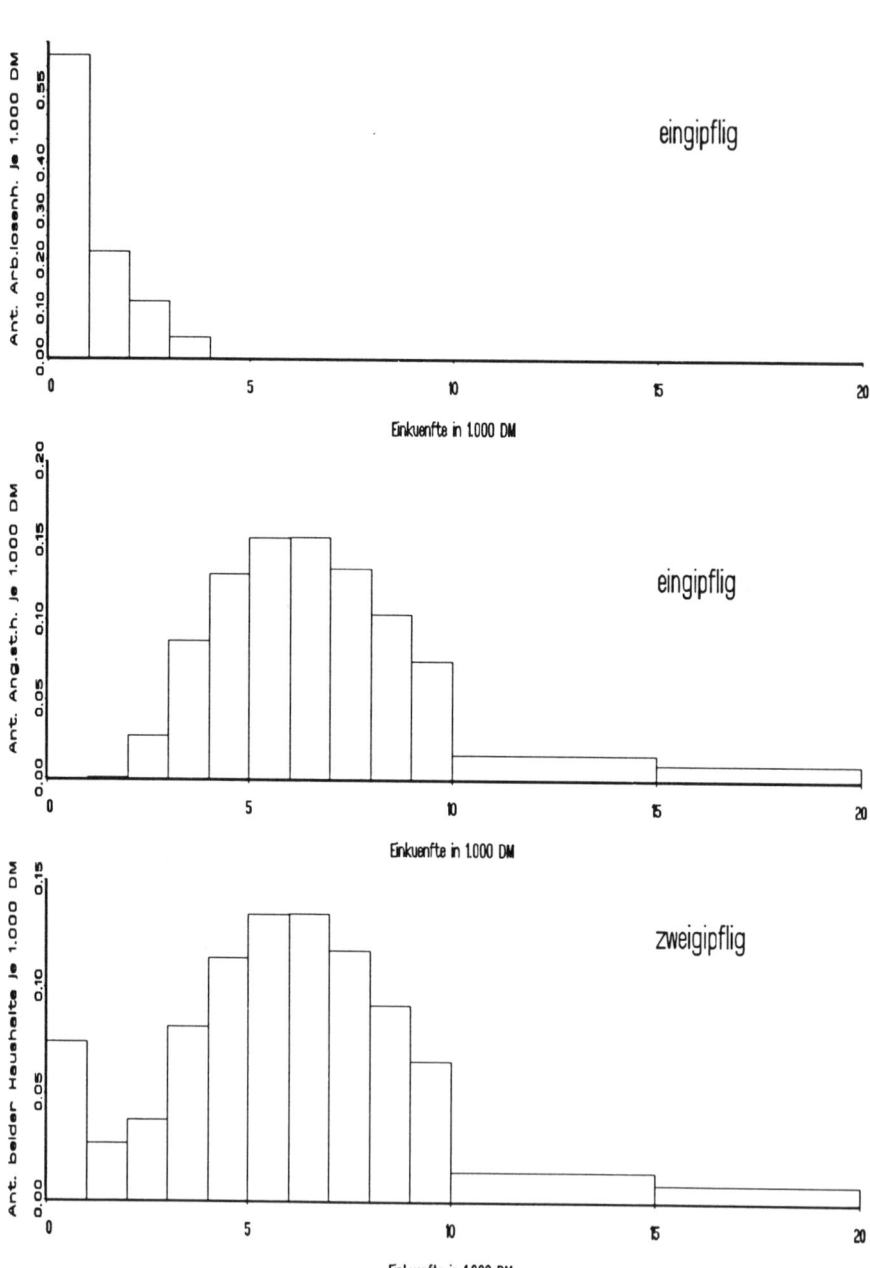

c)

Monatl. Haushaltseinkommen über ...bis zu ...DM	Arbeitslose		Angestellte	
	n_i^{Arb} in 1.000	$\bar{x}_i^{Arb}$	n_i^{Ang} in 1000	$\bar{x}_i^{Ang}$
0 – 1.000	474	269,87	0	0
1.000 – 2.000	165	1.484,34	5	1.650,00
2.000 – 3.000	88	2.423,30	153	2.696,08
3.000 – 4.000	32	3.346,35	489	3.578,73
4.000 – 5.000	1	4.333,33	728	4.566,51
5.000 – 6.000	0	0	857	5.528,10
6.000 – 7.000	0	0	860	6.506,59
7.000 – 8.000	0	0	750	7.488,00
8.000 – 9.000	0	0	586	8.475,54
9.000 – 10.000	0	0	420	9.461,90
10.000 – 15.000	0	0	439	12.099,28
15.000 – 20.000	0	0	256	16.750,00
20.000 – 25.000	0	0	95	22.196,49
insgesamt	760	–	5.638	–

Die Klassenmittelwerte $\bar{x}_i^{Arb}$ bzw. $\bar{x}_i^{Ang}$ ergeben sich als Quotient des jeweiligen Jahreseinkommens der betreffenden Klasse dividiert durch $12 \cdot n_i^{Arb}$ bzw. $12 \cdot n_i^{Ang}$.

$$\bar{x}^{Arb} = \frac{1}{n^{Arb}} \sum \bar{x}_i^{Arb} \cdot n_i^{Arb} = \frac{1}{760.000} \cdot 697.500.000 = 917,76 \text{ DM}$$

oder einfacher

$$\bar{x}^{Arb} = \frac{8.370.000.000 \text{ Jahreseinkommen}}{12 \cdot 760.000 \text{ (Monate} \cdot \text{Anzahl)}} = 917,76 \text{ DM}$$

$$s^2(Arb) = \frac{1}{n^{Arb}} \sum (\bar{x}_i^{Arb})^2 \cdot n_i^{Arb} - (\bar{x}^{Arb})^2 = 857.638 \text{ DM}^2$$

$$\bar{x}^{Ang} = \frac{1}{n^{Ang}} \sum \bar{x}_i^{Ang} \cdot n_i^{Ang} = \frac{42.093.333.333}{5.638.000} = 7.466,00 \text{ DM}$$

oder einfacher

$$\bar{x}^{Ang} = \frac{505.120.000.000 \text{ Jahreseinkommen}}{12 \cdot 5.638.000 \text{ (Monate} \cdot \text{Anzahl)}} = 7.466,00 \text{ DM}$$

$$s^2(Ang) = \frac{1}{n^{Ang}} \sum (\bar{x}_i^{Ang})^2 \cdot n_i^{Ang} - (\bar{x}^{Ang})^2 = 13.399.034 \text{ DM}^2$$

$$\bar{x}^{beide} = \frac{\bar{x}^{Arb} \cdot n^{Arb} + \bar{x}^{Ang} \cdot n^{Ang}}{n^{Arb} + n^{Ang}} = 6.688,16 \text{ DM}$$

$$s^2(beide) = \text{interne Varianz} + \text{externe Varianz}$$

$$= \frac{s^2(Arb) \cdot n^{Arb} + s^2(Ang) \cdot n^{Ang}}{n^{Arb} + n^{Ang}}$$

$$+ \frac{(\bar{x}^{Arb} - \bar{x}^{beide})^2 \cdot n^{Arb} + (\bar{x}^{Ang} - \bar{x}^{beide})^2 \cdot n^{Ang}}{n^{Arb} + n^{Ang}}$$

$$= 11.909.278 + 4.488.481 = 16.397.759 \text{ DM}^2$$

Varianzanteile: intern   –   0,726
                 extern   –   0,274

⇒ Die „Einkommensunterschiede" innerhalb der beiden Gruppen sind etwa 2,6mal größer als die zwischen den beiden Gruppen.

Lösung von Aufgabe 7.3

Arbeitstabelle für die Verteilung vor Transfers

Klassen-obergrenze x_i^o	Anteile der Haushalte p_i	Anteile am Jahreseinkommen π_i	Kumulierter Anteil der Haushalte $F_n(x_i^o)$	Kumulierter Anteil am Jahreseinkommen L_i
1.000	0,6252	0,1791	0,6252	0,1791
2.000	0,1801	0,2750	0,8053	0,4541
3.000	0,1404	0,3454	0,9457	0,7995
4.000	0,0447	0,1517	0,9904	0,9512
5.000	0,0054	0,0239	0,9958	0,9751
6.000	0,0028	0,0152	0,9986	0,9903
7.000	0,0012	0,0081	0,9998	0,9984
8.000	0,0002	0,0016	1,0000	1,0000
insgesamt	1,0000	1,0000		

Arbeitstabelle für die Verteilung nach Transfers

Klassen-obergrenze x_i^o	Anteile der Haushalte p_i	Anteile am Jahreseinkommen π_i	Kumulierter Anteil der Haushalte $F_n(x_i^o)$	Kumulierter Anteil am Jahreseinkommen L_i
1.000	0,0413	0,0144	0,0413	0,0144
2.000	0,2977	0,1700	0,3340	0,1844
3.000	0,3091	0,2913	0,6431	0,4757
4.000	0,2613	0,3433	0,9044	0,8190
5.000	0,0582	0,0978	0,9626	0,9168
6.000	0,0262	0,0542	0,9888	0,9710
7.000	0,0082	0,0203	0,9970	0,9913
8.000	0,0022	0,0061	0,9992	0,9974
9.000	0,0008	0,0026	1,0000	1,0000
insgesamt	1,0000	1,0000		

a) $HF = \sum\limits_{i=1}^{k} \pi_i^2$ mit $\frac{1}{k} \leq HF \leq 1$

<u>vor</u> Transfer: $HF = 0,2509$; <u>nach</u> Transfer: $HF = 0,2448$

Fazit: Durch die Transfers nimmt die absolute Konzentration ab.

$ENTRO = -\sum\limits_{i=1}^{k} \pi_i \frac{\ln \pi_i}{\ln k}$ mit $0 \leq ENTRO \leq 1$

<u>vor</u> Transfer: $ENTRO = 0,7301$; <u>nach</u> Transfer: $ENTRO = 0,7281$

Fazit: Da die normierte Entropie ein Gegenrichtungsindikator ist, hätte nach diesem Maß die absolute Konzentration zugenommen.

$EXPO = \prod\limits_{i=1}^{k} \pi_i^{\pi_i}$ mit $\frac{1}{k} \leq EXPO \leq 1$

<u>vor</u> Transfer: $EXPO = 0,2191$; <u>nach</u> Transfer: $EXPO = 0,2020$

Fazit: Durch die Transfers nimmt die absolute Konzentration ab.

<u>Kommentar:</u> Die bei HF und $EXPO$ gezogenen Schlüsse sind insofern bedenklich, als diese Maße nicht auf $[0;1]$ normiert sind, sondern die untere Grenze von der Klassenzahl k abhängt. Diese ist aber verschieden vor Transfer ($k = 8$) und nach Transfer ($k = 9$).

b) $GINI = \frac{n}{n-1}\left[1 - \sum\limits_{i=1}^{k} p_i(L_{i-1} + L_i)\right]$; $L_0 := 0$ mit $0 \leq GINI \leq 1$

<u>vor</u> Transfer: $GINI = 0,5010$; <u>nach</u> Transfer: $GINI = 0,2264$

Fazit: Durch die Transfers nimmt die relative Konzentration ab, vgl. auch die Lorenz–Kurvendarstellung.

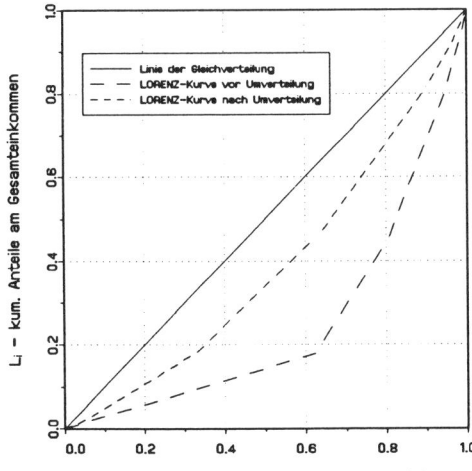

$F_n(x^0)$ – kum. Anteile der Einkommensbezieher

Lösung von Aufgabe 7.4

a) $\widehat{a} = 3,3808;\quad \widehat{b} = 0,0348$

b) $\widehat{F}(x_i^o) = \Phi\left(\dfrac{\log x_i^o - \widehat{a}}{\sqrt{\widehat{b}}}\right)$

mit $\Phi(\cdot)$ als Verteilungsfunktion der Standardnormalverteilung. Die Übereinstimmung zwischen $F_n(x_i^o)$ und $\widehat{F}(x_i^o)$ ist recht gut.

x_i^o	$\bar{x}_i$	$F_n(x_i^o)$	$\widehat{F}(x_i^o)$
1.000	918,16	0,0413	0,0206
2.000	1.526,23	0,3340	0,3345
3.000	2.477,06	0,6431	0,6973
4.000	3.453,55	0,9046	0,8823
5.000	4.419,48	0,9626	0,9560
6.000	5.441,04	0,9888	0,9835
7.000	6.509,49	0,9970	0,9936
8.000	7.349,21	0,9992	0,9975
9.000	8.250,00	1,0000	0,9989

Lösung von Aufgabe 7.5

x_i^o	1.000	2.000	3.000	4.000	5.000	6.000	7.000
$G_n(x_i^o)$	0,3748	0,1947	0,0543	0,0096	0,0042	0,0014	0,0002

Die Eintragung im doppelt-logarithmischen Netz (vgl. unten) zeigt, daß die Punkte systematisch von einer Geraden abweichen. Eine Gerade müßte sich bei Vorliegen einer Pareto-Verteilung einstellen. Also paßt dieses Verteilungsmodell nicht zu den Daten.

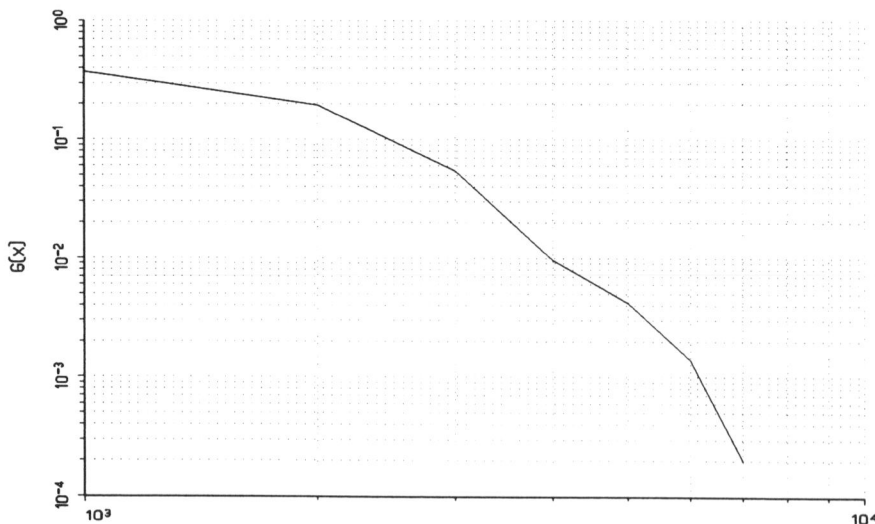

14.8 Aufgaben zu Kap. 8

Lösung von Aufgabe 8.1

$117 = p \cdot 121 + (1-p) \cdot 111$ nach p aufgelöst: $p = 0,6$.

Also ist $p = 0,6$ das Gewicht für Gruppe A, $1-p = 0,4$ das für Gruppe B.

Lösung von Aufgabe 8.2

$\text{Index}_{1976,t} = 1,25 \cdot 0,267 + 0,95 \cdot 0,733 = 1,0301$

Lösung von Aufgabe 8.3

$P^3_{85,90} = 1,1 \cdot 0,20181 + 1 \cdot 0,79819 \approx 1,02$

$P^1_{85,90} = 1,1 \cdot 0,30419 + 1 \cdot 0,69581 \approx 1,03$

Die Differenz beträgt $103 - 102 = 1$ Prozentpunkt.

Lösung von Aufgabe 8.4

a) $g_1 = 13,373 + 43,264 = 56,637$

$g_2 = 100 - 56,637 - 18,392 = 24,971$

b) $102,8 = \dfrac{x_4 \cdot 0,13373 + 102,1 \cdot 0,43264}{0,13373 + 0,43264}$

$x_4 = [102,8 \cdot (0,13373 + 0,43264) - 102,1 \cdot 0,43264]/0,13373 \approx 105,1$

$x_5 = 102,8 \cdot 0,56637 + 112,6 \cdot 0,24971 + 112,5 \cdot 0,18392 \approx 107,0$

c) $x_2 = (102,1/102,2) \cdot 100 \approx 99,9$

x_1 aus $100,2 = \dfrac{x_1 \cdot 0,13373 + 99,9 \cdot 0,43264}{0,13373 + 0,43264}$

$x_1 = [100,2 \cdot (0,13373 + 0,43264) - 99,9 \cdot 0,43264]/0,13373 \approx 101,2$

x_3 aus $104,2 = 100,2 \cdot 0.56637 + 109,9 \cdot 0,24971 + x_3 \cdot 0,18392$

$x_3 = [104,2 - 100,2 \cdot 0,56637 - 109,9 \cdot 0,24971]/0,18392 \approx 108,8$

Lösung von Aufgabe 8.5

a) Aus dem Verhältnis $P_{70,69}/P_{62,69} = \frac{96,4}{119,5} = 0,8067$ ergibt sich der Faktor für die Umrechnung der Indizes auf der bisherigen Basis 1962, so daß die Indexwerte von 1965 bis 1968 auf Basis 1970 lauten:

1965	1966	1967	1968
87,7	90,9	92,4	93,9

Aus dem Verhältnis $P_{70,75}/P_{75,76} = \frac{134,7}{95,8} = 1,4061$ ergibt sich der Faktor für die Umrechnung der Indizes auf der bisherigen Basis 1976, so daß die Indexwerte von 1976 bis 1982 auf Basis 1970 lauten:

1976	1977	1978	1979	1980	1981	1982
140,6	145,5	149,2	155,0	163,1	172,7	181,7

ba) Gesamtpreissteigerung von 1965 bis 1982:

$$\left(\frac{181,7}{87,7} - 1\right) \cdot 100 \approx 107,2\% \qquad \text{(Steigerung \underline{um} 107,2\% \underline{auf} 207,2\%)}$$

bb) Jahresdurchschnittliche Preissteigerung von 1965 bis 1982:

$$\left(\sqrt[17]{\frac{181,7}{87,7}} - 1\right) \cdot 100 \approx 4,4\%$$

Lösung von Aufgabe 8.6

b) und **e)** sind Einkaufspreisindizes.

Lösung von Aufgabe 8.7

$$
\begin{aligned}
P_{D,US}^{L} &= \frac{\sum p_{i,US} \cdot q_{i,D}}{\sum p_{i,D} \cdot q_{i,D}} \\[2mm]
&= \frac{1,2\cdot4+1,12\cdot2+2,05\cdot\frac{12}{5}+0,85\cdot6+0,75\cdot8+1,8\cdot2,5+0,8\cdot30+4,73\cdot3,4}{2,42\cdot4+2,38\cdot2+3,52\cdot\frac{12}{5}+2,24\cdot6+2,28\cdot8+4,44\cdot2,5+1,11\cdot30+10,76\cdot3,4} \\[2mm]
&= \frac{67,642\ \$}{135,552\ \text{DM}} \approx 0,499\ \$/\text{DM}
\end{aligned}
$$

Hinweis: Ist z.B. der Devisenkurs 1,60 DM/\$, so ergibt sich daraus der Wechselkurs 0,625 \$/DM. Ein deutscher Vegetarier, der DM zum Wechselkurs eintauscht, erhält 0,625 \$ für 1 DM. Tauscht er 135,552 DM (den Wert seines deutschen Warenkorbes in DM) gegen \$ ein, so erhält er 84,72 \$. Da er aber nur 67,642 \$ für seinen Warenkorb in den USA auszugeben hat, macht er einen Kaufkraftgewinn von $\left(\frac{84,72}{67,642} - 1\right) \cdot 100 \approx 25\ \%$. Dieser Gewinn ergibt sich auch aus der Relation:

$$\left(\frac{0,625\ \$/\text{DM}}{0,499\ \$/\text{DM}} - 1\right) \cdot 100 \approx 25\%.$$

14.9 Aufgaben zu Kap. 9

Lösung von Aufgabe 9.1

a) Bilanz vom 31.12.1994 aus dem Geschäftsbericht der Deutschen Bundesbank für 1994, p. 150/1 (ohne Untergliederung der Hauptpositionen).

Aktiva	(Mio. DM)	Passiva	
1. Gold	13.687,5	1. Banknotenumlauf	236.165,3
2. Reserveposition im internat. Währungsfonds und Sonderziehungsrechte	7.967,4	2. Einlagen von Kreditinstituten	56.181,6
3. Forderungen an den Europäischen Fonds für währungspolit. Zusammenarbeit im EWS	31.741,7	3. Einlagen von öffentlichen Haushalten	215,7
4. Guthaben bei ausländischen Banken und Geldmarktanlagen im Ausland	60.188,4	4. Einlagen anderer inländischer Einleger	710,9
5. Sorten	20,4	5. Verbindlichkeiten aus abgegebenen Mobilisierungs- und Liquiditätspapieren	6.038,5
6. Kredite und sonstige Forderungen an das Ausland	2.359,9	6. Verbindlichkeiten aus dem Auslandsgeschäft	18.550,7
7. Kredite an inländische Kreditinstitute	217.692,3	7. Ausgleichsposten für zugeteilte Sonderziehungsrechte	2.737,6
8. Ausgleichsforderungen an den Bund	8.683,6	8. Rückstellungen	10.010,5
9. Wertpapiere	3.173,0	9. Schwebende Verrechnungen	1.955,1
10. Deutsche Scheidemünzen	2.126,4	10. Sonstige Verbindlichkeiten	539,5
11. Postgiroguthaben	2.715,9	11. Rechnungsabgrenzungsposten	722,3
12. Grundstücke und Gebäude	3.364,3	12. Grundkapital	290,0
13. Betriebs- und Geschäftsausstattung	213,8	13. Rücklagen	11.507,1
14. Schwebende Verrechnungen	0,0	14. Bilanzgewinn	10.858,2
15. Sonstige Vermögensgegenstände	2.438,5		356.483,0
16. Rechnungsabgrenzungsposten	109,9		
	356.483,0		

b) Gewinn- und Verlustrechnung für 1994 (Geschäftsbericht 1994, p. 152)

Aufwand	(Mio. DM)	Ertrag	
1. Zinsaufwand	2.197,8	1. Zinsertrag	17.859,8
2. Personalaufwand	1.484,4	2. Gebühren	97,9
3. Sachaufwand	359,5	3. Sonstige Erträge	342,4
4. Notendruck	156,7		18.300,1
5. Abschreibungen auf Sachanlagen	376,9		
6. Abschreibungen auf Währungsreserven	2.803,7		
7. Sonstige Aufwendungen	62,9		
8. Jahresüberschuß	10.838,2		
	18.300,1		

Lösung von Aufgabe 9.2

a)

Noten zu DM	Mio. DM	%
1.000	46.888,0	25,9
500	21.476,2	11,8
200	9.636,0	5,3
100	73.843,5	40,7
50	18.257,6	10,1
20	6.678,6	3,7
10	4.242,5	2,3
5	285,8	0,2
	181.300,2	100,0

b)

Münzen zu DM	Mio. DM	%
10,–	1.760,7	13,2
5,–	5.280,1	39,7
2,–	1.764,6	13,2
1,–	2.132,5	16,0
0,50	1.005,8	7,6
0,10	833,9	6,3
0,05	266,8	2,0
0,02	123,8	0,9
0,01	146,8	1,1
	13.315,0	100,0

Quelle: Geschäftsbericht 1991, p. 163.

Lösung von Aufgabe 9.3

aa) Diskontsatz: niedrigster Wert 2,5% vom 4.12.1987 bis 30.6.1988
höchster Wert 8,75% vom 17.7.1992 bis 14.9.1992

ab) Lombardsatz: niedrigster Wert 3,5% vom 16.12.1977 bis 18.1.1978
höchster Wert 9,75% vom 20.12.1991 bis 14.9.1992

b) Der Lombardsatz lag stets über dem Diskontsatz, und zwar um nur 0,5 Prozentpunkte zwischen 11.8.1967 und 20.3.1969 sowie zwischen 15.7.1975 und 15.12.1975. Die höchste Differenz war 3 Prozentpunkte zwischen 5.12.1969 und 8.3.1970.

Lösung zu Aufgabe 9.4 c

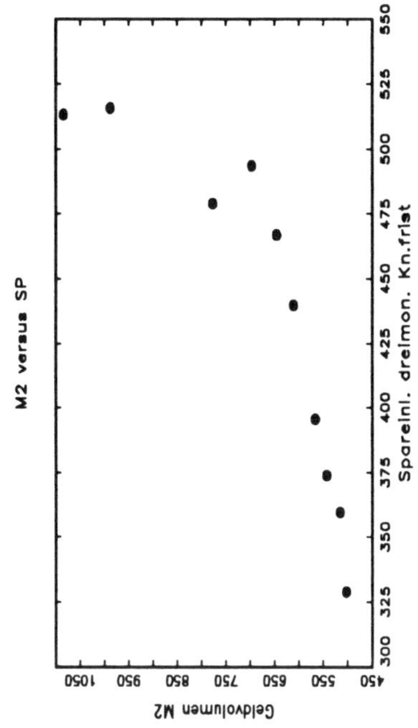

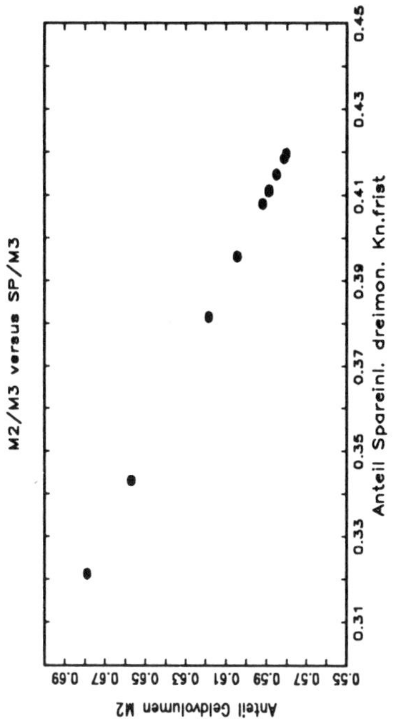

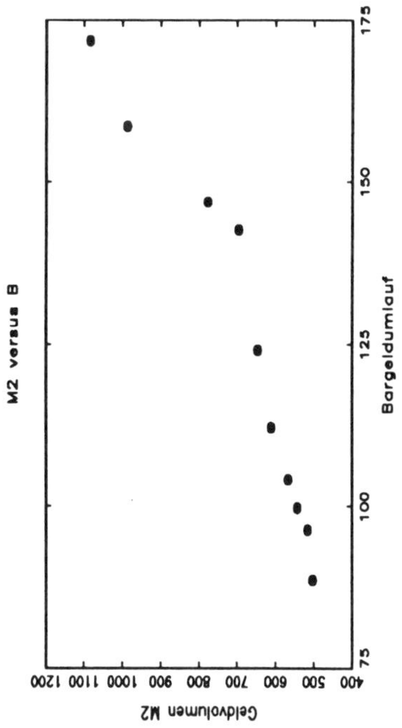

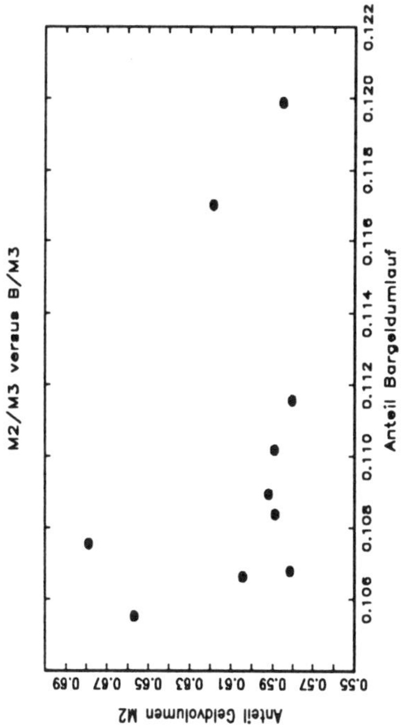

c) Die kürzeste Gültigkeitsdauer lag bei nur 15 Tagen, nämlich vom 18.11.1970
   bis 2.12.1970; die längste Gültigkeitsdauer bei fast zwei Jahren, nämlich vom
   19.9.1980 bis 27.8.1982.

Lösung von Aufgabe 9.4

a) $r(B, M2) = 0,9532$; $r(SP, M2) = 0,8519$

b) $r\left(\dfrac{B}{M3}, \dfrac{M2}{M3}\right) = -0,3073$; $r\left(\dfrac{SP}{M3}, \dfrac{M2}{M3}\right) = -1$

c) vgl. vorstehende Seite

d) Man sollte niemals Anteile korrelieren. Ihr Korrelationskoeffizient ist fast
   immer negativ, denn wenn ein Anteil zunimmt muß ein anderer abnehmen.
   Sind die zu korrelierenden Anteile komplementär zu Eins, so ist die Korre-
   lation immer -1.

14.10   Aufgaben zu Kap. 10

Lösung von Aufgabe 10.1

a) Gebiet außerhalb des Staatsgebietes (Geltungsbereich des Grundgesetzes)
   der Bundesrepublik Deutschland

b) Erhebungsgebiet = Staatsgebiet der Bundesrepublik + Zollenklaven – Zollexklaven

c) Zollgebiet = Zollfreigebiete + Zollager

d) Zollinland = Erhebungsgebiet – Zollgebiet

Zollenklaven (= Zolleinschlußgebiete) und Zollexklaven (= Zollausschlußgebie-
te) gibt es an der Grenze zu Österreich und zur Schweiz. Zollfreigebiete sind die
Freihäfen, die Freigebiete (z.B. Helgoland), die Zollager und die Freihafenlager.

Lösung von Aufgabe 10.2

Alle Aussagen sind zutreffend.

Lösung von Aufgabe 10.3

A ist falsch. (Strömungsrechnung ist richtig.)

B ist falsch. Es gibt noch einen Restposten, der i.d.R. ungleich Null ist (Erfas-
sungsdifferenzen, statistisch nicht aufzugliedernde Transaktionen).

C ist falsch. (Aktiv oder passiv können nur die Teilbilanzen, etwa die Leistungsbilanz, sein.)

D ist falsch. (Die Leistungsbilanz umfaßt die Handels-, Dienstleistungs- und Übertragungsbilanz.)

E ist falsch. (Wenn der Wert des Warenimports über dem des Warenexports liegt, hat man eine passive Handelsbilanz.)

F ist falsch. (Außenbeitrag i.S.d. VGR ist der Saldo der zusammengefaßten Handels- und Dienstleistungsbilanz.)

G ist falsch.

H ist falsch. (Die Zahlungsbilanzstatistik wird von der Deutschen Zentralbank geführt; das Statistische Bundesamt liefert nur die Daten für die Handelsbilanz.)

I ist falsch. (Diese Transferzahlungen stehen in der Übertragungsbilanz.)

J ist richtig.

K ist falsch. (Überweisungen der Gastarbeiter in ihre Heimat stehen in der Übertragungsbilanz.)

L ist falsch. (Es besteht zwar grundsätzlich eine Meldepflicht, von der jedoch Zahlungen bis zu DM 2.000 ausgenommen sind.)

Lösung von Aufgabe 10.4

Spezialhandel Einfuhr	=	unmittelbare Einfuhr + Einfuhr aus Lager
	=	520.402 + 30.226 = 550.628
Spezialhandel Ausfuhr	=	unmittelbare Ausfuhr = 642.785
Generalhandel Einfuhr	=	unmittelbare Einfuhr + Einfuhr auf Lager
	=	520.402 + 41.581 = 561.983
Generalhandel Ausfuhr	=	unmittelbare Ausfuhr + Ausfuhr aus Lager
	=	642.785 + 10.939 = 653.724

Lösung von Aufgabe 10.5

a) + b) + c)

Index der tatsächlichen Werte

Wertindex (Meßzahl des zeitlichen Vergleichs)

$$W_{0t}^e = \frac{\sum \bar{p}_{it}^e \cdot q_{it}^e}{\sum \bar{p}_{i0}^e \cdot q_{i0}^e} \quad \text{für die Einfuhr mit Basis } 0 = 1980$$

$$W_{1980,1992}^e = 183,9 \qquad W_{1980,1993}^e = 157,1$$

$$W_{0t}^a = \frac{\sum \bar{p}_{it}^a \cdot q_{it}^a}{\sum \bar{p}_{i0}^a \cdot q_{i0}^a} \quad \text{für die Ausfuhr mit Basis } 0 = 1980$$

$$W^a_{1980,1992} = 187,7 \qquad W^a_{1980,1993} = 169,0$$

Quelle: Statistisches Jahrbuch 1994, p. 299/300

Index des Volumens

Mengenindex vom LASPEYRES–Typ

$$V^e_{0t} = \frac{\sum q^e_{it} \cdot \bar{p}^e_{i0}}{\sum q^e_{i0} \cdot \bar{p}^e_{i0}} \quad \text{für die Einfuhr mit Basis } 0 = 1980$$

$$V^e_{1980,1992} = 180,6 \qquad V^e_{1980,1993} = 163,2$$

$$V^a_{0t} = \frac{\sum q^a_{it} \cdot \bar{p}^a_{i0}}{\sum q^a_{i0} \cdot \bar{p}^a_{i0}} \quad \text{für die Ausfuhr mit Basis } 0 = 1980$$

$$V^a_{1980,1992} = 160,2 \qquad V^a_{1980,1993} = 151,3$$

Quelle: Statistisches Jahrbuch 1994, p. 299/300

Index der Durchschnittswerte

Preisindex vom PAASCHE–Typ

$$D^e_{0t} = \frac{\sum \bar{p}^e_{it} \cdot q^e_{it}}{\sum \bar{p}^e_{i0} \cdot q^e_{it}} \quad \text{für die Einfuhr mit Basis } 0 = 1980$$

$$D^e_{1980,1992} = 101,9 \qquad D^e_{1980,1993} = 96,3$$

$$D^a_{0t} = \frac{\sum \bar{p}^a_{it} \cdot q^a_{it}}{\sum \bar{p}^a_{i0} \cdot q^a_{it}} \quad \text{für die Ausfuhr mit Basis } 0 = 1980$$

$$D^a_{1980,1992} = 117,1 \qquad D^a_{1980,1993} = 111,7$$

Quelle: Statistisches Jahrbuch 1994, p. 299/300

Ausfuhrpreisindex

Preisindex nach LASPEYRES

$$P^a_{0t} = \frac{\sum p^a_{it} \cdot q^a_{i0}}{\sum p^a_{i0} \cdot q^a_{i0}} \quad \text{mit Basis } 0 = 1991$$

$$P^a_{1991,1992} = 100,7 \qquad P^a_{1991,1993} = 100,7 \text{ (Jahresdurchschnitt)}$$

Einfuhrpreisindex

Preisindex nach LASPEYRES

$$P^e_{0t} = \frac{\sum p^e_{it} \cdot q^e_{i0}}{\sum p^e_{i0} \cdot q^e_{i0}} \quad \text{mit Basis } 0 = 1991$$

$$P^e_{1991,1992} = 97,6 \qquad P^e_{1991,1993} = 96,1 \text{ (Jahresdurchschnitt)}$$

Quelle: Wirtschaft und Statistik 1995, p. 229*/300*

Lösung von Aufgabe 10.6

1. Einfuhren werden i.d.R. zu cif–Preisen, Ausfuhren i.d.R. zu fob–Preisen erfaßt. (unterschiedliche Bewertung)

2. Einige Länder weisen den Generalhandel, andere den Spezialhandel nach. (unterschiedliches Konzept)

3. Es gibt zeitliche Verwerfungen (etwa Ausfuhr in Land A am 20.12.1990, Einfuhr dieser Ware in Land B am 7.1.1991).

4. Die Umrechnung der jeweils in Landeswährungen fakturierten Exporte/ Importe in US $ erfolgt u.U. (wegen der zeitlichen Verwerfungen) zu unterschiedlichen Kursen.

14.11 Aufgaben zu Kap. 11

Lösung zu Aufgabe 11.1

A ist richtig.

B ist falsch, etwa im Sektor „Staat" werden die Leistungen nicht über den Markt abgegeben, sondern die Bewertung erfolgt über den Aufwand/Kosten.

C ist falsch, denn die Leistungen von Ehefrauen/Hausmännern o.ä. werden in den VGR (noch) nicht erfaßt.

D ist richtig, denn Inländer im Sinne der VGR sind Personen mit ständigem Wohnsitz oder gewöhnlichem Aufenthaltsort im Inland.

E ist richtig.

F ist falsch, denn

Bruttoproduktionswert	=	Bruttoinlandsprodukt zu Marktpreisen
		+ Materialverbrauch
		+ andere Vorleistungen
		– Nichtabzugsfähige Umsatzsteuer
		– Einfuhrabgaben

G ist richtig.

H ist richtig.

I ist falsch, denn die Verteilungsrechnung liefert eine funktionelle Einkommensverteilung (Bruttoeinkommen aus unselbständiger Arbeit, Einkommen aus Unternehmertätigkeit und Vermögen).

J ist richtig.

K ist falsch, vgl. die Darlegungen über Lohnquoten in Abschnitt 7.3.2.

Lösung von Aufgabe 11.2

		Mrd. DM
	Produktionswert	6.004,15
−	Vorleistungen	3.758,90
=	Bruttowertschöpfung	2.245,25
+	Nichtabzugsfähige Umsatzsteuer	154,97
+	Einfuhrabgaben	24,98
=	Bruttoinlandsprodukt zu Marktpreisen	2.425,20
−	Abschreibungen	303,01
=	Nettoinlandsprodukt zu Marktpreisen	2.122,19
−	Indirekte Steuern abzgl. Subventionen	253,39
=	Nettoinlandsprodukt zu Faktorkosten	1.868,80
−	Erwerbs- und Vermögenseinkommen an den Rest der Welt	81,51
+	Erwerbs- und Vermögenseinkommen vom Rest der Welt	104,51
=	Nettosozialprodukt zu Faktorkosten (Volkseinkommen)	1.891,80

Quelle: Statistisches Jahrbuch 1991, p. 628/630.

Lösung von Aufgabe 11.3

a) Produktionskonto mit Saldo „Bruttowertschöpfung".
   Einkommensentstehungskonto mit Saldo „Nettowertschöpfung".
   Einkommensverteilungskonto mit Saldo „Anteil am Volkseinkommen".
   Einkommensumverteilungskonto mit Saldo „Verfügbares Einkommen".
   Einkommensverwendungskonto mit Saldo „Ersparnis".
   Vermögensveränderungskonto mit Saldo „Finanzierungssaldo".
   Finanzierungskonto mit Saldo „Statistische Differenz".

b) Konto 0 (Zusammengefaßtes Konto) ist nicht sektoral unterteilt und zeigt
   im Überblick die Herkunft und Verwendung der Güter in der Volkswirtschaft. Konto 8 (Zusammengefaßtes Konto der übrigen Welt) ist ebenfalls
   nicht sektoral unterteilt und stellt alle ökonomischen Transaktionen zwischen inländischen Wirtschaftseinheiten und der übrigen Welt dar.

ca) Abschreibungen im Sektor Unternehmen auf dem Einkommensentste-
    hungskonto links und auf dem Vermögensveränderungskonto rechts.

cb) Gehaltszahlungen an in der BRD lebende Gastarbeiter auf dem Einkom-
    mensverteilungskonto der Unternehmen links und dem Einkommensvertei-
    lungskonto der Privaten Haushalte rechts.
    Gehaltszahlungen an täglich aus Holland pendelnde Grenzgänger im Ein-
    kommensverteilungskonto der Unternehmen links und im Zusammengefaß-
    ten Konto der übrigen Welt rechts.

cc) Bezahlte direkte Steuern bei den Privaten Haushalten auf dem Einkommensumverteilungskonto links, beim Staat auf dem Einkommensumverteilungskonto rechts.

cd) Konsumgüterkäufe bei den Privaten Haushalten auf dem Einkommensverwendungskonto (unter privatem Verbrauch) links, auf dem Zusammengefaßten Güterkonto rechts.

ce) Erbschaftsteuer Privater Haushalte auf deren Vermögensveränderungskonto links, beim Staat auf dessen Vermögensveränderungskonto rechts.

cf) Geldüberweisungen von Gastarbeitern in ihre Heimatländer auf dem Einkommensverteilungskonto Privater Haushalte links, auf dem Zusammengefaßten Konto der übrigen Welt rechts.

Lösung von Aufgabe 11.4

a)

	1	2	y_i	$x_{i.}$
1	80	30	90	200
2	50	10	40	100
Primär–Input	70	60		
$x_{.j}$	200	100		

b) $\text{BSP}^{\text{M}} = 90 + 40 - 5 = 125$

c) In der Inversen der technologischen Matrix können einerseits keine negativen Elemente und andererseits auf der Diagonalen keine Elemente kleiner als Eins auftreten.

d) Nein, denn $(\mathbf{E}-\mathbf{A})^{-1} = \mathbf{E}+\mathbf{A}+\mathbf{A}^2+\mathbf{A}^3+\dots$, und diese Summe konvergiert!

Lösung von Aufgabe 11.5

a) Matrix der Output-Koeffizienten
$$\begin{pmatrix} 0,40 & 0 & 0,5\bar{3} \\ 0,\bar{3} & 0,08\bar{3} & 0,41\bar{6} \\ 0 & 0 & 0,0625 \end{pmatrix}$$

b) Matrix der Input-Koeffizienten
$$\begin{pmatrix} 0,40 & 0 & 0,50 \\ 0,2\bar{6} & 0,08\bar{3} & 0,3125 \\ 0 & 0 & 0,0625 \end{pmatrix}$$

c) Triangulierte Vorleistungsmatrix

	2	1	3
2	1	4	5
3	0	6	8
1	0	0	1

d) LEONTIEF–Matrix:

$$\mathbf{E} - \mathbf{A} = \begin{pmatrix} 0,6 & 0 & -0,5 \\ -0,2\bar{6} & 0,91\bar{6} & -0,3125 \\ 0 & 0 & 0,9375 \end{pmatrix}$$

e) $(\mathbf{E} - \mathbf{A})^{-1} = \begin{pmatrix} 1,\bar{6} & 0 & 0,\bar{8} \\ 0,\overline{48} & 1,\overline{09} & 0,6\bar{2} \\ 0 & 0 & 1,0\bar{6} \end{pmatrix}$

f) Gesamter Output $= \begin{pmatrix} 21,\bar{1} \\ 27,\overline{59} \\ 21,\bar{3} \end{pmatrix}$ $\begin{matrix} \leftarrow \text{Sektor 1} \\ \leftarrow \text{Sektor 2} \\ \leftarrow \text{Sektor 3} \end{matrix}$

Primäre Inputs $= \begin{pmatrix} 21,\bar{1} \cdot \frac{1}{3} \\ 27,\overline{59} \cdot \frac{11}{12} \\ 21,\bar{3} \cdot \frac{2}{16} \end{pmatrix} = \begin{pmatrix} 7,0\overline{37} \\ 25,\overline{296} \\ 2,\bar{6} \end{pmatrix}$

Lösung von Aufgabe 11.6

aa) $\mathbf{x}^* = (\mathbf{E} - \mathbf{A})^{-1} \cdot \begin{pmatrix} 70 \\ 1.527 \\ 1.342 \end{pmatrix} = \begin{pmatrix} 293,2 \\ 2.665,6 \\ 2.443,4 \end{pmatrix}$

$\mathbf{x}^* - \mathbf{x} = \begin{pmatrix} 293,2 \\ 2.665,6 \\ 2.443,4 \end{pmatrix} - \begin{pmatrix} 290 \\ 2.650 \\ 2.341 \end{pmatrix} = \begin{pmatrix} 3,2 \\ 15,6 \\ 102,4 \end{pmatrix}$

ab) $\mathbf{z}_1^{*\prime} = (43,5 \quad 575,2 \quad 731,6)$
Anstieg des Gesamteinkommens aus unselbständiger Arbeit:
1.350,3 Mrd. DM – 1.316 Mrd. DM = 34,3 Mrd. DM

ac) $\mathbf{z}_2^{*\prime} = (69,8 \quad 483,8 \quad 48,9)$
Anstieg des gesamten Importwerts:
602,5 Mrd. DM – 596 Mrd. DM = 6,5 Mrd. DM

ba) $\mathbf{x}^{*\prime} = (175,3 \quad 1.374,2 \quad 1.451,1) \cdot (\mathbf{E} - \mathbf{B})^{-1}$
$\quad\quad\quad = (299,1 \quad 2.765,8 \quad 2.456,4)$
Die Outputveränderung in jedem Sektor ist dann:
$\mathbf{x}^{*\prime} - \mathbf{x} = (+9,1 \quad +115,8 \quad +115,4)\,.$

$$\text{bb) } \mathbf{y}_1^* = \left((299,1 \quad 2.765,8 \quad 2.456,4) \begin{pmatrix} 0,1966 & 0 & 0 \\ 0 & 0,1721 & 0 \\ 0 & 0 & 0,3037 \end{pmatrix} \right)' = \begin{pmatrix} 58,8 \\ 476,0 \\ 746,0 \end{pmatrix}$$

$$\text{bc) } \mathbf{y}_2^* = \left((299,1 \quad 2.765,8 \quad 2.456,4) \begin{pmatrix} 0,0345 & 0 & 0 \\ 0 & 0,2321 & 0 \\ 0 & 0 & 0,0355 \end{pmatrix} \right)' = \begin{pmatrix} 10,3 \\ 641,9 \\ 87,2 \end{pmatrix}$$

14.12 Aufgaben zu Kap. 12

Lösung zu Aufgabe 12.1

a) Biotische Rohstoffe sind die biologisch erneuerbaren (nachwachsenden) Ressourcen, z.B. Holz, Pflanzenöl. Abiotische Rohstoffe sind die geologischen Vorräte, die nicht nachwachsen, z.B. Erdöl, Erdgas, Erze.

b) Rohstoffbilanzierung für Deutschland (früheres Bundesgebiet) in Mrd. DM

Bilanz-positionen	in lfd. Preisen		in Preisen von 1988	
	1978	1990	1978	1990
Gewinnung (Inland)	31,2	42,9	46,3	45,2
+ Einfuhr	35,0	40,4	38,9	34,7
− Ausfuhr	5,9	6,6	8,0	7,2
= Inlandsverbleib	60,3	76,7	77,2	72,7

Quelle: Statistisches Jahrbuch 1993, p. 739

Lösung zu Aufgabe 12.2

a) *Grundwasser:* unterirdisch anstehendes Wasser ohne natürlichen Austritt

Quellwasser: örtlich begrenzter natürlicher Grundwasseraustritt, auch nach künstlicher Fassung

Oberflächenwasser: Wasser natürlicher (Flüsse, Seen) oder künstlicher (Talsperren) oberirdischer Gewässer

Uferfiltrat: Wasser, das den Wassergewinnungsanlagen durch das Ufer eines Flusses oder Sees im Untergrund nach relativ kurzer Bodenpassage zusickert und sich mit dem anstehenden Grundwasser vermischt

Wasseraufkommen 1987 (früheres Bundesgebiet), ohne Fremdbezug

zusammen	44.167 Mio. m^3	100%
Grundwasser	5.335 Mio. m^3	12,1%
Quellwasser	658 Mio. m^3	1,5%
Oberflächenwasser	37.315 Mio. m^3	84,5%
Uferfiltrat	859 Mio. m^3	1,9%

Quelle: Statistisches Jahrbuch 1993, p. 735

b) Die Kanalanschlußrate liegt in jedem Bundesland unter der Anschlußrate der Wasserversorgung. Beide Anschlußraten sind gleichläufig korreliert; hat ein Bundesland eine (überdurchschnittlich) hohe Kanalanschlußrate, dann liegt dort auch die Anschlußrate der öffentlichen Wasserversorgung hoch (über dem Durchschnitt).

Bevölkerung mit öffentlicher Wasserversorgung und Anschluß an die öffentliche Kanalisation 1987 im früheren Bundesgebiet

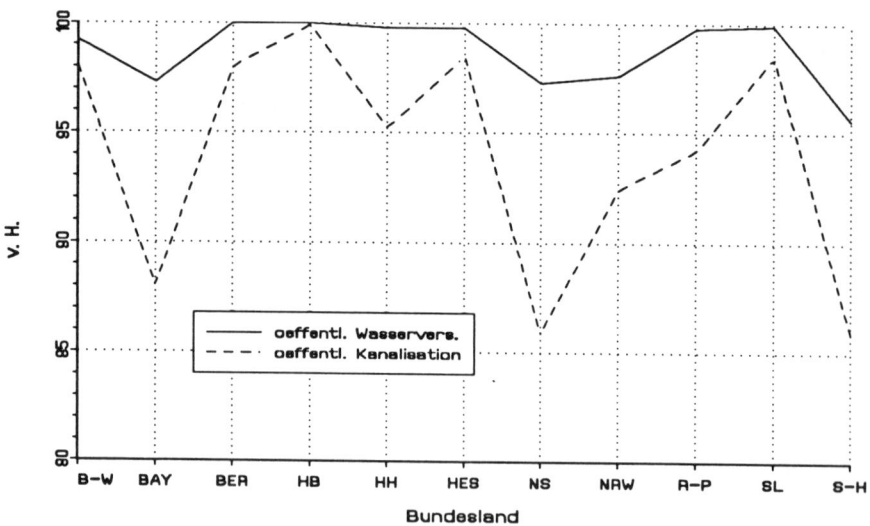

Quelle: Statistisches Jahrbuch 1993, p. 736

Lösung zu Aufgabe 12.3

a) Bruttoanlagevermögen für Umweltschutz im früheren Bundesgebiet

Sektor	Mio. DM, in Preisen von 1985			
	1975	1980	1985	1990
Prod. Gewerbe	33.300	43.560	52.290	74.690
Staat	106.200	138.270	167.370	197.010

Quelle: Statistisches Jahrbuch 1993, p. 749

b) Zusammensetzung des Bruttoanlagevermögens für den Umweltschutz 1991 im früheren Bundesgebiet nach Umweltbereichen in v.H.

Umweltbereich	Prod. Gewerbe	Staat
Abfallbeseitigung	8%	6%
Gewässerschutz	29%	93%
Lärmbekämpfung	6%	1%
Luftreinhaltung	57%	0%

Quelle: Statistisches Jahrbuch 1993, p. 749

Kapitel 15

Verzeichnisse

Dieses Kapitel enthält alle die Verzeichnisse und Register, die man in einer wissenschaftlichen Monographie erwartet:

1. eine Zusammenstellung der im Text verwendeten Abkürzungen (Aufgenommen sind nur solche Abkürzungen, die nicht als allgemein bekannt vorausgesetzt werden dürfen.),

2. eine Auflistung aller im Text enthaltenen Abbildungen,

3. eine weitere Liste mit allen vorkommenden Tabellen,

4. ein ausführliches Literaturverzeichnis,

5. ein alphabetisch sortiertes Register jener Personen, von denen Veröffentlichungen zitiert oder die sonst erwähnt worden sind, und aller angesprochenen Institutionen (Sofern für letztere eine Abkürzung existiert, findet man die betreffende Institution auch – allerdings ohne Seitenangabe – im Abkürzungsverzeichnis.),

6. ein umfangreiches Stichwortregister.

15.1   Abkürzungsverzeichnis

ABM	Arbeitsbeschaffungsmaßnahme
ADV	Allgemeine Datenverarbeitung
AFG	Arbeitsförderungsgesetz
AWG	Außenwirtschaftsgesetz
AZ	Arbeitsstättenzählung
BA	Bundesanstalt für Arbeit
BDSG	Bundesdatenschutzgesetz
BGB	Bürgerliches Gesetzbuch
BGBl	Bundesgesetzblatt
BIP	Bruttoinlandsprodukt
BSP	Bruttosozialprodukt
BStatG	Bundesstatistikgesetz
BVerfGE	Entscheidungen des Bundesverfassungsgerichts
BZ	Berufszählung
cif	cost, insurance, freight
DAX	Deutscher Aktienindex
DGB	Deutscher Gewerkschaftsbund
DIW	Deutsches Institut für Wirtschaftsforschung, Berlin
EAG	vgl. EURATOM
EBM	Eisen, Blech und Metall
ECE	Economic Commission for Europe, Genf (UN–Organisation)
ECU	European Currency Unit
EFWZ	Europäischer Fonds für währungspolitische Zusammenarbeit
EG	Europäische Gemeinschaften
EGKS	Europäische Gemeinschaft für Kohle und Stahl
EGW	Gliederung der Waren der Ernährungswirtschaft und der gewerblichen Wirtschaft
ESVG	Europäisches System volkswirtschaftlicher Gesamtrechnungen
EU	Europäische Union
EURATOM	Europäische Atomgemeinschaft
EVS	Einkommens- und Verbrauchsstichprobe
EWG	Europäische Wirtschaftsgemeinschaft
EWS	Europäisches Währungssystem

fob	free-on-board
GASP	Gemeinsame Sicherheits- und Außenpolitik
GBZ	Gewerbliche Betriebszählung
GG	Grundgesetz der Bundesrepublik Deutschland
GLS	Gehalts- und Lohnstrukturerhebung
GuV	Gewinn- und Verlustrechnung
GWZ	Gebäude- und Wohnungszählung
GZ	Gebäudezählung
HDSG	Hessisches Datenschutzgesetz
HS	Harmonisiertes System zur Bezeichnung und Codierung von Waren
HWWA	Hamburgisches Welt-Wirtsschafts-Archiv
IAB	Institut für Arbeitsmarkt- und Berufsforschung (bei der Bundesanstalt für Arbeit, Nürnberg)
IDA	Interchange of Data between Administrations
IDEP	Intrastat Data Entry Program
Ifo	Institut für Wirtschaftsforschung, München
IfW	Institut für Weltwirtschaft an der Universität Kiel
ILO	International Labour Office
IMF	vgl. IWF
INFAS	Institut für angewandte Sozialforschung
IOT	Input-Output-Tabelle
ISCO	International Standard Classification of Occupations
ISI	International Statistical Institute
IW	Institut der deutschen Wirtschaft
IWF	Internationaler Währungsfonds, Washington D.C.
IWH	Institut für Wirtschaftsforschung Halle
KN	Kombinierte Nomenklatur
KSE	Kostenstrukturerhebung
LBZ	Landwirtschaftliche Betriebszählung
MPS	Material Product System
MZ	Mikrozensus
NASA	National Aeronautics and Space Administration
NE	Nicht-Eisen
NIMEXE	Warenverzeichnis für die Statistik des Außenhandels der EU und des Handels zwischen ihren Mitgliedstaaten

OECD	(früher: OEEC) Organisation for Economic Cooperation and Development
OPEC	Oil Producing and Exporting Countries
POoE	Private Organisationen ohne Erwerbszweck
RGW	Rat für gegenseitige Wirtschaftshilfe
RWI	Rheinisch–Westfälisches Institut für Wirtschaftsforschung, Essen
RZZ	Rat für Zusammenarbeit auf dem Gebiet des Zollwesens
SEEA	System for Integrated Environmental and Economic Accounting
SITC	Standard International Trade Classification (UN)
SKE	Steinkohleeinheit
SNA	System of National Accounts
STABIS	Statistisches Informationssystem für die Bodennutzung
StBA	Statistisches Bundesamt, Wiesbaden
StGB	Strafgesetzbuch
STUBS	Statistisches Umweltberichtssystem
SVR	Sachverständigenrat zur Begutachtung der gesamtwirtschaftlichen Entwicklung, Wiesbaden
SYPRO	Systematik der Wirtschaftszweige, Fassung für das Produzierende Gewerbe
UGR	Umweltökonomische Gesamtrechnung
UGRIS	UGR–Informationssystem
UN	(bzw. UNO) United Nations Organisation
VBZ	Volks- und Berufszählung
VDA	Verband der deutschen Automobilindustrie
VDMA	Verband der deutschen Maschinen- und Anlagenbauer
VEB	Volkseigener Betrieb (Rechtsform in der ehemaligen DDR)
VGR	Volkswirtschaftliche Gesamtrechnungen
VZ	Volkszählung
WA	Warenverzeichnis für die Außenhandelsstatistik
WGZ	Wohnungs- und Gebäudezählung
WSI	Wirtschafts- und Sozialwissenschaftliches Institut des Deutschen Gewerkschaftsbunds, Düsseldorf
WZ	Wohnungszählung

15.2   Abbildungsverzeichnis

15.3   Tabellenverzeichnis

15.4   Literaturverzeichnis

ABELS, H. (1991)
  Wirtschafts- und Bevölkerungsstatistik. 3. Aufl., Gabler–Verlag, Wiesbaden.

ANDERSON, O. (1983, Hrsg.)
  Qualitative und quantitative Konjunkturindikatoren. *Sonderheft 20 zum Allgemeinen Statistischen Archiv*, Verlag Vandenhoeck & Ruprecht, Göttingen.

ANDERSON, O. u.a. (1983)
  Bevölkerungs- und Wirtschaftsstatistik – Aufgaben, Probleme und beschreibende Methoden. Springer–Verlag, Berlin etc.

ANDERSON, T. W. (1971)
  The Statistical Analysis of Time Series. Wiley, New York etc.

ANGERMANN, O. (1994)
  Sammlung, Sicherung und Rückrechnung von statistischen Angaben über die ehemalige DDR. *Allgemeines Statistisches Archiv*, Bd. 78, p. 340 ff.

ANGERMANN, O. und Mitarbeiter (1990)
  Statistik der Bundesrepublik Deutschland und der Deutschen Demokratischen Republik auf dem Wege zur Einheit. *Wirtschaft und Statistik*, 1990, p. 523 ff.

APPEL, S. (1987a)
  Öffentlichkeitsarbeit des Statistischen Bundesamts – Theoretische Grundlinie und praktische Beispiele. *Allgemeines Statistisches Archiv*, Bd. 71, p. 393 ff.

APPEL, S. (1987b)
  Informationskampagne zur Volkszählung 1987. *Wirtschaft und Statistik*, 1987, p. 681 ff.

ARMINGER, G. (1990)
  Pflicht- versus Freiwilligenerhebung im Mikrozensus. *Allgemeines Statistisches Archiv*, Bd. 74, p. 161 ff.

BALD-HERBEL, C. / HERBEL, N. (1983)
  Zur Neuberechnung der Produktions- und Produktivitätsindizes im Produzierenden Gewerbe auf Basis 1980. *Wirtschaft und Statistik*, 1983, p. 931 ff.

BAUDIN, L. (1956)
  Der sozialistische Staat der Inka. (Rowohlts Deutsche Enzyklopädie, Bd. 16), Hamburg.

BAUER, R. A. (1966, ed.)
  Social Indicators. Cambridge (Mass.)

BENJAMIN, B. (1970)
  The Population Census. Heinemann Books Ltd., London.

BEUERLEIN, I. 1995
  Neuberechnung der Indizes der Außenhandelspreise auf Basis 1991. *Wirtschaft und Statistik*, 1995, p. 207 ff.

BEUTELSPACHER, A. (1987)
Kryptologie. Vieweg–Verlag, Braunschweig.

BLESES, P. / STAHMER, C. (1994)
Input–Output–Tabellen 1990. *Wirtschaft und Statistik*, 1994, p. 329 ff.

BLEYMÜLLER, J. (1966)
Theorie und Technik der Aktienindizes. Gabler–Verlag, Wiesbaden.

BLIND, A. (1966)
Einführung in die Wirtschaftsstatistik. in BLIND, A. (Hrsg.): *Umrisse einer Wirtschaftsstatistik – Festgabe für* PAUL FLASKÄMPER. Richard Meiner Verlag, Hamburg.

BOCHUD, F. (1970)
Zahlungsbilanz und Währungsreserven. J. C. B. Mohr Verlag, Tübingen.

BOLLEYER, R. / RADERMACHER, W. (1993)
Aufbau der umweltökonomischen Gesamtrechnung. *Wirtschaft und Statistik*, 1993, p. 138 ff.

BRETZ, M. (1986)
Bevölkerungsvorausberechnungen – Statistische Grundlagen und Probleme. *Wirtschaft und Statistik*, 1986, p. 233 ff.

BRETZ, M. / MAYER, H.-L. (1980)
Volkszählungen. in *Handwörterbuch der Wirtschaftswissenschaften*, Band 8, p. 405 ff.; Gustav Fischer Verlag / J. C. B. Mohr Verlag / Verlag Vandenhoeck & Ruprecht, Stuttgart/Tübingen/Göttingen.

BRETZ, M. / NIEMEYER, F. (1992)
Private Haushalte gestern und heute. *Wirtschaft und Statistik*, 1992, p. 73 ff.

BRETZ, M. / WEDEL, E. (1987)
Zweck und Bedeutung der Volks-, Berufs-, Gebäude- und Wohnungszählung. *Wirtschaft und Statistik*, 1987, p. 195 ff.

BRÜMMERHOFF, D. (1989)
Volkswirtschaftliche Gesamtrechnung. Oldenbourg–Verlag, München/Wien.

BRÜMMERHOFF, D. / LÜTZEL, H. (1993)
Lexikon der Volkswirtschaftlichen Gesamtrechnungen. Oldenbourg–Verlag, München/Wien.

BUNDESUMWELTMINISTERIUM (1992, Hrsg.)
Umweltökonomische Gesamtrechnung, Stellungnahme des Beirats „Umweltökonomische Gesamtrechnung", Druck BMU 752/92, Bonn.

BÜRGIN, G. / SCHNORR–BÄCKER, S. (1986)
ISI–Declaration of Professional Ethics – Internationaler Berufskodex für Statistiker aus der Sicht der Bundesstatistik. *Wirtschaft und Statistik*, 1986, p. 573 ff.

BÜSCHGEN, H. E. (1983)
Ein Kommentar zur Bankenstatistik aus der Sicht der Banken. *Allgemeines Statistisches Archiv*, Bd. 67, p. 34 ff.

BURGDÖRFER, F. (1932)
Volk ohne Jugend. 1. Aufl., Heidelberg.

BUTTLER, G. (1984, Hrsg.)
Arbeitsmarktanalyse. *Sonderheft 22 zum Allgemeinen Statistischen Archiv*, Verlag
Vandenhoeck & Ruprecht, Göttingen.

CORNELSEN, C. (1995)
Erste Ergebnisse des Mikrozensus April 1994. *Wirtschaft und Statistik*, 1995,
p. 279 ff.

COURNOT, A. A. (1838)
Récherches sur les principes mathématiques de la théorie des richesses.

DAGUM, C. (1983)
Income distribution models. in *Encyclopedia of Statistical Sciences.* (eds.: KOTZ/
JOHNSON), Vol. 4, p. 27 ff., Wiley, New York etc.

DEUTSCHE BUNDESBANK (1970)
Saisonbereinigung mit dem Census–Verfahren. *Monatsberichte*, März 1990, p. 38
– 43.

DEUTSCHE BUNDESBANK (1976)
Deutsches Bank- und Geldwesen in Zahlen 1876 – 1975. Fritz Knapp Verlag,
Frankfurt/Main.

DEUTSCHE BUNDESBANK (1987)
Die Saisonbereinigung als Hilfsmittel der Wirtschaftsbeobachtung. *Monatsberichte*, Okt. 1987, p. 30 – 40.

DEUTSCHE BUNDESBANK (1988)
40 Jahre Deutsche Mark – Monetäre Statistiken 1948 – 1987. Fritz Knapp Verlag,
Frankfurt/Main.

DEUTSCHE BUNDESBANK (1990)
*Die Zahlungsbilanzstatistik der Bundesrepublik Deutschland – Inhalt, Aufbau und
methodische Grundlagen.* (Sonderdrucke der Deutschen Bundesbank, Nr. 8),
2. Aufl., Selbstverlag, Frankfurt/Main.

DEUTSCHE BUNDESBANK (1995)
Änderung in der Systematik der Zahlungsbilanz. *Monatsbericht*, (März 1995),
p. 33 ff.

DEUTSCHE BUNDESBANK (1995a)
Der DM–Bargeldumlauf im Ausland. *Monatsbericht*, (Juli 1995), p. 67 ff.

DINKEL, R. H. (1989)
Demographie – Band 1: Bevölkerungsdynamik. Vahlen–Verlag, München.

DINKEL, R. H. (in Vorb.)
Demographie – Band 2: Fertilität und Mortalität. Vahlen–Verlag, München.

DIW (1990)
Das Einkommen sozialer Haushaltsgruppen in der Bundesrepublik Deutschland
1988. *DIW–Wochenbericht* 22/90, (Mai 1990), p. 304 ff.

DOROW, F. (1991)
Grundprogramm für ein statistisches Umweltberichtssystem. in HÖLDER, E. und
Mitarbeiter: *Wege zu einer umweltökonomischen Gesamtrechnung*, a.a.O., p. 34 ff.

$$\boxed{E}$$

EICHHORN, W. / VOELLER, J. (1976)
Theory of the Price Index. Springer–Verlag, Berlin etc.

ELSNER, E. (1987)
Binnen eines Jahres zwei Volkszählungen. *Berliner Statistik*, 1987, p. 94 ff.

EMMERLING, D. / RIEDE, T. (1994)
Zur Freiwilligkeit in der Auskunftserteilung im Mikrozensus. *Wirtschaft und Statistik*, 1994, p. 435.

ESENWEIN-ROTHE, I. (1982)
Einführung in die Demographie. Franz Steiner Verlag, Wiesbaden.

ESSER, H. / GROHMANN, H. / MÜLLER, W. / SCHÄFFER, K.-A. (1989)
Mikrozensus im Wandel – Untersuchungen und Empfehlungen zur inhaltlichen und methodischen Gestaltung. (Forum der Bundesstatistik, Bd. 11), Metzler–Poeschel Verlag, Stuttgart.

$$\boxed{F}$$

FEICHTINGER, G. (1973)
Bevölkerungsstatistik. De Gruyter Verlag, Berlin.

FISHER, I. (1922)
The Making of Index Numbers. Boston/New York.

FLASKÄMPER, P. (1962)
Bevölkerungsstatistik. (Grundriß der sozialwissenschaftlichen Statistik, Teil II, Bd. 1), Richard Meiner Verlag, Hamburg.

FLEISCHER, H. / SOMMER, B. (1994)
Bevölkerungsentwicklung 1993. *Wirtschaft und Statistik*, 1994, p. 30 ff.

FÜRST, G. (1968)
Zum Begriff und systematischen Ordnen der Wirtschafts- und Bevölkerungsstatistik. *Allgemeines Statistisches Archiv*, Bd. 52, p. 153 ff.

FÜRST, G. (1976)
Überblick über die Aufgaben und Probleme der Kaufkraftmessung. *Sonderheft 10 zum Allgemeinen Statistischen Archiv*, Vandenhoeck & Ruprecht, Göttingen.

$$\boxed{G}$$

GROHMANN, H. (1991, Hrsg.)
Außenhandels- und Zahlungsbilanzstatistik. *Sonderheft 27 zum Allgemeinen Statistischen Archiv*, Verlag Vandenhoeck & Ruprecht, Göttingen.

GROHMANN, H. (1994, Hrsg.)
Indikatoren der Wirtschaftsentwicklung – Zum verantwortungsvollen Umgang mit der Statistik. *Sonderheft 28 zum Allgemeinen Statistischen Archiv*, Verlag Vandenhoeck & Ruprecht, Göttingen.

GUCKES, S. (1976)
Die Messung der Kaufkraft der privaten Verbraucher und die Berechnung von Kaufkraftparitäten im Statistischen Bundesamt, *Sonderheft 10 zum Allgemeinen Statistischen Archiv*, Verlag Vandenhoeck & Ruprecht, Göttingen.

H

HAMER, G. (1970)
Revidierte Konten der Volkswirtschaftlichen Gesamtrechnungen. *Wirtschaft und Statistik*, p. 281 ff.

HAMMES, W. (1994)
Ehescheidungen 1993. *Wirtschaft und Statistik*, p. 978 ff.

HANAU, K. (1992)
Wirtschaftsstatistik im vereinten Deutschland – Einheitlich, zweigeteilt oder differenziert? *Allgemeines Statistisches Archiv*, Bd. 76, p. 34 ff.

HASLINGER, F. (1986)
Volkswirtschaftliche Gesamtrechnungen. 4. Aufl., Oldenbourg–Verlag, München/Wien.

HERBEL, N. (1985)
Zur Neuberechnung der Produktions- und Produktivitätsindizes im Produzierenden Gewerbe auf Basis 1985. *Wirtschaft und Statistik*, 1985, p. 182 ff.

HERBERGER, L. (1957)
Der Mikrozensus als neues Instrument zur Erfassung sozialökonomischer Tatbestände. *Wirtschaft und Statistik*, 1957, p. 205 ff.

HICKS, J. R. (1939)
Value and Capital.

HIESS, F. (1931)
Methodik der Volkszählungen. Gustav Fischer Verlag, Jena.

HÖHN, C. (1986)
Amtliche Bevölkerungsvorausschätzungen seit 1925 – Eine kurze Geschichte der Politikberatung und des demographischen Klimas. in HANAU/HUJER/NEUBAUER (Hrsg.): *Wirtschafts- und Sozialstatistik – Empirische Grundlagen politischer Entscheidungen.* Verlag Vandenhoeck & Ruprecht, Göttingen, p. 209 ff.

HÖLDER, E. und Mitarbeiter (1991)
Wege zu einer umweltökonomischen Gesamtrechnung. Schriftenreihe Forum der Bundesstatistik, Bd. 16, Metzler–Poeschel Verlag, Stuttgart.

HOLUB, W. / SCHNABL, H. (1985)
Input–Output-Rechnung: Input–Output-Tabellen. Oldenbourg–Verlag, München/Wien.

HORSTMANN, K. (1961)
Volkszählungen. in *Handwörterbuch der Sozialwissenschaften*, Bd. 11, p. 412 ff., Gustav Fischer Verlag, Stuttgart.

HÜMMER, L. (1933)
Die Aufbereitung der Volks- und Berufszählung 1933 im Hollerith–Lochkarten-
verfahren. *Hollerith–Nachrichten*, Heft 28, Berlin.

HUJER, R. / CREMER, R. (1978)
Methoden der empirischen Wirtschaftsforschung. Vahlen–Verlag, München.

I

ISI (1986)
Declaration of Professional Ethics. *International Statistical Review*, Vol. 54,
p. 227 ff.

IWF (1993)
Balance of Payments Manual. 5th ed., Washington D.C.

K

KLAUS, J. u.a. (1994)
*Umweltökonomische Berichterstattung – Ziele, Problemstellungen und praktische
Ansätze.* Schriftenreihe Spektrum der Bundesstatistik, Bd. 5, Metzler–Poeschel
Verlag, Stuttgart.

KIRCHGÄSSNER, G. (1984)
Verfahren zur Erfassung des in der Schattenwirtschaft erarbeiteten Sozialprodukts. *Allgemeines Statistisches Archiv*, Bd. 68, p. 378 ff.

KRALLMANN, H. (1989)
EDV–Sicherheitsmanagement. E. Schmidt Verlag, Berlin.

KRENGEL, R. (1973)
Aufstellung und Analyse von Input–Output–Tabellen. *Sonderheft 5 zum Allgemeinen Statistischen Archiv*, Verlag Vandenhoeck & Ruprecht, Göttingen.

KRENGEL, R. (1982)
Die Weiterentwicklung der Input–Output–Rechnung. *Sonderheft 18 zum Allgemeinen Statistischen Archiv*, Verlag Vandenhoeck & Ruprecht, Göttingen.

KRENGEL, R. (1986)
*Das Deutsche Institut für Wirtschaftsforschung (Institut für Konjunkturfor-
schung) 1925 – 1975.* Duncker & Humblot Verlag, Berlin.

KRUG, W. / NOURNEY, M. / SCHMIDT, J. (1994)
Wirtschafts- und Sozialstatistik – Gewinnung von Daten. 3. Aufl., Oldenbourg-
Verlag, München/Wien.

KUNZ, D. (1987)
Praktische Wirtschaftsstatistik. Kohlhammer Verlag, Stuttgart etc.

L

LAMBERTZ, J. (1988)
Das Warenverzeichnis für die Außenhandelsstatistik. *Allgemeines Statistisches Archiv*, Bd. 72, p. 293 ff.

LASPEYRES, E. L. E. (1871)
Die Berechnung einer mittleren Waarenpreissteigerung. *Jahrbücher für Nationalökonomie und Statistik*, 16. Bd., p. 296 ff.

LASPEYRES, E. L. E. (1872)
Welche Waaren werden im Verlaufe der Zeiten immer theurer? *Zeitschrift für die gesamte Staatswissenschaft*, 28. Jg., p. 1 ff.

LEIPERT, C. (1975)
Unzulänglichkeiten des Sozialprodukts in seiner Eigenschaft als Wohlstandsmaß. J. C. B. Mohr Verlag, Tübingen.

LERSNER, FREIHERR H. v. (1988)
Fragen des Umweltschutzes in der Statistik. *Allgemeines Statistisches Archiv*, Bd. 72, p. 1 ff.

LIND, E. (1940)
Die Volkszählungen. in BURGDÖRFER, E. (Hrsg.): *Die Statistik in Deutschland nach ihrem heutigen Stand (Ehrengabe für Friedrich Zahn)*. Bd. 1, p. 167 ff., Paul Schmidt Verlag, Berlin.

LINDLBAUER, J. D. (1989)
Konjunkturtest. in OPPENLÄNDER, K. H. / POSER, G. (Hrsg.): *Handbuch der Ifo-Umfragen*, p. 122 ff.

LINKE, W. / KROSCHEWSKI, U. W. (1979)
Zeitreihenanalyse der natürlichen Bevölkerungsbewegung 1950 – 1977. *Zeitschrift für Bevölkerungswissenschaft*, 5. Jg., p. 215 ff.

LIPPE, P. v. d. (1990)
Wirtschaftsstatistik. 4. Aufl., Gustav Fischer Verlag, Stuttgart.

LIPPOLD, H. / SCHMITZ, P. (1991)
Sicherheit in Informationssystemen. Vieweg-Verlag, Braunschweig.

LÜTZEL, H. (1993)
Revidiertes System Volkswirtschaftlicher Gesamtrechnungen. *Wirtschaft und Statistik*, 1993, p. 711 ff.

LÜTZEL, H. / JUNG, W. (1984)
Neuberechnung des Index der Aktienkurse. *Wirtschaft und Statistik*, 1984, p. 43 ff.

$\boxed{\text{M}}$

MAI, H. (1993)
Die deutsche Außenhandelsstatistik im EG-Binnenmarkt. *Wirtschaft und Statistik*, 1993, p. 25 ff.

MAI, H. (1991)
Ein Jahr Intrahandelsstatistik – Ein Rückblick. *Wirtschaft und Statistik*, 1994, p.109 ff.

MAYR, G. v. (1895)
Statistik und Gesellschaftslehre, Bd. 1 – Theoretische Statistik. Freiburg/Leipzig.

MENGES, G. (1968)
Statistik 1 – Theorie. Westdeutscher Verlag, Köln und Opladen.

MEYER, U. / PINNO, N. (1985)
Irreales Sozialprodukt zu konstanten Preisen – Ein theoretischer und empirischer Vergleich von Doppeldeflationierung und Realwertdeflationierung. *Allgemeines Statistisches Archiv*, Bd. 69, p. 178 ff.

MONOPOLKOMMISSION (1988, Hrsg.)
Hauptgutachten 1986/87 – Die Wettbewerbsordnung erweitern. Nomos Verlagsgesellschaft, Baden–Baden.

NEUBAUER, W. (1974)
Irreales Sozialprodukt zu konstanten Preisen – Kritisches zur Deflationierung in der Volkswirtschaftlichen Gesamtrechnung. *Allgemeines Statistisches Archiv*, Bd. 62, p. 115 ff.

NEUBAUER, W. (1975)
Zur Aggregation von Konjunkturindikatoren. *Allgemeines Statistisches Archiv*, Bd. 63, p. 177 ff.

NEUBAUER, W. (1994)
Was kann und was soll die Statistik? in GROHMANN, H. (Hrsg): *Indikatoren der Wirtschaftsentwicklung*, a.a.O., p. 7 ff.

NOURNEY, M. (1973)
Methoden der Zeitreihenanalyse. *Wirtschaft und Statistik*, 1973, p. 11 ff.

NOURNEY, M. (1976)
Methodische Probleme der Zeitreihenanalyse. *Allgemeines Statistisches Archiv*, Bd. 64, p. 145 ff.

NOURNEY, M. (1983)
Umstellung der Zeitreihenanalyse. *Wirtschaft und Statistik*, 1983, p. 841 ff.

NULLAU, B. / HEILER, S. / WÄSCH, P. / MEISNER, B. / FILIP, D. (1969)
Das Berliner Verfahren – Ein Beitrag zur Zeitreihenanalyse. *DIW–Beiträge zur Konjunkturforschung*, Heft 7, Berlin.

OPPENLÄNDER, K. H. / POSER, G. (1989)
Handbuch der Ifo-Umfragen. Duncker & Humblot Verlag, Berlin.

OPPENLÄNDER, K. H. / POSER, G. / NERB, G. (1992, Hrsg.)
Zur Analyse von Wirtschaftsverläufen anhand von Konjunkturtestdaten – Beiträge zur Theorie aus der Praxis. *CIRET–Studien*, Bd. 44, Ifo–Institut, München.

PAASCHE, H. (1874)
Über die Preisentwicklung der letzten Jahre nach den Hamburger Börsennotierungen. *Jahrbücher für Nationalökonomie und Statistik*, 1874, p. 168 ff.

PAASS, G. / WAUSCHKUHN, U. (1985)
Datenzugang, Datenschutz und Anonymisierung – Analysepotential und Identi-fizierbarkeit von anonymisierten Individualdaten. Oldenbourg–Verlag, München/ Wien.

PIESCH, W. (1975)
Statistische Konzentrationsmaße. Mohr–Verlag, Tübingen.

R

RECKTENWALD, H. C. (1989)
Die Nobelpreisträger der ökonomischen Wissenschaft 1969 – 1988. 2 Bände, Ver-lag Wirtschaft und Finanzen, Düsseldorf.

REICH, U.-P. / STAHMER, C. (1984)
Darstellungskonzepte der Input–Output–Rechnung. (Forum der Bundesstatistik, Bd. 2), Kohlhammer Verlag, Stuttgart/Mainz.

REICH, U.-P. / STAHMER, C. (1988)
Satellitensysteme zu den Volkswirtschaftlichen Gesamtrechnungen. (Forum der Bundesstatistik, Bd. 6), Kohlhammer Verlag, Stuttgart/Mainz.

REISNER, W. (1903)
Die Einwohnerzahl deutscher Städte in früheren Jahrhunderten. (Sammlung na-tionalökonomischer und statistischer Abhandlungen des staatswissenschaftlichen Seminars zu Halle a. d. S., Bd. 36), Jena.

REYHER, L. (1984)
Die Arbeitskräftegesamtrechnung (AGR) des IAB. in BUTTLER, G. (Hrsg.): Ar-beitsmarktanalyse. *Sonderheft 22 zum Allgemeinen Statistischen Archiv,* Verlag Vandenhoeck & Ruprecht, Göttingen, p. 68 ff.

RIEDE, T. / EMMERLING, D. (1994)
Analyse der Freiwilligkeit der Auskunftserteilung im Mikrozensus. *Wirtschaft und Statistik,* 1994, p. 733 ff.

RINNE, H. (1967)
Das Sozialprodukt – Unzulänglichkeiten des Konzepts und Ungenauigkeiten der Schätzung. Dissertation, Technische Universität Berlin.

RINNE, H. (1969)
Die Verläßlichkeit von Sozialproduktsdaten auf der Basis ihrer Revisionen – Eine ökonometrische Studie, dargestellt am Beispiel der Bundesrepublik Deutschland. Anton Hain Verlag, Meisenheim/Glan.

RINNE, H. (1981)
Ernst Louis Etienne Laspeyres 1834 – 1913. *Jahrbücher für Nationalökonomie und Statistik,* Bd. 196, p. 194 ff.

RINNE, H. (1993a)
Doppelzählungen. in BRÜMMERHOFF, D. / LÜTZEL, H. (Hrsg.): *Lexikon der Volkswirtschaftlichen Gesamtrechnungen.* Oldenbourg–Verlag, München/Wien.

RINNE, H. (1993b)
Genauigkeit der VGR. in BRÜMMERHOFF, D. / LÜTZEL, H. (Hrsg.): *Lexikon der Volkswirtschaftlichen Gesamtrechnungen.* Oldenbourg–Verlag, München/Wien.

RINNE, H. (1993c)
Revisionen der VGR. in BRÜMMERHOFF, D. / LÜTZEL, H. (Hrsg.): *Lexikon der Volkswirtschaftlichen Gesamtrechnungen*. Oldenbourg–Verlag, München/Wien.

RINNE, H. (1993d)
Qualität statistischer Daten am Beispiel der Volkswirtschaftlichen Gesamtrechnungen. in STATISTISCHES BUNDESAMT (Hrsg.): *Qualität statistischer Daten*. (Forum der Bundesstatistik, Bd. 25), Metzler–Poeschel Verlag, Stuttgart.

$$\boxed{S}$$

SACHVERSTÄNDIGENRAT ZUR BEGUTACHTUNG DER GESAMTWIRTSCHAFTLICHEN ENT-
WICKLUNG (1971)
Konjunktur im Umbruch – Risiken und Chancen. (Jahresgutachten 1970/71), Kohlhammer Verlag, Stuttgart/Mainz.

SCHÄFER, D. / SCHWARZ, N. (1994)
Wert der Haushaltsproduktion 1992. *Wirtschaft und Statistik*, 1994, p. 597 ff.

SCHEUCH, E. et al. (1989)
Volkszählung, Volkszählungsprotest und Bürgerverhalten – Ergebnisse der Begleituntersuchung zur Volkszählung 1987. (Forum der Bundesstatistik, Bd. 12), Metzler–Poeschel Verlag, Stuttgart.

SCHNABEL, H. (1993, Hrsg.)
Ökointegrative Gesamtrechnung – Ansätze, Probleme, Prognosen. de Gruyter–Verlag, Berlin/New York.

SCHRAMM, I. (1983)
Die Bankenstatistik der Deutschen Bundesbank. *Allgemeines Statistisches Archiv*, Bd. 67, p. 1 ff.

SHISKIN, L. / YOUNG, A. H. / MUSGRAVE, J. C. (1967)
The X-11 Variant of the Census Method II Seasonal Adjustment Procedure. (Technical Paper 15), U.S. Department of Commerce (Bureau of the Census), Washington D.C.

SOMMER, B. (1994)
Entwicklung der Bevölkerung bis 2040 – Ergebnis der achten koordinierten Bevölkerungsvorausberechnung. *Wirtschaft und Statistik*, 1994, p. 497 ff.

STACHE, D. (1981)
Zur Entwicklung von Systemen sozialer Indikatoren bei den internationalen Organisationen. *Wirtschaft und Statistik*, 1981, p. 705 ff.

STAHMER, C. (1992)
Integrierte Volkswirtschaftliche und Umweltgesamtrechnung. *Wirtschaft und Statistik*, 1992, p. 577 ff.

STATISTISCHES BUNDESAMT (1971a)
Fachserie A (Bevölkerung und Kultur), Reihe 6 (Entwicklung der Erwerbstätigkeit 1970). Kohlhammer Verlag, Stuttgart/Mainz.

STATISTISCHES BUNDESAMT (1972a)
Bevölkerung und Wirtschaft 1872 – 1972. Kohlhammer Verlag, Stuttgart/Mainz.

STATISTISCHES BUNDESAMT (1981a)
Fachserie 1 (Bevölkerung und Erwerbstätigkeit), Reihe 4.1.1 (Stand und Entwicklung der Erwerbstätigkeit 1980). Kohlhammer Verlag, Stuttgart/Mainz.
STATISTISCHES BUNDESAMT (1981b)
Das Arbeitsgebiet der Bundesstatistik. Kohlhammer Verlag, Stuttgart/Mainz.
STATISTISCHES BUNDESAMT (1987a)
Volkszählung '87 - Zehn Minuten, die allen helfen. (Materialien), Wiesbaden.
STATISTISCHES BUNDESAMT (1987b)
Nutzung von anonymisierten Einzelangaben aus Daten der amtlichen Statistik - Bedingungen und Möglichkeiten. (Forum der Bundesstatistik, Bd. 5), Kohlhammer Verlag, Stuttgart/Mainz.
STATISTISCHES BUNDESAMT (1988a)
Das Arbeitsgebiet der Bundesstatistik. Metzler–Poeschel Verlag, Stuttgart.
STATISTISCHES BUNDESAMT (1989a)
Methodische Fragen bevölkerungsstatistischer Stichproben am Beispiel des Mikrozensus. (Ausgewählte Arbeitsunterlagen zur Bundesstatistik, Heft 9), Selbstverlag, Wiesbaden.
STATISTISCHES BUNDESAMT (1989b)
Inhaltliche Fragen bevölkerungsstatistischer Stichproben am Beispiel des Mikrozensus. (Ausgewählte Arbeitsunterlagen zur Bundesstatistik, Heft 10), Selbstverlag, Wiesbaden.
STATISTISCHES BUNDESAMT (1989c)
Datenreport 1989 - Zahlen und Fakten über die Bundesrepublik Deutschland. Verlag Bonn Aktuell, Bonn, 1989.
STATISTISCHES BUNDESAMT (1990a)
Statistisches Jahrbuch 1990 für die Bundesrepublik Deutschland. Metzler–Poeschel Verlag, Stuttgart.
STATISTISCHES BUNDESAMT (1990b)
Vierteljahresergebnisse der Sozialproduktsberechnung. (Materialien zur Zeitreihenzerlegung - 3. Vierteljahr 1990), Selbstverlag, Wiesbaden.
STATISTISCHES BUNDESAMT (1991a)
Lange Reihen zur Wirtschaftsentwicklung 1990. Metzler–Poeschel Verlag, Stuttgart.
STATISTISCHES BUNDESAMT (1991b)
Zur Antwortbereitschaft von Haushalten am Beispiel des Mikrozensus. (Ausgewählte Arbeitsunterlagen zur Bundesstatistik, Heft 11), Wiesbaden.
STATISTISCHES BUNDESAMT (1991c)
Statistisches Jahrbuch 1991 für das vereinte Deutschland. Metzler–Poeschel Verlag, Stuttgart.
STATISTISCHES BUNDESAMT (1992a)
Fachserie 1 (Bevölkerung und Erwerbstätigkeit), Reihe 1 (Gebiet und Bevölkerung 1989). Metzler–Poeschel Verlag, Stuttgart.
STATISTISCHES BUNDESAMT (1992b)
Fachserie 1 (Bevölkerung und Erwerbstätigkeit), Reihe 4.1.1 (Stand und Entwicklung der Erwerbstätigkeit 1990). Metzler–Poeschel Verlag, Stuttgart.

STATISTISCHES BUNDESAMT (1992c)
Datenreport 1992 – Zahlen und Fakten über die Bundesrepublik Deutschland. Verlag Bonn Aktuell, Bonn.

STATISTISCHES BUNDESAMT (1992d)
Statistisches Jahrbuch 1992 für die Bundesrepublik Deutschland. Metzler–Poeschel Verlag, Stuttgart.

STATISTISCHES BUNDESAMT (1995)
Vierteljahresergebnisse der Inlandsproduktsberechnung. (Materialien zur Zeitreihenzerlegung – 4. Vierteljahr 1994), Selbstverlag, Wiesbaden.

STEGER, A. (1986)
Konzept und Inhalt eines Auslandsvermögensstatus; in HANAU/HUJER/NEUBAUER (Hrsg.): *Wirtschafts- und Sozialstatistik – Empirische Grundlagen politischer Entscheidungen.* Verlag Vandenhoeck & Ruprecht, Göttingen.

STOBBE, A. (1994)
Volkswirtschaftliches Rechnungswesen. 8. neu bearb. und erw. Aufl., Springer-Verlag, Berlin etc.

STONE, R. (1966)
Towards a System of Social and Demographic Statistics. UN Secretariat, ST/STAT 68, New York.

STONE, R. (1971)
Demographic Accounting and Model Building. OECD, Paris.

STÖRTZBACH, B. (1987)
Volkszählungen im internationalen Vergleich. *Wirtschaft und Statistik*, 1987, p. 207 ff.

STRIGEL, W. H. (1964)
Die Konjunkturumfragen des Ifo–Instituts für Wirtschaftsforschung. *CIRET–Studien* Nr. 3, Ifo–Institut, München.

STRIGEL, W. H. (1979)
Qualitative Konjunkturindikatoren. *Ifo–Schnelldienst* Nr. 35/36.

STROHM, W. (1985)
Zur Aussage der Indizes der Nettoproduktion für das Produzierende Gewerbe – Möglichkeiten und Grenzen. *Wirtschaft und Statistik*, 1985, p. 21 ff.

STROHM, W. (1986)
Zur Frage der Kalenderbereinigung von Zeitreihen. *Wirtschaft und Statistik*, 1986, p. 421 ff.

STUDENSKY, P. (1958)
The Income of Nations – Part One (History), Part Two (Theory and Methodology). New York University Press, New York.

STUTZER, E. / SCHWARTZ, W. / WINGEN, M. (1992)
Ein Familienphasenkonzept auf der Basis der amtlichen Statistik. *Allgemeines Statistisches Archiv*, Bd. 76, p. 152 ff.

TAEGER, J. (1983)
Die Volkszählung. Rowohlt Taschenbuch Verlag, Reinbek bei Hamburg.

UN (1967)
Principles and Recommendations for the 1970 Population Censuses. Statistical
Papers, Ser. M, No. 44, New York.

UNGERER, A. / HAUSER, S. (1986)
Wirtschaftsstatistik als Entscheidungshilfe. Rombach Verlag, Freiburg i. Br.

W

WAFFENSCHMIDT, W. G. (1959)
*Deutsche Volkswirtschaftliche Gesamtrechnung und ihre Lenkungsmodelle 1949 –
1955.* Stuttgart.

WAGENFÜHR, R. (1967)
Möglichkeiten der Systematisierung der modernen Wirtschaftsstatistik. *Allgemeines Statistisches Archiv*, Bd. 51, p. 175 ff.

WALD, A. (1936)
Über einige Gleichungssysteme der mathematischen Nationalökonomie. *Zft. für
Nationalökonomie*, p. 649 ff.

WALRAS, L. (1874)
Eléments d'économie pure.

WECK, G. (1984)
*Datensicherheit – Methoden, Maßnahmen und Auswirkungen des Schutzes von
Informationen.* Teubner Verlag, Stuttgart.

WEINHOLD, G. (1955)
Kleines Wörterbuch der Wirtschaftsstatistik. Stuttgart.

WETZEL, W. / GRENZDÖRFER, K. (1965)
*Stichworte und Definitionen zur Amtlichen Bevölkerungs- und Wirtschaftsstatistik
der Bundesrepublik Deutschland.* Berlin.

WÜRZBERGER, P. / STÖRTZBACH, B. / STÜRMER, B. (1986)
Volkszählung 1987 – Rechtliche Grundlagen und Konzept nach dem Urteil des
Bundesverfassungsgerichts vom 15. Dezember 1983. *Wirtschaft und Statistik*, 1986,
p. 927 ff.

WÜRZBERGER, P. / WEDEL, E. (1988)
Erste Ergebnisse der Volkszählung 1987. *Wirtschaft und Statistik*, 1988, p. 829 ff.

ZAPF, W. (1976)
Soziale Indikatoren – Eine Zwischenbilanz. *Allgemeines Statistisches Archiv*,
Bd. 60, p. 1 ff.

ZINDLER, H. / SCHMIDT, I. / MAYER, K. (1985)

Volkszählung 1986 – Vollerhebung oder Stichprobe? *Wirtschaft und Statistik*, 1985, p. 79 ff.

ZWER, R. (1981)

Internationale Wirtschafts- und Sozialstatistik. Oldenbourg–Verlag, München/ Wien.

ZWER, R. (1985)

Einführung in die Wirtschafts- und Sozialstatistik. Oldenbourg–Verlag, München/ Wien.

15.5   Personen- und Institutionenverzeichnis

15.6 Stichwortregister

Umweltstatistikgesetz 497, 504, 514
Universalbanken 361
Unterhaltskonzept 182 ff., 191, 217, 557 f.
Unternehmen 221 ff., 240, 249, 254, 256, 266, 382, 451, 534
Unternehmenskonzentration 235
Unternehmensregister 405
Unternehmensteil, fachlicher 223, 254 f., 266
Ursprungsland 384, 390, 393, 406
Ursprungslandprinzip 404

V

Value Added, s. Nettoproduktionswert
Variable 529
-, latente 517
-, manifeste 517
Varianz 292
Variationskoeffizient 299 f.
Verarbeitendes Gewerbe 236 f., 239 ff., 562 f.
Verbraucherpreisindex 328, 332, 334 ff.
Verbrauchskoeffizienten 479
Verbrauchskonzept 277
Verbrauchsland 390, 393 f.
Verbrauchsstatistiken 281 ff., 319 f.
Verdiensterhebungen 280, 308
Veredelungsverkehr 388 f., 414
Vereinigungsknick 113
Verflechtungskoeffizient 397
Verflechtungsmatrix 477 f.
Verhältniszahlen 131 ff.
Verkäuferland 393
Verkaufspreise 318 ff.
Verkaufspreisindizes 332
Verkettung 145, 260, 329
Verlaufsstatistik 130
Vermögensrechnung 422 ff., 440, 459 f., 472
Vermögensstatus, s. Vermögensrechnung
Vermögenszensus 423, 473

Versendungsland 390, 394, 406
Versicherungsunternehmen 358, 364, 451
Versorgungsbilanz 277
Versorgungskonzept 277
Verteilungsfunktion
-, empirische 294
-, komplementäre der PARETO-Verteilung 288
-, theoretische 288 ff.
Verteilungskoeffizienten 479
Verteilungskorrektur 304
Verteilungsrechnung 226, 277, 439, 463 ff., 470 f., 490, 585
Verursachungszahlen 132, 134 ff.
-, spezielle (= rektifizierte) 134
-, spezifische (= besondere) 134
-, standardisierte (= bereinigte) 134
Verwendungsrechnung 439, 465, 471
VGR 12, 27, 34, 170, 180, 189 f., 226 f. 236, 241 ff., 251, 274, 277 ff., 302, 307, 390, 413 f., 416 f., 422, 437 ff., 495, 504 ff., 585
Vitalität 109
Volkseinkommen 274, 300 f., 451, 454 ff., 461 ff., 468 ff., 586
Volkseinkommensberechnung 439
Volksvermögen 439, 472 f.
Volkswirtschaftliche Gesamtrechnungen, s. VGR
Volkszählung 24, 27, 43, 48 ff., 55 ff., 172, 180, 182, 185 ff., 218, 225, 252, 541
Volkszählungsdiskussion 21 f., 26, 66 ff., 75 ff., 80
Volkszählungsgesetz 66 ff., 170, 235, 544
Volkszählungsurteil 7, 11, 17, 21, 75
Vollerhebung 27 f., 249
Volumenindex (s. a. Mengenindex) 242, 264 f., 399
Vorleistungen 243 ff., 255, 270 f., 455, 463, 465, 468, 473, 475 ff., 492, 568, 585 f.
Vorratsveränderung 466, 468 ff., 477, 483
Vorsorgeprinzip 496